普通物理

University Physics, 2e

Wolfgang Bauer
Gary D. Westfall
著

蔡尚芳
譯

國家圖書館出版品預行編目(CIP)資料

普通物理 / Wolfgang Bauer, Gary D. Westfall 著；蔡尚芳譯. -- 初版.
-- 臺北市：麥格羅希爾，臺灣東華, 2018. 05
　　面；　公分
譯自：University Physics, 2nd ed.
ISBN 978-986-341-317-2 (平裝)

1. 物理學

330　　　　　　　　　　　　　　　　　　　106007501

普通物理

繁體中文版 © 2018 年，美商麥格羅希爾國際股份有限公司台灣分公司版權所有。本書所有內容，未經本公司事前書面授權，不得以任何方式 (包括儲存於資料庫或任何存取系統內) 作全部或局部之翻印、仿製或轉載。

Traditional Chinese Abridged copyright © 2018 by McGraw-Hill International Enterprises, LLC., Taiwan Branch

Original title: University Physics, 2E (ISBN: 978-0-07-740962-3)

Original title copyright © 2014 by McGraw-Hill Education. Previous edition © 2011
All rights reserved.

作　　　者　Wolfgang Bauer, Gary D. Westfall

譯　　　者　蔡尚芳

合作出版　美商麥格羅希爾國際股份有限公司台灣分公司
暨發行所　台北市 10044 中正區博愛路 53 號 7 樓
　　　　　TEL: (02) 2383-6000　　FAX: (02) 2388-8822

　　　　　臺灣東華書局股份有限公司
　　　　　10045 台北市重慶南路一段 147 號 3 樓
　　　　　TEL: (02) 2311-4027　　FAX: (02) 2311-6615
　　　　　郵撥帳號：00064813
　　　　　門市：10045 台北市重慶南路一段 147 號 1 樓
　　　　　TEL: (02) 2371-9320

總　經　銷　臺灣東華書局股份有限公司
出 版 日 期　西元 2018 年 5 月 初版一刷

ISBN：978-986-341-317-2

本書特色

本書原文版全書涵蓋的主題及其章節的順序，基本上參考了傳統大學普通物理用書的安排，但另外也適度反映了美國 21 世紀新一代科學教育標準 (NGSS) 的精神。全書內容完整新穎，自始至終強調與當代物理研究的最新進展接軌，並納入全球關注的重大議題，如重力波、奈米與生命科技、能源問題與地球暖化等，有助於提高學生的學習興趣，進而對物理現況獲得全盤的認識，激發日後進入科技領域工作或深造的意願。

本書原文版共計 35 章，大略可分為兩部分：第一部分包括第 1 章至第 20 章，內容主要為「力學、波與熱學」；第二部分包括第 21 章至第 35 章，內容主要為「電磁學、光學與近代物理學」。為配合國內科技大學院校的教學需求，本中文翻譯版將內容簡化，省略了光學與近代物理學，並將力學中的重力與電磁學中的交流電路兩章予以刪除，合計共為 29 章，可供大學兩學期的普通物理教學使用。

全書對各章內容與例題的說明詳細，文字敘述淺顯易懂。在配合微積分修習的前提下，伺機引進相關的數學與物理概念，以幫助學生發展科學推理與數學計算的能力。各章的例題圖照新穎，題材饒富趣味，各種生活情境兼容並包，允稱多樣化。章首圖片更能提綱挈領的彰顯現代科技的成就，且深具國際觀，可凸顯物理在現代科技與生活中扮演的腳色，對擴展學生視野，助益匪淺。

本書除了強調物理知識的傳授外，並特別注重解題方法的掌握與解題能力的培養。因此，除在第一章就揭示「通用解題策略」外，每章末更特別針對該章內容，指出特定問題的「解題準則」。另外，配合學習內容備有「詳解題」，逐步說明解題策略所涉及的每個步驟，以期藉由一再重複相同的解題模式，來加深學習者的印象，奠立良好的解題習慣，進而培養在各種情況下有效解決問題的信心與能力。此外，各章均針對課文內容，適時插入「觀念檢測」(並於章末提供參考簡答) 與「自我測試」的題目，以協助學生釐清與掌握重要的物理概念。章首與章末

普通物理

並對該章即將學習與業已學習的重點,特別彙整條列,以供考前複習與教學評量之參考。

每章末的習題數量合理,題型多樣化,除「觀念題」、「選擇題」及針對各節學習內容的「練習題」外,尚有不分節次的「補充題」,以及同一問題但以多種情境呈現的「多版本練習題」,可供學習者用來詳細檢核是否對問題具有全面的了解。

本中文翻譯版不純是原書的直譯本。譯者在力求精準翻譯之同時,也一直秉持著評審者的立場,對原書說明未臻完善之處,盡力加以補充改正,俾便使全書的錯誤降至最低,以利物理學習。

編寫紀要

《大學物理》第二版的問世，令我們備感振奮。物理學是一門蓬勃發展中的科學，充滿著對人類智力的挑戰，帶來不計其數的研究問題，從最大的星系到最小的次原子粒子，無所不包。物理學家已設法使我們的宇宙變得可以理解、具有規律、一致性和可預測性，這項努力勢必會持續下去，而向令人興奮的未來前進。

然而，翻開最新的大學物理入門教科書，我們從書裡讀到的是一個不同的故事。物理學被描繪成一個已經完成的科學，它的主要進展出現在牛頓的時代，或者也許在 20 世紀初。這類標準教科書只有在書的末尾才會涉及「近代」的物理學，而所涉及的甚至經常只到 20 世紀 60 年代的發現。

我們編寫這本書的主要動機是要改變這種感知，因而整本書從頭到尾都編織穿插了令人興奮的當代物理學。物理學是一門變動而活力驚人的學科——時時刻刻都在新發現和革命性應用的邊緣。為了幫助學生看清這一點，我們需要將第一年的微積分課程融入到當代物理學中，以便完整交代這個引人入勝的物理學故事。即使是一開始的第一學期，就有許多機會，可以在入門的課程中，編入非線性動力學、混沌、複雜性和高能物理研究的新近結果。作者目前正在積極從事這些領域的研究，因此知道許多最前沿的結果，其基本內涵是大學一年級的學生可以掌握的。

最近種種關於可再生能源、環境、工程、醫學和技術的結果，顯示物理學是一門令人興奮、蓬勃發展和智力活現的科目，它可以激勵學生、使課堂充滿活力、使教學工作更為容易而有樂趣。特別是，我們相信談論能量的廣泛話題，是引起學生興趣一個很好的開場白。有關能量來源 (化石、可再生、核能等)、節能效率、能量儲存、替代

普通物理

能源和各種能源供應對環境之影響 (如全球暖化、海洋酸化) 的概念，在入門物理學的層次是可以理解的。我們發現，能量的討論激發了我們學生的興趣，絕非其他當前的話題所可比擬，而在全書各部分，我們對能量的不同面向，都做了交代。

除了沐浴在令人興奮的物理世界之外，學生將獲益匪淺的是養成**問題解決和針對情況進行邏輯思考的能力**。物理學是建立在一組對所有科學均為根本的核心觀念上。我們認同這一點，在第 1 章提綱挈領的說明一個有效的問題解決方法，並在整本書中使用它來解題。這個問題解決方法採多步驟的方式進行，是作者在課堂上與學生一起開發出來的。不過，若要精通各種概念，還需積極不斷的應用它們。為此，我們由全國一些頂尖大學邀請了十多名貢獻者，在每章末的練習題中分享他們設計出來的最好題目。在這個版本新增了一種多版本練習題，共約 400 個，可讓學生從不同的角度解決同樣的問題。

在 2012 年，美國國家研究委員會公布了一個 K-12 科學教育的框架*，它涵蓋了最主要的科學和工程實務技能、可跨領域應用的概念及四個學科領域的核心觀念 (在物理學為物質及其相互作用、運動和穩定性、能量和波及其在信息傳遞上的應用)。我們已將這本教科書的第二版詳加安排，以使大學物理課程的經驗與這個框架相結合，並在每一章中提供觀念檢測和自我測試的機會。

本著以上所說的一切，以及想寫出一本迷人教科書的願望，我們已經創造了我們希望的一個工具，期望它可用來吸引學生的想像力，並使他們在主修領域 (誠然，希望我們可以至少使一些學生改為主修物理) 的未來課程中，做好更妥善的準備。來自超過 400 人的反饋，包括顧問委員會、幾位撰稿者、手稿審稿者和焦點小組參與者，大大幫助了這項巨大的工作，而不遑多讓的是我們在密歇根州立大學普通物理課的大約 6000 名學生，他們實地測試了我們的想法。我們感謝大家！

—*Wolfgang Bauer and Gary D. Westfall*

---

*譯者注：這個框架也是國內十二年國民基本教育自然科學領域課程綱要的主要參考資料。

目錄

本書特色　　　　　　　　　　　iii
編寫紀要　　　　　　　　　　　v

放眼看物理：發展前沿概述　1

第壹部分　質點力學

01　總論　9
  1.1　為何學物理？　10
  1.2　數的處理　11
  1.3　國際單位制　13
  1.4　自然界的各種尺度　15
  1.5　通用的解題策略　17
  1.6　向量　20
  已學要點｜考試準備指南　30
  自我測試解答　30
  解題準則：數字、單位與向量　31
  選擇題 / 觀念題 / 練習題 / 多版本練習題　31

02　直線運動　35
  2.1　運動學簡介　36
  2.2　位置向量、位移向量和距離　36
  2.3　速度向量、平均速度和速率　38
  2.4　加速度向量　41
  2.5　數值解與差值公式　42
  2.6　由加速度求出位移和速度　43
  2.7　等加速度運動　44
  2.8　自由落體運動　48

已學要點｜考試準備指南　51
自我測試解答　52
解題準則：一維運動學　52
選擇題 / 觀念題 / 練習題 / 多版本練習題　52

03　二維與三維運動　57
  3.1　三維座標系　58
  3.2　二維與三維的速度和加速度　59
  3.3　理想的拋體運動　59
  3.4　拋體的最大高度和射程　64
  3.5　實際的拋體運動　66
  3.6　相對運動　67
  已學要點｜考試準備指南　70
  自我測試解答　71
  解題準則　71
  選擇題 / 觀念題 / 練習題 / 多版本練習題　72

04　力　77
  4.1　力的類型　78
  4.2　重力向量、重量和質量　79
  4.3　淨力　81
  4.4　牛頓定律　82
  4.5　繩索和滑輪　84
  4.6　牛頓定律的應用　86
  4.7　摩擦力　91
  4.8　摩擦力的應用　97

普通物理

已學要點｜考試準備指南　99
自我測試解答　99
解題準則：牛頓定律　100
選擇題 / 觀念題 / 練習題 / 多版本練習題　101

05 動能、功與功率　107

5.1　日常生活中的能　108
5.2　動能　109
5.3　功　111
5.4　定力做的功　112
5.5　變力做的功　116
5.6　彈簧力　118
5.7　功率　122
已學要點｜考試準備指南　125
自我測試解答　126
解題準則：動能、功與功率　126
選擇題 / 觀念題 / 練習題 / 多版本練習題　127

06 位能與能量守恆　131

6.1　位能　132
6.2　守恆力與非守恆力　134
6.3　功與位能　136
6.4　位能與力　138
6.5　力學能守恆　141
6.6　彈簧力的功與能　144
6.7　非守恆力與功-能定理　148
6.8　位能與穩定性　151
已學要點｜考試準備指南　153
自我測試解答　154
解題準則：能量守恆　154
選擇題 / 觀念題 / 練習題 / 多版本練習題　154

07 動量與碰撞　159

7.1　動量　160
7.2　衝量　162
7.3　動量守恆　165
7.4　一維彈性碰撞　167
7.5　二維或三維彈性碰撞　171
7.6　完全非彈性碰撞　176
7.7　部分非彈性碰撞　180
已學要點｜考試準備指南　182
自我測試解答　183
解題準則：動量守恆　183
選擇題 / 觀念題 / 練習題 / 多版本練習題　184

第貳部分　延展體、物質及圓周運動

08 多質點系統與延展體　191

8.1　質心和重心　192
8.2　質心動量　195
8.3　火箭運動　198
8.4　計算質心　202
已學要點｜考試準備指南　206
自我測試解答　206
解題準則：質心和火箭運動　207
選擇題 / 觀念題 / 練習題 / 多版本練習題　207

09 圓周運動　213

9.1　極座標　213
9.2　角座標和角位移　215
9.3　角速度、頻率和週期　217

9.4　角加速度和向心加速度　219
9.5　向心力　221
9.6　圓周運動和直線運動　223
已學要點｜考試準備指南　227
自我測試解答　227
解題準則：圓周運動　228
選擇題 / 觀念題 / 練習題 / 多版本練習題　228

10 轉　動　235

10.1　轉動動能　236
10.2　轉動慣量的計算　238
10.3　無滑動的滾動　242
10.4　力矩　244
10.5　轉動運動的牛頓第二定律　246
10.6　力矩所做的功　248
10.7　角動量　250
已學要點｜考試準備指南　258
自我測試解答　259
解題準則：轉動　259
選擇題 / 觀念題 / 練習題 / 多版本練習題　259

11 靜力平衡　265

11.1　平衡條件　266
11.2　靜力平衡實例　268
11.3　建築結構的穩定性　274
已學要點｜考試準備指南　277
自我測試解答　277
解題準則：靜力平衡　277
選擇題 / 觀念題 / 練習題 / 多版本練習題　278

12 固體與液體　285

12.1　原子和物質的組成　286
12.2　物質狀態　287
12.3　伸張、壓縮和剪切　288
12.4　壓力　292
12.5　阿基米德原理　297
12.6　理想流體的運動　299
12.7　黏性　306
12.8　紊流和流體運動的研究前沿　307
已學要點｜考試準備指南　309
自我測試解答　309
解題準則：固體與流體　310
選擇題 / 觀念題 / 練習題 / 多版本練習題　310

第參部分　振盪與波

13 振盪　315

13.1　簡諧運動　316
13.2　鐘擺運動　324
13.3　諧振盪的功和能　327
13.4　阻尼諧運動　331
13.5　強制諧運動與共振　337
已學要點｜考試準備指南　340
自我測試解答　340
解題準則　341
選擇題 / 觀念題 / 練習題 / 多版本練習題　341

14 波　347

14.1　波動　348
14.2　耦合振盪器　348
14.3　波的數學描述　350

普通物理

14.4 波動方程式　355
14.5 二維和三維空間的波　358
14.6 波的能量、功率和強度　360
14.7 疊加原理和干涉　361
14.8 駐波和共振　364
已學要點｜考試準備指南　368
自我測試解答　369
解題準則　369
選擇題 / 觀念題 / 練習題 / 多版本練習題　370

15 聲音　375

15.1 壓力縱波　376
15.2 聲強度　378
15.3 聲音的干涉　380
15.4 都卜勒效應　383
15.5 共振和音樂　388
已學要點｜考試準備指南　392
自我測試解答　392
解題準則　393
選擇題 / 觀念題 / 練習題 / 多版本練習題　393

第肆部分　熱學

16 溫度　397

16.1 溫度的定義　398
16.2 溫度範圍　400
16.3 測量溫度　402
16.4 熱膨脹　403
16.5 地球表面的溫度　407
16.6 宇宙的溫度　409
已學要點｜考試準備指南　410

自我測試解答　410
解題準則　411
選擇題 / 觀念題 / 練習題 / 多版本練習題　411

17 熱與熱力學第一定律　415

17.1 熱的定義　416
17.2 熱功當量　417
17.3 熱和功　418
17.4 熱力學第一定律　420
17.5 第一定律用於特殊過程　422
17.6 固體和流體的比熱　424
17.7 潛熱和相變　425
17.8 熱的傳遞方式　428
已學要點｜考試準備指南　434
自我測試解答　435
解題準則　435
選擇題 / 觀念題 / 練習題 / 多版本練習題　436

18 理想氣體　441

18.1 經驗性氣體定律　442
18.2 理想氣體定律　445
18.3 均分定理　450
18.4 理想氣體的比熱　454
18.5 理想氣體的絕熱過程　459
18.6 氣體動力論　461
已學要點｜考試準備指南　464
自我測試解答　464
解題準則　465
選擇題 / 觀念題 / 練習題 / 多版本練習題　465

19 熱力學第二定律　469

- 19.1　可逆和不可逆過程　470
- 19.2　熱機和冷凍機　471
- 19.3　理想熱機　473
- 19.4　真實熱機和效率　478
- 19.5　熱力學第二定律　480
- 19.6　熵　482
- 19.7　熵的微觀解釋　487

已學要點｜考試準備指南　491
自我測試解答　491
解題準則　492
選擇題 / 觀念題 / 練習題 / 多版本練習題　492

第伍部分　電學

20 靜電學　497

- 20.1　電磁學　498
- 20.2　電荷　499
- 20.3　絕緣體、導體、半導體和超導體　502
- 20.4　靜電起電　503
- 20.5　靜電力—庫侖定律　506
- 20.6　庫侖定律和牛頓的重力定律　510

已學要點｜考試準備指南　511
自我測試解答　511
解題準則　511
選擇題 / 觀念題 / 練習題 / 多版本練習題　511

21 電場與高斯定律　517

- 21.1　電場的定義　518
- 21.2　場線　519
- 21.3　點電荷引起的電場　521
- 21.4　電偶極引起的電場　523
- 21.5　一般的電荷分布　526
- 21.6　電場產生的力　530
- 21.7　電通量　532
- 21.8　高斯定律　533
- 21.9　特殊對稱性　537

已學要點｜考試準備指南　541
自我測試解答　542
解題準則　542
選擇題 / 觀念題 / 練習題 / 多版本練習題　543

22 電位　547

- 22.1　電位能　548
- 22.2　電位的定義　550
- 22.3　等位面和等位線　553
- 22.4　各種電荷分布的電位　555
- 22.5　由電位求出電場　562
- 22.6　多個點電荷系統的電位能　564

已學要點｜考試準備指南　566
自我測試解答　567
解題準則　567
選擇題 / 觀念題 / 練習題 / 多版本練習題　567

23 電容器　573

- 23.1　電容　574
- 23.2　電路　575

xi

普通物理

23.3 平行板電容器和其他類型的電容器 576
23.4 電路中的電容器 580
23.5 存於電容器中的能量 584
23.6 介電質電容器 588
23.7 介電質的微觀描述 592
已學要點｜考試準備指南 594
自我測試解答 595
解題準則 595
選擇題 / 觀念題 / 練習題 / 多版本練習題 595

24 電流與電阻 601

24.1 電流 602
24.2 電流密度 605
24.3 電阻率和電阻 608
24.4 電動勢和歐姆定律 613
24.5 串聯電阻器 615
24.6 並聯電阻器 618
24.7 電路中的能量和功率 620
24.8 二極體：電路中的單行道 622
已學要點｜考試準備指南 623
自我測試解答 624
解題準則 624
選擇題 / 觀念題 / 練習題 / 多版本練習題 624

25 直流電路 629

25.1 克希何夫定則 630
25.2 單迴路電路 633
25.3 多迴路電路 635
25.4 電流計和電壓計 640
25.5 RC 電路 643

已學要點｜考試準備指南 647
自我測試解答 647
解題準則 647
選擇題 / 觀念題 / 練習題 / 多版本練習題 648

第陸部分　磁學

26 磁性 653

26.1 永久磁體 654
26.2 磁力 656
26.3 帶電粒子在磁場中的運動 660
26.4 載流導線上的磁力 665
26.5 載流迴圈上的力矩 666
26.6 磁偶極矩 668
26.7 霍爾效應 670
已學要點｜考試準備指南 672
自我測試解答 672
解題準則 672
選擇題 / 觀念題 / 練習題 / 多版本練習題 673

27 運動電荷的磁場 677

27.1 必歐–沙伐定律 678
27.2 電流分布產生的磁場 679
27.3 安培定律 686
27.4 螺線管和環形管的磁場 688
27.5 視為磁體的原子 691
27.6 物質的磁性 693
27.7 磁性和超導性 696
已學要點｜考試準備指南 698
自我測試解答 699

目錄

解題準則　699

選擇題 / 觀念題 / 練習題 / 多版本練習題　699

28　電磁感應　705

28.1　法拉第實驗　706
28.2　法拉第感應定律　707
28.3　冷次定律　713
28.4　發電機和電動機　718
28.5　感應電場　720
28.6　螺線管的電感　721
28.7　自感應和互感應　722
28.8　RL 電路　725
28.9　磁場的能量和能量密度　728

已學要點｜考試準備指南　729

自我測試解答　729

解題準則　730

選擇題 / 觀念題 / 練習題 / 多版本練習題　730

29　電磁波　735

29.1　感應磁場的馬克士威感應定律　736
29.2　馬克士威方程式的波動解　740
29.3　電磁頻譜　745
29.4　坡印廷向量和能量傳輸　747
29.5　輻射壓力　749
29.6　偏振　751

已學要點｜考試準備指南　756

自我測試解答　757

解題準則　758

選擇題 / 觀念題 / 練習題 / 多版本練習題　758

附錄 A　基礎數學　763

附錄 B　元素性質　774

部分習題答案　779

來源　792

索引　795

普通物理

ns
放眼看物理：
發展前沿概述

本書將帶領你深入了解一些驚奇的物理學新進展，以及這些進展對其他各種科學和工程領域的助益。許多來自先進研究領域的題材，由本項入門課程的知識層級是可以一探究竟的。很多大學裡的一、二年級學生，已經參與了尖端的物理研究；通常這樣的參與所要求的，不過是本書所闡述的一些工具，外加幾天或幾週的課外閱讀，以及具有學習新事物和新技能所必需的好奇心和意願。

以下將定性的介紹當前物理研究前沿一些令人驚奇的新進展，以及在過去幾年中取得的一些成果；比較深入的論述，在特別提到的各章中可以找到。

能與功率

本世紀人類面臨的最大問題，或許是如何滿足不斷增加的能和功率需求。能是非常基本的物理課題，其轉化速率稱為功率，這將於第 5、6 兩章詳細討論。2010 年墨西哥灣「深水地平線」鑽油平台爆炸沉沒，2011 年福島第一核電反應爐遭受海嘯破壞，這兩起災難 (圖 1) 清楚顯示出要滿足我們對能的需求，可能帶來極大的風險。

在需求與日俱增下，眾多尋求可確保未來能源供應無虞的跨學門合作研究中，物理居於中樞地位。風 (圖 2)、水、生物 (物) 質和日光都是可能的替代能源。這些能源的利用，在未來數十年將會日益受到強調，而物理學家將致力於使其以最有效的方式達成。本書在許多章節中，將會重點指出這些科技及其物理原理。

七十多年前，貝特 (Hans Bethe) 和他的同事們釐清了太陽如何透過核聚變 (亦稱核熔合)，產生使生命得以存在於地球上的日光。如今，核物理學家正努力研究如何利用在地球上的核聚變，以產生近乎無窮的能

普通物理

圖 1　兩起環境大災難：(a) 燃燒中的墨西哥灣外海鑽油平台，造成美國史上最大的近海漏油意外。(b) 日本福島第一核電站因地震引發海嘯而嚴重受損的反應爐廠房，是過去 25 年來規模最大的核輻射污染來源。

圖 2　位於瑞典馬爾摩和丹麥哥本哈根之間的海上風力發電廠，提供的電力可媲美大型燃煤發電廠。

圖 3　美國國家點燃設備 (用於核聚變研究) 的靶室。

源。由多個工業化國家合作、刻正在法國南部建造的國際熱核實驗反應器 (ITER)，與完成於 2009 年、位於美國利佛摩國家實驗室的國家點燃設備 (圖 3)，將有助於研究人員探索核熔合技術在達到實用並具有商業價值之前所需解決的許多重要問題。

量子物理

愛因斯坦在 1905 年發表了三篇劃時代的論文：布朗運動 (證明原子是真實的)、相對論和光電效應，其中最後一篇論文引進了用以奠立量子力學的基本觀念之一。量子力學是研究與原子和分子尺度的物質有關的物理，它帶動了許多發明與應用，例如雷射現在常被用於 CD、DVD 和藍光等播放器、商品價格掃描器，乃至於眼科手術。量子力學也使我們對化學有更基本的理解：物理學家利用短於 10^{-15} 秒的雷射脈衝，以了解化學鍵是如何發展的。量子革命包括許多源源不斷的奇特發現，例如反物質。在過去十多年中，利用電磁陷阱，已成功產生稱為玻色–愛因斯坦凝聚的原子團，為原子和量子物理學開創了一個全新的研究領

域 (圖 4)。

凝態物理與電子學

物理學的興革與發明，創造並繼續帶動高科技產業的發展。電晶體的發明引進了電子時代，從第一個電晶體於貝爾實驗室發明至今，只不過 50 多年。現在一個桌上或膝上型電腦的中央處理單元 (CPU) 所含有的電晶體元件，多已超過 100 萬個。在過去幾十年中，計算機的應用範圍與能力有令人難以置信的增長，這要歸功於凝態物理的研究。英特爾創始人之一的穆爾 (Gordon Moore) 有句名言，表示計算機的處理能力，每兩年就會增加一倍，這樣的發展趨勢預計將持續至少十年以上。

圖 4　德國波昂大學的物理學家在 2010 年發現由光組成的玻色–愛因斯坦凝聚，稱為「超光子」。

計算機儲存容量的成長速度，比處理能力更快，約每 12 個月就增長一倍。費爾特 (Albert Fert) 和格林貝格 (Peter Grünberg) 在 1988 年發現巨磁阻，並因此獲頒 2007 年諾貝爾物理獎。這一發現被應用到電腦硬碟，只花了 10 年，就使儲存容量提高到數百 GB (1 GB = 10 億個信息) 甚至 TB (1 TB = 1 兆個信息) 的層級。

資訊網路的容量和頻 (帶) 寬每 9 個月就加倍。現在幾乎每個國家都有無線網路存取點，可以讓你將電腦或智慧型手機連接到網際網路。全球資訊網 (WWW) 的構想來自伯納斯–李 (Tim Berners-Lee)，然而，由他當時在瑞士的 CERN 粒子物理實驗室，因為工作需要而開發這個新媒介，以方便世界各地的物理學家共同合作，到今天也不過才幾十年。

每個人幾乎都有手機或其他的高功能通信設備。現代的物理研究使消費者用的電子設備不斷變小，並帶動了數位化用品的整合，使得手機可以兼具數位照相、影音錄放、電子郵件收發、網路瀏覽和全球定位等功能。新的功能不斷被加入，而價格則持續下跌。離人類首次登陸月球不到 50 年，智慧型手機擁有的計算能力已超過進行這趟月球之旅所用的阿波羅太空船。

量子計算

物理研究人員仍不斷地在推展計算能力的極限，有許多團隊正在研究如何建造量子計算機。理論上，具有 N 個處理器的量子計算機，可以同時執行 2^N 個指令，而具有 N 個處理器的傳統計算機，則只能同時執行 N 個指令。因此，一個由 100 個處理器組成的量子計算機，將具

有超過現在所有超級計算機聯合起來的計算能力。雖然在此一願景成真前,有許多複雜的問題需要解決,但記住在 50 年前,要將上億個電晶體裝配到拇指指甲大小的計算機晶片裡,似乎也是件根本不可能的事。

計算物理

　　物理和計算機之間的互動是雙向的。傳統的物理研究,可依其本質分為實驗的或理論的。教科書因為要分析物理學主要公式裡所隱含的概念與想法,似乎對理論較為青睞;另方面,當新觀察到的現象似乎與理論描述相悖時,就會帶來許多實驗的研究。然而,電腦的興起使得第三種物理學分支,也就是計算物理,成為可能。現在,大多數物理學家都依賴計算機來處理數據、使數據轉化為可見的形象、解決大型的耦合方程組,或研究那些簡單分析方法仍屬未知的系統。

　　新興研究領域中的混沌和非線性動力學,堪稱為計算物理的範例。在 1963 年,麻省理工學院的大氣物理學家勞侖次 (Edward Lorenz) 藉助於計算機,對混沌行為進行模擬,可說是首開先例。他採用具有三個耦合方程的簡單天氣模型,求得其解,並發覺初始條件與解之間,存在敏感的相依性——初始條件的極微小變動,在後來導致了非常大的偏差。這個現象現在有時也被稱為蝴蝶效應,因為就觀念而言,它就像一隻蝴蝶在中國扇動翅膀,可能在幾個星期後改變美國的天氣。這種對初始條件的敏感性,意味著長期而確定的天氣預測是不可能的。

複雜性和混沌

　　由很多不同個體構成的系統,即使各組成個體遵循的都是簡單的非線性動力學規則,也常會表現出非常複雜的行為。物理學家已開始探討許多系統的複雜性,包括簡單的砂堆、交通堵塞、股市、生物進化、碎形,以及分子和奈米結構的自我組合。複雜性科學是過去十多年來出現的另一個正在快速增長的領域。在第 7 章關於動量與第 13 章關於振盪的說明中,將討論到混沌與非線性動力學。這些模型往往非常簡單,大一學生可以做出有價值的貢獻,但一般需要一些電腦程式設計能力。具有程式設計的特長,將使你對許多先進的物理研究計畫做出貢獻。

奈米科技

　　對於如何針對個別的原子來進行物質的操控,物理學家已漸掌握所需的知識和技能。過去二十年中,掃描、穿隧和原子力顯微鏡已使研究

人員能夠看到單個原子 (圖 5)，在某些情況下，並且能控制它們隨處移動。奈米科學和奈米技術專門挑戰這類問題，由此找到的答案，將有可能帶來極大的技術進步，包括更加小型化而具更強功能的電子產品到新藥的設計，甚或是操縱 DNA 以治癒某些疾病。

生物物理

就如同在 20 世紀時物理學家走入化學家的領域，在 21 世紀，物理學和分子生物學正快速的進行跨學科的合併。研究人員已經能夠利用雷射鑷子移動單一的生物分子。X 射線繞射技術已經精密到足夠讓研究人員獲得非常複雜蛋白質的三維結構照片，而理論生物物理學家也漸能成功的由這些分子所含氨基酸的序列，預測它們的空間結構及其所關聯的功能。研究人員開始對各種生物實體有微觀的理解，一些團隊由分子層次模擬生物學的過程 (圖 6)，也逐步獲致進展。

高能/粒子物理

原子核和粒子物理學家對組成物質的最小成分，一直在進行愈來愈深入其內部的探查。例如，2010 年 3 月，安置於瑞士日內瓦 CERN 實驗室的世界上能量最高的加速器，稱為大型強子對撞機 (LHC)，開始了它的物理研究計畫。LHC 座落於一個周長為 27 公里的圓形地下隧道，在圖 7 中以紅色圓圈標示。這個史上最昂貴的研究設備，耗費超過 80 億美元。粒子物理學家用此設備產生有史以來最高能量的質子碰撞，以求找出不同基本粒子所以有不同質量的原因，探究什麼是宇宙最基本的成分，或許也用來尋找隱藏的額外維度或其他奇異的現象。CERN 的核物理學家使能量極高的鉛原子核互撞，以期重新產生宇宙在大爆炸誕生後最初幾分之一秒內的狀態。一個大型離子對撞機實驗 (A Large Ion Collider Experiment, ALICE) 探測器 (圖 8a) 將來自這項碰撞的幾千個次原子粒子軌跡 (圖 8b) 轉為計算機圖像。第 26

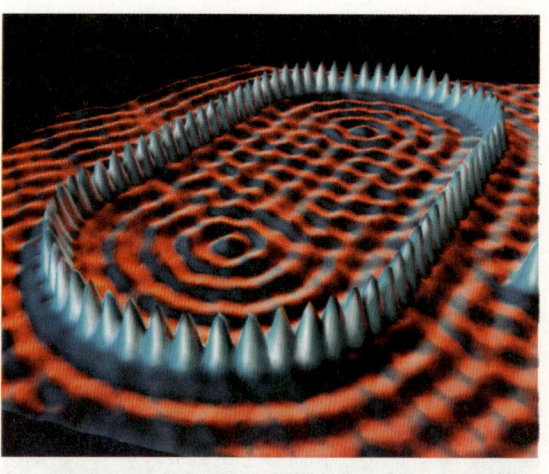

圖 5　在銅表面上，許多個鐵原子排列成一個球場的形狀。球場內的「漣漪」來自電子密度分佈形成的駐波。此一排列的產生與成像，都是透過掃描穿隧顯微鏡。

圖 6　以計算機模擬一個色素體胞囊中所含的大約 200 個蛋白質，胞囊可導引陽光的能量以合成三磷酸腺苷。

普通物理

圖 7 瑞士日內瓦的鳥瞰圖，疊加的紅線為大型強子對撞機 (LHC) 所在的地下隧道位置。

和 27 章討論磁和磁場時，將說明如何分析這些軌跡，以找出產生它們的粒子所具有的性質。

弦理論

在粒子物理學中，有個處理所有粒子及其相互作用的標準模型，這個模型非常管用，但何以如此的原因不詳。弦理論目前被認為是最有可能在未來提供此項解釋的理論架構。弦理論有時誇稱是「萬物理論 (即一切事物的理論)」，它預測額外空間維度的存在，乍聞之下，這像是科幻小說，但許多物理學家正努力尋找可測試這項理論的實驗。

天文物理學

在許多探究上，物理學和天文學有廣泛的重疊，例如宇宙初期的歷史、恆星演化的模型、重力波或最高能宇宙射線的起源等。有些更精確和更精密的天文台，正被建造來研究這些現象，如韋伯 (James Webb) 太空望遠鏡 (圖 9)。

天文物理學家繼續做出驚人的發現，重新塑造我們對宇宙的理解。不過是幾年前，才發現宇宙中物質的大部分，並不是存在於恆星之中。這種暗物質的成分仍屬未知，但它的作用可藉由重力透鏡效應顯示出

(a)

(b)

圖 8　(a) 在建造過程中的 ALICE 探測器 (位於 LHC 內)。(b) 在 ALICE 探測器內，來自兩個高能鉛原子核互撞所產生的幾千個次原子粒子軌跡，經由電子方式轉為計算機圖像。

放眼看物理：發展前沿概述

來，就如圖 10 中在艾伯耳 (Abell) 2218 星系團觀測到的圓弧；此星系團距離地球 20 億光年，位於天龍 (Draco) 星座。這些圓弧是更遙遠星系的圖像，它們因大量暗物質的存在而被扭曲。

對稱、簡單和優雅

從最小的次原子粒子到整個宇宙，物理學定律支配了從原子核到黑洞的所有結構及其變動。物理學家已有極為大量的發現，但每一個新發現都開啟了更多令人興奮的未知領域。因此，我們繼續建構理論來解釋所有的物理現象。引導這些理論如何發展的，除了與實驗事實相符的要求外，還有一些信念，即力求符合對稱、簡潔和優雅的設計原則。大自然的定律可以用簡單數學式 ($F = ma$，$E = mc^2$，和許多其他較不有名的) 來表達，確實是一項相當令人震驚的事實。

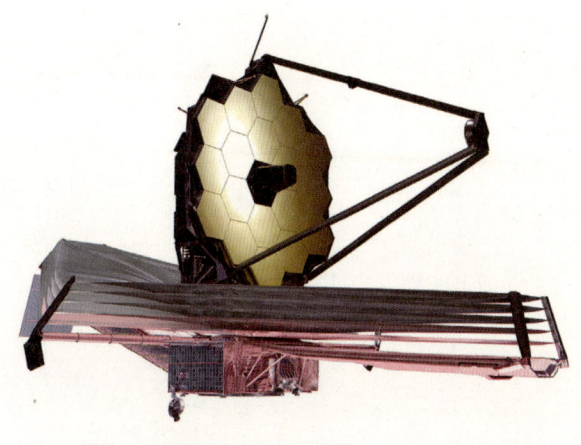

圖 9　韋伯 (James Webb) 太空望遠鏡。

圖 10　艾伯耳 (Abell) 2218 星系團與因暗物質的重力透鏡效應而產生的圓弧。

本簡介試圖傳達現代物理學發展前沿的梗概，以及其他從生物學、醫學到工程等相關領域所取得進展。這本書應能幫助你打下一個基礎，以欣賞、理解，甚至參與這項充滿活力的研究企業，讓它繼續改善甚至重塑我們對周圍世界的了解。

7

第壹部分　質點力學

01 總論

待學要點
1.1 為何學物理？
1.2 數的處理
　　科學記數法
　　有效數字
1.3 國際單位制
　　例題 1.1　土地面積的單位
1.4 自然界的各種尺度
　　長度尺度
　　質量尺度
　　時間尺度
1.5 通用的解題策略
　　詳解題 1.1　圓柱體的體積
　　例題 1.2　一桶石油的體積
　　解題準則：估計
1.6 向量
　　直角座標系
　　向量的直角座標表述
　　圖形化的向量加法和減法
　　以分量進行向量加法
　　純量與向量相乘
　　單位向量
　　向量的長度和方向
　　兩向量的純量積
　　例題 1.3　兩位置向量的夾角
　　向量積
　　詳解題 1.2　徒步旅行

已學要點｜考試準備指南
　　解題準則
　　選擇題
　　觀念題
　　練習題
　　多版本練習題

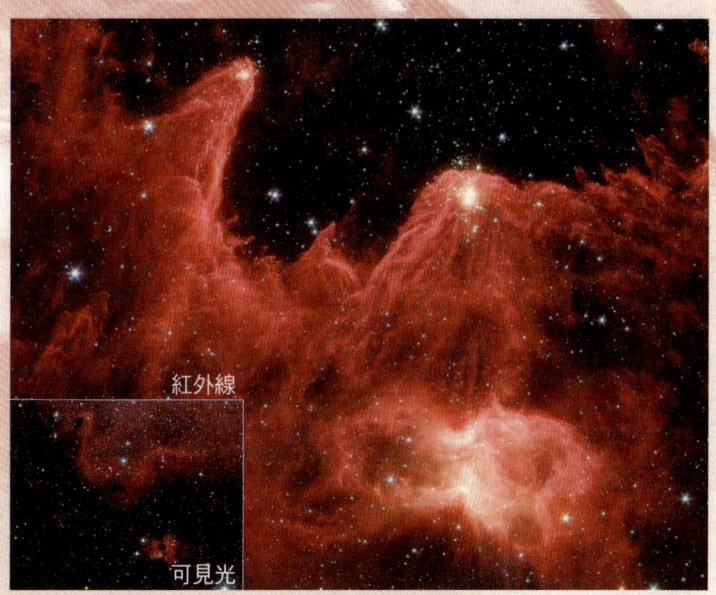

圖 1.1　Spitzer 太空望遠鏡所拍攝到在 W5 恆星形成區的紅外線圖像；左下插圖為可見光圖像。

圖 1.1 的醒目圖像，有可能是以下三者之一：在盛水玻璃杯中擴散的有色液體、有機體中的生物活動，或者甚至是畫家想像中在未知星球上的山脈。如果說這個景象的寬度是 70，這會幫助你決定它是哪個圖像嗎？可能不會，因為你需要知道寬度 70 的意思是什麼，例如 70 米、0.000070 吋，還是 70,000 哩。

其實圖 1.1 是一張紅外線圖像，顯示由氣體和塵埃形成的雲，橫跨大約 70 光年的距離 (1 光年約 10^{15} 米，等於以光速行進 1 年所走的距離)。這些雲與地球的距離約 6500 光年，發亮區中含有新形成的恆星。我們能看到這類圖像，使用的是現代天文學的前沿技術，但它實際還是要靠

9

普通物理

 待學要點

- 了解使用科學記數法及適當位數的有效數字，在物理學中是重要的。
- 我們將熟悉國際單位系統與其基本單位的定義，以及如何進行單位轉換。
- 我們將利用既有的長度、質量、時間尺度，建立合適的其他參考尺度，以領會物理系統的浩瀚廣被。
- 我們將應用一種在本課程及科學和工程上非常有用的解題策略，以分析和理解問題。
- 我們將練習以向量從事各種運算：向量加法、減法和乘法、單位向量、向量的長度和方向。

本章中所介紹的數、單位和向量等基本觀念。

本章所述內容，雖不一定是物理學的基本原理，但對物理學中各種觀念的建立和觀察結果的傳達，助益良多。全書從頭到尾，經常會用到單位、科學記數法、有效數字和向量觀念。我們在了解這些觀念後，將討論運動及其原因。

1.1 為何學物理？

物理學是所有其他自然科學和工程科學的基礎。好好掌握基本物理觀念，可讓你牢牢奠定汲取各種科學高深知識的基礎。例如，物理學的守恆定律和對稱性原則，也可應用在所有的科學現象和日常生活的許多問題上。

修讀物理學，可使你具體掌握各種物理系統在距離、質量和時間方面所涉及的尺度，包括微小如原子核的最小成分到浩瀚如構成宇宙的星系。所有自然界的系統都遵循相同的物理學基本法則，這使我們可透過一個統一的理論，了解人類是如何被納入宇宙的整體布局中。

物理學與數學的關係密切，因為透過不計其數的具體應用，物理活化了三角學、代數、微積分的抽象觀念；而你修讀物理時所學到的分析思考和解決問題的一般方法，在日後的生涯中仍會是很有用的。

透過具有整體一致性的物理理論和妥適設計的實驗，我們對周圍環境有更深的了解，及更大的控制能力。眼看空氣與水污染、有限的能源、全球氣候暖化等問題，勢將威脅地球上絕大部分生命的持續存在，我們遠比過去更迫切需要了解與環境相互作用的後果。你很有可能會被要求以科學家、工程師或平常公民的身分，幫助決定這些問題領域的公共政策。要作這樣的決定，對基本科學問題具有一個客觀的認識，是至

關重要的。

本書的主要目的是：使你具有恰當的配備，以便對當今社會重要的討論與決定，作出健全的貢獻。閱讀和使用本書後，你將能夠更深入的賞識主宰宇宙的根本法則，以及發現這些法則所用的種種凌駕文化與歷史的工具。

1.2 數的處理

針對數量化信息的溝通，科學界久已制訂了相關的規則。如果你要傳達一項測量結果，例如：兩地之間的距離、你的體重或一場演講的久暫，你必須以一個標準單位的倍數 (包括小於 1 的分數)，來指出這個結果。因此，每個測量結果都是一個數和一個單位的結合。

科學記數法

每個人體內大約有 7,000,000,000,000,000,000,000,000,000 個原子，如果常用到這個數，你一定希望有更簡潔的寫法，這正是**科學記數法**的用處。使用此法時，我們以一個小於 10、但大於或等於 1 的數 (稱為尾數)，乘以 10 的次方 (或指數)，來表示一個數：

$$\text{數} = \text{尾數} \cdot 10^{\text{指數}} \tag{1.1}$$

因此，人體內的原子個數可以寫為 $7 \cdot 10^{27}$，其中 7 是尾數，27 是指數。

利用科學記數法，可以很容易的進行兩個大數的乘除。想求兩數的乘積時，可將兩數的尾數相乘，並將兩數的指數相加。以估計地球上全部人體內的原子總數為例，2017 年地球上大約有 75 億 ($= 7.5 \cdot 10^9$) 人，因此將 $7.5 \cdot 10^9$ 乘以 $7 \cdot 10^{27}$，就可得到答案。我們將兩個尾數相乘，並將兩個指數相加：

$$(7 \cdot 10^9) \cdot (7 \cdot 10^{27}) = (7.5 \cdot 7) \cdot 10^{9+27} = 52.5 \cdot 10^{36} = 5.25 \cdot 10^{37} \tag{1.2}$$

在最後一個步驟中，我們遵循在尾數的小數點前只保留一位的約定，並相應地調整指數的值。但注意如後所述，我們仍須進一步調整這個答案！

同理，使用科學記數法以求兩個數 A 與 B 的商 A/B 時，我們須將 A 的尾數除以 B 的尾數，並將 A 的指數減去 B 的指數。

>>> **觀念檢測 1.1**
已知地球的總表面積 $A = 4\pi R^2 = 4\pi (6370 \text{ km})^2 = 5.099 \cdot 10^{14} \text{ m}^2$，人口總數約為 $7.5 \cdot 10^9$ 人，則每人可用的面積平均為何？
(a) $6.8 \cdot 10^4 \text{ m}^2$
(b) $6.8 \cdot 10^{24} \text{ m}^2$
(c) $3.4 \cdot 10^{24} \text{ m}^2$
(d) $3.4 \cdot 10^4 \text{ m}^2$

普通物理

有效數字

當我們將人體內的原子個數記為 $7 \cdot 10^{27}$ 時，表示我們知道它至少是 $6.5 \cdot 10^{27}$，但小於 $7.5 \cdot 10^{27}$；但若記為 $7.0 \cdot 10^{27}$，則表示我們更精確的知道真正的值是在 $6.95 \cdot 10^{27}$ 和 $7.05 \cdot 10^{27}$ 之間。

通常當你寫出一個數的尾數時，它所具有的位數多寡，反映你對此數知道得有多麼精確；位數愈多就表示愈精確 (見圖 1.2)。尾數的位數總數，稱為 **有效數字** 的個數 (有時亦稱為位數)。下面是關於有效數字的一些規則與例子：

> **觀念檢測 1.2**
> 下列各數的有效數字有幾個？
> a) 2.150 b) 0.215000
> c) 0.000215 d) 0.215 + 0.21
> e) 215.00

- 有效數字的個數是指一個數以一位或多位的數字表示時，其中數字確知為可靠之位數的總數。例如 1.62 的有效數字有 3 個 (也可說是 3 位)，而 1.6 則只有 2 個 (或 2 位)。

- 以整數表示的數，具有無限的精確度。例如某人有 3 個孩子，就表示正好 3 個，不多也不少。

- 前導的零並非有效數字。1.62 與 0.00162 的有效數字個數是相同的，均為 3 個。有效數字是由左至右從第一個非零的數字開始起算。

- 尾隨的零，確為有效數字。1.620 有四個有效數字；寫出尾隨的零代表更高的精確度！

- 以科學記數法表示的數，其有效數字的個數，與尾數所具有的相同。例如，$9.11 \cdot 10^{-31}$ 有 3 個有效數字，與尾數 (9.11) 所具有的相同。

- 在乘法或除法中最後的計算結果，通常不能比計算開始時的任一因

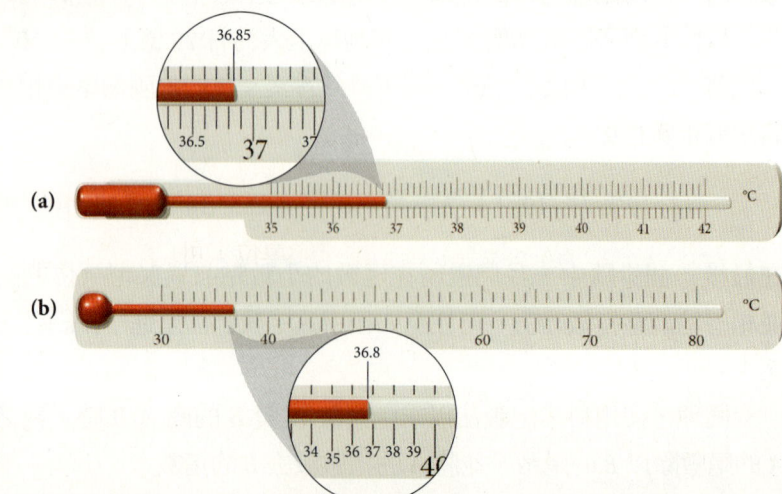

圖 1.2　以兩個溫度計測量相同的溫度。(a) 刻度標示到 0.1 °C 的溫度計，讀數為 4 位有效數字 (36.85 °C)；(b) 刻度標示到 1 °C 的溫度計，讀數為 3 位有效數字 (36.8 °C)。

12

子，具有更多位的有效數字。例如 1.23/3.4461 的結果不可以寫成 0.3569252；1.23/3.4461 = 0.357 才是正確的結果。計算的結果必須四捨五入，使其具有正確的有效數字個數，這在此例中為 3 個，也就是分子 (1.23) 的有效數字個數。

- 兩個數在小數點後某一位數上的數字必須同屬有效數字，才可以在完成兩數的加減並將結果四捨五入後，保留該位數的數字。例如 1.23 + 3.4461 = 4.68，而不是 4.6761。

> **觀念檢測 1.3**
> 若 $x = 0.43$，$y = 3.53$，則下列何者的有效數字個數為最多？
> a) 和 $x+y$ b) 乘積 xy
> c) 差 $x-y$ d) 數 x
> e) 數 y

最後，讓我們再次考慮地球上全部人口所含的原子總數。因為一開始的兩個數，有一個只有一位有效數字，所以它們相乘的結果需要捨入到只剩一位有效數字，而成為 $5 \cdot 10^{37}$。

1.3 國際單位制

國際單位制 (SI unit system) 通常簡稱為 SI (法文 Système International 的縮寫)，有時也稱為米制或公制。此制共有 7 個基本單位，如表 1.1 所列。比較常用的三個 SI 基本單位的定義目前如下：

- 1 米 (m) 是在 1/299,792,458 秒的時間內，光在真空中前進的距離。
- 1 千克 (kg) 的定義為國際千克原器的質量。此原器 (圖 1.3) 在仔細控制的環境下，被保存於法國巴黎附近。
- 1 秒 (s) 是指銫–133 的原子在特定的兩個狀態間來回變化時所發出的電磁波，振盪 9,192,631,770 次所需的時間。直到 1967 年，1 秒是指一個平均太陽日的 1/86,400，但以上述方式利用原子所下的定義更精確，且可以更可靠的被複製。

圖 1.3 存放在巴黎的千克原器。

與符號有關的約定：本書依據 SI 的符號約定，單位以羅馬 (正體) 字母表示，物理量以斜體字母表示。例如，正體的 m 代表米 (長度單位)，而斜體的 m 則代表質量 (物理量)。因此，一個物體的質量為 17.2 kg 可用數學式表示為 m = 17.2 kg。

SI 基本單位以外的所有其他物理量的單位，可以由表 1.1 的 7 個基本單位導出。例如：面積的單位為 m^2，體積和質量密度的單位分別為 m^3 和 kg/m^3，速度和加速度的單位分別為 m/s 和 m/s^2。為了方便使用，有些導出單位另有替代的名稱和符號；替代的名稱通常是一位知名物理學家的姓氏。

將上述基本單位和導出單位乘以 10 的次方後，可以獲得 SI 所認可

普通物理

▍表 1.1　國際單位制 (SI) 各基本單位的名稱與符號

單位名稱	符號	以之為基本單位的物理量
米 (公尺) (meter)	m	長度
千克 (公斤) (kilogram)	kg	質量
秒 (second)	s	時間
安培 (ampere)	A	電流
克耳文 (kelvin)	K	溫度
莫耳 (mole)	mol	物質量
燭光 (candela)	cd	發光強度

的倍數單位。這些 10 的次方可用表 1.2 所列的字首 (亦稱前綴) 與符號來表示。使用這些標準字首與符號，可以很容易的進行單位換算，例如由 1 公里 (km) 換算為厘米 (cm)：

$$1 \text{ km} = 10^3 \text{ m} = 10^3 \text{ m} \cdot (10^2 \text{ cm} / \text{m}) = 10^5 \text{ cm} \tag{1.3}$$

如上式所示，使用 SI 進行單位換算時，只需用到表 1.2 中各個標準字首與符號所對應的倍數值，並在指數部分進行整數的加減即可。

▍表 1.2　SI 標準前綴

因子	前綴	代號	因子	前綴	代號
10^{24}	佑 (yotta-)	Y	10^{-24}	攸 (yocto-)	y
10^{21}	皆 (zetta-)	Z	10^{-21}	介 (zepto-)	z
10^{18}	艾 (exa-)	E	10^{-18}	阿 (atto-)	a
10^{15}	拍 (peta-)	P	10^{-15}	飛 (femto-)	f
10^{12}	兆 (tera-)	T	10^{-12}	皮 (pico-)	p
10^{9}	吉 (giga-)	G	10^{-9}	奈 (nano-)	n
10^{6}	百萬 (mega-)	M	10^{-6}	微 (micro-)	μ
10^{3}	千 (kilo-)	k	10^{-3}	毫 (milli-)	m
10^{2}	百 (hecto-)	h	10^{-2}	厘 (centi-)	c
10^{1}	十 (deka-)	da	10^{-1}	分 (deci-)	d

> **例題 1.1　土地面積的單位**
>
> 　　在使用 SI 的國家中，土地面積的單位是公頃 (ha)，亦即 10,000 平方米。台灣採用 SI 為度量衡的法定單位，但民間房地產交易常以坪來計算面積，1 坪相當於 3.306 平方米。
>
> 問題：若一塊農地的面積正好為 1/4 公頃，則此塊地等於多少坪？
>
> 解：
> 　　以 A 代表此塊地的面積，則 $A = \dfrac{1}{4}$ 公頃，由 1 公頃 = 10,000 m^2，可

得

$$A = \frac{1}{4} \cdot 10000 \text{ m}^2 = 2500 \text{ m}^2$$

因 1 坪 = 3.306 m²，亦即 1 坪/3.306 m² = 1.000，故此塊地的坪數為

$$A = 2500 \text{ m}^2 \cdot 1.000 = 2500 \text{ m}^2 \cdot \frac{1 \text{ 坪}}{3.306 \text{ m}^2} = 756.2 \text{ 坪}$$

注意：單位與數字的運算規則相同，故上式中分子與分母的單位 m² 可當作公因子，而予消去。此例中出現的整數，都為無限精確，但 3.306 的有效數字為 4 位，而計算步驟只涉及乘除運算，故答案的有效數字取到 4 位。

1.4　自然界的各種尺度

物理學最令人驚奇的一點是：任何物體，不論其大小，都遵循物理學的法則。本節我們將看出物理對其具有預測能力的系統，在尺度上跨越許多**數量級** (即 10 的次方)。

用詞說明：以下稱某數的「數量級為 10^n」，代表某數是「在 10^n 的 2 或 3 倍之內」。

長度尺度

長度是空間中兩個點彼此分開的距離有多遠的量度。圖 1.4 顯示了一些物體和系統的長度所對應的尺度，它們跨越了 40 個以上的數量級。

平均而言，人類身高的數量級是一米；將一米縮短一百萬倍，就成為微米，約為單個人體細胞或細菌的典型直徑大小。

如果再縮短一萬倍，成為 10^{-10} 米，就是單個原子的典型直徑。這是最先進的顯微鏡可以解析的最小尺寸。

原子的內部是原子核，其直徑約為原子的萬分之一，數量級為 10^{-14} 米。構成原子核的質子和中子，每個的直徑大約為 10^{-15} 米 (一飛米或 1 fm)。

從地球到月球的距離是 384,000 公里，而從地球到太陽的距離約為此的 400 倍，或約 1.5 億公里；此距離稱為一個天文單位，符號為 AU，即

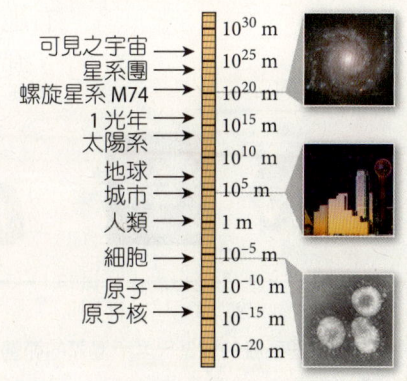

圖 1.4　物理系統長度尺度的範圍。右邊圖片從上到下分別是螺旋星系 M74、美國達拉斯市的天際線、SARS 病毒。

普通物理

$$1 \text{ AU} = 1.49598 \cdot 10^{11} \text{ m} \tag{1.4}$$

我們太陽系的直徑約為 10^{13} 米，或 60 AU。

為了要涵蓋太陽系以外的距離尺度，天文學家推出了非 SI 的單位，名為光年，相當於光在 1 年的時間於真空中所走過的距離：

$$1 \text{ 光年} = 9.46 \cdot 10^{15} \text{ m} \tag{1.5}$$

最後，可見宇宙的半徑約 140 億光年，即 $1.5 \cdot 10^{26}$ 米。因此，從一個質子到整個可見宇宙，就大小而言，跨越大約 41 數量級。

質量尺度

質量是指物體所含的物質總量。當你考慮各類物體的質量範圍時，它比長度所跨越的數量級，更為驚人 (圖 1.5)。

原子及其組成粒子的質量，小得令人難以置信。一個電子的質量僅為 $9.11 \cdot 10^{-31}$ 千克。質子的質量為 $1.67 \cdot 10^{-27}$ 千克，約比一個電子大 2000 倍。

地球的質量可以相當精準的確定為 $6.0 \cdot 10^{24}$ 千克。太陽的質量為 $2.0 \cdot 10^{30}$ 千克。我們的星系 (銀河系)，估計約有 2000 億個恆星，因此質量大約為 $3 \cdot 10^{41}$ 千克，而整個宇宙包含數十億個星系，質量大約是 10^{51} 千克。

有趣的是，有些物體是沒有質量的。例如，光子是組成光的「粒子」，其質量為零。

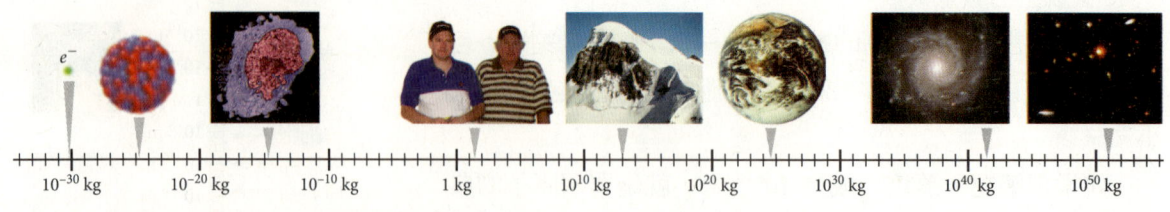

圖 1.5　物理系統的質量尺度所涵蓋的範圍。

時間尺度

時間是指兩事件之間相隔的久暫。與每個人有關的時間尺度，範圍約由一秒 (人心跳一次) 至一個世紀 (個人的壽命)。

極端相對論性重離子碰撞的時間數量級為 10^{-22} 秒，比我們可以直接測量的時間間隔，短了一百萬倍以上。

我們可以間接測量或推斷的最長時間間隔,是宇宙的年齡。依目前的研究,這一數字為 137 億年,其誤差在 2 億年以下。

1.5 通用的解題策略

一名籃球運動員會花上好幾個鐘頭練習罰球基本動作,一再重複同樣的動作,使他在投籃時變得非常可靠。在解決數學和物理問題上,你需要發展相同的理念:你需要練習良好的解題技巧。

什麼是解決問題的好策略?以下是一個有助你起步的通用模式:

1. **思索**　仔細閱讀問題。問問自己,哪些是已知量,哪些是可能有用但未知的量,要求出的量是什麼。寫下這些量,並以常用的符號代表它們。如果有必要,轉換成 SI 單位。
2. **繪圖**　畫出物理情境的草圖,以幫助你將問題形象化。在定義變數時,它往往也是不可少的。
3. **推敲**　將問題所適用的物理原理或定律,表示為方程式,並透過它們將已知和未知的量彼此連接。有時你會立即看出,方程式中只涉及一些已知量和一個待求的未知量。更多的時候,你必須做一些推導,將兩個或多個已知方程式結合成一個你所要的方程式。
4. **簡化**　不要急著將數字代入方程式中!先運用代數使結果盡量簡化。這一步驟在需要計算多個量時,特別有用。
5. **計算**　將數值與單位代入方程式中,並進行計算。你獲得的答案一般會是一個數字和一個物理單位。
6. **捨入**　確定你的結果應具有幾位的有效數字。依據粗略的經驗法則,經相乘或相除後得到的最後結果,應四捨五入直到其有效數字的位數,與參與乘除的各量中有效數字位數最少者相同。在計算的中間步驟時不應該四捨五入,因為太早捨入可能會導致錯誤的答案。
7. **複驗**　回頭看看結果。檢驗所得答案 (數字和單位) 是否近乎實際,透過這最後的檢驗,常可避免錯誤的答案。

我們將上述策略應用到下面的例子。

詳解題 1.1　圓柱體的體積

問題:有一實驗室的核廢料,儲存在高度 $4\frac{13}{16}$ in、周長 $8\frac{3}{16}$ in 的圓柱體內。使用 SI 單位時,該圓柱體的體積為何?(1 in = 1 吋 = 2.54 cm)

解：

為了練習解題的技能，我們將逐一進行上述策略的每個步驟。

思索 根據題目，汽缸的高度換算為厘米時為

$$h = 4\tfrac{13}{16} \text{ in} = 4.8125 \text{ in}$$
$$= (4.8125 \text{ in}) \cdot (2.54 \text{ cm/in})$$
$$= 12.22375 \text{ cm}$$

另外，圓柱體的周長為

$$c = 8\tfrac{3}{16} \text{ in} = 8.1875 \text{ in}$$
$$= (8.1875 \text{ in}) \cdot (2.54 \text{ cm/in})$$
$$= 20.79625 \text{ cm}$$

顯然的，轉換為 SI 單位後的 h 和 c，其有效數字的位數太多。儘管如此，在計算過程中，我們將它們保留，只在最後才將答案四捨五入，使它具有適當的有效數字位數。

繪圖 其次，我們繪製草圖，如圖 1.6。注意：已知量只以符號表示，而非數值。

推敲 現在我們必須由高度和周長找出圓柱體的體積。幾何公式彙編常以底面積和高度的乘積表示圓柱體的體積：

$$V = \pi r^2 h$$

一旦找到半徑和周長的關係，就可獲得我們需要的公式。圓柱體的頂部和底部都為圓，而我們知道對圓而言：

$$c = 2\pi r$$

簡化 記住：暫不代入數值！為了簡化計算工作，我們由上式解出 r，再將結果代入第一式：

$$c = 2\pi r \Rightarrow r = \frac{c}{2\pi}$$

$$V = \pi r^2 h = \pi \left(\frac{c}{2\pi}\right)^2 h = \frac{c^2 h}{4\pi}$$

計算 現在是拿出計算器鍵入數字的時候：

$$V = \frac{c^2 h}{4\pi}$$
$$= \frac{(20.79625 \text{ cm})^2 \cdot (12.22375 \text{ cm})}{4\pi}$$
$$= 420.69239 \text{ cm}^3$$

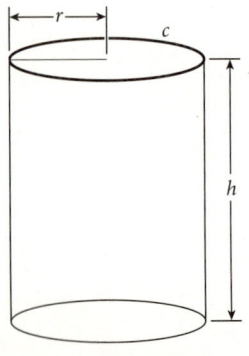

圖 1.6　正圓柱體的簡圖。

捨入 計算器的輸出結果比我們實際能宣稱的有效數字位數為多，我們需要四捨五入。由於輸入的各量只有 3 位有效數字，我們需要將結果四捨五入為 3 位有效數字，故最後答案為 $V = 421. \text{cm}^3$。

複驗 最後一步是核驗答案是合理的。首先，看看答案的單位，立方厘米是體積單位，所以我們的答案通過了第一道檢驗。現在，看看答案的數值大小。你可能已看出所給圓柱體的高度和周長，與一個汽水易開鋁罐的尺寸接近。如果你看看汽水罐上的體積 (容積) 標示，它會在 355 mL 左右 (1 mL 即 1 毫升)，因為 1 mL = 1 cm^3，所以我們的答案是相當接近汽水罐的體積。注意：這並不代表我們的計算一定是正確的，但它顯示我們沒有偏離太遠。

在詳解題 1.1，我們遵循通用策略中所列出的 7 個步驟。訓練你的頭腦遵循一定的程序以解決各種問題是極為有用的。這與籃球中練習罰球時總是遵循相同招式，並無不同；不停重複可幫助你建立不致失常所需的肌肉記憶，即使是在球賽勝負的決定關頭。

詳解題 1.1 採用的方法是非常有用的，本書中會一再重複運用。然而，對不需動用詳解題全套步驟來說明的簡單論點，我們有時會採用例題的方式來呈現。

例題 1.2　一桶石油的體積

問題：一桶石油的體積是 159 L。若要設計可裝一桶石油的圓筒容器，且此容器內部的高度須為 1.00 m，以便裝進運輸櫃中，則此圓筒容器內部的周長至少為何？(1 L = 1 公升)

解：

我們由詳解題 1.1 的簡化步驟中導出的方程式開始，可得容器內部的周長 c、高度 h 與體積 V 的關係：

$$V = \frac{c^2 h}{4\pi}$$

由此將周長解出，可得

$$c = \sqrt{\frac{4\pi V}{h}}$$

當以 SI 單位表示時，體積為

$$V = 159 \text{ L} \frac{1000 \text{ mL}}{\text{L}} \frac{1 \text{ cm}^3}{1 \text{ mL}} \frac{1 \text{ m}^3}{10^6 \text{ cm}^3} = 0.159 \text{ m}^3$$

普通物理

故所需的周長為

$$c = \sqrt{\frac{4\pi V}{h}} = \sqrt{\frac{4\pi (0.159 \text{ m}^3)}{1.00 \text{ m}}} = 1.41 \text{ m}$$

本章沒有任何微積分，而後續章節將視需要溫習有關的微積分觀念，但另有一門數學科目被廣泛用於普通物理學中：三角學。本書幾乎每一章都會以某種方式用到直角三角形。因此，溫習正弦、餘弦和類似的公式，以及不可少的畢氏定理(即勾股定理)，是一個好主意。

解題準則：估計

有時你並不需要求出物理問題的精確答案。當要求的只是一個估計值時，知道量的數量級就夠了。此時，你可以將所有的數字四捨五入到最接近的 10 的次方，然後再進行必要的運算。例如，在詳解題 1.1 中的計算可簡化為

$$\frac{(20.8 \text{ cm})^2 \cdot (12.2 \text{ cm})}{4\pi} \approx \frac{(2 \cdot 10^1 \text{ cm})^2 \cdot (10 \text{ cm})}{10} = \frac{4 \cdot 10^3 \text{ cm}^3}{10} = 400 \text{ cm}^3$$

這與之前所給的答案 420. cm³ 非常接近。即使將 20.8 cm 四捨五入為 10 cm，以致體積的答案變為 100 cm³，其數量級還是正確的。

1.6 向量

一個具有量值和方向的量，稱為**向量**。向量的量值(有時亦稱為大小)是一個不為負值的數，經常與物理單位合用。

向量具有一個起點和一個終點。例如，考慮從西雅圖 (Seattle) 飛往紐約 (New York)。為了表示飛機的位置變化，我們可以由起點到終點畫一個筆直的箭頭(圖 1.7)。該箭頭代表位移向量。任何一個向量，都具有量值和方向，如果該向量代表一個物理量，例如位移，它還會有一個物理單位。一個不用給方向就可表示的量，稱為**純量**，純量只有量值，也可能有物理單位；時間和溫度都是純量的實例。

圖 1.7 從西雅圖直飛到紐約的路線是向量的一個例子。

本書在表示向量時，會在代表它的字母上端加上一個水平向右的小箭頭。例如，在圖 1.7 中，位移向量標記為 $\vec{C}$。在本節的其餘部分，你將學習向量的使用：如何加、減及相乘。為了執行這些運算，引入一個座標系統以表示向量，是非常有用的。

直角座標系

一個**直角座標系** (亦稱**笛卡兒座標系**) 是由兩個或更多個、兩兩之間的交角均為 90° 的軸構成，我們稱這些軸彼此垂直 (或正交)。在二維空間中，一般將座標軸標示為 x 和 y，使得在此空間中的任何一點 P 都可獨一無二的用沿 x 和 y 軸的座標 P_x 和 P_y 表示，如圖 1.8 所示，因此一個點可透過其座標而以符號 (P_x, P_y) 表示。例如，在圖 1.8 中，P 點的位置為 (3.3, 3.8)，因為它的 x 座標數值為 3.3，而 y 座標數值為 3.8。注意：每個座標都是一個數，可為正、負或零。我們也可定義一維空間的座標系，其所有各點都位於同一條直線，常以 x 軸稱之。在一維空間的任何點，都可用獨一無二的一個數，亦即其 x 座標，來加以確定，此數同樣可為負、零或正 (圖 1.9)。在圖 1.9 的 P 點，其 x 座標 $P_x = -2.5$。

為了繪製一個三維座標系，我們可藉助透視圖的技術與約定，將第三軸以一條與其他兩軸夾角為 45° 的線來表示 (圖 1.10)。在三維空間中，須指明三個數才能獨一無二的確定一個點的座標，我們以符號表示式 $P = (P_x, P_y, P_z)$ 來表明這一點。

向量的直角座標表述

每個向量都有其特有的兩個點：起點和終點，分別以箭頭的尾部和頭部表示。當空間各點都以直角座標表述 (亦稱笛卡兒表述) 時，一個位移向量的直角座標表述，可以取為其終點座標和起點座標的差值。因為只有終點和起點的座標差值是重要的，若在空間中將位移向量進行任意的平移，則箭頭的長度與方向都不改變，因此在數學上仍然是相同的向量。考慮圖 1.11 兩個向量。

圖 1.11a 示出從點 $P = (-2, -3)$ 到點 $Q = (3, 1)$ 的位移向量 $\vec{A}$，$\vec{A}$ 的**分量**就是 Q 點的座標減去 P 點的座標，若使用上面介紹的符號表示式，則 $\vec{A} = (3-(-2), 1-(-3)) = (5, 4)$。圖 1.11b 示出了從起點 $R = (-3, -1)$ 到終點 $S = (2, 3)$ 的另一向量，這兩點的座標差是 $(2-(-3), 3-(-1)) = (5, 4)$，因此與 P 到 Q 的向量 $\vec{A}$ 相同。

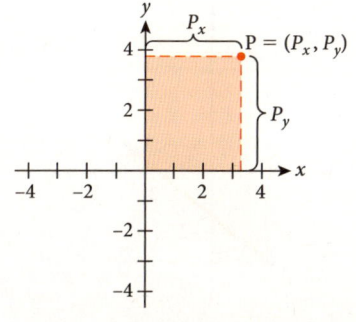

圖 1.8 二維空間中的 P 點以其直角座標表示。

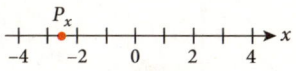

圖 1.9 以一維直角座標系表示 P 點。

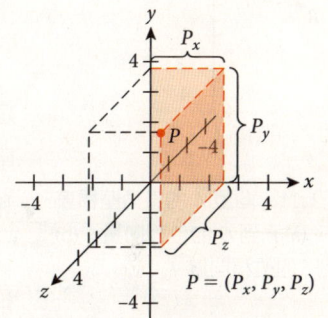

圖 1.10 以直角座標表示在三維空間中的 P 點。

普通物理

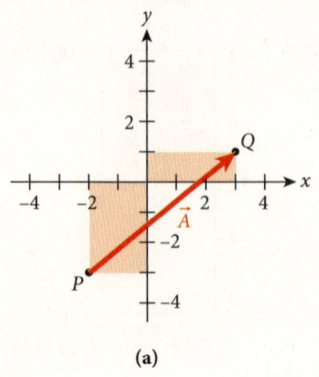

為求簡便，我們可將向量平移，使起點移到座標系原點，此時向量的分量就會等於終點的座標 (見圖 1.12)。由此我們看出，向量可用直角座標表示如下：

在 2 維空間中 $\quad \vec{A} = (A_x, A_y)$ (1.6)

在 3 維空間中 $\quad \vec{A} = (A_x, A_y, A_z)$ (1.7)

其中 A_x、A_y 和 A_z 是數字。

圖形化的向量加法和減法

假設沒有圖 1.7 所示從西雅圖到紐約的直飛路線，以致你不得不在達拉斯 (Dallas) 轉機 (圖 1.13)，那麼從西雅圖到紐約的位移向量 $\vec{C}$，就是西雅圖到達拉斯的位移向量 $\vec{A}$ 和達拉斯到紐約的位移向量 $\vec{B}$ 之和：

$$\vec{C} = \vec{A} + \vec{B} \quad (1.8)$$

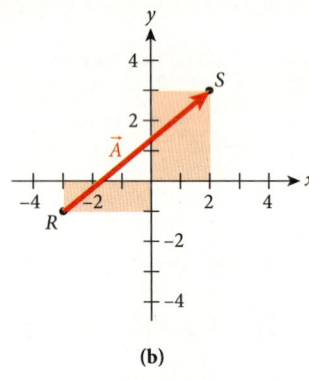

這個例子說明以圖形化方式進行向量加法的一般程序：將向量 $\vec{B}$ 的尾部移到向量 $\vec{A}$ 的頭部，則從 $\vec{A}$ 尾部到 $\vec{B}$ 頭部的向量就是兩向量之和，即**合向量**。

當兩個實數相加時，順序並不重要：3 + 5 = 5 + 3，這個屬性被稱為**加法交換律**。向量加法也具可交換性，即

$$\vec{A} + \vec{B} = \vec{B} + \vec{A} \quad (1.9)$$

圖 1.14 以圖形說明向量加法的可交換性。它顯示了與圖 1.13 相同

圖 1.11 向量 $\vec{A}$ 的直角座標表示。(a) P 到 Q 的位移向量；(b) R 到 S 的位移向量。

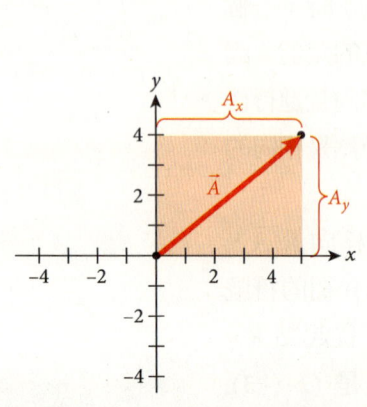

圖 1.12 向量 $\vec{A}$ 的直角座標分量。

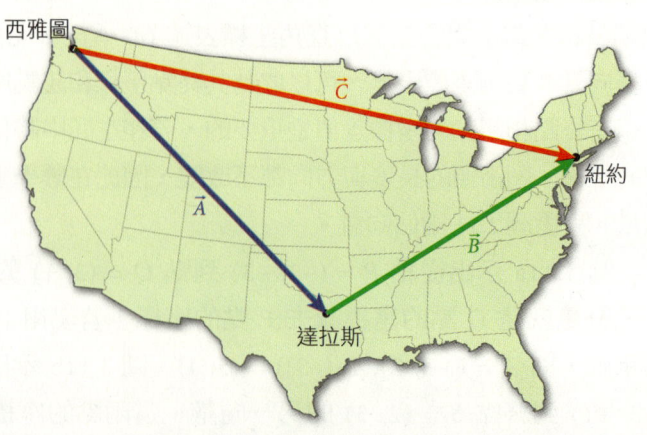

圖 1.13 以直飛和轉機再飛的航線作為向量加法的例子。

的向量，並顯示了向量 $\vec{A}$ 的尾部移動至向量 $\vec{B}$ 的頭部 (虛線箭頭)。注意，所得合向量與前面相同。

其次，向量 $\vec{C}$ 的反向量 $-\vec{C}$ (亦稱逆向量或負向量) 是長度與 $\vec{C}$ 相同、但指向與 $\vec{C}$ 相反的向量 (圖 1.15)。例如，代表由西雅圖飛到紐約的向量，其反向量就是回程的向量。如果將 $\vec{C}$ 及其反向量 $-\vec{C}$ 相加，顯然你將回到起點。因此，我們發現

$$\vec{C}+(-\vec{C})=\vec{C}-\vec{C}=(0,0,0) \quad (1.10)$$

而得合向量的量值為零，$|\vec{C}-\vec{C}|=0$。此一恆等式讓我們可以把向量減法看作是與反向量相加。例如，圖 1.14 的向量 $\vec{B}$ 可以表示為 $\vec{B}=\vec{C}-\vec{A}$。因此，向量加法和減法所遵循的規則，與實數的加法和減法完全相同。

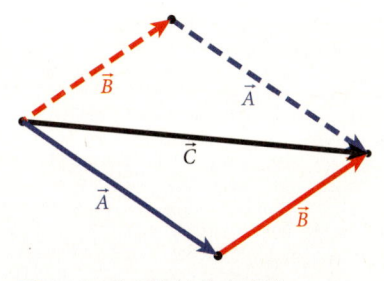

圖 1.14 向量加法的交換性。

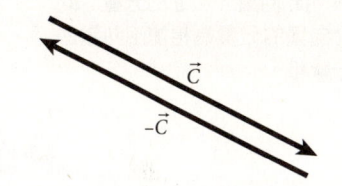

圖 1.15 向量 $\vec{C}$ 的反向量 $-\vec{C}$。

以分量進行向量加法

利用圖形來說明向量加法的觀念是不錯的，但在實務上，較有用的是以分量進行向量加法，而且更精確。我們考慮三維向量的加法，若將 z 分量忽略可得二維向量的公式，而忽略所有 y 和 z 分量則得一維向量的公式。

如果將兩個三維向量 $\vec{A}=(A_x, A_y, A_z)$ 和 $\vec{B}=(B_x, B_y, B_z)$ 相加，則合向量為

$$\vec{C}=\vec{A}+\vec{B}=(A_x, A_y, A_z)+(B_x, B_y, B_z)=(A_x+B_x, A_y+B_y, A_z+B_z) \quad (1.11)$$

換言之，合向量的分量為相加兩向量的分量和：

$$\begin{aligned} C_x &= A_x + B_x \\ C_y &= A_y + B_y \\ C_z &= A_z + B_z \end{aligned} \quad (1.12)$$

圖 1.16 說明圖形和分量方法之間的關係。圖 1.16a 示出了在二維空間中的兩個向量 $\vec{A}=(4, 2)$ 和 $\vec{B}=(3, 4)$，以及 $\vec{C}=(4+3, 2+4)=(7, 6)$。圖 1.16b 清楚顯示，$C_x = A_x + B_x$，因為整體等於其各部分的總和。

同理可得兩向量的差 $\vec{D}=\vec{A}-\vec{B}$，並由下式求得差向量的直角座標分量：

$$\begin{aligned} D_x &= A_x - B_x \\ D_y &= A_y - B_y \\ D_z &= A_z - B_z \end{aligned} \quad (1.13)$$

普通物理

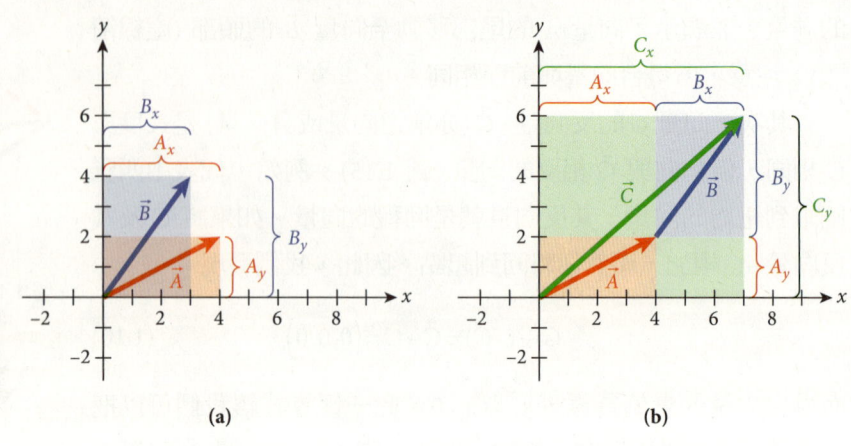

圖 1.16 以分量表示向量加法。(a) 向量 $\vec{A}$ 和 $\vec{B}$ 的分量；(b) 合向量的分量為相加兩向量的分量和。

(a) (b)

純量與向量相乘

什麼是 $\vec{A}+\vec{A}+\vec{A}$？如果你的答案是 $3\vec{A}$，那麼你已懂得純量與向量相乘的意義。純量 3 乘向量 $\vec{A}$ 所得的乘積是一個向量，它與向量 $\vec{A}$ 的方向相同，但長度則為 3 倍。

故向量 $\vec{A}$ 與純量 s 的乘積，用分量的形式可表示如下：

$$\vec{E}=s\vec{A}=s(A_x,A_y,A_z)=(sA_x,sA_y,sA_z) \tag{1.14}$$

換言之，乘積向量 $\vec{E}$ 的各分量就是向量 $\vec{A}$ 的各分量乘以純量 s：

$$\begin{aligned}E_x &=sA_x\\ E_y &=sA_y\\ E_z &=sA_z\end{aligned} \tag{1.15}$$

單位向量

為了使向量運算較易處理，可引進一組特殊的向量，稱為**單位向量**，它們是量值為 1、沿座標軸方向的向量。當維度為三時，這些向量指向正 x 方向、正 y 方向與正 z 方向，其符號為 $\hat{x}$、$\hat{y}$ 和 $\hat{z}$，而分量表示式則為

$$\begin{aligned}\hat{x} &=(1,0,0)\\ \hat{y} &=(0,1,0)\\ \hat{z} &=(0,0,1)\end{aligned} \tag{1.16}$$

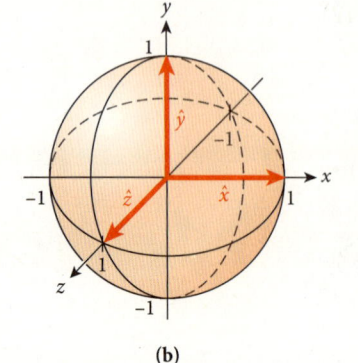

圖 1.17a 與圖 1.17b 分別顯示二維與三維空間的單位向量。

單位向量的優點是不需使用分量表示式，我們可以如下式將任何向量表示為單位向量的和，其中每個單位向量都乘以向量的相應直角座標分量：

圖 1.17 (a) 二維與 (b) 三維直角座標系的單位向量。

24

$$\begin{aligned}\vec{A} &= (A_x, A_y, A_z) \\ &= (A_x,0,0)+(0,A_y,0)+(0,0,A_z) \\ &= A_x(1,0,0)+A_y(0,1,0)+A_z(0,0,1) \\ &= A_x\hat{x}+A_y\hat{y}+A_z\hat{z}\end{aligned} \quad (1.17)$$

當維度為二時,可得

$$\vec{A}=A_x\hat{x}+A_y\hat{y} \quad (1.18)$$

向量的長度和方向

如果知道一個向量的分量表述,怎樣才能找到它的長度 (量值),與所指的方向?以二維向量為例。要完全確定二維向量 $\vec{A}$,可以用其直角座標分量 A_x 和 A_y 或透過其他兩個數字:它的長度 A 和它相對於正 x 軸的角度 θ。

讓我們看一下圖 1.18,以了解如何從 A_x 和 A_y 來確定 A 和 θ。圖 1.18a 是 (1.18) 式的圖形表述,$\vec{A}$、$A_x\hat{x}$ 及 $A_y\hat{y}$ 三個向量形成直角三角形,其邊長分別為 A、A_x 及 A_y,如圖 1.18b 所示。

現在,我們可用基本三角學來求 θ 和 A。利用勾股定理可得

$$A=\sqrt{A_x^2+A_y^2} \quad (1.19)$$

而從正切函數的定義,可得角度 θ 為

$$\theta=\tan^{-1}\frac{A_y}{A_x} \quad (1.20)$$

使用 (1.20) 式時,一定要小心確定 θ 是在正確的象限。我們也可將 (1.19) 和 (1.20) 式逆轉,而由向量的長度和方向求得其直角座標分量:

$$A_x=A\cos\theta \quad (1.21)$$
$$A_y=A\sin\theta \quad (1.22)$$

兩向量的純量積

我們將定義向量與向量相乘的一種可能方式,以引進純量積。兩個向量 $\vec{A}$ 和 $\vec{B}$ 之**純量積** (scalar product) 的定義為

$$\vec{A}\cdot\vec{B}=|\vec{A}||\vec{B}|\cos\alpha \quad (1.23)$$

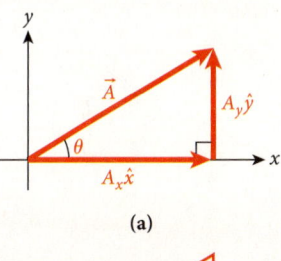

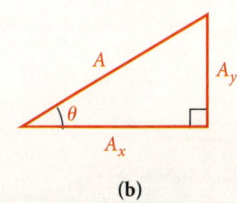

圖 1.18 向量的長度和方向。(a) 直角座標分量 A_x 和 A_y;(b) 長度 A 與角度 θ。

>>> 觀念檢測 1.4

下列各向量指向哪一象限?

象限 II	象限 I
$90° < \theta < 180°$	$0° < \theta < 90°$
象限 III	象限 IV
$180° < \theta < 270°$	$270° < \theta < 360°$

a) $\vec{A}=(A_x, A_y)=(1.5\text{ cm}, -1.0\text{ cm})$
b) 長度 2.3 cm、方向角 131° 的向量
c) $\vec{B}=(0.5\text{ cm}, 1.0\text{ cm})$ 的反向量
d) x 與 y 方向之單位向量的合向量

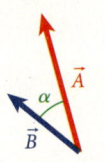

圖 1.19 向量 $\vec{A}$、$\vec{B}$ 和其夾角。

其中 α 是向量 $\vec{A}$ 和 $\vec{B}$ 之間的夾角，如圖 1.19。注意，兩向量的純量積使用點 (·) 作為乘號，因此純量積也可稱為**點積**。

如果兩個向量的夾角為 90°，則其純量積的值為零。在此情況下，這兩個向量是彼此正交的，故一對正交向量的純量積為零。

如果 $\vec{A}$ 和 $\vec{B}$ 是以直角座標分量表示，即 $\vec{A} = (A_x, A_y, A_z)$，$\vec{B} = (B_x, B_y, B_z)$，則可以證明它們的純量積為

$$\vec{A} \cdot \vec{B} = (A_x, A_y, A_z) \cdot (B_x, B_y, B_z) = A_x B_x + A_y B_y + A_z B_z \tag{1.24}$$

從上式可以看出純量積具有可交換性：

$$\vec{A} \cdot \vec{B} = \vec{B} \cdot \vec{A} \tag{1.25}$$

以分量表示時，任何向量與其本身的純量積為 $\vec{A} \cdot \vec{A} = A_x^2 + A_y^2 + A_z^2$。從 (1.24) 式，我們發現 $\vec{A} \cdot \vec{A} = |\vec{A}| \cdot |\vec{A}| \cos\alpha = |\vec{A}||\vec{A}| = |\vec{A}|^2$（因為向量 $\vec{A}$ 和自身的夾角為零，而零度角的餘弦值為 1）。結合這兩個式，可得前小節引入的向量的長度公式：

$$|\vec{A}| = \sqrt{A_x^2 + A_y^2 + A_z^2} \tag{1.26}$$

運用純量積的定義，可以計算在三維空間中任意兩個向量的夾角：

$$\vec{A} \cdot \vec{B} = |\vec{A}||\vec{B}|\cos\alpha \Rightarrow \cos\alpha = \frac{\vec{A} \cdot \vec{B}}{|\vec{A}||\vec{B}|} \Rightarrow \alpha = \cos^{-1}\left(\frac{\vec{A} \cdot \vec{B}}{|\vec{A}||\vec{B}|}\right) \tag{1.27}$$

純量積所遵守的分配律，與實數間相乘的分配律相同：

$$\vec{A} \cdot (\vec{B} + \vec{C}) = \vec{A} \cdot \vec{B} + \vec{A} \cdot \vec{C} \tag{1.28}$$

下面的例子運用到純量積。

例題 1.3　兩位置向量的夾角

問題：圖 1.20 所示的兩個位置向量 $\vec{A} = (4.00, 2.00, 5.00)$ cm，與 $\vec{B} = (4.50, 4.00, 3.00)$ cm，其夾角為何？

解：

為解此題，我們必須把兩向量的分量值代入 (1.26) 和 (1.24) 式，然後使用 (1.27) 式：

$$|\vec{A}| = \sqrt{4.00^2 + 2.00^2 + 5.00^2} \text{ cm} = 6.71 \text{ cm}$$

$$|\vec{B}| = \sqrt{4.50^2 + 4.00^2 + 3.00^2} \text{ cm} = 6.73 \text{ cm}$$

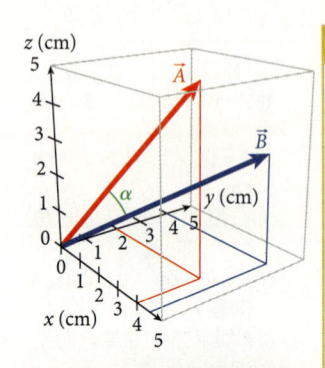

圖 1.20 計算兩位置向量的夾角。

$$\vec{A} \cdot \vec{B} = A_x B_x + A_y B_y + A_z B_z = (4.00 \cdot 4.50 + 2.00 \cdot 4.00 + 5.00 \cdot 3.00) \text{ cm}^2 = 41.0 \text{ cm}^2$$

$$\Rightarrow \alpha = \cos^{-1}\left(\frac{41.0 \text{ cm}^2}{6.71 \text{ cm} \cdot 6.73 \text{ cm}}\right) = 24.7°$$

單位向量的純量積 我們曾介紹過三維直角座標系的單位向量：$\hat{x} = (1,0,0)$、$\hat{y} = (0,1,0)$ 及 $\hat{z} = (0,0,1)$。由 (1.25) 式定義的純量積，我們發現

$$\hat{x} \cdot \hat{x} = \hat{y} \cdot \hat{y} = \hat{z} \cdot \hat{z} = 1 \tag{1.29}$$

與

$$\begin{aligned}\hat{x} \cdot \hat{y} = \hat{x} \cdot \hat{z} = \hat{y} \cdot \hat{z} = 0 \\ \hat{y} \cdot \hat{x} = \hat{z} \cdot \hat{x} = \hat{z} \cdot \hat{y} = 0\end{aligned} \tag{1.30}$$

> **自我測試 1.1**
> 利用 (1.24) 式與單位向量的定義，證明 (1.29) 與 (1.30) 式是正確的。

向量積

我們將兩個向量 $\vec{A} = (A_x, A_y, A_z)$ 和 $\vec{B} = (B_x, B_y, B_z)$ 的**向量積** (或叉積) 定義為

$$\begin{aligned}\vec{C} &= \vec{A} \times \vec{B} \\ C_x &= A_y B_z - A_z B_y \\ C_y &= A_z B_x - A_x B_z \\ C_z &= A_x B_y - A_y B_x\end{aligned} \tag{1.31}$$

依此定義，直角座標單位向量的向量積滿足以下關係：

$$\begin{aligned}\hat{x} \times \hat{y} &= \hat{z} \\ \hat{y} \times \hat{z} &= \hat{x} \\ \hat{z} \times \hat{x} &= \hat{y}\end{aligned} \tag{1.32}$$

而向量 $\vec{C}$ 的量值 (絕對值) 則為

$$|\vec{C}| = |\vec{A}||\vec{B}|\sin\theta \tag{1.33}$$

此處 θ 是 $\vec{A}$ 和 $\vec{B}$ 之間的夾角 ($0 \leq \theta \leq 180°$)，如圖 1.21。上式顯示，兩向量的向量積在 $\vec{A} \perp \vec{B}$ 時，其量值為最大，而在 $\vec{A} \parallel \vec{B}$ 時則為零。我們可將上式右邊解釋為 $\vec{A}$ 的量值乘以 $\vec{B}$ 垂直於 $\vec{A}$ 的分量，或 $\vec{B}$ 的量值乘以 $\vec{A}$ 垂直於 $\vec{B}$ 的分量：$|\vec{C}| = |\vec{A}|B_{\perp A} = |\vec{B}|A_{\perp B}$。

向量 $\vec{C}$ 的方向可用右手法則決定：如果 $\vec{A}$ 沿著拇指的方向，而 $\vec{B}$ 沿著食指的方向，則其向量積將垂直於此二向量而沿中指的方向，如圖 1.21。

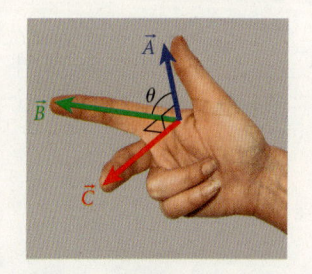

圖 1.21 向量積。

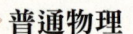

注意：對向量積而言，兩向量的先後順序是非常重要的：

$$\vec{B} \times \vec{A} = -\vec{A} \times \vec{B} \tag{1.34}$$

因此，向量積不同於一般純量的乘積或向量間的純量積。

依據向量積的定義，任何向量 $\vec{A}$ 與其自身的向量積恆為零：

$$\vec{A} \times \vec{A} = 0 \tag{1.35}$$

最後，對於涉及三個向量的雙重向量積，有一個方便的規則：向量 $\vec{A}$ 若與 $\vec{B}$ 和 $\vec{C}$ 的向量積形成向量積，則其結果為兩個向量的和，第一個為 $\vec{B}$ 乘以純量積 $\vec{A} \cdot \vec{C}$，第二個為 $\vec{C}$ 乘以 $-\vec{A} \cdot \vec{B}$：

$$\vec{A} \times (\vec{B} \times \vec{C}) = \vec{B}(\vec{A} \cdot \vec{C}) - \vec{C}(\vec{A} \cdot \vec{B}) \tag{1.36}$$

這個稱為 BAC-CAB 的規則，使用直角座標分量，不難加以證明，但過程繁複，此處予以省略。

詳解題 1.2　徒步旅行

問題：在一片平坦的大沼澤地，你由紮營處往西南步行 1.72 km，到達一條無法越過的河流；所以你右轉 90°，再步行 3.12 km 到一座橋樑。你距離紮營處有多遠？

解：

思索　因為沼澤地是平坦的，所以整個徒步旅行可當作是在一個二維平面 (即地球表面) 上，各路段的位移可用二維向量來表示。你先沿一直線步行，然後轉彎，接著再沿另一直線步行，這可看成一個向量加法的問題，要求的是合向量的長度。

繪圖　圖 1.22 畫出一個座標系，依慣例 x 軸指向東，y 軸指向北。步行的第一段往西南方向，標示為向量 $\vec{A}$，第二段標示為向量 $\vec{B}$。該圖還示出合向量 $\vec{C} = \vec{A} + \vec{B}$，其長度即為本題答案。

推敲　若如圖 1.22 精確畫出草圖，使圖中的向量長度正比於步行的路段長度，則只要量出向量 $\vec{C}$ 的長度，就可確定在第二段步行結束時與營地的距離。但所給距離具有 3 位有效數字，所以答案也需具有三位有效數字，如此則不能以圖形方式作答，而必須使用分量形式的向量加法。

為了計算向量的分量，需要向量相對於正 x 軸的角度。向量 $\vec{A}$ 指向西南，故角度為 $\theta_A = 225°$，如圖 1.23。向量 $\vec{B}$ 相對於 $\vec{A}$ 的角度為 90°，

圖 1.22　步行途中右轉 90°。　　　　圖 1.23　兩個步行路段的角度。

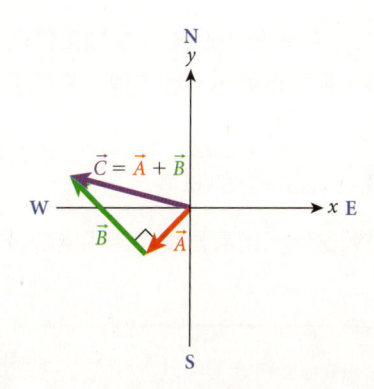

因此相對於正 x 軸的角度為 $\theta_B = 135°$。為了使這點更清楚，$\vec{B}$ 的起點已被移到圖 1.23 中的座標系原點。(記住：我們可以將向量到處移動，只要不改變其方向和長度，該向量恆不變。)

　　現在，開始計算前的準備已就緒，我們有兩個向量的長度和方向，可據以算出它們的直角座標分量。然後，再將這些分量相加以計算向量 $\vec{C}$ 的分量，從而可計算出 $\vec{C}$ 的長度。

簡化　向量 $\vec{C}$ 的分量為

$$C_x = A_x + B_x = A\cos\theta_A + B\cos\theta_B$$
$$C_y = A_y + B_y = A\sin\theta_A + B\sin\theta_B$$

因此，由 (1.20) 式可得向量 $\vec{C}$ 的長度為

$$C = \sqrt{C_x^2 + C_y^2} = \sqrt{(A_x + B_x)^2 + (A_y + B_y)^2}$$
$$= \sqrt{(A\cos\theta_A + B\cos\theta_B)^2 + (A\sin\theta_A + B\sin\theta_B)^2}.$$

計算　現在，只剩下將數字代入以得到向量的長度：

$$C = \sqrt{((1.72 \text{ km})\cos 225° + (3.12 \text{ km})\cos 135°)^2 + ((1.72 \text{ km})\sin 225° + (3.12 \text{ km})\sin 135°)^2}$$
$$= \sqrt{\left(1.72 \cdot (-\sqrt{1/2}) + 3.12 \cdot (-\sqrt{1/2})\right)^2 + \left((1.72 \cdot (-\sqrt{1/2}) + 3.12 \cdot \sqrt{1/2}\right)^2} \text{ km}$$

將這些數字輸入到計算器可得

$$C = 3.562695609 \text{ km}$$

捨入　因為最初輸入的距離具有 3 位有效數字，故最後的答案最多也只有相同的精確度。將計算器的結果四捨五入為三位有效數字，我們得到的答案是

$$C = 3.56 \text{ km}$$

> **複驗** 本題的目的是要演練向量的觀念。如果你不將兩段位移當作向量，但注意到它們形成一個直角三角形，你可以利用勾股定理，立即求出邊長 C 如下：
>
> $$C = \sqrt{A^2 + B^2} = \sqrt{1.72^2 + 3.12^2} \text{ km} = 3.56 \text{ km}$$
>
> 此處我們也將結果四捨五入成為三位有效數字，可看出這與使用過程較長的向量加法所獲得的答案一致。

已學要點｜考試準備指南

- 大和小的數字都可以用科學記數法，以一個尾數和 10 的次方表示。
- 物理系統是用 SI 制單位描述。這些單位所根據的標準可以複製，並可方便的用來進行計算與表示不同的尺度。SI 制的基本單位包括米 (m)、千克 (kg)、秒 (s) 和安培 (A)。
- 各種物理系統在大小、質量和時間尺度上，差異很大，但所遵守的物理定律都相同。
- 一個數 (具有一定位數的有效數字) 或一組數 (例如一個向量的分量) 必須與一個或多個單位合用，才能用以描述物理量。
- 要指明三維空間的向量時，可以透過它們的三個直角座標分量，如 $\vec{A} = (A_x, A_y, A_z)$，其中每個分量都是一個數。
- 向量可以相加或相減。使用直角座標分量時，
  $\vec{C} = \vec{A} + \vec{B} = (A_x, A_y, A_z) + (B_x, B_y, B_z)$
  $= (A_x + B_x, A_y + B_y, A_z + B_z)$。

- 純量乘以向量的結果為另一個向量，其方向維持相同或相反，但量值可不同，$\vec{E} = s\vec{A} = s(A_x, A_y, A_z) = (sA_x, sA_y, sA_z)$。
- 單位向量的長度為 1，直角座標系的單位向量用 $\hat{x}$、$\hat{y}$ 和 $\hat{z}$ 表示。
- 二維向量的長度和方向，可由它的直角座標分量求得：$A = \sqrt{A_x^2 + A_y^2}$，$\theta = \tan^{-1}(A_y/A_x)$。
- 二維向量的直角座標分量，可由它的長度和相對於 x 軸的角度求得：$A_x = A\cos\theta$，$A_y = A\sin\theta$。
- 兩個向量的純量積或點積為一個純量，其定義為 $\vec{A} \cdot \vec{B} = A_x B_x + A_y B_y + A_z B_z$。
- 兩個向量的向量積或叉積為另一個向量，其定義為 $\vec{A} \times \vec{B} = \vec{C} = (A_y B_z - A_z B_y, A_z B_x - A_x B_z, A_x B_y - A_y B_x)$。

自我測試解答

1.1 (1.29) 式

$\hat{x} \cdot \hat{x} = (1,0,0) \cdot (1,0,0) = 1 \cdot 1 + 0 \cdot 0 + 0 \cdot 0 = 1$

$\hat{y} \cdot \hat{y} = (0,1,0) \cdot (0,1,0) = 0 \cdot 0 + 1 \cdot 1 + 0 \cdot 0 = 1$

$\hat{z} \cdot \hat{z} = (0,0,1) \cdot (0,0,1) = 0 \cdot 0 + 0 \cdot 0 + 1 \cdot 1 = 1$

(1.30) 式

$\hat{x} \cdot \hat{y} = (1,0,0) \cdot (0,1,0) = 1 \cdot 0 + 0 \cdot 1 + 0 \cdot 0 = 0$

$\hat{x} \cdot \hat{z} = (1,0,0) \cdot (0,0,1) = 1 \cdot 0 + 0 \cdot 0 + 0 \cdot 1 = 0$

$\hat{y} \cdot \hat{z} = (0,1,0) \cdot (0,0,1) = 0 \cdot 0 + 1 \cdot 0 + 0 \cdot 1 = 0$

$\hat{y} \cdot \hat{x} = (0,1,0) \cdot (1,0,0) = 0 \cdot 1 + 1 \cdot 0 + 0 \cdot 0 = 0$

$\hat{z} \cdot \hat{x} = (0,0,1) \cdot (1,0,0) = 0 \cdot 1 + 0 \cdot 0 + 1 \cdot 0 = 0$

$\hat{z} \cdot \hat{y} = (0,0,1) \cdot (0,1,0) = 0 \cdot 0 + 0 \cdot 1 + 1 \cdot 0 = 0$

解題準則：數字、單位與向量

1. 試著使用本章的七步驟解題策略，即使你不知如何求出最後的答案。繪製草圖的步驟有時候可提示下一步該怎麼做。
2. 在開始數值計算之前，一般應嘗試將所有單位轉換為 SI 單位。使用 SI 單位可使計算更加容易。
3. 多數情況下，應將最後答案四捨五入，使其有效數字的位數與最不精確的已知量一樣多。
4. 先估算一下答案是有用的，因為可對答案的數量級有個觀念。估算值通常還可供複驗用。
5. 進行向量運算時，一般應採用直角座標系。解決向量問題時，宜善用你的三角學知識！
6. 繪製草圖時，圖形化的向量加減法頗為有用。但分量的方法較精確，當所求的是數值答案時，應優先採用。

選擇題

1.1 下列何者是音階中 C5 音的頻率？
a) 376 g　　　　　　b) 483 m/s
c) 523 Hz　　　　　 d) 26.5 J

1.2 比較下列三種 SI 單位：毫米 (mm)、千克 (kg) 和微秒 (μs)，何者為最大？
a) 毫米　　　　　　b) 千克
c) 微秒　　　　　　d) 這些單位不能比較

1.3 速率為 7 mm/μs，即速率等於＿＿＿＿。
a) 7000 m/s　　　　b) 70 m/s
c) 7 m/s　　　　　 d) 0.07 m/s

1.4 下列何者是 $5.786 \cdot 10^3$ m 與 $3.19 \cdot 10^4$ m 的和？
a) $6.02 \cdot 10^{23}$ m　　b) $3.77 \cdot 10^4$ m
c) $8.976 \cdot 10^3$ m　　 d) $8.98 \cdot 10^3$ m

1.5 二維向量 (1.5 m, 0.7 m)、(−3.2 m, 1.7 m) 與 (1.2 m, −3.3 m) 的合向量位於象限＿＿＿＿。
a) I　　　　　　　　b) II
c) III　　　　　　　d) IV

1.6 在科學記數法中，如何表示 0.009834？
a) $9.834 \cdot 10^4$　　　b) $9.834 \cdot 10^{-4}$
c) $9.834 \cdot 10^3$　　　d) $9.834 \cdot 10^{-3}$

1.7 多少瓦為 1 吉瓦 (GW)？
a) 10^3　　　　　　b) 10^6
c) 10^9　　　　　　d) 10^{12}
e) 10^{15}

1.8 向量 $\vec{A} = (2,1,0)$ 和 $\vec{B} = (0,1,2)$ 的純量積 $\vec{A} \cdot \vec{B}$ 為何？
a) 3　　　　　　　　b) 6
c) 2　　　　　　　　d) 0
e) 1

觀念題

1.9 汽車的汽油消耗量，在歐洲是以公升/百公里計算。在美國使用的單位則是哩/加侖。
a) 這兩個單位之間的關係為何？
b) 如果你的車每百公里耗油 12.2 公升，那麼它每加侖能走多少哩？
c) 如果你的車每加侖能走 27.4 哩，那麼它每百公里耗油多少公升？
d) 畫出 (哩/加侖) 對 (公升/百公里) 的曲線。

1.10 向量的分量一般多於一個，因此它們需用多於一個的數字來描述，且其加減比個別的數字更難。那麼，為什麼還要用向量？

1.11 假設你解出問題，而計算器顯示的數字為 0.0000000036。為何不就把它記下？使用科學記數法是否有任何優點？

1.12 將三個長度相等的向量相加，所得的向量和是否可能為零？如是，畫圖顯示三個向量的安排。如

為否，解釋為什麼不能。

1.13 兩隻蒼蠅停在圓形氣球表面上，彼此正好相對。若氣球的體積變為兩倍，則兩蒼蠅之間的距離變為原來的幾倍？

1.14 考慮半徑為 r 的球體。當立方體與此球體具有相同的表面積時，其邊長為何？

1.15 俗語將徒勞無功的賣力工作比喻為「試著用湯匙將海洋掏空。」這究竟有多麼徒勞無功呢？試估算地球上的水可裝滿多少湯匙。

1.16 由於奈米技術的進步，要將個別的金屬原子彼此串連起來成為一條鏈，已屬可能。物理學家對這種鏈條在低電阻下導電的能力，特別感興趣。試估計需要多少個金原子，才能做出一條長到可當項鍊的鏈條？而要多少個金原子才能做出可包圍地球的鏈條？如果 1 莫耳的物質約有 $6.022 \cdot 10^{23}$ 個原子，則每一鏈條各需多少莫耳的金子？

1.17 估計你頭部的質量，假定頭的密度等於水的密度 1000 kg/m^3。

練習題

題號前的藍點 (•) 與雙藍點 (••) 代表問題難度遞增。

1.2 節

1.18 下列各數的有效數字各有幾位？
a) 4.01　　　　　　　b) 4.010
c) 4　　　　　　　　d) 2.00001
e) 0.00001　　　　　f) 2.1−1.10042
g) $7.01 \cdot 3.1415$

1.19 三個量的測量結果，需要加總。它們是 2.0600、3.163 和 1.12。以**正確位數的有效數字**表示時，它們的總和為何？

1.20 將千萬分之一厘米以科學記數法表示。

1.3 節

1.21 30.7484 哩是多少吋？

1.22 一公里為多少毫米？

1.23 SI 制的壓力單位是帕。在 SI 制中，千分之一帕稱為什麼？

•**1.24** 一個正圓柱體的高度為 20.5 cm，半徑為 11.9 cm，則其表面積為何？

1.4 節

1.25 從月球中心到地球中心的距離約為 356,000 km 至 407,000 km。
a) 月球中心到地球中心的距離最短為多少哩？
b) 月球中心到地球中心的距離最長為多少哩？

1.26 跳蚤沿著一把直尺，從 0.7 cm 開始一路跳躍，落點分別在 3.2 cm、6.5 cm、8.3 cm、10.0 cm、11.5 cm、15.5 cm，使用科學記數法，以米為單位和適當位數的有效數字，回答下列問題：跳蚤在這六次跳躍所經過的總距離為何？每次跳躍所經過的平均距離為何？

•**1.27** 某路段的速限是每小時 45 哩。已知 1 哩 = 8 弗龍 (furlong)，1 fortnight = 兩週，試將此速限以「每百萬分之兩週前進多少毫弗龍 (millifurlong/microfortnight)」表示。

1.5 節

1.28 若一行星的半徑為地球的 8.7 倍，則此行星的表面積為地球的幾倍？

1.29 一水手在 1 號船離海面 34 米的桅杆頂，另一水手在 2 號船離海面 26 米的桅杆頂，則兩船水手可看到對方的最遠距離為何？

1.30 1.56 桶的油有多少立方吋？

•**1.31** 球的體積公式為 $\frac{4}{3}\pi r^3$，其中 r 是球的半徑。物體的平均密度就是質量與體積的比率。已知地球與太陽的質量分別為 $5.97 \cdot 10^{24}$ kg 與 $1.99 \cdot 10^{30}$ kg，而平均半徑分別為 $6.37 \cdot 10^6$ m 與 $6.96 \cdot 10^8$ m，使用科學記數法，以 SI 單位和適當位數的有效數字，表示下列問題的答案：
a) 太陽的體積為何？　　b) 地球的體積為何？
c) 太陽的平均密度為何？　d) 地球的平均密度為何？

•**1.32** 水以 15 公升/秒的速率流入一個立方形箱子。若箱內水面每秒上升 1.5 厘米，則箱子的邊長為何？

1.6 節

1.33 一長度為 40.0 m 的位置向量，與 x 軸的夾角為向上 57.0°，試求此向量的分量。

1.34 試求向量 $\vec{A}$、$\vec{B}$、$\vec{C}$ 和 $\vec{D}$ 的分量，已知它們的長度為 $A = 75.0$，$B = 60.0$，$C = 25.0$，$D = 90.0$，而它們的方向角如圖所示。將各向量以單位向量表示。

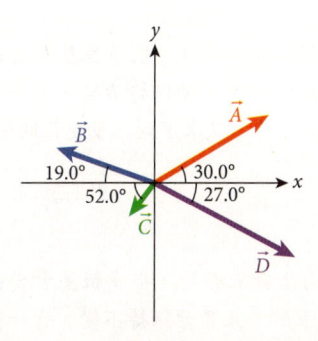

總論 01

• **1.40** 已知 $\vec{A} = (23.0, 59.0)$，$\vec{B} = (90.0, -150.0)$，試求 (a) $9\vec{B} - 3\vec{A}$ 與 (b) $-5\vec{A} + 8\vec{B}$ 的量值和方向。

• **1.41** 彈簧施加於你的力 F，正比於你從其靜止長度將它拉長的距離 x。假設當 x 為 8.00 厘米時，F 為 200 N。如果你將它拉長 40.0 厘米，它施加於你的力為何？

• **1.42** 一飛行員駕駛小飛機由機場起飛，首先向北飛了 155.3 哩，然後向右轉 90°，沿一直線飛了 62.5 哩，然後又向右轉 90°，沿一直線飛了 47.5 哩。
a) 此時他離起飛機場多遠？
b) 要沿一直線飛回起飛機場，他需朝哪個方向飛？
c) 在此趟飛行中，他與起飛機場的最遠距離為何？

• **1.35** 一賽車手在平原上開車，出發後先向北 4.47 公里，再急轉彎往西南 2.49 公里，然後急轉彎向東 3.59 公里。她離出發點有多遠？

•• **1.36** 海盜日誌的下一頁有一組指示。這組指示說，寶藏的位置由橡樹出發，往北 20 步，然後往西北 30 步。發現鐵針後，「往北走 12 步再向下挖 3 步可找到藏寶盒。」從橡樹底到藏寶盒的向量為何？此向量的長度又為何？

•• **1.37** 朋友離你走了 550 米的距離，然後就地轉了（像直立錢幣）未知的角度，再沿新方向走了 178 米。由雷射測距儀發現他最後與你的距離為 432 米。他出發的方向與他最後位置的方向之間夾角為何？他轉了多大的角度？(有兩種可能。)

• **1.43** 一徒步旅行者出發後往北步行 1.50 公里，轉而沿著西偏北 20.0° 的方向，步行 1.50 公里，隨後她再向北步行 1.50 公里。此時她離原來的出發點有多遠？相對於出發點的方位為何？

• **1.44** 50,000 年來，火星與地球在 2003 年 8 月 27 日最接近。如果它在該日的張角大小（即它的直徑除以它到地球的徑向距離）經天文學家測得為 24.9 弧秒，而它的直徑已知為 6784 公里，則最接近的距離為何？答案要以適當位數的有效數字表示。

• **1.45** 康乃爾電子儲存環的周長為 768.4 米。以適當位數的有效數字，將環的直徑改用吋表達。

•• **1.46** 地球的運行軌道半徑為 $1.5 \cdot 10^{11}$ m，而水星則為 $4.6 \cdot 10^{10}$ m。將這兩個軌道視為完美的圓（實際上是偏心率很小的橢圓）。當水星在天空相對於太陽的角度差為最大時，地球到金星的向量所具有的長度和方向（以地球到太陽的方向為 0°）各為何？

補充練習題

1.38 估計 4,308,229 和 44 的乘積到一位有效數字（寫出過程，不使用計算器），並以標準的科學記數法表示。

1.39 一位置向量的分量為 $x = 34.6$ m，$y = -53.5$ m。試求其長度及與 x 軸的夾角。

▲ 多版本練習題

1.47 以直角座標表示向量 $\vec{A}$、$\vec{B}$ 和 $\vec{C}$。

1.48 計算向量 $\vec{A}$、$\vec{B}$ 和 $\vec{C}$ 的長度和方向。

1.49 以圖形化方式將 $\vec{A}$、$\vec{B}$ 和 $\vec{C}$ 相加。

1.50 以圖形化方式求出差向量 $\vec{E} = \vec{B} - \vec{A}$。

1.51 以分量方式求出三向量 $\vec{A}$、$\vec{B}$ 和 $\vec{C}$ 相加

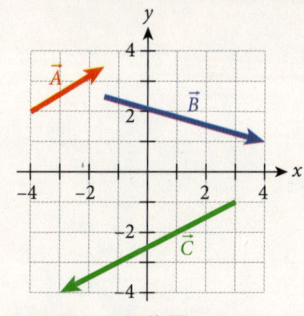

1.47 至 1.52 題的圖

後的合向量 $\vec{D}$。

1.52 以分量方式求出向量 $\vec{F} = \vec{C} - \vec{A} - \vec{B}$ 的長度。

1.53 已知以 x 與 y 分量表示時，$\vec{A} = (23.0, 59.0)$，$\vec{B} = (90.0, -150.0)$。試求出兩向量的量值與方向。

1.54 已知 $\vec{A} = (23.0, 59.0)$，$\vec{B} = (90.0, -150.0)$，試求出 $-\vec{A} + \vec{B}$ 的量值與方向。

1.55 已知 $\vec{A} = (23.0, 59.0)$，$\vec{B} = (90.0, -150.0)$，試求出 $-5\vec{A} + \vec{B}$ 的量值與方向。

1.56 已知 $\vec{A} = (23.0, 59.0)$，$\vec{B} = (90.0, -150.0)$，試求出

$-7\vec{A} + 3\vec{B}$ 的量值與方向。

1.57 在走向生命末期時，很多恆星會變得很大。假定它們保持球形，且質量保持不變。當一顆恆星的半徑變為 11.4 倍大時，試求下列各量變化的倍數：
a) 表面積
b) 周長
c) 體積

1.58 在走向生命末期時，很多恆星會變得很大。假定它們保持球形，且質量保持不變。當一顆恆星的周長變為 12.5 倍大時，試求下列各量變化的倍數：
a) 表面積
b) 半徑
c) 體積

1.59 在走向生命末期時，很多恆星會變得很大。假定它們保持球形，且質量保持不變。當一顆恆星的體積變為 872 倍大時，試求下列各量變化的倍數：
a) 表面積
b) 周長
c) 直徑

•**1.60** 在走向生命末期時，很多恆星會變得很大。假定它們保持球形，且質量保持不變。當一顆恆星的表面積變為 274 倍大時，試求下列各量變化的倍數：
a) 半徑
b) 體積
c) 密度

02 直線運動

待學要點
- 2.1 運動學簡介
- 2.2 位置向量、位移向量和距離
  - 位置圖
  - 位移
  - 距離
- 2.3 速度向量、平均速度和速度
  - 例題 2.1　速度隨時間的變化
  - 速率
  - 例題 2.2　速率和速度
- 2.4 加速度向量
- 2.5 數值解與差值公式
  - 例題 2.3　百米短跑的世界紀錄
- 2.6 由加速度求出位移和速度
- 2.7 等加速度運動
  - 詳解題 2.1　飛機起飛
- 2.8 自由落體運動
  - 例題 2.4　反應時間

已學要點｜考試準備指南
- 解題準則
- 選擇題
- 觀念題
- 練習題
- 多版本練習題

圖 2.1　快速通過平交道的火車。

我們看得出來圖 2.1 的列車正在快速前進中，因為與靜止的信號燈和電線桿比較，它的影像模糊；但它是正在加速、減速或等速急馳中？照片能傳達的是物體的速度，因為在曝光期間物體移動了，但它不能顯示速度的變化，也就是加速度。不過在物理學中，加速度的重要性並不亞於速度本身。

本章要來看看物理學用以描述物體運動的一些術語：位移、速度和加速度。本章討論的是沿直線 (一維運動) 的運動，而下一章則是沿彎曲路徑的運動 (在平面上的運動，或二維運動)。物理學的最大優點之一在於它的法則是普適的，所以在很多不同的情況下，都可應用相同的術語和想法，例如相同的方程式可用來描述棒球的飛行和太空

普通物理

> **待學要點**
>
> - 我們將學習物體沿直線或一維路徑運動的描述。
> - 我們將學習位置、位移和距離的定義。
> - 我們將學習物體以等加速度沿直線運動的描述。
> - 我們將發現物體受重力可保持等加速度,做一維的自由落下運動。
> - 我們將定義瞬時速度與平均速度。
> - 我們將定義瞬時加速度與平均加速度。
> - 我們將學習計算物體沿直線運動時的位、速度及加速度。

火箭的離地升空。本章將使用在第 1 章所提出的及新的解題技巧。

2.1 運動學簡介

>>> **觀念檢測 2.1**
圖 2.1 的火車正在
a) 加快
b) 減慢
c) 以等速度行進
d) 移動中,但快慢無法確定

物理學分為幾個主要部分,其中之一是**力學**,也就是運動及其原因的研究;力學通常又再細分。接著的這兩章討論的是力學中的**運動學**,它研究的是物體的運動,我們現在暫時不問運動發生的原因,但以後討論到力的觀念時,將回到這個問題。

本章不考慮轉動,專注的只限於平移運動(沒有轉動的運動),並且將物體當作是點粒子,或點狀的物體,而忽略其內部結構。因此,當確定運動方程式時,我們將物體在每一時刻,都想像成是位於空間中的一個點。

2.2 位置向量、位移向量和距離

我們先討論最簡單的運動,也就是一個物體沿著直線移動,例如人在百米短跑中往前直奔、汽車在直線路段上行駛、石頭從懸崖往下直落。

當物體位於路線上的某一點時,則如 1.6 節所述,我們可用**位置向量**(符號為 $\vec{r}$)來代表這一點。本章只考慮一維運動,位置向量只有一個分量。故要指明一維運動的位置向量,可只用一個數(與附隨的單位),即 x 座標或位置向量的 x 分量,而以類似 $x = 4.3$ m 及 $x = -2.04$ km 的寫法來表示。

運動中的物體,其位置隨時間 t 而變(即為時間 t 的函數),故可用函數 $\vec{r} = \vec{r}(t)$ 來表示其位置向量;在一維時,這意味著位置向量的 x 分

直線運動 **02**

量是時間的函數，$x = x(t)$。如果要指明在時刻 t_1 的位置，我們用 $x_1 \equiv x(t_1)$ 表示。

位置圖

讓我們以作圖方式，將物體的位置表示為時間的函數。圖 2.2a 顯示汽車前進時的一系列視訊畫面；圖中相鄰兩畫面的時間差均為 1/3 秒。

我們可以選擇是令第二畫面的時間為 t = 1/3 秒，並以該畫面上汽車中心的位置為 $x = 0$。現在，我們可以如圖 2.2b，畫上座標軸和汽車位置對時間的函數圖形，而得出一條直線。

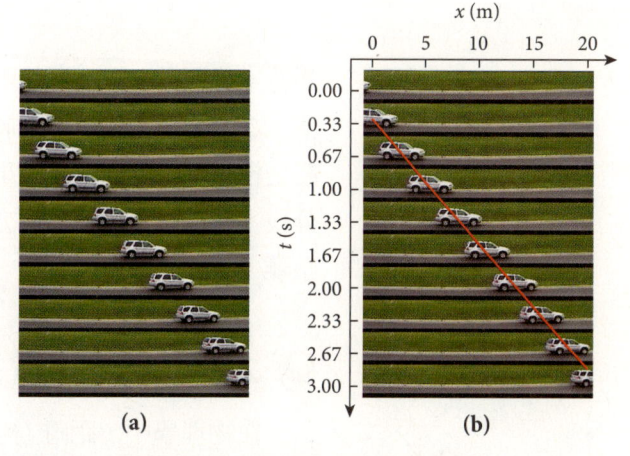

圖 2.2　(a) 運動車子一系列間隔 1/3 秒的視訊畫面；(b) 同 (a)，但畫出了座標系，並以紅線連接各畫面的汽車中心。

位移

依據定義，位移就是運動過程的終端位置向量 $\vec{r}_2 \equiv \vec{r}(t_2)$ 和初始位置向量 $\vec{r}_1 \equiv \vec{r}(t_1)$ 的差。我們將位移向量寫為

$$\Delta \vec{r} = \vec{r}_2 - \vec{r}_1 \qquad (2.1)$$

與位置向量一樣，一維的位移向量只具有 x 分量，此分量就是終端位置和初始位置兩向量的 x 分量之差：

$$\Delta x = x_2 - x_1 \qquad (2.2)$$

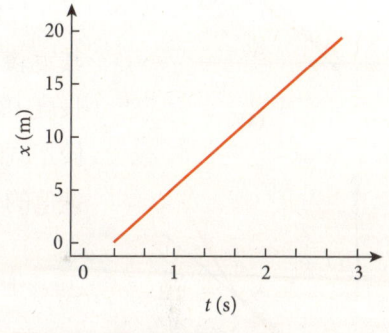

圖 2.3　與圖 2.2b 相同，但無汽車，並將圖旋轉，使時間軸為水平。

也與位置向量一樣，位移向量可以是正數或負數。以一特例來說，從 a 點到 b 點的位移向量 $\Delta \vec{r}_{ba}$，與從 b 點到 a 點的位移向量 $\Delta \vec{r}_{ab}$，兩者正好相反而互為負向量：

$$\Delta \vec{r}_{ba} = \vec{r}_b - \vec{r}_a = -(\vec{r}_a - \vec{r}_b) = -\Delta \vec{r}_{ab} \qquad (2.3)$$

顯然的，這個關係也適用於位移向量的 x 分量，$\Delta x_{ba} = x_b - x_a = -(x_a - x_b) = -\Delta x_{ab}$。

>>> **觀念檢測 2.2**

你的房間距離便利商店 0.25 km。你由房間走到商店再返回，對此一行程，下列何者為正確？
a) 距離為 0.50 km，位移為 0.50 km
b) 距離為 0.50 km，位移為 0.00 km
c) 距離為 0.00 km，位移為 0.50 km
d) 距離為 0.00 km，位移為 0.00 km

距離

當物體從不改變方向沿著直線做運動時，其所行經的路線長度 ℓ，稱為路程或距離，也就是其位移向量的絕對值：

$$\ell = |\Delta \vec{r}| \tag{2.4}$$

對於一維運動，上式顯示距離 ℓ 也是位移向量的 x 分量 (即 Δx) 的絕對值，$\ell = |\Delta x|$。距離永遠大於或等於零，其單位與位置和位移相同，但距離是純量，不是向量。如果位移不是永遠沿著同一方向，必須先將位移分段，使每一分段沿單一方向，然後再將各分段的距離相加，以獲得總距離。

2.3 速度向量、平均速度和速率

在物理學中，距離 (純量) 和位移 (向量) 不僅所指不同，它們隨時間的變化率也不同。雖然日常用語中常將「速率」和「速度」混用，但在物理學中，「速率」是純量，而「速度」則為向量。

我們考慮沿 x 軸方向的一維運動，並以 v_x 代表速度向量的 x 分量，其定義為在給定時段內的位置變化 Δx (即位移分量) 除以該時段的時間長度 (簡稱時距) Δt，即 $\Delta x/\Delta t$，這也可說是位移分量對時距的比率。由於不同瞬間的速度不一定相同，故由上述比率計算出來的，其實是**平均速度**的 x 分量，即 $\bar{v}_x$：

$$\bar{v}_x = \frac{\Delta x}{\Delta t} \tag{2.5}$$

符號約定：符號頂端的短橫線是用來表示對某一時段的平均值。

在微積分中，需取時距趨近於零時的極限，以獲得對時間的導數 (或微分)。在此我們使用相同的觀念，將位移對時間的導數定義為**瞬時速度**，簡稱**速度**。因此，速度向量的 x 分量可表示為

$$v_x = \lim_{\Delta t \to 0} \bar{v}_x = \lim_{\Delta t \to 0} \frac{\Delta x}{\Delta t} \equiv \frac{dx}{dt} \tag{2.6}$$

我們接著引入速度向量 $\vec{v}$。此向量的每一分量就等於位置向量之相應分量對時間的導數：

$$\vec{v} = \frac{d\vec{r}}{dt} \tag{2.7}$$

上式右邊的微分需解讀為是對向量的每個分量進行微分。在一維情況下，速度向量 $\vec{v}$ 僅具有 x 分量 v_x，因此速度就相當於其沿 x 方向的分量。

圖 2.4 為一個物體的位置對時間的三個圖形。圖 2.4a 顯示，要計算

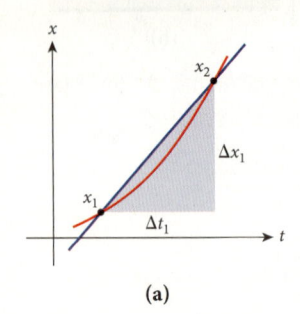

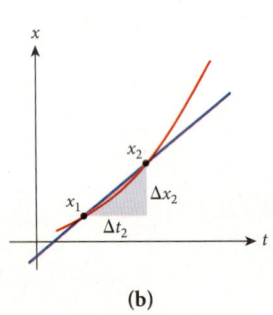

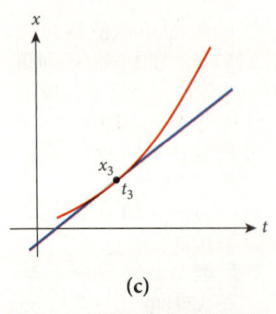

圖 2.4 瞬時速度是位移對時距之比率的極限值：(a) 時距較長時的平均速度；(b) 時距較短時的平均速度；和 (c) 在特定時刻 t_3 的瞬時速度。

物體的平均速度時，可將物體在兩個點的位置變化 $\Delta x_1 = x_2 - x_1$，除以它從 x_1 到 x_2 所需的時間 Δt_1，即平均速度是將位移 Δx_1 除以時距 Δt_1，亦即 $\bar{v}_1 = \Delta x_1/\Delta t_1$。在圖 2.4b 的平均速度 $\bar{v}_2 = \Delta x_2/\Delta t_2$，所取的時距 Δt_2 較短。在圖 2.4c，瞬時速度 $v(t_3) = dx/dt|_{t=t_3}$ 代表的是紅色曲線在 $t = t_3$ (時距趨近於零) 時刻的切線 (藍線) 斜率。

例題 2.1 ▶ 速度隨時間的變化

問題：從 0.0 到 10.0 秒的時段，一部汽車在道路上的位置向量可用 $x(t) = a + bt + ct^2$ 表示，其中 $a = 17.2$ m、$b = -10.1$ m/s，而 $c = 1.10$ m/s^2。試以函數表示汽車速度隨時間的變化，並求出汽車在所給時段的平均速度。

解：

根據 (2.6) 式的速度定義，我們只需求出位置向量對時間的導數，即可得題目所要求的函數：

$$v_x = \frac{dx}{dt} = \frac{d}{dt}(a + bt + ct^2) = b + 2ct = -10.1 \text{ m/s} + 2 \cdot (1.10 \text{ m/s}^2)t$$

圖 2.5 以圖形顯示此函數，藍線為位置的時間函數，紅線為速度的時間函數。速度在最初為 -10.1 m/s，而在 $t = 10$ s 時則為 $+11.9$ m/s。

注意：速度最初為負，在 4.59 秒時為零 (如圖 2.5 的垂直虛線所示)，接著變為正值。在 $t = 4.59$ s 時，位置曲線 $x(t)$ 出現極值 (此處為最小值)，這與微積分的預期一致，因為

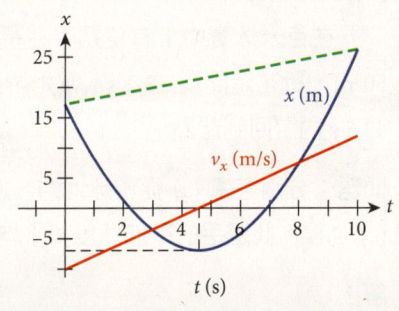

圖 2.5 位置 x 與速度 v_x 隨時間 t 變化的函數。虛線的斜率代表從 0 到 10 秒時段的平均速度。

$$\frac{dx}{dt} = b + 2ct_0 = 0 \Rightarrow$$

$$t_0 = -\frac{b}{2c} = -\frac{-10.1 \text{ m/s}}{2.20 \text{ m/s}^2} = 4.59 \text{ s}$$

依據平均速度的定義，要確定某一時段的平均速度，需要將時段終點的位置減去時段起點的位置。將 $t = 0$ 和 $t = 10$ s 代入位置向量的時間函數中，可得 $x(t = 0) = 17.2$ m 和 $x(t = 10 \text{ s}) = 26.2$ m。因此

$$\Delta x = x(t = 10) - x(t = 0) = 26.2 \text{ m} - 17.2 \text{ m} = 9.0 \text{ m}$$

由此可得此時段的平均速度為

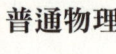

普通物理

$$\bar{v}_x = \frac{\Delta x}{\Delta t} = \frac{9.0 \text{ m}}{10 \text{ s}} = 0.90 \text{ m/s}$$

圖 2.5 中綠色虛線的斜率即為此時段的平均速度。

速率

速率是速度向量的絕對值,所以是純量:

$$\text{速率} \equiv v = |\vec{v}| = |v_x| \tag{2.8}$$

上式中最後的等式,利用了一維運動的速度向量僅具有 x 分量的事實。

針對運動方向沒有折返情況的任一直線路段,我們之前將距離定義為位移的絕對值 (見 (2.4) 式後的討論);若在時距 Δt 內,行進的距離為 ℓ,則在該路段的平均速率為

$$\text{平均速率} \equiv \bar{v} = \frac{\ell}{\Delta t} \tag{2.9}$$

例題 2.2　速率和速度

在百米泳賽中,有位選手在長為 50 m 的游泳池中,完成第一趟的 50 m,所花時間為 38.2 s。當她游到游泳池的另一邊時,立即轉身,在 42.5 s 內游回到起點。

問題:分別考慮 (a) 從游泳池的一邊開始到另一邊 (即去程);(b) 回程;(c) 全程,此選手的平均速度和平均速率為何?

解:

首先定義座標系,如圖 2.6,正 x 軸指向頁面底部。

(a) 去程 (分段 1):

游泳者由 $x_1 = 0$ m 開始,游到 $x_2 = 50$ m,所花時間 (即時距) 為 $\Delta t = 38.2$ s。根據定義,她在去程的平均速度為

$$\bar{v}_{x1} = \frac{x_2 - x_1}{\Delta t} = \frac{50 \text{ m} - 0 \text{ m}}{38.2 \text{ s}} = \frac{50}{38.2} \text{ m/s} = 1.31 \text{ m/s}$$

而平均速率是距離除以時距,這在本例中,與平均速度的絕對值相同,即 $|\bar{v}_{x1}| = 1.31$ m/s。

(b) 回程 (分段 2):

分段 2 使用與分段 1 相同的座標系,故分段 2 的起點為 $x_1 = 50$ m,終點為 $x_2 = 0$ m,完成此段需時 $\Delta t = 42.5$ s。所以她在分段 2 的平均速度

>>> **觀念檢測 2.3**
你車子內的速度計顯示的是
a) 平均速率
b) 瞬時速率
c) 平均位移
d) 瞬時位移

圖 2.6　選擇游泳池的 x 軸。

為

$$\bar{v}_{x2} = \frac{x_2 - x_1}{\Delta t} = \frac{0 \text{ m} - 50 \text{ m}}{42.5 \text{ s}} = \frac{-50}{42.5} \text{ m/s} = -1.18 \text{ m/s}$$

注意：此分段的平均速度為負。平均速率還是平均速度的絕對值，即 $|\bar{v}_{x2}| = |-1.18 \text{ m/s}| = 1.18 \text{ m/s}$。

(c) 全程 (分段 1 加上分段 2)：

由於游泳者的起點為 $x_1 = 0$，終點為 $x_2 = 0$，其差為 0，因此，淨位移為 0，連帶平均速度也為 0。

$$\bar{v}_x = \frac{\bar{v}_{x1} \cdot \Delta t_1 + \bar{v}_{x2} \cdot \Delta t_2}{\Delta t_1 + \Delta t_2} = \frac{(1.31 \text{ m/s})(38.2 \text{ s}) + (-1.18 \text{ m/s})(42.5 \text{ s})}{(38.2 \text{ s}) + (42.5 \text{ s})} = 0$$

根據定義，平均速率是總距離除以總時間。因總距離為 100 m，總時間為 38.2 s + 42.5 s = 80.7 s。因此平均速率為

$$\bar{v} = \frac{\ell}{\Delta t} = \frac{100 \text{ m}}{80.7 \text{ s}} = 1.24 \text{ m/s}$$

注意：全程的平均速率介於分段 1 和分段 2 的平均速率之間，但不是正好在兩者中間，而是更接近平均速率較低者，因為游泳者花費較多的時間完成分段 2。

2.4 加速度向量

比照平均速度被定義為每單位時距的位移 (或位置變化)，**平均加速度**的 x 分量被定義為每單位時距的速度變化：

$$\bar{a}_x = \frac{\Delta v_x}{\Delta t} \tag{2.10}$$

同樣的，**瞬時加速度**的 x 分量被定義為平均加速度在時距趨近於 0 時的極限：

$$a_x = \lim_{\Delta t \to 0} \bar{a}_x = \lim_{\Delta t \to 0} \frac{\Delta v_x}{\Delta t} \equiv \frac{dv_x}{dt} \tag{2.11}$$

現在，我們可以定義加速度向量為

$$\vec{a} = \frac{d\vec{v}}{dt} \tag{2.12}$$

如同速度向量的定義，上式右邊的微分需解讀為是對向量的每個分量進行微分。

圖 2.7 顯示出速度、時距、平均加速度之間的關係，以及瞬時加速

>>> 觀念檢測 2.4

平均加速度的定義為
a) 每單位時距的位移變化
b) 每單位時距的位置變化
c) 每單位時距的速度變化
d) 每單位時距的速率變化

>>> 觀念檢測 2.5

車在筆直的路上行駛時，其速度方向可能為正或負，加速度也可能為正或負。找出下列速度和加速度的組合所對應的車子運動狀況。
a) 正速度、正加速度
b) 正速度、負加速度
c) 負速度、正加速度
d) 負速度、負加速度
1) 車沿正方向減緩
2) 車沿負方向加快
3) 車沿正方向加快
4) 車沿負方向減緩

普通物理

圖 2.7 瞬時加速度代表速度變化對時距之比率的極限值：(a) 時距較大時的平均加速度；(b) 時距較小時的平均加速度；(c) 時距趨近於 0 時的極限為瞬時加速度。

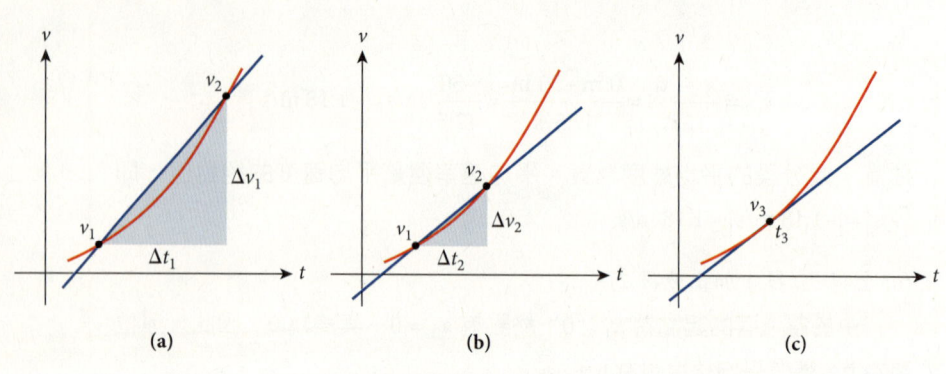

(a) (b) (c)

>>> **觀念檢測 2.6**

哪一個是一維等加速度運動的例子？
a) 汽車在賽車過程中的運動
b) 地球繞太陽運行
c) 物體的自由下落
d) 以上皆非

度為平均加速度 (在時距趨近於零) 的極限。圖 2.7 與圖 2.4 非常類似，這並不是巧合。此相似性強調，連接速度和加速度兩向量的數學運算和物理關係，一樣也連接位置和速度兩向量。

加速度是速度的時間導數，而速度是位移的時間導數。因此加速度是位移對時間的二階導數：

$$a_x = \frac{d}{dt} v_x = \frac{d}{dt}\left(\frac{d}{dt} x\right) = \frac{d^2}{dt^2} x \qquad (2.13)$$

注意：一個物體具有減速度常用來指它的速率隨著時間而變慢，但這也對應於物體在前進方向的反方向具有加速度。

2.5 數值解與差值公式

有些情況下，加速度的變化可以用時間函數表示，但確切的函數形式一般無法事先知道。但即使只知道某些時間點與對應的位置，我們仍然可以計算出速度與加速度。下面的例子說明了這個過程。

例題 2.3 百米短跑的世界紀錄

在 1991 年的世界田徑錦標賽，美國選手魯易斯 (Carl Lewis) 締造了百米短跑的世界紀錄。圖 2.8 列出他抵達 10 米、20 米……等的時間，以及從 (2.5) 和 (2.10) 式 (分別稱為速度與加速度的 **差值公式**) 計算得到的平均速度與平均加速度。由此圖可以明顯看出，在大約 3 秒後，魯易斯的平均速度大致維持固定，介於每秒 11 到 12 米之間。

圖 2.8 也顯示如何求得平均速度和平均加速度的值。以第一與第二兩個綠色框子為例，它們含有兩次有關時間和位置的測量結果，由是可得 $\Delta t = 2.96\ s - 1.88\ s = 1.08\ s$，$\Delta x = 20\ m - 10\ m = 10\ m$。故在此時段的平均速度為 $\bar{v} = \Delta x/\Delta t = 10\ m/1.08\ s = 9.26\ m/s$，此結果須四捨五入到三個有效數字，因為這是時距所具有的精確度。距離可被認為至少具有相

同的精確度，因為跑道上的長度標記可視為是將 100 m 除以整數 10 得到的。圖 2.8 中將計算出來的平均速度擺在兩綠色框子之間，以表明就時段中點的瞬時速度而言，它是一個良好的近似。

以相同的方式可獲得其他時段的平均速度。例如由第二、三兩個綠框，可得由 2.96 s 到 3.88 s 的時段，平均速度為 10.87 m/s。有了兩個速度值，並利用加速度的差值公式，就可計算平均加速度。我們假設每個時段中點的瞬時速度與該時段的平均速度相等，因此第一、二兩個綠框中點 (2.42 s) 的瞬時速度，等於該時段的平均速度 (9.26 m/s)。同樣的，在 3.42 s (第二、三兩個綠框中點) 的瞬時速度為 10.87 m/s。然後由差值公式，2.42 s 和 3.42 s 之間的平均加速度為

$$\bar{a}_x = \Delta v_x / \Delta t = (10.87 \text{ m/s} - 9.26 \text{ m/s})/(3.42 \text{ s} - 2.42 \text{ s}) = 1.61 \text{ m/s}^2$$

以上述方式可獲得圖 2.8 中的各項目，並看出魯易斯的加速大部分在前 30 米，他在那裡到達 11 至 12 m/s 的最大速度。隨後，大致以此速度跑到達終點。這個結果如用他在賽跑時的位置對時間的圖形，可更清晰的顯示 (圖 2.9a)。紅點代表圖 2.8 的數據，綠色直線代表以等速度 11.58 m/s 運動。圖 2.9b 將魯易斯的速度繪製為時間的函數，綠線再次代表等速度 11.58 m/s，此值與末段六個點的速度最接近一致，在此段時魯易斯不再加速而是以等速度向前跑。

t(s)	x(m)	$\bar{v}_x$(m/s)	$\bar{a}_x$(m/s^2)
0.00	0		5.66
		5.32	
1.88	10		2.66
		9.26	
2.96	20		1.61
		10.87	
3.88	30		0.40
		11.24	
4.77	40		0.77
		11.90	
5.61	50		−0.17
		11.76	
6.46	60		0.17
		11.90	
7.30	70		0.17
		12.05	
8.13	80		−0.65
		11.49	
9.00	90		0.00
		11.49	
9.87	100		

圖 2.8　魯易斯締造百米短跑世界紀錄的時間、位置、平均速度及平均加速度。

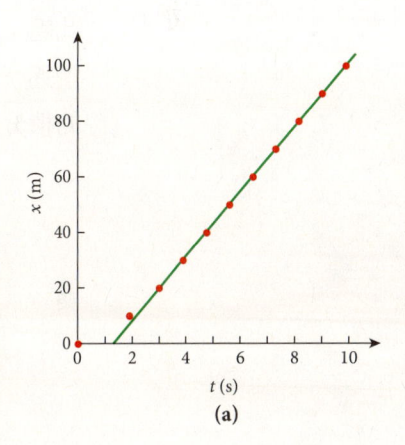

2.6　由加速度求出位移和速度

積分是微分的逆操作，此事實稱為微積分基本定理，因此我們能夠由 (2.6) 式的速度獲得位移，以及由 (2.13) 式的加速度獲得速度。讓我們從速度的 x 分量式開始：

$$v_x(t) = \frac{dx(t)}{dt} \Rightarrow$$

$$\int_{t_0}^{t} v_x(t')dt' = \int_{t_0}^{t} \frac{dx(t')}{dt'}dt' = x(t) - x(t_0) \Rightarrow$$

$$x(t) = x_0 + \int_{t_0}^{t} v_x(t')dt' \quad (2.14)$$

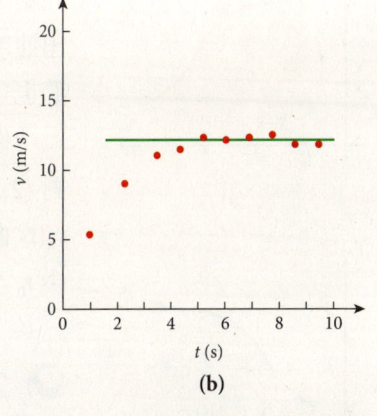

圖 2.9　1991 年的魯易斯百米短跑紀錄分析：(a) 位置的時間函數；(b) 速度的時間函數。

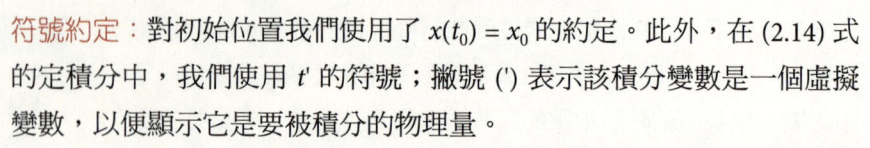

符號約定：對初始位置我們使用了 $x(t_0) = x_0$ 的約定。此外，在 (2.14) 式的定積分中，我們使用 t' 的符號；撇號 (') 表示該積分變數是一個虛擬變數，以便顯示它是要被積分的物理量。

同樣的，我們對加速度的 x 分量，即 (2.13) 式，進行積分，以獲得速度的 x 分量公式：

$$a_x(t) = \frac{dv_x(t)}{dt} \Rightarrow$$

$$\int_{t_0}^{t} a_x(t')dt' = \int_{t_0}^{t} \frac{dv_x(t')}{dt'}dt' = v_x(t) - v_x(t_0) \Rightarrow$$

$$v_x(t) = v_{x0} + \int_{t_0}^{t} a_x(t')dt' \tag{2.15}$$

此處 $v_x(t_0) = v_{x0}$ 是初速度的 x 分量。就像微分操作，積分也是對個別分量逐一進行，所以我們可以將 (2.14) 和 (2.15) 式的分量公式，寫成向量的積分關係，而正式獲得

$$\vec{r}(t) = \vec{r}_0 + \int_{t_0}^{t} \vec{v}(t')dt' \tag{2.16}$$

與

$$\vec{v}(t) = \vec{v}_0 + \int_{t_0}^{t} \vec{a}(t')dt' \tag{2.17}$$

此結果顯示，若初速度與加速度隨時間的變化均為已知，我們就可計算出速度。同樣的，如果我們知道位移的初始值和速度隨時間的變化，我們也可以計算出位移。

你可能在微積分課裡學過定積分的幾何解釋是曲線下的面積，這對 (2.14) 和 (2.15) 兩式而言是正確的。如圖 2.10a，由 t_0 至 t 的時段，在 $v_x(t)$ 曲線下的面積，就是該時段起點與終點的位置差。圖 2.10b 顯示，由 t_0 至 t 的時段，$a_x(t)$ 曲線下的面積是該時段起點與終點的速度差。

2.7　等加速度運動

在許多物理情況下，物體的加速度可以是大約或完全不變的。針對這種特殊的等加速度 (或恆定加速度) 運動，我們可以推導出一些有用的公式。如果加速度 a_x 固定不變，則 (2.15) 式中用以獲得速度的時間積分可改寫而得

圖 2.10　(a) 速度和 (b) 加速度對時間之積分的幾何解釋。

$$v_x(t) = v_{x0} + \int_0^t a_x\,dt' = v_{x0} + a_x \int_0^t dt' \Rightarrow$$
$$v_x(t) = v_{x0} + a_x t \qquad (2.18)$$

為簡單起見，上式中的積分下限取為 $t_0 = 0$。

$$x = x_0 + \int_0^t v_x(t')dt' = x_0 + \int_0^t (v_{x0} + a_x t')dt'$$
$$= x_0 + v_{x0} \int_0^t dt' + a_x \int_0^t t'dt' \Rightarrow$$
$$x(t) = x_0 + v_{x0} t + \tfrac{1}{2} a_x t^2 \qquad (2.19)$$

因此，在恆定加速度之下，速度為時間的線性函數，而位置則為時間的二次函數。以 (2.18) 和 (2.19) 式為出發點，另可獲得三個有用的公式。我們將先列出這三個公式，然後再進行推導。

時段 0 到 t 的平均速度，等於該時段起點速度與終點速度的平均：

$$\bar{v}_x = \tfrac{1}{2}(v_{x0} + v_x) \qquad (2.20)$$

從 (2.20) 式的平均速度，可導出位置的另一表達式：

$$x = x_0 + \bar{v}_x t \qquad (2.21)$$

最後，在時間變數不出現的情況下，我們可以寫出速度平方的方程式：

$$v_x^2 = v_{x0}^2 + 2a_x(x - x_0) \qquad (2.22)$$

推導 2.1

考慮由 t_0 至 t 的時段，其時距 $\Delta t = t - t_0$。在數學上，要求得某量在此時段的時間平均值，我們必須求出此量在該時段的時間積分，然後再除以時距 Δt：

$$\bar{v}_x = \frac{1}{t} \int_0^t v_x(t')dt' = \frac{1}{t} \int_0^t (v_{x0} + a_x t')dt'$$
$$= \frac{v_{x0}}{t} \int_0^t dt' + \frac{a_x}{t} \int_0^t t'dt' = v_{x0} + \tfrac{1}{2} a_x t$$
$$= \tfrac{1}{2} v_{x0} + \tfrac{1}{2}(v_{x0} + a_x t)$$
$$= \tfrac{1}{2}(v_{x0} + v_x)$$

普通物理

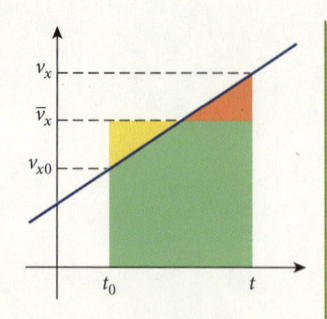

圖 2.11 等加速度運動下速度對時間的圖形。

在上式中我們令 $t_0 = 0$，所以 $\Delta t = t$。圖 2.11 顯示由 t_0 至 t 時段的平均過程，我們可看出，代表 $v(t)$ 的藍線和在 t_0 和 t 的兩條垂直線所形成的梯形，其面積等於代表 $\bar{v}_x$ 的水平線和兩個垂直線所形成的矩形面積。這兩塊面積的基線都是水平 t 軸。

我們取 $t_0 = 0$，以推導位置的公式。使用表達式 $\bar{v}_x = v_{x0} + \frac{1}{2}a_x t$，再將其兩邊乘以時間：

$$\bar{v}_x = v_{x0} + \frac{1}{2}a_x t$$
$$\Rightarrow \bar{v}_x t = v_{x0} t + \frac{1}{2}a_x t^2$$

將此結果與 (2.19) 式的 x 比較，可發現：

$$x = x_0 + v_{x0}t + \frac{1}{2}a_x t^2 = x_0 + \bar{v}_x t$$

要推導涉及含有速度平方的 (2.22) 式，我們由 $v_x = v_{x0} + a_x t$ 解出時間 $t = (v_x - v_{x0})/a_x$。然後代入表示位置的 (2.19) 式：

$$\begin{aligned} x &= x_0 + v_{x0}t + \frac{1}{2}a_x t^2 \\ &= x_0 + v_{x0}\left(\frac{v_x - v_{x0}}{a_x}\right) + \frac{1}{2}a_x\left(\frac{v_x - v_{x0}}{a_x}\right)^2 \\ &= x_0 + \frac{v_x v_{x0} - v_{x0}^2}{a_x} + \frac{1}{2}\frac{v_x^2 + v_{x0}^2 - 2v_x v_{x0}}{a_x} \end{aligned}$$

接著從等式兩邊減去 x_0，然後乘以 a_x：

$$a_x(x - x_0) = v_x v_{x0} - v_{x0}^2 + \frac{1}{2}(v_x^2 + v_{x0}^2 - 2v_x v_{x0})$$
$$\Rightarrow a_x(x - x_0) = \frac{1}{2}v_x^2 - \frac{1}{2}v_{x0}^2$$
$$\Rightarrow v_x^2 = v_{x0}^2 + 2a_x(x - x_0)$$

針對等加速度運動，下面是我們所獲得的五個運動學公式 (其中初始時間 $t_0 = 0$，初始時的位置與速度分別為 $x = x_0$ 和 $v = v_{x0}$)：

$$\begin{aligned} &\text{(i)} \quad x = x_0 + v_{x0}t + \frac{1}{2}a_x t^2 \\ &\text{(ii)} \quad x = x_0 + \bar{v}_x t \\ &\text{(iii)} \quad v_x = v_{x0} + a_x t \\ &\text{(iv)} \quad \bar{v}_x = \frac{1}{2}(v_x + v_{x0}) \\ &\text{(v)} \quad v_x^2 = v_{x0}^2 + 2a_x(x - x_0) \end{aligned} \quad (2.23)$$

詳解題 2.1 飛機起飛

當飛機在達到起飛速度之前，須在跑道上持續前衝，它是靠噴氣式發動機來加速。圖 2.12 所示為一飛機加速度的測量結果，可以看出等加

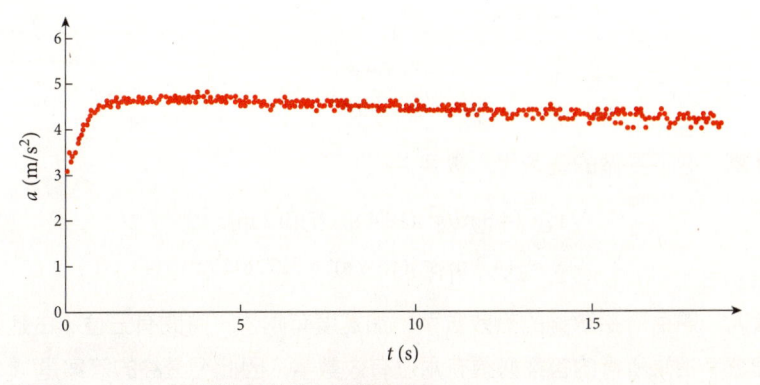

圖 2.12 噴氣式飛機起飛前的加速度數據。

速度的假設不太正確。但飛機以平均加速度 $a_x = 4.3$ m/s^2，在 18.4 秒內起飛升空，則是一個很好的近似。

問題：假設飛機以 $a_x = 4.3$ m/s^2 的等加速度，從靜止開始前行，則在 18.4 s 後的起飛速度為何？起飛前飛機在跑道上前進了多遠？

解：

思索　飛機起飛前沿跑道移動是一維加速度運動的好例子。因為飛機從靜止開始前行，其初速度為 0。又因假設運動為等加速度，所以速度隨時間線性增加，而位移則隨時間的二次方增加。我們照例可選定任何位置為座標系的原點；故可選飛機開始運動前的靜止位置為原點。

繪圖　對於這個等加速度運動，我們預期速度和位移隨時間增加的情形如圖 2.13 所示，其中初始條件為 $v_{x0} = 0$，$x_0 = 0$。注意：座標軸沒有標示單位，因為位移、速度和加速度的測量單位不同。

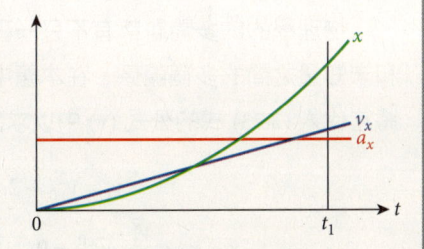

圖 2.13 飛機在起飛前的加速度、速度和位移。

推敲　求起飛速度實際上是 (2.23) 式中公式 (iii) 的簡單應用：

$$v_x = v_{x0} + a_x t$$

而起飛前飛機在跑道上前進的距離，可從 (2.23) 式中的公式 (i) 求得：

$$x = x_0 + v_{x0} t + \tfrac{1}{2} a_x t^2$$

簡化　飛機從靜止開始加速，因此初速度 $v_{x0} = 0$，而根據我們所選的座標系原點，$x_0 = 0$。因此，飛機離地起飛時的速度和距離公式，可簡化

為

$$v_x = a_x t$$
$$x = \tfrac{1}{2} a_x t^2$$

計算 剩下要做的就是代入數字：

$$v_x = (4.3 \text{ m/s}^2)(18.4 \text{ s}) = 79.12 \text{ m/s}$$
$$x = \tfrac{1}{2}(4.3 \text{ m/s}^2)(18.4 \text{ s})^2 = 727.904 \text{ m}$$

捨入 題目所給數據的有效數字，加速度有兩位，時間有三位。由這兩個數字相乘所得的答案必須有兩位有效數字。因此，最終的答案是

$$v_x = 79 \text{ m/s}$$
$$x = 7.3 \cdot 10^2 \text{ m}$$

複驗 如本書一再強調的，任何一個物理問題的答案，最簡單的檢查就是單位須適合所求的量。這點本題做到了，因為我們得到的位移是以 m (米) 為單位，而速度是以 m/s (米/秒) 為單位。

現在來看看答案是否具有適當的數量級。730 m (約 0.5 哩) 的起飛位移是合理的，因為它與機場跑道長度的數量級相當。$v_x = 79$ m/s 的起飛速度經換算為

$$(79 \text{ m/s}) \cdot (3600 \text{ s}/1 \text{ h}) \approx 284 \text{ km/h}$$

即接近每小時 300 公里，這似乎也是在正確的範圍內。

另解

物理學的許多問題都有不只一種的解答方式，因為它常可使用已知和未知量之間的多個關係。在本題中，一旦求出最後的速度，我們也可將它代入 (2.23) 式的公式 (v) 中以求出 x。由這個替代解法所得的結果為

$$v_x^2 = v_{x0}^2 + 2a_x(x - x_0) \Rightarrow$$
$$x = x_0 + \frac{v_x^2 - v_{x0}^2}{2a_x} = 0 + \frac{(79 \text{ m/s})^2}{2(4.3 \text{ m/s}^2)} = 7.3 \cdot 10^2 \text{ m}$$

因此，我們以不同的方式得出了相同的距離答案，這使我們對答案的合理性更具信心。

2.8 自由落體運動

在地球表面附近，一個很好的近似是把重力對物體所產生的加速度，當作是恆定的 (即等加速度)。這個說法如果正確，一定有觀察得到的後果。我們假設這是真的，然後針對物體在地球引力作用下的運動，

推論一些結果，再與實驗觀測比較，看看恆定的重力加速度是否有道理。

地球表面附近的重力加速度量值為 $g = 9.81 \text{ m/s}^2$。我們以垂直軸為 y 軸，取向上為正方向，因此加速度向量 $\vec{a}$ 只有一個不為零的 y 分量，如下式所示：

$$a_y = -g \quad (2.24)$$

由於這是前節等加速度運動公式在特定情況下的應用，我們可將 (2.24) 式的加速度代入 (2.23) 式，並以 y 取代 x，以表示位移發生在 y 方向，從而得到：

$$\begin{aligned}
&\text{(i)} & y &= y_0 + v_{y0}t - \tfrac{1}{2}gt^2 \\
&\text{(ii)} & y &= y_0 + \bar{v}_y t \\
&\text{(iii)} & v_y &= v_{y0} - gt \\
&\text{(iv)} & \bar{v}_y &= \tfrac{1}{2}(v_y + v_{y0}) \\
&\text{(v)} & v_y^2 &= v_{y0}^2 - 2g(y - y_0)
\end{aligned} \quad (2.25)$$

只受到重力作用的加速度運動，稱為**自由下落**，或自由落體運動。利用 (2.25) 式可回答與自由落體運動有關的問題。

讓我們透過實驗來測試重力加速度為恆定的假設。在高度 12.7 m 的建築物頂端，讓電腦在受控條件下從靜止 ($v_{y0} = 0$) 釋放，並以數位攝影機記錄電腦的下落過程。攝影機每秒記錄 30 個畫面，所以可知道電腦在各位置的時間資訊。圖 2.14 顯示此實驗拍得的 14 個畫面，其時間

>>> **觀念檢測 2.7**
垂直上拋到空中的球，是自由落體的例子。在球到達最大高度的瞬間，下列關於球的敘述，何者正確？
a) 加速度向下，速度向上
b) 加速度為零，速度向上
c) 加速度向上，速度向上
d) 加速度向下，速度為零
e) 加速度向上，速度為零
f) 加速度為零，速度向下

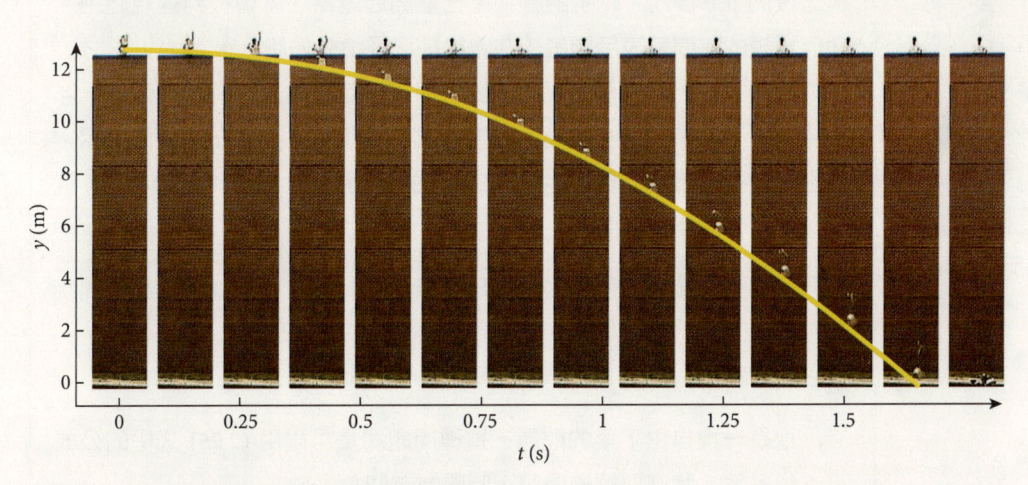

圖 2.14　自由落體實驗：電腦由建築物頂端落下。

普通物理

間隔都相等，在每個畫面下方的水平軸上，標記有釋放後的時間。疊加在圖上的黃色曲線，其表達式為

$$y = 12.7 \text{ m} - \frac{1}{2}(9.81 \text{ m/s}^2)t^2$$

由於初始條件 $y_0 = 12.7$ m，$v_{y0} = 0$ 和恆定加速度 $a_y = -9.81$ m/s² 的假設，上式正是我們所預期的。可以看出，電腦的下落幾乎完全遵循這條曲線，因此我們的推論與實驗一致。這雖非決定性的證明，但它強而有力的暗示，重力加速度在地球表面附近是恆定的，且具有指定的量值。

此外，對所有物體，重力加速度的值是相同的，這絕不是一個無足輕重的聲明。不同尺寸和質量的物體，如果同時從同一高度釋放，都應該在同一時間抵達地面，但這與我們的日常經驗似乎不太一致。一個常見的課堂示範，是將羽毛和硬幣由同一高度落下。很容易就會看到硬幣先抵達地面，而羽毛則緩緩飄下；這種差異是由於空氣阻力。若在內部為真空的玻璃管中進行實驗，則硬幣和羽毛會以同樣的速度下落。我們在第 4 章將回到空氣阻力，但現在可以做個結論：地球表面附近的重力加速度是恆定的，其絕對值為 $g = 9.81$ m/s²，當空氣阻力可忽略時，所有物體的重力加速度都相同。第 4 章將探討空氣阻力可合理假設為零的條件。

>>> 觀念檢測 2.8

將球由 $y = 0$ 以初速率 v_1 向上拋出，球到達的最大高度 $y = h$。若球在 $y = h/2$ 的速率為 v_2，則比率 v_2/v_1 為何？
a) $v_2/v_1 = 0$
b) $v_2/v_1 = 0.50$
c) $v_2/v_1 = 0.71$
d) $v_2/v_1 = 0.75$
e) $v_2/v_1 = 0.90$

例題 2.4　反應時間

人對外來的任何刺激，都需要延遲一些時間才會有反應。例如在百米短跑比賽中，規定要等鳴槍之後才可起跑。但由於人的反應時間不為零，跑者的腳要延遲一下才會離開起跑器，開始往前跑。事實上，在鳴槍之後的 0.1 秒內，跑者的腳如果已離開起跑器，就會被判違規起跑。任何更短的時間都表示跑者「在鳴槍前已經搶先偷跑」。

如圖 2.15，有一個簡單的測試可用來確定你的反應時間。你的同伴手持米尺，你準備好在他鬆手釋放米尺時抓住它，如圖左的畫面所示。量出米尺從被釋放到你抓住它 (如圖右的畫面所示) 所下降的距離 h，就可以判斷你的反應時間。

圖 2.15　測量反應時間的簡單實驗。

問題：如果在被你抓住之前，米尺下降了 0.20 m，那麼你的反應時間為何？

解：

這是一種自由下落的問題。這種問題總是可以用 (2.25) 式中的公式來求得答案。我們要解的問題，時間為未知數。

題目已給出了位移 $h = y_0 - y$。由於米尺是從靜止被釋放，它的初始速度為零。我們可用 2.25(i) 式：$y = y_0 + v_{y0}t - \frac{1}{2}gt^2$，將 $h = y_0 - y$ 和 $v_0 = 0$ 代入上式得

$$y = y_0 - \frac{1}{2}gt^2$$
$$\Rightarrow h = \frac{1}{2}gt^2$$
$$\Rightarrow t = \sqrt{\frac{2h}{g}} = \sqrt{\frac{2 \cdot 0.20 \text{ m}}{9.81 \text{ m/s}^2}} = 0.20 \text{ s}$$

你的反應時間為 0.20 s，這算是典型的。為了比較，當博爾特 (Usain Bolt) 於 2008 年 8 月締造 9.69 s 的百米短跑世界紀錄時，他的反應時間經測量為 0.165 s。(一年後博爾特跑出 9.58 s，這是目前的百米世界紀錄。)

自我測試 2.1
將反應時間表示為米尺下降距離的函數後，畫出此函數的曲線圖。針對在 0.1 秒與 0.3 秒左右的反應時間，討論這個方法對哪一個反應時間會較精確。

觀念檢測 2.9
如果以米尺方法測得的反應時間，B 君為 A 君的 2 倍，而米尺位移分別為 h_B 與 h_A，則
a) $h_B = 2h_A$
b) $h_B = h_A/2$
c) $h_B = \sqrt{2}h_A$
d) $h_B = 4h_A$
e) $h_B = h_A/\sqrt{2}$

已學要點｜考試準備指南

- x 是位置向量的 x 分量。位移是位置的變化：$\Delta x = x_2 - x_1$。
- 對沿單一方向的運動，距離是位移的絕對值，$\ell = |\Delta x|$，並且是一個正純量。
- 物體在給定時段的平均速度 $\bar{v}_x = \dfrac{\Delta x}{\Delta t}$。
- (瞬時) 速度向量的 x 分量是位置向量對時間之導數的 x 分量：$v_x = \dfrac{dx}{dt}$。
- 速率是速度的絕對值：$v = |v_x|$。
- (瞬時) 加速度向量的 x 分量是速度向量對時間之導數的 x 分量：$a_x = \dfrac{dv_x}{dt}$。
- 一維等加速度運動有五個運動學公式：
  (i) $x = x_0 + v_{x0}t + \frac{1}{2}a_xt^2$
  (ii) $x = x_0 + \bar{v}_x t$
  (iii) $v_x = v_{x0} + a_x t$
  (iv) $\bar{v}_x = \frac{1}{2}(v_x + v_{x0})$
  (v) $v_x^2 = v_{x0}^2 + 2a_x(x - x_0)$

  其中的 x_0 是初始位置，v_{x0} 是初始速度，而初始時刻 t_0 被設定為零。

- 對於自由落體 (等加速度) 運動，可將上述運動學公式的加速度 a_x 以 $-g$ 取代，並將 x 改為 y，而得
  (i) $y = y_0 + v_{y0}t - \frac{1}{2}gt^2$
  (ii) $y = y_0 + \bar{v}_y t$
  (iii) $v_y = v_{y0} - gt$
  (iv) $\bar{v}_y = \frac{1}{2}(v_y + v_{y0})$
  (v) $v_y^2 = v_{y0}^2 - 2g(y - y_0)$

  其中的 y_0 是初始位置，v_{y0} 是初始速度，而 y 軸指向上。

普通物理

自我測試解答

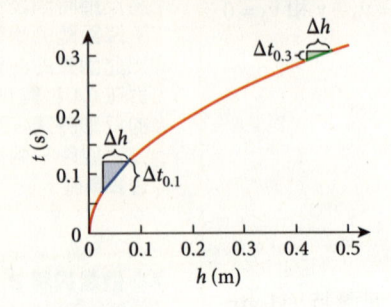

2.1

該方法對較長的反應時間較為精確,因為代表反應時間隨高度變化的函數 $t(h)$,其曲線的斜率遞減 ($t = 0.1$ s 的斜率以藍線表示,而 $t = 0.3$ s 的則以綠線表示),所以,同樣的測量誤差 Δh,對反應時間較長者,所導致的時間誤差 Δt 較小,亦即較精確。

解題準則:一維運動學

1. 在一維運動,位移和速度是向量,並且可以具有正值和負值;距離和速度恆為不小於零的純量。記住這個區別是重要的。
2. 對於一維運動的問題,先確定是否為等加速度。(2.23) 式的五個公式只適用於等加速度運動。
3. 如果是等加速度,先檢查 (2.23) 式是否有公式對解題有幫助。雖然你不應該盲目應用這些公式,但重新發明輪子 (或已有的公式) 也是沒有必要的。
4. 自由落體問題只是等加速度運動的特例,其加速度之值為 9.81 m/s^2,方向向下。

選擇題

2.1 兩名選手垂直往上跳,在離開地面時,亞當的初始速率為鮑伯的一半。鮑伯會跳得比亞當高

a) 0.50 倍 b) 1.41 倍
c) 2 倍 d) 3 倍
e) 4 倍

2.2 汽車以 20.0 m/s 的速率向西移動。假設加速度恆為 1.0 m/s^2 向西,則 3.00 s 後的車子速度為

a) 17.0 m/s 向西 b) 17.0 m/s 向東
c) 23.0 m/s 向西 d) 23.0 m/s 向東
e) 11.0 m/s 向南

2.3 一電子從靜止開始以等加速度移動,在 2.0 ms 內行進 1.0 cm,則其加速度的量值為何?

a) 25 km/s^2 b) 20 km/s^2
c) 15 km/s^2 d) 10 km/s^2
e) 5.0 km/s^2

2.4 下列哪一 (些) 敘述是正確的?
1. 靜止的物體,其加速度可以為零。
2. 靜止的物體,其加速度可以不為零。
3. 運動中的物體,加速度可以為零。

a) 只有 1 b) 1 和 3
c) 1 和 2 d) 1、2 和 3

2.5 一岩石由懸崖邊落下。如果空氣阻力可忽略不計,下面哪一 (些) 敘述為真?
1. 岩石的速率將增大。
2. 岩石的速率將減小。
3. 岩石的加速度將增大。
4. 岩石的加速度將減小。

a) 1 b) 1 和 4
c) 2 d) 2 和 3

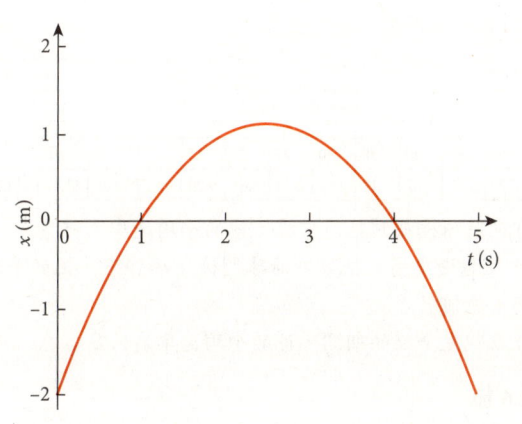

以上附圖中的曲線顯示了一個物體的位置隨時間變化的函數。根據此圖回答 2.6–2.7 題。

2.6 以下哪項陳述在 $t = 1$ s 是真的？
a) 物體速度的 x 分量為零
b) 物體加速度的 x 分量為零
c) 物體速度的 x 分量為正
d) 物體速度的 x 分量為負

2.7 以下哪項陳述在 $t = 2.5$ s 是真的？
a) 物體速度的 x 分量為零
b) 物體加速度的 x 分量為零
c) 物體速度的 x 分量為正
d) 物體速度的 x 分量為負

觀念題

2.8 考慮三位滑冰選手：安娜沿正 x 方向移動，無折返。蓓莎沿負 x 方向移動，無折返。克莉斯汀沿正 x 方向移動，然後折返。這三人中，有某時段的平均速度量值比平均速率為小的是哪位？

2.9 當你踩下剎車後，車子的加速度與速度反向。假設加速度保持不變，描述你車子的運動。

2.10 如果一物體的加速度為零，速度不為零，你對這物體的運動能說些甚麼？以草圖表示速度和加速度隨時間變化的曲線，以支持你的說明。

2.11 你和朋友站在白雪覆蓋的懸崖邊上，同時使雪球由懸崖邊緣下落。你的雪球比你朋友的重兩倍。忽略空氣阻力，(a) 哪個雪球先到地面？(b) 哪個雪球的速率較大？

2.12 一輛汽車正在慢下來，直到完全停止。附圖所示為這個過程的一系列畫面。連續兩個畫面的時間差為 0.333 s，車子長度 $L = 4.442$ m。假設等加速度，則加速度之值為何？估計所給的答案誤差有多大？等加速度的假設，理由有多充分？

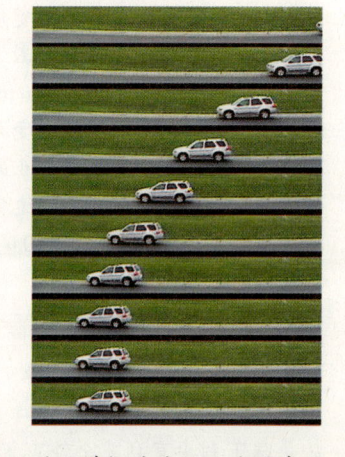

2.13 你從一個高度為 h 的懸崖邊使石塊下落，隔時間 t 後，你的朋友從相同的高度，由崖邊以速率 v_0 垂直向下拋出石塊，兩石塊同時抵達地面。試問時間 t 為何？答案以 v_0、g 和 h 表示。

練習題

題號前的藍點 (•) 與雙藍點 (••) 代表問題難度遞增。

2.2 節

2.14 一汽車以 30.0 m/s 向北行駛 10.0 min。然後，向南以 40.0 m/s 行駛 20.0 min。汽車行駛的總距離和位移各為何？

2.3 節

2.15 你在 50 m × 40 m 的長方形跑道上跑步，在 100 s 完成一圈。你此圈的平均速度為何？

2.16 附圖所示為一粒子作一維運動時，其位置隨時間變化的函數。
a) 在哪個時段粒子的速率最大？該速率為何？
b) 在 −5 s 到 +5 s 的時段，平均速度為何？
c) 在 −5 s 到 +5 s 的時段，平均速率為何？
d) 2 s 到 3 s 間的速度與 3 s 到 4 s 間的速度，其比率為何？

e) 在哪個 (些) 時間粒子的速度為零？

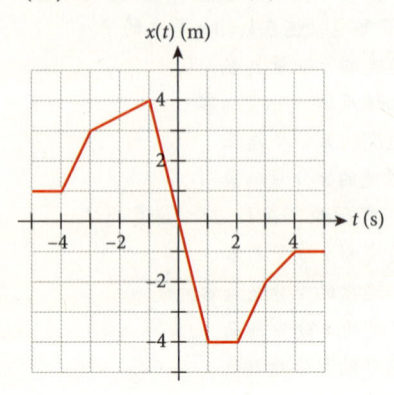

•2.17 一粒子沿 x 軸運動的位置可表示為 $x = 3.0t^2 - 2.0t^3$，其中 t 以秒 (s) 為單位，x 以米 (m) 為單位。當粒子沿正 x 方向行進並達到其最大速率時，它的位置為何？

•2.18 一物體的位置隨時間變化的函數可表示為 $x = At^3 + Bt^2 + Ct + D$，其中的常數 $A = 2.10$ m/s³，$B = 1.00$ m/s²，$C = -4.10$ m/s，$D = 3.00$ m。
a) 在 $t = 10.0$ s 時，物體的速度為何？
b) 在哪一 (些) 時刻物體是靜止的？
c) 在 $t = 0.50$ s 時，物體的加速度為何？
d) 作圖將 $t = -10.0$ s 到 $t = 10.0$ s 期間的加速度，表示為時間的函數。

2.4 節

2.19 一名銀行搶匪的逃亡車，以 45 mph 的速率接近十字路口。正當車經過路口時，他意識到需要轉彎，於是踩下剎車直到完全停下，然後加速倒車，達到了 22.5 mph 的後退速率。由減速到朝相反方向重新加速，共歷時 12.4 s。在此期間，車子的平均加速度為何？

2.20 你朋友的車從靜止開始，在 10.0 s 內行進 0.500 km。要做到這點所需的等加速度量值為何？

•2.21 一粒子沿 x 軸運動。當 $t > 0$ 時，其速度為 $v_x = (50.0t - 2.0t^3)$ m/s，式中 t 以秒為單位。當粒子在 $t > 0$ 時達到沿正 x 方向的最大位移時，它的加速度為何？

2.5 節

2.22 2011 年 10 月 30 日，底特律雄獅隊和丹佛野馬隊之間的 NFL 橄欖球比賽，獅隊的角衛強生 (Chris Johnson) 在球門線後 1 碼，將對方的傳球攔截，並沿一直線跑過整個球場，觸地得分。這個得分過程的視頻影像分析顯示他越過場上每條碼線 (見表中的碼欄位) 的近似時間。

碼	−1	0	5	10	15	20	25	30	35	40	45
時間	0.00	0.23	1.16	1.80	2.33	2.87	3.37	3.87	4.33	4.80	5.27

50	45	40	35	30	25	20	15	10	5	0	−1
5.73	6.20	6.67	7.17	7.64	8.14	8.67	9.20	9.71	10.34	11.47	12.01

a) 從將球攔截到抵達中場，他的平均速率為何？
b) 從越過中場到抵達對面球門後 1 碼停下，他的平均速率為何？
c) 在跑完全程的期間，他的平均速率為何？

2.6 節

2.23 一粒子在 $x = 0.00$，從靜止開始，以 +2.00 cm/s² 的加速度行進 20.0 s。接下來的 40.0 s，粒子的加速度為 −4.00 cm/s²，當此段運動結束時，粒子的位置何在？

2.24 一遊樂園中供遊客乘坐的車，其速度以時間的函數表示時為 $v = At^2 + Bt$，式中的常數 $A = 2.0$ m/s³，$B = 1.0$ m/s²。如果汽車由原點出發，它在 $t = 3.0$ s 時的位置為何？

•2.25 一車沿 x 軸行進時的速度 v_x 隨時間的變化如附圖所示。如果在 $t_0 = 2.0$ s 時，其位置在 $x_0 = 2.0$ m，則汽車在 $t = 10.0$ s 時的位置為何？

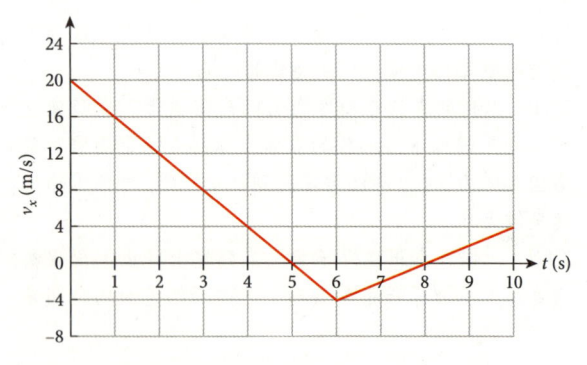

•2.26 一輛機車從靜止開始加速，如附圖所示。試求：

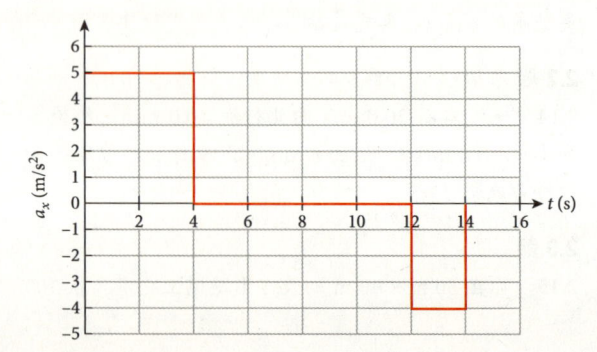

a) 機車在 $t = 4.00\text{ s}$ 和 $t = 14.0\text{ s}$ 時的速率。
b) 機車在最初 14.0 s 行進的距離。

2.7 節

2.27 一輛車沿直線行經 380. m 的距離時，速率從 31.0 m/s 下降到 12.0 m/s。假設加速度為恆定。
a) 這趟路程歷時多久？
b) 加速度的量值為何？

2.28 戰鬥機降落在航空母艦的甲板上，以 70.4 m/s 的速度，行進 197.4 m 的距離後完全停下。如果此過程為等減速度，則離停下位置還有 44.2 m 時，飛機的速率為何？

2.29 一輛汽車從靜止開始運動，其加速度為 10.0 m/s^2。在 2.00 s 內，它行進了多遠？

2.30 一船從靜止開始，以等加速度前進，直到速率達 5.00 m/s。
a) 船的平均速度為何？
b) 若達到這個速率需要 4.00 s，它前進了多遠？

•**2.31** 一個女孩騎車到轉角時，停下來喝水。這時，一位朋友以 8.0 m/s 的等速度從她身旁經過。
a) 20 秒後，女孩騎上車，以 2.2 m/s^2 的等加速度尾隨。她要趕上她的朋友需要多長時間？
b) 假設朋友經過時，女孩已經騎在車上，以 1.2 m/s 的速率前行。若要在相同的時間內趕上她的朋友，她需要的等加速度為何？

•**2.32** 兩輛火車車廂在水平的直線軌道上。一輛由靜止開始，以 2.00 m/s^2 的等加速度使其運動，駛向距離 30.0 m、以 4.00 m/s 的等速度正在遠離的第二輛車。
a) 兩車將在何處相碰？
b) 需多長時間兩車才會相碰？

2.8 節

2.33 將石頭從地面以 10.0 m/s 的初速度垂直向上拋出。
a) 0.50 s 後，石頭的速度為何？
b) 0.50 s 後，石頭離地面的高為何？

2.34 將球以 10.0 m/s 的初速度，從離地 50.0 m 的高度垂直向下拋出。隔多久的時間後，球會打到地面？

2.35 一球以初速度 v_0 垂直上拋後，上升的高度最大為 y。在上升 $y/2$ 時，此球的速度為何？

•**2.36** 比耳在他的保齡球聯賽中，有天晚上的表現很差。當他回到家時，將保齡球從離地 63.17 m 的公寓窗口扔出。當保齡球離地 40.95 m 時，約翰看見球正好從他的窗口經過。再過多少時間，球會擊中地面？

•**2.37** 將一個物體垂直上拋。當它上升到起點至最大高度的 1/4 時，速度為 25 m/s。它被拋出時的初速度為何？

••**2.38** 你從高於朋友頭頂 80.0 m 的宿舍窗口，讓水球垂直落下到他頭上。在水球被釋放後 2.00 s，你的朋友 (不知道球內有水) 從齊頭的高度以 20.0 m/s 的初速度，直接向上朝著水球射出飛鏢。
a) 水球在被釋放後多久，會被飛鏢擊中？
b) 飛鏢擊中水球後，你的朋友有多少時間可以避開落下的水？假設水球在被擊中後立即破裂。

補充練習題

2.39 一飛機在跑道上降落，著地時的速率為 142.4 mi/h。經過 12.4 s，飛機完全停下，假設此過程為等加速度，則飛機著地後，在跑道上走了多遠？

2.40 一輛汽車從靜止開始加速至 60.0 mi/h，需時 4.20 s。假設它的加速度是恆定的。
a) 此車的加速度為何？
b) 此車行進了多遠？

2.41 一輛汽車以 60.0 km/h 的速率行駛時，在 $t = 4.00$ s 內完全停下。假設等減速度。
a) 此車在停下的過程中走了多遠？
b) 它的減速度為何？

2.42 一列車以 40.0 m/s 的速率行進，直奔停在同一軌道上的另一列車，兩車相距 100.0 m。行進中的列車以 6.0 m/s^2 進行減速，當它停下時，距離靜止列車有多遠？

2.43 在 NASCAR 賽車歷史中，最快的車速是 212.809 mi/h (由 Bill Elliot 於 1987 年在 Talladega 創下)。如果跑車從此速度以 8.0 m/s^2 的減速度慢下來，則車子在停下前共走了多遠？

2.44 直線軌道上的一部火箭雪橇，其位置可表示為 $x = at^3 + bt^2 + c$，其中 $a = 2.0$ m/s^3，$b = 2.0$ m/s^2，$c = 3.0$ m。
a) 在 $t = 4.0$ s 與 $t = 9.0$ s 時，雪橇的位置為何？
b) 從 $t = 4.0$ s 到 $t = 9.0$ s 的期間，雪橇的平均速度為何？

•**2.45** 高速公路上設置有一個雙重速限陷阱。一部警察巡邏車隱藏在廣告牌背後，另一部則躲在稍遠的橋下。當經過第一部巡邏車時，一輛車的速率被測出是 105.9 mi/h。轎車裡的反雷達偵測器發出警告，表示車

速已被警察測出。於是駕車者試圖使車速逐漸下降，但又不想踩剎車以免警察發覺他知道車子開得太快了。他只是把腳從剎車踏板移開，就使車子以等減速度慢下來。過了 7.05 s 後，轎車通過第二部警車。現在，它的車速測量值只有 67.1 mi/h，恰好低於該公路的速限。

a) 轎車的減速度量值為何？
b) 兩部巡邏車相隔多遠？

•**2.46** 一球以橡皮筋懸吊，其垂直位置可表示為

$$y(t) = (3.8\text{ m})\sin(0.46\ t/\text{s} - 0.31) - (0.2\text{ m/s})t + 5.0\text{ m}$$

a) 以時間函數表示時，此球的速度和加速度為何？
b) 在 0 到 30 s 之間的哪些時間，球的加速度為零？

•**2.47** 2005 年，颶風麗塔襲擊美國南部幾個州，成千上萬的人試圖開車離開休斯敦。其中有部汽車滿載大學生前往休斯敦以北 199 哩的泰勒市。該車在全程時間的 1/4，平均速率為 3.0 m/s，在另一個 1/4，平均速率為 4.5 m/s，而其餘行程的平均速率則為 6.0 m/s。

a) 學生到達他們的目的地，耗時多久？
b) 繪製此行程的位置–時間關係圖。

•**2.48** 拉斯維加斯市的 Bellagio 酒店，以音樂噴泉聞名。它使用 192 支超級水槍，配合音樂的節奏，將水射出到空中幾達數百呎 (ft)。一支超級水槍將水垂直向上射到 240. ft 的高度。

a) 水的初速率為何？
b) 水回頭往下掉落，到上述高度一半時的速率為何？
c) 水從 (b) 中的一半高度掉落，回到最初高度需要多長時間？

•**2.49** 你沿著直線道路，以 13.5 m/s 的等速度行駛 30.0 s。然後，在 10.0 s 內穩定加速到 22.0 m/s 的速率。然後，在 10.0 s 內穩定的減慢直到停下。你行駛了多遠？

2.50 一粒子的位置，以時間的函數表示時為 $x(t) = \frac{1}{4}x_0 e^{3\alpha t}$，其中 α 是正的常數。

a) 粒子在什麼時間的位置為 $2x_0$？
b) 粒子的速率隨時間而變的函數為何？
c) 粒子的加速度隨時間而變的函數為何？
d) α 的 SI 單位為何？

多版本練習題

2.51 以 28.0 m/s 的速率將一物體垂直向上拋出。物體達到其最大高度需多長時間？

2.52 以 28.0 m/s 的速率將一物體垂直向上拋出。在 1.00 s 後，物體高於拋出點多少？

2.53 以 28.0 m/s 的速率將一物體垂直向上拋出。物體達到其最大高度時，比拋出點高了多少？

2.54 鋼球從離地面 12.37 m 的高度下落。當離地面的高度為 2.345 m 時，鋼球的速率為何？

2.55 鋼球從離地面 13.51 m 的高度下落。當速率為 14.787 m/s 時，鋼球離地面的高度為何？

2.56 當下落的鋼球到達離地面 2.387 m 的高度時，速率為 15.524 m/s。它從什麼高度下落？

03 二維與三維運動

待學要點
- 3.1 三維座標系
- 3.2 二維與三維的速度和加速度
- 3.3 理想的拋體運動
  - 例題 3.1　射擊猴子
  - 拋體行進軌跡的形狀
  - 速度向量隨時間的變化
- 3.4 拋體的最大高度和射程
  - 例題 3.2　擊出棒球
- 3.5 實際的拋體運動
- 3.6 相對運動
  - 例題 3.3　在側風下飛行

已學要點｜考試準備指南
- 解題準則
- 選擇題
- 觀念題
- 練習題
- 多版本練習題

圖 3.1　球的彈跳 (多重曝光序列照片)。

你一定看過球的彈跳，如果能像圖 3.1，讓球慢下來，你會看到每一次的圓拱形彈跳，相當對稱，但會越來越小，直到停下。這樣的路徑是稱為拋體運動的二維運動所具有的特性。當一個孤立於空中的物體，受到近乎恆定的重力，且空氣阻力可以被忽略時，你可以在它運動時看到同樣的拋物線，例如噴泉的水柱、焰火和投出的籃球。

本章將把第 2 章有關位移、速度和加速度的討論，推廣到二維運動。二維運動雖比三維的一般運動有較多的限制，但它可廣泛的用於本課程中所考慮的許多常見而重要的運動。

普通物理

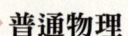

待學要點

- 我們將學習使用一維運動中已開發的方法，來處理二維和三維的情況。
- 我們將確立並求出理想拋體運動的拋物線軌跡。
- 我們將利用初始速度向量和初始位置，來計算理想拋體軌跡的最大高度和最大射程。
- 我們將學習拋體在飛行過程中任何一時刻的速度向量要如何描述。
- 我們將定性研究空氣摩擦力如何影響像棒球這類物體的實際軌跡，以及這些軌跡如何偏離拋物線。
- 我們將學習如何把速度向量從一個參考系轉換到另一個。

3.1 三維座標系

我們接下來處理二維和三維運動問題。我們使用直角座標系來描述此類運動。在三維直角座標系中，我們令 x 軸和 y 軸位於水平面，z 軸垂直向上 (圖 3.2)。

使用上述的直角座標系，位置向量可用分量形式寫為

$$\vec{r} = (x, y, z) = x\hat{x} + y\hat{y} + z\hat{z} \tag{3.1}$$

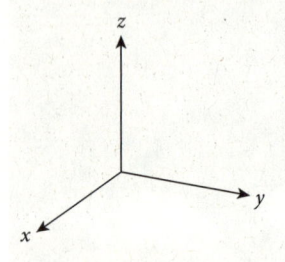

圖 3.2　右手制 *xyz* 直角座標系。

而速度向量則可寫為

$$\vec{v} = (v_x, v_y, v_y) = v_x\hat{x} + v_y\hat{y} + v_z\hat{z} \tag{3.2}$$

對一維的向量，我們將位置向量的時間導數定義為速度向量。當多於一維時，這仍然成立：

$$\vec{v} = \frac{d\vec{r}}{dt} = \frac{d}{dt}(x\hat{x} + y\hat{y} + z\hat{z}) = \frac{dx}{dt}\hat{x} + \frac{dy}{dt}\hat{y} + \frac{dz}{dt}\hat{z} \tag{3.3}$$

在上式的最後一步，我們用了和與積的微分公式，以及單位向量為恆定向量，故其微分為零的事實。比較 (3.2) 和 (3.3) 式，可得到

$$v_x = \frac{dx}{dt}, \quad v_y = \frac{dy}{dt}, \quad v_z = \frac{dz}{dt} \tag{3.4}$$

使用相同的步驟，我們將速度向量對時間微分，即可得到加速度向量：

$$\vec{a} = \frac{d\vec{v}}{dt} = \frac{dv_x}{dt}\hat{x} + \frac{dv_y}{dt}\hat{y} + \frac{dv_z}{dt}\hat{z} \tag{3.5}$$

因此，我們可以寫出加速度向量的直角座標分量：

$$a_x = \frac{dv_x}{dt}, \quad a_y = \frac{dv_y}{dt}, \quad a_z = \frac{dv_z}{dt} \tag{3.6}$$

3.2 二維與三維的速度和加速度

將沿一直線的速度與二維或更多維的速度比較，兩者最明顯差異是，即使速率保持不變，後者仍然可以改變方向。依定義，加速度為速度的變化量 (包括量值或方向的變化) 除以時距，因此即使速度的量值 (即速率) 沒有變化，加速度仍然可以不為零。

以一個粒子在二維空間 (即在一個平面上) 的運動為例。若在時刻 t_1，其速度為 $\vec{v}_1$，而在稍後的時刻 t_2，其速度為 $\vec{v}_2$，則該粒子的速度變化為 $\Delta\vec{v} = \vec{v}_2 - \vec{v}_1$。依定義，粒子在時距 $\Delta t = t_2 - t_1$ 的時段，其平均加速度 $\vec{a}_{ave}$ (下標 ave 代表平均的英文 average) 為

$$\vec{a}_{ave} = \frac{\Delta \vec{v}}{\Delta t} = \frac{\vec{v}_2 - \vec{v}_1}{t_2 - t_1} \tag{3.7}$$

圖 3.3 示出了上述粒子在一給定時段的速度變化，所可能有的三種不同情況。在圖 3.3a 中，粒子的初始速度和最終速度，方向相同，但最終速度的量值較初始速度為大，以致速度的變化量與平均加速度，都與速度同向。在圖 3.3b 中，初始速度和最終速度也是同向，但最終速度的量值小於初始速度的量值，以致速度的變化量與平均加速度，都與速度反向。在圖 3.3c 中，初始速度和最終速度具有相同的量值，但兩者方向不同，以致速度變化量與平均加速度都不為零，且所指方向為任意，與初始或最終速度的方向沒有明顯的關聯。

在一般情況下，速度向量的量值或方向若有變化，就會有加速度產生。當物體沿著二維或三維的彎曲路徑行進時，它一定具有加速度。

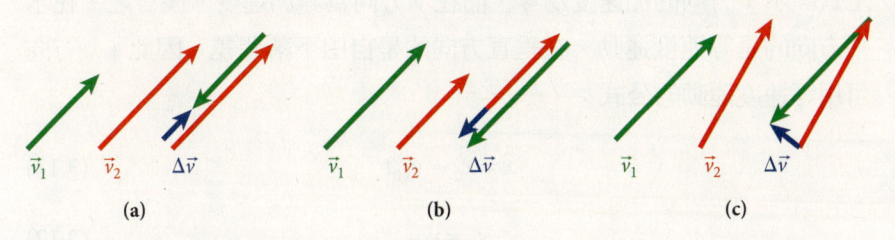

圖 3.3 粒子在時刻 t_1 的速度為 $\vec{v}_1$，而在稍後的時刻 t_2，其速度為 $\vec{v}_2$。平均加速度由下式給出：$\vec{a}_{ave} = \Delta\vec{v} / \Delta t = (\vec{v}_2 - \vec{v}_1) / (t_2 - t_1)$。(a) 時段始末的 $\vec{v}_2$ 和 $\vec{v}_1$ 同向，$|\vec{v}_2| > |\vec{v}_1|$。(b) 時段始末的 $\vec{v}_2$ 和 $\vec{v}_1$ 同向，$|\vec{v}_2| < |\vec{v}_1|$。(c) 時段始末的 $\vec{v}_2$ 和 $\vec{v}_1$ 方向不同，$|\vec{v}_2| = |\vec{v}_1|$。

3.3 理想的拋體運動

在某些特殊情況下，三維運動的軌跡 (或飛行路徑)，其水平投影是

>>> 觀念檢測 3.1

在下列各選項中，速度向量 $\vec{v}_1$ 和 $\vec{v}_2$ 都具有相同的長度。在這種情況下，$\Delta\vec{v} = \vec{v}_2 - \vec{v}_1$ 的量值以何者為最大？

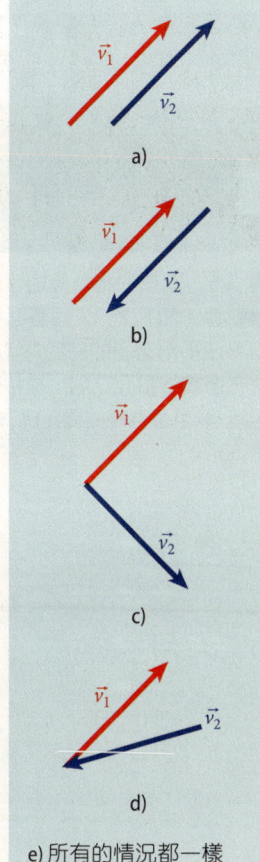

a)

b)

c)

d)

e) 所有的情況都一樣

>>> 觀念檢測 3.2

觀念檢測 3.1 中各選項的速度向量 $\vec{v}_1$ 和 $\vec{v}_2$ 都具有相同的長度。在這種情況下，加速度 $\vec{a} = \Delta\vec{v} / \Delta t$ 的量值以何者為最小？

普通物理

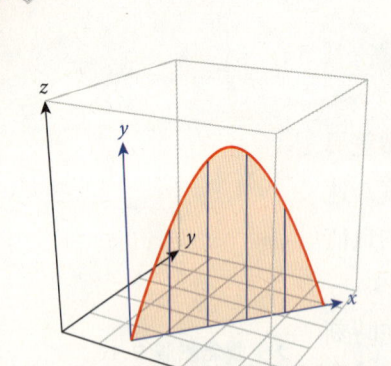

圖 3.4 使三維運動的軌跡簡化為二維的軌跡。

圖 3.5 罰球的相片疊加了球的拋物線軌跡。相片是 13 個畫面疊加產生的，連續兩畫面的時距為 1/12 s。注意在連續兩畫面之間，球移動的水平距離(黑色垂直線的間距)都相同！

一條直線。這個結果，只要物體在水平 xy 平面的加速度為零，就會出現；這時物體在水平面的速度分量 v_x 和 v_y 保持恆定不變，例如圖 3.4 中上拋至空中的小球。對於這種情況，我們可改用新的座標軸，使 x 軸沿著軌跡的水平投影線，y 軸沿著鉛直(垂直)方向，而將三維空間中的運動描述為二維運動。

一個**理想拋體**是指任何物體以初始速度出發後，僅在重力的作用下運動；重力加速度被近似為恆定，方向為垂直向下。**理想拋體運動**的例子包括籃球賽的罰球 (圖 3.5)、子彈的飛行或汽車離地騰空後的軌跡。理想拋體運動忽略空氣阻力和風速、拋體旋轉及其他對實際拋體的飛行會有影響的因素。

我們先從理想拋體運動開始，使用兩個直角座標分量：x 在水平方向，y 在垂直 (向上) 方向。因此，拋體運動的位置向量為

$$\vec{r} = (x, y) = x\hat{x} + y\hat{y} \tag{3.8}$$

而速度向量為

$$\vec{v} = (v_x, v_y) = v_x\hat{x} + v_x\hat{y} = \left(\frac{dx}{dt}, \frac{dy}{dt}\right) = \frac{dx}{dt}\hat{x} + \frac{dy}{dt}\hat{y} \tag{3.9}$$

依我們使用的座標系，重力加速度向下作用，在負 y 方向。所以在水平方向上沒有加速度：

$$\vec{a} = (0, -g) = -g\hat{y} \tag{3.10}$$

上式顯示 x 方向的加速度為零，而在 y 方向為等加速度。換言之，在水平方向的是等速度運動，在垂直方向的是自由下落問題。因此，x 方向可用等速度運動的公式：

$$x = x_0 + v_{x0}t \tag{3.11}$$

$$v_x = v_{x0} \tag{3.12}$$

正如第 2 章，符號 $v_{x0} \equiv v_x(t=0)$ 代表速度的 x 分量所具有的初始值，而 y 方向可用一維自由落體運動的公式：

$$y = y_0 + v_{y0}t - \tfrac{1}{2}gt^2 \tag{3.13}$$

$$y = y_0 + \bar{v}_y t \tag{3.14}$$

$$v_y = v_{y0} - gt \tag{3.15}$$

$$\bar{v}_y = \tfrac{1}{2}(v_y + v_{y0}) \tag{3.16}$$

$$v_y^2 = v_{y0}^2 - 2g(y - y_0) \tag{3.17}$$

為了保持一致性，我們寫 $v_{y0} \equiv v_y(t=0)$。使用這七個 x 和 y 分量的公式，就可以解決涉及理想拋體的任何運動問題。

例題 3.1 ▶ 射擊猴子

有許多的課堂演示都是要闡明 x 方向和 y 方向的運動彼此是獨立的。圖 3.6 所示的演示，稱為「射擊猴子」。一隻猴子爬上了樹，為了將它捉回，動物園管理員想用麻醉鏢射擊猴子，但她知道在槍聲響起時，猴子會鬆手而由樹枝上掉下。因此，她必須打中在空中下落的猴子。

問題：動物園管理員需要瞄準哪裡，才能擊中下落中的猴子？

解：

動物園管理員必須直接瞄準猴子，如圖 3.6；但這必須假設槍聲到達猴子的時間可以忽略，且鏢的速率夠快足可在猴子抵地之前飛越槍到樹的水平距離。只要鏢離開槍，它就跟猴子一樣，是自由落體，兩者都

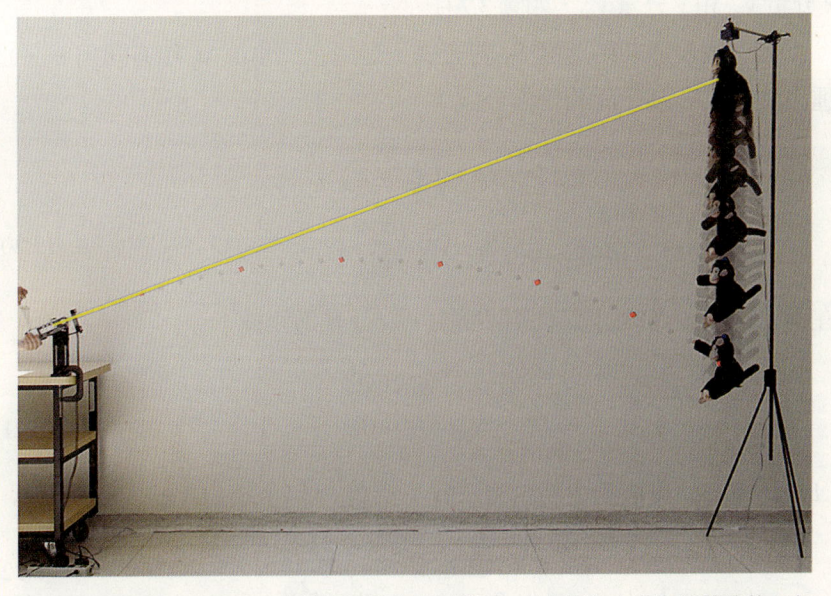

圖 3.6 射擊猴子的演示。右邊是錄影的序列畫面，各畫面左上角為時間讀數。在上面的圖像，所有畫面已合併為一張，並疊加黃線，以表示發射器最初的瞄準線。

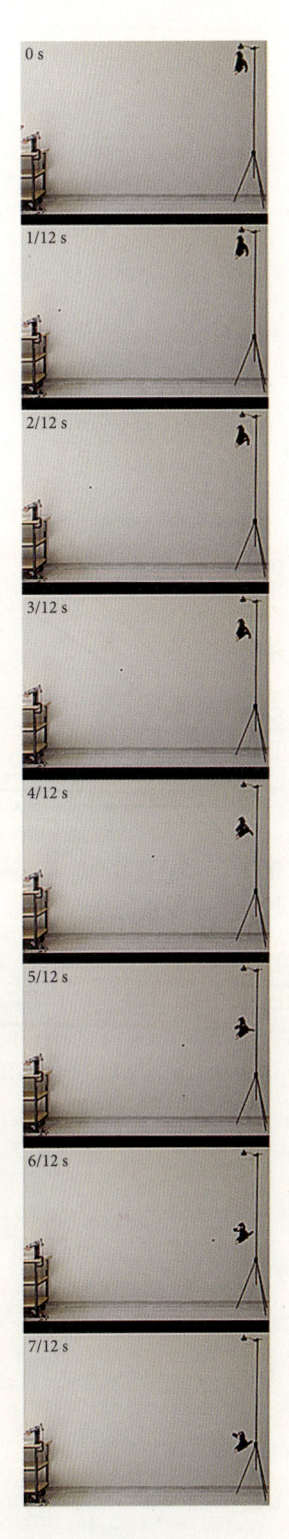

以相同的加速度垂直下落,這與鏢沿水平 x 方向的運動及鏢的初始速度是獨立的。飛鏢與猴子將在猴子由樹上掉下處正下方的一個點相遇。

拋體行進軌跡的形狀

我們現在探討二維的拋體軌跡,求出 y 對 x 的函數。先由 $x = x_0 + v_{x0}t$ 解出時間 $t = (x - x_0)/v_{x0}$,然後將 t 代入公式 $y = y_0 + v_{y0}t - \frac{1}{2}gt^2$:

$$y = y_0 + v_{y0}t - \tfrac{1}{2}gt^2 \Rightarrow$$

$$y = y_0 + v_{y0}\frac{x-x_0}{v_{x0}} - \tfrac{1}{2}g\left(\frac{x-x_0}{v_{x0}}\right)^2 \Rightarrow$$

$$y = \left(y_0 - \frac{v_{y0}x_0}{v_{x0}} - \frac{gx_0^2}{2v_{x0}^2}\right) + \left(\frac{v_{y0}}{v_{x0}} + \frac{gx_0}{v_{x0}^2}\right)x - \frac{g}{2v_{x0}^2}x^2 \tag{3.18}$$

上式顯示拋體軌跡的一般形式為 $y = c + bx + ax^2$,其中 a、b 和 c 為常數。這個形式的方程式代表在 xy 平面上的拋物線。習慣上,拋物線初始點的 x 分量常取為零:$x_0 = 0$,以致拋物線的方程式簡化為

$$y = y_0 + \frac{v_{y0}}{v_{x0}}x - \frac{g}{2v_{x0}^2}x^2 \tag{3.19}$$

拋體的軌跡完全由三個輸入常數決定:拋體的初始高度 y_0、初始速度的 x 分量 v_{x0} 和 y 分量 v_{y0},如圖 3.7 所示。

另一個表達初始速度 $\vec{v}_0$ 的方式,是用它的量值 v_0 和方向角 θ_0。這種表達方式涉及下面的變換公式:

$$v_0 = \sqrt{v_{x0}^2 + v_{y0}^2}$$

$$\theta_0 = \tan^{-1}\frac{v_{y0}}{v_{x0}} \tag{3.20}$$

在第 1 章中,我們討論了這個變換,以及其逆變換:

$$v_{x0} = v_0 \cos\theta_0$$
$$v_{y0} = v_0 \sin\theta_0 \tag{3.21}$$

以初始速度的量值和方向角表示時,拋體的軌跡公式變為

$$y = y_0 + (\tan\theta_0)x - \frac{g}{2v_0^2 \cos^2\theta_0}x^2 \tag{3.22}$$

由圖 3.8 所示的噴泉,可以看出許多根管子噴出來的水柱,遵循近

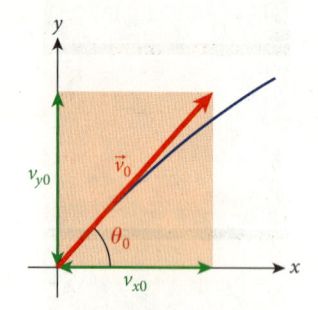

圖 3.7 初始速度向量 $\vec{v}_0$ 及其分量 v_{x0} 和 v_{y0}。

乎完美的拋物線軌跡。

注意：因為拋物線具有對稱性，拋體從發射點上升到軌跡頂點，與從軌跡頂點回到與發射點相同的水平，所花費的時間和行進的距離都是相同的。此外，拋體上升或下降時，在兩個高度相同的點，其速率也是相同的。

圖 3.8 水柱遵循拋物線軌跡的噴泉。

速度向量隨時間的變化

從 (3.12) 式可知道速度的 x 分量是恆定的：$v_x = v_{x0}$，這表示在時距相同的各時段中，拋體行進的水平距離都是相同的。因此，在拋體運動的錄影片中，如籃球賽中球員投射罰球 (圖 3.5)，或射擊猴子演示中的飛鏢路徑 (圖 3.6)，從一個畫面到下個畫面，拋體的水平位移都是相同的。

根據 (3.15) 式，速度向量的 y 分量隨時間的變化為 $v_y = v_{y0} - gt$；即拋體以等加速度下落。拋體運動通常以一個正值的 v_{y0} 開始，到達軌跡頂點 (最高點) 時，$v_y = 0$；在此點時，拋體只在水平方向上移動。在頂點附近，v_y 的符號從正變為負，因此在頂點時 v_y 暫時為零。

我們可以在 y 對 x 的曲線上，標示拋體速度向量的 x 分量 v_x (綠色箭頭) 和 y 分量 v_y (紅色箭頭) 在飛行路徑上各點的瞬時值 (圖 3.9)。各綠色箭頭的長度相同，這表明 v_x 保持不變。各藍色箭頭是 x 和 y 速度分量的向量和，也就是沿路徑的瞬時速度向量。需要注意的是速度向量的方向總是與軌跡相切，這是因為速度向量的斜率是

$$\frac{v_y}{v_x} = \frac{dy/dt}{dx/dt} = \frac{dy}{dx}$$

由上式最右邊的導數，可看出這也是飛行路徑在該點的斜率。在軌道頂點的速度向量只有 x 分量，所以綠色和藍色箭頭無法區分，亦即在此點，速度指向水平方向。

最後，讓我們探索速度向量的量值 (即速率) 對時間 t 和座標 y 的依變性 (即速率與 t 和 y 的函數關係)。由於向量的量值等於各分量平方之總和的平方根，故利用 (3.12) 式的 x 分量公式和 (3.17) 式的 y 分量公

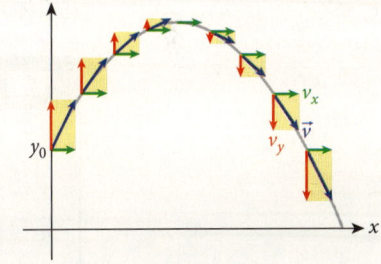

圖 3.9 拋物線軌跡的圖形及等時距各點的速度向量和其分量。

>>> 觀念檢測 3.3

在任何拋體軌跡的頂點，下面敘述中，如果有的話，哪一 (些) 是真的？
a) 加速度為零
b) 加速度的 x 分量為零
c) 加速度的 y 分量為零
d) 速率是零
e) 速度的 x 分量是零
f) 速度的 y 分量為零

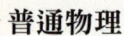

自我測試 3.1

$|\vec{v}|$ 對座標 x 的依變性為何？

式，可得

$$|\vec{v}| = \sqrt{v_x^2 + v_y^2} = \sqrt{v_{x0}^2 + v_{y0}^2 - 2g(y-y_0)} = \sqrt{v_0^2 - 2g(y-y_0)} \quad (3.23)$$

注意：上式顯示，速率只取決於速率的初始值和座標 y 與初始發射高度的差，發射角度並未出現於式中。因此，物體是垂直向上、垂直向下，或水平被拋出，並不重要。

3.4 拋體的最大高度和射程

當發射拋體 (例如扔球) 時，我們感興趣的常是**射程 R** (即拋體在降回到發射點的高度前沿水平方向行進的距離) 與可達到的**最大高度 H**，如圖 3.10 所示。拋體可達到的最大高度是

$$H = y_0 + \frac{v_{y0}^2}{2g} \quad (3.24)$$

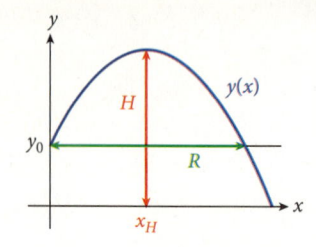

圖 3.10 拋體的最大高度 (紅色) 和射程 (綠色)。

我們將在下面推導這個式子及下列射程公式：

$$R = \frac{v_0^2}{g}\sin 2\theta_0 \quad (3.25)$$

其中，v_0 為初始速率，θ_0 是發射角度。對一個給定的 v_0 值，最大的射程出現在 $\theta_0 = 45°$。

推導 3.1

首先考慮拋體的最大高度。要確定它的值，我們由高度的表達式，求出其導數，再令結果為零，以解出最大高度。假設 v_0 是初始速率，θ_0 是發射角度，我們由 (3.22) 式求出路徑函數 $y(x)$ 對 x 的導數：

$$\frac{dy}{dx} = \frac{d}{dx}\left(y_0 + (\tan\theta_0)x - \frac{g}{2v_0^2\cos^2\theta_0}x^2\right) = \tan\theta_0 - \frac{g}{v_0^2\cos^2\theta_0}x$$

故導數為零的點，其 x 座標 x_H 滿足

$$0 = \tan\theta_0 - \frac{g}{v_0^2\cos^2\theta_0}x_H$$

$$\Rightarrow x_H = \frac{v_0^2\cos^2\theta_0\tan\theta_0}{g} = \frac{v_0^2}{g}\sin\theta_0\cos\theta_0 = \frac{v_0^2}{2g}\sin 2\theta_0$$

在上式第二行，我們使用了三角恆等式 $\tan\theta = \sin\theta/\cos\theta$ 和 $\sin 2\theta = 2\sin\theta\cos\theta$。將此 x 值代入 (3.22) 式，即可求得最大高度 H：

$$H \equiv y(x_H) = y_0 + x_H \tan\theta_0 - \frac{g}{2v_0^2 \cos^2\theta_0} x_H^2$$

$$= y_0 + \frac{v_0^2}{2g}\sin 2\theta_0 \tan\theta_0 - \frac{g}{2v_0^2 \cos^2\theta_0}\left(\frac{v_0^2}{2g}\sin 2\theta_0\right)^2$$

$$= y_0 + \frac{v_0^2}{g}\sin^2\theta_0 - \frac{v_0^2}{2g}\sin^2\theta_0$$

$$= y_0 + \frac{v_0^2}{2g}\sin^2\theta_0$$

由於 $v_{y0} = v_0 \sin\theta_0$，上式也可以寫成

$$H = y_0 + \frac{v_{y0}^2}{2g}$$

這就是 (3.24) 式。

拋體的射程 R 依定義是當拋體又回到與發射點同樣的高度時，該點與發射點之間的水平距離，即 $y(R) = y_0$。將 $x = R$ 代入 (3.22) 式：

$$y_0 = y_0 + R\tan\theta_0 - \frac{g}{2v_0^2 \cos^2\theta_0}R^2$$

$$\Rightarrow \tan\theta_0 = \frac{g}{2v_0^2 \cos^2\theta_0}R$$

$$\Rightarrow R = \frac{2v_0^2}{g}\sin\theta_0 \cos\theta_0 = \frac{v_0^2}{g}\sin 2\theta_0$$

這就是 (3.25) 式。

注意：射程 R 為軌跡達到最大高度之 x 座標 x_H 的兩倍，即 $R = 2x_H$。

最後，我們考慮如何使拋體的射程達到最大。使射程達最大值的一種方式是使初始速率 v_0 達最大值。對一個特定的初始速率，射程與發射角 θ_0 有何依變關係？要回答這個問題，我們將 (3.25) 式的射程對發射角微分：

$$\frac{dR}{d\theta_0} = \frac{d}{d\theta_0}\left(\frac{v_0^2}{g}\sin 2\theta_0\right) = 2\frac{v_0^2}{g}\cos 2\theta_0$$

然後我們令此導數為零，以求出最大值所對應的角度。在 0° 和 90° 之間能使餘弦 $\cos 2\theta_0 = 0$ 的角度為 45°。將此角度代入 (3.25) 式可得理想拋體的最大射程為

$$R_{max} = \frac{v_0^2}{g} \tag{3.26}$$

自我測試 3.2

由於拋物線的對稱性，拋體上升到軌跡頂點與下降的時間相等，這一事實也可用來推導射程公式。我們可以計算出到達軌跡頂點的時間，在該點 $v_{y0} = 0$，然後將這個時間乘以 2，然後再乘以水平速度分量，以求出射程。你能以此方式推導出射程的計算公式？

其實不用求導數，也可從射程公式 (3.25) 式直接獲得此結果。根據該式，最大射程出現在 sin 2θ₀ 具有最大值 1 的角度，即 2θ₀ = 90° 或 θ₀ = 45°，此時射程即 (3.26) 式。

例題 3.2　擊出棒球

棒球被擊出後，特別是全壘打，在飛行期間，空氣阻力對球有相當顯著的影響，但目前我們暫時忽略它。

問題：如果球被棒擊中後，在飛離時的發射角為 35.0°，起始速率為 110 mi/h，則球將飛得多遠？在空中的時間有多久？在軌跡頂點時的速率為何？著地時的速率為何？

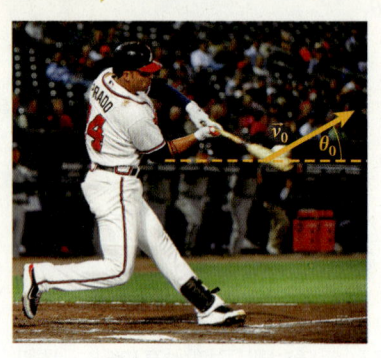

圖 3.11　擊出棒球。

解：

我們首先需要轉換到 SI 單位：$v_0 = 110$ mi/h $= 49.2$ m/s。我們先求出射程：

$$R = \frac{v_0^2}{g} \sin 2\theta_0 = \frac{(49.2 \text{ m/s})^2}{9.81 \text{ m/s}^2} \sin 70° = 231.6 \text{ m}$$

我們假定球在接近地面的高度被擊出，因此出發點與著地點的高度可近似為相等，故將射程除以速度的水平分量可得球在空中的時間 t 為

$$t = \frac{R}{v_0 \cos\theta_0} = \frac{231.5 \text{ m}}{(49.2 \text{ m/s})(\cos 35°)} = 5.75 \text{ s}$$

現在我們計算在軌跡頂點和著地時的速率。在軌道的頂點，速度只具有水平分量，即 $v_0 \cos\theta_0 = 40.3$ m/s。當球著地時，我們可以使用 (3.23) 式計算出速率：$|\vec{v}| = \sqrt{v_0^2 - 2g(y - y_0)}$。由於我們假設球著地時的高度與被擊出時相同，即 $y = y_0 = 0$，所以球著地時的速率等於出發點的速率 v_0 而為 49.2 m/s。

>>> **觀念檢測 3.4**

一拋體從初始高度 $y_0 = 0$ 發射。對於給定的發射角，如果發射速率加倍，則射程 R 和在空中的時間 t_{air} 會有什麼改變？
a) R 和 t_{air} 都變為兩倍
b) R 和 t_{air} 都變為四倍
c) R 變為兩倍，t_{air} 保持不變
d) R 變為四倍，t_{air} 變為兩倍
e) R 變為兩倍，t_{air} 變為四倍

3.5　實際的拋體運動

如果你熟悉棒球、網球或高爾夫球，你知道，拋體運動的拋物線模型，對這些球的實際軌跡而言，只是相當粗略的近似。然而，忽略一些影響實際拋體的因素，讓我們能夠專注於拋體運動最重要的物理原理。

這是科學中常用的方法：先忽略真實情況所涉及的一些因素，以便使用較少的變量來工作，從而對基本觀念有所了解。然後再回頭考慮忽略的因素對模型有何影響。

第一個對結果有所修正而需要納入考慮的是空氣阻力。通常空氣阻力可被參數化而成為一個隨速度而變的加速度，相關的一般性分析超出了本書的範圍，得到的軌跡即所謂的彈道曲線。

圖 3.12 示出了一棒球沿著與水平成 35° 角的方向，以初始速率 90 mph 和 110 mph 發射後的軌跡 (速率單位 mph = mi/h = 哩/時)。比較圖中發射速率為 110 mph 的軌跡與例題 3.2 的計算結果：真正射程僅略微超過 122 m，而例題 3.2 忽略空氣阻力得到的射程卻是 232 m。顯然的，對於長飛球，空氣阻力是不能忽略的。

>>> **觀念檢測 3.5**

檢視圖 3.12，關於比值 R_{real}/R_{ideal}，即真正的拋體射程與理想拋體運動的射程之比，你能說甚麼？
a) 發射角為 35° 時，比值隨發射速率遞增
b) 發射角為 35° 時，比值隨發射速率遞減
c) 比值與發射速率無關
d) 對所有的發射角，比值隨發射速率遞增
e) 對所有的發射角，比值隨發射速率遞減

3.6 相對運動

在我們已經研究過的物理狀況中，當物體在運動時，座標系原點的位置都保持固定。但有些情況下，選擇原點固定的座標系是不切實際的。例如，考慮噴射機降落在正以全速前進的航空母艦上。你會想用固定於航母上的座標系來描述飛機的運動，即使航母是在移動中。這樣做為何重要？因為飛機相對於航母必須是靜止的，才能停下並留在甲板上的固定位置。我們如何描述運動與我們用以觀察運動的座標系 (參考系) 大有關係，也導致 **相對速度** 的觀念。

有一個移動座標系的例子是較易分析的。電動走道是在航廈內常可看到的設備，人在這種走道上行進是一維相對運動的例子。假設走道表面以速度 v_{wt} 相對於航廈移動；速度的下標 w 代表走道，t 代表航廈。在此情況下，相對於附著在航廈的座標系是固定於走道表面的座標系所具有的速度就等於 v_{wt}。圖 3.13 中所示的男子，在走道座標系中量得

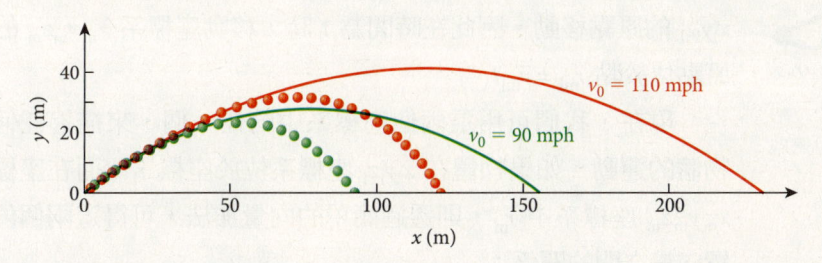

圖 3.12 棒球沿 35° 仰角的方向，以初始速率 90 mph (紅色) 和 110 mph (綠色) 發射後的軌跡。實線忽視空氣阻力和球的下旋；虛線反映了空氣阻力和球的下旋。(速率單位 mph = 哩/時。)

普通物理

的步行速度為 v_{mw}，他相對於航廈具有 $v_{mt} = v_{mw} + v_{wt}$ 的速度。兩個速度 v_{mw} 和 v_{wt} 需以向量方式相加，因為相應的位移是以向量方式相加。(當推廣到三維時，我們將明確證明這點。) 例如，如果走道以 $v_{wt} = 1.5$ m/s 的速度移動，男子以 $v_{mw} = 2.0$ m/s 的速度移動，那麼他將以 $v_{mt} = v_{mw} + v_{wt} = 2.0$ m/s + 1.5 m/s = 3.5 m/s 的速度通過航廈。

人們以走道移動的速率，在電動走道上逆向行走 (即走道移動的速度，與人在走道上行進的速度，互為負向量)，可實現相對於航廈沒有運動的狀態，小孩經常嘗試這樣做。如果小孩以 $v_{mw} = -1.5$ m/s 的速度在走道上行進，她的速度相對於航廈將是零。

這裡在討論相對運動時，有個基本的假設，那就是一個座標系的速度相對於另一個座標系不隨時間而變。在這種情況下，可以證明在這兩個座標系中測得的加速度是相同的：由於 $v_{wt} =$ 定值 $\Rightarrow dv_{wt}/dt = 0$，故從 $v_{mt} = v_{mw} + v_{wt}$，可得：

$$\frac{dv_{mt}}{dt} = \frac{d(v_{mw} + v_{wt})}{dt} = \frac{dv_{mw}}{dt} + \frac{dv_{wt}}{dt} = \frac{dv_{mw}}{dt} + 0$$
$$\Rightarrow a_{mt} = a_{mw} \tag{3.27}$$

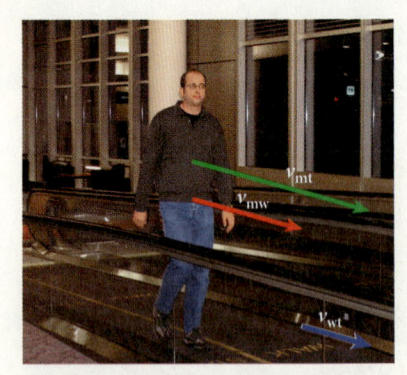

圖 3.13 人在電動走道上行進是一維相對運動的例子。

因此，在這兩個座標系中測得的加速度確實相同。這種類型的速度加法也被稱為**伽利略變換**。注意，這種類型的變換僅適用於比光速小得多的速率。

這個結果可推廣到多於一維的空間。假設我們有兩個座標系：x_l, y_l, z_l 和 x_m, y_m, z_m，此處的下標 l 代表靜止於實驗室的座標系，下標 m 代表移動座標系。在時間 $t = 0$，假設兩個座標系的原點位於同一點，且其對應的座標軸彼此平行。如圖 3.14 所示，移動座標系 $x_m y_m z_m$ 的原點以恆定平移速度 $\vec{v}_{ml}$ (藍色箭頭)，相對於實驗室座標系 $x_l y_l z_l$ 的原點移動。因此在時間為 t 時，移動座標系 $x_m y_m z_m$ 的原點位於點 $\vec{r}_{ml} = \vec{v}_{ml} t$。

現在，我們可用這兩個座標系中的任一個，來描述任何物體的運動。如果物體在 $x_l y_l z_l$ 座標系位於座標 $\vec{r}_l$，而在座標 $x_m y_m z_m$ 座標系中 $\vec{r}_m$，則透過簡單的向量加法，可得這兩個位置向量之間的關係：

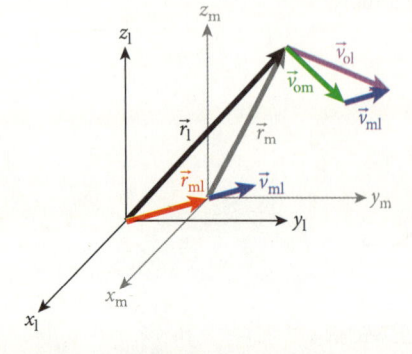

圖 3.14 速度向量與位置向量在一特定時間的座標變換。

$$\vec{r}_l = \vec{r}_m + \vec{r}_{ml} = \vec{r}_m + \vec{v}_{ml} t \tag{3.28}$$

在這兩個座標系中量得的物體速度,也有類似的關係。如果物體在 $x_l y_l z_l$ 座標系中的速度為 $\vec{v}_{ol}$,在 $x_m y_m z_m$ 座標系中的速度為 $\vec{v}_{om}$,則這兩個速度之間的關係為

$$\vec{v}_{ol} = \vec{v}_{om} + \vec{v}_{ml} \tag{3.29}$$

因為 $\vec{v}_{ml}$ 是恆定的,將 (3.28) 式對時間微分,即可得此式。

將 (3.29) 式對時間微分一次就產生加速度。同樣的,因為 $\vec{v}_{ml}$ 是恆定的,因此在微分後為等於零,所以就如同一維的情況,我們得到

$$\vec{a}_{ol} = \vec{a}_{om} \tag{3.30}$$

亦即物體在兩個座標系中的加速度,其量值和方向相同。

例題 3.3　在側風下飛行

飛機飛行時是相對於周圍的空氣在移動。假設飛行員使他的飛機指向東北方,以 160. m/s 的速率相對於風移動,而風以 32.0 m/s 的速率 (由固定在地面的儀器測得) 從東向西吹。

問題:飛機相對於地面的速度向量 (速率與方向) 為何?在 2.0 h 中,風將飛機吹離航道多遠?

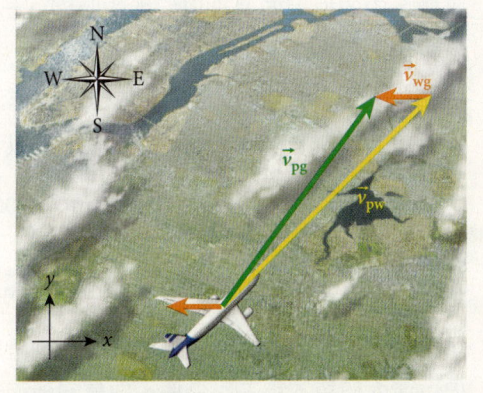

圖 3.15 飛機相對於風的速度 (黃色),風相對於地面的速度 (橙色),和飛機相對於地面的合成速度 (綠色)。

解:

圖 3.15 示出了速度的向量圖。飛機朝東北方向飛行,黃色箭頭代表它相對於風的速度向量。風的速度向量以橙色箭頭代表,指向正西。以圖形方式將向量相加的結果為綠色箭頭,代表飛機相對於地面的速度。為了解題,我們應用 (3.29) 式的基本變換,分別以下標 p、g、w 代表飛機、地面、風,將其改寫如下:

$$\vec{v}_{pg} = \vec{v}_{pw} + \vec{v}_{wg}$$

這裡 $\vec{v}_{pw}$ 是飛機相對於風的速度,具有以下分量:

$$v_{pw,x} = v_{pw} \cos\theta = 160 \text{ m/s} \cdot \cos 45° = 113 \text{ m/s}$$
$$v_{pw,y} = v_{pw} \sin\theta = 160 \text{ m/s} \cdot \sin 45° = 113 \text{ m/s}$$

普通物理

而風相對於地面的速度 $\vec{v}_{wg}$，具有以下分量：

$$v_{wg,x} = -32 \text{ m/s}$$
$$v_{wg,y} = 0$$

接下來我們求出飛機相對於地面固定座標系的速度 $\vec{v}_{pg}$，其分量為

$$v_{pg,x} = v_{pw,x} + v_{wg,x} = 113 \text{ m/s} - 32 \text{ m/s} = 81 \text{ m/s}$$
$$v_{pg,y} = v_{pw,y} + v_{pw,y} = 113 \text{ m/s}$$

因此速度向量的絕對值 (量值) 和它在地面座標系中的方向為

$$v_{pg} = \sqrt{v_{pg,x}^2 + v_{pg,y}^2} = 139 \text{ m/s}$$
$$\theta = \tan^{-1}\left(\frac{v_{pg,y}}{v_{pg,x}}\right) = 54.4°$$

我們現在需找出風所導致的航道偏差。要找到這個量，可以將飛機在各座標系中的速度向量乘以經過的時間 2 h = 7200 s，然後取向量差，最後求出向量差的量值。但有更容易的方法可以找出答案，亦即我們將 (3.29) 式乘以經過時間，則可看出上述作法中的最後向量差，也就是航道偏差 $\vec{r}_T$，其實就等於風的速度 $\vec{v}_{wg}$ 乘以 7200 s：

$$|\vec{r}_T| = |\vec{v}_{wg}|t = 32.0 \text{ m/s} \cdot 7200 \text{ s} = 230.4 \text{ km}$$

討論：

由於地球本身的旋轉和它繞太陽運動的結果，在 2 小時中地球移動了不少，你可能會認為必須把這些運動考慮在內。地球確實是在運動，但這與本問題不相干：飛機、空氣和地面都與地球一起作旋轉和軌道運動，因此這些運動不會影響本問題所涉及的各種相對運動。我們只需在地球是靜止且不旋轉的座標系中，從事各項計算。

>>> **觀念檢測 3.6**

正在下雨且幾乎沒有風時，你開車在雨中穿行，使車速加快。從車內觀察，雨水相對於水平的角度將會如何？
a) 增大
b) 減小
c) 保持不變
d) 可以增大或減小，這要看你行駛的方向

已學要點｜考試準備指南

- 在二維或三維中，速度的量值或方向有任何變化，就會有對應的加速度產生。
- 拋射體運動可以分解成在 x 方向上的運動，而以下式描述：

  (1) $x = x_0 + v_{x0}t$
  (2) $v_x = v_{x0}$

  以及在 y 方向上的運動，如下式所示：

  (3) $y = y_0 + v_{y0}t - \frac{1}{2}gt^2$
  (4) $y = y_0 + \bar{v}_y t$
  (5) $v_y = v_{y0} - gt$
  (6) $\bar{v}_y = \frac{1}{2}(v_y + v_{y0})$
  (7) $v_y^2 = v_{y0}^2 - 2g(y - y_0)$

- 在理想拋體運動中，x 和 y 座標之間的關係可

用拋物線公式表示：
$$y = y_0 + (\tan\theta_0)x - \frac{g}{2v_0^2 \cos^2\theta_0}x^2$$

其中 y_0 為初始垂直位置，v_0 為拋體的初始速率，θ_0 是拋體在發射時相對於水平的初始角度。

- 一個理想拋體的射程 R 可表示為
$$R = \frac{v_0^2}{g}\sin 2\theta_0$$

- 理想拋體可達到的最大高度為 $H = y_0 + \frac{v_{y0}^2}{2g}$，其中，$v_{y0}$ 是初始速度的垂直分量。

- 考慮空氣阻力時，拋體的軌跡不是拋物線。在一般情況下，實際拋體的軌跡不會到達預測的最大高度，並且射程也明顯變為更短。

- 物體相對於靜止的實驗室座標系的速度 $\vec{v}_{ol}$，可用伽利略變換 $\vec{v}_{ol} = \vec{v}_{om} + \vec{v}_{ml}$ 來計算，其中 $\vec{v}_{om}$ 是物體相對於移動座標系的速度，$\vec{v}_{ml}$ 是移動座標系相對於實驗座標系的恆定速度。

自我測試解答

3.1 使用 (3.23) 式的公式和 $t = (x - x_0)/v_{x0} = (x - x_0)/(v_0\cos\theta_0)$ 可得
$$|\vec{v}| = \sqrt{v_0^2 - 2g(x-x_0)(\tan\theta_0) + g^2(x-x_0)^2/(v_0\cos\theta_0)^2}$$

3.2 由 $v_y = v_{y0} - gt_{top} = 0$ 可求得到達頂點的時間為 $t_{top} = v_{y0}/g = v_0\sin\theta_0/g$。因為拋體軌跡為拋物線，具有對稱性，故總飛行時間為 $t_{total} = 2t_{top}$。射程是總飛行時間和水平速度分量的乘積：$R = t_{total}v_{x0} = 2t_{top}v_0\cos\theta_0 = 2(v_0\sin\theta_0/g)v_0\cos\theta_0 = v_0^2\sin(2\theta_0)/g$。

解題準則

1. 在涉及移動座標系的所有問題中，有個要點，那就是要明確辨識哪個物體在哪個座標系有什麼樣的運動，以及運動是相對於什麼。一個方便的辦法，是將一個相對的量，使用兩個字母的下標來標記，以代表這個相對的量，是指第一個下標所代表的物體，相對於第二個下標所代表的物體。3.6 節中討論的電動走道問題，提供了使用這種下標一個很好的例子。

2. 在涉及理想拋體運動的所有問題中，在 x 方向與在 y 方向上的運動是彼此獨立的。解題時，常可使用 (3.11) 至 (3.17) 的七個運動學公式，這些公式所描述的運動，在水平方向為等速度運動，而在垂直方向為自由落體等加速度運動。一般情況下，應該避免以樣板翻製的方式套用公式，但在考試時，這七個公式可當作解題的第一道防線。但要記住，這些公式只能用在水平加速度分量為零和垂直加速度分量是恆定的情況。

普通物理

選擇題

3.1 從 60. m 高的塔頂將箭矢以 20. m/s 的速率水平射出,箭矢到達地面的時間為何?
a) 8.9 s b) 7.1 s
c) 3.5 s d) 2.6 s
e) 1.0 s

3.2 將球以相對於水平為 0° 至 90° 之間的發射角拋出,其速度和加速度兩向量彼此平行的發射角為何?
a) 0° b) 45°
c) 60° d) 90°
e) 以上皆非

3.3 質量 50 g 的球從檯面滾落,抵達地面時距離檯子的底座 2 m。質量 100 g 的球從同一檯面以同樣的速率滾落。它抵達地面時距離檯子的底座有多遠?
a) < 1 m b) 1 m
c) 2 m d) 4 m
e) > 4 m

3.4 遊輪在靜水中以 20.0 km/h 的速率向南移動時,甲板上的乘客以 5.0 km/h 的速率步行向東。相對於地球,乘客的速度為何?
a) 20.6 km/h,方向為南偏東 14.04°
b) 20.6 km/h,方向為東偏南 14.04°
c) 25.0 km/h,向南
d) 25.0 km/h,向東
e) 20.6 km/h,向南

3.5 月球上的重力加速度為 1.62 m/s^2,約為地球上的六分之一。對於給定的初始速率 v_0 和給定的發射角 θ_0,理想拋體在月球上和地球上的射程比率 R_{Moon}/R_{Earth} 約為下列何者?
a) 6 b) 3
c) 12 d) 5
e) 1

3.6 在理想拋體運動中,當拋體達最大高度時,其速度和加速度分別為
a) 水平,垂直向下 b) 水平,零
c) 零,零 d) 零,垂直向下
e) 零,水平

3.7 在理想拋體運動中,若選擇正 y 軸為垂直向上,則物體在運動的上升階段與下降階段,其速度的 y 分量分別是
a) 正,負 b) 負,正
c) 正,正 d) 負,負

3.8 一拋體以相同的發射速率 v_0,從高度 $y_0 = 0$ 發射兩次。第一次發射的角度為 30.0°;第二次的角度為 60.0°。在這兩種情況下,拋體的射程 R 會如何?
a) 兩種情況的 R 是相同的
b) 發射角為 30.0° 的 R 較大
c) 發射角為 60.0° 的 R 較大
d) 以上皆非

觀念題

3.9 在等速度移動的列車上,一名乘客將球垂直上拋。球會落在哪裡?回到乘客手中、在他前面、還是在他身後?如果列車加速前進,你的答案是否改變?如果是的話,改變成甚麼?

3.10 質量不同的三個球,從相同的高度,以不同的初始速率水平拋出,如附圖所示。依據球抵達地面所需的時間,從最短到最長,將三球排序。

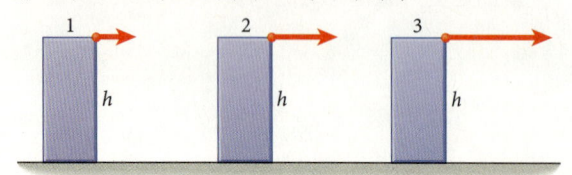

3.11 飛機以恆定的水平速率 v 行進,在高於湖面 h 的高度時,飛機底部的活板門打開,將一個包裹從飛機上釋放(下落)。這架飛機繼續在原來的高度,以原來的速度水平前進。忽視空氣阻力。
a) 當包裹抵達湖面時,包裹和飛機之間的距離為何?
b) 當包裹抵達湖面時,它的速度向量的水平分量為何?
c) 當包裹抵達湖面時,它的速率為何?

3.12 一個人永遠不應該從行駛中的車輛(火車、汽車、巴士等)跳下。但是假設有人真的這樣做,從物理的角度來看,為了使著陸的衝擊最小化,往哪個方向跳是最好的?解釋之。

3.13 一個使用火箭動力的冰上曲棍球圓盤,在水平光滑(無摩擦)的氣墊式球桌上運動。附圖中的曲線顯

示圓盤速度的 x 和 y 分量隨時間變化的函數。假定圓盤在 $t = 0$ 時是在 $(x_0, y_0) = (1, 2)$，畫出軌跡 $y(x)$ 的詳細圖線。

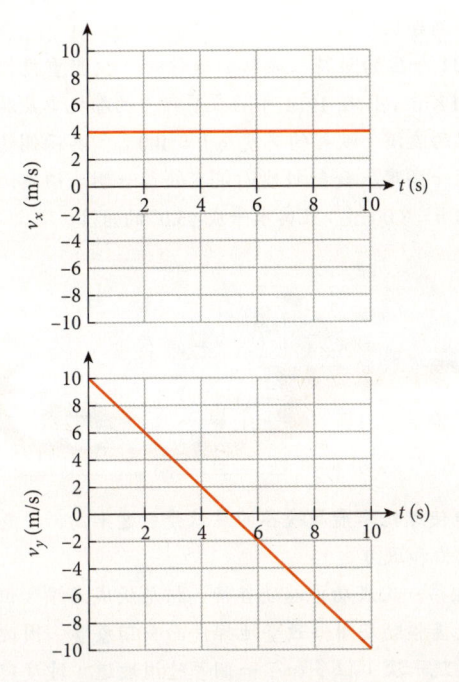

3.14 一物體在 xy 平面上運動。物體的 x 和 y 座標可表示為下列的時間函數：$x(t) = 4.9t^2 + 2t + 1$，$y(t) = 3t + 2$。此物體的速度向量隨時間變化的函數為何？在時間 $t = 2$ s 的加速度向量為何？

3.15 在一次反彈道飛彈防禦系統的觀念驗證實驗中，從靶場的地面發射飛彈到地面的固定目標。防禦系統以雷達偵測飛彈，即時分析其拋物線運動，確定它的發射點在 $x_0 = 5.00$ km，初始速率為 0.600 km/s，初始速度在 xz 平面且其 x 分量是在負 x 方向，發射角為 $\theta_0 = 20.0°$。系統隨後計算出在飛彈發射後需延遲的時間，然後觸發火箭以攔截飛彈。火箭位於 $y_0 = -1.00$ km，初始速率為 v_r，發射角 $\alpha_0 = 60.0°$，速度在 yz 平面。求出攔截火箭的初始速率 v_r 和所需的延遲時間。

3.16 在一個拋體運動中，拋體達到的水平射程與最大高度相等。

a) 發射角為何？

b) 若一切保持不變，但要使射程減半，拋體的發射角 θ_0 應該如何改變？

3.17 在戰場上，一門大砲由地面朝斜坡上端發射砲彈，砲彈沿水平向上 θ_0 的方向射出，初始速率為 v_0。若斜坡面的傾斜角為 α $(\alpha < \theta_0)$，則沿著斜坡面測量的砲彈射程 R 為何？將結果與在水平地面的射程公式 (3.25) 式比較。

練習題

題號前的藍點 (•) 與雙藍點 (••) 代表問題難度遞增。

3.2 節

3.18 如果在 2.4 s 內，物體從座標 $(x, y) = (2.0 \text{ m}, -3.0 \text{ m})$ 的點，移動到座標 $(x, y) = (5.0 \text{ m}, -9.0 \text{ m})$ 的點，則其平均速度的量值為何？

3.19 在一個短途旅遊，你的帆船向東航行 2.00 km，接著向東南航行 4.00 km，最後還有一段方向不明的路程，結果你抵達起點東邊 6.00 km 處。最後一段行程的量值和方向為何？

•**3.20** 一隻兔子在花園中跑動，其位移的 x 和 y 分量可用下列的時間函數表示：$x(t) = -0.45t^2 - 6.5t + 25$，$y(t) = 0.35t^2 + 8.3t + 34$ (x 和 y 的單位為米，t 的單位為秒)。

a) 計算兔子在 $t = 10.0$ s 時的位置 (量值和方向)。

b) 計算兔子在 $t = 10.0$ s 時的速度。

c) 計算兔子在 $t = 10.0$ s 時的加速度向量。

3.3 節

3.21 滑雪者以 30.0 m/s 的水平速度 (沒有垂直速度分量) 從滑雪坡道上跳出，隔 2.00 s 後著地時，她的速度的水平和垂直分量的量值？

3.22 一個足球被踢出時的初始速率為 27.5 m/s，發射仰角為 56.7°。它的懸空滯留時間 (即直到它再次落地的時間) 為何？

3.23 從兩棟大樓以相同的速度將石頭水平拋出。已知拋出的石頭在著地時與自己大樓底部的距離，其中一棟大樓為另一大樓的兩倍。求兩棟大樓的高度比率。

•**3.24** 一橄欖球球員沿水平向上偏 49.0° 的發射角將球踢出時，球速為 22.4 m/s，球與球門柱的距離為 39.0 m。

a) 若球門橫梁的高度為 3.05 m，則球從橫梁上方或下方通過時，其高度與橫梁差多少？

b) 球在到達球門柱時，速度的垂直分量為何？

普通物理

•**3.25** 傳送帶可將砂從一個工廠移到另一個工廠。一傳送帶的傾斜角為水平向上 14.0°，而在無滑動的情況下，以 7.00 m/s 的速率將砂移動。砂被收集在一個比傳送帶末端低 3.00 m 的大滾筒。求出傳送帶末端到大滾筒中央的水平距離。

•**3.26** 物體從高塔的頂部以 20.0 m/s 的速率發射。當發射後經過的時間為 t 時，物體的高度 y 為 $y(t) = -4.902t^2 + 19.32t + 60.0$，其中高度 y 以米為單位，t 以秒為單位。求出：

a) 塔的高度 H。
b) 發射角。
c) 物體著地之前行進的水平距離。

••**3.27** 附圖顯示了網球從你朋友公寓的窗口釋放後下落的路徑，以及在同一時刻你從地面往上拋出的石頭路徑。當石頭和網球發生碰撞時，$x = 50.0$ m，$y = 10.0$ m，$t = 3.00$ m。如果球是從 54.1 m 的高度釋放下落，求出石頭在初始時及與球碰撞時的速度。

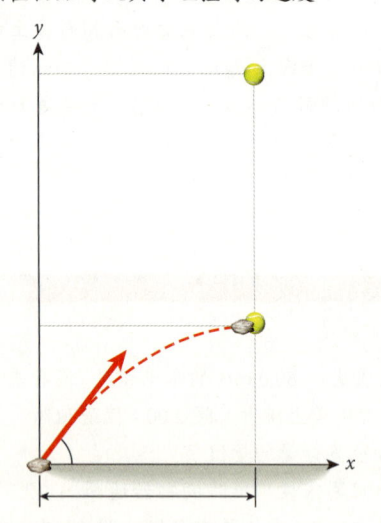

3.4 節

3.28 如果你想使用彈弓投擲石塊，使這些拋體的最大射程為 0.67 km，石塊離開彈弓的初始速率最小需為何？

•**3.29** 在一次比賽中，你被要求為你的橄欖球隊踢球。你沿 35.0° 的方向、以 25.0 m/s 的速率將球踢出。如果球飛往正前方、距離你 70.0 m 的對方跑衛，而他要在與踢出點相同的高度接球，則他的平均速率需為何？假設球離開你腳的同時他才開始跑，且空氣阻力可以忽略不計。

•**3.30** 馬戲團的雜耍員進行一項表演，她先用右手將球上拋，再用左手接球。每個球的發射角都是 75.0°，達到的最大高度都比發射點高出 90.0 cm。如果她需要 0.200 s 來將球由左手傳到右手再拋出，她能耍弄的球最多為幾個？

••**3.31** 一位驚險特技表演的模仿者，試圖重複柯尼沃 (Evel Knievel) 在 1974 年騎火箭動力的摩托車飛越蛇河峽谷的表演。峽谷的寬度為 $L = 400$ m，其兩側的邊緣在同一高度。發射斜坡固定在峽谷一側，頂端比邊緣高出 $h = 8.00$ m，且與水平成 45.0° 的角度。

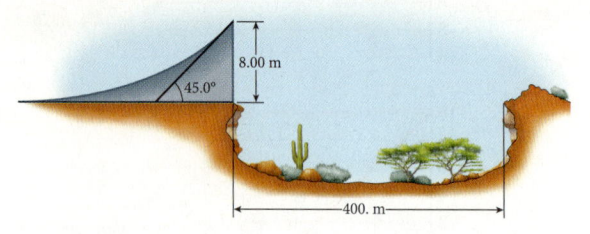

a) 能使摩托車飛越峽谷的最低發射速率為何？忽略空氣阻力和風力。
b) 在第一次成功飛越峽谷後，柯尼沃成名了，但因為著地後強勁反彈導致墜地摔傷而長期療養，因此他決定再跳一次，但多加了一個著陸用坡道，坡度與他著陸速度的角度匹配。如果著陸斜坡在峽谷另側邊緣上的高度為 3.00 m，新的最低發射速率需為何？

3.6 節

3.32 你在機場的電動走道上行走，走道的長度為 59.1 m。如果你相對於走道的速度為 2.35 m/s，而走道移動的速度為 1.77 m/s，你到達走道的另一端需多久？

3.33 一船的船長想直接橫越一條向正東流的河流，他從河的南岸開始往北岸前進，船相對於水的速率為 5.57 m/s，船長操縱船使其朝 315° 的方向行駛。水的流動速率為何？注意：90° 為東，180° 為南，270° 為西，360° 為北。

•**3.34** 你想要在筆直的河段過河，河水以 5.33 m/s 等速流動，河寬 127. m。你汽艇的引擎可以使船的速率最高達 17.5 m/s。假設船立即達到最高速率(也就是忽視使船加速到最高速率的時間)。

a) 如果你想沿著垂直於河岸的方向直接過河，相對於河岸，你的船應該指向什麼角度？
b) 以此方式跨越這條河，需要多長時間？
c) 你應該使船朝哪個方向行駛，才可達到最短的過河

74

時間？
d) 過河的最短時間為何？
e) 能讓你垂直河岸直接渡過河的最低船速為何？

•**3.35** 一架飛機相對於空氣的速率為 126.2 m/s，朝正北飛行，而風以 55.5 m/s 的速率從東北向西南吹。飛機相對於地面的實際速率為何？

補充練習題

3.36 一棒球沿水平向上 $\theta = 33.4°$ 的角度，以 31.1 m/s 的速率投出。球在軌跡的最高點時，其速度的水平分量為何？

3.37 一輛汽車正以 19.3 m/s 的等速度行進，雨以 8.90 m/s 的速率直線下降。駕駛者觀察到的雨，相對於水平的角度 θ 為多少度？

3.38 一個箱子裝有供給難民營的糧食，在 500 m 高的海拔，從水平飛行的直升機上釋放後下落。若箱子著地時與釋放點的水平距離為 150 m，則直升機的速率為何？箱子著地時的速率為何？

3.39 在學期結束時，一班物理課的學生為了慶祝，以自製的彈弓將一大捆試卷拋進垃圾掩埋場。他們的目標點與彈弓發射點的距離為 30.0 m，且在相同的高度，試卷的初始速度的水平分量為 3.90 m/s。試卷的初始速度的垂直分量應為何？發射角應為何？

3.40 距離失火房子 60.0 m 的消防員，將在地面的消防水管，沿水平向上 37.0° 的方向射出水流。若每一樓層的高度為 4.00 m，水流離開水管的速率為 40.3 m/s，則水流將擊中大樓的哪一樓層？

3.41 機場航廈多有電動走道以方便乘客。鮑伯在電動走道旁邊步行，走完走道的全長需要 30.0 s。約翰只是站在走道上，花了 13.0 s 就行進相同的距離。凱西在走道上以與鮑伯相同的速率行進，走完整個走道需要多久？

3.42 為了測定一個新發現的行星在其表面所產生的重力加速度，科學家進行拋體運動實驗。他們沿高於水平面 30.0° 的傾斜角，以 50.0 m/s 的初始速率，發射小型火箭，並在平地上測得 (水平) 射程為 2165 m。計算此行星上的重力加速度 g。

3.43 一外野手以 32.0 m/s 的初始速率，沿水平偏上 23.0° 的方向投出棒球。球從 1.83 m 的高度離開他的手。在撞擊地面之前球在空中的時間有多久？

•**3.44** 在 2004 年的奧運會上，一鉛球選手以 13.0 m/s 的速率，在離地面 2.00 m 的高度，沿水平上 43.0° 的方向擲出鉛球。
a) 鉛球行經的水平距離為何？
b) 鉛球需多久才會著地？

•**3.45** 一名警衛在屋頂上追逐小偷，兩人奔跑的速率都為 4.20 m/s。小偷到達屋頂邊緣前，必須決定是否要跳到下一個建築物的屋頂；此屋頂在 5.50 m 的水平距離外，高度低了 4.00 m。如果小偷決定沿水平方向跳，以擺脫警衛，他能做到嗎？解釋你的答案。

•**3.46** 雁鳥缺乏禮貌是大家都知道的。一隻雁在一條南北向的高速公路上面，維持 $h_g = 30.0$ m 的高度向北飛行時，看到前面遠方有一輛車在南向車道行進，決定致送 (落下) 一顆「蛋」。雁的飛行速率為 $v_g = 15.0$ m/s，而行進中的汽車速率為 $v_c = 100.0$ km/h。
a) 附圖所示為雁鳥決定下蛋時的情況，此時它和汽車擋風玻璃之間的間隔為 $d = 104.0$ m。在此事件後，駕駛員是否需要清洗擋風玻璃？(擋風玻璃的中心離開地面的高度為 $h_c = 1.00$ m。)
b) 如果送達成功，則在撞擊瞬間「蛋」相對於車的速度為何？

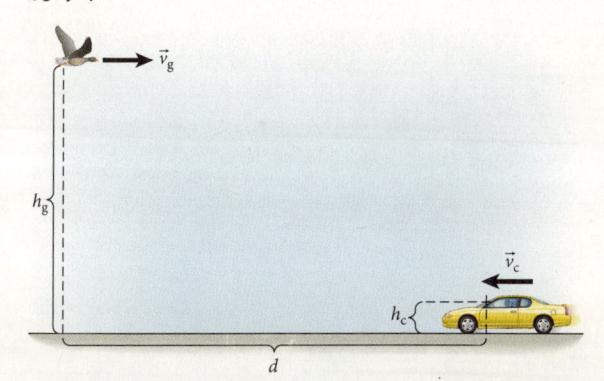

•**3.47** 一名籃球選手練習投三分球，在離籃框 7.50 m 處，由離地板 2.00 m 的高度將球投出。標準籃框的上緣離地板 3.05 m，選手沿水平向上 48.0° 的方向投出球。要中籃得分，球的初始速率需為何？

•**3.48** 一架飛機在離沙漠平坦表面 5.00 km 的高度，以 1000. km/h 的速率水平飛行。如果飛機要投彈擊中地面上的目標，則炸彈被釋放時，飛機相對於目標應該在哪裡？如果目標覆蓋直徑為 50.0 m 的圓形區域，什麼是炸彈釋放時間的「機會窗口」(即可以容許的誤差幅度)？

••**3.49** 在發射後 10.0 s 時砲彈撞擊地面，撞擊點離發射點的水平距離為 500. m，且其垂直高度比發射點高了 100. m。

a) 砲彈發射時的初始速度為何？
b) 砲彈達到的最大高度為何？

c) 砲彈抵達撞擊點時，其速度的量值和方向為何？

多版本練習題

3.50 為了科學奧林匹亞競賽，一群中學生建造了一部投石機，可以將網球從 1.55 m 的高度，以 10.5 m/s 的速率沿水平向上 35.0° 的方向發射。網球著地前跨越的水平距離為何？

3.51 為了科學奧林匹亞競賽，一群中學生建造了一部投石機，可以將網球從 1.55 m 的高度，以 10.5 m/s 的速率沿水平向上 35.0° 的方向發射。網球即將著地時，其速度的 x 分量為何？

3.52 為了科學奧林匹亞競賽，一群中學生建造了一部投石機，可以將網球從 1.55 m 的高度，以 10.5 m/s 的速率沿水平向上 35.0° 的方向發射。網球即將著地時，其速度的 y 分量為何？

3.53 為了科學奧林匹亞競賽，一群中學生建造了一部投石機，可以將網球從 1.55 m 的高度，以 10.5 m/s 的速率沿水平向上 35.0° 的方向發射。網球即將著地時，其速率為何？

04 力

待學要點
4.1 力的類型
4.2 重力向量、重量和質量
　　　重量與質量
4.3 淨力
　　　正向力
　　　自由體力圖
4.4 牛頓定律
　　　牛頓第一定律
　　　牛頓第二定律
　　　牛頓第三定律
4.5 繩索和滑輪
　　　　例題 4.1　三隊競拉的拔河賽
4.6 牛頓定律的應用
　　　　詳解題 4.1　單板滑雪運動
　　　　詳解題 4.2　串連的兩木塊
　　　　（光滑）
　　　　例題 4.2　阿特伍德機
4.7 摩擦力
　　　動摩擦
　　　靜摩擦
　　　　例題 4.3　實際單板滑雪運動
　　　空氣阻力
　　　　例題 4.4　特技跳傘
　　　摩擦學
4.8 摩擦力的應用
　　　　例題 4.5　串連的兩木塊 (有摩擦)

已學要點｜考試準備指南
　　解題準則
　　選擇題
　　觀念題
　　練習題
　　多版本練習題

圖 4.1　哥倫比亞號太空梭從甘乃迪太空中心升空。

太空梭發射升空的場面令人震撼，巨大的煙雲籠罩著它，直到升到高空才又現身，帶著主引擎噴氣所產生的亮麗火焰。幾具助推器提供的推力超過三千萬牛頓，使太空梭 (質量超過兩百萬公斤) 因而能在足夠的加速度下，順利起飛。

太空梭堪稱是二十世紀最偉大的科技成就之一，但它賴以運作的力、質量和加速度的相關基本原理，科學家已經知道了超過 300 年。牛頓在 1687 年首先陳述的運動定律，對物體之間的任何交互作用都適用。運動學描述物體如何運動，而**動力學**則說明導致物體運動的是什麼，牛頓的運動定律就是動力學的基礎。

77

普通物理

待學要點

- 力是度量物體如何與其他物體互相作用的向量。
- 基本力包括重力 (引力) 與可為吸引或排斥的電磁力。在日常經驗中，重要的力包括張力、正向力，摩擦力和彈簧力。
- 作用於物體之所有外力的向量和稱為淨力。
- 自由體力圖是解決問題非常重要的輔助工具。
- 牛頓三大運動定律決定物體在力作用下的運動。
  a) 第一定律處理不受外力或所受外力達成平衡的物體。
  b) 第二定律描述在不平衡之外力作用下的情況。
  c) 第三定律處理兩物體間相互作用之相等 (量值) 但相反 (方向) 的力。
- 物體的重力質量和慣性質量是相同的。
- 動摩擦反抗物體現有的運動；靜摩擦反抗靜止物體即將要有的運動。
- 摩擦對理解真實世界的運動非常重要，但其起因和確實機制仍在研究中。
- 牛頓運動定律適用於涉及多個物體、多個力和有摩擦力的情況；運用牛頓運動定律去分析考慮中的情況，是物理學中最重要的解題技巧之一。

本章將檢視牛頓的運動定律，並探索這些定律所描述的各種力。

4.1　力的類型

如果你拉一根繩，則你對繩施力，而繩接著對綁到它另一端的物體施力。這種力，還有你施加於所坐椅子的力，都是**接觸力**，也就是說，一物體要能夠對另一物體施力，必須彼此互相接觸。拉一個細長物體，諸如繩索或繩線，所產生的接觸力，稱為**張力**。推一物體所造成的接觸力，稱為**壓縮力**。當你坐在椅子上時，作用於你的力稱為**正向力** (或**法向力**)，此處正向是指「垂直於表面」。

如果你推動玻璃杯使它在桌面上滑行，很快的它就會停下。導致玻璃杯停止運動的力是摩擦力，有時也簡稱為摩擦。

壓縮彈簧有如拉長彈簧，需要用力。**彈簧力**具有與長度變化量成線性相依的特性。振盪是彈簧力造成的一種特殊運動。

接觸力、摩擦力和彈簧力都是自然界的**基本力**在物體內最基本組成元之間互相作用的結果。**重力**常被稱為引力，是基本力的一個例子。放開你手中所握的物體，它會向下掉落，導致這個效果的是地球和物體之間互相吸引的重力。重力也使月亮繞著地球和地球繞著太陽運行。但要記住，本章中所討論的重力不是一般性的重力，而是它的一種有限的情況。在地球表面附近，所有物體受到的重力，不隨其位置而變，但是，

一般形式的重力是與相互作用之兩物體間的距離平方成反比。

另一個可隔著一段距離起作用 (稱為超距作用) 的基本力是**電磁力**，它像重力，與作用距離的平方成反比。這個力最明顯的例子，就是兩磁鐵依其相對的取向所展現的相互吸引或排斥作用。電磁力是 19 世紀物理學的大發現，在 20 世紀的精細改進下，導致了我們今天享有的許多高科技便利(基本上包括所有插入電源插座或使用電池的東西)。

在此特別一提，我們將會看出所有上面列舉的接觸力 (正向力、張力、摩擦力、彈簧力)，究其根本都是電磁力的後果。既然如此，為什麼還要學習這些接觸力？答案是，透過接觸力來描述問題，帶給我們很多直覺而深入的了解，使我們對現實世界的問題，提出簡單的解決辦法。

另外兩個基本力，即**強核力**和**弱核力**，只在長度為原子核的尺度和基本粒子之間才起作用。一般說來，力可以定義為物體之間用來互相影響 (圖 4.2) 的作用。

4.2 重力向量、重量和質量

我們現在將對力做更為量化的討論。先從一個顯而易見的事實開始：力具有方向。例如，如果用手撐住筆記型電腦，你很容易就可判定，作用於它的重力是朝下的，這個方向就是**重力向量** (圖 4.3) 的方向。

圖 4.3 也畫出一個適切的直角座標系，我們沿用第 3 章中的慣用約定，但將座標系旋轉，使向上為正 y 方向 (向下為負 y 方向)，而 x 和 z 方向則是在水平面上，如圖所示。我們將只考慮二維座標系，並盡可能以 x 軸和 y 軸當作它的座標軸。

在圖 4.3 的座標系中，作用於筆記型電腦的重力，它的力向量指向負 y 方向：

$$\vec{F}_g = -F_g \hat{y} \tag{4.1}$$

由此可看出，力向量是它的量值 F_g 和它的方向 $-\hat{y}$ 的乘積。量值 F_g 稱為物體的**重量**。

在接近地球表面 (約在地面上幾百米以內) 的地方，物體所受重力的量值等於物體質量 m 與地球重力加速度 g 的乘積：

圖 4.2 一些常見類型的力。(a) 砂輪是利用摩擦力以除去物體的外表面。(b) 彈簧常用於汽車的減震器，以減弱地面傳給車輪的力。(c) 有些水壩躋身世人所建最大建築之列，它們被設計成可以抵抗蓄水對它施加的力。

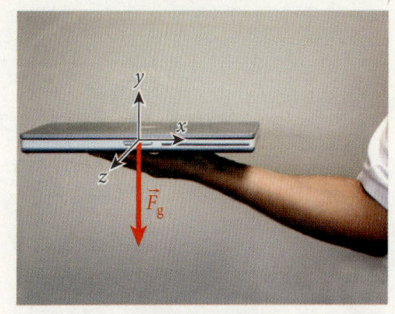

圖 4.3 筆記型電腦所受重力的力向量與右手制直角座標系的關係。

$$F_g = mg \quad (4.2)$$

在前面幾章中，我們已經用了地球重力加速度的量值 $g = 9.81$ m/s^2。這個常數值只適用於地面上幾百米以內的地方。

依據 (4.2) 式，力的單位是質量單位 (kg) 和加速度的單位 (m/s^2) 的乘積，這使得力的單位為 kg m/s^2。因為在物理學中經常會牽涉到力，所以力的單位另以牛頓 (N) 稱之，用以紀念英國物理學家牛頓對力的分析所作的重要貢獻。

$$1 \text{ N} \equiv 1 \text{ kg m/s}^2 \quad (4.3)$$

重量與質量

在對力做更詳細的討論之前，我們需要澄清質量的觀念。**質量** (依直覺來說) 是物體中的物質總量，在重力的影響下，物體所具有的重量與它的質量成比例。這個重量是因物體與地球 (或另一物體) 之間的重力作用，而施加於該物體上的力的量值。接近地球表面，這個力的量值為 $F_g = mg$，如 (4.2) 式所示。這個等式中的質量也稱為**重力質量**，以表明重力作用是因它而起。

本章稍後將介紹的牛頓運動定律，涉及慣性質量。要了解慣性質量的觀念，可考慮下面的例子：拋出網球比擲出鉛球要容易許多。開門時，輕質材料如泡沫芯與木材單板製成的門，比由沉重的材料如鐵製成的門，更容易打開。質量大的物體比質量小的物體，在被推拉時，似乎更能抵抗運動的產生。物體的這個特性稱為它的**慣性質量**。然而，重力質量和慣性質量是相同的，所以我們通常只簡單的說成質量。

以質量 $m = 3.00$ kg 的筆記型電腦為例，重力的量值為

$$F_g = mg = (3.00 \text{ kg})(9.81 \text{ m/s}^2) = 29.4 \text{ kg m/s}^2 = 29.4 \text{ N}$$

現在，我們可以寫出一個表示力向量的方程式，它同時包含筆記型電腦所受重力的量值和方向 (參見圖 4.4)：

$$\vec{F}_g = -mg\hat{y} \quad (4.4)$$

總結以上所述，物體的質量以千克 (kg) 為單位，而重量則以牛頓 (N) 為單位。一個物體的質量和重量是彼此相關的，將質量 (單位 kg) 乘以重力加速度，就可得到重量 (單位 N)。

>>> **觀念檢測 4.1**

考慮兩個鋼球。球 1 的重量為 1.5 N，球 2 的重量為 15 N。兩球從 2.0 m 的高度同時釋放。哪個球先抵地？
a) 球 1 先抵地
b) 球 2 先抵地
c) 兩球同時抵地
d) 資訊不足無法確定

4.3 淨力

由於力是向量，力的相加必須用第 1 章所述的向量加法。同一個系統內的不同成員，彼此之間的作用力稱為**內力**；而其他作用於各成員的力則稱為**外力**。我們定義**淨力**為所有施加於物體之外力的向量和：

$$\vec{F}_{\text{net}} = \sum_{i=1}^{n} \vec{F}_i = \vec{F}_1 + \vec{F}_2 + \cdots + \vec{F}_n \tag{4.5}$$

依照分量形式的向量加法規則，我們可以將淨力的直角座標分量寫為

$$F_{\text{net},x} = \sum_{i=1}^{n} F_{i,x} = F_{1,x} + F_{2,x} + \cdots + F_{n,x}$$

$$F_{\text{net},y} = \sum_{i=1}^{n} F_{i,y} = F_{1,y} + F_{2,y} + \cdots + F_{n,y} \tag{4.6}$$

$$F_{\text{net},z} = \sum_{i=1}^{n} F_{i,z} = F_{1,z} + F_{2,z} + \cdots + F_{n,z}$$

正向力

到目前為止，我們只注意作用於筆記型電腦上的重力。然而，別的力也對電腦作用。它們是什麼？

在圖 4.4 中，手施加於電腦的力 $\vec{N}$ 以黃色箭頭表示。注意圖中向量 $\vec{N}$ 與向量 $\vec{F}_g$ 的量值相等，但兩向量指向相反的方向，即 $\vec{N} = -\vec{F}_g$，這種情況並非意外，稍後我們將發現當物體保持靜止時，作用於其上的淨力必為零。如果我們計算作用於筆記型電腦上的淨力，將會得到

$$\vec{F}_{\text{net}} = \sum_{i=1}^{n} \vec{F}_i = \vec{F}_g + \vec{N} = \vec{F}_g - \vec{F}_g = 0$$

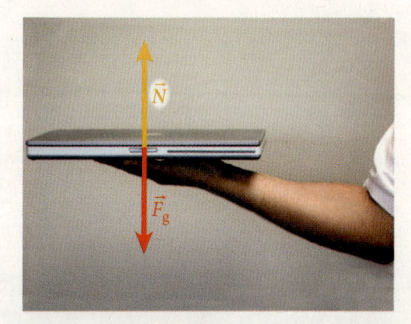

圖 4.4 重力向下作用，而手撐住筆記型電腦所施的正向力則向上作用。

一般而言，**正向力** $\vec{N}$ 可根據它的特質說成是作用於兩物體交界面的接觸力，其指向恆為垂直於交界面的切面。正向力的量值剛好大到足以使兩物體不致陷入到對方內部。

自由體力圖使決定物體所受淨力的作業，變得容易許多。

自由體力圖

我們以力向量 $\vec{N}$ 來代表手撐住電腦的全部作用。當考慮作用於電腦上的力時，我們不需要考慮手臂或世界的其餘各部分，而可以直接將

普通物理

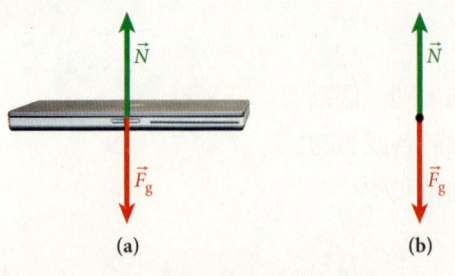

圖 4.5 (a) 二力作用於真實物體 (筆記型電腦) 上；(b) 物體經抽象化成為有兩個力作用於其上的自由體。

> **自我測試 4.1**
> 畫出以下各情況的自由體力圖：靜止於球座上的高爾夫球、停在路邊的車、及坐在椅子上的人。

它們排除，如圖 4.5a 所示。圖中除了筆記型電腦和兩個力向量，其他的一切已被移除。此外，電腦的真實圖像是沒有必要的；它可以用一個點來表示，如圖 4.5b。這類型的圖被稱為 自由體力圖。

4.4 牛頓定律

牛頓 (1642-1727 年) 也許是有史以來最具影響力的科學家。雖然他著名的三大定律是在 17 世紀提出的，我們今天對力的理解仍然是以這些定律為基礎。在開始討論之前，我們先直接列出牛頓在 1687 年發表的三大定律。

牛頓第一定律：
如果施加於物體的淨力為零，則靜止的物體，將保持靜止，而運動中的物體，將會以相同的恆定速度沿直線繼續運動。

牛頓第二定律：
當有淨力 $\vec{F}_{net}$ 施加於質量為 m 的物體上時，物體會獲得加速度 $\vec{a}$，其方向與淨力的方向相同：

$$\vec{F}_{net} = m\vec{a}$$

牛頓第三定律：
相互作用的兩個物體向對方所施的力，在量值上彼此相等，但方向相反：

$$\vec{F}_{1\to 2} = -\vec{F}_{2\to 1}$$

牛頓第一定律

較早在討論淨力時，曾提到物體保持靜止的必要條件是淨力為零。利用這一條件，可以找出一個問題中未知力的量值和方向。也就是說，如果知道一個物體是靜止的，也知道它所受的重力，我們就可以利用 $\vec{F}_{net} = 0$ 的條件，來求解作用於物體上的其他力。在筆記型電腦保持靜止的例子中，這種分析可給出正向力 $\vec{N}$ 的量值和方向。

牛頓第一定律說，一個沒有淨力作用於其上的物體，有兩種可能的狀態：保持靜止的物體被稱為是處於 靜力平衡，而以等速度 (即恆定速度) 運動的物體則是處於 動態平衡。

在繼續之前，有必要指出靜力平衡的條件，即方程式 $\vec{F}_{net} = 0$，實際上代表三個獨立的平衡條件：

$$F_{net,x} = \sum_{i=1}^{n} F_{i,x} = F_{1,x} + F_{2,x} + \cdots + F_{n,x} = 0$$

$$F_{net,y} = \sum_{i=1}^{n} F_{i,y} = F_{1,y} + F_{2,y} + \cdots + F_{n,y} = 0$$

$$F_{net,z} = \sum_{i=1}^{n} F_{i,z} = F_{1,z} + F_{2,z} + \cdots + F_{n,z} = 0$$

牛頓第一定律有時也被稱為慣性定律。我們在 4.2 節給過慣性質量的定義，並表示慣性是物體反抗運動變化的一種特性。這與牛頓第一定律所表達的正好一樣：要改變一個物體的運動，需要施加一個淨力，運動不會自行改變，不論是量值或方向。

牛頓第二定律

第二定律將加速度的觀念與力相連結，我們用符號 $\vec{a}$ 來代表加速度。我們曾將加速度定義為速度的時間導數和位置的第二時間導數。牛頓第二定律告訴我們導致加速度的是什麼。

牛頓第二定律：
當有淨力 $\vec{F}_{net}$ 施加於質量為 m 的物體上時，該力將使物體獲得加速度 $\vec{a}$，其方向與施力的方向相同：

$$\vec{F}_{net} = m\vec{a} \tag{4.7}$$

上面這個公式告訴我們，一個物體的加速度，其量值與物體所受淨力的量值成正比。它也告訴我們，對於給定的淨力，加速度的量值與物體的質量成反比。

由於 (4.7) 式是一個向量式，我們還可以有更多的推論。首先，物體所獲得的加速度向量與淨力向量的方向相同。其次，我們可以寫出三個空間分量的方程式：

$$F_{net,x} = ma_x, \quad F_{net,y} = ma_y, \quad F_{net,z} = ma_z$$

牛頓第三定律

當你站在靜止的滑板上，由滑板前端或後端下來時，滑板會往相反

普通物理

的方向急速射出。在你下來的過程中，滑板對你的腳施加一個力，而你的腳也對滑板施加一個力。這個經驗似乎表示，這兩個力指向相反方向，它提供了一個普遍真理的例子，牛頓第三定律將這個真理加以量化。

牛頓第三定律：
相互作用的兩個物體向對方所施的力，在量值上彼此相等，但方向相反：

$$\vec{F}_{1\to 2} = -\vec{F}_{2\to 1} \tag{4.8}$$

需要注意的是這兩個力並不作用於同一物體，而是兩個物體施加於對方的力。

由 $\vec{F}_{1\to 2} + \vec{F}_{2\to 1} = 0$ 可推論 (4.8) 式必然成立，故牛頓第三定律其實是要求內力總和為零之條件下的必然結論。對一個系統來說，由於內力的總和為零，因此所有作用於系統內各物體的力 (包括內力與外力)，其總和就等於所有外力的總和，這也就是之前所定義的淨力。根據牛頓第二定律，必須淨力不為零時才能夠產生加速度，因此在與外部物體沒有交互作用下 (即沒有外力)，任何一個或一群物體都無法使自身加速。

許多與牛頓定律有關的問題，都涉及繩索 (或細繩) 上的力，這些繩子往往是纏繞在滑輪上。

4.5 繩索和滑輪

本章只考慮無質量 (理想化) 的繩索和滑輪。當繩索被拉直時，作用於繩索各部分的力，其方向都會正好沿著繩索的方向。我們施加於無質量繩索的拉力，會傳遍整條繩索而毫不改變。這個力的量值被稱為繩索所受的張力。繩索不能支持壓縮力。

如果繩索被引導繞過滑輪，則繩索內各部分的力，其方向會有不同，但量值仍然都相同。在圖 4.6 中，綠色繩子的右端被固定，左端被拉直，拉力為 11.5 N，如插入的測力計指針所示。我們可看出，在滑輪兩邊的力，量值是相同的。

圖 4.6 一繩索繞過一個滑輪且與兩測力計連接，顯示出力的量值在整條繩都為定值。

例題 4.1 三隊競拉的拔河賽

在拔河比賽中，兩隊由一條繩索的兩端施力，設法將對方拉動使其超過中線。如果兩隊都不動，那麼兩隊對繩索必然施加量值相等、方向

相反的力，這是牛頓第三定律的推論。換言之，如果圖 4.7 中的一隊以量值 F 的力拉繩，則另一隊必定也以相同量值 F 但方向相反的力拉繩。

問題：現在考慮以下的情況：三條繩的一端綁在同一點，而每隊各拉住一條繩的另端。假設隊 1 以 2750 N 的力向正西拉，隊 2 以 3630 N 的力向正北拉。那麼隊 3 是否可用某種方式拉繩，而使此三隊拔河賽的最後結果是僵持不動，也就是，沒有任何一隊能夠拉動繩索？如果是的話，造成此結果所需的力，其量值和方向為何？

圖 4.7　在蘇格蘭 Braemar 舉行的拔河比賽。

解：

不管隊 1 和隊 2 用什麼力和方向拉繩，第一部分的答案是肯定的。這是因為兩個力總是可以相加起來而得到一個合力，隊 3 只要以量值與此合力相等而方向相反的力拉繩，則所有三個力相加後將為零。因此依據牛頓第一定律，沒有什麼會被加速，該系統可達成靜力平衡，而如果開始時繩索是靜止的，它就會維持不動。圖 4.8 顯示這一物理情況。隊 1 和隊 2 所施的力，其向量加法是非常簡單的，因為這兩個力彼此垂直。我們將座標系的原點選在三條繩的共同交點，並指定正 y 方向為向北，負 x 方向為向西。因此，隊 1 的力向量 $\vec{F}_1$ 指向負 x 方向，隊 2 的力向量 $\vec{F}_2$ 指向正 y 方向，而兩個力向量和它們的總和可表示如下：

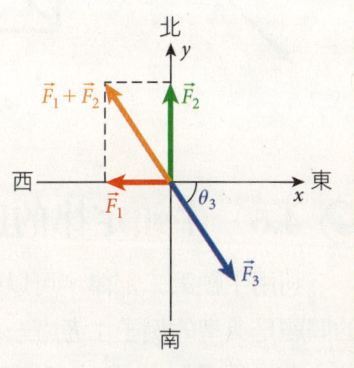

圖 4.8　三隊拔河賽的力向量加法。

$$\vec{F}_1 = -(2750\text{ N})\hat{x}$$
$$\vec{F}_2 = (3630\text{ N})\hat{y}$$
$$\vec{F}_1 + \vec{F}_2 = -(2750\text{ N})\hat{x} + (3630\text{ N})\hat{y}$$

因這兩個力沿著座標軸的方向，力向量的相加變得很容易。若在一般情況下，則兩力可用分量的形式相加。當三隊僵持不動時，三個力的總和

85

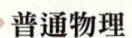

必須為零，因此我們可求得隊 3 需要施給繩的力：

$$0 = \vec{F}_1 + \vec{F}_2 + \vec{F}_3$$
$$\Leftrightarrow \vec{F}_3 = -(\vec{F}_1 + \vec{F}_2)$$
$$= (2750 \text{ N})\hat{x} - (3630 \text{ N})\hat{y}$$

此力向量也示於圖 4.8。有了待求力向量的直角座標分量，就可用三角學來計算量值和方向：

$$F_3 = \sqrt{F_{3,x}^2 + F_{3,y}^2} = \sqrt{(2750 \text{ N})^2 + (-3630 \text{ N})^2} = 4554 \text{ N}$$

$$\theta_3 = \tan^{-1}\left(\frac{F_{3,y}}{F_{3,x}}\right) = \tan^{-1}\left(\frac{-3630 \text{ N}}{2750 \text{ N}}\right) = -52.9°$$

以上結果即為本題答案。

因為這類型的問題經常發生，讓我們再另舉一個例子。

>>> 觀念檢測 4.2

在下列圖中，各組的三個力向量都在同一平面，哪一組的三個力在相加後會使淨力為零？

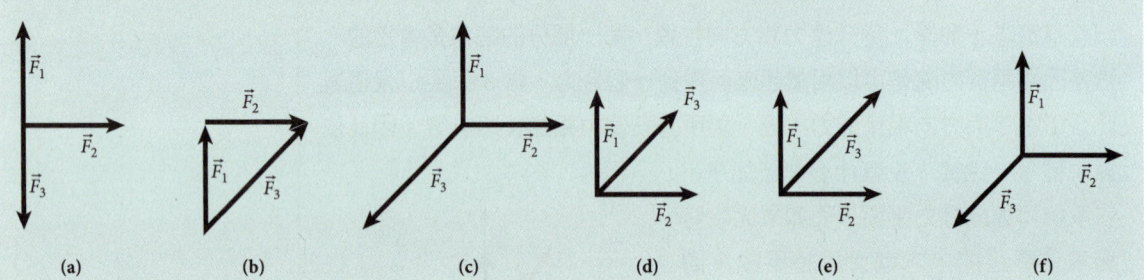

4.6 牛頓定律的應用

利用牛頓第二定律，可以從事涉及運動和加速度的各種計算。下面的問題是典型的例子：考慮一相對於水平的傾斜角為 θ 的平面，在此平面上有一質量為 m 的物體。假設平面與物體之間沒有摩擦力。對這類情況，牛頓第二定律可以告訴我們什麼？

🔍 詳解題 4.1 單板滑雪運動

問題：一單板滑雪者 (質量 72.9 kg，身高 1.79 m) 從一個相對於水平為 22° 的斜面上滑下 (圖 4.9a)。如果可以忽略摩擦力，他的加速度為何？

解：

思索 滑雪者被限制只能在斜坡 (或傾斜面) 上運動，因為他不能陷入雪

中,也不能從斜坡表面升空。(至少在沒有跳起時!)從自由體力圖下手永遠是明智的。圖 4.9b 顯示了重力 $\vec{F}_g$ 和正向力 $\vec{N}$ 的力向量。注意:依據定義,正向力的方向垂直於接觸面。另外,注意正向力和重力的方向不是正好相反,因此不會完全互相抵消。

繪圖 現在選擇一個方便的座標系。如圖 4.9c,x 軸選為沿斜面的方向,這可確保加速度僅在 x 方向上。這個選擇的另一優點是正向力恰好指向 y 方向。我們為此便利付出的代價是重力向量不沿著任一座標軸,而是具有 x 和 y 分量。圖中的紅色箭頭標明重力向量的兩個分量。注意:在重力的兩個分量所形成的矩形中,重力的力向量是沿著矩形的對角線,而傾斜角 θ 也出現在矩形中。要看出這點,可考慮圖 4.9d 中以 abc 和 ABC 為邊的兩個相似三角形。因為 a 垂直於 C,而 c 垂直於 A,所以 a 和 c 之間的角度等於 A 和 C 之間的角度 θ。

推敲 利用三角學,可求得重力的 x 和 y 分量:

$$F_{g,x} = F_g \sin\theta = mg\sin\theta$$
$$F_{g,y} = -F_g \cos\theta = -mg\cos\theta$$

簡化 為了簡化數學運算,我們可將兩個分量分開計算。

首先,在 y 方向沒有運動,因此根據牛頓第一定律,所有在 y 方向上的外力分量加起來必須為零:

$$F_{g,y} + N = 0 \Rightarrow$$
$$-mg\cos\theta + N = 0 \Rightarrow$$
$$N = mg\cos\theta$$

以上的 y 方向運動分析,給了我們正向力的量值。如上式所示,此正向力正好與滑雪者的重量沿垂直於斜面的分量,互相抵消。這是一個非常典型的結果。正向力幾乎總是將垂直於接觸面的淨力分量抵消,這個分量是由所有其他的力所貢獻的。因此,物體不陷入表面或從表面升空。

我們感興趣的訊息是來自 x 方向的分析。在這個方向上,只有一個分力,即重力的 x 分量。因此,根據牛頓第二定律,我們得到

(a)

(b)

(c)

(d)

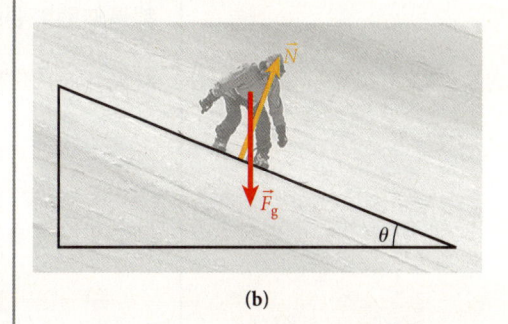

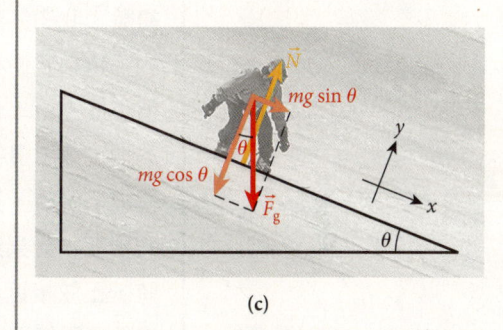

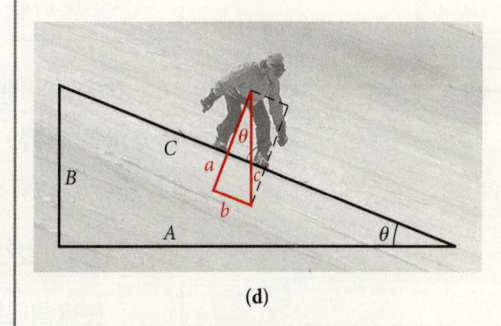

圖 4.9 (a) 單板滑雪為斜面運動的例子。(b) 斜面上滑雪板的自由體力圖。(c) 滑雪者的自由體力圖與座標系。(d) 斜面問題中的相似三角形。

$$F_{g,x} = mg\sin\theta = ma_x \Rightarrow$$
$$a_x = g\sin\theta$$

因此，在我們所用的座標系中，加速度向量為

$$\vec{a} = (g\sin\theta)\hat{x}$$

注意：在我們的答案中，已沒有質量 m。加速度與滑雪者的質量無關；它只與斜面的傾斜角有關。因此，題幹中給出的滑雪者的質量與身高，都是無關緊要的。

計算 將角度的給定值代入，可得

$$a_x = (9.81 \text{ m/s}^2)(\sin 22°) = 3.67489 \text{ m/s}^2$$

捨入 由於所給的斜坡角度只精確到兩位，以更高的精確度來表示我們的結果是沒有意義的。所以最後的答案是

$$a_x = 3.7 \text{ m/s}^2$$

複驗 我們答案的單位，正是加速度的單位 m/s^2。我們得到的數值是正的，這在我們選擇的座標系中，代表沿斜坡向下的正加速度。另外，數值小於 9.81，也是令人寬心的，這表示我們求出的加速度小於自由落體的加速度。最後讓我們檢查答案 $a_x = g\sin\theta$ 是否合理一致。在 $\theta \to 0°$ 的極限情況時，正弦收斂到零，加速度消失。這個結果是合理的，因為我們預期，如果滑雪者是在一個水平面上，他不會有加速度。當 $\theta \to 90°$ 時，正弦接近 1，加速度等於重力加速度，這也正是我們所預期的。在這種極限情況下，滑雪者將會做自由落體運動。

斜面的問題，如以上的詳解題，是很常見的，且提供了將力分解成為分量的練習。另一個常見的問題類型，涉及透過滑輪和繩索來改變力的方向。下個詳解題指出在一個簡單的情況下如何進行解題的工作。

詳解題 4.2　串連的兩木塊 (光滑)

在這個典型的問題中，一個懸吊於空中的木塊，導致另一個靜止於水平面上的木塊，出現加速度 (圖 4.10a)。質量 $m_1 = 3.00$ kg 的木塊 1，靜止停在無摩擦的水平面上，並以無質量的水平繩索，繞過無質量的滑輪後，連接到質量 $m_2 = 1.30$ kg 的木塊 2。

問題：木塊 2 和木塊 1 的加速度各為何？

解：

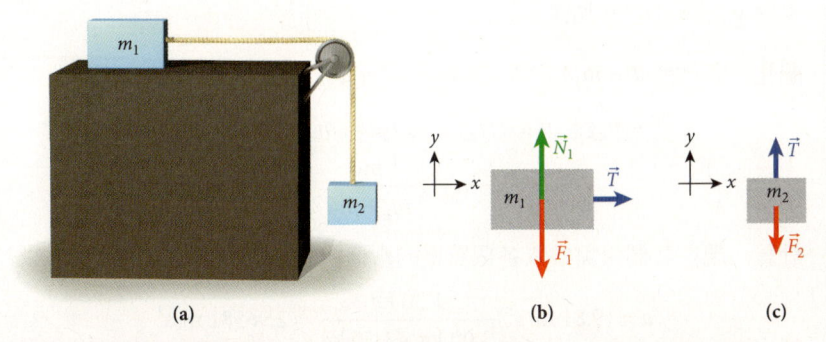

圖 4.10 (a) 懸吊木塊 2 的繩索在繞過滑輪後，連接到靜止於無摩擦水平面上的木塊 1；(b) 木塊 1 的自由體力圖；(c) 木塊 2 的自由體力圖。

思索 從圖 4.10a 可看出，木塊 1 只能水平移動，而木塊 2 只能垂直移動。由於兩木塊以一條繩索相連，它們可經由繩索的張力互相施力。牛頓第三定律告訴我們，作用於兩木塊上的張力，量值是相同的。我們假設繩索不會明顯伸縮，因此木塊 1 的任何位移，會與木塊 2 的位移量值相等，這也意味著，在任何時間，兩木塊具有相同的速率，所以它們的加速度也具有相同的量值 a。最後，讓我們想想加速度的符號：當木塊 1 向右移動時，木塊 2 向下移動。務必要注意這點，否則在計算時很容易發生符號錯誤。

繪圖 再次，我們從各個物體的自由體力圖開始。木塊 1 的自由體力圖示於圖 4.10b。重力向量 $\vec{F}_1$ 直指向下。繩索的拉力 $\vec{T}$ 沿著繩索的方向作用，因此是在水平方向，也就是我們選擇的 x 方向。作用於木塊 1 的正向力 $\vec{N}_1$ 垂直於木塊和支撐表面之間的接觸面。因為表面是水平的，$\vec{N}_1$ 沿垂直方向作用。圖 4.10c 為木塊 2 的自由體力圖，張力 $\vec{T}$ 向上作用，而作用於這個木塊的重力向量 $\vec{F}_2$，直指向下，就像 $\vec{F}_1$。

推敲 我們先從作用於木塊 1 的力開始。根據牛頓第二定律可寫出 x 和 y 分量的方程式：

$$T = m_1 a$$
$$N_1 - m_1 g = 0$$

第二個式子指出的是，作用於木塊 1 的正向力等於木塊 1 的重量，而第一個式子含有加速度 a，我們只需找出張力 T，就可求出 a。

木塊 2 的自由體力圖讓我們可以再寫出一個方程式。在水平方向上，沒有力作用於木塊 2，但在垂直方向上，從牛頓第二定律，我們有

$$T - m_2 g = -m_2 a$$

注意上式右邊的負號！當木塊 1 沿正 x 方向加速 (向右) 時，木塊 2 必須

沿負 y 方向 (向下) 加速。

簡化 我們將 $T = m_1a$ 代入 $T - m_2g = -m_2a$，得到
$$T - m_2g = m_1a - m_2g = -m_2a \Rightarrow m_1a + m_2a = m_2g \Rightarrow$$
$$a = g\frac{m_2}{m_1 + m_2}$$

計算 現在我們只需插入各個質量的數值：
$$a = (9.81 \text{ m/s}^2)\frac{1.30 \text{ kg}}{3.00 \text{ kg} + 1.30 \text{ kg}} = 2.96581 \text{ m/s}^2$$

捨入 由於重力加速度只給到三位有效數字，而質量也給出到相同的精確度，我們將結果四捨五入為 $a = 2.97 \text{ m/s}^2$。

複驗 在簡化步驟中得到的加速度公式是合理的：在 m_1 比 m_2 大很多的極限情況下，幾乎不會有加速度，而如果 m_1 比 m_2 小很多時，m_2 (木塊2) 的加速度將接近重力加速度，就像 m_1 並不存在一樣。

最後，我們可以計算張力的量值。我們可將加速度結果，代入使用牛頓第二定律所得到的兩個公式中的任一個：
$$T = m_1a = g\frac{m_1m_2}{m_1 + m_2}$$

在詳解題 4.2 中，加速度會往哪個方向是很明顯的。在更複雜的情況下，剛開頭時，你可能不清楚物體加速的方向。這時你只需選定一個方向為正方向，然後在整個計算中前後一致的使用這個假定的正方向。如果獲得的加速度值到頭來是負的，這代表物體的加速方向，與你初始所假定的相反，但你計算出來的值仍然是正確的。以下的例題 4.2 說明了這種情況。

例題 4.2 阿特伍德機

將一條繞過滑輪的繩索，兩端吊掛重物 (質量為 m_1 和 m_2)，就成為阿特伍德機。本題考慮無摩擦的情況，所以滑輪不轉動，繩索只是滑過它。我們假設 $m_1 > m_2$。在上述情況下，加速度如圖 4.11a 所示。(下面導出的公式在任何情況下都是正確的。如果 $m_1 < m_2$，則加速度 a 將為負值，這代表加速度的真正方向，與我們在解題時所假定的加速方向，是相反的。)

我們先看 m_1 和 m_2 的自由體力圖，即圖 4.11b 和圖 4.11c。在這兩圖中，正 y 軸被選為向上；另外，也顯示了我們所選的加速方向。繩索以

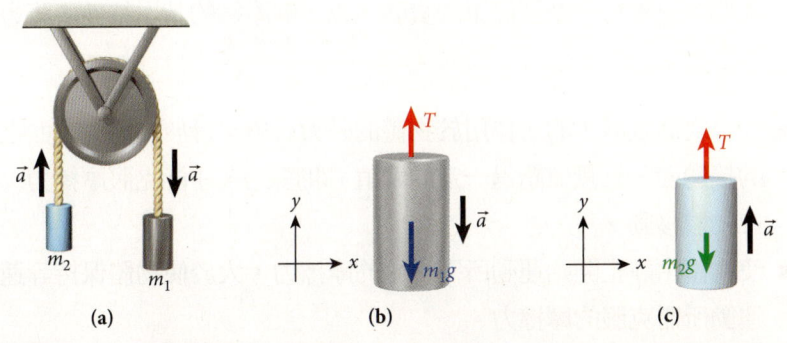

圖 4.11 (a) 阿特伍德機：假定加速的正方向如圖所示；(b) 右側物體的自由體力圖；(c) 左側物體的自由體力圖。

> **自我測試 4.2**
> 在阿特伍德機中，當 m_1 趨於無窮大、m_1 趨近於零、$m_1 = m_2$ 時，物體的加速度為何？

> **自我測試 4.3**
> 你能寫出阿特伍德機中繩索上張力的量值公式嗎？

量值尚待決定的張力 T，向上拉著 m_1 和 m_2。依據我們選擇的座標系和加速方向，m_1 向下加速，所以是沿負方向的加速度，這給了一個可以求出 T 的方程式：

$$T - m_1 g = -m_1 a \Rightarrow T = m_1 g - m_1 a = m_1(g-a)$$

從 m_2 的自由體力圖，及假定 m_2 向上加速故對應於沿正方向的加速度，我們得到

$$T - m_2 g = m_2 a \Rightarrow T = m_2 g + m_2 a = m_2(g+a)$$

令以上兩個 T 的表達式相等，可得

$$m_1(g-a) = m_2(g+a)$$

這帶來以下的加速度表達式：

$$(m_1 - m_2)g = (m_1 + m_2)a \Rightarrow$$

$$a = g\left(\frac{m_1 - m_2}{m_1 + m_2}\right)$$

由上式可看出，在本題的情況下，加速度的量值 a 恆小於 g。如果質量相等，就沒有加速度，這與我們的預期一致。如果適當的選擇兩物體的質量，就可以如願產生量值在 0 到 g 的任何一個加速度。

4.7 摩擦力

到目前為止，我們忽略了摩擦力，考慮的只是無摩擦的近似。但一般說來，如果想要描述實際的物理情況，則在大多數的計算中，都必須將摩擦考慮在內。

我們如果進行一系列簡單的實驗，以了解摩擦的基本特性，將會發現：

- 如果物體是靜止的，作用於物體的外力必須平行於物體與表面之間的接觸面，且量值超過一定的閥值 (即底限)，才能克服摩擦力，而使物體移動。
- 使物體由靜止開始運動所需克服的摩擦力，大於使物體保持等速度運動所需克服的摩擦力。
- 作用於運動物體上的摩擦力，其量值與正向力的量值成正比。
- 摩擦力與物體和表面間接觸面積的大小無關。
- 摩擦力取決於表面的粗糙度；平滑的介面 (或界面) 提供的摩擦力通常要比粗糙的介面為小。
- 摩擦力與物體的速度無關。

這些關於摩擦的陳述，並不是跟牛頓定律一樣的基本原理，而是基於實驗的一般性觀察。例如，你可能會認為，當兩個非常光滑的表面接觸時，產生的摩擦會非常小。然而，在某些情況下，極其光滑的表面實際上會以冷熔接的方式熔合在一起。關於摩擦的本質和原因不斷的有很多探討，我們在本節後面將會討論。

從這些發現，我們顯然需要區分，物體相對於其支撐表面為靜止 (靜摩擦) 和沿著表面做運動 (動摩擦) 的情況。我們首先考慮較容易處理的動摩擦。

動摩擦

由以上的一般觀察，對於動摩擦力的量值 f_k，可以歸納出以下的近似公式：

$$f_k = \mu_k N \tag{4.9}$$

這裡 N 是正向力的量值，μ_k 是**動摩擦係數**。這個係數恆等於或大於零。在幾乎所有的情況下，μ_k 小於 1。(不過，有些賽車用的特殊輪胎表面，與路面之間的動摩擦係數，可以顯著的超過 1。) 表 4.1 列出一些具有代表性的動摩擦係數。

動摩擦力的方向，與物體在表面上滑行時相對於表面的運動方向，總是相反。

如果沿著平行於接觸面的方向，施力推物體，且施力的量值恰等於

表 4.1　材料 1 和材料 2 之間典型的靜摩擦和動摩擦係數*

材料 1	材料 2	μ_s	μ_k
橡膠	乾混凝土	1	0.8
橡膠	溼混凝土	0.7	0.5
鋼	鋼	0.7	0.6
木材	木材	0.5	0.3
上蠟的滑雪板	雪	0.1	0.05
鋼	塗油的鋼	0.12	0.07
鐵氟龍	鋼	0.04	0.04
冰上推石	冰		0.017

*注意：這些值是近似的，且顯著的隨兩材料之接觸面的情況而變。

物體受到的動摩擦力，則因為施力和摩擦力彼此抵消，淨外力為零。在這種情況下，根據牛頓第一定律，物體將繼續在表面上以等速度滑行。

靜摩擦

如果物體是靜止的，施力需在一定的底限值之上，才能使物體運動。例如，如果你輕推一台冰箱，它不會移動。當你推的力愈來愈大時，就會達到一個地步，冰箱終於在廚房的地板上滑動。

物體在一個外力的作用下，繼續在支撐它的表面上保持靜止時，代表此外力沿著接觸面的分量與摩擦力恰好量值相等，但方向相反。不過靜摩擦力的量值 f_s 具有一個最大值 $f_{s,\,max}$，即 $f_s \leq f_{s,\,max}$。靜摩擦力的這個最大量值與正向力成正比，但其比例常數不同於動摩擦係數：$f_{s,\,max} = \mu_s N$。所以對於靜摩擦力的量值，我們可以寫

$$f_s \leq \mu_s N = f_{s,\,max} \qquad (4.10)$$

其中 μ_s 稱為**靜摩擦係數**。一些典型的靜摩擦係數示於表 4.1。一般而言，對任一支撐表面上的任一物體，最大靜摩擦力大於動摩擦力。當試圖在表面上使重物滑動時，你可能有過這樣的經歷：一旦物體開始移動，要使它保持恆定的滑動所需施的力就會小很多。這個發現可以用兩種摩擦係數之間的不等式來表達：

$$\mu_s > \mu_k \qquad (4.11)$$

現在回到在廚房地板上移動冰箱的實驗。最初冰箱靜止在地板上，你對它施力時會遭遇到靜摩擦力的抵抗。當你施的推力夠大時，冰箱在搖晃中開始前進。一旦冰箱動了，你可以施較小的推力，而仍然使它加

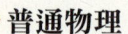

速前進，直到推力減小到 $F_\text{ext} = \mu_k N$ 時，由於推力和動摩擦力加起來為零，沒有淨力作用於冰箱，冰箱就以等速度前進。

> **例題 4.3** 實際單板滑雪運動
>
> 讓我們重新考慮詳解題 4.1 的單板滑雪運動，但這次將摩擦力的作用包括在內。一個單板滑雪者沿著 $\theta = 22°$ 的斜坡往下滑。假設滑雪板與雪之間的動摩擦係數為 0.21，而在某給定時刻，他的速度 (沿著斜坡的方向) 經測量為 8.3 m/s。
>
> **問題 1**：假設坡度固定不變，則在滑下斜坡 100 m 時，滑雪者沿著斜坡方向的速率為何？
>
> **解 1**：
>
> 圖 4.12 示出了本例題的自由體力圖。重力 F_g 指向下，具有量值 mg，其中 m 是滑雪者和全部裝備的質量。如圖所示，我們選擇 x 軸與 y 軸分別平行與垂直於斜面。斜面與水平方向的夾角為 θ (在此情況下為 22°)，

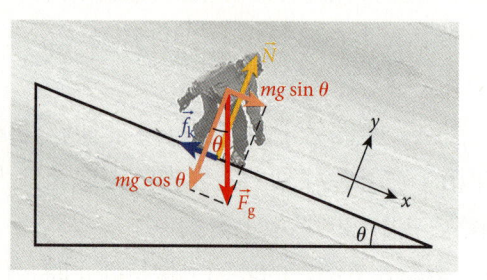

圖 4.12 單板滑雪者在有摩擦力作用下的自由體力圖。

θ 也出現在重力被分解為平行與垂直於斜面的分量圖中。(此處的分析適用於任何斜面問題。) 重力沿平面的分量是 $mg \sin\theta$，正向力 $N = mg \cos\theta$，而動摩擦力 $f_k = -\mu_k mg \cos\theta$，負號表示在我們選擇的座標系中，此摩擦力沿負 x 方向作用。因此，我們得到外力在 x 方向上的分量總和為

$$mg \sin\theta - \mu_k mg \cos\theta = ma_x \Rightarrow$$
$$a_x = g(\sin\theta - \mu_k \cos\theta)$$

在上面第一行，我們使用牛頓第二定律 $F_x = ma_x$。滑雪者的質量已消去不見，而加速度 a_x 沿著坡面，維持恆定。將題幹所給出的數值插入，我們得到

$$a \equiv a_x = (9.81 \text{ m/s}^2)(\sin 22° - 0.21 \cos 22°) = 1.76 \text{ m/s}^2$$

我們可以看出，這是在直線上沿同一方向的等加速度運動。因此可以應用之前導出的一維等加速度運動公式，寫出初始速率的平方、最終速率的平方和加速度三者之間的關係：

$$v^2 = v_0^2 + 2a(x - x_0)$$

由於 $v_0 = 8.3$ m/s，而 $x - x_0 = 100$ m，我們求得最終速率為

$$\begin{aligned} v &= \sqrt{v_0^2 + 2a(x-x_0)} \\ &= \sqrt{(8.3 \text{ m/s})^2 + 2(1.76 \text{ m/s}^2)(100 \text{ m})} \\ &= 20.5 \text{ m/s} \end{aligned}$$

問題 2：單板滑雪者達到這個速率需要多長時間？

解 2：

因為我們現在知道加速度和最終速率，且初始速率已給定，我們使用

$$v = v_0 + at \Rightarrow t = \frac{v - v_0}{a} = \frac{(20.5 - 8.3) \text{ m/s}}{1.76 \text{ m/s}^2} = 6.9 \text{ s}$$

問題 3：若摩擦係數相同，則斜面的角度必須為何，滑雪者才會以等速度滑行？

解 3：

等速度運動代表加速度為零。我們已經得到加速度隨傾斜角變化的函數。故我們可令加速度等於零，以求出角度 θ：

$$\begin{aligned} a_x &= g(\sin\theta - \mu_k \cos\theta) = 0 \\ &\Rightarrow \sin\theta = \mu_k \cos\theta \\ &\Rightarrow \tan\theta = \mu_k \\ &\Rightarrow \theta = \tan^{-1} \mu_k \end{aligned}$$

由於已知 $\mu_k = 0.21$，故角度 $\theta = \tan^{-1} 0.21 = 12°$。若坡度比此角度為陡，滑雪者將會有加速度，而若坡度較緩，滑雪者將持續減慢直到停下來。

空氣阻力

到目前為止，我們忽略了物體在空氣中運動時的摩擦。不像在一個物體的表面推動或拉動另一個物體時的動摩擦力，空氣阻力會隨著速率的增加而增加。因此，我們需要將摩擦力表示為物體與其所通過介質之相對速度的函數。空氣阻力的力方向與此相對速度向量的方向相反。

一般而言，在空氣中的摩擦阻力 F_{fric}，即**空氣阻力** (drag)，其量值可以表示為 $F_{\text{fric}} = K_0 + K_1 v + K_2 v^2 + \cdots$，其中 $K_0 \cdot K_1 \cdot K_2 \cdot \cdots$ 為經由實驗測定的常數。當肉眼可見的物體以相當高的速率移動時，上式中速度的

一次方項 (即線性項) 可以忽略，此時空氣阻力的量值可近似如下：

$$F_{\text{drag}} = Kv^2 \tag{4.12}$$

此式顯示空氣阻力與速率的平方成比例。

當一個物體在空氣中落下時，空氣阻力會隨著物體被加速而增大，直到物體到達<u>終端速率</u>。此時，向上的空氣阻力和向下的重力相等，因此淨力為零，物體不再加速。由於不再有加速度，落下的物體具有恆定的終端速率：

$$F_{\text{g}} = F_{\text{drag}} \Rightarrow mg = Kv^2$$

解出終端速率，我們得到

$$v = \sqrt{\frac{mg}{K}} \tag{4.13}$$

注意：上式顯示終端速率取決於物體的質量；但忽略空氣阻力時，物體的質量不會影響物體的運動。在沒有空氣阻力下，從同一高度由靜止釋放的所有物體，都以相同的速率下落。空氣阻力的存在，說明了當 (阻力) 常數 K 相同時，較重的物體為什麼會下降得較快。

要計算下落物體的終端速率，我們需要知道常數 K 的值。這個常數取決於許多變量，包括物體暴露於氣流的橫截面積 A 的大小。概括地說，面積 A 越大，常數 K 也越大。K 也與空氣密度 ρ 成線性關係，而 K 對所有其他因素的相依性，包括物體的形狀、相對於運動方向的傾斜角度、空氣的黏滯性和可壓縮性，通常都合併為<u>阻力係數</u> (亦稱風阻係數) c_{d}：

$$K = \tfrac{1}{2} c_{\text{d}} A \rho \tag{4.14}$$

在低速或在非常粘稠的介質中運動時，摩擦力的線性速度項不能被忽略。在這種情況下，摩擦力可以近似為 $F_{\text{fric}} = K_1 v$。這種形式適用於大多數的生物過程，包括巨大生物分子、甚或如細菌的微生物在液體中的運動。這個摩擦力的近似，對分析物體在流體中的下沉，例如水中的小石頭，也很有用。

>>> **觀念檢測 4.3**

如果你將未用過的咖啡濾紙釋放，它會很快達到終端速率。假設你從 1 m 的高度將單張咖啡濾紙釋放，而在同一時刻，你也將重疊的兩張咖啡濾紙釋放，則你必須從什麼高度釋放這兩張濾紙，它們才會與單張濾紙同時抵達地面？(你可放心的忽略達到終端速率所需的時間。)

a) 0.5 m　　b) 0.7 m
c) 1 m　　　d) 1.4 m
e) 2 m

例題 4.4　特技跳傘

一個 80.0 kg 的特技跳傘員在下落時，通過密度為 1.15 kg/m³ 的空氣。假設他的阻力係數為 $c_{\text{d}} = 0.570$。當他如圖 4.13a 以四肢張開的姿勢

下落時，他的身體面對風的面積 $A_1 = 0.940$ m^2，而當他如圖 4.13b 倒頭往下俯衝，且雙臂緊貼身體、雙腿併攏時，他的面積減小至 $A_2 = 0.210$ m^2。

問題：在這兩種情況的終端速率各為何？

解：

我們使用 (4.13) 式的終端速率，將 (4.14) 式的空氣阻力常數表達式代入，並插入給定的數值：

$$v = \sqrt{\frac{mg}{K}} = \sqrt{\frac{mg}{\frac{1}{2}c_d A\rho}}$$

$$v_1 = \sqrt{\frac{(80.0 \text{ kg})(9.81 \text{ m/s}^2)}{\frac{1}{2}0.570(0.940 \text{ m}^2)(1.15 \text{ kg/m}^3)}} = 50.5 \text{ m/s}$$

$$v_2 = \sqrt{\frac{(80.0 \text{ kg})(9.81 \text{ m/s}^2)}{\frac{1}{2}0.570(0.210 \text{ m}^2)(1.15 \text{ kg/m}^3)}} = 107 \text{ m/s}$$

這些結果表明，跳傘員若倒頭俯衝，則比起四肢張開的姿勢，可以在自由下落時，達到更高的速率。因此，如果掉出飛機的人不是也用倒頭俯衝的姿勢下落，則稍後跳機的人是有可能追上來的。

圖 4.13 跳傘者在 (a) 高阻與 (b) 低阻的姿勢。

4.8 摩擦力的應用

有了牛頓的三大定律，我們可以解決極多種類的問題。對靜摩擦和動摩擦的了解，讓我們可對真實世界的情況做出近似，而得出有意義的結論。

例題 4.5　串連的兩木塊 (有摩擦)

在詳解題 4.2 中，我們假設在無摩擦下，木塊 1 滑過整個水平支撐面，而繩索由滑輪上滑過。現在，我們將允許木塊 1 與表面之間有摩擦，但仍然假設繩索與滑輪之間沒有摩擦力。

問題 1：令木塊 1 (質量 $m_1 = 2.3$ kg) 與支撐表面之間的靜摩擦係數為 0.73，動摩擦係數為 0.60。(參考在前面的圖 4.10。) 如果木塊 2 的質量為 $m_2 = 1.9$ kg，木塊 1 會從靜止開始加速嗎？

解 1：

詳解題 4.2 中所有關於力的考慮都維持不變，除了木塊 1 的自由體力圖 (圖 4.14) 現在多了代表摩擦力的向量 $\vec{f}$。記住，為了畫出摩擦力的

普通物理

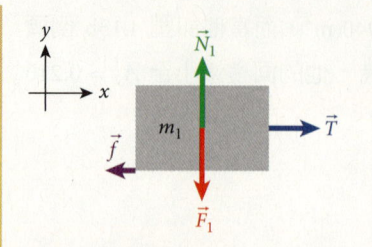

圖 4.14 有摩擦力時，木塊 1 的自由體力圖。

方向，你可考慮在沒有摩擦時，木塊 1 將往哪個方向運動。由於我們解過無摩擦的情況，知道木塊 1 將往右運動，而摩擦力與運動的方向相反，所以摩擦力向量指向左。

在詳解題 4.2 中，將牛頓第二定律應用到木塊 1 所導出的公式 $m_1 a = T$，現在需改成

$$m_1 a = T - f$$

結合上式與詳解題 4.2 中將牛頓第二定律應用到木塊 2 所導出的公式 $T - m_2 g = -m_2 a$，並再次消去 T，可得到

$$m_1 a + f = T = m_2 g - m_2 a \Rightarrow$$
$$a = \frac{m_2 g - f}{m_1 + m_2}$$

我們到目前為止，避免指定有關摩擦力的更多細節，但現在將要這麼做。首先，我們要計算靜摩擦力的最大量值 $f_{s,max} = \mu_s N_1$。對於正向力的量值，我們在前面已發現 $N_1 = m_1 g$，所以最大靜摩擦力為

$$f_{s,max} = \mu_s N_1 = \mu_s m_1 g = (0.73)(2.3 \text{ kg})(9.81 \text{ m/s}^2) = 16.5 \text{ N}$$

我們需要將此值與加速度公式 $a = (m_2 g - f)/(m_1 + m_2)$ 中的分子所含的 $m_2 g$，進行比較。當 $f_{s,max} \geq m_2 g$ 時，靜摩擦力 f 的值將會恰好等於 $m_2 g$，使加速度為零；換句話說，將沒有運動。這是因為以繩索懸吊的木塊 2 所施的拉力，不足以克服木塊 1 和其支撐表面之間的靜摩擦力。如果 $f_{s,max} < m_2 g$，那麼就會出現正的加速度，兩個木塊將開始運動。因為在本題中 $m_2 g = (1.9 \text{ kg})(9.81 \text{ m/s}^2) = 18.6 \text{ N}$，所以兩木塊將開始運動。

自我測試 4.4

在例題 4.5 中，(a) 使兩個木塊的系統不致移動的質量 m_2 最大可為何？(b) 當 m_2 小於此最大值時，摩擦力的量值為何？

問題 2：加速度的值為何？

解 2：

在靜摩擦力被克服後，動摩擦就會接著開始作用，此時我們可以使用加速度的公式 $a = (m_2 g - f)/(m_1 + m_2)$，並可將 $f = \mu_k N_1 = \mu_k m_1 g$ 代入，從而獲得

$$a = \frac{m_2 g - \mu_k m_1 g}{m_1 + m_2} = g\left(\frac{m_2 - \mu_k m_1}{m_1 + m_2}\right)$$

代入數值，我們發現

98

$$a = (9.81 \text{ m/s}^2)\left[\frac{(1.9 \text{ kg}) - 0.6 \cdot (2.3 \text{ kg})}{(2.3 \text{ kg}) + (1.9 \text{ kg})}\right] = 1.21 \text{ m/s}^2$$

已學要點｜考試準備指南

- 物體所受到的淨力是作用於物體的各外力的向量和：$\vec{F}_{\text{net}} = \sum_{i=1}^{n} \vec{F}_i$。
- 質量是物體的一種內在性質，它定量的給出物體抵抗被加速的能力，以及物體受到的重力。
- 自由體力圖是以抽象的方式圖示所有作用於一個被隔離物體上的力。
- 牛頓的三大定律如下：

    牛頓第一定律：物體所受淨力為零時，該物體如果是靜止的，將保持靜止。如果是在運動中，將會沿直線保持等速度運動。

    牛頓第二定律：當有淨力 $\vec{F}_{\text{net}}$ 作用於質量為 m 的物體上時，物體在淨力的方向上將會有加速度 $\vec{a}$，且 $\vec{F}_{\text{net}} = m\vec{a}$。

    牛頓第三定律：相互作用的兩個物體向對方所施的力，在量值上彼此相等，但方向相反，即 $\vec{F}_{1\to 2} = -\vec{F}_{2\to 1}$。

- 摩擦有兩種類型：靜摩擦和動摩擦，它們與正向力 N 的關係有些不同。

    靜摩擦使用靜摩擦係數 μ_s，以描述物體靜止於一表面上時的摩擦力 f_s。靜摩擦力 f_s 恆反抗想使物體運動的力，並具有一最大值 $f_{s,\text{max}}$，即 $f_s \le \mu_s N = f_{s,\text{max}}$。

    動摩擦使用動摩擦係數 μ_k，以描述物體在一表面上運動時的摩擦力 f_k。動摩擦力與正向力成正比，即 $f_k = \mu_k N$。

    一般而言，$\mu_s > \mu_k$。

自我測試解答

4.1

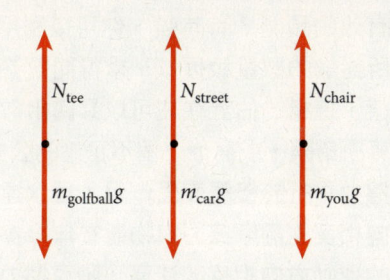

N_{tee} ↑ ↓ $m_{\text{golfball}} g$

N_{street} ↑ ↓ $m_{\text{car}} g$

N_{chair} ↑ ↓ $m_{\text{you}} g$

4.2 對於兩物體的加速度，我們已知其一般公式為 $a = g(m_1 - m_2)/(m_1 + m_2)$。如果 m_1 趨近無窮大，則與 m_1 相比，可以忽略 m_2，因此上述公式右邊的分數，其分子和分母都趨近 1，故得 $a = g$。當 $m_1 = 0$ 時，可得 $a = -g$，而當 $m_1 = m_2$ 時，則得 $a = 0$。

4.3 使用 $T = m_2(g + a)$，並插入加速度的值，$a = g\left(\dfrac{m_1 - m_2}{m_1 + m_2}\right)$，我們發現

$$T = m_2(g + a) = m_2\left(g + g\frac{m_1 - m_2}{m_1 + m_2}\right)$$
$$= m_2 g\left(\frac{m_1 + m_2}{m_1 + m_2} + \frac{m_1 - m_2}{m_1 + m_2}\right)$$
$$= 2g\frac{m_1 m_2}{m_1 + m_2}$$

4.4 (a) 從 $a = (m_2 g - f)/(m_1 + m_2)$ 和 $f \le f_{s,\text{max}} = \mu_s m_1 g$ 的條件，我們看到 m_2 可以有的最大值

為 $m_2 = f_{s,\max}/g = \mu_s m_1$。(b) 當 $m_2 < \mu_s m_1$ 時，什麼都不能動；所以加速度必須是零，這表示加速度公式的分子必須為零。因此，在此情況下，$f = m_2 g$。

解題準則：牛頓定律

善用力和運動來分析各種情況，是物理學中不可缺的一種技能。能正確應用牛頓定律是最重要的分析技巧之一。下面的準則，可幫助你利用牛頓三大定律，以解決力學問題。這些都是所有類型的物理問題通用的七步解題策略的一部分，它們與思索、繪圖和推敲三個步驟的關係尤其密切。

1. 總括整體情況的草圖，可幫助你將情況化為看得見的形象，並確定所涉及的觀念，但每一個物體還是需要一個單獨的自由體力圖，以確定作用於該物體的力是哪些，沒有其他的力被遺漏了。繪製正確的自由體力圖，是解決力學中所有問題的關鍵，不管是涉及靜態 (不動) 或動態 (移動中) 的物體。記住：在任何自由體力圖中，不可將牛頓第二定律的 $m\vec{a}$ 當作一個力。

2. 選擇座標系統是很重要的—座標系的選擇，通常可以決定方程式是非常簡單或非常困難。將座標軸選成沿著物體可能有的加速度方向，常常是有幫助的。在靜力學問題中，將座標軸方向選成沿著表面，無論水平或傾斜的，常常是有用的。選用最有利的座標系，是你從很多的解題經驗中所培養出來的一種技能。

3. 一旦你選擇了座標軸的方向，確定問題中的運動是否有沿軸方向的加速度。舉例來說，如果在 y 方向上沒有加速度，那麼在 y 方向上，牛頓第一定律就適用，且力的總和 (淨力) 必等於零。如果在軸方向，例如 x 方向，確實有加速度，則在 x 方向，牛頓第二定律就適用，且淨力等於物體的質量乘以它的加速度。

4. 當你將力向量分解成沿著座標軸方向的分量時，要注意哪個方向涉及的是給定角的正弦，哪個方向涉及的是餘弦。不要從過去的問題推廣，而認為所有沿 x 方向的分量所涉及的都是餘弦；你會發現有些問題中的 x 分量涉及的是正弦。你該依靠的應是弄清楚給定情況下各角度和座標方向的定義，以及幾何學關係。相同的角常常出現在問題中不同的點和不同的兩條線之間。通常這會導致相似三角形，且往往涉及直角。如果你為一個牽涉一般性角度 θ 的問題繪製草圖，注意不要用接近 $45°$ 的角度代表 θ，因為這樣會很難分辨這個角和它的餘角。

5. 永遠檢驗你的最終答案。單位有意義嗎？量值是否合理？如果你改變一個變量使它接近某個極限值，你的答案對這個極限情況能給出有效的預測？有時候，你可以利用如第 1 章所討論的數量級近似，求得問題答案的粗估值，這樣的估計往往可以暴露出你是否發生算術錯誤，或寫下一個不正確的公式。

6. 摩擦力平行於接觸表面作用，且永遠與運動方向相反；靜摩擦力與物體在無摩擦時會發生的運動方向相反。注意，動摩擦力等於摩擦係數和正向力的乘積，而靜摩擦力則小於或等於該乘積。

選擇題

4.1 質量為 M 的汽車沿一直線以等速率行進，輪胎與水平路面間的摩擦係數為 μ，空氣阻力為 D。作用於汽車上的淨力所具有的量值為

a) μMg
b) $\mu Mg + D$
c) $\sqrt{(\mu Mg)^2 + D^2}$
d) 0

4.2 達文西發現摩擦力的量值與正向力的量值成正比，即摩擦力與接觸面的寬度或長度無關。因此，使用寬的輪胎在賽車主要的原因是，它們

a) 看起來很酷
b) 外觀看來有較大的接觸面積
c) 花費更多
d) 可用較軟的材料製成

4.3 當公車突然停止時，乘客往往會突然向前傾。牛頓的哪一個定律最適合用來解釋這個現象？

a) 牛頓第一定律
b) 牛頓第二定律
c) 牛頓第三定律
d) 它不能用牛頓定律解釋

4.4 下列有關摩擦力的觀察，哪一 (些) 選項是不正確的？

a) 動摩擦力的量值恆正比於正向力
b) 靜摩擦力的量值恆正比於正向力
c) 靜摩擦力的量值恆正比於外力
d) 動摩擦力的方向總是與物體相對於其支撐表面的運動方向相反
e) 靜摩擦力的方向總是與物體相對於其支撐表面即將發生的運動方向相反
f) 以上都是正確的

4.5 質量相等的兩木塊以無質量的水平繩索相連，靜止於無摩擦的桌面上。當其中一木塊被水平力 $\vec{F}$ 拉動往外離開時，作用在兩木塊的淨力，其比例為何？

a) 1:1
b) 1:1.41
c) 1:2
d) 以上皆非

4.6 質量為 0.092 kg 的物體，最初處於靜止狀態，然後在 0.028 s 內達到 75.0 m/s 的速率。在這個時段內作用於物體的平均淨力為何？

a) $1.2 \cdot 10^2$ N
b) $2.5 \cdot 10^2$ N
c) $2.8 \cdot 10^2$ N
d) $4.9 \cdot 10^2$ N

4.7 在我們日常生活中，下列哪一 (些) 項基本作用力並非明顯可見的？

a) 重力
b) 電磁力
c) 強核力
d) 弱核力

4.8 下列哪項陳述是正確的？

a) 物體受到的重力總是向上
b) 物體受到的重力總是朝下
c) 物體受到的重力取決於物體的垂直速率
d) 物體受到的重力取決於物體的水平速率

觀念題

4.9 你在鞋店買了一雙在特定類型的硬木上，具有最大抓地力 (即摩擦力) 的籃球鞋。為了確定靜摩擦係數 μ，你將每隻鞋子都擺在一木板上，當木板傾斜至角度 θ 時，這些鞋開始滑動。求出 μ 隨 θ 變化的函數。

4.10 一輛汽車拉著拖車在公路上行進。令 F_t 代表汽車拉拖車的力的量值，並令 F_c 代表拖車對汽車的力的量值。如果汽車和拖車以等速度在水平路面上行進，則 $F_t = F_c$。如果汽車和托車正在加速上山，這兩個力之間的關係將為何？

4.11 如兩個相互作用的物體彼此間的作用力總是量值相等而方向相反，那物體怎麼可能加速？

4.12 一物體在傾斜角為 θ 的斜坡上。物體和斜坡之間的摩擦係數為 μ。試求物體加速度的量值和方向的表達式：

a) 當它在斜坡上向上坡滑動時。
b) 當它在斜坡上向下坡滑動時。

4.13 一木塊在近乎無摩擦、傾斜角為 30.0° 的斜坡上滑動。比較作用於木塊上的淨力與正向力，哪個力的量值較大？

練習題

題號前的藍點 (•) 與雙藍點 (••) 代表問題難度遞增。

4.2 節

4.14 月球上的重力加速度是地球上的六分之一。一個蘋果在地球上的重量為 1.00 N。
a) 在月球上蘋果的重量為何？
b) 蘋果的質量為何？

4.4 節

4.15 你剛加入的高級健身俱樂部，位於摩天大樓的頂層，要到俱樂部需搭乘快速電梯。電梯安裝有精密的體重計，供會員在訓練之前與後量體重用。一會員步入電梯，在電梯關門之前站上體重計，量得體重為 183.7 lb。然後當他仍然站在體重計上時，電梯以 2.43 m/s² 向上加速。此時體重計顯示的體重是多少？

4.16 一電梯的質量為 363.7 kg，乘客的總質量是 177.0 kg。一纜繩以 7638 N 的張力將電梯向上拉，電梯的加速度為何？

•**4.17** 冰的密度 (每單位體積的質量) 為 917 kg/m³，海水的密度為 1024 kg/m³。冰山只有 10.45% 的體積是在水面之上。如果某一冰山在水面之上的體積為 4205.3 kg/m³，則海水施加在這一冰山上的力的量值為何？

4.5 節

4.18 如附圖所示，懸掛在天花板的四個物體的質量為 $m_1 = 6.50$ kg、$m_2 = 3.80$ kg、$m_3 = 0.70$ kg、$m_4 = 4.20$ kg。它們用繩索相連。連接質量 m_1 和 m_2 的繩索受到的張力為何？

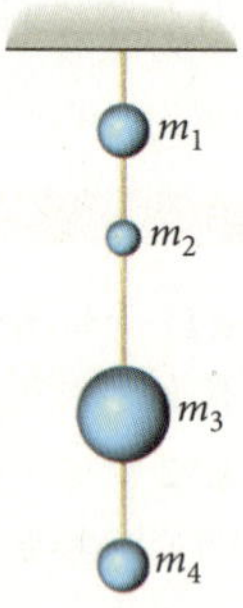

•**4.19** 一懸空的物體，質量為 $M_1 = 0.500$ kg，經由跨過無摩擦滑輪的一條輕繩，連接到質量 $M_2 = 1.50$ kg、且最初靜止在無摩擦桌面上的物體前端。質量為 $M_3 = 2.50$ kg 的第三個物體，最初也靜止在同一無摩擦的桌面上，且經一條輕繩連接到質量連到 M_2 的後端。
a) 求質量 M_3 的加速度 a 的量值。
b) 求質量 M_1 和 M_2 之間的輕繩受到的張力。

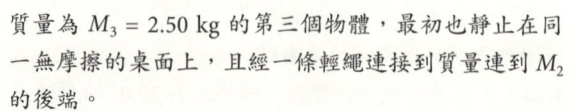

•**4.20** 力桌是一個圓盤。桌面上有一個小圓環，當達成靜力平衡時它是在桌面的中心。圓環是由質量可忽略的細繩，越過安裝在桌子邊緣的無摩擦滑輪，連到三個懸空的質量。三個作用在環上的水平力，每個的量值和方向可以經由改變各自的質量大小和滑輪位置，分別進行調整。已知質量 $m_1 = 0.0400$ kg，往正 x 方向拉，而質量 $m_2 = 0.0300$ kg，往正 y 方向拉。求可使圓環平衡在桌面中心的質量 (m_3) 和角度 (θ，逆時鐘從正 x 軸起算)。

4.6 節

4.21 掌帆椅是掌帆長用來把自己升高到主帆頂部的裝置，它可簡化為是一把椅子、質量可忽略的繩索與安裝於主桅杆頂部的無摩擦滑輪。繩索跨過滑輪，一端連接到椅子，另一端由掌帆長拉住，以將他自己向上舉升。椅子和掌帆長的總質量 $M = 90.0$ kg。
a) 如果掌帆長以等速度將自己拉高，他拉繩索的力需具有的量值為何？
b) 如果掌帆長改以急拉方式舉升自己，且向上的最大加速度為 2.00 m/s²，則他施加於繩索的拉力最大量值為何？

4.22 太空船到達新發現的行星後，船長進行以下實驗來測定此行星上的重力加速度：她在以無質量的細繩和無摩擦的滑輪所製成的阿特伍德機上，掛上 100.0 g 和 200.0 g 的質量，測得各質量從靜止開始，行進 1.00 m 需時 1.52 s。
a) 此行星上的重力加速度為何？
b) 細繩受到的張力為何？

•**4.23** 一個裝運桔子的箱子從無摩擦的斜面上滑下。如果它從靜止被釋放，滑動 2.29 m 的距離之後，速率達到 5.832 m/s，則斜面相對於水平方向的傾斜角度 θ 為何？

•**4.24** 質量為 $M = 80.0$ kg 的冰塊，靜置於一個無摩擦的斜坡上。斜坡高於水平面的傾斜角 $\theta = 36.9°$。
a) 如果冰塊以平行於斜坡的力 (力的方向與水平面的夾角為 θ) 維持在位置上，則此力的量值為何？
b) 如果冰塊改以一水平力維持在位置上，且力沿水平方向指向冰塊的中心，則此力的量值為何？

•**4.25** 將質量可忽略的繩索，架設在兩根直桿的頂點之間，以吊掛質量為 $M = 8.00$ kg 的皮納塔 (內裝糖果與禮物的紙糊容器)，如附圖所示。兩桿間的水平距離為 $D = 2.00$ m，右桿頂端比

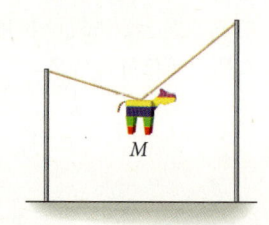

左桿頂端的垂直高度高出 $h = 0.500$ m。皮納塔連接到繩的位置，離兩桿的水平距離相同，且垂直高度比左桿頂端低了 $s = 1.00$ m。求由於皮納塔的重量，繩的各部分所受到的張力。

••**4.26** 三個質量分別為 $m_1 = 36.5$ kg、$m_2 = 19.2$ kg、$m_3 = 12.5$ kg 的物體，以繞過滑輪的繩索吊掛，如附圖所示。m_1 的加速度為何？

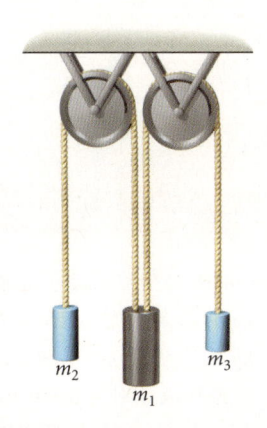

••**4.27** 質量為 $M = 64.0$ kg 的一個立方體冰塊，邊長 $L = 0.400$ m，靜止於無摩擦的斜坡上。斜坡的傾斜角度 $\theta = 26.0°$。冰塊是以質量可忽略、長度 $l = 1.60$ m 的繩索拉住。繩索一端連接到斜坡表面，另一端連接到冰塊的上邊緣（與斜坡表面的距離為 L）。求繩索受到的張力。

4.7 節

4.28 一跳傘選手的質量為 82.3 kg（包括服裝和配備），在達到終端速率後，懸吊於降落傘下方，向下漂浮。她的降落傘面積為 20.11 m²，風阻（或阻力）係數為 0.533，空氣的密度為 1.14 kg/m³。空氣對她的阻力為何？

4.29 質量為 M 的發動機缸體置於卡車的平板上，卡車在一條筆直的水平道路上行駛，其初始速率為 30.0 m/s。缸體和平板之間的靜摩擦係數為 $\mu_s = 0.540$。若發動機缸體不會往前滑動，卡車停下來所需的最小距離為何？

•**4.30** 質量 $M_1 = 0.640$ kg 的木塊最初靜止在質量 $M_2 = 0.320$ kg 的推車上，而推車最初靜止於水平氣墊導軌上。木塊和推車之間的靜摩擦係數為 $\mu_s = 0.620$，但氣墊導軌與推車之間基本上沒有摩擦。以量值為 F 的力平行於導軌使推車加速。若木塊與推車一起加速，且不會在推車上滑動，則 F 的最大值為何？

4.8 節

4.31 你的冰箱包括食品的質量為 112.2 kg，位在廚房的中央，你需要移動它。冰箱和瓷磚地面之間的靜、動摩擦係數分別為 0.460 和 0.370。如果以下列量值的水平力推它，作用於冰箱的摩擦力量值各為何？

a) 300.0 N　　　b) 500.0 N

c) 700.0 N

•**4.32** 滑雪者開始的速率為 2.00 m/s，在傾斜角為 15.0° 的斜坡上直往下滑。她的滑雪板和雪之間的動摩擦係數為 0.100。經過 10.0 s 後她的速率為何？

••**4.33** 質量 $m = 36.1$ kg 的楔形木塊，位於傾斜角 $\theta = 21.3°$ 的斜面上。以 $F = 302.3$ N 的水平力推壓木塊，如附圖所示。木塊和斜面之間的動摩擦係數為 0.159。木塊沿斜面的加速度為何？

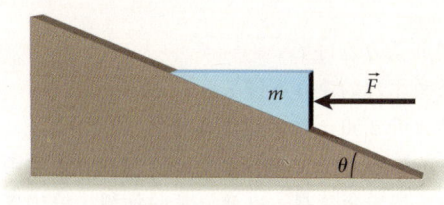

••**4.34** 如附圖所示，質量 $m_1 = 250.0$ g 和 $m_2 = 500.0$ g 的兩木塊，以輕繩繞過無摩擦且無質量的滑輪後相連接。木塊和斜面之間的靜、動摩擦係數分別為 0.250 和 0.123。斜面的傾斜角 $\theta = 30.0°$，兩木塊最初處於靜止狀態。

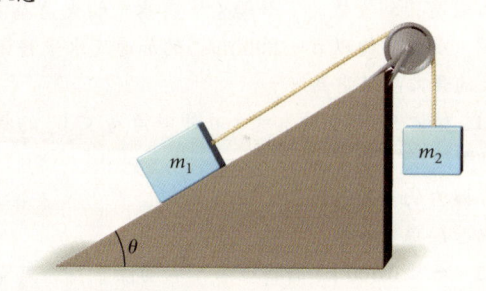

a) 兩木塊會往哪個方向移動？
b) 兩木塊的加速度為何？

補充練習題

4.35 一輛沒有 ABS（防鎖死剎車系統）的車子，以 15.0 m/s 的速率行進時，司機猛踩剎車使車子緊急停止。輪胎與路面之間的靜、動摩擦係數分別為 0.550 和 0.430。

a) 開始剎車到停止的期間，汽車的加速度為何？
b) 剎車後車子行進了多遠才停下？

4.36 電梯內有兩個質量：$M_1 = 2.00$ kg 由一根細繩（繩 1）連接至電梯的天花板，$M_2 = 4.00$ kg 由另一根同種的細繩（繩 2）連接置繩 1 的底部。

a) 若電梯以 $v = 3.00$ m/s 的等速度向上移動，試求繩 1 中的張力 T_1。
b) 若電梯以 $a = 3.00$ m/s² 的加速度向上加速，試求繩 1 中的張力 T_1。

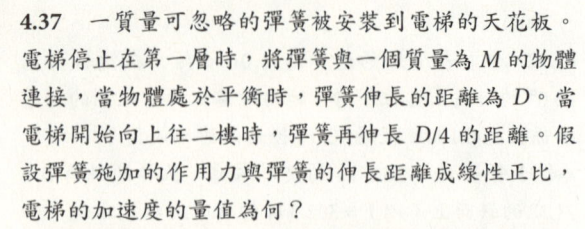

4.37 一質量可忽略的彈簧被安裝到電梯的天花板。電梯停止在第一層時，將彈簧與一個質量為 M 的物體連接，當物體處於平衡時，彈簧伸長的距離為 D。當電梯開始向上往二樓時，彈簧再伸長 $D/4$ 的距離。假設彈簧施加的作用力與彈簧的伸長距離成線性正比，電梯的加速度的量值為何？

4.38 質量 20.0 kg 的木塊以無質量的垂直纜繩懸吊，最初為靜止。然後木塊以 2.32 m/s² 的等加速度被拉向上。
a) 纜繩的張力為何？
b) 作用於木塊的淨力為何？
c) 木塊上升 2.00 m 後的速率為何？

•4.39 質量為 $m_1 = 3.00$ kg 與 $m_2 = 4.00$ kg 的兩個木塊，如在阿特伍德機，以無質量的細繩，繞過質量可忽略的無摩擦滑輪後，懸吊於空中。兩木塊由靜止被釋放後的加速度為何？

•4.40 一拖拉機拉著質量為 $M = 1000$ kg 的雪橇滑過平地。雪橇和地面之間的動摩擦係數為 $\mu_k = 0.600$。拖拉機連接到雪橇的下斜繩索，與水平的夾角為 $\theta = 30.0°$。要使雪橇以 $a = 2.00$ m/s² 的加速度水平移動，繩上的張力量值需為何？

•4.41 質量 5.00 kg 的木塊，在傾斜角為 37.0° 的斜面上以等速度下滑。
a) 摩擦力的量值為何？
b) 動摩擦係數為何？

•4.42 一本 0.500 kg 的物理書，以兩條等長、無質量的細線懸吊於天花板下。每條細線的張力經測量為 15.4 N。細線與水平的夾角為何？

•4.43 在物理課上，以無質量的弦線懸吊一個 2.70 g 的乒乓球。當空氣以 20.5 m/s 的速率水平吹向乒乓球時，弦線與垂直線的夾角 $\theta = 15.0°$。假定摩擦力正比於空氣流的速率平方。
a) 此實驗中的比例常數為何？
b) 弦線受到的張力為何？

•4.44 質量為 $m_1 = 2.50$ kg 與 $m_2 = 3.75$ kg 的兩個木塊，被堆疊在無摩擦的桌面上，一水平力 F 作用於上方的木塊（質量為 m_1）。兩木塊之間的靜、動摩擦係數分別為 0.456 和 0.380。
a) 能使 m_1 不會滑落 m_2 的 F 最大為何？
b) 當 $F = 24.5$ N 時，m_1 和 m_2 的加速度為何？

•4.45 質量 $m_1 = 567.1$ kg 的大理石和質量 $m_2 = 266.4$ kg 的花崗石，以繞過滑輪的繩索彼此連接，兩石塊所在的斜面，傾斜角分別為 $\alpha = 39.3°$ 和 $\beta = 53.2°$，如附圖所示。兩石塊的移動沒有摩擦，而繩索滑過滑輪也無摩擦。大理石塊的加速度為何？注意圖中標示的正 x 方向。

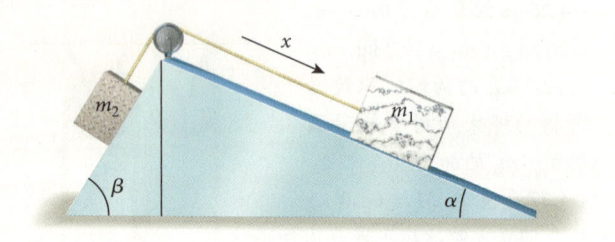

••4.46 如附圖所示，質量為 $m_1 = 3.50$ kg 和 $m_2 = 5.00$ kg 的兩個木塊，置於無摩擦的桌面上。質量 $m_3 = 7.60$ kg 的木塊由 m_1 以細繩懸吊。m_1 和 m_2 之間的靜、動摩擦係數分別為 0.600 和 0.500。
a) m_1 和 m_2 的加速度為何？
b) m_1 和 m_3 之間的細繩受到的張力為何？

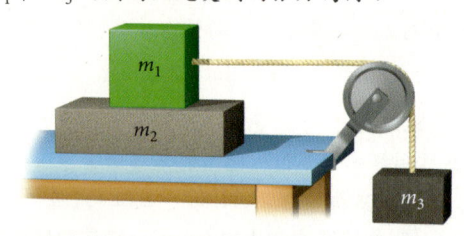

••4.47 重量 $Mg = 450.$ N 的手提箱以一條皮帶拉著，在水平地面上行進。手提箱和地板之間的動摩擦係數是 $\mu_k = 0.640$。
a) 求皮帶與水平方向之間的最佳角度。（在最佳角度時，使行李箱以等速度行進的拉力為最小。）
b) 當行李箱以等速度行進時，皮帶受到的最小張力為何？

••4.48 如附圖所示，質量 $M_1 = 0.250$ kg 的木塊，最初靜止於質量 $M_2 = 0.420$ kg 的平板上，而平板最初靜止於水平桌面上。一條質量可忽略的細繩，連接到平板，繞過桌子邊緣的無摩擦滑輪，再懸吊 $M_3 = 1.80$ kg

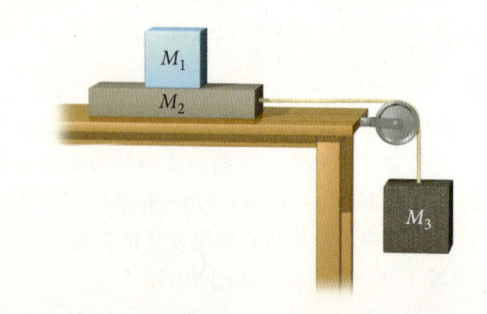

的質量。木塊在平板上，與細繩不相連，所以作用於木塊的唯一水平力來自摩擦。平板與桌面以及平板與木塊之間，具有相同的動摩擦係數 $\mu_k = 0.340$。在被釋放時，M_3 將繩下拉，使平板急速加速，以致木塊在平板上面開始滑動。在木塊從平板上面滑落之前：
a) 求木塊的加速度的量值。
b) 求平板的加速度的量值。

多版本練習題

4.49 兩木塊以無質量的細繩連接，如附圖所示。木塊 1 的質量 $m_1 = 1.267$ kg，木塊 2 的質量 $m_2 = 3.557$ kg，兩木塊在無摩擦的水平桌面上行進。木塊 2 受到的水平拉力 $F = 12.61$ N。連接兩木塊的繩索受到的張力為何？

4.50 兩木塊以無質量的細繩連接，如附圖所示。木塊 2 的質量 $m_2 = 3.577$ kg，兩木塊在無摩擦的水平桌面上行進。木塊 2 受到的水平拉力 $F = 13.89$ N。連接兩木塊的繩索受到的張力為 4.094 N。木塊 1 的質量為何？

4.51 兩木塊以無質量的細繩連接，如附圖所示。木塊 1 的質量 $m_1 = 1.725$ kg，兩木塊在無摩擦的水平桌面上行進。木塊 2 受到的水平拉力 $F = 15.17$ N。連接兩木塊的繩索受到的張力為 4.915 N。木塊 2 的質量為何？

4.52 兩木塊以無質量的細繩連接，如附圖所示。木塊 1 的質量 $m_1 = 1.955$ kg，木塊 2 的質量 $m_2 = 3.619$ kg，兩木塊在無摩擦的水平桌面上行進。連接兩木塊的繩索受到的張力為 5.777 N，一個 = 12.61 N，作用於木塊 2 的水平拉力 F 為何？

4.53 在冰上推石比賽中，質量為 19.00 kg 的推石，以初始速率 v_0 被釋放，在水平的冰面上滑行。推石和冰面之間的動摩擦係數為 0.01869。推石前進 36.01 m 的距離後停下。推石的初始速率 v_0 為何？

4.54 在冰上推石比賽中，質量為 19.00 kg 的推石，以初始速率 $v_0 = 2.788$ m/s 被釋放，在水平的冰面上滑行。推石和冰面之間的動摩擦係數為 0.01097。推石在前進多遠的距離後停下？

4.55 在冰上推石比賽中，質量為 19.00 kg 的推石，以初始速率 $v_0 = 3.070$ m/s 被釋放，在水平的冰面上滑行。推石前進 36.21 m 的距離後停下，推石和冰面之間的動摩擦係數為何？

05 動能、功與功率

待學要點
- 5.1 日常生活中的能
- 5.2 動能
  - 例題 5.1　下落的花瓶
- 5.3 功
- 5.4 定力做的功
  - 一維情況
  - 功–動能定理
  - 重力做的功
  - 改變物體高度需做的功
    - 例題 5.2　舉重
  - 用滑輪吊起物體
- 5.5 變力做的功
- 5.6 彈簧力
  - 彈簧力做的功
    - 詳解題 5.1　壓縮彈簧
- 5.7 功率
  - 功率、力與速度
    - 詳解題 5.2　騎車上斜坡

已學要點｜考試準備指南
- 解題準則
- 選擇題
- 觀念題
- 練習題
- 多版本練習題

圖 5.1　美國航空太空總署的衛星，從 1994 年 11 月至 1995 年 3 月，於夜間所拍照片的合成圖像。

圖 5.1 是衛星在晚上所拍照片的合成圖像，顯示全球哪些地區的夜間照明所用的能量最多。一個地區在夜間發射出來的光有多少，是該區耗用能量的很好量度。

在物理學中，「能」是一個基本而重要的觀念：幾乎任何物質活動都有能的消耗或轉換。涉及系統能量的計算在所有科學和工程中至關重要。我們在本章中將看到，使用能的觀念可以提供牛頓定律之外的另一種解題方法，它往往是更為簡單而容易使用的。

本章介紹動能、功和功率的觀念，並介紹使用這些觀念以解決多類問題的一些技巧，例如功–動能定理。

普通物理

待學要點

- 動能是物體因運動而有的能。
- 功是因力的作用而轉移給物體或從物體內轉移出去的能。正功可將能轉移給物體，而負功則可將能從物體內轉移出去。
- 功是力向量和其作用點位移向量的純量積。
- 作用力對物體所造成的動能變化，等於作用力對物體所做的功。
- 功率是做功的速率。
- 一個作用力提供給物體的功率，等於作用點的速度向量和力向量的純量積。

5.1 日常生活中的能

在日常生活中，沒有一個物理量是比能量更重要的。能量的消耗、利用效率和「生產」，在經濟上極為重要，而在許多關於國家政策和跨國協定的激烈討論中，也是焦點。(生產一詞加上引號，是因為能量並非生產出來的，而是由較不可用轉換為較可用的形式。)

能具有多種的形式，本章和下章先研究力學能的兩種形式：動能和位能。當你循著本書逐章前進時，將會看出其他形式的能和能量轉移，熱和內能是熱力學的核心支柱之一。化學能儲存於化合物中，而化學反應可以使環境所擁有的能被消耗 (吸熱反應)，或轉移可用的能給環境 (放熱反應)。

在第 29 章我們將看出，電磁輻射含有能量，而一種可再生的能——太陽能，就是以電磁輻射能為基礎。幾乎所有其他地球上的可再生能源，都可追溯到太陽能。太陽能造成風，可用來驅動大型風力發電機組 (圖 5.2)。太陽輻射也使水從地球表面蒸發，上升為雲，再成為雨水落下，最後進入河流，因而可以築壩截流 (圖 5.3)，以汲取能量。生物質是另一種可再生能源，這靠的是植物和動物在其代謝和生長過程中，具有存儲太陽能

圖 5.2 風力發電場提供的是可再生能源。

(a)   (b)   (c)

圖 5.3 水壩提供可再生電能。(a) 美國華盛頓州哥倫比亞河的 Grand Coulee 水壩。(b) 巴西和巴拉圭邊界巴拉那河的 Itaipú 水電廠。(c) 中國長江的三峽大壩。

的能力。

地球本身蘊藏著熱能形式的有用能量，這種能可以使用地熱發電廠來獲取。冰島從這個資源能滿足了大約一半的能量需求。世界上最大的地熱發電廠為位於美國加州北部的蓋瑟發電廠 (the Geysers)，提供該地區約 60% 的電力。此外，地球上海洋的海流、潮汐和波浪，可以用來提取有用能量。這些和其他的替代能源是努力加強研究的重點，在不久的未來可望看到重大的發展。

能量和質量並非完全不同的觀念，而是相互關聯的，有如愛因斯坦的著名公式 $E = mc^2$。質量大的原子核 (如鈾或鈽) 分裂時會釋放能量，這是傳統核電廠的基本工作原理，稱為核裂變 (或核分裂)。要獲得有用能量，我們也可以使質量很小的原子核 (如氫) 合併成為質量較大的核，這個過程稱為核聚變 (或核熔合、核融合)。太陽和宇宙中所有其他的恆星都是利用核聚變來產生能量。

許多人認為來自核聚變的能量，最有可能可以滿足現代工業社會的長期能量需求。要在可控制的核聚變反應上獲得進展，最可能達成的方式也許是擬議中的國際熱核實驗反應器 ITER (International Thermonuclear Experimental Reactor 的縮寫，ITER 在拉丁文意為道路) 設施，這將在法國建造。但核聚變要如何利用的問題，也有其他前途看好的解決方法，比如美國於 2009 年 5 月在 Livermore 國家實驗室設立的國家點燃裝置 (NIF)。

5.2 動能

我們考慮的第一種能，是物體因為移動而具有的能：**動能**。動能被定義為一個移動物體的質量和其速率平方的乘積的一半：

$$K = \tfrac{1}{2}mv^2 \tag{5.1}$$

注意動能如同所有形式的能，都是純量，而不是向量。因為它是質量 (kg) 和速率平方 (m/s · m/s) 的乘積，所以動能的單位是 kg m²/s²。基於能量是非常重要的量，它有自己的 SI 單位，**焦耳** (joule 或 J)。力的 SI 單位牛頓 (N)，為 1 N = 1 kg m/s²，我們可以做一個有用的轉換：

$$\text{能的單位：} 1\,J = 1\,N\,m = 1\,kg\,m^2/s^2 \tag{5.2}$$

圖 5.4 顯示一些移動中物體的動能量值。從這些例子，你可以看出物理

普通物理

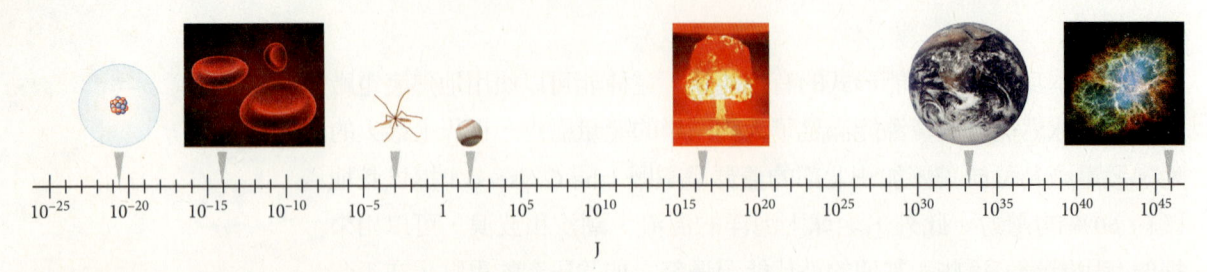

圖 5.4 以對數刻度顯示的動能範圍。標示的動能 (從左到右) 分別對應於一個空氣分子、在主動脈中行進的紅血球、飛行中的蚊子、投出的棒球。與地球繞太陽運行動能做比較的是 15 百萬噸核彈爆炸時釋放出的能量，以及超新星所射出的粒子總動能 (約 10^{46} J)。

過程所涉及的能量範圍是極其大的。

能的常用單位還有電子伏特 (eV)、食物卡 (Cal) 及 TNT 炸藥的百萬噸 (Mt)：

$$1 \text{ eV} = 1.602 \cdot 10^{-19} \text{ J}$$
$$1 \text{ Cal} = 4186 \text{ J}$$
$$1 \text{ Mt} = 4.18 \cdot 10^{15} \text{ J}$$

在原子的尺度，1 電子伏特 (eV) 是一個電子在 1 伏特的電位差加速下所增加的動能。我們吃的食物，其所含的能量以食物卡 (亦稱大卡) 給出。當我們研究熱力學時，將知道 1 大卡等於 1 千卡。在更大的尺度時，1 百萬噸 (Mt, Megaton) 是 100 萬噸 TNT 炸藥爆炸時所釋放的能量，只有核武器或災難性的自然事件如大顆小行星的撞擊，才能釋放出這麼大量的能。為了比較，全地球上所有的人在 2007 年消耗的能量為 $5 \cdot 10^{20}$ J (見圖 5.5)。

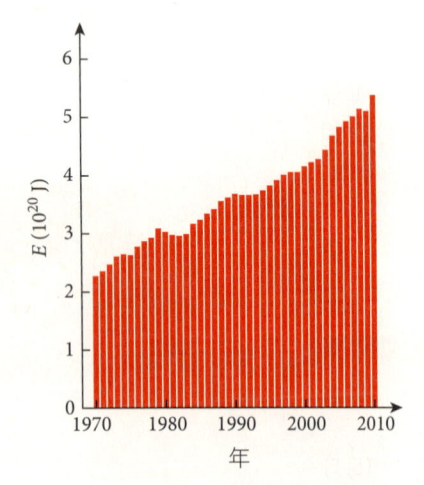

圖 5.5 全球人類從 1970 至 2010 年每年的能源總消耗量 (資料來源：yearbook.enerdata.net 和美國能源資訊署)。

在多維運動時，我們可以將總動能寫成為空間各方向的速度分量所對應的動能總和。為了證明這一點，我們可在動能的定義 (5.1) 式中，使用 $v^2 = v_x^2 + v_y^2 + v_z^2$：

$$K = \tfrac{1}{2}mv^2 = \tfrac{1}{2}m\left(v_x^2 + v_y^2 + v_z^2\right) = \tfrac{1}{2}mv_x^2 + \tfrac{1}{2}mv_y^2 + \tfrac{1}{2}mv_z^2 \tag{5.3}$$

因此，我們可以將動能想成是沿 x 方向、y 方向和 z 方向的運動所屬的動能的總和。

例題 5.1 下落的花瓶

問題：一個花瓶 (質量 = 2.40 kg) 從 1.30 m 的高度由靜止釋放，掉落到地

動能、功與功率 05

上，如圖 5.6。在即將撞擊地面之前，它的動能為何？(忽略空氣阻力。)

解：

一旦知道即將撞擊地面前的花瓶速率，我們可以把它代入定義動能的公式。為求得此速率，我們回想自由落體的運動學公式，在本題情況下的最簡單作法，是使用最初和最終兩個速率和高度之間的關係，這在第 2 章的自由落體運動時已導出：

$$v_y^2 = v_{y0}^2 - 2g(y - y_0)$$

因為花瓶由靜止釋放，初始速度分量 $v_{x0} = v_{y0} = 0$。因為在 x 方向上沒有加速度，在花瓶下落過程中，x 軸的速度分量保持為零：$v_x = 0$。因此，我們有

$$v^2 = v_x^2 + v_y^2 = 0 + v_y^2 = v_y^2$$

由以上兩式我們得到

$$v^2 = v_y^2 = 2g(y_0 - y)$$

將這個結果代入 (5.1) 式：

$$K = \tfrac{1}{2}mv^2 = \tfrac{1}{2}m(2g(y_0 - y)) = mg(y_0 - y)$$

代入問題說明中給出的數值，我們得到答案為

$$K = (2.40 \text{ kg})(9.81 \text{ m/s}^2)(1.30 \text{ m}) = 30.6 \text{ J}$$

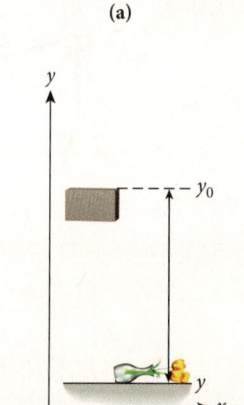

圖 5.6 (a) 花瓶在 y_0 的高度由靜止釋放。(b) 花瓶掉在高度為 y 的地上。

5.3 功

在例題 5.1 中，花瓶在開始時，也就是即將被釋放前，動能為零。下落 1.30 m 的距離之後，獲得的動能為 30.6 J。我們在例題 5.1 中發現，花瓶的動能與它開始下落的高度成線性關係：$K = mg(y_0 - y)$。

重力 $\vec{F}_g = -mg\hat{y}$ 使花瓶加速，由於它的速率會增加，所以在這個過程中，它的動能也改變了。我們以功 W 的觀念，來說明力對物體的動能所引起的變化。

定義

功 (work) 是由於力的作用，而轉移給物體或從物體轉移出去的能。正功是將能轉移給物體，而負功則是能從物體轉移出去。

根據這個定義，花瓶得到的動能 $K = mg(y_0 - y)$，來自重力對它所做的正功，所以重力所做的功 $W_g = mg(y_0 - y)$。注意，這個功的定義中所

111

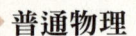

說的能，不限於動能；上述功和能的關係具有一般性，對其他形式的能也能成立。

5.4 定力做的功

假設我們讓例題 5.1 的花瓶，在與水平面夾角為 θ 的斜面上從靜止開始滑動 (圖 5.7)。當沒有摩擦時，沿斜面直下的加速度為 $a = g \sin \theta = g \cos \alpha$。(此處 $\alpha = 90° - \theta$ 是重力向量和位移向量之間的夾角；參見圖 5.7。)

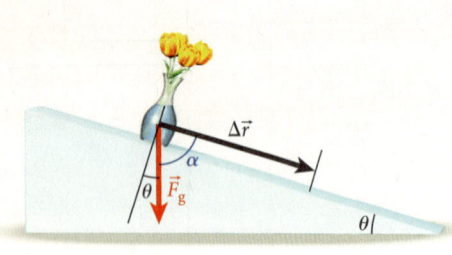

我們可以求出在這種情況下花瓶的動能隨位移 Δr 變化的函數。這在第 2 章的一維運動中已導出：

$$v^2 = v_0^2 + 2a\Delta r$$

我們令 $v_0 = 0$，因為花瓶是由靜止釋放，即動能為零。接著利用上面得到的加速度 $a = g \cos \alpha$，我們有

$$v^2 = (2g\cos\alpha)\Delta r \Rightarrow K = \tfrac{1}{2}mv^2 = mg\Delta r \cos\alpha$$

轉移給花瓶的動能是重力做的正功造成的結果，所以

$$\Delta K = mg\Delta r \cos\alpha = W_g \tag{5.4}$$

圖 5.7 花瓶在無摩擦的斜面上滑動。

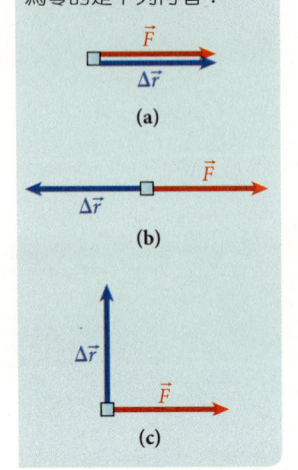

讓我們來看看 (5.4) 式的兩個極限情況：

- 當 $\alpha = 0$ 時，重力和位移都是在負 y 方向，因此這時兩個向量是平行的，此時上式就如同已經導出的花瓶受重力作用下落時的結果，即 $W_g = mg\Delta r$。
- 當 $\alpha = 90°$ 時，重力仍然是在負 y 方向，但是花瓶不能在負 y 方向移動，因為此時它所在的斜面已成為水平面。所以花瓶的動能沒有變化，而重力對花瓶也沒有做功；也就是說 $W_g = 0$，而花瓶在平面上以等速率移動。

由於 $mg = |\vec{F}_g|$，$\Delta r = |\Delta \vec{r}|$，我們可將重力對花瓶做的功寫為 $W = |\vec{F}||\Delta \vec{r}|\cos\alpha$。從以上討論的兩個極限情況，我們對利用剛才在斜面運動導出的公式，來定義一個定力所做的功，增添了信心：

$$W = |\vec{F}||\Delta \vec{r}|\cos\alpha \quad (\alpha \text{ 為 } \vec{F} \text{ 與 } \Delta \vec{r} \text{ 的夾角})$$

>>> 觀念檢測 5.1

考慮受力 $\vec{F}$、位移 $\Delta \vec{r}$ 的物體。力對物體所做之功為零的是下列何者？

(a)
(b)
(c)

動能、功與功率 05

這個式子給出定力在某段位移中持續作用時所做的功，它對任何的定力向量、位移向量，以及兩向量之間的夾角，都能成立。

利用純量積 (見 1.6 節)，可以將一個定力所做的功表示為

$$W = \vec{F} \cdot \Delta \vec{r} \tag{5.5}$$

這個公式是本節的主要結果。它說，定力 $\vec{F}$ 在物體發生位移 $\Delta \vec{r}$ 時，對物體所做的功是此二向量的純量積。如果位移垂直於力，則純量積為零，力就沒有做功。

如果作用於物體的力不只一個，則對任何個別的力與淨力所做的功，(5.5) 式也都成立。現在考慮多個個別的定力 $\vec{F}_i$ 與代表它們總和的恆定淨力 $\vec{F}_{net}$，即 $\vec{F}_{net} = \sum_i \vec{F}_i$。根據 (5.5) 式，此淨力所做的功 W_{net} 為

$$W_{net} = \vec{F}_{net} \cdot \Delta \vec{r} = \left(\sum_i \vec{F}_i\right) \cdot \Delta \vec{r} = \sum_i \left(\vec{F}_i \cdot \Delta \vec{r}\right) = \sum_i W_i$$

換句話說，由淨力所做的功 (稱為淨功) 等於由各個力所做的功的總和。就數學而言，這結果是因為純量積滿足分配律。計算力對物體所做的功時，通常我們考慮的是淨力，但我們會省略下標 "net"，以簡化符號。

一維情況

在所有的一維運動中，一個力所做的功均可用下式表示：

$$\begin{aligned} W &= \vec{F} \cdot \Delta \vec{r} \\ &= \pm F_x \cdot |\Delta \vec{r}| = F_x \Delta x \\ &= F_x (x - x_0) \end{aligned} \tag{5.6}$$

力 $\vec{F}$ 和位移 $\Delta \vec{r}$ 可以指向相同方向，$\alpha = 0 \Rightarrow \cos \alpha = 1$，做出正的功，或者它們可以指向相反方向，$\alpha = 180° \Rightarrow \cos \alpha = -1$，而做出負的功。

功-動能定理

物體的動能和力對它所做的功之間的關係，稱為**功-動能**定理，可以表示為

$$\Delta K \equiv K - K_0 = W \tag{5.7}$$

這裡，K 與 K_0 分別是力對物體做功 W 之後與之前的物體動能。依據 W

自我測試 5.1

畫出花瓶在斜面上滑下的自由體力圖。

自我測試 5.2

證明牛頓第二定律等同於三維空間中定力的功-動能定理。

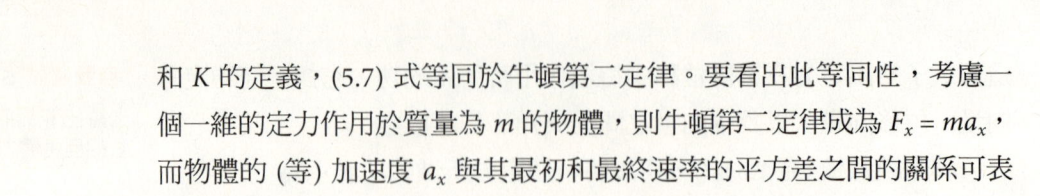

普通物理

和 K 的定義，(5.7) 式等同於牛頓第二定律。要看出此等同性，考慮一個一維的定力作用於質量為 m 的物體，則牛頓第二定律成為 $F_x = ma_x$，而物體的 (等) 加速度 a_x 與其最初和最終速率的平方差之間的關係可表示為 $v_x^2 - v_{x0}^2 = 2a_x(x - x_0)$，將這個等式兩邊乘以 $\frac{1}{2}m$ 後可得

$$\tfrac{1}{2}mv_x^2 - \tfrac{1}{2}mv_{x0}^2 = ma_x(x - x_0) = F_x \Delta x = W \tag{5.8}$$

所以我們看出在一維的情況下，功-動能定理等同於牛頓第二定律。

重力做的功

有了功-動能定理可以使用，我們可再看一下例題 5.1 中物體在重力下的下落問題。在下落過程中，重力對物體所做的功為

$$W_g = +mgh \tag{5.9}$$

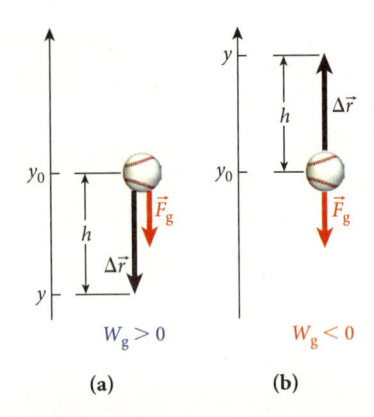

其中，$h = |y - y_0| = |\Delta \vec{r}| > 0$。由於位移 $\Delta \vec{r}$ 和重力 $\vec{F}_g$ 的方向相同，它們的純量積為正，所以功亦為正。這個情況示於圖 5.8a。由於功是正的，重力增加了物體的動能。

我們可以反過來，將物體垂直上拋，使之成為拋體，並給予它初始動能。這個動能將減小，直到拋體到達其軌跡的頂點。在此期間，位移向量 $\Delta \vec{r}$ 指向上，與重力的方向相反 (圖 5.8b)。因此，在物體向上運動的過程中，重力對它所做的功為

$$W_g = -mgh \tag{5.10}$$

圖 5.8 重力做的功。(a) 自由下落的物體。(b) 垂直上拋的物體。

因此，在向上運動期間，重力對物體所做的功，使物體的動能減少。

改變物體高度需做的功

現在我們考慮物體在重力之外，還另外受到一個垂直外力的情況——例如，拉動一條與物體連結的繩子，使物體上升或下降。現在功-動能定理必須包括重力所做的功 W_g 和外力所做的功 W_F：

$$K - K_0 = W_g + W_F$$

當物體在最初與最後均為靜止時，即 $K_0 = 0$，且 $K = 0$，我們有

$$W_F = -W_g$$

在此情況下，外力在使物體上升或下降所做的功為

動能、功與功率 05

$$W_F = -W_g = mgh \text{ (上升)} \quad \text{或} \quad W_F = -W_g = -mgh \text{ (下降)} \qquad (5.11)$$

例題 5.2　舉重

在舉重運動中，需要將一個非常大的質量抓起，將它舉過頭頂，並在頭頂上方靜止停留一會兒。這個動作是使物體的高度上升而做功的一個例子。

問題 1：德國舉重選手韋勒 (Ronny Weller) 在 2000 年雪梨奧運會上獲得銀牌，他在「挺舉」項目中舉起 257.5 kg。假設他將此質量舉高 1.83 m，並使其靜止於此高度，則在此過程中他所做的功為何？

解 1：

這個問題說明如何應用 (5.11) 式，以求出克服重力所需做的功。韋勒所做的功為

$$W = mgh = (257.5 \text{ kg})(9.81 \text{ m/s}^2)(1.83 \text{ m}) = 4.62 \text{ kJ}$$

問題 2：當韋勒成功完成挺舉、張開雙臂使質量靜止於頭頂上方後，若要使質量慢慢降低 (動能小到可以忽略不計) 回到地面，他需做的功為何？

解 2：

這個計算與解 1 是相同的，只是位移的符號改變了。因此，他使質量回到地面所需做的功是 −4.62 kJ，正好與問題 1 中得到結果，正負相反！

現在很適合指出，我們考慮的純粹是機械式的功 (即力學的功)。凡是舉重的人都知道，使質量靜止維持於頭頂上方或 (以可控的方式) 使質量下降，你可感受到肌肉「燃燒發熱」的程度，跟使質量上升時是一樣的。但是，這種生理效應不是我們在力學中考慮的功；它其實是將儲存在不同分子 (如糖) 的化學能，轉換成為使肌肉收縮所需的能。

用滑輪吊起物體

用繩子和滑輪吊起磚與托盤所做的功，與沒有這樣的機械輔助時抬升它們所做的功，兩者比較起來如何？

圖 5.9 示出磚與托盤的初始和最終位置，以及用來吊起它們的繩索和滑輪。如圖所示，不用機械輔助設備要舉高它們的力 $\vec{T}_2$，其量值為 $T_2 = mg$。力 $\vec{T}_2$ 在此情況下所做的功是 $W_2 = \vec{T}_2 \cdot \vec{r}_2 = T_2 r_2 = mgr_2$。

普通物理

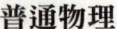

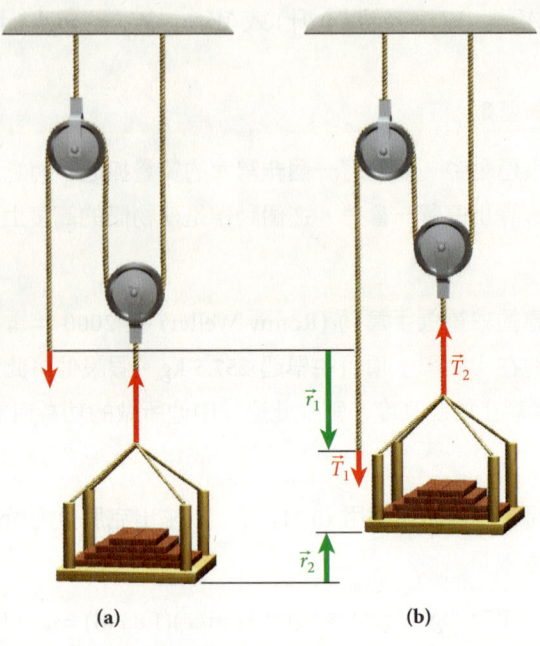

圖 5.9 利用繩索和滑輪組使磚塊與托盤上升的力和位移。(a) 托盤在初始位置。(b) 托盤在最終位置。

>>> 觀念檢測 5.2
如果你利用繩子和 n 個滑輪，使物體上升距離 h 時需做的功為 W_h，則使該物體上升距離 $2h$ 需做的功為何？
a) W_h b) $2W_h$
c) $0.5W_h$ d) nW_h
e) $2W_h/n$

以量值為 $T_1 = \frac{1}{2}T_2 = \frac{1}{2}mg$ 的力 $\vec{T}_1$ 拉繩索，也可完成同樣的工作。但由圖 5.9 可看出位移變長為兩倍，$r_1 = 2r_2$，故在此情況下所做的功是 $W_1 = \vec{T}_1 \cdot \vec{r}_1 = (\frac{1}{2}T_2)(2r_2) = mgr_2 = W_2$。

在這兩種情況下所做的功，大小相同。用的力減小時，必須拉繩經歷一個較長的距離來補償。對使用滑輪、槓桿或任何其他機械式的力倍增器，這是個一般性的結果：使用與不使用機械輔助所做的總功，必是相同的。任何力的減小，總是由位移的比例增長來加以補償。

5.5 變力做的功

不是恆定的力簡稱變力。假設作用於物體的力是變力。這樣的力所做的功為何？在力的 x 分量 $F_x(x)$ 不是恆定的一維運動中，力所作的功為

$$W = \int_{x_0}^{x} F_x(x')dx' \tag{5.12}$$

上式表明功 W 是 $F_x(x)$ 的曲線下的面積 (參見下面推導 5.1 中的圖 5.10)。

推導 5.1

如果你已修過微積分課，可以跳過這一節。如果 (5.12) 式是你第一次接觸到積分，下面的推導是一個有用的介紹。我們以針對定力所得到的結果作為出發點，來推導一維情況的積分。

考慮力 F_x 對位置 x 的函數曲線圖。當力為定力時，我們可將功當作位於力曲線 (定力時為水平線) 與 x 軸之間、由 x_0 到 x 的區域所具有的面積。對於變力，功仍等於力曲線 $F_x(x)$ 下方區域的面積，但該區域已不再是一個簡單的矩形。在變力的情況下，我們需要將 x_0 到 x 的區間劃分為許多相等的小間隔。然後，以一系列的小矩形近似曲線 $F_x(x)$ 下的區域，並將它們的面積加總起來當作功的近似值。如圖 5.10a 所示，x_i 和 x_{i+1} 之間的小矩形面積為 $F_x(x_i)(x_{i+1} - x_i) = F_x(x_i)\Delta x$。將所有小矩形的面積相加，就可得到功的近似值：

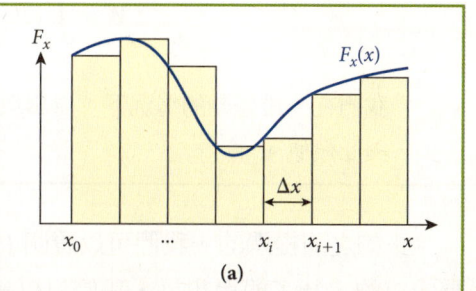

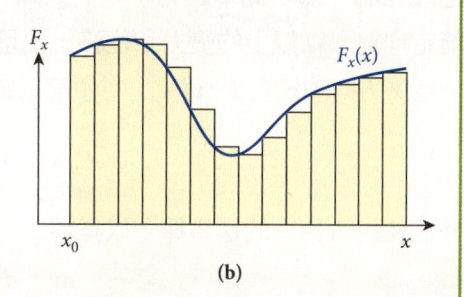

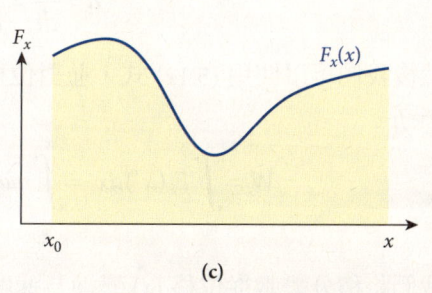

圖 5.10 (a) 在力對位移的函數曲線圖中，用一系列的矩形近似曲線下的面積；(b) 使用較小寬度的矩形所得的更好近似；(c) 曲線下的確切面積。

$$W \approx \sum_i W_i = \sum_i F_x(x_i)\Delta x$$

現在，我們以越多的分隔點 x_i，使它們之間的距離越接近。這使得 Δx 越小，以致所形成的一系列矩形的總面積，成為曲線 $F_x(x)$ 下方面積的更好近似，如圖 5.10b。在 $\Delta x \to 0$ 的極限，總面積就趨近以 (5.12) 式精確定義的功：

$$W = \lim_{\Delta x \to 0}\left(\sum_i F_x(x_i)\Delta x\right)$$

積分就是依此方式，被定義為一系列小矩形面積之總和的極限：

普通物理

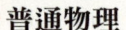

$$W = \int_{x_0}^{x} F_x(x')dx'$$

我們在一維運動的情況下，得出以上的結果。三維情況下的推導方式，與此類似。

正如之前提過的，我們可以證明 (5.7) 式的功-動能定理，對變力也是成立的。為了簡單起見，我們只以一維運動證明這個結果，但功-動能定理對一維以上的變力和位移，也是成立的。如 (5.12) 式，我們假定一個 x 方向的變力 $F_x(x)$。由牛頓第二定律，可得

$$F_x(x) = ma$$

我們使用微積分的連鎖律，以獲得

$$a = \frac{dv}{dt} = \frac{dv}{dx}\frac{dx}{dt}$$

然後我們可以使用 (5.12) 式，並對位移 (或位置) 積分，以求出變力所做的功：

$$W = \int_{x_0}^{x} F_x(x')dx' = \int_{x_0}^{x} ma\,dx' = \int_{x_0}^{x} m\frac{dv}{dx'}\frac{dx'}{dt}dx'$$

我們將積分變數從位移 (x) 變換為速度 (v)：

$$W = \int_{x_0}^{x} m\frac{dx'}{dt}\frac{dv}{dx'}dx' = \int_{v_0}^{v} mv'\,dv' = m\int_{v_0}^{v} v'\,dv'$$

其中 v' 是積分的虛設變數。將上式的積分求出後可得

$$W = m\int_{v_0}^{v} v'\,dv' = m\left[\frac{v'^2}{2}\right]_{v_0}^{v} = \frac{1}{2}mv^2 - \frac{1}{2}mv_0^2 = K - K_0 = \Delta K$$

5.6 彈簧力

讓我們來看看拉長或壓縮彈簧所需施的力。假設彈簧處於正常長度 (亦稱自然長度) 的狀態，沒有被拉長或壓縮，則彈簧的自由端位於平衡位置，其座標為 x_0，如圖 5.11a。如果以外力 $\vec{F}_{\text{ext}}$ 拉彈簧的自由端使它稍微向右，則彈簧變長。在拉長過程中，彈簧會產生一個向左 (指向平

衡位置) 的力，且此力的量值隨著彈簧長度的增加而變大。這個力依慣例稱為**彈簧力** $\vec{F}_s$。

以給定量值的外力拉彈簧的自由端，它相對於平衡位置會有一定的位移，使產生的彈簧力與外力的量值相等 (圖 5.11b)。若外力增為兩倍，相對於平衡位置的位移也會增為兩倍 (圖 5.11c)。相反的，以外力向左推壓彈簧，會使它從平衡長度收縮，此時彈簧力指向右側，再次指向平衡位置 (圖 5.11d)。就像伸長時一樣，當收縮的長度加倍時，彈簧力也加倍 (圖 5.11e)。

我們可將上述觀察作一總結，即彈簧力的量值，正比於彈簧自由端相對於其平衡位置的位移量值，且彈簧力恆指向平衡位置，因而與位移向量的方向相反：

$$\vec{F}_s = -k(\vec{x} - \vec{x}_0) \qquad (5.13)$$

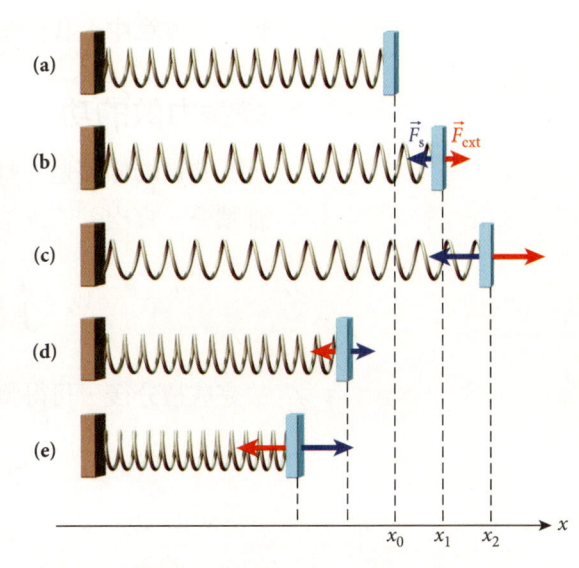

圖 5.11 彈簧力。(a) 彈簧處於平衡位置。在 (b) 和 (c) 中彈簧被拉長，在 (d) 和 (e) 中彈簧被壓縮。圖中的紅色箭頭代表作用於彈簧自由端的外力，而藍色箭頭則代表彈簧力。

如往常一樣，此向量方程式可以用分量式表示；只針對 x 分量時，我們可以寫

$$F_s = -k(x - x_0) \qquad (5.14)$$

依定義，上式中的常數 k 恆為正。在 k 前面的負號表示彈簧力與相對於平衡位置的位移向量，總是方向相反。我們可以選擇 $x_0 = 0$ 為平衡位置，而得

$$F_s = -kx \qquad (5.15)$$

這個簡單的作用力法則，稱為**虎克定律**，以紀念虎克 (Robert Hooke，1635-1703 年)。出現在虎克定律的比例常數 k，稱為**彈簧常數** (或彈簧的**力常數**)，單位為 N/m = kg/s²。彈簧力是**回復力**的一個重要的例子：這種力的作用總是要使彈簧的末端回歸到其平衡位置。

但不是彈簧末端的所有位移，都符合虎克定律。玩過彈簧的人都知道，當它被拉得太長時，就會變形，以致在被釋放後無法回復到其平衡長度。如果更進一步拉長，它最後將斷成兩段。每個彈簧都有一個彈性極限，亦即在釋放後可回復到其平衡長度的最大變形。在彈性極限內，虎克定律有效的最大變形，稱為線性極限，此極限取決於彈簧的材料特

>>> 觀念檢測 5.3

如果壓縮彈簧至其相對於平衡位置的距離為 h，需做的功為 W_h，則將相同的彈簧壓縮至 $2h$ 的距離，需做的功為何？
a) W_h　　b) $2W_h$
c) $0.5W_h$　　d) $4W_h$
e) $0.25W_h$

性。在本章中，我們假定彈簧總是在線性極限內。

彈簧力做的功

彈簧的伸縮是一維運動的例子。因此，我們可以應用 (5.12) 式的一維積分，寫出彈簧末端從 x_0 移動到 x 時，彈簧力所做的功 W_s：

$$W_s = \int_{x_0}^{x} F_s(x')dx' = \int_{x_0}^{x} (-kx')dx' = -k\int_{x_0}^{x} x'dx'$$

故完成積分後，可得彈簧力所做的功為

$$W_s = -k\int_{x_0}^{x} x'dx' = -\tfrac{1}{2}kx^2 + \tfrac{1}{2}kx_0^2 \tag{5.16}$$

如果我們令 $x_0 = 0$，並如同推導 (5.15) 式的虎克定律一樣，由平衡位置開始起算，則 (5.16) 式右側的第二項變為零，我們就得到

$$W_s = -\tfrac{1}{2}kx^2 \tag{5.17}$$

詳解題 5.1　壓縮彈簧

一個無質量的彈簧位於光滑水平表面上，被 63.5 N 的外力壓縮，以致相對於初始平衡位置的位移為 4.35 cm。如圖 5.12，將質量 0.075 kg 的鋼珠放置於彈簧前端，然後將彈簧釋放。

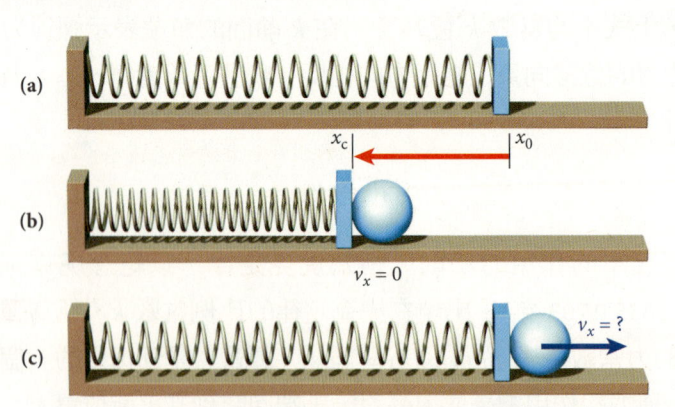

圖 5.12　(a) 在平衡位置的彈簧；(b) 壓縮彈簧；(c) 減輕壓縮後鋼珠加速。

問題： 當鋼珠被彈簧彈出時，亦即在與彈簧失去接觸時，其速率為何？(假設表面和鋼珠之間沒有摩擦；鋼珠單純的在表面上滑動，而不會滾動。)

> **自我測試 5.3**
> 木塊垂直懸掛於彈簧下方，並達到平衡位移。將木塊稍微下拉後，從靜止開始釋放。繪製木塊在下列各情況下的自由體力圖：
> a) 木塊在其平衡位移。
> b) 木塊在其最高垂直位置。
> c) 木塊在其最低垂直位置。

解：

思索 如果我們施加外力壓縮彈簧，則需做功以克服彈簧力。撤除外力以釋放彈簧，則彈簧可對鋼珠做功，使其獲得動能。計算最初克服彈簧力所做的功，可找出鋼珠會有的動能，因而可求得鋼珠的速率。

繪圖 我們繪製撤除外力前瞬間的自由體力圖 (見圖 5.13)。在此瞬間，因為外力和彈簧力正好相互抵消，鋼珠處於靜止平衡狀態。注意，此圖還畫出支撐表面，並多顯示了兩個作用於球的力：重力 $\vec{F}_g$ 和支撐表面所施的正向力 $\vec{N}$。這兩個力相互抵消，因此不會進入我們的計算，但值得指出所有作用於鋼珠上的力。

我們以鋼珠最左邊的點來定它的 x 座標，鋼珠在這點與彈簧接觸。這點決定了彈簧相對於平衡位置的伸長量。

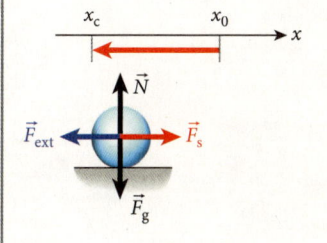

圖 5.13 外力被撤除之前鋼珠的自由體力圖。

推敲 外力一旦撤除 (圖 5.13 的藍色箭頭沒有了)，鋼珠就開始運動。在這種情況下，彈簧力是唯一沒有被抵消的力，因此它使鋼珠加速。這個加速度會隨時間而變。但運用能量觀念的美妙之處，在於不需要知道加速度，就可求出最終速率。

如往常一樣，座標系的原點可以自由選擇，我們把它放在 x_0，即彈簧的平衡位置，這表示我們可令 $x_0 = 0$。彈簧力在釋放瞬間的 x 分量和彈簧的初始壓縮量 x_c 之間的關係是

$$F_s(x_c) = -kx_c$$

由於 $F_s(x_c) = -F_{\text{ext}}$，我們發現

$$kx_c = F_{\text{ext}}$$

題目已給出這個外力的量值及位移，因此，我們可從上式計算出彈簧常數的值。注意：在我們選擇的座標系中，$F_{\text{ext}} < 0$，因為它的向量箭頭指向負 x 方向。此外，$x_c < 0$，因為相對於平衡位置的位移是在負方向。

現在，我們可以計算壓縮這個彈簧所需的功 W。由於鋼珠施加於彈簧的力，與彈簧施加於鋼珠的力，總是量值相等而方向相反，我們依照功的定義可得到

$$W = -W_s = \tfrac{1}{2}kx_c^2$$

根據功–動能定理，這個功與鋼珠動能變化量的關係為

$$K = K_0 + W = 0 + W = \tfrac{1}{2}kx_c^2$$

最後，根據定義，鋼珠的動能是

$$K = \tfrac{1}{2}mv_x^2$$

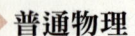

簡化 我們由動能公式求解速率 v_x，然後利用 $K = \frac{1}{2}kx_c^2$，得到

$$v_x = \sqrt{\frac{2K}{m}} = \sqrt{\frac{2(\frac{1}{2}kx_c^2)}{m}} = \sqrt{\frac{kx_c^2}{m}} = \sqrt{\frac{F_{ext}x_c}{m}}$$

計算 代入已知的數值：$x_c = -0.0435$ m，$m = 0.075$ kg，$F_{ext} = -63.5$ N，結果為

$$v_x = \sqrt{\frac{(-63.5 \text{ N})(-0.0435 \text{ m})}{0.075 \text{ kg}}} = 6.06877 \text{ m/s}$$

注意我們選擇正根為鋼珠速度的 x 分量。因為彈簧被釋放之後，鋼珠會往正 x 方向移動。

捨入 由於給出的質量具有兩位有效數字，我們四捨五入到相同的的準確性，將結果取為

$$v_x = 6.1 \text{ m/s}$$

複驗 這個答案滿足最低的要求，因為它具有適當的單位，而數量級似乎也與彈簧玩具槍所彈出鋼珠的典型速率一致。

>>> **觀念檢測 5.4**
下面各敘述是真是假？
a) 沒有運動時就不能做功
b) 緩慢提升箱子比迅速提升箱子需要更多的功率
c) 做功需要力

5.7 功率

現在我們可以很容易的計算，要使 1550 kg (3420 磅) 的汽車，從靜止起步加速到 26.8 m/s (60.0 mi/h) 所需做的功。這個功就是最終和初始動能之間的差異。最終動能為

$$K = \frac{1}{2}mv^2 = \frac{1}{2}(1550 \text{ kg})(26.8 \text{ m/s})^2 = 557 \text{ kJ}$$

而初始動能為零，所以這也是所需的功。然而，大部分人對需要的功並不是很有興趣，更感興趣的是汽車能多快達到 60 mi/h 的速率。也就是說，我們想知道車做這個功的速率。

功率是做功的速率。在數學上，這表示功率 P 是功 W 的時間導數：

$$P = \frac{dW}{dt} \tag{5.18}$$

平均功率 $\bar{P}$ 也是很有用的，它的定義是

$$\bar{P} = \frac{W}{\Delta t} \tag{5.19}$$

功率的 SI 單位是**瓦特** (watt 或 W)。[小心不要將功 *W* (斜體) 的符號，與功率單位的代號 W (非斜體) 彼此混淆。]

$$1 \text{ W} = 1 \text{ J/s} = 1 \text{ kg m}^2/\text{s}^3 \tag{5.20}$$

反過來說，1 焦耳 (= 1 J) 也就是 1 瓦特 (= 1 W) 乘以 1 秒 (= 1 s)。這個關係反映在一個很常見的能量 (不是功率！) 單位上，即**千瓦特·時** (kWh 或 kW h)：

$$1 \text{ kWh} = (1000 \text{ W})(3600 \text{ s}) = 3.6 \cdot 10^6 \text{ J} = 3.6 \text{ MJ}$$

單位 kWh 出現在電費單上 (電力公司常以度或瓩時稱之)，用以計算電能的消耗量，它可用於測量任何一種能量。因此，對於 1550 kg 的汽車以速率 26.8 m/s (60.0 mi/h) 移動時的動能，我們已算出為 557 kJ，但這也可以表示為

$$(557{,}000 \text{ J})(1 \text{ kWh}/3.6 \cdot 10^6 \text{ J}) = 0.155 \text{ kWh}$$

兩個最常見的非 SI 功率單位為馬力 (hp) 和呎磅 (ft·lb/s)：1 hp = 550 ft·lb/s = 746 W。

使用對數刻度來看看不同設備的功率消耗，可以提供有用的資訊，如圖 5.14 的下排。手錶消耗的功率約為 μW，綠光雷射筆的額定功率可高達 5 mW。在家居日用物品中，吹風機是消耗功率最高者之一，約在 1~2 kW。汽車引擎的額定功率約為 100 kW，而大飛機 (波音 747、空中巴士 380) 升空所需功率約為 100 MW 的數量級。比較之下，一個人要維持生命的平均功率大約為 100 W (約等於一天攝取 10 MJ 的食物除以一天的秒數)。

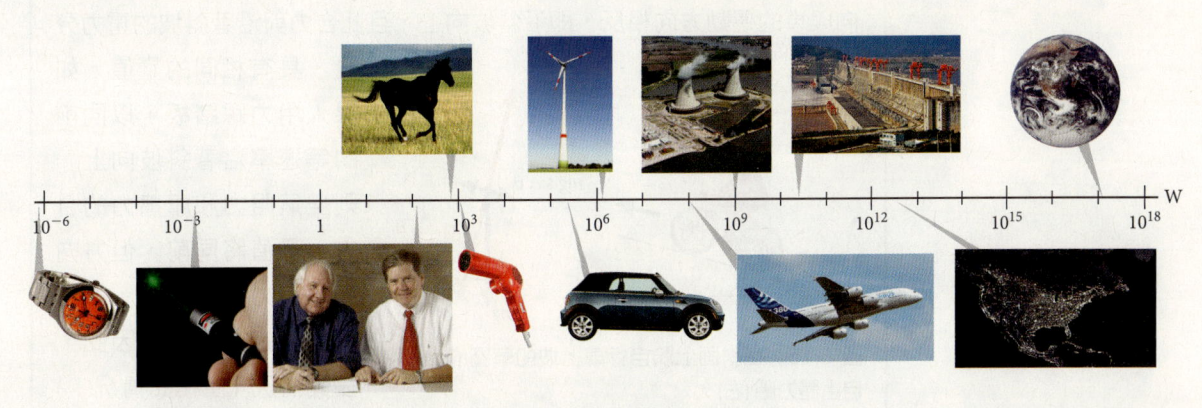

圖 5.14 以對數值顯示一些能量供應者 (圖片上排) 和消耗者 (下排) 的功率。

普通物理

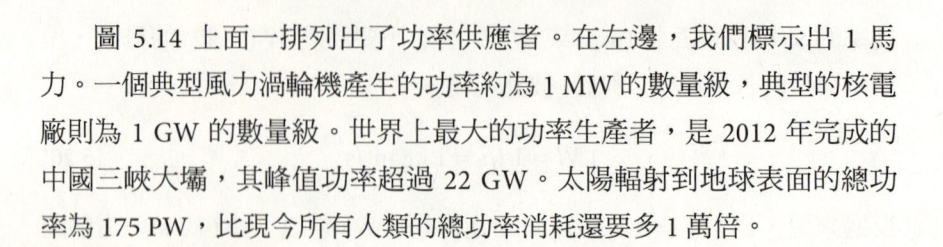

圖 5.14 上面一排列出了功率供應者。在左邊，我們標示出 1 馬力。一個典型風力渦輪機產生的功率約為 1 MW 的數量級，典型的核電廠則為 1 GW 的數量級。世界上最大的功率生產者，是 2012 年完成的中國三峽大壩，其峰值功率超過 22 GW。太陽輻射到地球表面的總功率為 175 PW，比現今所有人類的總功率消耗還要多 1 萬倍。

功率、力與速度

對於定力，功可表示為 $W = \vec{F} \cdot \Delta \vec{r}$，而微分的功則為 $dW = \vec{F} \cdot d\vec{r}$。在這種情況下，功的時間導數為

$$P = \frac{dW}{dt} = \frac{\vec{F} \cdot d\vec{r}}{dt} = \vec{F} \cdot \vec{v} = Fv\cos\alpha \tag{5.21}$$

其中 α 是力向量和速度向量之間的夾角。因此，功率是力向量和速度向量的純量積。雖然我們只對定力證明此結果為真，但變力也適用 (5.21) 式。

> **詳解題 5.2　騎車上斜坡**
>
> 問題：在 4.2° 的斜面上，一人騎著自行車，不踩踏板時能以等速率 5.1 m/s 往下坡行進。假設車與人的總質量為 82.2 kg，則在同一斜面上，要以同前的等速率往上坡行進，此人需施給踏板的功率為何？
>
> 解：
>
> 思索　在水平面上騎車時，如果停止踩踏板，車會減速至停止。使車停止的淨力，是車子各部分機械間的摩擦力和空氣阻力的合力。在問題的敘述中，我們知道自行車會以等速率向下坡行進，這代表作用於它的淨力為零 (牛頓第一定律！)。若要淨力為零，重力沿著斜坡向下的分量 $mg\sin\theta$ (見圖 5.15)，必須抵消摩擦力和空氣阻力的合力，故此合力的方向與車的運動方向相反，即沿斜坡向上，且此合力與沿著斜坡的重力分量，具有相同的量值。如果人用力踩踏板，以同前的等速率沿著斜坡向上，則空氣阻力和摩擦力的合力，量值將同前，但方向將與重力分量相同，都沿著斜面指向下坡。因此，在此情況 (僅在此情況！) 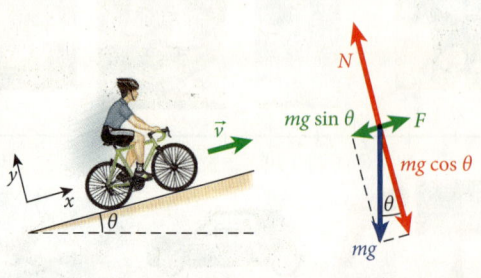
>
> 圖 5.15　在斜面上騎自行車上坡的草圖 (左) 和自由體力圖 (右)。

動能、功與功率 05

之下，要計算對抗所有的力所需做的總功，可以只計算對抗重力所需做的功，然後乘以 2。

繪圖 圖 5.15 的草圖顯示了人用力踩踏板對抗重力的情況。

推敲 我們可以計算出對抗重力所做的功，然後乘以 2。重力沿斜坡向下的分量為 $mg\sin\theta$。若騎車者為抵抗重力所施的力為 F，則功率 $= Fv$。利用牛頓第二定律，我們有

$$\sum F_x = ma_x = 0 \Rightarrow F - mg\sin\theta = 0 \Rightarrow F = mg\sin\theta$$

簡化 要想求出人所需施的總功率，可如上述，利用上式的力算出功率，再乘以 2：$P = 2Fv = 2(mg\sin\theta)v$。

計算 代入給定的數值，可得：

$$P = 2(82.2 \text{ kg})(9.81 \text{ m/s}^2)\sin(4.2°)(5.1 \text{ m/s}) = 602.391 \text{ W}$$

捨入 坡度和速率都給到兩位有效數字，所以將最終答案捨入到兩位有效數字：$P = 0.60$ kW。

複驗 最終結果為 $P = 0.60$ kW $= (1$ hp$/0.746$ kW$) = 0.81$ hp。因此，在 4.2° 的斜坡，以 5.1 m/s 騎車上坡大約需要 0.8 馬力，自行車好手在相當長的一段時間可以承受這樣的體力消耗。(但這是很難的！)

已學要點｜考試準備指南

- 物體因運動而有的能稱為動能，$K = \frac{1}{2}mv^2$。
- 功和能的單位是焦耳 (joule 或 J)：1 J $= 1$ kg m^2/s^2。
- 功是因力的作用而轉移給物體或從物體內轉移出去的能。正功可將能轉移給物體，而負功則可將能從物體內轉移出去。
- 定力所做的功 $W = |\vec{F}||\Delta\vec{r}|\cos\alpha$，其中 α 是 $\vec{F}$ 和 $\Delta\vec{r}$ 之間的夾角。
- 一維的變力所做的功為

$$W = \int_{x_0}^{x} F_x(x')dx'$$

- 物體的高度上升時，重力所做的功為 $W_g = -mgh < 0$，其中 $h = |y - y_0|$；物體的高度下降時，重力所做的功為 $W_g = +mgh > 0$。
- 彈簧力遵循虎克定律：$F_s = -kx$。
- 彈簧力所做的功為

$$W = -k\int_{x_0}^{x} x'dx' = -\frac{1}{2}kx^2 + \frac{1}{2}kx_0^2$$

- 功–動能定理為 $\Delta K \equiv K - K_0 = W$。
- 功率 P 是功 W 的時間導數：$P = \dfrac{dW}{dt}$。
- 平均功率 $\bar{P}$ 為 $\bar{P} = \dfrac{W}{\Delta t}$。
- 功率的 SI 單位是瓦特 (watt 或 W)：1 W $= 1$ J/s。

普通物理

- 功率、力和速度之間的關係為 $P = \dfrac{dW}{dt} = \dfrac{\vec{F} \cdot d\vec{r}}{dt} = \vec{F} \cdot \vec{v} = Fv\cos\alpha$，其中 α 是力向量和速度向量之間的夾角。

自我測試解答

5.1

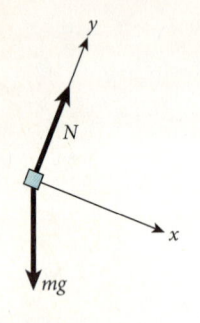

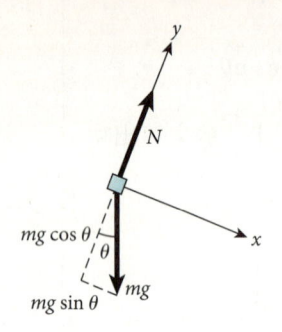

5.2 $\vec{F} = m\vec{a}$ 可以寫成

$F_x = ma_x$
$F_y = ma_y$
$F_z = ma_z$

對每個分量：

$v_x^2 - v_{x0}^2 = 2a_x(x - x_0)$
$v_y^2 - v_{y0}^2 = 2a_y(y - y_0)$
$v_z^2 - v_{z0}^2 = 2a_z(z - z_0)$

乘以 $\tfrac{1}{2}m$：

$\tfrac{1}{2}mv_x^2 - \tfrac{1}{2}mv_{x0}^2 = ma_x(x - x_0)$
$\tfrac{1}{2}mv_y^2 - \tfrac{1}{2}mv_{y0}^2 = ma_y(y - y_0)$
$\tfrac{1}{2}mv_z^2 - \tfrac{1}{2}mv_{z0}^2 = ma_z(z - z_0)$

將前三式相加：

$\tfrac{1}{2}m(v_x^2 + v_y^2 + v_z^2) - \tfrac{1}{2}m(v_{x0}^2 + v_{y0}^2 + v_{z0}^2) =$
$ma_x(x - x_0) + ma_y(y - y_0) + ma_z(z - z_0)$

$K = \tfrac{1}{2}m(v_x^2 + v_y^2 + v_z^2) = \tfrac{1}{2}mv^2$
$K_0 = \tfrac{1}{2}m(v_{x0}^2 + v_{y0}^2 + v_{z0}^2) = \tfrac{1}{2}mv_0^2$
$\Delta\vec{r} = (x - x_0)\hat{x} + (y - y_0)\hat{y} + (z - z_0)\hat{z}$
$\vec{F} = ma_x\hat{x} + ma_y\hat{y} + ma_z\hat{z}$
$K - K_0 = \Delta K = \vec{F} \cdot \Delta\vec{r} = W$

5.3

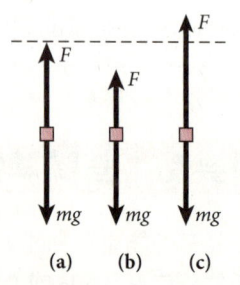

(a)   (b)   (c)

解題準則：動能、功與功率

1. 在所有涉及能的問題中，首先要釐清系統和它的狀態變化。如果物體發生位移，要確定位移都是針對物體上的同一點測量，例如物體的前端或中心。如果物體的速率發生變化，要確定在特定點上的初始和最終速率。草圖通常有助於將物體在有關的兩個不同時刻的位置與速率顯示出來。

2. 小心判定是哪個力在做功，並注意做功的力是定力或變力，因為兩者的處理方式不同。

3. 你可以計算個別的力對物體所做的功之總和，或淨力對物體所做的功；結果應該是相同的。(你可將此當作檢驗你所做計算的一種方式。)

4. 記住：彈簧的回復力，與彈簧相對於平衡點的位移，兩者的方向總是相反。

5. 若速度為已知，功率的公式 $P = \vec{F} \cdot \vec{v}$ 是非常

有用的。當使用功率的更一般化定義時，務必要注意區分平均功率 $\bar{P} = \dfrac{W}{\Delta t}$ 與瞬時功率 $P = \dfrac{dW}{dt}$。

選擇題

5.1 以下哪一項是能的單位？
a) kg m/s^2 b) kg m^2/s
c) kg m^2/s^2 d) kg^2 m/s^2
e) kg^2 m^2/s^2

5.2 一水泵通過軟管連續打水。如果水通過軟管噴嘴的速率為 v，而 k 是水流離開噴嘴時每單位長度的質量，則施加於水的功率為何？
a) $\frac{1}{2}kv^3$ b) $\frac{1}{2}kv^2$
c) $\frac{1}{2}kv$ d) $\frac{1}{2}v^2/k$
e) $\frac{1}{2}v^3/k$

5.3 以下哪項是功率的單位？
a) kg m/s^2 b) N
c) J d) m/s^2
e) W

5.4 一搬運工在水平地板上，以等速率將 150 kg 的箱子推動 12.3 m 的距離，如果摩擦係數是 0.70，他做了多少功？
a) 1300 J b) 1845 J
c) 1.3·10^4 J d) 1.8·10^4 J
e) 130 J

5.5 一粒子平行於 x 軸移動。作用於粒子的淨力隨 x 增加的公式為 $F_x = (120\ \text{N/m})x$，其中力的單位為 N，而 x 的單位為 m。當粒子從 $x = 0$ 移動到 $x = 0.50$ m 時，淨力對粒子所做的功為何？
a) 7.5 J b) 15 J
c) 30 J d) 60 J
e) 120 J

5.6 傑克抱著質量為 m kg 的箱子，以 v m/s 的等速率走了 d m 的距離。他對箱子做了多少 J 的功？
a) mgd b) $-mgd$
c) $\frac{1}{2}mv^2$ d) $-\frac{1}{2}mv^2$
e) 0

5.7 功–動能定理相當於
a) 牛頓第一定律 b) 牛頓第二定律
c) 牛頓第三定律 d) 牛頓第四法則
e) 無任何牛頓定律

觀念題

5.8 如果施加於一個粒子的淨功為零，對粒子的速率我們可以說什麼？

5.9 當月球在其軌道上運行時，地球對月球是否做了任何的功？

練習題

題號前的藍點（•）與雙藍點（••）代表問題難度遞增。

5.2 節

5.10 拋體在撞擊時受到的損害，與它的動能有關。計算和比較下列三個拋體的動能：
a) 質量 10.0 kg、速率 30.0 m/s 的石頭
b) 質量 100.0 g、速率 60.0 m/s 的棒球
c) 質量 20.0 g、速率 300. m/s 的子彈

5.11 兩節火車車廂，每節質量為 7000. kg，以 90.0 km/h 行駛時，迎面相撞並停下來。此碰撞損失的動能為何？

5.12 一隻 200 kg 的老虎擁有 14.4 kJ 的動能。它的速率為何？

•**5.13** 質量 20.1 kg 的理想拋體，以 27.3 m/s 的初始速率，以相對於水平為 46.9° 的角度向上發射。它在軌跡頂點（最高點）的動能為何？

5.4 節

5.14 由高度為 7.25 m 的建築物頂部，將兩個棒球都以 63.5 mi/h 的初始速率拋出。球 1 為水平拋出，球 2 為垂直向下拋出。兩個球觸地時的速率相差多少？(忽略空氣阻力。)

5.15 一個質量 m = 2.00 kg 的鎚頭，從高度 h = 0.400 m 處，由靜止落下打在釘子上。它對釘子做的功最大為何？

•**5.16** 你拉雪橇的繩子與水平方向的夾角為 30.0°。如果你施的拉力為 25.0 N，雪橇移動 25.0 m，你做了多少功？

•**5.17** 以定力 $\vec{F}$ = (4.79, -3.79, 2.09) N 作用於質量 18.0 kg 的物體上，若物體的位移為 $\vec{r}$ = (4.25, 3.69, -2.45) m，則此力所做的總功為何？

•**5.18** 一個滑雪跳高選手，沿 30.0° 的斜坡向下滑行 80.0 ft 後，從一個短可以忽略的水平坡道起跳。如果跳高選手的起跳速率為 45.0 ft/s，滑雪板和斜坡之間的動摩擦係數為何？如果以 SI 單位表示，動摩擦係數的值是否不同？如果是的話，相差多少？

••**5.19** 一顆子彈以 153 m/s 的速率前進，穿過一木板。穿過板之後，它的速率是 130. m/s。另一顆質量和大小相同的子彈，速率為 92.0 m/s，也穿過相同的木板。第二顆子彈穿過木板後的速率為何？假設木板提供的阻力與子彈的速率無關。

5.5 節

•**5.20** 一力與位移 x 的關係可寫為 $F_x(x) = -kx^4$，其中常數 k = 20.3 N/m^4。對抗這個力使位移從 0.730 m 變為 1.35 m，需做的功為何？

•**5.21** 一力 $\vec{F}(x) = 5x^3\hat{x}$ (in N/m^3)，作用於 1.00 kg 的物體。若物體在無摩擦的表面上，從 x = 2.00 m 移動到 x = 6.00 m。

a) 力做了多少功？

b) 如果物體在 x = 2.00 m 的速率為 2.00 m/s，則它在 x = 6.00 m 的速率為何？

5.6 節

5.22 使一彈簧從它的平衡位置伸長 5.00 cm，需做 30.0 J 的功，則此彈簧的彈簧常數為何？

•**5.23** 一彈簧常數為 238.5 N/m 的彈簧，被壓縮 0.231 m。然後將一質量為 0.0413 kg 的鋼珠頂住彈簧的自由端，再將彈簧釋放。鋼珠與彈簧恰好失去接觸時的速率為何？(彈簧返回到其平衡位置時，鋼珠將恰好與彈簧分開。假設彈簧的質量可以忽略。)

5.7 節

5.24 一匹馬在水平雪地上以等速率拉動雪橇。若馬可產生 1.060 hp 的功率，雪橇和雪之間的摩擦係數為 0.115，雪橇與負載的質量為 204.7 kg，則雪橇在雪地上移動的速率為何？

5.25 質量為 1214.5 kg 的汽車，以 62.5 mi/h 的速率行進時，因偏離彎道撞上橋墩。如果汽車在 0.236 s 內停止下來，則在此期間消耗的平均功率 (以 W 為單位) 為何？

•**5.26** 質量為 942.4 kg 的汽車，以恆定的輸出功率 140.5 hp，從靜止開始加速。忽略空氣阻力，汽車在開始後 4.55 s 的速率為何？

•**5.27** 在一場足球比賽中，有一供廣告用的小飛艇，質量為 93.5 kg，以拖繩連接到地面上的卡車，拖繩沿著水平向下 53.3° 的角度，而飛艇在離地面 19.5 m 的恆定高度徘徊。在停車場的水平地面上，卡車以 8.90 m/s 的等速率，沿一條直線移動 840.5 m。如果阻力常數 K ($F = Kv^2$) 為 0.500 kg/m^3，且沒有風，則卡車拖拉飛艇所做的功為何？

補充練習題

5.28 在雅典舉行的 2004 年奧運會，伊朗選手 Hossein Rezazadeh 贏得了超重量級的舉重金牌。他在比賽中兩種舉重法的最好成績，總計舉起 472.5 kg。假設他將重量舉到 196.7 cm 的高度，他總共做了多少功？

5.29 一拖拉機以 3.00 m/s 的速率移動時，拉力固定為 14.0 kN。在這種情況下，它將提供的功率為多少 kW (千瓦特) 與 hp (馬力)？

5.30 有個廣告聲稱某一 1200 kg 的汽車，在 8.00 s 內可從靜止加速到 25.0 m/s 的速率。要達到這樣的加速度，車子的電動機必須提供的平均功率需為何？忽略摩擦損失。

5.31 從弓射出一支質量為 m = 88.0 g (= 0.0880 kg) 的箭。弓弦在 d = 78.0 cm (= 0.780 m) 的距離中，對箭施加的平均力為 F = 110 N。計算箭離弓時的速率。

5.32 質量為 m 的雪橇，被推了一下，滑向與水平成 28.0° 的無摩擦斜坡的上坡。最終，雪橇在比起始點高出 1.35 m 的地方停下。試計算雪橇的初始速率。

5.33 一車以等速率行駛 x = 2.80 km 的距離，車子所做的功為 W_{car} = 7.00 · 10^4 J。在此過程中，作用於車的

平均力 F(所有外力) 為何？

•5.34 總質量為 1143.5 kg 的水泥袋，疊放於平板拖車的載貨平板上。平板和底部水泥袋之間的靜摩擦係數為 0.372，水泥袋沒有用繩綁住，而是靠平板和底部水泥袋之間的靜摩擦力維持於位置上。卡車在 22.9 s 內，以等加速度從靜止加速至 56.6 mi/h。水泥袋疊放處與平板末端的距離維 1 m。疊放的水泥袋在平板上是否會滑動？平板和底部水泥袋之間的動摩擦係數為 0.257。平板和水泥袋之間的摩擦力對整堆水泥袋所做的功為何？

•5.35 附圖中的購物車，質量為 125 kg，從靜止開始滾動，摩擦可以忽略。它是由三條繩拉著，如圖所示。在水平移動 100. m 後，車的速率為何？

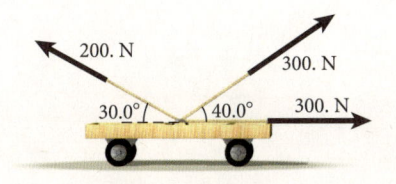

F_1 = 在 0° 時為 300. N
F_2 = 在 40.0° 時為 300. N
F_3 = 在 150.0° 時為 200. N

•5.36 質量為 21.0 kg 的孫女，坐在以長度為 2.50 m 的繩索懸吊的鞦韆上，爺爺拉她向後，再將她從靜止釋放。孫女擺動到底部時的速率為 3.00 m/s。她被釋放時，繩索與垂直線的夾角為幾度(°)？

5.37 一個力的 x 分量與位移 x 的關係為 $F_x(x) = -cx^3$，其中常數 c = 19.1 N/m³。對抗此力使位移從 0.810 m 變為 1.39 m，需做多少功？

•5.38 一輛汽車的阻力係數 c_d = 0.333，橫截面積為 3.25 m²。要克服空氣阻力，使汽車保持以 26.8 m/s 的等速率行駛，所需的功率為何？假定空氣密度為 1.15 kg/m³。

多版本練習題

5.39 有個變力 $F(x) = Ax^6$，其中 A = 11.45 N/m⁶，作用於質量為 2.735 kg、在無摩擦表面上移動的物體。物體從靜止起動，由 x = 1.093 m 移動到 x = 4.429 m。物體的動能變化為何？

5.40 有個變力 $F(x) = Ax^6$，其中 A = 13.75 N/m⁶，作用於質量為 3.433 kg、在無摩擦表面上移動的物體。物體從靜止起動，由 x = 1.105 m 移動到一個新的位置 x，獲得的動能為 5.662·10³ J。新的座標 x 為何？

5.41 有個變力 $F(x) = Ax^6$，其中 A = 16.05 N/m⁶，作用於質量為 3.127 kg、在無摩擦表面上移動的物體。物體從靜止起動，從 x_0 移動到一個新的位置 x = 3.313 m，獲得的動能為 1.00396·10⁴ J。初始位置 x_0 為何？

5.42 一水平彈簧的彈簧常數 k = 15.19 N/m，從它的平衡位置被壓縮 23.11 cm。冰球圓盤的質量為 m = 170.0 g，壓著彈簧的末端。將彈簧釋放後，圓盤在水平冰上滑行，圓盤和冰之間的動摩擦係數為 0.02221。圓盤離開彈簧後在冰面上滑行多遠？

5.43 一水平彈簧的彈簧常數 k = 17.49 N/m，從它的平衡位置被壓縮 23.31 cm。冰球圓盤的質量為 m = 170.0 g，壓著彈簧的末端。將彈簧釋放後，圓盤離開彈簧後在冰面上滑行 12.13 m 的距離。圓盤和冰之間的動摩擦係數為何？

06 位能與能量守恆

待學要點
6.1 位能
　　例題 6.1　舉重
6.2 守恆力與非守恆力
　　摩擦力
6.3 功與位能
6.4 位能與力
　　連納–瓊斯位能
　　例題 6.2　分子力
6.5 力學能守恆
　　詳解題 6.1　投石器防禦
6.6 彈簧力的功與能
　　詳解題 6.2　人體砲彈
6.7 非守恆力與功–能定理
　　詳解題 6.3　推落桌上的木塊
6.8 位能與穩定性
　　平衡點

已學要點｜考試準備指南
　　解題準則
　　選擇題
　　觀念題
　　練習題
　　多版本練習題

圖 6.1　尼加拉瀑布。

尼加拉瀑布是世界上最壯觀的風景之一，每秒約有 3000 m³ 的水流經 49 m 的高度落差！它不只是一個風景奇觀，它也是全球最大的電力來源之一，年產超過 25 億瓦的電能。人類自古就利用水由高而下的能量，以轉動磨坊和工廠的大葉輪。今日，利用水壩從事水力發電，將水從高處落下的能轉換為電能，乃是全球各地一種主要的能量來源。

在本章中，我們將繼續探討能量，引進一些新的能量形式與能量使用的新定律。有了本章介紹的許多知識為基礎，我們將在熱力學的章節中，再度回到能量的定律。

普通物理

> **待學要點**
>
> - 由一些彼此以力相互作用的物體所組成的系統，其位能 U 是一種儲存於系統組態的能。
> - 若物體沿著一條路徑行進並回到起點 (即閉合路徑)，則守恆力在此路徑對物體所作的總功必為零。總功不為零的力即為非守恆力。
> - 任何一個守恆力都有附屬於它的一種位能。一系統中的物體在空間中的分布 (即組態) 改變時，其位能的變化量等於守恆力在此改變中所做之功的負值。
> - 力學能 (亦稱機械能) E 是動能和位能的總和。
> - 一個孤立系統內所發生的力學過程，若只涉及守恆力，則系統的總力學能守恆 (即不隨時間而變)。
> - 一個孤立的系統，其總能量 (即力學能與非力學能的總和) 必定守恆。這對守恆力和非守恆力都能成立。
> - 系統因小擾動而偏離穩定平衡點時，會在平衡點附近做小幅振盪；對不穩定的平衡點，小擾動會導致加速運動而使系統遠離平衡點。

6.1 位能

第 5 章曾對動能和功的關係詳予分析，本節將介紹另一種形式的能，稱為位能。

一個由彼此間以力相互作用的物體所組成的系統，其**位能 U** 乃是一種儲存於系統組態的能，此處組態是指物體在空間的分布狀態。例如，我們已經學過當物體被舉高時，外力會對抗重力而對物體做功，這個功 $W = mgh$，其中 m 是物體的質量，而 $h = y - y_0$ 是物體從初始位置被舉升的高度。(在本章中，除非另有不同的規定，我們假定 y 軸正方向為向上。) 在這個舉升過程中，動能可以不改變，就如舉重者將一物體舉過頭頂後，使物體在頭上保持靜止的情況。但物體被保持於頭上，代表有位能被儲存，若舉重者放開物體，則當物體向下加速往地面掉落時，這種能量可轉換為動能。我們可將重力位能表示為

$$U_g = mgy \tag{6.1}$$

而物體的重力位能變化量為

$$\Delta U_g \equiv U_g(y) - U_g(y_0) = mg(y - y_0) = mgh \tag{6.2}$$

(6.1) 式僅在地球表面附近，當 $F_g = mg$ 且地球質量相對於物體質量為無限大的極限時，才能成立。在第 5 章我們發現，將物體舉高 h 時，重力對物體所做的功為 $W_g = -mgh$。由此我們看出，重力對物體所做的功和

物體由靜止被舉高 h 所儲存的重力位能之間，有以下的關係：

$$\Delta U_g = -W_g \qquad (6.3)$$

例題 6.1 舉重

問題：考慮下述舉重情況下的重力位能：舉重者所舉的槓鈴質量為 m。槓鈴在舉重過程中的不同階段，其重力位能和重力所做的功各為何？

解：

起始時，槓鈴在地板上，如圖 6.2a。在 $y = 0$ 的重力位能可被定義為 $U_g = 0$。接著舉重者抓住槓鈴，將它舉升 $y = h/2$ 的高度，並保持在那裡，如圖 6.2b。這時的重力位能 $U_g = mgh/2$，重力對槓鈴所做的功 $W_g = -mgh/2$。接下來，舉重者將槓鈴舉過頭頂，到達 $y = h$ 的高度，如圖 6.2c。這時重力位能 $U_g = mgh$，而在這部分的舉升過程，重力所做的功 $W_g = -mgh/2$。在完成舉升後，舉重者放開槓鈴，使它往地上掉落，如圖 6.2d。在地上時，槓鈴的重力位能又為 $U_g = 0$，而在槓鈴下落至地面的過程，重力所做的功 $W_g = mgh$。

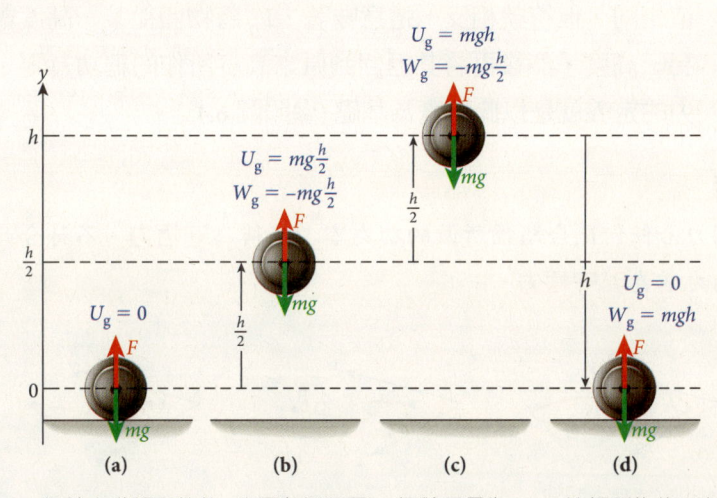

圖 6.2 槓鈴之升降和位能 (此圖為側視圖)。槓鈴重量為 mg，地板所施的正向力或舉重者握住槓鈴的力為 F。(a) 槓鈴最初在地板上。(b) 舉重者將質量 m 的槓鈴舉高 $h/2$，並穩住。(c) 舉重者將槓鈴再舉高 $h/2$，到達 h 的高度，並穩住。(d) 舉重者讓槓鈴下落到地板上。

即使物體行進的路徑很複雜，以致除了垂直運動外也涉及水平運動，(6.3) 式還是正確的，因為重力在運動的水平路段不做功。當物體做水平運動時，位移與重力垂直 (重力始終指向垂直向下)，因此，力和位移向量之間的純量積為零；因此，重力不做功。

普通物理

將任何物體舉高時，由於克服重力所做的功，使物體的重力位能增加。此能量可以儲存起來供以後使用。許多水力發電用的水壩都應用到此一原理。渦輪機所產生的多餘電力被用來將水打到海拔更高的水庫儲存，以備在高電力需求或水位較低時用來發電。用通用的術語來說，如果 ΔU_g 是正的，則在未來就有可能變為負，亦即儲存的能量可能減少，而依照 $W_g = -\Delta U_g$ 的關係，對物體做正功 (位能的英文為 potential energy，意即潛藏的能量)。

6.2 守恆力與非守恆力

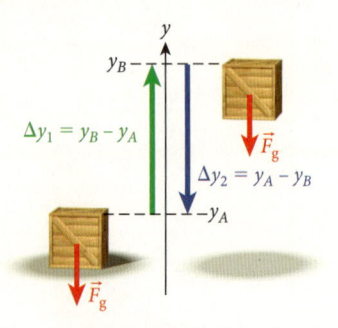

要從一個給定的力，來計算位能，我們必須先問：每一種的力都可用來儲存位能以供日後取用？如否，我們可用哪種力？要回答這個問題，需考慮當物體所走路徑的方向相反時，力所做的功會怎麼樣。我們已經看到在重力的情況下會發生什麼。如圖 6.3，重力 F_g 在質量 m 的物體從高度 y_A 上升到 y_B 時所做的功，與它在該物體從高度 y_B 下降到 y_A 時所做的功，量值相同，但符號相反。這意味著，F_g 將物體從某一高度舉升到另一高度，然後再將其返回到原來高度所作的總功為零。守恆力的定義就是以此事實為基礎 (參照圖 6.4a)。

圖 6.3 重力向量和將箱子升高與降低時的位移。

> **定義**
> 一個力沿任何閉合路徑所做的功為零，就稱為**守恆力**。不符合此條件的力稱為**非守恆力**。

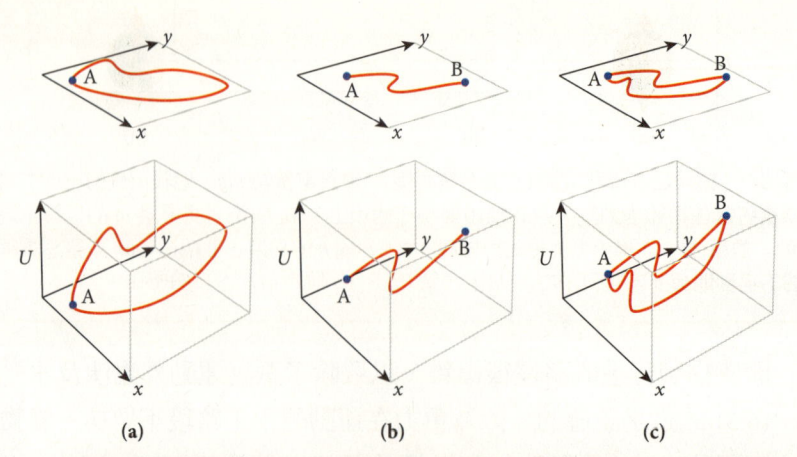

圖 6.4 一個守恆力所屬的位能 U，沿各種路徑隨位置 x 和 y 變化的函數，圖所示之 U 與 y 成正比。二維圖是三維圖在 xy 平面的投影。(a) 閉合路徑。(b) 一條從 A 點到 B 點的路徑。(c) 點 A 和 B 之間的兩條不同路徑。

對於守恆力，由這個定義可以馬上得到兩個結論：

1. 如果我們知道一守恆力對物體沿著一路徑從 A 點到 B 點所做的功 $W_{A \to B}$，那麼我們就知道此力對物體沿著同一路徑的相反方向由 B 點到 A 點所做的功 $W_{B \to A}$ (見圖 6.4b)：

$$W_{B \to A} = -W_{A \to B} \text{ (守恆力)} \tag{6.4}$$

利用沿一條閉合路徑所做之功為零的條件，可證明上述的說法。因為從 A 到 B 再回到 A 的路徑形成閉合環路，沿此環路的功，其總和必須等於零。換句話說

$$W_{A \to B} + W_{B \to A} = 0$$

由此可看出 (6.4) 式成立。

2. 如果我們知道一守恆力對物體沿路徑 1 從 A 點移動到 B 點所做的功 $W_{A \to B, \text{路徑 1}}$，那麼我們就知道此守恆力對物體沿任何其他路徑 (路徑 2) 從 A 點移動到 B 點所做的功 $W_{A \to B, \text{路徑 2}}$ (參見圖 6.4c)。這些不同路徑的功都是相同的，亦即守恆力所做的功與物體所行經的路徑無關：

$$W_{A \to B, \text{路徑 2}} = W_{A \to B, \text{路徑 1}} \tag{6.5}$$
$$\text{(守恆力，任意兩路徑 1 與 2)}$$

這個說法也極易從守恆力沿任何一閉合路徑所做之功為零的定義，來加以證明。因為先沿路徑 1 從 A 點到 B 點，再沿路徑 2 從 B 點回到 A 點，是條閉合環路，所以可得 $W_{A \to B, \text{路徑 1}} + W_{B \to A, \text{路徑 2}} = 0$。但沿相反方向行經同一路徑時，由 (6.4) 式可知 $W_{B \to A, \text{路徑 2}} = -W_{A \to B, \text{路徑 2}}$。結合此二式的結果，即得 $W_{A \to B, \text{路徑 1}} - W_{A \to B, \text{路徑 2}} = 0$，而知 (6.5) 式為真。

正如以上所見，重力是守恆力的一個例子。守恆力的另一個例子是彈簧力。但並非所有的力都是守恆的。有哪些力是非守恆的？

摩擦力

考慮一個箱子在水平表面上滑動的過程。此箱子從 A 點滑動到 B 點然後回到 A 點，箱子和表面之間的動摩擦係數為 μ_k (圖 6.5)。如前已學過的，摩擦力 $f = \mu_k N = \mu_k mg$，且其方向恆與運動相反。利用在第 5

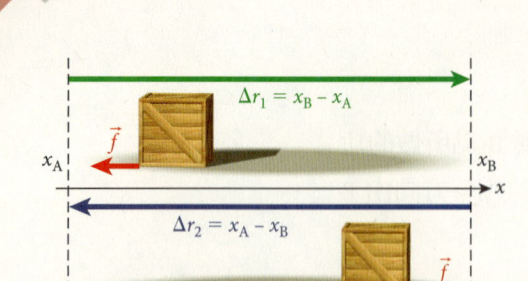

圖 6.5 箱子在有摩擦力的表面上來回滑動時的位移向量與摩擦力向量。

章中得到的結果，可求出此摩擦力所做的功。由於摩擦力為定力，它所做的功很單純的就等於摩擦力和位移向量的純量積。

從 A 點到 B 點的滑動過程，可用定力所做之功的一般純量積公式：

$$W_{f1} = \vec{f} \cdot \Delta \vec{r}_1 = -f \cdot (x_B - x_A) = -\mu_k mg \cdot (x_B - x_A)$$

上式中正 x 軸指向右，所以摩擦力指向負 x 方向。但從 B 點回到 A 點的運動，摩擦力指向正 x 方向，所以在此部分的路徑它所做的功為

$$W_{f2} = \vec{f} \cdot \Delta \vec{r}_2 = f \cdot (x_A - x_B) = \mu_k mg \cdot (x_A - x_B)$$

由以上結果可得出結論：若箱子在表面上滑動，則沿著閉合路徑從 A 點到 B 點再回到 A 點，摩擦力所做的總功不為零，而是

$$W_f = W_{f1} + W_{f2} = -2\mu_k mg(x_B - x_A) < 0 \tag{6.6}$$

根據功–動能定理，總功應該為零。這使我們得出結論：摩擦力做的功，在作用上與守恆力的功並不相同。不同於守恆力，摩擦力會將動能和位能，單獨或一起，轉換成為互相摩擦之兩物體內部的能。此內能的形式可為振動、熱能或甚至化學或電磁的能。

守恆力做的功 W，可以是正或負，但是摩擦力做的功 W_f 是耗散性的，恆為負，永遠會使力學能減少。

另一個非守恆力的例子是空氣阻力。它也是隨速度而變，且總是指向速度向量的反方向，就像動摩擦力。

> **觀念檢測 6.1**
>
> 有一個人沿著地板將一質量 m 的箱子推進 d 的距離。箱子和地板之間的動摩擦係數為 μ_k。此人接著將箱子舉高 h，將它搬回到起點，再放於地板上。此人對箱子做了多少功？
> a) 0
> b) $\mu_k mgd$
> c) $\mu_k mgd + 2mgh$
> d) $\mu_k mgd - 2mgh$
> e) $2\mu_k mgd + 2mgh$

6.3 功與位能

在 6.1 節中考慮重力所做的功與重力位能的關係時，我們發現，位能的變化量等於力所做之功的負數，$\Delta U_g = -W_g$。所有的守恆力都適用這個關係。事實上，它可用來定義位能。

對任何守恆力，系統中的物體位置改變時所造成的位能變化量，與守恆力在此改變過程中所做的功，互為負數：

$$\Delta U = -W \tag{6.7}$$

位能與能量守恆 06

我們已知道功由下式給出：

$$W = \int_{x_0}^{x} F_x(x')dx' \qquad (6.8)$$

結合 (6.7) 和 (6.8) 兩式，可得守恆力和位能之間的關係：

$$\Delta U = U(x) - U(x_0) = -\int_{x_0}^{x} F_x(x')dx' \qquad (6.9)$$

利用 (6.9) 式可以計算任意一個給定的守恆力所造成的位能變化量。

在第 5 章中，我們已為重力和彈簧力求出了 (6.9) 式的積分。重力的積分結果為

$$\Delta U_g = U_g(y) - U_g(y_0) = -\int_{y_0}^{y}(-mg)dy' = mg\int_{y_0}^{y} dy' = mgy - mgy_0 \qquad (6.10)$$

這與 6.1 節中的結果是一致的。因此，重力位能為

$$U_g(y) = mgy + 常數 \qquad (6.11)$$

注意在座標 y 處的位能，只有在不計相加性的常數項時，才能完全確定。物理上唯一可以觀測到的量是力所做的功，它只與位能差有關。如果將在各個位置的位能加上任意的同一個常數，則任何位能差都會維持不變。

依同樣的方式，彈簧力的位能有以下的公式：

$$\Delta U_s = U_s(x) - U_s(x_0)$$

$$= -\int_{x_0}^{x} F_s(x')dx'$$

$$= -\int_{x_0}^{x} (-kx')dx'$$

$$= k\int_{x_0}^{x} x'dx'$$

$$\Delta U_s = \tfrac{1}{2}kx^2 - \tfrac{1}{2}kx_0^2 \qquad (6.12)$$

因此，彈簧從它的平衡位置 $x = 0$ 伸長所具有的位能是

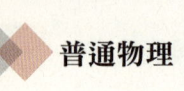

$$U_s(x) = \tfrac{1}{2}kx^2 + 常數 \qquad (6.13)$$

再次，位能只有在不計相加性的常數項時，才能完全確定。

6.4 位能與力

若對應於一守恆力的位能為已知時，要如何才能求得此守恆力？在微積分中，求導數 (微分) 是積分的逆運算，而在 (6.9) 式中位能的變化量是以積分表示，因此，我們可對該式微分，以便從位能求出力：

$$F_x(x) = -\frac{dU(x)}{dx} \qquad (6.14)$$

(6.14) 式是在一維運動的情況下，由位能求力的表達式。由此式可看出，加到位能的任何常數，對所得的力不會有任何影響，因為常數的導數為零。

三維運動的情況將留待本書稍後的章節，目前我們暫不考慮。但為了完整起見，以下列出三維運動情況下由位能求力的表達式：

$$\vec{F}(\vec{r}) = -\left(\frac{\partial U(\vec{r})}{\partial x}\hat{x} + \frac{\partial U(\vec{r})}{\partial y}\hat{y} + \frac{\partial U(\vec{r})}{\partial z}\hat{z} \right) \qquad (6.15)$$

上式中，力的各分量是以對應座標的偏導數 (偏微分) 表示。基本上，求 x 的偏導數時，只需將變數 y 和 z 當作常數，再按照微積分中通常求導數的作法即可。求 y 的偏導數時，只需將 x 和 z 當作常數，而求 z 的偏導數時，只需將 x 和 y 當作常數。在第 11 章討論穩定性時，我們將再回到多維的位能面。

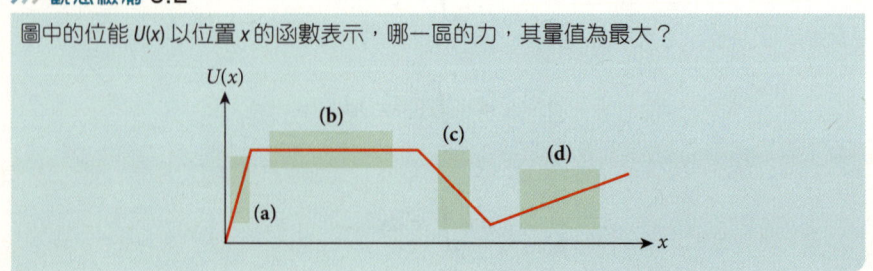

>>> 觀念檢測 6.2

圖中的位能 $U(x)$ 以位置 x 的函數表示，哪一區的力，其量值為最大？

連納–瓊斯位能

根據實驗，一分子中之兩原子的交互作用力所產生的位能，以兩原子之間距的函數表示時，其所具有的形式稱為連納–瓊斯位能 (Lennard-

Jones potential)。這個位能以間距 x 的函數表示時,有如下式:

$$U(x) = 4U_0\left[\left(\frac{x_0}{x}\right)^{12} - \left(\frac{x_0}{x}\right)^6\right] \tag{6.16}$$

上式中 U_0 是一個恆定的能量,x_0 是一個恆定的距離。連納–瓊斯位能是原子物理學最重要的觀念之一,對分子系統進行數值模擬時,大多使用它。

例題 6.2 分子力

問題 1:導致連納–瓊斯位能的力為何?

解 1:

我們只需求出位能對 x 的負導數:

$$\begin{aligned}F_x(x) &= -\frac{dU(x)}{dx} \\ &= -\frac{d}{dx}\left(4U_0\left[\left(\frac{x_0}{x}\right)^{12} - \left(\frac{x_0}{x}\right)^6\right]\right) \\ &= -4U_0 x_0^{12}\frac{d}{dx}\left(\frac{1}{x^{12}}\right) + 4U_0 x_0^6\frac{d}{dx}\left(\frac{1}{x^6}\right) \\ &= 48U_0 x_0^{12}\frac{1}{x^{13}} - 24U_0 x_0^6\frac{1}{x^7} \\ &= \frac{24U_0}{x_0}\left(2\left(\frac{x_0}{x}\right)^{13} - \left(\frac{x_0}{x}\right)^7\right)\end{aligned}$$

問題 2:使連納–瓊斯位能為極小的 x 為何?

解 2:

由於上題才得到力是位能函數的導數,故使位能為極小的點需滿足 $F(x) = 0$ 的條件:

$$F_x(x)\Big|_{x=x_{\min}} = \frac{24U_0}{x_0}\left(2\left(\frac{x_0}{x_{\min}}\right)^{13} - \left(\frac{x_0}{x_{\min}}\right)^7\right) = 0$$

這個條件只有在方括號中的表達式為零時才能滿足,即

$$2\left(\frac{x_0}{x_{\min}}\right)^{13} = \left(\frac{x_0}{x_{\min}}\right)^7$$

將上式兩邊乘以 $x_{\min}^{13} x_0^{-7}$ 後可得

$$2x_0^6 = x_{\min}^6$$

或

$$x_{\min} = 2^{1/6} x_0 \approx 1.1225 x_0$$

在數學上，導數為零並不足以確定位能在該處確實為極小。我們還需確定二階導數為正；這點可當作練習，自行檢驗。

圖 6.6a 是依據 (6.16) 式繪製之連納–瓊斯位能的形狀，$x_0 = 0.34$ nm，$U_0 = 1.70 \cdot 10^{-21}$ J，圖中示出兩個氬原子相互作用的位能隨兩原子中心間距的變化。圖 6.6b 是依據例題 6.2 中的表達式所繪製之對應的分子力。垂直灰色虛線標示出位能為極小的位置座標，所以在該點的力為零。注意在位能的極小處附近 (約 ±0.1 nm)，力可以相當準確的近似為線性函數 $F_x(x) \approx -k(x - x_{\min})$，這表示在接近極小處，連納–瓊斯位能所給的分子力作用與彈簧力類似。

我們也可以透過數學得出相同結論。$F_x(x)$ 在 $x_{\min}$ 附近可用泰勒 (Taylor) 展開式表示為

$$F_x(x) = F_x(x_{\min}) + \left(\frac{dF_x}{dx}\right)_{x=x_{\min}} \cdot (x - x_{\min}) + \frac{1}{2}\left(\frac{d^2 F_x}{dx^2}\right)_{x=x_{\min}} \cdot (x - x_{\min})^2 + \cdots$$

因為是在位能極小處附近做展開，而我們已經指出在該處的力為零，所以 $F_x(x_{\min}) = 0$。如果在 $x = x_{\min}$ 的位能為極小，則位能的二階導數在該

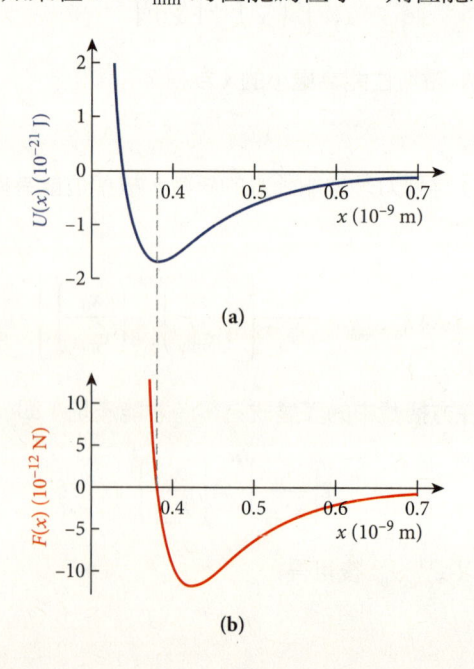

圖 6.6 (a) (6.16) 式的位能函數隨 x 座標的變化。(b) 對應於 (6.16) 式位能函數的力隨 x 座標的變化。

點必須為正。根據 (6.14) 式可知力 $F_x(x) = -dU(x)/dx$，這表示力的導數 $dF_x(x)/dx = -d^2U(x)/dx^2$。故在位能極小處，我們有 $(dF_x/dx)_{x=x_{min}} < 0$。將力的一階導數在座標 x_{min} 處的值改用一個常數來代表，即 $(dF_x/dx)_{x=x_{min}} = -k$ ($k > 0$)，則若足夠接近 x_{min}，而可忽略 $(x - x_{min})^2$ 和更高次方的項時，由上式就得 $F_x(x) = -k(x - x_{min})$。

這些物理和數學的論證，建立了為什麼對虎克定律與所得的運動方程式，仔細加以研究是重要的。

> **自我測試 6.1**
> 有些自然界中的力，是與物體之間的距離平方成反比。這種力的位能隨物體之間的距離會如何變化？

6.5 力學能守恆

我們定義的位能是針對兩個以上的物體所組成的系統。在後面的章節，我們將研究各種不同的一般性系統，但這裡我們專注於一種特定的系統：**孤立系統**，它是由彼此間以力相互作用的物體所組成的系統，但外力不能使系統的能量改變。這意味著，沒有能量被轉移進入或離開系統。孤立系統的能量乃是物理學的基本觀念之一。

為了研究這個觀念，我們首先將動能和位能的總和定義為**力學能 E**：

$$E = K + U \qquad (6.17)$$

(學過力學後，我們將加入其他種類的能到此總和，並稱它為總能量。)

對於孤立系統內只涉及守恆力的任何力學過程，總力學能必守恆，換言之，總力學能為常數，不隨時間而變：

$$\Delta E = \Delta K + \Delta U = 0 \qquad (6.18)$$

這個結果 (見以下推導) 的另一種寫法是

$$K + U = K_0 + U_0 \qquad (6.19)$$

其中 K_0 和 U_0 分別是初始動能和位能。此一關係稱為**力學能守恆定律**。

> **推導 6.1**
> 如 (6.7) 式所示，守恆力如果做功，那麼功將導致位能的變化：
> $$\Delta U = -W$$
> (如果所考慮的力並非守恆力，這個關係一般並不成立，而力學能守恆也將變成無效。)

普通物理

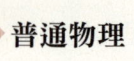

由第 5 章的 (5.7) 式，我們知道動能的變化量與力所做之功的關係是：

$$\Delta K = W$$

結合這兩個結果，我們得到

$$\Delta U = -\Delta K \Rightarrow \Delta U + \Delta K = 0$$

使用 $\Delta U = U - U_0$ 和 $\Delta K = K - K_0$，我們發現

$$0 = \Delta U + \Delta K = U - U_0 + K - K_0 = U + K - (U_0 + K_0) \Rightarrow$$
$$U + K = U_0 + K_0$$

注意：在推導 6.1 中，如果作用的守恆力不止一個，則將 ΔU 視為所有位能變化量的總和，並將 W 視為所有守恆力做的總功，上述的推導仍然還是成立的。

當涉及物體在地球重力下運動的情況時，適用能量守恆定律的孤立系統，實際上包括運動的物體與整個地球。但在重力為恆定的近似下，我們假設地球質量為無限大，因此不動，所以系統中的物體位置改變時，地球的動能沒有變化。因此，我們只計算比地球小很多的物體，在重力下運動的動能與位能的所有變化。這個力是守恆的，且是由地球與運動物體所組成之系統的內力，所以滿足使用能量守恆定律的所有條件。

詳解題 6.1　投石器防禦

如圖 6.7 所示，你的任務是抵抗攻擊者，以捍衛新天鵝城堡 (Neuschwanstein Castle)。你有一個彈射器，可用來將石塊以 14.2 m/s 的速率，從城堡中庭發射以越過城牆，打到城堡前方的攻擊者陣營。已知中庭高度比攻擊者陣營高出 7.20 m。

問題：石塊會以甚麼速率降落到地面攻擊者的陣營？(忽視空氣阻力。)

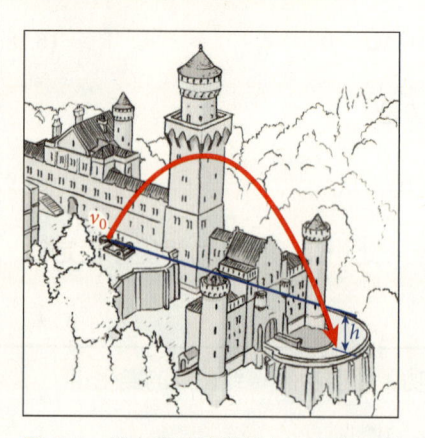

圖 6.7　從中庭到城門前之下方攻擊者陣營的一條可能的拋體路徑 (紅色拋物線)。藍線代表水平。

解：

思索 應用力學能守恆可以解決這個問題。彈射器將石塊拋出後，只有守恆的重力作用在石塊上。因此，總力學能必守恆，這表示石塊的動能和位能之和恆等於總力學能。

繪圖 圖 6.8 示出石塊的軌跡，石塊在初始時的速率為 v_0，動能為 K_0，位能為 U_0，高度為 y_0，而最終時的速率為 v，動能為 K，位能為 U，高度為 y。

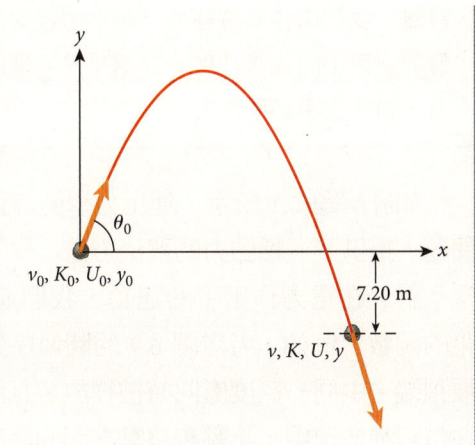

圖 6.8 投射器發射的石塊軌跡。

推敲 由力學能守恆可以寫出

$$E = K + U = K_0 + U_0$$

其中 E 是總力學能。拋體的動能可以表示為

$$K = \tfrac{1}{2}mv^2$$

其中 m 是拋體的質量，v 是它撞擊地面時的速率。拋體的位能可表示為

$$U = mgy$$

其中 y 是拋體撞擊地面時之位置向量的垂直分量。

簡化 將前二式的 K 和 U 代入 $E = K + U$ 可得

$$E = \tfrac{1}{2}mv^2 + mgy = \tfrac{1}{2}mv_0^2 + mgy_0$$

消去上式各項中的石塊質量 m，可得

$$\tfrac{1}{2}v^2 + gy = \tfrac{1}{2}v_0^2 + gy_0$$

解出速率：

$$v = \sqrt{v_0^2 + 2g(y_0 - y)} \qquad (6.20)$$

計算 根據問題的陳述，$y_0 - y = 7.20$ m，$v_0 = 14.2$ m/s。因此，最終速率為

$$v = \sqrt{(14.2 \text{ m/s})^2 + 2(9.81 \text{ m/s}^2)(7.20 \text{ m})} = 18.51766724 \text{ m/s}$$

捨入 相對高度給出到三位有效數字，所以最終的答案為

$$v = 18.5 \text{ m/s}$$

普通物理

自我測試 6.2

在詳解題 6.1 中，我們忽略了空氣阻力。如果將空氣阻力的影響納入，試定性的討論最終的答案將會如何改變。

複驗 我們所得石塊在城門前下方撞擊地面的速率為 18.5 m/s，與初始發射速率 14.2 m/s 比較，這似乎是合理的。因為重力位能差所帶來的增益，這個速率必須更大。

如詳解題 6.1 所示，運用力學能守恆，對初看之下似乎相當複雜的問題，提供了一種強力的解決方法。

對於在重力作用下的運動，我們通常可以求出最終速率隨高度變化的函數。例如，考慮圖 6.9 的圖像序列。兩個球在兩個形狀不同的斜坡頂端，由同一高度處同時被釋放，且兩球抵達斜面底端的同一高度。在這兩種情況中，起點和終點之間的高度差是相同的。除了重力，這兩個球也受到正向力；根據定義，正向力垂直於接觸面，並不做功，而運動平行於表面。因此正向力和位移向量的純量積為零。(摩擦力不大，在這種情況下可以忽略不計。) 依據能量守恆 [見詳解題 6.1 中的 (6.20)式]，兩個球在斜面底端的速率必須相同：

$$v = \sqrt{2g(y_0 - y)}$$

上式是 (6.20) 式在 $v_0 = 0$ 時的特例。注意，視在下斜坡的曲線形狀，要用牛頓第二定律以獲得這一結果可能相當困難。然而，即使兩球在斜坡頂部和底部的速率是相同的，你不能由此結果，就斷定這兩個球同時到達底部。圖像序列清楚地顯示這並非如此。

自我測試 6.3

圖 6.9 中的淺色球為何在另一球之前到達底部？

6.6 彈簧力的功與能

在 6.3 節中，我們發現，儲存在彈簧中的位能是 $U_s = \frac{1}{2}kx^2 +$ 常數，其中 k 是彈簧常數，x 是從平衡位置算起的位移。此處我們將附加的常數選為零，這對應於在 $x = 0$ 處的位能 $U_s = 0$。利用能量守恆定律，可將速率 v 表示為位置的函數。首先，我們可以寫出在一般情況下的總力學能：

$$E = K + U_s = \frac{1}{2}mv^2 + \frac{1}{2}kx^2 \tag{6.21}$$

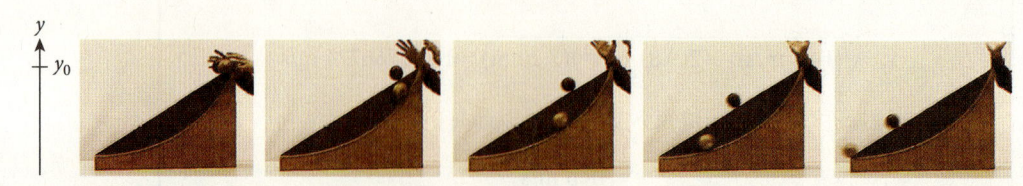

圖 6.9 兩球由高度相同的不同斜坡下滑，進行比賽。

位能與能量守恆 **06**

如果知道總力學能，就可以由上式解出速率。那麼總力學能的值為何？考慮一個與物體連結的彈簧振盪系統，當彈簧從平衡位置伸長時，其最大的位移稱為 振幅 A。當位移達到振幅時，物體的速度暫時為零。若無其他的保守力作用於物體，則系統在這一點的總力學能為

$$E = \tfrac{1}{2}kA^2$$

然而，依照力學能守恆的意思，這也就是彈簧在振盪的任何一點時所具有的能量。將上式的 E 代入 (6.21) 式可得

$$\tfrac{1}{2}kA^2 = \tfrac{1}{2}mv^2 + \tfrac{1}{2}kx^2 \tag{6.22}$$

從 (6.22) 式，我們可以得到以位置函數表示的速率公式：

$$v = \sqrt{(A^2 - x^2)\frac{k}{m}} \tag{6.23}$$

注意我們沒有藉助運動學來得到上式 (這種做法相當有挑戰性)，所以上述解法是使用能量守恆定律 (在此為力學能守恆) 可以導出大有用處之結果的另一佐證。

詳解題 6.2 人體砲彈

「人體砲彈」是一項受人喜愛的馬戲表演。它將人從砲筒射出，通常伴有大量的煙霧和巨響，以增加戲劇效果。

假設有人想表演人體砲彈，而將彈簧安置於一個發射筒內。假定筒長為 4.00 m，內裝可延伸整個筒長的彈簧。發射筒直立向上，垂直指向馬戲團帳篷的頂篷。人體砲彈下降到筒裡，將彈簧壓縮到某個程度。接著再以外力將彈簧進一步壓縮到僅有 0.70 m 的長度。在筒的頂端之上 7.50 m 的高度，頂篷有一個點是身高 1.75 m、質量 68.4 kg 的人體砲彈在其軌跡最高點時應該觸及的。移除外力可將彈簧釋放，將人體砲彈垂直向上發射。

問題 1：如要實現這項特技表演，彈簧常數的值需為何？

解 1：

思索　我們使用能量守恆來考慮並解決這個問題。位能最初儲存於彈簧，再轉換為人體砲彈在飛行頂點的重力位能。我們選擇筒的頂端作為計算的基準點，將它設為座標系原點。為了實現這項特技，必須透過壓縮彈簧以提供足夠的能量，使人的頭頂可上升到高於原點 7.50 m 的

145

普通物理

高度。因為人的身高為 1.75 m，他的腳只需要上升 h = 7.50 m − 1.75 m = 5.75 m，而人體砲彈的位置可用他腳底所在位置的 y 座標來標示。

繪圖 為釐清問題，我們在不同的瞬間應用能量守恆。圖 6.10a 顯示彈簧在初始平衡位置。在圖 6.10b，外力 $\vec{F}$ 和人體砲彈的重量，將彈簧壓縮了 3.30 m 到只剩下 0.70 m 的長度。當彈簧被釋放後，人體砲彈持續加速，在通過彈簧的平衡位置時，速度為 $\vec{v}_c$ (見圖 6.10c)。砲彈從這個位置需上升 5.75 m，使其頭部到達頂篷 (圖 6.10e)，且速度正好成為零。

推敲 由於重力位能的零點可以隨意選擇，我們將彈簧無負載時的平衡位置，選為重力位能的零點，如圖 6.10a。

在圖 6.10b 所示的瞬間，人體砲彈的動能為零，但有來自彈簧力和重力的位能。所以在此一瞬間的總能量為

$$E = \tfrac{1}{2}ky_b^2 + mgy_b$$

在圖 6.10c 所示的瞬間，人體砲彈僅具有動能，位能則為零：

$$E = \tfrac{1}{2}mv_c^2$$

就在此瞬間後，人體砲彈離開彈簧，如圖 6.10d 所示飛向空中，最後觸及頂篷 (圖 6.10e)。觸及頂篷時，他只有重力位能，沒有動能 (由於彈簧的設計，使他觸及頂篷時沒有剩餘的速度)：

$$E = mgy_e$$

> **觀念檢測 6.3**
>
> 將沿垂直方向、彈簧常數為 k 的彈簧，先從它的平衡位置向下壓縮 x 的距離。再將質量為 m 的物體置於彈簧上端，然後將彈簧釋放。物體上升到比彈簧平衡位置高出 h (h≫x) 的高度。如果先將彈簧向下壓縮相同的距離 x，再將質量為 3m 的物體置於彈簧上，則當彈簧被釋放後，物體上升的高度將為何？
> a) h b) 3h
> c) h/3 d) h^3
> e) $h^{1/2}$

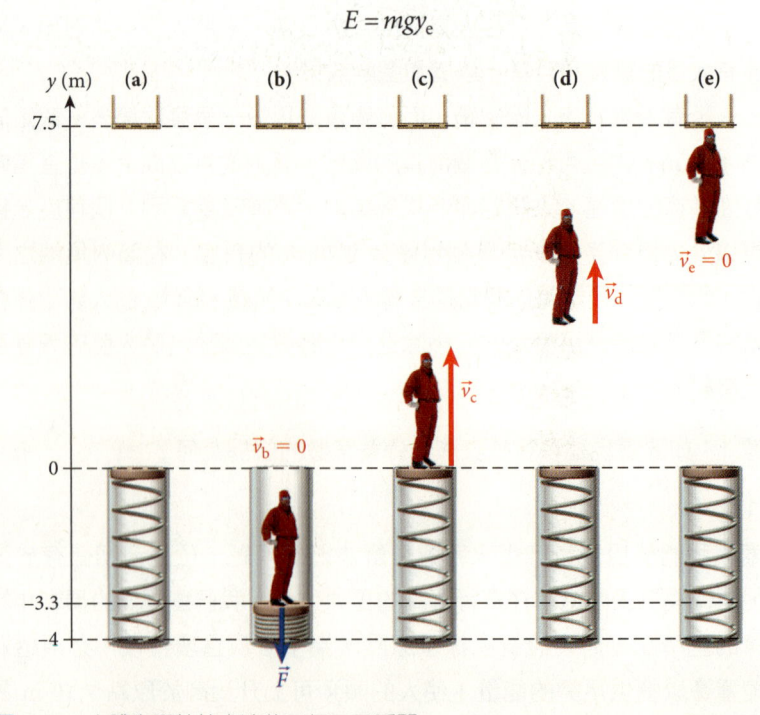

圖 6.10 人體砲彈特技表演的五個不同瞬間。

簡化　能量守恆要求總能量保持不變。令上面第一和第三個關於 E 的表示式相等，我們得到

$$\tfrac{1}{2}ky_b^2 + mgy_b = mgy_e$$

將上式重新整理，可得到彈簧常數：

$$k = 2mg\frac{y_e - y_b}{y_b^2}$$

計算　依據給定的數值與所選的座標系原點，$y_b = -3.30$ m，$y_e = 5.75$ m。因此，彈簧常數的值需為

$$k = 2(68.4 \text{ kg})(9.81 \text{ m/s}^2)\frac{5.75 \text{ m}-(-3.30 \text{ m})}{(3.30 \text{ m})^2} = 1115.26 \text{ N/m}$$

捨入　在計算中使用的所有數值都具有三位有效數字，所以最終答案為

$$k = 1.12 \cdot 10^3 \text{ N/m}$$

複驗　彈簧最初被壓縮時所儲存的位能為

$$U = \tfrac{1}{2}ky_b^2 = \tfrac{1}{2}(1.12 \cdot 10^3 \text{ N/m})(3.30 \text{ m})^2 = 6.07 \text{ kJ}$$

人體砲彈所獲得的重力位能為

$$U = mg\Delta y = (68.4 \text{ kg})(9.81 \text{ m/s}^2)(9.05 \text{ m}) = 6.07 \text{ kJ}$$

這與儲存於彈簧的最初能量是相同的。因此所得的彈簧常數值是合理的。

注意：人體砲彈的質量在彈簧常數的方程式中出現。反過來想，我們可以說使用相同的彈簧與砲，可以將不同質量的人，發射到不同的高度。

問題 2：人體砲彈在通過彈簧平衡位置時的速率為何？

解 2：

使用選定的原點，我們之前已得知在通過彈簧平衡位置的瞬間，人體砲彈僅具有動能。令此動能等於抵達頂篷時的位能，可得

$$\tfrac{1}{2}mv_c^2 = mgy_e \Rightarrow$$
$$v_c = \sqrt{2gy_e} = \sqrt{2(9.81 \text{ m/s}^2)(5.75 \text{ m})} = 10.6 \text{ m/s}$$

這個速率相當於 23.8 mph。

> **觀念檢測 6.4**
> 質量為 m 的球以初始速率 v 被垂直拋入空中。以下何者正確描述球的最大高度 h？
> a) $h = \sqrt{\dfrac{v}{2g}}$　b) $h = \dfrac{g}{\tfrac{1}{2}v^2}$
> c) $h = \dfrac{2mv}{g}$　d) $h = \dfrac{mv^2}{g}$
> e) $h = \dfrac{v^2}{2g}$

> **自我測試 6.4**
> 將詳解題 6.2 中人體砲彈的位能和動能隨 y 座標變化的函數，繪製成圖線。人體砲彈的速率達最大值時，位移為何？(提示：這不是在 $y = 0$，而是在 $y < 0$。)

6.7　非守恆力與功–能定理

在介紹守恆力的位能後，我們可以將第 5 章的功–動能定理加以擴展和增強。若在功–動能定理中，將系統內的守恆力所做的功依 (6.7) 式改用位能變化的負值 $-\Delta U$ 表示，並將其移項到右邊而與動能變化 ΔK 並列，我們就得到**功–能量定理**

$$W = \Delta E = \Delta K + \Delta U \tag{6.24}$$

上式中的 W 是外力與非守恆力的內力所做的功，ΔK 是動能的變化量，ΔU 是位能的變化量，而 $E = K + U = E_{\text{mechanical}}$ 為總力學能。

一個系統不受外力的功時，在非守恆力的內力作用下，能量是否不守恆？非守恆這個詞似乎暗示能量不守恆，事實上，如以 W_f 代表非守恆力 (如摩擦力) 所做的功，則依據上式可知 $W = W_f = \Delta E_{\text{mechanical}}$，因此總力學能確實不守恆。那麼，能量到哪裡去了？6.2 節指出，摩擦力恆做負功，而使力學能耗散，轉換成為內部的能，如振動能、變形能、化學能或電能。在 6.2 節中，我們發現，由於非守恆力的作用而被耗散成為內能的總能量等於 W_f，且內能可進一步轉換為非力學能形式的能。如果將這類的能，加上總力學能 $E_{\text{mechanical}}$，我們就得到**總能量** E_{total}：

$$E_{\text{total}} = E_{\text{mechanical}} + E_{\text{other}} = K + U + E_{\text{other}} \tag{6.25}$$

這裡 E_{other} 代表動能和位能以外所有其他形式的能，它的變化量恰好等於摩擦力在系統從初始到最終狀態期間所耗散的能量之負值，即

$$\Delta E_{\text{other}} = -W_f$$

即使有非守恆力的作用，由以上兩式與 $W_f = \Delta E_{\text{mechanical}}$，可推導出

$$\Delta E_{\text{total}} = \Delta E_{\text{mechanical}} + \Delta E_{\text{other}} = W_f - W_f = 0 \tag{6.26}$$

因此，總能量的變化量為零，即總能量仍是守恆的，也就是說，它是一個不隨時間而變的常數。這是本章中最重要的一點：

一個孤立系統的總能量是永遠守恆的，總能量是指所有形式的能之總和，包括力學能及其他形式的能。

在此再次強調，對於孤立的系統，在作用力只有守恆力的情況下，

位能與能量守恆 **06**

由 (6.18) 式我們發現總力學能守恆，或 $\Delta E = \Delta K + \Delta U = 0$，其中 E 是指總力學能。而對於作用力包括有非守恆力的情況，(6.24) 式可表示為

$$W_f = \Delta K + \Delta U \tag{6.27}$$

當沒有非守恆力時，$W_f = 0$，(6.27) 式簡化成為 (6.19) 式的力學能守恆定律。在應用這些守恆公式時，必須選擇兩個時刻，即開始和結束。這項選擇通常是很容易看出的，但有時必須小心，如以下的詳解題所示。

詳解題 6.3　推落桌上的木塊

考慮一個在桌面上的木塊。以一端固定於牆壁的彈簧，推此木塊，滑過桌面，然後落到地板上。木塊的質量為 $m = 1.35$ kg。彈簧常數為 $k = 560$ N/m，且彈簧最初被壓縮 0.110 m。木塊在高度為 $h = 0.750$ m 的桌面上滑動的距離為 $d = 0.65$ m。木塊和桌面之間的動摩擦係數為 $\mu_k = 0.160$。

問題：木塊抵達地板時的速率為何？

解：

思索　初看之下，這似乎不是一個可以運用力學能守恆的問題，因為作用力包括了非守恆的摩擦力。不過我們可以利用 (6.27) 式的功–能量定理。為了確定木塊實際可離開桌面，我們首先計算彈簧施給木塊的總能量，並確定儲存於被壓縮彈簧的位能，足以克服摩擦力。

繪圖　圖 6.11a 顯示彈簧推著質量為 m 的木塊。木塊在桌面上滑動的距離為 d，然後落到高度比桌面低了 h 的地板上。

我們選擇座標系的原點，使木塊由 $x = y = 0$ 開始滑動，並使 x 軸沿著木塊的底部平面，而 y 軸則通過木塊中心 (圖 6.11b)。座標系的原點雖

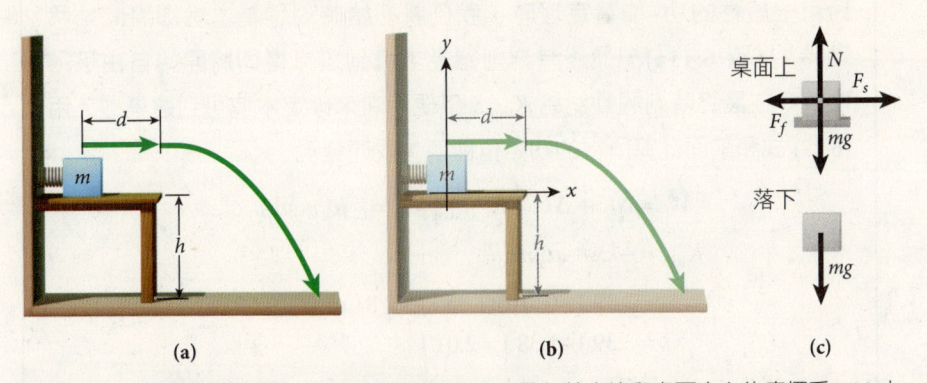

圖 6.11　(a) 彈簧將質量為 m 的木塊推離桌面。(b) 疊加於木塊和桌面之上的座標系。(c) 木塊在桌面上移動時與落下時的自由體力圖。

149

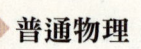

可選在任何位置，但將原點固定下來是重要的，因為所有的位能都需相對於某個參考點來表達。

推敲 第 1 步：讓我們分析無摩擦力情況下的問題。在這種情況下，木塊最初因壓縮彈簧而具有位能，但因為它是靜止的，沒有動能。當木塊下落到地板時，它具有動能和負的重力位能。故由力學能守恆，可得

$$K_0 + U_0 = K + U \Rightarrow$$
$$0 + \tfrac{1}{2}kx_0^2 = \tfrac{1}{2}mv^2 - mgh \tag{i}$$

通常我們都會由這個方程式解出速率，但稍後才代入數值。但因為還需要再次用到它們，讓我們先計算兩個位能項：

$$\tfrac{1}{2}kx_0^2 = 0.5(560 \text{ N/m})(0.11 \text{ m})^2 = 3.39 \text{ J}$$
$$mgh = (1.35 \text{ kg})(9.81 \text{ m/s}^2)(0.75 \text{ m}) = 9.93 \text{ J}$$

由 (i) 式解出速率可得

$$v = \sqrt{\tfrac{2}{m}(\tfrac{1}{2}kx_0^2 + mgh)} = \sqrt{\tfrac{2}{1.35 \text{ kg}}(3.39 \text{ J} + 9.93 \text{ J})} = 4.44 \text{ m/s}$$

第 2 步：現在納入摩擦力。以上的考慮基本上保持不變，但我們必須將非守恆的摩擦力所消耗的能量包含進來。我們使用圖 6.11c 的自由體力圖來求出摩擦力。由圖可看出正向力等於木塊的重量，故得

$$N = mg$$

而摩擦力則如下式：

$$F_k = \mu_k N = \mu_k mg$$

然後，我們可將摩擦力所消耗的能量寫為

$$W_f = -\mu_k mgd$$

應用一般性的功–能量定理時，我們將初始時刻選為木塊即將開始移動時（見圖 6.11a），最終時刻則選為木塊到達桌邊即將開始自由下落時。令在最終時刻的動能為 K_{top}，以便用它來確定木塊可到達桌邊。用 (6.27) 式和前面計算所得的初始位能值，我們發現：

$$W_f = \Delta K + \Delta U = K_{\text{top}} - \tfrac{1}{2}kx_0^2 = -\mu_k mgd$$
$$K_{\text{top}} = \tfrac{1}{2}kx_0^2 - \mu_k mgd$$
$$= 3.39 \text{ J} - (0.16)(1.35 \text{ kg})(9.81 \text{ m/s}^2)(0.65 \text{ m})$$
$$= 3.39 \text{ J} - 1.38 \text{ J} = 2.01 \text{ J}$$

因為動能 $K_{\text{top}} > 0$，故木塊可克服摩擦力而滑出桌面。現在，我們可以計

算木塊抵達地板時的速率。

簡化 在此部分中，初始時刻選為木塊在桌邊時，以便利用已經完成的計算。最終時刻則選木塊撞擊地板時。(如果我們選擇的初始時刻如圖 6.11a 所示，結果將會是相同的。)

$$W_f = \Delta K + \Delta U = 0$$

$$\tfrac{1}{2}mv^2 - K_{\text{top}} + 0 - mgh = 0$$

$$v = \sqrt{\frac{2}{m}(K_{\text{top}} + mgh)}$$

計算 代入數值即得

$$v = \sqrt{\frac{2}{1.35 \text{ kg}}(2.01 \text{ J} + 9.93 \text{ J})} = 4.20581608 \text{ m/s}$$

捨入 所有給定的數值都有三位有效數字，所以答案也一樣，而為

$$v = 4.21 \text{ m/s}$$

複驗 我們可以看出，木塊撞擊地板的速率主要的貢獻是來自路徑中自由下落的部分。為什麼我們要透過中間的步驟找出 K_{top} 的值，而不直接就用由一般化功-能量定理得到的公式 $v = \sqrt{2(\tfrac{1}{2}kx_0^2 - \mu_k mgd + mgh)/m}$？我們首先需要計算 K_{top} 以確保它為正值，如此即表示彈簧給予木塊的能量，足以超過對抗摩擦力所需做的功。如果 K_{top} 為負值，木塊將在桌面上停下。例如，如果我們試圖解決同樣的問題，但木塊和桌面之間的動摩擦係數是 $\mu_k = 0.50$，而不是 $\mu_k = 0.16$，則將發現

$$K_{\text{top}} = 3.39 \text{ J} - 4.30 \text{ J} = -0.91 \text{ J}$$

此為不可能。

>>> **觀念檢測 6.5**

在動摩擦係數為 μ_k 的冰面上，質量為 m 的冰壺石以初始速度 v 滑動，行進的距離為 d。如果初始速度加倍，它會滑動多遠？
a) d b) $2d$
c) d^2 d) $4d$
e) $4d^2$

如詳解題 6.3 所示，即使在非守恆力的作用下，採用能量的觀點，對那些要不然就很難處理的計算，還算是一個強大的工具。

6.8 位能與穩定性

讓我們回到力和位能之間的關係。將位能曲線想像成雲霄飛車的軌道，也許可幫助你對這個關係有更深入的物理了解。這並不是一個完美的比擬，因為雲霄飛車並非在一維，而是在二維平面，或者甚至是三維的空間中移動，且車和軌道之間有少量的摩擦。然而，假設在這個比擬中力學能是守恆的，仍不失為一個很好的近似，因此雲霄飛車的運動可

圖 6.12 雲霄飛車的總能量、位能和動能。沿著飛車軌道的黃線顯示位能，紅線顯示動能，而頂端橙線是前兩 (恆定！) 的總和。

用一個位能函數來描述。

圖 6.12 針對雲霄飛車的一段行程，將位能 (沿著軌道輪廓的黃線)、總力學能 (水平橙色線) 和動能 (前兩者之差，紅線) 以圖表示為位置的函數。可以看出動能在軌道的最高點具有極小值，即在該點車速為最慢，而當飛車沿著斜坡道下行時，車速變快。所有這些效應都是總力學能守恆的結果。

圖 6.13 的曲線示出了位能函數 (a 部分) 及其所對應的力 (b 部分)。在圖 6.13 中位能的零值設定於最低點。

平衡點

圖 6.13b 中，以垂直灰線標示出 x 軸上三個特殊點，在這些點的力為零，而因力是位能函數對座標 x 的導數，所以位能在這些點具有極值 (即極大值或極小值)。在這三個點，因為沒有力，牛頓第二定律告訴我們，沒有加速度。因此，這些點是平衡點。

圖 6.13 包含兩種不同的平衡點。點 x_1 和 x_3 是穩定的平衡點，而點 x_2 是不穩定的平衡點。穩定和不穩定平衡點的區別，在於它們對擾動 (在平衡點附近的微小位置變化) 的響應。

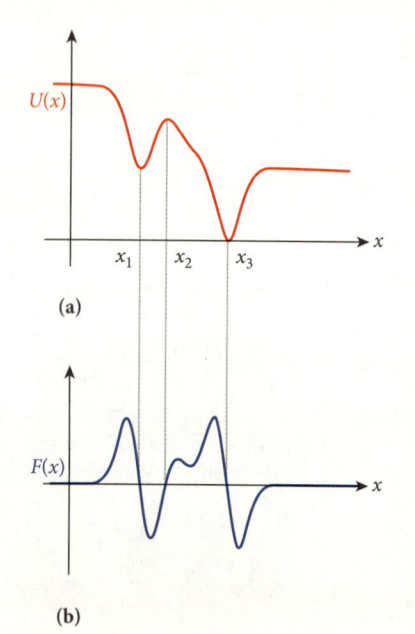

圖 6.13 (a) 以位置的函數表示位能；(b) 對應於該位能函數的力，亦以位置的函數表示。

定義

在**穩定平衡點**，小擾動導致留在平衡點附近的小幅振盪。在**不穩定平衡點**，小擾動導致加速運動而遠離平衡點。

位能與能量守恆 06

在這裡,雲霄飛車的比擬可能會有幫助:如果你乘坐的雲霄飛車是在點 x_1 和 x_3,而有人小推一下飛車,那它只會在軌道上前後擺動,這是因為你是位於能量的一個局部最低點。但是,如果飛車在點 x_2 時受到相同的力小推一下,它就會沿著斜坡道滾下。

由數學的觀點來看,使平衡點為穩定或不穩定的是位能函數的二階導數或曲率的值。負曲率代表位能函數為局部極大,因此為不穩定平衡點;正曲率則代表穩定平衡點。當然,也有介於穩定與不穩定平衡 (或介於正與負曲率) 之間的情況,這被稱為**準穩平衡點**,在此點的局部曲率為零,也就是位能函數的二階導數為零。

▶▶▶ 觀念檢測 6.6

對支撐面上的球,下面哪個圖代表它的穩定平衡點?

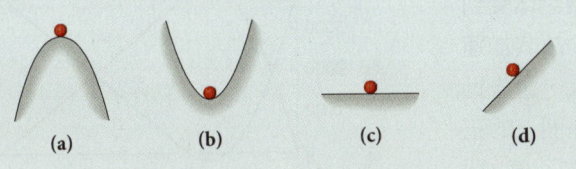

(a)　　(b)　　(c)　　(d)

已學要點｜考試準備指南

- 由彼此施力的物體所組成之系統,其位能 U 是儲存於其組態的能。
- 重力位能的定義為 $U_g = mgy$。
- 將彈簧從它在 $x = 0$ 的平衡位置拉長所產生的位能為 $U_s(x) = \frac{1}{2}kx^2$。
- 守恆力是沿任何閉合路徑所做的功恆為零的力。不符合此要求的力為非守恆力。
- 對於任何守恆力,由於系統中物體在空間的位置分布重排所造成的位能變化量,其負值等於守恆力在這個空間重排過程中所做的功。
- 位能及其對應的守恆力之間所滿足的關係為

$$\Delta U = U(x) - U(x_0) = -\int_{x_0}^{x} F_x(x')dx'$$

- 在一維的情況下,從位能可以使用 $F_x(x) = -\dfrac{dU(x)}{dx}$ 而得到力的分量。

- 力學能 E 是動能與位能的總和:$E = K + U$。
- 對孤立系統內任何只涉及守恆力的力學過程,總力學能一定守恆:$\Delta E = \Delta K + \Delta U = 0$。另一種表示此力學能守恆定律的方式是 $K + U = K_0 + U_0$。
- 總能量是所有形式的能之總和,它包括力學能和所有其他的能。一個孤立系統的總能量一定守恆,這對守恆力和非守恆力都能成立:

$E_{\text{total}} = E_{\text{mechanical}} + E_{\text{other}} = K + U + E_{\text{other}} =$ 常數

- 涉及非守恆力的能量問題,可以通過功–能量定理來解決:$W_f = \Delta K + \Delta U$。
- 在穩定的平衡點,小擾動導致留在平衡點附近的小幅振盪;在不穩定的平衡點,小擾動導致遠離平衡點的加速運動。
- 轉折點是動能為零的點,並且在該點有淨力作用於物體,使其遠離該點。

自我測試解答

6.1 位能正比於兩物體之間距的倒數。這種力的例子有重力和靜電力（見第 20 章）。

6.2 為了處理包括空氣阻力的問題，可將空氣阻力當作摩擦力，並引入空氣阻力所做的功。我們修改能量守恆的說法，以反映摩擦力所做之功為 W_f 的事實：

$$W_f + K + U = K_0 + U_0$$

此解法須執行用數值計算，因為摩擦力在這種情況下所做的功，將取決於石塊在空氣中實際經歷的距離。

6.3 我們只需比較兩球沿平面斜坡方向的加速度與速度分量。在曲線路徑中點之前，淺色球受到的正向力沿平面斜坡的分量不為零，故其加速度與速度沿平面斜坡方向的分量較大，會先抵達中點。過了曲線路徑中點之後，曲面上的正向力提供的是與前一半方向相反的加速度（即減速度），但其速度分量雖然漸減，仍舊大於另一球，直到抵達斜坡底部，才與另一球變成相等（假設圖 6.9 中，曲面的曲率相對於中點為對稱），故淺色球會先到斜坡底部，即使它的路徑長較大。

6.4 動能為極大之處，速率亦為極大：

$$K(y) = U(-3.3 \text{ m}) - U(y)$$
$$= (3856 \text{ J}) - (671 \text{ J/m})y - (557.5 \text{ J/m}^2)y^2$$

$$\frac{d}{dy}K(y) = -(671 \text{ J/m}) - (1115 \text{ J/m}^2)y = 0 \Rightarrow$$

$$y = -0.602 \text{ m}$$

$$v(-0.602 \text{ m}) = \sqrt{2K(-0.602 \text{ m})/m} = 10.89 \text{ m/s}$$

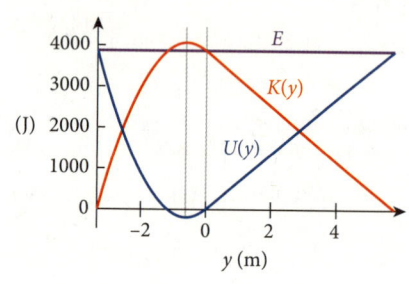

注意：速率為極大處是彈簧承載人體砲彈後的平衡位置。

解題準則：能量守恆

1. 在第 5 章給出的解題準則，有許多也適用於涉及能量守恆的問題。相當重要的是要將考慮的系統界定清楚，並確定系統中各物體在不同關鍵時刻的狀態，例如在每一種運動的開始和結束。你還應該辨識在討論的情況下，哪些力是守恆的或非守恆的，因為它們對系統會有不同的影響。
2. 嘗試全程追蹤各種能在問題情況中的變化。什麼時候物體具有動能？重力位能是增加或減少？哪裡是彈簧的平衡點？
3. 記住，你可以選擇位能在哪裡為零，所以盡量確定你的選擇可使計算簡化。
4. 畫出示意圖幾乎總是有幫助的，而自由體力圖往往也是有用的。在有些情況下，畫出位能、動能和總力學能的曲線圖是一個好主意。

選擇題

6.1 質量 5.0 kg 的方塊以 8.0 m/s 的速率，在無摩擦的水平桌面上滑行，直到它撞上並黏附到一個水平彈簧（其彈簧常數 $k = 2000$ N/m，且質量非常小），而彈簧又連接到牆壁。在方塊停止前彈簧被壓縮多遠？

a) 0.40 m   b) 0.54 m
c) 0.30 m   d) 0.020 m

e) 0.67 m

6.2 如附圖所示，質量為 0.50 kg 的球在 A 點由靜止釋放。A 點比油桶底部高出 5.0 m，球在比油桶底部高出 2.0 m 的 B 點時，速率為 6.0 m/s。流體的摩擦力對球所做的功為

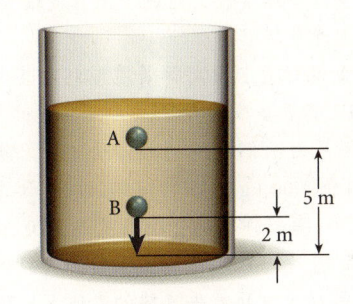

a) +15 J b) +9 J
c) −15 J d) −9 J
e) −5.7 J

6.3 以下哪項不是由彈簧力 $F = -kx$ 導出的位能函數？

a) $(\frac{1}{2})kx^2$ b) $(\frac{1}{2})kx^2 + 10$ J
c) $(\frac{1}{2})kx^2 - 10$ J d) $-(\frac{1}{2})kx^2$
e) 以上皆非

6.4 一彈簧常數為 80. N/m 的彈簧伸長 1.0 cm 時，它所儲存的位能為何？

a) $4.0 \cdot 10^{-3}$ J b) 0.40 J
c) 80 J d) 800 J
e) 0.8 J

6.5 對於在地面上滑動的一個物體，摩擦力作用的方向為下列何者？

a) 始終與物體的位移方向相同
b) 始終與物體的位移方向垂直
c) 始終與物體的位移方向相反
d) 依據動摩擦係數的值而變，可與物體的位移方向相同或相反

6.6 一棒球從建築物的頂部落下時，空氣阻力作用於棒球。以下哪項是正確的？

a) 在下降時，棒球的位能變化量等於棒球的撞擊地面之前的動能
b) 在下降時，棒球的位能變化量大於棒球的撞擊地面之前的動能
c) 在下降時，棒球的位能變化量小於棒球的撞擊地面之前的動能
d) 在下降時，棒球的位能變化量等於因空氣阻力的摩擦作用而損失的能量

觀念題

6.7 a) 如果你從桌上跳到地上，你的力學能是否守恆？如果沒有，哪裡去了？b) 一部車子在道路上行進時撞上一棵樹。汽車的力學能是否守恆？如果沒有，哪裡去了？

6.8 箭矢搭在弓上，弓弦被拉回，將箭矢垂直向上射入空氣中；然後箭矢掉回來，插入地面。描述功和能量發生的所有變化。

6.9 在質量為 1.0 kg 的鞦韆上，有一個質量為 49.0 kg 的女孩。假設你把她拉回來，直到她的質心高於地面 2.0 m。然後，你放手讓她擺盪出去，並返回同一點。所有作用於女孩和鞦韆的力，是否都為守恆力？

6.10 彈簧的位能可否為負？

6.11 對一特定的守恆力，是否可獨一無二的定義出它的位能函數？

6.12 在 $t = 0$ 時，質量為 m 的拋體從地面以速率 v_0 沿高於水平面 θ_0 的角度發射。假定空氣阻力可忽略不計，將拋體的動能、位能及總能量以時間的顯函數表示。

6.13 質量為 m 的物體在力 $F(x)$ 的作用下，進行一維運動。已知力只與物體的位置 x 有關。

a) 證明就此物體而言，牛頓第二定律和能量守恆定律是完全等價的。
b) 承上題，解釋能量守恆定律為什麼被認為要比牛頓第二定律具有更大的重要性。

6.14 質量為 m 的粒子，在二維位能函數 $U(x, y) = \frac{1}{2}k(x^2 + y^2)$ 限制下，進行 xy 平面的運動。

a) 推導淨力 $\vec{F} = F_x\hat{x} + F_y\hat{y}$ 的表達式。
b) 找出在 xy 平面上的平衡點。
c) 定性描述淨力的影響。
d) 如果 $k = 10.0$ N/cm，粒子在座標 (3.00 cm, 4.00 cm) 處受到的淨力量值為何？
e) 如果粒子的總力學能為 10.0 J，則轉折點為何？

練習題

題號前的藍點 (•) 與雙藍點 (••) 代表問題難度遞增。

6.1 節

6.15 一本 2.00 kg 的書在高於地板 1.50 m 處的重力位能為何？

6.16 在月球上重力加速度為地球上 1/6 處，將質量 0.773 kg 的石塊，以長 2.45 m 的細繩懸掛。當此石塊的角度 θ (與向下垂直線的夾角) 從 3.31° 變為 14.01° 時，它的重力位能變化量為何？

6.3 節

6.17 一輛質量為 $1.50 \cdot 10^3$ kg 的汽車，以等速度沿斜坡向上行進了 2.50 km。斜坡與水平的夾角為 3.00°。汽車的位能變化量為何？汽車所做的淨功為何？

6.18 質量 3.27 kg 的皮納塔 (內裝糖果與禮物的紙糊容器) 以繩子連接綁在天花板上的掛鉤。繩子的長度為 0.810 m，皮納塔由初始位置被靜止釋放時，繩子與垂直線的夾角為 56.5°。繩子由初始位置開始至第一次到達垂直位置的期間，重力做的功為何？

6.4 節

•**6.19** 計算以下各位能所對應的力 $F(y)$：
a) $U(y) = ay^3 - by^2$。
b) $U(y) = U_0 \sin(cy)$。

6.5 節

6.20 一球往上拋入空中，達到了 5.00 m 的高度。使用能量守恆的考慮，求出其初始速率。

6.21 質量 0.624 kg 的籃球從 1.20 m 的垂直高度以 20.0 m/s 的速率投出。達到最大高度之後，球下降進入比地面高 3.05 m 的籃框。使用能量守恆定律，求出球即將進入籃框時的速率。

•**6.22** 假設你將 0.0520 kg 的球，從 12.0 m 高的建築物，以 10.0 m/s 的速率，沿高於水平 30.0° 的角度拋出。
a) 它擊中地面時的動能為何？
b) 它擊中地面時的速率為何？

•**6.23** a) 你從平底雪橇滑行坡道 40.0 m 高的頂端由靜止下滑。如果雪橇與軌道之間的摩擦可以忽略，則你到達坡道底部時的速率為何？
b) 坡道的陡度是否影響你到達坡道底部時的速率？
c) 若不忽略摩擦力，則坡道的陡度是否影響你到達坡道底部時的速率？

6.6 節

6.24 一條 $k = 10.0$ N/cm 的彈簧，最初從它的平衡長度拉伸 1.00 cm。
a) 要進一步拉伸彈簧使它超過平衡長度達 5.00 cm，需要再給多少能量？
b) 從這個新的位置，要將彈簧壓縮到比其平衡長度再短 5.00 cm，需要多少能量？

•**6.25** 一彈弓由兩個相同的輕彈簧 (彈簧常數為 30.0 N/m) 和內含 1.00 kg 石頭的輕杯組成，彈弓沿水平方向發射石頭。每條彈簧的平衡長度為 50.0 cm。當彈簧處於平衡狀態時，它們沿垂直線對齊。假設內含 1.00 kg 石頭的輕杯，被拉至垂直線的左側 $x = 70.0$ cm，然後釋放。試求：
a) 此系統的總力學能。
b) 石頭在 $x = 0$ 的速率。

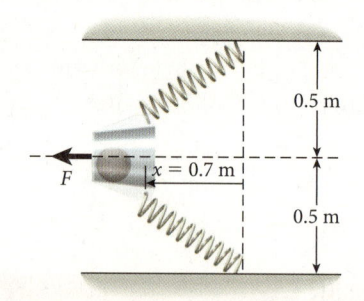

6.7 節

6.26 一名 80.0 kg 的消防員，滑下一根長為 3.00 m 的直桿時，以手對直桿施加 400 N 的摩擦力。如果他從靜止開始滑下，他到達地面時的速率為何？

6.27 一斜坡的長度為 123.5 m，與水平成 14.7° 的角度。如果一個 55.0 kg 的滑雪者，以 14.4 m/s 的等速度滑下斜坡，摩擦所造成的力學能損失為何？

•**6.28** 質量 70.1 kg (包括裝備和服裝) 的滑雪板者，以 5.10 m/s 的初始速率，滑下一個與水平之夾角 $\theta = 37.1°$ 的斜坡。動摩擦係數為 0.116。在下降最初的 5.72 s 內，施予滑雪板者的淨功為何？

•**6.29** 一個 1.00 kg 的木塊，在長度 $L = 2.00$ m、傾斜角 30.0° 的粗糙木板上被上下推動。它從底部向上被推 L/2 的距離，然後向下被推回 L/4 的距離，最後又向上被推回，直到抵達頂端。如果木塊和板之間的動摩擦係數為 0.300，試求推動木塊以對抗摩擦所做的功。

••**6.30** 彈簧常數為 500 N/m 的彈簧，被用來將 0.500 kg 的物體推上斜面。彈簧從其平衡位置被壓縮 30.0 cm 後，將物體由靜止推出，跨越水平表面後，接著上了斜面。斜面的長度為 4.00 m，傾斜角為 30.0°。物體與斜面和水平面的動摩擦係數均為 0.350。當彈簧被壓縮時，物體距離斜面的底部 1.50 m。
a) 物體到達斜面底部時的速率為何？
b) 物體到達斜面頂部時的速率為何？
c) 從物體開始運動到停下，摩擦力所做的總功為何？

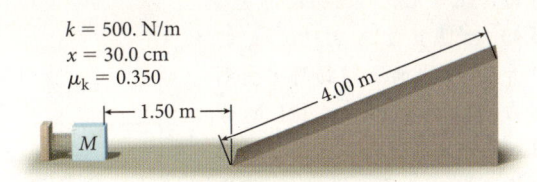

$k = 500.$ N/m
$x = 30.0$ cm
$\mu_k = 0.350$

6.8 節

•**6.31** 附圖所示為雲霄飛車軌道的一段。一輛質量為 237.5 kg 的飛車，由 $x = 0$ 處開始，以 16.5 m/s 的速率出發。假定摩擦所耗散的能量小到可以忽略不計，則軌跡的轉折點在何處？

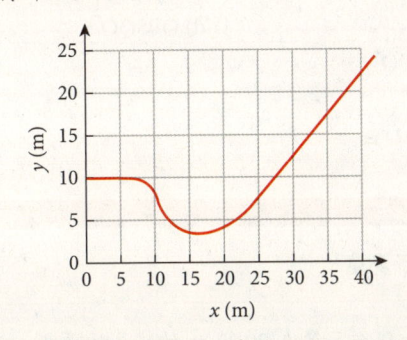

•**6.32** 一個 0.200 kg 的粒子沿 x 軸運動，沿著路徑受到的位能函數如附圖所示，其中 $U_A = 50.0$ J，$U_B = 0$ J，$U_C = 25.0$ J，$U_D = 10.0$ J，$U_E = 60.0$ J。如果粒子最初在 $x = 4.00$ m，並具有 40.0 J 的總力學能，試求：
a) 粒子在 $x = 3.00$ m 的速率，
b) 粒子在 $x = 4.50$ m 的速率，以及
c) 粒子的轉折點。

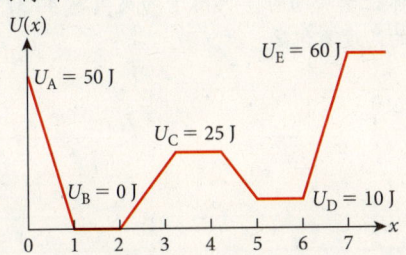

補充練習題

6.33 質量 987 kg 的汽車以 64.5 mph 的速率，在高速公路的水平路段行駛。突然間，駕駛員必須重踩煞車，以避開前方發生的事故。汽車沒有 ABS (防鎖制動系統) 以致車輪鎖死，汽車往前滑動一段距離，直到輪胎和路面之間的摩擦力使它停止。動摩擦係數是 0.301。在此過程中因轉換成熱量而損失的力學能有多少？

6.34 1896 年在德克薩斯州的 Waco 市，K-T 鐵路的所有者 William George Crush，將兩輛火車頭停在 6.4 公里長的軌道兩端，發動它們，並將油門打開綁住，然後在 30,000 名觀眾面前，讓它們以全速迎頭相撞。數以百計的人被飛濺的碎片所傷，且有數人死亡。假設每輛火車頭重達 $1.2 \cdot 10^6$ N，以 0.26 m/s² 的等加速度沿軌道移動，兩輛火車頭在即將碰撞前的總動能為何？

6.35 一個 1.50 kg 的球在高於地面 15.0 m 處的速率為 20.0 m/s。球的總能量為何？

6.36 跳高選手以 9.00 m/s 的速率接近橫竿。如果他跳躍時保持直立，不額外施力推離地面，越過橫竿時的速率為 7.00 m/s，則他可以達到的離地高度最大為何？

6.37 你在以 4.00 m 長的鏈條懸吊的鞦韆上。如果你偏離垂直線的最大角度為 35.0°，則在弧的底部你的速率為何？

6.38 泰山從他的樹屋出發，借助繃緊的藤蔓，擺盪到鄰樹的大樹枝上。該樹枝與出發點的水平距離為 10.0 m，垂直高度比出發點低 4.00 m。很神奇的，藤蔓既不伸長，也未斷裂；因此泰山的軌跡是一個圓的一部分。如果泰山由靜止出發，他到達大樹枝時的速率為何？

•**6.39** 一支 3.00 kg 的模型火箭垂直向上發射時的初速率，足夠達到 $1.00 \cdot 10^2$ m 的高度，即使空氣阻力 (非守恆力) 對火箭做了 $-8.00 \cdot 10^2$ J 的功。如果沒有空氣阻力，火箭可達到的高度為何？

•**6.40** 你決定將冰箱 (包括所有內容的質量為 81.3 kg) 移動到房間的另一邊。你沿地板上長度 6.35 m 的直線路徑滑動它，地板和冰箱之間的動摩擦係數為 0.437。對自己的成就感到滿意，你就離開公寓，但你的室友回到家，納悶為什麼冰箱會在房間的另一邊，於是舉起它 (你的室友很強壯！)，將它扛回到原先的位置放下。你們兩個合計做的淨功為何？

普通物理

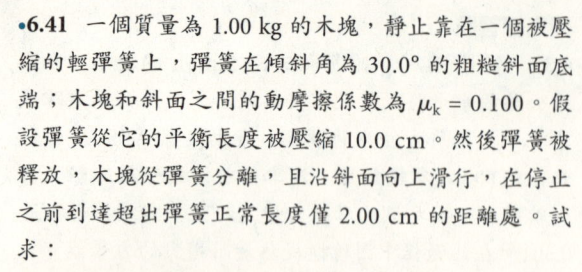

•**6.41** 一個質量為 1.00 kg 的木塊，靜止靠在一個被壓縮的輕彈簧上，彈簧在傾斜角為 30.0° 的粗糙斜面底端；木塊和斜面之間的動摩擦係數為 $\mu_k = 0.100$。假設彈簧從它的平衡長度被壓縮 10.0 cm。然後彈簧被釋放，木塊從彈簧分離，且沿斜面向上滑行，在停止之前到達超出彈簧正常長度僅 2.00 cm 的距離處。試求：
a) 系統的總力學能變化量。
b) 彈簧力常數 k。

•**6.42** 一個質量為 1.00 kg 的物體，連接到彈簧常數為 100 N/m 的彈簧，在光滑無摩擦的水平桌面上振盪，振幅為 0.500 m。當物體偏離平衡點 0.250 m 時，試求：
a) 系統的總力學能，
b) 系統的位能和物體的動能，以及
c) 物體在平衡點的動能。
d) 假設物體和桌面之間有摩擦，使得振幅在一段時間後變成一半。物體的最大動能會以何比例因子變化？
e) 最大位能會以何比例因子變化？

•**6.43** 一個質量為 1.00 kg 的物體，以 $k = 100.$ N/m 的彈簧垂直懸掛，其上下振盪的振幅為 0.200 m。若在振盪的頂點，物體被敲擊而瞬間以 1.00 m/s 的速率向下移動。試求：

a) 總力學能，
b) 物體通過平衡點時的速率，以及
c) 物體的新振幅。

•**6.44** 一個包裹掉落到一個水平傳送帶上。包裹的質量為 m，傳送帶的速率為 v，包裹與傳送帶之間的動摩擦係數為 μ_k。
a) 需多長的時間包裹才能在傳送帶上停止滑動？
b) 在這段時間包裹的位移為何？
c) 摩擦消耗的能量為何？
d) 由傳送帶完成的總功為何？

•**6.45** 一個質量為 0.100 kg 的粒子在 xy 平面上移動時，受到變力 $F(x, y) = (x^2 \hat{x} + y^2 \hat{y})$ N 的作用，其中 x 和 y 是以米為單位的數值。假設粒子從原點 O 移動到座標為 (10.0 m, 10.0 m) 的點 S。若點 P 和 Q 的座標分別為 (0 m, 10.0 m) 和 (10.0 m, 0 m)，試求粒子沿著以下每個路徑行進時，變力所做的功： 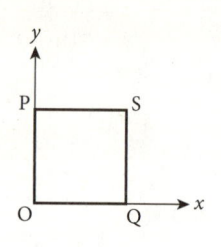
a) OPS。 b) OQS。
c) OS。   d) OPSQO。
e) OQSPO。

多版本練習題

6.46 一個滑雪板者從靜止開始，沿著一個冰雪覆蓋的斜坡下滑 38.09 m，到達接近纜車的水平雪地。斜坡與水平方向的夾角為 30.15°。若滑雪板與雪之間的動摩擦係數為 0.02501，則她在水平雪地上將滑行多遠？

6.47 一個滑雪板者從靜止開始，沿著一個冰雪覆蓋的斜坡下滑 30.37 m，到達接近纜車的水平雪地。斜坡與水平方向的夾角為 30.35°。若她在水平雪地上滑行 506.4 m，則滑雪板與雪之間的動摩擦係數為何？

6.48 一個滑雪板者從靜止開始，沿著一個冰雪覆蓋的斜坡下滑，到達接近纜車的水平雪地。斜坡與水平方向的夾角為 30.57°。若她在水平雪地上滑行 478.0 m，滑雪板與雪之間的動摩擦係數為 0.03281，則她沿斜坡下滑多遠？

6.49 一球從高度為 20.27 m 的建築物頂部，以 24.89 m/s 的速率水平拋出。忽略空氣阻力，當球撞擊地面時，與水平的夾角為何？

6.50 一球從高度為 26.01 m 的建築物頂部水平拋出。當球撞擊地面時，與水平的夾角為 41.86°。忽略空氣阻力，球被拋出時的速率為何？

6.51 一球從建築物頂部，以 25.51 m/s 的速率水平拋出。當球撞擊地面時，與水平的夾角為 44.37°。建築物頂部的高度為何？

07 動量與碰撞

待學要點
- **7.1 動量**
  - 動量的定義
  - 動量與力
  - 動量與動能
- **7.2 衝量**
  - 詳解題 7.1　下落的蛋
- **7.3 動量守恆**
- **7.4 一維彈性碰撞**
  - 特殊情況 1：等質量之兩物體
  - 特殊情況 2：兩物體之一為靜止
  - 例題 7.1　施於高爾夫球的平均力
- **7.5 二維或三維彈性碰撞**
  - 與牆壁的碰撞
  - 兩物體的二維碰撞
  - 詳解題 7.2　冰壺運動
- **7.6 完全非彈性碰撞**
  - 衝擊擺
  - 完全非彈性碰撞的動能損失
  - 爆炸
  - 例題 7.2　氚核的衰變
- **7.7 部分非彈性碰撞**
  - 與牆的非彈性碰撞

已學要點｜考試準備指南
- 解題準則
- 選擇題
- 觀念題
- 練習題
- 多版本練習題

圖 7.1　超級油輪。

將石油運送到環球各地的超級油輪，是船舶史上的最大船隻 (圖 7.1)，每艘的質量 (包括貨物) 可達 65 萬噸，裝載 3.18 億升以上的石油；但它的龐大規模造成實際問題，以致無法進入多數的海港，而須停泊在離岸平台以卸載石油。此外，導引這種規模的船舶是極其困難的，例如船長下令將引擎反轉後，船在停下來之前，可繼續前進將近 5 公里！

使移動的巨大物體難以停下的物理量，稱為**動量**，它是本章的主題。類似於動能，動量也是物體由於運動而顯現的一種基本屬性。動量和能量都是物理學重要守恆定律的主角，但動量是向量，而能量是純量。因此，處理動量時需要考慮角度和分量。

普通物理

待學要點

- 物體的動量是它的速度和質量的乘積。動量是向量，方向與速度向量相同。
- 牛頓第二定律的更一般化表述如下：物體所受的淨力等於物體動量的時間導數。
- 動量的變化量稱為衝量，是造成動量變化的淨力對時間的積分。
- 在所有的碰撞中，動量守恆。
- 彈性碰撞除了動量守恆外，還有總動能守恆的特性。
- 發生完全非彈性碰撞時，總動能的損失為最大值，且碰撞的物體黏在一起。總動能不守恆，但動量守恆。
- 碰撞如不是彈性，也不是完全非彈性，則為部分非彈性，此時動能的變化量正比於恢復係數的平方。

當處理兩個或多個物體之間的碰撞時，動量的重要性變得極為明顯。本章研究一維和二維的各種碰撞，而在後面幾章中，動量守恆將被用在尺度極為不同的許多不同情況中——從基本粒子由原子核內部迸發出來到星系之間的碰撞。

7.1 動量

動量的定義

在物理學中，動量的定義是物體的質量和速度的乘積：

$$\vec{p} = m\vec{v} \tag{7.1}$$

上式中的 $\vec{p}$ 是動量的符號。速度 $\vec{v}$ 是向量，而所乘的質量 m 是純量，所以兩者的乘積仍是向量。動量向量 $\vec{p}$ 和速度向量 $\vec{v}$ 彼此平行，亦即它們指向相同的方向。由 (7.1) 式可得動量的量值為

$$p = mv$$

動量也稱為線動量。動量的單位是 kg m/s (公斤·米/秒)。動量的量值跨越很大的範圍，表 7.1 列出了由次原子粒子到太陽行星等各種物體的動量。

動量與力

讓我們求出 (7.1) 式的時間導數。利用微分的乘積規則，可得

動量與碰撞 07

表 7.1　各種物體的動量

物體	動量 (kg m/s)
^{238}U 衰變放出的 α 粒子	$9.53 \cdot 10^{-20}$
時速 90 哩的快速直球	5.75
向前猛衝的犀牛	$3 \cdot 10^4$
行駛於高速公路的車子	$5 \cdot 10^4$
巡航速率的超級油輪	$4 \cdot 10^9$
月球繞行地球	$7.54 \cdot 10^{25}$
地球繞行太陽	$1.78 \cdot 10^{29}$

$$\frac{d\vec{p}}{dt} = \frac{d}{dt}(m\vec{v}) = m\frac{d\vec{v}}{dt} + \frac{dm}{dt}\vec{v}$$

我們暫時假設物體的質量不會改變，所以右邊的第二項為零。因為速度的時間導數為加速度，我們根據牛頓第二定律可得

$$\frac{d}{dt}\vec{p} = m\frac{d\vec{v}}{dt} = m\vec{a} = \vec{F}$$

上式所得到的關係：

$$\vec{F} = \frac{d}{dt}\vec{p} \tag{7.2}$$

是牛頓第二定律的一種等價形式。這種形式比 $\vec{F} = m\vec{a}$ 更具一般性，因為它在質量隨時間而變的情況下，也能成立。在火箭運動時，這項差異將是重要的。由於 (7.2) 式是一個向量方程式，我們也可改用直角座標分量將它寫成

$$F_x = \frac{dp_x}{dt}; \quad F_y = \frac{dp_y}{dt}; \quad F_z = \frac{dp_z}{dt}$$

動量與動能

第 5 章的 (5.1) 式建立了動能 K、速率 v 和質量 m 之間具有 $K = \frac{1}{2}mv^2$ 的關係。利用 $p = mv$ 可得

$$K = \frac{mv^2}{2} = \frac{m^2v^2}{2m} = \frac{p^2}{2m}$$

這個公式給出動能、質量和動量之間的一個重要關係：

$$K = \frac{p^2}{2m} \tag{7.3}$$

>>> 觀念檢測 7.1

每週末的美國大學橄欖球比賽，常見以下的典型的情況：質量 95 kg 的後衛，以 7.8 m/s 的速率跑動，而質量 74 kg 的接球手，以 9.6 m/s 的速率跑動。以 p_L 和 K_L 分別代表後衛的動量量值與動能，以 p_W 和 K_W 分別代表接球手的動量量值與動能。下列哪一組不等式是正確的？

a) $p_L > p_W$，$K_L > K_W$
b) $p_L < p_W$，$K_L > K_W$
c) $p_L > p_W$，$K_L < K_W$
d) $p_L < p_W$，$K_L < K_W$

7.2 衝量

依據定義，動量的變化量為最終動量 (下標 f) 和初始動量 (下標 i) 的差：

$$\Delta \vec{p} \equiv \vec{p}_f - \vec{p}_i$$

要了解這個定義何以有用，必須透過一些數學。首先，我們將方程式 $\vec{F} = d\vec{p}/dt$ 的每個分量對時間積分，以 F_x 的積分為例，我們得到：

$$\int_{t_i}^{t_f} F_x \, dt = \int_{t_i}^{t_f} \frac{dp_x}{dt} dt = \int_{p_{x,i}}^{p_{x,f}} dp_x = p_{x,f} - p_{x,i} \equiv \Delta p_x$$

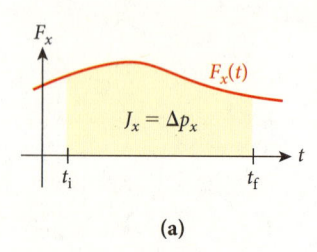

在上式的第二等式中，我們進行了變數取代，以使對時間的積分變換成為對動量的積分。上式的關係可用圖 7.2a 說明：在 $F_x(t)$ 曲線下的面積就是動量的變化 Δp_x。同理可得 y 和 z 分量的類似方程式。

結合所有三個分量方程式為一個向量方程式，結果為

$$\int_{t_i}^{t_f} \vec{F} \, dt = \int_{t_i}^{t_f} \frac{d\vec{p}}{dt} dt = \int_{\vec{p}_i}^{\vec{p}_f} d\vec{p} = \vec{p}_f - \vec{p}_i \equiv \Delta \vec{p}$$

上式左邊為力的時間積分，通常以 $\vec{J}$ 表示，稱為**衝量**，即

$$\vec{J} \equiv \int_{t_i}^{t_f} \vec{F} \, dt \tag{7.4}$$

由此定義可立即得到衝量和動量變化量之間的關係：

$$\vec{J} = \Delta \vec{p} \tag{7.5}$$

利用 (7.5) 式，如果知道力的時間函數，則只需求出 (7.4) 式的積分，就可得到在某個時段的動量變化量，這在力為恆定或具有可積分的形式時，是相當簡單的。我們也可以定義平均力：

$$\vec{F}_{\text{ave}} = \frac{\int_{t_i}^{t_f} \vec{F} \, dt}{\int_{t_i}^{t_f} dt} = \frac{1}{t_f - t_i} \int_{t_i}^{t_f} \vec{F} \, dt = \frac{1}{\Delta t} \int_{t_i}^{t_f} \vec{F} \, dt \tag{7.6}$$

而得

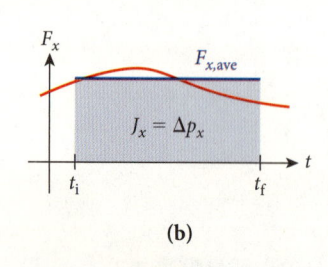

圖 7.2 (a) 衝量 (黃色區的面積) 是力的時間積分；(b) 平均力 $F_{x,\text{ave}}$ 所產生的同一衝量。

動量與碰撞 07

$$\vec{J} = \vec{F}_{\text{ave}} \Delta t \qquad (7.7)$$

測量力作用的時段長 Δt，及物體受到的衝量，可給我們物體在該時段承受的平均力。圖 7.2b 示出了對時間的平均力、動量的變化量和衝量之間的關係。

有些重要的安全裝置，如汽車的安全氣囊和安全帶，都用到 (7.7) 式的衝量、平均力和時間之間的關係。如果你駕駛的汽車撞上另一輛車，或固定的物體，則衝量 (也就是你車子的動量變化量) 會相當大，而且可在非常短的時段內出現。依 (7.7) 式，則將造成一個非常大的平均力：

$$\vec{F}_{\text{ave}} = \frac{\vec{J}}{\Delta t}$$

如果你的車子沒有配置安全帶或氣囊，則當車子突然停下時，可能會導致你的頭撞上擋風玻璃，而在幾毫秒的很短時間內承受衝量。這可能會使你的頭受到很大的平均力，以致受傷或甚至死亡。安全帶和氣囊的設計，都是盡量想拉長動量發生變化的時間。使這個時間最大化，並使駕駛者的身體與氣囊接觸藉以減速，以期駕駛者所受的力最小化，而大大的降低傷害 (見圖 7.3)。

自我測試 7.1
想想看，其他日常物品中，有哪些的設計是為了使給定衝量下的平均力達到最小？

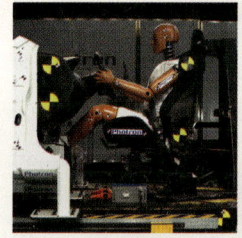

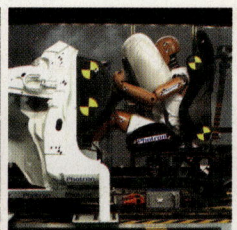

圖 7.3 碰撞試驗的序列照片，顯示在碰撞期間，氣囊、安全帶及潰縮區減少駕駛者受力的功能。在第二張照片，可以看出氣囊正在展開。

詳解題 7.1　下落的蛋

問題：一個擺放於特製盒子上的蛋，從 3.70 m 的高度由靜止落下。蛋和盒合計的質量為 0.144 kg。若作用於蛋/盒的淨力達到 4.42 N 時，蛋就會破裂，則蛋/盒抵地後停下而不致使蛋破裂的最短時間為何？

解：

思索　蛋/盒被釋放後，會以重力加速度向下加速。當蛋/盒因撞擊地面而停下期間，速度從它在重力加速度下所達到的最終速度變為零。在此

163

普通物理

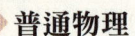

>>> **觀念檢測 7.2**

有些汽車的前端，設計有主動式潰縮區，在正面碰撞時會嚴重毀損。這種設計的目的是為了
a) 減少司機在碰撞期間所承受的衝量
b) 增加司機在碰撞期間所承受的衝量
c) 減少碰撞時間以減小施於司機的力
d) 增加碰撞時間以減小施於司機的力
e) 使修復費用盡量昂貴

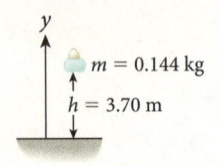

$m = 0.144$ kg
$h = 3.70$ m

圖 7.4 一個裝有蛋的特製盒子從 3.70 m 的高度下落。

停下期間，使蛋/盒停下的力乘以經歷的時間 (衝量)，等於蛋/盒的質量乘以其速度的變化量。此一速度變化所經歷的時間，將決定蛋/盒撞擊地板時受到的力，是否會使蛋破裂。

繪圖 在特製盒子上的蛋，從 3.70 m 的高度由靜止落下 (圖 7.4)。

推敲 從第 2 章的運動學，我們知道蛋/盒以 v_{y0} 的初始速度，從 y_0 的高度自由落下到 y 的最終高度時，其最終速率 v_y 由下式給出

$$v_y^2 = v_{y0}^2 - 2g(y - y_0) \tag{i}$$

因為蛋/盒由靜止釋放，故 $v_{y0} = 0$。我們可將最終高度定義為 $y = 0$，則初始高度 $y_0 = h$，如圖 7.4。因此，給出 y 方向最後速率的 (i) 式變成

$$v_y = \sqrt{2gh} \tag{ii}$$

蛋/盒撞擊地面期間受到的衝量 $\vec{J}$ 如下式：

$$\vec{J} = \Delta \vec{p} = \int_{t_1}^{t_2} \vec{F} dt \tag{iii}$$

在上式中，$\Delta \vec{p}$ 是蛋/盒的動量變化量，$\vec{F}$ 是使它停下須施的力。假設力是恆定的，則上式中的積分可以重寫為

$$\int_{t_1}^{t_2} \vec{F} dt = \vec{F}(t_2 - t_1) = \vec{F}\Delta t$$

撞擊地面時，蛋/盒的動量從 $p = mv_y$ 變為 $p = 0$，所以我們可以寫為

$$\Delta p_y = 0 - (-mv_y) = mv_y = F_y \Delta t \tag{iv}$$

其中 $-mv_y$ 是負的，因為蛋/盒即將撞擊地面前的速度是在負 y 方向。

簡化 我們現在可以解出 (iv) 式的時段長 (時距)，並代入 (ii) 式的最終速率：

$$\Delta t = \frac{mv_y}{F_y} = \frac{m\sqrt{2gh}}{F_y} \tag{v}$$

計算 插入的數值，我們得到：

$$\Delta t = \frac{(0.144 \text{ kg})\sqrt{2(9.81 \text{ m/s}^2)(3.70 \text{ m})}}{4.42 \text{ N}} = 0.277581543 \text{ s}$$

捨入 題幹所給的數值均具有三位有效數字，所以答案亦為三位有效數字：

$$\Delta t = 0.278 \text{ s}$$

複驗 蛋/盒由其最終速率減緩到零需 0.278 s 的時間，似乎是合理的。由 (v) 式可看出，蛋/盒撞擊地面時受到的淨力由下式給出：

$$F = \frac{mv_y}{\Delta t}$$

對於給定的高度，我們可以由幾個方面，使施加於蛋/盒的力減小。第一，可以在盒內加裝某種潰縮區以使 Δt 增長。第二，可以使蛋/盒盡可能輕。第三，可將盒子構建成具有大的表面面積，因而受到顯著的空氣阻力，這將降低 v_y 以致比無摩擦的自由下落為小。

7.3 動量守恆

假設有兩個物體互相碰撞。它們接著可能會反彈而彼此遠離，就如撞球檯上的兩個撞球。這種碰撞稱為**彈性碰撞** (至少是近似彈性，這將在後面說明)。碰撞的另一個例子是超小型的汽車與 18 輪的大車相撞，撞後兩輛車彼此黏合成為一體。這種碰撞稱為**完全非彈性碰撞**。在釐清彈性碰撞和非彈性碰撞兩個專用詞的確實意義之前，我們先來看看兩個物體碰撞時的動量 $\vec{p}_1$ 和 $\vec{p}_2$。

我們發現，碰撞後兩動量的總和，與碰撞前兩動量的總和，是相同的 (下標 i1 代表物體 1 在即將發生碰撞前的初值，下標 f1 則代表同一物體在碰撞後的終值)：

$$\vec{p}_{f1} + \vec{p}_{f2} = \vec{p}_{i1} + \vec{p}_{i2} \tag{7.8}$$

這個式是**總動量守恆定律**的基本表達式，它是本章最重要的結果，也是我們已遇到的第二個守恆定律 (第一個是在第 6 章的能量守恆定律)。讓我們依序考慮它的推導與必然有的結果。

推導 7.1

在碰撞期間，物體 1 對物體 2 施力，令此力為 $\vec{F}_{1\to 2}$。由衝量的定義，及其與動量變化量的關係，我們得到物體 2 在此碰撞過程的動量變化量：

$$\int_{t_i}^{t_f} \vec{F}_{1\to 2}\, dt = \Delta \vec{p}_2 = \vec{p}_{f2} - \vec{p}_{i2}$$

> 此處我們忽略外力；它們如果存在，在碰撞期間與 $\vec{F}_{1\to 2}$ 相比通常可以忽略不計。初始和最終時刻選為涵蓋碰撞過程的時間。此外，物體 2 對物體 1 也有作用力 $\vec{F}_{2\to 1}$，故與上式同理可得
>
> $$\int_{t_i}^{t_f} \vec{F}_{2\to 1} dt = \Delta \vec{p}_1 = \vec{p}_{f1} - \vec{p}_{i1}$$
>
> 依牛頓第三定律 (見第 4 章)，以上兩力的量值相等但方向相反，即 $\vec{F}_{1\to 2} = -\vec{F}_{2\to 1}$，或
>
> $$\vec{F}_{1\to 2} + \vec{F}_{2\to 1} = 0$$
>
> 將上式積分，結果為
>
> $$0 = \int_{t_i}^{t_f} (\vec{F}_{2\to 1} + \vec{F}_{1\to 2}) dt = \int_{t_i}^{t_f} \vec{F}_{2\to 1} dt + \int_{t_i}^{t_f} \vec{F}_{1\to 2} dt = \vec{p}_{f1} - \vec{p}_{i1} + \vec{p}_{f2} - \vec{p}_{i2}$$
>
> 將初始動量移到左側，最終動量留在右側，即得 (7.8) 式：
>
> $$\vec{p}_{f1} + \vec{p}_{f2} = \vec{p}_{i1} + \vec{p}_{i2}$$

(7.8) 式所表達的是動量守恆原理，即最終的動量總和恰好等於初始的動量總和。注意：此式適用於所有彈性或非彈性的兩體碰撞，而與碰撞的任何特定條件無關。

由於可能有其他的外力存在，你或許會不以為然。例如在球檯上撞球之間的碰撞，各球由於在檯面上滾動或滑動，會有摩擦力。兩車碰撞時，輪胎與路面之間會互相摩擦。然而，碰撞的特徵是衝量很大，且此衝量是由於非常大的接觸力於相對短的時間內產生的。如果將外力對碰撞時間加以積分，則結果只能得到很小或不太大的衝量。因此，在碰撞的動力學計算中，通常可以將這些外力忽略，而將兩體碰撞當作只有內力在作用。我們將假設處理的是一個孤立的系統，也就是不受外力的系統。

此外，同樣的推理，對兩個以上物體的碰撞或沒有碰撞的情況，也能成立。只要淨外力 $\vec{F}_{net}$ 為零，相互作用之物體的總動量必定守恆：

$$\text{若 } \vec{F}_{net} = 0 \text{，則} \sum_{k=1}^{n} \vec{p}_k = \text{常數} \tag{7.9}$$

(7.9) 式是動量守恆定律的一般性公式。本章的其餘部分只考慮理想的情況，即淨外力可以忽略不計，因此所有過程的總動量全都守恆。

7.4　一維彈性碰撞

圖 7.5 示出兩部小車在幾乎無摩擦的滑軌上所發生的碰撞，圖中有 7 幅錄影畫面，拍攝的時間間隔均為 0.06 s。標有綠圈的車最初為靜止；標有橙色方形的車，質量較大，從左側接近。在時間 $t = 0.12$ s 的畫面發生碰撞。你可以看出，碰撞後兩車均向右移動，但較輕的車以顯著更高的速率移動。(速率正比於車子的標記在相鄰兩畫面間的水平距離。) 接下來，我們將推導出可用以確定碰撞後車速的方程式。

彈性碰撞到底是什麼？它是物理中眾多理想化的觀念之一。在幾乎所有的碰撞中，動能無法守恆，它至少有一部分會以某種方式，例如熱、聲音或使物體變形的能。然而依定義，碰撞物體的總動能必須守恆，才能稱之為彈性碰撞。這一定義並不表示參與碰撞的各物體都保有它原來的動能。動能可以從一個物體轉移給另一個，但在彈性碰撞下，整體的動能總和必須保持恆定。我們將考慮一維運動的物體，以符號 $p_{i1,x}$ 與 $p_{f1,x}$ 分別代表物體 1 的最初動量與最終動量。(使用下標 x 是要強調這些也可以是二維或三維動量向量的 x 分量。) 同樣的，物體 2 最初和最終的動量以 $p_{i2,x}$ 與 $p_{f2,x}$ 代表。由於碰撞被限制為一維，動能守恆的公式可寫為

$$\frac{p_{f1,x}^2}{2m_1} + \frac{p_{f2,x}^2}{2m_2} = \frac{p_{i1,x}^2}{2m_1} + \frac{p_{i2,x}^2}{2m_2} \tag{7.10}$$

(在一維運動中，一向量的 x 分量平方也是其量值平方。) 在 x 方向的動量守恆公式可以寫成

$$p_{f1,x} + p_{f2,x} = p_{i1,x} + p_{i2,x} \tag{7.11}$$

(記住：當外力可忽略不計時，任何碰撞過程的動量都是守恆的。)

由 (7.10) 和 (7.11) 兩式，最終動量向量的分量可解出，結果如下式：

$$\begin{aligned} p_{f1,x} &= \left(\frac{m_1 - m_2}{m_1 + m_2}\right) p_{i1,x} + \left(\frac{2m_1}{m_1 + m_2}\right) p_{i2,x} \\ p_{f2,x} &= \left(\frac{2m_2}{m_1 + m_2}\right) p_{i1,x} + \left(\frac{m_2 - m_1}{m_1 + m_2}\right) p_{i2,x} \end{aligned} \tag{7.12}$$

推導 7.2 顯示如何獲得此結果，並有助於解決類似的問題。

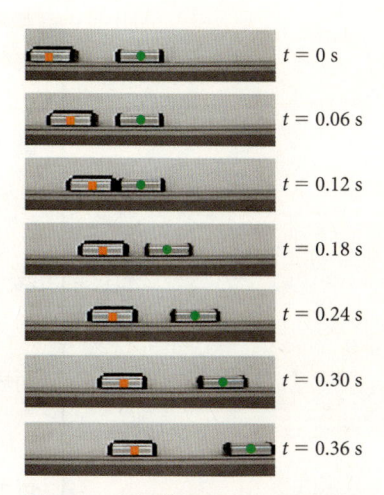

圖 7.5　在氣墊滑軌上，兩部質量不同的小車發生碰撞的錄影畫面。標有橙色方形的小車載有黑色金屬條，以增加其質量。

推導 7.2

在能量和動量守恆公式中,將與物體 1 和物體 2 有關的所有物理量,分別移到式子的左邊與右邊,則表示動能守恆的 (7.10) 式變成:

$$\frac{p_{f1,x}^2}{2m_1} - \frac{p_{i1,x}^2}{2m_1} = \frac{p_{i2,x}^2}{2m_2} - \frac{p_{f2,x}^2}{2m_2}$$

或

$$m_2(p_{f1,x}^2 - p_{i1,x}^2) = m_1(p_{i2,x}^2 - p_{f2,x}^2) \tag{i}$$

而表示動量守恆的 (7.11) 式則成為

$$p_{f1,x} - p_{i1,x} = p_{i2,x} - p_{f2,x} \tag{ii}$$

接下來,我們將 (i) 式的左、右邊各除以 (ii) 式的對應邊。利用代數公式 $a^2 - b^2 = (a+b)(a-b)$,相除的結果為

$$m_2(p_{i1,x} + p_{f1,x}) = m_1(p_{i2,x} + p_{f2,x}) \tag{iii}$$

現在,由 (ii) 式解出 $p_{f1,x}$,再將所得結果 $p_{i1,x} + p_{i2,x} - p_{f2,x}$ 代入 (iii) 式:

$$m_2(p_{i1,x} + [p_{i1,x} + p_{i2,x} - p_{f2,x}]) = m_1(p_{i2,x} + p_{f2,x})$$
$$2m_2 p_{i1,x} + m_2 p_{i2,x} - m_2 p_{f2,x} = m_1 p_{i2,x} + m_1 p_{f2,x}$$
$$p_{f2,x}(m_1 + m_2) = 2m_2 p_{i1,x} + (m_2 - m_1) p_{i2,x}$$
$$p_{f2,x} = \frac{2m_2 p_{i1,x} + (m_2 - m_1) p_{i2,x}}{m_1 + m_2}$$

此結果是 (7.12) 式中兩個待求的分量之一。為求出另一分量,可由 (ii) 式解出 $p_{f2,x}$,再將其結果 $p_{i1,x} + p_{i2,x} - p_{f1,x}$ 代入 (iii) 式。我們也可以從上面最後一式所給的 $p_{f2,x}$ 結果,得到 $p_{f1,x}$ 的結果;這只需將下標 1 和 2 交換。畢竟,哪個物體被標記為 1 或 2 是任意的,所以 (7.12) 式的兩個分量式,應該是對稱的,亦即在下標 1 和 2 交換下,仍需成立。使用這種對稱性的原則是非常管用而方便的。(但剛開始時需要下一些功夫來適應!)

有了最終動量的結果,我們也可以由 $p_x = m v_x$ 求得最終速率的表達式:

$$v_{f1,x} = \left(\frac{m_1 - m_2}{m_1 + m_2}\right) v_{i1,x} + \left(\frac{2m_2}{m_1 + m_2}\right) v_{i2,x}$$
$$v_{f2,x} = \left(\frac{2m_1}{m_1 + m_2}\right) v_{i1,x} + \left(\frac{m_2 - m_1}{m_1 + m_2}\right) v_{i2,x} \tag{7.13}$$

作為一般性討論的最後一點,讓我們求出碰撞後的相對速度 $v_{f1,x} -$

$v_{f2,x}$：

$$v_{f1,x} - v_{f2,x} = \left(\frac{m_1 - m_2 - 2m_1}{m_1 + m_2}\right)v_{i1,x} + \left(\frac{2m_2 - (m_2 - m_1)}{m_1 + m_2}\right)v_{i2,x}$$
$$= -v_{i1,x} + v_{i2,x} = -(v_{i1,x} - v_{i2,x}) \tag{7.14}$$

我們可看出，發生彈性碰撞時，相對速度只是符號改變，即 $\Delta v_f = -\Delta v_i$。接下來，我們研究這些一般性結果的兩種特殊情況。

特殊情況 1：等質量之兩物體

當 $m_1 = m_2$ 時，一般表達式 (7.12) 式大為簡化，因為正比於 $m_1 - m_2$ 的各項都等於零，而比值 $2m_1/(m_1 + m_2)$ 和 $2m_2/(m_1 + m_2)$ 都變為 1。此時可得非常簡單的結果

$$\begin{aligned} p_{f1,x} &= p_{i2,x} \\ p_{f2,x} &= p_{i1,x} \end{aligned} \quad (\text{當 } m_1 = m_2 \text{ 時}) \tag{7.15}$$

此結果顯示，任何做一維運動的兩個等質量物體發生彈性碰撞時，兩物體只是將動量交換。物體 1 的最初動量變為物體 2 的最終動量，且速度也是如此：

$$\begin{aligned} v_{f1,x} &= v_{i2,x} \\ v_{f2,x} &= v_{i1,x} \end{aligned} \quad (\text{當 } m_1 = m_2 \text{ 時}) \tag{7.16}$$

特殊情況 2：兩物體之一為靜止

現在假設碰撞的兩個物體，其質量不一定相同，但其中的一個最初處於靜止狀態，即動量為零。在不失一般性之下，我們可說物體 1 是處於靜止狀態；記住當標記 1 和 2 交換時，(7.12) 式是不變的。在 (7.12) 式的一般表達式中令 $p_{i1,x} = 0$，我們得到

$$\begin{aligned} p_{f1,x} &= \left(\frac{2m_1}{m_1 + m_2}\right)p_{i2,x} \\ p_{f2,x} &= \left(\frac{m_2 - m_1}{m_1 + m_2}\right)p_{i2,x} \end{aligned} \quad (\text{當 } p_{i1,x} = 0 \text{ 時}) \tag{7.17}$$

同理可得最終速度

$$\begin{aligned} v_{f1,x} &= \left(\frac{2m_2}{m_1 + m_2}\right)v_{i2,x} \\ v_{f2,x} &= \left(\frac{m_2 - m_1}{m_1 + m_2}\right)v_{i2,x} \end{aligned} \quad (\text{當 } p_{i1,x} = 0 \text{ 時}) \tag{7.18}$$

普通物理

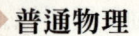

若依慣用的約定，選擇正 x 軸指向右，則當 $v_{i2,x} > 0$，物體 2 從左向右運動。此情況示於圖 7.5。依據何者的質量較大，碰撞的結果共有以下四種：

1. $m_2 > m_1 \Rightarrow (m_2 - m_1)/(m_2 + m_1) > 0$：物體 2 的最終速度與原來同向，但量值減小。

2. $m_2 = m_1 \Rightarrow (m_2 - m_1)/(m_2 + m_1) = 0$：物體 2 變為靜止，物體 1 以物體 2 的最初速度移動。

3. $m_2 < m_1 \Rightarrow (m_2 - m_1)/(m_2 + m_1) < 0$：物體 2 反彈回來；其速度向量的方向改變。

4. $m_2 \ll m_1 \Rightarrow (m_2 - m_1)/(m_2 + m_1) \approx -1$，且 $2m_2/(m_1 + m_2) \approx 0$：物體 1 保持靜止，而物體 2 的速度接近逆轉，這種情況的例子，如球與地面的碰撞，此時的物體 1 是整個地球，而物體 2 是球。如果碰撞足夠彈性，則球會以它即將碰撞前的相同速率彈回，但在相反的方向，例如由向下變為向上。

> **觀念檢測 7.3**
> 假設有個一維的彈性碰撞，如圖 7.5 所示。其中標有綠色圓圈的小車最初為靜止，標有橙色方形的小車最初速度 $v_橙 > 0$，即由左向右到移動。這兩部車的質量應為下列何者？
> a) $m_橙 < m_綠$
> b) $m_橙 > m_綠$
> c) $m_橙 = m_綠$

> **觀念檢測 7.4**
> 在圖 7.5 所示的情況下，假定標有橙色方形的車所具有的質量，比標有綠色圓圈的車大了很多。碰撞後結果應如何？
> a) 結果與圖所示的大致相同
> b) 碰撞後，標有橙色方形的車，速度幾乎不變，而標有綠色圓圈的車，其速度幾乎為橙色方形車最初速度的兩倍
> c) 兩車的移動速率都幾乎等於標有橙色方形的車在碰撞前的最初速率
> d) 標有橙色方形的車停下，而標有綠色圓圈的車向右移動的速率，等於標有橙色方形的車在碰撞前的最初速率

> **觀念檢測 7.5**
> 在圖 7.5 所示的情況下，假定標有綠色圓圈的車，最初靜止且質量比標有橙色方形的車大了很多。碰撞後結果應如何？
> a) 結果與圖所示的大致相同
> b) 碰撞後，標有橙色方形的車，速度幾乎不變，而標有綠色圓圈的車，其速度幾乎為橙色方形車最初速度的兩倍
> c) 兩車的移動速率都幾乎等於標有橙色方形的車在碰撞前的最初速率
> d) 標有綠色圓圈的車以很低的速率向右移動，而標有橙色方形的車以近乎原來碰撞前的速率向左反彈回來

例題 7.1 施於高爾夫球的平均力

高爾夫球的長打桿 (發球桿) 是用來打出長程的球，它的桿頭質量通常為 200.g，而高爾夫球的質量為 45.0 g。球技好的球手可以給桿頭大約 40.0 m/s 的速率。球與桿頭表面的接觸時間為 0.500 ms。

問題：長打桿施加於高爾夫球的平均力為何？

解：

高爾夫球最初為靜止。桿頭和球相接觸只有很短的時間，所以可將它們之間的碰撞視為彈性碰撞。我們可用 (7.18) 式來計算高爾夫球與桿頭碰撞後的速度 $v_{f1,x}$：

$$v_{f1,x} = \left(\frac{2m_2}{m_1+m_2}\right)v_{i2,x}$$

其中 m_1 為高爾夫球的質量，m_2 為桿頭的質量，而 $v_{i2,x}$ 是桿頭的速度。在這種情況下，高爾夫球離開桿頭表面的速度是

$$v_{f1,x} = \frac{2(0.200 \text{ kg})}{0.0450 \text{ kg} + 0.200 \text{ kg}}(40.0 \text{ m/s}) = 65.3 \text{ m/s}$$

注意，如果桿頭的質量遠大於球時，球獲得的速度將為桿頭的兩倍。不過果真如此時，球手要給桿頭相當的速度將會有困難。球的動量變化為

$$\Delta p = m\Delta v = mv_{f1,x}$$

而衝量則為

$$\Delta p = F_{ave}\Delta t$$

其中 F_{ave} 是桿頭所施加的平均力，Δt 是桿頭和球相接觸的時間。故平均力為

$$F_{ave} = \frac{\Delta p}{\Delta t} = \frac{mv_{f1,x}}{\Delta t} = \frac{(0.045 \text{ kg})(65.3 \text{ m/s})}{0.500 \cdot 10^{-3} \text{ s}} = 5880 \text{ N}$$

因此，桿頭施加於球的力非常大。該力將高爾夫球顯著的壓縮，如自我測試 7.2 的錄影畫面所示。此外，注意桿頭不是將球沿著水平方向擊出，並且會使球旋轉。因此，桿頭擊打高爾夫球的正確描述，需要更詳細的分析。

自我測試 7.2

下圖所示為高爾夫球桿與球碰撞的高速錄影序列畫面。球受到顯著的變形，但球離開桿面時這項變形充分恢復，因而此碰撞可近似為一維彈性碰撞。討論球在碰撞後相對於球桿的速率，以及我們所討論過的情況如何適用於所得結果。

高爾夫球桿與球的碰撞。

7.5 二維或三維彈性碰撞

與牆壁的碰撞

我們先考慮物體與堅固光滑牆壁之間的彈性碰撞。堅固的光滑表面對試圖穿透它的任何物體，施加的是正向力（圖 7.6）。正向力只能傳輸一個垂直於牆面的衝量；沒有平行於牆面的分量。因此，物體沿牆面方向的動量分量不會改變，即 $p_{f\parallel} = p_{i\parallel}$。此外，在彈性碰撞的條件下，與

普通物理

>>> **觀念檢測 7.6**

對一個物體與牆壁的彈性碰撞，下列何者正確？
a) 能量可守恆，也可不守恆
b) 動量可守恆，也可不守恆
c) 入射角度等於最終角度
d) 最初的動量向量不因碰撞而改變
e) 牆壁不能改變物體的動量，因為動量守恆

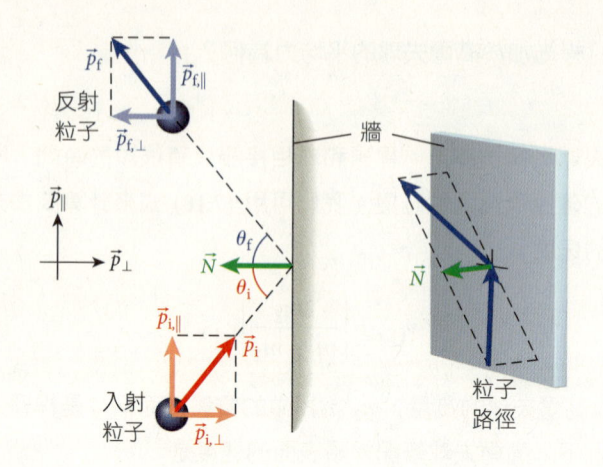

圖 7.6　物體與牆的彈性碰撞。符號 ⊥ 代表垂直於牆面的動量分量，符號 ∥ 代表平行於牆面的動量分量。

牆壁碰撞的物體，其動能必須保持不變。因為牆壁保持靜止 (它被連接到地球，故質量遠大於物體)。物體的動能為 $K = p^2/2m$，所以我們得到 $p_f^2 = p_i^2$。

因為 $p_f^2 = p_{f,\parallel}^2 + p_{f,\perp}^2$ 和 $p_i^2 = p_{i,\parallel}^2 + p_{i,\perp}^2$，我們得到 $p_{f,\perp}^2 = p_{i,\perp}^2$，故此碰撞只有兩種可能的解，即 $p_{f,\perp} = p_{i,\perp}$ 和 $p_{f,\perp} = -p_{i,\perp}$。只有第二個解的垂直動量分量，在碰撞後是遠離牆壁，所以它是物理上唯一合理的解。

總之，當一個物體與牆壁彈性碰撞時，物體的動量向量本身，長度保持不變，其沿牆面的動量分量也同樣不變；垂直於牆面的動量分量，符號改變，但保有相同的量值。因此，物體對牆壁的入射角 θ_i (圖 7.6) 也等於反射角 θ_f：

$$\theta_i = \cos^{-1}\frac{p_{i,\perp}}{p_i} = \cos^{-1}\frac{p_{f,\perp}}{p_f} = \theta_f \tag{7.19}$$

兩物體的二維碰撞

二維空間的碰撞，有 2 個最終動量向量，每個各有 2 個分量，因此，總共有 4 個待確定的未知量。我們可運用的方程式有多少個？其中有一個再次是由動能守恆提供，而 x 方向和 y 方向的線動量守恆，提供 2 個獨立的方程式。因此，我們只有 3 個方程式，但有 4 個未知量。除非再多指定 1 個碰撞條件，最終的動量將沒有獨一無二的解。

對於三維空間的碰撞，情況更糟。這裡需要決定的 2 個最終動量向量，每個各有 3 個分量，總共有 6 個未知量。但我們只有 4 個方程式：1 個來自能量守恆，3 個來自動量的 x、y 和 z 分量的守恆。

順便一提，這個事實是為什麼從物理學的角度來看，撞球是有趣的。兩個球在碰撞後的最終動量，乃是取決於對方是在何處擊中它們的球面。在撞球時，可以進行一項有趣的觀察。假設物體 2 最初為靜止，而兩個物體具有相同的質量，則動量守恆導致

$$\vec{p}_{f1} + \vec{p}_{f2} = \vec{p}_{i1}$$
$$(\vec{p}_{f1} + \vec{p}_{f2})^2 = (\vec{p}_{i1})^2$$
$$p_{f1}^2 + p_{f2}^2 + 2\vec{p}_{f1} \cdot \vec{p}_{f2} = p_{i1}^2$$

在上式中我們將動量守恆的方程式平方，再運用了純量積的性質。另一方面，當 $m_1 = m_2 = m$ 時，動能守恆導致

$$\frac{p_{f1}^2}{2m} + \frac{p_{f2}^2}{2m} = \frac{p_{i1}^2}{2m}$$
$$p_{f1}^2 + p_{f2}^2 = p_{i1}^2$$

如果我們將此結果從前一結果減去，我們得到

$$2\vec{p}_{f1} \cdot \vec{p}_{f2} = 0 \tag{7.20}$$

然而，如要兩個向量的純量積為零，則必須兩個向量彼此垂直或它們之中有一個的長度為零。在撞球中，當兩球做正面碰撞時，適用的是後一種情況，即在碰撞後，母球保持靜止 ($\vec{p}_{f1} = 0$)，而另一球以母球原有的最初動量離開。在所有的非正面碰撞之後，兩個球都會移動，且它們移動的方向是相互垂直的。

>>> **觀念檢測 7.7**

選擇正確的陳述：
a) 運動物體與靜止物體碰撞後，兩物體的速度向量夾角恆為 90°
b) 在現實生活中，運動物體與靜止物體碰撞後，兩物體的速度向量夾角恆不小於 90°
c) 運動物體與靜止物體正面碰撞後，兩物體的速度向量夾角為 90°
d) 運動物體與等質量的靜止物體正面碰撞後，運動物體會停下，另一物體的速度則等於運動物體原來的速度
e) 運動物體與等質量的靜止物體碰撞後，兩物體的速度向量夾角不能為 90°

詳解題 7.2　冰壺運動

冰壺 (亦稱冰上推石) 運動涉及的全是碰撞。選手將 19.0 kg 的花崗岩石壺推出，使它在冰上滑行 35–40 m 後進入目標區域 (有十字線的同心圓)。各隊輪流滑石壺，以最後最靠近靶心的石壺獲勝。每當一隊的石壺最接近靶心時，其他的隊會嘗試將那個石壺撞離靶心，如圖 7.7。

問題：如圖 7.7 所示，紅色石壺的初始速度為 1.60 m/s，沿 x 方向滑出，在與黃色石壺碰撞後，偏轉到相對於 x 軸為 32.0° 的角度。在彈性碰撞終了後的瞬間，兩石壺的最終動量向量為何？兩石壺的動能總和為何？

解：

思索　依據動量守恆，兩石壺在碰撞前的動量向量總和，必等於碰撞後的動量向量總和。而依據能量守恆，兩石壺在碰撞前的動能總和，必等

普通物理

於碰撞後的動能總和。碰撞前，紅色石壺 (石壺 1) 具有動量和動能，因為它正在行進中，而黃色石壺 (石壺 2) 處於靜止，不具有動量或動能。碰撞後，兩石壺都具有動量和動能。要計算動量，必須以求出其 x 和 y 分量。

繪圖　圖 7.8a 畫出兩石壺在碰撞前與碰撞後的動量向量。碰撞後兩石壺的動量向量，其 x 和 y 分量分別於圖 7.8b 中示出。

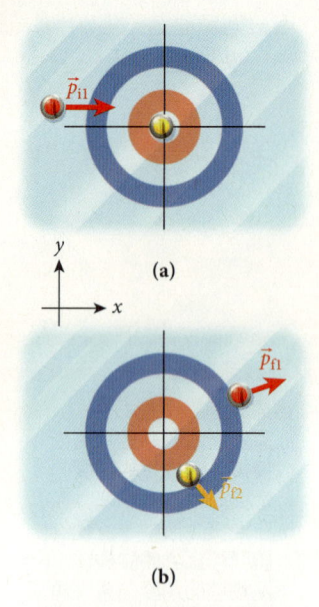

圖 7.7　兩個石壺碰撞的俯視圖：(a) 即將碰撞前；(b) 剛碰撞後。

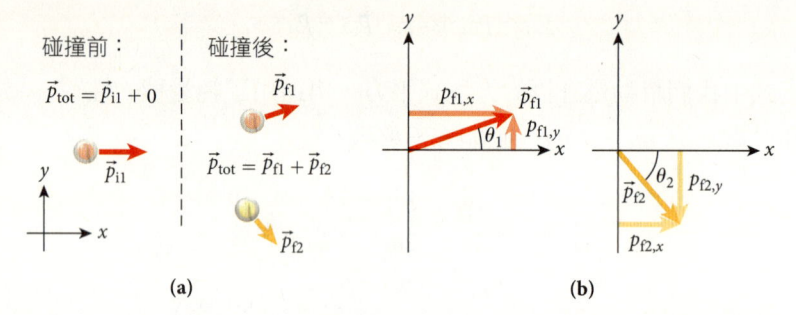

圖 7.8　(a) 兩石壺在碰撞前、後的動量向量。(b) 碰撞後兩石壺之動量向量的 x 和 y 分量。

推敲　根據動量守恆，兩石壺在碰撞之前的動量總和，必等於兩石壺在碰撞後的動量總和。已知兩石壺在碰撞前的動量，我們須做的是要根據一些給定的動量方向，求出兩石壺在碰撞後的動量。對於 x 分量，我們有

$$p_{i1,x} + 0 = p_{f1,x} + p_{f2,x}$$

而對於 y 分量則有

$$0 + 0 = p_{f1,y} + p_{f2,y}$$

問題指定了石壺 1 的偏轉角 $\theta_1 = 32.0°$。依據前述相同質量之兩物體在完全彈性碰撞後夾角成 90° 的法則，可得石壺 2 的偏轉角 $\theta_2 = -58.0°$。因此，在 x 方向我們有

$$p_{i1,x} = p_{f1,x} + p_{f2,x} = p_{f1}\cos\theta_1 + p_{f2}\cos\theta_2 \quad \text{(i)}$$

而在 y 方向則有

$$0 = p_{f1,y} + p_{f2,y} = p_{f1}\sin\theta_1 + p_{f2}\sin\theta_2 \quad \text{(ii)}$$

因為兩個角度和石壺 1 的初始動量已經知道，需要由以上兩個聯立方程式解出兩個未知量，亦即兩石壺最終動量的量值 p_{f1} 和 p_{f2}。

簡化　我們以直接代換來求解聯立方程式。我們可以由 y 分量的方程式 (ii) 解出 p_{f1}：

$$p_{f1} = -p_{f2} \frac{\sin\theta_2}{\sin\theta_1} \qquad \text{(iii)}$$

再代入 x 分量的方程式 (i) 而得

$$p_{i1,x} = \left(-p_{f2}\frac{\sin\theta_2}{\sin\theta_1}\right)\cos\theta_1 + p_{f2}\cos\theta_2$$

在重新整理後，上式成為

$$p_{f2} = \frac{p_{i1,x}}{\cos\theta_2 - \sin\theta_2 \cot\theta_1}$$

計算　首先，計算石壺 1 的初始動量量值：

$$p_{i1,x} = mv_{i1,x} = (19.0 \text{ kg})(1.60 \text{ m/s}) = 30.4 \text{ kg m/s}$$

接著再計算石壺 2 的最終動量量值：

$$p_{f2} = \frac{30.4 \text{ kg m/s}}{(\cos -58.0°) - (\sin -58.0°)(\cot 32.0°)} = 16.10954563 \text{ kg m/s}$$

故石壺 1 的最終動量量值為

$$p_{f1} = -p_{f2}\frac{\sin(-58.0°)}{\sin(32.0°)} = 25.78066212 \text{ kg m/s}$$

現在我們可以回答兩石壺在碰撞後之動能總和的問題。由於碰撞是彈性的，我們只需計算出紅色石壺的初始動能 (黃色石壺為靜止)。我們的答案是

$$K = \frac{p_{i1}^2}{2m} = \frac{(30.4 \text{ kg m/s})^2}{2(19.0 \text{ kg})} = 24.32 \text{ J}$$

捨入　因為所有給定數值都具有三位有效數字，解出的答案也需一樣，故石壺 1 最終動量的量值

$$p_{f1} = 25.8 \text{ kg m/s}$$

石壺 1 的方向相對於水平為 +32.0°。而石壺 2 的最終動量量值

$$p_{f2} = 16.1 \text{ kg m/s}$$

石壺 2 的方向相對於水平為 −58.0°。
　　在碰撞後，兩石壺的總動能為

$$K = 24.3 \text{ J}$$

自我測試 7.3

為了對詳解題 7.2 所得兩石壺最終動量的結果提供複驗，試計算兩石壺在碰撞後各自的動能，以確認它們的總和確實等於初始動能。

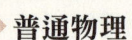

7.6 完全非彈性碰撞

碰撞不是完全彈性時,動能守恆不再成立。這種碰撞稱為非彈性,因為有一部分的初始動能被轉換成物體內的能。初看時,此能量轉換似乎會使碰撞最終動量或速度的計算,變得更複雜。但其實並非如此;特別是在完全非彈性碰撞的極限情況下,相關的代數運算反而變得更為容易。

一個完全非彈性碰撞的碰撞物體,在碰撞後會彼此黏在一起。這一結果意味著,兩個物體在碰撞後具有相同的速度向量:$\vec{v}_{f1} = \vec{v}_{f2} \equiv \vec{v}_f$。(因此,這兩個碰撞物體之間的相對速度在碰撞後為零。) 使用 $\vec{p} = m\vec{v}$ 和動量守恆,可得最終的速度向量:

$$\vec{v}_f = \frac{m_1 \vec{v}_{i1} + m_2 \vec{v}_{i2}}{m_1 + m_2} \tag{7.21}$$

這個有用的公式,可以解決幾乎所有涉及完全非彈性碰撞的問題。推導 7.3 顯示此式是如何獲得的。

> **觀念檢測 7.8**
>
> 移動物體和靜止物體發生完全非彈性碰撞時,這兩個物體將會
> a) 黏合在一起
> b) 彼此彈開,無能量損失
> c) 彼此彈開,有能量損失

推導 7.3

首先,我們重複 (7.8) 式的總動量守恆定律:

$$\vec{p}_{f1} + \vec{p}_{f2} = \vec{p}_{i1} + \vec{p}_{i2}$$

由 $\vec{p} = m\vec{v}$,可得

$$m_1 \vec{v}_{f1} + m_2 \vec{v}_{f2} = m_1 \vec{v}_{i1} + m_2 \vec{v}_{i2}$$

碰撞為完全非彈性的條件是兩個物體的最終速度是相同的。因此,可得 (7.21) 式:

$$m_1 \vec{v}_f + m_2 \vec{v}_f = m_1 \vec{v}_{i1} + m_2 \vec{v}_{i2}$$
$$(m_1 + m_2)\vec{v}_f = m_1 \vec{v}_{i1} + m_2 \vec{v}_{i2}$$
$$\vec{v}_f = \frac{m_1 \vec{v}_{i1} + m_2 \vec{v}_{i2}}{m_1 + m_2}$$

我們從牛頓第三定律 (見第 4 章) 知道,兩物體在碰撞時施給對方的力,量值必相等。然而,兩物體的速度變化量或加速度,可以是截然不同。

衝擊擺

衝擊擺是一種裝置，可用以測量槍支所射出拋體的槍口速率，此裝置以一塊物體為擺錘，懸吊形成擺 (圖 7.9)，子彈可射入擺錘中。我們從擺的偏轉角，以及已知的子彈質量 m 和擺錘質量 M，可以計算出子彈在擊中擺錘之前的速率。

要獲得以偏轉角表示的子彈速率，我們須計算在子彈嵌入擺錘後的瞬間，擺錘加子彈的組合所具有的速率。這是一種典型的完全非彈性碰撞，因此，我們可套用 (7.21) 式，而由於擺在子彈擊中它之前處於靜止，我們得到

$$v = \frac{m}{m+M} v_b$$

其中的 v_b 是子彈即將擊中擺錘前的速率，而 v 是撞擊終止後瞬間，擺錘加子彈的組合所具有的速率。在即將擊中擺錘前，子彈所具有的動能為 $K_b = \frac{1}{2} m v_b^2$，而碰撞終止後瞬間，擺錘加子彈的組合具有的動能為

$$K = \tfrac{1}{2}(m+M)v^2 = \tfrac{1}{2}(m+M)\left(\frac{m}{m+M}v_b\right)^2 = \tfrac{1}{2}mv_b^2\frac{m}{m+M} = \frac{m}{m+M}K_b \quad (7.22)$$

圖 7.9　普通物理實驗室使用的衝擊擺。

在子彈嵌入擺錘的過程中，動能顯然不守恆。(在真實的衝擊擺中，動能轉移為子彈和擺錘的變形。但在此處物理實驗室用的演示版，動能則轉移為克服子彈和擺錘之間的摩擦力所做的功。) (7.22) 式顯示總動能 (連帶總力學能) 減小為原來的 $m/(m+M)$ 倍。然而，在碰撞後，擺錘加子彈的組合在隨後的擺動運動中，一直持有留住的總能量，並將 (7.22) 式的初始動能全部轉為在最高點的位能：

$$U_{\max} = (m+M)gh = K = \tfrac{1}{2}\left(\frac{m^2}{m+M}\right)v_b^2 \quad (7.23)$$

由圖 7.9b 可看出，高度 h 和角度 θ 的關係為 $h = \ell(1-\cos\theta)$，其中 ℓ 是擺的長度。將此關係代入 (7.23) 式可得

$$(m+M)g\ell(1-\cos\theta) = \tfrac{1}{2}\left(\frac{m^2}{m+M}\right)v_b^2 \Rightarrow$$

$$v_b = \frac{m+M}{m}\sqrt{2g\ell(1-\cos\theta)} \quad (7.24)$$

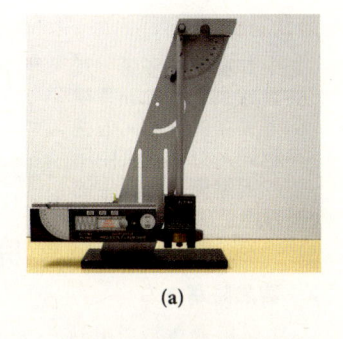

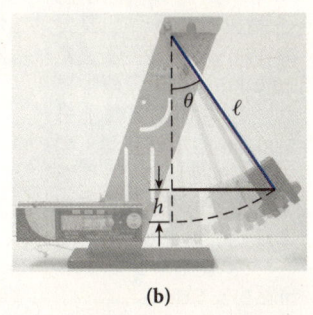

普通物理

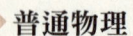

自我測試 7.4
如果你發射的子彈，其質量為 .357 Magnum 手槍口徑子彈的一半，但速率相同，進入課文中所述的衝擊擺後，產生的偏轉角將為何？

觀念檢測 7.9
以衝擊擺測量槍射出的子彈速率。子彈的質量為 15.0 g，擺錘的質量為 20.0 kg。當子彈擊中擺錘，合併後的質量上升 5.00 cm 的垂直距離。如果子彈的速率加倍，而質量減半，合併後的質量會上升
a) 2.50 cm
b) 略小於 5 cm
c) 5.00 cm
d) 略大於 5 cm
e) 10.00 cm

觀念檢測 7.10
假設質量 1 最初為靜止，質量 2 的最初速率為 $v_{i,2}$，而此二物體發生完全非彈性碰撞，則以初始動能表示的動能損失，在下列何者時為最大？
a) $m_1 \ll m_2$
b) $m_1 \gg m_2$
c) $m_1 = m_2$

由 (7.24) 式可清楚看出，只要適當選擇擺錘的質量 M，幾乎任何的子彈速率，都可利用衝擊擺測定。例如，將一顆質量 $m = 0.0081$ kg 的子彈，射入以 1.00 m 長的繩子懸吊的擺錘 ($M = 3.00$ kg)，測得的偏轉角為 21.4°。根據 (7.24) 式，可確定這顆子彈的槍口速率為 432 m/s。

完全非彈性碰撞的動能損失

如上剛見過的，在完全非彈性碰撞下，總動能不守恆。就一般的碰撞而言，動能的損失 K_{loss} 有多少？我們可以由初始的總動能 K_i 和最終的總動能 K_f 之間的差，求得此損失：

$$K_{loss} = K_i - K_f$$

初始的總動能是兩個物體在碰撞之前個別動能的總和：

$$K_i = \frac{p_{i1}^2}{2m_1} + \frac{p_{i2}^2}{2m_2}$$

當兩物體在碰撞後黏合為一體一起移動時，具有的總質量為 $m_1 + m_2$，速度如 (7.21) 式，故最終的總動能為

$$K_f = \tfrac{1}{2}(m_1+m_2)v_f^2$$
$$= \tfrac{1}{2}(m_1+m_2)\left(\frac{m_1\vec{v}_{i1} + m_2\vec{v}_{i2}}{m_1+m_2}\right)^2$$
$$= \frac{(m_1\vec{v}_{i1} + m_2\vec{v}_{i2})^2}{2(m_1+m_2)}$$

現在我們可以取最終和初始總動能之差，而得動能損失：

$$K_{loss} = K_i - K_f = \tfrac{1}{2}\frac{m_1 m_2}{m_1 + m_2}(\vec{v}_{i1} - \vec{v}_{i2})^2 \tag{7.25}$$

上式的推導涉及一些代數運算，此處予以省略。但重要的一點是，最初速度的差 (即最初的相對速度)，出現於能量損失的公式。此點的重要性，將在下一節及第 8 章考慮質量中心的運動時，加以探究。

爆炸

發生完全非彈性碰撞後，兩個或更多個物體合併為一體，一起移動，且總動量在碰撞後與碰撞前是相同的。相反的過程也是可能的。如果一個物體以初始動量 $\vec{p}_i$ 移動，然後爆炸裂成碎片，則爆炸過程牽

涉到的，只有碎片之間的內力，因為爆炸發生在很短的時間內，來自外力的衝量通常可忽略不計。在這種情況下，根據牛頓第三定律，總動量必會守恆。這一結果意味著，各碎片的動量總和，需等於物體的初始動量：

$$\vec{p}_i = \sum_{k=1}^{n} \vec{p}_{fk} \qquad (7.26)$$

這個連繫爆炸後的碎片動量總和與爆炸前物體動量的方程式，除了標示初始和最終狀態的下標互相對調外，與完全非彈性碰撞是完全相同的。對一個物體分解成兩個碎片的特例，(7.26) 式對應於 (7.21) 式，但下標 i 和 f 交換：

$$\vec{v}_i = \frac{m_1\vec{v}_{f1} + m_2\vec{v}_{f2}}{m_1 + m_2} \qquad (7.27)$$

如果知道碎片的速度和質量，上式的關係使我們得以求出初始速度。此外，由 (7.25) 式，我們也可以將其中的下標 i 和 f 交換，以計算一個物體變成兩個碎片的解體過程所釋出的能量 $K_{release}$：

$$K_{release} = K_f - K_i = \frac{1}{2}\frac{m_1 m_2}{m_1 + m_2}(\vec{v}_{f1} - \vec{v}_{f2})^2 \qquad (7.28)$$

例題 7.2　氡核的衰變

氡是由例如釷和鈾這類自然發生的重原子核，經放射性衰變所產生的氣體。氡氣在被吸入肺部後，可進一步衰變。氡核的質量為 222 u，其中 u 是一個原子質量單位。假定氡核由靜止衰變成質量 218 u 的釙核和質量 4 u 的氦核 (稱為 α 粒子)，釋放出的能量為 5.59 MeV。

問題：釙核和 α 粒子的動能各為何？

解：

釙核和 α 粒子朝相反的方向射出。我們可以假設 α 粒子是沿正 x 方向以 v_{x1} 的速度射出，而釙核是沿負 x 方向以 v_{x2} 的速度射出。α 粒子的質量是 $m_1 = 4$ u，釙核的質量為 $m_2 = 218$ u。氡核的初速度為零，所以由 (7.27) 式可得

$$\vec{v}_i = 0 = \frac{m_1\vec{v}_1 + m_2\vec{v}_2}{m_1 + m_2}$$

這給了我們

$$m_1 v_{x1} = -m_2 v_{x2} \qquad \text{(i)}$$

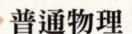

由 (7.28) 式，氡核衰變釋放的動能可以寫為

$$K_{\text{release}} = \frac{1}{2}\frac{m_1 m_2}{m_1 + m_2}(v_{x1} - v_{x2})^2 \qquad \text{(ii)}$$

然後由 (i) 式，釙核的速度可用 α 粒子的速度表示：

$$v_{x2} = -\frac{m_1}{m_2} v_{x1}$$

而將 (i) 式代入 (ii) 式可得

$$K_{\text{release}} = \frac{1}{2}\frac{m_1 m_2}{m_1 + m_2}\left(v_{x1} + \frac{m_1}{m_2}v_{x1}\right)^2 = \frac{1}{2}\frac{m_1 m_2 v_{x1}^2}{m_1 + m_2}\left(\frac{m_1 + m_2}{m_2}\right)^2 \qquad \text{(iii)}$$

將 (iii) 式重新整理可得

$$K_{\text{release}} = \frac{1}{2}\frac{m_1(m_1+m_2)v_{x1}^2}{m_2} = \frac{1}{2}m_1 v_{x1}^2 \frac{m_1+m_2}{m_2} = K_1\left(\frac{m_1+m_2}{m_2}\right)$$

上式中的 K_1 為 α 粒子的動能。故此動能為

$$K_1 = K_{\text{release}}\left(\frac{m_2}{m_1+m_2}\right)$$

將數值代入，我們得到 α 粒子的動能：

$$K_1 = (5.59 \text{ MeV})\left(\frac{218}{4+218}\right) = 5.49 \text{ MeV}$$

而釙核的動能 K_2 則為

$$K_2 = K_{\text{release}} - K_1 = 5.59 \text{ MeV} - 5.49 \text{ MeV} = 0.10 \text{ MeV}$$

氡核衰變時，α 粒子獲得大部分的動能，這個能量足以破壞在肺部周圍的組織。

7.7 部分非彈性碰撞

如果碰撞既不是彈性的，也不是完全非彈性的，會發生什麼？大多數的真實碰撞是介於這兩個極端之間。因此，再仔細一點看看部分非彈性碰撞是重要的。

我們已經知道，在兩個物體的一維彈性碰撞後，相對速度就只是正負號改變。而在完全非彈性碰撞，則相對速度成為零。因此，利用最初和最後相對速度之比，來定義一個碰撞的彈性，似乎是合理的。

恢復係數常以符號 ϵ 表示，是碰撞的最終和初始相對速度的量值之比：

$$\epsilon = \frac{|\vec{v}_{f1} - \vec{v}_{f2}|}{|\vec{v}_{i1} - \vec{v}_{i2}|} \tag{7.29}$$

依據這個定義，彈性碰撞的恢復係數 $\epsilon = 1$，而完全非彈性碰撞的恢復係數 $\epsilon = 0$。

讓我們先就兩個碰撞物體中有一為地面 (即質量可視為無窮大的物體) 而另一為球的極限情況，看看會發生什麼。從 (7.29) 式可看出，如果球反彈時地面不動，則 $\vec{v}_{i1} = \vec{v}_{f1} = 0$，所以球的速率可寫成

$$v_{f2} = \epsilon v_{i2}$$

如果小球從高度 h_i 被釋放，則在即將撞及地面之前，它的速率 $v_i = \sqrt{2gh_i}$。如果碰撞是彈性的，則在碰撞後的瞬間，球的速率不變，即 $v_f = v_i = \sqrt{2gh_i}$，且會彈回到與被釋放之點相同的高度。如果碰撞是完全非彈性的，就如油灰做成的球掉落在地面上，然後就停留在地面的情況，則最終的速率是零。對介於兩者之間的所有情況，我們可以從球彈回的高度 h_f 求得恢復係數：

$$h_f = \frac{v_f^2}{2g} = \frac{\epsilon^2 v_i^2}{2g} = \epsilon^2 h_i \Rightarrow$$
$$\epsilon = \sqrt{h_f / h_i}$$

使用這個公式來測定恢復係數，我們發現棒球的 $\epsilon = 0.58$，這是根據美國大聯盟比賽中球與棒碰撞的典型相對速度求得的。

一般而言 (證明從缺)，部分非彈性碰撞的動能損失 K_{loss} 為

$$K_{loss} = K_i - K_f = \frac{1}{2}\frac{m_1 m_2}{m_1 + m_2}(1 - \epsilon^2)(\vec{v}_{i1} - \vec{v}_{i2})^2 \tag{7.30}$$

在極限 $\epsilon \to 1$，我們得到 $K_{loss} = 0$，即沒有動能損失，正如彈性碰撞所要求的。此外，在極限 $\epsilon \to 0$，(7.30) 式與 (7.28) 式所示完全非彈性碰撞所釋出的能量公式是一致的。

與牆的非彈性碰撞

如果你玩過回力球或壁球，就知道當球撞擊牆壁時，會失去能量。雖然在彈性碰撞時，球撞擊牆壁的入射角度與從牆壁反彈的角度是相同

> **自我測試 7.5**
> 在完全非彈性碰撞的極限，動能損失達最大值。當 $\epsilon = \frac{1}{2}$ 時，能量損失為此最大動能損失的幾分之幾？

普通物理

的，但在部分非彈性碰撞時 (圖 7.10)，球離牆壁而去的最後角度，就不是那麼清楚。

要獲得該角度的一個大略近似式，可考慮作用於牆壁的力只有垂直牆面的正向力。如此則沿著牆面的動量分量將保持不變，如同彈性碰撞的情況。但垂直於牆面的動量分量並非單純的只是方向反轉，其量值也隨恢復係數而減少：$p_{f,\perp} = -\epsilon p_{i,\perp}$。此一近似所給出之相對於法線的反射角度，比初始入射角為大：

$$\theta_f = \cot^{-1}\frac{p_{f,\perp}}{p_{f,\parallel}} = \cot^{-1}\frac{\epsilon p_{i,\perp}}{p_{i,\parallel}} > \theta_i \tag{7.31}$$

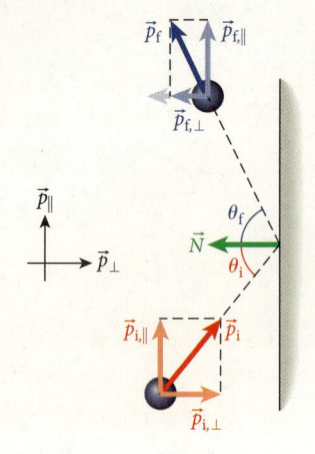

圖 7.10 一球與牆壁的部分非彈性碰撞。

最終動量向量的量值也變得較小，而成為

$$p_f = \sqrt{p_{f,\parallel}^2 + p_{f,\perp}^2} = \sqrt{p_{i,\parallel}^2 + \epsilon^2 p_{i,\perp}^2} < p_i \tag{7.32}$$

如果想要一個更準確的描述，我們需要考慮碰撞期間球和牆壁之間的摩擦力作用。(這就是為什麼回力球和壁球會在牆壁留下痕跡。) 另外，與牆壁碰撞也改變球的旋轉，也因此改變了球反彈的方向和動能。然而，對於與牆壁的部分非彈性碰撞，(7.31) 和 (7.32) 兩式還是提供了一個非常合理的第一近似。

已學要點｜考試準備指南

- 依定義，動量為一個物體的質量和其速度的乘積：$\vec{p} = m\vec{v}$。
- 牛頓第二定律可寫為 $\vec{F} = d\vec{p}/dt$。
- 衝量等於物體動量的變化量，它的定義是施加的外力對時間的積分：

$$\vec{J} = \Delta\vec{p} = \int_{t_i}^{t_f} \vec{F}\,dt$$

- 兩物體發生碰撞時，動量可以交換，但兩物體的動量總和保持恆定：$\vec{p}_{f1} + \vec{p}_{f2} = \vec{p}_{i1} + \vec{p}_{i2}$。此即總動量守恆定律。
- 碰撞可以是彈性、完全非彈性或部分非彈性。
- 彈性碰撞時，總動能也保持不變：

$$\frac{p_{f1}^2}{2m_1} + \frac{p_{f2}^2}{2m_2} = \frac{p_{i1}^2}{2m_1} + \frac{p_{i2}^2}{2m_2}$$

- 對於一般的一維彈性碰撞，兩碰撞物體的最終速度可以表示為初始速度的函數：

$$v_{f1,x} = \left(\frac{m_1 - m_2}{m_1 + m_2}\right)v_{i1,x} + \left(\frac{2m_2}{m_1 + m_2}\right)v_{i2,x}$$

$$v_{f2,x} = \left(\frac{2m_1}{m_1 + m_2}\right)v_{i1,x} + \left(\frac{m_2 - m_1}{m_1 + m_2}\right)v_{i2,x}$$

- 完全非彈性碰撞時，碰撞物體在碰撞後黏在一起，且具有相同的速度：

$$\vec{v}_f = (m_1\vec{v}_{i1} + m_2\vec{v}_{i2})/(m_1 + m_2)$$

- 所有的部分非彈性碰撞都可用恢復係數 ϵ 來描

述其特性，ϵ 的定義為最終和初始相對速度的量值之比：$\epsilon = |\vec{v}_{f1} - \vec{v}_{f2}|/|\vec{v}_{i1} - \vec{v}_{i2}|$。由此可得部分非彈性碰撞的動能損失如下：

$$\Delta K = K_i - K_f = \frac{1}{2}\frac{m_1 m_2}{m_1 + m_2}(1-\epsilon^2)(\vec{v}_{i1} - \vec{v}_{i2})^2$$

▼ 自我測試解答

7.1 例子包括：橡膠門擋、帶襯墊的棒球手套、汽車緩衝儀表板、裝滿水的桶在公路上橋台的前面、籃球架支撐墊、足球球門支柱墊、體育館地板的便攜式墊、襯墊的鞋墊。

7.2 這個碰撞是一個靜止的高爾夫球被移動的桿頭撞擊。長打桿的桿頭比高爾夫球具有更大的質量。如果高爾夫球質量為 m_1，長打桿的桿頭質量為 m_2，則 $m_2 > m_1$，而

$$v_{f1,x} = \left(\frac{2m_2}{m_1 + m_2}\right)v_{i2,x}$$

所以撞擊後，高爾夫球與桿頭的速率比為

$$\left(\frac{2m_2}{m_1 + m_2}\right) > 1$$

如果桿頭比高爾夫球的質量大很多，則

$$\left(\frac{2m_2}{m_1 + m_2}\right) \approx 2$$

7.3 初始動能為

$$K_i = \tfrac{1}{2}mv^2 = \tfrac{1}{2}(19.0 \text{ kg})(1.60 \text{ m/s})^2 = 24.3 \text{ J}$$

7.4

$$v_b = \frac{m+M}{m}\sqrt{2g\ell(1-\cos\theta)} \Rightarrow$$

$$\theta = \cos^{-1}\left(1 - \frac{1}{2g\ell}\left(\frac{mv_b}{m+M}\right)^2\right)$$

$$\theta = \cos^{-1}\left(1 - \frac{1}{2(9.81 \text{ m/s}^2)(1.00 \text{ m})}\left(\frac{(0.004 \text{ kg})(432 \text{ m/s})}{0.004 \text{ kg} + 3.00 \text{ kg}}\right)^2\right)$$

$$\theta = 10.5°$$

或略小於原來角度的一半。

▼ 解題準則：動量守恆

1. 動量守恆適用於沒有外力作用於它們的孤立系統，永遠要確定問題所涉及的情況，滿足或近似於滿足這些條件。此外，要確定系統的每一個交互作用的部分都已納入考慮；動量守恆適用於整個系統，而非單一的物體。

2. 如果你分析的情況涉及碰撞或爆炸，確認用於動量守恆方程式的是碰撞剛要發生之前及剛結束之後的動量。記住，總動量的變化等於衝量，但衝量可以是瞬時的力於瞬間作用，也可是平均力於一段時間作用。

3. 如果問題涉及到碰撞，你需要辨認這是什麼樣的一種碰撞。如果碰撞是完全彈性的，動能是守恆的，但是對其他種類的碰撞，這是不正確的。

4. 記住動量是向量，且在 x、y 和 z 方向分別守恆。對於多於一維的碰撞，想要完全分析動量的變化，可能需要更多的信息。

選擇題

7.1 在昔日的許多西部電影中，強盜在被警長開槍擊中後，被震退 3 m。下列何者最適合說明警長在開槍後，警長本身出現的情況？
a) 他維持在原位置上　　b) 他被震退一兩步
c) 他被震退約 3 m　　　d) 他被震擊向前
e) 他被推向上

7.2 本圖顯示在無外力作用下，碰撞前和碰撞後四組可能的動量向量。哪幾組是實際可發生的？

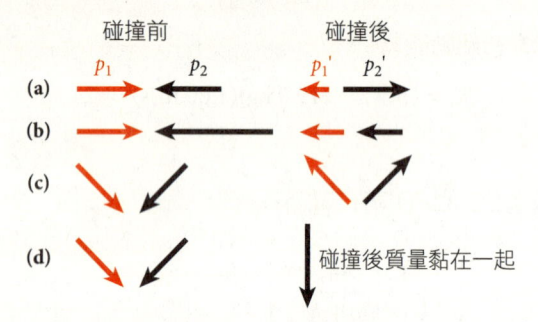

（圖：碰撞前與碰撞後四組動量向量 (a)(b)(c)(d)，其中 (d) 碰撞後質量黏在一起）

7.3 考慮同一個球在以下的三種情況：
(i) 球以速率 v 向右移動，被迫停下。
(ii) 球從靜止以速率 v 向左被拋出。
(iii) 球以速率 v 向左移動，速率增加到 $2v$。
在哪 (幾) 個情況下，球的動量變化為最大？
a) 情況 (i)　　　　　b) 情況 (ii)
c) 情況 (iii)　　　　d) 情況 (i) 和 (ii)
e) 所有三種情況

7.4 考慮質量 m 和 $2m$ 的兩輛大車，靜止於一個無摩擦的氣墊滑軌上。如果分別以相同的力，將兩車推動 3 秒鐘，則哪輛車受到較大的動量變化？

a) 質量為 m 的車中有較大的變化
b) 質量為 $2m$ 的車中有較大的改變
c) 兩車的動量變化是相同的
d) 從所給信息無法判斷

7.5 在一個大平面上，將煙火砲彈以一角度向上發射。炮彈飛行軌跡的頂點與離發射點的高度差為 h，水平距離為 D，當到達此頂點時砲彈炸裂為兩個相等的碎片。其中一碎片的速度反轉，剛好返回到發射點。另一碎片著地時離發射點多遠？
a) D　　　　b) $2D$
c) $3D$　　　d) $4D$

7.6 對於兩個物體之間的完全彈性碰撞，下面哪一(些) 陳述是正確的？
a) 總力學能守恆
b) 總動能守恆
c) 總動量守恆
d) 每個物體的動量守恆
e) 每個物體的動能守恆

7.7 衝擊擺可用以測量子彈從槍射出的速度。子彈的質量為 50.0 g，擺錘的質量為 20.0 kg。當子彈射入擺錘後，子彈與擺錘的組合上升 5.00 cm 的垂直距離。子彈擊中擺錘之前的速率為何？
a) 397 m/s
b) 426 m/s
c) 457 m/s
d) 479 m/s
e) 503 m/s

觀念題

7.8 考慮在一衝擊擺 (參見 7.6 節) 中，有顆子彈擊中當作擺錘的木塊。木塊吊在天花板下，且被子彈擊中後擺動到最大高度。通常子彈會嵌在木塊內。以相同的子彈、初始子彈速率和木塊，如果子彈沒有停在木塊內而是貫穿木塊而出，則木塊的最大高度是否會改變？如果子彈與子彈速率都不變，但木塊改為鋼鐵，且子彈直接向後彈回，試問最大高度是否會改變？

7.9 一球垂直下落在置於無摩擦冰上的楔形木塊上。木塊最初處於靜止狀態 (見圖)。假設碰撞是完全彈性的，則木塊/球系統的總動量是否守恆？在碰撞的前後，木塊/球系統的總動能是否完全一樣？解釋之。

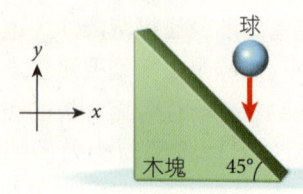

（圖：楔形木塊 45°，球垂直下落）

7.10 兩車在一個氣墊滑軌上。如圖所示，在時間 $t = 0$ 時，B 車在原點，沿正 x 方向以速度 $\vec{v}_B$ 行進，A 車為靜止。兩車發生碰撞，但不黏在一起。

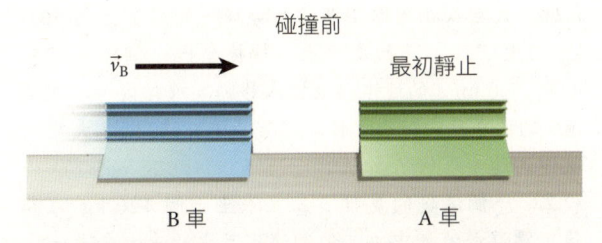

以下的每個圖為一物理參數對時間的可能曲線圖。每個圖有兩條曲線，每車各有一條曲線，且以字母標示各車。對於下列 (a) 到 (e) 的各項屬性，指出何圖為該屬性的可能曲線圖。如果屬性沒有對應的圖，選擇選項 9。

a) 車所施的力 b) 車的位置
c) 車的速度   d) 車的加速度
e) 車的動量

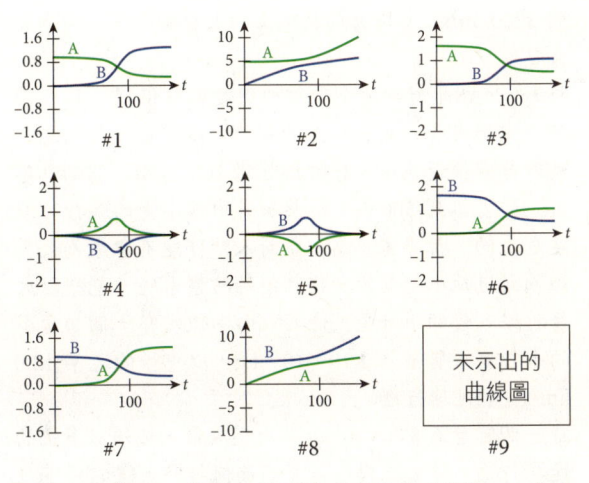

7.11 火箭的工作原理是從噴嘴將氣體 (燃料) 以高速排出。但如將火箭和燃料當作一個系統，試定性的解釋為什麼一個靜止的火箭能夠前進。

7.12 一節沒有引擎拉動的敞篷車廂，在平坦無摩擦的鐵軌上，以 v_0 的速率行進。雨從天空垂直下落，積存在車廂內。車的速率會減小、增大或保持不變？解釋之。

練習題

題號前的藍點 (•) 與雙藍點 (••) 代表問題難度遞增。

7.1 節

7.13 質量 1200. kg 的汽車，在高速公路上以 72.0 mph 的速率移動，超越質量 $1\frac{1}{2}$ 倍大、移動速率為其 2/3 的小型休旅車。
a) 休旅車相對於汽車的動量比為何？
b) 休旅車相對於汽車的動能比為何？

7.14 質量為 442 g 的足球擊中球門的橫梁後，以相對於水平面為 58.0° 的角度向上偏轉。剛偏轉後，球的動能為 49.5 J，此時足球動量的垂直和水平分量為何？

7.2 節

7.15 電影《超人》中的記者連小姐 (Lois Lane) 墜樓，被俯衝的超人抓住。假設連小姐的質量為 50.0 kg，正以 60.0 m/s 的終端速度下降，如果使她減速慢下來至停止需要 0.100 s，則作用在她身上的平均力為何？如果她能夠承受的最大加速度為 7.00 g，則超人開始使她減速至停下來所需的最短時間為何？

7.16 一位 83.0 kg 的跑鋒，以 6.50 m/s 的速率躍起向前直撲末端區。一位 115 kg 的後衛，腳踩踏地面，抓住了跑鋒，在跑鋒的腳觸地前，沿相反方向對他施加 900 N 的力，共計 0.750 秒之久。
a) 後衛施予跑鋒的衝量為何？
b) 衝量對跑鋒的動量產生多大的變化？
c) 跑鋒的腳觸地時，他的動量為何？
d) 若後衛在跑鋒的腳觸地後，繼續對他施加相同的力，則這力是否仍為改變跑鋒動量的唯一力？

•7.17 以光速行進的光子，雖然沒有質量，卻有動量。太空旅行專家們想到建造**太陽帆**，以利用這一事實 (**太陽帆**為大面積的片狀材料，藉以反射光子而發揮功能)。由於光子的動量被反轉，太陽帆必對光子施加衝量，而依牛頓第三定律，也將有一衝量施加於帆上，因而提供了推力。在近地的太空，每平方米上每秒入射的光子約為 $3.84 \cdot 10^{21}$ 個。平均而言，每個光子的動量為 $1.30 \cdot 10^{-27}$ kg m/s。若 1000 kg 的太空船從靜止啟動，且裝了一個寬 20.0 m 的方形帆，則此船在 1 小時後的速率為何？1 週後？1 個月後？船要達

到 8000. m/s，亦即大約軌道上的太空船速率，需要多久？

•7.18 NASA 對近地小行星的興趣與日俱增。這些因若干電影大片而被普及化的物體，以宇宙尺度而言，可以非常接近地球，有時接近到 100 萬哩。它們都不大，橫寬不到 500 m，雖然和其中較小者的碰撞可能是危險的，但專家認為，這對人類可能不會成為大災難。對近地小行星的一種可能的防禦系統，包括以火箭打擊入侵的小行星，使其改向。假定有一個相當小的小行星，質量為 $2.10 \cdot 10^{10}$ kg，以中等的速率 12.0 km/s，朝地球行進。

a) 一個質量為 $8.00 \cdot 10^4$ kg 的大型火箭，必須以多快的速率行進，才能在與小行星正面碰撞時，讓它停下？假設火箭和小行星碰撞後黏在一起。

b) 另一種方法是使小行星的路徑稍微改向，以致錯過地球。在碰撞時，前題 (a) 的火箭必須以多快的速率行進，才能使小行星的路徑偏向 1.00°？在此題中，假定火箭撞擊小行星時，其行進方向垂直於小行星的路徑。

•7.19 曾在二次大戰中短暫使用過，堪稱有史以來最大的鐵軌砲，名為古斯塔夫 (Gustav)。砲、砲管和車廂合計的總質量為 $1.22 \cdot 10^6$ kg。該砲發射的砲彈，直徑為 80.0 cm，質量為 7502 kg。在附圖所示的開火情況，砲已經升高到水平上方 20.0°。如果在開火前，鐵軌砲是靜止的，而在開火後瞬間，它向右移動的速率為 4.68 m/s，則砲彈離開砲管的速率 (砲口速度) 為何？如果忽略空氣阻力，砲彈將行進多遠？假定輪軸均無摩擦。

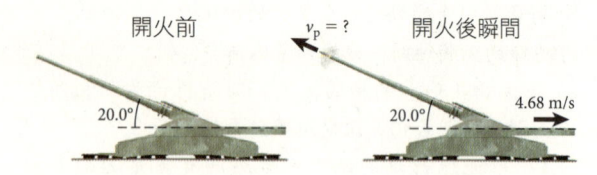

7.3 節

7.20 一雪橇 (包括其上的所有物品) 的質量為 52.0 kg，最初為靜止。雪橇上有一塊質量為 13.5 kg 的木塊，以 13.6 m/s 的速率向左水平彈出。雪橇與其餘物品的速率為何？

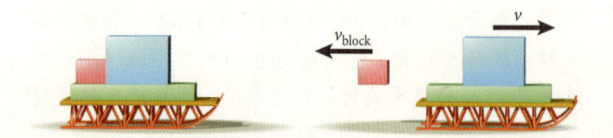

7.21 太空人在國際空間站打棒球。一名質量為 50.0 kg 的太空人，最初為靜止，揮棒擊出一個球。球最初以 35.0 m/s 的速率向太空人移動，被打後，以 45.0 m/s 的速率反向行進。棒球的質量為 0.140 kg。太空人反彈的速率為何？

•7.22 一個溫暖的夏日，三人乘坐一個 120 kg 的木筏，漂浮於池塘中央。他們決定下水游泳，在同一時間，分別由沿著木筏周邊均勻分佈的三個位置上，一起跳下木筏。其中一個質量 62.0 kg 的人，以 12.0 m/s 的速率跳下木筏。質量 73.0 kg 的第二個人，以 8.00 m/s 的速率跳下木筏。質量 55.0 kg 的第三人，以 11.0 m/s 的速率跳下木筏。木筏從原來位置漂移的速率為何？假設三人跳下木筏的速度方向均勻分布。

••7.23 躲避球一度是為人喜愛的操場運動項目，現在則越來越受各年齡層的成人歡迎，以求保持體型，甚至形成有組織的聯盟。gutball 是一個較不普及的躲避球變體，參賽者可以攜帶自己的裝備 (通常是非規定的)，且惡意將球打在人臉上是被允許的。在與其他參賽者年齡只有他一半的 gutball 比賽中，一位物理教授把 0.400 kg 的足球，擲向一個扔 0.600 kg 籃球的小孩。兩球在半空中相撞 (見圖)，籃球以相對於其初始路徑 32.0° 的角度飛走，帶著 95.0 J 的能量。碰撞前，足球的能量為 100. J，而籃球的能量為 112 J。足球由碰撞處離開的角度和速率為何？

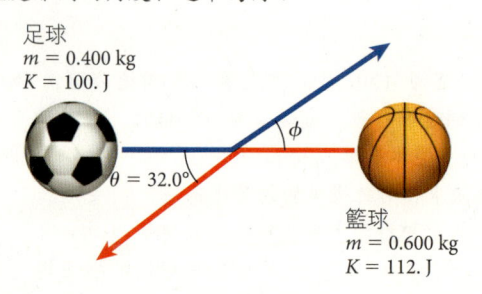

7.4 節

7.24 一顆質量為 274 kg 的衛星，以 $v_{i,1}$ = 13.5 km/s 的速率，趨前靠近一顆大行星。行星正以 $v_{i,2}$ = 10.5 km/s 的速率沿相反方向行進。衛星繞著行星運行一段路程後，沿其原始方向的反方向離開行星 (見圖)。如果這種相互作用可近似為一維彈性碰撞，則碰撞後的衛星速率為何？這種所謂的彈弓效應，經常被用來加速太空探測器，助其飛往太陽系的遙遠部分。

•7.25 木塊 A 和木塊 B 一起被強迫，將彈簧 (彈簧常數 k = 2500. N/m) 壓縮在它們之間，與它的平衡長度相差 3.00 cm。彈簧的質量可忽略，沒有固定到任一木

塊，在伸長後掉落在表面上。此時木塊 A 和木塊 B 的速率為何？(假設兩木塊和支撐表面之間的摩擦很小，而可忽略不計。)

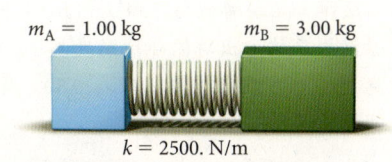

$m_A = 1.00$ kg $m_B = 3.00$ kg

$k = 2500.$ N/m

•**7.26** 你注意到 20.0 m 外的一輛購物車，以 0.700 m/s 的速度向你逼近。你將另一輛相同的車，以 1.10 m/s 的速度，直接推向第一輛車，以便攔截它。當兩車彈性碰撞時，它們保持接觸 0.200 s。繪製圖線將兩車的位置、速度和力表示為時間的函數。

••**7.27** 來自太空的宇宙射線含有一些帶電粒子，它們的能量比最大加速器所能產生的能量高過數十億倍。有人提出一個解釋這些粒子的模型，其示意圖如附圖。兩個非常強的磁場源，相向往對方移動，將因在它們之間的帶電粒子一再反射。這些磁場源可以近似為無限重的牆，使帶電粒子被彈性反射。撞擊地球的高能粒子曾被反射了很多次，以致獲得觀察到的能量。一個反射次數不多的類似情況，演示了此種效應。假設一個粒子的初始速度為 −2.21 km/s (向左沿負 x 方向移動)，左壁的移動速度為 1.01 km/s 向右，而右壁的移動速度為 2.51 km/s 向左。粒子與左壁碰撞 6 次、與右壁碰撞 5 次後的速度為何？

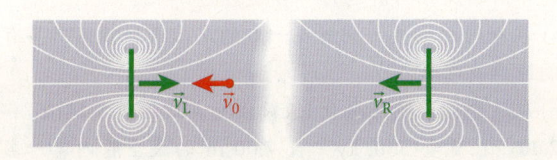

v_L v_0 v_R

7.5 節

7.28 冰上曲棍球的圓盤，質量 0.170 kg，以 1.50 m/s 的速率沿藍線 (在球場冰層上的藍色直線) 移動，撞上具有相同質量的另一靜止圓盤。碰撞後，第一個圓盤以 0.750 m/s 的速率，朝偏離藍線 30.0° 的方向離去 (見

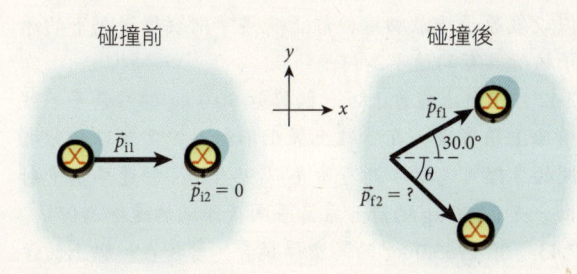

圖)。碰撞後，第二個圓盤的速度，其方向和量值為何？此是否為一種彈性碰撞？

•**7.29** 當你打開有空調的房間大門，熱氣體與冷氣體互相混合。氣體是熱或冷，實際上是依其平均能量而言；即熱氣體的分子比冷氣體的分子具有較高的動能。由於氣體分子之間的彈性碰撞，能量會重新分配，以致混合氣體中的動能差異，隨時間漸減。考慮兩個氮分子 (N_2，分子量為 28.0 g/mol) 之間的二維碰撞。一個分子往右上相對於水平 30.0° 的方向，以 672 m/s 的速率移動，撞上沿水平軸負方向、以 246 m/s 移動的第二個分子。如果能量較高的分子在碰撞後沿垂直軸正方向移動，則兩分子的最後速度各為何？

••**7.30** 貝蒂 ($m_B = 55.0$ kg，$v_B = 22.0$ km/h 沿正 x 方向) 和莎莉 ($m_S = 45.0$ kg，$v_S = 28.0$ km/h 沿正 y 方向) 都急速前進，想爭得冰曲棍球的圓盤。緊接著碰撞後，貝蒂的前進方向從她原來的方向逆時鐘偏轉 76.0°，而莎莉則向右並折返，朝向 x 軸成 12.0° 的方向。貝蒂和莎莉的最終動能為何？她們的碰撞是否為彈性？

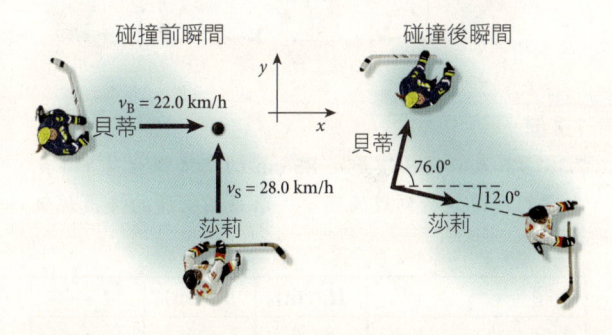

碰撞前瞬間   碰撞後瞬間

$v_B = 22.0$ km/h

貝蒂   貝蒂

$v_S = 28.0$ km/h   76.0°   12.0°

莎莉   莎莉

7.6 節

7.31 一節 1439 kg 的車廂以 12.0 m/s 的速率行進，撞上靜止的另一節相同車廂。如果兩車廂由於碰撞而鎖在一起，它們在碰撞後的共同速率為何 (以 m/s 為單位)？

•**7.32** 小型車的質量為 1000. kg，以 33.0 m/s 的速率行進，正面撞上沿相反方向行駛、速率 30.0 m/s、質量 3000. kg 的大型汽車。兩車黏在一起。碰撞持續的時間為 100. ms。小型車與大型車乘客受到的加速度各為重力加速度 g 的幾倍？

•**7.33** 一部 2000. kg 的大車與一部 1000. kg 的小車在十字路口相遇。交通號誌燈由紅剛轉綠後，大車朝北向前進入路口。小車向東行駛，未及停下，在撞上大車的左側前擋泥板後，兩車黏在一起滑行直到停下。警官趕到事故現場，看到胎痕從撞擊點往東偏北 55.0°。

187

大車的司機由速率表讀出事故發生時大車的車速為 30.0 m/s。小車在即將撞擊前的速率有多快?

••**7.34** 泰山在懸崖上想藉由擺盪藤蔓,以營救在地面上被蛇包圍的珍小姐。他的計畫是推離懸崖,在擺盪到最低點時抓住珍,使兩人一起安全擺動到附近的一棵樹(見圖)。泰山的質量為 80.0 kg,珍的質量為 40.0 kg,目標樹的最低樹枝高度為 10.0 m,泰山最初站在高度 20.0 m 的懸崖,藤的長度為 30.0 m。泰山推離懸崖的速率需為何,才能使兩人順利抵達樹枝?

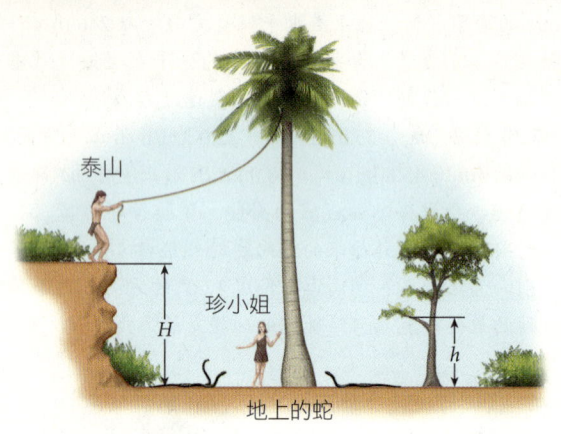

的社區,屋子全都一樣,有相同大小的院子,每一院子周圍都有高 2.00 m 的籬笆。片中湯姆將傑里捲成一個球,拋出籬笆外。傑里像拋體一樣行進,在下一個院子的中心反彈,並繼續飛向距離 7.50 m 的下一個籬笆。如果傑里原來被拋出時的離地高度為 5.00 m,原來的射程為 15.0 m,牠的恢復係數為 0.80,那麼牠能越過下一個籬笆嗎?

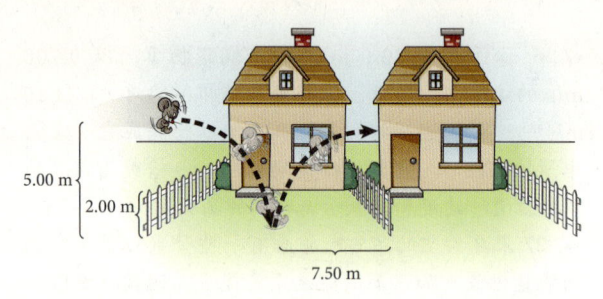

••**7.38** 一冰上曲棍球的圓盤 ($m = 170.$ g, $v_0 = 2.00$ m/s) 在無摩擦的冰上滑動,沿相對於法線 30.0° 的方向,撞擊場邊擋板。圓盤從擋板反彈時相對於法線 40.0°。圓盤的恢復係數為何?圓盤的最終動能與初始動能的比為何?

補充練習題

7.39 為了試圖觸地得分,一名 85.0 kg 的尾後衛跳過了阻擋他的球員,達到 8.90 m/s 的水平速率。他在空中剛要到球門線之前,被質量 110. kg、以 8.00 m/s 的速率沿相反方向前進的一名後衛抱住。
a) 在碰撞剛過後,糾纏在一起的尾後衛和後衛所共有的速率為何?
b) 尾後衛能否觸地得分(假設沒有其他球員參與)?

7.40 在質量 500. kg、長 7.00 m 的太空艙內,一名 60.0 kg 的太空人在艙的一端失重漂浮。他蹬踏艙壁使自己離開,以 3.50 m/s 的速率朝向艙的另一端。太空人到達另一端的艙壁需要多久?

7.41 一個 ^{222}Rn 的原子核所具有的質量約為 $3.68 \cdot 10^{-25}$ kg。此一放射性原子核衰變時所發出的 α 粒子,能量為 $8.79 \cdot 10^{-13}$ J。α 粒子的質量為 $6.64 \cdot 10^{-27}$ kg。假設氡原子核最初處於靜止狀態,則衰變後剩下的原子核所具有的速率為何?

7.42 在溜冰盛會上,一個質量 50.0 kg 的弓箭手,號稱冰上羅賓漢,在冰鞋上靜止不動。假定冰鞋和冰之間的摩擦可忽略。此弓箭手以 95.0 m/s 的速率水平射出一支 0.100 kg 的箭。弓箭手向後彈回的速率為何?

7.43 質量 55.0 kg 的高空彈跳者,當拴在她腳上的彈

7.7 節

7.35 下表所列物體是從 85 cm 的高度釋放落下。h_1 為它們在彈跳後到達的高度。求每個物體的恢復係數 ϵ。

物體	H (cm)	h_1 (cm)	ϵ
高爾夫球	85.0	62.6	
網球	85.0	43.1	
撞球	85.0	54.9	
手球	85.0	48.1	
木球	85.0	30.9	
鋼球軸承	85.0	30.3	
玻璃珠	85.0	36.8	
橡皮筋球	85.0	58.3	
中空硬塑膠球	85.0	40.2	

•**7.36** 質量 0.162 kg 的撞球,具有 1.91 m/s 的速率,以與檯邊法線成 35.9° 的角度,撞上檯邊。此碰撞的恢復係數為 0.841。該球因碰撞而離開檯邊時,相對於檯邊法線的角度為多少度?

•**7.37** 在一部《湯姆與傑里》(*Tom and Jerry*™) 的動畫片裡,湯姆貓在屋外院子裡追逐傑里鼠。這屋子所在

性繩開始拉她回來時，垂直向下移動的速率達到 13.3 m/s。隔 1.25 秒後，她以 10.5 m/s 的速率回頭往上。彈性繩施加於她的平均力為何？在方向改變時，她所承受的平均 g 值為何？

7.44 附圖顯示購物車撞向牆壁，並反彈的情況。車的動量變化量為何？(假設座標系的正方向為向右。)

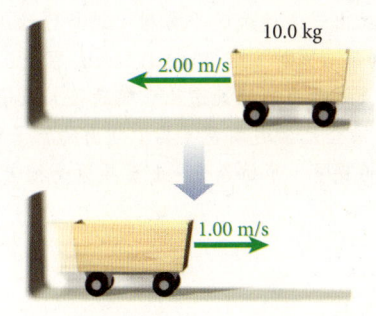

10.0 kg
2.00 m/s
1.00 m/s

7.45 三隻鳥以一個緊湊的隊形飛行。第一隻鳥的質量為 100. g，飛行速度為 8.00 m/s，朝北偏東 35.0°。第二隻小鳥的質量為 123 g，飛行速度為 11.0 m/s，朝北偏東 2.00°。第三隻小鳥的質量為 112 g，飛行速度為 10.0 m/s，朝北偏西 22.0°。此隊形的動量向量為何？一隻 115 g 的鳥要具有相同的動量，其速率和方向需為何？

7.46 滾球 (bocce) 遊戲的目的是讓你的球 (每個質量為 $M = 1.00$ kg) 盡可能的接近一顆小白球 (稱為 pallina，質量 $m = 0.0450$ kg)。你滾出的第一球，停在小白球的左側 2.00 m。你的第二球到達第一球或小白球的速率為 $v = 1.00$ m/s，且各球與地之間的動摩擦係數均為 $\mu_K = 0.200$。假設碰撞是彈性的，依據以下的情況，第一與第二兩球最後與小白球的距離各為何？
a) 你從左邊擲出第二球，打到第一球。
b) 你從右邊擲出第二球，擊中小白球。
(提示：各球都沿一直線移動，並使用 $m \ll M$ 的事實，忽略球的直徑。)

•**7.47** 一夥孩子以鞭炮玩一種危險的遊戲，將幾個鞭炮綁在玩具火箭上，以相對於地面 60.0° 的角度發射到空中。在它的軌跡頂點，這個粗劣的自製玩具爆炸，火箭斷裂成相等的兩片。其中一片有火箭在爆炸前一半的速率，且垂直地面向上移動。試求第二片的速率和方向。

•**7.48** 叢林之王泰山的質量為 70.4 kg，他抓住懸掛在樹枝上、長 14.5 m 的藤蔓。當被他抓住時，藤蔓相對於垂直線的角度為 25.9°。在軌跡的最低點，他拉起珍小姐 (質量 43.4 kg)，並繼續他的搖擺運動。當泰山和

珍達到軌跡的最高點時，藤蔓相對於垂直線的角度為何？

•**7.49** 一個 170 g 的冰上曲棍球圓盤，以 30.0 m/s 的速率，沿正 x 方向移動。在時間 $t = 2.00$ s 時被球棍擊中，以 25.0 m/s 的速率沿相反方向移動。如果圓盤與球棍接觸 0.200 s 的時間，繪製動量、圓盤位置及作用於圓盤的力，從 0 到 5.00 s 期間，隨時間變化的函數。務必於座標軸上標示合理的數字。

•**7.50** 你把手機掉落到一個非常長的書架後面，並且無法從頂部或側面搆到它。你決定讓手機與一串鑰匙作彈性碰撞，使它們一同滑出。如果手機的質量為 0.111 kg，鑰匙圈的質量為 0.020 kg，每支鑰匙的質量為 0.023 kg。要使鑰匙和手機從書櫃的同一側滑出來，圈上鑰匙的最小數目為何？如果鑰匙圈上有 5 支鑰匙，且當它擊中手機時的速率是 1.21 m/s，手機和鑰匙圈的最終速率為何？假設發生的是一維彈性碰撞，並忽視摩擦。

•**7.51** 在滑水運動中，「舊貨出售」是指滑雪者失去控制掉入水中，而兩個滑板朝不同的方向飛離。有一次，一個滑水新手以 22.0 m/s 的速率在水面上掠過時，失去了控制。其中一滑板的質量為 1.50 kg，以 25.0 m/s 的速度，沿滑水者初始方向偏左 12.0° 的角度飛走。另一相同的滑板則從墜落處，以 21.0 m/s 速率，沿偏右 5.00° 的角度飛行。試問質量 61.0 kg 的滑雪者具有的速度為何？相對於初始速度向量給出速率與方向。

•**7.52** 稀有同位素工廠每秒生產 $7.25 \cdot 10^5$ 個質量各為 $8.91 \cdot 10^{-26}$ kg 的稀有同位素粒子射束。當這些原子核以光速的 24.7% 移動時，擊中一個射束擋板 (這是一個塊狀物，可將射束的粒子速率減慢到零)。此射束施加於擋板的平均力量值為何？

•**7.53** 如圖所示，馬鈴薯大砲可用來在結冰的湖面上發射馬鈴薯。砲的質量 m_c 為 10.0 kg，馬鈴薯的質量 m_p 為 0.850 kg。砲的彈簧被壓縮 2.00 m (彈簧常數 $k_c = 7.06 \cdot 10^3$ N/m)。在發射馬鈴薯之前，大砲為靜止。馬鈴薯離開大砲砲口時，水平向右移動的速率 $v_p = 175$ m/s。忽略馬鈴薯旋轉的效應。假定大砲和湖面的冰之間或砲筒和馬鈴薯之間，均無摩擦。
a) 馬鈴薯離開砲口後，大砲速度 v_c 的量值與方向為何？
b) 在發射馬鈴薯之前與後，馬鈴薯/大砲系統的總力學能 (位能和動能) 為何？

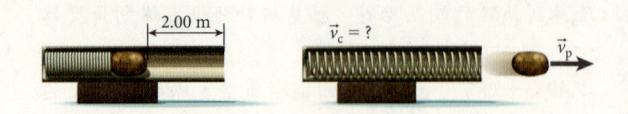

普通物理

•**7.54** 一粒子 ($M_1 = 1.00$ kg) 沿水平向下 30.0° 的方向，以 $v_1 = 2.50$ m/s 移動時，命中靜止的第二個粒子 ($M_2 = 2.00$ kg)。碰撞後，M_1 的速率降到 0.500 m/s，並且向左移動，方向相對於水平方向為向下 32.0°。你不能假設碰撞是彈性的。碰撞後，M_2 的速率為何？

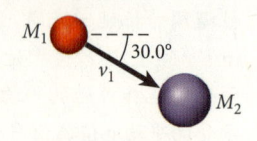

••**7.55** 一種用於確定材料的化學組成的方法是拉塞福反向散射 (RBS)，命名來自首先發現原子中含有高密度的正電荷原子核，其正電荷並非均勻分佈的科學家拉塞福 (見第 39 章)。在 RBS 中，α 粒子直射靶材料，反向彈回的 α 粒子能量被測量。一個 α 粒子的質量為 $6.65 \cdot 10^{-27}$ kg。一個初始動能為 2.00 MeV 的 α 粒子，與原子 X 彈性碰撞。如果反向散射之 α 粒子的動能為 1.59 MeV，而原子 X 最初為靜止，則原子 X 的質量為何？你將需要求出一表達式的平方根，這將導致兩個可能的答案 (如果 $a = b^2$，則 $b = \pm a$)。由於原子 X 的質量比 α 粒子大，你可以據此選出正確的根。原子 X 是什麼元素？(檢查元素週期表，其中列出的原子質量為 1 莫耳原子的質量，單位為克。1 莫耳原子相當於 $6.02 \cdot 10^{23}$ 個原子。)

◢ 多版本練習題

7.56 一顆超級球的恢復係數為 0.8887。如果球從高於地面 3.853 m 的高度落下，則其第三次反彈達到的最大高度為何？

7.57 一顆超級球的恢復係數為 0.9115。球應從什麼樣的高度釋放下落，才能使它第三次反彈的最大高度為 2.234 m？

7.58 一顆超級球從 3.935 m 的高度落下。它第三次反彈的最大高度為 2.621 m。球的恢復係數為何？

7.59 一個質量 41.05 g 的壁球，速率為 15.49 m/s，以相對於牆壁法線方向為 43.53° 的角度，撞擊球場牆壁。若此壁球的恢復係數為 0.8199，則球離開牆壁時，相對於牆壁法線方向的角度為何？

7.60 一個質量 41.97 g 的壁球，速率為 15.69 m/s，以相對於牆壁法線方向為 48.67° 的角度，撞擊球場牆壁。若球離開牆壁時，相對於牆壁法線方向的角度為 55.75°，則球的恢復係數為何？

7.61 一個質量 38.87 g 的壁球，以 15.89 m/s 的速率撞擊球場牆壁。球離開牆壁時，相對於牆壁法線方向的角度為 57.24°。若壁球的恢復係數是 0.8787，則相對於牆壁法線方向，球最初撞擊牆壁的角度為何？

第貳部分　延展體、物質及圓周運動

08. 多質點系統與延展體

待學要點
8.1 質心和重心
　　兩物體所成系統的質心
　　多個物體所成系統的質心
　　　例題 8.1　運輸貨櫃
8.2 質心動量
　　反衝
　　　詳解題 8.1　大砲的反衝
　　質心的一般運動
8.3 火箭運動
　　　例題 8.2　發射往火星的火箭
8.4 計算質心
　　一維和二維物體的質心
　　　詳解題 8.2　細長直桿的質心

已學要點 | 考試準備指南
　　解題準則
　　選擇題
　　觀念題
　　練習題
　　多版本練習題

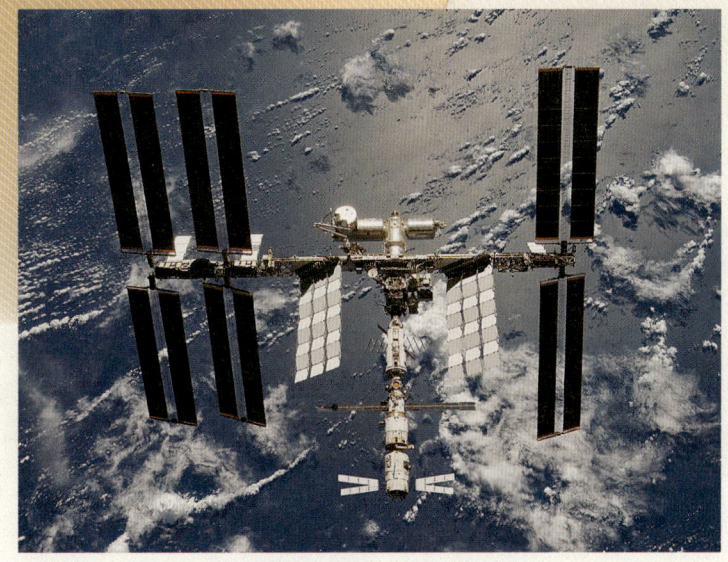

圖 8.1　由發現號太空梭拍攝到的國際太空站照片。

　　圖 8.1 所示的國際太空站 (ISS)，在離地球表面 320 到 350 公里的軌道上，以超過 7.5 公里/秒的速率環繞地球。雖然國際太空站的尺寸大約為 25 米×109 米×73 米，但工程師在追蹤它時，卻將它當作一個點，就像粒子一樣。

　　我們可以將每個物體的全部質量都當作是集中在一個點，這個點稱為*質心*。本章說明如何計算質心的位置，並展示如何使用它來簡化涉及動量守恆的計算。在前面幾章中，我們一直假設物體可被視為粒子 (即質點)。本章說明這個假設為什麼是行得通的。

　　本章也將討論物體在其質量與速度均為可變之情況下的動量變化，火箭的推進作用就是這種情況的例子。

191

普通物理

待學要點

- 考慮平移運動時，每個物體的全部質量都可想像成為集中在一個點，此點稱為質心。
- 兩個或多個物體所成的系統，其質心位置可將它們每個的位置向量乘以各自的質量後相加，再除以總質量而求出。
- 延展體的質心所做的平移運動，可用牛頓力學加以描述。
- 質心動量是一個系統各部分的線動量向量的總和。它的時間導數等於作用於系統的總淨外力，這個關係是牛頓第二定律的一項擴展。
- 要分析火箭的運動，必須考慮質量可變的系統。此一改變導致火箭的速度，以對數函數隨著火箭最後對最初的質量比而變。
- 要計算一個延展體的質心位置，可將其各點的質量密度乘以該點的座標向量，然後對整個體積進行積分，再除以總質量。
- 如果物體具有對稱平面，則質心位於該平面。如果物體有多個對稱平面，則質心位於這些平面相交的線或點。

8.1 質心和重心

到目前為止，我們都將物體的位置，以單一個點的座標來表示。然而，以一個特定點的座標，來代表一個延展的物體 (以下簡稱延展體)，究竟是什麼意思呢？這個問題的答案與所考慮的應用有關。以賽車為例，汽車的位置是以其最前端部分的座標來表示。當此點越過終點線，比賽的結果就決定了。另一方面，在足球中，只有當整個球都已越過球門線，才算進球得分；在此情況下，以足球最後端部分的座標來表示足球的位置，才是說得通的。然而，這些都是例外的情況。在幾乎所有的情況下，都會有一個自然被選來代表延展體位置的點，這點被稱為質心。

> **定義**
> 考慮力對物體平移運動的影響時，物體的所有質量可當作為集中在一點，這點稱為**質心**。

因此，若考慮的是重力，則整個物體的質量與所受的重力當作為集中於一個點，這個點就位於質心。故順理成章可將此點稱為**重心**。

在此適合指出一點：如果一個物體的質量密度是恆定的，則其質心 (重心) 必位於此物體的幾何中心。本章的推導將會證實這個猜測。

兩物體所成系統的質心

如果一個系統是由質量相同的兩個全同物體所組成，而我們想找出

這個系統的質量中心 (簡稱質心)，則從對稱性考慮，可以合理的假設此系統的質心，就正好位於這兩個物體各自中心的中間。如果其中一個物體的質量較大，則可同樣合理的假設，系統的質心是更接近質量較大的物體。因此，在任意的座標系中 (圖 8.2)，對於質量為 m_1 和 m_2 且分別位於 $\vec{r}_1$ 和 $\vec{r}_2$ 的兩個物體，我們有一個公式，可以計算出它們所成系統的質心位置 $\vec{R}$：

$$\vec{R} = \frac{\vec{r}_1 m_1 + \vec{r}_2 m_2}{m_1 + m_2} \tag{8.1}$$

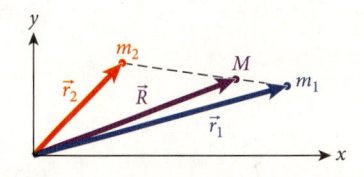

圖 8.2 質量 m_1 和 m_2 的兩物體所成系統的質心位置，其中 $M = m_1 + m_2$。

依據上面的公式，質心的位置向量是個別物體的位置向量以其質量加權後的一個平均，這樣的定義與前段提到的經驗證據是一致的。現在，我們將把這個公式作為操作定義，並逐步得出它的後果。在本章後面，以及後續的幾章中，將可看出這個定義為何有道理的更多理由。

注意：我們可以將 (8.1) 式的向量方程式改用直角座標表示如下：

$$X = \frac{x_1 m_1 + x_2 m_2}{m_1 + m_2}, \quad Y = \frac{y_1 m_1 + y_2 m_2}{m_1 + m_2}, \quad Z = \frac{z_1 m_1 + z_2 m_2}{m_1 + m_2} \tag{8.2}$$

在圖 8.2 中，質心的位置恰好位於連接兩個質量的線段 (黑色虛線) 上。這是否為一個普遍的結果，也就是重心是否總在這個線段上？如果是，為什麼？如果不是，那麼造成這個情況所需的特殊條件是什麼？答案是，對於兩體系統這是個一般性的結果：這種系統的質心永遠位於連接兩物體的線段上。要了解一點，我們在圖 8.2 中可以把兩物體中的一個，例如 m_1，選為座標系的原點。在這種座標系中，依定義 $\vec{r}_1$ 為零，故由 (8.1) 式可得 $\vec{R} = \vec{r}_2 m_2/(m_1 + m_2)$。因此，向量 $\vec{R}$ 與 $\vec{r}_2$ 指著同一方向，但 $\vec{R}$ 較短，長度僅為 $\vec{r}_2$ 的 $m_2/(m_1 + m_2) < 1$ 倍。這表明 $\vec{R}$ 總是位於連接兩個質量的線段上。

多個物體所成系統的質心

(8.1) 式的質心定義可推廣到有 n 個物體的系統，其中第 i 個的質量為 m_i，位於 $\vec{r}_i$。在這個一般性的情況下，

$$\vec{R} = \frac{\vec{r}_1 m_1 + \vec{r}_2 m_2 + \cdots + \vec{r}_n m_n}{m_1 + m_2 + \cdots + m_n} = \frac{\sum_{i=1}^{n} \vec{r}_i m_i}{\sum_{i=1}^{n} m_i} = \frac{1}{M} \sum_{i=1}^{n} \vec{r}_i m_i \tag{8.3}$$

>>> **觀念檢測 8.1**

在圖 8.2 示出的情況下，兩個質量 m_1 和 m_2 的相對大小為下列何者？
a) $m_1 < m_2$
b) $m_1 > m_2$
c) $m_1 = m_2$
d) 僅根據該圖所給的信息，無法確定哪個物體的質量較大

>>> **觀念檢測 8.2**

一個裝有油加醋沙拉醬的圓柱瓶，體積有一半是醋 (質量密度為 1.01 g/cm^3)，另一半是油 (質量密度為 0.910 g/cm^3)，靜置於桌面上。最初，油和醋是分開的，油浮在醋的上面。將瓶子搖動，使油與醋均勻混合，再放回桌面上。由於油與醋混合，沙拉醬的質心高度變化為何？
a) 變為較高
b) 變為較低
c) 保持一樣
d) 所給資訊不足，無法回答

其中 M 代表所有 n 個物體的總質量：

$$M = \sum_{i=1}^{n} m_i \tag{8.4}$$

以直角座標分量表示時，(8.3) 式可寫為

$$X = \frac{1}{M}\sum_{i=1}^{n} x_i m_i, \quad Y = \frac{1}{M}\sum_{i=1}^{n} y_i m_i, \quad Z = \frac{1}{M}\sum_{i=1}^{n} z_i m_i \tag{8.5}$$

在下面的例子中，我們將決定由多個物體所組成系統的質心。

例題 8.1　運輸貨櫃

大型貨櫃具有標準尺寸，最常見的尺寸之一是 ISO 20′ 的貨櫃，其長度為 6.1 m，寬度為 2.4 m，高度為 2.6 m。

問題：圖 8.3 所示的五個貨櫃置於貨櫃船的甲板上。除了紅色貨櫃的質量為 18,000 kg 外，其餘每一個的質量都為 9000 kg。假設每個貨櫃各自的質心都在其幾何中心，則這些貨櫃所組成的系統，其質心的 x 座標和 y 座標各為何？使用該圖所示的座標系來表示這個質心的位置。

解：

要計算質心的直角座標分量，我們將使用 (8.5) 式。本題似乎沒有可利用的快捷方式。

令每個貨櫃的長度為 ℓ (6.1 m)，寬度為 w (2.4 m)，綠色貨櫃的質量為 m_0 (9000 kg)，則紅色貨櫃的質量為 $2m_0$，所有其他貨櫃的質量均為 m_0。

首先，我們需要計算總質量 M。根據 (8.4) 式，它是

$$\begin{aligned}M &= m_\text{紅} + m_\text{綠} + m_\text{橙} + m_\text{藍} + m_\text{紫}\\&= 2m_0 + m_0 + m_0 + m_0 + m_0\\&= 6m_0\end{aligned}$$

對於系統質心的 x 座標，我們發現

$$\begin{aligned}X &= \frac{x_\text{紅} m_\text{紅} + x_\text{綠} m_\text{綠} + x_\text{橙} m_\text{橙} + x_\text{藍} m_\text{藍} + x_\text{紫} m_\text{紫}}{M}\\&= \frac{\frac{1}{2}\ell 2m_0 + \frac{1}{2}\ell m_0 + \frac{3}{2}\ell m_0 + \frac{1}{2}\ell m_0 + \frac{1}{2}\ell m_0}{6m_0}\\&= \frac{\ell\left(1 + \frac{1}{2} + \frac{3}{2} + \frac{1}{2} + \frac{1}{2}\right)}{6}\\&= \tfrac{2}{3}\ell = 4.1 \text{ m}\end{aligned}$$

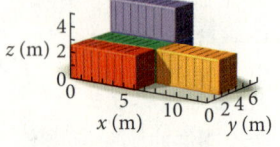

圖 8.3　置於貨櫃船甲板上的貨櫃。

在最後的步驟中,我們以 6.1 m 取代 ℓ 的值。

以同樣的方式,可以求出質心的 y 座標:

$$Y = \frac{y_{\text{紅}}m_{\text{紅}} + y_{\text{綠}}m_{\text{綠}} + y_{\text{橙}}m_{\text{橙}} + y_{\text{藍}}m_{\text{藍}} + y_{\text{紫}}m_{\text{紫}}}{M}$$

$$= \frac{\frac{1}{2}w2m_0 + \frac{3}{2}wm_0 + \frac{3}{2}wm_0 + \frac{5}{2}wm_0 + \frac{5}{2}wm_0}{6m_0}$$

$$= \frac{w\left(1 + \frac{3}{2} + \frac{3}{2} + \frac{5}{2} + \frac{5}{2}\right)}{6}$$

$$= \frac{3}{2}w = 3.6 \text{ m}$$

在此處的最後一步,我們以 2.4 m 取代 w 的值。(注意,我們將質心的兩個座標都四捨五入到兩位有效數字,以求與給定的數值一致。)

自我測試 8.1

針對圖 8.3 中的貨櫃安排,確定其質心的 z 座標。

8.2 質心動量

我們可以對質心的位置向量求取其時間導數,以獲得質心的速度向量 $\vec{V}$。我們取 (8.3) 式的時間導數:

$$\vec{V} \equiv \frac{d}{dt}\vec{R} = \frac{d}{dt}\left(\frac{1}{M}\sum_{i=1}^{n}\vec{r_i}m_i\right) = \frac{1}{M}\sum_{i=1}^{n}m_i\frac{d}{dt}\vec{r_i} = \frac{1}{M}\sum_{i=1}^{n}m_i\vec{v_i} = \frac{1}{M}\sum_{i=1}^{n}\vec{p_i} \quad (8.6)$$

現在,我們假設總質量 M 與各個物體的質量 m_i 均保持不變,但本章後面將放棄這一假設,以研究對火箭運動的影響。(8.6) 式是質心速度向量 $\vec{V}$ 的表達式,將該式兩邊乘以 M 可得

$$\vec{P} = M\vec{V} = \sum_{i=1}^{n}\vec{p_i} \quad (8.7)$$

因此,我們發現質心的動量 $\vec{P}$ 是總質量 M 和質心速度 $\vec{V}$ 的乘積,也是所有個別動量向量的總和。

取 (8.7) 式兩邊的時間導數,可得質心的牛頓第二定律:

$$\frac{d}{dt}\vec{P} = \frac{d}{dt}(M\vec{V}) = \frac{d}{dt}\left(\sum_{i=1}^{n}\vec{p_i}\right) = \sum_{i=1}^{n}\frac{d}{dt}\vec{p_i} = \sum_{i=1}^{n}\vec{F_i} \quad (8.8)$$

在上式的最後步驟中,我們使用第 7 章得到的結果,即對粒子 i,其動量的時間導數等於作用於它的淨力 $\vec{F_i}$。注意,如果一個系統中的粒子 (物體) 相互間彼此施力,則那些力對 (8.8) 式中的力總和,不會有淨貢獻。為什麼呢?根據牛頓第三定律,兩個物體相互間的施力,其量值相

等，方向相反。因此，將它們加起來後的總合為零。因此，我們得到質心的牛頓第二定律：

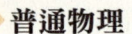

$$\frac{d}{dt}\vec{P} = \vec{F}_{\text{net}} \tag{8.9}$$

上式中的 $\vec{F}_{\text{net}}$ 是作用於粒子系統之所有外力的總和。

以上所建立有關質心的位置、速度、動量、力和質量之間的關係，都與質點 (粒子) 所具有的相同。因此，對一個延展體或多個物體所組成的系統而言，其質心可被當作為一個質點。這一結論證明我們在前面的章節中以點代表物體的近似做法確實是成立的。

反衝

當子彈從槍射出時，槍會反衝彈回；也就是說，槍會沿子彈射出方向的相反方向移動。同樣的，如果你靜坐在船上，將一個物體拋向船外，則船移動的方向與該物體的相反。如果你站在滑板上拋出一個具有重量夠大的球，也會感受同樣的效應。這個大家熟知的反衝效應是牛頓第三定律的結果。

詳解題 8.1　大砲的反衝

假設質量 13.7 kg 的砲彈，由質量為 249.0 kg 的大砲，射向距離為 2.30 km 的目標。2.30 公里也是大砲的最大射程。目標和大砲的海拔相同，且大砲靜置於一個水平表面上。

問題：大砲砲身的反衝速度為何？

解：

思索　首先，我們了解到地面施加的正向力，將防止大砲獲得向下的速度分量，所以大砲只能沿著水平方向反衝。我們可利用系統 (大砲和砲彈) 質心動量的 x 分量在發射過程中保持不變的事實，這是因為火藥在大砲內爆炸使砲彈射出時，對系統只產生內力，而施於系統的兩個外力 (正向力和重力) 都沿垂直方向，所以沿水平方向的淨外力分量為零。為防止大砲穿透地面，正向力必須增加，所以淨外力確實有沿 y 方向的分量，因此質心速度的 y 分量會有變化。由於砲彈和大砲最初都處於靜止，系統的質心動量最初為零，而在大砲發射後，其 x 分量仍保持為零。

繪圖　圖 8.4a 是砲彈剛從大砲射出時的草圖。圖 8.4b 示出了砲彈的速度

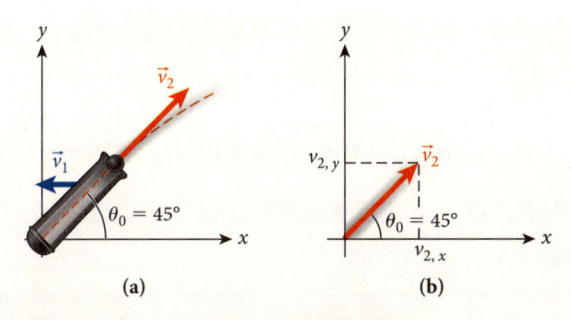

圖 8.4 (a) 砲彈從大砲射出。(b) 砲彈的初始速度向量。

向量 $\vec{v}_2$，包括 x 和 y 分量。

推敲 以下標 1 和 2 分別標示大砲與砲彈，並寫出 (8.7) 式的水平分量，我們得到

$$\vec{P} = \vec{p}_{1,x} + \vec{p}_{2,x} = m_1 \vec{v}_{1,x} + m_2 \vec{v}_{2,x} = 0$$

因此對速度的水平分量，我們有

$$v_{1,x} = -\frac{m_2}{m_1} v_{2,x} \tag{i}$$

從大砲的射程為 2.30 km，我們可以得到砲彈在發射時的初始速度水平分量。在第 3 章中，我們給出大砲的射程與初始速度的關係為 $R = (v_0^2/g)(\sin 2\theta_0)$。當 $\theta_0 = 45°$ 時可得最大射程為 $R = v_0^2/g \Rightarrow v_0 = \sqrt{gR}$。當 $\theta_0 = 45°$ 時，砲彈初始速率 v_0 和水平速度分量的關係為 $v_{2,x} = v_0 \cos 45° = v_0/\sqrt{2}$。結合這兩項結果，可得最大射程與砲彈的初始速度水平分量具有以下關係：

$$v_{2,x} = \frac{v_0}{\sqrt{2}} = \sqrt{\frac{gR}{2}} \tag{ii}$$

簡化 將 (ii) 式代入 (i) 式，可得我們想求出的結果

$$v_{1,x} = -\frac{m_2}{m_1} v_{2,x} = -\frac{m_2}{m_1} \sqrt{\frac{gR}{2}}$$

計算 代入題目說明中給出的數字，我們得到

$$v_{1,x} = -\frac{m_2}{m_1} \sqrt{\frac{gR}{2}} = -\frac{13.7 \text{ kg}}{249 \text{ kg}} \sqrt{\frac{(9.81 \text{ m/s}^2)(2.30 \cdot 10^3 \text{ m})}{2}} = -5.84392 \text{ m/s}$$

捨入 以 3 位有效數字表示我們的答案，可得

$$v_{1,x} = -5.84 \text{ m/s}$$

複驗 答案的負號代表大砲移動的方向與砲彈相反，這是合理的。因為

普通物理

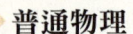

大砲的質量大得多，砲彈的初始速率應該比大砲的大得多。砲彈的初始速率為

$$v_0 = \sqrt{gR} = \sqrt{(9.81 \text{ m/s}^2)(2.3 \cdot 10^3 \text{ m})} = 150 \text{ m/s}$$

故依以上所得的答案，大砲反衝的速率比砲彈的初始速率小得多，這似乎也是合理的。

質心的一般運動

圖 8.5a 示出扳手在空氣中的翻轉過程，這是多重曝光下拍得的一系列圖像，相鄰兩個扳手圖像之間的時距都相等。這個運動看起來很複雜，但我們可以利用對質心運動的了解，來做簡單的分析。如果假設扳手的所有質量都集中在一個點上，則這一點將如第 3 章所述，在重力的影響下沿著拋物線在空氣中移動，疊加在這個運動之上的是扳手繞其質心的轉動。由圖 8.5b 可以清楚看出這個拋物線軌跡，圖中疊加的拋物線 (綠色) 通過每個扳手的質心位置。此外，疊加的黑線繞著扳手的質心以恆定的速率旋轉。可以清楚看出扳手的把手總是與黑線對齊，表示扳手也是繞著質心以恆定的速率旋轉 (我們將在第 10 章分析這樣的旋轉運動)。

這裡介紹的方法，將質心的平移運動與物體繞質心的旋轉運動疊加，使我們能夠分析運動中的固態物體所涉及的多種複雜的問題。

8.3 火箭運動

在火箭運動中，火箭的一部分質量經由尾端的噴嘴噴出。就 8.2 節

(a)   (b)

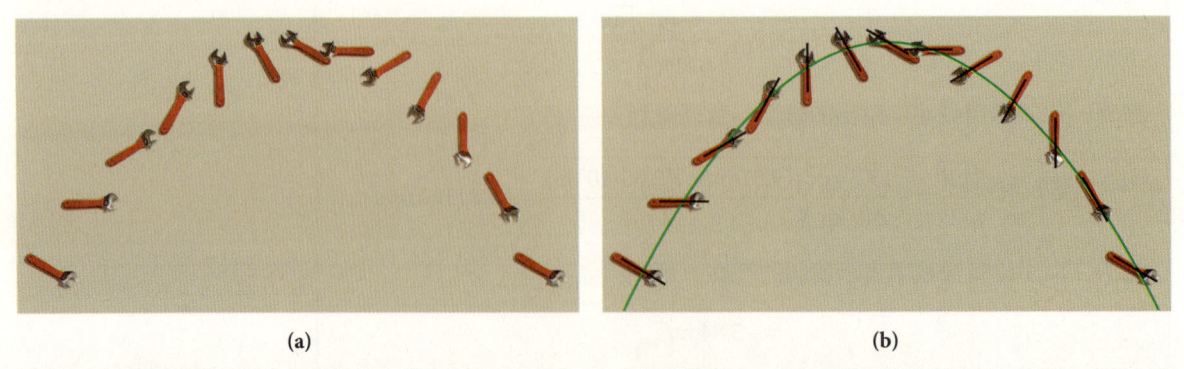

圖 8.5 (a) 經過數位化處理的多重曝光系列圖像，顯示扳手在空氣中翻轉。(b) 同 (a) 部分的系列圖像，但疊加了質心的拋物線運動。

多質點系統與延展體 08

討論的反衝效應而言，火箭運動是一個重要的例子。火箭能夠前進應用的是總動量守恆定律。

為了導出火箭所受加速度的表達式，我們先研究火箭以離散的方式彈出固定額度的質量，然後再逐漸降低質量的額度，以趨近連續的極限。考慮火箭在星際空間移動的一個玩具模型，它將砲彈由其後端射出，以使自身向前推進 (圖 8.6)。因已指明火箭是處於星際空間，故火箭和它的組件可當作一個孤立系統，不受外力。最初，火箭為靜止。假設所有的運動都沿 x 方向，且以火箭前進的方向為 x 軸的正方向，因此可用一維運動的標記法，以速度之 x 分量 (以下簡稱為速度) 的正負號，來指示速度的方向。每個砲彈的質量為 Δm，火箭 (包括所有砲彈在內) 的初始質量為 m_0。每個砲彈相對於火箭和砲彈系統的質心，以速度 v_c 被射出 (因砲彈向後射出，$v_c < 0$)，故砲彈的動量為 $v_c \Delta m$。

第一個砲彈被射出後，火箭的質量減小成為 $m_0 - \Delta m$。射出的砲彈不會改變系統 (火箭加上砲彈) 的質心動量 (記住這是一個孤立系統，沒有外力對它作用)。因此，火箭得到與砲彈動量相反的反衝動量。砲彈的動量為

$$p_c = v_c \Delta m \tag{8.10}$$

而火箭的動量為

$$p_r = (m_0 - \Delta m)v_1$$

其中 v_1 是火箭在砲彈被射出後的速度。由動量守恆可知 $p_r + p_c = 0$，如利用以上兩式將 p_r 和 p_c 取代則得

$$(m_0 - \Delta m)v_1 + v_c \Delta m = 0$$

我們定義火箭在發射一個砲彈後的速度變化為 Δv_1：

$$v_1 = v_0 + \Delta v = 0 + \Delta v = \Delta v_1 \tag{8.11}$$

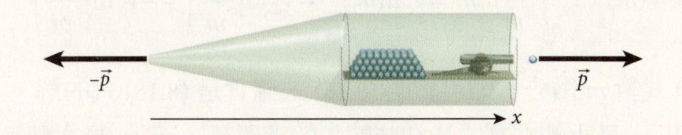

圖 8.6 火箭推進的玩具模型：發射砲彈。

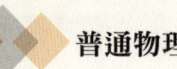

上式中假定火箭最初為靜止，即 $v_0 = 0$。這給了我們火箭在發射一個砲彈後的反衝速度：

$$\Delta v_1 = -\frac{v_c \Delta m}{m_0 - \Delta m} \tag{8.12}$$

在火箭的運動系統中，接著再發射第二個砲彈，這使火箭的質量從 $m_0 - \Delta m$ 降為 $m_0 - 2\Delta m$，並導致額外的反衝速度

$$\Delta v_2 = -\frac{v_c \Delta m}{m_0 - 2\Delta m}$$

使火箭的總速度增加到 $v_2 = v_1 + \Delta v_2$。在發射第 n 個砲彈後，火箭的速度變化為

$$\Delta v_n = -\frac{v_c \Delta m}{m_0 - n\Delta m} \tag{8.13}$$

因此，火箭在發射第 n 個砲彈後的速度為

$$v_n = v_{n-1} + \Delta v_n$$

但當每單位時間所發射的質量為固定，且遠小於火箭整體的質量 m (隨時間而變) 時，我們有一個非常有用的近似。在此極限情況下，由 (8.13) 式可得

$$\Delta v = -\frac{v_c \Delta m}{m} \Rightarrow \frac{\Delta v}{\Delta m} = -\frac{v_c}{m} \tag{8.14}$$

此處 v_c 是砲彈被彈出的速度。若以 dm 代表火箭質量 m 的微小變化量 (dm 為負值)，則 $\Delta m = -dm$，故在 $\Delta m \to 0$ 的極限時，可得到速度對質量的導數為

$$\frac{dv}{dm} = \frac{v_c}{m} \tag{8.15}$$

此微分方程的解為

$$v(m) = v_c \int_{m_0}^{m} \frac{1}{m'} dm' = v_c \ln m' \Big|_{m_0}^{m} = v_c \ln\left(\frac{m_0}{m}\right) = -v_c \ln\left(\frac{m_0}{m}\right) \tag{8.16}$$

將 (8.16) 式對 m 微分，即可證明 (8.16) 式確實是 (8.15) 式的解。

如果 m_i 是火箭在某一最初時間 t_i 的總質量，而 m_f 是在稍後最終時間 t_f 的總質量，則由 (8.16) 式可得火箭在時間 t_i 和 t_f 的速度分別為 $v_i =$

$v_c \ln(m_i/m_0)$ 和 $v_f = v_c \ln(m_f/m_0)$。由對數的性質 $\ln(a/b) = \ln a - \ln b$，可求出這兩個速度的差：

$$v_f - v_i = v_c \ln\left(\frac{m_f}{m_0}\right) - v_c \ln\left(\frac{m_i}{m_0}\right) = v_c \ln\left(\frac{m_f}{m_i}\right) = -v_c \ln\left(\frac{m_i}{m_f}\right) \quad (8.17)$$

例題 8.2　發射往火星的火箭

利用太空船將人送上火星的一個可能方式，是先在一個繞行地球的軌道上組裝太空船，以避免太空船在行程開始時需要克服大部分的地球重力。假設這種太空船的酬載為 50,000 kg，裝了 2,000,000 kg 的燃料，並且能夠將推進劑以 23.5 km/s 的速率向後噴射出去 (目前化學火箭推進劑可產生的最大速率大約為 5 km/s，但預測電磁火箭推進技術可產生或許 40 km/s 的速率)。

問題：相對於它最初在地球軌道上繞行的速度，此太空船可以達到的最終速度為何？

解：

使用 (8.17) 式，並代入問題所給的數值，注意 v_c 的方向指向後，故為負值，我們發現

$$v_f - v_i = (-v_c)\ln\left(\frac{m_i}{m_f}\right) = (23.5 \text{ km/s}) \ln\left(\frac{2,050,000 \text{ kg}}{50,000 \text{ kg}}\right) = (23.5 \text{ km})(\ln 41)$$
$$= 87.3 \text{ km/s}$$

相比之下，在 1960 年代末和 1970 年代初，以土星五號多級火箭將太空人送上月球時，所能達到的速度則只有 12 km/s。

>>> **觀念檢測 8.3**

如果例題 8.2 中太空船的酬載增為 2 倍，從 50,000 kg 增至 100,000 kg，則能達到的最終速度，與例題 8.2 中求得的速度相比，將會
a) 相等
b) 較小，但超過一半
c) 較大
d) 等於一半
e) 小於一半

要探討火箭運動速度隨時間的變化，可將 (8.14) 式左側的等式，除以拋出的質量固定為 Δm 所需的時間 Δt：

$$m\frac{\Delta \vec{v}}{\Delta t} = -\vec{v}_c \frac{\Delta m}{\Delta t}$$

注意：上式改用向量表示各速度。在我們考慮的火箭運動中 (如圖 8.7)，火箭的質量 m 隨時間改變，而推進劑的質量噴出率 $\Delta m/\Delta t$ 是固定的，噴出的推進劑相對於火箭的速度固定為 $\vec{v}_c$。當 $\Delta m \to 0$ 時，$\Delta t \to 0$，且如前述 $\Delta m = -dm$，故可得速度對時間的導數如下：

$$m\frac{d\vec{v}}{dt} = m\vec{a} = -\vec{v}_c \frac{dm}{dt}$$

圖 8.7 火箭運動。

上式右邊的 $\vec{v}_c dm/dt$ 稱為火箭的**推力** (thrust)，它是力，因此其測量單位為牛頓：

$$\vec{F}_{\text{thrust}} = \vec{v}_c \frac{dm}{dt} \tag{8.18}$$

注意：火箭的質量 m 隨時間減小，故 $dm/dt < 0$，而 $\vec{v}_c$ 是向後，故推力為正，即指向前。

8.4　計算質心

到目前為止，我們還沒有提到一個關鍵問題：對任意形狀的物體，如何計算質心的位置？為了回答這個問題，讓我們找出圖 8.8 所示鐵錘的質心位置。我們如該圖下方所示，將鐵錘視為由相同大小的立方體所組成。立方體的中心是它們各自的質心，以紅點標示。紅色箭頭是立方體的位置向量。如果我們接受立方體的集合是鐵錘的一個良好近似，就可以用 (8.3) 式找出立方體集合的質心，從而也得到鐵錘的質心。

注意：不同立方體的質量並不一定相同，因為木製手柄和鐵製錘子的密度有很大的不同。質量密度 ρ、質量和體積之間的關係如下：

$$\rho = \frac{dm}{dV} \tag{8.19}$$

圖 8.8　計算鐵錘的質心位置。

如果物體各部分的質量密度都相同 (即物體為均勻)，上式就成為

$$\rho = \frac{M}{V} \ (\rho \text{ 為定值}) \tag{8.20}$$

接著就可以利用質量密度將 (8.3) 式重寫為

多質點系統與延展體 **08**

$$\vec{R} = \frac{1}{M}\sum_{i=1}^{n}\vec{r}_i m_i = \frac{1}{M}\sum_{i=1}^{n}\vec{r}_i \rho(\vec{r}_i)V$$

在上式中，我們假定每個立方體的質量密度各自都是均勻的 (但從一個立方體到另一個仍可能不同)，並且每個立方體具有相同的小體積 V。

我們可以縮小各立方體的體積，並使立方體的總數越來越多，以獲得更好的近似。這個過程你可能非常熟悉，因為這正是微積分學中以極限來定義積分時所採用的。在達到極限值時，我們可獲得任意形狀物體的質心位置：

$$\vec{R} = \frac{1}{M}\int_V \vec{r}\rho(\vec{r})\,dV \tag{8.21}$$

上式中三維的積分擴及物體所佔的整個空間體積 V。

注意，物體的質心並非一定位於物體內。兩個明顯的例子如圖 8.9 所示。從對稱性考慮，可知甜甜圈 (圖 8.9a) 的質心恰好在圈孔的中心，這點是在甜甜圈的外面。回飛棒 (圖 8.9b) 的質心位於其對稱軸 (虛線) 上，但同樣是在物體外。

> **觀念檢測 8.4**
>
> 有一物體的質量密度 $\rho(\vec{r})$ 隨位置而變，質心座標為 $\vec{R}$。將它換成形狀完全相同的物體，但各點上的質量密度增為前者的兩倍，則新的質心座標為
> a) $\vec{R}$
> b) $2\vec{R}$
> c) $\vec{R}/2$
> d) 隨物體形狀而可為以上任何一個

圖 8.9 質心 (以紅點標示) 位於其質量分布以外的物體：(a) 甜甜圈；(b) 回飛棒。回飛棒的對稱軸以虛線標示。

一維和二維物體的質心

並非所有涉及質心計算的問題，都是針對三維的物體。例如，你有可能想計算二維物體 (像金屬平板) 的質心。對於面質量密度 (即每單位面積的質量) 為 $\sigma(\vec{r})$ 的二維物體，我們可修改 (8.21) 式所給 X 和 Y 的表達式，而得其質心的座標：

$$X = \frac{1}{M}\int_A x\sigma(\vec{r})dA, \quad Y = \frac{1}{M}\int_A y\sigma(\vec{r})dA \tag{8.22}$$

其中的 M 為總質量：

$$M = \int_A \sigma(\vec{r})dA \tag{8.23}$$

如果物體的面質量密度為定值，則 $\sigma = M/A$，我們就可用面積 A，將 (8.22) 式重寫而得到二維物體的質心座標 X 和 Y：

$$X = \frac{1}{A}\int_A x\,dA, \quad Y = \frac{1}{A}\int_A y\,dA \tag{8.24}$$

其中總面積 A 為

203

普通物理

$$A = \int_A dA \tag{8.25}$$

對一個可近似為一維的物體，例如細長直桿，如其長度為 L，線質量密度 (即每單位長度的質量) 為 $\lambda(x)$，則其質心座標可由下式給出：

$$X = \frac{1}{M}\int_L x\lambda(x)dx \tag{8.26}$$

其中的 M 為質量：

$$M = \int_L \lambda(x)dx \tag{8.27}$$

如果細桿的線質量密度為定值，則其質心顯然位於幾何中心，即桿的中點，而不需進一步加以計算。

詳解題 8.2　細長直桿的質心

問題：一根沿著 x 軸的細長直桿，一端位於 $x = 1.00$ m，另端位於 $x = 3.00$ m。桿的線質量密度為 $\lambda(x) = ax^2 + b$，其中 $a = 0.300$ kg/m^3，$b = 0.600$ kg/m，則桿的質量和質心的 x 座標 X 各為何？

解：

思索　由於桿的線質量密度不是均勻的，而是隨 x 座標而變，因此若想求出質量，必須將線質量密度對桿的全長進行積分；而若想求出質心座標，則必須將線質量密度以 x 方向的距離加權後進行積分，然後再除以桿的質量。

繪圖　沿 x 軸的細長直桿如圖 8.10 所示。

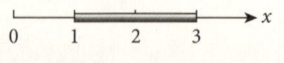

圖 8.10 沿 x 軸的細長直桿。

推敲　利用 (8.27) 式，將線質量密度對桿的全長，即 $x_1 = 1.00$ m 到 $x_2 = 3.00$ m，進行積分，即可求出桿的質量：

$$M = \int_{x_1}^{x_2}\lambda(x)dx = \int_{x_1}^{x_2}(ax^2+b)dx = \left[a\frac{x^3}{3}+bx\right]_{x_1}^{x_2}$$

依據 (8.26) 式，將桿上各微小分段的質量乘以該分段的座標 x 後並進行積分，然後再除以剛求出的桿質量，即可求出桿的質心在 x 軸上的座標 X：

$$X = \frac{1}{M}\int_{x_1}^{x_2}\lambda(x)xdx = \frac{1}{M}\int_{x_1}^{x_2}(ax^2+b)xdx = \frac{1}{M}\int_{x_1}^{x_2}(ax^3+bx)dx = \frac{1}{M}\left[a\frac{x^4}{4}+b\frac{x^2}{2}\right]_{x_1}^{x_2}$$

簡化　將上限 x_2 和下限 x_1 代入，可得桿的質量為

$$M = \left[a\frac{x^3}{3} + bx\right]_{x_1}^{x_2} = \left(a\frac{x_2^3}{3} + bx_2\right) - \left(a\frac{x_1^3}{3} + bx_1\right) = \frac{a}{3}\left(x_2^3 - x_1^3\right) + b\left(x_2 - x_1\right)$$

以相同的方式，可得桿的質心座標 X：

$$X = \frac{1}{M}\left[a\frac{x^4}{4} + b\frac{x^2}{2}\right]_{x_1}^{x_2} = \frac{1}{M}\left\{\left(a\frac{x_2^4}{4} + b\frac{x_2^2}{2}\right) - \left(a\frac{x_1^4}{4} + b\frac{x_1^2}{2}\right)\right\}$$

上式可以進一步簡化為

$$X = \frac{1}{M}\left[\frac{a}{4}\left(x_2^4 - x_1^4\right) + \frac{b}{2}\left(x_2^2 - x_1^2\right)\right]$$

計算　代入給定的數值，以計算桿的質量：

$$M = \frac{0.300 \text{ kg/m}^3}{3}\left[\left(3.00 \text{ m}\right)^3 - \left(1.00 \text{ m}\right)^3\right] + \left(0.600 \text{ kg/m}\right)\left(3.00 \text{ m} - 1.00 \text{ m}\right)$$
$$= 3.8 \text{ kg}$$

代入各數值，可得桿的質心座標 X 為

$$X = \frac{1}{3.8 \text{ kg}}\left\{\frac{0.300 \text{ kg/m}^3}{4}\left[\left(3.00 \text{ m}\right)^4 - \left(1.00 \text{ m}\right)^4\right]\right.$$
$$\left. + \frac{0.600 \text{ kg/m}}{2}\left[\left(3.00 \text{ m}\right)^2 - \left(1.00 \text{ m}\right)^2\right]\right\} = 2.210526316 \text{ m}$$

捨入　問題陳述所給的數值都指定到三位有效數字，所以我們最後的結果為

$$M = 3.80 \text{ kg}$$

與

$$X = 2.21 \text{ m}$$

複驗　為了對以上所給棒的質量進行複驗，我們假設桿的線質量密度為定值，且等於所給線質量密度函數在 $x = 2$ m (桿的中點) 的值，也就是說

$$\lambda = (0.3 \cdot 4 + 0.6) \text{ kg/m} = 1.8 \text{ kg/m}$$

依此假設所得的桿質量為 $m \approx 2 \text{ m} \cdot 1.8 \text{ kg/m} = 3.6 \text{ kg}$，這相當接近精確計算所得的 $M = 3.80$ kg。

為了對棒的質心座標進行複驗，我們再次假設桿的線質量密度為定值。如此質心將位於桿的中點，即 $X \approx 2$ m。我們計算得到的答案為 X

自我測試 8.2

一片高度 h 的平板是由質量密度均勻的金屬薄片切割而得。如圖所示，板的下緣可用曲線 $y = 2x^2$ 表示。證明板的質心位於 $x = 0$，$y = 3h/5$。

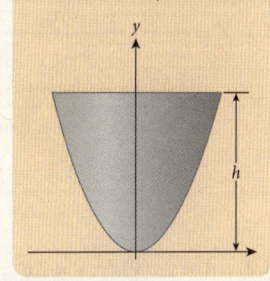

205

> = 2.21 m，這接近桿的中點但稍微偏右。細察線質量密度函數，可看出桿的線質量密度由左向右漸增，這表示桿的質心必位於其幾何中心的右側。因此我們的結果是合理的。

已學要點｜考試準備指南

- 一個物體的全部質量可想像成是集中在質心一點上。
- 一個任意形狀的物體，其質心位於 $\vec{R} = \frac{1}{M}\int_V \vec{r}\rho(\vec{r})dV$，式中的物體質量密度 $\rho = \frac{dm}{dV}$，而積分範圍包括整個物體的體積 V，M 是總質量。
- 若整個物體的質量密度是均勻的，即 $\rho = \frac{M}{V}$，則質心將位於 $\vec{R} = \frac{1}{V}\int_V \vec{r}\,dV$。
- 若物體具有對稱平面，則質心必位於該平面。
- 由多個物體組成的系統，其質心位置為個別物體的質心位置以質量加權後的平均：

$$\vec{R} = \frac{\vec{r}_1 m_1 + \vec{r}_2 m_2 + \cdots + \vec{r}_n m_n}{m_1 + m_2 + \cdots + m_n} = \frac{1}{M}\sum_{i=1}^{n}\vec{r}_i m_i$$

- 一個延展體的運動可用其質心的運動來表明。
- 質心速度為其位置向量對時間的導數：

$$\vec{V} \equiv \frac{d}{dt}\vec{R}$$

- 由多個物體組成的系統，其質心動量為 $\vec{P} = M\vec{V} = \sum_{i=1}^{n}\vec{p}_i$，此動量遵循牛頓第二定律：

$$\frac{d}{dt}\vec{P} = \frac{d}{dt}(M\vec{V}) = \sum_{i=1}^{n}\vec{F}_i = \vec{F}_{\text{net}}$$

物體相互之間的內力在加總後對淨力無貢獻(因為它們總是成對的以作用力-反作用力相加而成為零)，因此不能改變質心動量。

- 火箭運動是物體在質量並非恆定下運動的一個例子。火箭在太空中運動的方程式為 $\vec{F}_{\text{thrust}} = m\vec{a} = \vec{v}_c \frac{dm}{dt}$，其中 $\vec{v}_c$ 是推進劑相對於火箭的速度，而 $\frac{dm}{dt}$ 是由於噴出推進劑所導致的質量變化率(為負值)。

- 火箭速度隨質量變化的函數為

$$v_f - v_i = -v_c \ln(m_i/m_f)$$

其中下標 i 和 f 分別標示初始和最終的質量或速度。

自我測試解答

8.1 $Z = \dfrac{z_{\text{紅}}m_{\text{紅}} + z_{\text{綠}}m_{\text{綠}} + z_{\text{橙}}m_{\text{橙}} + z_{\text{藍}}m_{\text{藍}} + z_{\text{紫}}m_{\text{紫}}}{M}$

$= \dfrac{\frac{1}{2}h 2m_0 + \frac{1}{2}h m_0 + \frac{1}{2}h m_0 + \frac{1}{2}h m_0 + \frac{3}{2}h m_0}{6m_0}$

$= \dfrac{h\left(1 + \frac{1}{2} + \frac{1}{2} + \frac{1}{2} + \frac{3}{2}\right)}{6} = \frac{2}{3}h = 1.7$ m

8.2 $dA = 2x(y)dy;\ y = 2x^2 \Rightarrow x = \sqrt{y/2}$

$2x(y) = 2\sqrt{y/2} = \sqrt{2y};\ dA = \sqrt{2y}\,dy$

$Y = \dfrac{\int_0^h y\sqrt{2y}\,dy}{\int_0^h \sqrt{2y}\,dy} = \dfrac{\sqrt{2}\int_0^h y^{3/2}\,dy}{\sqrt{2}\int_0^h y^{1/2}\,dy} = \dfrac{\left[\dfrac{y^{5/2}}{5/2}\right]_0^h}{\left[\dfrac{y^{3/2}}{3/2}\right]_0^h}$

$Y = \frac{3}{5}h$ （由於對稱，$X = 0$）

08 多質點系統與延展體

解題準則：質心和火箭運動

1. 確定物體或多粒子系統的質心位置時，首先要尋找對稱平面。質心必位於對稱平面上，或兩個對稱平面的相交線上，或在超過兩個以上對稱平面的交點。

2. 一個形狀複雜的物體，可將其分成多個形狀較簡單的部分，並確定每個部分的質心。然後再將各個質心的距離以其質量加權後，取其平均以獲得整體的質心。將空洞當作質量為負的物體。

3. 一個物體的任何運動都可視為是質心運動 (遵循牛頓第二定律) 和物體繞質心轉動的疊加。碰撞通常可用原點位於質心的參考系，以方便其分析。

4. 要找出質心的位置時，積分常是不可避免的。遇到這種情況時，務必好好想一想所牽涉的維度和要採用的座標系 (直角、圓柱或球面)。

5. 涉及火箭運動的問題，不能簡單地套用 $F = ma$，因為火箭的質量並沒有保持定值。

選擇題

8.1 一個人站在無摩擦的冰地上，拋出一個回飛棒後，棒回到他手上。選擇正確的陳述：

a) 由於人–回飛棒系統的動量是守恆的，此人手持回飛棒最後會停在他扔出回飛棒的相同位置
b) 在這種情況下此人不可能扔出回飛棒
c) 此人有可能扔出回飛棒，但因為他拋出回飛棒時是站在無摩擦的冰上，回飛棒不會返回
d) 人–回飛棒系統的總動量不守恆，所以此人接住回飛棒後會拿著它向後滑動

8.2 一系統由兩個物體組成，其質量為 m_1 和 m_2，而沿 x 軸正方向運動的速率分別為 v_1 和 v_2，且 $v_1 < v_2$。此系統的質心速率為

a) 小於 v_1　　　　　　　b) 等於 v_1
c) 等於 v_1 和 v_2 的平均值　d) 大於 v_1 但小於 v_2
e) 大於 v_2

8.3 一名 80 kg 的太空人與他的太空船分離，兩者間的距離為 15.0 m，且相對為靜止。為了回到太空船，太空人朝著遠離太空船的方向，以 8.0 m/s 的速度，拋出 500 g 的物體。他要多久後才會回到太空船？

a) 1 s　　　　　　b) 10 s
c) 20 s　　　　　　d) 200 s
e) 300 s

8.4 下面數圖顯示一個跳高運動員使用不同的技術，以越過橫桿。哪種技術將允許他越過的橫桿高度為最高？

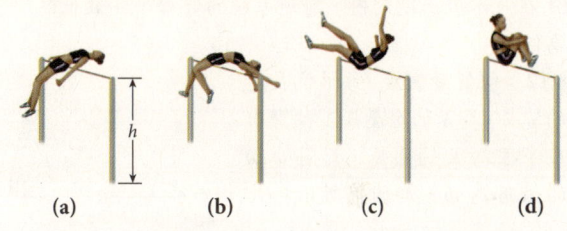

(a)　　(b)　　(c)　　(d)

8.5 在水平地面上，一投石器將 3 kg 的石頭拋出，達到的水平距離為 100 m。第二個 3 kg 的石頭以相同方式拋出後，在空中分裂成兩小塊，一塊為 1 kg，另一塊為 2 kg，兩塊同時落地。如果 1 kg 的小塊落地處與投石器的距離為 180 m，則 2 kg 的小塊與投石器的距離為何？忽略空氣阻力。

a) 20 m　　　　　b) 60 m
c) 100 m　　　　　d) 120 m
e) 180 m

8.6 一個盛裝油和醋沙拉醬的圓柱形瓶，其體積的 1/3 為醋 ($\rho = 1.01$ g/cm^3)，另 2/3 為油 ($\rho = 0.910$ g/cm^3)，靜置於桌面上。最初，油和醋是分開的，油浮在醋的上方。將瓶子搖勻，使油與醋均勻混合後，將瓶放回桌面上。由於混合所造成的沙拉醬質心高度變化應為何？

a) 較高　　　　　　b) 較低
c) 一樣　　　　　　d) 所給信息不足，無法決定

8.7 考慮在真空的外太空中發射火箭。以下哪 (幾)

207

項為真？
a) 火箭不會產生任何推力，因為沒有空氣可推壓
b) 火箭在真空中產生的推力，與在空氣中相同
c) 火箭在真空中產生的推力，為在空氣中的一半
d) 火箭在真空中產生的推力，為在空氣中的兩倍

觀念題

8.8 拋體被發射到空中，在飛行途中爆炸。爆炸對拋體的質心運動有何影響？

8.9 一枚水平程為 100 m 的模型火箭，在發射出去後發生小爆炸而分裂成兩等份。對兩碎片在地面上的落點你能說出它們須滿足的關係嗎？

8.10 兩個物體在碰撞後，系統的總動能是否有可能大於兩物體在碰撞前的動能總和？解釋之。

8.11 一汽水罐的質量為 m，高度為 L，裝滿質量為 M 的汽水。在罐的底部打穿一個洞以使汽水排出。
a) 當罐中剩餘的汽水高度為 h 時 $(0 < h < L)$，罐子與剩餘汽水所構成的系統，其質心在何處？
b) 在汽水流出期間內，前述系統的質心，其最低高度為何？

8.12 線質量密度（每單位長度的質量）為 λ 的金屬棒，被彎曲成半徑為 R 的圓弧，對圓心 O 的張角為 ϕ，如附圖所示。此圓弧的質心到 O 的距離隨角度 ϕ 變化的函數為何？繪圖表示這個質心座標對 ϕ 的函數。

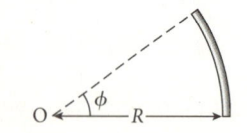

8.13 半徑為 R 的圓形披薩薄餅，左側被挖空成半徑為 $R/4$ 的圓洞，如附圖所示。此有圓洞的披薩餅之質心在何處？

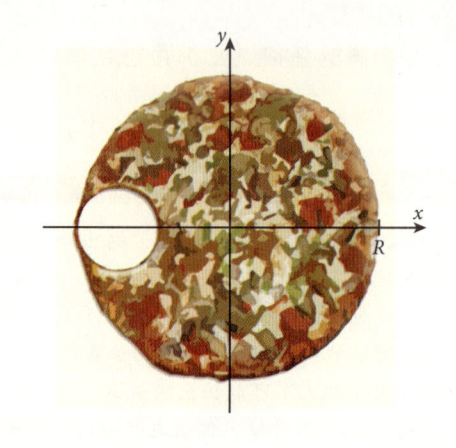

練習題

題號前的藍點 (•) 與雙藍點 (••) 代表問題難度遞增。

8.1 節

8.14 求出以下與太陽系中物體之質心有關的信息。你可以由網際網路查尋所需數據。假設所考慮之物體的質量分佈均為球對稱。
a) 確定地–月系統的質心到地球幾何中心的距離
b) 確定太陽–木星系統的質心到太陽幾何中心的距離

•**8.15** 三名年輕的特技表演者靜立於水平的圓形平台上，平台的懸吊點在其中心。假定二維直角座標系的原點在平台中心。30.0 kg 的表演者位於 (3.00 m, 4.00 m)，而 40.0 kg 的表演者位於 (−2.00 m, −2.00 m)。假設所有表演者均靜立於其位置上，則 20.0 kg 的表演者必須位於何處，此三表演者所成系統的質心才能位於原點，而使平台得以平衡？

8.2 節

8.16 質量 2.00 kg 的玩具汽車靜止不動，一小孩推動質量 3.50 kg 的玩具卡車，使其以 4.00 m/s 的速度朝向轎車滾動。接著玩具汽車和卡車發生彈性碰撞。
a) 這兩部玩具車所成系統的質心以何速度移動？
b) 在碰撞前與碰撞後，卡車與汽車相對於兩玩具系統質心的速度各為何？

•**8.17** 從靜止開始，兩名學生分別站在 10.0 kg 的雪橇上，兩雪橇在冰地上均朝遠離對方的方向，他們來回拋接一個 5.00 kg 的實心球。左邊學生的質量為 50.0 kg，且可將球以 10.0 m/s 的相對速度拋出；右邊的學生質量為 45.0 kg，可將球以 12.0 m/s 的相對速度拋出。(假設冰和雪橇之間沒有摩擦，也沒有空氣阻力。)
a) 如果左邊的學生將球水平拋給右邊的學生，則左邊

學生拋球之後的速率為何？
b) 右學生剛接到球後移動的速率為何？
c) 若右邊的學生將球回傳，則左邊的學生接到右邊學生傳來的球後移動的速率為何？
d) 右邊的學生在傳球後移動的速率為何？

•**8.18** 許多實驗室在研究原子核碰撞時，使用相對於實驗室的參考系來進行分析。質量為 $1.6726 \cdot 10^{-27}$ kg 的質子，以光速 c 的 70.0% 前進時，與質量為 $1.9240 \cdot 10^{-25}$ kg 的錫–116 (^{116}Sn) 原子核發生碰撞。此碰撞系統的質心相對於實驗室參考系的速率為何？答案以光速 c 表示。

8.3 節

8.19 火箭引擎的一個重要特性是比衝量，它的定義是每消耗一單位在地重量的燃料/氧化劑時，所產生的總衝量 (即推力的時間積分)。(在此定義中使用重量，而不是質量，純粹是由於歷史原因。)
a) 考慮一具在真空中運作的火箭引擎，其噴嘴的排氣速率為 v，計算此具引擎的比衝量。
b) 有一模型火箭引擎具有 $v_{toy} = 800.$ m/s 的典型排氣速率。最好的化學火箭引擎具有約 $v_{chem} = 4.00$ km/s 的排氣速率。計算並比較這些引擎的比衝量。

•**8.20** 在外太空中的一具火箭，載有 5190.0 kg 的酬載和 $1.551 \cdot 10^5$ kg 的燃料。此火箭排出推進劑的速率可達 5.600 km/s。假定火箭從靜止開始，加速到最終速度，然後開始其行程。則此火箭行進 $3.82 \cdot 10^5$ km 的距離 (大約為地球和月球之間的距離)，需要多長的時間？

••**8.21** 太空船引擎可產生 53.2 MN 的推力，排出推進劑的速度為 4.78 km/s。
a) 求推進劑質量被排出的速率 dm/dt。
b) 如果初始質量為 $2.12 \cdot 10^6$ kg，最終質量為 $7.04 \cdot 10^4$ kg，試求太空船的最後速率 (假設初始速率為零，且任何重力場都小到可以忽略)。
c) 求出從開始到推進劑用盡前的平均加速度 (假定質量流率為定值)。

8.4 節

8.22 質量為 100. g 的正方形棋盤，每邊長度為 32.0 cm。如附圖所示，棋盤上擺著 4 顆質量各為 20.0 g 的棋子。相對於位於棋盤左下角的原點，棋盤-棋子系統的質心座標為何？

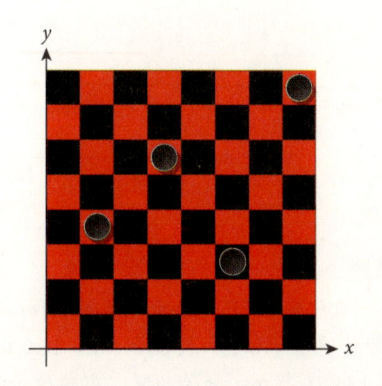

•**8.23** 如附圖所示，一片平面三角形板的高度 $H = 17.3$ cm，底邊長度 $B = 10.0$ cm，試求此板質心的 x 和 y 座標。

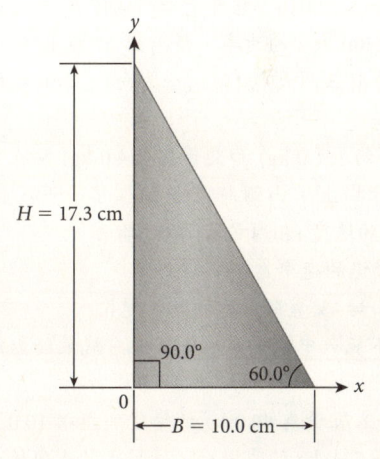

•**8.24** 如附圖所示，一片均勻矩形薄板的面質量密度為 $\sigma_1 = 1.05$ kg/m^2，長度為 $a = 0.600$ m，寬度為 $b = 0.250$ m，其左下角位於原點 $(x, y) = (0, 0)$。先從薄板切出一圓孔，半徑為 $r = 0.0480$ m，圓心位於 $(x, y) = (0.068$ m$, 0.068$ m$)$。再以半徑相同的圓盤填補圓孔，圓盤具有均勻的面質量密度 $\sigma_2 = 5.32$ kg/m^2。填補後的薄板，其質心到原點的距離為何？

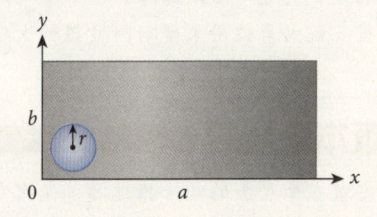

••**8.25** 附圖所示為一個一維物體的線質量密度 $\lambda(x)$。此物體的質心位置為何？

普通物理

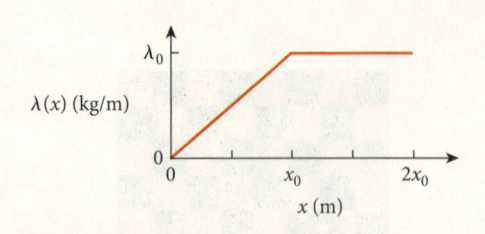

補充練習題

8.26 在一氧化碳 (CO) 分子中，碳原子 ($m = 12.0$ u；1 u = 1 原子質量單位) 和氧原子 ($m = 16.0$ u) 之間的距離為 $1.13 \cdot 10^{-10}$ m。分子的質心與碳原子的距離為何？

8.27 美國蒙大拿號航空母艦是一艘巨大的戰艦，重量為 136,634,000 lb，它有十二門口徑為 16 in 的大砲，能夠以 2300. ft/s 的速率，發射出 2700. lb 的砲彈。如果戰艦發射三門大砲 (朝同一方向)，船的反衝速度為何？

8.28 山姆 (61.0 kg) 和艾麗絲 (44.0 kg) 站在幾乎無摩擦的溜冰場上。山姆將艾麗絲推了一下，使得她以 1.20 m/s 的速度 (相對於溜冰場) 離去。
a) 山姆後退的速率為何？
b) 計算山姆–艾麗斯系統的動能變化。
c) 能量不能無中生有或消失。此系統最終動能的來源為何？

8.29 一名質量為 40.0 kg 的學生，能以 10.0 m/s 的相對速度將 5.00 kg 的球拋出。她靜止站在與地面之間沒有摩擦的小車上，小車的質量為 10.0 kg。如果她將球水平拋出，則球相對於地面的速度為何？

•8.30 一火箭的酬載為 4390.0 kg，燃料為 $1.761 \cdot 10^5$ kg。假設此火箭在外太空中由靜止開始，加速到最終速度，然後開始它的行程。如果要在 7.00 h 的時間內，行進 $3.82 \cdot 10^5$ km 的距離以從地球旅行到月亮，火箭噴出推進劑的速率必須為何？

•8.31 土星五號火箭被用來發射阿波羅號太空船前往月球，其初始質量 $M_0 = 2.80 \cdot 10^6$ kg，最終質量 $M_1 = 8.00 \cdot 10^5$ kg，且以固定的速率耗用燃料，共歷時 160. s。排氣相對於火箭的速率大約為 $v = 2700.$ m/s。
a) 求出火箭離開發射台升空時的向上加速度 (其質量為上述初始質量)。
b) 求出火箭用完其燃料時的向上加速度 (其質量為上述最終質量)。
c) 若在重力可忽略的太空深處發射同一火箭，則在整個的燃料燃燒過程中，火箭速率的淨變化為何？

•8.32 求出長度 20.0 cm、寬度 10.0 cm 之矩形板的質心。已知面質量密度沿著長度方向成線性變化，在一端為 5.00 g/cm^2，而在另一端則為 20.0 g/cm^2。

8.33 雕刻家委託你來對他的作品進行工程分析，作品由金屬板焊接在一起製成，各板的厚度和密度都是均勻的，且造形規則，如附圖所示。使用所示兩個軸的交點為座標系的原點，求出作品質心的直角座標。

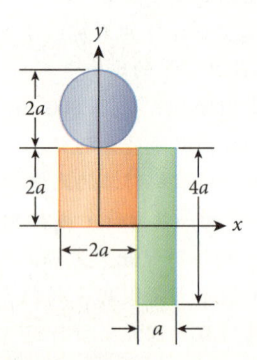

•8.34 一系統由兩個物體組成，物體質量為 $m_1 = 2.00$ kg 和 $m_2 = 3.00$ kg，在 xy 平面上運動。系統的質心速度為 $v_{cm} = (-1.00, +2.40)$ m/s，而質量 1 對質量 2 的相對速度為 $v_{rel} = (+5.00, +1.00)$ m/s。試求：
a) 系統的總動量。
b) 質量 1 的動量。
c) 質量 2 的動量。

多版本練習題

8.35 一安裝在衛星上的離子推進器，使用電力將氙離子以 21.45 km/s 的速率射出。離子推進器產生的推力為 $1.187 \cdot 10^{-2}$ N。推進器的燃料消耗率為何？

8.36 一安裝在衛星上的離子推進器，使用電力將氙離子以 23.75 km/s 的速率射出。推進器的燃料消耗率為 $5.082 \cdot 10^{-7}$ kg/s。產生的推力為何？

8.37 一安裝在衛星上的離子推進器，使用電力將氙離子射出，產生的推力為 $1.229 \cdot 10^{-2}$ N。推進器的燃料消耗率為 $4.718 \cdot 10^{-7}$ kg/s。氙離子從推進器射出的速率為何？

8.38 一名 75.19 kg 的漁夫，帶著 13.63 kg 的釣具箱，

坐在 28.09 kg 的漁船上。船與貨物都靜止停在碼頭附近。他將釣具箱以相對於碼頭為 2.911 m/s 的速率，朝向碼頭拋出。漁夫和船的反衝速率為何？

8.39 一名 77.49 kg 的漁夫，帶著 14.27 kg 的釣具箱，坐在 28.31 kg 的漁船上。船與貨物都靜止停在碼頭附近。他將釣具箱朝向碼頭拋出後，他和船的反衝速率為 0.3516 m/s，則相對於碼頭，漁夫拋出釣具箱的速率為何？

8.40 一名漁夫帶著 14.91 kg 的釣具箱，坐在 28.51 kg 的漁船上。船與貨物都靜止停在碼頭附近。他將釣具箱以相對於碼頭為 3.303 m/s 的速率，朝向碼頭拋出。若漁夫和船的反衝速率為 0.4547 m/s，則漁夫的質量為何？

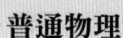

09 圓周運動

待學要點
- 9.1 極座標
- 9.2 角座標和角位移
  - 例題 9.1 點的直角座標和極座標
  - 弧長
- 9.3 角速度、頻率和週期
  - 角速度和線速度
- 9.4 角加速度和向心加速度
  - 例題 9.2 地球自轉的向心加速度
- 9.5 向心力
  - 詳解題 9.1 雲霄飛車
- 9.6 圓周運動和直線運動
  - 等角加速度
  - 詳解題 9.2 飛輪

已學要點｜考試準備指南
- 解題準則
- 選擇題
- 觀念題
- 練習題
- 多版本練習題

圖 9.1 NASA 的 20g 離心機可使太空人和設備受到的 g 力，與在火箭發射時所承受的相當。

有一部由 NASA (美國航空太空總署) 控管的巨大離心機，如圖 9.1 所示。它使物體在沿著圓形路徑移動時受到的人造重力，高達我們在地球上所體驗的二十倍之多。

本章將研究圓周運動，以了解力在轉彎過程中的作用，這些討論需靠第 3、4 兩章所學關於力、速度和加速度的概念。在第 9 與 10 兩章關於圓周運動和轉動所將學習的，有很多與較早在直線運動、力和能量中學到的類似。因為大多數物體並非沿著完美的直線行進，在以後的章節中你將有許多機會用到圓周運動的概念。

9.1 極座標

本章將研究二維平面 (取為 xy 平面) 運動的一個特殊情況：物體沿著圓周繞行的運動。準確的說，我們只研究

普通物理

待學要點

- 物體沿著圓形路線行進時，要描述其運動，可使用基於半徑和角度的座標，而不需使用直角座標。
- 直線運動和圓周運動之間存有特定的關係。
- 圓周運動可利用速度、角座標、頻率和週期來描述。
- 進行圓周運動的物體可以有角速度和角加速度。

圖 9.2 水平面與垂直面的圓周運動。

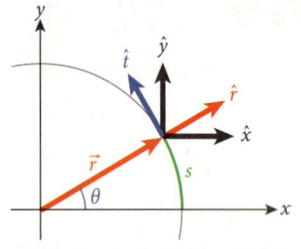

圖 9.3 圓周運動使用的極座標系。

物體可被當作為點粒子 (即質點) 時所做的圓周運動。

圓周運動是極其普遍的。騎乘旋轉木馬或其他的很多種遊樂設施，如圖 9.2 所示，都可算是圓周運動。光碟 (CD)、數位影音光碟 (DVD) 和藍光播放器的運作，也都是透過圓周運動。

物體做**圓周運動**時，它的 x 和 y 座標會連續不停的變化，但由物體到圓心的距離恆保持不變。為了善用此一事實，我們使用**極座標**來研究圓周運動。圖 9.3 所示為一物體做圓周運動時的位置向量 $\vec{r}$。這個向量會隨時間而變，但代表此向量的箭頭，其尖端卻總是在圓周上移動。要指明向量 $\vec{r}$，可給出它的 x 和 y 分量；但也可以給出其他的兩個數字：$\vec{r}$ 相對於 x 軸的角 θ，和 $\vec{r}$ 的長度 $r = |\vec{r}|$ (圖 9.3)。

三角學提供直角座標 x、y 與極座標 r、θ 之間的關係：

$$r = \sqrt{x^2 + y^2} \tag{9.1}$$

$$\theta = \tan^{-1}(y/x) \tag{9.2}$$

而從極座標到直角座標的逆變換如下：

$$x = r \cos\theta \tag{9.3}$$

$$y = r \sin\theta \tag{9.4}$$

使用極座標來分析圓周運動的主要優點是 r 從不改變。因此，描述二維的圓周運動，可簡化為只涉及角度 θ 的一維問題。

圖 9.3 還示出了徑向和切向的單位向量，分別是 $\hat{r}$ 和 $\hat{t}$。因為 $\hat{r}$ 和 $\hat{x}$ 之間的夾角也是 θ，所以徑向單位向量的直角座標分量可寫為 (參見圖 9.4)

$$\hat{r} = \frac{x}{r}\hat{x} + \frac{y}{r}\hat{y} = (\cos\theta)\hat{x} + (\sin\theta)\hat{y} \equiv (\cos\theta, \sin\theta) \tag{9.5}$$

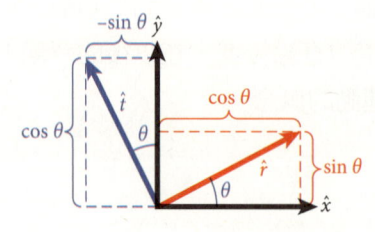

圖 9.4 圖 9.3 中的徑向和切向單位向量、直角單位向量，以及角的正、餘弦的相互關係。

同樣也可得到切向單位向量的直角座標分量 (再次見圖 9.4)：

$$\hat{t} = \frac{-y}{r}\hat{x} + \frac{x}{r}\hat{y} = (-\sin\theta)\hat{x} + (\cos\theta)\hat{y} \equiv (-\sin\theta, \cos\theta) \tag{9.6}$$

(注意：切向單位向量恆冠有小的上指符號 ^，如 $\hat{t}$，可容易的與時間 t 區別。) 取徑向單位向量和切向單位向量的純量積，可立即證明它們是彼此垂直的：

$$\hat{r} \cdot \hat{t} = (\cos\theta, \sin\theta) \cdot (-\sin\theta, \cos\theta) = -\cos\theta\sin\theta + \sin\theta\cos\theta = 0$$

我們也可以證明這兩個單位向量的長度為 1，而與其名稱所要求的一致：

$$\hat{r} \cdot \hat{r} = (\cos\theta, \sin\theta) \cdot (\cos\theta, \sin\theta) = \cos^2\theta + \sin^2\theta = 1$$
$$\hat{t} \cdot \hat{t} = (-\sin\theta, \cos\theta) \cdot (-\sin\theta, \cos\theta) = \sin^2\theta + \cos^2\theta = 1$$

最後，必須強調一點：直角座標的單位向量不隨時間而變，但徑向和切向的單位向量，在圓周運動的過程中會不斷的隨角度 θ 而變。

9.2 角座標和角位移

極座標可用來描述和分析圓周運動。在此種運動中，物體到原點的距離 r 保持不變，而角度 θ 則隨時間而變，故可表示為時間的函數 $\theta(t)$。正如已經指出的，角度 θ 是相對於正 x 軸量取的。在正 x 軸上的任何點，其角度 $\theta = 0$。依 (9.2) 式的定義，沿反時鐘方向移動以致離正 x 軸而朝正 y 軸時，所得的角度 θ 為正值。相反的，若順時鐘方向移動，則會離正 x 軸而朝負 y 軸，結果 θ 為負值。

兩種最常用來量度角的單位是度 (°) 和弧度 (亦稱弳度或弳，rad)。依定義，繞圓一圈測得的角度為 360°，或 2π rad。因此，這兩種角量度之間的單位轉換為

$$\theta(°)\frac{\pi}{180} = \theta(\text{rad}) \Leftrightarrow \theta(\text{rad}) = \frac{180}{\pi}\theta(°)$$

$$1 \text{ rad} = \frac{180°}{\pi} \approx 57.3°$$

角度 θ 有如線性位置 x，可以具有正值和負值。正如線性位移 Δx 被定義為兩個位置 x_1 和 x_2 之間的差，角位移 $\Delta\theta$ 也是兩個角度之間的差：

普通物理

$$\Delta\theta = \theta_2 - \theta_1$$

例題 9.1 點的直角座標和極座標

有一個點，它的位置以直角座標表示時為 (4,3)，如圖 9.5 所示。

問題：這個點的位置以極座標表示時為何？

解：

利用 (9.1) 式，我們可以求出徑向座標：

$$r = \sqrt{x^2 + y^2} = \sqrt{4^2 + 3^2} = 5$$

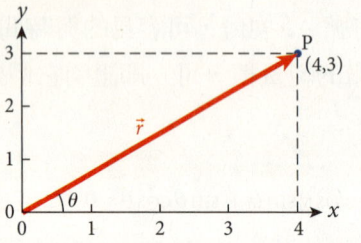

圖 9.5　直角座標系中位於 (4,3) 的點。

利用 (9.2) 式，我們可以求出角座標：

$$\theta = \tan^{-1}(y/x) = \tan^{-1}(3/4) = 0.64 \text{ rad} = 37°$$

因此，我們可以用極座標將點 P 的位置表示為 $(r, \theta) = (5, 0.64 \text{ rad}) = (5, 37°)$。注意：我們可以對 θ 添加 2π rad (或 360°) 的任何整數倍，來指定相同的位置：

$$(r,\theta) = (5, 0.64 \text{ rad}) = (5, 37°) = (5, 2\pi \text{ rad} + 0.64 \text{ rad}) = (5, 360° + 37°)$$

弧長

圖 9.3 將角度從零到 θ 時，向量 $\vec{r}$ 的尖端在圓周上行進的路徑，標示為綠色。這段路徑的長度稱為**弧長** s，它與半徑和角度的關係為

$$s = r\theta \tag{9.7}$$

注意依上式所定義的弧長，其值隨 θ 而可為正或負，而要此關係給出的數值為正確，角 θ 必須以弧度來量度。圓的周長為 $2\pi r$ 是 (9.7) 式在 $\theta = 2\pi$ rad 時的特殊情況，相當於沿著圓周繞圓一整圈。弧長的單位與半徑相同。

對於小於 1° 以下的小角，其正弦的值 (到第 4 位有效數字) 約等於該角以弧度為單位時量得的值。基於此一事實及利用 (9.7) 式來解題的需要，角座標的單位以弧度 (rad) 為較佳選擇。但度 (°) 也是一般常使用的，所以本書兩個單位都使用。

自我測試 9.1

使用極座標和微積分，證明半徑為 R 的圓，其周長為 $2\pi R$。

自我測試 9.2

使用極座標和微積分，證明半徑為 R 的圓，其面積為 πR^2。

9.3 角速度、頻率和週期

我們曾學過，一個物體的線性座標隨時間的變化率，就是它的速度。類似的，物體的角座標隨時間的變化率，就是它的**角速度**。依定義，平均角速度的定義為

$$\bar{\omega} = \frac{\theta_2 - \theta_1}{t_2 - t_1} = \frac{\Delta \theta}{\Delta t}$$

在此定義中，$\theta_1 \equiv \theta(t_1)$，$\theta_2 \equiv \theta(t_2)$，而符號 ω 上方的短槓，再一次代表對時間的平均。取上式在時段間隔趨近於 0 的極限，可得瞬時角速度 (簡稱角速度)：

$$\omega = \lim_{\Delta t \to 0} \bar{\omega} = \lim_{\Delta t \to 0} \frac{\Delta \theta}{\Delta t} \equiv \frac{d\theta}{dt} \tag{9.8}$$

最常用的角速度單位是每秒弧度 (rad/s)；通常不使用每秒度。角速度的量值 $|\omega|$，稱為角速率。依照 (9.8) 式，角座標隨時間增加時，角速度為正值，故角速度的正軸方向與角度增加方向的關係，一般用右手規則來代表，如圖 9.6 所示。

角速率所測量的是角度 θ 隨時間的變化有多快。另有一個量，即**頻率** f，也指出角度隨時間的變化有多快。例如，汽車的轉速計 (圖 9.7) 所指示的 rpm 值 (每分鐘轉數)，代表引擎每分鐘進行多少次的循環，從而指出引擎轉動的頻率。頻率 f 測量的是每單位時間的循環數 (或轉數)，而不是角速度所測量的每單位時間的弧度。頻率與角速率 $|\omega|$ 有以下的關係：

$$f = \frac{\omega}{2\pi} \Leftrightarrow \omega = 2\pi f \tag{9.9}$$

這個關係是有道理的，因為每一轉需要 2π rad 的角度變化。注意，頻率和角速率 (其角度以弧度表示) 的單位都可用秒的倒數 s^{-1} 表示。

由於秒的倒數 (s^{-1}) 是個廣被使用的單位，所以另給一個名稱，即**赫** (Hz)，以紀念物理學家赫茲 (Heinrich Rudolf Hertz, 1857-1894)：1 Hz = 1 s^{-1}。**轉動週期** T 的定義為頻率的倒數：

$$T = \frac{1}{f} \tag{9.10}$$

週期所量度的是繞圓圈一次所需的時間。週期與時間的單位相同，即秒

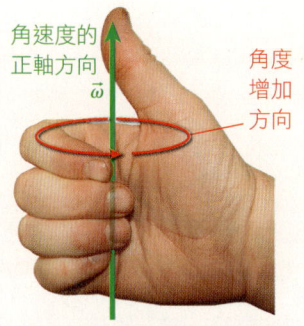

圖 9.6 使用右手規則以確定角速度的正軸方向。

圖 9.7 汽車的轉速計測量的是引擎的轉動頻率 (每分鐘的轉數)。

(s)。由前面所給週期和頻率之間及頻率和角速率之間的關係,可得

$$\omega = 2\pi f = \frac{2\pi}{T} \tag{9.11}$$

角速度和線速度

取位置向量的時間導數,可得線速度向量。一個求角速度的方便方式,是以直角座標系表示徑向位置向量,再分別求出每個分量的時間導數:

$$\vec{r} = x\hat{x} + y\hat{y} = (x, y) = (r\cos\theta, r\sin\theta) = r(\cos\theta, \sin\theta) = r\hat{r}$$
$$\vec{v} = \frac{d\vec{r}}{dt} = \frac{d}{dt}(r\cos\theta, r\sin\theta) = \left(\frac{d}{dt}(r\cos\theta), \frac{d}{dt}(r\sin\theta)\right)$$

利用物體沿圓周運動時,其與原點的距離 r 是不隨時間變化的常數,可由上式得到

$$\vec{v} = \left(\frac{d}{dt}(r\cos\theta), \frac{d}{dt}(r\sin\theta)\right) = \left(r\frac{d}{dt}(\cos\theta), r\frac{d}{dt}(\sin\theta)\right)$$
$$= \left(-r\sin\theta\frac{d\theta}{dt}, r\cos\theta\frac{d\theta}{dt}\right)$$
$$= (-\sin\theta, \cos\theta)r\frac{d\theta}{dt}$$

在倒數第二個步驟我們使用微分的連鎖律,在最後則將公因子 $rd\theta/dt$ 提出來。由 (9.8) 式可知道,角度的時間導數 $d\theta/dt$ 是角速度 ω。此外,由 (9.6) 式可知向量 $(-\sin\theta, \cos\theta)$ 為切向單位向量。因此,在圓周運動中,角速度和線速度之間的關係可表示為

$$\vec{v} = r\omega\hat{t} \tag{9.12}$$

在任何時刻,速度向量永遠與圓周相切,並指向運動的方向 (見圖 9.8)。因此,速度向量恆垂直於沿徑向的位置向量:

$$\vec{r} \cdot \vec{v} = (r\cos\theta, r\sin\theta) \cdot (-r\omega\sin\theta, r\omega\cos\theta) = 0$$

如果我們取 (9.12) 式兩邊沿 $\hat{t}$ 方向的分量,就可得到圓周運動中線速度的切向分量 v 和角速度 ω 之間的重要關係:

$$v = r\omega \tag{9.13}$$

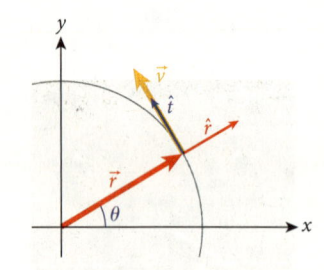

圖 9.8 線速度和座標向量。

>>> 觀念檢測 9.1

輪子的半徑為 R 的自行車以速率 v 行駛。下面哪一式描述了前輪的角速率?
a) $\omega = \frac{1}{2}Rv^2$
b) $\omega = \frac{1}{2}vR^2$
c) $\omega = R/v$
d) $\omega = Rv$
e) $\omega = v/R$

注意：線速率等於線速度切向分量 v 的絕對值，即 $|v|$。當物體運動方向與 $\hat{t}$ 的方向相同時，可得 $|v| = v$。在此情況下，速度的切向分量 v 也就是線速率；否則線速率 $|v| = -v$。本章此後若將速度的切向分量 v 當作速率時，均假設所選座標系的 $\hat{t}$ 方向與物體的運動方向相同，不再特別加以說明。

9.4　角加速度和向心加速度

角速度對時間的變化率稱為**角加速度**，通常以希臘字母 α 表示。角加速度的量值，可比照線加速度的量值加以定義。在平面運動中，平均角加速度的定義為

$$\bar{\alpha} = \frac{\Delta \omega}{\Delta t}$$

取上式兩邊在時段間隔趨近於零時的極限，可得瞬時角加速度 (簡稱角加速度)：

$$\alpha = \lim_{\Delta t \to 0} \bar{\alpha} = \lim_{\Delta t \to 0} \frac{\Delta \omega}{\Delta t} \equiv \frac{d\omega}{dt} = \frac{d^2\theta}{dt^2} \tag{9.14}$$

正如前面可將線速度與角速度關聯起來一樣，我們也可找出切向加速度與角加速度的關聯。利用 (9.12) 式圓周運動的線速度表達式，以及線加速度的定義為線速度的時間導數，可得：

$$\vec{a}(t) = \frac{d}{dt}\vec{v}(t) = \frac{d}{dt}(v\hat{t}) = \left(\frac{dv}{dt}\right)\hat{t} + v\left(\frac{d\hat{t}}{dt}\right) \tag{9.15}$$

在上式最後一個等式，我們使用微分的乘積規則。上式顯示圓周運動的加速度有兩個分量。第一個分量來自線速率的變化；這是**切向加速度**。第二個分量來自線速度的方向變化；這是**徑向加速度**。

利用 (9.13) 式所得線速度和角速度之間的關係，並再次運用微分的乘積規則，可以求出線速度切向分量 v 的時間導數：

$$\frac{dv}{dt} = \frac{d}{dt}(r\omega) = \left(\frac{dr}{dt}\right)\omega + r\frac{d\omega}{dt}$$

因為在圓周運動中 r 是常數，$dr/dt = 0$，故上式的倒數第二項為零，而從 (9.14) 式，$d\omega/dt = \alpha$，所以最後一項等於 $r\alpha$。因此，切向加速度與角加速度的關係為

$$\frac{dv}{dt} = r\alpha \tag{9.16}$$

然而，(9.15) 式的加速度向量還具有第二個分量，它與切向單位向量的時間導數成比例。對於此量，我們發現

$$\frac{d}{dt}\hat{t} = \frac{d}{dt}(-\sin\theta, \cos\theta) = \left(\frac{d}{dt}(-\sin\theta), \frac{d}{dt}(\cos\theta)\right)$$
$$= \left(-\cos\theta\frac{d\theta}{dt}, -\sin\theta\frac{d\theta}{dt}\right) = -\frac{d\theta}{dt}(\cos\theta, \sin\theta)$$
$$= -\omega\hat{r}$$

故切向單位向量的時間導數所指的方向，與徑向單位向量 $\hat{r}$ 相反 ($\omega > 0$) 或相同 ($\omega < 0$)。依此結果，(9.15) 式的線加速度向量可以寫為

$$\vec{a}(t) = r\alpha\hat{t} - v\omega\hat{r} \tag{9.17}$$

再次強調，圓周運動的加速度向量具有兩個分量 (圖 9.9)；第一個沿著切向，它來自線速率的變化，而第二個則沿著徑向的反方向，即指向圓心 [$v\omega > 0$，詳見下述的 (9.19) 式]，它來自速度方向的連續變化。即使是等角速度的圓周運動 (亦稱為等速率圓周運動)(此時的 $\alpha = 0$, $dv/dt = 0$)，這第二個分量仍會存在。在此情況下，速率為定值，切向加速度為零，但速度向量的方向，在物體沿圓周移動時仍然會隨著連續改變。此種只改變速度向量的方向，但不改變其量值的加速度，必沿著半徑指向圓心，通常稱之為**向心加速度**。綜合以上所述，(9.17) 式所示物體沿圓周運動時的加速度，可以寫成切向加速度和向心加速度的和：

$$\vec{a} = a_t\hat{t} - a_c\hat{r} \tag{9.18}$$

向心加速度的量值為

$$a_c = v\omega = \frac{v^2}{r} = \omega^2 r \tag{9.19}$$

上式中的第一個等式可從 (9.17) 式讀出，而第二和第三個等式則來自 (9.13) 式。由於 v^2、ω^2 與 r 均為正值，顯然的 $a_c > 0$。

從 (9.17) 式和 (9.19) 式，可得圓周運動的加速度量值為

$$a = \sqrt{a_t^2 + a_c^2} = \sqrt{(r\alpha)^2 + (r\omega^2)^2} = r\sqrt{\alpha^2 + \omega^4} \tag{9.20}$$

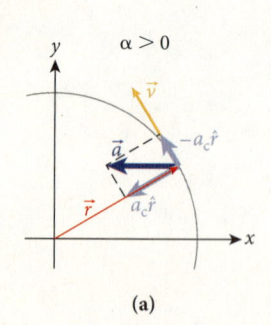

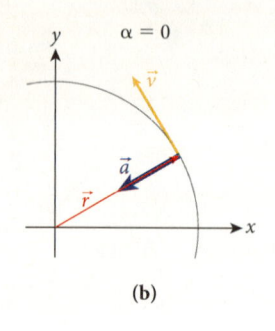

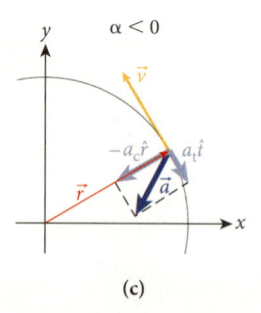

圖 9.9 線加速度、向心加速度和角加速度的關係：速度的切向分量隨時間分別為 (a) 增大；(b) 固定不變 (即等速率)；(c) 減小。

其他類型的離心機中，有一種稱為氣體離心機，被用於鈾的濃縮過程。在此過程中，質量相差僅稍大於 1 % 的 ^{235}U 和 ^{238}U 同位素被分離。天然鈾中含有 99 % 以上的 ^{238}U，並沒有傷害力。但如果鈾被濃縮到含有 90 % 以上的 ^{235}U，就可用於核武器。濃縮過程所用的氣體離心機，轉速大約為 100,000 rpm，這對離心機的機械裝置與材料造成驚人的應變（即比例形變，見 12.3 節），使它們非常難以設計和製造。為了阻止核武器擴散，這些離心機的設計是一項嚴加保護的機密。

例題 9.2　地球自轉的向心加速度

由於地球的自轉，在其表面上的各點會以一個來自此旋轉的速度移動，因而讓我們想嘗試求出對應的向心加速度。這個加速度可以稍微改變常用地表重力加速度的量值。

將地球的相關數據代入 (9.19) 式，可以求出此向心加速度的量值：

$$a_c = \omega^2 r = \omega^2 R_{地} \cos \vartheta$$
$$= (7.27 \cdot 10^{-5} \text{ s}^{-1})^2 (6.38 \cdot 10^6 \text{ m})(\cos \vartheta)$$
$$= (0.034 \text{ m/s}^2)(\cos \vartheta)$$

在上式中以 ϑ 代表相對於赤道的緯度角。這個結果顯示，由於地球自轉而有的向心加速度，使在地球表面上觀察到的有效重力加速度，改變了 0（在兩極）到 0.34 %（在赤道）。這個向心加速度在西雅圖為 0.02 m/s^2，而在邁阿密則為 0.03 m/s^2。與通常引用的重力加速度值 9.81 m/s^2 相比，這些值都相當小，但並非永遠都可以忽略。

自我測試 9.3

由於地球自轉而有的向心加速度，其最大值約 $g/300$。試求由於地球沿軌道繞行太陽而有之向心加速度的值。

觀念檢測 9.2

地球自轉使得地表上各點都有向心加速度。若你站在赤道上，而地球停止轉動，則當地球停止時，你會
a) 感覺比以前稍輕
b) 感覺比以前稍重
c) 飛離地球表面
d) 無從得知地球是否仍在轉動

9.5　向心力

向心力 F_c 並非自然界的另一種基本作用力，而僅僅是物體在圓周運動中，為了提供其向心加速度而必需施予的淨力，這個力的方向必須指向圓心，而其量值則等於物體的質量再乘以使物體沿圓周行進的向心加速度：

$$F_c = ma_c = mv\omega = m\frac{v^2}{r} = m\omega^2 r \qquad (9.21)$$

觀念檢測 9.3

你坐在運動中的旋轉木馬上。你應該坐在哪裡，作用於你的向心力才會達到可能的最大值？
a) 接近外緣的一排
b) 靠近中心的一排
c) 在中間的一排
d) 在各排的力都相同

詳解題 9.1　雲霄飛車

在遊樂園中最令人感到刺激的，也許是具有垂直環形導軌的雲霄飛車（圖 9.10），乘客在環形導軌頂端時會有近乎失重的感覺。

普通物理

圖 9.10 現代的雲霄飛車，具有垂直的環形導軌。

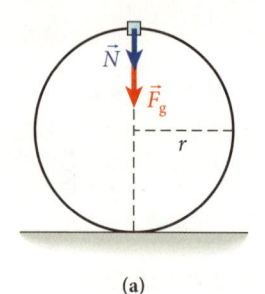

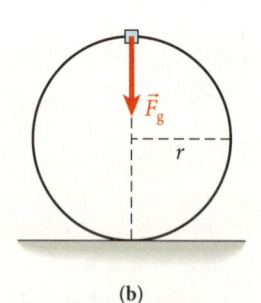

圖 9.11 (a) 乘客在雲霄飛車垂直環形導軌頂端時的自由體力圖。(b) 產生失重感覺的條件。

問題：假設垂直環形導軌的半徑為 5.00 m。要使乘客在環形導軌頂端時有失重的感覺，雲霄飛車的線速率須為何？(假設雲霄飛車和導軌之間的摩擦可以忽略不計。)

解：

思索　當座椅或限制帶無法提供任何支撐力，以對抗身體所受的重力時，乘客會感覺失重。當人在環形導軌頂端感到失重時，作用於此人身上的正向力為零。

繪圖　圖 9.11 的自由體力圖可能有助於將情況概念化。圖 9.11a 顯示雲霄飛車在環形導軌的頂端時，乘客受到的重力和正向力。這兩個力的總和即為淨力，它必須等於圓周運動的向心力。如果淨力 (在此處即向心力) 等於重力，則正向力為零，乘客將感覺失重。此情況示於圖 9.11b。

推敲　我們在前一步指出，淨力等於向心力，且淨力是正向力和重力的總和：

$$\vec{F}_c = \vec{F}_{net} = \vec{F}_g + \vec{N}$$

要在垂直環形導軌頂端時產生失重感覺，我們需要 $\vec{N} = 0$，因此

$$\vec{F}_c = \vec{F}_g \Rightarrow F_c = F_g \tag{i}$$

與往常一樣，$F_g = mg$。由 (9.21) 式可知向心力的量值為

$$F_c = ma_c = m\frac{v^2}{r}$$

簡化　將向心力和重力的表達式代入 (i) 式，並求解在環形導軌頂端時的線速率 v_{top}：

$$F_c = F_g \Rightarrow m\frac{v_{top}^2}{r} = mg \Rightarrow v_{top} = \sqrt{rg}$$

計算　使用 $g = 9.81$ m/s^2 和給定的半徑值 5.00 m，我們得到

$$v_{top} = \sqrt{rg} = \sqrt{(5.00 \text{ m})(9.81 \text{ m/s}^2)} = 7.00357 \text{ m/s}$$

捨入　將結果四捨五入到三位有效數字，可得

$$v_{top} = 7.00 \text{ m/s}$$

複驗　顯然的，我們的答案通過最簡單的檢驗，因為 m/s 正是速率的單位。在環形導軌頂端的速率公式 $v_{top} = \sqrt{rg}$，表示較大的半徑需要較高的速率，這似乎是合理的。

在頂端的速率為 7.00 m/s 是否合理？這個值相當於時速為 25.2 km，這與乘坐者通常所覺得的高速相比，似乎緩慢多了。但要記住，這是在

環形導軌頂端所需的最小速率,而遊樂設施的經營者並不希望太接近這個值。

讓我們進一步計算在環形導軌 3 點鐘和 9 點鐘位置的速率。假設雲霄飛車沿逆時鐘方向在導軌上行進。如圖 9.12 所示,在圓周運動中,速度向量的方向總是沿著圓的切線。

我們如何獲取速率 v_3 (3 點鐘) 和 v_9 (9 點鐘)?首先,在第 6 章中已學過,總能量為動能和位能的總和,$E = K + U$,而動能為 $K = \frac{1}{2}mv^2$,重力位能與離地高度成正比 $U = mgy$。在圖 9.12 中,可選擇座標系的原點使得環形導軌的底端位於 $y = 0$。假設沒有非守恆力的作用,我們可以使用力學能守恆的公式:

$$E = K_3 + U_3 = K_{\text{top}} + U_{\text{top}} = K_9 + U_9 \Rightarrow$$
$$\tfrac{1}{2}mv_3^2 + mgy_3 = \tfrac{1}{2}mv_{\text{top}}^2 + mgy_{\text{top}} = \tfrac{1}{2}mv_9^2 + mgy_9 \quad \text{(ii)}$$

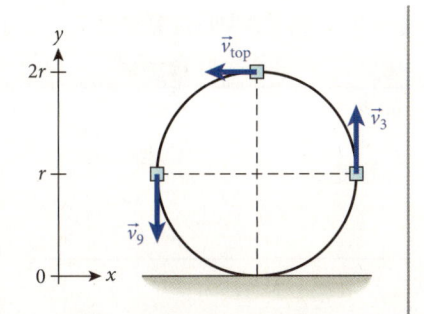

圖 9.12 在雲霄飛車垂直環形導軌上不同位置時速度向量的方向。

我們可以從圖中看出,在 3 點鐘和 9 點鐘位置的 y 座標是相同的,從而可知它們的位能也是相同的;這使得在此二位置的動能與速率也都相同:$v_3 = v_9$。從 (ii) 式可解出 v_3 而得

$$\tfrac{1}{2}mv_3^2 + mgy_3 = \tfrac{1}{2}mv_{\text{top}}^2 + mgy_{\text{top}} \Rightarrow$$
$$\tfrac{1}{2}v_3^2 + gy_3 = \tfrac{1}{2}v_{\text{top}}^2 + gy_{\text{top}} \Rightarrow$$
$$v_3 = \sqrt{v_{\text{top}}^2 + 2g(y_{\text{top}} - y_3)}$$

再一次,結果與質量無關。在此關於 v_3 的公式中出現的只是 y 座標的差;因此,座標系原點的選擇是無關緊要的,且 y 座標的差為 $y_{\text{top}} - y_3 = r$,插入給定值 $r = 5.00$ m,與先前求出的結果 $v_{\text{top}} = 7.00$ m/s,可得在 3 點鐘和 9 點鐘位置上的速率為

$$v_3 = \sqrt{(7.00 \text{ m/s})^2 + 2(9.81 \text{ m/s}^2)(5.00 \text{ m})} = 12.1 \text{ m/s}$$

>>> **觀念檢測 9.4**

當你以高速行經雲霄飛車的垂直環形導軌時,使你留在座位上的是什麼力?
a) 離心力
b) 導軌施加的正向力
c) 重力
d) 摩擦力
e) 安全帶施加的力

自我測試 9.4

如果詳解題 9.1 中環形導軌的半徑變為兩倍,則雲霄飛車必須有什麼樣的速率,才能在環形導軌的頂端造成同樣的失重感覺?

9.6 圓周運動和直線運動

表 9.1 總結了圓周運動中線變量和角變量之間的關係。表中所示的關係,將角變量 (θ、ω 和 α) 與線變量 (s、v 和 a) 做一關聯。圓形路徑的半徑 r 為常數,並提供了兩組變量之間的連接。

表 9.1　圓周運動的運動學變量

變量	線變量	角變量	關係
位移	s	θ	$s = r\theta$
速度	v	ω	$v = r\omega$
加速度	a	α	$a_t = r\alpha$
			$a_c = r\omega^2$
			$\vec{a} = r\alpha \hat{t} - r\omega^2 \hat{r}$

等角加速度

第 2 章對一種特殊情況，即等加速度運動，加以詳細討論。在此情況下，我們推導出對解決各種問題很有用的 5 個公式。為了便於參考，以下將這 5 個等加速度直線運動的公式再次列出：

(i) $\quad x = x_0 + v_{x0}t + \frac{1}{2}a_x t^2$

(ii) $\quad x = x_0 + \bar{v}_x t$

(iii) $\quad v_x = v_{x0} + a_x t$

(iv) $\quad \bar{v}_x = \frac{1}{2}(v_x + v_{x0})$

(v) $\quad v_x^2 = v_{x0}^2 + 2a_x(x - x_0)$

現在，我們將採取與如第 2 章相同的步驟，以獲得等角加速度的對等公式。我們先對 (9.14) 式進行積分，利用常見的符號約定 $\omega_0 = \omega(t_0)$：

$$\alpha(t) = \frac{d\omega}{dt} \Rightarrow$$

$$\int_{t_0}^{t} \alpha(t')\,dt' = \int_{t_0}^{t} \frac{d\omega(t')}{dt'}\,dt' = \omega(t) - \omega(t_0) \Rightarrow$$

$$\omega(t) = \omega_0 + \int_{t_0}^{t} \alpha(t')\,dt'$$

上式是 (9.14) 式的逆關係式，一般情況下均能成立。如果角加速度 α 在時間上是恆定的，我們可以求出積分而得

$$\omega(t) = \omega_0 + \alpha \int_{0}^{t} dt' = \omega_0 + \alpha t \tag{9.22}$$

為方便起見，我們仿照第 2 章對應的關係式，在上式中令 $t_0 = 0$。接下來，我們使用 (9.8) 式，以角度相對於時間的導數表達角速度，並使用

符號 $\theta_0 = \theta(t=0)$：

$$\frac{d\theta(t)}{dt} = \omega(t) = \omega_0 + \alpha t \Rightarrow$$

$$\theta(t) = \theta_0 + \int_0^t \omega(t')dt' = \theta_0 + \int_0^t (\omega_0 + \alpha t')dt' \Rightarrow$$

$$= \theta_0 + \omega_0 \int_0^t dt' + \alpha \int_0^t t'dt' \Rightarrow$$

$$\theta(t) = \theta_0 + \omega_0 t + \tfrac{1}{2}\alpha t^2 \tag{9.23}$$

在與一維直線運動的運動學公式 (iii) 和 (i) 比較之下，可看出 (9.22) 和 (9.23) 式分別是前二公式在圓周運動中的對等公式。在進行 $x \to \theta$、$v_x \to \omega$ 和 $a_x \to \alpha$ 的替換後，我們可以寫出等角加速度圓周運動的 5 個運動學公式：

$$\begin{aligned}
&\text{(i)} & \theta &= \theta_0 + \omega_0 t + \tfrac{1}{2}\alpha t^2 \\
&\text{(ii)} & \theta &= \theta_0 + \bar{\omega} t \\
&\text{(iii)} & \omega &= \omega_0 + \alpha t \\
&\text{(iv)} & \bar{\omega} &= \tfrac{1}{2}(\omega + \omega_0) \\
&\text{(v)} & \omega^2 &= \omega_0^2 + 2\alpha(\theta - \theta_0)
\end{aligned} \tag{9.24}$$

自我測試 9.5
對圓周運動所適用的 5 個運動學公式，課文已推導出其中 2 個。試推導剩下的公式。(提示：使用與第 2 章推導 2.1 相同的推理過程。)

詳解題 9.2　飛輪

問題：蒸汽引擎的飛輪從靜止開始，以等角加速度 $\alpha = 1.43 \text{ rad/s}^2$ 旋轉 $t = 25.9 \text{ s}$ 的時間，接著以等角速度 ω 旋轉。在飛輪已經旋轉 59.5 s 之後，由開始算起，它轉過的總角度為何？

解：

思索　我們想確定總角位移 θ。當飛輪以等角加速度旋轉時，我們可在 $\theta_0 = 0$ 與 $\omega_0 = 0$ 的條件下，使用 (9.24) 式的公式 (i)；而當飛輪以等角速度旋轉時，則可在 $\theta_0 = 0$ 與 $\alpha = 0$ 的條件下，使用 (9.24) 式的公式 (i)。要得到總角位移，我們只需將這兩個角位移相加。

繪圖　旋轉飛輪的俯視圖如圖 9.13。

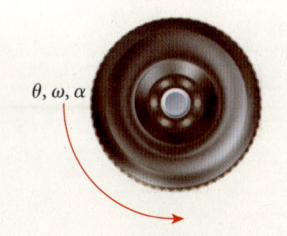

圖 9.13　旋轉飛輪的俯視圖。

推敲　讓我們以 t_a 代表飛輪以等角加速度轉動的時段長，以 t_b 代表飛輪轉動的總時間。這樣，飛輪以等角速度轉動的時段長為 $t_b - t_a$。飛輪在等角加速度時段的角位移 θ_a 如下式：

$$\theta_a = \tfrac{1}{2}\alpha t_a^2 \tag{i}$$

而飛輪在等角速度時段的角位移 θ_b 如下式：

$$\theta_b = \omega(t_b - t_a) \tag{ii}$$

飛輪以等角加速度轉動 t_a 的時間後，角速度為

$$\omega = \alpha t_a \tag{iii}$$

總角位移由下式給出：

$$\theta_{\text{total}} = \theta_a + \theta_b \tag{iv}$$

簡化　結合 (ii) 和 (iii) 式可獲得飛輪在等角速度轉動期間的角位移：

$$\theta_b = (\alpha t_a)(t_b - t_a) = \alpha t_a t_b - \alpha t_a^2 \tag{v}$$

結合 (v)、(iv) 和 (i) 式，可以獲得飛輪的總角位移：

$$\theta_{\text{total}} = \theta_a + \theta_b = \tfrac{1}{2}\alpha t_a^2 + \left(\alpha t_a t_b - \alpha t_a^2\right) = \alpha t_a t_b - \tfrac{1}{2}\alpha t_a^2$$

計算　代入數值後我們得到

$$\theta_{\text{total}} = \alpha t_a t_b - \tfrac{1}{2}\alpha t_a^2 = (1.43 \text{ rad/s}^2)(25.9 \text{ s})(59.5 \text{ s}) - \tfrac{1}{2}(1.43 \text{ rad/s}^2)(25.9 \text{ s})^2$$
$$= 1724.07 \text{ rad}$$

捨入　將結果以三位有效數字表示：

$$\theta_{\text{total}} = 1.72 \cdot 10^3 \text{ rad}$$

複驗　令人欣慰的，我們的答案有正確的單位，即 rad。我們的公式 $\theta_{\text{total}} = \alpha t_a t_b - \tfrac{1}{2}\alpha t_a^2 = \alpha t_a(t_b - \tfrac{1}{2}t_a)$，給出了一個隨角加速度線性增加的值。而如預期，它也總是大於零，因為 $t_b > t_a$。

　　為了進一步加以檢驗，讓我們分兩個步驟來計算角位移。第一步是計算飛輪在等角加速度期間的角位移：

$$\theta_a = \tfrac{1}{2}\alpha t_a^2 = \tfrac{1}{2}(1.43 \text{ rad/s}^2)(25.9 \text{ s})^2 = 480 \text{ rad}$$

飛輪在等角加速度結束後的角速度為

$$\omega = \alpha t_a = (1.43 \text{ rad/s}^2)(25.9 \text{ s}) = 37.0 \text{ rad/s}$$

接下來，我們計算出飛輪在等角速度轉動期間的角位移：

$$\theta_b = \omega(t_b - t_a) = (37.0 \text{ rad/s})(59.5 \text{ s} - 25.9 \text{ s}) = 1240 \text{ rad}$$

故得總角位移為

$$\theta_{\text{total}} = \theta_a + \theta_b = 480 \text{ rad} + 1240 \text{ rad} = 1720 \text{ rad}$$

這與我們之前的答案相符。

圓周運動 09

已學要點｜考試準備指南

- 直角座標 x、y 與極座標 r、θ 之間的變換，由下式給出：
$$r = \sqrt{x^2 + y^2}$$
$$\theta = \tan^{-1}(y/x)$$

- 極座標和直角座標之間的變換為
$$x = r\cos\theta$$
$$y = r\sin\theta$$

- 對於圓周運動，線位移 s 與角位移 θ 的關係為 $s = r\theta$，其中 r 是圓形路徑的半徑，而 θ 的測量單位需為弧度 (rad)。

- 瞬時角速度等於角位移的時變率，即 $\omega = \dfrac{d\theta}{dt}$。

- 角速度 ω 與線速度切向分量 v 之間的關係為 $v = \omega r$。

- 瞬時角加速度 α 為角速度 ω 的時變率，即
$$\alpha = \frac{d\omega}{dt} = \frac{d^2\theta}{dt^2}$$

- 角加速度 α 與線加速度切向分量 a_t 的關係為 $a_t = r\alpha$。

- 物體以等角速度做圓周運動所需的向心加速度，其量值 $a_c = \omega^2 r = \dfrac{v^2}{r}$。

- 物體做圓周運動時的總角加速度，其量值 $a = \sqrt{a_t^2 + a_c^2} = r\sqrt{\alpha^2 + \omega^4}$。

- 等角加速度圓周運動的運動學公式為
$$\theta = \theta_0 + \omega_0 t + \tfrac{1}{2}\alpha t^2$$
$$\theta = \theta_0 + \bar{\omega}t$$
$$\omega = \omega_0 + \alpha t$$
$$\bar{\omega} = \tfrac{1}{2}(\omega + \omega_0)$$
$$\omega^2 = \omega_0^2 + 2\alpha(\theta - \theta_0)$$

自我測試解答

9.1 對半徑為 R 的圓，其微分弧長為 $R d\theta$；繞圓一圈將弧長積分即為圓周 C：
$$C = \int_0^{2\pi} R d\theta = r\int_0^{2\pi} d\theta = R[\theta]_0^{2\pi} = 2\pi R$$

9.2 草圖所示為微分面積，該面積為 $dA = 2\pi r dr$。圓的面積為
$$A = \int_0^R 2\pi r\, dr = 2\pi \int_0^R r\, dr$$
$$= 2\pi \left[\frac{r^2}{2}\right]_0^R = \pi R^2$$

9.3 $\omega^2 r = (2\pi/yr)^2(1\text{ au}) = 5.9 \cdot 10^{-3}$ m/s² $\approx$ g/1700。

9.4 在 $r_1 = 25$ mm，加速度的切向分量為 $a_t = \alpha r_1 = 1.6 \cdot 10^{-4}$ m/s²，而向心加速度的量值為 $a_c = v\omega(r_1) = 59.$ m/s²，大了 4 個數量級。在 $r_2 = 58$ mm，加速度的切向分量為 $a_t = \alpha r_2 = 3.6 \cdot 10^{-4}$ m/s²，而向心加速度的量值為 $a_c = v\omega(r_2) = 25.$ m/s²。

9.5 如果半徑變為 2 倍，則在環形導軌頂端的速率需增加而為 $\sqrt{2}$ 倍大。因此，所要求的速率為 $(7.00\text{ m/s})(\sqrt{2}) = 9.90$ m/s。

9.6 (iv) $\bar{\omega} = \dfrac{1}{t}\int_0^t \omega(t')dt' = \dfrac{1}{t}\int_0^t (\omega_0 + \alpha t')dt'$
$$= \frac{\omega_0}{t}\int_0^t dt' + \frac{\alpha}{t}\int_0^t t'dt' = \omega_0 + \tfrac{1}{2}\alpha t$$
$$= \tfrac{1}{2}\omega_0 + \tfrac{1}{2}(\omega_0 + \alpha t)$$
$$= \tfrac{1}{2}(\omega_0 + \omega)$$

(ii) $\bar{\omega} = \omega_0 + \frac{1}{2}\alpha t$

$\Rightarrow \bar{\omega}t = \omega_0 t + \frac{1}{2}\alpha t^2$

$\theta = \theta_0 + \omega_0 t + \frac{1}{2}\alpha t^2 = \theta_0 + \bar{\omega}t$

(v) $\theta = \theta_0 + \omega_0 t + \frac{1}{2}\alpha t^2$

$= \theta_0 + \omega_0 \left(\dfrac{\omega - \omega_0}{\alpha}\right) + \frac{1}{2}\alpha \left(\dfrac{\omega - \omega_0}{\alpha}\right)^2$

$= \theta_0 + \dfrac{\omega\omega_0 - \omega_0^2}{\alpha} + \frac{1}{2}\dfrac{\omega^2 + \omega_0^2 - 2\omega\omega_0}{\alpha}$

現在,我們從等式兩邊減去 θ_0,然後乘以 α:

$\alpha(\theta - \theta_0) = \omega\omega_0 - \omega_0^2 + \frac{1}{2}(\omega^2 + \omega_0^2 - 2\omega\omega_0)$

$\Rightarrow \alpha(\theta - \theta_0) = \frac{1}{2}\omega^2 - \frac{1}{2}\omega_0^2$

$\Rightarrow \omega^2 = \omega_0^2 + 2\alpha(\theta - \theta_0)$

解題準則:圓周運動

1. 圓周運動恆涉及向心力和向心加速度。向心力不是一種新的作用力,而只是驅使物體運動的淨徑向力;它是作用於運動物體上各徑向力之總和。這個淨力等於質量乘以向心加速度;不要犯常見的一個錯誤,將質量乘以加速度當作一種力,而加入到運動方程式一側的淨力裡。

2. 務必注意情況所涉及的角是使用度或弧度為單位。不一定需要在計算過程的每一步都將弧度寫出,但要檢查所得結果以它為單位表示時是合理的。

3. 等角加速度與直線等加速度的運動學公式,具有相同的形式。但加速度不為恆定時,此二組公式無一適用。

選擇題

9.1 當物體做圓周運動時,如果向心力突然消失,物體將如何移動?
a) 沿著徑向向外移動
b) 沿著徑向向內移動
c) 垂直向下移動
d) 沿向心力消失瞬間其速度向量所指的方向移動

9.2 美國德州 Lubbock 市 (被稱為南部平原的中樞) 的緯度為 33° N。假設地球半徑在赤道為 6380 km,則該市轉動的速率為何?
a) 464 m/s
b) 389 m/s
c) 253 m/s
d) 0.464 m/s
e) 0.389 m/s

9.3 一摩天輪緩緩繞水平軸旋轉時,乘客坐在座位上,座位恆保持水平。當乘客在摩天輪的頂端時,提供向心加速度給乘客的力是下列何者?
a) 離心力
b) 正向力
c) 重力
d) 張力

9.4 一個連接到細繩末端的球,沿著半徑為 r 的圓形路徑行進。如果半徑變為 2 倍,而線速率保持恆定,則其向心加速度
a) 保持不變
b) 增大為原來的 2 倍
c) 減小為原來的 1/2 倍
d) 增大為原來的 4 倍
e) 減小為原來的 1/4 倍

9.5 你把轉盤上三個相同的硬幣,擺放在離中心不同距離的位置上,然後啟動馬達。當轉盤加快時,最外面的硬幣第一個滑出,接著是距離在中間的硬幣,最後當轉盤轉得最快時,最內層的硬幣也滑出。為什麼會這樣?
a) 到中心的距離越遠,向心加速度越大,所以摩擦力變得無法將硬幣保持在位置上
b) 硬幣的重量使轉盤向下彎曲,所以最接近邊緣的硬幣第一個滑落

c) 由於轉盤的製作方式，靜摩擦係數隨著到中心的距離而減小
d) 到中心的距離越近，向心加速度越大

9.6 附圖顯示一名乘坐遊樂園旋轉圓筒的遊客，貼在壁上，與底板不接觸。下列哪一圖所顯示作用於遊客的力為正確？

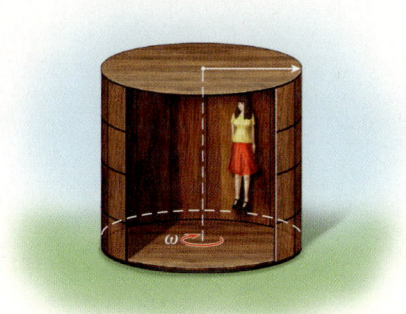

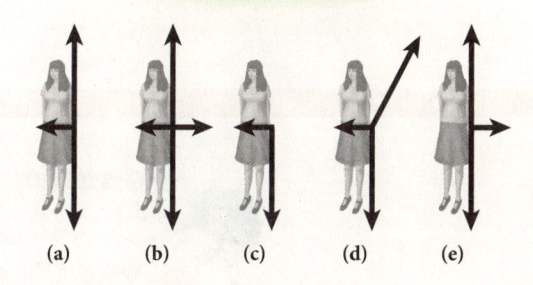

9.7 車輪半徑為 33.0 cm 的自行車，以 6.5 m/s 的速率行進。前輪的角速率為何？
a) 0.197 rad/s b) 1.24 rad/s
c) 5.08 rad/s d) 19.7 rad/s
e) 215 rad/s

9.8 在詳解題 9.1 中，雲霄飛車在進入環形導軌底端時，速率必須為何，才能在導軌頂端產生失重的感覺？
a) 7.00 m/s b) 12.1 m/s
c) 13.5 m/s d) 15.7 m/s
e) 21.4 m/s

觀念題

9.9 從下方觀察時，吊扇順時鐘方向在旋轉，但正減速中。ω 和 α 的方向為何？

9.10 一個很受喜愛的遊樂園乘坐設施，其座椅是以長度為 L 的鋼索連接到中心的轉盤，如附圖所示。轉盤使乘客做等速率圓周運動。乘客（包括座椅）的質量為 65 kg；在轉盤相反側的空椅，質量為 5.0 kg。若 θ_1 和 θ_2 是連接這兩個椅子的鋼索與垂直線之間的角度，則將這兩個角度定性加以比較時，結果會如何？θ_2 是大於、小於或等於 θ_1？

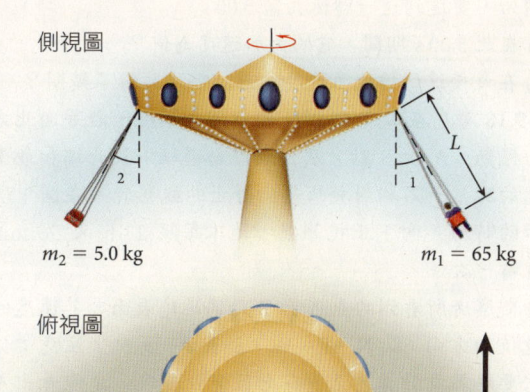

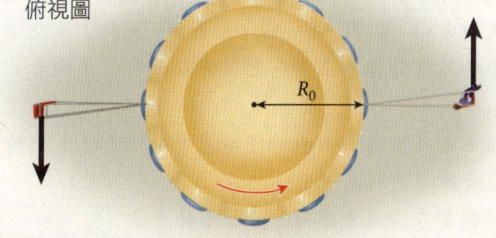

普通物理

9.11 自行車輪胎的直徑，約從 25. cm 到 70. cm。為什麼製造直徑比 25. cm 小很多的輪胎，是不切實際的？(在第 10 章你將了解自行車的輪胎為什麼不能太大。)

9.12 一輛汽車以最大速率轉過一個路面沒有傾斜的彎道。使車維持在道路上的力為何？

9.13 質量為 m 的質點，沿著附圖所示的無摩擦表面，從高度 h 處開始滑動。若質點可繞半徑為 R 的圓環行進一圈，則 h 的值最小可為何？

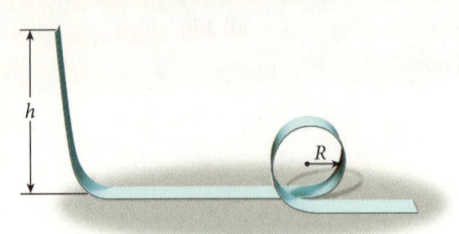

9.14 以細繩拉著物體沿著圓周移動時，圓的平面是否有可能完全水平（即物體和細繩均與水平地面平行）？

9.15 假如你乘坐的雲霄飛車，通過一個垂直的圓環形導軌。證明不論圓環的大小為何，你在圓環底端的視重量（即飛車施於你的正向力），必然 6 倍於你在圓環頂端感覺失重時所受到的重力。假定摩擦可忽略不計。

練習題

題號前的藍點（•）與雙藍點（••）代表問題難度遞增。

9.2 節

9.16 整個冬季期間，地球在軌道上繞行所掃過的角為多少弧度？

9.3 節

9.17 黑膠唱片以 33.3 rpm 的轉速播放。假設從靜止開始，要達到這一轉速共需 5.00 s。
a) 在此 5.00 s 期間，它的角加速度為何？
b) 在最後達到播放角速度之前，唱片共轉了幾圈？

••9.18 考慮在緯度 55.0°N 的一個大單擺，沿著南北方向擺動，A 和 B 點分別代表擺動過程中最北端和最南端的點。一名相對於恆星為靜止的觀察者，在圖中所示的時刻，向下正視著擺。地球每隔 23 h 又 56 min 自轉一次。

a) 觀察者所看到的在 A 和 B 點的地球表面，其速度的量值和方向（以 N、E、W、S 表示）為何？注意：你需要將答案計算到至少有七位有效數字，才能看出差別。
b) 擺下方直徑為 20.0 m 的圓看來會以何角速率旋轉？
c) 此旋轉的週期為何？
d) 若擺是在赤道上擺動，會發生什麼？

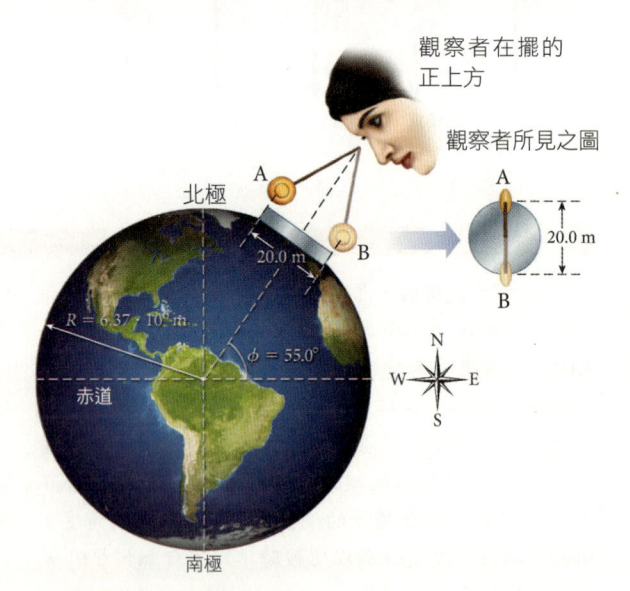

9.4 節

9.19 一自行車的質量為 1.00 kg，車輪半徑為 35.0 cm。你握著車輪軸使車輪以 75.0 rpm 的速率旋轉，然後將輪胎壓著路面以使它停下。你注意到車輪完全停下需要 1.20 s。車輪的角加速度為何？

9.20 一醫學實驗室的離心機，以 3600. rpm（每分鐘轉數）的角速率旋轉。當關機時，它轉了 60.0 圈才停

下來。試求此離心機的等角加速度。

•9.21 百貨商店陳列的玩具中，有一個半徑為 0.100 m 的小型圓盤 (圓盤 1)，在馬達驅動下，連帶轉動半徑為 0.500 m 的較大圓盤 (圓盤 2)，而圓盤 2 接著轉動半徑為 1.00 m 的圓盤 3，如附圖所示。圓盤間互相接觸，且沒有滑動。圓盤 3 每 30.0 s 轉動一圈。
a) 圓盤 3 的角速率為何？
b) 此三個圓盤輪緣的切向速度，其比為何？
c) 圓盤 1 和 2 的角速率為何？
d) 如果馬達故障，導致圓盤 1 的角加速度變為 0.100 rad/s^2，則圓盤 2 和 3 的角加速度為何？

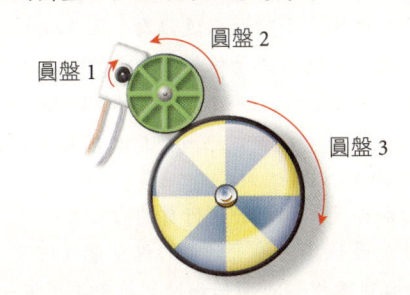

•9.22 一錄音機 (如附圖) 的磁帶，以 5.60 cm/s 的線速率等速移動。為了保持此等速率，驅動捲筒 (即使磁帶捲繞的捲筒) 的角速率必須相應的做改變。
a) 驅動捲筒在空帶時的半徑為 r_1 = 0.800 cm，此時其角速率為何？
b) 驅動捲筒在滿帶時的半徑為 r_2 = 2.20 cm，此時其角速率為何？
c) 如果磁帶的總長為 100.80 m，則在磁帶轉動期間，驅動捲筒的平均角加速度為何？

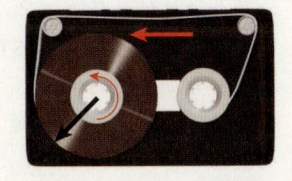

••9.23 一直徑為 1.00 m 的飛輪最初靜止不動。附圖顯示其角加速度隨時間的變化。
a) 在飛輪開始轉動 8.00 s 後，飛輪邊緣上一固定點的位置，與其最初位置之間的角間距為何？
b) 該點在 θ = 0 時開始運動，計算並繪此固定點在飛輪開始轉動 8.00 s 後的線位置、速度向量和加速度向量。

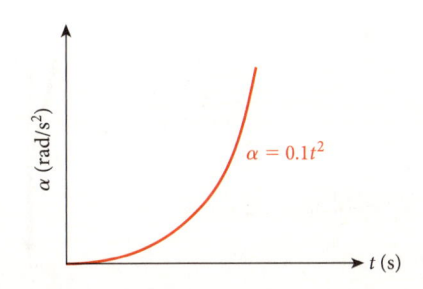

9.5 節

9.24 在詳解題 9.1 中，雲霄飛車上的乘客在環形導軌底端時的視重量為何？

•9.25 如附圖所示，質量為 m 的小方塊與中空圓筒的內壁接觸。假定方塊和筒壁之間的靜摩擦係數為 μ_s。最初時，圓筒為靜止，且有一根栓子支撐方塊的重量使其保持於位置上。圓筒以 α 的角加速度開始繞其中心軸轉動。試求圓筒開始轉動之後至少要隔多久，方塊在栓子被移除後從，才不致從筒壁上滑下？

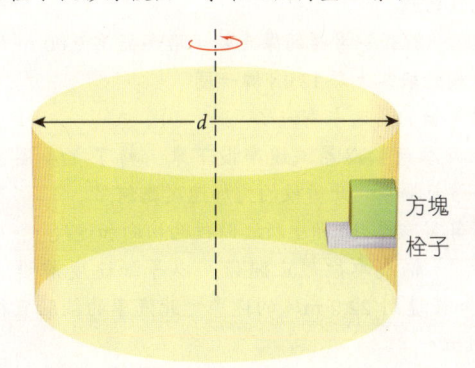

•9.26 一車加速通過一個小山丘的頂部。如果山丘頂部的曲率半徑為 9.00 m，而該車要與地面一直保持接觸時，則其速率最大可為何？

•9.27 你在週末放下書本飛往芝加哥。你從最後一堂物理課，學到通過機翼的氣流，會產生垂直作用於機翼的升力。當飛機水平飛行時，向上的升力正好與向下的重力平衡。芝加哥 O'Hare 機場是世界上最繁忙的機場之一，因此當機長宣布由於空中交通擁擠，飛機正維持於待降航線時，你並不感到驚訝。機長並告知乘客，飛機將以 360 mi/h 的速率，在 2.00·10^4 ft 的高度，沿半徑為 7.00 mi 的圓飛行。你從安全資訊卡知道飛機翼展的總長度是 275 ft，依上述資料，估算機翼相對於水平面的傾斜角 (見附圖)。

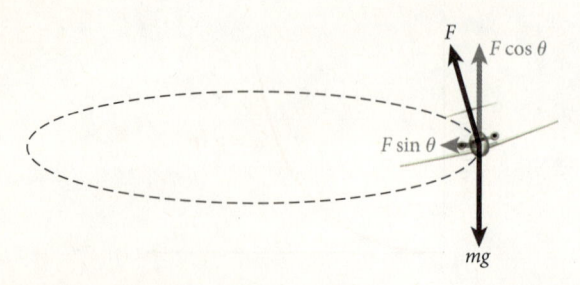

普通物理

••9.28 一高速公路的彎道，曲率半徑為 R，路面傾斜而與水平成一角度 θ。
a) 若彎道的路面上結了冰 (即輪胎和路面之間的摩擦非常小)，則轉過彎道時的最理想速率為何？
b) 若彎道的路面上無冰，輪胎和路面之間的摩擦係數為 μ_s，則可以轉過彎道的最大與最小速率各為何？
c) 計算 (a) 和 (b) 題在 $R = 400$ m、$\theta = 45.0°$、$\mu_s = 0.700$ 時的結果。

補充練習題

9.29 一個載著男孩的摩天輪，沿半徑為 9.00 m 的垂直圓載送乘客，每 12.0 s 轉一圈。
a) 摩天輪的角速率為何？
b) 假設摩天輪以等減速率慢下來，轉了 1/4 圈後停下。摩天輪在此時段的角加速度為何？
c) 計算男孩在 (b) 題中所述時段的切向加速度。

9.30 一輛汽車從靜止開始，以等加速度前進，在 9.00 s 後達到 22.0 m/s 的速率。此汽車的輪胎直徑為 58.0 cm。
a) 假設沒有發生打滑，求在上述運動過程中，輪胎轉過的圈數。
b) 以 rev/s (即每秒轉數) 表示時，輪胎的最終角速率為何？

9.31 一陀螺起始時的角速率為 10.0 rev/s，在轉了 10.0 min 後停下。假設陀螺的轉動為等角加速度運動，試求它的角加速度與總角位移。

9.32 黑膠唱片起始時的轉速為 $33\frac{1}{3}$ rpm，以等減速慢下來，在 15.0 s 後停止。在減慢到停下期間，唱片轉了多少圈？

9.33 地球在軌道上運行時的加速度為何？(假設軌道是圓形的。)

9.34 一部巨型卡車的輪胎，直徑為 1.10 m，以 35.8 m/s 的速率行進。煞車後，卡車以等減速度慢下來，在輪胎旋轉 40.2 圈後，卡車停止。
a) 輪胎的初始角速率為何？
b) 輪胎的角加速度為何？
c) 卡車停下之前行進了多遠的距離？

•9.35 一輛汽車的質量為 1000. kg，以 60.0 m/s 的等速率越過一座小山。山頂可以近似為半徑 370. m 的一段圓弧。通過山頂時，車子施加於小山的力為何？

9.36 一名 80.0 kg 的飛行員，在飛機以 500. m/s 的等速率垂直俯衝時，沿半徑為 4000. m 的圓弧將飛機從俯衝中駛離。
a) 求向心加速度和作用於飛行員的向心力。
b) 在俯衝的最低點時，飛行員的視重量為何？

•9.37 一輛汽車從靜止開始加速，繞著半徑 $R = 36.0$ m 的水平彎道行進。汽車加速度的切向分量固定為 $a_t = 3.30$ m/s^2，而向心加速度則持續增加，以使車子盡可能一直保持在彎道上。輪胎與路面之間的靜摩擦係數為 $\mu_s = 0.950$。汽車在打滑之前，沿著彎道行駛了多遠的距離？(切記要包括加速度的切向分量和向心分量。)

••9.38 一遊樂園的旋轉木馬轉台，直徑為 6.00 m。轉台從靜止開始，以等角加速度加速了 8.00 s 後，達到 0.600 rev/s 的角速率。
a) 角加速度的量值為何？
b) 一個距離旋轉軸為 2.75 m 的座位，其所受的向心加速度和角加速度為何？
c) 承上題，開始做角加速度運動後 8.00 s，總加速度的量值和方向為何？

多版本練習題

9.39 在雷霆球特技表演中，機車在球裡面，沿著球的赤道做水平圓周運動。球的內半徑為 12.61 m，機車輪胎和球內部表面之間的靜摩擦係數為 0.4601。機車要避免掉落，最低速率必須為何？

9.40 在雷霆球特技表演中，機車在球裡面，沿著球的赤道做水平圓周運動。球的內半徑為 13.75 m，機車保持 17.01 m/s 的速率，要確保機車不致掉落，機車輪胎和球內部表面之間的靜摩擦係數最小需為何？

9.41 在雷霆球特技表演中，機車在球裡面，沿著球的赤道做水平圓周運動。機車保持 15.11 m/s 的速率，

機車輪胎和球內部表面之間的靜摩擦係數為 0.4741。要確保機車不致掉落，球的內半徑最大為何？

9.42 跑車後輪的半徑為 46.65 cm。跑車以等加速度從靜止到速率為 29.13 m/s，共歷時 3.945 s。若車輪滾動時沒有滑動，則後輪的角加速度為何？

9.43 跑車後輪的半徑為 48.95 cm。跑車以等加速度從靜止開始運動，共歷時 3.997 s。後輪的角加速度為 14.99 rad/s^2。若車輪滾動時沒有滑動，則汽車的最終線速率為何？

9.44 跑車以等加速度從靜止到速率為 29.53 m/s，共歷時 4.047 s。後輪的角加速度為 17.71 rad/s^2。若車輪滾動時沒有滑動，則後輪的半徑為何？

10. 轉動

待學要點

10.1 轉動動能
　　做圓周運動的單一質點
　　做圓周運動的多個質點

10.2 轉動慣量的計算
　　繞通過質心的軸線轉動
　　　　例題 10.1　地球的轉動動能
　　平行軸定理

10.3 無滑動的滾動
　　　　例題 10.2　滾下斜面的快慢

10.4 力矩
　　力臂

10.5 轉動運動的牛頓第二定律
　　阿特伍德機

10.6 力矩所做的功
　　　　例題 10.3　轉緊螺栓
　　　　例題 10.4　轉入螺釘

10.7 角動量
　　單一質點
　　多質點系統
　　剛體
　　　　例題 10.5　高爾夫球
　　角動量守恆
　　　　例題 10.6　動能回收系統
　　　　詳解題 10.1　子彈擊中直桿

已學要點│考試準備指南
　　解題準則
　　選擇題
　　觀念題
　　練習題
　　多版本練習題

圖 10.1　現代的噴氣發動機。

現代噴氣發動機前端的大風扇，如圖 10.1 所示，它將空氣引入壓縮室，使空氣與燃料混合。在被點燃爆炸後，氣體從發動機的尾端噴出，飛機因而可獲得前進的推力。這類風扇每分鐘轉動 7000-9000 轉。

所有的發動機幾乎都有轉動的機件，可將能量轉移給也是能轉動的輸出設備。事實上，宇宙中大多數的物體，從分子到恆星和星系，都在轉動。而在 2011 年，有一個團隊，在分析很多的星系之後，發現宇宙整體是在轉動的證據。就如力學的任何其他部分一樣，轉動運動所遵循的定律具有根本的重要性。

第 9 章介紹了圓周運動的一些基本概念，本章沿用其中一部分的想法，包括角速度、角加速度和轉軸。本章將

普通物理

待學要點

- 考慮能量守恆時，必須將物體做轉動運動的動能計入。
- 轉軸通過質心時，物體的轉動慣量正比於其質量和其內部各點到轉軸之垂直距離的最大值平方，比例常數與物體的形狀有關，其值在 0 到 1 之間。
- 轉軸平行於通過質心的軸線時，物體的轉動慣量等於繞通過質心之軸線的轉動慣量，再加上物體質量和兩軸間之距離平方的乘積。
- 物體做滾動時，其轉動與平移兩種運動的動能是相關的。
- 力矩是位置向量與力向量的向量積。
- 牛頓第二定律也適用於轉動運動。
- 角動量是位置向量與動量向量的向量積。
- 角動量、力矩、轉動慣量、角速度和角加速度之間具有與對等線變量類似的關係。
- 角動量守恆定律是另一個基本的守恆定律。

完成直線和轉動運動相關量的比較，並指出另一個具有基本重要性的守恆定律：角動量守恆定律。

10.1 轉動動能

我們在 8.2 節中學到，一個延展體的運動，可用質心行進的路徑，及此物體繞質心的轉動，來加以描述。我們雖然在第 9 章討論了質點的圓周運動，卻尚未考慮延展體的轉動。本章的目的便是要分析此一運動。

做圓周運動的單一質點

第 9 章介紹了圓周運動的一些運動學變量。角速度 ω 和角加速度 α 是以角位移 θ 的時間導數來定義：

$$\omega = \frac{d\theta}{dt}$$

$$\alpha = \frac{d\omega}{dt} = \frac{d^2\theta}{dt^2}$$

這些角變量與線變量的關係如下：

$$s = r\theta, \quad v = r\omega,$$
$$a_t = r\alpha, \quad a_c = \omega^2 r, \quad a = \sqrt{a_c^2 + a_t^2}$$

其中 s 是弧長 (符號與角位移相同)，v 是線速度的切向分量 ($|v|$ 是線速

率），a_t 是切向加速度，a_c 是向心加速度，而 a 是線加速度的量值。

要介紹用於描述轉動的各種物理量，最簡便的方式是透過延展體因做轉動而具有的動能。第 5 章在說明功和能量時，將一個質點的動能定義為

$$K = \tfrac{1}{2}mv^2 \tag{10.1}$$

如果質點做的是圓周運動，我們可由線速率和角速率之間的關係，得到

$$K = \tfrac{1}{2}mv^2 = \tfrac{1}{2}m(r\omega)^2 = \tfrac{1}{2}mr^2\omega^2 \tag{10.2}$$

這是一個質點繞著位於圓心的固定軸、在半徑為 r 的圓周上行進時的動能，亦即質點繞軸轉動時的動能，簡稱**轉動動能**，如圖 10.2 所示。

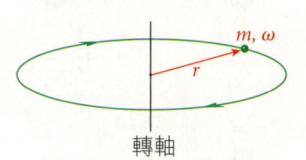

圖 10.2　質點繞著轉軸在圓周上運動。

做圓周運動的多個質點

正如第 8 章使用的做法，我們先從多個各自轉動的質點所組成的系統開始，然後再逐漸趨向連續的極限。由 n 個做轉動運動的質點組成的系統所具有的動能為

$$K = \sum_{i=1}^{n} K_i = \tfrac{1}{2}\sum_{i=1}^{n} m_i v_i^2 = \tfrac{1}{2}\sum_{i=1}^{n} m_i r_i^2 \omega_i^2$$

這個結果是使用 (10.2) 式，先求出每個質點的動能，再將所有個別質點的動能加總，以求出此多質點系統的總動能。在上式中，ω_i 是質點 i 的角速度，r_i 是質點 i 到固定軸的垂直距離。這個固定軸就是這些質點轉動運動的軸線，簡稱**轉軸**。圖 10.3 所示的系統，是由五個轉動的質點組成。

現在假設上述系統中的所有質點，其兩兩之間的距離與各自到轉軸的距離均保持固定，則各質點將以相同的角速度，繞著共同的轉軸做圓周運動。在此假設下，所有質點的動能總和成為

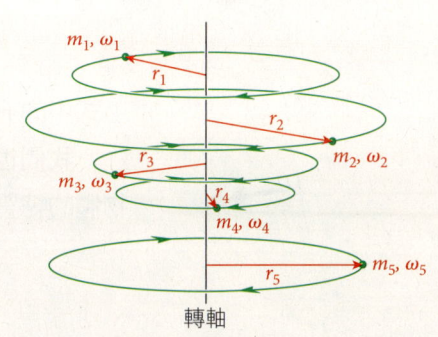

圖 10.3　五個質點繞著同一轉軸在各自的圓周上運動。

$$K = \tfrac{1}{2}\sum_{i=1}^{n} m_i r_i^2 \omega^2 = \tfrac{1}{2}\left(\sum_{i=1}^{n} m_i r_i^2\right)\omega^2 = \tfrac{1}{2}I\omega^2 \tag{10.3}$$

在上式右邊引入的量 I 稱為**轉動慣量**。它只與各質點的質量以及它們到轉軸的距離有關：

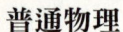

> **觀念檢測 10.1**
>
> 考慮以無質量的桿，連接質量相等的兩個小球。如以下各圖所示，兩小球繞著虛線所示的垂直轉軸，在水平面運動。哪個系統的轉動慣量最大？
>
> (a)
>
> (b)
>
> (c)

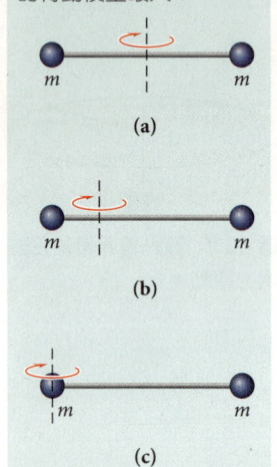

$$I = \sum_{i=1}^{n} m_i r_i^2 \tag{10.4}$$

在第 9 章，我們看到所有隸屬於圓周運動的各個量，在線運動中都有與之相當 (或對等) 的量，例如線速度 v 相當於角速度 ω。比較 (10.3) 式的轉動動能和 (10.1) 式的線運動動能，可看出轉動慣量 I 在圓周運動中所扮演的腳色，就相當於線運動中的質量 m。

10.2 轉動慣量的計算

利用多質點系統的轉動慣量公式，即 (10.4) 式，可以求得延展體的轉動慣量。仿照第 8 章尋求系統質心位置時的進行方式，我們再次將一個延展體當作是由許多體積都為 V、但質量密度為 ρ (可能各不相同) 的小立方體所組成，則 (10.4) 式變為

$$I = \sum_{i=1}^{n} \rho(\vec{r}_i) r_i^2 V \tag{10.5}$$

再次按照微積分慣用的做法，讓立方體的體積趨近於零，即 $V \to 0$。在此極限下，(10.5) 式的總和成為積分，從而給出了延展體的轉動慣量公式：

$$I = \int_V r_\perp^2 \rho(\vec{r}) dV \tag{10.6}$$

上式中的 $r_\perp$ 代表無窮小體積元到轉軸的垂直距離 (圖 10.4)。

我們也知道，將物體中各點的質量密度對體積進行積分，可獲得此物體的總質量：

$$M = \int_V \rho(\vec{r}) dV \tag{10.7}$$

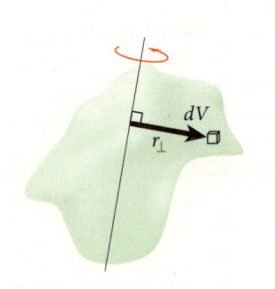

圖 10.4 $r_\perp$ 代表無窮小體積元到轉軸的垂直距離。

對延展體而言，(10.6) 式和 (10.7) 式分別為其轉動慣量和質量的一般性表達式。然而，正如質心的公式，在一些物理上最有趣的情況中，物體的質量密度是均勻的，也就是說物體各部分都具有相同的質量密度。在這種情況下，(10.6) 式和 (10.7) 式簡化為

$$I = \rho \int_V r_\perp^2 dV \quad (\text{質量密度 } \rho \text{ 為均勻})$$

和

$$M = \rho \int_V dV = \rho V \quad \text{(質量密度 } \rho \text{ 為均勻)}$$

因此，當物體的質量密度為均勻時，其轉動慣量可表示為

$$I = \frac{M}{V} \int_V r_\perp^2 \, dV \quad \text{(質量密度 } \rho \text{ 為均勻)} \tag{10.8}$$

繞通過質心的軸線轉動

對於質量密度為均勻的任何物體，當它繞通過物體質心的固定軸做轉動時，我們可以使用 (10.8) 式來計算它的轉動慣量。(10.8) 式涉及一個三維的體積積分，它們對本章發展的物理概念並非必要，故此處予以省略。

注意以下這個重要的一般性觀察：如果 R 是物體中的各點到轉軸的最大垂直距離，那麼物體的轉動慣量與質量恆有以下的關係：

$$I = cMR^2 \quad (0 < c \leq 1) \tag{10.9}$$

由物體的幾何形狀，可以求得常數 c，它的值恆在 0 到 1 之間。將越多的質量推往轉軸，常數 c 的值就越小。如果所有的質量都位於物體的最外側邊緣，例如圓箍，則 c 將趨近 1。

圖 10.5 所示的各個物體，繞通過其質心的軸線做轉動。表 10.1 給出各個物體的轉動慣量，並對適用 (10.9) 式的各情況，給出常數 c。

表 10.1 圖 10.5 中各物體的轉動慣量和常數 c；各物體的質量均為 M

物體	I	c
a) 實心的圓柱體或圓盤	$\frac{1}{2}MR^2$	$\frac{1}{2}$
b) 厚的中空圓筒或圓輪	$\frac{1}{2}M(R_1^2 + R_2^2)$	
c) 薄的中空圓筒或圓箍	MR^2	1
d) 實心球體	$\frac{2}{5}MR^2$	$\frac{2}{5}$
e) 薄的球殼	$\frac{2}{3}MR^2$	$\frac{2}{3}$
f) 細桿	$\frac{1}{12}ML^2$	
g) 垂直於對稱軸的實心圓柱體	$\frac{1}{4}MR^2 + \frac{1}{12}Mh^2$	
h) 扁平矩形板	$\frac{1}{12}M(a^2 + b^2)$	
i) 扁平方形板	$\frac{1}{6}Ma^2$	

普通物理

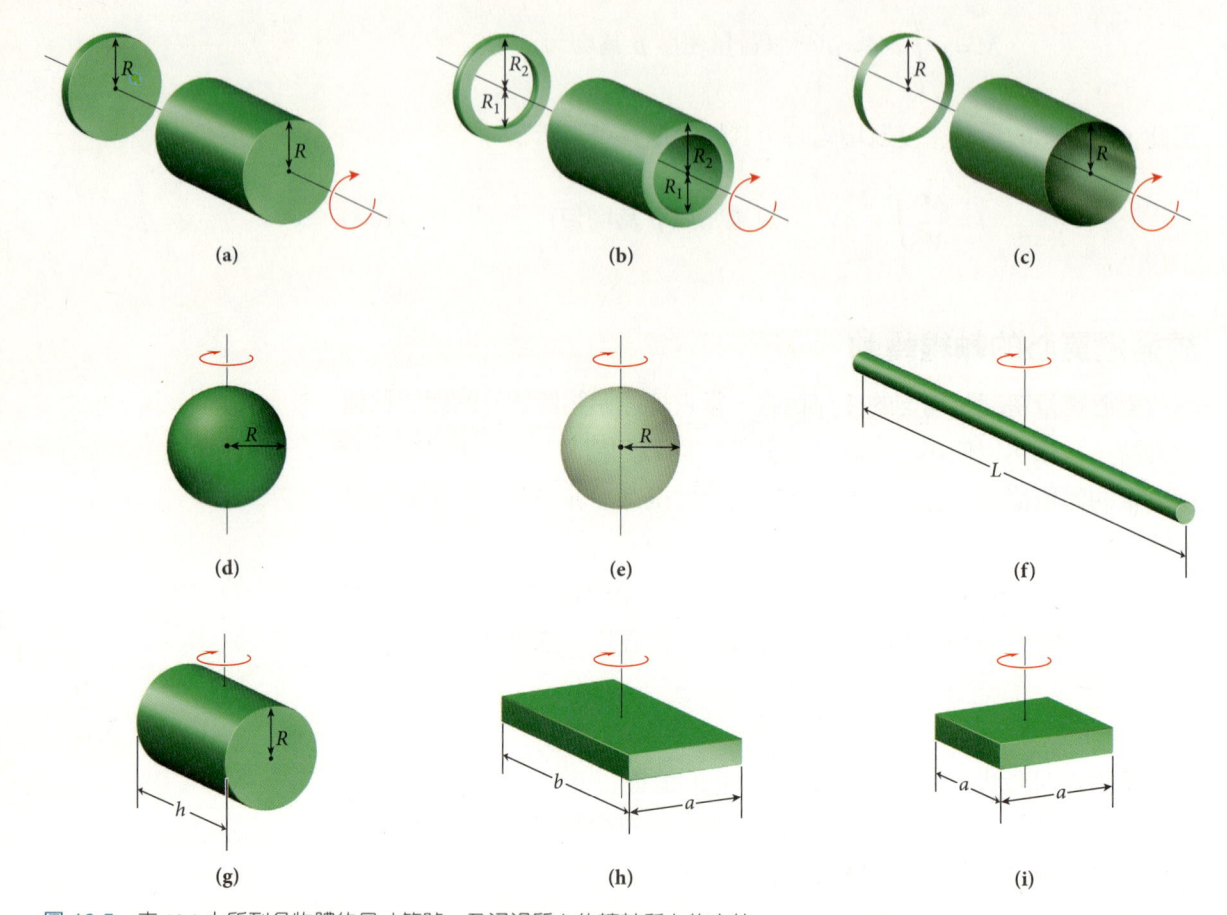

圖 10.5 表 10.1 中所列各物體的尺寸符號，及通過質心的轉軸所在的方位。

例題 10.1　地球的轉動動能

假設地球為密度均勻的實心球，質量為 $5.98 \cdot 10^{24}$ kg，半徑為 $6.37 \cdot 10^6$ m。

問題：地球繞其轉軸的轉動慣量與轉動動能各為何？

解：

因地球被近似為密度均勻的球體，故其轉動慣量為

$$I = \tfrac{2}{5}MR^2$$

將質量和半徑的值代入，我們得到

$$I = \tfrac{2}{5}MR^2 = \tfrac{2}{5}(5.98 \cdot 10^{24} \text{ kg})(6.37 \cdot 10^6 \text{ m})^2 = 9.71 \cdot 10^{37} \text{ kg m}^2$$

地球自轉的角頻率為

$$\omega = \frac{2\pi}{1 \text{ d}} = \frac{2\pi}{86{,}164 \text{ s}} = 7.29 \cdot 10^{-5} \text{ rad/s}$$

(注意：這裡我們使用的是恆星日。)

算出了轉動慣量和角頻率，我們可求得地球自轉的動能：

$$K = \tfrac{1}{2}I\omega^2 = 0.5(9.71 \cdot 10^{37} \text{ kg m}^2)(7.29 \cdot 10^{-5} \text{ rad/s})^2 = 2.58 \cdot 10^{29} \text{ J}$$

讓我們將此動能與地球沿軌道繞太陽運動的動能做一比較。地球的軌道速率為 $v = 2.97 \cdot 10^4$ m/s。因此，地球繞太陽運動的動能為

$$K = \tfrac{1}{2}mv^2 = 0.5(5.98 \cdot 10^{24} \text{ kg})(2.97 \cdot 10^4 \text{ m/s})^2 = 2.64 \cdot 10^{33} \text{ J}$$

這比轉動的動能大了 10,000 倍以上。

平行軸定理

我們已經求出物體繞通過其質心的轉軸做轉動時的轉動慣量，但繞不通過其質心的轉軸做轉動時，物體的轉動慣量為何？**平行軸定理**回答了這個問題。依此定理，對於質量為 M 的物體，若它繞著通過質心的軸線做轉動時的轉動慣量為 I_{cm}，則它繞著距離質心為 d 的平行軸線做轉動時的轉動慣量 $I_\parallel$ 可由下式給出：

$$I_\parallel = I_{cm} + Md^2 \tag{10.10}$$

推導 10.1　平行軸定理

考慮圖 10.6 所示的物體。假設我們已計算出此物體繞通過其質心的轉軸做轉動時的轉動慣量。將質心選為 xyz 座標系的原點，並使 z 軸沿著轉軸，則平行於轉軸的任何軸，都可用圖中向量 $\vec{d}$ 所示的位移來描述。位移向量 $\vec{d}$ 位於 xy 平面，其分量為 d_x 和 d_y。

如果我們將座標系在 xy 平面上平移，使得新的垂直軸，即 z' 軸，與新的轉軸重合，則從座標 xyz 到新座標 $x'y'z'$ 的變換由下式給出：

$$x' = x - d_x, \; y' = y - d_y, \; z' = z$$

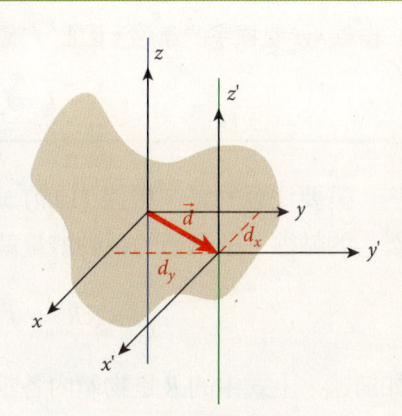

圖 10.6　平行軸定理涉及的座標和距離。

要使用新座標系以計算物體繞新轉軸的轉動慣量，我們可逕用 (10.6) 式，因為它是最具一般性的公式，即使質量密度並非均勻的情況，也是

普通物理

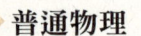

適用的：

$$I_\| = \int_V (r_\perp')^2 \rho\, dV \qquad \text{(i)}$$

根據座標的變換公式可得

$$\begin{aligned}(r_\perp')^2 &= (x')^2 + (y')^2 = (x - d_x)^2 + (y - d_y)^2 \\ &= x^2 - 2xd_x + d_x^2 + y^2 - 2yd_y + d_y^2 \\ &= (x^2 + y^2) + (d_x^2 + d_y^2) - 2xd_x - 2yd_y \\ &= r_\perp^2 + d^2 - 2xd_x - 2yd_y\end{aligned}$$

(記住，透過我們選擇的座標系，$\vec{r}_\perp'$ 會在 xy 平面。) 現在將此 $(r_\perp')^2$ 的表達式代入 (i) 式，可得

$$\begin{aligned}I_\| &= \int_V (r_\perp')^2\, \rho\, dV \\ &= \int_V r_\perp^2 \rho\, dV + d^2 \int_V \rho\, dV - 2d_x \int_V x\rho\, dV - 2d_y \int_V y\rho\, dV \qquad \text{(ii)}\end{aligned}$$

(ii) 式的第一個積分就是繞通過質心軸線的轉動慣量，這是我們已知的。與 (10.7) 式比較，第二個積分就是質量 M。第三和第四個積分在第 8 章中已介紹過，在除以質量後，它們給出質心位置的 x 和 y 座標，但在我們選擇的座標系之下，它們等於零，因為我們刻意把質心的位置選作為 xyz 座標系的原點。因此，我們得到了平行軸定理：

$$I_\| = I_{cm} + d^2 M$$

需要注意的是，根據 (10.9) 式和 (10.10) 式，只要轉軸平行於通過質心的軸線，則物體的轉動慣量就可以寫成

$$I = (cR^2 + d^2)M \quad (0 < c \leq 1)$$

如前述，上式中的 R 是物體內各點到通過質心之轉軸的最大垂直距離，而 d 則是任意之轉軸與通過質心的平行軸之間的距離。

自我測試 10.1

證明質量 m、長度 L 的細桿繞位於其一端的垂直軸做轉動時的轉動慣量為 $I = \frac{1}{3}mL^2$。

10.3 無滑動的滾動

滾動是轉動運動的特例，它是指物體在表面上行進時，物體上的接觸點相對於表面的速度為零。為簡單起見，我們只考慮圓球形與圓柱形物體，其質心位於圓心且是在平面上滾動的情況。故物體不打滑時，質

心移動的線距離，等於圓周上相應圓弧的長度，就如表 9.1 所示。只要看出這一點，我們就可以將滾動運動中各種線和角的變量做一關聯。因此，質心沿直線前進的位移 s，與轉動角度 (轉軸沿視線向前的方向) 之間的關係為

$$s = R\theta$$

取上式各量對時間的導數，並牢記半徑 R 保持恆定，可得線速度和角速度，以及線加速度和角加速度之間的關係：

$$v = R\omega$$

和

$$a = R\alpha$$

物體做滾動運動時的總動能 K，是平移動能 K_{trans} (質心的線運動) 與轉動動能 K_{rot} (繞質心的轉動) 的總和：

$$K = K_{trans} + K_{rot} = \tfrac{1}{2}mv^2 + \tfrac{1}{2}I\omega^2 \tag{10.11}$$

我們可以使用 $v = R\omega$ 和 (10.11) 式以取代 ω 和 I：

$$\begin{aligned}
K &= \tfrac{1}{2}mv^2 + \tfrac{1}{2}I\omega^2 \\
&= \tfrac{1}{2}mv^2 + \tfrac{1}{2}(cR^2 m)\left(\frac{v}{R}\right)^2 \\
&= \tfrac{1}{2}mv^2 + \tfrac{1}{2}mv^2 c \Rightarrow \\
K &= (1+c)\tfrac{1}{2}mv^2
\end{aligned} \tag{10.12}$$

其中 $0 < c \le 1$ 是在 (10.9) 式引入的常數。在質量和線速率是相同的條件下，(10.12) 式顯示滾動物體的動能恆比滑動物體的為大。

(10.12) 式的動能表達式包括了轉動對動能的貢獻，有了這個公式，我們接著將應用在第 6 章中用過的總力學能 (動能和位能之和) 守恆的概念。

眾所周知，伽利略曾指出，自由下落物體的加速度與其質量無關。這也適用於物體沿斜面滾下的情況。然而，雖然滾動物體的總質量是無關緊要的，但其內部的質量分布卻具有重要性。數學上，這是因為 (10.9) 式中的常數 c 是依質量的幾何分布計算得出的，而這個常數最後出現在以下例題中 (10.13) 式的分母。接下來的例題清楚的指明滾動物體的質量分布是有重要性的。

>>> 觀念檢測 10.2

考慮實心球體、實心圓柱體和空心薄圓筒，三者具有相同的質量和半徑，並以相同的速率滾動。下列哪一項的陳述是正確的？
a) 實心球體的動能最大
b) 實心圓柱體的動能最大
c) 空心圓筒的動能最大
d) 三個物體的動能相同

普通物理

例題 10.2　滾下斜面的快慢

問題：在斜面頂部，由同一高度將具有相同質量 m 和相同外半徑 R 的實心球體、實心圓柱體和中空圓筒 (或圓管) 從靜止釋放，使它們開始做無滑動的滾動。它們到達斜面底部的先後次序為何？

解：

只需從能量來考慮，就可回答這個問題。這三個物體在滾動過程中，每一個的總力學能都守恆，所以對每個物體都可以寫出

$$E = K + U = K_0 + U_0$$

物體是從靜止釋放，所以 $K_0 = 0$。對於位能，我們再次使用 $U = mgh$，而對於動能，則使用 (10.12) 式，因此有

$$K_\text{底} = U_\text{頂} \Rightarrow (1+c)\tfrac{1}{2}mv^2 = mgh \Rightarrow$$

$$v = \sqrt{\frac{2gh}{1+c}} \tag{10.13}$$

這個結果頗具一般性，可以應用到重力位能轉換成滾動物體之平移和轉動動能的各種情況。

從上式可以看出，物體的質量和半徑都已經在計算過程中抵消。但是，我們可以再做一項重要的觀察，即由質量分布決定的常數 c，最後出現在分母中。我們已經知道這三個滾動物體的 c 值：$c_\text{圓球} = \tfrac{2}{5}$、$c_\text{圓柱} = \tfrac{1}{2}$ 和 $c_\text{圓筒} \approx 1$。球體的常數 c 是最小的，因此對於任何給定的高度 h，球體的速度將是最大的，這意味著它將是第一個到達斜面底部 (或高度下降 h)。從物理角度來看，三個物體具有相同的質量，因此具有相同的位能變化，以致三者最終的總動能都是相等的。因此，c 值較高的物體將有較高比例的動能用於轉動，因此具有較低的平移動能和較低的線速度。實心圓柱體將是第二個到達斜面底部，隨後才是圓管 (或圓筒)。圖 10.7 顯示了實驗的紀錄影片，可驗證我們的結論。

圖 10.7　質量和半徑都相同的實心球、實心圓柱和圓管，由斜面頂部滾下。相鄰兩畫面的時差均為 0.5 秒。

>>> **觀念檢測 10.3**

假設我們重複例題 10.2 的比賽，但也讓未開封的汽水罐參加。它將會是第幾個到達斜面底部？

a) 第一
b) 第二
c) 第三
d) 第四

自我測試 10.2

你能解釋為何汽水罐在觀念檢測 10.3 中會以你所選出的次序到達斜面底部嗎？

10.4　力矩

由過去與力有關的討論，可看出力會使物體做線運動，這個運動可用物體的質心運動來描述。但我們還沒有探討一個一般性的問題：在自由體力圖中，作用於延展體的力向量到底要放在何處？一個力可以在離開質心的點上對延展體作用，這可能會使物體除了做線運動之外，還做轉動。

力臂

考慮手持一支扳手試圖將螺栓鬆開，如圖 10.8。顯然的，如圖 10.8c 最容易轉動螺栓，如圖 10.8b 就困難多了，而如圖 10.8a 就根本不可能。這個例子顯示，考慮轉動時，力的量值並不是唯一有重要性的量。當力與轉軸垂直時，力的作用線到轉軸的垂直 (或最短) 距離，稱為**力臂**，它取決於施力點的位置向量 $\vec{r}$ (以轉軸為原點) 及此位置向量和力向量的夾角 θ。對轉動而言，力臂也是重要的。在圖 10.8 的 b 和 c 兩圖中，θ 都為 90°。(角度若為 270°，力臂還是一樣，但施力的方向與轉動效果就相反。) 當然，若角度為 180° 或 0° (圖 10.8a)，則力臂為零，將無法轉動螺栓。

力矩 $\vec{\tau}$ 是將以上的考慮量化的概念，它是位置向量 $\vec{r}$ 和力 $\vec{F}$ 的向量積：

$$\vec{\tau} = \vec{r} \times \vec{F} \tag{10.14}$$

位置向量 $\vec{r}$ 的原點在轉軸上，符號 × 表示**向量積** (或**叉積**)。第 1 章介紹了向量積，可供複習與參考。

力矩的 SI 單位是 N m，不要將它與能量的單位焦耳 (J = N m) 混淆：

$$[\tau] = [F] \cdot [r] = \text{N m}$$

使用英制單位時，力矩通常以 ft·lb (呎·磅) 為單位。

力矩的量值 τ 等於 r、F 與 $\sin \theta$ 的乘積，其中 r 是位置向量的量值，F 是力的量值，而 θ 是位置向量和力向量的夾角 ($0 \leq \theta \leq 180°$)(見圖 10.9)，$r \sin \theta$ 即是力臂：

$$\tau = rF \sin \theta \tag{10.15}$$

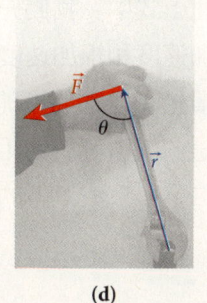

圖 10.8 (a)-(c) 是使用扳手鬆開螺栓的三種方式。(d) 力向量 $\vec{F}$、位置向量 $\vec{r}$ 及兩向量的夾角 θ。當 $\theta = 90°$ 時，力臂等於向量 $\vec{r}$ 的長度 r。

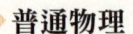

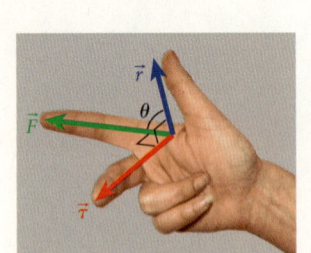

圖 10.9 對於給定的力和位置向量，以右手規則決定力矩的方向。

>>> 觀念檢測 10.4
選擇下列位置向量 $\vec{r}$ 和力向量 $\vec{F}$ 的組合，使繞黑點所示之點的力矩具有最大的量值。

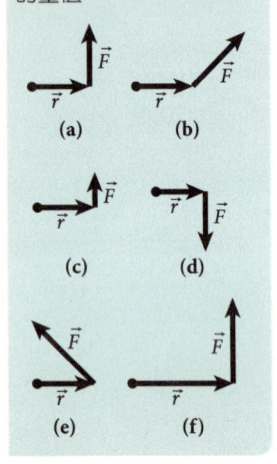

(a) (b)
(c) (d)
(e) (f)

力矩的量值由 (10.15) 式給出，而方向則由右手規則 (圖 10.9) 給出。注意：所有的向量積都適用右手規則！力矩所指的方向垂直於力和位置向量所在的平面。因此，如果位置向量沿著拇指的方向，而力向量沿著食指的方向，則中指所指的方向就是力矩向量的方向，如圖 10.9。注意力矩向量恆垂直於力向量和位置向量。

透過力矩的數學定義，包括 (10.14) 式與 (10.15) 式，我們就可理解為什麼對於給定量值的力，圖 10.8c 的施力方式所給的力矩最大，而圖 10.8a 的力矩則為零。我們可看出，將螺栓轉鬆或轉緊的難易程度，力矩的量值是決定性的因素。

繞任一固定轉軸的力矩，可以是順時鐘或逆時鐘方向。如圖 10.8d 的力向量所示，手拉動扳手產生的力矩將為逆時鐘方向。**淨力矩** τ_{net} 依其定義指的是逆時鐘方向 (ccw) 的總力矩減去順時鐘方向 (cw) 的總力矩：

$$\tau_{net} = \sum_i \tau_{ccw,i} - \sum_j \tau_{cw,i}$$

10.5 轉動運動的牛頓第二定律

在 10.1 節中曾提到，在轉動運動中，轉動慣量 I 是相當於質量的量。由第 4 章我們知道，依據牛頓第二定律 $F_{net} = ma$，即質量和線加速度的乘積等於作用於物體上的淨力。在轉動運動中，相當於上述牛頓第二定律的是什麼？

我們先考慮一個質量為 M 的質點，在與轉軸距離為 R 的圓形路線上運動。如果我們將此質點繞此轉軸的轉動慣量，乘以角加速度，我們會得到

$$I\alpha = (R^2M)\alpha = RM(R\alpha) = RMa = RF_{net}$$

在上式中，我們先使用 (10.9) 式並令常數 $c = 1$，接著利用圓周運動中角加速度和線加速度之間的關係，最後再利用牛頓第二定律。所以，轉動慣量和角加速度的乘積正比於距離和力的乘積，而依據 10.4 節，後面這個乘積等於力矩 τ。因此，對於質點的轉動運動，我們可以把牛頓第二定律寫成以下的形式：

$$\tau = I\alpha \tag{10.16}$$

結合 (10.14) 式和 (10.16) 式,我們得到

$$\vec{\tau} = \vec{r} \times \vec{F}_{\text{net}} = I\vec{\alpha} \tag{10.17}$$

這個轉動運動的方程式,類似於線運動的牛頓第二定律 $\vec{F} = m\vec{a}$。圖 10.10 示出了一個質點繞著轉軸做運動時的力、位置、力矩和角加速度之間的關係。注意,嚴格的說,(10.17) 式只有對在圓軌道上運動的質點才成立。此關係式以延展體的轉動慣量代入,一般也能成立,這似乎是合理的。本章稍後將回到這個關係式。

牛頓第一定律指出,當淨力為零時,物體沒有加速度,所以速度維持不變。在轉動運動中,相當於牛頓第一定律的結論是當淨力矩為零時,物體沒有角加速度,所以角速度維持不變。舉一個特例,這代表物體若要保持靜止,則作用於它們的淨力矩必須為零。我們在第 11 章探討靜力平衡時,將回到這點。

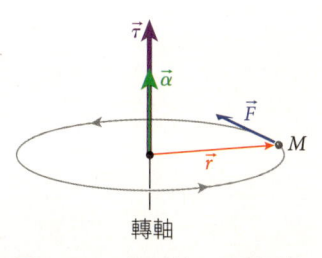

圖 10.10 施加於一個質點的力所產生的力矩。

阿特伍德機

第 4 章介紹的阿特伍德機,以一條跨過滑輪的繩子,連接質量為 m_1 和 m_2 的兩個物體。在第 4 章的分析中有個條件,亦即繩子在滑輪上做無摩擦的滑動,因此滑輪並不轉動 (也可說滑輪沒有質量)。學了轉動的動力學概念後,我們再一次看看阿特伍德機,並考慮繩子和滑輪之間有摩擦,以致繩子在無滑動下使滑輪轉動的情況。

在第 4 章中,在細繩的各位置上,張力的量值 T 都是相同。但現在當細繩保持附著於滑輪上時,會涉及摩擦力,我們不能假設張力為定值,而需將細繩分成為張力不同的兩段。因此,在兩物體的自由體力圖 (如圖 10.11b) 中,繩子有不同的張力 T_1 和 T_2。對每個自由體力圖分別應用牛頓第二定律,可得

$$-T_1 + m_1 g = m_1 a \tag{10.18}$$

$$T_2 - m_2 g = m_2 a \tag{10.19}$$

這裡我們再次採用一種符號 (可隨意選定的) 約定,即正加速度 ($a > 0$) 代表 m_1 向下移動而 m_2 則向上移動。在自由體力圖中,以 y 軸的正方向顯示此一約定。

圖 10.11b 還示出滑輪的自由體力圖,但它僅包括能產生力矩的力:兩個細繩張力 T_1 和 T_2,而沒有示出施加於滑輪的向下重力和來自

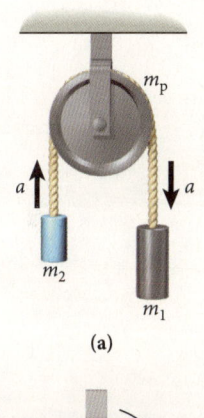

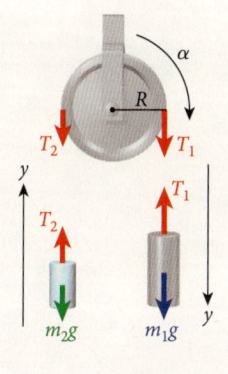

圖 10.11 阿特伍德機:(a) 實物裝置圖;(b) 自由體力圖。

247

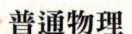

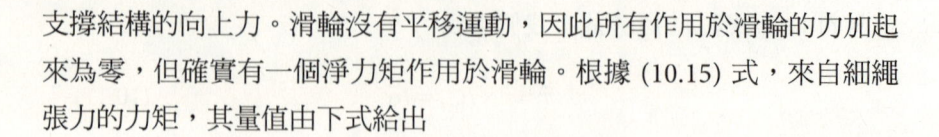

支撐結構的向上力。滑輪沒有平移運動，因此所有作用於滑輪的力加起來為零，但確實有一個淨力矩作用於滑輪。根據 (10.15) 式，來自細繩張力的力矩，其量值由下式給出

$$\tau = \tau_1 - \tau_2 = RT_1 \sin 90° - RT_2 \sin 90° = R(T_1 - T_2) \tag{10.20}$$

在上式中，兩個力矩的符號相反，這是因為力矩作用的方向一個是逆時鐘，而另一個則是順時鐘。根據 (10.16) 式，淨力矩與滑輪的轉動慣量和角加速度的關係為 $\tau = I\alpha$。滑輪 (質量 m_p) 有如圓盤，故其轉動慣量 $I = \frac{1}{2}m_p R^2$。由於繩子在滑輪上移動時沒有滑動，繩子 (與質量 m_1 和 m_2) 的加速度與角加速度的關係為 $\alpha = a/R$，這就如同第 9 章中質點做圓周運動時得到的結果。插入轉動慣量和角加速度的表達式，可得 $\tau = I\alpha = (\frac{1}{2}m_p R^2)(a/R)$，再將此力矩表達式代入 (10.20) 式中，我們發現

$$R(T_1 - T_2) = \tau = \left(\frac{1}{2}m_p R^2\right)\left(\frac{a}{R}\right) \Rightarrow$$

$$T_1 - T_2 = \frac{1}{2}m_p a \tag{10.21}$$

(10.18)、(10.19) 和 (10.21) 三式為一組聯立方程式，含有三個未知量：繩上的張力 T_1 和 T_2，和加速度 a。要從中求解加速度的最簡單方法是將三式相加，如此我們將得到

$$m_1 g - m_2 g = (m_1 + m_2 + \tfrac{1}{2}m_p)a \Rightarrow$$

$$a = \frac{m_1 - m_2}{m_1 + m_2 + \frac{1}{2}m_p} g \tag{10.22}$$

注意：滑輪無質量 (或繩索在滑輪上滑動時無摩擦) 的情況，就相當於在 (10.22) 式的分母中沒有附加項 $\frac{1}{2}m_p$。此項代表滑輪對系統整體轉動慣量的貢獻，係數 $\frac{1}{2}$ 是因為滑輪的形狀如同圓盤，而依據圓盤的轉動慣量、質量和半徑之間的關係，在 (10.9) 式中的常數 $c = \frac{1}{2}$。

因此，對於在離開質心一定距離之處施一力於延展體，將會發生什麼情況的問題，我們可以回答：此力會產生力矩及線運動。此一力矩可導致轉動，但最初各章在考慮力對物體運動的影響時，都將轉動排除，因為我們假設所有的力都作用於物體的質心上。

10.6 力矩所做的功

在第 5 章中，我們看到力 $\vec{F}$ 所做的功 W 是由以下的積分給出：

$$W = \int_{x_0}^{x} F_x(x')dx'$$

現在，我們可以考慮力矩 $\vec{\tau}$ 所做的功。

力矩是相當於力的角變量，角位移 $d\vec{\theta}$ 是相當於線位移 $d\vec{r}$ 的角變量。因為力矩和角位移都是沿著轉軸方向的軸向量，它們的純量積可寫為 $\vec{\tau} \cdot d\vec{\theta} = \tau d\theta$。故力矩所做的功為

$$W = \int_{\theta_0}^{\theta} \tau(\theta')d\theta' \tag{10.23}$$

當力矩為恆定不隨 θ 而變時，(10.25) 式的積分可即求出：

$$W = \tau(\theta - \theta_0) \tag{10.24}$$

第 5 章還介紹了功–動能定理的第一種表達式：$\Delta K \equiv K - K_0 = W$。在轉動運動中，利用 (10.3) 式，可得以下相當於功–動能定理的關係式：

$$\Delta K \equiv K - K_0 = \tfrac{1}{2}I\omega^2 - \tfrac{1}{2}I\omega_0^2 = W \tag{10.25}$$

對於恆定力矩的情況，我們可使用 (10.24) 式，以得到恆定力矩的功–動能定理：

$$\tfrac{1}{2}I\omega^2 - \tfrac{1}{2}I\omega_0^2 = \tau(\theta - \theta_0) \tag{10.26}$$

例題 10.3　轉緊螺栓

問題：要將如圖 10.12 所示的螺栓完全轉緊，所需的總功為何？轉動的圈數總共為 30.5，螺栓的直徑為 0.860 cm，螺帽和螺栓之間的摩擦力固定為 14.5 N。

解：

由於摩擦力和螺栓的直徑為定值，我們可以直接計算轉動螺帽所需的力矩：

$$\tau = Fr = \tfrac{1}{2}Fd = \tfrac{1}{2}(14.5 \text{ N})(0.860 \text{ cm}) = 0.0623 \text{ N m}$$

為了計算完全轉緊螺栓所需的總功，我們需要知道總角度。每轉一圈相當於 2π rad，因此，在本題的情況下，總角度為 $\Delta\theta = 30.5(2\pi) = 191.6$ rad。

圖 10.12　轉緊螺栓。

普通物理

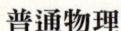

再使用 (10.24) 式，即可得需要的總功：

$$W = \tau \Delta \theta = (0.0623 \text{ N m})(191.6) = 11.9 \text{ J}$$

由上可以看出，力矩為恆定時，要計算所做的功並不是非常困難。然而，在物理學中的許多情況下，力矩不能被當作為恆定。下面的例子說明了這種情況。

例題 10.4　轉入螺釘

一根螺釘和木材之間的摩擦力，正比於螺釘和木材之間的接觸面積。由於螺釘具有固定的直徑，這表示用來轉動螺釘的力矩，會隨著螺釘進入木材的深度，做線性增加。

問題：假設需要轉動 27.3 圈，才能將螺釘完全轉入一木塊 (圖 10.13)。轉動螺絲所需的力矩，從開始時為零，線性增加到最終為 12.4 N m 的最大值。要使螺釘完全轉入木塊，所需的總功為何？

解：

在本題的情況下，力矩顯然是角度的函數，不是定值。因此，必須用 (10.23) 式的積分來求出功。我們首先計算螺釘轉過的總角度：$\theta_{total} = 27.3(2\pi \text{ rad}) = 171.5 \text{ rad}$。接著需要找到以 θ 表達的力矩函數 $\tau(\theta)$。因為力矩從零到最大值 $\tau_{max} = 12.4 \text{ N m}$ 是隨著 θ 以線性函數增加，所以

$$\tau(\theta) = \theta \frac{\tau_{max}}{\theta_{total}}$$

有了上式，我們可以進行積分：

$$W = \int_0^{\theta_{max}} \tau(\theta') d\theta' = \int_0^{\theta_{max}} \theta' \frac{\tau_{max}}{\theta_{total}} d\theta' = \frac{\tau_{max}}{\theta_{total}} \int_0^{\theta_{max}} \theta' d\theta' = \frac{\tau_{max}}{\theta_{total}} \frac{1}{2} \theta'^2 \Big|_0^{\theta_{max}} = \frac{1}{2} \tau_{max} \theta_{total}$$

代入數值可得

$$W = \frac{1}{2} \tau_{max} \theta_{total} = \frac{1}{2}(12.4 \text{ N m})(171.5 \text{ rad}) = 1.06 \text{ kJ}$$

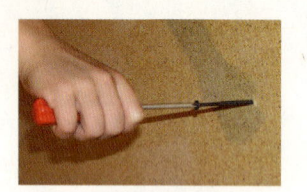

圖 10.13　將螺釘轉入木塊。

> **觀念檢測 10.5**
>
> 要減小轉動螺釘所需的力矩，可以事先將肥皂擦在螺紋上。假設肥皂使螺釘和木塊之間的摩擦係數小 2 倍，以致所需力矩隨著小 2 倍，則將螺釘轉入木塊所需的總功減小多少？
> a) 總功沒有改變
> b) 總功小了 2 倍
> c) 總功小了 4 倍

> **觀念檢測 10.6**
>
> 如果你累了，只將螺釘轉入一半，則與完全轉入的功比較，你所做的總功會如何？
> a) 總功沒有改變
> b) 總功小了 2 倍
> c) 總功小了 4 倍

10.7　角動量

雖然我們已討論過多個隸屬於線運動的量，及它們在轉動運動中的對等量，例如質量 (轉動慣量)、速度 (角速度)、加速度 (角加速度) 和力 (力矩)，我們還沒有提到線動量在轉動運動中的對等量。因為線動量是一個物體的速度和質量的乘積，依照上述對等關係類推，角動量應該是

轉動 10

角速度和轉動慣量的乘積。在本節中,我們將發現,剛體轉動時,這種關係確實是正確的。然而,要做成這樣的結論,我們需要由單一質點的角動量定義開始,然後再逐步向前推展。

單一質點

一個質點的**角動量** $\vec{L}$ 是它的位置向量和動量向量的向量積:

$$\vec{L} = \vec{r} \times \vec{p} \tag{10.27}$$

由於角動量的定義為 $\vec{L} = \vec{r} \times \vec{p}$,而力矩的定義為 $\vec{\tau} = \vec{r} \times \vec{F}$,所以對於角動量,我們也可做類似於 10.4 節中關於力矩的那些陳述。例如,角動量的量值由下式給出:

$$L = rp \sin\theta \tag{10.28}$$

其中 θ 是位置和動量兩個向量之間的角度。而如同力矩向量的方向一樣,角動量向量的方向也是由右手規則給出。讓右手的拇指沿著質點的位置向量 $\vec{r}$ 伸直,食指沿著動量向量 $\vec{p}$ 伸直,則中指將指示角動量向量 $\vec{L}$ 的方向 (圖 10.14)。舉例來說,一個質點在 xy 平面運動時,它的角動量向量如圖 10.15 所示。

對 (10.27) 式的角動量定義,我們可以求其時間導數:

$$\frac{d}{dt}\vec{L} = \frac{d}{dt}(\vec{r} \times \vec{p}) = \left(\frac{d}{dt}\vec{r}\right) \times \vec{p} + \vec{r} \times \left(\frac{d}{dt}\vec{p}\right) = \vec{v} \times \vec{p} + \vec{r} \times \vec{F}$$

在上式中求向量積的導數時,我們運用了微積分的乘積規則。$\vec{v} \times \vec{p}$ 始終為零,因為 $\vec{v} \parallel \vec{p}$。此外,從 (10.14) 式我們知道 $\vec{r} \times \vec{F} = \vec{\tau}$。因此,我們得到角動量向量的時間導數:

$$\frac{d}{dt}\vec{L} = \vec{\tau} \tag{10.29}$$

對一個質點而言,角動量向量的時間導數等於作用於該質點的力矩向量。這個結果再次類似於線運動時的情況,即線動量向量的時間導數等於力向量。

向量積讓我們可以重溫第 9 章所介紹有關線速度向量、位置向量和角速度向量之間的關係 (再次,我們只考慮圖 10.15 所示的特殊情況,其中位置和動量的向量都位於一個二維平面)。對於圓周運動,這些向

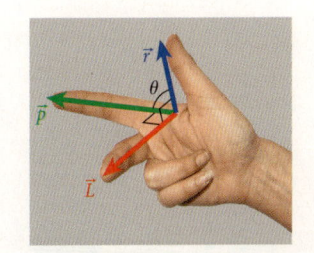

圖 10.14 以右手規則決定角動量向量的方向:使拇指沿位置向量,食指沿動量向量,則角動量向量沿著中指。

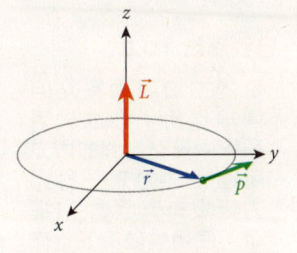

圖 10.15 質點的角動量。

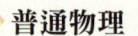

量的量值有 $\omega = v/r$ 的關係，而 $\vec{\omega}$ 的方向可定義為是由右手規則給出。使用向量積的定義，我們可將 $\vec{\omega}$ 寫作為

$$\vec{\omega} = \frac{\vec{r} \times \vec{v}}{r^2} \quad (10.30)$$

比較 (10.27) 式和 (10.30) 式，顯示出質點的角動量和角速度向量是平行的，即

$$\vec{L} = \vec{\omega} \cdot (mr^2)$$

上式中的 mr^2 是一個質點在距離轉軸為 r 的軌道上做運動時的轉動慣量。

多質點系統

角動量的概念可立即推廣到 n 個質點的系統。多質點系統的總角動量就是所有質點各自具有之角動量的總和：

$$\vec{L} = \sum_{i=1}^{n} \vec{L}_i = \sum_{i=1}^{n} \vec{r}_i \times \vec{p}_i = \sum_{i=1}^{n} m_i \vec{r}_i \times \vec{v}_i \quad (10.31)$$

再次，我們取角動量總和的時間導數，以便獲得此系統的力矩和總角動量之間的關係：

$$\frac{d}{dt}\vec{L} = \frac{d}{dt}\left(\sum_{i=1}^{n} \vec{L}_i\right) = \frac{d}{dt}\left(\sum_{i=1}^{n} \vec{r}_i \times \vec{p}_i\right) = \sum_{i=1}^{n} \frac{d}{dt}(\vec{r}_i \times \vec{p}_i)$$

$$= \sum_{i=1}^{n} \left[\left(\frac{d}{dt}\vec{r}_i\right) \times \vec{p}_i + \vec{r}_i \times \left(\frac{d}{dt}\vec{p}_i\right)\right] = \sum_{i=1}^{n} \vec{r}_i \times \vec{F}_i = \sum_{i=1}^{n} \vec{\tau}_i = \vec{\tau}_{\text{net}} \quad (10.32)$$

自我測試 10.3
若內力沿著兩質點的連線作用，你能證明系統中質點之間的內力所產生的力矩，對淨力矩沒有貢獻嗎？(提示：使用牛頓第三定律 $\vec{F}_{i \to j} = -\vec{F}_{j \to i}$。)

在上式中我們利用了單一質點情況下獲得的結果：$d\vec{r}_i/dt = \vec{v}_i \| \vec{p}_i \Rightarrow d\vec{r}_i/dt \times \vec{p}_i = 0$ 及 $d\vec{p}_i/dt = \vec{F}_i$。正如預期，我們發現，多質點系統的總角動量對時間的導數，等於作用於此系統上的淨力矩。若內力都沿著兩質點的連線作用，則內力的淨力矩為零 (見自我測試 10.3)。在自然界中，孤立系統的角動量不會改變 (相當於平移運動的牛頓第一定律)，即內力矩的總和恆為零，可知淨力矩 $\vec{\tau}_{\text{net}}$ 是所有外力產生的力矩之總和。

剛體

剛體轉動時，其各部分的角速度 $\vec{\omega}$ 都相同，故角動量正比於角速度，而比例常數即其繞轉軸的轉動慣量：

10 轉動

$$\vec{L} = I\vec{\omega} \qquad (10.33)$$

推導 10.2　剛體的角動量

以多質點系統代表剛體，我們就可根據前一小節的結果，繼續往前推展。要以多質點系統來代表剛體，系統中所有質點兩兩之間的距離必須保持固定 (具有剛性)，因此所有質點會以相同的角速度 $\vec{\omega}$ 繞著共同的轉軸做轉動。

從 (10.31) 式，我們得到

$$\vec{L} = \sum_{i=1}^{n} \vec{L}_i = \sum_{i=1}^{n} m_i \vec{r}_i \times \vec{v}_i = \sum_{i=1}^{n} m_i r_{i\perp}^2 \vec{\omega}$$

在最後的步驟中，我們使用了 (10.32) 式，並以 $r_{i\perp}$ 代表質點 i 的軌道半徑 (即到轉軸的垂直距離)。注意，剛體中的所有質點都具有相同的角速度向量。因此，我們可以將它移出總和成為公因子：

$$\vec{L} = \vec{\omega} \sum_{i=1}^{n} m_i r_{i\perp}^2$$

依 (10.4) 式，上式中的總和即為多質點系統的轉動慣量。因此，我們最後的結果為

$$\vec{L} = I\vec{\omega}$$

當剛體繞一固定方向的軸線轉動時，就像質點的轉動一樣，角動量向量與角速度向量的方向是相同的。圖 10.16 示出決定角動量向量方向 (沿著拇指的箭頭) 的右手定則，與轉動之指向 (手指繞圈的方向) 的相依關係。如果轉軸方向不是固定的，那會發生什麼？在這種情況下，角動量向量與角速度向量的方向不一定相同，而且數學變得相當複雜，已超出本書的範圍。

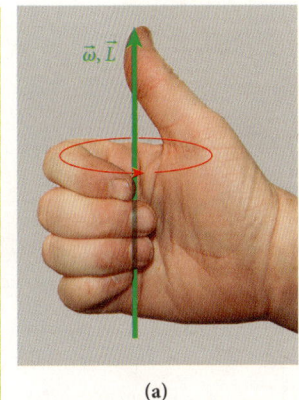

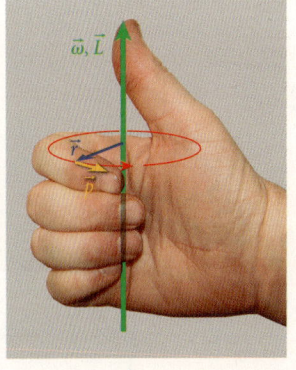

圖 10.16　(a) 決定角動量方向 (沿拇指) 的右手定則，與轉動指向 (沿手指繞圈) 的相依關係。(b) 質點做圓周運動的動量和位置向量。

例題 10.5　高爾夫球

問題：一顆質量 $m = 4.59 \cdot 10^{-2}$ kg、半徑 $R = 2.13 \cdot 10^{-2}$ m 的高爾夫球被強力打出後，以 4250 rpm (每分鐘轉數) 轉動，此高爾夫球之角動量的量值為何？

解：
首先，我們需求出高爾夫球的角速度，這可使用第 9 章中引進的概念：

$$\omega = 2\pi f = 2\pi(4250 \text{ min}^{-1}) = 2\pi(4250/60 \text{ s}^{-1}) = 445.1 \text{ rad/s}$$

高爾夫球的轉動慣量為

$$I = \tfrac{2}{5}mR^2 = 0.4(4.59 \cdot 10^{-2} \text{ kg})(2.13 \cdot 10^{-2} \text{ m})^2 = 8.33 \cdot 10^{-6} \text{ kg m}^{-2}$$

將以上兩個數值相乘，即可得高爾夫球之角動量的量值：

$$L = (8.33 \cdot 10^{-6} \text{ kg m}^2)(445.1 \text{ s}^{-1}) = 3.71 \cdot 10^{-3} \text{ kg m}^2 \text{ s}^{-1}$$

使用 (10.33) 式所給的剛體角動量公式，可以證明角動量對時間的變化率仍然等於力矩。取 (10.33) 式的時間導數，並假設剛體的轉動慣量不隨時間而變，我們得到

$$\frac{d}{dt}\vec{L} = \frac{d}{dt}(I\vec{\omega}) = I\frac{d}{dt}\vec{\omega} = I\vec{\alpha} = \vec{\tau}_{\text{net}} \tag{10.34}$$

注意：上式右邊為淨力矩，其符號加入下標「net」，以指出在多個力矩共同作用下，這個等式也成立。之前曾提及，(10.17) 式只對一個質點為真。然而，(10.34) 式清楚的表明，當轉軸方向固定時，(10.17) 式對轉動慣量為固定 (不隨時間而變) 的任何物體都成立。

角動量的時間導數等於力矩，就如同線動量的時間導數等於力。就轉動運動而言，(10.29) 與 (10.32) 式是牛頓第二定律的另一表示式，並且比 (10.17) 式與 (10.34) 式更具一般性，因為它也包括轉動慣量不是時間常數的情況。

角動量守恆

若一系統受到的淨力矩 (即總外力矩) 為零，則根據 (10.32) 式，其角動量的時間導數也為零。然而，若一個量的時間導數為零，則該量即為時間常數。因此，我們可以寫出**角動量守恆定律**：

$$\vec{\tau}_{\text{net}} = 0 \Rightarrow \vec{L} = \text{定值} \Rightarrow \vec{L}(t) = \vec{L}(t_0) \equiv \vec{L}_0 \tag{10.35}$$

這是在力學能 (第 6 章) 和線動量 (第 7 章) 之外，我們所見到的第三個重大的守恆定律。就像其他守恆定律，這一個也可用來解決要不然就很難處理的問題。如果系統含有多個物體，而淨外力矩為零，則角動量守恆變為

$$\sum_i \vec{L}_{i(\text{終})} = \sum_i \vec{L}_{i(\text{始})} \tag{10.36}$$

在剛體繞固定軸做轉動的特殊情況下，因為 $\vec{L} = I\vec{\omega}$，故得

$$I\vec{\omega} = I_0 \vec{\omega}_0 \quad (\vec{\tau}_{\text{net}} = 0) \tag{10.37}$$

或者

$$\frac{\omega}{\omega_0} = \frac{I_0}{I} \quad (\vec{\tau}_{\text{net}} = 0)$$

這個守恆定律是陀螺儀 (圖 10.17) 運作的基礎。陀螺儀是繞著對稱軸以高角速度旋轉的物體 (通常為圓盤)，它的轉軸在滾珠軸承上能夠幾乎無摩擦的轉動，且懸吊系統能夠在所有方向上自由轉動。因為運動如此自由，可以確保陀螺不會受到淨外力矩。無論承載它的物體怎麼運動，陀螺儀因為不受力矩，角動量可保持恆定，而指著同一方向。飛機和衛星都靠陀螺儀來導航。

(10.37) 式在許多運動項目中也很重要，尤其是體操、平台跳水 (圖 10.18) 和花式溜冰。在這三項運動裡，運動員調整自己的身體，使轉動慣量改變，以操縱身體轉動的頻率。圖 10.18 顯示一名跳水選手的轉動慣量隨時間的變化。開始跳下時，她將身體伸展開來，如圖 10.18a。然後，她把手和腳縮回靠緊，從而降低了轉動慣量，如圖 10.18b。然後在下落時完成幾個翻滾。進入水中之前，她伸出手和腳以增加轉動慣量，延緩身體的轉動，如圖 10.18c。她將手和腳縮回靠緊，可使身體的轉動慣量降低為 $I' = I/k$，其中 $k > 1$，而在角動量守恆下，角速度則以相同的倍數增加成為 $\omega' = k\omega$。因此，跳水選手可以控制轉動速率。將手和腳縮回靠緊，比起伸展開來，可以使轉動速率提高 2 倍以上。

下一個例題將轉動慣量、轉動動能、力矩和角動量的概念聯繫在一起，涉及的是當今前沿的一項工程應用。

例題 10.6　動能回收系統

在煞車減速的過程中，汽車的動能會減小，並因煞車片與煞車鼓之間的摩擦力作用而耗散掉。油電混合動力車將一部分的汽車動能儲存於大型電池中，成為可重複使用的電能。但有一種方法是利用飛輪來暫時存儲能量 (圖 10.19)，而不使用電池。率先推出的 Flybrid 式飛輪動能回收系統，現在被用於一級方程式 (F1) 賽車以及例如 Le Mans 的耐力賽中。

問題：一個用碳鋼製成的飛輪，質量為 5.00 kg，內半徑為 8.00 cm，外半徑為 14.2 cm。要儲存 400.0 kJ 的轉動能量，它的轉速 (以 rpm 為單位)

圖 10.17　玩具陀螺儀。

(a)

(b)

(c)

圖 10.18　韋金森 (Laura Wilkinson) 在 2000 年雪梨奧運會中出賽。(a) 她在平台起跳。(b) 她保持縮回靠緊姿勢。(c) 她在入水前伸展。

普通物理

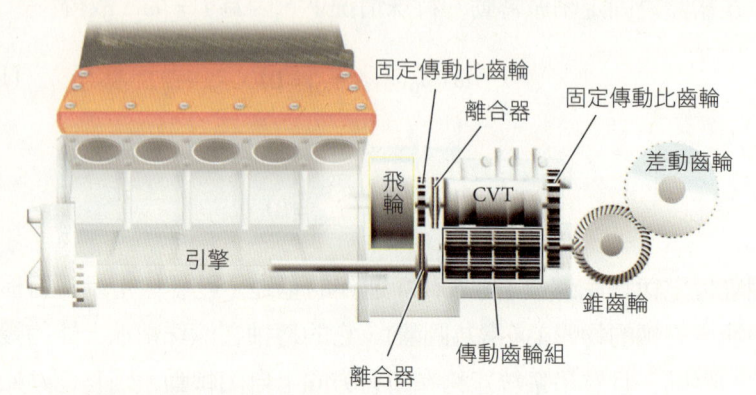

圖 10.19 飛輪與汽車傳動系統的整合圖。無段自動變速器 (CVT) 是用來將能量儲存於飛輪中,以及從飛輪中取出能量。

需為何?如果轉動能量可以在 6.67 s 內被儲存或取回,則在此時段,飛輪可以提供的平均功率和平均力矩各為何?

解:

飛輪的轉動慣量由表 10.1 的公式 b 給出:$I = \frac{1}{2}M(R_1^2 + R_2^2)$,而依據 (10.3) 式,其轉動動能為 $K = \frac{1}{2}I\omega^2$,故可由此解出它的角速率:

$$\omega = \sqrt{\frac{2K}{I}} = \sqrt{\frac{4K}{M(R_1^2 + R_2^2)}}$$

而得轉動頻率為

$$f = \frac{\omega}{2\pi} = \sqrt{\frac{K}{\pi^2 M(R_1^2 + R_2^2)}}$$

$$= \sqrt{\frac{400.0 \text{ kJ}}{\pi^2 (5.00 \text{ kg})[(0.0800 \text{ m})^2 + (0.142 \text{ m})^2]}}$$

$$= 552 \text{ s}^{-1} = 33{,}100 \text{ rpm}$$

由於平均功率等於動能的變化量除以時段長(見第 5 章),我們得到

$$P = \frac{\Delta K}{\Delta t} = \frac{400.0 \text{ kJ}}{6.67 \text{ s}} = 60.0 \text{ kW}$$

依據 (10.34) 式,以及平均角加速度是角速度的變化量 $\Delta\omega$ 除以時段長 Δt,可得平均力矩為

$$\tau = I\alpha = I\frac{\Delta\omega}{\Delta t} = \frac{1}{2}M(R_1^2 + R_2^2)\frac{1}{\Delta t}\sqrt{\frac{4K}{M(R_1^2 + R_2^2)}} = \frac{1}{\Delta t}\sqrt{KM(R_1^2 + R_2^2)}$$

$$= \frac{1}{6.67 \text{ s}}\sqrt{(400.0 \text{ kJ})(5.00 \text{ kg})[(0.0800 \text{ m})^2 + (0.142 \text{ m})^2]}$$

$$= 34.6 \text{ N m}$$

觀念檢測 10.7

一級方程式汽車在在急轉彎的過程中,其速率最慢,而此時飛輪轉得最快。已知改變角動量向量需要力矩,你會如何安置飛輪的轉軸方向,以便在轉彎時對車子的駕馭,影響可為最小?

a) 飛輪應與車身的主軸線對準
b) 飛輪轉軸應為垂直
c) 飛輪應與輪子的轉軸對齊
d) 沒有什麼分別;以上三個方向都同樣有問題
e) 以上 (a) 和 (c) 一樣好,均優於 (b)

詳解題 10.1　子彈擊中直桿

問題：在童子軍獎章活動中，有一顆 .22 口徑、質量為 $m = 2.59$ g 的步槍子彈被射出。當子彈以 374.5 m/秒的速率移動時，擊中質量為 $M = 3.00$ kg、長度為 $\ell = 2.00$ m 的直桿。桿子最初沿垂直方向，處於靜止狀態，且桿以通過其質心的水平轉軸為支點。子彈嵌入直桿的位置比質心高出了直桿長度的 1/3，因而使子彈–直桿系統開始轉動。

a) 求子彈–直桿系統在碰撞後的角動量。
b) 在碰撞後子彈–直桿系統的轉動動能為何？

解：

思索　首先是一個似乎不怎麼重要的觀察：如果子彈擊中桿的質心，那麼就沒有轉動可言，因為在這種情況下，子彈相對於轉軸所在的質心沒有角動量。但本題的子彈偏離質心擊中直桿，而擊中點到質心的距離乘以子彈的動量就是角動量。由於在子彈與桿的碰撞過程中，角動量是守恆的 (因為碰撞過程中沒有外力矩！)，因此要回答 (a) 小題，只需計算出子彈的初始角動量。

繪圖　圖 10.20 顯示直桿的支點到子彈擊中點的距離。

推敲　子彈的動量為 $p = mv$。當它在距離直桿質心為 $\ell/3$ 之處擊中直桿時，它的角動量為 $p\ell/3$。直桿的轉動慣量為 $M\ell^2/12$，桿中子彈的轉動慣量為 $m(\ell/3)^2$。子彈和桿合起來的總動能全部來自轉動動能 $K_r = I\omega^2/2$，而角動量、轉動慣量和角速率的關係為 $L = I\omega$。

簡化

a) 初始角動量為 $L_i = mv\ell/3$。最終角動量保持相同，即 $L_f = L_i = mv\ell/3$。

b) 總轉動慣量為 $I = (M\ell^2/12) + (m\ell^2/9)$。故轉動動能為

$$K_r = \tfrac{1}{2}I\omega^2 = \tfrac{1}{2}\frac{I^2\omega^2}{I} = \frac{L^2}{2I} = \frac{L^2}{2((M/12)+(m/9))\ell^2}$$

計算

a) $L_f = (2.59 \cdot 10^{-3}\text{ kg})(374.5\text{ m/s})(2.00\text{ m})/3 = 0.6466367\text{ kg m}^2/\text{s}$

b) $K_r = \dfrac{\left(0.6466367\text{ kg m}^2/s^2\right)}{2\left[(3.00\text{ kg})/12+\left(2.59\cdot 10^{-3}\text{ kg}\right)/9\right](2.00\text{ m})^2} = 0.2088291\text{ J}$

捨入　最終結果需要四捨五入到與最不準確的輸入值一樣，具有三位有效數字：

a) $L_f = 0.647\text{ kg m}^2/\text{s}$

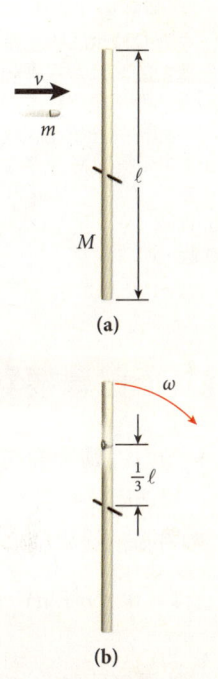

圖 10.20　子彈擊中直桿並留在桿內。

普通物理

>>> **觀念檢測 10.8**

如果詳解題 10.1 中的直桿是鋼製的，以致子彈向後反彈，而不是嵌在桿中，則桿的轉動速率比詳解題 10.1 中求得的為

a) 高
b) 相同
c) 低

b) $K_r = 0.209$ J

複驗 我們的結果具有正確的單位，通過了最起碼的檢驗。如果你將子彈初始的平移動能，與剛剛得到的轉動動能比較一下，你會發現 $K_i = \frac{1}{2}mv^2 = \frac{1}{2}(2.59 \cdot 10^{-3}$ kg$)(374.5$ m/s$)^2 = 182$ J，此值比 (b) 部分的答案大了約 280 倍。這表明，幾乎所有的動能都在子彈與桿的非彈性碰撞中損失。

已學要點｜考試準備指南

- 物體的轉動動能 $K = \frac{1}{2}I\omega^2$。質點及固態物體都適用此關係。
- 物體繞通過質心的軸線做轉動的轉動慣量為 $I = \int_V r_\perp^2 \rho(\vec{r})dV$，其中 $r_\perp$ 是體積元 dV 到轉軸的垂直距離，$\rho(\vec{r})$ 是質量密度。
- 若質量密度為均勻，則轉動慣量 $I = \frac{M}{V}\int_V r_\perp^2 \, dV$，其中 M 是物體的總質量，V 是它的體積。
- 形狀近似球或圓柱之物體的轉動慣量 $I = cMR^2$ $(0 < c \leq 1)$。
- 依平行軸定理，質量為 M 的物體，若繞通過質心之軸線的轉動慣量為 I_{cm}，則它繞距離質心為 d 之平行軸線的轉動慣量為 $I_{\parallel} = I_{cm} + Md^2$。
- 對於滾動而不滑動的圓形物體，其質心沿直線前進的位移 s，與轉動角度的關係為 $s = R\theta$，其中 R 是物體的半徑。
- 滾動物體的動能是其平移和轉動之動能的總和：$K = K_{trans} + K_{rot} = \frac{1}{2}mv_{cm}^2 + \frac{1}{2}I_{cm}\omega^2 = \frac{1}{2}(1 + c)mv_{cm}^2$，其中 $0 < c \leq 1$，且 c 取決於物體的形狀。
- 力矩是位置向量和力向量的向量積：$\vec{\tau} = \vec{r} \times \vec{F}$。
- 單一質點的角動量 $\vec{L} = \vec{r} \times \vec{p}$。
- 角動量的時變率等於力矩：$\frac{d}{dt}\vec{L} = \vec{\tau}$，在轉動運動中這相當於牛頓第二定律。
- 剛體繞固定轉軸的角動量 $\vec{L} = I\vec{\omega}$，而力矩 $\vec{\tau} = I\vec{\alpha}$。
- 在淨外力矩為零的情況下，角動量必守恆：$I\vec{\omega} = I_0\vec{\omega}_0$ $(\vec{\tau}_{net} = 0)$。
- 線運動和轉動運動的對等量總結於下表中。

物理量	線運動	轉動	關係式
位移	$\vec{s}$	$\vec{\theta}$	$\vec{s} = r\vec{\theta}$
速度	$\vec{v}$	$\vec{\omega}$	$\vec{\omega} = \vec{r} \times \vec{v}/r^2$
加速度	$\vec{a}$	$\vec{\alpha}$	$\vec{a} = r\alpha\hat{t} - r\omega^2\hat{r}$ $a_t = r\alpha$ $a_c = \omega^2 r$
動量	$\vec{p}$	$\vec{L}$	$\vec{L} = \vec{r} \times \vec{p}$
質量/轉動慣量	m	I	
動能	$\frac{1}{2}mv^2$	$\frac{1}{2}I\omega^2$	
力/力矩	$\vec{F}$	$\vec{\tau}$	$\vec{\tau} = \vec{r} \times \vec{F}$

自我測試解答

10.1 $I_\| = \dfrac{1}{12}mL^2 + m\left(\dfrac{L}{2}\right)^2 = mL^2\left(\dfrac{1}{12}+\dfrac{1}{4}\right) = \dfrac{1}{3}mL^2$

10.2 罐子因裝有汽水，不是固體物體，不會像固體圓柱體那樣全體做轉動，反而是罐內的液體大部分不參與轉動，即使當罐子已達斜面底部。罐體本身的質量與其所裝液體的質量相比，可忽略不計。因此，裝了汽水的罐子滾下斜面近似於物體無摩擦的滑下斜面。在 (10.15) 式中它所適用的常數 c 接近於零，因此汽水罐會贏得比賽。

10.3 牛頓第三定律指出，沿每一對質點連線的作用力與反作用力，量值相等，方向相反。因此，每一對力的力矩為零。故將所有的內力力矩加總，所得的淨內力矩為零。

解題準則：轉動

1. 對解決許多性質不同的轉動力學問題，牛頓第二定律和功–動能定理是強大而彼此互補的工具。作為一般準則，當問題涉及角加速度的計算時，你應該嘗試基於牛頓第二定律和自由體力圖的解法。若需要計算角速率，則基於功–動能定理的解法更為有用。

2. 很多平移運動的概念，對轉動運動也同樣適用。例如，當沒有外力存在時，線動量守恆；而沒有外力矩存在時，角動量守恆。記住平移和轉動運動所用各種量之間的對應關係。

3. 記住這點至關重要：在涉及轉動運動的情況下，物體的形狀是很重要的。轉動慣量取決於轉軸的位置及物體的幾何形狀，一定要確定所用的轉動慣量公式是正確的。力矩也取決於對稱軸的位置；計算順時鐘和逆時鐘的力矩時，要確保符號的一致性。

4. 許多轉動運動中的關係，是由相關情況的幾何條件決定，例如，懸吊物體的線速度與繞行於滑輪上之繩索的角速度之間的關係。一個問題中的幾何條件，有時會隨情況而變，例如，在轉動的起點與終點出現不同的轉動慣量。要確保你弄清楚在轉動運動過程中發生改變的是哪些量。

5. 許多物理情況涉及轉動物體做打滑或不打滑的滾動。如果是不打滑的滾動，則對位於滾動物體周邊上的點，其線運動的位移、速度、加速度，和轉動運動的各對應量是彼此相關的。

6. 在涉及圓周或轉動運動的問題中，角動量守恆定律的重要性，就如同線動量守恆定律在涉及線運動之問題中的重要性。由角動量守恆的觀點來考慮一個問題的情況，常能提供一個否則就很難找出答案的直接解法。但要記住，只有當對淨外力矩為零時，角動量才會守恆。

選擇題

10.1 一個圓形物體由靜止開始，沿著斜坡而下，做無滑動的滾動，下降的垂直距離為 4.0 m。當物體到達斜面底部時，其移動速度為 7.0 m/s。參見 (10.11) 式所示轉動慣量與質量和半徑的關係，此物體的常數 c 為何？

a) 0.80 b) 0.60
c) 0.40 d) 0.20

10.2 一發電機的飛輪是半徑 R 和質量 M 的均勻圓

筒，繞其縱軸轉動。一個在輪緣邊上的點，以線速度 v 移動時，飛輪的動能為何？
a) $K = \frac{1}{2}Mv^2$
b) $K = \frac{1}{4}Mv^2$
c) $K = \frac{1}{2}Mv^2/R$
d) $K = \frac{1}{2}Mv^2R$
e) 資訊不足無法回答

10.3 如果將一個的空心球改為實心球，但質量和半徑均不變，則兩個情況的轉動慣量比會
a) 變大
b) 變小
c) 保持不變
d) 變為零

10.4 一個實心圓柱體和一個中空圓柱體，各自繞通過其質心的軸線轉動。如果兩物體的質量和外半徑均相同，則何者的轉動慣量較大？
a) 兩物體的轉動慣量相同
b) 實心圓柱體的轉動慣量較大，因為它的質量是均勻分布的
c) 中空圓柱體的轉動慣量較大，因為它的質量遠離轉軸

10.5 一實心球從靜止開始，沿著斜面而下，做無滑動的滾動。與此同時，一盒子從靜止開始，從同一高度無摩擦的滑下同一斜面。哪個物體先到達斜面底部？
a) 實心球
b) 盒子
c) 兩物體同時到達
d) 無法確定

10.6 使一連接於細繩末端的球沿一垂直圓擺動，則球在圓形路徑頂端時的角動量，會比在圓形路徑底端時的角動量為
a) 大
b) 小

c) 相等

10.7 在以角速度 ω 轉動的圓盤外緣上，黏附著一小團黏土，質量為圓盤的 $\frac{1}{10}$。如果此一小團黏土脫落，而沿著圓盤外緣的切線方向飛出，則在它脫離後，圓盤的角速度為何？
a) $\frac{5}{6}\omega$
b) $\frac{10}{11}\omega$
c) ω
d) $\frac{11}{10}\omega$
e) $\frac{6}{5}\omega$

10.8 在無摩擦的冰地上，滑冰者縮回雙手靠攏身體，因而旋轉得更快。下列的守恆定律當中，哪一個是合理的？
a) 力學能守恆和角動量守恆
b) 只有力學能守恆
c) 只有角動量守恆
d) 力學能與角動量都不守恆

10.9 一自行車以 4.02 m/s 的速率行進。如果前輪的半徑為 0.450 m，則該車輪轉動一圈需要多久？
a) 0.703 s
b) 1.23 s
c) 2.34 s
d) 4.04 s
e) 6.78 s

10.10 倫敦眼 (London Eye) 基本上是一個非常大的摩天輪，可當作是 32 個質量各為 m_p 的吊艙，以相等間距安置於一轉盤的邊緣。轉盤的質量為 m_d，半徑為 R。下列何者給出倫敦眼繞轉盤對稱軸的轉動慣量？
a) $(m_p + m_d)R^2$
b) $(m_p + \frac{1}{2}m_d)R^2$
c) $(32m_p + \frac{1}{2}m_d)R^2$
d) $(32m_p + m_d)R^2$
e) $(16m_p + \frac{1}{2}m_d)R^2$

觀念題

10.11 一半徑為 R、質量為 M、轉動慣量為 $I = \frac{2}{5}MR^2$ 的均勻實心球，在水平面上做無滑動的滾動。它的總動能等於質心平移動能加上繞質心的轉動動能。試求轉動動能為總動能的幾分之幾？

10.12 在另一場比賽中，實心球與細圓環由靜止開始，做無滑動的滾動，沿著傾斜角度為 θ 的斜坡而下。試求加速度的比值 $a_{環}/a_{球}$。

10.13 質量為 M、半徑為 R 的圓形物體，繞其質心的轉動慣量為 I。以水平力在高於球心為 h 處 ($0 \leq h \leq r$)，瞬間撞擊此球。在被撞擊後，球立即做無滑動的滾動。試求比值 $I/(MR^2)$。

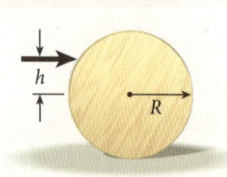

10.14 半徑為 R、質量為 M 的實心球，靜置於高度為 h_0、傾斜角為 θ 的斜面上。當釋放時，它無滑動的滾動到斜面底部。接著，在同一斜面釋放同樣質量和半徑的圓柱體。若它在底部要具有與球相同的速率，則釋放高度 h 應為何？

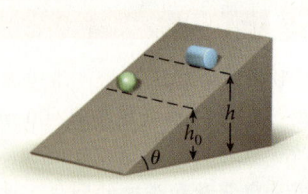

10.15 在最後的旋轉動作中,花式溜冰者縮回她的手臂。由於角動量守恆,她的角速度將會增大。在此過程中她的轉動動能是否守恆?如否,額外的能量由何處來或往何處去?

10.16 一個質量為 M、半徑為 R 的圓柱體,做無滑動的滾動,沿傾斜角為 θ 的斜面滾下的距離為 s。分別計算 (a) 重力、(b) 正向力、(c) 摩擦力所做的功。

10.17 力偶是一對量值相等、方向相反的力,其作用線彼此平行,但不重合。證明力偶的淨力矩與轉軸的位置,以及兩力的施力點在作用線上的位置無關。

10.18 要使高速行駛的摩托車向右轉,你將車的把手驟然往左急轉一下,以開始轉彎。轉彎開始後,你身體往右傾騎著車,直到完成轉彎。盡可能精確的說明,這個反向驟轉如何使車開始往想要的方向轉彎。(提示:行駛中的摩托車,其車輪具有很大的角動量。)

10.19 一輕繩跨越一個輕且無摩擦的滑輪,一端被固定到質量為 M 的一堆香蕉,另一端被相同質量的猴子抓住。猴子沿繩往上爬,想到達香蕉端。滑輪的半徑為 R。

a) 將猴、香蕉、繩和滑輪當作一個系統,求出相對於滑輪軸線的淨力矩。

b) 使用 (a) 部分的結果,求出系統相對於滑輪軸的總角動量隨時間而變的函數。

練習題

題號前的藍點 (•) 與雙藍點 (••) 代表問題難度遞增。

10.1 和 10.2 節

10.20 在一個半徑為 12.0 ft 的轉動木馬上,有重量為 60.0 lb、45.0 lb、80.0 lb 的三個小孩,坐在其邊緣的不同點上。試求三個小孩合計的轉動慣量。

•**10.21** 質量同為 1.00 kg,半徑同為 0.100 m 的實心球和空心球,從靜止開始,沿長度為 3.00 m、傾斜角為 35.0° 的斜面,滾動到底部。一相同質量的冰塊無摩擦的滑下同一斜面。

a) 哪個球會先到達底部?解釋之!

b) 在斜面的底部,冰塊比實心球行進更快或更慢?解釋你的理由。

c) 實心球在斜面底部的速率為何?

••**10.22** 蟹狀星雲脈衝星 ($m \approx 2 \cdot 10^{30}$ kg,$R = 12$ km) 是一個位於蟹狀星雲的中子星。蟹狀星雲脈衝星的轉動速率目前大約為每秒 30 轉或 60π rad/s。但此脈衝星的轉動速率正遞減中,以致轉動週期每年增加 10^{-5} s。證明以下的陳述:脈衝星轉動能量的損失速率,相當於太陽輸出功率的 10^5 倍 (太陽輻射的總功率約為 $4 \cdot 10^{26}$ W)。

10.3 節

•**10.23** 質量為 m、半徑為 r 的小圓形物體,轉動慣量為 $I = cmr^2$。此物體沿附圖所示的軌道做無滑動的滾動。軌道末端為高度 $R = 2.50$ m 的滑軌,可使物體垂直向上射出。物體在高度 $H = 7.00$ m 處由靜止開始。如果 $c = 0.400$,在離開滑軌後,它上升的高度最大為何?

10.4 節

•**10.24** 一質量為 30.0 kg、半徑為 40.0 cm 的圓盤,安裝在無摩擦的水平軸上。一條細繩貼著圓盤捲繞多圈,然後附著到 70.0 kg 的方塊,如附圖所示。假設細繩不打滑,求方塊下落的加速度。

••**10.25** 質量為 14.0 kg、直徑為 30.0 cm、厚度為 8.00 cm 的圓盤,安裝在一個粗糙的水平軸上,如附圖左側所示。(軸和圓盤之間有摩擦力。) 圓盤最初處於靜止狀態。以定力 $F = 70.0$ N,在 37.0° 的角度,施加到盤的邊緣,如圖中右側所示。在作用 2.00 s 後,將力

普通物理

減小到 F = 24.0 N，則圓盤以等角速度轉動。
a) 盤和軸之間的摩擦力所產生的力矩量值為何？
b) 圓盤在 2.00 s 後的角速度為何？
c) 圓盤在 2.00 s 後的動能為何？

10.5 節

10.26 一物體由兩個圓盤形部分 A 和 B 組成，如附圖所示。此物體繞通過圓盤 A 中心的軸線轉動，圓盤 A 和 B 的質量及半徑，分別是 2.00 kg 和 0.200 kg，及 25.0 cm 和 2.50 cm。
a) 計算此物體的轉動慣量。
b) 若物體以 -2π rad/s 的初始角速度轉動，而摩擦力對轉軸所產生的力矩為 0.200 N m，則要多久物體才會停止下來？

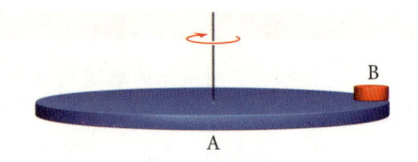

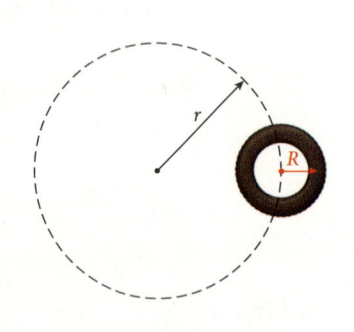

•**10.27** 在輪胎投擲比賽中，一名男子抓住一個 23.5 kg 的汽車輪胎，使它快速繞圈三次後，再釋放它，就像一個鐵餅運動員一樣。輪胎從靜止開始，然後沿圓形路徑加速。輪胎質心的軌道半徑 r 為 1.10 m，且該路徑平行於地面。附圖的俯視圖顯示了輪胎的圓形路徑，在中心的點標示出轉軸。人施加 20.0 N m 的恆定力矩使輪胎以等角加速度繞圈。假設輪胎的全部質量都距離其中心一個半徑 R = 0.350 m。
a) 輪胎繞圈三次所需的時間 $t_{投擲}$ 為何？
b) 在繞完三圈後，輪胎質心的最終線速率為何？
c) 假設輪胎的質量不是全都距離中心 0.350 m，而是像內半徑為 0.300 m、外半徑為 0.400 m 的中空圓盤，則 (a) 和 (b) 的答案會如何改變？

•**10.28** 一車輪的 $c = \frac{4}{9}$，質量為 40.0 kg，輪緣的半徑為 30.0 cm，被垂直的安裝在一個水平轉軸上。以纏繞在輪緣上的繩索將質量為 2.00 kg 的物體懸吊。物體被釋放後，車輪的角加速度為何？

••**10.29** 一演示設備包括長度為 L 的均勻板，左端有鉸鏈，右端以支撐棒將板抬高形成角度 θ，如圖所示。有一球靜停於抬高端，板上距離抬高端 d 處有一輕杯，在支撐棒突然拆除後，可用來接住自由下落的球。你想用的薄板長 1.00 m，寬 10.0 cm。
a) 要使杯子有機會接住球，支撐棒最長可為何？
b) 假設你決定將盡可能長的支撐棒，放置於板的抬高端下方。杯子與該端的距離 d 應為何才可確保球會被杯子接住？

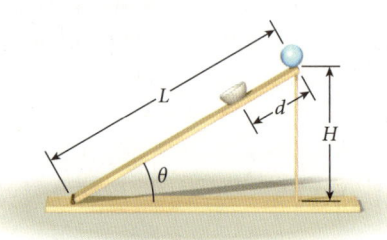

10.6 節

•**10.30** 一台噴氣發動機的渦輪和其附屬轉動部件所具有的轉動慣量為 25.0 kg m²。渦輪以等角加速度從靜止加速到 150. rad/s 的角速率，共歷時 25.0 s。試求：
a) 角加速度。
b) 所需的淨力矩。
c) 渦輪在 25.0 s 的期間所轉過的角度。
d) 淨力矩所做的功。
e) 渦輪在 25.0 s 時的動能。

10.7 節

•**10.31** 有時人們會說，如果中國的全部人口都站在椅子上，同時跳下，會改變地球的轉動。幸運的，物理為我們提供了工具，以探究這種揣測。
a) 計算地球繞其自轉軸的的轉動慣量。為簡單起見，將地球當作質量為 $m_E = 5.977 \cdot 10^{24}$ kg、半徑為 6371 km 的均勻球體。
b) 將中國的總人口取為 $1.30 \cdot 10^9$ 人，平均質量取為 70.0 kg。假定他們全部都在赤道上，計算中國總人口對地球之轉動慣量的貢獻上限。
c) 若每個人的徑向位置同時縮減 1.00 m，試求對 (b) 部分中的貢獻所造成的變化。

d) 試求 (c) 部分的變化會使一天的長度改變幾分之幾。

a) 求在碰撞後，子彈–直桿系統的角速度 ω。可以忽略桿的寬度，並將子彈視為質點。

b) 因碰撞而損失的動能為何？

••**10.32** 半徑為 R、質量為 m 的均勻實心球，靜置於水平桌面上。以水平衝量 J 作用於球上比桌面高出 h 的一個點。

a) 求出衝量剛結束時，球的轉動角速度和平移速度。

b) 求出衝量可導致球立即滾動而不會滑動的高度 h_0。

•**10.33** 一名 25.0 kg 的男孩站在轉軸無摩擦的旋轉木馬上，距離位於中心的轉軸 2.00 m，旋轉木馬的轉動慣量為 200. kg m²。男孩以相對於地面為 0.600 m/s 的速率，開始沿圓形路徑跑步。

a) 計算旋轉木馬的角速度。

b) 計算男孩相對於旋轉木馬表面的速率。

補充練習題

10.34 在普林斯頓電漿實驗室的實驗中，氫原子的電漿被加熱到 $5.00 \cdot 10^8$ °C（約比太陽中心溫度高 25 倍），並以強大的磁場（比地球磁場大 10 萬倍）將其局限數十毫秒。每次實驗都需在幾分之一秒內提供巨大的能量，若轉換成功率需求，且由正常電力網供電，這將會導致全面斷電。替代的作法是將動能儲存於一個巨大的飛輪，這是一個旋轉的實心圓柱體，半徑為 3.00 m，質量為 $1.18 \cdot 10^6$ kg。電力網提供的電能使飛輪開始旋轉，大約需要 10.0 分鐘才可達到 1.95 rad/s 秒的角速率。一旦飛輪達此角速率，它所有的能量就可以非常快速的被取用，以支援實驗工作的進行。當飛輪以 1.95 rad/s 轉動時，儲存於飛輪的力學能為何？飛輪在 10.0 分鐘內從靜止加速至 1.95 rad/s，所需的平均力矩為何？

10.35 一個氧分子 (O₂) 在 xy 平面上繞著 z 軸轉動。轉軸通過分子的中心，且垂直於它的長度。每個氧原子的質量為 $2.66 \cdot 10^{-26}$ kg，且兩個氧原子之間的平均間隔為 $d = 1.21 \cdot 10^{-10}$ m。

a) 計算此分子繞 z 軸的轉動慣量。

b) 當此分子繞 z 軸的角速率為 $4.60 \cdot 10^{12}$ rad/s 時，它的轉動動能為何？

10.36 一位教授在進行課堂演示時，站在一個無摩擦轉盤的中心，每隻手拿著 5.00 kg 的物體，手臂伸展至每個物體離開他的中心線 1.20 m。一名學生轉動轉盤，使教授的轉速達到 1.00 rpm，如果教授此時將手臂縮回到他的兩側，使每個物體離他的中心線 0.300 m，他的新角速率為何？假設他不拿著物體時的轉動慣量是 2.80 kg m²，並忽略兩臂位置對轉動慣量的影響，因為兩臂相對於軀體的質量是小的。

•**10.37** 一小孩組裝了一部簡單的小購物車，由一片 60.0 cm × 1.20 m、質量為 8.00 kg 的膠合板和四個輪子構成，每個輪子的直徑為 20.0 cm，質量為 2.00 kg。小車從靜止開始，由傾斜角為 15.0°、長度為 30.0 m 的斜面頂端釋放，試求它到斜面底部時的速率。假設車輪沿斜面滾動而不滑動，且車輪和輪軸之間的摩擦可以被忽略。

•**10.38** 以厚度為 1.30 cm 的膠合板，製作高 79.0 cm、寬 55.0 cm 的櫥櫃門，鉸鏈裝在板的一個垂直邊緣上。在與下部鉸鏈等高，但與它距離 45.0 cm 處，安裝一個 150. g 的小手柄。如果膠合板的密度為 550. kg/m³，則門繞鉸鏈的轉動慣量為何？忽略鉸鏈組件對轉動慣量的貢獻。

•**10.39** 太空站擬提供人造重力，以支持太空人長期居住。它被設計成一個所有艙室都在輪緣的大型輪子，而轉動的角速率，須能提供類似地面的重力加速度給太空人（腳站在太空站靠外牆壁的內側，頭向輪心）。太空站在軌道上組裝後，為了使它開始轉動，將通過固定在輪緣外側的火箭引擎，沿輪緣的切向點火發射。太空站的半徑為 $R = 50.0$ m，質量為 $M = 2.40 \cdot 10^5$ kg。如果火箭引擎的推力為 $F = 1.40 \cdot 10^2$ N，它需要發動多長的時間？

•**10.40** 一名質量為 52.0 kg 的學生，想測量一個遊樂場轉動木馬的質量，這個轉動木馬是半徑為 $R = 1.50$ m 的實心金屬圓盤，被安裝在低摩擦的軸上而保持水平。她嘗試一個實驗：她以 $v = 6.80$ m/s 的速率，跑向轉動木馬的外緣，並跳到外緣上，如圖所示。轉動木馬最初在學生跳上前為靜止，而在她剛跳上後轉動的角速率為 1.30 rad/s。假設學生可當作質點。

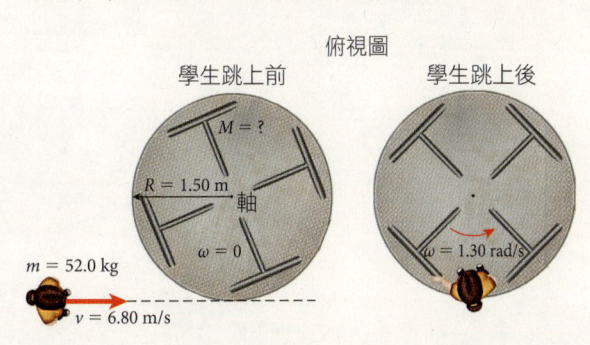

俯視圖

學生跳上前　　學生跳上後

$M = ?$
$R = 1.50$ m
軸
$\omega = 0$
$m = 52.0$ kg
$v = 6.80$ m/s
$\omega = 1.30$ rad/s

a) 轉動木馬的質量為何？
b) 學生跳上後，轉動木馬需要 35.0 s 才能停下來，來自於車軸摩擦的平均力矩為何？
c) 假設來自摩擦的力矩為恆定，轉動木馬在停止之前共轉了多少圈？

••**10.41** 一馬車的車輪完全是用木頭製成，包括一個輪框、12 根輪輻和一個輪轂。輪框的質量為 5.20 kg，外半徑為 0.900 m，內半徑為 0.860 m。輪轂是質量為 3.40 kg、半徑為 0.120 m 的實心圓柱體。每根輪輻是質量為 1.10 kg 的細棒，從輪轂延伸到輪框內側。試求這個車輪的常數 $c = I/MR^2$。

多版本練習題

10.42 一架輕飛機的螺旋槳，長度為 2.012 m，質量 17.36 kg。螺旋槳以 3280. rpm 的頻率轉動。螺旋槳的轉動動能為何？你可以把螺旋槳當作為繞其中心轉動的細桿。

10.43 一架輕飛機的螺旋槳，長度為 2.092 m，質量 17.56 kg。螺旋槳的轉動能為 422.8 kJ。螺旋槳的轉動頻率為多少 rpm？你可以把螺旋槳當作為繞其中心轉動的細桿。

10.44 一架輕飛機的螺旋槳，長度為 1.812 m，以 2160. rpm 的頻率轉動。螺旋槳的轉動動能為 124.3 kJ。螺旋槳的質量為何？你可以把螺旋槳當作為繞其中心轉動的細桿。

10.45 一細繩在滑輪上纏繞多次，並連接到一垂直懸吊、質量為 m_b = 4.243 kg 的方塊。滑輪的半徑為 46.21 cm，質量為 m_p = 5.907 kg，輪輻的質量可忽略不計。方塊的加速度量值為何？

10.46 一細繩在滑輪上纏繞多次，並連接到一垂直懸吊、質量為 m_b = 4.701 kg 的方塊。滑輪的半徑為 47.49 cm，輪輻的質量可忽略不計。若方塊以 4.330 m/s² 向下加速，則滑輪的質量 m_p 為何？

10.47 一細繩在滑輪上纏繞多次，並連接到一垂直懸吊的方塊。滑輪的半徑為 48.77 cm，質量為 m_p = 5.991 kg，輪輻的質量可忽略不計。若方塊以 4.539 m/s² 向下加速，則方塊的質量 m_b 為何？

11 ▶ 靜力平衡

待學要點
- **11.1 平衡條件**
  - 平衡方程式
- **11.2 靜力平衡實例**
  - 例題 11.1　蹺蹺板
  - 例題 11.2　人站在梯上
  - 詳解題 11.1　懸掛店面招牌
- **11.3 建築結構的穩定性**
  - 量化的穩定性條件
  - 多維的曲面與鞍點
  - 動態的穩定性控制

已學要點｜考試準備指南
- 解題準則
- 選擇題
- 觀念題
- 練習題
- 多版本練習題

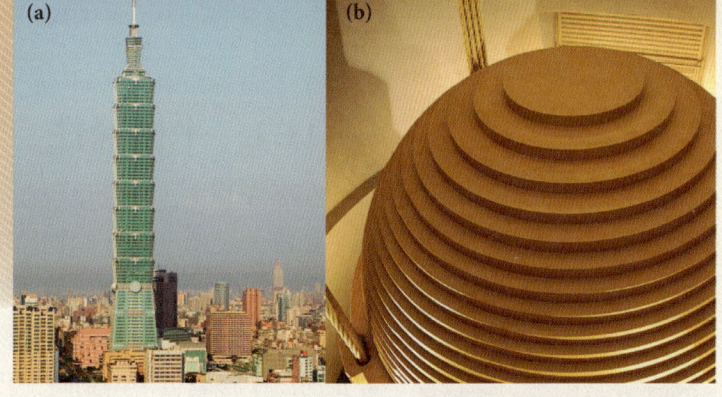

圖 11.1 西元 2008 年以前的世界最高建築是台北 101 大樓：(a) 大樓全貌；(b) 大樓內的搖擺阻尼器。

在西元 2008 年以前，台北 101 大樓 (圖 11.1) 是舉世最高的建築，高度為 509 m。如同任何摩天大樓，當接近頂部的風以高速強勁吹襲時，這座大樓會搖晃。為了盡量減少晃動，台北 101 在第 87 層和第 92 層之間安裝了一個阻尼器，它的質量為 660 公噸，能夠使大樓的晃動減小約 40 %。

在設計和建造任何建築物時，穩定性和安全性是首要的考慮。在靜力平衡態下，物體處於靜止狀態，且所受淨力和淨力矩均為零，本章將研究靜力平衡的條件。然而，正如我們即將發現的，結構必須能夠抵擋得住會導致它產生運動的外來作用力。大型結構的長期穩定性取決於建造者是否能判斷出外力可能會有多大，並設計出能承受這些力的結構。

普通物理

待學要點

- 靜力平衡是力學平衡的一種特殊情況，涉及的是處於靜止狀態的物體。
- 一個物體 (或多個物體的集合) 處於靜力平衡時，其所受淨外力與淨外力矩必均為零。
- 靜力平衡的一個必要條件是位能函數在平衡點處的一階導數必為零。
- 在穩定平衡的點，位能函數會達到極小值。
- 在不穩平衡的點，位能函數會達到極大值。
- 在中性平衡 (即隨遇平衡或邊際穩定) 的點，位能函數的一階和二階導數均為零。
- 從平衡的觀點來考慮，可以找出作用於靜止物體上一些要不然就會是未知的力，或找出阻止物體移動所需的力。

11.1 平衡條件

在第 4 章中，我們發現淨外力為零是靜力平衡的必要條件。根據牛頓第一定律，當一個物體所受的淨外力為零時，它會繼續保持不移動或以等速度移動；但我們通常想知道的是一個剛體保持靜止或靜力平衡的必要條件。一個物體 (或多個物體的集合) 若保持完全靜止而既不移動也不轉動時，我們稱此物體處於靜力平衡。圖 11.2a 所示是一組物體處於靜力平衡的著名例子，它之所以令人驚奇，有一部分是因為整個組態看起來並不穩定。圖 11.2b 顯示了另一組處於靜力平衡的物體，這個你在家裡可以自製：牙籤將勺子和叉子維持於杯沿上 (為了戲劇效果，這個「展示品」在達平衡後，牙籤的一端被燒掉)。

一個處於靜力平衡的物體，必須沒有移動或轉動，這表示它的線速度和角速度恆為零，不隨時間而變，因此它的線加速度和角加速度亦必恆為零。在第 4 章中，我們由牛頓第二定律

$$\vec{F}_{\text{net}} = m\vec{a} \tag{11.1}$$

知道如果線加速度 $\vec{a}$ 為零，則淨外力 $\vec{F}_{\text{net}}$ 必為零。另外，在第 10 章中，由轉動運動的牛頓第二定律

$$\vec{\tau}_{\text{net}} = I\vec{\alpha} \tag{11.2}$$

我們知道如果角加速度 $\vec{\alpha}$ 為零，則淨外力矩 $\vec{\tau}_{\text{net}}$ 必為零。上述的兩個事實導致了靜力平衡的兩個條件。

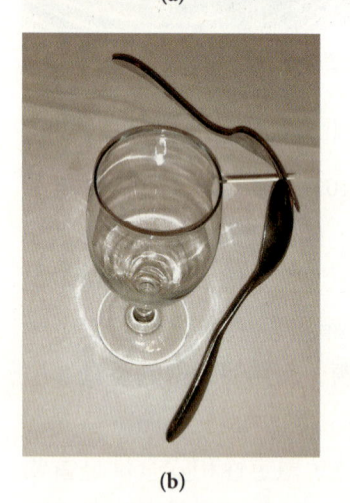

圖 11.2　(a) Alexander Calder 創作的展示品，質量達 420 kg，處於完美靜力平衡，懸吊於美國國家藝術畫廊 (華盛頓特區)。(b) 你可以自製的展示品：叉子與勺子以牙籤平衡於玻璃杯口上。

11 靜力平衡

靜力平衡條件 1
只有當受到的淨力為零時，一個物體才可以維持靜力平衡：

$$\vec{F}_{\text{net}} = 0 \tag{11.3}$$

靜力平衡條件 2
只有當受到的淨力矩為零時，一個物體才可以維持靜力平衡：

$$\vec{\tau}_{\text{net}} = I\vec{\alpha} \tag{11.4}$$

即使物體滿足牛頓第一定律 (即受到的淨力為零) 且沒有平移運動，如果它受到的淨力矩不為零，它仍然會轉動。

重要的是要牢記，力矩永遠是相對於一個轉軸點或樞軸點 (即施力點位置向量 $\vec{r}$ 的起點) 定義的。在計算淨力矩時，所有的力必須採用相同的樞軸點。如果我們試圖解決的是一個淨力矩為零的靜力平衡問題，則淨力矩對選定的任何樞軸點都必定為零。因此，我們可以自由的選擇一個最符合我們目標的樞軸點，對樞軸點的一個聰明選擇往往是快速獲得解答的關鍵。

平衡方程式

在本章中，我們專注於在二維空間 (即平面) 的靜力平衡問題。一個剛體的各部分只在一個平面運動時，具有 2 個獨立的平移自由度 (沿 x 和 y 方向)，以及 1 個可能的轉動自由度 (沿 z 方向)，亦即它可繞垂直於該平面的轉軸旋轉。因此，在靜力平衡時，淨力的 2 個分量方程式為

$$F_{\text{net},x} = \sum_{i=1}^{n} F_{i,x} = F_{1,x} + F_{2,x} + \cdots + F_{n,x} = 0 \tag{11.5}$$

$$F_{\text{net},y} = \sum_{i=1}^{n} F_{i,y} = F_{1,y} + F_{2,y} + \cdots + F_{n,y} = 0 \tag{11.6}$$

依據第 10 章中的定義，繞固定轉軸的淨力矩乃是逆時鐘方向的總力矩與順時鐘方向的總力矩之量值差。故在靜力平衡時，繞每個轉軸的淨力矩為零的條件可寫為

$$\tau_{\text{net}} = \sum_{i} \tau_{\text{逆時鐘},i} - \sum_{j} \tau_{\text{順時鐘},j} = 0 \tag{11.7}$$

普通物理

本章中的問題在進行靜力平衡的定量分析時，就是以這 3 個方程式，即 (11.5) 式至 (11.7) 式，作為其基礎。

11.2 靜力平衡實例

在解決涉及靜力平衡的許多問題時，不需使用微積分；只使用代數和三角學。

例題 11.1 ▶ 蹺蹺板

遊樂場上的蹺蹺板包含一個支點，並有一根質量為 M 的桿 (板) 安置於支點上，使桿的兩端可以上下移動自如 (圖 11.3a)。如果將質量 m_1 的物體放置在桿的一端，與支點的距離為 r_1，如圖 11.3b，則該端將因物體對它施加的力與力矩而往下降。

問題 1：若要以質量為 m_2 (假設 $m_2 = m_1$) 的另一個物體，使蹺蹺板達到平衡，以致桿為水平，且兩端不與地面接觸，則此物體必須放置於何處？

解 1：

圖 11.3b 是桿的自由體力圖，顯示作用於它的力與力的作用點。m_1 施加於桿的力就只是 m_1g，向下作用，如圖 11.3b。m_2 施加於棒的力也是如此。另外，由於橫桿的質量為 M，它受到重力 Mg，此重力作用於桿的質心，也就是桿的中點。最後一個作用於桿的力是支撐它的正向力 N。它正好作用於蹺蹺板的支點 (以橙色點標示)。

由淨力的 y 分量所滿足的平衡方程式，可以解得正向力的表達式：

$$F_{\text{net},y} = \sum_i F_{i,y} = -m_1g - m_2g - Mg + N = 0$$
$$\Rightarrow N = g(m_1 + m_2 + M)$$

各個分力之前的符號顯示它的作用方向是向上 (正) 或向下 (負)。

因為所有的力都沿 y 方向作用，沒有必要為 x 或 z 方向的淨力分量寫出方程式。

現在我們考慮淨力矩。選擇合適的轉軸點可以使計算簡化。對於一個蹺蹺板，轉軸點的自然選擇是在支點，亦即桿的中心，在圖 11.3b 中以橙色點標示。因為正向力 N 和橫桿的重量 Mg 恰好都通過此點作用，兩者的力臂長度都為零。因此，若選擇支點為轉軸點，則這兩個力在力矩方程式中的貢獻為零。只有力 $F_1 = m_1g$ 和 $F_2 = m_2g$ 會對力矩有貢獻：F_1 產生逆時鐘方向的力矩，而 F_2 則產生順時鐘方向的力矩。故力矩方

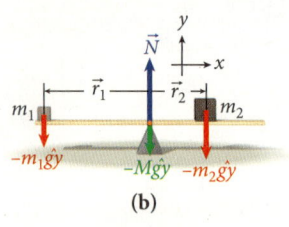

圖 11.3 (a) 遊樂場的蹺蹺板；(b) 自由體力圖，顯示力和力臂。

程式為

$$\tau_{\text{net}} = \sum_{i} \tau_{\text{逆時鐘},i} - \sum_{j} \tau_{\text{順時鐘},j}$$

$$= m_1 g r_1 \sin 90° - m_2 g r_2 \sin 90° = 0$$

$$\Rightarrow m_2 r_2 = m_1 r_1$$

$$\Rightarrow r_2 = r_1 \frac{m_1}{m_2} \tag{i}$$

雖然因子 sin 90° 等於 1，因此不會產生任何影響，但上式將它們列出，乃是為了提醒力和力臂之間的角度通常會影響力矩的計算。

本題要問的是在兩物體具有相同質量的情況下，須在何處放置 m_2；由 (i) 式得到的答案是 $r_2 = r_1$。這與預期的結果一致，顯示在這個容易核驗的情況下，我們的系統化解題方法是行得通的。

如例題 11.1 所示，明智的選擇力矩的轉軸點，往往可以大大簡化解題的過程。但有一個要點須認清，那就是轉軸點可以選在任何一點。在靜力平衡態時，如果力矩們相對於任意的一個轉軸點已達平衡，那麼它們相對於所有的轉軸點必然也達到平衡。因此，如果改變轉軸點，則在某些情況下計算可能變得更複雜，但最終的答案並不會改變。

下一個例題考慮的是靜摩擦力的作用確屬必要的一種情況。靜摩擦力有助於使物體的許多安排得以維持平衡。

自我測試 11.1

在例題 11.1 的問題 1 中，假設將力矩的轉軸點改為選在 m_2 的質心下方，證明所得結果是相同的。

例題 11.2　人站在梯上

梯子通常都是架在水平表面 (地板) 上，斜靠著鉛直表面 (牆壁)。假設一個梯子的長度 $\ell = 3.04$ m，質量 $m_1 = 13.3$ kg，以 $\theta = 24.8°$ 的角度斜靠在光滑的牆壁上。一名質量 $m_m = 62.0$ kg 的學生，站在梯階上 (圖 11.4a)。沿著梯子測量，他所站的梯階與梯腳的距離為 $r = 1.43$ m。

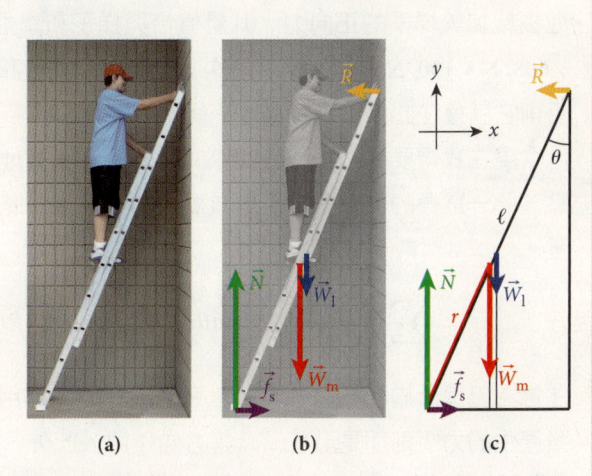

圖 11.4　(a) 學生站在梯子上。(b) 加上力向量。(c) 梯子的自由體力圖。

普通物理

問題 1：梯腳受到的摩擦力必須為何，才能防止梯子滑動？忽略光滑牆壁與梯子之間的 (小) 摩擦力。

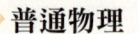

解 1：

我們先從圖 11.4c 的自由體力圖著手。這裡 $\vec{R} = -R\hat{x}$ 是牆壁施加於梯子的正向力，$\vec{N} = N\hat{y}$ 是地板施加於梯子的正向力，而 $\vec{W}_m = -m_m g\hat{y}$ 和 $\vec{W}_l = -m_l g\hat{y}$ 分別是學生和梯子的重量：$m_m g = (62.0 \text{ kg})(9.81 \text{ m/s}^2) = 608.$ N，$m_l g = (13.3 \text{ kg})(9.81 \text{ m/s}^2) = 130.$ N。

令 $\vec{f}_s = f_s \hat{x}$ 代表地板施加於梯腳的靜摩擦力，這是本問題所要求解的。注意，此力指向正 x 方向 (梯子如因受到牆壁所施的正向力 $\vec{R}$ 而滑動，則其底部將往負 x 方向移動，而摩擦力必須反抗該移動)。依照題意，我們忽略牆壁與梯子之間的摩擦力。

梯子和學生組成的系統處於平移和轉動的平衡，因此我們有 (11.5) 式至 (11.7) 式所給的 3 個平衡條件：

$$\sum_i F_{x,i} = 0, \quad \sum_i F_{y,i} = 0, \quad \sum_i \tau_i = 0$$

首先，從水平方向的分力方程式可得

$$\sum_i F_{x,i} = f_s - R = 0 \Rightarrow R = f_s$$

由上式可知，牆壁施加於梯子的力，其量值恰與梯子和地板之間的摩擦力相等。接著，我們寫出垂直方向的分力方程式：

$$\sum_i F_{y,i} = N - m_m g - m_l g = 0 \Rightarrow N = g(m_m + m_l)$$

地板施加於梯子的正向力，其量值恰與梯子和學生的重量總和相等：N = 608. N + 130. N = 738. N。(再次，我們忽略牆壁和梯子之間的摩擦力，否則它就會在此處出現。)

現在我們要將力矩加總起來。我們將梯腳與地板的接觸點選為轉軸點，此一選擇的優點是作用於該點上的力可被忽略，因為它們的力臂為零。

$$\sum_i \tau_i = (m_l g)\left(\frac{\ell}{2}\right)\sin\theta + (m_m g)r\sin\theta - R\ell\cos\theta = 0 \tag{i}$$

注意：牆壁所施正向力的力矩沿著逆時鐘方向作用，而學生和梯子的重量產生的力矩則都是沿著順時鐘方向作用。此外，正向力 $\vec{R}$ 和它的力臂 $\vec{\ell}$ 之間的夾角為 $90° - \theta$，而 $\sin(90° - \theta) = \cos\theta$。現在由 (i) 式求解 R：

11 靜力平衡

$$R = \frac{\frac{1}{2}(m_l g)\ell \sin\theta + (m_m g)r\sin\theta}{\ell\cos\theta} = \left(\frac{1}{2}m_l g + m_m g \frac{r}{\ell}\right)\tan\theta$$

故其數值為

$$R = \left(\frac{1}{2}(130.\text{ N}) + (608.\text{ N})\frac{1.43\text{ m}}{3.04\text{ m}}\right)(\tan 24.8°) = 162.\text{ N}$$

由於之前已得到 $R = f_s$，所以我們的答案是 $f_s = 162.\text{ N}$。

問題 2：假設梯子和地板之間的靜摩擦係數為 0.31，則梯子是否會滑動？

解 2：

我們在問題 1 已求出正向力：$N = g(m_m + m_l) = 738.\text{ N}$。當靜摩擦係數為 μ_s 時，正向力 N 與最大靜摩擦力 $f_{s,max}$ 的關係為 $f_{s,max} = \mu_s N$。因此，最大靜摩擦力為 229. N，這遠大於問題 1 已求得的維持靜力平衡所需的 162. N。換言之，梯子不會滑動。

一般而言，只要牆壁所施的正向力不大於最大靜摩擦力，梯子就不會滑動，亦即需有以下條件：

$$R = \left(\frac{1}{2}m_l + m_m \frac{r}{\ell}\right)g\tan\theta \leq \mu_s(m_l + m_m)g \quad \text{(ii)}$$

>>> **觀念檢測 11.1**
在例題 11.2 中的學生，如果真的需要站到高於 (ii) 式在給定情況下所允許的最大高度，他可以怎麼做？
a) 他可增加牆壁和梯子之間的角度
b) 他可降低牆壁和梯子之間的角度
c) 不管他將角度增加或減少，都不會有用

>>> **觀念檢測 11.2**
地板施加於梯子的力，其絕對值為下列何者？
a) N　　b) f_s
c) $N + f_s$　　d) $N - f_s$
e) $\sqrt{N^2 + f_s^2}$

詳解題 11.1　懸掛店面招牌

店家由建築物的正面牆壁，將招牌懸掛在人行道上方的情況，並不少見。他們通常是將一根橫桿以鉸鏈連接到牆上，並以一條也是連接到牆上的纜繩使桿保持水平，然後就將招牌懸掛在橫桿下。假設圖 11.5a 中的招牌質量為 $M = 33.1$ kg，橫桿質量為 $m = 19.7$ kg，橫桿長度為 $l = 2.40$ m。如圖所示，招牌在距離牆壁 $r = 1.95$ m 處與橫桿連接。纜繩與

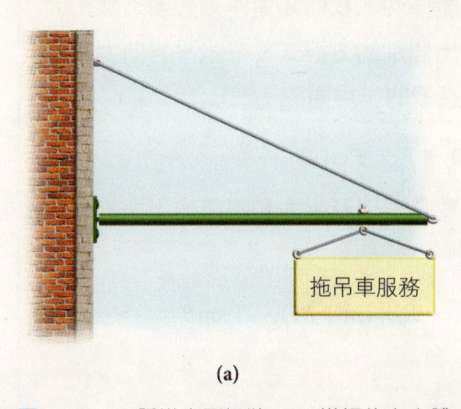

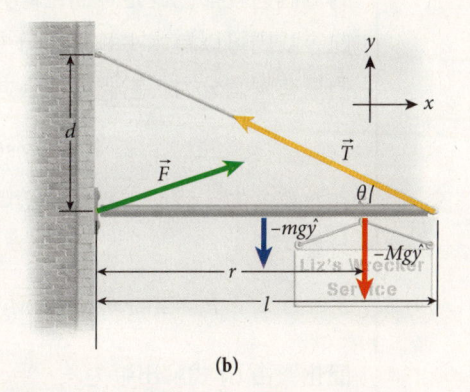

圖 11.5　(a) 懸掛店面招牌；(b) 橫桿的自由體力圖。

271

牆壁的連接點高出橫桿 $d = 1.14$ m。

問題：拉住橫桿的纜繩所受的張力為何？牆壁施加於橫桿的力 $\vec{F}$，其量值和方向為何？

解：

思索 這個問題涉及靜力平衡、力臂和力矩。靜力平衡代表外力的淨力和淨力矩為零。為了計算力矩，必須選擇一個轉軸點。鉸鏈將橫桿連接於牆壁的點似乎是一個很自然的選擇，而因使用鉸鏈，橫桿可以繞著這一點轉動。挑選這一點另有一個好處，即我們不需理會牆壁施加於橫桿的力，因為該力作用於接觸點 (鉸鏈)，其力臂為零，對淨力矩沒有貢獻。

繪圖 要計算淨力矩，我們先由自由體力圖著手，它顯示了所有作用於橫桿的力 (圖 11.5b)。我們知道，招牌的重量作用於橫桿上懸吊招牌的點 (紅色箭頭)。作用於橫桿的重力以藍色箭頭標示，它從橫桿的質心指向下。最後，我們知道，張力 $\vec{T}$ (黃色箭頭) 是沿著纜繩的方向作用。

推敲 纜繩和橫桿的夾角 θ (見圖 11.5b) 可以從給定的數據求得：

$$\theta = \tan^{-1}\left(\frac{d}{l}\right)$$

以橫桿與牆壁的接觸點為轉軸點，力矩的方程式為

$$mg\frac{l}{2}\sin 90° + Mgr \sin 90° - Tl\sin\theta = 0 \qquad \text{(i)}$$

圖 11.5b 還以綠色箭頭標示出 $\vec{F}$，它是牆壁施於橫桿的力，但此力的方向和量值仍有待確定。我們無法由 (i) 式求出 $\vec{F}$，因為它的作用點就在轉軸點，力臂為零，對淨力矩沒有貢獻。

另一方面，一旦求出纜繩上的張力，則除了 $\vec{F}$ 之外，本題所涉及的每個力就都已確定，而由靜力平衡條件，我們知道淨力必須是零。因此，我們可以為水平和垂直分力寫出個別的方程式。在水平方向上，我們只有兩個分力，它們來自張力和牆壁的作用力：

$$F_x - T\cos\theta = 0 \Rightarrow F_x = T\cos\theta$$

在垂直方向，我們有橫桿和招牌的重量，以及張力和牆壁作用力的垂直分量：

$$F_y + T\sin\theta - mg - Mg = 0 \Rightarrow F_y = (m+M)g - T\sin\theta$$

簡化 由 (i) 式解出張力：

$$T = \frac{(ml+2Mr)g}{2l\sin\theta} \qquad \text{(ii)}$$

對於牆體施加於橫桿的力，我們知道其量值為

$$F = \sqrt{F_x^2 + F_y^2}$$

這個力的方向由下式給出：

$$\theta_F = \tan^{-1}\left(\frac{F_y}{F_x}\right)$$

計算 將問題說明中給出的數值代入，我們發現 θ 角為

$$\theta = \tan^{-1}\left(\frac{1.14 \text{ m}}{2.40 \text{ m}}\right) = 25.4077°$$

由 (ii) 式可得到纜繩上的張力：

$$T = \frac{[(19.7 \text{ kg})(2.40 \text{ m}) + 2(33.1 \text{ kg})(1.95 \text{ m})](9.81 \text{ m/s}^2)}{2(2.40 \text{ m})(\sin 25.4077°)} = 840.113 \text{ N}$$

牆壁施加於橫桿的力所具有的分量為

$F_x = (840.113 \text{ N})(\cos 25.4077°) = 758.855 \text{ N}$

$F_y = (19.7 \text{ kg} + 33.1 \text{ kg})(9.81 \text{ m/s}^2) - (840.113 \text{ N})(\sin 25.4077°) = 157.512 \text{ N}$

因此，該力的量值和方向由下式給出：

$$F = \sqrt{(157.512 \text{ N})^2 + (758.855 \text{ N})^2} = 775.030 \text{ N}$$

$$\theta_F = \tan^{-1}\left(\frac{157.512}{785.855}\right) = 11.726°$$

捨入 給定的數值都具有三位有效數字，所以最終答案也四捨五入到三位有效數字：$T = 840.$ N，$F = 775.$ N，$\theta_F = 11.7°$。

複驗 橫桿加上招牌的總重量只有

$$F_g = (m+M)g = (19.7 \text{ kg} + 33.1 \text{ kg})(9.81 \text{ m/s}^2) = 518. \text{ N}$$

因此在量值上，我們求得的兩個力都相當大。事實上，纜繩施於橫桿的力 T 和牆壁施於橫桿的力 F，其總和 $T + F = 1615.$ N，因此比橫桿加上招牌的總重量，大了 3 倍多。這是否有道理？是的，因為 $\vec{T}$ 和 $\vec{F}$ 這兩個力向量所具有之相當大的水平分量，必須相互抵消。當我們計算這些力的量值時，也包括它們的水平分量。當纜繩和橫桿之間的夾角 θ 趨向 0° 時，$\vec{T}$ 和 $\vec{F}$ 的水平分量變得越來越大。因此，你可以看出，若圖 11.5b 中的距離 d 比橫桿的長度小得多的話，會造成極大的纜繩張力和極度受到應力的懸吊系統。

>>> **觀念檢測 11.3**

如果詳解題 11.1 中的所有其他參數都保持不變，但招牌遠離牆壁而往橫桿末尾移動，張力 T 會如何變化？
a) 它會變小
b) 它會保持不變
c) 它會變大

>>> **觀念檢測 11.4**

如果詳解題 11.1 中的所有其他參數都保持不變，但纜繩和橫桿之間的角度增加，張力 T 會如何變化？
a) 它會變小
b) 它會保持不變
c) 它會變大

普通物理

11.3 建築結構的穩定性

對於摩天大樓或橋樑，設計師和建築師需考慮結構在外力影響下保持直立的能力。

讓我們藉由圖 11.6a 來量化穩定性的概念。此圖顯示靜置於水平面上處於靜力平衡的一個盒子。經驗告訴我們，如果我們用一根手指，以圖中所示的方式，施加小的推力，盒子會保持在相同的位置。我們施加於盒子的小力，恰好被盒子和支撐表面之間的摩擦力平衡。因此淨力為零，而沒有運動。如果我們穩定的增加施力的量值，結果有兩種可能：如果摩擦力不足以抗衡手指施加的力時，盒子開始往右側滑動。或者，如果盒子重量作用於其質心所產生的力矩，小於手指施力和摩擦力引起的力矩，則盒子開始傾斜，如圖 11.6b。因此，盒子的靜力平衡相對於小的外力是穩定的，但足夠大的外力將會破壞平衡。

此簡單的例子說明穩定性的特性。工程師需要能夠計算出在不致破壞結構穩定性之下可以存在的最大外力和力矩。

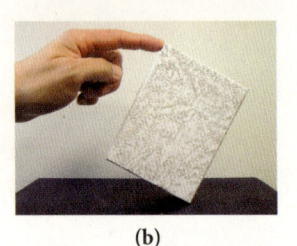

圖 11.6 (a) 在盒子的上邊緣施以較小的推力。(b) 在較大的推力下，盒子傾斜了。

量化的穩定性條件

為了將平衡狀態的穩定性加以量化，我們從第 6 章一維位能與力之間的關係開始：

$$F_x(x) = -\frac{dU(x)}{dx}$$

在三維中，這就成為

$$\vec{F}(\vec{r}) = -\vec{\nabla} U(\vec{r})$$

其中 $\vec{\nabla} U(\vec{r}) = \frac{\partial U(\vec{r})}{\partial x}\hat{x} + \frac{\partial U(\vec{r})}{\partial y}\hat{y} + \frac{\partial U(\vec{r})}{\partial z}\hat{z}$ 是位能函數相對於位置向量的一階梯度導數。淨力為零是平衡的條件之一，對空間中的給定點，此條件在一維時可以表示成 $\frac{dU(x)}{dx} = 0$，而在三維時則可表示成 $\vec{\nabla} U(\vec{r}) = 0$。到目前為止，一階導數為零的條件並未提供新的見解。然而，我們可以使用位能函數的二階導數，依據其符號來區分三種不同的情況。

情況 1　穩定平衡

$$\text{穩定平衡}: \left.\frac{d^2U(x)}{dx^2}\right|_{x=x_0} > 0 \tag{11.8}$$

如果位能函數相對於座標的二階導數在一個點上是正的，則位能在該點具有局部最小值。在這種情況下，系統處於**穩定平衡**，即若系統小幅偏離其平衡位置，則會出現驅使系統回到平衡位置的回復力。圖 11.7a 說明這種情況：如果將紅點往正或負方向移離平衡位置 x_0，然後由靜止將其釋放，則它將朝返回平衡位置的方向移動。

情況 2　不穩平衡

$$\text{不穩平衡：} \left.\frac{d^2U(x)}{dx^2}\right|_{x=x_0} < 0 \qquad (11.9)$$

如果位能函數相對於座標的二階導數在一個點上是負的，則位能在該點具有局部最大值。在這種情況下，系統處於**不穩平衡**，即若系統小幅偏離其平衡位置，則會出現驅使系統遠離平衡位置的力。圖 11.7b 說明這種情況：如果將紅點往正或負方向移離平衡位置 x_0，然後由靜止將其釋放，則它將朝遠離平衡位置的方向移動。

情況 3　中性平衡

$$\text{中性平衡：} \left.\frac{d^2U(x)}{dx^2}\right|_{x=x_0} = 0 \qquad (11.10)$$

若位能函數對座標的二階導數在一個點上不為正或負，則稱該點處於**中性平衡**，也稱為隨遇的或邊際的穩定。圖 11.7c 說明這種情況：如果將紅點移離平衡位置 x_0，然後由靜止將其釋放，則它既不返回也不遠離平衡位置，而只是留在也是平衡點的新位置上。

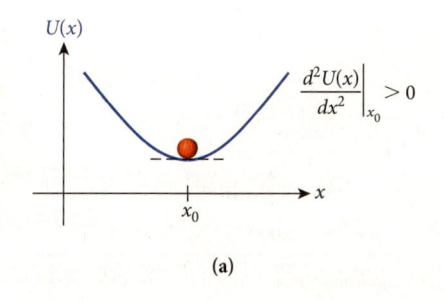

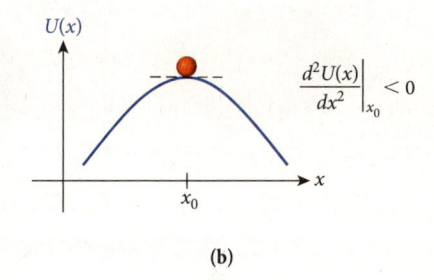

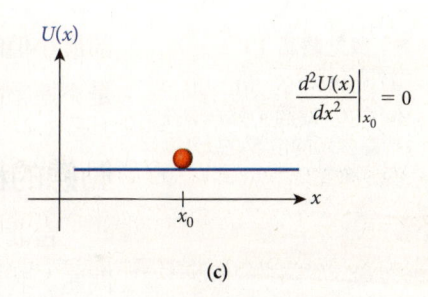

圖 11.7　位能函數在一個平衡點附近的形狀：(a) 穩定平衡；(b) 不穩平衡；(c) 中性平衡。

多維的曲面與鞍點

　　對一維系統而言，上述三種情況涵蓋了所有可能類型的穩定性。它們可推廣到座標多於一個的二維和三維情況。我們必須檢查位能函數對所有座標的偏導數，而不是如 (11.8) 式至 (11.10) 式，只檢查它對一個座標的導數。對二維位能函數 $U(x,y)$ 而言，在平衡位置時它對座標 x 和 y 的一階導數均須為零。此外，位能函數在平衡點對座標 x 和 y 的二階導數，在穩定平衡時均須為正，在不穩平衡時均須為負，而在中性平衡時則均須為零。圖 11.8 的 (a) 至 (c) 部分別顯示出這三種情況。

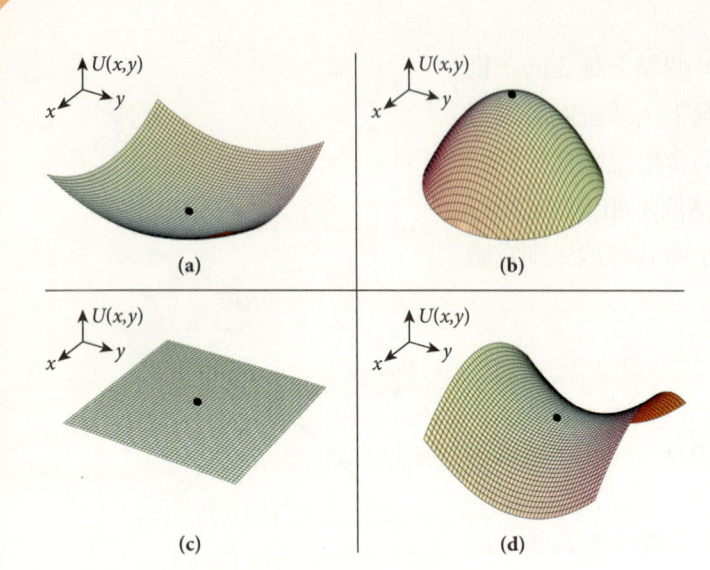

圖 11.8 二維位能函數之不同類型的平衡。

然而，當空間維度多於一個時，位能函數在一個平衡點的二階導數有可能出現以下的情況：相對於一個座標它是正的，但相對於另一個座標則為負。這種平衡點被稱為鞍點，因為位能函數在此點附近的形狀像一個馬鞍。圖 11.8d 示出了這樣一個鞍點，其二階偏導數中有一個是負的，另一個是正的。此鞍點相對於 y 方向的微小位移為穩定平衡，但相對於 x 方向的微小位移則為不穩平衡。

依據嚴格的數學說法，上述有關二階導數的條件只是出現局部最大值和局部最小值的充分條件，但並不是必要條件。有時，位能函數的一階導數是不連續的，但極值仍然可以存在。

>>> **觀念檢測 11.5**
圖 11.8 中的 (a)、(b)、(c)、(d) 曲面，哪一個在黑點標示的位置之以外還有平衡點？

動態的穩定性控制

台北 101 大樓的質量阻尼器如何給結構帶來穩定性？為了回答這個問題，我們先來看看人類如何站直。當你站直時，你的質心位於雙腳的正上方。重力對你沒有施加淨力矩，你可以筆直站立。如果有其他的力對你作用 (例如，強風吹襲或提起重物時)，因而帶來額外力矩，你的大腦透過與內耳中流體耦合的神經，可以感測得知變化，並使身體的質量分布稍微改變，以做糾正。為了展示人的大腦所具有之進行這些動態穩定性調整的可觀能力，你可張開雙臂，將你的背包 (滿滿裝著書本、筆記型電腦等) 伸出到身體的前方。這個舉動不會導致你摔倒，但是，如果你腳跟貼著牆腳，背靠著牆面筆直站立，再進行同樣的嘗試，則當你張開雙臂將背包伸出到身前時，你就會向前倒下。為什麼呢？因為受到你身體後面的牆壁阻礙，你的大腦無法完成身體質量分布的改變，以補償背包重量所引起的力矩。

我們可用另一種方式來對動態的穩定性控制，進行實際的了解。你可以取一根桿狀的物體，像曲棍球或高爾夫球的球桿，將它的握柄端擺放在手掌中，然後向上頂起球桿，使它保持平衡。在練習一下後，你就能將球桿平衡，這種練習可訓練大腦告訴手臂肌肉執行小的糾正措施，以抵消欲平衡之物體所出現的傾斜運動。

11 靜力平衡

最後，在台北 101 大樓頂部的質量阻尼器，其用途也是類似的，它提供建築物質量分布的細微變化，使在強大風力產生的力矩下，能有助於維持穩定性。但它也抑制了這些力所引起的建築物振盪，我們將在第 13 章返回到這個主題。

已學要點｜考試準備指南

- 物體靜止不動的平衡情況，稱為靜力平衡，它是力學平衡的一種特殊情況。
- 一個物體 (或多個物體的集合) 處於靜力平衡時，其所受淨外力與淨外力矩必均為零：

$$\vec{F}_{net} = \sum_{i=1}^{n} \vec{F}_i = \vec{F}_1 + \vec{F}_2 + \cdots + \vec{F}_n = 0$$

$$\vec{\tau}_{net} = \sum_i \vec{\tau}_i = 0$$

- 靜力平衡的條件也可以表達為 $\vec{\nabla}U(\vec{r})\big|_{\vec{r}_0} = 0$；換言之，位能函數對位置向量的一階梯度導數在平衡點為零。
- 穩定平衡的條件是位能函數在該點具有最小值。穩定平衡的一個充分條件是位函數對座標的二階導數在平衡點為正。
- 不穩平衡的條件是位能函數在該點具有最大值。不穩平衡的一個充分條件是位函數對座標的二階導數在平衡點為負。
- 如果位能函數對座標的二階導數在平衡點為零，則平衡為中性 (或隨遇或邊際穩定)。

自我測試解答

11.1 選擇 m_2 的位置為轉軸點。

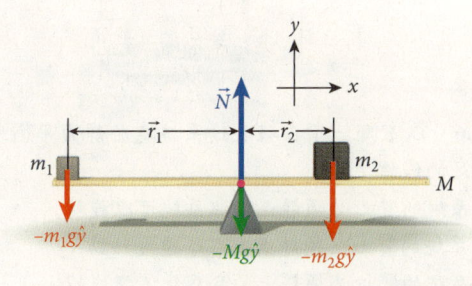

$$F_{net,y} = \sum_i F_{i,y} = -m_1 g - m_2 g - Mg + N = 0$$

$$\Rightarrow N = g(m_1 + m_2 + M) = m_1 g + m_2 g + Mg$$

$$\tau_{net} = \sum_i \tau_{逆時鐘,i} - \sum_j \tau_{順時鐘,j}$$

$$\tau_{net} = m_1 g(r_1 + r_2)\sin 90° + Mgr_2 \sin 90° - Nr_2 \sin 90° = 0$$

$$Nr_2 = m_1 g r_1 + m_1 g r_2 + Mgr_2$$

$$(m_1 g + m_2 g + Mg)r_2 = m_1 g_1 + m_1 g r_2 + Mgr_2$$

$$m_2 g r_2 = m_1 g r_1$$

$$m_2 r_2 = m_1 r_1$$

解題準則：靜力平衡

1. 幾乎所有的靜力平衡問題，都涉及求出沿各座標軸方向的外力總和，求外力的力矩總和，並令這些總和為零。然而，選擇適當的座標軸與力矩的轉軸點，可以造成問題難解與易解的差異。一般情況下，選擇一個轉軸點使一個未知力 (往往不止一個力！) 的力臂

277

普通物理

為零，可以簡化方程式，讓你可以解出一些力的分量。

2. 要為靜力平衡的情況寫出正確的方程式時，有一個關鍵的步驟就是要畫出正確的自由體力圖。要注意施力點的位置；由於牽涉到力矩，你必須將物體當作延展體，不可當作質點，並記住施力點 (即力的作用點) 會影響力矩。檢查每個力，確保它是施加在處於平衡的物體上，而不是來自處於平衡的物體。

選擇題

11.1 質量為 3.00 kg 的掃帚靠著咖啡桌。一名清潔工舉起掃帚柄，將手臂完全伸直，使手與肩膀的距離為 0.450 m，如果手臂是在低於水平 50.0° 的角度，掃帚對肩膀產生的力矩為何？
a) 7.00 N m b) 5.80 N m
c) 8.51 N m d) 10.1 N m

11.2 一根很輕的剛棒以 A 點為支點，懸掛著 m_1 和 m_2，如附圖所示。m_1 對 m_2 的重量比為 1:2。若從支點到 m_1 和 m_2 的距離分別為 L_1 和 L_2，則 $L_1:L_2$ 為何？ 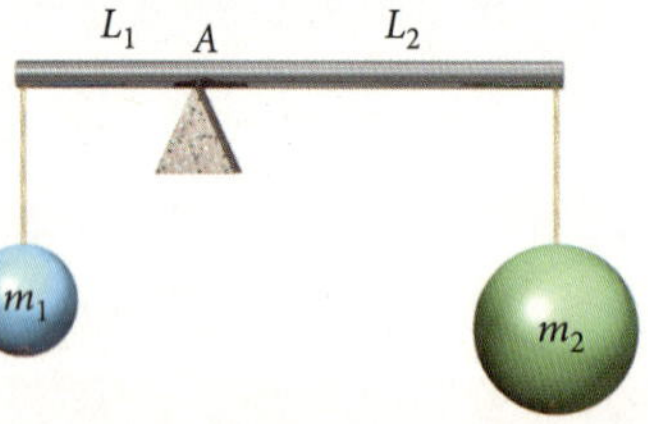
a) 1:2
b) 2:1
c) 1:1
d) 所給資訊不足，無從確定

11.3 在附圖中的物體從質心被懸吊起來，因此它是平衡的。如果在其質心處將物體切成兩段，則兩段的質量之間有何關係？

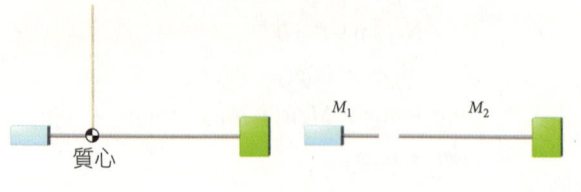

a) $M_1 = M_2$ b) $M_1 < M_2$
c) $M_2 < M_1$ d) 這是無法分辨的

11.4 在遊樂場的蹺蹺板上，有一個質量為 15 kg 的小孩坐在距離支點 2.0 m 處。位於支點另一側、距離支點 1.0 m 的第二個小孩，其質量必須_____才可使第一個小孩離開地面。
a) 大於 30 kg b) 不到 30 kg
c) 等於 30 kg

11.5 附圖所示的雕塑，包括一塊長方形大理石，邊長為 $a = 0.71$ m，$b = 0.71$ m，$c = 2.74$ m，以及一根圓柱體木頭，長度 $\ell = 2.84$ m，直徑 $d = 0.71$ m。圓柱體與大理石相連，其上邊緣與大理石的頂部距離為 $e = 1.47$ m。如果將一質點放置在木頭圓柱體右端，則不致使雕塑翻倒的質點質量為何？
a) 2.4 kg b) 29.1 kg
c) 37.5 kg d) 245 kg
e) 1210 kg

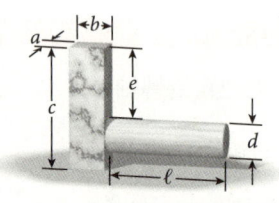

11.6 以下哪一項正確表達系統處於靜力平衡所必須滿足的條件？
a) 系統的質心必須靜止，但系統可以旋轉。
b) 系統的質心必須靜止或以等速度移動。
c) 系統的質心必須靜止，且系統不能旋轉。
d) 系統必須繞其質心旋轉。
e) 系統的質心必須靜止，且系統繞其質心以等角速率旋轉。

11 靜力平衡

觀念題

11.7 一架飛機有三組起落架：每邊的機翼中心線下方各有一組主起落架，而第三組則在機鼻下方。各組主起落架具有四個輪胎，而機鼻的起落架具有兩個輪胎。如果飛機靜止時，各輪胎的負載是相同的，試求飛機的質心。結果以機鼻的起落架到機翼中心線之垂直距離的分數倍表示。(假設當飛機靜止時，起落架支柱是垂直的，且與飛機的尺寸相比，起落架的尺寸是可忽略不計。)

11.8 下列的各情況，在沒有任何對稱或對力的其他限制條件下，經由靜力平衡條件可以確定的未知力分量最多可為多少個？
a) 所有的力和物體都在同一個平面。
b) 力和物體都在三維空間。
c) 力在 n 個空間維度中作用。

11.9 有一根 m 尺，在 50 cm 的刻度記號處可將其平衡。此根 m 尺是否有可能是不均勻的？

11.10 附圖所示的系統由一個均勻（單相）的矩形板，架在兩個相同的旋轉圓柱體上。兩個圓柱體各自繞軸以相等的角速率沿相反方向旋轉。板在最初被放到兩圓柱體上時，相對於兩圓柱體之間的中點，具有完美對稱性。此位置是否為板的平衡位置？如果是的話，它是處於穩定或不穩的平衡？若將板從初始位置稍微移開，會發生什麼？

11.11 雕刻家和助手一同抬著一塊楔形石板走上樓梯，如圖所示。石板的密度是均勻的。當兩人使石板短暫的完全靜止時，都垂直向上施力。要使石板處於靜止，雕刻家是否需要比助手施加更大的力？解釋之。

11.12 一均勻圓盤的質量為 M_1，半徑為 R_1，將其切出半徑為 R_2 的圓孔，如圖所示。
a) 求切出圓孔後的物體質心。 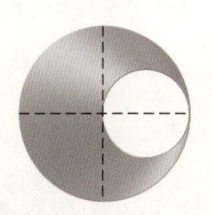
b) 當垂直靜立於其邊緣上時，此物體有多少個平衡位置？穩定、中性與不穩平衡的分別是哪些？

11.13 一小孩有一組積木都是由同一種均勻的木材製成。積木有三塊：一塊是邊長為 L 的立方體，一塊等同於將前一立方體的兩個相連，另一塊則等同於將三個立方體首尾相連。小孩將 3 塊積木堆疊如附圖所示：在最底下的是立方體，其上水平擺放著最長的積木，而大小居中的積木則垂直擺放於最上面。每塊積木的中心最初都在同一垂直線上。頂部的積木可以沿著中間積木滑動多遠，而不致使中間積木翻覆？

練習題

題號前的藍點 (•) 與雙藍點 (••) 代表問題難度遞增。

11.1 節

11.14 一個重量為 1000. N 的箱子，長度為 L，靜置於一個水平平台上。有兩根垂直繩索向上拉住箱子，左邊繩索在距離箱子左端 $L/4$ 處與箱子連接，該繩上的張力為 400. N。假設平台向下降低時，箱子沒有平移或旋轉，則右邊繩索上的張力為何？

普通物理

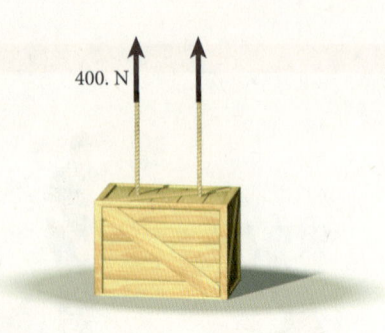

11.15 如附圖所示，雕刻家和助手在將長度 L = 2.00 m、質量 75.0 kg 的石板搬上台階時，停下來休息。石板的質量沿其長度均勻分布。當他們停下時，雕刻家和助手分別在兩端**垂直向上**拉住石板，而石板相對於水平方向的角度為這是在 30.0°。在他們停下休息時，為了使石板保持靜止，雕刻家和助手對石板施加的力，其量值各為何？

11.16 附圖中的照片，顯示了遊樂場常見的一種典型旋轉輪，以及一張頂視圖。四個小孩站在地上，沿著力箭頭的方向拉動旋轉輪。四個力的量值為 F_1 = 104.9 N、F_2 = 89.1 N、F_3 = 62.8 N 與 F_4 = 120.7 N。所有的力都沿切線方向作用。第五個小孩施加的拉力 $\vec{F}$，作用於黑色的點，也是沿切線方向，如果要使旋轉輪不能轉動，$\vec{F}$ 的量值需為何？$\vec{F}$ 的方向是逆時鐘或順時鐘？

•**11.17** 一剛體直桿的質量為 m_3，以 A 點為支點，桿子上懸掛了質量 m_1 和 m_2，如附圖所示。
a) 作用於支點的正向力為何？
b) 若從支點到 m_1 和 m_2 的距離分別為 L_1 與 L_2，則 L_1 對 L_2 的比為何？已知 $m_1:m_2:m_3$ = 1:2:3。

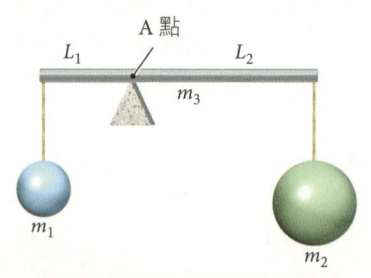

•**11.18** 考慮以肩膀為轉軸點的力矩，估計三角肌(它們在肩膀頂部)對你上臂的骨頭施加的力，必須多大才可以使你的手臂在肩膀的高度上水平伸直。然後，估計要將 4.55 kg 的物體，用手維持在手臂長度的距離之外時，肌肉必須施加的力。要確定所需的力，你需要估計三角肌連接到你上臂骨頭的點到肩膀轉軸點的距離。假設三角肌是唯一對力有貢獻的肌肉。

11.2 節

11.19 一名重量為 600.0 N 的泥水匠，距離均勻鷹架的一端 7.00 m，支架的長度為 1.50 m，重量為 800.0 N。有一堆重達 500.0 N 的磚，距離鷹架的同一端 3.00m。如果鷹架在兩端受到支撐，計算作用於每端的力。

11.20 一名質量為 M = 92.1 kg 的工程主管，站在一個質量為 m = 27.5 kg 的木板上。支持木板的兩個鋸木架彼此相距 ℓ = 3.70 m，木板伸出每個鋸木架的長度相

280

等。如果如附圖所示，此主管站在距離左邊鋸木架 x_1 = 1.07 m 處，則木板施加於左邊鋸木架的力為何？

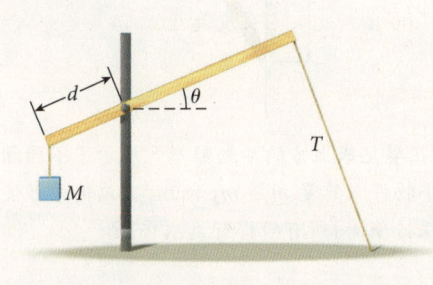

•• 11.25 一座跨越峽谷的木橋，是由兩根繩子將一塊線密度為 λ = 2.00 kg/m 的木板懸吊於樹枝下方 h = 10.0 m 所組成。每根繩子的長度均為 $L = 2h$，可承受的最大張力均為 2000. N，且分別連接到木板的兩端，如附圖所示。一徒步旅行者從橋左端踏上橋，使橋傾斜成相對於水平為 25.0° 的角度。徒步旅行者的質量為何？

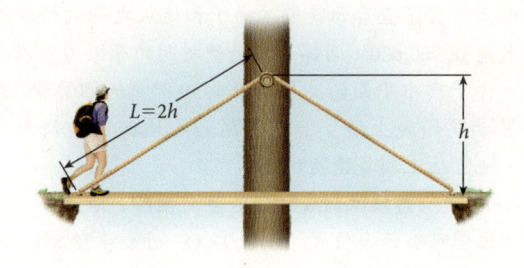

• 11.21 兩片均勻的厚木板，每片的質量為 m，長度為 L，它們的頂部以鉸鏈連接，而中心則以質量可忽略的鏈條連接，如附圖所示。該組件在無摩擦的表面上，可挺立成 A 的形狀，不致塌陷。試將以下各量表示為鏈條長度的函數：

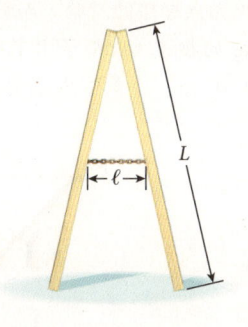

a) 鏈條上的張力。

b) 每片木板上的鉸鏈所受的力。

c) 地面施加於每片木板的力。

• 11.22 一把長 10.0 m 的均勻梯子，靠在無摩擦的牆上，與水平的夾角 60.0°。梯子的質量為 9.072 kg。一個 27.67 kg 的男孩順著的梯階往上爬 4.00 m。地板施加於梯子的摩擦力量值為何？

• 11.23 一扇均勻的矩形門，高 2.00 m，寬 0.800 m，重量 100.0 N，一邊以兩個鉸鏈支撐，兩鉸鏈分別比門的底邊高出 30.0 cm 與 170.0 cm。計算兩個鉸鏈所受作用力的水平分量。

•• 11.24 長度為 8.00 m、質量為 100. kg 的木棍，在距離其一端 d = 3.00 m 的位置，以大螺栓使其與支撐它的支柱接合。木棍與水平的夾角 θ = 30.0°，如附圖所示。用一條繩索將質量為 M = 500. kg 的物體懸吊於木棍的一端，另一條繩索則以垂直於木棍的角度，連接到木棍的另一端。求出第二條繩索上的張力 T 與螺栓施加於木棍的力。

11.3 節

11.26 一均勻矩形書櫃的高度為 H，寬度為 $W = H/2$，以等速度推動此書櫃使其跨越水平地面。若在高於地面 H 的書櫃頂部邊緣施加水平力推動它時，沒有導致書櫃傾覆，則書櫃和地板之間的動摩擦係數最大可以為何？

11.27 質量 37.7 kg、長度 3.07 m 的梯子，以 θ 的角度斜靠在牆壁上。梯子和地板之間的靜摩擦係數為 0.313；假定梯子和牆壁之間沒有摩擦力。梯子開始滑動之前，θ 可以有的最大值為何？

• 11.28 一名質量 m_b = 27.2 kg 的男孩在一塊均勻的木板上玩耍。木板的質量 m_p = $2m_b$，長度 L = 2.44 m，平放於兩個支柱上，且兩支柱的支撐點固定位於距離木板左端和右端 $d = L/4$ 處。

a) 如果男孩靜立，與木板左端的距離為 $a = 3L/8$，則各支柱施加於木板的力為何？

b) 男孩向木板右端緩慢移動。在木板開始傾覆之前，他能走多遠？

• 11.29 附圖顯示堆疊在桌面上的 7 塊相同鋁塊，每塊的長度 l = 15.9 cm，厚度 d = 2.20 cm。

a) 頂部鋁塊 (第 7 塊) 的右邊緣可比桌子右邊緣向右伸出多遠？

b) 若一疊這種鋁塊的頂部鋁塊，其左邊緣是在桌子右邊緣的左側，則此疊鋁塊的最小高度為何？

普通物理

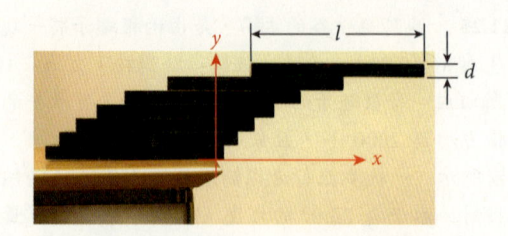

•**11.30** 質量為 M、長度為 $L = 8.00$ m 的梯子，在水平地面上斜靠著垂直的牆壁。梯子和地板之間的靜摩擦係數為 $\mu_s = 0.600$，而梯子和牆壁之間的摩擦力可以忽略。梯子與水平面的夾角為 $\theta = 50.0°$。一個質量 $3M$ 的男子開始爬上梯子。梯子開始在地面上前滑動之前，他可往上爬多遠的距離？

•**11.31** 一物體被限制成只能沿著 x 軸做一維運動。物體的位能可表示為位置的函數 $U(x) = a(x^4 - 2b^2x^2)$，其中 a 和 b 代表正數。求出所有可能的平衡點位置，並將各點的平衡狀態分類為穩定、不穩或中性平衡。

•**11.32** A 和 B 兩人站在均勻線密度的木板上，有兩個支柱使木板維持平衡，如附圖所示。若要木板不致傾覆，A 站立的位置與木板右端的最大距離 x 為何？將 A 和 B 當作質點。B 的質量是 A 的兩倍，木板的質量是 A 的一半。答案以木板的長度 L 表示。

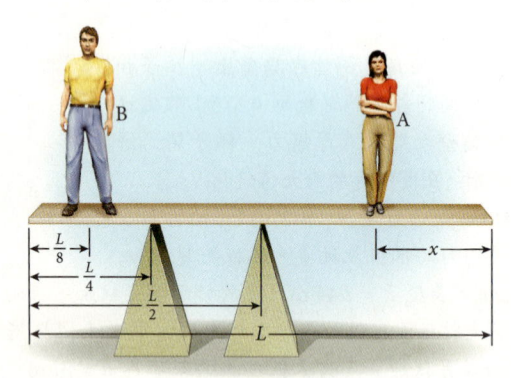

補充練習題

11.33 一片長度 $L = 8.00$ m 的木板，質量為 $M = 100.$ kg，對正中心置放於一個邊長 $S = 2.00$ m 的花崗岩立方體上面。一個質量為 $m = 65.0$ kg 的人，開始從木板中心向外走，如附圖所示。木板即將傾覆時，此人距離木板中心有多遠？

11.34 在一部加速度為 5.00 m/s² 的轎車中，以繩子將空氣清新劑懸吊於後視鏡下方，繩子相對於垂直線的角度保持固定。此角度為何？

11.35 以質量 50.0 kg、長度 5.00 m 的均勻木板作為蹺蹺板。蹺蹺板的左端坐著 45.0 kg 的女孩，右端坐著 60.0 kg 的男孩。蹺蹺板的支點位置需在何處才能達成靜力平衡？

•**11.36** 附圖所示的實驗裝置，桿子 B_1 的長度 $L_1 = 1.00$ m，質量 M_1 為未知，桿的最低點 P_1 為其支點。第二根桿子 B_2 的長度 $L_2 = 0.200$ m，質量 $M_2 = 0.200$ kg，並以 B_1 的 P_2 點為其支點 (懸吊點)，P_2 與 P_1 兩點的水平距離 $d = 0.550$ m。為了要使系統處於平衡狀態，將質量可忽略的繩子一端連接於桿 B_1 的頂點 P_3，再水平繞過無摩擦的滑輪，而於繩子另端懸掛質量 $m = 0.500$ kg 的物體。此繩子水平部分的高度比支點 P_1 高出 $y = 0.707$ m。計算桿 B_1 的質量。

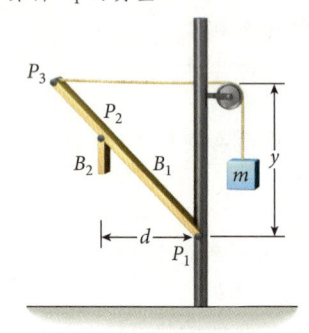

•**11.37** 質量 $M = 50.0$ kg 的重桿，一端與垂直牆壁以鉸鏈連接，另一端連接著長度為 3.00 m 的鋼索，如附圖所示。鋼索的另一端也連接到牆壁上高出鉸鏈 4.00 m 的位置。一質量 $m = 20.0$ kg 以繩子懸掛在桿的一端。

a) 求鋼索和繩子上的張力。

b) 求鉸鏈施加於桿的力。

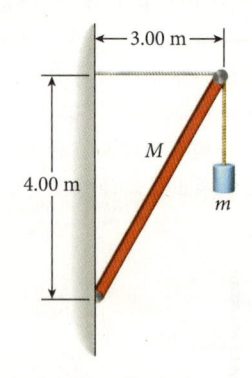

•**11.38** 在嬰兒床上方的活動雕塑，展示了不同顏色與形狀的小物件。質量 m_1、m_2 和 m_3 需為何才可使該活動雕塑保持平衡(所有橫桿皆為水平)？

靜力平衡 11

•**11.39** 一根長度為 2.20 m 的直管，質量為 8.13 kg，在舞台上方以兩條鏈子懸吊成水平，每條鏈子距離較近的直管末端均為 0.20 m。有兩盞 7.89 kg 的舞台燈夾緊在直管上，兩盞燈與直管左端的距離分別為 0.65 m 和 1.14 m。試求每條鏈子所受的張力。

•**11.40** 一個 20.0 kg 的箱子，高度為 80.0 cm，寬度為 30.0 cm，有一面在高於地面 50.0 cm 之處有個把手。箱子靜止不動，而箱子與地板之間的靜摩擦係數為 0.280。
a) 若施力於把手時，箱子只傾覆而不滑動，則施力的最小值 F 為何？
b) 此力應沿什麼方向作用？

多版本練習題

11.41 一水平直桿的長度為 2.141 m，質量為 81.95 kg，一端以鉸鏈連接到牆壁，另端以連接到牆壁的繩索拉住桿，使桿保持水平。若繩索與桿的夾角 $\theta = 38.89°$，則繩索上的張力為何？

11.42 一直桿的長度為 2.261 m，質量為 82.45 kg，一端以鉸鏈連接到牆壁，另端以連接到牆壁的繩索拉住桿，使桿保持水平。若繩索上的張力為 618.8 N，則繩索與桿的夾角為何？

11.43 一水平直桿的長度為 2.381 m，一端以鉸鏈連接到牆壁，另端以連接到牆壁的繩索拉住桿，使桿保持水平。若繩索與桿的夾角 $\theta = 42.75°$，繩索上的張力為 599.3 N，則桿的質量為何？

11.44 一個 92.61 kg 的人站上位於均勻梯子一半長度的梯階。梯子的長度為 3.413 m，質量為 23.63 kg，斜靠在牆壁上。梯子和牆壁之間的角度為 θ。梯子和地板之間的靜摩擦係數為 0.2881。假設梯子和牆壁之間的摩擦力為零。在梯子沒有滑動下，梯子和牆壁之間的角度 θ 最大可為何？

11.45 一個 96.97 kg 的人站上位於均勻梯子一半長度的梯階。梯子的長度為 3.433 m，質量為 24.91 kg，斜靠在牆壁上。梯子和牆壁之間的角度 $\theta = 27.30°$。假設梯子和牆壁之間的摩擦力為零。在梯子沒有滑動下，梯子和地板之間的靜摩擦係數最小可為何？

12 固體與液體

待學要點
- **12.1** 原子和物質的組成
- **12.2** 物質狀態
- **12.3** 伸張、壓縮和剪切
  - 固體的彈性
  - 應力與應變
    - 例題 12.1　安裝壁掛式平板電視
- **12.4** 壓力
  - 壓力−深度關係
  - 錶壓和氣壓計
  - 氣壓−高度關係
  - 帕斯卡原理
- **12.5** 阿基米德原理
  - 浮力
    - 例題 12.2　漂浮的冰山
- **12.6** 理想流體的運動
  - 白努利方程式
  - 白努利方程式的應用
    - 詳解題 12.1　文土里管
  - 容器中液體的排放
- **12.7** 黏性
- **12.8** 紊流和流體運動的研究前沿

已學要點｜考試準備指南
- 解題準則
- 選擇題
- 觀念題
- 練習題
- 多版本練習題

圖 12.1 北海的牛角礁風力發電場。在適當的大氣條件下，當空氣中的水蒸汽冷凝產生雲氣時，可以看得見渦輪機的尾流。

圖 12.1 所示的風力發電場，共有 80 部渦輪機，位於北海的牛角礁，距離丹麥西海岸 15 km。它於西元 2002 年啟用時是世界最大的離岸風力發電場，發電功率為 160 MW。風力渦輪機可以從風提取能量，對滿足我們未來的電力需求，具有巨大貢獻。風力發電場中的渦輪機彼此不能太靠近，因為會在下游產生尾流，從而降低了渦輪機的效率。

我們至今所討論的是理想化物體的運動，但有些因素被忽略了，如它們的組成材料，以及材料受力時所顯現的回應行為。本章考慮這些因素中的一部分，以便對固體、液體和氣體的物理特性，提供一個概觀。

普通物理

> **待學要點**
>
> - 原子是宏觀物質的基本組成單元。
> - 原子的直徑約為 10^{-10} m。
> - 物質可以氣體、液體或固體的狀態存在。
>   - 氣體是一種系統，其中的原子可自由移動穿行空間。
>   - 液體是一種系統，其中的原子可自由移動但形成幾乎不可壓縮的物質。
>   - 固體會自己保持固定的大小和形狀。
> - 固體幾乎是不可壓縮的。
> - 不同形式的受力狀態 (或應力)，如拉伸、壓縮和剪切，可以使固體變形。這些變形可用施加的應力和其所產生的變形之間的線性關係來表示。
> - 壓力是每單位面積上的正向力。
> - 地球大氣的壓力可以用水銀氣壓計或類似的儀器測量。
> - 氣體的壓力可以使用水銀液壓計來測量。
> - 帕斯卡原理指出施加到密閉流體的壓力會傳送到流體的所有部分。
> - 阿基米德原理指出物體在流體中受到的浮力等於物體所排開流體的重量。
> - 白努利原理指出，流體流動得愈快時，它施加於界面的壓力愈小。

12.1 原子和物質的組成

隨著物理學的發展，科學家們探索了愈來愈微小的尺寸，透視物質更深的內部，以細查它的基本組成單元。這種透過研究子系統，以更深入了解一個系統的一般性作法，稱為簡化論，過去四、五百年來的科學進步，證明這是一個效果卓著的指導原則。

今天，我們知道**原子**是物質的基本建構單元，儘管它們本身是複合粒子。然而，原子的次結構，必須借助加速器和現代原子核和粒子物理學的其他工具，才能辨識決定。就本章的討論而言，將原子當作基本建構單元是合理的。原子的直徑大約是 10^{-10} m = 0.1 nm。這個距離亦稱為埃 (Å)。

最簡單的原子是氫，由 1 個質子和 1 個電子組成。氫是宇宙中最豐富的元素。接下來最豐富的元素是氦。氦原子的核內有 2 個質子和 2 個中子，核外有 2 個電子環繞。另一種常見的原子是氧，有 8 個質子和 8 個電子，另外通常帶有 8 個中子。自然發生的原子中最重的是鈾，有 92 個質子和 92 個電子，通常帶有 146 個中子。到目前為止，元素週期表中已確認和分類的不同元素共有 118 種。

碳的同位素中最常見的是 ^{12}C，其中 12 代表原子質量數，也就是碳核中質子 (6) 加上中子 (6) 的總數。質量為 12 g 的 ^{12}C 所含原子的個數以 N_A 表示，它的值經測定為 $6.022 \cdot 10^{23}$，稱為**亞佛加厥數**：

$$N_A = 6.022 \cdot 10^{23}$$

一**莫耳** (1 mol) 的物質包含 $N_A = 6.022 \cdot 10^{23}$ 個原子或分子。因為一個質子和一個中子的質量大約相等，且遠大於電子的質量，1 莫耳的物質以 g (克) 為單位來表示時，其值非常接近原子質量數。1 莫耳的 ^{12}C 所具有的質量依定義恰為 12 g，而 1 莫耳的 ^4He 所具有的質量約為 4 g。元素週期表列出每個元素的原子質量，此質量約等於原子核所含質子和中子的數目；它不是一個整數，因為它考慮了天然同位素的豐度。(一個元素的各種同位素在核內的中子數不相同。如果一個碳核有 7 個中子，它就是 ^{13}C 同位素。) 對於分子，它的莫耳質量是 1 莫耳的分子中所有原子質量的總和。因此，1 莫耳的水 ($^1H_2\ ^{16}O$) 所具有的質量為 18.02 g。(它不是正好 18 g，因為氧原子有 0.2% 是同位素 ^{18}O。)

原子是電中性的。它們所含之帶負電的電子與帶正電的質子，數目相同。原子的化學性質由其電子結構決定。這種結構允許某些原子與其它原子結合而形成分子。例如，水是含有兩個氫原子和一個氧原子的分子。原子和分子的電子結構決定物質的宏觀性質，例如它在給定的溫度和壓力下，是否以氣體、液體或固體存在。

12.2 物質狀態

氣體是一種系統，其中的每一個原子或分子如同自由粒子一般，可穿行空間運動。偶爾，原子或分子會撞到另一個原子或分子，或容器的內壁。氣體可以被視為一種**流體**，因為它可以流動，並對其容器的內壁施加壓力。氣體是可壓縮的，這意味著容器的容積改變時，氣體仍可充滿整個體積，雖然它施加於容器壁上的壓力將發生變化。

與氣體形成對比，大部分的液體是幾乎不可壓縮的。將氣體放置於容器中，它會膨脹以填滿容器 (圖 12.2a)。將**液體**放置於容器中，它所填充的體積只會與它的初始體積一樣 (圖 12.2b)。如果液體的體積小於容器的體積，容器僅能部分填滿。

固體不需要容器，它自己會保持固定的形狀 (圖 12.2c)。就像液體，固體幾乎是不可壓縮的。然而，固體可以被壓縮而略微變形。

將物質分類成固體、液體和氣體，並不能涵蓋所有的可能性。顯然的，一物質處於何種狀態取決於其溫度。以水為例，它可以是冰 (固態)、水 (液態) 或蒸汽 (氣態)；幾乎所有其他的物質也都會出現相同的情況。然而，有些物質狀態並不適用固態/液態/氣態的分類。例如，恆

自我測試 12.1
0.5 L 的瓶子內所裝的水相當於多少個水分子？水的莫耳質量為 18.02 g。

自我測試 12.2
在標準溫度和壓力 (STP，即 $T = 0\ ℃$、$p = 1$ atm) 之下，1 莫耳的任何氣體佔有的體積為 22.4 L。氫氣和氦氣在 STP 的密度為何？

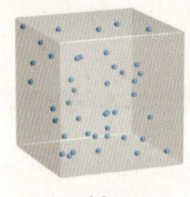

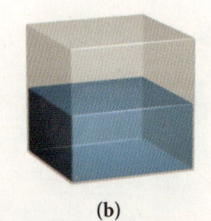

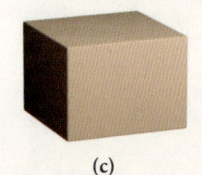

圖 12.2 (a) 充滿氣體的立方體容器；(b) 同一容器部分填充有液體；(c) 一個固體，它不需要容器。

普通物理

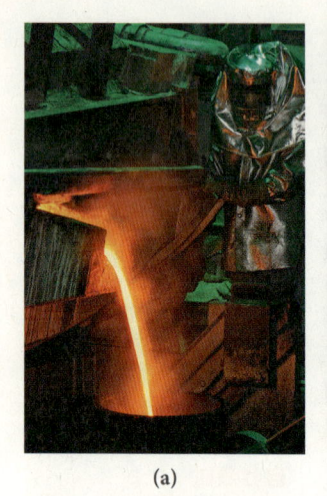

圖 12.3 (a) 澆注液態的銀 (在室溫下為固態的金屬)；(b) 灌注沙子 (粒狀介質)。

星上的物質並不處於這三態中的任何一態，取而代之的是等離子體 (亦稱電漿)，它是一種離子化原子的系統。在地球上，很多的海灘是由沙子構成的，沙子是粒狀介質最好的一個例子。粒狀介質的顆粒是固體，但它們的宏觀特性可以是更接近液體 (圖 12.3)，比如說，沙子可以像液體一樣流動。乍看下，玻璃似乎是固體，因為它們不會改變本身的形狀。然而，也有一些理由支持玻璃可看成一種黏性極高的液體。要依狀態來將物質分類時，玻璃既不是固態，也不是液態，而是自成一類的物質狀態，而其他種類的物質狀態還有泡沫和凝膠，它們目前引起研究人員極大的興趣。在泡沫中，材料包覆著不同大小的氣泡，形成薄膜；因此，有些泡沫物質是非常堅固的，但其質量密度卻非常低。

不到二十年前，一種新的物質形式，稱為玻色–愛因斯坦凝聚體，經實驗證實的確存在。要理解這個新的物質狀態，需要量子物理學的一些基本概念。但簡單的說，在非常低的溫度下，某些種類原子的氣體可以形成有序狀態，使其所有原子趨向於具有相同的能量和動量，而與光在雷射中形成有序狀態非常相似。

最後，我們的身體和大多數其他生物體內的物質，並不屬於上述任一分類。生物組織的組成主要是水，但隨著來自環境的邊界條件，它能夠保持或改變其形狀。

12.3 伸張、壓縮和剪切

讓我們來看看在外力作用下，固體會如何回應。

固體的彈性

許多固體是由配置於三維晶格的原子組成的，這些原子與它們的鄰居之間維持明確的平衡距離。在固體中，原子間的相互作用力，使它們保持於位置上，這種力可用彈簧為模型來近似。晶格具有剛性不易變

形，這意味著假想的彈簧都非常堅硬。宏觀的固態物體，如扳手和湯匙，都是由原子配置於這種剛性晶格組成的。然而，其他的固態物體，如橡膠球，組成的原子是配置於長鏈上，而不是形狀固定的晶格上。隨著它們的原子或分子結構，固體可以是非常剛性或較易變形的。

所有剛性物體都具有一些彈性，即使它們外表看來好像沒有。拉伸 (張緊)、壓縮或扭曲都能使剛性物體變形。如果一剛性物體在外力下只略微變形，則當此外力被移除後，它會恢復到原來的大小和形狀。如果剛性物體的變形大到超過其彈性限度 (亦稱彈性極限)，它不會恢復到原來的大小和形狀，而將維持永久變形。如果變形超過彈性限度太多，物體將會斷裂。

應力與應變

固體的變形可分為三種類型：伸張 (拉伸或張緊)、壓縮和剪切，其例子示於圖 12.4。這三種變形有一共通點，即每個應力 (或每單位面積的變形力) 會產生一個應變 (或單位變形)。拉伸或張緊與伸張應力有關，壓縮可由靜液應力產生，而剪切則由剪切應力產生，剪切應力有時也稱為偏離應力。當剪切力施加於材料時，材料兩端 (或兩側) 與切力平行的平面會保持平行，但彼此會相對移動，產生偏移。

三種變形的應力和應變，雖然各有不同的形式，但它們之間都以一個稱為彈性模量的比例常數，彼此成線性相關：

$$\text{應力} = \text{彈性模量} \cdot \text{應變} \tag{12.1}$$

只要未超過材料的彈性限度，此經驗關係恆適用。

在拉伸張緊的情況時，拉力 F 被施加於長度 L 的物體兩端，使物體伸張到新的長度 $L + \Delta L$ (圖 12.5)。拉伸應力 (或伸張應力) 的定義為每單位面積上施加於物體末端的力，即 F/A，其中 A 為末端受力的面積。應變的定義為物體長度的變化比率，即 $\Delta L/L$。在彈性限度以內，應力和應變之間的關係是

$$\frac{F}{A} = Y \frac{\Delta L}{L} \tag{12.2}$$

其中 Y 稱為楊氏模量 (或楊氏係數)，它只與

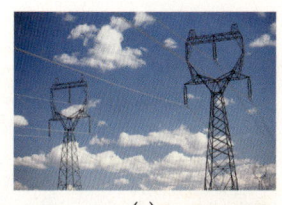

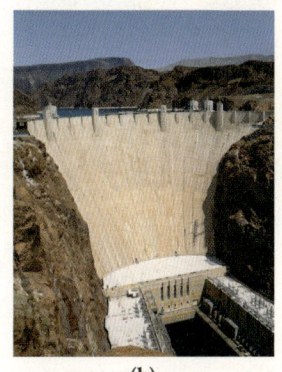

圖 12.4 應力和應變的三個例子：(a) 電力線的伸張；(b) 胡佛水壩的壓縮；(c) 剪刀造成的剪切。

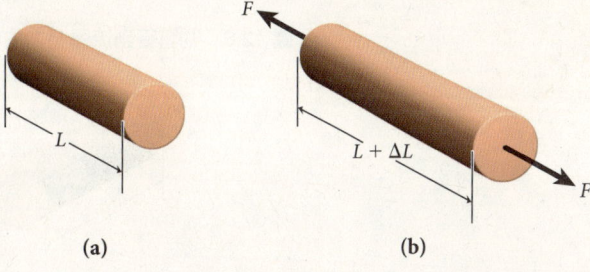

圖 12.5 拉力施加於物體兩端產生的伸張。(a) 施力前的物體。(b) 施力後的物體。注意：拉力改為推力產生的伸張，其長度變化為負 (未示出)，而可視為壓縮。

普通物理

表 12.1 楊氏模量的一些典型值

材料	楊氏模量 (10^9 N/m²)
鋁	70
骨	10-20
混凝土	20-30 (壓縮)
鑽石	1000-1200
玻璃	70
聚苯乙烯	3
橡膠	0.01-0.1
鋼	200
鈦	100-120
鎢	400
木	10-15

表 12.2 體積模量的一些典型值 (10^9 N/m²)

材料	體積模量
空氣	0.000142
鋁	76
玄武岩	50-80
汽油	1.5
花崗岩	10-50
水銀	28.5
鋼	160
水	2.2

材料的種類有關，而與材料的大小或形狀無關。楊氏模量的一些典型值列於表 12.1。

對於大多數的材料，在彈性限度內時，線性壓縮可用類似於伸張的方式進行處理。然而，對於伸張和壓縮，許多材料具有不同的斷裂點。最顯著的例子是混凝土，它抵抗壓縮比伸張要好得多，這就是為什麼在需要更大的伸張容限時，會加入鋼筋。鋼筋抵抗伸張比壓縮好得多，受到壓縮時鋼筋可能會彎折皺屈。

當物體的整個表面積都受力時，例如當物體浸沒於液體中時 (圖 12.6)，物體每單位表面積所承受的力，即應力，與其體積所受的壓縮有關。此情況下的應變是指物體體積的變化比率，即 $\Delta V/V$，而此時的彈性模量即成為**體積彈性模量** (簡稱為**體積模量**) B。因此，對於體積壓縮，應力和應變的關係可以表示為

$$\frac{F}{A} = B \frac{\Delta V}{V} \tag{12.3}$$

表 12.2 中給出體積模量的一些典型值。

在剪切的情況下，應力還是指每單位面積的力，但力與面積是平行的，而不是垂直的 (圖 12.7)，即此時的應力等於每單位面積上施加於物體末端表面的力 F/A，而產生的應變則是物體末端表面的偏移比率 $\Delta x/L$。對於剪切，應力與應變的線性關係以**剪切模量** G 表示：

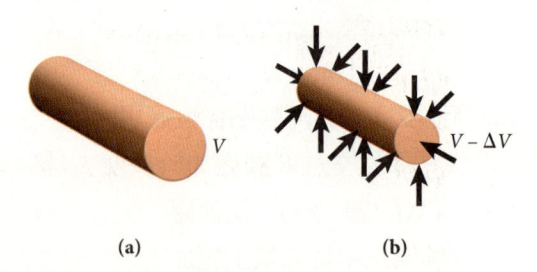

圖 12.6 物體受到流體壓力的壓縮；(a) 壓縮前的物體；(b) 壓縮後的物體。

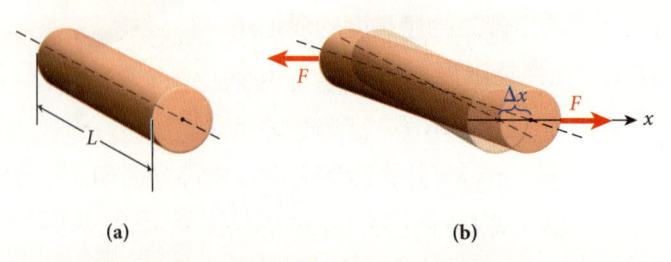

圖 12.7 平行於物體兩端表面的力所造成的剪切。(a) 施加剪切力之前的物體。(b) 施加剪切力之後的物體。

$$\frac{F}{A} = G\frac{\Delta x}{L} \qquad (12.4)$$

剪切模量的一些典型值列於表 12.3。

表 12.3 剪切模量的一些典型值 (10^9 N/m^2)

材料	剪切模量
鋁	25
銅	45
玻璃	26
聚乙烯	0.12
橡膠	0.0003
鈦	41
鋼	70-90

例題 12.1　安裝壁掛式平板電視

你剛買了一台新的平板電視 (圖 12.8)，希望用直徑各為 0.50 cm 的四根螺栓，將它安裝於牆壁上。你不能讓電視平貼著牆壁，而需讓牆壁和電視機之間有 10.0 cm 的空隙，以便空氣流通。

問題 1：如果新電視機的質量為 42.8 kg，則對螺栓的平均剪切力為何？

解 1：

四根螺栓合計的橫截面面積為

$$A = 4\left(\frac{\pi d^2}{4}\right) = \pi(0.005 \text{ m})^2 = 7.85 \cdot 10^{-5} \text{ m}^2$$

作用於螺栓上的力有一個是電視機重量 $\vec{F}_g$ 的向下拉力，它作用於四根螺栓靠電視端的表面上。此力與作用於螺栓另一端的力，即牆壁的向上支撐力，彼此平衡，以使電視機的位置保持固定；因此，它們的量值完全相同，但方向相反。所以進入應力公式 (12.4) 式的力為

$$F = mg = (42.8 \text{ kg})(9.81 \text{ m/s}^2) = 420. \text{ N}$$

因此，我們得到螺栓受到的平均剪切應力：

$$\frac{F}{A} = \frac{420. \text{ N}}{7.85 \cdot 10^{-5} \text{ m}^2} = 5.35 \cdot 10^6 \text{ N/m}^2$$

問題 2：螺栓使用的鋼材，其剪切模量是 $9.0 \cdot 10^{10}$ N/m^2。螺栓的垂直偏移為何？

解 2：

由 (12.4) 式解出 Δx，我們發現

$$\Delta x = \left(\frac{F}{A}\right)\frac{L}{G} = (5.35 \cdot 10^6 \text{ N/m}^2)\frac{0.1 \text{ m}}{9.0 \cdot 10^{10} \text{ N/m}^2} = 5.94 \cdot 10^{-6} \text{ m}$$

即使剪切應力已超過 $5 \cdot 10^6$ N/m^2，但平板電視僅僅下垂約 0.006 mm，此距離是肉眼檢測不出的。

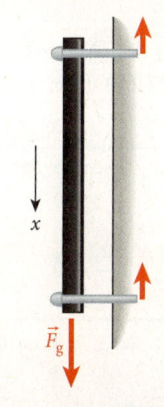

圖 12.8 用以將平板電視安裝於牆上的螺栓所受的力。

如前所述，只要未超過材料的彈性限度，施加到物體的應力正比於應變。圖 12.9 示出了具有一個具有延性 (易拉成絲) 的金屬在伸張下典

普通物理

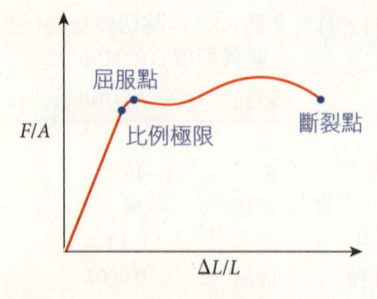

圖 12.9 一個延性金屬在伸張下典型的應力–應變圖，顯示出它的比例極限、屈服點和斷裂點。

表 12.4 常見材料的斷裂應力 (10^6 N/m²)

材料	斷裂應力
鋁	455
黃銅	550
銅	220
鋼	400
骨	130

注意：本表所列為近似值。

觀念檢測 12.1

假設你有一罐真空包裝的堅果。你扭鬆蓋子，並聽到呼呼聲。以下哪項陳述，正確描述了在你把蓋子扭鬆之前與後，大氣施加於蓋子的力？

a) 蓋子扭鬆前，大氣對蓋子的力較大。
b) 蓋子扭鬆後，大氣對蓋子的力較大。
c) 蓋子扭鬆前與後，大氣對蓋子的力相同。
d) 無法分辨蓋子扭鬆前後，大氣對蓋子的力孰大孰小。

型的應力–應變關係圖。在未到比例極限前，延性金屬對於應力呈現線性的響應。如果移除應力，它將返回到原始長度。如果施加的應力超過比例極限，它將繼續延長，直到達到其屈服點。如果施加的應力介於比例極限與斷裂點之間，則在移除應力後，它將不會恢復到原來的長度，而將永久變形。屈服點是施力沒有增加下應力導致突然變形的點，這可以從曲線在此點後變為平坦看出 (見圖 12.9)。應力再增加時，將使材料繼續伸長，直到達到其斷裂點而出現斷裂。這個斷裂應力也稱為極限應力，而在拉伸的情況下，也稱為抗張強度。斷裂應力的一些近似值列於表 12.4。

12.4 壓力

液體和氣體合稱為流體，流體對剪切或伸張提供很小的阻力，以致應變不再微小到可以近似為正比於應力。本節只考慮靜止流體的性質。

流體受到正向力壓縮時的應力稱為壓力。壓力 p 是每單位面積上的正向力：

$$p = \frac{F}{A} \tag{12.5}$$

壓力的單位為 N/m²，亦稱為**帕斯卡** (pascal)，簡稱為**帕** (Pa)：

$$1\,\text{Pa} \equiv \frac{1\,\text{N}}{1\,\text{m}^2}$$

在海平面，地球大氣的平均壓力，即 1 大氣壓 (atm)，是常用的非 SI 單位，它可用其他的單位表示如下：

$$1\,\text{atm} = 1.01 \cdot 10^5\,\text{Pa} = 760.\,\text{torr} = 14.7\,\text{lb/in}^2$$

用來衡量有多少空氣從容器中被取出的儀表，常是以托 (torr) 為單位，這是以義大利物理學家托里切利 (1608-1647) 命名的。在美國，汽車輪胎的壓力通常以磅/吋² (即 lb/in²，或 psi) 為測量單位。

壓力–深度關係

考慮開口通往地球大氣層的水箱，並想像水中一個充滿水的立方體 (圖 12.10 中以粉紅色顯示)。假定立方體的頂表面是水平的，在 y_1 的深度，而該立方體的底表面也是水平的，並在 y_2 的深度。立方體的其他各面均為垂直面。水的壓力施加於立方體上，產生力。但依據牛頓第一

定律，作用於此靜止立方體的淨力必須為零。作用於立方體垂直側面上的只有水平力，相互抵消。因此，作用於立方體的垂直力，其總和必須為零：

$$F_2 - F_1 - mg = 0 \tag{12.6}$$

在上式中，F_1 是向下作用於立方體頂部的力，F_2 是向上作用於立方體底部的力，而 mg 是水立方體的重量。假設立方體頂部和底部表面的面積為 A，在深度 y_1 的壓力為 p_1，而在深度 y_2 的壓力為 p_2，則在這些深度的力可以用壓力來表示：

$$F_1 = p_1 A$$
$$F_2 = p_2 A$$

我們還可以用水的密度 ρ (假定為常數) 和立方體的體積 V 來表達水的質量 m，$m = \rho V$。將以上結果代入到 (12.6) 式以取代 F_1、F_2 和 m，可得

$$p_2 A - p_1 A - \rho V g = 0$$

將上式重新整理，並以 $A(y_1 - y_2)$ 取代 V，我們得到

$$p_2 A = p_1 A + \rho A (y_1 - y_2) g$$

消去面積 A，可得在均勻密度 ρ 的液體中壓力隨深度而變化的函數：

$$p_2 = p_1 + \rho g (y_1 - y_2) \tag{12.7}$$

一個常見的問題涉及到，在液體表面下壓力與深度的函數關係。由 (12.7) 式，我們可以定義在液體表面 ($y_1 = 0$) 的壓力為 p_0，在深度 h ($y_2 = -h$) 的壓力為 p。這將導致以下的關係式：

$$p = p_0 + \rho g h \tag{12.8}$$

要注意在推導 (12.8) 式時，我們假定流體的密度為固定值，不隨深度而變。此不可壓縮的假設對於獲得上式的結果是至關重要的。在本節後面考慮氣體時，將放寬這個不可壓縮的條件。此外，要注意 (12.8) 式給出在垂直深度 h 的液體壓力，它與水平方向的位置為何無關。因此，無論液體容器的形狀為何，該式恆能成立。例如，圖 12.11 示出了裝有流體的三個相連的管子。可以看出，在每根管子中流體都上升到相同的高度；出現這個情況是管子的底部互相連通，因而同一深度處具有相同

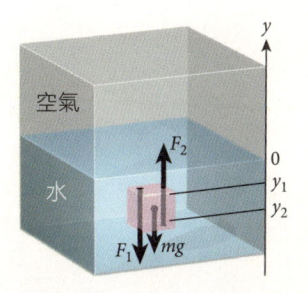

圖 12.10 水箱中水的立方體。

圖 12.11 底部連通的三根管子，流體在每根管中上升到相同的高度。

293

普通物理

>>> 觀念檢測 12.2

有三個形狀不同、裝了水的容器，如下圖所示。水的頂表面和每個容器底部之間的距離都相同。以下哪項陳述正確描述在容器底部的壓力？

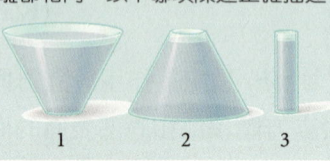

a) 在容器 1 底部的壓力是最高的。
b) 在容器 2 底部的壓力是最高的。
c) 在容器 3 底部的壓力是最高的。
d) 在三個容器底部的壓力都相同。

錶壓和氣壓計

在 (12.8) 式的壓力 p 是絕對壓力，亦即它包括液體的壓力及液體表面上的大氣壓力。絕對壓力和大氣壓力之間的差，稱為<u>錶壓</u> (或<u>表壓</u>、<u>計示壓力</u>)。例如，測量輪胎內空氣壓力用的胎壓計，對應於大氣壓力的讀數被校準成為零。當連接到輪胎內的壓縮空氣時，胎壓計測量的是輪胎高出大氣壓力的額外壓力。在 (12.8) 式，錶壓為 $\rho g h$。

一個用於測量大氣壓力的簡單設備是水銀<u>氣壓計</u> (圖 12.12)。你可以取一根一端為封閉的長玻璃管，裝入水銀 (即汞，Hg) 後翻轉它，使開口端浸沒於水銀槽中，以構成水銀氣壓計。管內水銀上方的空間是真空，因此壓力為零。管內水銀頂部和槽內水銀頂部之間的高度差 $h = y_2 - y_1$，可以利用 (12.7) 式的 $p_2 = p_1 + \rho g (y_1 - y_2)$，求出它與大氣壓力 p_0 之間的關係。依上述 $p_2 = 0$，而 $p_1 = p_0$，故得：

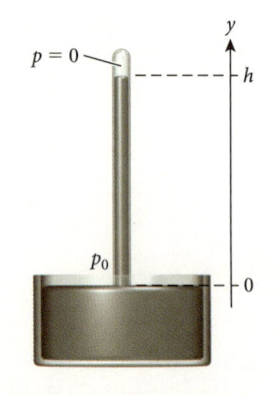

$$p_0 = \rho g h$$

圖 12.12 用以測量大氣壓力 p_0 的水銀氣壓計。

注意：使用水銀氣壓計所量得的大氣壓力，其數值與當地的 g 值有關。大氣壓力通常依據汞柱的高度差 h 所對應的毫米數，以 mmHg (毫米汞柱) 表示。1 torr (托) 相當於 1 mmHg，所以標準大氣壓為 760 torr，或 29.92 吋汞柱 (101.325 kPa)。

一個開管<u>壓力計</u>可用以測量氣體的錶壓。它包括一個填充有液體 (例如水銀) 的 U 形管 (圖 12.13)。要測量一氣體的錶壓 p_g 時，壓力計的封閉端接通到裝有該氣體的容器，而另一端則是開放的，因此受到的是大氣壓力 p_0。使用 (12.7) 式與 $y_1 = 0$，$p_1 = p_0$，$y_2 = -h$，$p_2 = p$，其中 p 是容器中氣體的絕對壓力，我們得到早先已得到的壓力–深度關係 $p = p_0 + \rho g h$。故容器中氣體的錶壓為

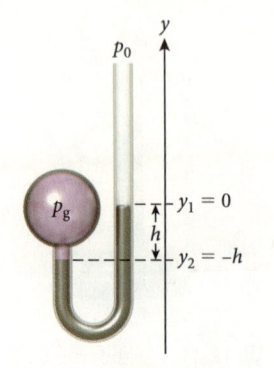

$$p_g = p - p_0 = \rho g h \tag{12.9}$$

圖 12.13 以開管壓力計測量氣體的錶壓。

需要注意的是錶壓可以是正或負。打了氣的汽車輪胎，其內空氣的錶壓為正。一個人使用吸管飲用奶昔時，口中吸管端的錶壓是負的。

氣壓–高度關係

推導 (12.8) 式時，利用了液體的不可壓縮性。然而，如果流體是氣體，我們就不能做此假設。讓我們再次由柱狀流體中的一小片薄層開始。薄層的頂部和底部表面之間的壓力差，是薄層的流體重量除以其表面面積的負數：

$$\Delta p = -\frac{F}{A} = -\frac{mg}{A} = -\frac{\rho Vg}{A} = -\frac{\rho(\Delta hA)g}{A} = -\rho g \Delta h \quad (12.10)$$

負號反映了高度 (h) 增加時，壓力將降低，這是因為薄層上方的流體柱變短，使重量減小。到目前為止的推導，與不可壓縮流體的並無差異。然而，對於可壓縮流體，密度與壓力成正比：

$$\frac{\rho}{\rho_0} = \frac{p}{p_0} \quad (12.11)$$

嚴格說來，此關係只有對恆定溫度下的理想氣體，才能成立，這點我們將在第 18 章看出。如果將 (12.10) 和 (12.11) 兩式結合，我們得到

$$\frac{\Delta p}{\Delta h} = -\frac{g\rho_0}{p_0}p$$

在 $\Delta h \to 0$ 的極限下可得

$$\frac{dp}{dh} = -\frac{g\rho_0}{p_0}p$$

這是微分方程式的一個例子。我們需要找到導數與其本身成正比的函數，這樣的函數就是指數函數：

$$p(h) = p_0 e^{-h\rho_0 g/p_0} \quad (12.12)$$

(12.12) 式有時稱為**氣壓公式**。它只有在溫度與重力加速度都不隨高度而變的情況下，才能適用。

結合 (12.11) 和 (12.12) 兩式，我們可以得到空氣密度 ρ 隨高度而變的函數：

$$\rho(h) = \rho_0 e^{-hg\rho_0/p_0} \quad (12.13)$$

> **觀念檢測 12.3**
>
> 當你在海平面下的礦井中往下降時,空氣壓力會呈
> a) 線性減小。
> b) 指數減小。
> c) 線性增大。
> d) 指數增大。

> **觀念檢測 12.4**
>
> 附圖所示為空氣壓力隨高度而變的例子。左側:在海拔 3600 m 的充氣密封塑膠瓶;右側:同一瓶子被帶到海拔 1600 m 處。右側所示壓皺瓶子內的空氣壓力
> a) 顯著低於外部空氣壓力。
> b) 顯著高於外部空氣壓力。
> c) 大致等於外部空氣壓力。
> d) 可以是以上任一情況。

儘管使用上式得到的結果只是近似值,它們與實際的大氣數據相當吻合,吻合的高度範圍往上延伸到接近平流層的頂部,大約地面以上 50 km。

帕斯卡原理

如果對密閉不可壓縮流體的一部分施加壓力,則該壓力將無損失的傳到流體的所有部分。這是**帕斯卡原理**,可以陳述如下:

> 在密閉流體中,當任何一點的壓力發生變化時,此流體中每一點都會發生相同的壓力變化。

帕斯卡原理是許多現代液壓裝置的基礎,諸如汽車的煞車、大型運土機及汽車升降機。

要證明帕斯卡原理,可以取一個部分裝滿水的圓筒狀汽缸,在水柱的頂部裝置一活塞,並在活塞頂部放置一個重物 (圖 12.14)。令空氣壓力和重物對水柱頂部施加的壓力為 p_t。則在水面下深度 h 的壓力 p 由下式給出:

$$p = p_t + \rho g h$$

因為水可以被當作不可壓縮的,如果有第二個重物被加到活塞頂部上,則在深度 h 的壓力變化 Δp 純粹是由於在水面頂部的壓力變化 Δp_t 造成的。由於水的密度不變,且所述深度不變,因此我們可以寫

$$\Delta p = \Delta p_t$$

這一結果與 h 無關,所以對液體中的所有位置,它都能成立。

現在考慮填充有油的汽缸所連接的活塞,如圖 12.15。其中一個活塞的面積為 A_{in},另一個的面積為 A_{out},且 $A_{in} < A_{out}$。以力 F_{in} 施加於第一個活塞,使在油中的壓力產生變化。此壓力變化被傳遞到油中所有的點,包括鄰近第二個活塞的點。我們可以寫

$$\Delta p = \frac{F_{in}}{A_{in}} = \frac{F_{out}}{A_{out}}$$

或

$$F_{out} = F_{in} \frac{A_{out}}{A_{in}} \tag{12.14}$$

由於 A_{out} 比 A_{in} 大,所以 F_{out} 比 F_{in} 大。因此,施加於第一個活塞上的力

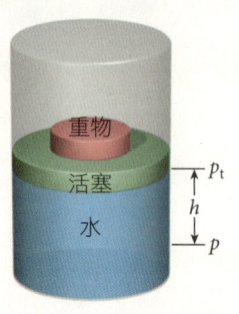

圖 12.14 汽缸部分充滿水,於水柱頂部安置一活塞,再於活塞上放置一重物。

被放大了。這個現象是液壓機具的基礎，使它只用小的輸入力就可產生大的輸出力。

　　對第一個活塞所做的功等於第二個活塞所做的功。要計算功，我們需要計算力在作用過程中所走的距離。對於這兩個活塞，被移動之不可壓縮的油，其體積 V 是相同的：

$$V = h_{in} A_{in} = h_{out} A_{out}$$

其中 h_{in} 是第一個活塞移動的距離，h_{out} 是第二個活塞移動的距離。我們可以看出

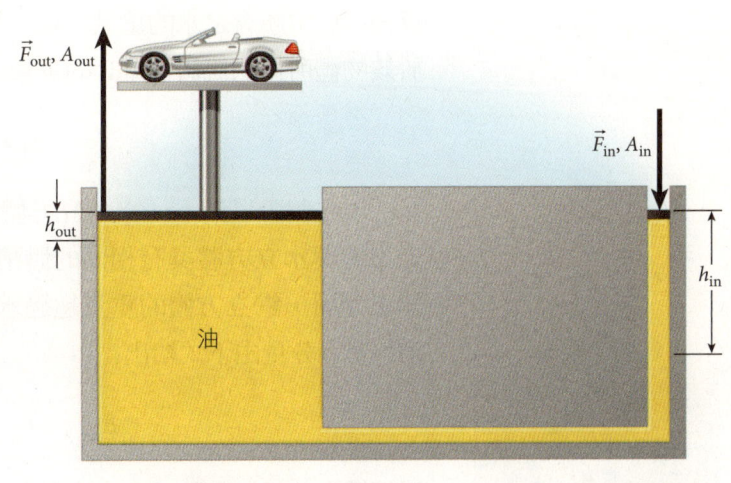

$$h_{out} = h_{in} \frac{A_{in}}{A_{out}} \qquad (12.15)$$

因為 $A_{in} < A_{out}$，上式意味著第二個活塞移動的距離比第一個活塞為小。我們可以使用功為力乘以距離的事實，並使用 (12.14) 和 (12.15) 兩式，以求出上面提到的功：

$$W = F_{in} h_{in} = \left(F_{out} \frac{A_{in}}{A_{out}} \right) \left(h_{out} \frac{A_{out}}{A_{in}} \right) = F_{out} h_{out}$$

所以，此液壓設備將一個較大的力傳送一個較小的距離。然而，並沒有額外做功。

圖 12.15 應用帕斯卡原理的液壓升降機。(汽車與升降機未依比例繪製，以清楚顯示重要的細節。)

>>> 觀念檢測 12.5

如圖 12.15，一輛重 10,000. N 的汽車，以液壓汽車升降機支撐。支撐汽車的大活塞直徑為 25.4 cm。小活塞的直徑為 2.54 cm。要能支持汽車，在小活塞上必須施加多大的力？
a) 1.00 N　　b) 10.0 N
c) 100. N　　d) 14.1 N
e) 141 N

12.5 阿基米德原理

浮力

　　圖 12.10 展示了水中的一個立方體部分。依據 (12.6) 式，支撐此一塊水立方體重量的是它頂部和底部表面之間的壓力差所產生的力，該式可以改寫為 (注意以下一些下標對應於括弧中的英文)

$$F_2 - F_1 = mg = F_B \qquad (12.16)$$

其中 F_B 為作用於水立方體的**浮力** (buoyant force)。就水的立方體而言，

297

浮力等於它所含之水的重量。在一般情況下，作用於浸沒物體的浮力等於該物體所排開流體 (fluid) 的重量：

$$F_B = m_f g$$

現在假設以鋼 (steel) 的立方體取代水的立方體 (圖 12.16)。因為鋼立方體與水立方體具有相同的體積，並且在相同的深度，浮力保持不變。然而，鋼立方體的重量超過水立方體，所以作用於鋼立方體的淨力，其 y 分量由下式給出：

$$F_{net,\,y} = F_B - m_{steel}\, g < 0$$

這個淨力分量為負值，表示它是向下的力，會使鋼立方體往下沉。

如果以木頭立方體取代水的立方體，則木頭立方體的重量小於水立方體，因此淨力將向上，木頭立方體將上升到水面上。如果將一個密度小於水的物體 (object) 放入水中，它將漂浮。質量為 m_{object} 的物體在水中將下沉，直到它所排開的水重量與它的重量相等：

$$F_B = m_f g = m_{object}\, g$$

若將一個密度比水還大的物體置於水下，則它所受的向上浮力將小於它的重量。它的視重由下式給出：

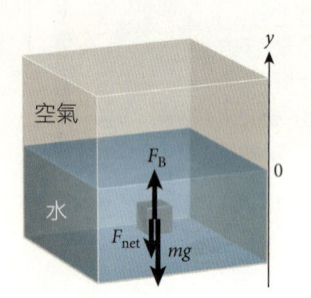

$$\text{實際重量} - \text{浮力} = \text{視重} \qquad (12.17)$$

圖 12.16 沒入水中的鋼立方體，其重量比作用於立方體的浮力為大。

例題 12.2　漂浮的冰山

如圖 12.17a 所示的冰山，對航行海洋的船舶構成嚴重的危險。有很多船，如鐵達尼號，撞上冰山後沉沒。困難的是，冰山的體積大部分隱藏在水線以下，幾乎看不見，如圖 12.17b。

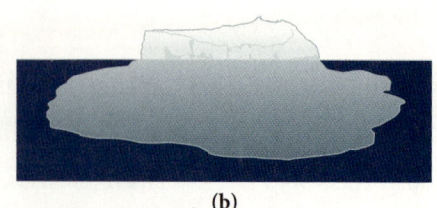

圖 12.17　(a) 浮在海上的冰山。(b) 圖示水線上方和下方的體積比率。

問題：漂浮於海上的冰山，浮出海面可見的部分所占的體積比率為何？

解：

令 V_t 與 V_s 分別代表冰山的總體積與浸沒於水中的體積，則在水面以上的體積所佔的比率 f 為

$$f = \frac{V_t - V_s}{V_t} = 1 - \frac{V_s}{V_t}$$

因為冰山是浮起的，浸沒的體積必須排開與冰山具有相同重量的海水體積。冰山的質量 m_t 可以從冰山的體積和冰的密度 $\rho_{ice} = 0.917$ g/cm³ 求出；被排開海水的質量可以從浸沒體積和海水的已知密度 $\rho_{seawater} = 1.024$ g/cm³ 求出。令冰山與被排開海水的重量相等，可得：

$$\rho_{ice} V_t g = \rho_{seawater} V_s g$$

或

$$\rho_{ice} V_t = \rho_{seawater} V_s$$

將上式重新整理可得

$$\frac{V_s}{V_t} = \frac{\rho_{ice}}{\rho_{seawater}}$$

現在，我們可以求出露出水面的比率：

$$f = 1 - \frac{V_s}{V_t} = 1 - \frac{\rho_{ice}}{\rho_{seawater}} = 1 - \frac{0.917 \text{ g/cm}^3}{1.024 \text{ g/cm}^3} = 0.104$$

或約 10%。圖 12.17b 所示的冰山約有 10% 的體積是在水線以上。

12.6 理想流體的運動

現在我們將轉向運動中的流體。本節只考慮理想流體，它處理起來較為簡單，但仍可提供重要而有實質意義的結果。理想流體具有不可壓縮性，沒有黏性，各部分只受到壓縮應力 (即壓力)。

處於穩定狀態的流體運動，稱為穩流，做這種運動的流體，它在各點的速度相對於空間中的固定點，不隨時間而變。穩流中的流體分層流動，各層之間不相混合，屬於**層流**，輕緩流動的小河 (圖 12.18a) 所展示的就是層流。流經瀑布的水流所展示的屬於非層流，稱為紊流 (圖 12.18c)。往上升的煙霧是從層流過渡到**紊流** (圖 12.18b) 的範例。溫暖的煙霧在最初上升時顯示層流，再繼續上升時，其速率增加，最後變成紊流。

不可壓縮流是指液體在流動時，其密度不會改變。**非黏性流體**的流

圖 12.18 (a) 黃石公園火坑河的層流；(b) 上升的煙霧從層流過渡到紊流；(c) 黃石河頂瀑布的紊流。

普通物理

動完全自由。不能自由流動的一些液體包括糖漿和熔岩。流體的黏性具有類似於摩擦的效應。物體在非黏性液體中運動時，不會受到類似於摩擦的力，但同一物體在黏性液體中運動時，會受到曳力，此力類似於摩擦力，是黏性引起的。一個黏性流體在流動時會失去動能而導致熱轉移成為內能。理想流體因無黏性，在流動時不會損失能量。

無旋流是指流體中沒有任何部分繞其自身的質心轉動。流體有一小部分做旋轉運動時，表示旋轉的部分具有轉動能量，我們假定考慮的理想流體所做的運動均為無旋流。層流可以透過流線 (圖 12.19) 來說明。一條流線所代表的是一個很小的流體元素所走的路徑，此小元素在各點的速度 $\vec{v}$ 恆與流線相切。注意：任何兩條流線恆不相交，因為它們如果相交，則流體在交點的速度將有兩個不同的方向。

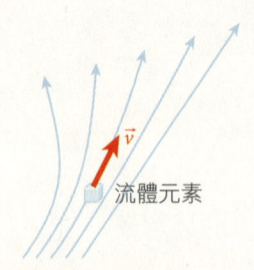

圖 12.19 流體做層流運動時的流線。

圖 12.20 朝兩個空罐之間的間隙吹氣。

白努利方程式

飛機能在空中飛行，它所需的升力是如何取得的？為了理解這個現象，你可以利用兩個空的汽水罐和五根吸管，做一個簡單的演示。如圖 12.20 所示，將兩個空罐各擺在大約相隔 1 cm 的兩根平行吸管上，此安排使空罐得以相當容易的做橫向運動。現在，使用第五根吸管，並吹動空氣通過兩罐之間的間隙。會發生什麼？(本章稍後將回答這個問題。)

在研究流體的運動之前，我們首先介紹連續性方程式。考慮理想流體以速率 v 通過橫截面面積為 A 的一維管道或容器 (圖 12.21)。令 ΔV 代表在 Δt 的時間內流過管中任一橫截面的流體體積，則

$$\Delta V = A\Delta x = Av\Delta t$$

我們可以寫出每單位時間內流經管中任一個橫截面的流體體積：

$$\frac{\Delta V}{\Delta t} = Av$$

現在考慮理想流體在橫截面面積可變的管道中流動 (圖 12.22)。流體最初以速率 v_1 流經管道橫截面面積為 A_1 的部分。在下游，流體以速率 v_2 流經管道橫截面面積為 A_2 的部分。理想流體每單位時間進入此段管道的體積，必須等於理想流體每單位時間由此段管道流出的體積，這是因為理想流體是不可壓縮的，且管道沒有漏洞。我們可以將每單位時間流經 A_1 橫截面的流體體積表示為

$$\frac{\Delta V}{\Delta t} = A_1 v_1$$

>>> **觀念檢測 12.6**
有一個演示是在兩張相隔約 2 cm 的紙片之間吹入空氣。你預期紙片的運動將為何？
a) 它們將移動遠離彼此。
b) 它們將保持在大致相同的間隔。
c) 它們會朝對方移動。

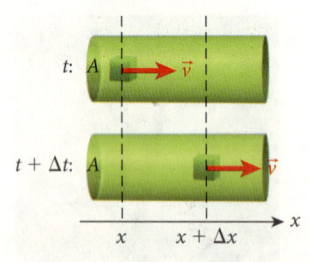

圖 12.21 理想流體流過具有固定橫截面面積的導管。

而每單位時間流經 A_2 橫截面的流體體積則可表示為

$$\frac{\Delta V}{\Delta t} = A_2 v_2$$

流體每單位時間內流經管道一個橫截面的體積，在管道的各部分必須都相同，否則流體就會以某種方式被產生或消失。因此，我們有

$$A_1 v_1 = A_2 v_2 \tag{12.18}$$

圖 12.22　理想流體流經橫截面面積可變的管道。

上式的關係稱為**連續性方程式**。

我們可以用恆定的體積流率 R_V 來表達 (12.18) 式：

$$R_V = Av$$

假定理想流體的密度固定不變，我們也可用恆定的質量流率 R_m 來表達 (12.18) 式：

$$R_m = \rho Av$$

質量流率的 SI 單位為 kg/s (千克/秒)。

當理想流體以恆定的流率流經管道時 (圖 12.23)，流體壓力會有什麼變化？我們首先使用功-能定理，將它應用到理想流體由管道的較低部分流向較高部分的情況。理想流體具有恆定密度 ρ，在管道左端較低部分的流體，壓力為 p_1，速率為 v_1，高度為 y_1。相同的流體流經居中的過渡區，進入管道的右上部分，其流體壓力為 p_2，速率為 v_2，高度為 y_2。在上述情況下，我們將證明壓力和速度之間的關係由下式給出：

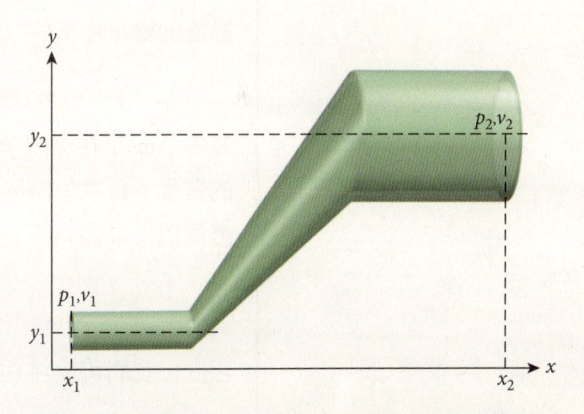

$$p_1 + \rho g y_1 + \tfrac{1}{2}\rho v_1^2 = p_2 + \rho g y_2 + \tfrac{1}{2}\rho v_2^2 \tag{12.19}$$

圖 12.23　理想流體流經橫截面面積和高度都可變的管道。

這個關係的另一種表達方式是

$$p + \rho g y + \tfrac{1}{2}\rho v^2 = \text{定值} \tag{12.20}$$

上式稱為**白努利方程式**。如果流體不流動，即 $v = 0$，則 (12.20) 式與 (12.8) 式相同。

白努利方程式的主要結論之一，在 $y = 0$ 時變得明顯，這表示當高度為恆定時

$$p + \tfrac{1}{2}\rho v^2 = 定值 \tag{12.21}$$

從上式，我們可以看出，如果一個流體的速率增加，則壓力必須減小。流體流動時在其橫向上產生的壓力減小，具有許多實際應用，包括流體的流率測量和部分真空的建立。

在接下來的推導 12.1，我們將透過數學運算，導出白努利方程式。此一推導只用到兩個條件，即能量守恆定律和連續性方程式，後者簡單的重申了一個基本事實，那就是理想流體中的原子數量是守恆的。

推導 12.1　白努利方程式

功–能定理告訴我們，將在管道最初和最後橫截面之間的流動流體當作系統，則對此系統所做的淨功 W，等於此系統的動能變化 ΔK，如圖 12.23：

$$W = \Delta K \tag{i}$$

動能的變化由下式給出：

$$\Delta K = \tfrac{1}{2}\Delta m v_2^2 - \tfrac{1}{2}\Delta m v_1^2 \tag{ii}$$

其中 Δm 是在 Δt 的時間內，進入管道較低部分 (或流出管道較高部分) 的質量。每單位時間流過任一截面的流體質量，即質量流率，是流體密度乘以每單位時間的體積變化：

$$\frac{\Delta m}{\Delta t} = \rho \frac{\Delta V}{\Delta t}$$

因此，我們可以將 (ii) 式重寫為

$$\Delta K = \tfrac{1}{2}\rho \Delta V \left(v_2^2 - v_1^2\right)$$

而重力對流動流體所做的功由下式給出

$$W_g = -\Delta m g (y_2 - y_1) \tag{iii}$$

其中出現負號是因為 $y_2 > y_1$ 時，重力對流體所做的功為負。我們還可以利用體積變化 (或體積流量) ΔV 和流體密度，將 (iii) 式重寫為

$$W_g = -\rho \Delta V g (y_2 - y_1)$$

一個力 F 在其作用點的位移為 Δx 時所做的功為 $W = F\Delta x$，而在此處所談的情況下，因為力是由流體的壓力產生的，所以功可以表達為

$$W = F\Delta x = (pA)\Delta x = p\Delta V$$

依據上式，壓力迫使流體流入管道時，對流體所做的功可表示為 $p_1\Delta V$，而對離開管道的流體所做的功則可表示為 $-p_2\Delta V$，從而得到壓力所做的總功為

$$W_p = (p_1 - p_2)\Delta V$$

$p_1\Delta V$ 是正的功，因為它源自管道左側的流體對流入管道的流體施加向前的力，而 $-p_2\Delta V$ 是負的功，因為它源自管道右側的流體對流出管道的流體施加向後的力。由 (i) 式和 $W = W_p + W_g$，我們得到

$$(p_1 - p_2)\Delta V - \rho\Delta Vg(y_2 - y_1) = \tfrac{1}{2}\rho\Delta V(v_2^2 - v_1^2)$$

上式可以簡化為

$$p_1 + \rho gy_1 + \tfrac{1}{2}\rho v_1^2 = p_2 + \rho gy_2 + \tfrac{1}{2}\rho v_2^2$$

這就是白努利方程式。

白努利方程式的應用

在導出白努利方程式後，我們可以回頭來看圖 12.20 的演示。你若實際執行這個演示，將發現兩個空罐會向對方靠近，這與大多數人所預期的，即往兩罐子之間的空隙吹空氣將迫使它們分開，正好是相反的。白努利方程式解釋了這個令人驚訝的結果。因為 $p + \tfrac{1}{2}\rho v^2 = $ 定值，空氣以較大的速率在兩罐之間通過時，會使壓力變小。因此，兩罐之間的空氣壓力小於兩罐其他部分的空氣壓力，使得兩罐被推向對方，這就是白努利效應。這個效應的另一種演示方式，是使兩張平行的紙片分開約 2 cm，然後朝它們之間吹空氣：兩張紙片將被推而靠近對方 (參見觀念檢測 12.6)。

大卡車司機熟悉這個效應。當兩輛 18 輪的典型矩形貨櫃車，在相鄰的車道上高速行進時，司機必須注意不要讓車太接近對方，因為白努利效應將使車被推向對方。

賽車設計師也利用到白努利效應。賽車的加速度受到的最大限制，就是輪胎與路面之間的最大摩擦力，而這個摩擦力又與正向力成正比。增加汽車的質量可以使正向力增大，但這與想要達成的目標衝突，因為根據牛頓第二定律，較大的質量意味著較小的加速度。一個增加正向力的更有效方式，是增加汽車頂部表面和底部表面之間的壓力差。根據白努利方程式，要實現這個目標，可以使車底部的空氣速率大於車頂部的

普通物理

空氣速率。(另一種達成的方式，是利用一個翼片使空氣偏轉向上，從而產生一個向下的力。)

詳解題 12.1　文土里管

問題：在一些輕型飛機上，有一種稱為**文土里管** (Venturi tube) 的設備可用來產生壓力差，以驅動基於陀螺儀的導航儀器。文土里管被安裝在機身外自由氣流的區域。有一根橫截面為圓形的文土里管，它在開口處的直徑為 10.0 cm，接著管徑逐漸縮小到 2.50 cm，然後再逐漸增大，到另一端開口處又為 10.0 cm。一飛機以 38.0 m/s 的水平等速度在低海拔飛行，假定空氣密度與海平面上 5 °C 的空氣一樣 (ρ = 1.30 kg/m^3)，則此文土里管 10 cm 開口處和管徑最窄處之間的壓力差為何？

解：

思索　依據 (12.18) 式的連續性方程式，在文土里管中，流體速率與管子橫截面面積的乘積為定值。因此，我們可以獲得開口處的截面積、管徑最窄處的截面積、空氣在開口處的速率與在管徑最窄處的速率四者之間的關係。接著使用白努利方程式，就可求出在開口處的壓力與管徑最窄處的壓力之間所具有的關係。

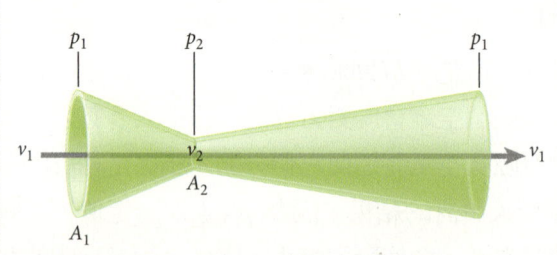

圖 12.24　空氣流過文土里管。

繪圖　圖 12.24 顯示文土里管的草圖。

推敲　連續性方程式為

$$A_1 v_1 = A_2 v_2$$

由白努利方程式，可得

$$p_1 + \tfrac{1}{2}\rho v_1^2 = p_2 + \tfrac{1}{2}\rho v_2^2$$

簡化　重新整理上式，可得文土里管的開口處和最窄處之間的壓力差：

$$p_1 - p_2 = \Delta p = \tfrac{1}{2}\rho v_2^2 - \tfrac{1}{2}\rho v_1^2 = \tfrac{1}{2}\rho \left(v_2^2 - v_1^2 \right)$$

由連續性方程式解出 v_2，再代入上式，可得壓力差 Δp 為

$$\Delta p = \tfrac{1}{2}\rho \left(v_2^2 - v_1^2 \right) = \tfrac{1}{2}\rho \left[\left(\frac{A_1}{A_2} v_1 \right)^2 - v_1^2 \right] = \tfrac{1}{2}\rho v_1^2 \left(\frac{A_1^2}{A_2^2} - 1 \right)$$

因為兩處的橫截面都是圓形的，我們有 $A_1 = \pi r_1^2$ 和 $A_2 = \pi r_2^2$，因此 $(A_1/A_2)^2 = (r_1^2/r_2^2)^2 = (r_1/r_2)^4$，故壓力差可表示為

$$\Delta p = \tfrac{1}{2}\rho v_1^2 \left[\left(\frac{r_1}{r_2}\right)^4 - 1\right]$$

計算　將數值代入，包括空氣的密度為 $\rho = 1.30 \text{ kg/m}^3$，可得

$$\Delta p = \tfrac{1}{2}(1.30 \text{ kg/m}^3)(38.0 \text{ m/s})^2\left[\left(\frac{10.0/2 \text{ cm}}{2.5/2 \text{ cm}}\right)^4 - 1\right] = 239{,}343 \text{ kPa}$$

捨入　我們的結果須四捨五入為三位有效數字：

$$\Delta p = 239 \text{ kPa}$$

複驗　飛機與文土里管最窄處之間的壓力差為 239 kPa，或正常大氣壓的兩倍以上。若將管的最窄部分和飛機內部以軟管連通，則空氣可穩定的在管中流動，而可用來驅動快速旋轉的陀螺儀。

容器中液體的排放

讓我們來分析另外一個簡單的實驗。一個裝有液體的大容器，底部有個小孔，我們想測量液體完全排放所需的時間。圖 12.25 說明了這個實驗。我們可以定量的分析排放液體的過程，而求出容器內的液柱高度隨時間變化的函數。由於容器的頂端是開口的，在液柱頂端表面與在小孔的大氣壓力是相同的。因此從理想流體的白努利方程式，即 (12.19) 式，可得到

$$\rho g y_1 + \tfrac{1}{2}\rho v_1^2 = \rho g y_2 + \tfrac{1}{2}\rho v_2^2$$

消去密度並重新整理，我們得到

$$v_2^2 - v_1^2 = 2g(y_1 - y_2) = 2gh$$

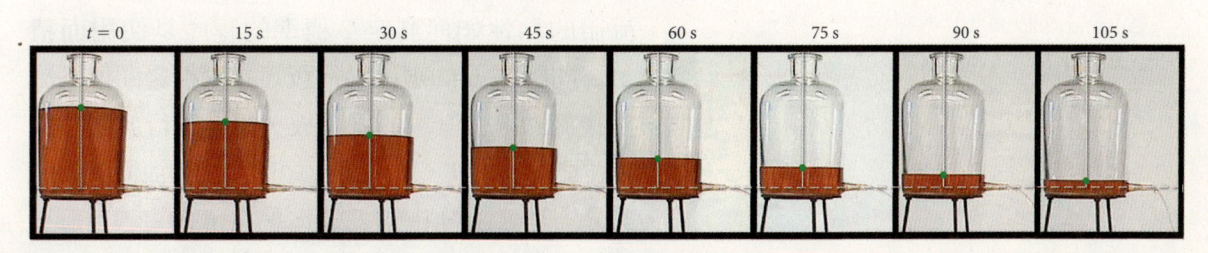

圖 12.25　容器中的液體經由底部的小孔排放。

其中 $h = y_1 - y_2$ 是液柱的高度。上式與第 2 章中質點自由下落的結果是相同的！因此，在重力的影響下，理想流體的流動方式和質點的自由下落過程是相同的。

由 (12.18) 式的連續性方程式，$A_1 v_1 = A_2 v_2$，速率 v_1 和 v_2 的比可由截面面積的比求得。因此，我們可求得流體從容器的小孔排放的速率隨液柱高度而變的函數：

$$v_1 = v_2 \frac{A_2}{A_1} \Rightarrow v_2^2 - v_1^2 = v_2^2 \left(1 - \frac{A_2^2}{A_1^2}\right) \Rightarrow$$

$$v_2^2 = \frac{2gh}{1 - \frac{A_2^2}{A_1^2}} = \frac{2A_1^2 g}{A_1^2 - A_2^2} h$$

如果 A_2 遠小於 A_1，上式的結果可以簡化為

$$v_2 = \sqrt{2gh} \tag{12.22}$$

流體從容器中流出的速率有時也稱為 射流速率，而 (12.22) 式通常稱為托里切利定理。

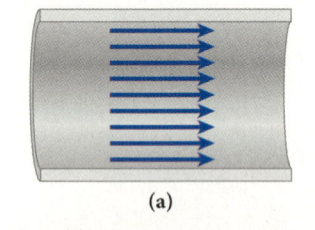

12.7 黏性

如果你曾經在輕柔的小河中泛舟，你可能注意到，船在河中央比靠近河岸時移動得快。為什麼會出現這種情況？如果河水是以層流流動的理想流體，那麼船離岸邊多遠，應該沒有什麼影響。然而，水不太能算是理想流體，實際上它具有一些「黏性 (亦稱黏度)」。不過，水的黏性相當低；重機油則明顯更高，而像蜂蜜的物質，甚至更高，以致流動得非常緩慢。

在圓柱形導管中的黏性流，其流線的速度輪廓如圖 12.26b。此輪廓為拋物線，在管壁處的速度為零，而在管中心的速度達到最大值。這種流動還是層流，因為所有流線彼此平行。

流體的黏性如何測定？標準的程序是使用面積各為 A、間距為 h 的兩塊平行板，在兩板之間填滿流體，然後施力拖曳其中的一片板，使其平行於另一片移動，並測量施力 F。由上述程序所產生的流體流動速度，其分佈是線性的 (圖 12.27)。黏性 η 的定義為每單位面積的力除以兩板之間的速度梯度 (即兩板的速度差

圖 12.26 流體在圓柱形導管中的速度輪廓：(a) 理想流體；(b) 黏性流體。

圖 12.27 以兩個平行板測量液體的黏性。

除以間距)：

$$\eta = \frac{F/A}{\Delta v/h} = \frac{Fh}{A\Delta v} \quad (12.23)$$

黏性的單位為 Pa s (帕 秒)，即壓力單位乘時間單位。這個單位也被稱為 poiseuville (帕穗，其單位符號為 Pl)。

有個需要明瞭的重點是，流體的黏性對溫度具有很強的相依性。你可以在廚房看到這個溫度相依性的例子。如果將橄欖油存放在冰箱裡，然後取出將油從瓶子裡倒出來，你可以看出它流動得有多緩慢。但相同的橄欖油在平底鍋加熱後，它就幾乎像水那樣容易流動。機油的溫度相依性備受關注，而追求的目標是溫度相依性要小。表 12.5 列出了不同流體的一些典型的黏性值。除了血是在生理上有意義的人體溫度 (37 °C = 98.6 °F) 下的黏性之外，其他都是在室溫下 (20 °C = 68 °F) 的黏性。順便一提，在人的一生中血液的黏性增加約 20%，而黏性的平均值男性比女性稍高 ($4.7 \cdot 10^{-3}$ Pa s 比 $4.3 \cdot 10^{-3}$ Pa s)。

對一個半徑 r 和長度 l 的導管，在決定流過它的流體為多少時，黏性具有重要性。哈庚 (Gotthilf Heinrich Ludwig Hagen) 於 1839 年，帕穗 (Jean Louis Marie Poiseuille) 於 1840 年分別獨立發現，上述導管每單位時間流過的流體體積 R_v (即體積流率) 為

$$R_v = \frac{\pi r^4 \Delta p}{8\eta \ell} \quad (12.24)$$

其中 Δp 是導管兩端的壓力差。正如預期，體積流率與流體黏性及導管長度都成反比。但最值得注意的是它正比於導管半徑的四次方。如果我們將血管視為導管，這個關係可幫助我們了解涉及動脈堵塞的問題。如果膽固醇所導致的沉積使血管直徑降低 50%，則血液通過血管的流率，將減少到只剩 $1/2^4 = 1/16$，或原來流率的 6.25%，即減少 93.75%。

12.8 紊流和流體運動的研究前沿

在層流中，流體的流線遵循平滑的路徑。與此相反的，流體出現紊流時，會有渦旋的形成、分離和傳播 (圖 12.28)。我們已經看過，當流速超過一定值時，理想的層流或黏性層流會轉變為紊流。圖 12.28b 清楚的示出這個轉變，它顯示了往上升的香煙煙霧如何從層流轉變到紊

表 12.5 常溫下黏性的一些典型值

物質	黏性 (Pa s)
空氣	$1.8 \cdot 10^{-5}$
酒精 (乙醇)	$1.1 \cdot 10^{-3}$
血液 (在體溫下)	$4 \cdot 10^{-3}$
蜂蜜	10
水銀	$1.5 \cdot 10^{-3}$
機油 (SAE 10 到 SAE 40)	0.06 – 0.7
橄欖油	0.08
水	$1.0 \cdot 10^{-3}$

圖 12.28 龍捲風是一個渦旋，它是極端的紊流。

普通物理

流。決定流體的流動是層流或紊流的標準是什麼？

答案是 雷諾數 Re，它是典型的慣性力對黏性力的比，因此是一個純粹無因次的數。慣性力必須與密度 ρ 和流體的典型速度 $\bar{v}$ 成正比，因為根據牛頓第二定律，$F = d(mv)/dt$。黏性力與黏性 η 成正比，而與流體速度有變化之特性長度的大小規模 L 成反比。大小規模有時亦簡稱為尺度。若流體在圓形橫截面的導管中流動，則管的直徑可當作其特性長度的尺度，即 $L = 2R$。因此，計算雷諾數的公式將成為

$$\text{Re} = \frac{\rho \bar{v} L}{\eta} \tag{12.25}$$

作為一個經驗法則，雷諾數小於 2000 意味著層流，大於 4000 則為紊流。對於 2000 和 4000 之間的雷諾數，流動的特性取決於實際組態的許多細節。因為這一關鍵的不可預測性，工程師們盡量避免這個區間。

雷諾數的真正功用在於以下事實：具有相同幾何形狀和相同雷諾數的系統，其流體流動的行為類似。這使工程師能夠減小典型的長度規模和速度規模，打造船舶或飛機的比例模型，並測試它們在規模不大的水箱或風洞 (圖 12.29) 中的性能。倒是現代對流體流動和紊流的研究，不是用比例模型，而是依賴計算機模型。多得令人難以置信的各種物理系統，如汽車、飛機、火箭和快艇等，它們的性能與空氣動力學特性，可透過流體動力學模型來研究其應用。在圖 12.1 中示出之風力渦輪機的尾流效應，是目前研究的一個特別重要的領域。然而，流體動力學模型也用於研究現代加速器可達到之最高能量的原子核碰撞，和模擬超新星的爆炸。在未來幾十年裡，令人興奮的流體運動研究成果將不斷湧現，因為這是物理科學中最有趣的跨學科領域之一。

圖 12.29　(a) 機翼的比例模型和 (b) 組件可更換的戰鬥機縮尺模型分別在風洞中進行測試。

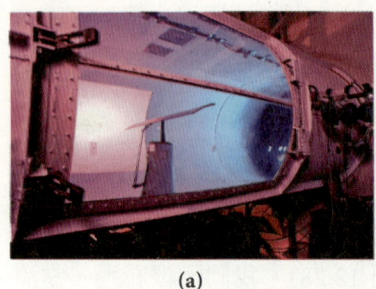

12 固體與液體

已學要點｜考試準備指南

- 一莫耳的物質具有 $N_A = 6.022 \cdot 10^{23}$ 個原子或分子。1 莫耳物質的質量以 g (克) 為單位來表示時，其數值非常接近該物質所含各組成原子之原子質量數的總和。
- 對於固體，應力 = 模量 · 應變，其中應力是每單位面積的力，應變是單位變形。有三種類型的應力和應變，每個都有自己的模量：
  - 伸張或線性壓縮導致長度的正或負變化：$\frac{F}{A} = Y\frac{\Delta L}{L}$，其中 Y 為楊氏模量。
  - 體積壓縮導致體積的變化：$\frac{F}{A} = B\frac{\Delta V}{V}$，其中 B 是體積模量。
  - 剪切導致彎曲：$\frac{F}{A} = G\frac{\Delta x}{L}$，其中 G 為剪切模量。
- 壓力的定義為每單位面積受到的正向力：$p = \frac{F}{A}$。
- 在密度為 ρ 的液體中深度為 h 處的絕對壓力 $p = p_0 + \rho g h$，其中 p_0 為在液體表面的壓力。
- 錶壓是容器中氣體的壓力和地球大氣壓力的差。
- 帕斯卡原理指出，當密閉之不可壓縮流體中的任何一點發生壓力變化時，在流體中的每一點都會發生相同的壓力變化。
- 浸沒於流體中的物體，其所受浮力等於其所排開之流體的重量：$F_B = m_1 g$。
- 理想流體具有不可壓縮性，無黏性，流動時為層流。
- 理想流體沿著流線流動。
- 理想流體流過容器或管道時，其速度和截面積的關係可表示為連續性方程式：$A_1 v_1 = A_2 v_2$。
- 理想流體流過容器或管道時，其壓力、高度和速度滿足白努利方程式：$p + \rho g y + \frac{1}{2}\rho v^2 =$ 定值。
- 流體的黏性 η 是每單位面積上之切力對每單位長度之速度差的比

$$\eta = \frac{F/A}{\Delta v/h} = \frac{Fh}{A\Delta v}$$

- 黏性流體在半徑 r 和長度 ℓ 的圓筒形管中流動時，其體積流率由下式給出：

$$R_v = \frac{\pi r^4 \Delta p}{8\eta \ell}$$

其中 Δp 是管的兩端之間的壓力差。
- 雷諾數決定慣性力與黏性力的比，其定義為 $Re = \rho \bar{v} L / \eta$，其中 $\bar{v}$ 是平均流體速度，L 是流體速度有變化之特性長度的尺度。雷諾數小於 2000 意味著層流，而大於 4000 則意味著紊流。

自我測試解答

12.1 瓶中水的體積為 500 cm³。水的密度為 1 g/cm³。因此，該瓶子含有 500 g 的水。1 莫耳水的質量為 18.02 g，因此 $n = (500 \text{ g})/(18.02 \text{ g/mol}) = 27.7$ mol。因此

$$N = nN_A = (27.7 \text{ mol})(6.022 \cdot 10^{23} \text{ mol}^{-1})$$
$$= 1.67 \cdot 10^{25} \text{ 個分子}$$

12.2 $\rho_H = \dfrac{2 \text{ g}}{22.4 \text{ L}} = 0.089$ g/L $= 0.089$ kg/m³

$\rho_{He} = \dfrac{4 \text{ g}}{22.4 \text{ L}} = 0.18$ g/L $= 0.18$ kg/m³

普通物理

解題準則：固體與流體

1. 三種類型的應力都與應變具有相同的關係：應力與應變之比等於一個材料常數，它可以是楊氏模量、體積模量或剪切模量。要確定你知道在特定情況下是什麼類型的應力在作用。

2. 記住：漂浮或浸沒於流體中的物體，會受到流體施加於它的浮力。浮力取決於物體的密度及流體的密度；你會經常需要分別計算質量和體積，並求出它們的比率以獲得密度的值。

3. 白努利方程式是由功–能定理推導出來的，而能量問題的主要解題準則，也適用於流體運動的問題。特別是，應用白努利方程式時，一定要清楚的確認式中點 1 和點 2 的位置，並列出在每一點之壓力、高度和流體速度的已知值。

選擇題

12.1 鹽水比淡水的密度較大。小船在淡水和鹹水中漂浮，船在鹽水中受到的浮力_____在淡水中受到的浮力。

a) 等於　　b) 小於　　c) 大於

12.2 附圖顯示出四個相同的水箱，箱的開口朝上，箱內裝滿水，靜置於磅秤上。球在水箱 (2) 和 (3) 中可漂浮，但水箱 (4) 中的物體沉到底部。以下哪項正確給出秤上的重量讀數？

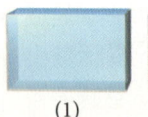

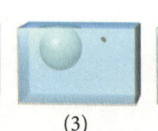

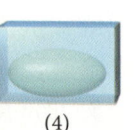

a) (1) < (2) < (3) < (4)　　b) (1) < (2) = (3) < (4)
c) (1) < (2) = (3) = (4)　　d) (1) = (2) = (3) < (4)

12.3 將平衡以下各圖之質量所需的力 F_1、F_2 和 F_3，按照由大到小的量值順序排列。

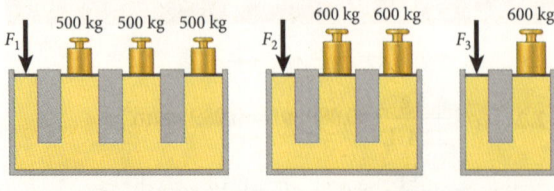

12.4 在星球大戰™ 電影之一，四個英雄被困在死亡之星的垃圾壓實機。壓實機的牆壁開始逼近中，而英雄們需要從垃圾桶選擇一個物體，放置於逼近中的牆壁之間，以阻擋它們。所有的物體具有相同長度與圓形橫截面，但直徑和成分不同。假設每個物體都沿水平方向，不會彎曲。英雄們只有有限的時間和力氣在牆壁之間撐起一個物體。附圖中所示的物體，何者最為管用？也就是說，每單位壓縮所能承受的力最大？

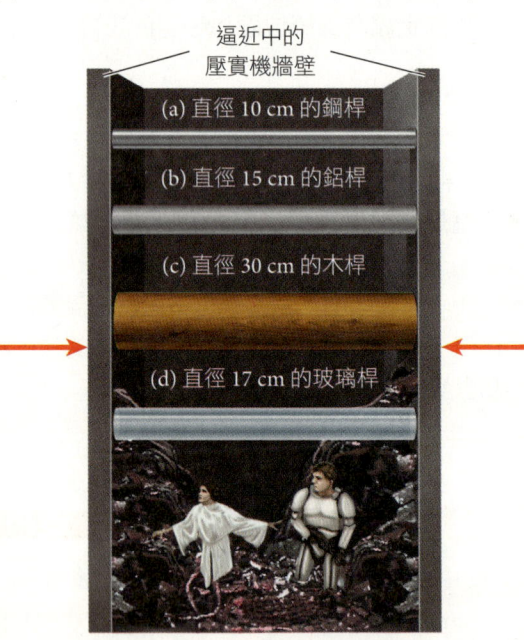

(a) 直徑 10 cm 的鋼桿
(b) 直徑 15 cm 的鋁桿
(c) 直徑 30 cm 的木桿
(d) 直徑 17 cm 的玻璃桿

12.5 在推導白努利方程式時，沒有做以下哪一項假設？

a) 流線不相交。　　b) 黏性可忽略。
c) 摩擦可忽略。　　d) 沒有紊流。
e) 重力可忽略。

12.6 一塊軟木 (密度為 0.33 g/cm³) 的質量為 10 g。如附圖所示，以繩子使它在水面下保持適當的位置。繩

子上的張力 T 為何？
a) 0.10 N b) 0.20 N
c) 0.30 N d) 100 N
e) 200 N f) 300 N

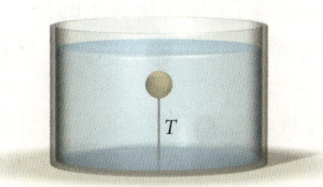

12.7 一鋼球的直徑為 0.250 m，浸沒於海洋中 500.0 m 的深度。球的體積變化比率為何？鋼的體積彈性模量為 160. GPa。
a) 0.0031% b) 0.045%
c) 0.33% d) 0.55%
e) 1.5%

12.8 裝了水的燒杯靜置於磅秤上。以細繩吊掛一鋼球降入水中，直到球完全浸沒，但不接觸燒杯。磅秤量得的重量會
a) 增大。 b) 減小。 c) 保持不變。

觀念題

12.9 將一片紙張對半折疊，然後打開並置於平坦桌面上，使它的中間突起形成尖峰，如附圖所示。如果你往紙與桌面之間吹氣，紙張將往上或往下移動？解釋之。

12.10 指出並討論下面語句中的任何瑕疵：液壓的汽車升降機是依據帕斯卡原理而得以發揮作用的裝置。這種裝置可以用小的輸入力，產生大的輸出力。因此，由輸入力所做的小功，可導致輸出力產生大得多的功，而可舉升汽車的重量。

12.11 一種材料比另一種具有更大的密度。第一種材料的個別原子或分子，是否必然比第二種的具有更大的質量？

12.12 如果打開浴室洗臉槽的水龍頭，你會發現，水流從它離開水龍頭出口開始，到抵達洗臉槽底部為止，看來似乎逐漸縮小。為什麼會發生這種情況？

12.13 你有兩個相同的銀球和兩個未知的液體 A 和 B。你將一個球放入流體 A，它下沉了；你將另一個球放入液體 B 中，它浮著。有關流體 A 與流體 B 的浮力，你的結論是什麼？

練習題

題號前的藍點 (•) 與雙藍點 (••) 代表問題難度遞增。

12.1 和 12.2 節

12.14 空氣由幾種不同的分子組成，平均莫耳質量為 28.95 g。在海平面，若一個成年人吸入 0.50 L 的空氣，則他吸入大約多少個分子？

12.3 節

12.15 以四根垂直鋼絲，將 20 kg 的吊燈懸吊於天花板下。每根鋼絲在無負載時的長度為 1 m，直徑為 2 mm，且每根承受相等的負載。當吊燈掛好後，鋼絲伸長多少？

12.16 一樂器的鋼絲長度為 2.00 m，半徑為 0.300 mm。當此它受到的張力為 90.0 N 時，鋼絲的長度變化為何？

••12.17 在太平洋馬里亞納海溝的挑戰者深淵是地球海洋最深的地方，在海平面以下 10.922 km。假設在大氣壓力 (p_0 = 101.3 kPa) 下，海水的密度為 1024 kg/m³，體積彈性模量 $B(p) = B_0 + 6.67 (p - p_0)$，其中 B_0 = 2.19 · 10⁹ Pa，試計算在挑戰者深淵底部的海水壓力和密度。忽略水溫和鹽度隨深度的變化。將海水密度當作大體上為定值是一個好的近似嗎？

12.4 節

12.18 血壓值的單位通常使用 mmHg (毫米汞柱)，亦即產生相同壓力值的汞柱高度。成人的典型血壓值是 130/80；第一個值是心室收縮時的收縮壓，第二個是心耳收縮時的舒張壓。成年雄性長頸鹿的頭高於地面 6.0 m，而心臟高於地面 2.0 m。要將血液送到頭部，長頸鹿心臟的最低收縮壓需為多少 mmHg (忽略克服

311

黏性的影響所需的額外壓力)？長頸鹿的血液密度為 1.00 g/cm³，汞的密度為 13.6 g/cm³。

•12.19 一名孩子失去了氣球，氣球慢慢升上天空。如果當孩子失去它時，氣球的直徑為 20.0 cm，則在高度上升 (a) 1000. m、(b) 2000. m 和 (c) 5000. m 時，它的直徑各為何？假定氣球非常柔韌，以致表面張力可被忽略。

•12.20 珠穆朗瑪峰峰頂 (高度 8848 m) 的空氣密度是海平面空氣密度的 34.8%。如果在阿拉斯加麥金利山 (Mount McKinley) 頂部的空氣壓力是海平面空氣壓力的 47.7%，只用這裡提供的資訊，試求麥金利山的高度。

••12.21 在混凝土的停車場上，建了一個高出地面的臨時正方形水池，其邊長為 100 m。池的牆壁為混凝土，厚度為 50.0 cm，密度為 2.50 g/cm³。牆壁和停車場之間的靜摩擦係數為 0.450。水池中的水最大深度約為何？

12.5 節

12.22 一個壁球的直徑為 5.6 cm，質量為 42 g，被切成兩半，以便當作船載運 1982 年後的美國便士。這種便士的質量和體積分別為 2.5 g 和 0.36 cm³。有多少便士可以擺放在此壁球船上，而不致使它下沉呢？

12.23 一個體積 $V = 0.0500$ m³ 的箱子，位於湖的底部，湖水的密度為 $1.00 \cdot 10^3$ kg/m³。若箱子質量為 (a) 1000. kg、(b) 100. kg 和 (c) 55.0 kg，則要將箱子舉升起來，所需的力各為何？

•12.24 一個櫻桃木塊的長度為 20.0 cm，寬度為 10.0 cm，厚度為 2.00 cm，密度為 800. kg/m³。如果將一塊鐵黏在木塊底部時，木塊可浮在水中，且其頂部剛好在水的表面，則此塊鐵的體積為何？鐵的密度為 7860 kg/m³，水的密度為 1000. kg/m³。

•12.25 一個質量 60.0 kg 的遊客，注意到一個以短鏈連接到海底的箱子。想像它可能裝有財寶，他決定潛水到箱子。他吸足空氣使他的平均密度成為 945 kg/m³，跳入海中 (具有鹽水的密度 1024 kg/m³)，抓住鏈子試圖將箱子拉到海面。可惜箱子太重動不了。假設人不觸及海底。

a) 畫出人的自由體力圖，並求出鏈子上的張力。

b) 什麼質量 (以 kg 為單位) 的重量等同於 (a) 題的張力？

c) 意識到無法拉動箱子後，他鬆手放開鏈子。假設他只是靠浮力將他舉升到海面，他向上的加速度為何？

•12.26 德國的齊柏林硬式飛艇興登堡，於 1937 年在美國紐澤西州萊克赫斯特 (Lakehurst) 停靠時起火，它是一個具有剛性硬鋁合金結構的氣球，內部充滿了 $2.000 \cdot 10^5$ m³ 的氫氣。興登堡的有效升力 (扣除飛艇結構本身的重量)，據稱達到 $1.099 \cdot 10^6$ N。使用 $\rho_{air} = 1.205$ kg/m³、$\rho_H = 0.08988$ kg/m³ 和 $\rho_{He} = 0.1786$ kg/m³。

a) 計算飛艇結構的重量 (沒有氫氣)。

b) 比較充滿氫氣 (高度易燃) 的興登堡之有效升力，與按原計畫充滿氦氣 (不可燃) 的興登堡之有效升力。

12.6 節

12.27 噴泉將水送到 100. m 的高度。水在即將向上射出之前的壓力與大氣壓力相差多少？

•12.28 如附圖所示，室溫下的水以 8.00 m/s 的等速率，流經具有正方形橫截面的噴嘴。水在點 A 處進入噴嘴，在點 B 離開噴嘴，點 A 和 B 處的正方形橫截面的邊長分別是 50.0 cm 和 20.0 cm。

a) 在出口處的體積流率為何？

b) 在出口處的加速度為何？噴嘴的長度為 2.00 m。

c) 若通過噴嘴的體積流率增加到 6.00 m³/s，流體在出口處的加速度為何？

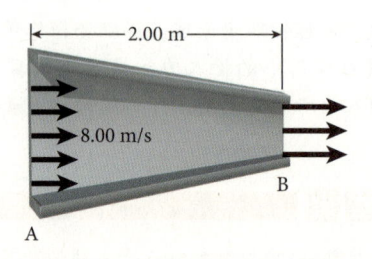

•12.29 頂部開口的水箱完全裝滿水，靠近其底部有一個排水閥，位於水面下 1.0 m。水從閥排出以驅動渦輪機，從而產生電力。水箱頂部的面積 A_T 為排水閥開口截面積 A_V 的 10 倍。計算水在離開閥時的速率。忽略摩擦和黏性。此外，計算在 $h = 1.0$ m 處從靜止釋放的一顆水滴，在到達閥之高度時的速率。比較這兩個速率。

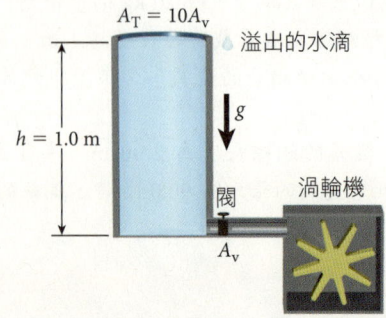

••**12.30** 一個靠水壓驅動的井底水池備用水泵，使用壓力為 3.00 個大氣壓 ($p_1 = 3p_{atm} = 3.03 \cdot 10^5$ Pa) 的自來水，將井水 (壓力為 $p_{well} = p_{atm}$) 抽上來，如圖所示。當停電期間電動泵停止運作時，這個系統可將水從地下室貯水槽抽上來。使用水來抽水乍聽起來很奇怪，但這些泵的效率相當好，通常每 1.00 L 的增壓自來水，可抽上來 2.00 L 的井水。供水以 $v_1 = 2.05$ m/s 的速率，在橫截面面積為 A_1 的大管中向右流動，然後流入直徑較小的小管中，小管的橫截面面積 ($A_2 = A_1/10$) 只為大管的 1/10。

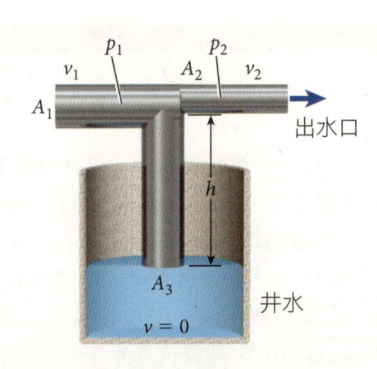

a) 在截面積為 A_2 的小管中，水的速率 v_2 為何？
b) 在截面積為 A_2 的小管中，水的壓力 p_2 為何？
c) 通向井水的垂直管，橫截面面積為 A_3，依照泵的設計，在其頂部的壓力也是 p_2。在垂直管中此水泵可以支持 (因此可對其發揮作用) 的水柱最大高度 h 為何？

12.7 節

•**12.31** 附圖所示的圓筒狀容器具有 1.00 m 的半徑，所裝的機油，黏性為 0.300 Pa s，密度為 670. kg m^{-3}。機油由位於容器底部、長 20.0 cm、直徑 0.200 cm 的管子流出。如果容器中所裝的由最初的高度為 0.500 m，則在 10.0 s 的期間，由管子流出的機油有多少？

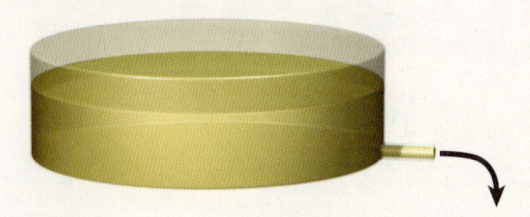

補充練習題

12.32 下列是一部汽車的數據：輪胎壓力為 28.0 磅，每個輪胎的接觸表面，其寬度都是 7.50 in，長度都是 8.75 in。此汽車的重量大約為何？

12.33 將水倒入一個高度為 2.0 m 的圓柱形大桶中。在高於地面 0.50 m 之處，將一個直徑 3.0 cm 的軟木塞由桶側插入。當桶中水位剛好達到最大高度時，軟木塞從桶中飛出。

a) 桶和軟木塞之間的靜摩擦力量值為何？
b) 如果桶裡裝的是海水，在達到桶的最大容量之前，軟木塞會從桶中飛出嗎？

12.34 水管的半徑從 $r_1 = 5.00$ cm 縮小到 $r_2 = 2.00$ cm。如果在管道較寬部分的水流速率為 2.00 m/s，則在較窄部分的水流速率為何？

12.35 浮在海水中的木塊有 2/3 的體積是浸沒的。當此木塊被放入礦物油中時，其體積的 80.0% 被浸沒。試求 (a) 木塊和 (b) 礦物油的密度。

•**12.36** 木星的衛星歐羅巴可能有海洋 (覆蓋有冰，但可忽略不計)。在歐羅巴海洋表面以下 1.00 km 的壓力為何？歐羅巴的表面重力為地球的 13.5%。

•**12.37** 一架飛機以速度 $v = 200.$ m/s 在空氣中飛行。緊鄰機翼上方的流線，被壓縮到其初始橫截面面積的 80.0%，而在機翼下方的則未被壓縮。
a) 試求緊鄰機翼上方的空氣速率。
b) 試求緊鄰機翼上方的空氣壓力 P 與機翼下方的空氣壓力 P' 之差。空氣的密度為 1.30 kg/m^3。
c) 如果兩機翼的總截面積為 40.0 m^2，求兩機翼由於壓力差而受到的淨向上力。

•**12.38** 密度為 998.2 kg/m^3 的水，在 101.3 kPa 的壓力下以微不足道的速率流動，但隨後被旋轉的螺旋槳葉片加速到高速。在 20.0 °C 的初始溫度下，水的蒸氣壓為 2.3388 kPa。在什麼樣的流動速率時水將開始沸騰？這個效應稱為空泡 (或成腔) 效應，它限制了水中螺旋槳的性能。(在密閉容器中的液體，有些會從液體表面蒸發而成為蒸氣，此蒸氣產生的壓力稱為蒸氣壓。)

•**12.39** 在許多地方，如西雅圖的華盛頓湖，浮橋比傳統的橋更合適。這樣的橋可以用混凝土浮筒建構，這種浮筒基本上是混凝土的箱子，裡面裝了空氣、泡沫塑料或另一極低密度的材料。假設用以組成浮筒的是混凝土和泡沫塑料，其密度分別為 2200 kg/m^3 及 50.0 kg/m^3。如果浮筒浮出在水面上的體積占其總體積的 35.0%，則混凝土對泡沫塑料的體積比需為何？

•**12.40** 大水箱具有入口管和出口管。入口管的直徑為 2.00 cm，位於水箱底部上方 1.00 m。出口管的直徑為 5.00 cm，位於水箱底部上方 6.00 m。進入水箱的水，其體積流率為每分鐘 0.300 m^3，錶壓為 1.00 atm。
a) 在出口管的水流速率為何？
b) 在出口管的錶壓為何？

多版本練習題

12.41 一個潛水鐘內的空氣壓力等於大氣壓,被浸沒於密歇根湖深度 129.1 m 處。潛水鐘有一個平坦且透明、直徑為 22.89 cm 的圓形觀察口。作用於觀察口上的淨力量值為何?

12.42 一個潛水鐘內的空氣壓力等於大氣壓,被浸沒於密歇根湖中。潛水鐘有一個平坦且透明、直徑為 23.11 cm 的圓形觀察口。作用於觀察口上的淨力量值為 $6.251 \cdot 10^4$ N。潛水鐘在什麼深度?

12.43 一個潛水鐘內的空氣壓力等於大氣壓,被浸沒於密歇根湖深度 174.9 m 處。潛水鐘有一個平坦且透明的圓形觀察口。作用於觀察口上的淨力量值為 $7.322 \cdot 10^4$ N。觀察口的直徑為何?

12.44 一個防水的球,以體積模量為 $6.309 \cdot 10^7$ N/m² 的橡膠製成,浸沒在水下 55.93 m 的深度。球體積的比率變化為何?

12.45 一個防水的球,以體積模量為 $8.141 \cdot 10^7$ N/m² 的橡膠製成,浸沒在水下。球體積的比率變化為 $6.925 \cdot 10^{-3}$。球浸沒在水下的深度為何?

12.46 一個防水的橡膠球被浸沒在水下 59.01 m 的深度。球體積的比率變化為 $2.937 \cdot 10^{-2}$。橡膠球的體積彈性模量為何?

13 振盪

第參部分　振盪與波

待學要點
13.1 簡諧運動
　　初始條件
　　　　例題 13.1　初始條件
　　位置、速度和加速度
　　週期和頻率
　　　　詳解題 13.1　連到彈簧的物體
　　簡諧運動與圓周運動的關係
13.2 鐘擺運動
　　擺的週期與頻率
　　　　詳解題 13.2　細桿的振盪
13.3 諧振盪的功和能
　　連到彈簧的物體
　　擺的能量
　　　　例題 13.2　空中飛人的速率
13.4 阻尼諧運動
　　小阻尼
　　大阻尼
　　臨界阻尼
　　　　例題 13.3　阻尼諧運動
13.5 強制諧運動與共振

已學要點｜考試準備指南
　　解題準則
　　選擇題
　　觀念題
　　練習題
　　多版本練習題

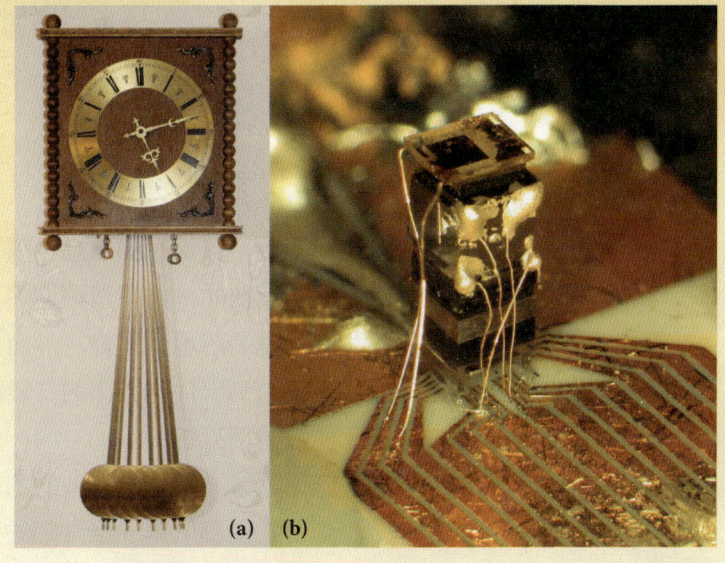

圖 13.1 用來計時的諧振盪器。(a) 老式擺鐘的多次曝光相片。(b) 美國國家標準暨技術研究院所擁有的世界上最小原子鐘，在它裡面的銫原子每秒振盪 92 億次。這個鐘只有米粒大小，精確度達到 100 億分之一，亦即每 300 年的誤差小於 1 秒。

即使表面上看來完全靜止的物體，它的原子和分子都在迅速的振動著。這些振動具有實用價值；例如，在週期性電場的作用下，石英晶體的原子會以非常穩定的頻率振動，這個振動在現代的石英晶體時鐘和手錶中，可以用來計時，而銫原子的振動則被用於原子鐘 (圖 13.1)。

本章將探討振盪運動的本質。我們考慮的情況，大多與彈簧或鐘擺有關，但這些只是振盪器的最簡單例子。本書後面的章節，將研究其他種類的振動系統，要分析這些系統的運動時，可以將它們模擬成彈簧或鐘擺。本章也將研究共鳴的概念，對於所有的振盪系統，這都是一個重要

普通物理

待學要點

- 彈簧力導致隨時間出現正弦形式的振盪，稱為簡諧運動。
- 類似於彈簧力的作用力法則，也適用於做小角度振盪的擺。
- 振盪可以用圓周運動在兩個直角座標軸之一的投影來代表。
- 在阻尼下，振盪隨著時間以指數形式減慢。視阻尼的強度，有可能不出現振盪。
- 振盪器在週期性外力的驅動下，會以驅動頻率做正弦運動，在接近共振頻率時，振幅達到最大值。

的屬性。

13.1　簡諧運動

週而復始不停重複的運動，稱為**週期運動**，在科學、工程和日常生活上是非常重要的。物體做週期運動的例子，常見的有汽車擋風玻璃的雨刷和有鐘擺的落地大座鐘。然而，涉及週期運動的，還包括了經由供電網輸送電力到現代化城市的交變電流、分子中的原子振動和你自己的心跳和血液循環系統。

簡諧運動是一種特定類型的週期運動，顯示這種運動有鐘擺，還有連接於彈簧的物體。第 5 章介紹的彈簧力，可用虎克定律描述：彈簧力正比於彈簧相對於平衡位置的位移。彈簧力是一種回復力，始終指向平衡位置，因此與位移向量的方向相反：

$$F_x = -kx$$

比例常數 k 稱為**彈簧常數** (或彈簧的力常數)。

現在考慮一個質量為 m 的物體連接到彈簧的情況，且初始時彈簧被拉伸或壓縮而偏離其平衡位置。當物體被釋放時，它會來回振盪，這種運動稱為**簡諧運動** (SHM)，只要回復力與位移成正比，就會發生這種運動。圖 13.2 示出了掛於彈簧下的物體做垂直振盪的錄影畫面。圖上疊加了一個沿垂直方向的 x 軸，以及表示時間的水平軸，相鄰兩張畫面的時間差為 0.06 s。通過這個序列畫面的紅色曲線是一個正弦函數。

由圖 13.2 所獲得的深入了解，我們可從數學觀點來描述這種類型的運動。我們從彈簧力的作用力法則 $F_x = -kx$ 開始，再應用牛頓第二定律 $F_x = ma$，可獲得

$$ma = -kx$$

我們知道，加速度是位置對時間的二階導數：$a = d^2x/dt^2$，將此代入上式可得

$$m\frac{d^2x}{dt^2} = -kx$$

或

$$\frac{d^2x}{dt^2} + \frac{k}{m}x = 0 \tag{13.1}$$

(13.1) 式含有位置 x 和它對時間的二階導數，而兩者都是時間 t 的函數。這種方程式稱為微分方程式。上面這個特定的微分方程式，其解就是簡諧運動的數學描述。

從圖 13.2 的曲線可以看出，這個微分方程式的解應該是一個正弦或餘弦函數。讓我們試用以下的表達式來看看是否可行：

$$x = A\sin(\omega_0 t)$$

常數 A 和 ω_0 分別稱為振盪的**振幅**和**角頻率**。如你在第 6 章所學的，振幅是偏離平衡位置的最大位移。振幅 A 可為任意值但不是所有的 ω_0 值都可給出一個解。

取試用正弦函數的二階導數，可得

$$x = A\sin(\omega_0 t) \Rightarrow$$
$$\frac{dx}{dt} = \omega_0 A\cos(\omega_0 t) \Rightarrow$$
$$\frac{d^2x}{dt^2} = -\omega_0^2 A\sin(\omega_0 t)$$

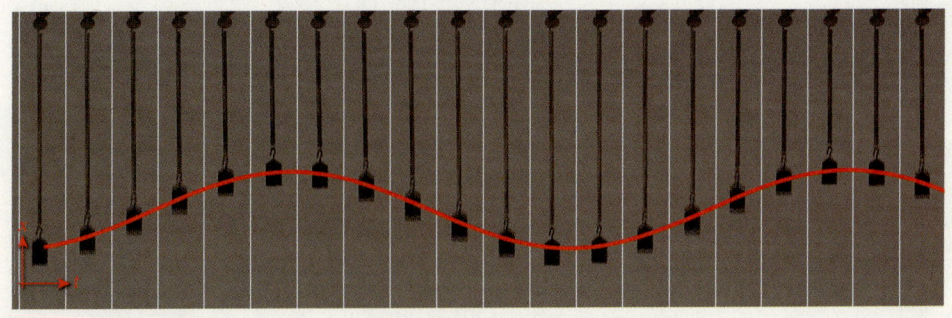

圖 13.2 掛在彈簧下的物體進行簡諧運動的連續錄影畫面。圖上疊加了座標系統和位置對時間的函數曲線。

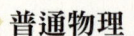

將此結果和 x 的正弦表達式代入 (13.1) 式可得

$$\frac{d^2x}{dt^2}+\frac{k}{m}x = -\omega_0^2 A\sin(\omega_0 t)+\frac{k}{m}A\sin(\omega_0 t)=0$$

要滿足上式中的條件，必須 $\omega_0^2 = k/m$，或

$$\omega_0 = \sqrt{\frac{k}{m}}$$

因此，對於 (13.1) 式的微分方程式，我們已經找到了有效的解。以同樣的方式，我們可以證明，餘弦函數也是解，它也具有任意的振幅值和相同的角頻率。因此，振幅常數為 B 和 C 的完整解為

$$x(t)=B\sin(\omega_0 t)+C\cos(\omega_0 t), \quad \text{其中的 } \omega_0 = \sqrt{\frac{k}{m}} \tag{13.2}$$

> **自我測試 13.1**
> 證明 $x(t)=A\sin(\omega_0 t+\theta_0)$ 是 (13.1) 式的解。

ω_0 的單位是 rad/s (弧度/秒)。當使用 (13.2) 式時，$\omega_0 t$ 必須以 rad (弧度) 表示，而不是 degree (度)。

下式是 (13.2) 式的另一種有用的形式：

$$x(t) = A\sin(\omega_0 t+\theta_0), \quad \text{其中的 } \omega_0 = \sqrt{\frac{k}{m}} \tag{13.3}$$

> **自我測試 13.2**
> 證明 $A\sin(\omega_0 t+\theta_0)=B\sin(\omega_0 t)+C\cos(\omega_0 t)$，其中常數之間的關係如 (13.4) 式和 (13.5) 式所示。

這種形式讓你可以更容易的看出運動是以正弦函數隨時間變化。(13.2) 式中的解含正弦和餘弦函數，具有兩個振幅，但 (13.3) 式的解只含正弦函數，具有一個振幅 A 和一個相角（亦稱相位角）θ_0，這兩個常數與 (13.2) 式中的常數 B 和 C 有以下關係：

$$A = \sqrt{B^2+C^2} \tag{13.4}$$

和

$$\theta_0 = \tan^{-1}\left(\frac{C}{B}\right) \tag{13.5}$$

初始條件

在 (13.2) 式中正弦和餘弦函數的振幅常數 B 和 C，其值如何確定？答案是我們需要兩個指定的條件，如下個例子所示，它們通常是以初始位置 $x_0 = x(t=0)$ 和初始速度 $v_0 = v(t=0) = (dx/dt)|_{t=0}$ 的形式給出。

例題 13.1　初始條件

問題 1：

　　一個彈簧常數 k = 56.0 N/m 的彈簧，一端連接有質量 1.00 kg 的鉛塊（圖 13.3）。將鉛塊從它的平衡位置拉到位移為 +5.5 cm，然後推回使得它的初始速度為 −0.32 m/s，導致它開始振盪。此振盪的運動方程式為何？

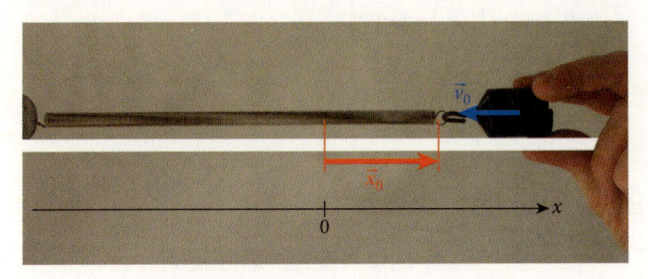

圖 13.3　連接到彈簧的鉛塊，圖上示出了它初始的位置和速度向量。

解 1：

這種情況的一般運動方程式是 (13.2) 式所給的簡諧運動公式：

$$x(t) = B\sin(\omega_0 t) + C\cos(\omega_0 t), \quad \text{其中的 } \omega_0 = \sqrt{\frac{k}{m}}$$

從題幹敘述所給的數據，可以求出角頻率：

$$\omega_0 = \sqrt{\frac{k}{m}} = \sqrt{\frac{56.0 \text{ N/m}}{1.00 \text{ kg}}} = 7.48 \text{ s}^{-1}$$

現在，我們必須求出常數 B 和 C 的值。

　　我們對一般運動方程式取其一階導數：

$$x(t) = B\sin(\omega_0 t) + C\cos(\omega_0 t)$$
$$\Rightarrow v(t) = \omega_0 B\cos(\omega_0 t) - \omega_0 C\sin(\omega_0 t)$$

當時間 t = 0 時，sin (0) = 0，cos (0) = 1，故以上二式簡化為

$$x_0 = x(t=0) = C$$
$$v_0 = v(t=0) = \omega_0 B$$

依題目所給的初始條件，初始位置 x_0 = 0.055 cm，初始速度 v_0 = −0.32 m/s。故可得 $C = x_0$ = 0.055 cm 與 $B = v_0/\omega_0$ = −0.043 m。

問題 2：

這個振盪的振幅為何？相角為何？

解 2：

有了常數 B 和 C 的值，我們可以從 (13.4) 式求出振幅 A：

$$A = \sqrt{B^2 + C^2} = \sqrt{(0.043 \text{ m})^2 + (0.055 \text{ m})^2} = 0.070 \text{ m}$$

因此,這個振盪的振幅值為 7.0 cm。需要注意的是,由於初始速度不為零,因此振幅不等於彈簧的初始伸長量 5.5 cm。

應用 (13.5) 式可求出相角,但須注意反正切所在的正確象限:

$$\theta_0 = \tan^{-1}\left(\frac{C}{B}\right) = \tan^{-1}\left(\frac{0.055}{-0.043}\right) = 2.234 \text{ rad}$$

改用度數來表示時,相角為 $\theta_0 = 128°$。

位置、速度和加速度

我們再次來看一看位置、速度和加速度的關係。當以振幅 A 和相角 θ_0 的形式來描述振盪運動時,三者的關係如下:

$$\begin{aligned} x(t) &= A\sin(\omega_0 t + \theta_0) \\ v(t) &= \omega_0 A\cos(\omega_0 t + \theta_0) = \omega_0 A \sin\left(\omega_0 t + \theta_0 + \frac{\pi}{2}\right) \\ a(t) &= -\omega_0^2 A\sin(\omega_0 t + \theta_0) = \omega_0^2 A \sin(\omega_0 t + \theta_0 + \pi) \end{aligned} \quad (13.6)$$

上式中的速度和加速度,是從位置連續兩次對時間取導數獲得的。上式顯示,速度和加速度的相角分別比位置的相角 θ_0 大了 $\pi/2$ 和 π。

圖 13.4 繪出 (13.6) 式所給的位置、速度和加速度。該圖顯示出位置向量的相角,以及振盪的三個振幅:A、$\omega_0 A$、$\omega_0^2 A$ 分別是位置、速度、加速度三個向量的振幅。可以看出,每當位置向量通過零時,速度向量的值達其最大值或最小值,反之亦然。另外也可看出加速度 (就像力) 總是在位置向量的相反方向上。當位置通過零時,加速度也為零。

圖 13.12 是連到彈簧的一個物體,在無摩擦表面上滑動時所做的簡諧運動,圖中示出了物體在八個不同位置上的速度和加速度向量。

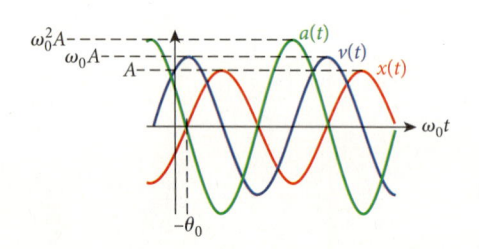

圖 13.4 簡諧運動時,位置、速度和加速度隨時間的變化。

觀念檢測 13.1

一物體連到彈簧的一端,在無摩擦的水平面上滑動。將物體從平衡位置拉到 +2 cm 處後釋放後,它通過平衡位置時的速率為 3.2 m/s。若改將物體從平衡位置拉到 +4 cm 處後再釋放,則它通過平衡位置時的速率將為

a) 0.8 m/s b) 1.6 m/s
c) 3.2 m/s d) 4.8 m/s
e) 6.4 m/s

週期和頻率

正弦和餘弦是週期性函數,其週期均為 2π。物體因做簡諧運動而振盪時,其位置、速度和加速度可用正弦或餘弦函數描述,但將這種函數的自變數加上 2π 的整數倍,函數的值並不會改變:

$$\sin(\omega t) = \sin(2\pi + \omega t) = \sin\left[\omega\left(\frac{2\pi}{\omega} + t\right)\right]$$

正弦函數再次重複先前之值的時間間隔稱為**週期**，以 T 表示。依據週期的定義 $\sin(\omega t) = \sin[\omega(T + t)]$，因此從前一式所示正弦函數的週期性質，可以看出

$$T = \frac{2\pi}{\omega} \tag{13.7}$$

同樣的道理也適用於餘弦函數。換句話說，依據簡諧運動週期的定義，用 $t + T$ 替換 t 將得到相同的位置、速度和加速度向量。

週期的倒數稱為**頻率**，以 f 表示：

$$f = \frac{1}{T} \tag{13.8}$$

其中 f 是每單位時間的完整振盪數。例如，如果 $T = 0.2$ s，則在 1 s 共發生 5 次振盪，而得 $f = 1/T = 1/(0.2\text{ s}) = 5.0\text{ s}^{-1} = 5.0$ Hz。將 (13.7) 式的 T 代入 (13.8) 式，可得以頻率表示的角頻率公式：

$$f = \frac{1}{T} = \frac{1}{2\pi/\omega} = \frac{\omega}{2\pi}$$

或

$$\omega = 2\pi f \tag{13.9}$$

對於連到彈簧的物體，其週期和頻率如下：

$$T = \frac{2\pi}{\omega_0} = \frac{2\pi}{\sqrt{k/m}} = 2\pi\sqrt{\frac{m}{k}} \tag{13.10}$$

與

$$f = \frac{\omega_0}{2\pi} = \frac{1}{2\pi}\sqrt{\frac{k}{m}} \tag{13.11}$$

注意：在此情況下，週期與運動的振幅無關。

詳解題 13.1　連到彈簧的物體

問題：一塊 1.55 kg 的物體，連接到彈簧常數 $k = 2.55$ N/m 的水平彈簧，在無摩擦的水平面上滑動。物體往右被拉到距離 $d = 5.75$ cm 處後，從靜止釋放。在被釋放之後 1.50 s，物體的速度為何？

解：

思索　物體將進行簡諧運動。我們可以使用給定的初始條件，以確定運動的參數。有了這些參數後，我們可以計算物體在指定時刻的速度。

繪圖　圖 13.5 示出了連接到彈簧的物體，它從平衡位置向右的位移為 d。

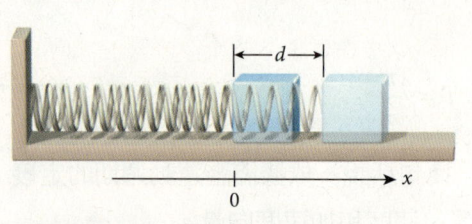

圖 13.5　連接到彈簧的物體，從平衡位置向右的位移為 d。

推敲　物體做簡諧振動時的位置如 (13.3) 式所示。第一個初始條件是在 $t = 0$ 時，位置為 $x = D$。因此，我們可以寫

$$x(t=0) = d = A\sin(\omega_0 \cdot 0 + \theta_0) = A\sin\theta_0 \tag{i}$$

我們有一個方程式和兩個未知數。為獲得第二個方程式，我們使用第二個初始條件：在 $t = 0$ 時，速度是零。這導致

$$v(t=0) = 0 = \omega_0 A\cos(\omega_0 \cdot 0 + \theta_0) = \omega_0 A\cos\theta_0 \tag{ii}$$

我們現在有兩個方程式和兩個未知數。

簡化　將 (ii) 式簡化為 $\cos\theta_0 = 0$，從而可得相角 $\theta_0 = \pi/2$。將此結果代入 (i) 式，可得

$$d = A\sin\theta_0 = A\sin\left(\frac{\pi}{2}\right) = A$$

因此，我們可以寫出速度隨時間變化的函數為

$$v(t) = \omega_0 d\cos\left[\omega_0 t + \left(\frac{\pi}{2}\right)\right] = -\omega_0 d\sin(\omega_0 t)$$

由角頻率的公式 $\omega_0 = \sqrt{k/m}$，我們得到

$$v(t) = -\sqrt{\frac{k}{m}}\, d\sin\left(\sqrt{\frac{k}{m}}\, t\right)$$

計算　將數值代入，可得

$$v(t=1.50\text{ s}) = -\sqrt{\frac{2.55\text{ N/m}}{1.55\text{ kg}}}\,(0.0575\text{ m})\sin\left[\sqrt{\frac{2.55\text{ N/m}}{1.55\text{ kg}}}\,(1.50\text{ s})\right]$$

$$= -0.06920005\text{ m/s}$$

捨入　我們的結果應為三位有效數字：

$$v = -0.0692 \text{ m/s} = -6.92 \text{ cm/s}$$

複驗 如往常一樣，驗證答案具有合適的單位是一個好主意。此處就是這種情況，因為 m/s 是速度的單位。物體可以達到的最大速率為 $v = \omega_0 d$ = 7.38 cm/s。我們所得答案的量值小於最大速率，因此它似乎是合理的。

簡諧運動與圓周運動的關係

在第 9 章中，我們分析了沿半徑為 r 的圓路徑所做的圓周運動，我們看到，這種運動的 x 和 y 座標，可表示為 $x = r \cos \theta$ 和 $y = r \sin \theta$。我們也看到，透過時間 t、等角速率 ω、初始角度 θ_0，我們可以將 θ 表示為 $\theta = \omega t + \theta_0$。然後我們可以將圓周運動的 x 和 y 座標表示為時間的函數，而得 $x = r \cos (\omega t + \theta_0)$ 和 $y = r \sin (\omega t + \theta_0)$。當初始角度 $\theta_0 = 0$ 時，圖 13.6a 顯示出向量 $\vec{r}(t)$ 以等角速率所做的圓周運動，如何隨時間變化，圖中的紅色弧段示出半徑向量的末端所經的路徑。圖 13.6b 示出了半徑向量在 y 座標上的投影。你可以清楚看出，半徑向量的 y 分量所做的運動，描繪出一個正弦函數，而 x 分量的運動隨時間的變化則顯示於圖 13.6c，它描繪出一個餘弦函數。等角速率圓周運動的這兩個投影，都做簡諧振盪。這一觀察清楚顯示，本節針對振盪運動所定義的頻率、角頻率和週期，與第 9 章圓周運動所引入的量是相同的。注意：圓周運動的角速率亦可稱為角頻率。

在圖 13.6 中，尾端位於 $(x,y) = (0,0)$ 的位置向量 $\vec{r}(t)$，以等角速率 ω 旋轉。在第 9 章中，我們看到了等角速率圓周運動的線速度 $\vec{v}(t)$ 與圓相切，而線加速度 $\vec{a}(t)$ 總是指向圓心。向量 $\vec{v}(t)$ 和 $\vec{a}(t)$ 可以移動，以使它們的尾端位於 $(x,y) = (0,0)$，如圖 13.7。因此，如圖 13.7 所示，在圓周運動中，向量 $\vec{r}(t)$、$\vec{v}(t)$ 和 $\vec{a}(t)$ 都以等角速率 ω 旋轉。線速度向量與位置向量的相位差總是 90°，

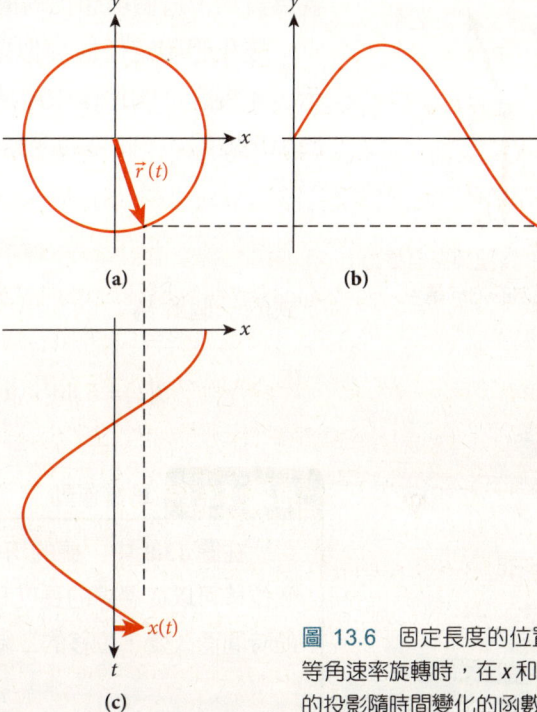

圖 13.6 固定長度的位置向量以等角速率旋轉時，在 x 和 y 座標上的投影隨時間變化的函數。

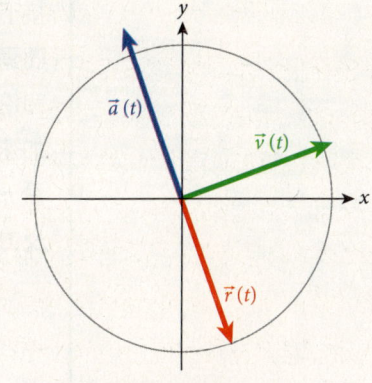

圖 13.7 圓周運動的位置向量、線速度向量及加速度向量。

普通物理

而線加速度向量與位置向量的相位差總是 180°。線速度和線加速度向量在 x 軸和 y 軸的投影，對應於一個物體做簡諧運動時的速度和加速度。

13.2 鐘擺運動

大家都熟悉另一種常見的振盪系統：**鐘擺** (簡稱為**擺**)。依其理想化的形式，鐘擺是由細線懸吊一個質量很大而可來回擺動的物體所組成，我們假設懸線無質量，亦即其質量很小而可忽略不計，且物體很小而可視為質點，這個理想化的擺稱為**單擺**。

讓我們確定任何類似擺之物體都適用的運動方程式。如圖 13.8 所示，在長度 ℓ 的懸線末尾連著一個小球，懸線與垂直線的夾角為 θ。對於小角度的 θ，此擺的運動滿足下列微分方程式 (參見推導 13.1)：

$$\frac{d^2\theta}{dt^2} + \frac{g}{\ell}\theta = 0 \tag{13.12}$$

上式的一個解為

$$\theta(t) = B\sin(\omega_0 t) + C\cos(\omega_0 t), \quad \text{其中的 } \omega_0 = \sqrt{\frac{g}{\ell}} \tag{13.13}$$

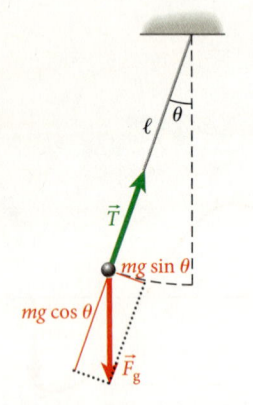

圖 13.8 鐘擺與來自重力和懸線張力的力向量。

推導 13.1 單擺運動

在圖 13.8 中，擺的切向位移 ds 是沿圓半徑為 ℓ 的圓周量取的。這個位移可以從懸線的長度和角度的關係 $s = \ell\theta$ 獲得。因為懸線的長度不隨時間而改變，位移的二階導數可以寫成

$$\frac{d^2s}{dt^2} = \frac{d^2(\ell\theta)}{dt^2} = \ell\frac{d^2\theta}{dt^2}$$

接下來是要求出角加速度 $d^2\theta/dt^2$ 隨時間變化的函數。要做到這一點，我們需要確定導致加速度的力。作用於球的力有二：向下作用的重力 $\vec{F}_g$，和沿懸線作用的張力 $\vec{T}$。由於懸線的長度固定不變，擺錘沿細線方向無加速度，故張力必與沿懸線的重力分量抵消。然而，重力向量的切向分量 $mg\sin\theta$，仍然未被抵消，如圖 13.8 所示。故淨力恆指向位移 ds 的相反方向。

由於沿切線方向的 $F_{\text{net}} = ma$，我們得到

$$m\frac{d^2s}{dt^2} = -mg\sin\theta \Rightarrow$$

$$\frac{d^2s}{dt^2} = -g\sin\theta \Rightarrow$$

振盪 13

$$\ell \frac{d^2\theta}{dt^2} + g\sin\theta = 0 \Rightarrow$$

$$\frac{d^2\theta}{dt^2} + \frac{g}{\ell}\sin\theta = 0$$

若不使用小角度近似 $\sin\theta \approx \theta$ (須以 rad 度量)，上式是難以求解的。在小角度近似下，可以得到如同 (13.12) 式的微分方程式。圖 13.9 顯示當 $\theta < 0.5$ rad (大約 30°) 時，小角度近似引入的誤差很小。在小角度時，擺的運動近似於簡諧運動，因為回復力與 θ 大致成正比。

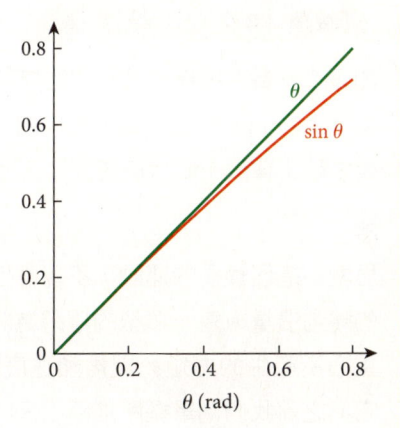

圖 13.9 使用小角度近似 $\sin\theta \approx \theta$ (其中 θ 的單位為弧度) 所引起的錯誤。

> **自我測試 13.3**
> 重力向量的徑向分量和懸線張力之間的關係為何？

我們可以使用從彈簧的微分方程式求出其解的相同步驟，以求出 (13.12) 式的解。然而，由於 (13.1) 和 (13.12) 兩式在形式上完全相同，我們可直接取彈簧運動的解，並進行適當的替代，即以角 θ 取代 x，而以 g/ℓ 取代 k/m。以這種方式，我們不需再次推導即可得到待求之解。

擺的週期與頻率

如同連到彈簧的物體一樣，鐘擺的週期和頻率與角頻率是相關的，但它們之間的關係為角頻率 $\omega_0 = \sqrt{g/\ell}$：

$$T = \frac{2\pi}{\omega_0} = 2\pi\sqrt{\frac{\ell}{g}} \tag{13.14}$$

$$f = \frac{1}{2\pi}\sqrt{\frac{g}{\ell}} \tag{13.15}$$

因此，鐘擺運動方程式的解，所給出的是諧運動 (即週期運動)，此情況就如同連到彈簧的物體。然而，擺不像連到彈簧的物體，它的頻率是與振盪物體的質量無關的。這一結果表示，兩個僅是質量不同但其他完全相同的擺，具有相同的週期。要改變一個擺的週期，除了將它帶到另一個重力加速度不同的行星或月球上之外，唯一的辦法就是改變擺的懸線長度。

> **觀念檢測 13.2**
> 一鐘擺起初從相對於垂直線為 6.0° 的角釋放後，以週期 T 進行簡諧振盪。如果初始角度變為 2 倍而成為 12.0°，鐘擺的振盪週期將為何？
> a) $T/2$ b) $T/\sqrt{2}$
> c) T d) $\sqrt{2}T$
> e) $2T$

325

詳解題 13.2　細桿的振盪

問題： 一長直細桿繞其一端的無摩擦支點擺動。桿的質量為 2.50 kg，長度為 1.25 m。桿的底端被拉向右，直到桿與垂直線的夾角 θ = 20.0°，然後由靜止釋放，而以簡諧運動來回振盪。此振盪運動的週期為何？

解：

思索　這個鐘擺的運動，不能應用標準的分析，因為我們必須考慮細桿的轉動慣量。這一類型的擺稱為物理擺。我們可以從桿的重量作用於其重心所產生的力矩，與角加速度之間的關係，得到一個微分方程式，它與之前我們為單擺所推導出來的具有相同形式。因此透過與單擺的類比，我們可以求出細桿振盪的週期。

繪圖　圖 13.10 顯示出可繞其一端做振盪的細桿。

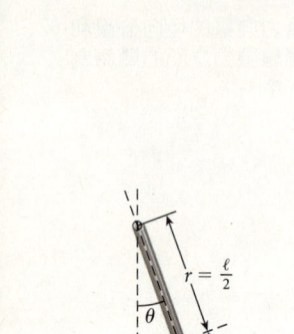

圖 13.10 細棒可繞其一端擺動所組成的物理擺。

推敲　審視圖 13.10，我們可以看出，細桿的重量 mg 對支點的力矩 τ，由下式給出：

$$\tau = I\alpha = -mgr \sin\theta \tag{i}$$

其中 I 是轉動慣量，α 是角加速度，r 是力臂，而 θ 是力和力臂之間的夾角。題幹指出，初始角位移為 20°，所以我們可以利用小角度近似，$\sin\theta \approx \theta$。所以 (i) 式可改寫為

$$I\alpha + mgr\theta = 0$$

以角位移的二階導數取代替角加速度，並將全式除以轉動慣量，可得

$$\frac{d^2\theta}{dt^2} + \frac{mgr}{I}\theta = 0$$

這個微分方程式與 (13.12) 式的形式相同；因此，我們可以將它的解寫成

$$\theta(t) = B\sin(\omega_0 t) + C\cos(\omega_0 t), \quad \text{其中的 } \omega_0 = \sqrt{\frac{mgr}{I}}$$

簡化　我們可以寫出細桿的振盪時間：

$$T = \frac{2\pi}{\omega_0} = 2\pi\sqrt{\frac{I}{mgr}}$$

上式給出的週期公式，對任何轉動慣量為 I 且其重心距離轉軸點為 r 的物理擺，均能成立。在本題中，$r = \ell/2$，$I = \frac{1}{3}m\ell^2$，所以我們有

$$T = 2\pi\sqrt{\frac{\frac{1}{3}m\ell^2}{mg(\ell/2)}} = 2\pi\sqrt{\frac{2\ell}{3g}}$$

計算　代入數值後可得

$$T = 2\pi \sqrt{\frac{2(1.25 \text{ m})}{3(9.81 \text{ m/s}^2)}} = 1.83128 \text{ s}$$

捨入　我們的結果應有三位有效數字：

$$T = 1.83 \text{ s}$$

複驗　如果桿的質量 m 全部集中於距離轉軸點 ℓ 的點，則桿將是一個單擺，其週期將為

$$T = 2\pi \sqrt{\frac{\ell}{g}} = 2.24 \text{ s}$$

細桿的週期小於這個值，這是合理的，因為擺的質量距離轉軸點越遠，擺動週期就越長，而桿的質量實際分佈於桿的各點，而不是集中在最遠的末端。

作為第二個檢驗，我們將 $T = 2\pi\sqrt{I/mgr}$ 中的轉動慣量替換為一個質點繞距離 r 的樞軸點運動時的表達式：$I = mr^2$。令 $r = \ell$，我們得到

$$T = 2\pi \sqrt{\frac{m\ell^2}{mg\ell}} = 2\pi \sqrt{\frac{\ell}{g}}$$

這個結果一如預期，是單擺的週期。

>>> **觀念檢測 13.3**

一個落地座鐘用以計時的擺，是由一根輕桿連接到一個小的重物組成。若桿的長度為 L 時，擺的振盪週期為 2.00 s，則要使振盪週期為 1.00 s，桿的長度應為何？
a) $L/4$　　b) $L/2$
c) L　　　d) $2L$
e) $4L$

13.3　諧振盪的功和能

本節針對連接到彈簧的物體，將分析與它的運動相關的能量，我們將看出，幾乎所有的結果對擺也都適用，但對求解鐘擺運動微分方程式所用的小角度近似，我們需要加以修正。

連到彈簧的物體

在第 6 章中，我們得出儲存在一個彈簧的位能 U_s 為

$$U_s = \tfrac{1}{2}kx^2$$

其中 k 是彈簧常數，x 是從平衡位置的位移，而一個連到彈簧的物體以振幅 A 振盪時的總力學能為

$$E = \tfrac{1}{2}kA^2$$

327

普通物理

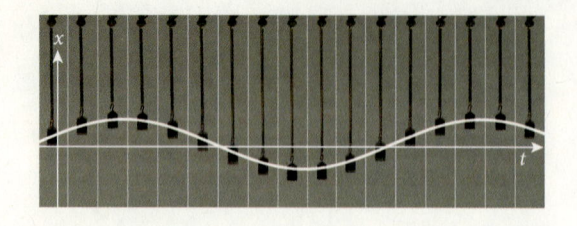

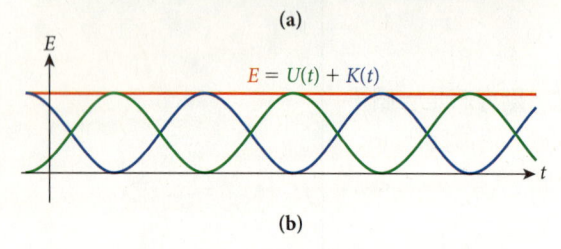

圖 13.11 連到彈簧之物體的諧振盪：(a) 位移對時間的函數 (同圖 13.2)；(b) 在同一時間座標軸上，位能和動能對時間的函數。

總力學能守恆意味著上式所給的能量，就是在振盪任何一位置的能量值。故利用能量守恆定律，我們可以寫

$$\tfrac{1}{2}kA^2 = \tfrac{1}{2}mv^2 + \tfrac{1}{2}kx^2$$

然後就可解出速度，將它表示為位置的函數：

$$v = \sqrt{(A^2 - x^2)\frac{k}{m}} \qquad (13.16)$$

利用 (13.6) 式所給的函數 $v(t)$ 和 $x(t)$，我們也可以驗證這個源自能量守恆的 (13.16) 式所表達的位置和速度的關係。

對連到彈簧之物體，圖 13.11 示出物體振盪時，動能和位能隨時間的振盪。可以看出，儘管位能和動能隨時間而振盪，但它們的總和，即總力學能，一直是恆定的。當位移為零時，動能總是達到最大值，而當彈簧從平衡位置的伸長量達最大時，位能也達到最大值。

有關連到彈簧之物體所做的簡諧運動，圖 13.12 並顯示了在每一個位置的位能和動能 (U 和 K)。在圖 13.12a，物體由 $x = A$ 從靜止被釋放，在此點時，系統中所有的能都以彈簧位能的形式儲存，物體的動能為零。然後物體向左加速，在圖 13.12b，物體到達 $x = A/\sqrt{2}$，儲存在彈簧中的位能和物體的動能相等。在圖 13.12c，物體到達彈簧的平衡位置 $x = 0$，此時儲存在彈簧中的位能為零，但物體具有其最大的動能。物體繼續前進，通過平衡位置，在圖 13.12d，它位於 $x = -A/\sqrt{2}$，儲存在彈簧中的位能和物體的動能再次相等。在圖 13.12e，物體位於 $x = -A$，儲存在彈簧中的位能達其最大值，而物體的動能為零。在圖 13.12f，物體回到 $x = -A/\sqrt{2}$，彈簧的位能再次等於物體的動能。在圖 13.12g，物體位於 $x = 0$，彈簧的位能為零，而物體的動能達其最大值。物體繼續前進通過平衡位置，到達 $x = A/\sqrt{2}$，如圖 13.12h，彈簧的位能再次等於物體的動能。在圖 13.12a，物體回到其初始位置。

擺的能量

由 13.2 節可看出，如果時間為零時，取為擺的偏轉角 $\theta(0) = \theta_0$ 而速率為零，則擺的偏轉角隨時間變化的函數為

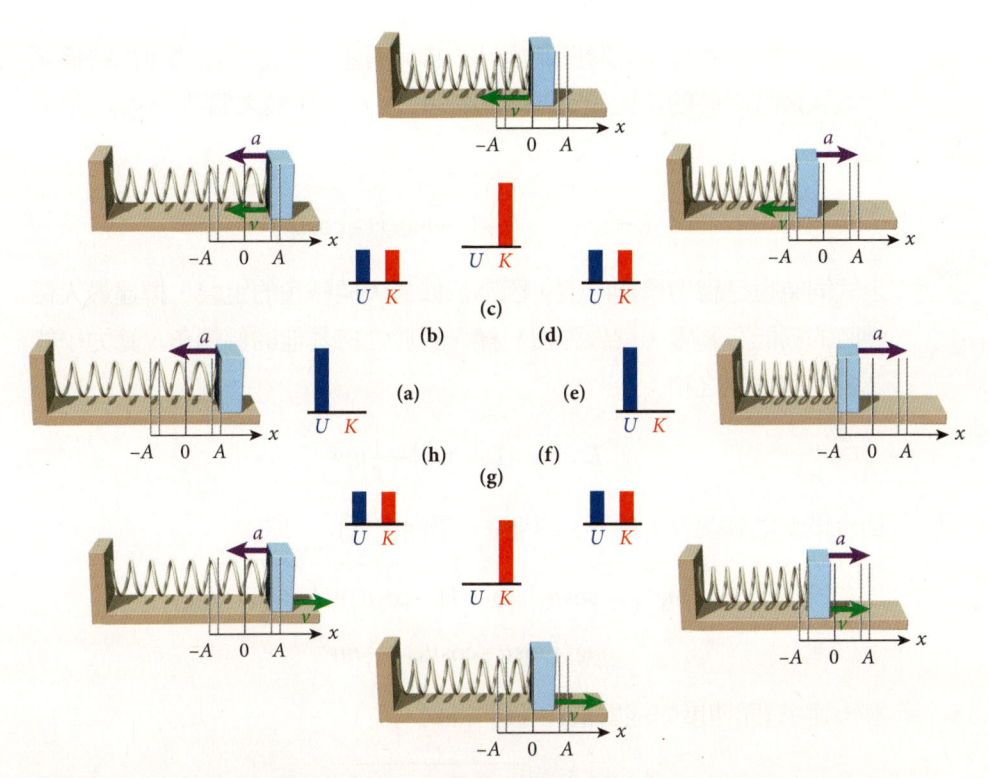

圖 13.12　連到彈簧之物體(同圖 13.5)的位置、速度和加速度向量，與在各位置的位能和動能。

$$\theta(t) = \theta_0 \cos\left(\sqrt{g/\ell}\, t\right)$$

我們接著可以求出導數 $d\theta/dt = \omega$，再將所得的角頻率乘以圓的半徑 ℓ，而得到擺錘在每個時刻的線速度：

$$v = \ell \frac{d\theta(t)}{dt} = -\theta_0 \sqrt{g\ell} \sin\left(\sqrt{\frac{g}{\ell}}\, t\right)$$

因為 $\sin^2\alpha = 1 - \cos^2\alpha$，我們將它代入上式，並利用上式之前的偏轉角表達式，可得擺的速率隨角度變化的函數：

$$|v| = |\theta_0|\sqrt{g\ell}\left|\sin\left(\sqrt{\frac{g}{\ell}}\, t\right)\right|$$

$$= |\theta_0|\sqrt{g\ell}\sqrt{1 - \cos^2\left(\sqrt{\frac{g}{\ell}}\, t\right)}$$

$$= |\theta_0|\sqrt{g\ell}\sqrt{1 - \frac{\theta^2}{\theta_0^2}} \Rightarrow$$

$$|v| = \sqrt{g\ell\left(\theta_0^2 - \theta^2\right)} \qquad (13.17)$$

普通物理

擺的能量為何？在時間為零時，擺只有重力位能。我們可以將擺錘在圓弧最低點時的位能設定為零。從圖 13.13，在最大偏轉角 θ_0 的位能是

$$E = K + U = 0 + U = mg\ell(1-\cos\theta_0)$$

上式同時也是總力學能的值，因為依據最大偏轉角的定義，擺達最大偏轉時的動能必為零，就像彈簧一樣。對於任何其他的偏轉角，總力學能為動能和位能之和：

$$E = mg\ell(1-\cos\theta) + \tfrac{1}{2}mv^2$$

結合以上兩個關於 E 的等式 (因總力學能守恆)，可得

$$mg\ell(1-\cos\theta_0) = mg\ell(1-\cos\theta) + \tfrac{1}{2}mv^2 \Rightarrow$$
$$mg\ell(\cos\theta - \cos\theta_0) = \tfrac{1}{2}mv^2$$

解出速率 (即速度的絕對值)，我們得到

$$|v| = \sqrt{2g\ell(\cos\theta - \cos\theta_0)} \tag{13.18}$$

(13.18) 式是在任一角度 θ 時，擺錘速率的精確表達式，我們不需解微分方程，就可直接得到它。此式與我們從解微分方程式得到的 (13.17) 式，並不一致。但是要記得，我們稍早使用了小角度近似以求解微分方程式。在小角度時，我們可用以下的近似：$\cos\theta \approx 1 - \tfrac{1}{2}\theta^2 + \cdots$，因此 (13.17) 式是 (13.18) 式的一個特例。我們的 (13.18) 式是利用能量守恆推導得到的，並沒有利用小角度近似，因而該式適用於所有的偏轉角。

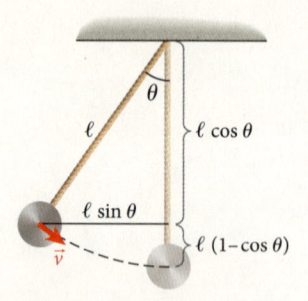

圖 13.13 鐘擺的幾何關係圖。

例題 13.2　空中飛人的速率

問題：馬戲團空中飛人的表演者，從靜止開始運動時，繩索相對於垂直線的角度為 45°。繩索的長度為 5.00 m。在她運動軌跡的最低點，表演者的速率為何？

解：
初始條件為 $\theta_0 = 45° = \pi/4$ rad。我們想求出 $v(\theta = 0)$。運用能量守恆及 (13.18) 式：

$$v(\theta) = \sqrt{2g\ell(\cos\theta - \cos\theta_0)}$$

插入數字，我們得到

$$v(0) = \sqrt{2(9.81 \text{ m/s}^2)(5.00 \text{ m})\left(1 - \frac{1}{\sqrt{2}}\right)} = 5.36 \text{ m/s}$$

相比之下，使用小角度近似時得到的是 $v(0) = \theta_0\sqrt{g\ell} = 5.50$ m/s。這與準確的結果接近，但在許多應用中可能並不夠精確。

13.4 阻尼諧運動

彈簧和擺不會永遠持續做振盪；在隔一段時間後，它們會停止不動。因此，一定存在有使它們減慢下來的力，這個使速率或振盪減小的效應稱為阻尼或減振。圖 13.14 顯示這樣的一個例子，即連到彈簧的物體在水中做振盪，水對物體的運動提供阻力，使它衰減。疊加在圖 13.14b 序列錄影畫面上的紅色曲線，代表物體質心的運動軌跡，此紅色曲線顯示的是簡諧運動 (橙色曲線) 和一個指數遞減函數 (黃色曲線) 的乘積。

為了將阻尼的影響量化，我們需要考慮產生阻尼的力。正如我們前面剛看到的，一個力如果像彈簧力 F_s，與位置成線性相依，就不會提供阻尼。然而，一個與速度相依的力就會。當速率不是太大時，提供阻尼的阻力可用 $F_\gamma = -bv$ 的形式表示，其中 $b \equiv 2\gamma$ 是一個常數，稱為阻尼常數，而 $v = dx/dt$ 是速度。有了這個阻尼力 F_γ，我們可以寫出描述阻尼諧運動的微分方程式：

$$ma = F_\gamma + F_s$$

$$m\frac{d^2x}{dt^2} = -b\frac{dx}{dt} - kx$$

$$\frac{d^2x}{dt^2} + \frac{b}{m}\frac{dx}{dt} + \frac{k}{m}x = 0 \tag{13.19}$$

(a) **(b)**

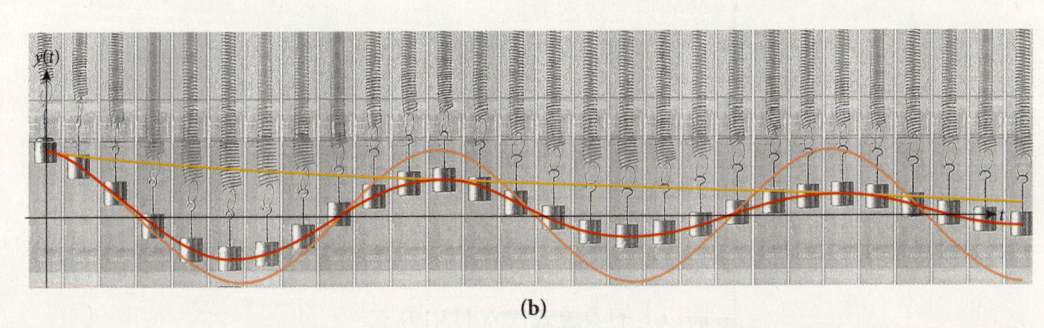

圖 13.14 阻尼諧運動的例子：連到彈簧的物體在水中做振盪。(a) 初始條件。(b) 錄影畫面顯示物體在釋放之後的運動。

此微分方程式的解，取決於阻尼力與引起諧運動的線性回復力的大小比率。依這個比率可將情況區分成三種：小阻尼、大阻尼及中間情況。

小阻尼

若阻尼常數 b 的值可視為小（下面將說明何謂「小」），則 (13.19) 式的解為

$$x(t) = Be^{-\omega_\gamma t}\sin(\omega' t) + Ce^{-\omega_\gamma t}\cos(\omega' t) \tag{13.20}$$

決定係數 B 和 C 的是初始條件，即在時間 $t=0$ 時的位置 x_0 與速度 v_0：

$$B = \frac{v_0 + x_0\omega_\gamma}{\omega'},\ C = x_0$$

而在此解中出現的角頻率為

$$\omega_\gamma = \frac{b}{2m}$$

$$\omega' = \sqrt{\omega_0^2 - \omega_\gamma^2} = \sqrt{\frac{k}{m} - \left(\frac{b}{2m}\right)^2}$$

上面這個解要能夠成立，阻尼常數 b 的值必須使決定 ω' 的平方根是取自一個正數，即

$$b < 2\sqrt{mk} \tag{13.21}$$

上式就是阻尼可視為小的條件，小阻尼也稱為次阻尼或弱阻尼。

推導 13.2　小阻尼

我們可以證明在小阻尼的情況下，(13.20) 式滿足阻尼諧運動的微分方程式，即 (13.19) 式。我們將先假定一個解，數學家稱之為擬設。根據擬設完成此處想要的證明，並不需微分方程式的進一步知識；唯一需要的只是求出導數。

擬設：

$$x(t) = Ce^{-\omega_\gamma t}\cos(\omega' t)$$

$$\Rightarrow \frac{dx}{dt} = -\omega_\gamma Ce^{-\omega_\gamma t}\cos(\omega' t) - \omega' Ce^{-\omega_\gamma t}\sin(\omega' t)$$

$$\Rightarrow \frac{d^2x}{dt^2} = \left[\omega_\gamma^2 - (\omega')^2\right]Ce^{-\omega_\gamma t}\cos(\omega' t) + 2\omega_\gamma\omega' Ce^{-\omega_\gamma t}\sin(\omega' t)$$

將以上的表達式代入 (13.19) 式：

$$\left[\omega_\gamma^2-(\omega')^2\right]Ce^{-\omega_\gamma t}\cos(\omega't)+2\omega_\gamma\omega'Ce^{-\omega_\gamma t}\sin(\omega't)$$
$$+\frac{b}{m}\left[-\omega_\gamma Ce^{-\omega_\gamma t}\cos(\omega't)-\omega'Ce^{-\omega_\gamma t}\sin(\omega't)\right]$$
$$+\frac{k}{m}\left[Ce^{-\omega_\gamma t}\cos(\omega't)\right]=0$$

重新整理上式：

$$\left[\omega_\gamma^2-(\omega')^2-\frac{b}{m}\omega_\gamma+\frac{k}{m}\right]Ce^{-\omega_\gamma t}\cos(\omega't)+\left(2\omega_\gamma\omega'-\frac{b}{m}\omega'\right)Ce^{-\omega_\gamma t}\sin(\omega't)=0$$

若此式對所有時間 t 都能成立，則在正弦和餘弦函數前面的係數必須為零。因此，我們獲得有兩個條件：

$$2\omega_\gamma\omega'-\frac{b}{m}\omega'=0 \Rightarrow \omega_\gamma=\frac{b}{2m}$$

和

$$\omega_\gamma^2-(\omega')^2-\frac{b}{m}\omega_\gamma+\frac{k}{m}=0$$

為了簡化第二個條件，我們使用第一個條件 $\omega_\gamma=b/(2m)$，以及之前於簡諧運動獲得的角頻率表達式 $\omega_0=\sqrt{k/m}$。然後，就可由第二個條件得到

$$-(\omega')^2-\omega_\gamma^2+\omega_0^2=0 \Rightarrow \omega'=\sqrt{\omega_0^2-\omega_\gamma^2}$$

透過相同的步驟，我們可證明 $Be^{-\omega_\gamma t}\sin(\omega't)$ 也是一個有效的解，並可進一步證明 (但將略過此步驟)，這兩個解是唯一可能的解。

本章中在涉及微分方程式的一些推導時，都以相同的方式進行。這是解微分方程問題的一種一般性方法：選擇一個試驗解，然後將試驗解代入微分方程，再根據所得的結果，調整參數並做其他的改變。

正如在無阻尼運動的情況，我們也可以使用振幅 A 和相角 θ_0 來表示微分方程的解，而不用如同 (13.20) 式一樣，以係數為 B 和 C 的正弦和餘弦函數來表示解：

$$x(t)=Ae^{-\omega_\gamma t}\sin(\omega't+\theta_0) \qquad (13.22)$$

現在讓我們來看一個圖 (圖 13.15)，它顯示 (13.20) 式所描述的弱阻尼諧運動。振盪的行為來自正弦和餘弦函數，此二函數的組合等同於另一個正弦函數，具有一個相移 (即相角差)。與它們相乘的指數函數，可看成是隨時間逐漸減

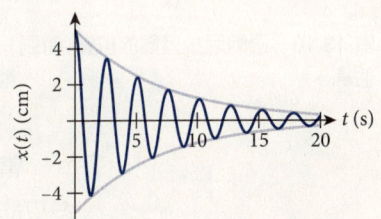

圖 13.15　弱阻尼下諧振子的位置-時間圖。

普通物理

> **自我測試 13.4**
>
> 考慮一個做次阻尼運動的擺，其阻尼力的量值為常數 α 和物體速率的乘積。在小角度近似下，我們可以寫出微分方程式：
>
> $$\frac{d^2\theta}{dt^2}+\alpha\frac{d\theta}{dt}+\frac{g}{\ell}\theta=0$$
>
> 試與連到彈簧的物體做類比，以數學式表達此角運動特有的角頻率：ω_γ、ω' 和 ω_0。

小振幅。因此，振盪會顯示出振幅呈現指數函數的衰減。振盪的角頻率 ω' 比無阻尼振盪時的角頻率 ω_0 為小。圖 13.15 是使用 $k = 11.00$ N/m、$m = 1.800$ kg 和 $b = 0.500$ kg/s 所畫出的圖。這些參數導致角頻率 $\omega' = 2.468$ s^{-1}，而無阻尼情況下的角頻率則為 $\omega_0 = 2.472$ s^{-1}。振幅 $A = 5$ cm，而 $\theta_0 = 1.6$。代表函數的曲線以深藍色顯示，兩條淡藍色曲線則代表指數包絡線，振幅在此包絡內隨著時間逐漸減小。

大阻尼

當小阻尼的條件 $b < 2\sqrt{mk}$ 不再成立時，會發生什麼？在此情況下，由於決定 ω' 的平方根，在根號內的數將為負值，所以我們在小阻尼時所用的擬設，不再管用了。當 $b > 2\sqrt{mk}$ 時，稱為**過阻尼**，此時 (13.19) 式所給之阻尼諧振盪的微分方程式，有如下的解：

$$x(t) = Be^{-\left(\omega_\gamma + \sqrt{\omega_\gamma^2 - \omega_0^2}\right)t} + Ce^{-\left(\omega_\gamma - \sqrt{\omega_\gamma^2 - \omega_0^2}\right)t} \quad (\text{當 } b > 2\sqrt{mk} \text{ 時}) \qquad (13.23)$$

其中的係數 B 和 C 是由初始條件 x_0 和 v_0 決定，而可寫為

$$B = \tfrac{1}{2}x_0 - \frac{x_0\omega_\gamma + v_0}{2\sqrt{\omega_\gamma^2 - \omega_0^2}}, \quad C = \tfrac{1}{2}x_0 + \frac{x_0\omega_\gamma + v_0}{2\sqrt{\omega_\gamma^2 - \omega_0^2}}$$

再次，角頻率為

$$\omega_\gamma = \frac{b}{2m}, \quad \omega_0 = \sqrt{\frac{k}{m}}$$

(13.23) 式所給的解沒有振盪，它是由兩個指數項組成，係數為 C 的指數項支配系統的長期行為，因為它隨時間的衰變比另一項慢。

圖 13.16 中的例子，顯示過阻尼振盪器的運動，作圖所使用的參數值為 $k = 1.0$ N/m、$m = 1.0$ kg 和 $b = 3.0$ kg/s，因此 $b\,(= 3.0 \text{ kg/s}) > 2\sqrt{mk}\,(= 2 \text{ kg/s})$。這些參數值導致角頻率 $\omega_\gamma = 1.5$ s^{-1}，而無阻尼情況下的角頻率則為 $\omega_0 = 1.0$ s^{-1}。初始位移為 $x_0 = 5.0$ cm，並且假定系統是由靜止釋放。在沒有任何振盪下，位移變為零。

當係數 B 和 C 的符號相反時，從 (13.23) 式算出的 x 值，其符號最多只能改變一次。物理上，此符號改變所對應的情況，是振盪器以夠大的初始速度朝向平衡位置前進，以致振盪器衝過平衡位置，再從另一側

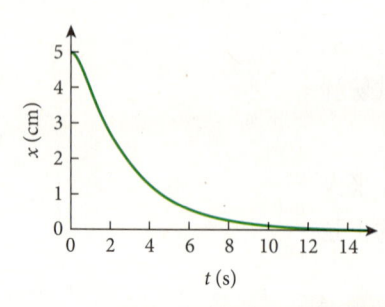

圖 13.16 過阻尼振盪器的位置-時間曲線。

接近平衡位置。

臨界阻尼

對於 (13.19) 式的解，因為我們已經涵蓋了 $b < 2\sqrt{mk}$ 和 $b > 2\sqrt{mk}$ 兩種情況，你可能認為透過某種極限過程或將兩個解內插，或許可以得到 $b = 2\sqrt{mk}$ 情況下的解。但這個情況，並非如此簡單，我們必須採用一個稍微不同的擬設。當 $b = 2\sqrt{mk}$ 時，稱為**臨界阻尼**，此時 (13.19) 式的微分方程式，有如下的解：

$$x(t) = Be^{-\omega_\gamma t} + tCe^{-\omega_\gamma t} \text{ (當 } b = 2\sqrt{mk} \text{ 時)} \tag{13.24}$$

其中的係數分別為

$$B = x_0, \ C = v_0 + x_0 \omega_\gamma$$

在此解中，角頻率仍然是 $\omega_\gamma = b/(2m)$。

讓我們來看看一個例子，其中的係數 B 和 C 是由阻尼諧運動的初始條件決定的。

> ### 例題 13.3　阻尼諧運動
>
> **問題**：一個彈簧常數 $k = 1.00$ N/m 的彈簧，連接著質量 $m = 1.00$ kg 的物體。此物體在偏離平衡位置的位移為 $x = +5.00$ cm 之處由靜止釋放，在阻尼常數 $b = 2.00$ kg/s 的介質中移動。釋放後 1.75 s，物體會在哪裡？
>
> **解**：
>
> 　　首先，我們必須決定這是三種阻尼情況中的哪一種。由於 $2\sqrt{mk} = 2\sqrt{(1.00 \text{ kg})(1.00 \text{ N/m})} = 2.00$ kg/s，這恰好等於阻尼常數 b 的值。因此，這是個臨界阻尼的運動。我們也可以計算阻尼角頻率：$\omega_\gamma = b/(2m) = 1.00 \text{ s}^{-1}$。
>
> 　　題目給定的初始條件為 $x_0 = +5.00$ cm 和 $v_0 = 0$。從這些初始條件，我們可確定常數 B 和 C 的表達式。使用臨界阻尼適用的 (13.24) 式可得：
>
> $$x(t) = Be^{-\omega_\gamma t} + tCe^{-\omega_\gamma t}$$
> $$\Rightarrow x(0) = Be^{-\omega_\gamma 0} + 0 \cdot Ce^{-\omega_\gamma 0} = B$$
>
> 接著，我們求位置對時間的導數：

$$v = \frac{dx}{dt} = -\omega_\gamma B e^{-\omega_\gamma t} + C(1-\omega_\gamma t)e^{-\omega_\gamma t}$$

$$\Rightarrow v(0) = -\omega_\gamma B e^{-\omega_\gamma 0} + C\left[1-\left(\omega_\gamma \cdot 0\right)\right]e^{-\omega_\gamma 0} = -\omega_\gamma B + C$$

依題目所給的起始條件，$v(0) = v_0 = 0$，因此可得 $C = \omega_\gamma B$，另外由 $x(0) = x_0 = 5.00$ cm，可以決定 B。我們已經算出 $\omega_\gamma = 1.00$ s^{-1}。因此，我們有

$$x(t) = (5.00 \text{ cm})(1+\omega_\gamma t)e^{-\omega_\gamma t}$$

$$= (5.00 \text{ cm})\left[1+(1.00 \text{ s}^{-1})t\right]e^{-(1.00 \text{ s}^{-1})t}$$

我們現在計算物體在 $t = 1.75$ s 時的位置：

$$x(1.75 \text{ s}) = (5.00 \text{ cm})(1+1.75)e^{-1.75} = 2.39 \text{ cm}$$

圖 13.17 顯示出這個臨界阻尼振盪器的位移–時間曲線，它還包括圖 13.16 所示過阻尼振盪器的曲線，兩振盪器的質量和彈簧常數相同，但過阻尼振盪器具有較大的阻尼常數 $b = 3.0$ kg/s。值得注意的是，臨界阻尼振盪比過阻尼振盪更快趨近於零位移。

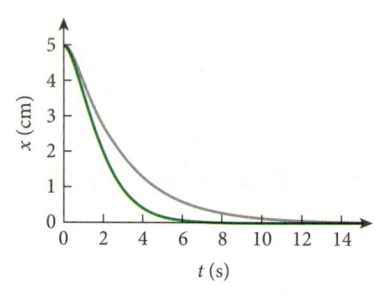

圖 13.17 臨界阻尼振盪隨時間的位移。灰色曲線是從圖 13.16 的過阻尼振盪複製過來的。

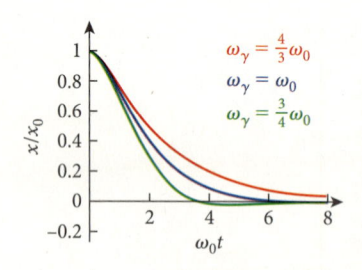

圖 13.18 次阻尼 (綠線)、過阻尼 (紅色線) 及臨界阻尼運動 (藍線) 下位置隨時間的變化。

圖 13.19 機車前輪上的減震器。

為了比較次阻尼、過阻尼和臨界阻尼的運動，圖 13.18 為每種類型的運動，畫出位置對角頻率與時間乘積的曲線圖。在所有三種情況下，振盪器都於時間 $t = 0$ 時從靜止開始，綠線表示次阻尼的情況；可以看出它仍有振盪。紅線反映出阻尼大於臨界值的情況，藍線反映了臨界阻尼的情況。

若要提供阻尼振盪，並盡可能快的返回平衡位置，而不來回振盪，工程上的解決方案是採用臨界阻尼的條件。這種應用的例子包括汽車、機車 (圖 13.19) 和自行車的減震器。為了獲得最大的性能，它們需要在臨界阻尼的極限或略小一些的情況下運作。當它們磨損時，減振效果變弱，

減震器僅能提供小阻尼。這將使乘坐者有一種「彈跳」的感覺，表明減震器應該更換了。

13.5 強制諧運動與共振

當推動一個坐在鞦韆上的人時，你對他或她施加週期性的推力，以期這個人的振盪振幅越來越大，而可盪得更高。這種情況是**強制** (或**受迫**) **諧運動**的一個例子。週期性的驅動力可用下式表示：

$$F(t) = F_d \cos(\omega_d t) \tag{13.25}$$

其中 F_d 和 ω_d 是常數。

為了分析強制諧運動，我們首先考慮無阻尼的情況。在驅動力 $F(t)$ 的作用下，這種情況的微分方程式為

$$m\frac{d^2x}{dt^2} = -kx + F_d \cos(\omega_d t) \Rightarrow$$

$$\frac{d^2x}{dt^2} + \frac{k}{m}x - \frac{F_d}{m}\cos(\omega_d t) = 0$$

這個微分方程式的解是

$$x(t) = B\sin(\omega_0 t) + C\cos(\omega_0 t) + A_d \cos(\omega_d t)$$

上式中以固有角頻率 $\omega_0 = \sqrt{k/m}$ 做振盪的部分，其係數 B 和 C 由初始條件決定。然而更引人關注的是以驅動角頻率做振盪的部分。強制振盪的振幅可以證明是由下式給出：

$$A_d = \frac{F_d}{m(\omega_0^2 - \omega_d^2)}$$

因此，驅動角頻率 ω_d 越接近固有角頻率 ω_0，振幅就變得越大。在推動鞦韆上的人擺動的情況，這個放大是顯而易見的。只有當你推動的頻率接近鞦韆目前的擺動頻率時，你才可以增大鞦韆擺動的振幅。如果你以這個頻率推動，鞦韆上的人會盪得越來越高。

若驅動角頻率恰等於振盪器的固有角頻率，則依振幅公式 $A_d = F_d/[m(\omega_0^2 - \omega_d^2)]$ 的預測，振幅將變成無限大。在現實生活中，這種無限的增長不會發生。在任何系統中總有一些阻尼存在。有阻尼存在時，要解的微分方程式變成

>>> **觀念檢測 13.4**

一個連到彈簧的物體，在油池中做臨界阻尼的振盪。當改用彈簧常數為兩倍大的彈簧時，物體的運動會有什麼變化？
a) 變為次阻尼。
b) 變為過阻尼。
c) 仍為臨界阻尼，但物體需要更長的時間才能到達平衡位置。
d) 仍為臨界阻尼，但物體可在更短的時間內能到達平衡位置。
e) 仍為臨界阻尼，且物體的運動不會改變。

自我測試 13.5

被彈撥的吉他弦是強制諧運動的例子嗎？如果不是，為什麼不呢？如果是，驅動者與共振的各為何？

$$\frac{d^2x}{dt^2} + \frac{b}{m}\frac{dx}{dt} + \frac{k}{m}x - \frac{F_d}{m}\cos(\omega_d t) = 0 \qquad (13.26)$$

這個方程式有穩態解

$$x(t) = A_\gamma \cos(\omega_d t - \theta_\gamma) \qquad (13.27)$$

其中 x 隨時間以驅動角頻率做振盪，振幅為

$$A_\gamma = \frac{F_d}{m\sqrt{\left(\omega_0^2 - \omega_d^2\right)^2 + 4\omega_d^2 \omega_\gamma^2}} \qquad (13.28)$$

現在可以看出，(13.28) 式所給的振幅 A_γ 不可能是無限的，因為即使 $\omega_d = \omega_0$，它仍然為一個有限值 $F_d/(2m\omega_d \omega_\gamma)$，這值也近似於其最大值。要找出對應於最大振幅的驅動頻率，可以取 A_γ 相對於 ω_d 的導數，並令所得的導數等於 0，再求解 ω_d，結果是 A_γ 在 $\omega_d = \sqrt{\omega_0^2 - 2\omega_\gamma^2}$ 時具有其最大值。注意：當 $\omega_\gamma \ll \omega_0$ 時，$\omega_d \approx \omega_0$。振幅 A_γ 隨驅動角頻率 ω_d 變化的曲線形狀，稱為**共振形狀**，它是所有共振現象的特徵。當 $\omega_d = \sqrt{\omega_0^2 - 2\omega_\gamma^2}$ 時，驅動角頻率稱為**共振角頻率**；在此角頻率，A_γ 達其最大值。圖 13.20 是依據 (13.28) 式所作出的 A_γ 對 ω_d 的圖，此圖的 $\omega_0 = 3$ s^{-1}，阻尼角頻率 ω_γ 的值有三個。當阻尼變弱時，共振形狀變得更尖銳。你可以看到，在每一種情況下，振幅曲線在 ω_d 稍低於 $\omega_0 = 3$ s^{-1} 之處達到最大。

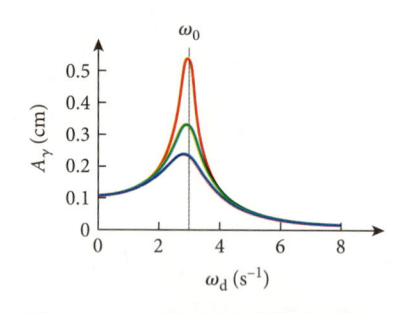

圖 13.20 強制振盪的振幅隨驅動角速率變化的函數。三條曲線代表不同的阻尼角速率：$\omega_\gamma = 0.3$ s^{-1} (紅)、0.5 s^{-1} (綠) 和 0.7 s^{-1} (藍)。

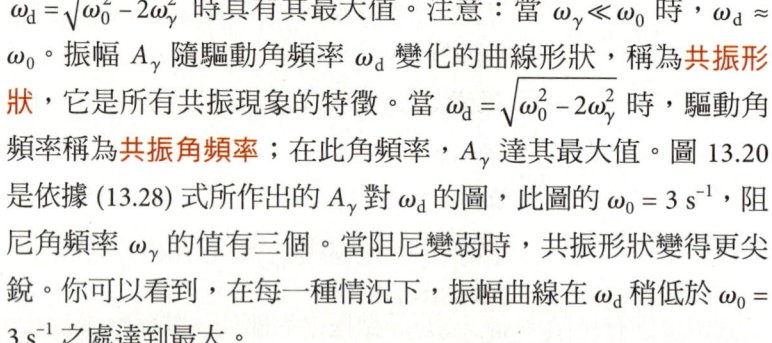

(13.27) 式中的相角 (或相移) θ_γ 取決於驅動角頻率、阻尼和固有角頻率：

$$\theta_\gamma = \frac{\pi}{2} - \tan^{-1}\left(\frac{\omega_0^2 - \omega_d^2}{2\omega_d \omega_\gamma}\right) \qquad (13.29)$$

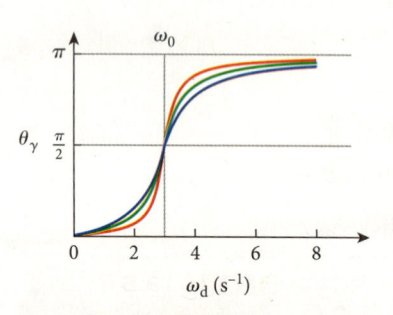

圖 13.21 示出相移隨驅動角頻率變化的曲線，所使用的參數值與圖 13.20 中的相同。你可以看出，對於較小的驅動角頻率，強制振盪與驅動力近乎同相，相移很小。驅動角頻率增大時，相移開始變大，而在 $\omega_d = \omega_0$ 時到達 $\pi/2$。當驅動角頻率比共振角頻率大得多時，相移接近 π。阻尼角頻率 ω_γ 越小時，相移從 0 到 π 的轉變就越陡。

圖 13.21 相移隨驅動角速率變化的函數，所用參數值與圖 13.20 的相同。三條曲線代表不同的阻尼角速率：$\omega_\gamma = 0.3$ s^{-1} (紅)、0.5 s^{-1} (綠) 和 0.7 s^{-1} (藍)。

此處有一點是實務上需要注意的：(13.27) 式提出的解所描述的狀態，通常只在一段時間後才會到達。(13.26) 式所給強制

阻尼振盪運動的微分方程式，其完整的解是由 (13.20) 式和 (13.27) 式相加而得的。在過渡期間內，特定初始條件對系統的影響被衰減掉，之後系統才以漸近的方式趨近 (13.27) 式所給的解。

圖 13.22 示出了一個系統在驅動角頻率為 $\omega_d = 1.2 \text{ s}^{-1}$、驅動加速度為 $F/m = 0.6 \text{ m/s}^2$ 之下的運動。此系統的固有角頻率 $\omega_0 = 2.2 \text{ s}^{-1}$，阻尼角頻率 $\omega_\gamma = 0.4 \text{ s}^{-1}$，並以正的初始速度從 $x_0 = 0$ 開始運動。當不受強制時，該系統在次阻尼下的運動遵循 (13.20) 式，如圖中所示出的綠色虛線曲線。根據 (13.27) 式的運動以紅色顯示。完整的解 (藍色曲線) 是前述二者的總和。初期有一些形狀複雜的振盪，在此期間初始條件的影響衰減掉，之後完整的解逐漸趨近於 (13.27) 式給出的簡諧運動。

$\omega_0 = 2.2 \text{ s}^{-1}$
$\omega_\gamma = 0.4 \text{ s}^{-1}$
$\omega_d = 1.2 \text{ s}^{-1}$
$F/m = 0.6 \text{ m/s}^2$

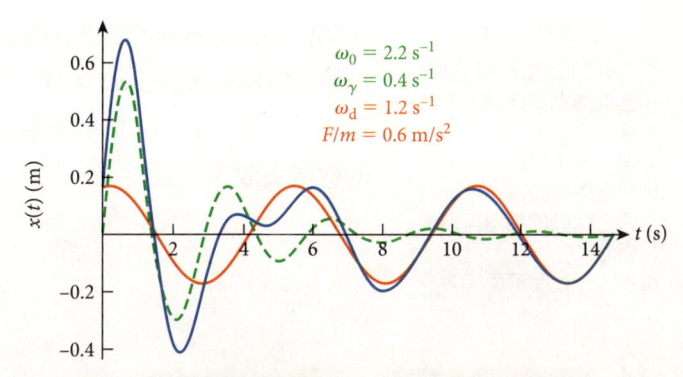

圖 13.22　在阻尼強制諧振盪下，位置隨時間變化的函數：紅色曲線圖為 (13.27) 式，綠色虛線曲線顯示 (13.20) 式的次阻尼運動。藍色曲線是紅色和綠色兩條曲線的總和，給出完整的運動情況。

驅動機械系統使之共振，具有重要的技術後果，但有些並不是我們想要的。最令人擔憂的是建築結構的共振頻率。例如，建築業者必須非常小心，不能將高樓建造成地震可以驅動它們進入共振點附近做振盪。

>>> 觀念檢測 13.5

圖 13.22 的系統在四個不同的驅動角速率之下，其位置隨時間變化的曲線如下圖所示，四種情況中何者最接近共振？(各圖的曲線顏色所代表的意義，與圖 13.22 所用的相同。)

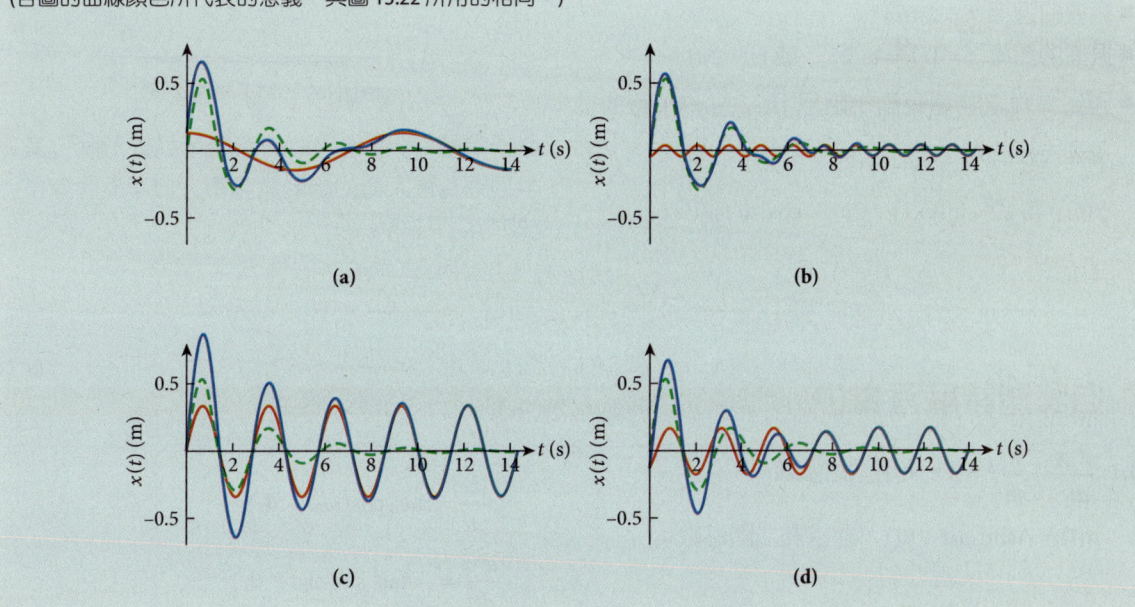

(a)

(b)

(c)

(d)

普通物理

> **觀念檢測 13.6**
> 由於外加正弦波的驅動而引起的強制諧運動是否為週期性？
> a) 是，一直都是
> b) 只在運動的初始階段
> c) 只在運動的後段且為漸近的
> d) 否，一直都不是

建築因共振而被破壞最惡名昭彰的例子，也許是美國華盛頓州的塔科馬海峽 (Tacoma Narrows) 大橋，它於 1940 年 11 月 7 日在完工幾個月後崩潰了。受到 40 mph 的強風驅動，橋的振盪出現共振，終至造成災難性的機械失敗。

已學要點｜考試準備指南

- 物體受到遵循虎克定律的作用力 $F = -kx$ 時，會做簡諧運動，此種作用力為回復力，方向與從平衡位置的位移正好相反。
- 連到彈簧之物體（無阻尼）的運動方程式可取為 $x(t) = B\sin(\omega_0 t) + C\cos(\omega_0 t)$，其中 $\omega_0 = \sqrt{k/m}$，或者取為 $x(t) = A\sin(\omega_0 t + \theta_0)$。
- 鐘擺（無阻尼）的運動方程式為 $\theta(t) = B\sin(\omega_0 t) + C\cos(\omega_0 t)$，其中 $\omega_0 = \sqrt{g/\ell}$。
- 簡諧振盪的位置、速度和加速度由下式給出：
$$x(t) = A\sin(\omega_0 t + \theta_0)$$
$$\Rightarrow v(t) = \omega_0 A\cos(\omega_0 t + \theta_0)$$
$$\Rightarrow a(t) = -\omega_0^2 A\sin(\omega_0 t + \theta_0)$$
- 振盪的週期 $T = 2\pi/\omega$。
- 振盪的頻率 $f = 1/T = \omega/2\pi$，或 $\omega = 2\pi f$。
- 連到彈簧之物體受到小阻尼 $(b < 2\sqrt{mk})$ 時的運動方程式為
$$x(t) = Be^{-\omega_\gamma t}\sin(\omega' t) + Ce^{-\omega_\gamma t}\cos(\omega' t)$$
其中

$\omega_\gamma = b/2m$，$\omega' = \sqrt{k/m - (b/2m)^2} = \sqrt{\omega_0^2 - \omega_\gamma^2}$，$\omega_0 = \sqrt{k/m}$。

- 連到彈簧之物體受到大阻尼 $(b > 2\sqrt{mk})$ 時的運動方程式為
$$x(t) = Be^{-\left(\omega_\gamma + \sqrt{\omega_\gamma^2 - \omega_0^2}\right)t} + Ce^{-\left(\omega_\gamma - \sqrt{\omega_\gamma^2 - \omega_0^2}\right)t}$$
- 連到彈簧之物體受到臨界阻尼 $(b = 2\sqrt{mk})$ 時的運動方程式為 $x(t) = (B + Ct)e^{-\omega_\gamma t}$。
- 阻尼諧振盪器的能量損失率為 $dE/dt = -bv^2 = vF_\gamma$。
- 阻尼振盪系統受到週期性外來驅動力 $F(t) = F_d\cos(\omega_d t)$ 時的運動方程式變為（經過一段過渡時間）$x(t) = A_\gamma\cos(\omega_d t - \theta_\gamma)$，其中振幅
$$A_\gamma = \frac{F_d}{m\sqrt{\left(\omega_0^2 - \omega_d^2\right)^2 + 4\omega_d^2\omega_\gamma^2}}$$
此振幅隨 ω_d 變化的曲線圖顯示共振形狀，其中振幅為最大值的驅動角頻率近似等於固有角頻率 $(\omega_d = \omega_0)$。

自我測試解答

13.1 $\dfrac{d^2x}{dt^2} + \dfrac{k}{m}x = 0$。使用試用函數 $x(t) = A\sin(\omega_0 t + \theta_0)$，並求其二階導數：

$$\frac{dx}{dt} = A\omega_0\cos(\omega_0 t + \theta_0)$$
$$\frac{d^2x}{dt^2} = -A\omega_0^2\sin(\omega_0 t + \theta_0)$$

將以上最後一個表達式代回到微分方程式，並令 $\omega_0^2 = k/m$，即可得

$$-A\omega_0^2\sin(\omega_0 t + \theta_0) + A\omega_0^2\sin(\omega_0 t + \theta_0) = 0$$

13.2 使用三角學恆等式 $\sin(\alpha + \beta) = \sin(\alpha)\cos(\beta) + \cos(\alpha)\sin(\beta)$：

$$A\sin(\omega_0 t + \theta_0) = A\sin(\omega_0 t)\cos(\theta_0)$$
$$+ A\cos(\omega_0 t)\sin(\theta_0)$$
$$A\sin(\omega_0 t + \theta_0) = [A\cos(\theta_0)]\sin(\omega_0 t)$$
$$+ [A\sin(\theta_0)]\cos(\omega_0 t)$$
$$= B\sin(\omega_0 t) + C\cos(\omega_0 t)$$
$$B = A\cos(\theta_0)$$
$$C = A\sin(\theta_0)$$

將以上二式各自平方後相加：

$$B^2 + C^2 = A^2\cos^2(\theta_0) + A^2\sin^2(\theta_0)$$
$$= A^2[\cos^2(\theta_0) + \sin^2(\theta_0)] = A^2$$
$$A = \sqrt{B^2 + C^2}$$

現在改將相同的二式相除：

$$\frac{C}{B} = \frac{A\sin(\theta_0)}{A\cos(\theta_0)} = \tan(\theta_0)$$
$$\theta_0 = \tan^{-1}\left(\frac{C}{B}\right)$$

13.3 如圖 13.8 所示，重力的徑向分量為 $mg\cos\theta$。由於懸線末端的擺錘被迫沿圓形路徑移動，需要向心力 $F_c = mv^2/\ell$，才能將它保持在該路徑上。這個力必須由懸線的張力提供，張力也須抵消重力的徑向分量。因此，在一般情況下，懸線的張力和重力的徑向分量之間的關係為 $T \geq mg\cos\theta$，其中等式只在擺錘運動的轉折點才能成立。

13.4 $\omega_\gamma = \frac{\alpha}{2}$；$\omega_0 = \sqrt{\frac{g}{\ell}}$；$\omega' = \sqrt{\omega_0^2 - \omega_\gamma^2}$

13.5 是，一個被彈撥的吉他弦是強制諧運動的例子。振盪的弦線提供諧運動的驅動力，而吉他主體內的空氣，則以弦線振盪的頻率做共振。

解題準則

1. 在振盪運動中，有一些量是運動的屬性：位置 x；速度 v；加速度 a；總力學能 E；相角 θ_0；振幅 A；最大速度 $v_{\max}$。其他的量則為個別振盪系統的屬性：質量 m；彈簧常數 k；擺長 ℓ；週期 T；頻率 f；角頻率 ω。一個有助益的做法是擬一個清單，列出問題要找出的量，和你已知道的量或為了求出未知量必須要決定的量。

2. 所有諧振盪都是由回復力產生的，這種力與偏離平衡位置的位移 (包括角位移) 成正比，並且始終指向平衡位置。任何時候，只要給定的情況包括這種力，將導致諧振盪。

3. 在諧振盪的運動中，當振盪器通過平衡位置時，動能為最大值，而當振盪器從平衡位置的位移為最大值時，位能也處於最大值 (而動能則為零)。

4. 對於涉及阻尼的問題，必須首先確定系統是屬於弱阻尼、臨界阻尼或過阻尼，因為應該使用的運動方程式，其形式取決於阻尼的類型。

選擇題

13.1 兩個小孩在相鄰的鞦韆上，用來懸吊的鏈子長度相同。有個成人推動鞦韆，讓它們自行擺動。假設每個鞦韆與其上的小孩可以被視為一個單擺，忽略摩擦不計，哪個小孩完整擺動一次所需的時間較久 (即

普通物理

具有較長的週期)？
a) 體型大的小孩　　　　b) 體重輕的小孩
c) 兩個小孩都不是　　　d) 受推較大的小孩

13.2 一個可在無摩擦水平表面上振盪的物體，與水平彈簧連接，彈簧往右被拉長 10.0 cm 後由靜止釋放。物體的振盪週期為 5.60 s。物體在 $t = 2.50$ s 時的速率為何？
a) $-2.61 \cdot 10^{-1}$ m/s　　　b) $-3.71 \cdot 10^{-2}$ m/s
c) $-3.71 \cdot 10^{-1}$ m/s　　　d) $-2.01 \cdot 10^{-1}$ m/s

13.3 若參數的選擇正確，一個有阻尼且受驅動的物理擺，能顯示混沌運動，這種運動對於初始條件具有敏感的相依性。對於這種鐘擺，以下哪種說法為真？
a) 其長期行為是可以預測的。
b) 其長期行為是不可預測的。
c) 它的長期行為就像一個具有等效長度的單擺。
d) 其長期的行為就像一個圓錐擺。
e) 以上都不為真。

13.4 質量為 M 的小孩在長度為 L 的鞦韆上擺動，最大偏轉角為 θ，而質量為 $4M$ 的成人在長度為 L 的類似鞦韆上擺動，最大偏轉角為 2θ。每個鞦韆都可視為一個進行簡諧運動的單擺。如果小孩的運動週期為 T，則成人的運動週期為何？
a) T　　　　　　　　b) $2T$
c) $T/2$　　　　　　　d) $T/4$

13.5 將附圖所示的簡諧振盪器，依其固有頻率由最大排名到最小。所有的彈簧具有相同的彈簧常數，而所有的物體具有相同的質量。
a) 1，2，3，4 = 5
b) 4 = 5，3，2，1
c) 1，2，3 = 4，5
d) 3，4，2，1，5
e) 3，2 = 5，4，1

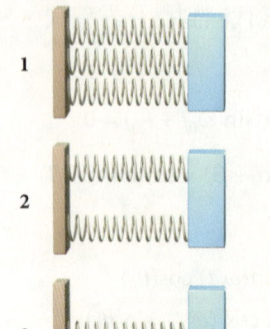

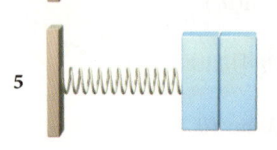

13.6 如附圖所示，質量為 36 kg 的物體在無摩擦的水平表面上，以兩個未被拉伸或壓縮的彈簧連到牆壁，彈簧常數 $k_1 = 3.0$ N/m，$k_2 = 4.0$ N/m。若將物體略微拉到一側後釋放，則物體的振盪週期為何？
a) 11 s　　　　b) 14 s
c) 17 s　　　　d) 20. s
e) 32 s　　　　f) 38 s

13.7 一個落地鐘使用一根輕桿，連接著一個作為擺錘的小重物來計時。要使振盪週期為 1.00 s，桿長應為何？
a) 0.0150 m　　　　b) 0.145 m
c) 0.248 m　　　　d) 0.439 m
e) 0.750 m

觀念題

13.8 太空人在第一次搭太空梭飛行時，帶著他喜愛的小型落地鐘。在發射台上時，鐘和他的數位手錶是同步的，且落地鐘指著太空梭的機頭方向。在推進階段，太空梭具有向上的加速度，其量值為地表重力加速度的好幾倍。在推進階段結束後，太空梭到達恆定的巡航速率，太空人將落地鐘與手錶的時間比較。鐘與錶是否還是同步？如果不是，哪一個領先？解釋之。

13.9 在門上的閉門器讓門能自行關閉，如附圖所示。閉門器包括連到充油阻尼活塞的復位彈簧。當彈簧拉動活塞向右時，活塞連桿上的齒與齒輪嚙合，使齒輪旋轉而可將門關閉。如果要獲得最佳性能 (使門可迅速關閉但不致猛擊門框)，系統必須是次阻尼、臨界阻尼或過阻尼？

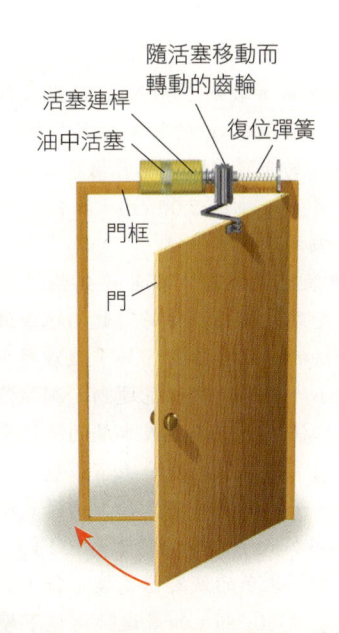

13.10 彈簧–物體振盪系統和鐘擺系統都可以當作機械的計時裝置使用。如果要裝置能長期提供可再現的時間測量，使用其中一種類型的系統，比另一種類型的優點是什麼？

13.11 A 擺的擺錘質量為 m，以長度為 L 的細線懸吊；B 擺與 A 擺完全相同，但擺錘質量為 $2m$。比較這兩個擺做小幅振盪的頻率。

練習題

題號前的藍點 (•) 與雙藍點 (••) 代表問題難度遞增。

13.1 節

13.12 以彈簧懸吊的物體，質量為 $m = 5.00$ kg，振盪時的運動方程式為 $x(t) = 0.500 \cos(5.00t + \pi/4)$。彈簧常數為何？

•13.13 一個質量為 10.0 kg 的物體，以長度為 1.00 m、直徑為 1.00 mm 的鋼絲懸吊。如果將物體略為拉下後再釋放，物體振盪的頻率為何？鋼的楊氏模量為 $2.0 \cdot 10^{11}$ N/m^2。

•13.14 質量為 55.0 g 的木塊浮在游泳池中，上下振盪做簡諧運動的頻率為 3.00 Hz。
a) 水的有效彈簧常數為何？
b) 水面上有部分裝水的一個瓶子，其尺寸和形狀與木塊幾乎相同，但質量為 250. g。瓶子上下振盪的頻率為何？

•13.15 密度為 ρ_c 的立方體在密度為 ρ_l 的液體中漂浮，如附圖所示。當靜止時，立方體浸沒在液體中的高度為 h。如果立方體被按下後釋放，它會像彈簧的振動一樣，上下浮沉繞其平衡位置振盪。證明其振盪頻率為 $f = (2\pi)^{-1}\sqrt{g/h}$。

•13.16 附圖示出了質量 $m_2 = 20.0$ g 的物體，靜止停在質量 $m_1 = 20.0$ g 的另一物體頂部，在下面的物體連到 $k = 10.0$ N/m 的彈簧。兩物體之間的靜摩擦係數為 0.600。在無摩擦的表面上，兩物體一起振盪，做簡諧運動。振盪的振幅最大可為何，而不致使在上面的物體滑落下來？

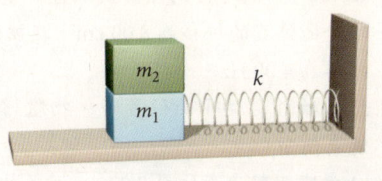

13.2 節

13.17 長度為 1.00 m 的單擺在下列各情況下的週期為何？
a) 在物理實驗室
b) 在向上加速度為 2.10 m/s^2 的電梯裡
c) 在向下加速度為 2.10 m/s^2 的電梯裡
d) 在自由下落的在電梯裡

•13.18 以無質量、長度為 30.0 cm 的垂直桿，將 1.00 kg 的小球連接到 2.00 kg 的大球，如圖所示。然後在桿上距離小球中心 10.0 cm 的 P 點鑽一個洞，使桿和兩球以 P 為支點可自由轉動。若將兩球稍微推離其穩定平衡位置後再釋放，則兩球的振盪週期為何？

•13.19 一物理擺由質量 M、長度 L 的均勻細桿組成。擺的樞轉點與細桿中心的距離為 x，因此擺的振盪週期為 x 的函數：$T(x)$。

343

a) T 的值為最大的 x 值為何？
b) T 的值為最小的 x 值為何？

•13.20 一個落地鐘使用物理擺來計時。擺由質量 M 和長度 L 的均勻細桿組成，此細桿可繞其上端自由轉動，桿的下端連接一個具有相同質量 M、半徑 $L/2$ 的固體球，該球的中心與桿的下端重合。
a) 求出擺繞其樞轉點的轉動慣量，並以 M 和 L 的函數表達所得結果。
b) 擺做小幅振盪時，其週期的表達式為何？
c) 週期 $T = 2.0$ s 時，長度 L 的值為何？

13.3 節

13.21 一個質量 $m = 5.00$ kg 的物體以簡諧運動做振盪，其位置隨時間的變化表示為 $x(t) = 2\sin([\pi/2]t + \pi/6)$，其中 x 是以 m 為單位量得的數值。
a) 物體在 $t = 0$ s 的位置、速度和加速度各為何？
b) 以時間的函數表示時，物體的動能為何？
c) 在 $t = 0$ s 之後，動能第一次出現最大值是在何時？

•13.22 一個連接到彈簧的物體，質量為 2.00 kg，偏離平衡位置的位移為 8.00 cm。在被釋放後，它的振盪頻率為 4.00 Hz。
a) 當物體通過平衡位置時，物體–彈簧系統的總力學能為何？
b) 當它距離平衡位置 2.00 cm 時，物體的速率為何？

••13.23 如附圖所示，一質量為 $m_1 = 8.00$ kg 的物體，靜置於無摩擦的水平表面上，並由 $k = 70.0$ N/m 的彈簧連接到牆壁。第二個物體的質量為 $m_2 = 5.00$ kg，以 $v_0 = 17.0$ m/s 的速度向右運動。兩個物體發生碰撞後黏在一起。

a) 彈簧長度的最大壓縮量為何？
b) 碰撞後需隔多長時間才會出現此最大壓縮量？

••13.24 一個分子中做相對運動的兩個原子，可以被描述為一個質量為 m 的物體在一維空間的運動，此物體的位能 $U(r) = A/r^{12} - B/r^6$，其中 r 是原子間的距離，A 和 B 是正的常數。
a) 以常數 A 和 B 表示兩原子處於平衡時的距離 r_0。
b) 若稍微被移動，兩原子間的距離相對於平衡距離，將出現振盪。求這種振盪的角頻率，並以 A、B 和 m 表示之。

13.4 節

•13.25 一個彈簧常數為 2.00 N/m 的垂直彈簧，連接到一個質量為 0.300 kg 的物體，且物體在阻尼常數為 0.0250 kg/s 的介質中移動。當物體由靜止釋放時，它與平衡位置的距離為 5.00 cm。振幅要降低至 2.50 cm，需要多長的時間？

•13.26 汽車裝有減震器，以使連接輪子與車體框架的彈簧，在受到壓縮或拉伸時引起的振盪減小。理想的減震器提供的是臨界阻尼。如果減震器失靈，能提供的阻尼較小，將導致次阻尼運動。測試汽車減震器的一個簡單作法，是將車頭或車尾的一側壓下，然後迅速鬆開。如果這會導致汽車上下振盪，就知道減震器需要更換。一部汽車每個車輪上的彈簧所具有的彈簧常數為 4005 N/m，汽車的質量為 851 kg，均勻分布在四個車輪上。此車的減震器已經不行，提供的阻尼只達原設計值的 60.7%。如果進行前述下壓法加以測試，此車的次阻尼振盪週期為何？

•13.27 一名 80.0 kg 的高空彈跳手，玩了一個下午的彈跳。彈跳手的第一次振盪，振幅為 10.0 m，週期為 5.00 s。將高空彈跳繩當作為一個沒有阻尼的彈簧，計算下列各量：
a) 高空彈跳繩索的彈簧常數，
b) 彈跳手振盪的最高速率，以及
c) 振幅減小至 2.00 m 所需的時間 (空氣阻力對振盪的阻尼為 7.50 kg/s)。

13.5 節

13.28 質量 3.00 kg 的物體在彈簧上振動。它具有 2.40 rad/s 的共振角速率和 0.140 rad/s 的阻尼角頻率。假定正弦驅動力的振幅為 2.00 N，當驅動角頻率為 (a) 1.20 rad/s，(b) 2.40 rad/s 和 (c) 4.80 rad/s 時，求振動的最大振幅。

••13.29 一個質量 $M = 1.60$ kg 的物體，以 $k = 578$ N/m 的彈簧連接到牆壁上。物體在無摩擦的水平地板上滑動。彈簧和物體都浸沒在阻尼常數為 6.40 kg/s 的流體中。一個水平力 $F(t) = F_d \cos(\omega_d t)$，其中 $F_d = 52.0$ N，經由一個把手對物體作用，使物體來回振盪。忽略彈簧、把手和連桿的質量。在什麼頻率時，物體的振盪振幅是最大的？什麼是最大振幅？如果驅動頻率略微減小 (但驅動振幅保持不變)，在什麼頻率時，物體的振盪振幅將為最大振幅的一半？

補充練習題

13.30 一個質量為 m 的物體，連到彈簧常數為 k 的彈簧，做簡諧運動。當物體的動能為其最大動能的一半時，它離開平衡位置有多遠？以相對於其最大位移的比率表示。

13.31 有一個彈簧-物體系統，物體的質量 $m = 1.00$ kg，$k = 1.00$ N/m，在時間 $t = 0$ 時，以 1.00 m/s 的速率，向右移動通過其平衡位置。

a) 忽略所有阻尼，決定運動方程式。

b) 假設在時間 $t = 0$ 的初始條件改成如下：物體在 $x = 0.500$ m，以 1.00 m/s 的速率向右移動。假設彈簧常數和質量與前相同，試決定新的運動方程式。

13.32 氫氣分子可被認為是一對質子以類似彈簧的鍵結合在一起。如果一個質子的質量為 $1.7 \cdot 10^{-27}$ kg，振盪週期為 $8.0 \cdot 10^{-15}$ s，則氫分子的結合鍵，其有效彈簧常數為何？

13.33 試想一下，你是一名太空人，降落在另一個星球上，想確定該行星上的自由下落加速度。你決定進行的實驗之一使用長度為 0.500 m 的鐘擺，發現它的振盪週期為 1.50 s。該行星上的重力加速度為何？

•**13.34** 兩個完全相同的擺，長度均為 1.000 m，懸掛在天花板下，並同時開始擺動。有一個是在菲律賓的馬尼拉，在當地 $g = 9.784$ m/s^2，而另一個是在挪威奧斯陸，在當地 $g = 9.819$ m/s^2。在馬尼拉的擺經過多少次振盪後，兩個擺的相位會再相同？所需的時間為何？

•**13.35** 一個頂上停放有小玩具車的活塞，做垂直簡諧運動，振幅為 5.00 cm，如附圖所示。當振盪頻率低時，車停留在活塞上。然而，當頻率增加得夠高時，車就會離開活塞。車可保持停放在活塞上的最大頻率為何？

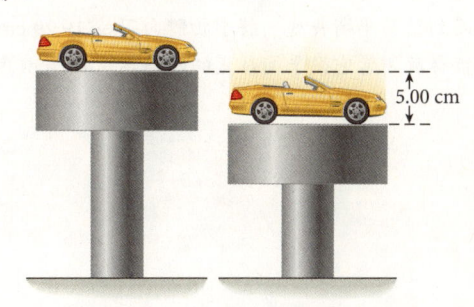

••**13.36** 做簡諧運動的物體是**等時性**的，亦即它的振盪週期是與振幅無關的。(與常見的一種說法相反的，擺鐘的運作不是基於這個原理；擺鐘是以固定的有限振幅運動，時鐘的齒輪裝置補償了擺的非諧和性。) 考慮質量為 m 的振盪器做一維運動，受到回復力 $F(x) = -cx^3$，其中 x 是從平衡位置的位移，而 c 是一個具有適當單位的常數。此振盪器的運動是週期性的，但不是等時性的。

a) 若此振盪器做無阻尼的振盪，寫出其週期的表達式。如果你的表達式涉及積分，它應該是一個定積分。你並不需要將表達式算出來。

b) 使用 (a) 部分中的表達式，決定振盪週期與振幅的函數關係。

c) 將 (a) 和 (b) 的結果推廣到做一維運動的振盪器，其質量為 m，但回復力所對應的位能為 $U(x) = \gamma |x|^\alpha / \alpha$，其中 α 是任何正數，而 γ 是常數。

多版本練習題

13.37 一個質量 1.605 kg 的物體，連接到彈簧常數為 14.55 N/m 的水平彈簧，在無摩擦的表面上，靜置於彈簧的平衡位置上。將物體從平衡位置拉開 12.09 cm 後再釋放。在 $2.834 \cdot 10^{-1}$ s 後，物體離開平衡位置的距離為何？

13.38 一個質量 1.833 kg 的物體，連接到彈簧常數為 14.97 N/m 的水平彈簧，在無摩擦的表面上，靜置於彈簧的平衡位置上。將物體從平衡位置拉開 13.37 cm 後再釋放。在什麼時候物體離開平衡位置的距離為 4.990 cm？

13.39 一個質量 1.061 kg 的物體，連接到彈簧常數為 15.39 N/m 的水平彈簧，在無摩擦的表面上，靜置於彈簧的平衡位置上。將物體從平衡位置拉開後再釋放。在 $3.900 \cdot 10^{-1}$ s 後物體離開平衡位置的距離為 1.25 cm，則物體從平衡位置被拉開的距離為何？

13.40 一個彈簧常數為 23.31 N/m 的垂直彈簧，懸吊於天花板下。彈簧底端連接著質量為 1.375 kg 的小物

體，以致彈簧伸長而到達其平衡長度。將小物體向下拉 18.51 cm 的距離後釋放。當它從平衡位置的距離為 1.849 cm 時，小物體的速率為何？

13.41 一個彈簧常數為 23.51 N/m 的垂直彈簧，懸吊於天花板下。彈簧底端連接著一個小物體，以致彈簧伸長而到達其平衡長度。將小物體向下拉 19.79 cm 的距離後釋放。當它從平衡位置的距離為 7.417 cm 時，小物體的速率為 0.7286 m/s，則小物體的質量為何？

13.42 一個彈簧常數為 23.73 N/m 的垂直彈簧，懸吊於天花板下。彈簧底端連接著質量為 1.103 kg 的小物體，以致彈簧伸長而到達其平衡長度。將小物體向下拉後釋放。當它從平衡位置的距離為 4.985 cm 時，小物體的速率為 0.4585 m/s，則小物體被拉下的距離為何？

14 ▸ 波

待學要點
- 14.1 波動
- 14.2 耦合振盪器
  - 橫波和縱波
- 14.3 波的數學描述
  - 週期、波長和速度
  - 正弦波形、波數和相位
    - 詳解題 14.1　行進波
- 14.4 波動方程式
  - 波動方程式的解
  - 弦波
    - 例題 14.1　電梯鋼索
  - 波的反射
- 14.5 二維和三維空間的波
  - 球面波
  - 平面波
- 14.6 波的能量、功率和強度
  - 波的能量
  - 波的功率和強度
- 14.7 疊加原理和干涉
  - 例題 14.2　波脈衝的疊加
  - 波的干涉
- 14.8 駐波和共振
  - 弦線的駐波
    - 詳解題 14.2　弦線的駐波

已學要點｜考試準備指南
- 解題準則
- 選擇題
- 觀念題
- 練習題
- 多版本練習題

圖 14.1　衝浪者在澳大利亞海面的巨大波浪中乘浪滑行。

多數人在聽到「波」這個字時，首先想到的就是海浪。大家都看過衝浪者順著巨大海浪在海面上滑行的照片 (圖 14.1)，或猛烈的暴風雨在大海上掀起的滔天巨浪。這些狀似牆壁的巨浪固然是波，但輕輕湧向海灘的碎浪，同樣也是波。然而，波是更普遍的，不只是水中的種種擾動而已。光和聲音都是波，地震和海嘯，以及無線電和電視廣播，也都涉及波動。

本章以第 13 章所學的振盪為基礎，探討波的特性和行為。物理學的所有領域都致力於波的研究；例如，光學研究光波，聲學研究聲波 (參見第 15 章)。波在天文學和電子學中也是基本而重要的。對存在於我們周圍的波，要了解其相關物理學的大部分，本章的概念僅只是一個起步。

347

普通物理

待學要點

- 波是通過空間或介質所傳播之隨時間變化的擾動 (或激盪)。波可以藉由一連串與其最近鄰居耦合的個別振盪器來理解。
- 波可以是縱波或橫波。
- 波動方程式支配波的一般運動。
- 波可將能量傳輸到遠處；波雖然是由介質中振動的原子傳播，但物質一般並不隨波傳送。
- 疊加原理陳述出波的一個關鍵屬性：兩波形可以相加而成另一波形。
- 波可以相互干涉而相消或相長。在一定條件下，干涉會形成圖樣，而可供分析。
- 兩個行進波可以疊加而形成駐波。
- 加諸於弦線的邊界條件，決定駐波可能的波長和頻率。

14.1 波動

如果你將石頭扔到一池靜水中，它會產生圓形的漣漪，在水面上沿著半徑方向往外行進 (圖 14.2)。如果物體 (細枝條、葉或橡皮鴨) 浮在池面上，你可以看到當漣漪在其下方往外移動時，物體會上下運動，但不會隨著波而明顯向外移動。

如果你將一根繩子的一端綁在牆上，拉住另一端使繩子張緊，然後將你的手臂快速上下擺動，這個運動將產生一個順著繩子傳播的波峰，如圖 14.3。再次，這個波在繩子上運動，但波行進時經過的物質 (簡稱介質，如繩子) 除了上下運動外，卻都留在原位。

這兩個例子說明了波的一個重要特性：**波**是通過空間或介質所傳播的隨時間變化的擾動 (亦稱激盪)。波一般並不會將物質隨它一起傳輸。這點與我們至今所學過的運動完全不同。電磁波和重力波的傳播不需要介質；它們可以通過沒有物質的空間。其他的波則確實是在介質中傳播；例如，聲波可通過氣體 (空氣)、液體 (水) 或固體 (鋼軌) 傳播，但不能通過真空傳播。

圖 14.2 水面上的圓形漣漪。

在本章中，我們研究通過介質的波所做的運動。機械振動屬於這一類，另外，聲波、地震波和水波也是。由於聲音是人類互相溝通的重要媒介，第 15 章將專門討論它。

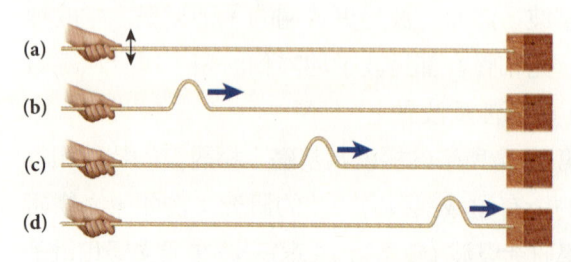

圖 14.3 一端用手拉住、另一端固定在牆壁上的繩子。(a) 手的擺動使繩子左端上下運動。在 (b)、(c) 和 (d) 中，波沿著繩子向牆壁前進。

14.2 耦合振盪器

為了對波做定量的討論，我們首先細察一下一連串的耦合振盪器——例如一串完全相同的

物體，以完全一樣的彈簧居間耦合在一起。圖 14.4 顯示一個實物成品，其中一連串全同的金屬細桿，由中央的水平桿保持在位置上。各細桿繞其中心支點可自由轉動，並以全同的彈簧連接到兩邊最接近的細桿。推動第一根細桿後，該擾動會從一細桿傳遞到它的近鄰，而所產生的脈衝就順著整排細桿向下行進。每根細桿是一個振盪器，在頁面的平面來回運動。這個裝置代表了振盪器之間的縱向耦合，也就是說運動方向和振盪器與最近鄰居耦合的方向是相同的。

　　一個橫向耦合的實物成品示於圖 14.5。在圖中的 (a) 部分，所有的細桿都連到一條張力帶，而得以保持在它們的水平平衡位置上；在 (b) 部分，桿 i 由水平方向偏轉了 θ_i 的角度。這種偏轉有兩個作用：一是張力帶提供回復力，試圖將桿轉回到平衡位置。第二，該桿偏轉到角度 θ_i 會產生扭力，使鄰近細桿 i 的兩段張力帶出現扭曲，而導致細桿 $i-1$ 和 $i+1$ 有跟著往 θ_i 轉的傾向。如果這些細桿可自由轉動，它們將往該角度的方向偏轉，依此類推，每根細桿將依次產生一個力，各作用於其最接近的兩根細桿。

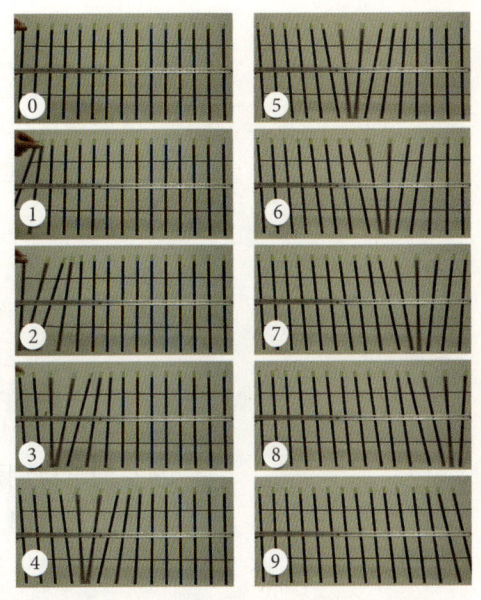

圖 14.4 一連串相同細桿經由彈簧耦合到其兩邊的近鄰。畫面上的數字表示時間序列。連續兩幅畫面的間隔都為 0.133 s。

橫波和縱波

　　對於如圖 14.4 和圖 14.5 所示的兩種耦合振盪器系統，我們需要強調它們之間的基本差異。在第一種系統中，每一振盪器的移動方向都沿著它到相鄰振盪器的方向，而在第二種系統中，則都垂直於它到相鄰振盪器的方向 (圖 14.6)。一般而言，傳播方向沿著振盪器移動方向的波，稱為縱波。在第 15 章，我們將看到聲波是典型的縱波。傳播方向垂直

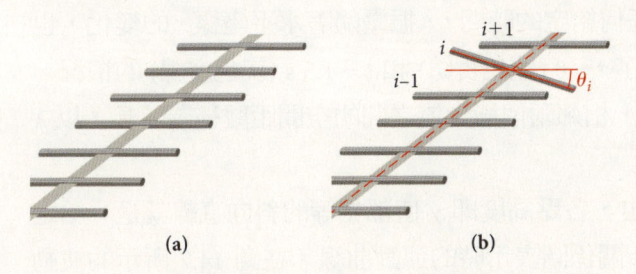

圖 14.5 以張力帶支持的平行細桿，是橫向耦合振盪器的模型：(a) 在初始位置，所有的細桿平行；(b) 細桿 i 的偏轉角為 θ_i。

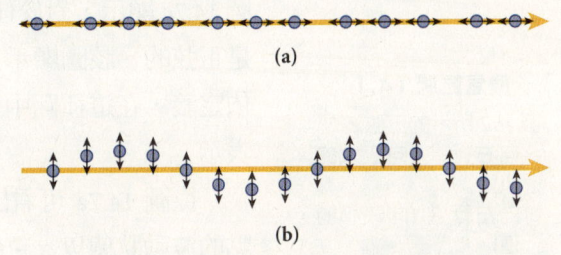

圖 14.6 水平向右傳播的 (a) 縱波和 (b) 橫波的示意圖。黃色長箭頭表示波的傳播方向。藍色圓圈代表各個振盪器，而黑色的雙箭頭表示振盪的方向。

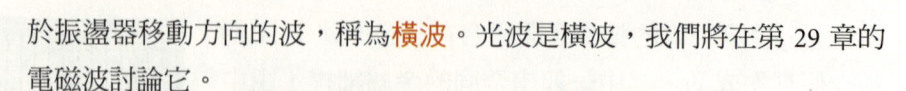

於振盪器移動方向的波，稱為**橫波**。光波是橫波，我們將在第 29 章的電磁波討論它。

地震產生的地震波，縱波 (或壓縮波) 與橫波都有。這些波可沿著地球表面行進，也可穿過地球內部行進，而在遠離震央的地方被檢測到。

14.3 波的數學描述

到目前為止，我們已探討過單個脈衝所形成的波，如一連串耦合振盪器被推一下所產生的波。但更為常見的一種波動現象，則涉及週期性的擾動，特別是正弦形式的擾動。在圖 14.4 或圖 14.5 的系列振盪器，若使第一根桿子週期性的來回運動，可以產生一個連續波。這個週期性振盪，也會沿著整個系列的振盪器行進，就像單個的波脈衝一樣。

週期、波長和速度

圖 14.7a 將正弦的擾動以時間和水平位置座標的函數表示，這是在耦合振盪器非常多且彼此非常接近下的極限，也就是說，在連續域的極限。首先，我們來看波在 $x = 0$ 的位置上，隨著時間的變化。這個投影如圖 14.7b，這是整串中第一個振盪器所做正弦振盪的曲線圖：

$$y(x=0,t) = A\sin(\omega t + \theta_0) = A\sin(2\pi f t + \theta_0) \tag{14.1}$$

其中 ω 是角頻率，f 是頻率，A 是振盪的振幅，而 θ_0 則是相移 (在圖 14.7 中使用的值是 $A = 2.0$ cm，$\omega = 0.2$ s^{-1}，$\theta_0 = 0.5$)。對於所有的振盪器，週期 T 的定義為相鄰兩個極大值的時間間隔，它與頻率的關係為

$$T = \frac{1}{f}$$

圖 14.7c 顯示，對於任何給定的時間 t，振盪隨著水平座標 x 的變化，也是正弦的。該圖顯示了 $t = 0$ (藍色實線) 和 $t = 1.5$ s (灰色虛線) 的情況。依定義，在這種圖中，相鄰兩個極大值之間的空間距離稱為**波長**，以 λ 表示。

從圖 14.7a 可看出，各點高度即 y 值都相等的斜向直線就是一給定點的波動狀態以 $x - t$ 關係圖表示時的運動曲線。在圖 14.7 所示的波動和一般的波動中，最重要的是要了解在一個週期內，任何給定點的狀態會前進一個波長。

>>> 觀念檢測 14.1

圖 14.7 所示的正弦波是
a) 向右行進 (向較大的 x 值)。
b) 向左行進 (向較小的 x 值)。
c) 不向右或左行進。
d) 這只是波的一個快照，運動方向無法推斷。

波 14

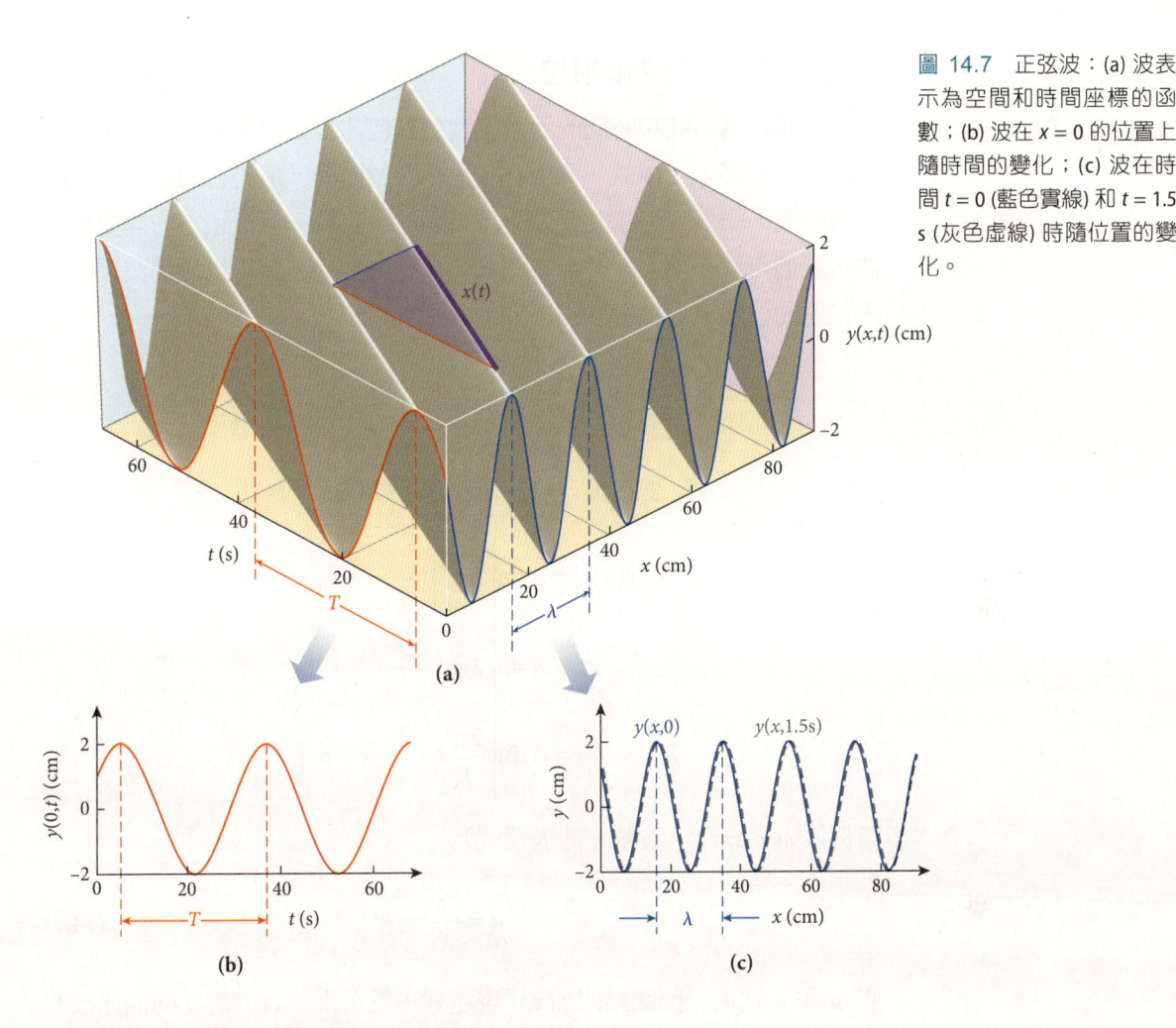

圖 14.7 正弦波：(a) 波表示為空間和時間座標的函數；(b) 波在 $x = 0$ 的位置上隨時間的變化；(c) 波在時間 $t = 0$ (藍色實線) 和 $t = 1.5$ s (灰色虛線) 時隨位置的變化。

圖 14.8 以 $x - t$ 關係圖，顯示出圖 14.7a 中在波頂部表面的淡紫色三角形，以進一步說明波速、週期和波長之間的關係。由圖 14.8 可以看出波狀態的傳播速率 (簡稱波速)，亦即上述運動曲線的斜率，一般是由下式給出：

$$v = \left|\frac{\Delta x}{\Delta t}\right| = \frac{\lambda}{T}$$

或者，使用週期和頻率之間的關係 $T = 1/f$，亦可由下式給出：

$$v = \lambda f \tag{14.2}$$

這個波長、頻率和波速之間的關係，適用於所有類型的波，是本章最重要的結果之一。

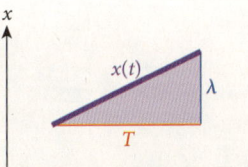

圖 14.8 重繪圖 14.7a 中的 xt 平面，顯示線段 $x(t)$ 的斜率為波速 v，它是由波長對週期的比率決定，即 $v = \lambda/T$。

自我測試 14.1

一條小船在湖中。拍打船身的水波以 3.0 m/s 的速率行進，且連續兩個波峰相隔 7.5 m。波峰拍打船身的頻率為何？

正弦波形、波數和相位

正弦波為空間和時間的函數,我們如何才可給出描述它的數學函數呢?我們參考 (14.1) 式,先看在 $x = 0$ 的振盪器,由於它的擾動狀態隔一段時間 $t = x/v$ 所移動的距離為 x,因此,對於一個沿正 x 方向傳播的波,我們可以在 (14.1) 式中,將 t 以 $t - x/v$ 取代,就可以得到波偏離平衡位置的位移 $y(x,t)$ 隨空間和時間變化的函數:

$$y(x,t) = A\sin\left[\omega\left(t - \frac{x}{v}\right) + \theta_0\right]$$

利用 (14.2) 式的波速公式 $v = \lambda f$,上式可改寫為

$$\begin{aligned}y(x,t) &= A\sin\left[2\pi f\left(t - \frac{x}{v}\right) + \theta_0\right] \\ &= A\sin\left[2\pi ft - \frac{2\pi fx}{\lambda f} + \theta_0\right] \\ &= A\sin\left[\frac{2\pi}{T}t - \frac{2\pi}{\lambda}x + \theta_0\right]\end{aligned}$$

類似於 $\omega = 2\pi/T$,**波數** κ 的表達式為

$$\kappa = \frac{2\pi}{\lambda} \tag{14.3}$$

將 ω 和 κ 代入上面剛給的 $y(x,t)$ 表達式,就可得到我們想要的描述波的數學函數:

$$y(x,t) = A\sin\left(\omega t - \kappa x + \theta_0\right) \tag{14.4}$$

注意:對於一個沿負 x 方向傳播的波,在 (14.1) 式中,必須將 t 以 $t + x/v$ 取代,才能得到波偏離平衡位置的位移 $y(x,t)$ 隨空間和時間變化的函數,因此在此情況下,(14.4) 式將被下式取代:

$$y(x,t) = A\sin\left(\omega t + \kappa x + \theta_0\right)$$

當波可以傳播的空間維度只有一個時,上述類型的正弦波形,幾乎是普遍適用的。

如果一個沿正 x 方向傳播的波,其波形的表達式也可由下列空間和時間的函數給出:

$$y(x,t) = A\sin(\kappa x - \omega t + \phi_0) \qquad (14.5)$$

利用 sin (-x) = -sin (x) = sin (π + x)，可以證明 (14.4) 式和 (14.5) 式是等效的，且在 (14.5) 式的相移 ϕ_0 與在 (14.4) 式的相角 θ_0 之間的關係為 $\phi_0 = \pi - \theta_0$。從此以後我們將使用 (14.5) 式，它是比較常見的一種形式。注意：如在 (14.4) 式之後所做的說明，對於一個沿負 x 方向傳播的波，(14.5) 式的函數應改為 $y(x,t) = A \sin (\kappa x + \omega t + \phi_0)$，其中 $\phi_0 = \theta_0$。

(14.5) 式中正弦函數的輻角，稱為波的**相位** (或相)，即

$$\phi = \kappa x - \omega t + \phi_0 \qquad (14.6)$$

當同時考慮多個波時，波與波之間的相位關係在分析波動時扮演重要角色。本章後面將回到這一點。

最後，使用 $\kappa = 2\pi/\lambda$ 和 $\omega = 2\pi/T$，我們可以將 (14.2) 式所給的波速改用波數和角頻率表示：

$$v = \frac{\omega}{\kappa} \qquad (14.7)$$

角頻率 ω 計數的是在 2π 單位的時間內發生的振盪次數：$\omega = 2\pi/T$，其中 T 是週期。類似的，波數 κ 計數的是 2π 單位的長度內出現的波長個數：$\kappa = 2\pi/\lambda$。例如，圖 14.7 所示的波，其波數 $\kappa = 0.33 \text{ m}^{-1}$。

自我測試 14.2

附圖的曲線顯示在 $t = 0$ 時，行進波 $y(x,t) = A \sin (\kappa x - \omega t + \phi_0)$ 的波形。求此波的振幅 A、波數 κ 和相移 ϕ_0。

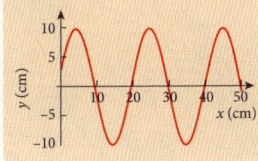

詳解題 14.1　行進波

問題：一根細弦線上的波，可用下列函數表示：

$$y(x,t) = (0.00200 \text{ m})\sin\left[(78.8 \text{ m}^{-1})x + (346 \text{ s}^{-1})t\right]$$

這個波的波長、週期及速度 (傳播的速率與方向) 各為何？

解：

思索　從給定的波函數，我們可以先確定波的行進方向、波數和角頻率，然後再據以求出波長和週期。最後，我們可以從角頻率對波數之比，得到行進波的速率。

繪圖　圖 14.9 的曲線顯示在 $t = 0$ (a 部分) 和在 $x = 0$ (b 部分) 的波函數。

推敲　根據問題的陳述，$y(x,t) = (0.00200 \text{ m}) \sin[(78.8 \text{ m}^{-1})x + (346 \text{ s}^{-1})t]$，而在 (14.5) 式後的說明所給之沿負 x 方向傳播的行進波所具有的波形表達式為

普通物理

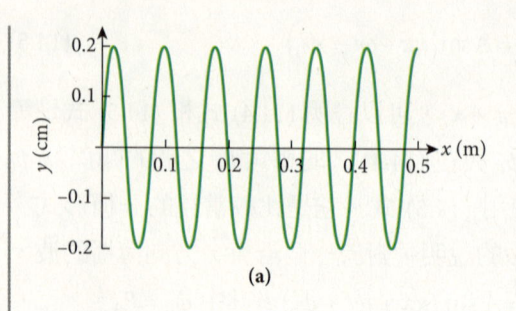

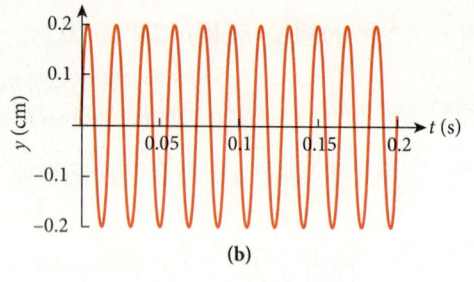

圖 14.9 (a) $t=0$ 時的波函數。(b) 在 $x=0$ 的波函數隨時間變化的函數。

$$y(x,t) = A\sin(\kappa x + \omega t + \phi_0)$$

比較以上兩者後，可以看出此波沿負 x 方向傳播，且 $\kappa = 78.8 \text{ m}^{-1}$ 和 $\omega = 346 \text{ s}^{-1}$。

簡化 我們可以從波數獲得波長：

$$\lambda = \frac{2\pi}{\kappa}$$

並從角頻率獲得週期：

$$T = \frac{2\pi}{\omega}$$

因此可以求得波的速率為

$$v = \frac{\omega}{\kappa}$$

計算 將數值代入，我們得到的波長和週期為

$$\lambda = \frac{2\pi}{78.8 \text{ m}^{-1}} = 0.079736 \text{ m}$$

和

$$T = \frac{2\pi}{346 \text{ s}^{-1}} = 0.018159 \text{ s}$$

現在我們計算此行進波沿 $-x$ 方向的傳播速率：

$$v = \frac{346 \text{ s}^{-1}}{78.8 \text{ m}^{-1}} = 4.39086 \text{ m/s}$$

捨入 我們的結果應四捨五入為三位有效數字：

$$\lambda = 0.0797 \text{ m}$$
$$T = 0.0182 \text{ s}$$
$$v = 4.39 \text{ m/s}$$

複驗 為了複驗我們的波長結果，可回到圖 14.9a，而看出波長 (完成一個振盪所需要的距離) 約為 0.08 m，這與我們的結果一致。再看圖 14.9b，可以看出週期 (完成一個振盪所需要的時間) 約為 0.018 s，也與我們的結果一致。

>>> **觀念檢測 14.2**

詳解題 14.1 中的正弦波沿負 x 方向行進。下列哪個波是沿正 x 方向行進？

a) $y(x,t) = (-0.002 \text{ m})\sin[(78.8 \text{ m}^{-1})x + (346 \text{ s}^{-1})t]$
b) $y(x,t) = (0.002 \text{ m})\sin[(78.8 \text{ m}^{-1})x + (346 \text{ s}^{-1})t]$
c) $y(x,t) = (0.002 \text{ m})\sin[(-78.8 \text{ m}^{-1})x + (346 \text{ s}^{-1})t]$
d) 以上皆非
e) 以上皆為正確

14.4 波動方程式

我們先給出波在一維空間的一般運動方程式,簡稱**波動方程式**:

$$\frac{\partial^2}{\partial t^2} y(x,t) - v^2 \frac{\partial^2}{\partial x^2} y(x,t) = 0 \tag{14.8}$$

其中 $y(x,t)$ 描述波的狀態,亦即是偏離平衡位置的位移,它是單一空間座標 x 和時間座標 t 的函數,而 v 是波的傳播速率。這個波動方程式描述了一維空間中所有的無阻尼波動。

波動方程式的解

在 14.3 節,我們發展出 (14.5) 式,它描述一個沿 $+x$ 方向傳播的正弦波形。我們來看看,(14.5) 式是否為一般波動方程式的解。注意:沿 $-x$ 方向傳播的正弦波形,亦可比照以下的推導,所得結論相同。要證明 (14.5) 式為波動方程式的解,我們必須求出 (14.5) 式相對於 x 座標和相對於時間 t 的偏導數:

$$\frac{\partial}{\partial t} y(x,t) = \frac{\partial}{\partial t} \left(A \sin(\kappa x - \omega t + \phi_0) \right) = -A\omega \cos(\kappa x - \omega t + \phi_0)$$

$$\frac{\partial^2}{\partial t^2} y(x,t) = \frac{\partial}{\partial t} \left(-A\omega \cos(\kappa x - \omega t + \phi_0) \right) = -A\omega^2 \sin(\kappa x - \omega t + \phi_0)$$

$$\frac{\partial}{\partial x} y(x,t) = \frac{\partial}{\partial x} \left(A \sin(\kappa x - \omega t + \phi_0) \right) = A\kappa \cos(\kappa x - \omega t + \phi_0)$$

$$\frac{\partial^2}{\partial x^2} y(x,t) = \frac{\partial}{\partial x} \left(A\kappa \cos(\kappa x - \omega t + \phi_0) \right) = -A\kappa^2 \sin(\kappa x - \omega t + \phi_0)$$

利用以上得到的結果,我們發現

$$\frac{\partial^2}{\partial t^2} y(x,t) - a^2 \frac{\partial^2}{\partial x^2} y(x,t) =$$
$$\left[-A\omega^2 \sin(\kappa x - \omega t + \phi_0) \right] - a^2 \left[-A\kappa^2 \sin(\kappa x - \omega t + \phi_0) \right] =$$
$$-A \sin(\kappa x - \omega t + \phi_0)(\omega^2 - a^2 \kappa^2) = 0 \tag{14.9}$$

因此可看出,(14.5) 式給出的函數是所得波動方程式的解,但必須 $\omega^2 - a^2\kappa^2 = 0$,或 $a^2 = \omega^2/\kappa^2$。從 (14.7) 式,我們知道 $v = \omega/\kappa$,因此 (14.5) 式是 $a^2 = v^2$ 之波動方程式的一個解,亦即是 (14.8) 式的一般波動方程式的解。

是否存在有更大的一組解,其中包含我們剛求出的解?是的,任

何一個連續可微分的函數 Y，若它的自變數是如同 (14.5) 式所示之 x 和 t 的線性組合，即 $\kappa x - \omega t$，且 $\omega^2 = v^2\kappa^2$，則可證明它就是波動方程式的一個解，其中的常數 ω (或 κ) 和 ϕ_0 可為任意值，但依一般遵循的慣例，角頻率 ω 和波數 κ 都為正數。因此，波動方程式的解一般有兩種：

$$Y(\kappa x - \omega t + \phi_0)，沿正 x 方向傳播的波 \tag{14.10}$$

和

$$Y(\kappa x + \omega t + \phi_0)，沿負 x 方向傳播的波 \tag{14.11}$$

如果這些函數改用含有波速 $v = \omega/\kappa$ 的自變數來表示，以上的結果或許會更為明顯。在此情況下，我們看出 $Y(x - vt + \phi_0/k)$ 是一個解，具有任意的波形，沿正 x 方向移動，而 $Y(x + vt + \phi_0/k)$ 也是一個解，具有任意的波形，但沿負 x 方向移動。

弦波

弦樂器是樂器中的一大類別。吉他 (圖 14.10)、大提琴、小提琴、曼陀林、豎琴和其他等都屬於這一類。當這些樂器的弦線被誘導而起振動時，會產生樂音。

假設一根弦線 (或細繩) 的質量為 M，長度為 L。為了求出在此弦線上的波速 v，可以把它看成是由許多小段所組成，每小段的長度為 Δx，具有的質量 m 為

$$m = \frac{M\Delta x}{L} = \mu \Delta x$$

此處的線質量密度 μ 為弦線每單位長度的質量 (假定為定值)：

$$\mu = \frac{M}{L}$$

(a)   (b)

圖 14.10　(a) 搖滾樂團用的典型電吉他。(b) 康乃爾大學奈米科技儀器中心於 2004 年做出的世界上最小吉他，比 (a) 的吉他約小 10^5 倍，它的長度為 10 μm，約為人類頭髮寬度的 1/10。

然後,我們可將每一小段視為一個振盪器,而將一個波在弦線上的運動,當作為耦合振盪器的運動,其回復力由弦的張力 F 提供。此波在弦線上的運動由波動方程式描述,波速為

$$v = \sqrt{\frac{F}{\mu}} \tag{14.12}$$

(14.12) 式意味著什麼呢?它導致兩個立即的結論。第一,增加弦的線質量密度 (即使用較重的弦線) 會使弦線上的波速減小。第二,增加弦的張力 (例如,將圖 14.10 所示電吉他頂部的調音旋鈕轉緊) 會使波速增大。如果你彈奏過弦樂器,你知道使弦線收緊,弦所發出的聲音,其音調會提高。本章後面將會再回到張力與聲音的關係。

例題 14.1　電梯鋼索

在一座大樓的電梯井內,質量為 73 kg 的修理工,坐在質量 655 kg 的電梯頂部。懸吊電梯的鋼索,質量為 38 kg,長度為 61 m。該名修理工以錘子敲擊鋼索,發送信號給在電梯井頂部的同事。

問題:錘子產生的波脈衝沿著鋼索到達電梯井頂部,共需多長時間?

解:
要支撐電梯和修理工的總重量,鋼索上的張力需為

$$F = mg = (73 \text{ kg} + 655 \text{ kg})(9.81 \text{ m/s}^2) = 7142 \text{ N}$$

鋼索的線質量密度為

$$\mu = \frac{M}{L} = \frac{38 \text{ kg}}{61 \text{ m}} = 0.623 \text{ kg/m}$$

因此,根據 (14.12) 式,此鋼索上的波速為

$$v = \sqrt{\frac{F}{\mu}} = 107 \text{ m/s}$$

要通過 61 m 長的鋼索,脈衝需要的時間為

$$t = \frac{L}{v} = \frac{61 \text{ m}}{107 \text{ m/s}} = 0.57 \text{ s}$$

討論
這個解假定鋼索上各點的張力都相同。這是對的嗎?不太對!在決定張力時,我們不能真的忽視鋼索本身的重量。鋼索的最低點連接到電梯,在該點我們算出的波速是正確的。但在鋼索上端的張力,必須將鋼索的全部重量計入,故應為

普通物理

$$F = mg = (73 \text{ kg} + 655 \text{ kg} + 38 \text{ kg})(9.81 \text{ m/s}^2) = 7514 \text{ N}$$

這將使波速成為 110 m/s，比我們上面算出的大了約 3%。如果必須將此效應納入考慮，我們將不得不算出波速隨高度的變化，然後進行適當的積分。然而，由於最大的修正為 3%，我們可以假定平均的修正為約 1.5%，而用 108.5 m/s 的平均波速，這將導致信號傳播的時間為 0.56 s。因此，將鋼索的質量納入考慮，所需時間只縮短了 0.01 s。

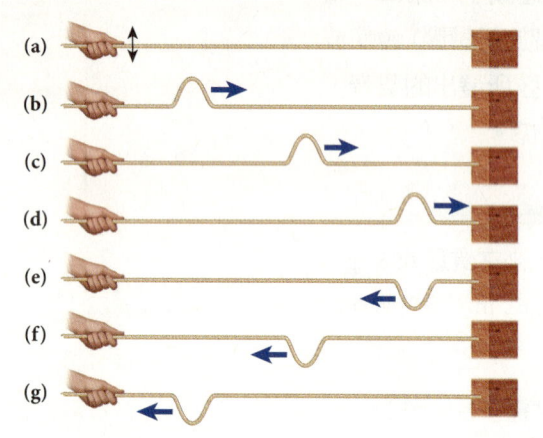

圖 14.11 繩子的一端用手拉著，另一端固定於牆壁上。(a) 繩子的左端上下移動。在 (b)、(c) 和 (d) 中，波沿著繩子向右行進。在 (e)、(f) 和 (g) 中，波從牆上的固定端反射後，沿著繩子向左行進。

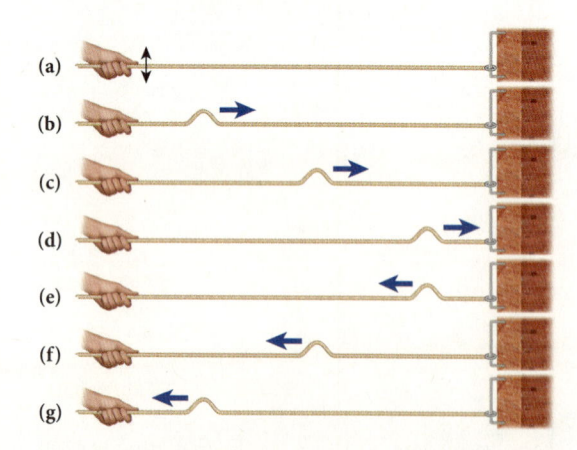

圖 14.12 繩子的一端用手拉著，另一端與牆連接，但可以無摩擦的自由移動。(a) 繩子的左端上下移動。在 (b)、(c) 和 (d) 中，波沿著繩子向右行進。在 (e)、(f) 和 (g) 中，波從可移動端點反射後，沿著繩子向左行進。

波的反射

波沿著一條繩子 (或弦線) 行進時，若遇到邊界，會發生什麼？綁在牆上支架的繩子末端可當作一個邊界。在圖 14.3，當繩子的一端上下擺動時，在繩子上引發了一個波，接著這個波就沿著繩子行進。當波到達綁在牆上固定支架的繩子末端時，就反射回來，如圖 14.11 所示。由於繩子的末端固定，反射波與入射波顛倒，而以負的高度沿著反方向返回。在繩子的固定端，波的高度恆維持為零。

如果繩子的末端與牆上支架之間的連接是無摩擦可自由移動的 (如圖 14.12 所示)，波會反射，其相位沒有改變，以致返回的波具有正的高度。波在可移動端點的高度恆為入射波原來高度的兩倍。

14.5 二維和三維空間的波

到目前為止，我們只描述了沿著一維空間中傳播的波動，例如在弦線上與在一連串耦合振盪器上的波。然而，圖 14.2 所示出現在水面上的波，是在二維空間 (水表面的平面) 中傳播。擴聲器及燈泡也發出波，而這些波在三維空間中傳播。因此，對於波動我們需要有更完整的數學描述。完全一般性的論述超出了本書的範圍，但我們可以仔細查看兩種特殊情況，它們涵蓋了自然界中所發生的大部分重要波動現象。

球面波

如果細查圖 14.2 和圖 14.13，可看出波從一個點產生，而以同心圓散布開來。波從點波源發出是一種數學上的簡化，它將波動描述為以同心圓 (在二維空間) 或同心球 (在三維空間) 向外移動。以這種方式傳播的正弦波形，其數學描述為

$$\psi(\vec{r},t) = A(r)\sin(\kappa r - \omega t + \phi_0) \tag{14.13}$$

圖 14.13 波從點光源 (此處為燈泡) 沿徑向往外傳播。每個同心色帶的內表面和外表面相隔 1 個波長。

其中 $\vec{r}$ 是位置向量 (二維或三維)，且 $r=|\vec{r}|$ 為其絕對值。注意，在多維的情況下，我們不再使用字母 y 代表波動的位移，而是用希臘字母 ψ (psi)。這是必要的，因為多維波動可依 y 座標及 x 座標而變。

如果你記得圓周或球表面上各點到中心的距離都相等，因此 r 為定值，你就可說服自己，(14.13) 式描述的波形為同心的圓 (二維) 或球 (三維)。在某一時刻 t，r 為定值意味著相位 $\phi = \kappa r - \omega t + \phi_0$ 為定值，亦即圓或球表面上的各點具有相同的相位，這表示它們的振盪狀態都相同。因此，(14.13) 式所描述的確實是圓形或球形波。

(14.13) 式所描述的波形，其振幅 A 並不是恆定的，而是隨著到原點波源的徑向距離 (圖 14.14) 而變的。當我們在 14.6 節談論由波傳輸的能量時，將可清楚看出，對於二維和三維空間的波，振幅的徑向相依性是必要的，亦即隨著離開波源的距離，振幅必須為穩定下降的函數。我們將使用能量守恆，找出振幅究竟如何隨距離而變，但目前對三維空間的球面波，我們將使用 $A(r) = C/r$ (其中 C 為常數)。對於這樣的波，(14.13) 式變為

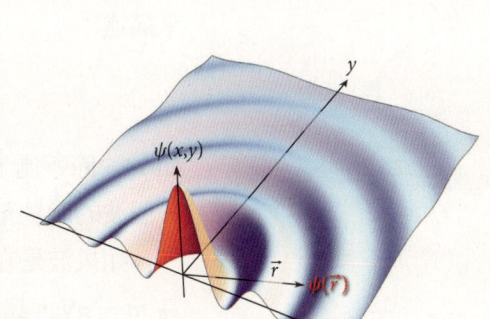

圖 14.14 球面波為兩個空間座標的函數。

$$\psi(\vec{r},t) = \frac{C}{r}\sin(\kappa r - \omega t + \phi_0) \tag{14.14}$$

平面波

從點波源發出的球面波，在離波源很遠處可近似為平面波。如圖 14.15 所示，平面波是等相位面為平面的波。例如，太陽光在抵達地球時可當作是平面波。為什麼可以用平面波近似？如果將一個球體的曲率表示為其半徑的函數，並令半徑趨於無窮大，則曲率將趨近於零，這代表在此情況下，球面上的任何區域，局部看起來都像一個平面。例如，

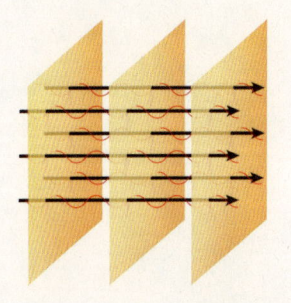

圖 14.15 平面波。各平行平面代表相位為定值的表面。相鄰兩平面的間隔為一個波長。

359

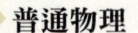

地球基本上是球形的,但它是如此大,以致我們所在的局部表面看起來就像平面。

平面波的數學描述,可以使用與一維波相同的函數形式:

$$\psi(\vec{r},t) = A\sin(\kappa x - \omega t + \phi_0) \tag{14.15}$$

其中 x 軸的定義是在波所在的局部區域與波平面垂直的軸。

14.6 波的能量、功率和強度

14.1 節指出,波一般並不傳輸物質。但它們的確傳輸能量,在本節中,我們將求出傳輸的能量有多大。

波的能量

在第 13 章中,我們看到連接到彈簧的物體做振盪時,其能量正比於彈簧常數和振幅的平方:$E = \frac{1}{2}kA^2$。類似的,一個波的能量可用下式來描述:

$$E = \frac{1}{2}m\omega^2 \left[A(r)\right]^2 \tag{14.16}$$

如 14.5 節所述,在上式中,波的振幅是徑向距離 r 的函數。可以看出,一個波的能量正比於振幅的平方和頻率的平方。

如果波是在彈性介質中行進,則 (14.16) 式中的質量 m,可以表示為 $m = \rho V$,其中 ρ 為密度,V 為波行進時通過的介質體積。此體積是波通過的截面積 $A_\perp$ (垂直於波行進方向的面積) 與波在一段時間 t 所走距離 ($l = vt$) 的乘積。(注:符號 $A_\perp$ 代表面積,而沒有下標 $\perp$ 的符號 A,代表波振幅!) 在此情況下,在時段 t 內通過截面積 $A_\perp$ 的波能量為

$$E = \frac{1}{2}\rho V \omega^2 \left[A(r)\right]^2 = \frac{1}{2}\rho A_\perp l \omega^2 \left[A(r)\right]^2 = \frac{1}{2}\rho A_\perp vt\omega^2 \left[A(r)\right]^2 \tag{14.17}$$

如果波是由位於原點的波源向外輻射的球面波,且在無阻尼下能量沒有損失,則由 (14.17) 式可以確定振幅與徑向距離 r 的關係。在上述情況下,對給定的時段長 t,波能量 E 為一個常數,與 r 無關;另外,介質的平衡密度、角頻率和波速度,也都是與 r 無關的常數。因此由 (14.17) 式可得到 $A_\perp [A(r)]^2 =$ 常數的條件。對於三維空間中的球面波,如圖 14.13 所示,波通過的是半徑為 r 的球形表面,故 $A_\perp = 4\pi r^2$,因此我們得到 $r^2 [A(r)]^2 =$ 常數 $\Rightarrow A(r) \propto 1/r$,這個振幅與徑向距離 r 的關係,

正是 (14.14) 式所用的。

　　如果波只是在一個二維的空間中傳播，例如水面上的表面波，則截面積將正比於圓周長，也因此正比於 r，而不是 r^2。在這種情況下，我們得到了波的振幅與徑向距離 r 的關係為 $r[A(r)]^2 =$ 常數 $\Rightarrow A(r) \propto 1/\sqrt{r}$。

波的功率和強度

　　在第 5 章中，我們看到平均功率為能量轉移的速率。由於 (14.17) 式給出波的能量，所以波的**平均功率** $\bar{P}$ 為

$$\bar{P} = \frac{E}{t} = \tfrac{1}{2}\rho A_\perp v \omega^2 [A(r)]^2 \tag{14.18}$$

因為 (14.18) 式右邊所有的量都與時間無關，所以一個波向外輻射的功率，是不隨時間而變的常數。注意，上式對於橫波和縱波都適用。

　　依定義，波的**強度** I 為波通過每單位垂直截面積所傳播的平均功率：

$$I = \frac{\bar{P}}{A_\perp}$$

將 (14.18) 式給出的 $\bar{P}$ 代入上式，可得

$$I = \tfrac{1}{2}\rho v \omega^2 [A(r)]^2 \tag{14.19}$$

從上式可看出，強度隨振幅的平方而變，所以強度對徑向距離 r 的相依性是來自於振幅對 r 的相依性。對於三維空間中的球面波，$A(r) = 1/r$，由此可得

$$I \propto \frac{1}{r^2}$$

因此，對於兩個徑向距離為 r_1 和 r_2 的點，一個球面波在這兩點的強度 $I_1 = I(r_1)$ 和 $I_2 = I(r_2)$，具有以下的關係：

$$\frac{I_1}{I_2} = \left(\frac{r_2}{r_1}\right)^2 \tag{14.20}$$

14.7 疊加原理和干涉

當兩個或多個波同時存在於一個位置上時，出現的合位移只是所有

自我測試 14.3

太陽發出的電磁波到達地球時，其強度約為 1400 W/m²。太陽到地球的距離為 149.6·10⁶ km。太陽產生的功率為何？

觀念檢測 14.3

太陽發出的電磁波到達地球時，其強度約為 1400 W/m²。太陽到火星的距離約 3/2 倍於太陽到地球的距離。因此，太陽的電磁波在火星上的強度為
a) 與在地球上一樣。
b) 在地球上的 3/2。
c) 在地球上的 9/4。
d) 在地球上的 2/3。
e) 在地球上的 4/9。

分波的位移總和。這個簡單的說法，稱為**疊加原理**，它是波的物理學中最重要的原理之一，但是我們如何知道它是正確的呢？像 (14.8) 式的波動方程式，具有一個非常重要的特性：它們是線性的。這是什麼意思？如果一個線性微分方程式有兩個不同的解 $y_1(x,t)$ 和 $y_2(x,t)$，則這兩個解的任何線性組合，例如

$$y(x,t) = ay_1(x,t) + by_2(x,t) \tag{14.21}$$

其中 a 和 b 為任意常數，也是同一線性微分方程式的解。

你可以從微分方程式看出這個線性特性，因為在它的每一項中函數 $y(x,t)$ 都只以一次方出現，而沒有 $y(x,t)^2$、$\sqrt{y(x,t)}$ 或該函數的任何其他次方出現。

從物理的觀點來說，線性屬性意味著波方程式的各個解可以相加、相減或進行任何其他的線性組合，而其結果仍是它的一個解。此物理性質是疊加原理的數學基礎：

兩個或多個波方程式的解可以相加，而得波方程式的另一個解。

$$y(x,t) = y_1(x,t) + y_2(x,t) \tag{14.22}$$

(14.22) 式是 (14.21) 式在 $a = b = 1$ 時的特例。

例題 14.2 ▶ 波脈衝的疊加

考慮兩個相隔有些距離的波脈衝 $y_1(x,t) = A_1 e^{-(x-v_1 t)^2}$ 和 $y_2(x,t) = A_2 e^{-(x+v_2 t)^2}$，其中 $A_2 = 1.7 A_1$，$v_2 = 1.6 v_1$。因為它們具有高斯函數的形式，這些波被稱為高斯波包。我們假設兩個波是屬於同一種類型的波，如繩子上的波，且 y_1 和 y_2 代表橫向位移。

問題：兩個波脈衝的重疊為最大時，合成波的橫向位移為何？這個情況在何時發生？

解：

這兩個高斯波包的函數形式均為 $y(x,t) = Y(x \pm vt)$，因此是 (14.8) 式所給一維波動方程式的有效解。也因此，(14.21) 式所示的疊加原理成立，我們可以直接將兩個波函數相加，而得合成波的波函數。當兩個高斯波包的中心在座標空間的相同位置上時，它們的重疊為最大。高斯波包的中心是在它的指數為零的位置。從給定的函數可以看出，在時間 $t = 0$ 時這兩個波包的中心在 $x = 0$，因此出現最大的重疊，這就給出了關於何時發生的答案。在最大重疊時的橫向位移只是 $A = A_1 + A_2 = 2.7 A_1$

(已知 $A_2 = 1.7A_1$)。

討論

檢視這些波與它們疊加的圖示，將有助於我們的了解。兩個高斯波包在時間 $t = -3$ 開始傳播，此處的時間單位取為一個波包的寬度除以速度 v_1。圖 14.16a 是波函數 $y(x,t) = y_1(x,t) + y_2(x,t)$ 隨座標 x 和時間 t 變化的三維曲線圖。$\vec{v}_1$ 和 $\vec{v}_2$ 為速度向量。圖 14.16b 顯示在不同時間 t 時，波的橫向位移對空間座標 x 的曲線。藍色曲線代表 $y_1(x,t)$，紅色曲線代表 $y_2(x,t)$，而黑色曲線則是它們的總和。在時間的中點，兩個波包達到最大重疊。

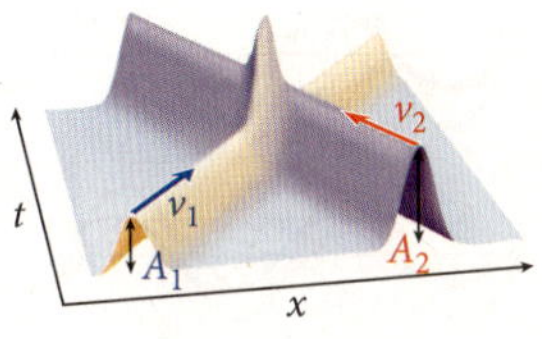

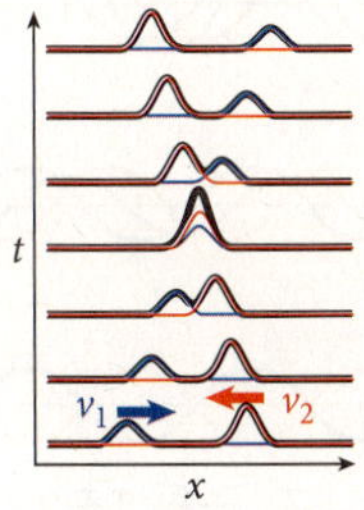

對於疊加原理必須要記住的是，波能互相穿透，而不改變它們的頻率、振幅、速率或方向。現代通信技術完全依賴這個事實。在任何一個城市，多個電視和無線電台同時廣播不同頻率的信號；另外還有行動電話和衛星電視傳輸，以及光波和聲波。所有這些波必須能夠穿透彼此而不改變；否則，日常的通信將是不可能的。

圖 14.16 兩個高斯波包的疊加：(a) 三維表示；(b) 不同時間時，橫向位移對座標 x 的曲線。

波的干涉

干涉是疊加原理的必然結果之一。如果波彼此穿過對方，根據 (14.22) 式，它們的位移只是相加。當兩個波的波長和頻率相同或者至少接近時，就會出現有趣的情況。在這裡，我們將看看兩個波具有相同波長和頻率的情況。波的頻率彼此接近的情況，將留待到第 15 章中有關聲音與拍的討論。

首先，我們考慮兩個一維波，它們的振幅 A、波數 κ 和角頻率 ω 完全相同。波 1 的相移設定為零，但波 2 的相移 ϕ_0 則是可變的。這兩個波形的總和為

$$y(x,t) = A\sin(\kappa x - \omega t) + A\sin(\kappa x - \omega t + \phi_0) \tag{14.23}$$

若 $\phi_0 = 0$，則在上式中，兩個正弦函數的輻角相同，因此總和只是 $y(x,t) = 2A\sin(\kappa x - \omega t)$。在這種情況下，兩波相加的總和達到最大值，這稱為**建設性**(或**相長**) 干涉。

如果正弦或餘弦函數的輻角改變 π，則該函數的值將變為負：$\sin(\theta + \pi) = -\sin\theta$。由於這個原因，若 $\phi_0 = \pi$，則在 (14.23) 式的兩項加起來恰好為零，這種情況稱為**破壞性**(或**相消**) 干涉。針對這兩個 ϕ_0 值與其他三個值，圖 14.17 顯示出它們在 $t = 0$ 的干涉圖樣。

普通物理

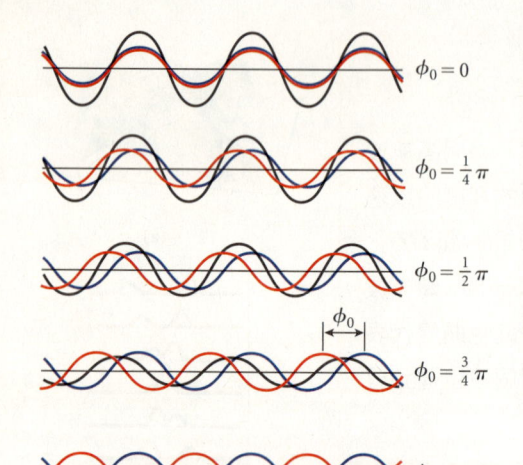

圖 14.17 一維波在 $t = 0$ 的干涉隨相對相移而變的情形。在 $t > 0$ 時，各圖樣都整個往右移動。波 1 為紅色，波 2 為藍色，兩波的總和為黑色。

由相隔一定距離的兩個波源所發出之完全相同的兩個圓形波，可產生有趣的干涉圖樣，就像圖 14.18 的示意圖所示，圖中兩個波的 $\kappa = 1 \text{ m}^{-1}$，且 ω 和 A 都相同。兩波中的一個波向右被平移 Δx，而另一個則向左平移 $-\Delta x$。該圖顯示幾個不同的 Δx 值，可讓你明白干涉圖樣如何隨兩波中心的間距而變。如果你曾經同時將兩顆石頭投入池塘中，你會看出來這些干涉圖樣，與池面上產生的漣漪相似。

14.8 駐波和共振

兩個只是 ωt 的加減符號相反但其他完全相同的行進波：$y_1(x,t) = A \sin(\kappa x + \omega t)$ 和 $y_2(x,t) = A \sin(\kappa x - \omega t)$，可產生一種特殊類型的疊加。我們先來看看這個疊加的數學結果，以便稍後能取得更深入的物理了解：

$$y(x,t) = y_1(x,t) + y_2(x,t)$$
$$= A\sin(\kappa x + \omega t) + A\sin(\kappa x - \omega t) \Rightarrow$$
$$y(x,t) = 2A\sin(\kappa x)\cos(\omega t) \quad (14.24)$$

在 (14.24) 式的最後一步用了三角學加法公式 $\sin(\alpha \pm \beta) = \sin\alpha\cos\beta \pm \cos\alpha\sin\beta$。根據上式，對於兩個行進波，若它們具有相同振幅、相同波數和相同速率、但相反傳播方向，則兩波疊加後的波，對空間座標的依賴和對時間的依賴，會完全分開 (即因式分解) 而成為 x 的函數乘以 t 的函數。這種疊加所得的波，在 x 軸的一些特定位置上會有**波節** (在此點 $y = 0$) 和**波腹** (在此點 y 可達到它的最大值)。每一波腹都位於相鄰兩波節的中點。波節與波腹有時亦分別稱為波的**節點**與**腹點**。

以圖解方式，就更容易將這種疊加具體呈現。圖 14.19a 顯示的波為 $y_1(x,t) = A\sin(\kappa x + \omega t)$，圖 14.19b 顯示的波為 $y_2(x,t) = A\sin(\kappa x - \omega t)$。圖 14.19c 顯示這兩個波相加的結果。在這三個圖中，波形都以 x 座標的函數顯示為曲線，且每個圖還示出在

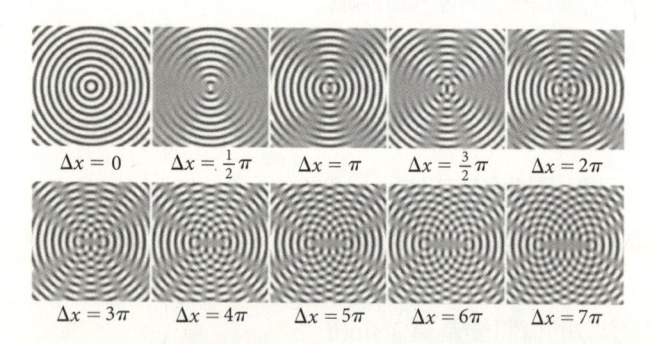

圖 14.18 各示意圖代表兩個全同二維週期波的干涉圖樣，兩波由原點分別向左與向右被平移 Δx (單位為米) 的距離。白色和黑色圓圈標記最小值和最大值；灰色的點表示波的總和等於零。

10 個不同時刻的波，其時間間隔均為 $\pi/10$，就好像在看以間歇性手法拍攝的影片。為了比較每個圖中的相同瞬間，曲線以顏色編碼，從紅色開始，逐漸成為橙色再變為黃色。你可以看到，兩行進波分別移向左邊和右邊，但是它們疊加所產生的波，則只是在原處振盪，其節點和腹點在 x 軸上的位置都保持固定。這種干涉波稱為**駐波**，它是 (14.24) 式中時間依賴性和空間依賴性可以因式分解的結果。在節點處，這兩個行進波總是異相。

在駐波的節點，振幅總是為零。根據 (14.16) 式，一個波的能量正比於振幅的平方。因此，沒有能量傳輸越過一個駐波的節點，波的能量被侷限於駐波的節點之間，而呈現局部化。另外要注意，雖然駐波不會移動，但波長、頻率和波速之間的關係 $v = \lambda f$，仍然成立；這裡的 v 是形成駐波之兩個行進波的速率。

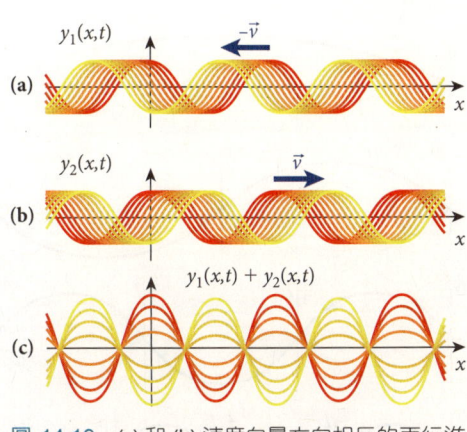

圖 14.19　(a) 和 (b) 速度向量方向相反的兩行進波。(c) 兩波疊加後產生的駐波。

弦線的駐波

弦樂器能產生樂音靠的是被張緊的弦線所產生的駐波。依據 14.4 節的討論，弦線上的波速取決於弦線的張力和弦線的線質量密度，如 (14.12) 式所示。在本節，我們將討論一維駐波的基本物理。

我們先從一個演示開始。如圖 14.20 所示，一根弦線的左端固定，右端連到活塞。活塞以正弦方式上下振盪，且其振盪頻率 f 是可變的。由於活塞上下運動的振幅非常小，我們可以將弦線的兩端視為固定。改變活塞的振盪頻率，則在一定的頻率 f_0 時，弦線的中點會出現波腹，而做大振幅的振動 (圖 14.20a)。顯然的，弦線因受到激發而產生駐波，而基於振幅只在一個明確定義的**共振頻率** (或**諧振頻率**) 時才變大，我們可將此駐波振動描述為弦線的共振激發。如果活塞運動的頻率增加 10%，如圖 14.20b，弦線的共振激發就會消失。將活塞的頻率降低 10% 也有相同的效果。將頻率增大到 f_0 的兩倍，會造成另一個共振激發，它在弦線全長的中點有一個節點，而

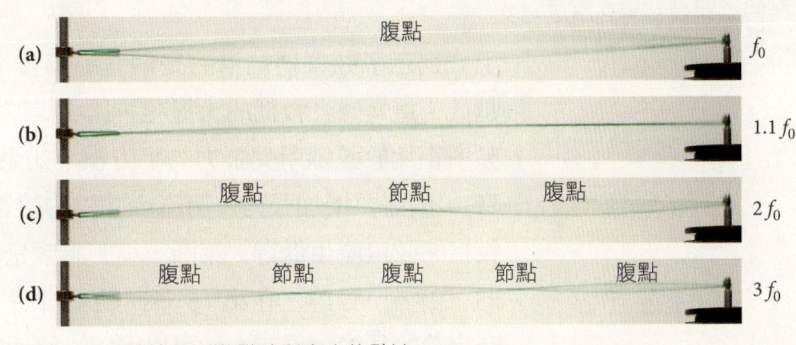

圖 14.20　弦線受到激發時所產生的駐波。

普通物理

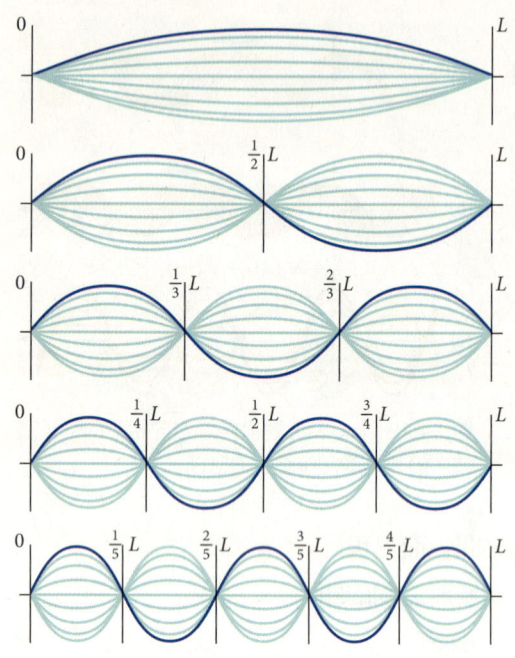

圖 14.21　一根弦線最低的五個駐波激發。

在全長的 1/4 和 3/4 處，另有兩個腹點 (圖 14.20c)。將頻率增大到 f_0 的三倍，會造成具有兩個節點和三個腹點的駐波 (圖 14.20d)。依此做一系列的延續，結果是明確的：nf_0 的頻率所導致的駐波，將具有 n 個腹點和 $n-1$ 個節點 (另外再加上弦線兩端的兩個節點)，它們在弦線上的位置，間距都相等。

由圖 14.21 可看出駐波的條件，即半波長的整數倍 (以 n 表示)，必須正好等於弦線的長度 L。我們以下標 n 來標示這些特殊的波長，而得

$$n\frac{\lambda_n}{2} = L, \quad n = 1, 2, 3, \ldots$$

解出波長，可得

$$\lambda_n = \frac{2L}{n}, \quad n = 1, 2, 3, \ldots \tag{14.25}$$

波長 (或頻率) 的下標 n 可用以識別**諧頻**，即 $n=1$ 代表第一諧頻 (也稱為基頻)，$n=2$ 代表第二諧頻，$n=3$ 時代表第三諧頻，依此類推。我們稱下標 n 為諧頻的序號。

如前提過的注意事項，駐波仍然適用 $v=\lambda f$ 的關係，因此從 (14.25) 式，可以求得弦線的共振 (或諧振) 頻率：

$$f_n = \frac{v}{\lambda_n} = n\frac{v}{2L}, \quad n = 1, 2, 3, \ldots$$

最後，對一根線質量密度為 μ 的弦線，在張力 F 作用下，由 (14.12) 式可得弦波的速度 $v = \sqrt{F/\mu}$，因此

$$f_n = \frac{v}{\lambda_n} = n\frac{\sqrt{F}}{2L\sqrt{\mu}} = n\sqrt{\frac{F}{4L^2\mu}} \tag{14.26}$$

上式揭示了弦樂器結構的幾個有趣事實。第一，弦線越長，共振頻率越低。這是聲音較低的大提琴，比小提琴更長的基本原因。第二，共振頻率正比於弦線所受張力的平方根。如果樂器的頻率太低 (聽來像「降音)，則需要增加張力。第三，弦線的線質量密度 μ 越高，頻率越低。較粗的弦線產生低音。第四，第二諧頻是基頻的兩倍、第三諧頻是基頻的三倍……等等。在第 15 章討論聲音時，我們將看到，這其實是八度音定義的基礎。現在，你可以看出，將手指放在產生第一諧頻的弦線正

>>> **觀念檢測 14.4**

一根給定長度的弦線，兩端固定，並受到一定的張力。下列關於這根弦線上駐波的敘述，何者正確？
a) 弦線上的駐波頻率越高，節點就彼此越接近。
b) 不論駐波的頻率為何，節點間的距離始終不變。
c) 對於給定的張力，弦上的駐波頻率，只可能有一個。
d) 弦線上的駐波頻率越低，節點就彼此越接近。

自我測試 14.4

康乃爾大學奈米科技儀器中心的研究人員，除了圖 14.10b 的世界最小吉他外，還以一根直徑 4 nm 的碳奈米管，製成一根更小的吉他弦，並使它懸吊在寬度 $W = 1.5$ μm 的溝槽上 (如附圖)。他們在 2004 年的 Nature 期刊發表論文，報告了該碳奈米管的第一諧波 (即基頻) 頻率為 55 MHz。該碳奈米管上的波速為何？

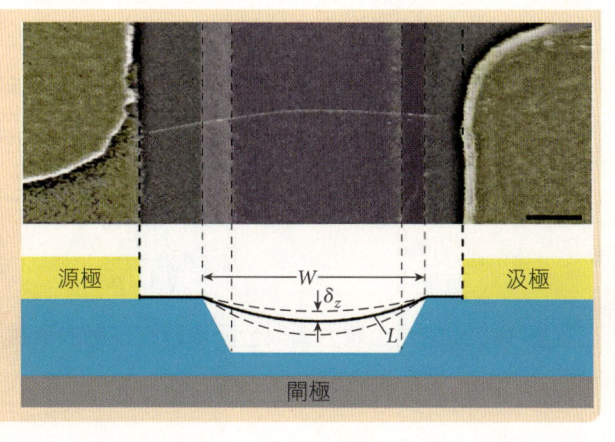

觀念檢測 14.5

一根吉他弦的長度為 0.750 m，質量為 5.00 g。此弦以基頻振動時，被調到 E (660 Hz)。如要調到 A (440 Hz)，弦的張力應調為目前的幾倍？
a) 增大成為 3/2 倍
b) 增大成為 $(3/2)^{1/2}$ 倍
c) 減小成為 2/3 倍
d) 減小成為 $(2/3)^{1/2}$ 倍
e) 減小成為 $(2/3)^2$ 倍

中間，從而迫使該點成為節點，就可以產生第二諧頻。

詳解題 14.2　弦線的駐波

問題：如圖 14.22a 所示，以一機械式驅動器使一根彈性弦線產生駐波。弦線跨過一個無摩擦的滑輪後懸吊一金屬塊 (圖 14.22b)，因而受到張力。從滑輪頂端到驅動器之間的弦線，長度為 1.25 m，弦線的線質量密度為 5.00 g/m。驅動器的頻率為 45.0 Hz。金屬塊的質量為何？

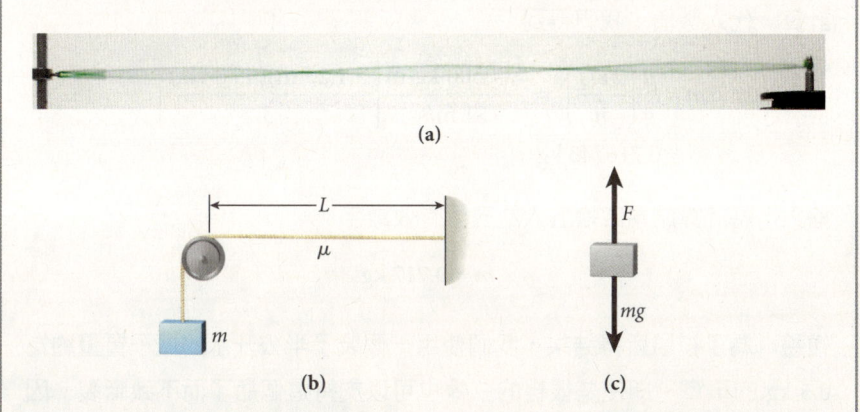

圖 14.22　(a) 彈性弦線在驅動器的驅動下，產生駐波。(b) 懸吊的金屬塊使弦線受到張力。(c) 金屬塊的自由體力圖。

解：

思索　金屬塊的重量等於彈性弦線受到的張力。從圖 14.22a 可以看出，弦線的振動具有三個波腹，因此它是以第三諧頻在振動。我們可以使用 (14.26) 式，來關聯弦線線的張力、諧頻序號、弦線的線質量密度和駐波頻率。一旦確定弦線上的張力，就可以計算出金屬塊的質量。

繪圖　圖 14.22b 顯示彈性弦線因懸吊著金屬塊而受到張力。機械式驅動

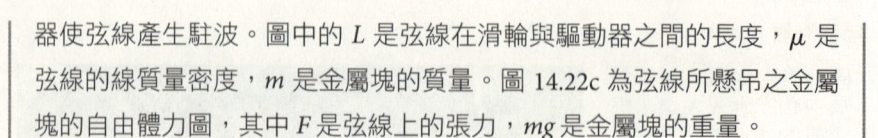

器使弦線產生駐波。圖中的 L 是弦線在滑輪與驅動器之間的長度，μ 是弦線的線質量密度，m 是金屬塊的質量。圖 14.22c 為弦線所懸吊之金屬塊的自由體力圖，其中 F 是弦線上的張力，mg 是金屬塊的重量。

推敲 在長度 L 和線質量密度 μ 的彈性弦線上，駐波第 n 個諧頻 f_n 滿足 (14.26) 式：

$$f_n = n\sqrt{\frac{F}{4L^2\mu}} \tag{i}$$

從圖 14.22c 的自由體力圖與金屬塊靜止不動的事實，可以得到

$$F - mg = 0$$

因此，弦線上的張力 $F = mg$。

簡化 由 (i) 式解出弦線上的張力：

$$F = 4L^2\mu\left(\frac{fn}{n}\right)^2$$

以 mg 取代 F，並重新整理，我們得到

$$m = \frac{\mu}{g}\left(\frac{2Lf_n}{n}\right)^2$$

計算 代入數值，我們得到

$$m = \frac{\mu}{g}\left(\frac{2Lf_n}{n}\right)^2 = \frac{0.00500 \text{ kg/m}}{9.81 \text{ m/s}^2}\left[\frac{2(1.25 \text{ m})(45.0 \text{ Hz})}{3}\right]^2$$
$$= 0.716743 \text{ kg}$$

捨入 將計算結果四捨五入為三位有效數字：

$$m = 0.717 \text{ kg}$$

複驗 為了複驗所得結果，我們使用一個裝了半公升水的瓶子質量約為 0.5 kg 的事實。即使是很輕的弦線也可以支持這個瓶子而不致斷裂。因此，我們的答案似乎是合理的。

已學要點｜考試準備指南

- 波動方程式描述了任何波運動偏離平衡位置的位移 $y(x,t)$：

$$\frac{\partial^2}{\partial t^2}y(x,t) - v^2\frac{\partial^2}{\partial x^2}y(x,t) = 0$$

- 對於任何波，v 是波速，λ 是波長，f 是頻率，它們之間的關係為 $v = \lambda f$。
- 波數的定義為 $\kappa = 2\pi/\lambda$，正如角頻率與週期的關係為 $\omega = 2\pi/T$。

波 14

- 任何形式為 $Y(\kappa x - \omega t + \phi_0)$ 或 $Y(\kappa x + \omega t + \phi_0)$ 的函數，都是波動方程式的一個解。第一個函數描述一個沿正 x 方向行進的波，第二個函數描述一個沿負 x 方向行進的波。
- 一根弦線上的橫波速率為 $v = \sqrt{F/\mu}$，其中 $\mu = m/L$ 是弦線的線質量密度，F 是弦線上的張力。
- 一維正弦波可寫為 $y(x,t) = A \sin(\kappa x - \omega t + \phi_0)$，其中正弦函數的輻角是波的相位，$A$ 是波的振幅。
- 三維球面波可用 $\psi(\vec{r},t) = \dfrac{A}{r} \sin(\kappa r - \omega t + \phi_0)$ 描述，平面波則可用 $\psi(\vec{r},t) = A \sin(\kappa x - \omega t + \phi_0)$ 描述。
- 一個波所含的能量為 $E = \frac{1}{2}\rho V \omega^2 [A(r)]^2 = \frac{1}{2}\rho(A_\perp l)\omega^2[A(r)]^2 = \frac{1}{2}\rho(A_\perp vt)\omega^2[A(r)]^2$，其中 $A_\perp$ 是波所通過的垂直橫截面積。
- 波傳送的功率為 $\bar{P} = \dfrac{E}{t} = \frac{1}{2}\rho A_\perp v\omega^2[A(r)]^2$，而其強度則為 $I = \frac{1}{2}\rho v \omega^2 [A(r)]^2$。
- 對於三維的球形波，其強度與到波源的距離平方成反比。
- 波遵守疊加原理：兩個波方程式的解相加可得波方程式的另一個有效解。
- 波可以在空間和時間發生相長干涉或相消干涉，依它們的相對相位而定。
- 將兩個只是速度向量的方向相反、但其他完全相同的行進波相加，會產生駐波如 $y(x,t) = 2A \sin(\kappa x) \cos(\omega t)$，其空間和時間因子可分解。
- 弦線上的波，其共振頻率 (或諧頻) 可表示為

$$f_n = \frac{v}{\lambda_n} = n\frac{\sqrt{F}}{2L\sqrt{\mu}}, \quad n = 1, 2, 3, \ldots$$

其中 n 可用以識別諧頻 (例如 $n = 4$ 代表第四諧頻)。

自我測試解答

14.1 $f = 0.40$ Hz。

14.2 $A = 10$ cm，$\kappa = 0.31$ cm^{-1}，$\phi_0 = 0.30$。

14.3 半徑為 r 的球體的表面積為 $4\pi r^2$，總功率為 $P = IA_\perp$。由於 $R = 1.5 \cdot 10^{11}$ m，$I = 1.4$ kW/m^2，我們得到 $P = 3.9 \cdot 10^{26}$ W。

14.4 最低共振頻率：$f_1 = \dfrac{v}{\lambda_1} = \dfrac{v}{2L}$，波速度：$v = 2Lf_1 = 2(1.5 \cdot 10^{-6} \text{ m})(5.5 \cdot 10^7 \text{ s}^{-1}) = 165$ m/s。

解題準則

1. 對於符合一維行進波的波，要寫出描述它的數學方程式，你須知道運動的振幅 A，以及下列三個量中的任意兩個：速度 v、波長 λ 和頻率 f (或者下列三個量中的任意兩個：速度 v、波數 κ 和角頻率 ω)。

2. 在弦線上之一維駐波的共振頻率是由弦線的長度 L 和分波的速率 v 決定，而分波的速率則是由張力 F 和弦線的線質量密度 μ 決定。

選擇題

14.1 在主場的足球迷，因為主隊贏了比賽而非常激動，開始以「波」慶祝。下列四個敘述中哪一個 (或哪一些) 是正確的？
I. 這個波是行進波。
II. 這個波是橫波。
III. 這個波是縱波。
IV. 這個波是縱波和橫波的組合。
a) I 和 II b) 只有 II
c) 只有 III d) I 和 IV
e) I 和 III

14.2 假設傳播波的弦線，其張力增大成為兩倍。波的速率將如何改變？
a) 它將變為兩倍。 b) 它將變為四倍。
c) 它將變為 $\sqrt{2}$ 倍。 d) 它將變為 $\frac{1}{2}$ 倍。

14.3 光波在空氣中的速率，約一百萬倍於聲波在空氣中的速率。若聲波和光波的波長相同，且都在空氣中行進，下列關於它們頻率的敘述，何者為真？
a) 聲波頻率將約為光波頻率的一百萬倍。
b) 聲波頻率將約為光波頻率的一千倍。
c) 光波頻率將約為聲波頻率的一千倍。
d) 光波頻率將約為聲波頻率的一百萬倍。
e) 無足夠信息可供確定兩頻率之間的關係。

14.4 我們察覺光具有不同顏色，是因不同頻率 (和波長) 的電磁輻射所致。紅外輻射比可見光的頻率為低，而紫外輻射比可見光的頻率為高。三原色是紅 (R)、黃 (Y) 和藍 (B)。將這些顏色依波長由最短到最長的順序排列。
a) B、Y、R b) B、R、Y
c) R、Y、B d) R、B、Y

14.5 太陽發出的電磁波在地球上的強度為 1400 W/m^2。太陽產生的功率為何？地球到太陽的距離為 $1.496 \cdot 10^8$ km。
a) $1.21 \cdot 10^{20}$ W b) $2.43 \cdot 10^{24}$ W
c) $3.94 \cdot 10^{26}$ W d) $2.11 \cdot 10^{28}$ W
e) $9.11 \cdot 10^{30}$ W

觀念題

14.6 你和朋友拉住螺旋彈簧玩具的兩端，使它在兩人之間伸長。要產生 (a) 橫波或 (b) 縱波，你須使你所拉的一端如何運動？

14.7 噪音是非常多不同頻率 (通常為連續頻譜)、振幅和相位的聲波疊加的結果。兩個聲源所產生的噪音可以引起干涉嗎？

14.8 如果兩個行進波具有相同的波長、頻率和振幅，並適當的相加，其結果是一個駐波。將兩個駐波以某種方式結合，是否有可能得到行進波？

14.9 池塘表面上的圓形水波，當它們由波源離開向外行進時，振幅為什麼會變小？

14.10 假設一位走繩索的表演者站在長一哩 (等於 1609.344 m) 的繩子中間。如果繩子的一端被切斷，表演者要隔多久才會開始下降？要回答這個問題，你必須知道什麼？

14.11 推導一個波在弦線上傳播的速率公式 $v = \sqrt{F/\mu}$，其中 F 是弦線的張力，μ 是弦線的線質量密度。將弦線視為一系列以彈簧耦合的質點，並將其中彈簧提供的回復力，取代為弦線的張力所產生的回復力。

練習題

題號前的藍點 (•) 與雙藍點 (••) 代表問題難度遞增。

14.1-14.3 節

14.12 讓人類可以確定聲音是從左側或右側傳來，其關鍵之一是聲音到達一隻耳朵，會比另一隻來得早。已知在空氣中的聲速為 343 m/s，而人的雙耳相隔約 20.0 cm。要能區分聲音是從左側或右側傳來，人耳聽覺須能分辨出兩個時間的先後，這樣的兩個時間，其間隔 (稱為聽覺的時間分辨率) 最長可為何？為什麼潛水員不可能分辨出汽艇的聲音是從哪個方向傳來呢？在水中的聲速為 $1.50 \cdot 10^3$ m/s。

14.13 一個弦波引起之偏離平衡的位移為 $y(x,t) = (-0.00200 \text{ m}) \sin [(40.0 \text{ m}^{-1})x - (800. \text{ s}^{-1})t]$。對於這個

波，(a) 振幅，(b) 在 1.00 m 內的全波個數，(c) 在 1.00 s 內的完整週期個數，(d) 波長，和 (e) 速率，各為何？

14.4 節

14.14 波沿弦線的正 x 方向以 30.0 m/s 行進。波的頻率為 50.0 Hz。當 $t = 0$ 時，在 $x = 0$ 的點具有的速度為 2.50 m/s，垂直位移為 $y = 4.00$ mm。寫出描述波動的函數 $y(x,t)$。

•**14.15** 一個沿正 x 方向行進的正弦波，波長為 12.0 cm，頻率為 10.0 Hz，振幅為 10.0 cm。在 $t = 0$ 時，波在原點的部分，具有 5.00 cm 的垂直位移。求此波的 (a) 波數，(b) 週期，(c) 角頻率，(d) 加速度，(e) 相角，與 (f) 運動方程式。

•**14.16** 附圖中的 A 點高度比天花板低了 d。求波脈衝從 A 點行進到天花板，沿細線 1 比沿細線 2 所需的時間要長多少？

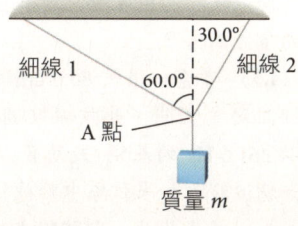

•**14.17** 一個空罐電話由兩個空鐵罐以一根 20.0 m 長的拉緊鋼絲連接製成（見附圖）。鮑勃經由此電話與愛麗絲交談。鋼絲的線質量密度為 6.13 g/m，受到的張力為 25.0 N。聲波由鮑勃的口中離開，由左邊的罐子接收，並使鋼絲產生振動，然後傳到愛麗絲的罐子，再轉回為空氣中的聲波。愛麗絲聽到通過鋼絲（波 1）和通過空氣（波 2）直接傳來的兩個聲波。這兩個波是否同時到達她？如為否，哪個波較早到達且早了多少？在空氣中的聲率為 343 m/s。假設在鋼絲上的波為橫波。

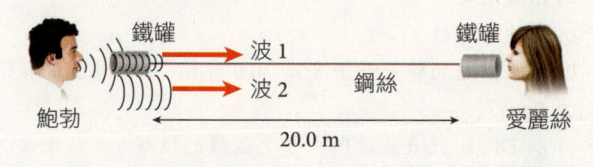

••**14.18** a) 從一般波動方程式 (14.9) 式開始，經由直接推導，證明 $y(x,t) = (5.00m)e^{-0.1(x-5t)^2}$ 所描述的高斯波包，確實是一個行進波（它滿足波動的微分方程式）。
b) 若 x 以 m 為單位，t 以 s 為單位，求此波的速率。在一個圖上，畫出在下列各 t 值時這個波隨 x 變化的曲線：$t = 0$，$t = 1.00$ s，$t = 2.00$ s 和 $t = 3.00$ s。
c) 在更具一般性的條件下，證明任何函數 $f(x,t)$，如果它對 x 和 t 的相依性是透過組合的變數 $x \pm vt$，則不管函數 f 的形式為何，它都是波方程式的解。

14.5 節

•**14.19** 一個地震可產生三種波：表面波（L 波），這是最慢和最弱的；切變波（S 波），這是橫波，帶有大部分的能量；和壓力波（P 波），這是縱波，行進速率最快。P 波的速率約為 7.0 km/s，而 S 波則約為 4.0 km/s。動物似乎可感覺到 P 波。如果有一隻狗，感覺到 P 波的到來並開始吠叫，直到人類感覺到有地震發生，它一共吠叫 30.0 s，則狗距離此地震的震央大約有多遠？

14.6 節

14.20 一根弦線的線質量密度為 0.100 kg/m，受到 100 N 的張力。要使弦線上產生振幅為 2.00 cm、頻率為 120. Hz 的正弦波，必須提供給弦線的功率為何？

14.7-14.8 節

14.21 在一個聲學實驗中，將質量為 5.00 g、長度為 70.0 cm 的鋼琴弦線，繞過無摩擦的滑輪後，在其下端懸掛一個 250 kg 的重物，使弦線在張力下拉緊。整個系統置於電梯內。
a) 當電梯靜止時，弦線振盪的基頻為何？
b) 要使弦線產生中央 A 的特有頻率 440. Hz，電梯的加速度和運動方向（向上或向下）各應為何？

14.22 一根質量為 10.0 g 的弦線，長度為 2.00 m，兩端固定。弦線上的張力為 150. N。
a) 弦線上的波速為何？
b) 彈撥弦線使其振盪。如果弦線上的駐波有兩個波腹，則所產生的波，其波長和頻率各為何？

•**14.23** 一根長度為 3.00 m 的弦線，兩端固定，質量為 6.00 g。如果要使此弦線上的駐波具有三個波腹，頻率為 300. Hz，則施加於弦線的張力應為何？

•**14.24** 在實驗室裡，學生利用連接到振動產生器的張緊弦線產生駐波，其中一個波的波函數為 $y(x,t) = (2.00$ cm$) \sin [(20.0 \text{ m}^{-1})x] \cos [(150. \text{ s}^{-1})t]$，式中的 y 是弦線的橫向位移，x 是在弦線上的位置，t 是時間。改寫此波函數，使其形式變成包含一個朝正 x 方向行進的波，和一個朝負 x 方向行進的波：$y(x,t) = f(x - vt) + g(x + vt)$；也就是說，求出函數 f 和 g，以及速率 v。

••**14.25** 一小球浮在半徑為 5.00 m 的圓形水池表面中心。三個波產生器放置在池邊，相隔各為 120.°。第一個波產生器的工作頻率為 2.00 Hz。第二個的為 3.00 Hz，第三個的為 4.00 Hz。每個水波的速率都為 5.00

m/s，且波的振幅都相同。假設水面的高度為零，且所有的波發生器給波的相移都為零，畫出在 $t = 0$ 到 $t = 2.00$ s 的時段，球的高度對時間的函數曲線。如果其中一個波產生器被移到不同的池邊位置，答案將會如何改變？

••14.26 在一根質量密度為 μ 的弦線上，駐波的方程式為 $y(x,t) = 2A\cos(\omega t)\sin(\kappa x)$。考慮對時間的平均值，證明此駐波每單位弦長度的平均動能和平均位能分別為 $K_{ave}(x) = \mu\omega^2 A^2 \sin^2 \kappa x$ 和 $U_{ave} = F(\kappa A)^2 (\cos^2 \kappa x)$，其中 F 為弦線上的張力。

補充練習題

14.27 一根弦線的質量為 10.0 g，長度為 1.00 m，連接於吉他上相距 65.0 cm 的兩點。

a) 弦線上的張力為 81.0 N 時，它的第一諧頻（即基頻）的頻率為何？

b) 如果吉他弦被換為一根較重的弦線，質量為 16.0 g，長度為 1.00 m，則此替換弦線之第一諧頻的頻率為何？

14.28 附圖所示為一正弦波沿弦線行進時，其位移 y 對時間 t 的函數曲線圖。試求此波之 (a) 週期，(b) 最大速率，及 (c) 垂直於其行進方向的最大加速度。

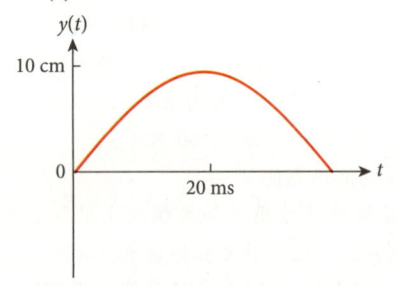

14.29 一黃銅線的半徑為 0.500 mm，受到 125 N 的張力拉伸，此黃銅線上的波速為何？黃銅的密度是 $8.60 \cdot 10^3$ kg/m³。

14.30 鋼琴上的中央 C 琴鍵（第 40 鍵），基頻約為 262 Hz，而最高音部 C 鍵（第 64 鍵）的基頻為 1046.5 Hz。如果用於兩個鍵的弦線，其密度和長度都相同，則兩弦線所受張力的比值為何？

•14.31 如附圖所示，一個正弦波沿著線質量密度為 μ_1 的弦線 1，以 v_1 的速率向右行進，此波的頻率為 f_1，波長為 λ_1。由於弦線 1 與弦線 2（其線質量密度 $\mu_2 = 3\mu_1$）相連接，這個波將在弦線 2 激發一個新的波，它也將向右移動。在弦線 2 上出現的波，其頻率 f_2、波速 v_2 與波長 λ_2 各為何？所有答案均以 f_1、v_1 和 λ_1 表示。

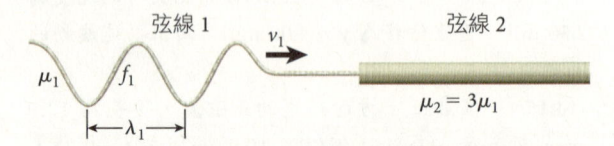

•14.32 一個波在弦線上行進時的運動方程式為 $y(x,t) = 0.0200 \sin(5.00x - 8.00t)$，其中 x 和 y 都以 m 為單位，t 是以 s 為單位。

a) 計算此波的波長和頻率。

b) 計算此波的速度。

c) 如果弦線的線質量密度為 $\mu = 0.100$ kg/m，則弦線上的張力為何？

•14.33 考慮一根長 80.0 cm 的吉他弦，張緊在它的兩個固定端之間。此弦線被調到中央 C 的特有頻率，以 261.6 Hz 的基頻（或基音）振盪時，在兩端部之間有一個波腹。如果弦線中點被拉到位移為 2.00 mm 後釋放，以產生此音，則弦線上的波速 v 為何？弦線中點振動的最大速率 v_{max} 為何？

14.34 一個正弦橫波的波長為 20.0 cm，頻率為 500. Hz，沿著一根弦線朝正 z 方向行進。波在 xz 平面振盪，振幅為 3.00 cm。在時間 $t = 0$ 時，弦線在 $z = 0$ 的位移為 $x = 3.00$ cm。

a) 在 $t = 0$ 時對波拍照，試繪製弦線在此一瞬間的簡單草圖（包括座標軸）。

b) 求波的速率。

c) 求波的波數。

d) 如果弦線的線質量密度為 30.0 g/m，則弦線上的張力為何？

e) 以 $D(z,t)$ 代表此波所引起之弦線的位移 x，試求函數 $D(z,t)$。

多版本練習題

14.35 一條質量為 0.3491 g 的橡皮筋，以兩根手指將它拉伸張緊後，每邊受到的張力都為 1.777 N。橡皮筋拉伸後的總長度為 20.27 cm。若橡皮筋的一邊被彈撥，使該邊有 8.725 cm 的拉伸長度出現振動，則在此

部分的橡皮筋可以出現的振動，其最低頻率為何？假設橡皮筋的伸張為均勻的。

14.36 一條質量為 0.4245 g 的橡皮筋，以兩根手指將它拉伸張緊後的總長度為 20.91 cm。橡皮筋的一邊被彈撥，使該邊有 8.117 cm 的拉伸長度出現振動。若在此部分的橡皮筋可以出現的振，其最低頻率為 184.2 Hz，則橡皮筋每邊受到的張力為何？假設橡皮筋的伸張為均勻的。

14.37 一條質量為 0.1701 g 的橡皮筋，以兩根手指將它拉伸張緊後，每邊受到的張力都為 1.851 N。橡皮筋拉伸後的總長度為 21.55 cm。橡皮筋的一邊被彈撥，使該邊出現振動，若其最低頻率為 254.6 Hz，則該邊橡皮筋振動部分的長度為何？假設橡皮筋的伸張為均勻的。

14.38 一根弦線的線質量密度為 0.2833 g/cm，長度為 116.7 cm，其振盪運動如附圖所示。弦線上的張力為 18.25 N。弦線的振動頻率為何？

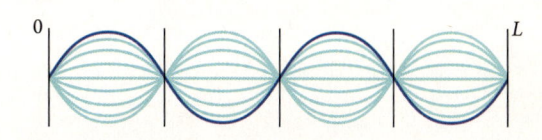

14.39 一根弦線的線質量密度為 0.1291 g/cm，長度為 117.5 cm，其振盪運動如附圖所示。若弦線的振動頻率為 93.63 Hz，則弦線上的張力為何？

14.40 一根弦線的線質量密度為 0.1747 g/cm，其振盪運動如附圖所示。若弦線上的張力為 10.81 N，弦線的振動頻率為 59.47 Hz，則弦線的長度為何？

15 聲音

待學要點
15.1 壓力縱波
　　聲速
　　聲音的反射
15.2 聲強度
　　聲音的衰減
　　人類的聽覺極限
　　　例題 15.1　人類聽覺的波長範圍
15.3 聲音的干涉
　　拍
　　聲音的繞射
　　主動噪音消除
15.4 都卜勒效應
　　都卜勒效應的應用
　　　例題 15.2　血流的超聲波頻移測量
　　馬赫錐
　　　例題 15.3　協和式超音速客機
15.5 共振和音樂
　　樂音
　　半開管和開管
　　　詳解題 15.1　管中的駐波

已學要點｜考試準備指南
　　解題準則
　　選擇題
　　觀念題
　　練習題
　　多版本練習題

圖 15.1　在 2011 年的環球巡迴表演中，U2 樂團現場演唱歌曲，產生了聲波。

辨認聲音是我們了解周圍世界最重要的方式之一。我們在本章中將看出，人類的聽覺非常靈敏，能夠分辨出寬廣範圍的頻率和不同程度的響度。聲音也一直是人類文化禮儀和娛樂 (圖 15.1) 的強力泉源。從有社會以來，音樂一直是人類生活的一部分。

聲音是一種波，所以本章對於聲音的探討，可以直接依據第 14 章中關於波的各種概念。聲波的一些特徵也顯現在光波上，因此在以後的章節中研究光波時將是有用的。本章還將細察音樂中的樂音來源，以及聲音在其他領域如醫學、地理等的廣泛應用。

普通物理

待學要點

- 聲音是壓力變化引起的縱波，需要在介質中才能傳播。
- 聲音的速率通常在固體中比在液體中為快，而在液體中又比在氣體中為快。
- 聲音在空氣中的速率與溫度有關；在正常大氣壓和 20 °C 的溫度下，它大約是 343 m/s。
- 人耳可察覺的聲音強度，範圍很大，通常使用對數尺度來衡量，而以分貝 (dB) 表示。
- 來自兩個或多個波源的聲波，在空間和時間可以產生干涉，從而導致破壞性或建設性干涉。
- 頻率略為不同的聲波發生干涉，會導致強度的振盪，稱為拍。拍頻是頻率之差的絕對值。
- 都卜勒效應是指聲源相對於觀察者有移動 (接近或後退) 時，觀測到的聲音頻率會偏移。
- 聲源移動的速率大於聲速時，會導致震波或馬赫錐。
- 在開管或閉管中產生的共振駐波，其波長是離散 (不連續) 的。

15.1 壓力縱波

聲音是透過介質傳播的壓力變化。在空氣中，壓力變化使空氣分子在傳播方向上出現異常的運動；因此，聲波是縱波。當我們聽到聲音時，鄰近我們鼓膜的空氣使它振動。如果空氣的壓力變化以一定的頻率重複，鼓膜也以此頻率振動。

聲音的傳播需要介質。如果將玻璃瓶內的空氣抽出，則在空氣完全抽空後，瓶內振鈴的響聲就消失，即使鈴錘顯然還是在打鈴。因此，聲波來自於振源或發聲體，且需要通過介質才能傳播。儘管在電影鏡頭中，當太空船飛過時，或者恆星或行星爆炸時，會有巨大的轟隆聲，但星際空間其實是一個無聲的地方，因為它是真空。

在圖 15.2 中，構成連續壓力波的是空氣壓力的交替變化——壓力上升 (壓縮) 後，接著是壓力下降 (稀疏)。若如圖 15.2，在各個時刻，將這些沿 x 軸的變化繪製出來，就能夠據以推斷出波的速率。

雖然聲音須通過介質才能傳播，但介質不一定必須是空氣。在水面下時，你仍然可以聽到聲音，由此可知，聲音也能通過液體來傳播。此外，你可能曾經將耳朵貼在火車軌道上，以期事先獲得來車的信息 (順便一提，不要這樣做，因為火車可能比你想像的更接近)。因此，你知道，聲音可通過固體傳播。事實上，聲音通過金屬比通過空氣時的傳播速率更快，損失更少。如果不是這樣的話，把耳朵貼在軌道上聽火車，就沒有意義了。

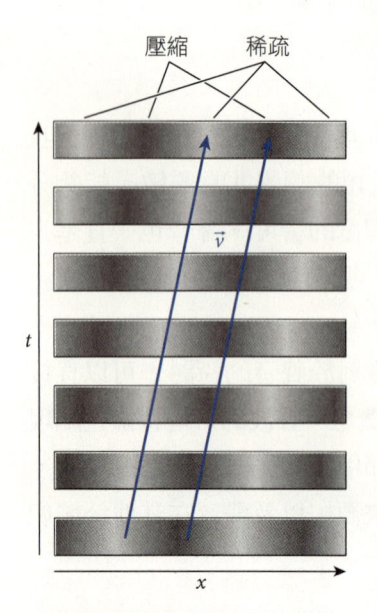

圖 15.2 沿 x 軸傳播的縱向壓力波隨時間的變化。

聲速

聲音的傳播有多快——換言之，聲速(或音速)有多快？第 12 章介紹了稱為楊氏模量的彈性模量 Y。此模量決定每單位面積上施加於細桿的力，所導致之桿長度的變化比率。由分析發現，在密度為 ρ 的實心細桿中，沿實心細桿傳播的聲音速率為

$$v = \sqrt{\frac{Y}{\rho}} \tag{15.1}$$

聲音在流體 (液體和氣體) 中的速率，是由第 12 章所定義的體積彈性模量 B 來衡量，此模量決定材料在外加壓力下的體積變化比率。因此，聲音在氣體或液體中的速率由下式給出

$$v = \sqrt{\frac{B}{\rho}} \tag{15.2}$$

(15.1) 式和 (15.2) 式都顯示，在給定的物質狀態 (氣體、液體或固體) 下，聲速與密度的平方根成反比。對兩個不同的氣體，這表示在密度較低的氣體中，聲速較快。然而，固體的楊氏模量值，比液體的體積彈性模量值大得多，而液體又比氣體的體積彈性模量值為大。此一差異比對密度的相依性，更為重要。故從 (15.1) 式和 (15.2) 式，可得聲音在固體 (solid)、液體 (liquid) 和氣體 (gas) 中的速率，其大小關係為 $v_{solid} > v_{liquid} > v_{gas}$。在壓力 (1 個大氣壓) 和溫度 (20 °C) 的正常狀況下，不同材料中的聲速，其代表值列於表 15.1。

我們最感興趣的是聲音在空氣中的速率，因為在日常生活中，這是傳播聲音的最重要介質。在正常大氣壓和 20 °C 下，聲音在空氣中的速率為

$$v_{air} = 343 \text{ m/s} \tag{15.3}$$

聲音在空氣中的速率會隨空氣溫度 T 而略有變化，下面的線性關係是由實驗獲得的：

$$v(T) = (331 + 0.6T/°C) \text{ m/s} \tag{15.4}$$

聲音的反射

所有的波，包括聲波，在兩種不同介質之間的界面，都會發生至少

圖 15.3 你在聽到花炮爆炸的聲音之前，先看到煙火。

表 15.1 一些常見物質中的聲速

	物質	聲速 (m/s)
氣體	氖	220
	二氧化碳	260
	空氣	343
	氦	960
	氫	1280
液體	甲醇	1143
	水銀	1451
	水	1480
	海水	1520
固體	鉛	1160
	混凝土	3200
	硬木	4000
	鋼	5800
	鋁	6400
	鑽石	12,000

>>> 觀念檢測 15.1

你在縱深為 120.0 m 的音樂廳中央。直接從樂團到你的聲音，和從音樂廳後面反射回到你的聲音，兩者的時間差為何？
a) 0.010 s
b) 0.056 s
c) 0.11 s
d) 0.35 s
e) 0.77 s

普通物理

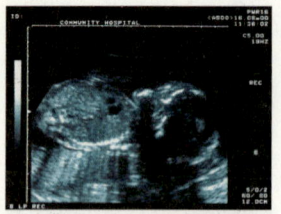

圖 15.4　超聲波反射所產生的胎兒圖像。

圖 15.5　蝙蝠在黑暗中飛行，依靠回聲定位來導航。

是部分的反射。聲波也不例外，在空氣中傳播的聲波，打在物體上時，會被物體部分反射。你可以產生一個短而響亮的聲音，測量它出發到一個大物體並被反射回來，你因而再次聽到它所經歷的時間，以衡量該遙遠大物體的距離。

醫療診斷使用的超聲波成像，就是利用上述原理。超聲波的頻率遠高於人耳所能聽見的，約在 2 到 15 MHz。選擇這樣的頻率是為了提供詳細的圖像，並深深穿透人體的組織。當超聲波遇到密度不同的組織時，有一部分會被反射回來。測量超聲波從發射器行進到接收器的時間，並記錄波被反射的比率及波的原始方向，就可據以形成圖像。圖 15.4 是超聲波成像所產生的典型胎兒圖像。

蝙蝠和海豚使用聲波反射來導航 (圖 15.5)。它們朝一個特定的方向所發出的聲波，其頻率範圍從 14 kHz 至超過 100 kHz，並從反射回來的聲音確定有關它們周圍環境的信息。蝙蝠在黑暗中飛行時，利用這種回聲定位的過程來導航。

15.2　聲強度

在第 14 章中，波的強度 I 被定義為每單位面積的功率，而球面波的強度隨著到波源之距離的二次方逐漸減小，即 $I \propto r^{-2}$，故可得強度比為

$$\frac{I(r_1)}{I(r_2)} = \left(\frac{r_2}{r_1}\right)^2 \tag{15.5}$$

這個關係也適用於聲波。強度是每單位面積的功率，其單位為瓦特/米^2 (W/m^2)。

人耳聽覺可偵測到的聲音，其強度涵蓋的範圍非常大，從微弱至 10^{-12} W/m^2 的耳語，到高達 1 W/m^2 的噴氣引擎輸出或近距離的搖滾樂隊演奏。但即使是已達到疼痛底限、強度為 10 W/m^2 的最響亮聲音，其壓力的振盪也不過只是幾十微帕 (μPa) 的數量級而已。相比之下，正常的大氣壓力約為 10^5 Pa。因此，可以看出，即使是最響亮的聲音，空氣壓力的變化也不過只有大氣壓力的 100 億分之一，而你聽得到的最小輕聲，其空氣壓力的變化則又小了幾個數量級。這有可能使你對耳朵的能力有一個嶄新的評價。

人類耳朵能夠偵測到的聲音，在強度上可以相差許多個數量級，因此，通常使用對數標度來測量**聲強度** (亦稱**聲強**)。這種標度的單位為

自我測試 15.1

你在距離聲源 10.0 m 處，聽到一個聲級為 80.0 dB 的聲音。聲源發出的功率為何？

378

貝 (bel，或 B)，此名稱是為紀念貝爾 (Alexander Graham Bell)，但更常用的是分貝 (dB)，1 dB = 0.1 bel。使用分貝標度所測量的聲強度等級 (亦稱聲級)，以希臘字母 β 代表，其定義為

$$\beta = 10 \log \frac{I}{I_0} \qquad (15.6)$$

上式中的 $I_0 = 10^{-12}$ W/m^2，大約是人耳所能聽到的最小強度。符號「log」指明是以 10 為底的對數。因此，一個強度 1000 倍於基準強度 I_0 的聲音，其聲級為 β = 10 log 1000 dB = 10 · 3 dB = 30 dB。這個聲級，與離你耳朵不是很遠的耳語 (表 15.2) 相當。

聲音的衰減

當聲音在介質中行進時，它的強度會減小，這不僅是來自與聲源的距離增加 (依上面所討論的 $1/r^2$ 關係)，另外還有來自聲波的散射與吸收，導致聲音的能量轉換為其他形式的能量。這個聲音的衰減可以表示為

$$I = I_0 \, e^{-\alpha x} \qquad (15.7)$$

其中 x 是路徑長度，α 是吸收係數。吸收係數隨材料不同而變，且變化很大。例如，泡沫具有非常大的吸收係數，因此用於隔音。吸收係數也取決於聲音的頻率；在一般情況下，它隨頻率成線性增加。

人類的聽覺極限

人的耳朵可以察覺出頻率大約在 20 Hz 到 20,000 Hz 之間的聲波。然而，人耳察覺聲音的能力與聲音的頻率有很強的相依性，也與人的年齡有關。青少年可以沒有困難的聽到頻率為 10,000 Hz 的聲音，但退休後的老年人大多數不能聽到它們。一個如此高音調的聲音，例如夏日的蟬鳴聲，多數老年人是根本聽不到的。

在各種不同頻率的聲音中，我們聽力最好的，大約為 1000 Hz。你在聽音樂時聽到的聲音，通常包含了人類聽覺的整個頻率範圍，這是因為樂器在彈奏一個音時，產生的是一種對應於該音的獨特混合，包含它的基頻 (即基音)，與數個頻率較高的諧頻 (即泛音)。

當聲級超過 130 dB 時，將會引起疼痛，而聲級超過 150 dB，則可造成鼓膜破裂。此外，長期暴露在高於 120 dB 的聲級，將導致人耳的

表 15.2 常見情況下的聲級

聲音	聲級 (dB)
可聽到的最輕聲	0
圖書館的背景聲音	30
高爾夫球場	40–50
街道車流	60–70
在平交道的火車	90
舞蹈俱樂部	110
手提式鑽鑿機	120
從航母起飛的噴射機	130–150

>>> 觀念檢測 15.2

在十字路口，你將車停在一輛車窗關閉的車子旁邊。你知道車裡的人正聽著很響的音樂，但不知是什麼歌。你唯一聽到的是低音樂器有節奏的重擊聲，這是因為用來製造這部車的材料能夠
a) 使高頻比低頻衰減得更多。
b) 使低頻比高頻衰減得更多。
c) 放大低頻。
d) 放大高頻。

普通物理

圖 15.6 一名軍官在飛機由甲板上起飛時，低身於機翼下。在此種聲音強度很高的環境下，必須戴上保護耳罩。

靈敏度降低。由於這個原因，最好避免長時間聆聽非常大聲的音樂。此外，在大聲的噪音是工作環境的一部分時，例如，在航空母艦的甲板上 (圖 15.6)，有必要使用保護耳罩，以避免耳朵受到損傷。

例題 15.1　人類聽覺的波長範圍

人耳可以察覺的聲音，其頻率範圍對應於一定的波長範圍。

問題：人耳可以察覺的聲音，其波長範圍為何？

解：

人耳可以察覺的聲音，其頻率範圍為 20～20,000 Hz。在室溫下，聲音的速率為 343 m/s，而波長、速率和頻率的關係為

$$v = \lambda f \Rightarrow \lambda = \frac{v}{f}$$

對於可以察覺的最低頻率，我們得到

$$\lambda_{max} = \frac{v}{f_{min}} = \frac{343 \text{ m/s}}{20 \text{ Hz}} = 17 \text{ m}$$

由於可以察覺的聲音，其最高頻率是最低頻率的 1000 倍，所以其最短波長為上式剛求出結果的 0.001 倍：$\lambda_{min} = 0.017$ m。

15.3　聲音的干涉

像所有三維空間的波，來自兩個或多個聲源的聲波，可以在空間和時間發生干涉。考慮兩個**同調聲源**——即兩聲源所發出之聲波，其頻率與相位都相同。我們首先討論它們所發出之聲波的空間干涉。

圖 15.7 顯示兩個同相的喇叭，產生全同的正弦壓力波動。圓弧代表聲波在某一給定瞬間的各個極大值。每個喇叭右邊的水平線上所畫的正弦曲線，顯示出每個正弦為極大值之處都會有一條圓弧出現。從任一個喇叭發出的相鄰兩圓弧，其距離正好為一個波長 λ。可以看出，來自兩喇叭的圓弧相交，例如 A 和 C 點。如果算一下極大值的數目，可以看出 A 和 C 到下方喇叭的距離正好都為 8λ，而 A 與 C 到上方喇叭的距離分別為 5λ 與 6λ。因此，它們的路徑長度差 $\Delta r = r_2 - r_1$ 為波長的整數倍。這種關係是在給定的空間點產生建設性 (或相長) 干涉的一般性條件：

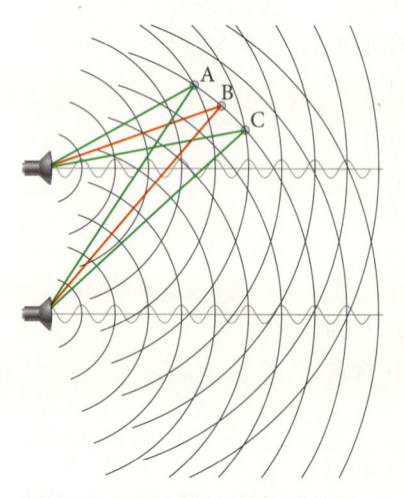

圖 15.7　兩個全同正弦聲波的干涉。

$$\Delta r = n\lambda, \quad n = 0, \pm 1, \pm 2, \pm 3, \ldots \text{(相長干涉)} \qquad (15.8)$$

在圖 15.7 中，B 點大約是在 A 和 C 兩點的中間，B 到下方喇叭的距離與其他兩點一樣也是 8λ。然而，B 點到上方喇叭的距離為 5.5λ。結果是在 B 點處，來自下方喇叭的聲波為極大值，而來自上方喇叭的聲波為極小值，且它們相互抵消。這表示在此點，兩聲波發生破壞性干涉。你可能已經注意到，路徑長度差為半波長的奇數倍。這是產生破壞性干涉的一般性條件：

$$\Delta r = (n+\tfrac{1}{2})\lambda, \quad n = 0, \pm 1, \pm 2, \pm 3, \ldots \text{(相消干涉)} \qquad (15.9)$$

波的干涉可利用如圖 15.8a 所示的水波槽，使它視覺化。此水波槽是一個裝滿水的透明容器，置於投影機的上方。以馬達驅動兩根釘子，使它們同步上下移動，在水面上產生波。由於波的干涉而形成的圖樣，則被投影到屏幕上，明顯可見，如圖 15.8b 所示。注意圖中的圓弧形亮紋與暗紋，它們分別顯示兩個波相互增強 (相長干涉) 與相互抵消 (相消干涉) 之各點。

拍

兩個波也可以發生時間的干涉，它的實際重要性要比在空間的干涉大得多。為了考慮這個效應，假設觀察者位於空間中的某一任意點 x_0，而在該點有振幅相同、頻率略微不同的兩個聲波：

$$y_1(x_0,t) = A\sin(\kappa_1 x_0 + \omega_1 t + \phi_1) = A\sin(\omega_1 t + \tilde{\phi}_1)$$
$$y_2(x_0,t) = A\sin(\kappa_2 x_0 + \omega_2 t + \phi_2) = A\sin(\omega_2 t + \tilde{\phi}_2)$$

為獲得以上二式的右邊，我們首先使用一個事實——在一給定點之波數和位置的乘積為常數，然後將此常數與也是常數的相移加在一起。我們雖將這些波函數寫成是一維的波，但結果與在三維空間中是相同的。下一步，我們令兩個相位常數 $\tilde{\phi}_1$ 與 $\tilde{\phi}_2$ 為零，因為它們只引起相移，沒有其他重要的作用。因此，形成駐波的兩個隨時間而變的振盪為

$$y_1(x_0, t) = A\sin(\omega_1 t)$$
$$y_2(x_0, t) = A\sin(\omega_2 t)$$

如果我們使用兩個彼此接近的角頻率 ω_1 和 ω_2 來進行實驗，我們可以聽到一個強度隨時間而振盪的聲音。為什麼會發生這種情況？為了回

(a)

(b)

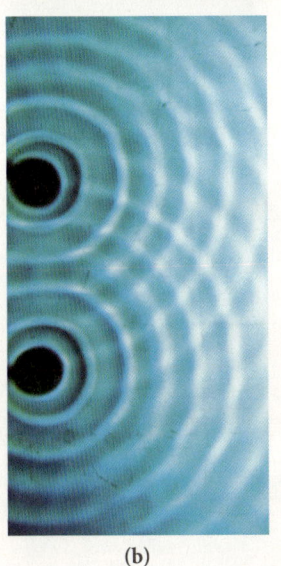

圖 15.8 用以演示波現象的設置。(a) 裝有水的水波槽，用馬達驅動兩根釘子於水面上產生波，槽安置於投影機上方。(b) 投影清楚展示出水波的干涉圖樣。

答這個問題，我們將兩個正弦波相加，並使用三角函數的加法定理：

$$\sin\alpha + \sin\beta = 2\cos\left[\tfrac{1}{2}(\alpha-\beta)\right]\sin\left[\tfrac{1}{2}(\alpha+\beta)\right]$$

因此，對於兩個正弦波，我們得到

$$\begin{aligned}y(x_0,t) &= y_1(x_0,t) + y_2(x_0,t)\\ &= A\sin(\omega_1 t) + A\sin(\omega_2 t)\\ &= 2A\cos\left[\tfrac{1}{2}(\omega_1-\omega_2)t\right]\sin\left[\tfrac{1}{2}(\omega_1+\omega_2)t\right]\end{aligned}$$

這個結果較為常見的是以頻率而不是角速率來表示：

$$y(x_0,t) = 2A\cos\left[2\pi\tfrac{1}{2}(f_1-f_2)t\right]\sin\left[2\pi\tfrac{1}{2}(f_1+f_2)t\right] \quad (15.10)$$

其中 $\tfrac{1}{2}(f_1+f_2)$ 是兩個個別頻率的平均值：

$$\bar{f} = \tfrac{1}{2}(f_1+f_2) \quad (15.11)$$

當 $|f_1-f_2|$ 比 $\bar{f}$ 小得多時，(15.10) 式中的因子 $2A\cos[2\pi\tfrac{1}{2}(f_1-f_2)t]$ 只是緩慢變化，而可以視為快速變化函數 $\sin[2\pi\tfrac{1}{2}(f_1+f_2)t]$ 的振幅。當餘弦因子出現極大值或極小值 (1 或 –1) 時，就可聽到一個拍音 (或拍)；因此 $|f_1-f_2|$ 是拍的頻率 (簡稱拍頻)：

$$f_b = |f_1-f_2| \quad (15.12)$$

例如，敲擊木琴上的兩個琴鍵，使其中一個發出中央 A 的特有頻率 440 Hz，而另一個發出的頻率為 438 Hz，這將使聲強度產生可辨別出來的振盪，每秒兩次。這是因為拍頻為 $f_b = |440\,\text{Hz} - 438\,\text{Hz}| = 2\,\text{Hz}$，因此強度的振盪週期為 $T_b = 1/f_b = \tfrac{1}{2}\,\text{s}$。

聲音的繞射

只有當眼睛到物體的視線 (直線) 沒有被擋到時，我們才能看到該物體。不過，聲音的情況與此不同。例如我們可以由出入口開著的走廊聽到某個人，即使我們不能看到他或她。這怎麼可能？原因是，聲波在通過門口後，會以球狀散開，而達到我們房間內的各點。這種效應稱為繞射。使用水波槽和投影機，繞射是相當容易看見的。在圖 15.9 的投影圖像中，白線表示波峰 (極大值)。你可以看出，表面水波的波長 (兩個相鄰波峰之間的距離) 與兩個矩形阻隔物 (黑色) 之間的開口尺寸相當。正如例題 15.1 所示，聲音的波長在 cm 到 m 的範圍，因此水波槽

>>> 觀念檢測 15.3

如果聽到兩個頻率產生一個拍音，然後使兩個頻率加倍，則所得的拍頻將
a) 保持不變。
b) 變為兩倍。
c) 變為四倍。
d) 可為上述任何一項。
e) 不為上述任何一項。

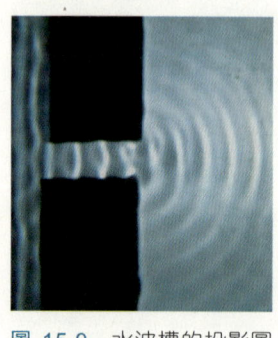

圖 15.9 水波槽的投影圖像：波從左傳播至右，通過兩矩形阻隔物之間，然後展開成球狀。

的演示，與聲音通過門口的情況是很好的類比。

主動噪音消除

我們都知道，噪音可以被減輕或衰減，而要達到此目的，有些材料的效果比別的更好。例如，晚上有噪音干擾時，你可以用枕頭搗住耳朵。建築工人和其他需要長時間在非常吵的環境下工作的人，會戴上保護耳朵的頭戴式耳機。這些對耳朵的保護減小了所有聲音的振幅。

如果你在聽音樂時，想減小背景噪音，有一種基於**主動噪音消除**原理的技術可做到這一點，這個原理依靠的是聲音的干涉。一個外部正弦聲波到達頭戴式耳機後，以麥克風將它錄下來 (圖 15.10)。處理器將此聲波的相位反相，並以相同的頻率和振幅發出此相位相反的聲波。這兩個正弦波加起來 (疊加原理)，產生相消干涉，而完全相消。在這同時，耳機內的擴聲器播放著你想聽的音樂，結果是一個沒有背景噪音的收聽經驗。

在實際情況中，背景噪音不可能單純的只含一個正弦聲波，而是由許多不同頻率的各種聲音混合在一起。特別是高頻率聲音的存在，會對主動式的噪音消除造成問題。然而，上述的方法非常適用於週期性低頻率的聲音，例如來自飛機引擎的噪音。它的另一應用是在豪華汽車上，將主動噪音消除技術，用來減少風聲和輪胎的噪音。

>>> 觀念檢測 15.4
下列哪一個物理效應對聲音定位的作用最小？
a) 聲音衰減
b) 聲音到達兩耳的時間差
c) 聲音強度差
d) 相位差
e) 空間干涉

圖 15.10　主動噪音消除。

15.4　都卜勒效應

我們都有過這樣的經歷，就是一列火車在接近平交道時，車上的喇叭發出警告聲音，然後，當它通過我們離去時，聲音的音調從一個較高的頻率變到一個較低的頻率。這種的頻率變化，稱為**都卜勒效應**。

為了定性的了解都卜勒效應，考慮圖 15.11。在最左邊的 (a) 欄中，一靜止聲源發出的球面波，向外行進。由上而下，有 6 幅時間間隔相同的圖，顯示這些徑向波的時間演變。5 個正弦波的極大值，以球形向外輻射，在每一幅中均以由黃到紅的顏色編碼。

當聲源移動時，它從空間不同的點發出同樣的聲

圖 15.11　於 6 個等間隔的時刻發出之聲波的都卜勒效應：(a) 靜止聲源；(b) 聲源向右移動；(c) 聲源以更快的速率向右移動；(d) 聲源以超過聲速的速率向右移動。

波。然而，從每個點，聲波的極大值再次以球形向外傳播，如圖 15.11 中的 (b) 和 (c) 欄所示，這兩欄的差別是聲源從左到右移動的速率不同。但在每一欄中，都可以看出在聲源前面 (在圖中為右側) 的聲波變得「擁擠」了。聲源的速率越高，這些波就越擁擠，這點是理解都卜勒效應的整個關鍵。位於聲源右側的觀察者 (也就是說聲源朝向著他或她移動)，每單位時間內經歷更多的波峰，因而聽到更高的頻率；而位於移動聲源左側的觀察者，與聲源逐漸遠離，每單位時間經歷更少的波峰，因而聽到的頻率下降。

觀察到的頻率 (稱為視頻) f_o 可以定量的表示如下：

$$f_o = f\left(\frac{v_{sound}}{v_{sound} \pm v_{source}}\right) \qquad (15.13)$$

其中 f 是聲源發出的聲音頻率，v_{sound} 和 v_{source} 分別是聲音 (sound) 和聲源 (source) 的速率。在上的加號 (+) 適用於聲源遠離觀察者移動，而在下的減號 (−) 則適用於聲源朝向觀察者移動。

如果聲源是靜止的，而觀察者 (observer) 在移動，也會發生都卜勒效應。在這種情況下，速率為 $v_{observer}$ 的觀察者所觀察到的頻率由下式給出：

$$f_o = f\left(\frac{v_{sound} \mp v_{observer}}{v_{sound}}\right) = f\left(1 \mp \frac{v_{observer}}{v_{sound}}\right) \qquad (15.14)$$

在上的減號 (−) 適用於觀察者遠離聲源移動，而在下的加號 (+) 則適用於觀察者朝向聲源移動。

不論移動的是聲源或觀察者，就觀察到的頻率而言，當觀察者和聲源遠離彼此時，都會低於聲源頻率，而當它們朝向彼此移動時，都會高於聲源頻率。

>>> **觀念檢測 15.5**

假設觀察者為靜止的，聲源以等速度 (小於聲速) 移動並發出頻率 f 的聲音。依據 (15.13) 式，如果聲源移向觀察者，觀測頻率 f_+ 會較高，而若聲源遠離觀察者移動，觀測頻率 f_- 會較低。令較高頻率與原來頻率之間的差為 Δ_+，較低頻率與原來頻率之間的差為 Δ_-，$\Delta_+ = f_+ - f$，$\Delta_- = f_- - f$。下列關於頻率差的陳述，何者正確？
a) $\Delta_+ > \Delta_-$
b) $\Delta_+ = \Delta_-$
c) $\Delta_+ < \Delta_-$
d) 依原來頻率 f 而定

推導 15.1 都卜勒頻移

讓我們先處理觀察者為靜止，而聲源向觀察者移動的情況。如果聲源是靜止的，且發出頻率為 f 的聲音，則聲音的波長為 $\lambda = v_{sound}/f$，這也是兩個相鄰波峰之間的距離。如果聲源以速率 v_{source} 向觀察者移動，則觀察者所觀察到的相鄰波峰之間的距離減小為

$$\lambda_o = \frac{v_{sound} - v_{source}}{f}$$

利用波長、頻率和聲音速率 (保持定值！) 之間的關係 $v_{sound} = \lambda f$，可求

得觀察者所觀察到的聲音頻率為

$$f_o = \frac{v_{\text{sound}}}{\lambda_o} = f\left(\frac{v_{\text{sound}}}{v_{\text{sound}} - v_{\text{source}}}\right)$$

上式證明了 (15.13) 式中分母為減號的結果。如果聲源遠離觀察者移動，則觀察到的波長增加，以上兩式中的減號，就須改為加號。

你可當作一個練習，嘗試推導觀察者移動之情況的頻移。

最後，如果聲源和觀察者都移動，那會發生什麼？答案是，只需將移動聲源和移動觀察者的都卜勒效應公式結合起來，就可得到觀察到的頻率為

$$f_o = f\left(\frac{v_{\text{sound}} \mp v_{\text{observer}}}{v_{\text{sound}}}\right)\left(\frac{v_{\text{sound}}}{v_{\text{sound}} \pm v_{\text{source}}}\right) = f\left(\frac{v_{\text{sound}} \mp v_{\text{observer}}}{v_{\text{sound}} \pm v_{\text{source}}}\right) \quad (15.15)$$

此處分子和分母中在上的加號或減號，適用於觀察者或聲源背離另一個移動的情況，而在下的加號或減號，則適用於觀察者或聲源朝向另一個移動的情況。

都卜勒效應的應用

在 15.1 節中，我們介紹過超聲波可以應用到人體組織的成像上。超聲波的都卜勒效應可以用來測量血液在動脈中的流動速率，因此是診斷心臟疾病的重要工具。圖 15.12 所示為測量頸動脈血流的例子，在這種測量中，超聲儀發出的超聲波被傳送到流動的血液，然後被移動的血細胞反射，回到超聲儀，並在那裡被檢測。

例題 15.2　血流的超聲波頻移測量

問題：超聲波被動脈中的流動血液反射後，所產生的典型頻率偏移為何？

解：

超聲波的典型頻率 $f = 2.0$ MHz。在動脈中，血液 (blood) 流動的速率 $v_{\text{blood}} = 1.0$ m/s。在人體組織中，超聲波的速率 $v_{\text{sound}} = 1540$ m/s。血細胞可以視為超聲波的移動觀察者。因此，如果血細胞朝向超聲波的聲源流動，則它觀察到的頻率 f_1，可於 (15.14) 式中使用加號而得

$$f_1 = f\left(1 + \frac{v_{\text{blood}}}{v_{\text{sound}}}\right) \quad \text{(i)}$$

觀念檢測 15.6

假設聲源為靜止的，並發出頻率 f 的聲音，觀察者以等速度 (小於聲速) 移動。依據 (15.14) 式，如果觀察者移向聲源，觀測頻率 f_+ 會較高，而若觀察者遠離聲源移動，觀測頻率 f_- 會較低。令較高頻率與原來頻率之間的差為 Δ_+，較低頻率與原來頻率之間的差為 Δ_-：$\Delta_+ = f_+ - f$，$\Delta_- = f_- - f$。下列關於頻率差的陳述，何者正確？
a) $\Delta_+ > \Delta_-$
b) $\Delta_+ = \Delta_-$
c) $\Delta_+ < \Delta_-$
d) 依原來頻率 f 而定
e) 依聲源的速率 v 而定

觀念檢測 15.7

假設聲源向右 (正 x 方向) 移動的速率為 30 m/s，發出頻率為 f 的聲音，而在 x 軸上的觀察者位於聲源的右側，以 50 m/s 的速率向右移動，則觀察到的頻率 f_o 將_____原來的頻率 f。
a) 低於
b) 等於
c) 高於

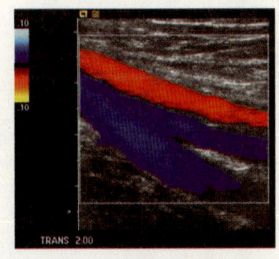

圖 15.12　頸動脈中血液流動的都卜勒超聲波圖像。紅色和藍色表示血流的速率。

此頻率 f_1 的反射超聲波構成運動聲源，朝向都卜勒超聲儀移動，故靜止的超聲儀所觀察到的反射超聲波頻率 f_2，可由 (15.13) 式使用減號而得

$$f_2 = f_1 \left(\frac{v_{\text{sound}}}{v_{\text{sound}} - v_{\text{blood}}} \right) \qquad \text{(ii)}$$

因此，結合 (i) 式和 (ii) 式可得都卜勒超聲儀觀察到的頻率為

$$f_2 = f \left(1 + \frac{v_{\text{blood}}}{v_{\text{sound}}} \right) \left(\frac{v_{\text{sound}}}{v_{\text{sound}} - v_{\text{blood}}} \right)$$

注意：(15.15) 式適用於移動聲源和移動觀察者的都卜勒效應，上式只是它的一個特例，其觀察者和聲源的速率都是血細胞的速率。將數值代入上式後，可得

$$f_2 = (2.0 \text{ MHz}) \left(1 + \frac{1.0 \text{ m/s}}{1540 \text{ m/s}} \right) \left(\frac{1540 \text{ m/s}}{1540 \text{ m/s} - 1.0 \text{ m/s}} \right) = 2.0026 \text{ MHz}$$

故頻率偏移 Δf 為

$$\Delta f = f_2 - f = 2.6 \text{ kHz}$$

這個頻率偏移是由於心跳造成血液流動時所可觀察到的最大值。在兩次心跳之間，血液減慢而近乎停止。故心臟不停的跳動時，頻率為 f 的原始超聲波與頻率為 f_2 的反射超聲波結合，而產生拍頻 $f_{\text{beat}} = f_2 - f$，其變化範圍為 2.6 kHz 至零。這些頻率人耳可以聽出，這意味著只需用耳朵聆聽放大後的拍頻，就可以監測脈搏。這個都卜勒超聲效應就是胎兒心臟探針的基礎。

注意在這個例子中，我們假設血液正對著都卜勒超聲儀流動。在一般情況下，超聲波的發射方向及血流的方向之間有個角度，這將使頻率偏移變小。利用關於動脈方位的信息，都卜勒超聲儀可將此角度納入考慮。

電視台天氣預報提到的都卜勒雷達，利用的是電磁波的都卜勒效應。移動的雨滴使反射的雷達波改變到不同的頻率，而可經由都卜勒雷達來檢測。(然而，雷達波是電磁波，其都卜勒頻移的公式，與聲波所適用的不同。電磁波將在第 29 章中討論。) 都卜勒雷達也用於檢測大雷雨的旋轉 (和可能的龍捲風)，辦法是找出兼具朝向與遠離觀察者運動的區域。都卜勒效應之另一種常見的應用，就是世界各地警察所使用的雷達測速器。天文學家也使用類似的技術來測量星系的紅移。

馬赫錐

現在，我們要來檢視圖 15.11d。此欄中，聲源速率超過聲音速率。可以看出，在此情況下，後續波峰的原點位於先前波峰所形成的圓形 (或球形) 之外。

圖 15.13a 顯示移動速率大於聲速的聲源，稱為 **超音速聲源**，次第發出的波峰，這些波峰的相位都相同。可以看出，所有代表這些波峰的圓 (或球)，有一個共同的切線 (或切面)，而聲源速度向量的反方向 (在此為水平向左) 與此切線之間有一夾角 θ_M，稱為 **馬赫角**。這種波峰的積累會導致一個大而突然的錐形波，稱為 **震波**，或 **馬赫錐**，對應於此錐的馬赫角由下式給出：

$$\theta_M = \sin^{-1}\left(\frac{v_{\text{sound}}}{v_{\text{source}}}\right) \tag{15.16}$$

這個公式適用於聲源速率超過音速的情況與聲源速率等於聲速的極限情況 ($\theta_M = 90°$)。聲源速率越大，馬赫角就越小。

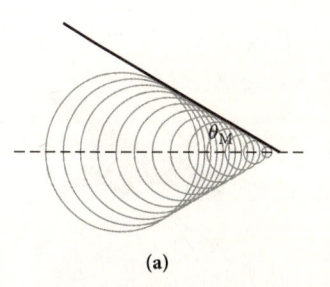

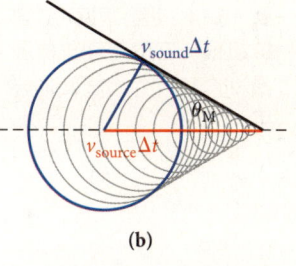

圖 15.13 (a) 馬赫錐或震波。(b) 推導 15.2 的幾何圖形。

推導 15.2　馬赫角

如果我們細察圖 15.13b，要推導出 (15.16) 式是相當簡單的。該圖顯示出一個在起始時刻 $t = 0$ 發出的波峰圓圈，及它後來在時刻 Δt 時的位置。該圓在時刻 Δt 的半徑為 $v_{\text{sound}} \Delta t$，如圖中的藍色線段所示。注意，該半徑與切線 (以黑色表示) 成 90° 角。然而，在同一時段 Δt，聲源移動的距離為 $v_{\text{source}} \Delta t$，如紅色線段所示。圖中的紅、藍、黑線形成一個直角三角形。依據正弦函數的定義，馬赫角 θ_M 的正弦為

$$\sin\theta_M = \frac{v_{\text{sound}} \Delta t}{v_{\text{source}} \Delta t}$$

將上式中的公因子 Δt 消去，再取其兩邊的反正弦，即得 (15.16) 式。

值得一提的是，在各類涉及波的物理系統中，都有震波的存在。汽艇在水面上高速前進就可以相當容易的產生震波。從這些三角形的船首波 (或頭波)，如果你知道船的速率，就可測定湖上表面波的速率。

>>> 觀念檢測 15.8

馬赫角
a) 隨著聲源的速率增加而增大，只要該速率保持低於音速。
b) 隨著聲源的速率增加而減小，只要該速率保持低於音速。
c) 與聲源的速率無關。
d) 隨著聲源的速率增加而增大，只要該速率保持高於音速。
e) 隨著聲源的速率增加而減小，只要該速率保持高於音速。

例題 15.3　協和式超音速客機

超音速飛機的速率常以馬赫數 M 表示，1 馬赫 ($M = 1$) 的速率表示飛機以音速行進。2 馬赫 ($M = 2$) 的速率表示飛機以音速的兩倍行進。協和式超音速客機 (圖 15.14) 在 60,000 呎的高度巡航，聲音的速率為 295

圖 15.14 超音速協和式客機起飛，它的定期班機服務始於 1976 年，終於 2003 年。

m/s (660 mph)。協和式飛機的最大巡航速率為 2.04 馬赫 ($M = 2.04$)。

問題：在此速率，協和式飛機產生之馬赫錐的角度 (即馬赫角) 為何？

解：

馬赫錐的角度如 (15.16) 式所示：

$$\theta_M = \sin^{-1}\left(\frac{v_{\text{sound}}}{v_{\text{source}}}\right)$$

在本題中，聲源的速率是協和式飛機行進時的速率：

$$v_{\text{source}} = Mv_{\text{sound}} = 2.04 v_{\text{sound}}$$

因此，馬赫角為

$$\theta_M = \sin^{-1}\left(\frac{v_{\text{sound}}}{Mv_{\text{sound}}}\right) = \sin^{-1}\left(\frac{1}{M}\right)$$

故對協和式飛機，我們得到

$$\theta_M = \sin^{-1}\left(\frac{1}{2.04}\right) = 0.512 \text{ rad} = 29.4°$$

15.5 共振和音樂

基本上，所有樂器都需靠激發引起共振，以產生頻率為離散、可再現且預定頻率的聲波。缺少了對樂音的討論，沒有任何關於聲音的討論，還可能是完整的。

樂音

各個樂音 (簡稱音) 所對應的頻率為何？這個問題的答案並不簡單，而且也隨著時間在改變。目前的十二音平均律可以追溯到幾個世紀以前。巴哈 (Johann Sebastian Bach) 於 1722 年出版的《平均律鍵盤曲集》共有 24 首樂曲，涵蓋了每一個可能的大音階和小音階，代表了現代音階發展的一個里程碑。讓我們回顧一下這些被接受的值。

與鋼琴上白鍵相關聯的音，以 A、B、C、D、E、F 和 G 命名。最靠近鍵盤左端的 C 被指定為 C1。因此，鋼琴上白鍵的音，依序由左到右為 A0、B0、C1、D1、E1、F1、G1、A1、B1、C2、D2、……、A7、B7、C8。這個音階的中央 A (A4) 精確的固定為 440 Hz。下一個較高的 A (A5) 高了八度，亦即它的頻率正好是中央 A 的兩倍，即 880 Hz。

在這兩個 A 之間有 11 個半音：升 A/降 B、B、C、升 C/降 D、D、

升 D/降 E、E、F、升 F/降 G、G、升 G/降 A。自從
上述巴赫的作品後，這 11 個半音將八度劃分成正好
12 個相等的間距 (稱為音級)，所有這些音級都相差
相同的因子，而這個因子自乘 12 次時正好等於 2。
因此這個因子是 $2^{1/12}$ = 1.0595。將此因子連續相乘，
就可求出每個音的頻率。例如，D (D5) 與中央 A 相
差 5 個音級：$(1.0595^5)(440$ Hz$) = 587.3$ Hz。在另外一個八度的音，其頻
率可乘以或除以 2 而求得。例如，下一個較高的 D (D6) 所具有的頻率
為 $2(587.3$ Hz$) = 1174.7$ Hz。

表 15.3	歌唱家聲音分類的頻率範圍	
分類	最低音	最高音
男低音	E2 (82 Hz)	G4 (392 Hz)
男中音	A2 (110 Hz)	A4 (440 Hz)
男高音	D3 (147 Hz)	B4 (494 Hz)
女低音	G3 (196 Hz)	F5 (698 Hz)
女高音	C4 (262 Hz)	C6 (1047 Hz)

根據表 15.3 所示的平均範圍，可將人類的聲音分類。因此，基本上人類演唱的所有歌曲，其頻率範圍只涵蓋一個數量級，即在 100 Hz 到 1000 Hz 之間。任何人聲與幾乎所有樂器都不可能產生一個純粹的單頻音。取而代之的是，樂音都混合了很多的泛音 (諧頻)，使得每個樂器與每個人的聲音，都有各自的特色。弦樂器本體的空腔，可放大弦線的聲音，並影響泛音的混合。

半開管和開管

在第 14 章，我們討論了弦線上的駐波。所有弦樂器產生的聲音，就是基於這些駐波。有個重點要記住，那就是弦線上的駐波，只有在一些離散的共振頻率，才能被激發。大多數的打擊樂器，例如鼓，其運作也是依據在激發下可使其產生離散共振的原理。然而，這些樂器產生的波形通常是二維的，比起弦線上所產生的波形，要複雜得多。注意，為了方便與弦波進行類比，本節的聲波駐波，指的是因介質的位移 (不是壓力) 波動所形成的；就聲波而言，位移的腹點 (或節點) 其實是壓力的節點 (或節點)，參見習題 15.35。

管樂器採用半開管或開管以產生聲音。半開管是一根管子，一端為開口，另一端被封閉 (如單簧管或喇叭)；開管則兩端都為開口 (如長笛)。圖 15.15a 顯示了半開管的一些可能駐波。在頂部的圖，管子中的駐波具有最大波長，其第一腹點落在管的開口上，即此腹點到封閉端的距離等於管的長度。由於第一節點和第一腹點之間的距離為波長的 1/4，故形成此共振駐波的條件可表示為 $L = \frac{1}{4}\lambda$，其中 L 是管的長度。在圖 15.15a 的中間和底部，管中駐波可能有的波長較短，其第二腹點與第三腹點分別位於管的開口端，故分別滿足 $L = \frac{3}{4}\lambda$ 和 $L = \frac{5}{4}\lambda$ 的共振條件。在一般情況下，半開管可形成共振駐波的條件為

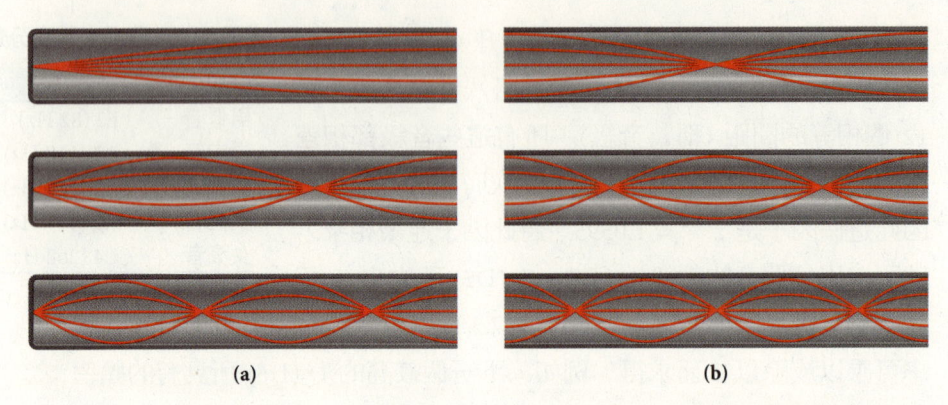

圖 15.15 (a) 半開管中的駐波；(b) 開管中的駐波。紅線代表聲音在不同時間的振幅。

$$L = \frac{2n-1}{4}\lambda, \ n=1,2,3,...$$

由上式解出可能的波長，結果為

$$\lambda_n = \frac{4L}{2n-1}, \ n=1,2,3,... \tag{15.17}$$

利用 $v = \lambda f$，即得到可能的頻率：

$$f_n = (2n-1)\frac{v}{4L}, \ n=1,2,3,... \tag{15.18}$$

其中的 n 為節點的數目。

　　圖 15.11b 顯示開管中可能的駐波。在此種情況下，管的兩端為腹點，形成共振駐波的條件為

$$L = \frac{n}{2}\lambda, \ n=1,2,3,...$$

這個關係所導致的波長和頻率為

$$\lambda_n = \frac{2L}{n}, \ n=1,2,3,... \tag{15.19}$$

$$f_n = n\frac{v}{2L}, \ n=1,2,3,... \tag{15.20}$$

其中 n 再次是節點的數目。

　　對於半開管和開管，當 $n = 1$ 時，得到的都是基頻 (第一諧頻)。對於半開管，第一泛音 (或 $n = 2$ 的第二諧頻) 的頻率是基頻的 3 倍。然而，對於開管，第一泛音 ($n = 2$) 的頻率是基頻的 2 倍，或高了八度。

詳解題 15.1　管中的駐波

問題：聲波在一根長度為 0.410 m 的音管中形成駐波 (如圖 15.16)。已知管中的空氣處於正常壓力和溫度下，則該聲波的頻率為何？

圖 15.16　聲波在管中所形成的駐波。

解：

思索　首先，由圖 15.16 所示的聲波駐波，我們可以看出管子的左端封閉，右端開口，且管中的駐波有 4 個節點。因此，我們要處理的是半開管中的駐波。結合這些觀察，並利用已知的聲音速率，我們可以計算出駐波的頻率。

繪圖　圖 15.17 繪出了管與駐波，並標出節點。

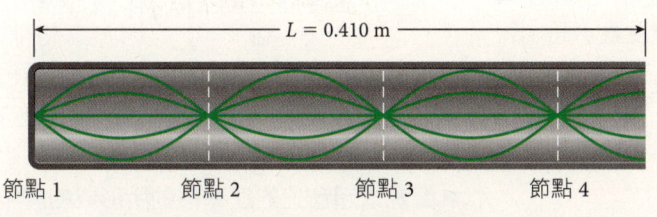

節點 1　節點 2　節點 3　節點 4

圖 15.17　聲波在半開管中形成有 4 個節點的駐波。

推敲　在半開管中的駐波頻率由 (15.18) 式給出：

$$f_n = (2n-1)\frac{v}{4L} \tag{i}$$

其中節點的數目 $n = 4$，聲音在空氣中的速率 $v = 343$ m/s，管的長度 $L = 0.410$ m。

簡化　當 $n = 4$ 時，(i) 式的駐波頻率可以寫為

$$f_4 = [2(4)-1]\frac{v}{4L} = \frac{7v}{4L}$$

計算　代入數值後可得頻率為

$$f = \frac{7(343 \text{ m/s})}{4(0.410 \text{ m})} = 1464.02 \text{ Hz}$$

捨入　結果應四捨五入為三位有效數字：

$$f = 1460 \text{ Hz}$$

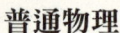

> **複驗** 這個頻率確實落在人的聽覺範圍內，就在人的聲音所產生的頻率範圍之上。因此，我們的答案似乎是合理的。

已學要點｜考試準備指南

- 聲音是壓力變化引起的縱波，需要在介質中才能傳播。
- 在常壓 (1 atm) 和常溫 (20 °C) 的空氣中，聲音的速率為 343 m/s。
- 一般情況下，在固體中的聲音速率為 $v = \sqrt{\dfrac{Y}{\rho}}$，而在液體或氣體中則為 $v = \sqrt{\dfrac{B}{\rho}}$。
- 聲強度是用對數標度來測量。此標度的單位為分貝 (decibel = dB)。以分貝標度表示時，聲級 β 的定義為 $\beta = 10\log\dfrac{I}{I_0}$，其中 I 是聲波強度，而 $I_0 = 10^{-12}$ W/m² 大約是人耳可以聽到的最小強度。
- 由兩個同調聲源發出的聲波，如果路徑長度差 $\Delta r = n\lambda$，$n = 0, \pm1, \pm2, \pm3, \dots$，會產生相長干涉，而如果路徑長度差為 $\Delta r = (n + \tfrac{1}{2})\lambda$，$n = 0, \pm1, \pm2, \pm3, \dots$，則會產生相消干涉。
- 振幅相同但頻率稍有不同的兩個正弦波，會產生拍，拍頻 $f_b = |f_1 - f_2|$。
- 對移動中的聲源，由於都卜勒效應，靜止觀察者觀測到聲音頻率為 $f_o = f\left(\dfrac{v_{sound}}{v_{sound} \pm v_{source}}\right)$，其中 f 是聲源發出的聲音頻率，v_{sound} 和 v_{source} 分別是聲音和聲源的速率。在上的加號 (+) 適用於聲源遠離觀察者移動，而在下的減號 (−) 則適用於聲源朝向觀察者移動。
- 聲源可以是靜止的，而觀察者以速率 $v_{observer}$ 移動。在這種情況下，觀察到的聲音頻率為 $f_o = f\left(\dfrac{v_{sound} \mp v_{observer}}{v_{sound}}\right) = f\left(1 \mp \dfrac{v_{observer}}{v_{sound}}\right)$，其中在上的減號 (−) 適用於觀察者遠離聲源移動，而在下的加號 (+) 則適用於觀察者朝向聲源移動。
- 聲源以超音速的速率移動所形成的震波，其馬赫角為 $\theta_M = \sin^{-1}\left(\dfrac{v_{sound}}{v_{source}}\right)$。
- 半開管的長度和管中可能的駐波之波長的關係為 $L = \dfrac{2n-1}{4}\lambda$，$n = 1, 2, 3, \dots$；在開管中的對應關係為 $L = \dfrac{n}{2}\lambda$，$n = 1, 2, 3, \dots$。

自我測試解答

15.1 $\beta = 10\log\dfrac{I}{I_0} \Rightarrow I = I_0\left(10^{\beta/10}\right)$

$P = IA = I\left(4\pi r^2\right) = I_0\left(10^{\beta/10}\right)\left(4\pi r^2\right)$

$P = 4\pi\left(10^{-12} \text{ W/m}^2\right)10^{(80\text{ dB})/10}\left(10.0 \text{ m}\right)^2 = 0.126 \text{ W}$

聲音 15

解題準則

1. 為了解決涉及聲強度的問題，要確定你熟悉對數的特性。特別是要記住 $\log(A/B) = \log A - \log B$ 和 $\log x^n = n \log x$。

2. 涉及都卜勒效應的情況可能相當微妙而難以處裡。有時候，你需要將聲波的路徑分割成幾段，而分別處理每一段，這須根據是聲源或是觀察者在做運動。通常，畫個草圖是有用的，可用以確定待解情況中的哪一部分，該用都卜勒效應的哪個表達式。

3. 你無需記憶開管或半開管中泛音的頻率公式。取而代之而需要記住的是，一個管的封閉端為節點所在之處，而管的開口端為波腹所在之處。然後你可以從該點重建駐波。

選擇題

15.1 你在路邊等著過馬路。突然間，你聽到以等速率接近的汽車所發出的喇叭聲音。你聽到的頻率為 80 Hz。當汽車通過後，你聽到的頻率為 72 Hz。汽車行駛的速率為何？

a) 17 m/s b) 18 m/s
c) 19 m/s d) 20 m/s

15.2 一輛警車朝著你的方向不斷的加速，警笛一路響著。當它越接近時，你聽到的聲音

a) 頻率保持相同。 b) 頻率減小。
c) 頻率增大。 d) 需要更多的信息。

15.3 站在人行道上，你聽著一輛過路汽車的喇叭聲。當汽車通過時，喇叭聲的頻率從高持續減小變低；也就是說，聽到的頻率沒有突然的變化。這是因為

a) 喇叭聲的音調持續在變化。
b) 觀測到的聲強度持續在變化。
c) 你不是正好站在汽車行駛的路徑上。
d) 以上所有原因。

15.4 下列何者對空氣中的聲音速率影響最大？

a) 空氣的溫度 b) 聲音的頻率
c) 聲音的波長 d) 大氣的壓力

15.5 在鐵路平交道口，三名物理教師坐在不同的三部汽車上。三列火車發出相同的聲音，但以不同的等速率通過。每位教師用手機記錄下不同火車的聲音。第二天，在教師會議時，他們在電腦上繪出了頻率隨時間變化的曲線，結果如附圖所示。三列火車中速率最高的是哪一列？

a) 實線所代表的 b) 短虛線所代表的
c) 點線所代表的 d) 無從論斷

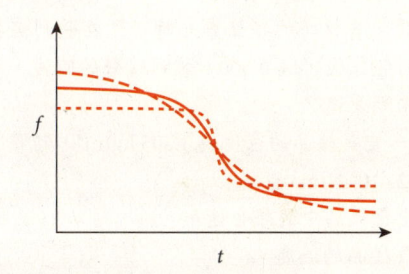

15.6 兩個頻率 f_1 和 f_2 的拍頻是

a) 兩頻率之和的絕對值 $|f_1 + f_2|$。
b) 兩頻率差的絕對值 $|f_1 - f_2|$。
c) 兩頻率之平均值。
d) 兩頻率之和的一半。
e) 兩頻率差之絕對值的一半。

15.7 如果頻率為 f_1 和 f_2 的兩個正弦波聲音所產生的拍可以聽到，則

a) 該兩個頻率彼此接近。
b) f_1 必須大於 f_2。
c) f_1 必須小於 f_2。
d) 該兩個頻率必須相同。

普通物理

觀念題

15.8 在無法看到或聽到火車時，有一個可以知道火車將到來的方法 (有點冒險)，是把你的耳朵貼在軌道上。解釋為什麼這樣做是可行的。

15.9 你坐在靠近雙引擎商用噴射機的後面，此飛機的引擎安裝在機身尾部附近。每具引擎所用渦輪風扇的額定轉速為每分鐘 5200 轉，這也是引擎發出之主要聲音的頻率。什麼音頻的線索將表明引擎不完全同步，且渦輪風扇中的一個旋轉比另一個快了約 1%？如果你只有手錶 (只能以秒為單位測量時間間隔)，你將如何測量這個線索帶來的效應？

15.10 在有風的日子，一個站在校園外的小孩，聽到學校的鐘聲。如果風從鐘的方向吹向小孩，它會改變小孩聽到之鐘聲的頻率、波長或傳播速率？

15.11 月球上沒有大氣。在月球上是否有可能產生聲波？

15.12 當你在街邊慢步行走時，一輛敞篷車在街道的另一邊開過。你聽到車上深沉的低音喇叭猛奏而發出時髦但惱人的響亮節拍。估計你所感受到的聲強度，然後計算敞篷車上駕駛和乘客的耳朵感受到的最小強度。

練習題

題號前的藍點 (•) 與雙藍點 (••) 代表問題難度遞增。

15.1 節

15.13 站在人行道上，你發現你是在鐘樓和大型建築物的中間。當報時的鐘聲響起時，你在聽到直接從鐘樓傳來的鐘聲後，隔 0.500 s 聽到鐘聲的回波。鐘樓和建築物相隔多遠？

15.14 一空氣樣品的密度為 1.205 kg/m³，體積彈性模量為 $1.42 \cdot 10^5$ N/m²。
a) 求在空氣樣品中的聲音速率。
b) 求空氣樣品的溫度。

15.15 電磁輻射 (光) 是波。一個多世紀以前，科學家認為光像其他的波，需要介質 (稱為**乙太**) 才能傳播。玻璃可傳播光，它的典型質量密度為 $\rho = 2500$ kg/m³。要使光波的傳播速率為 $v = 2.0 \cdot 10^8$ m/s，玻璃的體積彈性模量必須為何？為供比較，車窗玻璃的體積模量實際為 $5.0 \cdot 10^{10}$ N/m²。

15.2 節

15.16 以 dB 為單位的聲級通常表示為 $\beta = 10 \log (I/I_0)$，但聲音為壓力波，聲級也可用壓力差表示。因強度與振幅平方成正比，故得 $\beta = 20 \log (P/P_0)$，其中 P_0 是耳朵可察覺的最小壓力差 (相對於大氣壓力)：$P_0 = 2.00 \cdot 10^{-5}$ Pa。在一個很吵的搖滾音樂會上，聲級為 110 dB。求此音樂會產生之壓力波的振幅。

•**15.17** 兩名學生在離你 3.00 m 處談話，你測得的聲強度為 $1.10 \cdot 10^{-7}$ W/m²。與談話的兩名學生距離 4.00 m 的另一名學生測得的聲強度為何？

•**15.18** 雖然帶來快樂，但搖滾音樂會會損害聽力。在搖滾音樂會的前排，與擴聲器系統的距離為 5.00 m，聲級為 115.0 dB。要使聲級降到建議的安全聲級 90.0 dB，你應坐在往後多遠的座位上？

15.3 節

15.19 一名大學生在一個音樂會，真的很想聽到音樂，所以她坐在兩個同相的擴聲器之間，兩擴聲器互相指向對方，相隔 50.0 m。擴聲器發出的聲音的頻率都為 490 Hz。在擴聲器之間的中點，會有建設性的干涉，音樂將為最響亮。在兩個擴聲器之間的連線上，她也能體驗到最響亮聲音的位置，偏離中點的距離最短為何？

•**15.20** 如附圖所示，在相距 3.00 m 的兩個擴聲器對面遠處有片牆壁，你靠牆站著。這兩個擴聲器開始同相發出 1372 Hz 的聲音。你應該在遠處牆壁的哪裡站立，擴聲器的聲音才會是最輕柔的？要具體；你到兩擴聲器之間的中點有多遠？遠處牆壁與擴聲器的牆相距 120. m (假設牆壁都是良好的聲音吸收體，以致反射對你所聞聲音的貢獻可以忽略不計)。

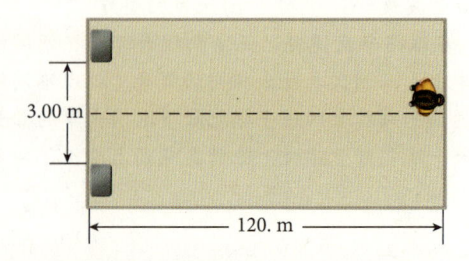

•**15.21** 兩個 100.0 W 的擴聲器 A 和 B，相距 $D = 3.60$

m。兩擴聲器同相發出頻率 $f = 10{,}000.0$ Hz 的聲波。點 P_1 位於 $x_1 = 4.50$ m，$y_1 = 0$ m；點 P_2 位於 $x_2 = 4.50$ m，$y_2 = -\Delta y$。

a) 忽略擴聲器 B，擴聲器 A 發出的聲音在點 P_1 的強度 I_{A1}（單位：W/m²）為何？假定擴聲器的聲音朝所有方向均勻的發射。

b) 此聲音強度的 dB 值（即聲級 β_{A1}）為何？

c) 當兩個擴聲器都發出聲音時，其合成聲音的強度在 P_1 有一個極大值。當由 P_1 往 P_2 走時，此強度只在一點變成極小值，然後在 P_2 再次變成極大值。P_2 距離 P_1 多遠，也就是說，Δy 為何？你可假設 $L \gg \Delta y$ 和 $D \gg \Delta y$，這在 $a \gg b$ 時，將允許你使用簡化公式 $\sqrt{a \pm b} \approx a^{1/2} \pm \dfrac{b}{2a^{1/2}}$。

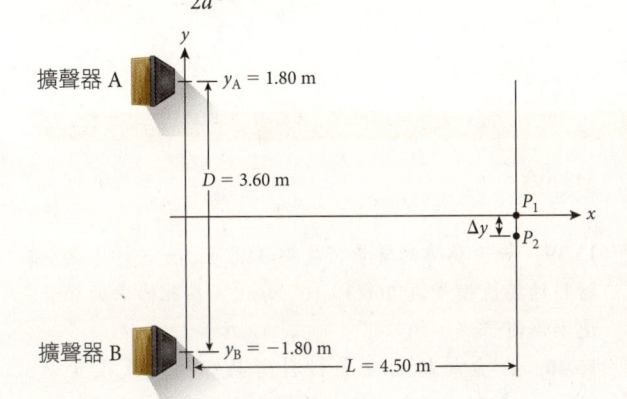

15.4 節

15.22 一顆隕石以 8.80 km/s 的速率撞擊海洋表面。(a) 它在空中即將擊中海面前，與 (b) 它剛進入海中後，所產生震波的角度各為何？假定在空氣和水中的聲速分別為 343 m/s 和 1560 m/s。

•**15.23** 當你聽到警笛聲時，正以 30.0 m/s 的速率在高速路上行駛。你從後視鏡看到警車以等速率向你靠近。你聽到的警笛頻率為 1300. Hz。警車剛超過你後，你聽到的警笛頻率為 1280. Hz。
a) 警車的速率為何？
b) 你在警車超過你後非常緊張，將車停到路邊。然後你聽到另一個警笛聲，頻率為 1400. Hz，它是來自後面接近的救護車。救護車通過後，頻率為 1200. Hz。救護車的警笛聲實際頻率為何？

•**15.24** 一架飛機以馬赫數 1.30 在飛行，震波到達地面上的一名男子時，比飛機從他頭頂正上方通過晚了 3.14 s。假設音速為 343.0 m/s。
a) 馬赫角為何？
b) 飛機的高度為何？

15.5 節

15.25 一根兩端為開口的管子內，有頻率為 440. Hz 的駐波。下一個較高的泛音頻率為 660. Hz。
a) 求基頻。
b) 管的長度為何？

15.26 女高音在汽水瓶的瓶口邊緣外側，唱出 C6 (1047 Hz) 音。若要使瓶子內空氣產生的基頻與此音的頻率相等，瓶中液體的頂部表面需比瓶子頂部低多少？

•**15.27** 將人的耳道當作直徑 8.0 mm、長 25 mm 的半開管，並假定耳道內的溫度為人的體溫 (37 °C)。求耳道的共振頻率。

補充練習題

15.28 汽車喇叭發出頻率 400.0 Hz 的聲音。當汽車朝著靜立的路人以 20.0 m/s 行駛時，司機按了喇叭。路人聽見的喇叭聲頻率為何？

15.29 一架 F16 飛機從航空母艦的甲板上起飛。離艦 1.00 km 遠的潛水員漂浮在水中，一隻耳朵在水面下，另一隻耳朵露出水面。他的兩耳最初聽到飛機引擎聲的時間相差多久？

15.30 你在進行一項計畫，製作一個五根音管都為開管的風鈴。各音管要發出的音如下表。

音	頻率 (Hz)	長度 (m)
G4	392	
A4	440	
B4	494	
F5	698	
C6	1047	

計算各音管要發出選定頻率的音所需的長度，並填入表中。

•**15.31** 在距離聲源 20.0 m 處的聲音強度為 60.0 dB。距離聲源 2.00 m 處的強度（以 dB 為單位）為何？假設聲源均勻的向各個方向發出聲音。

•**15.32** 你站在相隔 80.0 m 的兩個擴聲器之間。兩個擴聲器均發出 286 Hz 的純音。你開始正對著其中一個擴聲器跑去，你測量到 10.0 Hz 的拍頻。你跑得有多快？

•**15.33** 一輛汽車以 $v_{car} = 25.0$ m/s 的速率，正對著一棟大樓的側面駛近時，車上的喇叭鳴叫著。喇叭產生一個長音，頻率為 $f_0 = 230.$ Hz。此聲音被大樓反射後

395

回到車上的司機。原來長音和反射後的聲波結合，產生一個拍頻。司機聽到的拍頻（這告訴他，最好踩煞車！）為何？

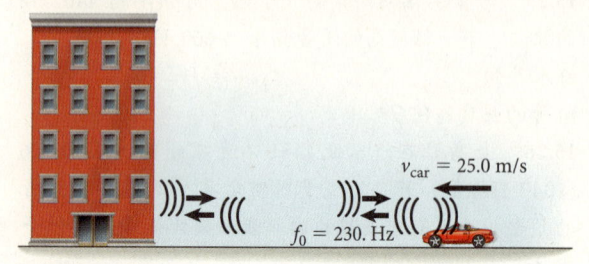

•15.34 一個聲源向右以 10.00 m/s 的速率行進，發出頻率為 100.0 Hz 的聲波。此聲波被向左以 5.00 m/s 行進的反射器反射回來。與聲源一起行進的觀察者聽到的反射聲波頻率為何？

••15.35 一彈性介質的楊氏模量為 Y（固體）或體積模量為 B（流體），未被擾動時的密度為 ρ_0。考慮在此介質中的一個聲波（即位移縱波）。假設描述此波的波函數為 $\delta x(x, t)$，其中 δx 代表介質中一點偏離其平衡位置的位移，x 是波通過路徑上各點在平衡時的位置，t 是時間。此波也可以看作是一個壓力波，而以波函數 $\delta p(x, t)$ 描述，其中 δp 代表介質中的壓力與其平衡值的差。

a) 求出 $\delta p(x, t)$ 和 $\delta x(x, t)$ 之間的一般性關係。

b) 如果位移波是一個純正弦函數，具有振幅 A、波數 κ、角頻率 ω，而可表示為 $\delta x(x, t) = A \cos(\kappa x - \omega t)$，則相應的壓力波函數 $\delta p(x, t)$ 為何？壓力波的振幅為何？

多版本練習題

15.36 一個人在停著的汽車內鳴按喇叭，喇叭聲的頻率為 489 Hz。一輛汽車迎面開過來時，其駕駛測得喇叭聲音的頻率為 509.4 Hz，此汽車的速率為何？假設聲速為 343 m/s。

15.37 一個人在停著的汽車內鳴按喇叭。一輛汽車以 15.1 m/s 的速率迎面開過來時，其駕駛測得喇叭聲的頻率為 579.4 Hz。在停著的汽車內，人聽到的喇叭聲頻率為何？假設聲速為 343 m/s。

15.38 一個人在停著的汽車內鳴按喇叭，喇叭聲的頻率為 333 Hz。一輛汽車以 15.7 m/s 的速率迎面開過來，該車駕駛聽到的喇叭聲頻率為何？假設聲速為 343 m/s。

15.39 一金屬棒的質量密度為 3497 kg/m³，棒中金屬材料的楊氏模量為 $266.3 \cdot 10^9$ N/m²。在此棒中的聲音速率為何？

15.40 一金屬棒的金屬材料所具有的楊氏模量為 $112.1 \cdot 10^9$ N/m²，在此棒中的聲音速率為 5628 m/s。此棒的質量密度為何？

15.41 一金屬棒的質量密度為 3579 kg/m³，在此棒中的聲音速率為 6642 m/s。此棒的金屬材料所具有的楊氏模量為何？

第肆部分　熱學

16. 溫度

待學要點
16.1 溫度的定義
　　　溫標
16.2 溫度範圍
　　　例題 16.1　室溫
16.3 測量溫度
16.4 熱膨脹
　　　線膨脹
　　　例題 16.2　馬肯諾橋的熱膨脹
　　　面積膨脹
　　　體積膨脹
　　　例題 16.3　汽油的熱膨脹
16.5 地球表面的溫度
　　　例題 16.4　熱膨脹造成的海面上升
16.6 宇宙的溫度

已學要點｜考試準備指南
　　解題準則
　　選擇題
　　觀念題
　　練習題
　　多版本練習題

圖 16.1　金牛星座的昴宿星團，亦稱七姐妹。

　　圖 16.1 所示的昴宿星團用肉眼就看得見，古希臘人早就知曉，但他們並不知道這些星展露的溫度是自然界中最高的。它們的表面溫度約 4,000 ～ 10,000 °C，內部溫度則高達攝氏 1 千萬度，足可使任何物質蒸發。往溫度的另一端來說，在遠離一切星體的空間，溫度低到大約為 −270 °C。

　　本章將開始探討熱力學，它包括溫度、熱和熵的概念。就最廣泛的意義而言，熱力學是能量和能量轉移的物理——能量如何儲存、能量如何從一種轉化到另一種，以及如何使能量可以被用來做功。我們將從原子和分子的層次，以及引擎和機器的宏觀層次，來分析能量。

　　本章將探討溫度的定義與測量，以及溫度變化對物體的影響。我們將考慮用以量化溫度的不同溫標，及在自然

397

普通物理

> **待學要點**
>
> - 溫度是以某些材料之多個不同物理性質中的任意一個來測量。
> - 華氏溫標將水的冰點與沸點 (嚴格的說應是蒸汽點) 分別訂為 32 °C 與 212 °F。
> - 攝氏溫標將水的冰點與沸點 (嚴格的說應是蒸汽點) 分別訂為 0 °C 與 100 °C。
> - 克耳文溫標是以絕對零度或理論上物質可存在的最低溫度來定義的。依克耳文溫標,水的冰點為 273.15 K,而水的沸點為 373.15 K。
> - 加熱於細長金屬棒,其長度會隨溫度成線性增加。
> - 加熱於液體,通常其體積會隨溫度成線性增加。
> - 地球的平均表面溫度在 2011 年大約為 14.46 °C,現正以每 10 年 0.2 °C 的速率增加。
> - 依據宇宙微波背景輻射的分析結果,「空無一物」的星際空間溫度為 2.725 K。

界和實驗室所觀察到的溫度範圍。

16.1 溫度的定義

溫度是我們從日常經驗中都明白的一個概念。天氣預報員播報今天的溫度是 28 °C。醫生說我們的體溫是 37 °C。當我們接觸物體時,可以知道它是熱或冷。讓熱物體與冷物體互相接觸,則熱物體會逐漸變涼,而冷物體會逐漸變得溫暖。如果隔一段時間後,測量這兩個物體的溫度,它們會是相等的。達此情況時,這兩個物體處於**熱平衡**。

熱轉移 (有時簡稱為**熱**) 是系統 (如一個物體) 和它的環境之間的一種能量轉移方式,第 17 章將把熱的概念加以量化,說明熱指的是由於溫度差而出現的能量轉移。以熱的方式所轉移的能量,通常亦稱為**熱量**。

能量由物體轉出或由環境轉入的傾向,與物體的溫度有關。如果物體的溫度高於環境,熱量會從物體轉移到環境,而如果低於環境,熱量將轉移到物體。

測量溫度靠的是以下的事實:如果兩個物體分別與第三個物體處於熱平衡,則它們之間也處於熱平衡。此第三個物體可以是一個**溫度計**,用它可測得溫度。這個理解,通常稱為**熱力學第零定律**,它使溫度的概念得以定義,並可據以進行溫度的測量。換言之,要確定兩個物體是否具有相同的溫度,你可以使用一個溫度計,分別測量每個物體的溫度;如果讀數一樣,就可知道各物體的溫度是相同的。

溫度 16

溫度測量可以使用幾個常見溫標中的任何一個。讓我們來看看這幾個溫標。

溫標

為了使溫度定量化而提出的系統有多個；最廣泛使用的是攝氏、華氏和克氏溫標。

攝氏溫標

瑞典天文學家攝氏 (Anders Celsius) 在 1742 年提出了**攝氏溫標**，有時亦稱為百分溫標。在經過多次修訂後，它的單位 (°C) 被制訂為水的冰點 (即在一大氣壓下，冰與含有飽和空氣的水共存的平衡溫度) 為 0 °C，蒸汽點 (或正常水沸點，即在一大氣壓下，水蒸汽與純水共存的平衡溫度) 為 100 °C。此溫標幾乎為全世界所普遍使用。

華氏溫標

德國科學家華氏 (Gabriel Fahrenheit) 在 1724 年提出了**華氏溫標**。他也發明了水銀膨脹式溫度計。在經過多次修訂後，華氏將溫度的單位 (°F) 制訂為水的冰點為 32 °F，在人體臂下測得的溫度為 96 °F。後來，其他科學家將該單位加以改良，以水的冰點為 32 °F，而水的正常沸點為 212 °F。

克氏溫標

英國物理學家克耳文勳爵 (William Thomson，即 Lord Kelvin) 在 1848 年提出了另一種溫標，現在稱之為**克氏溫標**。這個溫標是根據**絕對零度**的存在所制訂出來的，此溫度是可能的最低溫度。

理論上，絕對零度是物質可存在的最低溫度。(實驗上，絕對零度是不可能達到的，就如同永動機是不可能建造出來的。) 我們將在第 18 章看到，溫度與原子和分子層級的運動互相對應，因此使物體達到絕對零度，將意味著物體內原子和分子的所有運動都停止了。然而，依據量子力學的要求，有些原子和分子的運動必定存在。這個要求，有時也稱為**熱力學第三定律**，它意味著絕對零度是無法真的達到的。

克耳文將他的溫標單位，現在稱為**克耳文** (kelvin，符號為 K)，選成與攝氏溫標的單位 (°C) 大小相同。依克氏溫標，絕對零度為 0 K。水的冰點為 273.15 K，水的正常沸點為 373.15 K。此溫標廣泛用於科學計算上，就如在接下來的幾章將看到的。基於這些考量，克耳文是國際單

>>> 觀念檢測 16.1

下列哪一溫度最冷？
a) 10 °C
b) 10 °F
c) 10 K

>>> 觀念檢測 16.2

下列哪一溫度最溫暖？
a) 300 °C
b) 300 °F
c) 300 K

399

普通物理

位系統 (SI) 中溫度的標準單位。為了實現更大的一致性，科學家們提出以其他的基本常數，而不是依據水的性質，來定義克耳文。

16.2 溫度範圍

各種溫度測量跨越了非常巨大的範圍 (如圖 16.2 所示，使用對數刻度)，涵蓋從相對論重離子碰撞 (RHIC) 中測得的最高溫度 ($2 \cdot 10^{12}$ K)，到銠原子自旋系統中測得的最低溫度 ($1.10 \cdot 10^{-10}$ K)。在太陽中心的溫度估計約為 $16 \cdot 10^6$ K，而在太陽表面的溫度，經測定為 5778 K。在地球表面上，測得的最低空氣溫度為 183.9 K (-89.2 °C)，位於南極大陸；而測得的最高空氣溫度為 329.8 K (56.7 °C)，位於美國死谷。從圖 16.2 可以看出，在地球表面測得的溫度範圍，只是所有觀察到的溫度範圍內非常小的一部分。從 137 億年前的大爆炸所殘留的宇宙微波背景輻射，溫度為 2.725 K (這是「空無一物」的星系際空間的溫度)。

圖 16.3 使用線性刻度，將絕對零度到 400 K 之間的一些代表性溫度，以華氏、攝氏和克氏溫標表示。

在下列的溫標轉換公式中，T_F 為在華氏溫標下以單位 °F 表示的溫度值；T_C 為在攝氏溫標下以單位 °C 表示的溫度值；T_K 為在克氏溫標下以單位 K 表示的溫度值。

華氏轉攝氏：

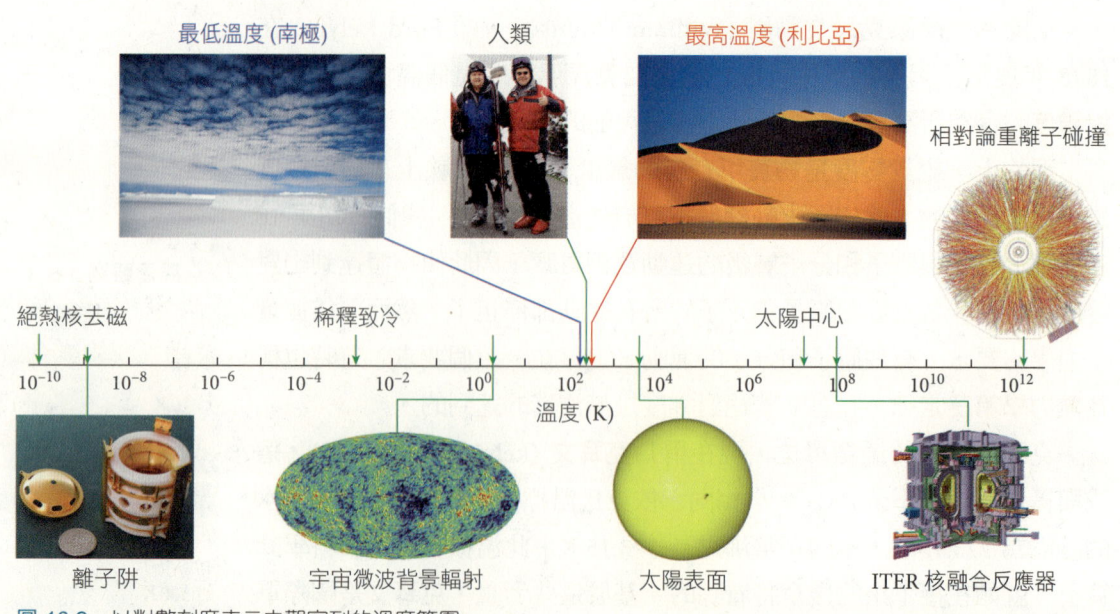

最低溫度 (南極)　　人類　　最高溫度 (利比亞)　　　相對論重離子碰撞

絕熱核去磁　　稀釋致冷　　　　　　太陽中心

10^{-10}　10^{-8}　10^{-6}　10^{-4}　10^{-2}　10^0　10^2　10^4　10^6　10^8　10^{10}　10^{12}

溫度 (K)

離子阱　　宇宙微波背景輻射　　太陽表面　　ITER 核融合反應器

圖 16.2 以對數刻度表示之觀察到的溫度範圍。

溫度 16

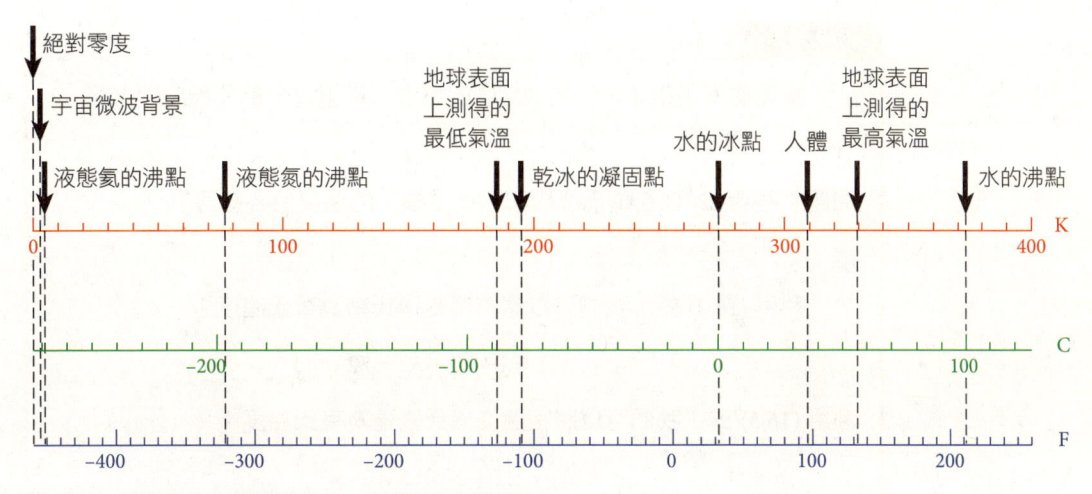

圖 16.3 以常見的三種溫標表示一些代表性的溫度。

$$T_C = \frac{5}{9}(T_F - 32) \qquad (16.1)$$

攝氏轉華氏：

$$T_F = \frac{9}{5}T_C + 32 \qquad (16.2)$$

攝氏轉克氏：

$$T_K = T_C + 273.15 \qquad (16.3)$$

克氏轉攝氏：

$$T_C = T_K - 273.15 \qquad (16.4)$$

自我測試 16.1
在什麼溫度，華氏和攝氏溫標具有相同的數值？

表 16.1　以三種常用溫標表示的各種溫度

	華氏 (°F)	攝氏 (°C)	克氏 (K)
絕對零度	−459.67	−273.15	0
水的冰點	32	0	273.15
水的沸點	212	100	373.15
典型人體體溫	98.2	36.8	310
測得的最低氣溫	−129	−89.2	184
測得的最高氣溫	136	57.8	331
實驗室測得的最低溫度	−459.67	−273.15	$1.0 \cdot 10^{-10}$
實驗室測得的最高溫度	$3.6 \cdot 10^{12}$	$2 \cdot 10^{12}$	$2 \cdot 10^{12}$
宇宙背景微波輻射	−454.76	−270.42	2.73
液態氮的沸點	−321	−196	77.3
液態氦的沸點	−452	−269	4.2
太陽表面的溫度	9,941	5,505	5,778
太陽中心的溫度	$28 \cdot 10^6$	$16 \cdot 10^6$	$16 \cdot 10^6$
地球表面的平均溫度	59	15	288
地球中心的溫度	9,800	5,400	5,700

> **例題 16.1** 室溫
>
> 室溫通常是指 15 °C 到 30 °C 的溫度，或以單一的偶數中間溫度 22 °C 為其代表。
>
> **問題**：室溫 22 °C 在華氏溫標和克氏溫標下的溫度值各為何？
>
> **解**：
>
> 利用 (16.2) 式，我們可以將室溫從攝氏轉為華氏溫度：
>
> $$T_F = \frac{9}{5} \cdot 22 + 32 = 72$$
>
> 利用 (16.3) 式，我們可以將室溫從攝氏表達為克氏溫度：
>
> $$T_K = 22 + 273.15 = 295$$

16.3 測量溫度

如何測量溫度？測量溫度的裝置稱為溫度計。凡是利用物理性質即可直接決定其溫度刻度 (亦稱校準) 的任何溫度計，稱為初級溫度計。一個初級溫度計進行校準時，不需要依靠外來的標準參考溫度，例如基於氣體中聲音速率的溫度計。次級溫度計進行校準時則需借助外來的標準參考溫度。次級溫度計通常比初級溫度計的靈敏度更高。

一個常見的次級溫度計是水銀膨脹式溫度計。這類型的溫度計利用的是水銀 (汞) 的熱膨脹 (熱膨脹在 16.4 節討論)。其他類型的溫度計包括雙金屬、熱電偶、化學發光和熱敏電阻溫度計。另外，分析物質內部的分子速率分布，也可測量該物質的溫度。

利用溫度計以測量物體或系統的溫度時，必須先使溫度計與物體或系統建立熱接觸。(熱接觸是指可以使熱量相當快速傳輸的物理接觸。) 其後物體或系統和溫度計之間將有熱轉移，直到它們具有相同的溫度。一個好的溫度計必須在盡可能少的熱轉移之下達到熱平衡，如此才能使溫度測量不致顯著改變物體的溫度。溫度計還應當很容易校準，使任何人進行相同的測量時，都可獲得相同的溫度。

溫度計需要在可複製的狀況下進行校準。水的冰點不容易完全相同的再現，因此科學家使用水的三相點。固體冰、液體水和氣體的水蒸汽僅在一個溫度和壓力下可以共存。根據國際協定，水的三相點溫度訂為 273.16 K (壓力為 611.73 Pa)，以供溫度計校準用。

> **自我測試 16.2**
>
> 有一個未校準的溫度計，將被用於空氣溫度的測量。你如何校準它？

16.4 熱膨脹

透過日常經驗，我們大多熟悉**熱膨脹**。也許你知道，加熱於玻璃瓶的金屬蓋，可以使蓋子鬆開。你可能看過，橋面道路的分段之間都留有一些空隙，以容許橋在天氣溫暖時的膨脹，或者電力輸送線在天氣溫暖時會下彎低垂。你可能知道，在氣候較冷的地區，水管中的水在冬天凍結時，體積會膨脹以致水管損壞。

為什麼溫度變化會使物質膨脹？由第 12 章，我們知道所有的物質都是由原子構成。原子不停的在振動，其振幅是物質溫度的函數。振動運動的振幅愈大，固體和液體中原子之間的空間愈大。(由於氣體充滿容器所提供的整個空間，振幅改變對氣體中的原子間距並沒有影響。第 18 章將研究溫度對氣體的影響。) 一個非常普遍的規則是溫度愈高意味著振動愈大，從而使原子的間距變得愈大。因此，固體和液體隨著溫度升高而膨脹。(這個一般規則的唯一例外，是在接近或就在凝固點或熔點時，有些物質——最著名的是水——在凝固時會膨脹，而熔化時則會收縮。這個異常現象是因為由液相轉為固相時，原子會佔據有序晶體結構中的位置。)

液體和固體的熱膨脹具有實用性。利用受熱時產生的線膨脹，雙金屬片常用於房間的恆溫器、肉類食品溫度計及電氣設備的熱保護裝置。(雙金屬片是焊接在一起的兩個不同金屬薄片。) 水銀溫度計使用體積膨脹，以提供精確的溫度測量。熱膨脹的方式可以是線膨脹、面積膨脹或體積膨脹；這三種分類所描述的是相同的現象。

線膨脹

考慮長度為 L 的一根金屬棒 (圖 16.4)。如果桿的溫度由初溫 T_{initial} 變化到末溫 T_{final}，即其溫度變化 $\Delta T = T_{\text{final}} - T_{\text{initial}}$，則桿的長度變化量 $\Delta L = L_{\text{final}} - L_{\text{initial}}$ 如下：

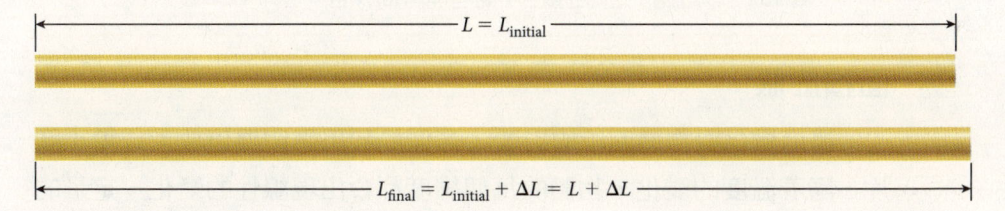

圖 16.4 初始長度為 L 之桿的熱膨脹 (熱膨脹後的桿在下，且已被移動以使桿的左端位置重合)。

普通物理

表 16.2 一些常見材料的線膨脹係數

材料	α (10^{-6} °C^{-1})
鋁	22
黃銅	19
混凝土	15
銅	17
鑽石	1
黃金	14
鉛	29
平板玻璃	9
橡膠	77
鋼	13
鎢	4.5

圖 16.5 密歇根州的馬肯諾橋跨越馬肯諾海峽，是美國第三長的吊橋。

觀念檢測 16.3

現代的火車軌道沒有伸縮縫。下列何者說明了為何這是可能的？
a) 軌道使用新的鋼材製成，具有非常低的線膨脹係數。
b) 軌道通有電流使其保持恆溫。
c) 軌道分段沿著圓弧鋪設，以供膨脹和收縮。
d) 軌道在溫度適中時鋪設，並固定到不能移動的支撐上，以防止膨脹或收縮。

$$\Delta L = \alpha L \Delta T \qquad (16.5)$$

其中 α 是該桿所用金屬的**線膨脹係數**，而溫度差的單位為 °C 或 K。對一給定的材料而言，在正常溫度範圍內，其線膨脹係數為常數。一些典型的線膨脹係數示於表 16.2。

例題 16.2 馬肯諾橋的熱膨脹

馬肯諾橋是座鋼橋，沿其中心線的全長為 1158 m (圖 16.5)。假設這橋所經歷的可能最低溫度為 -50 °C，可能最高溫度為 50 °C。

問題：需預留多少長度的空隙，以供馬肯諾橋中心線的熱膨脹？

解：

鋼的線膨脹係數為 $\alpha = 13 \cdot 10^{-6}$ °C^{-1}。因此為了橋中心線的線膨脹，必須預留的空隙由下式給出：

$$\Delta L = \alpha L \Delta T = (13 \cdot 10^{-6}\ °C^{-1})(1158\ m)[50\ °C - (-50\ °C)] = 1.5\ m$$

討論：

長達 1.5 m 的變化是相當大的。這個長度的變化實際上是如何提供的？(顯然的，路面不能有空隙。) 答案就在伸縮縫接頭，它是金屬的接頭，用以連接可相對於彼此移動的橋樑分段。指形接合是一種流行的伸縮縫接頭 (見圖 16.6)。馬肯諾橋在橋塔處有 2 個大的指形接合，以供道路的懸吊部分伸縮，沿著整條中心線並有 10 個小的指形接合和 5 個滑動接合。

圖 16.6 橋面路段之間的接合：(a) 打開和 (b) 閉合。

面積膨脹

溫度變化對物體面積的影響，類似於利用影印機以放大或縮小圖片。隨著溫度的變化，物體的每個維度都會出現線性的變化。定量的說，對於邊長為 L 的正方形物體 (圖 16.7)，其面積 $A = L^2$。取此等式兩邊的微分，我們得到 $dA = 2L dL$。如果我們做了 $\Delta A = dA$ 和 $\Delta L = dL$ 的

404

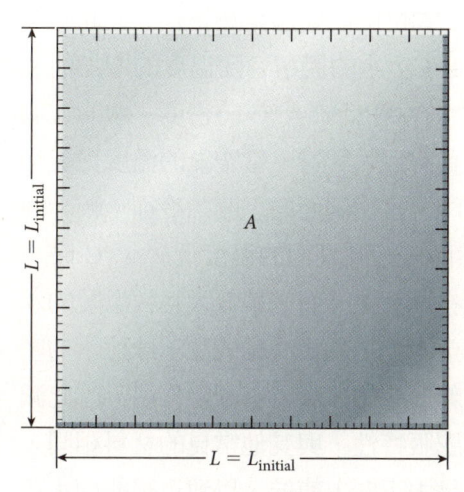

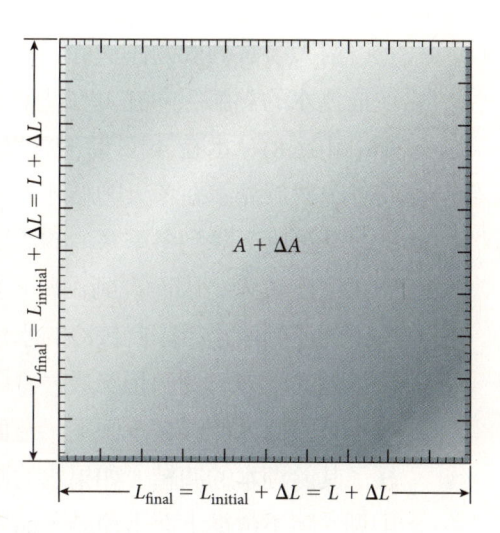

圖 16.7 邊長 L 之正方板的熱膨脹。

近似，就可以寫出 $\Delta A = 2L\Delta L$。故利用 (16.5) 式可得到

$$\Delta A = 2L(\alpha L\Delta T) = 2\alpha A\Delta T \tag{16.6}$$

雖然以上用一個正方形來導出 (16.6) 式，但對任何形狀的面積變化，上式仍成立。

體積膨脹

現在我們考慮物體由於溫度變化而出現的體積變化。邊長為 L 的立方體，其體積 $V = L^3$。取此等式兩邊的微分，我們得到 $dV = 3L^2 dL$。如果我們做了 $\Delta V = dV$ 和 $\Delta L = dL$ 的近似，就可以寫出 $\Delta V = 3L^2\Delta L$。故利用 (16.5) 式可得到

$$\Delta V = 3L^2(\alpha L\Delta T) = 3\alpha V\Delta T \tag{16.7}$$

隨溫度變化而出現的體積變化是經常用到的，為方便計，我們定義**體積膨脹係數**如下：

$$\beta = 3\alpha \tag{16.8}$$

因此，我們可以將 (16.7) 式改寫為

$$\Delta V = \beta V\Delta T \tag{16.9}$$

雖然我們用一個立方體來導出 (16.9) 式，但此式可以應用於任何形狀的體積變化。一些典型的體積膨脹係數列於表 16.3。

表 16.3 一些常見液體的體積膨脹係數

材料	β (10^{-6} °C^{-1})
水銀	181
汽油	950
煤油	990
乙醇	750
水 (1 °C)	−47.8
水 (4 °C)	0
水 (7 °C)	45.3
水 (10 °C)	87.5
水 (15 °C)	151
水 (20 °C)	207

普通物理

對大多數的固體和液體，(16.9) 式可用以描述其熱膨脹，但此式無法描述水的熱膨脹。在 0 °C 至約 4 °C，水的體積會隨溫度的增加而收縮 (圖 16.8)。水在 4 °C 時的密度大於水在低於 4 °C 時密度。水的這個特性，對於湖水在冬天的結冰方式具有巨大影響。當空氣的溫度從炎熱的夏季溫度下降到冬季寒冷的溫度時，水從湖面向下開始冷卻。較冷的水，密度較大，因而沉到湖底。然而，等到湖面的溫度低於 4 °C 時，向下的運動停止，因此較冷的水留在湖面上，而密集較大且較溫暖的水沉到湖面下方。湖面頂層最終冷卻至 0 °C，然後凍結成冰。冰比水的密度小，因此冰漂浮在水面上。這個新形成的冰層具有絕緣作用，因此減緩了其餘湖水的凍結。如果水的熱膨脹特性，與其他常見的材料相同，則湖水將不會從上而下凍結，而會是由下向上凍結，以致溫暖的湖水留在湖面，而較冷的水沉到了湖底。這意味著湖泊凍結成堅實冰塊的次數會更頻繁，而在冰中無法生存的任何形式的生物，將難以活著度過冬季。

此外，從圖 16.8 可以看出，一定量的水，其體積隨溫度的變化永遠不是線性的。然而，如果考慮一個小的溫度範圍，則水的體積隨溫度的變化可近似為線性的。體積-溫度曲線的斜率為 $\Delta V / \Delta T$，因此對於小的溫度變化，我們可以求得有效的體積膨脹係數。例如，表 16.3 列出水在 6 個不同溫度下的體積膨脹係數；注意，在 1 °C 時，$\beta = -47.8 \cdot 10^{-6}$ °C^{-1} 這意味著當溫度增加時，水的體積減小。

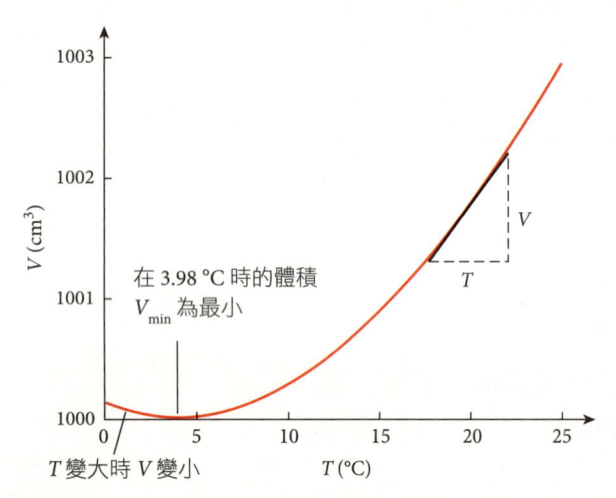

圖 16.8 1 kg 之水的體積隨溫度的變化。

>>> **觀念檢測 16.4**

一個金屬立方體在加熱後，其表面之一的面積增加了 0.02%。下列有關立方體加熱後之體積的敘述，何者正確？
a) 它減少了 0.02%。
b) 它增加了 0.02%。
c) 它增加了 0.01%。
d) 它增加了 0.03%。
e) 信息不足以確定體積變化。

例題 16.3 汽油的熱膨脹

在一個炎熱的夏天，當空氣溫度為 40 °C 時，你將車開到加油站。你將車子全空的 55 L 油箱，加滿溫度為 12 °C、來自地下儲油槽的汽油。付錢後，你決定步行到隔壁的餐廳吃午飯。兩個小時後你回到車上，發覺油箱的蓋子沒蓋上，以致汽油溢出來滿地都是。

問題：溢出的汽油有多少？

解：

以下是我們知道的：加入油箱的汽油溫度最初是 12 °C。汽油受熱達到外面的空氣溫度 40 °C。汽油的體積膨脹係數是 $950 \cdot 10^{-6}$ °C^{-1}。

406

在你離開的期間，汽油的溫度從 12 °C 上升到 40 °C。由 (16.9) 式，可求得汽油在溫度上升後的體積變化：

$$\Delta V = \beta V \Delta T = (950 \cdot 10^{-6}\ °C^{-1})(55\ L)(40\ °C - 12\ °C) = 1.5\ L$$

因此，汽油的溫度從 12 °C 上升到 40 °C 時，汽油的體積增加了 1.5 L。汽油的溫度為 12 °C 時，充滿整個油箱，因此多出的體積從油箱中外溢到地面上。

16.5　地球表面的溫度

地球表面的溫度是報紙、電視和電台新聞廣播每日天氣報告的一部分。顯然的，通常是夜晚比白天寒冷，冬天比夏天寒冷，赤道附近比兩極附近更熱。當前激烈討論的一個主題是地球溫度是否在上升。要確實回答這個問題，需要有適當的平均值數據。第一個有用的是對時間的平均。圖 16.9 所示為 1992 年 6 月地球表面溫度的月平均值。

2016 年地球的年平均表面溫度大約為 288.0 K (14.9 °C)。圖 16.10 中的折線顯示從 1880 年至 2016 年的全球平均溫度變化。可以看出，自 1900 年左右起，氣溫一直隨著時間的推移在增加，這表明全球在暖化。圖中的藍色水平線代表 13.9 °C，是全球在 20 世紀的平均溫度。該圖的數據是由美國海洋與大氣管理局 (NOAA) 彙編的。其他國家的機構彙編的類似數據，其平均溫度略有不同，主要是因為平均的方法有些差異。然而，對全球平均溫度隨時間的變化，所有的估計差不多都是相同的。在過去的幾十年中，地球溫度上升的速率為每 10 年約 0.2 °C。

有一些模型預測，地球上的全球平均地表溫度將繼續增加。在過去的 160 年，全球平均溫度的增加約為 1.3 °C，這好像不是一個大的增加。然而，加上預測的未來增長，這足以引起可觀察出來的效應，例如海平面上升、北極冰蓋在夏季消失、氣候變遷及世界各地的暴雨和乾旱之嚴重程度增加。

地球表面暖化的影響之一是海平面上升。從上次冰期的高峰 (大約

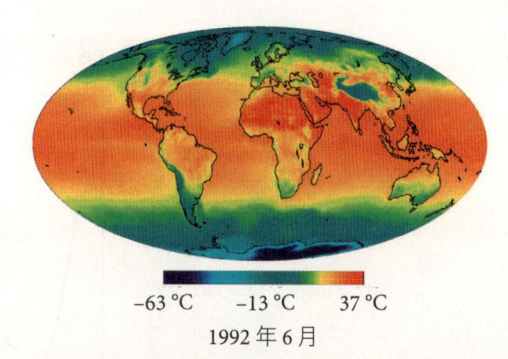

圖 16.9　地球表面在 1992 年 6 月對時間的平均溫度。不同顏色代表 –63 °C 至 37 °C 的溫度。

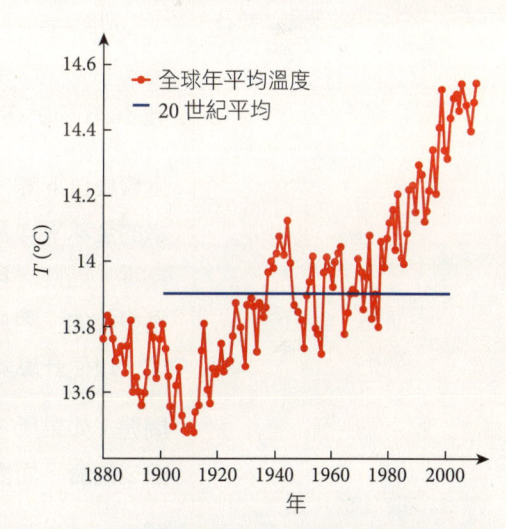

圖 16.10　在陸地和海洋以溫度計測量，所得之 1880-2016 年的全球年平均地表溫度 (紅色折線)。藍色水平線代表在 20 世紀的全球平均溫度，13.9 °C。(資料來源：美國海洋與大氣管理局的國家環境數據中心)

20,000 年前) 後，由於覆蓋於大片土地上的冰川熔化，導致海平面上升了 120 m。大量壓在堅實土地上之冰的熔化，是使海平面進一步上升的可能最大貢獻者。例如，如果所有在南極大陸的冰都熔化，則海平面將上升 61 m。如果所有在格陵蘭的冰都熔化，海平面將上升 7 m。然而，即使氣候模型的悲觀預測是正確的，這些大量積存的冰要完全熔化，將需幾百年。因熱膨脹而引起的海平面上升，比起大冰川熔化所引起的小得多。根據 TOPEX 和 Jason 衛星以雷達高度計所做的測量，海平面上升的速率目前為 3.2 ± 0.4 mm/yr。在 21 世紀末，預計海平面將上升 1.0 ± 0.3 m。

例題 16.4 熱膨脹造成的海面上升

地球海平面的上升，是當前眾所關注的。海洋覆蓋的面積約 $3.6 \cdot 10^8$ km^2，略大於地球表面面積的 70%。海洋的平均深度為 3790 m。海洋表面溫度的差異很大，從波斯灣夏天的 35 °C 到在北極和南極地區的 –2 °C。然而，即使海洋表面溫度超過 20 °C，隨著深度改變海水溫度會快速下降，而在深度接近 1000 m 時趨近於 4 °C (圖 16.11)。所有海水的全球平均溫度約為 3 °C。表 16.3 列出了水在 4 °C 時的體積膨脹係數為零。因此，可以安全的假設在深度大於 1000 m 時，海水的體積變化是很小的。對於頂層 1000 m 的海水，讓我們假設全球平均溫度為 10.0 °C，以便計算熱膨脹的效應。

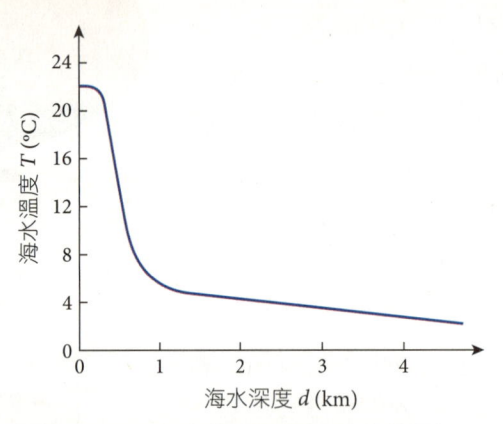

圖 16.11 海水平均溫度隨海面下深度的變化。

問題：如果所有海洋的海水溫度上升 $\Delta T = 1.0$ °C，純粹因水的熱膨脹而造成的海平面變化為何？

解：
水在 10.0 °C 時的體積膨脹率為 $\beta = 87.5 \cdot 10^{-6}$ °C^{-1} (見表 16.3)，海洋的體積變化由 (16.9) 式 $\Delta V = \beta V \Delta T$ 給出，或

$$\frac{\Delta V}{V} = \beta \Delta T \tag{i}$$

所有海洋的總表面積可以表達為 $A = (0.7)4\pi R^2$，其中 R 是地球的半徑，因子 0.7 則反映大約 70% 的地球表面是被海水覆蓋的。假設海水湧上海岸，只會使海洋的表面積微幅增大，而可忽視此效應造成的表面積變化。如此，基本上海洋的所有體積變化將來自深度的變化，因此我們可以寫

$$\frac{\Delta V}{V} = \frac{\Delta d \cdot A}{d \cdot A} = \frac{\Delta d}{d} \qquad \text{(ii)}$$

結合 (i) 與 (ii) 式，我們可得深度變化的表達式：

$$\frac{\Delta d}{d} = \beta \Delta T \Rightarrow \Delta d = \beta d \Delta T$$

代入數值 $d = 1000$ m，$\Delta T = 1.0\ °C$，和 $\beta = 87.5 \cdot 10^{-6}\ °C^{-1}$，我們得到

$$\Delta d = (1000\ \text{m})(87.5 \cdot 10^{-6}\ °C^{-1})(1.0\ °C) = 9\ \text{cm}$$

因此，海洋平均溫度每增加 1 °C，海平面將上升 9 cm (3.5 in)。這個上升比預期由於覆蓋格陵蘭和南極大陸之冰層的熔化所導致的上升為小，但將助長沿海發生洪災的問題。

16.6 宇宙的溫度

1965 年，當在一個早期的射電望遠鏡工作時，彭齊亞斯 (Arno Penzias) 和威爾森 (Robert Wilson) 發現了**宇宙微波背景輻射**。他們檢測到「噪音」或「靜電干擾」，似乎來自天空中的各個方向。彭齊亞斯和威爾森釐清了這種噪音的來源 (這為他們贏得了 1978 年諾貝爾物理學獎)：它是 137 億年前發生大爆炸時所遺留下來的電磁輻射。理解到在經過這麼長的時間，大爆炸的「回聲」仍然迴盪在「空」的星系際空間，真是令人驚訝。宇宙背景輻射與微波爐中使用的電磁輻射，波長相近。對這種輻射的波長分布進行分析，導致宇宙的背景溫度為 2.725 K 的推論。

在 2001 年，名為威爾金森微波各向異性探測器 (WMAP) 的衛星，測量了宇宙背景溫度的變化，這項任務跟在成功的宇宙背景探測器 (COBE) 衛星之後。COBE 於 1989 年發射，使馬瑟 (John Mather) 和斯穆特 (George Smoot) 獲得了 2006 年諾貝爾物理學獎。COBE 和 WMAP 兩項任務發現宇宙微波背景輻射在各個方向上是非常均勻的，但有微小的溫度變動疊加在平穩的背景上。圖 16.12 為 WMAP 的測量結果，顯示所有方向上的背景溫度。銀河系的影響已被扣除。你可以看出，宇宙背

普通物理

圖 16.12 在宇宙各處的宇宙微波背景輻射溫度。顏色代表比宇宙微波背景輻射的平均溫度低 200 μK 到高 200 μK 的溫度範圍，宇宙微波背景輻射的平均溫度為 2.725 K。

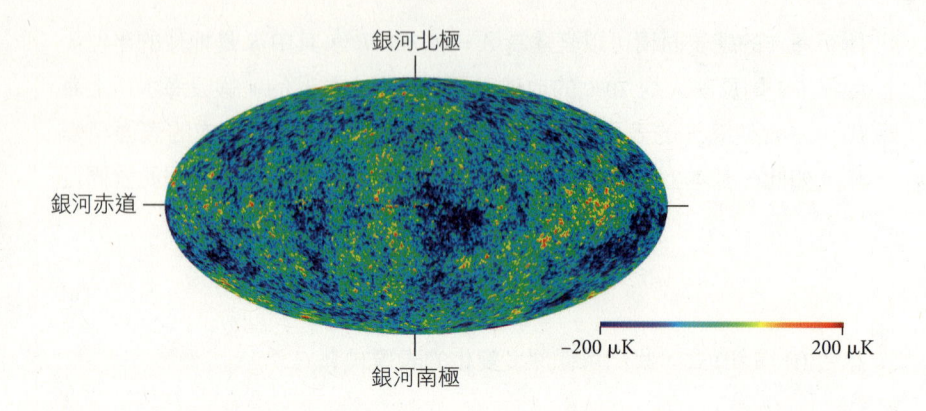

景溫度的變動非常小，因為 ±200 μK/2.725 K = ±7.3 · 10^{-5}。對這些結果和其他的觀察進行解讀，科學家推論出宇宙的年齡為 137 億年，其誤差幅度小於 1%。此外，科學家們可以推論出宇宙的組成為 4% 的普通物質、23% 的暗物質和 73% 的暗能量。暗物質似乎是看不見的物質，但能發出可觀察到的重力作用。暗能量似乎會使宇宙的膨脹加速。暗物質和暗能量刻正被極力研究中，在未來的十年，對它們的了解應會有所改善。

已學要點｜考試準備指南

- 常用的三個溫標為華氏溫標、攝氏溫標和克氏溫標 (即絕對溫標)。
- 華氏溫標以水的冰點為 32 °F，水的正常沸點為 212 °F。
- 攝氏溫標以水的冰點為 0 °C，水的正常沸點為 100 °C。
- 克氏溫標以絕對零度為 0 K，水的冰點為 273.15 K。單位 K 和單位 °C 的量值是相同的。
- 從華氏溫度 T_F 轉換到攝氏溫度 T_C 的公式為 $T_C = \frac{5}{9}(T_F - 32)$。
- 從攝氏溫度 T_C 轉換到攝氏溫度 T_F 的公式為 $T_F = \frac{9}{5}T_C + 32$。
- 從攝氏溫度 T_C 轉換到克氏溫度 T_K 的公式為 $T_K = T_C + 273.15$。
- 從克氏溫度 T_F 轉換到攝氏溫度 T_C 的公式為 $T_C = T_K - 273.15$。
- 長度為 L 的物體當溫度變化為 ΔT 時，其長度變化為 $\Delta L = \alpha L \Delta T$，其中 α 是線膨脹係數。
- 體積為 V 的物體當溫度變化為 ΔT 時，其體積變化為 $\Delta V = \beta V \Delta T$，其中 β 是體積膨脹係數。

自我測試解答

16.1 令 $T = T_F = T_C$，再求解 T：
$$T = \tfrac{9}{5}T + 32$$
$$-\tfrac{4}{5}T = 32$$
$$T = -40$$

16.2 使用冰和水的混合物 (溫度為 0 °C) 和沸騰的水 (溫度為 100 °C)。測量並標記於尚未校準的溫度計上相應的地方。

解題準則

1. 使用攝氏、克氏或華氏溫標時，務必要前後一致。當計算溫度變化時，一個攝氏度 (1 °C) 等於一個克耳文 (1 K)。但是，如果你想求的是溫度的值，要記住指定的溫標是哪一種。
2. 熱膨脹效應類似於放大照片：圖像的每個部分都以同樣的方式擴大。記住，在物體中的洞孔，隨著溫度的增加而膨脹，就如物體本身一樣。有時涉及體積膨脹的問題，可簡化為一維問題，然後使用線膨脹係數。對這類情況要保持警覺。

選擇題

16.1 兩個水銀膨脹式溫度計具有完全相同的水銀儲存槽，且其圓筒形管以相同的玻璃製成，但具有不同的直徑。這兩個溫度計，何者可以校準到較佳的鑑別率？
a) 管直徑較小的溫度計具有較佳的鑑別率。
b) 管直徑較大的溫度計具有較佳的鑑別率。
c) 管的直徑是不相關的；只有水銀的體積膨脹係數是重要的。
d) 所給信息不足，無法論斷。

16.2 兩個固體的物體 A 和 B 互相接觸。在下列何種情況下，熱量將會由 A 轉移到 B？
a) A 是在 20 °C，而 B 是在 27 °C。
b) A 是在 15 °C，而 B 是在 15 °C。
c) A 是在 0 °C，而 B 是在 –10 °C。

16.3 宇宙的背景溫度為何？
a) 6000 K b) 288 K
c) 3 K d) 2.725 K
e) 0 K

16.4 在什麼溫度，攝氏和華氏兩種溫標上的刻度具有相同的數值？
a) –40 b) 0
c) 40 d) 100

16.5 冬天時，放在戶外一整個晚上後，哪一個物體的溫度會較高：金屬門把手或地毯？
a) 金屬門把手具有較高的溫度。
b) 地毯具有較高的溫度。
c) 兩者具有相同的溫度。
d) 這取決於戶外的溫度。

16.6 以下哪個溫度對應於水的沸點？
a) 0 °C b) 100 °C
c) 0 K d) 100 K
e) 100 °F

16.7 熱力學第零定律告訴我們
a) 存在有絕對零度的溫度。
b) 水的凝固點為 0 °C。
c) 兩個系統不能與第三個系統處於熱平衡。
d) 熱量是守恆的。
e) 有可能製作一個溫度計以測量任何系統的溫度。

觀念題

16.8 是否有可能定義一種溫標，以致物體或系統愈熱時，在此溫標上的溫度讀數變得愈低 (即正值愈小或負值愈負)？

16.9 要將鋁焊接到鋼，或者將任何不同的兩種金屬焊接在一起，可能是困難的。為什麼？

16.10 有些教科書中，線膨脹係數的值使用 K^{-1} 而不是 $°C^{-1}$ 為其單位；見表 16.2。如果以 K^{-1} 表示，該係數的數值會有何不同？

16.11 阮肯溫標是使用華氏度的絕對溫標；也就是說，溫度測量使用華氏度，由絕對零度開始。求阮肯溫標的溫度刻度值和華氏、克氏和攝氏溫標的溫度刻度值之間的關係。

16.12 假設一個雙金屬是由線膨脹係數 α_1 和 α_2 的兩片金屬所構成，且 $\alpha_1 > \alpha_2$。

a) 如果雙金屬片的溫度降低 ΔT，則它將怎麼彎 (朝向由金屬 1 或金屬 2 所製成的那一側)？簡單說明之。
b) 如果溫度升高 ΔT，它將怎麼彎？

16.13 一個實心圓柱和一個中空圓筒具有相同的外半徑和長度，並且由相同材料製成，且經歷相同的溫度增加 ΔT。兩者之中何者將膨脹到一個較大的外半徑？

練習題

題號前的藍點 (•) 與雙藍點 (••) 代表問題難度遞增。

16.1 和 16.2 節

16.14 一個溫度計以攝氏度進行校準，而另一個以華氏度校準。在什麼溫度時，以攝氏度校準之溫度計的讀數會為另一個溫度計的三倍？

16.15 地球上的最低氣溫為在南極的 $-129\ °F$。將這個溫度轉換為攝氏溫標的溫度。

16.16 靜置於教室的一塊乾冰 (固體二氧化碳)，溫度大約為 $-79\ °C$。
a) 這個溫度在克氏溫標上為何？
b) 這個溫度在華氏溫標上為何？

16.17 在什麼溫度，克氏和華氏溫標的刻度具有相同的數值？

16.4 節

16.18 鋼在 $20.0\ °C$ 時的密度為 $7800.\ kg/m^3$。求鋼在 $100.0\ °C$ 時的密度。

16.19 為了將黃銅活塞環安裝到活塞上，先加熱活塞環，然後使它滑動以套到活塞上。活塞環的內徑為 $10.00\ cm$，外徑為 $10.20\ cm$。活塞的外徑為 $10.10\ cm$，並有一安裝活塞環的槽，具有 $10.00\ cm$ 的外徑。活塞環必須加熱到什麼溫度，才能使它滑動以套到活塞上？

16.20 火車軌道的鋼軌鋪設在一個遭受極端溫度的區域。從一個接合點到下一個的距離為 $5.2000\ m$，鋼軌的橫截面面積為 $60.0\ cm^2$。如果在最高溫度 $50.0\ °C$ 時，鋼軌相互接觸而不出現屈曲，則在 $-10.0\ °C$ 時，鋼軌之間的空隙將有多大？

16.21 一個用於處理組織樣本的醫療裝置，具有兩顆金屬螺絲，一顆長 $20.0\ cm$，用黃銅製成 ($\alpha_b = 18.9 \cdot 10^{-6}\ °C^{-1}$)，而另一顆長 $30.0\ cm$，由鋁製成 ($\alpha_a = 23.0 \cdot 10^{-6}\ °C^{-1}$)。在 $22.0\ °C$ 時，兩顆螺絲的末端之間有 $1.00\ mm$ 的間隙存在。兩顆螺絲在什麼溫度時會相碰觸？

•**16.22** 在炎熱的夏日，將溫度為 $21.0\ °C$ 的水，加入一個立方形游泳池中，直到水面低於池的頂部 1.00 cm。當水溫升高到 $37.0\ °C$ 時，水完全充滿游泳池。此游泳池的深度為何？

•**16.23** 在阿拉斯加州安克拉治市的戶外，有一個基於單擺的擺鐘。擺錘的質量為 $1.00\ kg$，以長 $2.000\ m$ 的細銅棒懸吊。此擺鐘在平均溫度為 $25.0\ °C$ 的夏日精確校準。一個冬日在一段 24 小時期間的平均溫度為 $-20.0\ °C$。根據上述單擺時鐘，該段期間歷時多久？

•**16.24** 附圖中所示兩根桿的內側末端，在 $25.0\ °C$ 時分開 $5.00\ mm$。左桿是黃銅，長 $1.00\ m$；右桿是鋼，長 $1.00\ m$。假設這兩根桿的外側末端，以剛性支撐固定住，在什麼溫度下，兩棒的內側末端恰相接觸？

•**16.25** 考慮一個雙金屬片，下方的鋼片厚度為 $0.500\ mm$，上方的黃銅片厚度為 $0.500\ mm$。當雙金屬片的溫度增加 $20.0\ K$ 時，其自由端從原始平直位置偏移 $3.00\ mm$，如附圖所示。雙金屬片在其原始位置的長度為何？

•**16.26** 一個在室溫下的馬蹄鐵，浸入圓筒容器 (半徑 $10.0\ cm$) 的水中時，使水位上升 $0.250\ cm$。將此馬蹄鐵在鐵匠的爐中，從室溫加熱到 $7.00 \cdot 10^2\ K$ 的溫度，再加工成最後的形狀，然後再沒入水中，則上升後的水位 (忽略水在馬蹄鐵浸入時的蒸發)，會比「無馬蹄鐵」的水位高出多少？注意：鐵的線膨脹係數大約與鋼相同：$11.0 \cdot 10^{-6}\ °C^{-1}$。

•**16.27** 使用類似於最初用以使半導體電子元件小型化的技術，科學家和工程師造出了微機電系統 (MEMS)。一個例子是電熱致動器，它是用電流加熱其不同部分來驅動的，用於將直徑 $125\ \mu m$ 的光纖定位，可達到次微米的鑑別率。如附圖所示，它是由粗和細的兩個矽臂連接成 U 形組成。兩臂沒有附著於設備下的基板，可以自由移動，但電流接點 (圖中以 +

和 – 標記) 附著於基板而不能移動。細臂寬 30.0 μm，粗臂寬 130. μm，兩臂長度都為 1800. μm。電流通過兩臂可使它們升溫。雖然通過兩臂的電流相同，但細臂的電阻比粗臂的為大，故消耗更多的電功率，而顯著更熱。當電流通過兩臂時，細臂的溫度達到 400. °C，粗臂達到 200. °C。假設每個臂的溫度沿整個臂的長度為均勻 (嚴格的說，情況不是這樣)，並且溫度升高時，兩臂保持平行且只在頁面的平面內彎曲，則 U 形臂的尖端移動多少？朝哪個方向？兩臂所用之矽的線膨脹係數為 $3.20 \cdot 10^{-6}\ °C^{-1}$。

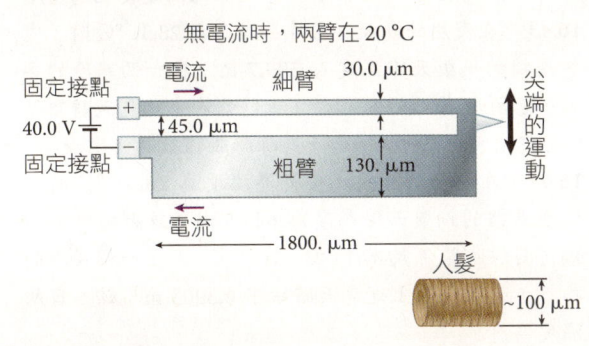

•**16.28** 在 0.00 °C 至 50.0 °C 的溫度範圍內，1.00 kg 液態水的體積可合理表達為 $V = 1.00016 - (4.52 \cdot 10^{-5})T + (5.68 \cdot 10^{-6})T^2$，其中 V 是以 m^3 為單位的體積測量值，T 是使用攝氏溫標的溫度測量值。

a) 利用上述信息，求液體水的體積膨脹係數隨溫度變化的函數。

b) 以你得到的表達式，估計在 20.0 °C 的值，並與表 16.3 的數據比較。

補充練習題

16.29 邊長 40. cm 的銅立方體，從 20. °C 加熱至 120. °C。此立方體的體積變化為何？銅的線膨脹係數為 $17 \cdot 10^{-6}\ °C^{-1}$。

16.30 在溫度為 15.0 °C 的早晨，一名畫家將一個 5.00 加侖 (1 加侖 = 3.785 L) 的鋁製容器，加滿松節油到容器邊緣。當溫度達到 27.0 °C 時，有多少流體會溢出容器？所加松節油的體積膨脹係數為 $9.00 \cdot 10^{-4}\ °C^{-1}$。

16.31 為了使兩個金屬零件能緊密契合，機械師有時會將內部零件製造比它將契合的孔為大，然後冷卻內部零件或加熱外部零件，直到將它們契合在一起。假設一根直徑為 D_1 (在 20 °C) 的鋁桿，將被安裝到黃銅平板上直徑 $D_2 = 10.000$ mm (在 20 °C) 的圓孔中。機械師可以將鋁桿浸入液態氮中使它冷卻到 77.0 K。如果鋁桿冷卻到 77.0 K 時剛好可插入處於 20 °C 的黃銅平板圓孔中，則鋁桿在 20 °C 時可能具有的最大直徑為何？鋁和黃銅的線膨脹係數分別為 $22 \cdot 10^{-6}\ °C^{-1}$ 和 $19 \cdot 10^{-6}\ °C^{-1}$。

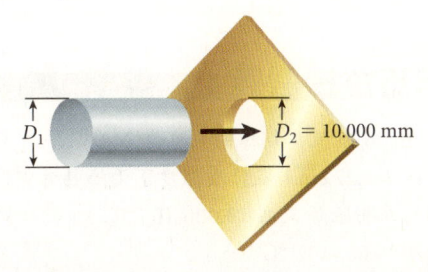

16.32 水銀溫度計中含有 8.00 mL 的水銀。如果溫度計的管具有 $1.00\ mm^2$ 的截面積，則管子上相鄰兩攝氏溫標 °C 的刻度標記，其間隔應為何？

16.33 在利比亞沙漠將建造一條混凝土平板公路，該地記錄到的最高氣溫為 57.8 °C。建造公路時的溫度為 20.0 °C。在該溫度下量得平板的長度為 12.0 m。平板之間的膨脹間隙應該多寬 (在 20.0 °C)，才可防止在最高溫度下屈曲？

16.34 一給定質量的煤油，其溫度需要改變多少，才能使它的體積增加 1.00%？

•**16.35** 在溫度 T = 20.0 °C 時，一個半徑為 R、質量為 M 的均勻黃銅片，繞其對稱圓柱軸的轉動慣量為 I。將其加熱到 100. °C 的溫度時，其轉動慣量的比率變化為何？

•**16.36** 在籃球比賽中，你的朋友投籃時與另一名球員相撞，有顆牙撞裂了。為了糾正問題，牙醫將一個初始內徑為 4.40 mm、橫截面的寬度和厚度分別為 3.50 mm 和 0.450 mm 的鋼圈套在牙齒上。在將鋼圈套到牙齒上之前，他將鋼圈加熱至 70.0 °C。鋼圈一旦冷卻到你朋友嘴裡的溫度 (36.8 °C) 時，鋼圈中的張力將為何？鋼的線膨脹係數 $\alpha = 13.0 \cdot 10^{-6}\ °C^{-1}$，楊氏模量 $Y = 200. \cdot 10^9\ N/m^2$。

•**16.37** 你正在製作一個裝置，以監測超冷的環境。因為該裝置使用時的環境，在 3.00 s 中的溫度變化將達 200 °C，它必須能夠承受熱衝擊 (快速的溫度變化)。該裝置的體積為 $5.00 \cdot 10^{-5}\ m^3$，且若體積在 5.00 s 中內的變化為 $1.00 \cdot 10^{-7}\ m^3$，則該裝置將破裂並變得無用。你用於製作該裝置的材料，其體積膨脹係數最大可以為何？

•**16.38** 黃銅軍號可以被看作是一端封閉、另一端開放的管。軍號所用黃銅的線膨脹係數 $\alpha = 19.0 \cdot 10^{-6}\ °C^{-1}$。如已伸展，軍號的總長度為 183.0 cm (20.0 °C)。

在一個炎熱的夏天 (41.0 °C) 吹奏軍號。在下列條件下，求其基頻：

a) 只考慮空氣溫度的變化。

b) 只考慮軍號的長度變化。

c) 以上 (a) 和 (b) 小題的影響都考慮。

多版本練習題

16.39 在 26.45 °C，鋼棒的長度為 268.67 cm，黃銅棒的長度為 268.27 cm。在什麼溫度下兩棒具有相同的長度？鋼的線膨脹係數為 $13.00 \cdot 10^{-6}$ °C^{-1}，黃銅的線膨脹係數為 $19.00 \cdot 10^{-6}$ °C^{-1}。

16.40 鋼棒和黃銅棒均在 28.73 °C 的溫度下，鋼棒的長度為 270.73 cm。在 214.07 °C 的溫度下，兩棒具有相同的長度。黃銅棒在 28.73 °C 的長度為何？鋼的線膨脹係數為 $13.00 \cdot 10^{-6}$ °C^{-1}，黃銅的線膨脹係數為 $19.00 \cdot 10^{-6}$ °C^{-1}。

16.41 鋼棒和黃銅棒均在 31.03 °C 的溫度。黃銅棒的長度為 272.47 cm。在 227.27 °C 的溫度下，兩棒具有相同的長度。鋼棒在 31.03 °C 的長度為何？鋼的線膨脹係數為 $13.00 \cdot 10^{-6}$ °C^{-1}，黃銅的線膨脹係數為 $19.00 \cdot 10^{-6}$ °C^{-1}。

16.42 在炎熱的夏天，當外界溫度為 28.09 °C 時，電視廣播的鋼製天線高度為 501.9 m。該天線使用的鋼，其線膨脹係數為 $13.89 \cdot 10^{-6}$ °C^{-1}。在一個寒冷的冬日，當氣溫為 –15.91 °C 時，天線的高度變化為何？

16.43 在炎熱的夏天，當外界溫度為 28.31 °C 時，電視廣播的鋼製天線高度為 599.7 m。在一個寒冷的冬日，當溫度為 –18.95 °C 時，天線比在上述夏天時短了 0.4084 m。天線所用的鋼，其線膨脹係數為何？

16.44 在炎熱的夏天，當外界溫度為 28.51 °C 時，電視廣播的鋼製天線高度為 645.5 m。該天線所用的鋼，其線膨脹係數為 $14.93 \cdot 10^{-6}$ °C^{-1}。在一個寒冷的冬日，天線比在上述夏天時短了 0.3903 m。該冬日的溫度為何？

17 熱與熱力學第一定律

待學要點
17.1 熱的定義
17.2 熱功當量
17.3 熱和功
17.4 熱力學第一定律
　　例題 17.1　卡車滑行停下
17.5 第一定律用於特殊過程
　　絕熱過程
　　定容過程
　　閉路過程
　　自由膨脹
　　定壓過程
　　定溫過程
17.6 固體和流體的比熱
　　例題 17.2　用電使水升溫的費用
17.7 潛熱和相變
　　例題 17.3　水汽化所做的功
17.8 熱的傳遞方式
　　傳導
　　詳解題 17.1　通過銅/鋁棒的熱流
　　對流
　　輻射
　　例題 17.4　將地球當作黑體
　　全球暖化

已學要點｜考試準備指南
　　解題準則
　　選擇題
　　觀念題
　　練習題
　　多版本練習題

圖 17.1　雷雨。

　　大氣中能量的熱轉移驅動著地球的天氣。赤道區比極地接收更多的太陽輻射；暖空氣從赤道向南北兩極移動，使來自太陽的能量分布得更均勻。這種能量轉移稱為對流，它使風夾帶著雲、雨及空氣，在世界各地流動。在極端情況時，上升的暖空氣和下沉的冷空氣形成了劇烈的暴風雨，如圖 17.1 所示的雷雨。

　　本章研究熱的本質和熱轉移的機制。熱轉移是能量轉移的一種方式，須遵守一般性的能量守恆定律，稱為熱力學第一定律。本章將專注於這個定律，以及它在熱力學過程、內能和溫度變化上的一些應用。

　　熱轉移是生命過程所不可少的；在地球上的生命，若無來自太陽或地球內部的熱轉移能量，是不可能存在的。然而，在電路、計算機、馬達和其他機械設備的操作上，

415

普通物理

> **待學要點**
>
> - 熱轉移是系統和環境或兩個系統之間，因它們之間的溫度差而引起的一種能量轉移方式。
> - 熱力學第一定律指稱一個封閉系統的內能變化，等於它所吸收的熱量減去它所做的功。
> - 對處於某一給定相的物質加熱，會使其溫度上升。此溫度上升與物質的熱容 C 成反比。
> - 在固體到液體的相變或液體到氣體的相變中，加熱不會改變混合相的溫度。完成相變所需的熱量稱為潛熱。
> - 熱傳遞的三個主要模式為傳導、對流和輻射。

熱也可能導致一些問題。科學和工程的每一個分支，都須設法處理熱的問題，因此本章中的概念對研究、設計和開發的各個領域都是重要的。

17.1 熱的定義

熱轉移是在宇宙中最常見的能量轉移方式之一，我們每天都體驗到它。然而，熱轉移過程和熱轉移的能量 (簡稱熱量) 都可簡稱為**熱**，以致往往造成混淆。一個燃燒中的物體，例如發出火焰的蠟燭，並不能說是「具有」熱或熱量，並在變得夠熱時將此熱或熱量發出，應該說是當變得夠熱時，它會以熱的方式將所具有的一部分能量轉移到周圍空氣中，此能量轉移的多寡則以熱量的值來表示。為了澄清這類想法，我們首先需要清晰而準確的定義熱、熱量與內能，以及它們的測量單位。

如果你將冷水加入玻璃杯中，然後把杯子放在廚房的桌子上，冷水會慢慢的變溫暖，直至達到廚房裡的空氣溫度。同樣的，如果在倒入熱水後，將杯子放在桌上，熱水會慢慢冷卻，直至達到廚房裡的空氣溫度。當水與廚房裡的空氣開始要進行熱平衡時，水迅速變暖或冷卻，然後就較為緩慢。在達到熱平衡時，水、玻璃杯與廚房裡的空氣都在相同的溫度。

我們說，在玻璃杯中的水是一個溫度為 T_s 的**系統**，而廚房中的空氣是一個溫度為 T_e 的**環境**。當 $T_s \neq T_e$ 時，系統的溫度會改變，直到它與環境的溫度相等。系統可以是簡單或複雜的；它只是我們要考察的任何一個物體或物體的集合。環境和系統的差別在於環境比起系統要大得很多。系統的溫度會影響環境，但我們將假設環境是如此之大，以致察覺不出它的溫度有任何變化。

一個系統和環境之間由於溫度差而出現的能量轉移 (或傳輸) 過程，稱為**熱轉移**。這些能量包括構成系統或環境的原子、分子和電子相

17 熱與熱力學第一定律

對於整體質心所做之個別運動的動能，及它們之間相互作用的位能，合稱為**內能**(早期亦稱之為熱能)。在熱轉移過程中，從一個物體轉移到另一個物體的能量之總量，稱為**熱量**，以 Q 表示。如果能量進入系統，則 $Q > 0$ (圖 17.2a)；也就是說，系統從它的環境獲得能量。如果能量從系統轉移給它的環境，則 $Q < 0$ (圖 17.2c)。如果系統及其環境具有相同的溫度 (圖 17.2b)，則 $Q = 0$。

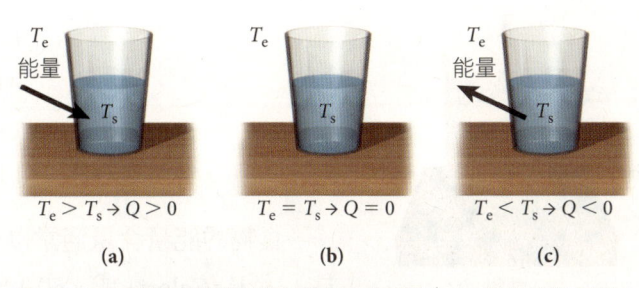

圖 17.2 (a) 置入溫度較高之環境中的系統。(b) 置入溫度相同之環境中的系統。(c) 置入溫度較低之環境中的系統。

> **定義**
> 熱量 Q 是一個系統和它的環境之間 (或在兩個系統之間) 由於它們之間的溫度差所轉移的能量總量。當能量流入系統中時，$Q > 0$；當能量流出系統時，$Q < 0$。

17.2 熱功當量

從第 5 章可知道，一個系統和它的環境之間，也可因外力對系統做功或系統施力對外界做功，而出現能量的轉移。17.3 節將會討論熱和功的概念，它們的定義可以用一個系統和環境之間的能量轉移來表達。我們可以敘明在一個系統中的內能，但無法敘明在一個系統中的熱量。如果我們觀察在玻璃杯中的熱水，我們不知道它是否因有熱量轉移給它或有力對它做功，而變為熱水。

熱量是指因溫度差而轉移的能量，所以可用能量的 SI 單位焦耳 (joule 或 J) 來加以定量。卡路里亦稱為卡 (calorie 或 cal)，它最初的定義是使 1 g 水的溫度升高 1 °C 所需的熱量。另一個熱量單位是英制熱單位 (BTU)，其定義是使 1 lb 水的溫度升高 1 °F 所需的熱量。然而，水溫的變化與轉移給它的熱量之間的函數關係，取決於水的起始溫度。所以要確保卡或英制熱單位所定義之熱量具有重現性，必須指定測量的起始溫度。

在現代，卡 (cal) 是依據焦耳 (J) 來定義的。1 cal 被定義為恰等於 4.186 J，且不再提水溫的變化。以下是一些能量單位之間的轉換因子：

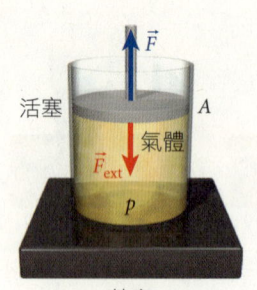

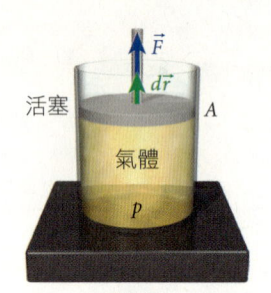

普通物理

$$1\ cal = 4.186\ J$$
$$1\ BTU = 1055\ J$$
$$1\ kWh = 3.60 \cdot 10^6\ J$$
$$1\ kWh = 3412\ BTU \tag{17.1}$$

食物的能量含量通常以卡路里表達。1 單位的食物卡路里，通常稱為 1 大卡 (Calorie 或 Cal)，它相當於 1 千卡，即 1 Cal = 1000 cal。電能成本或費用，通常以「千瓦時 (kW h)」為單位計算，1 度即 1 kW h。在商業上，kW h 通常記為 kWh (瓩時)，省略 kW 與 h 之間的空格。

17.3 熱和功

讓我們來看看在一個系統和它的環境之間，能量如何以熱或功的方式轉移。考慮一個充滿氣體的氣缸與活塞所組成的系統 (圖 17.4)。氣缸內氣體的溫度為 T，壓力為 p，體積為 V。我們假設氣缸的側壁為完全絕熱的，而氣體與一個無限的熱庫保持熱接觸，此熱庫的溫度也是 T。熱庫是一個很大的物體，以致即使有熱量流入或流出，它的溫度都不會改變。(熱庫是一種理想化的結構，實際上並不存在，但現實世界中一些很大的的系統，包括海洋、大氣層和地球本身，其行為就像熱庫。) 在圖 17.3a，外力 $\vec{F}_{ext}$ 推壓著活塞，缸內氣體回推活塞的力為 $\vec{F}$，它的量值等於氣體壓力 p 與活塞面積 A 的乘積：$F = pA$ (見第 12 章)。

為了描述上述系統的行為，考慮氣缸內的氣體由壓力 p_i、體積 V_i 和溫度 T_i 的初始狀態，變化到壓力 p_f、體積 V_f 及溫度 T_f 的最終狀態。想像變化進行得很慢，以致氣體所經歷的各個狀態都接近平衡，而可用 p、V 和 T 描述。從初始狀態進行到最終狀態是一個**熱力學過程**。在此過程中，熱量可以被轉移進入系統 (熱量為正值)，或由系統被轉移出去 (熱量為負值)。

當外力減小時 (圖 17.3b)，缸內的氣體將活塞往外推動一個距離 dr。系統在此過程中所做的功為

$$dW = \vec{F} \cdot d\vec{r} = (pA)(dr) = p(Adr) = pdV$$

其中 $dV = Adr$ 是系統的體積變化。故系統從最初組態到最終組態所做的功，由下式給出：

$$W = \int dW = \int_{V_i}^{V_f} pdV \tag{17.2}$$

圖 17.3 充滿氣體的氣缸與活塞。氣體與無限的熱庫保持熱接觸。(a) 外力推壓活塞，氣體壓力增大。(b) 外力被去除，氣體將活塞推出。

求此積分時，我們需要知道在過程中壓力和體積之間的關係。例如，如果壓力保持恆定，我們得到

$$W = \int_{V_i}^{V_f} p\, dV = p \int_{V_i}^{V_f} dV = p(V_f - V_i) \quad \text{(定壓過程)} \quad (17.3)$$

(17.3) 式表明，在定壓下，負的體積變化對應於系統做負功。

圖 17.4 示出了壓力對體積的曲線圖 (簡稱為 pV 圖)，圖中顯示三個不同的路徑 (即將系統的壓力和體積，從初始情況改變成為最終情況的不同方式)。圖 17.4a 示出的過程，由起點 i 進行到終點 f，在該過程中壓力隨著體積增大而減小。系統所做的功由 (17.2) 式給出，式中的積分可用曲線下的面積表示，如圖 17.4a 的綠色陰影區所示。在本情況下，系統所做的功是正的，因為系統的體積增加了。

圖 17.4b 所示的過程，由起點 i 開始，經由中間點 m，進行到終點 f。第一階段在壓力保持恆定下，系統的體積增大。完成此階段的一個方式是在壓力保持恆定下，升高系統的溫度，以使體積增大。第二階段在體積保持恆定下，系統的壓力減小。完成此階段的一個方式是使熱量從系統流出，以降低溫度。再次，系統所做的功可用曲線下的面積表示，如圖 17.4b 的綠色陰影區所示。因為系統的體積增加了，系統所做的功為正，但系統所做的功全部來自第一階段。在第二階段中，因為體積沒有變化，系統沒有做功。

圖 17.4c 示出了另一個過程，由起點 i 開始，經由中間點 m，進行到終點 f。在圖 17.4c 的過程中系統所做的淨功，小於在圖 17.4b 的過程中所做的淨功，因為其綠色區域的面積較小。由於這兩個過程的初始和最終狀態是相同的，其內能的變化必然相同，故在圖 17.4c 的過程中系統吸收的熱量 (或熱轉移進入的能量) 也必然較小 (功、熱及內能變化之間的關係，將在 17.4 節詳細討論)。

因此，一個系統所做的功和轉移到系統中的熱量，與在 pV 圖上系統從起點進行到終點的方式有關。這類的過程稱為**路徑相依過程**。

圖 17.5 中三個 pV 圖所示的過程，其進行方向與圖 17.4 的對應過程相反，它以後者的終點為起點，沿著同一路徑，到達後者的起點。在圖 17.5 的三個 pV 圖，曲線下的面積 (本章所指面積均為正)，其負值代表系統從起點 i 移動到終點 f 所做之功。在所有三種情況下，系統所做的功是負的，因為系統的體積減小。

假設一個過程由 pV 圖上的某一個起點開始，沿著某一路徑返回

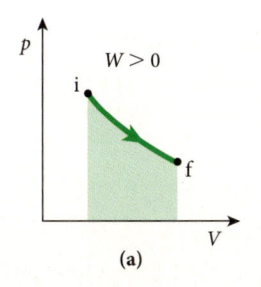

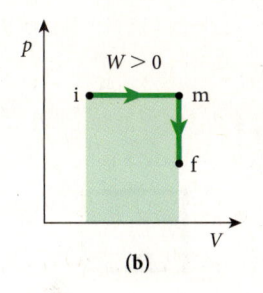

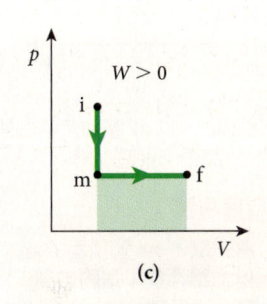

圖 17.4 以 pV 圖表示三種不同過程的路徑。(a) 壓力隨著體積增大而減小的過程。(b) 兩段式的過程：第一段在恆定壓力下，體積增大；第二段在恆定體積下，壓力減小。(c) 另一個兩段式的過程：第一段在恆定體積下，壓力減小；第二段在恆定壓力下，體積增大。在這三種情況下，曲線下方的綠色陰影區面積代表過程中系統所做的功。

普通物理

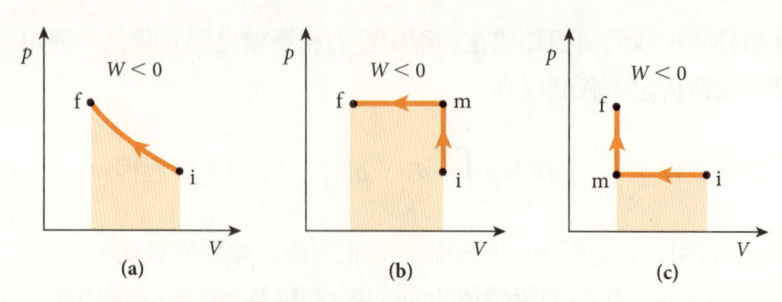

圖 17.5　以 pV 圖表示三個過程的路徑。它們與圖 17.4 中的對應過程，路徑相同，但進行方向相反。

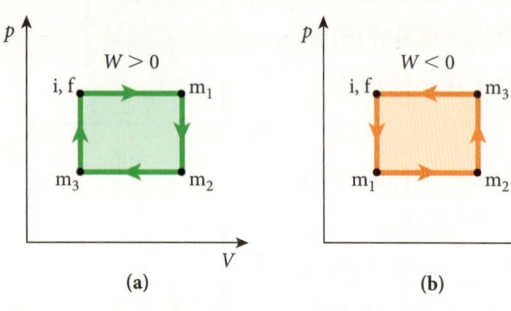

圖 17.6　以 pV 圖顯示兩個閉路過程。

自我測試 17.1

考慮以下 pV 圖所示的過程。路徑從 i 點開始到 f 點，再回到 i 點。系統所做的功為負、零或正？

到原來的點。一個返回到其起點的路徑，稱為**閉路** (或**閉合路徑**)。在 i 到 m_1 之路徑下的面積，代表系統所做的正功 (體積增大)，在 m_2 到 m_3 之路徑下的面積 (為正值)，其負值代表系統所做的負功 (體積減小)。將上述正功和負功相加，可得系統所做的淨功為正，如圖 17.6a 綠色矩形的面積所示。在此處的情況下，轉移的熱量是正的。

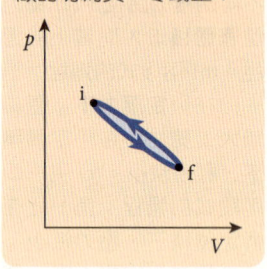

圖 17.6b 的 pV 圖顯示與圖 17.6a 相同的路徑，但過程的進行方向相反。在點 m_1 到點 m_2 之路徑下的面積，對應於系統所做的正功。在點 m_3 到終點 f 之路徑下的面積，其負值對應於系統所做的負功。在圖 17.6b 的過程中，系統所做的淨功為負值，它的量值 (即絕對值) 等於圖 17.6b 中橙色矩形的面積，而進出系統的熱量也是負的。

系統所做的功和系統所吸收的熱量，取決於它在 pV 圖上的路徑，以及它沿路徑的進行方向。

17.4　熱力學第一定律

熱力學系統可根據它們與環境交互作用的方式來加以分類。一個**開放系統**可以與周圍環境進行能量和質量的交換。一個**封閉系統**是能量可經由功和熱轉移進入或出來的系統，但系統的成分物質沒有轉移進入或出來。一個**孤立系統**是系統的成分物質與環境之間沒有任何交互作用 (因此功與熱均為零) 或交換的系統。

結合本章說明過的幾個概念，我們可將一個封閉系統的內能變化，以熱和功表達為

17 熱與熱力學第一定律

$$\Delta E_{\text{int}} = E_{\text{int},f} - E_{\text{int},i} = Q - W \qquad (17.4)$$

這個方程式稱為**熱力學第一定律**。它可以表述如下：

> 一個封閉系統的內能變化，等於系統獲得的熱量減去系統所做的功。

換句話說，能量是守恆的。熱和功可以轉化為內能，但能量不會有任何損失。需要注意的是，這裡的功是指系統所做的功，而不是施加於系統的功。在本質上，熱力學第一定律將能量守恆定律 (在第 6 章首次遇到) 超越了力學能加以延伸，並且除了功之外，也將熱納入。另需注意，內能變化與路徑無關，而熱和功一般與路徑有關。

例題 17.1　卡車滑行停下

問題：一部質量 $m = 3000.$ kg 的卡車在行駛時，剎車突然鎖住，在水平路面上滑行 $L = 83.2$ m 的距離後停下。卡車輪胎和路面之間的動摩擦係數為 $\mu_k = 0.600$。卡車和道路的內能有何變化？

解：

(17.4) 式的熱力學第一定律是內能、熱量及功之間的能量守恆關係，它適用於質心為靜止的系統。考慮滑行卡車的能量守恆時，需將卡車的動能變化 ΔK 與內能變化 ΔE_{int} 一起計算，而得

$$\Delta K + \Delta E_{\text{int}} = Q + W$$

上式中的 W 是對系統 (即卡車) 所做的功，故以加號出現。在本題情況下，沒有熱量轉移到卡車或從卡車轉移出去，因為滑行停下的過程夠快，沒有時間造成顯著的熱量轉移。因此 $Q = 0$。摩擦力對卡車所做的功 $W = -\mu_k \, mgL$，其中 mg 是卡車施加於道路的正向力。由功–動能定理 (見第 6 章) 得 $W = \Delta K$，故

$$\Delta E_{\text{int}} = Q + W - \Delta K = 0 + \Delta K - \Delta K = 0$$

即卡車的內能無變化。

道路是靜止的，故其內能 $\Delta E'_{\text{int}}$、熱量 Q' 及所做之功 W' 滿足 (17.4) 式的熱力學第一定律：

$$\Delta E'_{\text{int}} = Q' - W'$$

上式中的 W' 是對系統 (即道路) 所做的功，故以減號出現。因為卡車滑行停下的過程夠快，沒有時間造成顯著的熱量轉移，因此與前一樣可得

$Q' = 0$。道路所做的功即它所施之摩擦力對卡車所做的功 $W' = W = -\mu_k mgL$,故得

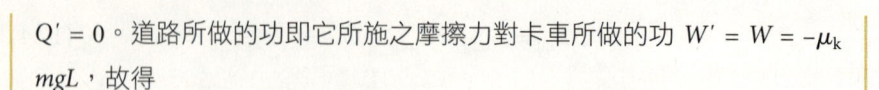

$$\Delta E'_{int} = Q' - W' = 0 - (-\mu_k mgL) = \mu_k mgL$$

代入給定的數值:

$$\Delta E'_{int} = (0.600)(3000.\text{kg})(9.81 \text{ m/s}^2)(83.2 \text{ m}) = 1.47 \text{ MJ}$$

此內能增加使路面變熱 (即溫度上升)。在這裡,我們看出,能量是守恆的,因為摩擦的力學功使卡車損失動能,轉換成為等量的內能。

討論:

　　需注意的是,道路的內能增加後,溫度上升,會有一部分的能量經由熱轉移,而成為卡車的內能。因此在滑行過程中,沒有熱量轉移進入或離開卡車的假設,也並不完全成立。所以,1.47 MJ 的道路內能變化,應視為上限。然而,本例題的要點是,因為非保守力的作用而損失的力學能,可轉換為系統全體或其組成部分的內能,而使總能量維持守恆。

17.5　第一定律用於特殊過程

絕熱過程

　　絕熱過程是指當系統的狀態發生改變時沒有熱量進出系統的過程。例如,當一個過程迅速進行,以致沒有足夠的時間進行熱交換時,這種情況就可能發生。對於絕熱過程,(17.4) 式中的 $Q = 0$,所以

$$\Delta E_{int} = -W \quad \text{(絕熱過程)} \tag{17.5}$$

另一種可能發生絕熱過程的情況,是當壓力和體積發生變化時,系統與它的環境之間為熱絕緣,例如在隔熱容器中壓縮氣體,或使用打氣筒將空氣打入自行車輪胎。在此情況下,氣體的內能變化完全來自於氣體所做的功。

定容過程

　　在體積不變下發生的過程稱為**定容** (或**等容**) **過程**。對於體積保持恆定的過程,系統不做功,故在 (17.4) 式中的 $W = 0$,而可得到

$$\Delta E_{int} = Q \quad \text{(定容過程)} \tag{17.6}$$

定容過程的例子,如密閉剛性容器在與其他物體相接觸時,使容器中的氣體變暖。因為容器為剛性的,其體積固定不變,以致氣體無法做功。氣體的內能發生變化是因為容器和其他物體接觸,使得熱量流入或流出氣體。用高壓鍋烹調食物是一個定容過程。

閉路過程

在一個**閉路過程**中,系統返回到它開始時的同一狀態。不管系統是如何達到該點,內能因為只與狀態有關,必須與開始時相同,所以在 (17.4) 式中的 $\Delta E_{int} = 0$。這使得

$$Q = W \quad (\text{閉路過程}) \tag{17.7}$$

因此,在閉路過程中,系統所做的淨功等於轉移給系統的熱量。這種循環式的過程,構成了許多種熱機(在第 19 章討論)的基礎。

自由膨脹

當隔熱(所以 $Q = 0$)的氣體容器突然增大體積時,氣體將膨脹而充滿新的體積。在這個**自由膨脹**中,系統沒有做功,沒有吸收熱量,即 $W = 0$ 和 $Q = 0$,因此 (17.4) 式變為

$$\Delta E_{int} = 0 \quad (\text{氣體自由膨脹}) \tag{17.8}$$

為了說明此情況,考慮一個中央有隔板的容器(圖 17.7)。氣體被限制在容器左側的一半。當兩半之間的隔板被移除後,氣體充滿整個容器內的空間。但氣體並沒有做功,這點需要一些解釋:在自由膨脹時,氣體沒有推動活塞或任何其他的裝置;因此,它沒有對任何物體做功。在膨脹中,氣體粒子自由移動,直到它們遇到擴張後容器的內壁。當膨脹時,氣體並不處於平衡狀態,對於這個系統,在 pV 圖上,我們可以繪出其初始狀態和最終狀態,但繪不出中間的狀態。

定壓過程

壓力維持恆定的過程,稱為**定壓**(或**等壓**)**過程**。在定壓過程中,體積可以改變,以致系統可以做功。由於壓力保持恆定,根據 (17.3) 式可得 $W = p(V_f - V_i) = p\Delta V$。因此,(17.4) 式可以寫為

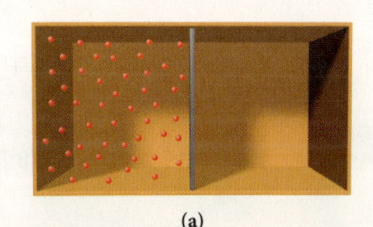

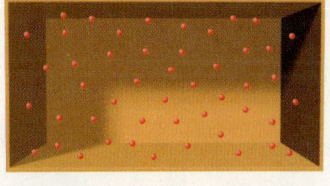

圖 17.7 (a) 氣體被限制在容器的一半體積。(b) 除去中央的隔板後,氣體膨脹以填滿整個體積。

$$\Delta E_{\text{int}} = Q - p\Delta V \quad \text{(定壓過程)} \tag{17.9}$$

定壓過程的一個例子，是氣體在裝有活塞的汽缸中慢慢變暖，而活塞與缸壁之間無摩擦，且可自由移動以保持壓力恆定。在 pV 圖上，一個定壓過程的路徑是一段水平直線。在一個開放的鍋子中烹煮食物，是定壓過程的另一個例子。

定溫過程

溫度維持恆定的過程，稱為**定溫**(或**等溫**)**過程**。在此過程中，系統與外部的熱庫接觸，使其溫度保持恆定。定溫過程進行得夠緩慢，使系統可與外部熱庫交換熱量，而保持恆定的溫度。例如，熱量可以從溫暖的熱庫流入系統中，使系統得以做功。在 pV 圖上，定溫過程的路徑稱為**等溫線**。在第 18 章我們將看到，理想氣體進行等溫過程時，壓力和體積的乘積是常數，以致其等溫線為雙曲線。

17.6 固體和流體的比熱

假設有一塊處於室溫下的鋁塊。若將熱量 Q 轉移給此鋁塊，則它的溫度變化，將與熱量成正比。溫度變化和熱量之間的比例常數，稱為鋁塊 (或其他物體) 的**熱容** (或**熱容量**) C。因此

$$Q = C\Delta T \tag{17.10}$$

其中 ΔT 是溫度變化。

熱容量代表的是使物體的溫度提高一給定量時，所需要的熱量。熱容的 SI 單位是 J/K (即焦耳/克耳文)。

物質因受熱而引起的溫度變化，可以用**比熱** c 描述，它的定義是物質每一單位的質量 (以 m 表示) 所對應的熱容：

$$c = \frac{C}{m} \tag{17.11}$$

依據此一定義，溫度變化和熱量之間的關係式為

$$Q = cm\Delta T \tag{17.12}$$

比熱的 SI 單位為 J/(kg K) = J kg^{-1} K^{-1}。在實際應用中，比熱也經常以 cal/(g K) 表示。比熱的單位 J/(kg K) 和 J/(kg °C) 可以互換使用，因為

以 K 和 °C 表示的溫度差 ΔT 是相等的。一些材料的比熱列於表 17.1。

注意：比熱和熱容的測量方式，通常分為兩種。大多數的物質是在恆定壓力下測量 (如表 17.1)，其比熱和熱容分別以 c_p 和 C_p 表示。不過，流體 (氣體和液體) 的比熱和熱容，也可以在恆定的體積下測量，而分別以 c_V 和 C_V 表示。在一般情況下，在定壓下的測量值較大，因為在加熱過程中物質必須做力學功。

物質的比熱也可以用物質的莫耳數，而不是它的質量，來定義。這種比熱稱為莫耳熱容 (量)。

由於物質的比熱差異所造成的影響，在海邊很容易觀察到。白天時，太陽光轉移給臨海地區陸地和海水的能量，大致相等。陸地比海水的比熱低約 5 倍。因此，陸地比海水更快升溫，以致它上面的空氣比起海面上的空氣更為溫暖。在白天時，這種溫差造成吹向陸地的微風。水的高比熱，有助於使海洋和大型湖泊周圍的氣候較為溫和。

表 17.1 一些物質的比熱

物質	比熱 c kJ/(kg K)	cal/(g K)
鋁	0.900	0.215
瀝青	0.92	0.22
玄武岩	0.84	0.20
銅	0.386	0.0922
玻璃	0.840	0.20
花崗岩	0.790	0.189
冰	2.06	0.500
鐵	0.450	0.107
鉛	0.129	0.0308
石灰石	0.217	0.908
鎳	0.461	0.110
砂岩	0.92	0.22
蒸汽	2.01	0.48
鋼	0.448	0.107
水	4.19	1.00

例題 17.2　用電使水升溫的費用

問題：你有體積為 2.00 L、溫度為 20.0 °C 的水。要將水的溫度升高到 95.0 °C，需要多少能量？假設你用電能來使水變熱，而每 1 度 (即 1 kW h) 電能的費用為 5.00 美元，則總共的電費為何？

解：

1.00 L 水的質量為 1.00 kg。從表 17.1，水的比熱 $c_水 = 4.19$ kJ/(kg K)。因此，使 2.00 kg 的水從 20.0 °C 升溫至 95.0 °C 所需的能量為

$$Q = c_水 m_水 \Delta T = [4.19 \text{ kJ/(kg K)}](2.00 \text{ kg})(95.0 \text{ °C} - 20.0 \text{ °C}) = 629{,}000 \text{ J}$$

使用 (17.1) 式所給由 J 到 kW h 的單位轉換因子，我們計算使水溫上升的費用：

$$費用 = (629{,}000 \text{ J})\left(\frac{5.00 \text{ 美元}}{1 \text{ kW h}}\right)\left(\frac{1 \text{ kW h}}{3.60 \cdot 10^6 \text{ J}}\right) = 0.874 \text{ 美元}$$

> **觀念檢測 17.1**
>
> 你將銅塊 1 的溫度從 −10 °C 提高至 +10 °C，銅塊 2 從 +20 °C 提高至 +40 °C，而銅塊 3 從 +90 °C 提高至 +110 °C。若銅塊的質量都相同，接收熱量最多的是哪一個？
> a) 銅塊 1
> b) 銅塊 2
> c) 銅塊 3
> d) 各銅塊接收的熱量都相同

17.7　潛熱和相變

如第 12 章所述，三個常見的**物質狀態** (簡稱**物態**，有時也稱為**相**) 為固體、液體和氣體。我們一直只考慮物體的溫度變化與所加入熱量成比例的情況。嚴格地說，這個熱量和溫度之間的線性關係是一個近似，

普通物理

但對固體和液體而言,它是相當準確的。對於氣體,加入熱量將提高溫度,但也會改變壓力或體積,這點要看氣體是否和是如何被儲存於容器中。物質處於固態、液態或氣態時,所具有的比熱可以不同。

如果將夠多的熱量傳給固體,它會熔化而變成液體。如果將夠多的熱量傳給液體,它會蒸發或汽化而變成氣體。這些是**相變**的例子 (圖 17.8)。在相變期間,物體的溫度保持不變。物質吸收熱量而從固體熔化成液體時,所需的熱量除以熔化的固體質量,稱為該物質的**熔化熱** (或**熔化潛熱**) $L_{熔化}$。物質吸收熱量而從液體汽化成氣體時,所需的熱量除以汽化的液體質量,稱為該物質的**汽化熱** (或**汽化潛熱**) $L_{汽化}$。

固體熔化成液體的溫度,稱為熔點 $T_{熔點}$。液體汽化成氣體的溫度,稱為沸點 $T_{沸點}$。物質在其熔點時,它的質量和它從固體變成液體所需的熱量之間的關係,可表示如下:

$$Q = mL_{熔化} \quad (當\ T = T_{熔點}) \quad (17.13)$$

同樣的,物質在其沸點時,它的質量和它從液體變成氣體所需的熱量之間的關係,可表示如下:

$$Q = mL_{汽化} \quad (當\ T = T_{沸點}) \quad (17.14)$$

熔化熱和汽化熱的 SI 單位均為 kg/J,但日常也使用 cal/g 為其單位。一給定物質的熔化熱與汽化熱不同。熔點、熔化熱、沸點和汽化熱的代表值列於表 17.2。

圖 17.8 在此黃石國家公園的景象中,水在三態之間的相變同時出現。

17 熱與熱力學第一定律

表 17.2 代表性的熔點、沸點、熔化熱和汽化熱

物質	熔點 (K)	熔化熱 $L_{熔化}$ (kJ/kg)	(cal/g)	沸點 (K)	汽化熱 $L_{汽化}$ (kJ/kg)	(cal/g)
氫	13.8	58.6	14.0	20.3	452	108
乙醇	156	104	24.9	351	858	205
水銀	234	11.3	2.70	630	293	70.0
水	273	334	79.7	373	2260	539
鋁	932	396	94.5	2740	10,500	2500
銅	1359	205	49.0	2840	4730	1130

另外，物質也可以從固體直接變成氣體，這個過程稱為**昇華**。例如，乾冰為固體 (凝固的) 的二氧化碳，它可不經過液態，而直接變成氣態。當彗星向太陽接近時，其凝固的二氧化碳有一部分會昇華，以致產生可見的彗星尾巴。

如果我們持續加熱氣體，它會離子化，這意味著氣體的原子中有一部分或全部的電子被移除。離子化氣體和它釋出的自由電子形成的物質狀態，稱為**等離子體** (或**電漿**)。等離子體在宇宙中非常普遍；事實上，太陽系的質量有多達 99% 是以等離子體的形式存在。

使物體冷卻意味著減少該物體的內能。當氣體的內能被移除時，該氣體會依照它的比熱逐漸降低溫度，直至開始凝結成液體。這個相變發生在一個稱為凝點的溫度，這個溫度與物質的沸點相同。要使所有的氣體轉變成液體，經由熱轉移所需移除的內能，等於氣體的質量乘以其汽化熱。如果內能繼續被移除，液體的溫度會依照它的比熱下降，直到溫度達到凝固點，這是與物質的熔點相同的溫度。要使所有的液體轉變成固體，經由熱轉移所需移除的內能，等於液體的質量乘以其熔化熱。如果內能繼續被移除，固體的溫度會依照它的比熱下降。

例題 17.3 水汽化所做的功

假設在配有活塞的絕緣汽缸中，有 10.0 g、溫度為 100.0 °C 的水，活塞使汽缸內維持恆定的壓力 $p = 101.3$ kPa。加熱使水汽化為 100.0 °C 的蒸汽。水的體積為 $V_水 = 10.0$ cm^3，蒸汽的體積為 $V_汽 = 16,900$ cm^3。

問題：水在汽化過程中所做的功為何？水的內能變化為何？

解：

這是一個定壓過程，因此水在汽化過程中所做的功，可由 (17.3) 式求得為

>>> **觀念檢測 17.2**

你使 1 kg 水的溫度，從 −10 °C 升高到 +10 °C，使另外 1 kg 的水從 +20 °C 升高到 +40 °C，再使另外 1 kg 的水從 +90 °C 升高到 +110 °C。此三個溫度變化所需轉移的熱量，何者最多？
a) 第一個變化
b) 第二個變化
c) 第三個變化
d) 三個變化所需轉移的熱量相同

>>> **觀念檢測 17.3**

絕熱容器中有質量為 m、溫度為 −3 °C 的冰塊，你將質量為 m、溫度為 6 °C 的液體水加入，讓混合物達到平衡。混合物的最終溫度為何？
a) −3 °C b) 0 °C
c) +3 °C d) +4.5 °C
e) +6 °C

普通物理

$$W = \int_{V_i}^{V_f} p\,dV = p\int_{V_i}^{V_f} dV = p(V_汽 - V_水)$$

代入數值，可得水在定壓下汽化時，使體積增加所做的功為

$$W = (101.3 \cdot 10^3 \text{ Pa})(16,900 \cdot 10^{-6} \text{ m}^3 - 10.0 \cdot 10^{-6} \text{ m}^3) = 1710 \text{ J}$$

水的內能變化可由 (17.4) 式的熱力學第一定律求得為

$$\Delta E_{int} = Q - W$$

在本題的情況下，吸收的熱量就是水汽化所需的熱量。從表 17.2，水的汽化熱為 $L_汽化$ = 2260 kJ/kg。因此，轉移給水的熱量為

$$Q = mL_汽化 = (10.0 \cdot 10^{-3} \text{ kg})(2.260 \cdot 10^6 \text{ J/kg}) = 22,600 \text{ J}$$

故得水的內能變化為

$$\Delta E_{int} = 22,600 \text{ J} - 1710 \text{ J} = 20,900 \text{ J}$$

所加的熱量大部分轉成水蒸汽所增加的內能，此一內能增加與液態水轉變為水蒸汽的相變有關。當液態水轉變為氣態的水蒸汽時，加入的熱量被用於克服液態水中分子之間的吸引力，因此水蒸汽的內能增加。

圖 17.9　營火說明了熱傳遞的三種主要模式：傳導、對流和輻射。

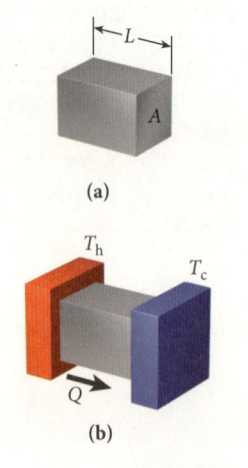

圖 17.10　(a) 橫截面面積 A、長度 L 的棒。(b) 棒的兩端與溫度為 T_h 和 T_c 的兩個熱庫接觸。

17.8　熱的傳遞方式

熱的傳遞 (或轉移) 有三個主要的模式，即傳導、對流和輻射，圖 17.9 所示的營火對此三者提供了說明。**輻射**是經由電磁波傳送熱量。當靠近營火時，你能感覺到它輻射出來的熱量。**對流**涉及物質 (例如水或空氣) 從與一個系統有熱接觸，移動到與另一個系統有熱接觸。此移動的物質載有內能。你可以看到營火經由其烈焰和上方的熱空氣，將熱量往上傳遞。**傳導**涉及熱量在一個物體內部傳輸 (例如熱量沿著一個前端很熱的撥火棒傳遞) 或在兩個 (或多個) 具有熱接觸的物體之間轉移。藉由原子和分子的振動和電子的運動，熱量可通過物質傳導。在營火上的鍋子，其內的水和食物都是經由傳導加熱，鍋子本身則是經由對流和輻射加熱。

傳導

考慮以某一材料製成的直棒，棒的橫截面面積為 A 和長度為 L (圖 17.10a)。此棒的一端與溫度 T_h 較高的熱庫接觸，另一端與溫度 T_c 較低的熱庫接觸，此處 $T_h > T_c$ (圖 17.10b)。熱從較高溫度的熱庫往溫度較低

的熱庫流動。實驗發現，連接兩熱庫的棒每單位時間傳送的熱量 $P_{傳導}$ (亦稱熱流) 為

$$P_{傳導} = \frac{Q}{t} = kA\frac{T_h - T_c}{L} \tag{17.15}$$

其中 k 為棒所用材料的**熱導率**。熱導率的 SI 單位為 W/(m K)。熱導率的一些典型值列於表 17.3。注意熱導率的巨大範圍！熱導率的值最高的是純碳的各種形式 (鑽石、碳奈米管、特別是石墨烯)。製造錢幣用的金屬 (銀、金和銅) 具有非常高的熱導率，但比各種形式的純碳要低一個數量級。在該表底部的材料 (橡膠、木材、紙和聚氨酯泡沫塑料) 被用於熱絕緣。

我們可以將 (17.15) 式整理，重寫為

$$P_{傳導} = \frac{Q}{t} = A\frac{T_h - T_c}{L/k} = A\frac{T_h - T_c}{R} \tag{17.16}$$

上式中的 R 為**熱阻**，其定義為

$$R = \frac{L}{k} \tag{17.17}$$

熱阻 R 的 SI 單位為 m² K/W。較高的 R 值是指較低的熱量傳輸率。良好的熱絕緣體具有較高的 R 值。

表 17.3 熱導率的典型值

材料	k [W/(m K)]
石墨烯	5000
碳奈米管	3500
鑽石	2000
銀	420
銅	390
金	320
鋁	220
鎳	91
鐵	80
鉛	35
不銹鋼	20
花崗岩	3
冰	2
石灰岩	1.3
混凝土	0.8
玻璃	0.8
水	0.5
橡膠	0.16
木	0.16
紙	0.05
空氣	0.025
聚氨酯泡沫塑料	0.02

詳解題 17.1 通過銅/鋁棒的熱流

問題：一銅棒 (Cu) 的長度為 L_{Cu} = 90.0 cm，橫截面面積為 A = 3.00 cm²。此銅棒的一端與溫度為 100.°C 的熱庫保持熱接觸，另一端與橫截面面積亦為 A、但長度為 L_{Al} = 10.0 cm 的鋁棒 (Al) 保持熱接觸。鋁棒的另一端與溫度為 1.00 °C 的熱庫保持熱接觸。通過此複合棒的熱流 (即每單位時間通過的熱量) 為何？銅的熱導率為 k_{Cu} = 386 W/(m K)，而鋁的熱導率為 k_{Al} = 220. W/(m K)。

解：

思索　熱流取決於棒兩端之間的溫度差、棒的長度和截面積，以及所用材料的熱導率。所有通過銅棒高溫端的熱量必須流過銅棒和鋁棒。

繪圖　圖 17.11 是銅/鋁棒的草圖。

推敲　通過長度 L、橫截面面積 A 之棒的熱流，可以用 (17.15) 式來描述：

觀念檢測 17.4

如果物體的溫度 (以克耳文計) 變為兩倍，每單位時間因傳導而離開它的熱量將

a) 變為 2 倍小
b) 保持不變
c) 變為 2 倍大
d) 變為 4 倍大
e) 會變，但在不知物體所處環境的溫度下，不能確定變化量

普通物理

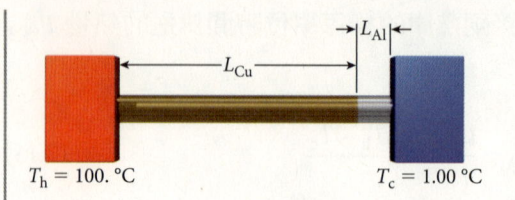

$$P_{傳導} = kA\frac{T_h - T_c}{L}$$

圖 17.11 銅/鋁棒的一端保持在 100. °C，另一端保持在 1.00 °C。

在本題中的 T_h = 100 °C，T_c = 1.00 °C。我們以 T 代表在銅棒和鋁棒交界面的溫度，通過銅棒的熱流為

$$P_{Cu} = k_{Cu}A\frac{T_h - T}{L_{Cu}}$$

通過鋁棒的熱流為

$$P_{Al} = k_{Al}A\frac{T - T_c}{L_{Al}}$$

通過銅棒的熱流必須等於通過鋁棒的熱流，所以我們有

$$P_{Cu} = P_{Al}$$
$$= k_{Cu}A\frac{T_h - T}{L_{Cu}} = k_{Al}A\frac{T - T_c}{L_{Al}} \tag{i}$$

簡化 由上式可解出 T。首先，我們將上式各項都除以 A，再都乘以 $L_{Cu}L_{Al}$，可得

$$k_{Cu}L_{Al}(T_h - T) = k_{Al}L_{Cu}(T - T_c)$$

接下來，求出各分項乘積，將含 T 的各分項移到一邊，再求出 T：

$$k_{Cu}L_{Al}T_h - k_{Cu}L_{Al}T = k_{Al}L_{Cu}T - k_{Al}L_{Cu}T_c$$
$$k_{Al}L_{Cu}T + k_{Cu}L_{Al}T = k_{Cu}L_{Al}T_h + k_{Al}L_{Cu}T_c$$
$$T(k_{Al}L_{Cu} + k_{Cu}L_{Al}) = k_{Cu}L_{Al}T_h + k_{Al}L_{Cu}T_c$$
$$T = \frac{k_{Cu}L_{Al}T_h + k_{Al}L_{Cu}T_c}{k_{Cu}L_{Al} + k_{Al}L_{Cu}}$$

將上式的 T 代入 (i) 式，即可求得通過銅/鋁棒的熱流。

計算 將數值代入上式：

$$T = \frac{k_{Cu}L_{Al}T_h + k_{Al}L_{Cu}T_c}{k_{Cu}L_{Al} + k_{Al}L_{Cu}}$$
$$= \frac{[386\ W/(m\ K)](0.100\ m)(373\ K) + [220.\ W/(m\ K)](0.900\ m)(274\ K)}{[386\ W/(m\ K)](0.100\ m) + [220.\ W/(m\ K)](0.900\ m)}$$
$$= 290.1513\ K$$

將上式的結果代入 (i) 式，可得通過銅棒的熱流：

$$P_{Cu} = k_{Cu} A \frac{T_h - T}{L_{Cu}}$$
$$= [386 \text{ W/(m K)}](3.00 \cdot 10^{-4} \text{ m}^2) \frac{373 \text{ K} - 290.1513 \text{ K}}{0.900 \text{ m}}$$
$$= 10.6599 \text{ W}$$

捨入 我們的結果應為三位有效數字：

$$P_{Cu} = 10.7 \text{ W}$$

複驗 讓我們計算通過鋁棒的熱流：

$$P_{Al} = k_{Al} A \frac{T - T_c}{L_{Al}} = [220. \text{ W/(m K)}](3.00 \cdot 10^{-4} \text{ m}^2) \frac{290.1513 \text{ K} - 274 \text{ K}}{0.100 \text{ m}} = 10.7 \text{ W}$$

這與我們已得之銅棒的熱流結果相符。

對流

如果你將手隔空擺放在燃燒的蠟燭上方，你可以感受來自燭火的熱。受熱後的空氣比它周圍空氣的密度為小，因此會往上升，而從蠟燭火焰將熱量攜帶向上。這類型的熱傳遞，稱為**對流**。

現今，很多的房屋和辦公樓以強制空氣流動的方式加熱；也就是說，通過空氣導管將暖空氣吹入房間。這是經由對流傳遞熱量的一個很好例子。在夏季，相同的空氣導管也可用以將冷空氣吹入房間，這是另一個經由對流傳遞熱量的例子。(但熱量的符號相反，因為在房間內的溫度降低。)

輻射

一個系統可透過電磁波的方式，來進行熱交換，這稱為**熱輻射**(有時簡稱為**輻射**)。電磁波有別於力學波，例如聲波，它的傳播不需要介質，因此可以將能量從一個地點攜帶到另一個地點，而在此二地點之間不必有任何物質存在。

所有物體都以熱輻射的形式發出電磁波。依據**斯特凡–波茲曼定律**，物體的溫度決定了物體的(熱)輻射功率 $P_{輻射}$，而可用下式表達：

$$P_{輻射} = \sigma \epsilon A T^4 \quad (17.18)$$

其中 $\sigma = 5.67 \cdot 10^{-8}$ W/K^4 m^2，稱為**斯特凡–波茲曼常數**；ϵ 是一個比值，稱為**發射率**；而 A 為表面(發出輻射的)面積。在 (17.18) 式中的溫度 T

普通物理

必須以克耳文 (K) 表示，並且為恆定。發射率在 0 和 1 之間變動，其中 1 是稱為**黑體**之理想化物體的發射率。黑體依 (17.18) 式發出和吸收的輻射功率，在同一溫度的所有物體中是最大的，即其發射率 ϵ = 100%。儘管現實世界中有一些物體已接近黑體，但完美的黑體並不存在；因此發射率總是小於 1。

前面的小節曾提及各種材料的隔熱性能是以 R 值來量化。屋子在冬季的熱損失或夏季的熱增益，不僅取決於傳導，也取決於輻射。為了增加房子的隔熱效率，新建築技術已使用輻射屏障。輻射屏障是一層材料，它能有效的反射電磁波，特別是紅外輻射 (它是我們通常會覺得溫暖的輻射)。圖 17.12 顯示輻射屏障用於屋子隔熱的例子。

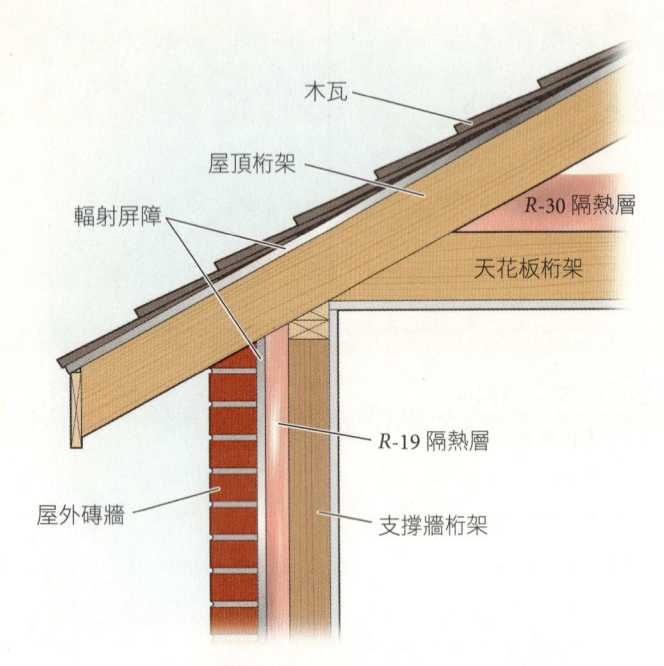

▶ 圖 17.12　屋角的示意圖，示出了屋頂、天花板和牆壁的一部分。屋頂覆蓋有木瓦、輻射屏障和屋頂桁架。天花板由天花板桁架、R 因子為 R-30 的熱絕緣。牆體含外磚牆、輻射屏障、R 因子為 R-19 的熱絕緣及支撐牆桁架。

▶ 圖 17.13　一種名為 ARMA 箔的輻射屏障材料，它是 Energy Efficient Solutions 公司的產品。

輻射屏障是用具有反射性的物質製成的，通常為鋁。圖 17.13 所示為典型的一種商業用輻射屏障，其材料是以鋁塗覆的聚烯烴，能反射 97% 的紅外線輻射。

圖 17.12 中所示的屋子，其設計可防止熱量以傳導方式，經由高 R 值的隔熱層進入或離去。輻射屏障阻止熱量以輻射的形式進入屋子。不幸的是，在冬季時這種屏障也會使太陽無法加熱屋子。天花板和屋頂之間無法利用的空間，可減少對流所引起的熱增益或損失。因此，這個屋子被設計成能夠降低傳導、對流或輻射引起的熱量轉移，而使熱損益減少。

> **例題 17.4　將地球當作黑體**
>
> 假設地球像一個黑體，可以 100% 吸收入射的太陽能，然後將所有能量輻射回太空。
>
> **問題**：地球表面的溫度為何？
>
> **解**：
>
> 太陽光的強度在地球所在處約為 S = 1400 W/m^2。地球在吸收到達的太陽能時，像一個半徑等於地球半徑 R 的黑體圓盤，但在將能量輻射

出去時，則像一個半徑 R 的黑體球面。在平衡時，地球所吸收的能量等於輻射出去的能量：

$$(S)(\pi R^2) = (\sigma)(1)(4\pi R^2)T^4$$

由上式解出溫度，可得

$$T = \sqrt[4]{\frac{S}{4\sigma}} = \sqrt[4]{\frac{1400 \text{ W/m}^2}{4(5.67 \cdot 10^{-8} \text{ W/K}^4\text{m}^2)}} = 280 \text{ K}$$

這個簡單計算給出的結果，接近地球表面實際的平均溫度，即大約是 288 K。

>>> **觀念檢測 17.5**

如果一個物體的溫度 (以克耳文計) 加倍，則它每單位時間所輻射的熱量將
a) 減小為 2 倍
b) 保持不變
c) 增大為 2 倍
d) 增大為 4 倍
e) 增大為 16 倍

全球暖化

例題 17.4 將地球當作黑體時，計算所得的地球溫度和地球表面實際溫度之間的差異，有一部分的原因是地球大氣，如圖 17.14 所示。

地球大氣雲層反射 20%、但也吸收 19% 的太陽能量。太陽的能量有 6% 被大氣層反射，有 4% 被地球表面反射。來自太陽的能量，有 51% 通過地球大氣層到達地球的表面。這些太陽能被地球表面吸收，使它變得暖和，從而導致它放出紅外輻射。在大氣中有一些氣體，特別是水蒸汽和二氧化碳，外加其他氣體，吸收了一部分的紅外輻射，將這一小部分原本被輻射回太空的熱量捕獲困住。此一熱量被捕獲困住的現象稱為<u>溫室效應</u>。溫室效應使地球變得比沒有此效應時要來得更為溫暖，並使日夜的溫差減小。

化石燃料的燃燒和其他的人類活動，使地球大氣層中的二氧化碳含

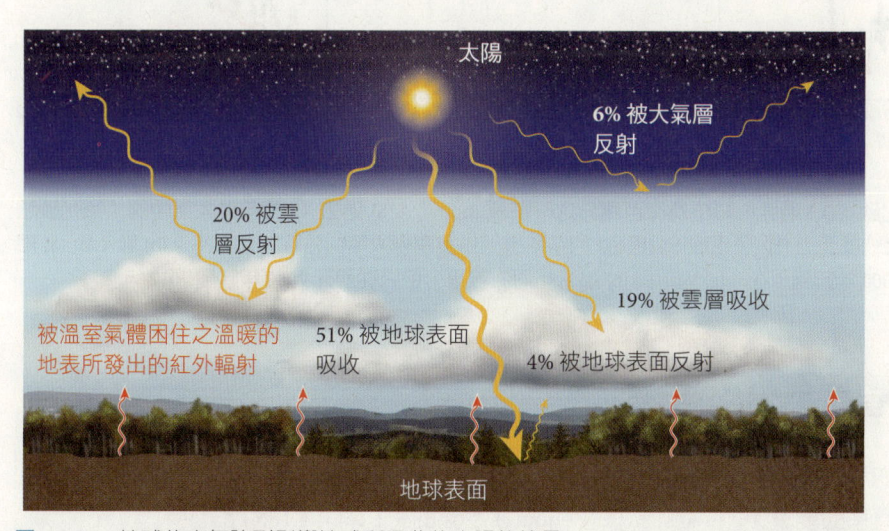

圖 17.14 地球的大氣強烈影響地球所吸收的太陽能總量。

量增加，也使原本會被發射到太空的紅外輻射被捕獲困住，從而造成地球表面的溫度增加。

圖 17.15a 顯示過去 42 萬年來空氣中的二氧化碳濃度。這個圖結合了由幾個南極大陸冰芯樣品所得的測量，與在夏威夷茂納羅亞 (Mauna Loa，綠色符號) 和南極 (South Pole air，橙色符號) 對空氣樣品的直接測量。由此圖可看出在冰期的二氧化碳濃度較低，約為 200 ppmv，而在間冰期的二氧化碳濃度較高，約為 275 ppmv。圖 (b) 顯示了相同的數據，但從西元 1000 年開始，以凸顯過去兩個世紀以來大氣中 CO_2 含量的指數成長趨勢。圖 (c) 只顯示西元 2000 年以來的數據，可以看出隨著植物的生長季節，CO_2 濃度出現季節性的變化。結合過去 50 年的直接測量與冰芯研究所推斷的濃度，顯示當前大氣中的二氧化碳濃度，比在工業革命 (發生在 18 世紀中葉) 之前 42 萬年的任何時候，都高出 30% 以上。有些研究人員估計，目前的二氧化碳濃度是在 2 千萬年來的最高水平。根據目前趨勢所建立的地球大氣組成模型，預測在未來 100 年的二氧化碳濃度將繼續增加。這種大氣中二氧化碳濃度的增加，助長了第 16 章中提到之已觀察到的全球暖化。

>>> **觀念檢測 17.6**

指出下列各敘述為是 (T) 或非 (F)。
1. 冷物體不會輻射能量。
2. 當熱量被加入到系統後，溫度必須上升。
3. 當攝氏溫度變為兩倍，華氏溫度也變為兩倍。
4. 熔點和凝固點的溫度是相同的。

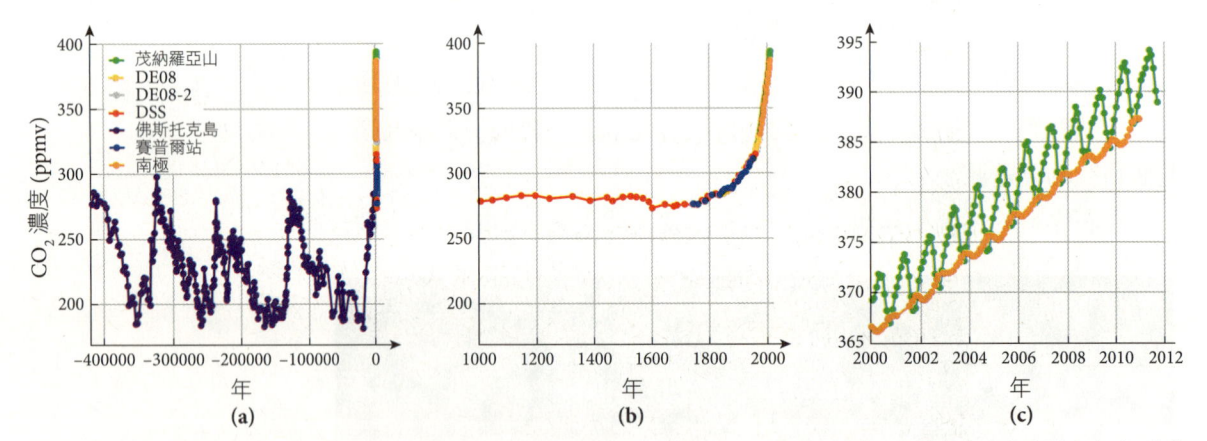

圖 17.15 地球大氣的二氧化碳 (CO_2) 濃度，單位為每百萬分之一體積 (ppmv)。(a) 過去 42 萬年來大氣中的二氧化碳濃度。顯示的測量源自夏威夷茂納羅亞山 (綠色) 和南極 (橙色) 的空氣樣品以及南極大陸的各種冰芯樣品。(b) 顯示與 (a) 部分相同的數據，但只從西元 1000 年起到現在。(c) 顯示與 (b) 部分相同的數據，但只從西元 2000 年起到 2012 年。

已學要點｜考試準備指南

- 熱量是兩個系統或系統和它的環境之間，由於它們之間的溫度差而轉移的能量。
- 卡路里 (calorie) 簡稱卡 (cal)，它是以焦耳 (J 或 joule) 定義的：1 cal = 4.186 J。

熱與熱力學第一定律 17

- 一系統從初始體積 V_i 變到最終體積 V_f 時，它所做的功為 $W = \int dW = \int_{V_i}^{V_f} p\, dV$。
- 熱力學第一定律指出一個封閉系統的內能變化，等於系統獲得的熱量減去系統所做的功，或 $\Delta E_{int} = Q - W$。熱力學第一定律指出一個封閉系統的能量是守恆的。
- 絕熱過程是指 $Q = 0$ 的過程。
- 在定容過程中，$W = 0$。
- 在閉路過程中，$Q = W$。
- 在絕熱自由膨脹過程中，$Q = W = \Delta E_{int} = 0$。
- 如果將熱量 Q 轉移給物體，則物體的溫度變化 ΔT 將為 $\Delta T = \dfrac{Q}{C}$，其中 C 為物體的熱容 (或熱容量)。
- 如果將熱量 Q 轉移給質量為 m 的物體，則物體的溫度變化 ΔT 將為 $\Delta T = \dfrac{Q}{cm}$，其中 c 為物體之組成物質的比熱。
- 固體熔化為液體所需的能量，除以它的質量，稱為熔化熱 $L_{熔化}$。在熔化過程中，系統的溫度保持在熔點，$T = T_{熔點}$。
- 液體汽化為氣體，所需的能量，除以它的質量，稱為汽化熱 $L_{汽化}$。在汽化過程中，系統的溫度保持在沸點，$T = T_{沸點}$。
- 如果截面積 A 的直棒兩端分別連接溫度 T_h 與 T_c 的熱庫，其中 $T_h > T_c$，則通過棒的熱流 (即每單位時間通過的熱量) 為 $P_{傳導} = \dfrac{Q}{t} = A\dfrac{T_h - T_c}{R}$，其中 R 是棒之組成材料的熱阻。
- 溫度 T、表面積 A 的物體，其輻射功率由斯特凡–波茲曼公式給出：$P_{輻射} = \sigma \epsilon A T^4$，其中 $\sigma = 5.67 \cdot 10^{-8}$ W/K^4 m^2 是斯特凡–波茲曼常數，ϵ 是發射率。

自我測試解答

17.1 功是負的。

17.2 雷雨、噴射氣流、在平底鍋中將水煮開、屋子加熱保暖。

解題準則

1. 當使用熱力學第一定律時，永遠要檢查功和熱的正負。在本書中，對系統所做的功是正的，系統所做的功是負的；進入系統中的熱量是正的，離開系統的熱量是負的。有些書功和熱量的正負定義，與本書不同；務必確定特定的問題所用的正負規定。

2. 功和熱量是隨路徑而變的量，但系統的內能變化與路徑無關。因此，計算內能的變化時，你可以使用在 pV 圖上具有相同最終位置和相同初始位置的任一路程。功和熱量可能會不同，這由圖中的路徑決定，但它們的差，$Q - W$，恆保持不變。對於這類問題，一定要明確的定義系統，並確定過程中每一階段的初始和最終條件。

3. 在計算熱量和對應的溫度變化時，要記住，比熱是指對應於某一溫度變化，一物質每單位質量所需的熱量；對質量已知的物體，你需要使用熱容。另外要注意相變的可能性。如果相變是可能的，將熱轉移的過程分為幾個步驟，計算對應於溫度變化的熱量和對應於相變的潛熱。記住，溫度的變化永遠是最終溫度減去初始溫度。

普通物理

選擇題

17.1 一個溫度為 90 °C、質量為 2.0 kg 的金屬物體，浸沒於溫度為 20 °C、質量為 1.0 kg 的水中。水−金屬系統在 32 °C 下達到平衡。此金屬的比熱為何？
a) 0.840 kJ/(kg K) b) 0.129 kJ/(kg K)
c) 0.512 kJ/(kg K) d) 0.433 kJ/(kg K)

17.2 氣體在等溫壓縮過程中，體積減小，但溫度保持不變。要使此種過程能發生，
a) 必須輸送熱進入氣體。
b) 必須從氣體移除熱量。
c) 氣體和周圍環境之間不可有熱交換。

17.3 假設燒(燙)傷的嚴重程度隨著進入皮膚的能量而增加，下列哪一項所導致的燒(燙)傷會最嚴重(假定相等的質量)？
a) 水在 90 °C b) 銅在 110 °C
c) 水蒸汽在 180 °C d) 鋁在 100 °C
e) 鉛在 100 °C

17.4 質量 $m_{鋁}$ = 2.0 kg、比熱 $c_{鋁}$ = 910 J/(kg K) 的鋁塊，最初溫度為 1000 °C，被投入一桶水中。水的質量為 $m_{水}$ = 12 kg，比熱 $c_{水}$ = 4190 J/(kg K)，在室溫 (25 °C)。當到達熱平衡時，系統的最終溫度最接近下列何者？(忽略系統的熱損失。)
a) 50 °C b) 60 °C
c) 70 °C d) 80 °C

17.5 下列何者沒有熱輻射？
a) 冰塊 b) 液態氮
c) 液態氦 d) 在 T = 0.010 K 的設備
e) 以上都是 f) 以上都不是

17.6 要使 3.0 kg 的銅塊，溫度從 25.0 °C 提高到 125 °C，共需多少熱量？
a) 116 kJ b) 278 kJ
c) 421 kJ d) 576 kJ
e) 761 kJ

17.7 假設你使 1 kg 的水，從 −10 °C 的溫度提高到 +10 °C，然後從 +20 °C 到 +40 °C，最後從 +90 °C 到 +110 °C。這三個溫度變化需要加入的熱量，何者最少？
a) 第一個變化
b) 第二個變化
c) 第三個變化
d) 三個變化所需的熱量相同

觀念題

17.8 估計每個人平均發出的輻射功率。(將人體近似為一個圓柱形黑體。)

17.9 為什麼在洗澡後，你的腳會覺得瓷磚比浴室的地毯冷得多？為什麼當你的腳是冷的時候，這個效應會更明顯？

17.10 在 1883 年，太平洋上的喀拉喀托 (Krakatau) 島火山，在史上最大的一次爆炸中猛烈的噴發，以致島上的大部分都被摧毀。全球溫度的測量顯示，這次爆炸使在接著的二十年裡，地球的平均氣溫降低約 1 °C。為什麼呢？

17.11 為什麼大衣在乾燥而蓬鬆時比它在濕的時候，是一個更好的熱絕緣體？

17.12 一個裝有活塞的保溫瓶內，充有氣體。因為保溫瓶的隔熱很好，沒有熱量可以進入或離開它。將活塞推入，以壓縮氣體。
a) 氣體的壓力有什麼變化？壓力是增大、減小、還是保持不變？
b) 氣體的溫度有什麼變化？溫度是增大、減小、還是保持不變？
c) 氣體的其他屬性是否有變化？

17.13 為什麼徒步旅行者在盛裝飲用水時，有可能會偏好使用舊式鋁壺，而不用塑膠瓶？

練習題

題號前的藍點 (•) 與雙藍點 (••) 代表問題難度遞增。

17.2 和 17.3 節

17.14 你要將大象 (質量 = $5.0 \cdot 10^3$ kg) 舉到你的頭上 (垂直位移為 2.0 m)。
a) 計算此舉所需要的功。你需慢慢的 (不可使大象搖晃！) 將大象舉高。如有需要，你可以利用滑輪系

統。(如在第 5 章看到的，這並不能改變舉起大象所需的能量，但它可減小所需的力。)

b) 要提供此一壯舉所需的能量，你必須消化多少個甜甜圈 (每個為 250 Cal)？

17.15 附圖顯示一氣體在 pV 圖上的路徑，它在每個循環所做的功為何？

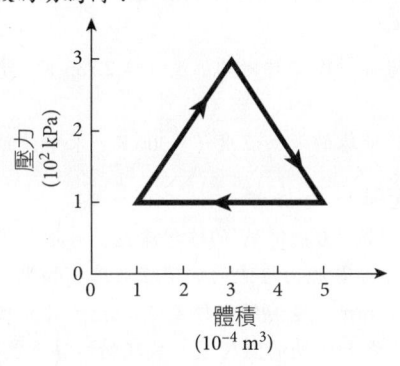

17.6 節

17.16 除了冰和水蒸汽，你有表 17.1 列出的各材料的樣品，全部都在 22.0 °C 的室溫，體積都是 1.00 cm^3。將 1.00 J 的熱量加入每個樣品後，其中哪個材料的溫度最高？哪個的溫度最低？這些溫度為何？

17.17 一塊 25.0 g 在 85.0 °C 的鋁，浸沒於 1.00 L 溫度為 $1.00 \cdot 10^1$ °C 的水中，水是在一個熱絕緣的燒杯中。假設損失到周圍環境中的熱量可以忽略不計，求出系統的平衡溫度。

•**17.18** 一塊 1.00 kg、溫度為 80.0 °C 的銅，被浸沒於一個容器內體積為 2.00 L、溫度為 10.0 °C 的水中。比較水與銅的內能變化量，何者較大？

•**17.19** 在一次挖掘行動中發現的金屬磚被送往實驗室，進行非破壞性檢驗。該實驗室量得磚的質量為 3.00 kg，並將磚加熱至 300. °C 後，放入一個熱絕緣的銅製量熱計所裝置為 2.00 kg、溫度為 20.0 °C 的水中。在平衡狀態時的最終溫度為 31.7 °C。由以上數據計算出比熱，你能否識別出此磚是以何種金屬製成的？

••**17.20** 當用浸沒式玻璃溫度計測量液體的溫度時，溫度的讀數會有一個誤差是因液體和溫度計之間的熱傳遞而引起的。假設你要測量一個與環境隔熱之派瑞克斯玻璃瓶內的水溫度，水的體積為 6.00 mL，空瓶的質量為 5.00 g。你用的溫度計也是用派瑞克斯玻璃製成的，質量為 15.0 g，其中有 4.00 g 是溫度計內的水銀質量。溫度計最初在室溫 (20.0 °C)。你將溫度計放入瓶內的水中，等一段時間後，你讀到 29.0 °C 的平衡溫度。在進行溫度測量之前，瓶內水的實際溫度為何？在室溫附近，派瑞克斯玻璃的比熱為 800. J/(kg K)，水銀在室溫下的比熱為 140. J/(kg K)。

17.7 節

17.21 在訓練期間，某人散發出 180. kcal 的熱量，以致水分從她的皮膚蒸發。假設發出的熱量僅用於蒸發水，此人損失的水分有多少？

17.22 液態氮的汽化熱約為 200. kJ/kg。假設你有質量為 1.00 kg、溫度為 77.0 K 的沸騰液態氮。如果將電熱器浸入液態氮中，以 10.0 W 的固定功率供熱，則要使液態氮全部汽化需要多久？要使 1.00 kg 的液態氦全部汽化，需要多久？液態氦的汽化熱為 20.9 kJ/kg。

•**17.23** 假設將 $1.00 \cdot 10^2$ g、932 K 的熔融鋁，沒入 1.00 L、22.0 °C 的水中。

a) 有多少水會汽化？

b) 有多少鋁會凝固？

c) 水–鋁系統的最終溫度為何？

d) 假設鋁最初在 1150 K。只使用上述的信息，你還能求出這個問題的答案？答案是什麼？

••**17.24** 刀片常用淬硬碳鋼製成。在硬化過程中，先將刀片加熱至 1346 °F，然後浸入水浴使其快速冷卻。為達到所需的硬度，刀片需要從 1346 °F 的溫度降到低於 500 °F。如果刀片的質量為 0.500 kg，且用體積夠大、質量為 2.000 kg 的開口銅容器裝水，則要能使此硬化過程成功，容器中的水量最少需為何？假定水和銅容器最初在 20.0 °C 的溫度。假設刀片與容器沒有實體的接觸 (因此無熱接觸)，且水沒有沸騰，但所有的水都達到 100. °C。忽視發射到空氣中的熱輻射所造成的冷卻效應。在室溫附近，銅的比熱為 $c_{銅}$ = 386 J/(kg K)。碳鋼的比熱使用下表中的數據。

溫度範圍 (°C)	比熱 (J/kg K)
150 ~ 200	519
200 ~ 250	536
250 ~ 350	553
350 ~ 450	595
450 ~ 550	662
550 ~ 650	754
650 ~ 750	846

17.8 節

17.25 有一塊溫度為 0.00 °C、體積為 100. mm × 100. mm × 5.00 mm 的冰塊，將其較大的表面之一放置在

10.0 mm 厚的金屬圓盤上，此盤覆蓋著一壺在正常大氣壓力下沸騰的水。整個冰塊熔化所需的時間經測量為 0.400 s。冰的密度為 920. kg/m。使用表 17.3 中的數據，圓盤最可能是用哪種金屬製造的？

17.26 太陽可近似為半徑為 $6.963 \cdot 10^5$ km 的球體，太陽與地球的平均距離為 $a = 1.496 \cdot 10^8$ km。在地球大氣層外緣的太陽輻射強度為 1370 W/m²，稱為**太陽常數**。假設太陽是個黑體發出輻射，計算其表面溫度。

•**17.27** 一個夏日，你決定做一根冰棒。你把冰棒放入玻璃杯內、處於室溫 (71.0 °F) 的橙汁中，橙汁的體積為 8.00 oz (= 0.236588 L)。然後將玻璃杯放置在溫度為 −15.0 °F、冷卻功率為 $4.00 \cdot 10^3$ BTU/h 的冰箱中。你的冰棒需要多長的時間才會完全凍結？

•**17.28** 一個單窗格的窗戶是不良的絕緣體。在寒天時，窗戶的內表面溫度通常遠低於室內空氣溫度。同樣，窗戶的外表面可能比室外空氣溫暖得多。實際的表面溫度強烈受到對流效應的影響。例如，假設室內的空氣溫度為 21.5 °C，而室外的空氣為 −3.0 °C，窗戶的內表面為 8.5 °C，外表面為 4.1 °C。通過窗戶的熱流為何？已知窗戶的厚度為 0.32 cm，高度為 1.2 m，寬度為 1.4 m。

•**17.29** 火星到太陽之距離為地球到太陽之距離的 1.52 倍，而直徑為地球的 0.532 倍。
a) 火星表面的太陽輻射強度 (W/m²) 為何？
b) 估計火星表面的溫度。

••**17.30** 黑體在溫度 T 時發射的輻射，其頻率分布如下式的普朗克頻譜公式所示：

$$\epsilon_T(f) = \frac{2\pi h}{c^2}\left(\frac{f^3}{e^{hf/(k_B T)}-1}\right)$$

其中 $\epsilon_T(f)$ 是每單位頻率增量的輻射能強度（單位為 Wm^{-2} Hz^{-1}），$h = 6.626 \cdot 10^{-34}$ J s 是普朗克常數，$k_B = 1.38 \cdot 10^{-23}$ J K^{-1} 是波茲曼常數，c 是真空中的光速。（普朗克依據光的量子假說得出這個分布，但在此處它可用以揭示一些關於輻射的了解。值得一提的是，這種能量強度分布在自然界中最準確和精確被測量的例子，就是宇宙微波背景輻射。）此分布在極限 $f \to 0$ 和 $f \to \infty$ 時為零，且在兩極限之間有單一的峰值。當溫度升高時，在每一頻率值的能量強度隨之增大，且峰值移動到更高的頻率值。
a) 求普朗克頻譜函數達其峰值的頻率，答案以溫度的函數表示。
b) 在接近太陽光球（表面）的溫度 $T = 6.00 \cdot 10^3$ K，求峰值頻率。
c) 在宇宙背景微波輻射的溫度 $T = 2.735$ K，求峰值頻率。
d) 在接近地球的表面溫度 $T = 300$ K，求峰值頻率。

補充練習題

17.31 一個 $1.0 \cdot 10^2$ W 的球形燈泡，其燈絲上的能量大約有 95% 是經由燈泡的玻璃球散逸。如果玻璃的厚度為 0.50 mm，燈泡的半徑為 3.0 cm，計算玻璃的內表面和外表面之間的溫度差。玻璃的熱導率為 0.80 W/(m K)。

17.32 人體以 100. W 的功率，從溫度為 37.0 °C 的內部組織，輸送熱量到溫度為 27.0 °C 的皮膚表面。如果皮膚的面積為 1.50 m²，厚度為 3.00 mm，則皮膚的有效熱導率 k 為何？

•**17.33** 太陽輻射的強度在地球表面約為 1.4 kW/m²。假設地球和火星均為黑體，計算太陽光在火星表面的強度。

•**17.34** 一塊質量為 10.0 g、溫度為 −10.0 °C 的冰塊，被放入質量為 40.0 g、溫度為 30.0 °C 的水中。
a) 在足夠長的時間後，當冰塊和水達成平衡時，水的溫度為何？
b) 若加入第二塊冰塊，溫度將為何？

•**17.35** 求出進入一組六個的鋁製飲料罐與進入 2.00 L 塑膠飲料瓶之熱流的比值。兩者都由同一冰箱裡取出，也就是說，初始時它們與房間空氣的溫度差是相同的。假設每個鋁罐的直徑為 6.00 cm，高度為 12.0 cm，厚度為 0.100 cm，而鋁的熱導率為 205 W/(m K)。假定 2.00 L 塑膠瓶的直徑為 10.0 cm，高度為 25.0 cm，厚度為 0.100 cm，而塑膠的熱導率為 0.100 W/(m K)。

多版本練習題

17.36 增強型地熱系統 (EGS) 的組成，包括兩個以上的鑿井，它們從地面向下延伸幾公里到熱的基岩。由於鑽井的花費可能高達數百萬，需要擔心的一點是，基岩提供的熱量可能無法償付最初的投資。假設花崗

岩的體積為 0.669 km³，初始溫度為 168.3 °C，最終溫度為 103.5 °C，而平均功率為 13.9 MW，則它可以維持供應多久？[花崗岩的密度為水的 2.75 倍，比熱為 0.790 kJ/(kg °C)。]

17.37 增強地熱系統 (EGS) 的組成，包括兩個以上的鑿井，它們從地面向下延伸幾公里到熱的基岩。由於鑽井的花費可能高達數百萬，需要擔心的一點是，基岩提供的熱量可能無法償付最初的投資。假設花崗岩的體積為 0.581 km³，可以提供平均為 15.7 MW 的功率達 164.6 年。如果過了這段時間，花崗岩的溫度為 104.5 °C，則它的初始溫度為攝氏多少度？[花崗岩的密度為水的 2.75 倍，比熱為 0.790 kJ/(kg °C)。]

17.38 增強地熱系統 (EGS) 的組成，包括兩個以上的鑿井，它們從地面向下延伸幾公里到熱的基岩。由於鑽井的花費可能高達數百萬，需要擔心的一點是，基岩提供的熱量可能無法償付最初的投資。假設花崗岩的體積為 0.493 km³，要維持供應 124.9 年的功率，而在過程中會從 169.9 °C 冷卻到 105.5 °C。花崗岩在這段期間內可以提供的平均功率為何？[花崗岩的密度為水的 2.75 倍，比熱為 0.790 kJ/(kg °C)。]

18 理想氣體

待學要點
18.1 經驗性氣體定律
波以耳定律
查爾斯定律
給呂薩克定律
亞佛加厥定律

18.2 理想氣體定律
例題 18.1　冷卻氣球
定溫下理想氣體所做的功
詳解題 18.1　住家儲能裝置
道耳頓定律

18.3 均分定理
例題 18.2　空氣分子的平均動能

18.4 理想氣體的比熱
定容比熱
定壓比熱
自由度
比熱之比

18.5 理想氣體的絕熱過程
絕熱下理想氣體所做的功

18.6 氣體動力論
馬克士威速率分布
平均自由徑

已學要點｜考試準備指南
解題準則
選擇題
觀念題
練習題
多版本練習題

圖 18.1　水肺潛水者在水下呼吸壓縮空氣。

水肺潛水在海水溫暖的地區是一項大眾化的活動，但它也是氣體物理學的一項應用。圖 18.1 所示的潛水員在水下呼吸時，須依靠背後筒中的壓縮空氣，這些空氣的壓力通常保持在 200 大氣壓 (~ 20 MPa)。在潛水員能夠呼吸空氣前，壓縮空氣的壓力，必須調整到接近潛水員所在處的水下壓力，而水下深度每增加 10 米，這個壓力就會增加大約 1 atm (見 12.4 節)。

本章研究氣體的物理學，各項結果乃基於理想氣體，這種氣體實際上不存在，但在許多情況下，很多真實氣體表現得大致像理想氣體。我們首先依據觀察結果，來研究氣體的性質。然後，再從理想氣體運動論獲得更多的了解；這個理論在若干假設條件下，針對氣體粒子進行數學分析。

普通物理

> **待學要點**
> - 氣體是由相距夠遠以致液體和固體分子間之結合特性不存在的分子所組成。
> - 氣體具有壓力、體積、溫度和分子個數等物理性質。
> - 理想氣體的分子可當作是彼此之間無相互作用的點粒子。
> - 理想氣體定律給出了理想氣體的壓力、體積、溫度和分子個數之間的關係。
> - 在定壓下,理想氣體所做的功正比於其體積的變化量。
> - 道耳頓定律說,混合氣體施加的總壓力等於其中各個氣體所施加之分壓力的總和。
> - 氣體在定容和定壓下各有其比熱,而單原子、雙原子、多原子或分子構成的氣體具有不同的比熱。
> - 氣體動力論描述理想氣體之組成粒子的運動,可說明其宏觀性質,如溫度和壓力。
> - 氣體的溫度正比於其單個分子的平均動能。
> - 氣體分子的速率分布由馬克士威速率分布描述,而氣體分子的動能分布由馬克士威動能分布來描述。
> - 在氣體分子的平均自由徑是一分子與另一分子發生碰撞之前所走的平均距離。

氣體物理學的應用遍及許多不同的科學領域——從天文學到氣象學,從化學到生物學。本章討論的概念,有許多在後面的章節是重要的。

18.1 經驗性氣體定律

氣體是由分子組成的,這些分子彼此分開得夠遠,以致不會有液體和固體分子所特有的結合。氣體會膨脹而填滿用以盛裝它的容器,因此,氣體的體積就是容器的體積 (或容積)。本章將氣體的組成粒子稱為氣體分子,但這些粒子也可以是原子、分子或是原子和分子的組合。

在許多應用中,標準溫度和壓力 (STP) 指的是 0 °C (273.15 K) 和 100.000 kPa,這種狀況亦稱為標準狀況。注意:標準壓力與正常壓力 (101.325 kPa) 略有不同。

除了體積、溫度和壓力等屬性外,氣體的另一個屬性是它在容器體積內的分子數目。這個數目以莫耳數表示:1 **莫耳**的氣體被定義為具有 $6.022 \cdot 10^{23}$ 個分子。這個數字稱為亞佛加厥數。

氣體的壓力、體積、溫度和分子數目等四個屬性之間,存在著幾個簡單的關係。這些都以它們的發現者 (波以耳、查爾斯、給呂薩克、亞佛加厥) 命名,且都為經驗性的,也就是說,它們是經由實驗測量發現的。在下一節中,我們將結合這四個定律,而得到理想氣體定律。

波以耳定律

波以耳定律指出，在定溫下，氣體的壓力 p 和體積 V 的乘積是一個常數 (圖 18.2)。波以耳定律可用數學式表示為 $pV =$ 常數 (在定溫下)。

波以耳定律的另一種表達方式是：在定溫下，一氣體在時刻 t_1 的壓力 p_1 和體積 V_1 的乘積，等於該氣體在另一時刻 t_2 的壓力 p_2 和體積 V_2 的乘積：

$$p_1 V_1 = p_2 V_2 \quad \text{(在定溫下)} \tag{18.1}$$

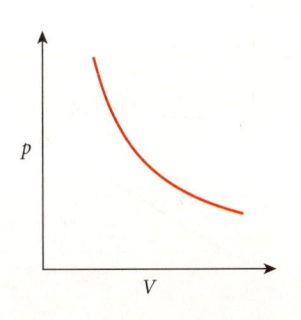

圖 18.2　波以耳定律所述之壓力和體積的關係。

波以耳定律應用在日常生活中的一個例子是呼吸。當你吸一口氣時，橫膈膜擴張，因而使你的胸腔體積變得較大。根據波以耳定律，相對於周圍的正常大氣壓力，你肺部裡的空氣壓力會變得較低。因此在你身體外的較高壓力，會迫使空氣進入你的肺部，以平衡壓力。要將氣呼出來時，你的橫膈膜收縮，減小你的胸腔體積。此一減小使壓力變得較高，而迫使空氣由你的肺裡呼出。

查爾斯定律

查爾斯定律指出在定壓下，氣體的體積 V 除以其溫度 T 是恆定不變的 (圖 18.3)。當以數學式表達時，查爾斯定律可寫為 $V/T =$ 常數 (在定壓下)。

查爾斯定律的另一種表達方式是：在定壓下，一氣體在時刻 t_1 的體積 V_1 和溫度 T_1 的比，等於該氣體在另一時刻 t_2 的體積 V_2 和溫度 T_2 的比：

$$\frac{V_1}{T_1} = \frac{V_2}{T_2} \Leftrightarrow \frac{V_1}{V_2} = \frac{T_1}{T_2} \quad \text{(在定壓下)} \tag{18.2}$$

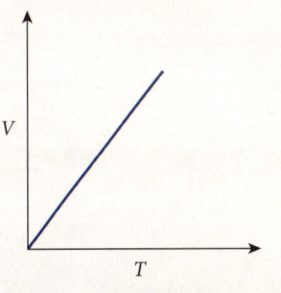

圖 18.3　查爾斯定律所描述之體積和溫度的關係。

注意：上式中的溫度單位必須是克耳文 (K)。

由於質量為 m 的氣體，其密度 $\rho = m/V$，查爾斯定律也可以寫為 $\rho T =$ 常數 (在定壓下)。因此由 (18.2) 式可以推論出

$$\rho_1 T_1 = \rho_2 T_2 \Leftrightarrow \frac{\rho_1}{\rho_2} = \frac{T_2}{T_1} \quad \text{(在定壓下)} \tag{18.3}$$

給呂薩克定律

給呂薩克定律指出在定容下，氣體的壓力 p 除以其溫度 T 是恆定

不變的 (圖 18.4)。當以數學式表達時，給呂薩克定律可寫為 p/T = 常數 (在定容下)。

給呂薩克定律的另一種表達方式是：在定容下，一氣體在時刻 t_1 的壓力 p_1 和溫度 T_1 的比，等於該氣體在另一時刻 t_2 的壓力 p_2 和溫度 T_2 的比：

$$\frac{p_1}{T_1} = \frac{p_2}{T_2} \quad \text{(在定容下)} \tag{18.4}$$

同樣須注意的，上式中的溫度單位必須是克耳文 (K)。

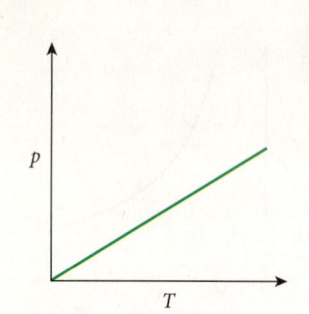

圖 18.4 給呂薩克定律所描述之壓力和溫度的關係。

亞佛加厥定律

亞佛加厥定律指出，在定壓且定溫下，氣體的體積 V 除以其分子數目 N 是恆定不變的。當以數學式表達時，亞佛加厥定律可寫為 V/N = 常數 (在定壓且定溫下)。

亞佛加厥定律的另一種表達方式是：在定壓且定溫下，一氣體在時刻 t_1 的體積 V_1 和分子數目 N_1 的比，等於該氣體在另一時刻 t_2 的體積 V_2 和分子數目 N_2 的比：

$$\frac{V_1}{N_1} = \frac{V_2}{N_2} \quad \text{(在定壓且定溫下)} \tag{18.5}$$

經由實驗得知，在標準溫度和壓力下，體積為 22.4 L (1 L = 10^{-3} m^3) 的氣體含有 $6.022 \cdot 10^{23}$ 個分子。這個分子數目被稱為亞佛加厥數 N_A。目前公認的亞佛加厥數為

$$N_A = (6.02214129 \pm 0.00000027) \cdot 10^{23}$$

(正如第 12 章所指出的，依據定義，亞佛加厥數是碳的最常見同位素，即碳-12，正好為 12 g 時所含的原子個數。) 1 莫耳的任何氣體所含有的分子數目都等於亞佛加厥數。莫耳數通常以 n 代表。因此，亞佛加厥數可用來表示氣體分子的數目 N 和莫耳數 n 的關係：

$$N = nN_A \tag{18.6}$$

物理學中，有時以一個碳-12 同位素的原子所具有的質量作為質量單位，稱為 1 原子質量單位 (amu)。1 莫耳氣體的質量以 g (克) 為單位來計時，其數值等於該氣體組成粒子的原子或分子質量以原子質量單位表示時的數值。例如，氮氣的組成粒子為分子，具有兩個氮原子，由於

氮原子的質量數為 14，其質量約為 14 原子質量單位，因此，氮分子的質量約為 28 原子質量單位，而在標準溫度和壓力下，體積為 22.4 L 的氮氣所具有的質量約為 28 g。

18.2 理想氣體定律

結合 18.1 節所述的經驗性氣體定律，我們可以獲得氣體各種屬性間更具一般性的定律，稱為**理想氣體定律**：

$$pV = nRT \tag{18.7}$$

其中 p、V 和 T 分別為 n 莫耳氣體的壓力、體積和溫度，而 R 是**通用氣體常數**，其值經由實驗測定為

$$R = (8.3144621 \pm 0.0000075) \, \text{J/(mol K)}$$

常數 R 也可用其他單位表示，而具有不同的數值，例如 $R = 0.08205736$ L atm/(mol K)。

理想氣體定律也可以不用氣體的莫耳數，而改用氣體分子的數目來表示。在此種形式下，理想氣體定律可表示為

$$pV = Nk_B T \tag{18.8}$$

其中 N 是原子或分子的數目，而 k_B 是**波茲曼常數**，由下式給出

$$k_B = \frac{R}{N_A}$$

目前波茲曼常數的公認值是

$$k_B = (1.3806488 \pm 0.0000013) \cdot 10^{-23} \, \text{J/K}$$

對於莫耳數恆定的氣體，理想氣體定律的另一種表達方式是

$$\frac{p_1 V_1}{T_1} = \frac{p_2 V_2}{T_2} \tag{18.9}$$

其中，p_1、V_1 和 T_1 分別是在時刻 1 的壓力、體積和溫度，而 p_2、V_2 和 T_2 分別是在時刻 2 的壓力、體積和溫度。

我們首先經由一些例子，來探討理想氣體定律所給的推論和它的預測能力。

>>> **觀念檢測 18.1**

水肺筒內的壓力為 205 atm，溫度為 22.0 °C。假定筒被置於陽光下，以致筒內壓縮空氣的溫度上升到 40.0 °C，則筒內的壓力為何？
a) 205 atm   b) 218 atm
c) 254 atm   d) 321 atm
e) 373 atm

例題 18.1　冷卻氣球

一氣球在室溫下充氣膨脹，然後置於液態氮中 (圖 18.5)，因而冷卻至液態氮溫度，並顯著縮小。然後，冷氣球從液態氮中取出，使其溫熱至室溫，並回復到原來的體積。

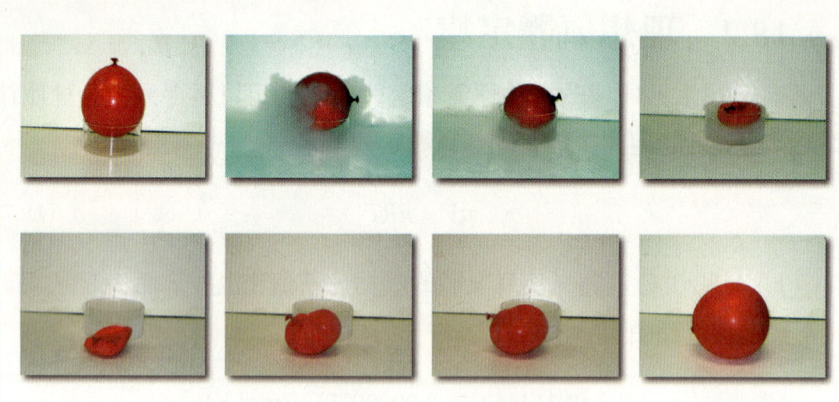

圖 18.5　上行顯示氣球在室溫下充氣膨脹，然後置於液態氮中。下行顯示冷氣球從液態氮中取出，並溫熱至室溫。在每一行中，連續兩圖相隔的時間是 20 秒。注意，液態氮使氣球內的空氣發生相變，以致比起理想氣體定律所預測的，要縮小得更多。

問題：當氣球內的空氣溫度從室溫降到液態氮溫度時，氣球的體積縮小多少倍？

解：

氣球內的氣體可良好的近似為處於恆定的壓力 ($p_1 = p_2$)，這點可以從一個事實得到驗證，即要將空氣加入到任何大小 (在合理範圍內的氣球尺寸) 的氣球內，其困難度大致都一樣。(18.9) 式的理想氣體定律 $p_1V_1/T_1 = p_2V_2/T_2$，在此情況下變成 $V_1/T_1 = V_2/T_2$。(在此情況下，理想氣體定律簡化成為 18.1 節的查爾斯定律。) 假設室內溫度為 22 °C，或者 $T_1 = 295$ K，而液態氮的溫度為 $T_2 = 77.2$ K。我們可以計算出氣球體積的變化比率：

$$\frac{V_2}{V_1} = \frac{T_2}{T_1} = \frac{77.2 \text{ K}}{295 \text{ K}} = 0.262$$

討論：

比起由查爾斯定律計算得到的縮小倍率，圖 18.5 的氣球縮小得更多。(冷體積對暖體積的比為 25% 時，冷氣球半徑應為室溫氣球半徑的 63 %。) 有多個原因會使冷氣球的尺寸較預期的為小。首先，在氣球內空氣中的水蒸汽，凍結成為冰顆粒。第二，在氣球內空氣中的氧和氮，有一些冷凝成液體，在這些情況下理想氣體定律並不適用。

定溫下理想氣體所做的功

假設理想氣體是在溫度恆定但體積可變的密閉容器中，例如一個配置有活塞的汽缸。這種設置允許我們進行第 17 章所描述的定溫過程。依據理想氣體定律，在定溫過程中，壓力等於一個常數乘以體積的倒數：$p = nRT/V$。當容器的體積從初始體積 V_i 改變至最終體積 V_f 時，氣體所做的功 (見第 17 章) 由下式給出：

$$W = \int_{V_i}^{V_f} p\,dV$$

將壓力的表達式代入積分內，可得

$$W = \int_{V_i}^{V_f} p\,dV = (nRT)\int_{V_i}^{V_f} \frac{dV}{V} = nRT\left[\ln V\right]_{V_i}^{V_f}$$

其結果為

$$W = nRT \ln\left(\frac{V_f}{V_i}\right) \tag{18.10}$$

上式表明，氣體所做的功當 $V_f > V_i$ 時為正，而當 $V_f < V_i$ 時，則為負。

我們可將這個結果，與第 17 章中氣體在其他假設下所做的功，做一比較。例如，如果是體積而不是溫度保持恆定，則氣體所做的功為零：$W = 0$。如果壓力保持恆定，則氣體所做的功，由下式給出 (見第 17 章)：

$$W = \int_{V_i}^{V_f} p\,dV = p\int_{V_i}^{V_f} dV = p(V_f - V_i) = p\Delta V$$

>>> **觀念檢測 18.2**

假定一理想氣體的壓力為 p、體積為 V 及溫度為 T。以 $W_{p=定值}$ 代表在定壓下，氣體體積增大為原來的兩倍時氣體所做的功。如果改成是在定溫下，並以 $W_{T=定值}$ 代表體積增大為兩倍時氣體所做的功，則氣體所做的這兩個功，其大小關係為何？
a) $W_{p=定值} < W_{T=定值}$
b) $W_{p=定值} = W_{T=定值}$
c) $W_{p=定值} > W_{T=定值}$
d) 所給信息不足以確定功的大小關係

🔍 詳解題 18.1　住家儲能裝置

日照充足地區的住屋，可以利用太陽能電池板得到能量。但為了避免從供電網購買電力，屋主需要一些方法來存儲由太陽能電池所收集到的能量，以供沒有日照時之用。

問題：假設住家的儲能裝置具有一個 10.0 L 的空氣筒，而它的太陽能電池板提供足夠的電力，非常緩慢的將周圍環境的空氣，從大氣壓力壓縮到 23.1 MPa，則存儲在空氣筒中的總能量為何？

解：

思索　初看之下，在體積固定的筒內增加氣體的壓力，似乎無法儲存能

普通物理

量，因為體積恆定意味著所做的功為零。然而，有重要性的是氣體的體積，而不是在最終狀態時的容器體積。如果空氣非常緩慢的被壓縮，則將它當作保持於恆定溫度，是一個很好的近似。因此，可以使用在定溫下對理想氣體做功的概念，也就是，定溫下壓縮理想氣體所做的功。

繪圖 空氣壓縮機中使用的泵，其作用就像一個活塞，能使氣體的體積從它的初始值改變到最終值 (見圖 18.6)。此最終值是筒的體積，而初始值則是相同質量的空氣，在正常大氣壓下所佔據的體積。

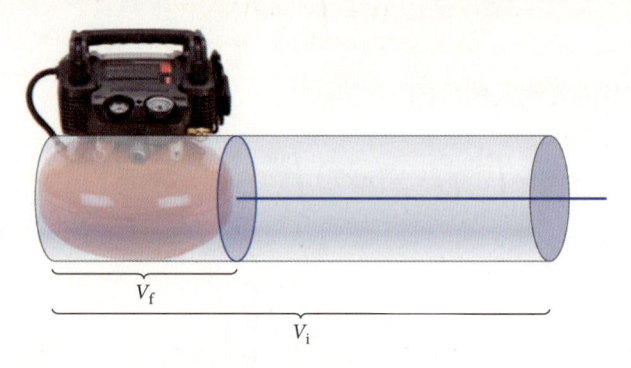

圖 18.6 將周圍空氣壓縮進入筒中。

推敲 本題適用氣體的等溫壓縮過程，故可使用在此種過程中氣體所做之功為 $W = nRT \ln(V_f/V_i)$ 的結果。

題目並未給出空氣的初始體積，但已給出空氣的最終體積 (10.0 L)、最終壓力 (23.1 M Pa) 和初始壓力 (大氣壓力 = 101 kPa)。根據波以耳定律 (定溫下的理想氣體定律)，初始和最終壓力和體積的關係為 $p_i V_i = p_f V_f$。

簡化 由波以耳定律解出體積的比率：

$$\frac{V_f}{V_i} = \frac{p_i}{p_f}$$

將上式中的 V_f/V_i 代入在過程中氣體所做之功的公式：

$$W = nRT \ln\left(\frac{p_i}{p_f}\right)$$

使用理想氣體定律 $pV = nRT$，以替代 nRT，可得

$$W = p_f V_f \ln\left(\frac{p_i}{p_f}\right)$$

(在上式中，我們也可以使用初始的壓力和體積，但選擇使用最終的壓力和體積，是因為它們的值是問題陳述已給出的。)

> **計算** 代入數值：
> $$W = (23.1 \cdot 10^6 \text{ Pa})(10.0 \cdot 10^{-3} \text{ m}^3)\ln(0.101/23.1)$$
> $$= -1.254900 \cdot 10^6 \text{ J}$$
>
> **捨入** 我們須將結果四捨五入成為三位有效數字：$W = -1.25 \cdot 10^6$ J。這一結果意味著，儲存在壓縮氣體的能量為 $E = +1.25 \cdot 10^6$ J。
>
> **複驗** 我們得到的儲存能量，是否合理？由於 1 kWh 的電能為 3.6 MJ，我們的結果約等於 $\frac{1}{3}$ kWh。假設所有儲存的能量都轉化為電能 (這是不可能的)，這將足以使幾個 40 瓦的燈泡使用約 5 小時。因此，我們的結果應被視為一個上限。然而，以此相當簡單和便宜的能量儲存系統，供電給幾個燈泡使用數小時，看來似乎是可能的。

道耳頓定律

如果一個給定的體積裡有不只一種的氣體，例如地球的大氣，理想氣體的推論有何改變？**道耳頓定律**指出，一個由不同種氣體均勻混合所成的氣體，其壓力等於各成分氣體的分壓之和。依定義，每一種氣體的**分壓**，是指在同一溫度與容器體積，並假設其他氣體不存在時，該種氣體單獨施加的壓力。道耳頓定律意味著，只要氣體分子之間沒有交互作用，每一種氣體不因其他氣體的存在而受影響。道耳頓定律給出 m 種氣體 (分壓以 p_i 表示) 混合在一起時所施加的總壓力 p_total：

$$p_\text{total} = p_1 + p_2 + p_3 + \cdots + p_m = \sum_{i=1}^{m} p_i \qquad (18.11)$$

由 m 種成分氣體組成的混合氣體，其總莫耳數 n_total，等於各成分氣體的莫耳數 n_i 之和：

$$n_\text{total} = n_1 + n_2 + n_3 + \cdots + n_m = \sum_{i=1}^{m} n_i$$

而每種氣體在混合物中的**莫耳分數** r_i，即是該種氣體的莫耳數除以混合物的總莫耳數：

$$r_i = \frac{n_i}{n_\text{total}} \qquad (18.12)$$

莫耳分數之總和恆等於 1：

普通物理

$$\sum_{i=1}^{m} r_i = 1$$

在定溫度和定容下，如果氣體的莫耳數增加，則總壓力必上升，而各分壓可以表達為

$$p_i = r_i p_{total} = n_i \frac{p_{total}}{n_{total}} \tag{18.13}$$

上式顯示出，各成分氣體在混合物中的分壓，單純的與它的莫耳分數成正比。

18.3 均分定理

我們一直在討論氣體的宏觀性質，包括體積、溫度和壓力。要以氣體的基本組成粒子，即它的分子 (或原子)，來解釋這些性質，需要對這些分子在容器中的行為，做出幾個假設。這些假設，連同由其衍生的結果，稱為**理想氣體動力論** (或**運動論**)。

假設有一個氣體在體積為 V 的容器裡，均勻的充滿此容器。我們做以下的假設：

- 分子的數目 N 是大的，但分子的體積很小，以致分子間的平均距離比起它們的尺寸是大得多的。所有分子都相同，且每一個的質量都為 m。
- 分子沿著直線軌跡，不斷的隨機運動，彼此不相互作用，而可當作點粒子。
- 分子與容器的壁之間所發生的是彈性碰撞。
- 容器的體積 V 比起分子的體積要大得多。容器壁是剛性且固定的。

動力論根據氣體分子的微觀性質，解釋了它們如何導致宏觀上可觀測的量，如壓力、體積和溫度，也解釋了這些量之間的關係可用理想氣體定律描述。現在，我們主要感興趣的是氣體分子的平均動能，以及它與氣體溫度的關係，此關係稱為**均分定理**。

首先，我們可將各個氣體分子的動能加以平均，而得到理想氣體的平均動能：

$$K_{ave} = \frac{1}{N}\sum_{i=1}^{N} K_i = \frac{1}{N}\sum_{i=1}^{N} \tfrac{1}{2} m v_i^2 = \tfrac{1}{2} m \left(\frac{1}{N}\sum_{i=1}^{N} v_i^2\right) = \tfrac{1}{2} m v_{rms}^2 \tag{18.14}$$

在上式中，氣體分子的**均方根速率**以 v_{rms} 表示，其定義為

$$v_{\text{rms}} = \sqrt{\frac{1}{N}\sum_{i=1}^{N}v_i^2} \tag{18.15}$$

需要注意的是均方根速率與氣體分子的平均速率是不一樣的。但它可被認為是合適的平均，因為它直接關聯到平均動能，如 (18.14) 式所示。

推導 18.1 顯示理想氣體分子的平均動能，與氣體的溫度之間存在何種關聯。我們將看到氣體的溫度是簡單的正比於平均動能，其比例常數為波茲曼常數的 $\frac{3}{2}$ 倍：

$$K_{\text{ave}} = \tfrac{3}{2}k_{\text{B}}T \tag{18.16}$$

這是均分定理，它指出，處於熱平衡的氣體分子，它們所具有的 3 個獨立自由度 (參見 18.4 節)，每一個都具有相同的平均動能 $\tfrac{1}{2}k_{\text{B}}T$。因此，當測量氣體的溫度時，我們是在測定氣體分子的平均動能。這種關係是動力論的重要見解之一，它在本章的其餘部分及後面的章節中是非常有用的。

讓我們來看看如何由牛頓力學和理想氣體定律推導出均分定理。

推導 18.1　氣體分子的平均動能

在容器中的氣體，其壓力是由氣體分子與容器壁的交互作用決定的，也就是，透過在給定時間內的動量的變化，亦即力。氣體的壓力是氣體分子與容器壁進行彈性碰撞的結果。當氣體分子撞擊容器壁時，它以與碰撞前相同的動能反彈回來。我們假設容器壁是靜止的，因而氣體分子垂直於壁表面的動量分量，在碰撞前後是相反的 (見 7.5 節)。

考慮質量為 m、速度的 x 分量為 v_x 的氣體分子，垂直於容器壁行進 (圖 18.7)。氣體分子從壁反彈，而沿著相反的方向以速度 $-v_x$ 移動。(記住，我們假設分子和壁之間發生的是彈性碰撞。) 氣體分子在與壁碰撞前後，其動量變化的 x 分量為

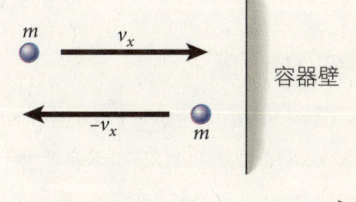

圖 18.7　質量為 m、速度為 v_x 的氣體分子從容器壁反彈。

$$\Delta p_x = p_{\text{f},x} - p_{\text{i},x} = (m)(-v_x) - (m)(v_x) = -2mv_x$$

為了計算氣體對容器壁所施之力的時間平均值，我們不僅需要知道碰撞

普通物理

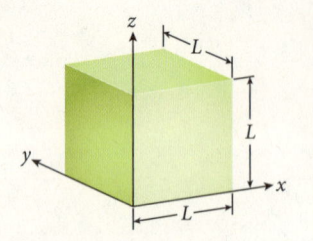

圖 18.8 邊長為 L 的立方體容器。立方體有三個面是在 xy、xz 和 yz 平面。

前後的動量變化，還需知道氣體分子與壁多久發生一次碰撞。為了得到兩次碰撞之間的時間間隔，我們假設容器是邊長為 L (圖 18.8) 的立方體，則如圖 18.7 所示，氣體分子與一個特定壁的碰撞，在它走完一個完整的行程，即從立方體的一邊到另一邊再回到同一邊，就會發生一次。因為每次往返的距離為 $2L$，故相鄰兩次與壁碰撞的時間間隔 Δt 為

$$\Delta t = \frac{2L}{v_x}$$

依牛頓第二定律，壁對氣體分子所施之力的 x 分量 $F_{\text{壁},x}$ 由下式給出：

$$F_{\text{壁},x} = \frac{\Delta p_x}{\Delta t} = \frac{-2mv_x}{(2L/v_x)} = -\frac{mv_x^2}{L}$$

在上式中，我們使用了 $\Delta p_x = -2mv_x$ 和 $\Delta t = 2L/v_x$。

氣體分子對壁所施之力的 x 分量 F_x，與 $F_{\text{壁},x}$ 具有相同的量值，但在相反的方向；也就是說 $F_x = -F_{\text{壁},x}$，這是牛頓第三定律的直接結果 (見第 4 章)。如果有 N 個氣體分子，則這些氣體分子對壁所施之總力 $F_{\text{tot},x}$ 可表示為

$$F_{\text{tot},x} = \sum_{i=1}^{N} \frac{mv_{x,i}^2}{L} = \frac{m}{L}\sum_{i=1}^{N} v_{x,i}^2 \tag{i}$$

此結果為位於 $x = L$ 的壁所受的力，它和氣體分子速度向量的 y 和 z 分量無關。由於分子隨機運動，速度之 x 分量的平方所具有的平均值，和其 y 或 z 分量平方的平均是一樣的：

$$\sum_{i=1}^{N} v_{x,i}^2 = \sum_{i=1}^{N} v_{y,i}^2 = \sum_{i=1}^{N} v_{z,i}^2$$

由於

$$v_i^2 = v_{x,i}^2 + v_{y,i}^2 + v_{z,i}^2$$

我們有

$$\sum_{i=1}^{N} v_{x,i}^2 = \tfrac{1}{3}\sum_{i=1}^{N} v_i^2$$

即速度的 x 分量之平方的平均，等於速度平方的平均之 $\tfrac{1}{3}$。這就是均分定理名稱的由來：每個直角座標速度分量在總動能中所佔的比率相等，即 $\tfrac{1}{3}$。我們可以利用這一點來重寫 (i) 式所給氣體對壁之施力的 x 分量：

$$F_{\text{tot},x} = \frac{m}{3L}\sum_{i=1}^{N} v_i^2$$

對其他五個容器壁或立方體的面，重複這個力分析，我們發現每一個所

承受的力,其量值都相同,而由下式給出:

$$F_{\text{tot}} = \frac{m}{3L}\sum_{i=1}^{N} v_i^2$$

要求得氣體分子施加的壓力,我們把這個力除以容器壁的面積 $A = L^2$:

$$p = \frac{F_{\text{tot}}}{A} = \frac{\frac{m}{3L}\sum_{i=1}^{N} v_i^2}{L^2} = \frac{m\sum_{i=1}^{N} v_i^2}{3L^3} = \frac{m}{3V}\sum_{i=1}^{N} v_i^2$$

在上式的最後一步,我們使用了立方體的體積 $V = L^3$。利用 (18.15) 式所給之氣體分子的均方根速率,我們可以將壓力表示為

$$p = \frac{Nmv_{\text{rms}}^2}{3V} \tag{ii}$$

此結果對立方體的每個面都成立,且可應用於任何形狀的體積。將 (ii) 式兩邊各乘以體積,可得 $pV = \frac{1}{3}Nmv_{\text{rms}}^2$,而由 (18.8) 式的理想氣體定律 $pV = Nk_BT$,所以我們有 $Nk_BT = \frac{1}{3}Nmv_{\text{rms}}^2$。將兩邊的公因子 N 消去,可得

$$3k_BT = mv_{\text{rms}}^2 \tag{iii}$$

由於 $\frac{1}{2}mv_{\text{rms}}^2 = K_{\text{ave}}$,即氣體分子的平均動能,我們已經得到期望的結果,即 (18.16) 式:

$$K_{\text{ave}} = \tfrac{3}{2}k_BT$$

需要注意的是,我們可由推導 18.1 的 (iii) 式 $3k_BT = mv_{\text{rms}}^2$,求解氣體分子的均方根速率:

$$v_{\text{rms}} = \sqrt{\frac{3k_BT}{m}} \tag{18.17}$$

例題 18.2 空氣分子的平均動能

假設屋子裡充滿溫度為 22.0 °C 的空氣。

問題:空氣中之分子 (和原子) 的平均動能為何?

解:

空氣中之分子的平均動能由 (18.16) 式給出如下:

$$K_{\text{ave}} = \tfrac{3}{2}k_BT = \tfrac{3}{2}(1.381\cdot10^{-23}\text{ J/K})(273.15\text{ K} + 22.0\text{ K}) = 6.11\cdot10^{-21}\text{ J}$$

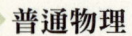

普通物理

>>> **觀念檢測** 18.3

如果_____加倍，則一個理想氣體的分子平均動能會加倍。
a) 溫度
b) 壓力
c) 氣體分子的質量
d) 容器體積
e) 以上皆非

通常空氣分子的平均動能是以電子伏特 (eV) 給出，而不是焦耳：

$$K_{ave} = (6.11 \cdot 10^{-21} \text{ J}) \frac{1 \text{ eV}}{1.602 \cdot 10^{-19} \text{ J}} = 0.0382 \text{ eV}$$

在海平面和室溫下，一個值得記住的有用近似是空氣分子的平均動能約為 0.04 eV。

18.4 理想氣體的比熱

第 17 章討論了物質的比熱，現在我們針對氣體來考慮它。氣體可以由原子或分子組成，且氣體的內能可以用它們的原子和分子性質來表示。這些關係導致理想氣體的莫耳熱容量 (舊亦稱莫耳比熱)。

我們先看 **單原子氣體**，這種氣體的每個原子與其他原子之間沒有束縛。單原子氣體包括氦、氖、氬、氪和氙 (稀有氣體)。我們假定單原子氣體的所有內能，都來自其分子的平移動能。平均平移動能只取決於溫度，如 (18.16) 式所示。

單原子氣體的內能是原子數目 N，乘以氣體中一個原子的平均平移動能：

$$E_{int} = NK_{ave} = N\left(\frac{3}{2}k_B T\right)$$

氣體的原子數目是莫耳數 n 乘以亞佛加厥數 N_A，即 $N = nN_A$。由於 $N_A k_B = R$，我們可以將內能表達為

$$E_{int} = \frac{3}{2}nRT \tag{18.18}$$

(18.18) 式表明單原子氣體的內能僅取決於氣體的溫度。

定容比熱

假設一個溫度為 T 的理想單原子氣體，體積保持恆定。如果熱量 Q 被添加到氣體中，則由實驗結果 (見第 17 章) 可得氣體的溫度變化將為

$$Q = nC_V \Delta T \quad (\text{定容})$$

其中，C_V 為定容莫耳熱容量 (或定容比熱)。因為氣體的體積恆定，它無法做任何功。因此，我們可以將熱力學第一定律 (參見第 17 章) 寫成

$$\Delta E_{int} = Q - W = nC_V \Delta T \quad (\text{定容}) \tag{18.19}$$

記住，一個單原子氣體的內能只取決於它的溫度。我們利用 (18.18) 式，可得

$$\Delta E_{\text{int}} = \tfrac{3}{2} nR\Delta T$$

結合以上兩式的結果，可得 $nC_V \Delta T = \tfrac{3}{2} nR\Delta T$，在消去兩邊的 n 和 ΔT 後，我們得到在定容下理想單原子氣體的比熱或莫耳熱容量：

$$C_V = \tfrac{3}{2} R = 12.5 \text{ J/(mol K)} \tag{18.20}$$

上式所給的比熱值，與在標準溫度和壓力下單原子氣體的測量值吻合。這些氣體主要是惰性氣體。**雙原子氣體** (氣體分子具有兩個原子) 和**多原子氣體** (氣體分子具有多於兩個的原子) 的比熱，要比單原子氣體的比熱為高，如表 18.1 所示。我們將在本節後面討論這項差異。

將 (18.20) 式的結果，代入 (18.18) 式以取代 $\tfrac{3}{2} R$，可得

$$E_{\text{int}} = nC_V T \tag{18.21}$$

這意味著理想氣體的內能僅取決於 n、C_V 和 T。

只要使用適當的比熱，(18.21) 式的關係 $\Delta E_{\text{int}} = nC_V\Delta T$，適用於所有的氣體。根據這個公式，一個理想氣體的內能變化，只取決於 n、C_V 和溫度的變化 ΔT，而與任何相應的壓力或體積變化無關。

定壓比熱

現在讓我們考慮一個理想氣體的溫度，在壓力保持恆定下升高的情況。實驗結果顯示，加入的熱量 Q 與溫度變化的關係如下：

$$Q = nC_p\Delta T \quad (\text{定壓}) \tag{18.22}$$

表 18.1　氣體的一些典型的比熱值

氣體	C_V [J/(mol K)]	C_p [J/(mol K)]	$\gamma = C_p/C_V$
氦 (He)	12.5	20.8	1.66
氖 (Ne)	12.5	20.8	1.66
氬 (Ar)	12.5	20.8	1.66
氪 (Kr)	12.5	20.8	1.66
氫 (H_2)	20.4	28.8	1.41
氮 (H_2)	20.7	29.1	1.41
氧 (O_2)	21.0	29.4	1.41
二氧化碳 (CO_2)	28.2	36.6	1.29
甲烷 (CH_4)	27.5	35.9	1.30

其中 C_p 是在定壓下的比熱。定壓比熱大於定容比熱，因為必須提供能量以做功，及增加溫度。

為了找出定容比熱與定壓比熱的關係，我們考慮熱力學第一定律：$\Delta E_{\text{int}} = Q - W$。在上個主題中，我們發現 $\Delta E_{\text{int}} = nC_V \Delta T$ 適用於任何壓力或體積變化，包括定壓。(18.22) 式可用以取代 Q，而第 17 章顯示在定壓下的功 W，可表示為 $W = p\Delta V$。將這些關係代入 $\Delta E_{\text{int}} = Q - W$，我們得到

$$nC_V \Delta T = nC_p \Delta T - p\Delta V$$

在壓力恆定下，(18.7) 式的理想氣體定律，給出體積變化與溫度變化的關係：$p\Delta V = nR\Delta T$。將這個功的表達式代入，我們得到

$$nC_V \Delta T = nC_p \Delta T - nR\Delta T$$

由上式中消去每個項都包含的公因子 $n\Delta T$，可得定容和定壓下的比熱之間具有非常簡單的關係：

$$C_p = C_V + R \tag{18.23}$$

> **自我測試 18.1**
> 利用表 18.1 中的數據，驗證 (18.23) 式所示理想氣體之定壓比熱和定容比熱之間的關係。

自由度

從表 18.1 可看出，單原子氣體是適用 $C_V = \frac{3}{2}R$ 的，但雙原子和多原子氣體則否。這個失敗可以用各種分子可能的運動自由度來解釋。

一般說來，一個 自由度 是指描述某系統運動狀態所必需的一個獨立變數，例如在三維空間中的點粒子，描述其平移運動狀態需用有三個相互垂直的速度分量，故它具有三個平移自由度。在三維空間中，N 個點粒子的集合共有 $3N$ 個平移自由度。但點粒子如果被固定於剛體物體中，就不能彼此獨立的移動，而只有物體質心的平移自由度 (3 個)，加上繞物體質心的獨立旋轉。在一般情況下，可能的獨立旋轉有 3 個，因此總共有 6 個自由度，即 3 個平移和 3 個旋轉的運動自由度。

考慮三種不同的氣體 (圖 18.9)。第一種是一個單原子氣體，例如氦 (He)。第二種是分子具有雙原子的氣體，以氮氣 (N_2) 為代表。第三種是一個多原子分子氣體，例如甲烷 (CH_4)。多原子氣體的分子可以繞所有三個座標軸旋轉，因此具有三個旋轉自由度。圖 18.9 中所示的雙原子分子沿著 x 軸，故繞該軸的旋轉不會改變運動狀態。因此，這種分子僅具有兩個旋轉自由度，在圖中顯示為繞 y 軸和繞 z 軸的旋轉。單原子

氣體由球對稱原子組成，它們沒有旋轉自由度。(注意，這裡關於旋轉自由度的說法，對遵循古典牛頓力學的物體，並非完全說得通，但對遵循量子力學規律的物體，則確實可以。要注意的是，量子力學在宏觀世界中具有可觀測到的結果，例如它決定了不同氣體的比熱)。

對理想氣體而言，其內能的可能分配方式是按照**能量均分**原理來決定的。此原理指出，處於熱平衡的氣體分子，每個獨立的運動自由度所帶有的平均能量，都是相同的，即每一個氣體分子每個自由度所帶有的平均能量是 $\frac{1}{2}k_B T$。

(18.16) 式的均分定理 $K_{ave} = \frac{3}{2}k_B T$，給出氣體分子由於溫度而帶有的平均動能，這與分子的平移動能均分於 x、y 和 z 三個方向 (或 3 個自由度)，彼此是一致的。平移動能具有 3 個自由度，而每個平移自由度的平均動能為 $\frac{1}{2}k_B T$，故氣體分子的平均動能為 $3\left(\frac{1}{2}k_B T\right) = \frac{3}{2}k_B T$。

故對單原子氣體而言，氣體動力論在平移運動具有 3 個自由度的假設之下，所預測的定容比熱，其值與現實一致。然而，雙原子氣體的定容比熱觀測值，要比單原子氣體為高，而多原子氣體的定容比熱觀測值，甚至更高。

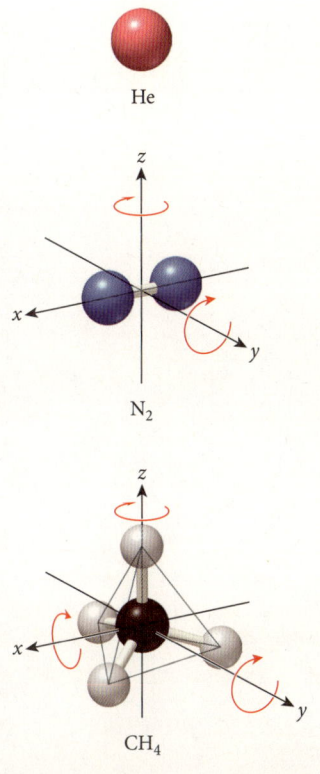

圖 18.9 氦原子 (He)、氮分子 (N₂) 和甲烷分子 (CH₄) 的旋轉自由度。

雙原子氣體的定容比熱

圖 18.9 的氮分子沿著 x 軸排列。如果沿 x 軸看分子，我們看到的是一個點，因此不能夠辨別繞 x 軸的任何旋轉。然而，如果沿 y 軸或 z 軸看，我們可以看出，氮分子繞其中任一軸都可具有明顯的旋轉運動。因此，氮分子的轉動動能具有兩個自由度，此結論可推廣到所有的雙原子分子。因此，每個雙原子分子的平均動能為 $(3+2)\left(\frac{1}{2}k_B T\right) = \frac{5}{2}k_B T$。

這一結果意味著，計算定容比熱時，雙原子氣體應該類似於單原子氣體，但其平均能量需多加 2 個自由度來計算。因此，我們據此修改 (18.20) 式，以獲得雙原子氣體的定容比熱：

$$C_V = \frac{3+2}{2}R = \frac{5}{2}R = \frac{5}{2}[8.31 \text{ J}/(\text{mol K})] = 20.8 \text{ J}/(\text{mol K})$$

比較此值與表 18.1 所給關於氫、氮和氧等雙原子氣體的定容比熱實測值，可看出理想氣體動力論的預測，與這些測量值相當一致。

多原子氣體的定容比熱

現在考慮如圖 18.9 所示的多原子氣體甲烷 (CH₄)。甲烷分子的四個

普通物理

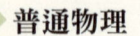

氫原子佈置成四面體，與在中心的碳原子鍵合。沿著圖示之三個軸中的任何一軸看去，可以辨識出分子的旋轉。因此，這個分子和所有多原子分子具有三個與轉動動能相關的自由度。

因此，計算定容比熱時，多原子氣體應該類似於單原子氣體，但其平均能量需多加 3 個自由度來計算。我們據此修改 (18.20) 式，以獲得多原子氣體的定容比熱：

$$C_V = \frac{3+3}{2}R = \frac{6}{2}R = 3[8.31 \text{ J/(mol K)}] = 24.9 \text{ J/(mol K)}$$

比較此值與表 18.1 所給關於多原子氣體甲烷的定容比熱實測值，可看出理想氣體動力論的預測，與測量值接近，但稍微低些。

雙原子和多原子分子的比熱預測值，和實際值之間所以會有差異，是因為這些分子除了平移和轉動自由度，還可具有內部自由度。這些分子的原子可以相對於彼此做振動。例如，假想二氧化碳分子的兩個氧原子和一個碳原子之間是以彈簧連接。這三個原子可以相對於彼此來回振盪，因而帶來額外的自由度。因此，它的定容比熱大於多原子氣體的預測值 24.9 J/(mol K)。

要使分子激發而出現內部振盪運動，需要一定的最小能量。這一事實不能從古典力學的觀點理解。現在，你只需知道，振動自由度存在一個閾值。事實上，雙原子和多原子氣體分子的轉動自由度，也顯示這個閾值帶來的效應。在低溫下，氣體的內能可能太低，無法使分子旋轉。然而，在標準溫度和壓力下，大多數雙原子和多原子氣體所具有的定容比熱，與它們分子的平移和轉動自由度是一致的。

比熱之比

為了便於描述，通常將定壓比熱對定容比熱之比，以希臘字母 γ 表示：

$$\gamma \equiv \frac{C_p}{C_V} \tag{18.24}$$

將不同自由度之理想氣體的比熱預測值插入，可得單原子氣體的比為 $\gamma = C_p/C_V = \frac{5}{2}R/\frac{3}{2}R = \frac{5}{3}$，雙原子氣體的比為 $\gamma = C_p/C_V = \frac{7}{2}R/\frac{5}{2}R = \frac{7}{5}$，而多原子氣體的比則為 $\gamma = C_p/C_V = \frac{8}{2}R/\frac{6}{2}R = \frac{4}{3}$。

表 18.1 列出了從實驗數據所獲得的 γ 值。雖然對於稀有氣體以外的氣體，比熱的實驗值與理想氣體的計算值並不十分接近，但 γ 的實驗值與理論的預期是頗為一致的。

>>> 觀念檢測 18.4

理想氣體之定壓比熱對定容比熱容的比 C_p/C_V，
a) 恆等於1。
b) 恆小於1。
c) 恆大於1。
d) 可小於或大於1，視氣體分子的自由度而定。

18.5 理想氣體的絕熱過程

我們在第 17 章看到，絕熱過程是指一個系統的狀態發生變化，但變化發生期間，它與周圍環境之間並沒有熱量的交換。當系統很快的發生變化時，就有可能發生絕熱過程。由於在絕熱過程中 $Q = 0$，故如第 17 章所示，從熱力學第一定律，我們有 $\Delta E_{int} = -W$。

讓我們探討在沒有熱轉移的絕熱過程中，理想氣體的體積變化與壓力變化之間的關係。此關係由下式給出：

$$pV^\gamma = 常數 \quad (絕熱過程) \tag{18.25}$$

其中 $\gamma = C_p/C_V$ 是理想氣體之定壓比熱對定容比熱的比。

推導 18.2　絕熱過程的壓力和體積

為了求出絕熱過程中壓力和體積之間的關係，我們考慮內能在此過程中的微小變化：$dE_{int} = -dW$。在第 17 章中，我們看到 $dW = pdV$，因此對絕熱過程，我們有

$$dE_{int} = -pdV \tag{i}$$

但依 (18.21) 式，內能與溫度的一般性關係為 $E_{int} = nC_V T$。為了計算 dE_{int}，我們取此式對溫度的導數：

$$dE_{int} = nC_V \, dT \tag{ii}$$

結合 (i) 式和 (ii) 式，可得

$$-pdV = nC_V \, dT \tag{iii}$$

對 (18.7) 式的理想氣體定律 $pV = nRT$（其中 n 和 R 不變），取其導數，可得

$$pdV + Vdp = nRdT \tag{iv}$$

由 (iii) 式求出 dt，並代入 (iv) 式，給了我們

$$p\,dV + V\,dp = nR\left(-\frac{p\,dV}{nC_V}\right)$$

將上式中與 dV 成比例的各項移到左邊：

$$\left(1 + \frac{R}{C_V}\right)p\,dV + V\,dp = 0 \tag{v}$$

由 (18.23) 式 $R = C_p - C_V$，故 $1 + R/C_V = 1 + (C_p - C_V)/C_V = C_p/C_V$。(18.24) 式表示兩個比熱的比值為 γ。因此 (v) 式變成 $\gamma p\, dV + V\, dp = 0$，將其兩

邊除以 pV，可得

$$\frac{dp}{p} + \gamma \frac{dV}{V} = 0$$

積分後得

$$\ln p + \gamma \ln V = 常數 \qquad (vi)$$

由對數的運算規則，(vi) 式可寫為 $\ln pV^\gamma =$ 常數。將此等式兩邊化為指數，即得所需結果：

$$pV^\gamma = 常數$$

絕熱過程中壓力和體積之間的關係，可用另一個方式表示如下：

$$p_f V_f^\gamma = p_i V_i^\gamma \qquad (18.26)$$

其中 p_i 和 V_i 分別為初始的壓力和體積，而 p_f 和 V_f 分別為最終的壓力和體積。

圖 18.10 繪製了氣體在三個不同過程中，壓力對體積的函數曲線。紅色曲線表示 $\gamma = \frac{5}{3}$ 之單原子氣體的絕熱過程，其中 pV^γ 為常數。其他兩條曲線表示定溫 (恆定於溫度 T) 過程。一個定溫過程的 $T = 300$ K，另一個的 $T = 400$ K。由此圖可看出，對於相同的體積變化，絕熱過程的壓力下降比定溫過程的為陡。

結合 (18.25) 式和 (18.7) 式的理想氣體定律，可得絕熱過程中溫度和體積的關係：

$$pV^\gamma = \left(\frac{nRT}{V}\right)V^\gamma = (nR)TV^{\gamma-1} = 常數$$

假設氣體在封閉的容器中，n 為常數，則上式可重寫為 $TV^{\gamma-1} =$ 常數 (絕熱過程)，或

$$T_f V_f^{\gamma-1} = T_i V_i^{\gamma-1} \quad (絕熱過程) \qquad (18.27)$$

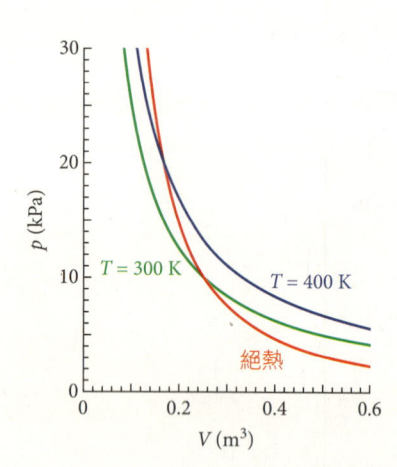

圖 18.10 以 pV 圖顯示單原子氣體不同的三個變化過程：絕熱 (紅色)、定溫於 $T = 300$ K (綠色) 和定溫於 $T = 400$ K (藍色)。

其中 T_i 和 V_i 分別為初始的溫度和體積，而 T_f 和 V_f 分別為最終的溫度和體積。

當你打開一個裝有碳酸冷飲的容器時，發生的就是 (18.27) 式所描述的絕熱膨脹。脫離碳酸化的二氧化碳和水蒸汽所組成的氣體系統，其壓力高於大氣壓力。當此氣體膨脹，而從容器開口冒出時，系統必須做

>>> **觀念檢測 18.5**

單原子理想氣體的體積原為 V_i，經由絕熱過程減小成為 $\frac{1}{2}V_i$。下列的氣體壓力關係，何者正確？
a) $p_f = 2p_i$ b) $p_f = \frac{1}{2}p_i$
c) $p_f = 2^{5/3}p_i$ d) $p_f = (\frac{1}{2})^{5/3}p_i$

功。由於過程迅速發生，沒有熱量轉移給氣體；因此，這是絕熱過程，氣體溫度和體積之 $\gamma - 1$ 次方的乘積近乎保持不變，亦即氣體的體積增加時，溫度必須降低。因此，在容器的開口周圍會出現凝結現象。

>>> **觀念檢測 18.6**

單原子理想氣體的體積原為 V_i，經由絕熱過程減小成為 $\frac{1}{2}V_i$。下列的氣體溫度關係，何者正確？
a) $T_f = 2^{2/3}T_i$ b) $T_f = 2^{5/3}T_i$
c) $T_f = (\frac{1}{2})^{2/3}T_i$ d) $T_f = (\frac{1}{2})^{5/3}T_i$

絕熱下理想氣體所做的功

我們也可以求出氣體在絕熱過程中，從初始狀態到最終狀態所做的功。在一般情況下，功由下式給出

$$W = \int_i^f p\,dV$$

對一個絕熱過程，我們可以使用 (18.25) 式，即 $p = cV^{-\gamma}$ (其中 c 為常數)，因此上式關於功的積分變為

$$W = \int_{V_i}^{V_f} cV^{-\gamma}dV = c\int_{V_i}^{V_f} V^{-\gamma}dV = c\left[\frac{V^{1-\gamma}}{1-\gamma}\right]_{V_i}^{V_f} = \frac{c}{1-\gamma}\left(V_f^{1-\gamma} - V_i^{1-\gamma}\right)$$

其中常數 c 的值為 $c = pV^\gamma$。由理想氣體定律得 $p = NRT/V$，故我們有

$$c = \left(\frac{nRT}{V}\right)V^\gamma = nRTV^{\gamma-1} = nRT_iV_i^{\gamma-1} = nRT_fV_f^{\gamma-1}$$

將這個常數插入功的表達式，可得絕熱過程中氣體所做的功為

$$W = \frac{nR}{1-\gamma}\left(T_f - T_i\right) \tag{18.28}$$

18.6　氣體動力論

本節將檢視氣體動力論在 18.3 節所述均分定理之外的一些重要成果。

馬克士威速率分布

(18.17) 式給出氣體分子在給定溫度下的均方根速率，這與平均速率接近，但是速率的分布為何？也就是說，氣體分子的速率在 v 和 $v + dv$ 之間的機率為何？此速率分布，稱為**馬克士威速率分布**，有時亦稱馬克士威–波茲曼速率分布，由下式給出

$$f(v) = 4\pi\left(\frac{m}{2\pi k_B T}\right)^{3/2} v^2 e^{-mv^2/2k_B T} \tag{18.29}$$

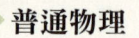

馬克士威速率分布的單位為 $(m/s)^{-1}$，且作為機率分布，它對速率的積分必須等於 1：

$$\int_0^\infty f(v)dv = 1$$

自我測試 18.2

證明馬克士威速率分布從 $v = 0$ 到 $v = \infty$ 的積分等於 1，就如一個機率分布必須滿足的一樣。

任何一個可觀測量的機率分布，包括 (18.29) 式的分子速率分布在內，都具有非常重要的一個特點，即所有在物理上具有意義的平均值，都可以將要被平均的量乘以機率分布，然後對該量的整個範圍進行積分，而求出其平均值。例如，要從馬克士威速率分布求出平均速率時，我們可以將速率 v 乘以機率分布 $f(v)$，並將乘積 $vf(v)$ 對從零到無窮大的所有可能速率值，進行積分，而獲得如下的平均速率公式：

$$v_{\text{ave}} = \int_0^\infty vf(v)dv = \sqrt{\frac{8k_BT}{\pi m}}$$

上式中在求積分時，我們用到以下的定積分：

$$\int_0^\infty x^3 e^{-x^2/a} dx = a^2/2$$

要從馬克士威速率分布求出均方根速率，我們先求出速率平方 v^2 的平均值：

$$\left(v^2\right)_{\text{ave}} = \int_0^\infty v^2 f(v)dv = \frac{3k_BT}{m}$$

在上式中我們使用了以下的定積分：

$$\int_0^\infty x^4 e^{-x^2/a} dx = \tfrac{3}{8} a^{5/2} \sqrt{\pi}$$

然後，我們取平方根：

$$v_{\text{rms}} = \sqrt{\left(v^2\right)_{\text{ave}}} = \sqrt{\frac{3k_BT}{m}}$$

上式的結果與 (18.17) 式所給之理想氣體中的氣體分子速率相同，正如同它須做到的。

要從馬克士威速率分布求出最可能速率 v_{mp}，亦即 $f(v)$ 具有最大值的速率，可取 $f(v)$ 相對於 v 的導數，並令它等於零，而求解 v，這給了我們

$$v_{\text{mp}} = \sqrt{\frac{2k_BT}{m}}$$

圖 18.11 示出在 295 K (22 °C) 的溫度下，空氣中之氮 (N_2) 分子的馬克士威速率分布，以及最可能速率、平均速率和均方根速率。由圖 18.11 可看出，氮分子的速率圍繞著平均速率 v_{ave} 分布。但相對於 v_{rms}，此分布並非左右對稱。分布的尾部一直延伸到高速率。你還可以看出，最可能速率對應於分布的極大值。

圖 18.12 所示為氮分子在四個不同溫度下的馬克士威速率分布。隨著溫度的增加，馬克士威速率分布變得更寬。因此，$f(v)$ 的極大值隨著溫度的升高而變得較低，這是因為曲線下的總面積恆須等於 1，就如同機率分布所須滿足的。

平均自由徑

理想氣體的假設之一是氣體分子為點粒子，彼此之間無交互作用。真實氣體分子的大小非常小、但確實不為零，因此有相互碰撞的機會。氣體分子相互碰撞產生一種散射效應，使得它們的運動成為隨機的，並且速率的分布很快成為馬克士威速率分布，而與它們的任何初始速率分布無關。

真實氣體分子在碰上另一個分子之前，行進了多遠的距離？這個距離是氣體中之分子的 **平均自由徑** λ。平均自由徑與溫度成正比，與氣體壓力和該分子的截面積成反比 (推導從略)：

$$\lambda = \frac{k_B T}{\sqrt{2}\left(4\pi r^2\right)p} \tag{18.30}$$

圖 18.11 在 295 K 的溫度下氮分子的馬克士威速率分布，以線性刻度繪製。

>>> 觀念檢測 18.7

如果＿＿＿＿，則氣體分子的平均自由徑會變為 2 倍。
a) 分子的密度下降成一半
b) 分子的密度提高成 2 倍
c) 氣體分子的直徑變成 2 倍
d) 氣體分子的直徑變成一半
e) 以上皆非

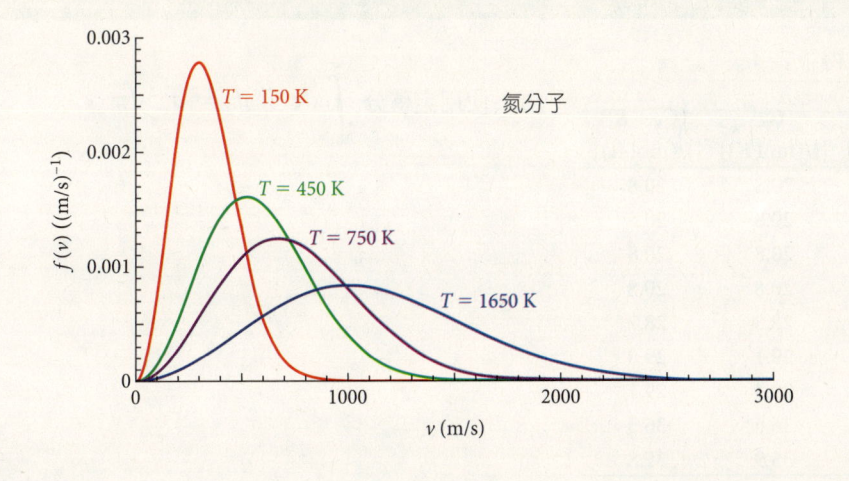

圖 18.12 氮分子在四個不同溫度下的馬克士威速率分布。

普通物理

已學要點｜考試準備指南

- 理想氣體定律給出一個理想氣體的壓力 p、體積 V、莫耳數 n 和溫度 T 之間的關係：$pV = nRT$，其中 $R = 8.314$ J/(mol K) 是通用氣體常數。（波以耳、查爾斯、給呂薩克和亞佛加厥等定律都是理想氣體定律的特例。）
- 理想氣體定律也可表示為 $pV = Nk_BT$，其中 N 為氣體分子的數目，$k_B = 1.381 \cdot 10^{-23}$ J/K 是波茲曼常數。
- 道耳頓定律指出，氣體混合物所施的總壓力，等於混合物中各氣體所施分壓的總和：$p_{\text{total}} = p_1 + p_2 + p_3 + \cdots + p_N$。
- 在定溫下，一理想氣體從初始體積 V_i 變到最終體積 V_f 所做的功為 $W = nRT \ln(V_f/V_i)$。
- 均分定理指出，處於熱平衡之氣體分子的每個獨立的運動自由度，都帶有相同的平均動能。每個分子之每個自由度的平均動能為 $\frac{1}{2} k_B T$。
- 氣體分子的均方根速率為 $v_{\text{rms}} = \sqrt{3k_BT/m}$，其中 m 是每個分子的質量。
- 氣體的定容比熱 C_V 可用 $Q = nC_V\Delta T$ 定義，其中 Q 是定容下需加入的熱量，n 是氣體的莫耳數，而 ΔT 是氣體的溫度變化。
- 氣體的定壓比熱 C_p 可用 $Q = nC_p\Delta T$ 定義，其中 Q 是定壓下需加入的熱量，n 是氣體的莫耳數，而 ΔT 是氣體的溫度變化。
- 一氣體的定壓比熱與定容比熱之間的關係為 $C_p = C_V + R$。
- 單原子氣體的定容比熱 $C_V = \frac{3}{2}R = 12.5$ J/(mol K)，而雙原子氣體的定容比熱 $C_V = \frac{5}{2}R = 20.8$ J/(mol K)。
- 氣體在 $Q = 0$ 的絕熱過程中，滿足下列的關係：$pV^\gamma =$ 常數，$TV^{\gamma-1} =$ 常數，其中 $\gamma = C_p/C_V$。單原子氣體的 $\gamma = \frac{5}{3}$；雙原子氣體的 $\gamma = \frac{7}{5}$。
- 馬克士威速率分布為 $f(v) = 4\pi \left(\dfrac{m}{2\pi k_B T} \right)^{3/2} v^2 e^{-mv^2/2k_BT}$，而 $f(v)dv$ 是一個氣體分子的速率在 v 和 $v + dv$ 之間的機率。
- 馬克士威動能分布為 $g(K) = \dfrac{2}{\sqrt{\pi}} \left(\dfrac{1}{k_BT} \right)^{3/2} \sqrt{K} e^{-K/k_BT}$，而 $g(K)dK$ 是一個氣體分子的動能在 K 和 $K + dK$ 之間的機率。
- 在理想氣體中，一個分子的平均自由徑 $\lambda = \dfrac{k_BT}{\sqrt{2}(4\pi r^2)p}$，其中 r 是該分子的半徑。

自我測試解答

18.1 比較 C_p 與 $(C_V + R)$ 可得下表：

氣體	C_V [J/(mol K)]	C_p [J/(mol K)]	$(C_V + R)$ [J/(mol K)]
氦 (He)	12.5	20.8	20.8
氖 (Ne)	12.5	20.8	20.8
氬 (Ar)	12.5	20.8	20.8
氪 (Kr)	12.5	20.8	20.8
氫氣 (H$_2$)	20.4	28.8	28.7
氮氣 (N$_2$)	20.7	29.1	29.0
氧 (O$_2$)	21.0	29.4	29.1
二氧化碳 (CO$_2$)	28.2	36.6	36.5
甲烷 (CH$_4$)	27.5	35.9	35.8

18.2 使用定積分 $\displaystyle\int_0^\infty x^2 e^{-x^2/a} dx = \frac{1}{4}a^{3/2}\sqrt{\pi}$。

18 理想氣體

解題準則

1. 應用理想氣體定律時，列出所有已知量和未知量，釐清已給定的與擬求出的各是什麼，這往往是有益的。此步驟包括確定初始狀態和最終狀態，以及列出每個狀態的相關量。
2. 如果使用的是氣體的莫耳數，你需要以 R 表示的理想氣體定律；如果使用的是氣體的分子數，你需要以 k_B 表示的理想氣體定律。
3. 密切注意各物理量的單位，它們所使用的系統可能不同。對於溫度，單位換算並不是只涉及乘以常數；不同的溫標還有用以補償的相加性常數。為了安全起見，溫度恆應轉換為克耳文。另外，確保你所用 R 或 k_B 的值，與你正在使用的單位是一致的。此外，記住，莫耳質量常以 g (克) 表示，你可能需要將質量轉換成 kg (千克)。

選擇題

18.1 一系統可以從狀態 i，沿圖示的路徑 A 與 B，變化到狀態 f。下列關係何者為真？

a) $Q_A > Q_B$
b) $Q_A = Q_B$
c) $Q_A < Q_B$
d) 由所給信息無法決定

18.2 下列何者的定壓比熱 C_p 大於定容比熱 C_V？

a) 單原子理想氣體
b) 雙原子氣體
c) 以上皆是
d) 以上皆非

18.3 以下哪一氣體具有最高的均方根速率？

a) 氮氣在 1 atm 和 30 °C 下
b) 氬氣在 1 atm 和 30 °C 下
c) 氬氣在 2 atm 和 30 °C 下
d) 氧氣在 2 atm 和 30 °C 下
e) 氮氣在 2 atm 和 15 °C 下

18.4 一莫耳的理想氣體在 0 °C 的溫度下，被限制在 1.0 L 的體積內。該氣體的壓力為

a) 1.0 atm
b) 22.4 atm
c) 1/22.4 atm
d) 11.2 atm

18.5 考慮一個裡面裝滿理想氣體的盒子。盒子經歷了一個突如其來的自由膨脹，體積從 V_1 變到 V_2。以下何者正確的描述了此一過程？

a) 在膨脹過程中氣體所做的功等於 $nRT \ln (V_2/V_1)$。
b) 有熱量進入到盒子裡。
c) 最終溫度等於初始溫度乘以 (V_2/V_1)。
d) 該氣體的內能保持恆定。

18.6 十個學生參加滿分為 100 分的考試。他們的成績是 25、97、95、100、35、32、92、75、78 和 34 分。他們的平均分數和均方根分數分別是

a) 50.0 和 25.0
b) 66.7 和 33.3
c) 77.1 和 19.3
d) 37.8 和 76.2
e) 66.3 和 72.6

18.7 一多原子理想氣體的初始體積為 V_i，其後經由絕熱過程，體積減小到 $\frac{1}{8}V_i$。下列何者正確的給出此氣體的初始溫度和最終溫度之間的關係？

a) $T_f = \frac{2}{3}T_i$
b) $T_f = 2T_i$
c) $T_f = 16T_i$
d) $T_f = \frac{9}{5}T_i$
e) $T_f = 8T_i$

觀念題

18.8 熱空氣比冷空氣具有較低的密度，因此會受到淨浮力而上升。由於熱空氣上升，海拔越高處的空氣應較溫暖。因此，珠穆朗瑪峰頂部應該很暖和。解釋為什麼珠穆朗瑪峰比死谷更冷。

18.9 當你使勁吹你的手時，會感覺涼快，但當你輕柔的呼氣吹手時，則會感覺溫暖。為什麼呢？

18.10 在柴油發動機中，燃料–空氣的混合物快速被壓縮。結果是溫度上升到燃料的自燃溫度，使燃料點

465

燃。考慮到事實上壓縮發生得很快，沒有足夠的時間可使顯著的熱量流入或流出燃料–空氣混合物，那麼溫度的上升為什麼是可能的？

18.11 證明理想氣體的絕熱體積模量 B 等於 γp。依據定義，$B \equiv -V(dp/dV)$。

18.12 兩個原子氣體可反應而形成一個雙原子氣體：$A + B \to AB$。假設以各為 1 莫耳的 A 和 B，在一個絕熱室裡執行此反應，所以與環境沒有熱交換。試問該系統的溫度會升高或降低？

18.13 聲波在氣體中傳播時，導致其出現壓縮和稀疏的振盪，比起氣體中熱量的轉移快了很多，因此可視為絕熱過程。

a) 求出聲波在莫耳質量為 M 的理想氣體中傳遞的速率 v_s。

b) 根據愛因斯坦對牛頓力學所作之更精細的改進，v_s 不能超過光在真空中的速率 c。這個事實意味著理想氣體有一個最高的溫度。試求出此溫度。

c) 針對單原子的氫氣 (H)，計算 (b) 部分的最高溫度。

d) 氫氣在這個最高溫度會發生什麼？

18.14 在增溫層，即從海拔 100 km 到 700 km 的地球大氣層，溫度可達到 1500 °C。一個人的裸露皮膚接觸那層空氣時的感覺會是如何？

練習題

題號前的藍點 (•) 與雙藍點 (••) 代表問題難度遞增。

18.1 節

18.15 輪胎的錶壓 (即計示壓力) 為 300. kPa，溫度為 15.0 °C。當溫度為 45.0 °C 時，輪胎的錶壓為何？假設輪胎的體積變化可忽略不計。

•**18.16** 為了避寒，你打算從密歇根州開車到佛羅里達州，依照製造商的建議，你將車子的輪胎充氣到 33.0 lb/in² 的壓力，而外界溫度為 25.0 °F，你確保輪胎的閥帽不漏氣。兩天後，當你抵達佛羅里達州時，外面的溫度是很舒服的 72.0 °F。

a) 以 SI 制表示，車子輪胎的新壓力為何？

b) 如果將輪胎放氣，使壓力回到推薦的 33.0 lb/in²，則相對於輪胎內空氣的初始質量，釋放掉的空氣質量所占的百分比為何？

•**18.17** 假設有一個鍋子，裡面充滿溫度為 100.0 °C、壓力為 1.00 atm 的蒸汽。鍋的直徑為 15.0 cm，高度為 10.0 cm。鍋蓋的質量是為 0.500 kg。要掀開鍋蓋，你需要加熱蒸汽到多高的溫度？

18.2 節

•**18.18** 使用 $\rho T = $ 常數和第 15 章所學的，估計在 40.0 °C 之空氣中的聲音速率，已知在 0.00 °C下該速率為 331 m/s。

18.19 假設 1.00 莫耳的理想氣體，體積固定為 2.00 L。如果溫度增加 100.°C，試求其壓力變化。

•**18.20** 許多物理研究實驗室都用到液態氮，如果在密閉的空間內大量蒸發，會形成安全隱憂。蒸發帶來的氮氣會減少氧的濃度，因而產生窒息的危險。假設 1.00 L 的液態氮 ($\rho = 808 \text{ kg/m}^3$) 蒸發，在 21.0 °C、101 kPa 的空氣中達到平衡。它所佔的體積為何？

•**18.21** 兩個容器包含相同氣體，但處於不同的溫度和壓力下，如附圖所示。小容器的體積為 1.00 L，大容器的體積為 2.00 L。用細管將兩個容器連通，使兩容器的壓力和溫度達成平衡。如果最終的溫度為 300. K，則最終的壓力為何？假定連通管的體積和質量可忽略。

容器 1：
2.00 L
600. K
$3.00 \cdot 10^5$ Pa

容器 2：
1.00 L
200. K
$2.00 \cdot 10^5$ Pa

•**18.22** 截面積為 12.0 cm² 的圓汽缸中所裝的活塞，連接到一個彈簧常數為 1000. N/m 的彈簧，如附圖所示。汽缸內有 0.005000 莫耳的理想氣體，保持在室溫 (23.0 °C)。如果氣體的溫度升高到 150 °C，彈簧會被壓縮多遠？

18.3 節

18.23 遠離任何星球的星際

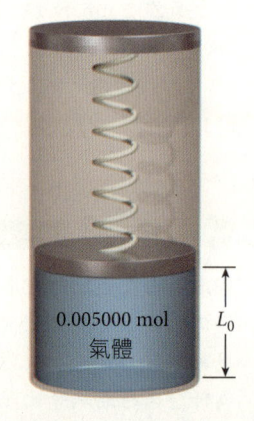

空間，通常填充有密度為 1.00 原子/cm³、溫度低到 2.73 K 的氫原子 (H)。

a) 求在星際空間中的壓力。
b) 這些原子的均方根速率為何？
c) 一個立方體的邊長需為何，才能使它裡面所裝的原子總共具有 1.00 J 的能量？

18.24 使用氣體擴散法以分離鈾的兩種同位素 ^{235}U 和 ^{238}U 時，需將它們和氟結合以產生 UF$_6$ 化合物。這兩種同位素的 UF$_6$ 分子，其均方根速率的比率為何？^{235}UF$_6$ 和 ^{238}UF$_6$ 的質量分別是 349.03 amu 和 352.04 amu。

•**18.25** 在歷時 6.00 s 的期間，有 $9.00 \cdot 10^{23}$ 個氮分子撞擊一個截面面積為 2.00 cm² 的牆壁。如果分子以 400.0 m/s 的速率運動，且以彈性碰撞與牆壁發生正面撞擊，則施加於牆壁的壓力為何？（一個 N$_2$ 分子的質量為 $4.65 \cdot 10^{-26}$ kg。）

18.4 節

18.26 兩個銅汽缸浸在 50.0 °C 的水箱中，分別裝有氦和氮。充氦汽缸的體積為充氮汽缸的兩倍。

a) 計算一個氦分子的平均動能和一個氮分子的平均動能。
b) 求出此二氣體各自的定容比熱 (C_V) 和定壓比熱 (C_p)。
c) 求出此二氣體各自的 γ。

18.27 一個 1.00 莫耳的雙原子理想氣體，起始時在室溫下 (293度)。計算溫度升高 2.00 K 時，此氣體的內能變化。

•**18.28** 要將 1.00 L 的空氣，溫度提高 100. °C，所需的能量約為何？假設體積保持恆定。

18.5 節

18.29 假設 15.0 L 的單原子理想氣體，壓力為 $1.50 \cdot 10^5$ kPa，在絕熱膨脹（無熱傳遞）下，體積加倍。

a) 氣體在新體積的壓力為何？
b) 如果氣體的初始溫度為 300. K，則它在膨脹後的最終溫度為何？

18.30 一個柴油發動機汽缸內的空氣，初始溫度為 20.0 °C，初始壓力為 1.00 atm，在迅速被壓縮之下，體積由 600. cm³ 縮小到 45.0 cm³。假設空氣是理想的原子氣體，試求最終的溫度和壓力。

••**18.31** 第 12 章使用等溫大氣的模型，假設大氣的溫度恆定，檢查地球大氣壓力隨海拔 (高度) 的變化。一個更好的近似是把壓力隨高度的變化視為絕熱。假定空氣可以視為有效莫耳質量 M_{air} = 28.97 g/mol 的雙原子理想氣體。注意，實際情況的地球大氣層涉及許多複雜因素，不能建模為一個絕熱理想氣體，例如增溫層。

a) 求出大氣層中的空氣壓力和溫度隨海拔而變的函數。假定海平面的壓力為 p_0 = 101.0 kPa，海平面的溫度為 20.0 °C。
b) 求出空氣壓力為海平面之值 p_0 一半的海拔高度，以及在這個高度的溫度。另外，也求出空氣密度為海平面之值一半的海拔高度，以及在這個高度的溫度。
c) 將以上所得結果與第 12 章的等溫模型作一比較。

18.6 節

18.32 如課文所指出的，地球大氣中的分子速率分布，對它的組成具有顯著的影響。

a) 大氣中的氮分子在 18.0 °C 和 78.8 kPa 的分壓下所有的平均速率為何？
b) 在相同的溫度和大氣壓力下，氫分子的平均速率為何？

•**18.33** 對於房間內在 0.00 °C、1.00 atm 的空氣，根據馬克士威速率分布，以數學式給出速率超過聲速的空氣分子所佔有的比率。每個分子的平均速率為何？均方根速率為何？假定空氣由質量為 15.0 amu 的粒子均勻組成。

補充練習題

18.34 假設 1.00 mol 的氮氣 (N$_2$) 體積膨脹得非常快，以致在過程中與環境沒有熱交換。如果氣體的體積從 1.00 L 增大至 1.50 L 時，氣體的溫度從 22.0 °C 下降至 18.0 °C，試求氣體對環境所做的功。假設氮氣為雙原子理想氣體。

18.35 你買了一個充滿氦氣的氣球，在 20.0 °C 和 1.00 atm 之下的直徑為 40.0 cm。

a) 氣球內有多少個氦原子？
b) 氦原子的平均動能為何？
c) 氦原子的均方根速率為何？

18.36 一個 $3.00 \cdot 10^3$ lb 的汽車輪胎填充到 32.0 lb/in² 的錶壓 (超過大氣壓的壓力)，而汽車從修車廠的起重機上，慢慢降低到地面。

a) 假設輪胎的內部體積，不會因為與地面接觸而明顯改變，試求汽車在地面上時，輪胎內的絕對壓力 (以 Pa 為單位)。

b) 輪胎和地面之間的總接觸面積為何？

18.37 在 20.00 °C 和 101.325 kPa 下，一理想氣體的密度為0.0899 g/L。這是什麼氣體？

18.38 假設 5.00 mol 的理想單原子氣體，在 22.0 °C 的定溫下，由 2.00 m³ 的初始體積，膨脹至 8.00 m³。
a) 氣體做了多少功？
b) 氣體的最終壓力為何？

•**18.39** 溫度 T = 300 K 的氣體，其分子最可能的動能為何？氣體的身分對該值會有什麼影響？

•**18.40** 在 295 K 的溫度，戊烷 (C_5H_{12}) 的蒸氣壓為 60.7 kPa。假設 1.000 g 的氣態戊烷是裝在缸壁可透熱（熱傳導）的汽缸內，而汽缸有個活塞可使汽缸的體積改變。若汽缸的初始體積為 1.000 L，且活塞緩慢移動，使溫度保持在 295 K，則出現第一滴液態戊烷時，汽缸的體積為何？

多版本練習題

18.41 假設 0.05839 mol 的理想單原子氣體，在 273.15 K 時的壓力為 1.000 atm，然後在定溫下冷卻直至其體積減小 47.11%。氣體所做的功為何？

18.42 假設一個理想的單原子氣體，在 273.15 K 時的壓力為1.000 atm，然後在定壓下冷卻直至其體積減小 47.53%。若氣體所做的功為 $-7.540 \cdot 10^1$ J，則氣體的莫耳數為何？

18.43 假設 0.03127 mol 的理想單原子氣體，在 273.15 K 時的壓力為 1.000 atm，然後在定壓下冷卻以致體積減小。若氣體所做的功為 $-3.404 \cdot 10^1$ J，則氣體的體積減小了多少百分比？

19 熱力學第二定律

待學要點
- 19.1 可逆和不可逆過程
- 19.2 熱機和冷凍機
- 19.3 理想熱機
  - 卡諾循環
  - 例題 19.1 卡諾熱機所做的功
  - 例題 19.2 發電廠的最大效率
- 19.4 真實熱機和效率
  - 鄂圖循環
  - 狄賽爾循環
- 19.5 熱力學第二定律
- 19.6 熵
  - 例題 19.3 水凍結的熵變化
  - 例題 19.4 水變暖的熵變化
- 19.7 熵的微觀解釋
  - 例題 19.5 自由膨脹的熵變化
  - 熵死亡

已學要點｜考試準備指南
- 解題準則
- 選擇題
- 觀念題
- 練習題
- 多版本練習題

圖 19.1 (a) 蒸汽火車頭。(b) 以噴射推進力驅動的超音速汽車。

　　科學家和工程師早期研究熱力學的動機，是想找出引擎和機器的控管原理，以提供更具效率、更強大的設計。在早期，火車頭與船舶的動力來自蒸汽引擎；如今，它們主要用於風景路線上，以服務觀光遊客。

　　影響熱機效率的原理可用於所有的引擎，包括蒸汽火車頭 (圖 19.1a) 與噴射引擎。圖 19.1b 所示的推進力超音速汽車，使用兩個強大的噴射引擎，在 1997 年 10 月創下時速 763 哩的陸地速度紀錄。但是，儘管如此快速與強勁，它所產生的廢熱仍然超過可用的能量，就像大多數的引擎一樣。

　　本章研究理論和實際的熱機。主宰熱機運作的是熱力學第二定律——所有科學中最深遠而強大的一項陳述。它

普通物理

待學要點

- 可逆的熱力學過程是理想化的過程，在這種過程中，系統可從一個熱力學狀態逐漸轉變到另一個，然後再循原路徑返回，而在全程中系統都保持接近熱力學平衡的狀態。
- 幾乎所有現實世界的熱力學過程都是不可逆的。
- 力學能可以轉化成為內能，而內能也可轉化為力學能。
- 熱機是靠熱轉移輸入的能量而做功的裝置。它在運作時會經歷一個熱力學循環，而週期性的返回到其原始狀態。
- 沒有任何一個熱機可具有 100% 的效率。依據熱力學第二定律，熱機的效率存在有基本的限制。
- 冰箱和空調機的運作方向與熱機相反。
- 熱力學第二定律指出，一個孤立系統的熵永遠不會減少。
- 一個系統的熵與該系統各成分的微觀狀態具有一定的關係。

有幾種不同的表達方式，其中一個涉及稱為熵的概念。本章討論的觀念可應用於幾乎所有的科學領域，包括信息處理、生物學和天文學。

19.1 可逆和不可逆過程

如第 18 章指出的，若將熱水倒入杯子裡，並將杯子放在桌面上，則水將慢慢冷卻，直到它到達周圍的溫度，而儘管人們無法察覺，房間裡的空氣也將變得溫暖。但若反過來是水變得溫暖，而在能量守恆下室內的空氣略為冷卻下來，你將會大為驚訝。事實上，這兩種情況都滿足熱力學第一定律。然而實際上發生的情況，卻永遠是水會冷卻，直到它到達周圍的溫度。因此，需要有其他的物理學原理，來解釋為什麼出現的溫度變化，只會是其中的一個方式，而不會是另一個。

幾乎所有現實生活中的熱力學過程都不是可逆的。例如，將溫度為 0 °C 的盤狀冰塊，放入溫度為 40 °C 的金屬罐中，熱量將由罐流到冰，如圖 19.2a 所示。冰將會熔化成為水；然後水將會變得溫暖，而罐將會冷卻，直到水和罐都在相同的溫度 (在圖中的情況下為 10 °C)。將任何描述熱力學狀態的變量做微小的改變，都無法使系統循著原路徑返回到最初罐為溫暖、而水為冷凍的狀態。

但是，我們可以想像各種理想化的可逆過程。在**可逆過程**中，系統永遠非常接近熱力學平衡。在這種條件

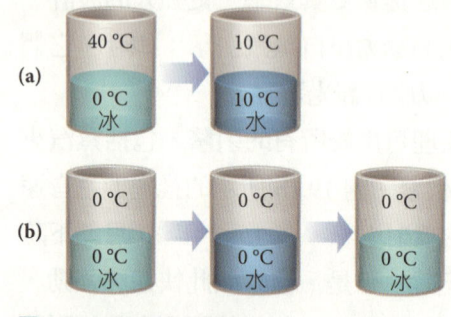

圖 19.2 兩個熱力學過程：(a) 溫度為 0 °C 的盤狀冰塊放置於溫度為 40 °C 的金屬罐內，發生的變化是不可逆過程。(b) 溫度為 0 °C 的盤狀冰塊放置於溫度為 0 °C 的金屬罐內，發生的變化是可逆過程。

470

下，使系統的狀態做微小改變，可以將系統中各熱力學變量的任何改變，加以逆轉。例如，在圖19.2b，溫度為 0 °C 的冰，放在溫度也是 0 °C 的金屬罐中。將罐的溫度稍微提高，冰會熔化成水。然後，將罐的溫度稍微降低，則水會重新凍結成冰，使系統回復到最初的狀態。

我們可以把可逆過程想成是在平衡下進行的過程，即系統在過程中始終處於熱平衡或接近熱平衡。若系統真的是處於熱平衡，則將沒有熱轉移，而系統也不會做功。因此，可逆過程是一種理想化的情況。然而，對於一個近乎可逆的過程，微幅的調整溫度和壓力，可以使系統保持於接近熱平衡。

另一方面，如果一個過程涉及的是在有限溫差下的熱轉移、氣體的自由膨脹，或力學的能經由摩擦轉換為熱力學的內能，則發生的將不是一個可逆過程，故稱為**不可逆過程**。此時想透過微幅改變系統的溫度或壓力，以使過程沿著原路徑朝反方向進行，是不可能的。此外，當不可逆過程正在進行時，系統並不處於熱平衡。

19.2 熱機和冷凍機

現在我們將討論熱機 (有時亦稱引擎)，可逆和不可逆過程之間的細微差別，對這些熱機的運轉，至為重要。

熱機是一種循環式的裝置，能將熱轉移所提供的能量轉化為有用的功。例如，內燃機或噴射引擎是從汽油–空氣混合氣燃燒時所產生的熱，提取力學的功 (圖 19.3a)。熱機要反覆做功，必須以循環的方式運轉。如果把鞭炮放到湯罐下，使鞭炮爆炸，便能做功。爆炸釋出的熱可提供能量，而使湯罐得以進行力學運動。然而，這個爆竹–湯罐引擎不是循環式的，所以不被視為熱機。

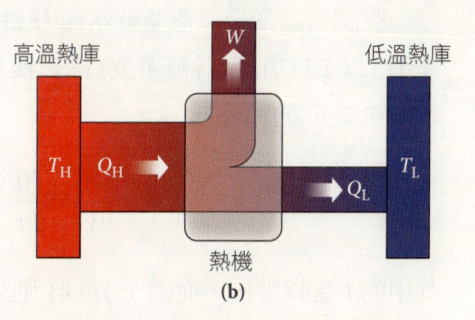

圖 19.3 (a) 一個噴射引擎使熱轉移的能轉化為力學的功。(b) 熱機在兩個熱庫之間運作的流程圖。熱機從高溫熱庫獲得熱量，做了一些有用的功 W，並將剩餘的熱量排出到低溫熱庫。

一個不斷循環運作的熱機，在經歷不同的熱力學狀態後，會返回到它的初始狀態。熱機採用的循環過程，永遠涉及某種的溫度變化。我們可以把最基本的熱機想成是在兩個熱庫之間運作 (圖 19.3b)。一個熱庫在高溫 T_H，另一個熱庫在低溫 T_L。熱機從高溫熱庫吸收的熱量為 Q_H，它會將一些熱量轉化為力學功 W，並將剩餘的熱量 Q_L (其中 $Q_L > 0$) 排出到低溫熱庫。根據熱力學第一定律 (等同於能量守恆定律) $Q_H = W + Q_L$。因此，為了使熱機運作，必須以熱量 Q_H 的形式提供能量給它，然後它將做出有用的功 W。熱機的**效率** ϵ 依定義為

$$\epsilon = \frac{W}{Q_H} \tag{19.1}$$

類似圖 19.4a 所示的**冷凍機**，是反向運作的熱機。冷凍機不是將熱量轉換成功，而是利用功來使熱量從低溫熱庫轉移到高溫熱庫 (圖 19.4b)。真實的冷凍機如電冰箱，是利用電動馬達來驅動壓縮機，使熱量由冰箱內部轉移到室內的空氣中。空調機也是一種冷凍機；它將熱量由室內的空氣轉移到室外的空氣。

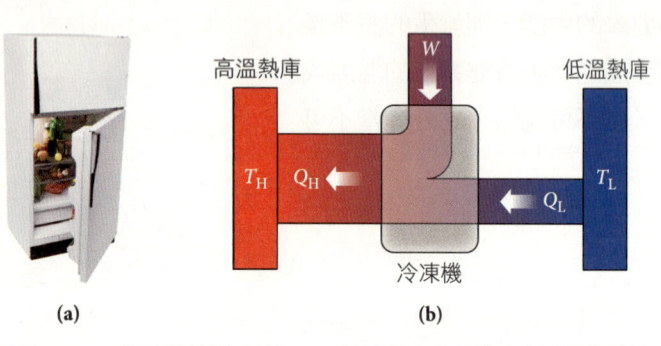

圖 19.4　(a) 家用冷凍機 (冰箱)。(b) 冷凍機在兩個熱庫之間運作的流程圖。

對於一具冷凍機，熱力學第一定律要求 $Q_L + W = Q_H$。冷凍機的目的是要利用輸入的功 W，以從低溫熱庫移除盡可能多的熱量 Q_L。依定義，冷凍機的**性能係數** K 為

$$K = \frac{Q_L}{W} \tag{19.2}$$

空調機通常是以能量效率比 (EER) 來分級，其定義為移除熱量的速率 H (以 BTU/h 為計算單位) 除以使用的功率 P (以 W 為計算單位)。K 和 EER 之間的關係為

$$K = \frac{|Q_L|}{|W|} = \frac{Ht}{Pt} = \frac{H}{P} = \frac{\text{EER}}{3.41}$$

其中的 t 為時段長，而因子 1/3.41 則來自於 BTU/h 的定義：

$$\frac{1\,\text{BTU/h}}{1\,\text{watt}} = \frac{(1055\,\text{J})/(3600\,\text{s})}{1\,\text{J/s}} = \frac{1}{3.41}$$

室內空調機的典型 EER 值約為 8 到 11，這表示 K 值的範圍約為 2.3 到 3.2。因此，典型的室內間空調機每耗用一個單位的能量，大約可移除三個單位的熱量。

熱泵是冷凍機的變體，可用以使建築物保持溫暖。熱泵可藉由將外部空氣降溫，而使建築物升溫。正如冷凍機一樣，$Q_L + W = Q_H$。但就熱泵而言，感興趣的量是轉移給較溫暖熱庫的熱量 Q_H，而不是從較冷熱庫移除的熱量。因此，熱泵的性能係數是

$$K_{熱泵} = \frac{Q_H}{W} \tag{19.3}$$

其中 W 是將熱量從低溫熱庫轉移到高溫熱庫所需的功。商場供應的熱泵，其典型的性能係數約為 3 到 4。當外界溫度低於 –18 °C (10 °F) 時，熱泵就不太能發揮其功用。

19.3 理想熱機

理想熱機在運作時只涉及可逆過程。因此，它不會有「浪費能量」的效應，如摩擦或黏滯性。你可能會認為理想熱機的效率應該是 100%，亦即可將來自熱轉移的能量，全部都轉化為有用的力學功。但是，我們將看到，即使是最有效率的理想熱機，也無法做到這一點。一個循環式熱機將來自熱轉移的能量完全轉換成有用的力學功，是一個根本無法達到的情況，它深植於熱力學第二定律和熵兩大主題的核心精髓中。

卡諾循環

理想熱機的一個例子是卡諾熱機。在兩個不同溫度的熱庫之間運作的所有熱機中，卡諾熱機具有最高的效率，且是其中全部過程均為可逆的唯一熱機。卡諾熱機所使用的熱力學過程構成一個循環，稱為**卡諾循環**。

一個卡諾循環包括兩個定溫和兩個絕熱的可逆過程，如圖 19.5 的 pV 圖 (壓力-體積圖) 所示。我們可以挑選任意一點做為循環的起點，例如點 1。系統首先經歷定溫過程，在此期間，系統膨脹並從溫度固定為 T_H 的熱庫吸

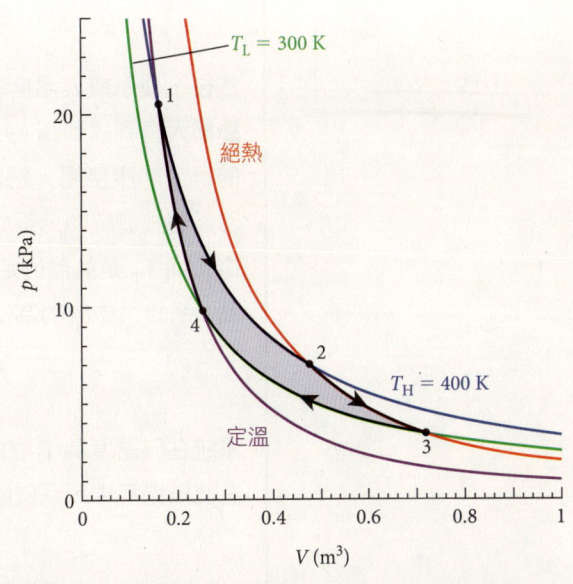

圖 19.5 卡諾循環包括兩個定溫過程和兩個絕熱過程。

收熱量 (圖 19.5 中的 T_H = 400 K)。在點 2，系統開始做絕熱膨脹，在此期間沒有熱量進出系統。在點 3，系統開始另一個定溫過程，同時進行壓縮，將熱量轉移給在較低溫度 T_L 的第二個熱庫 (圖 19.5 中的 T_L = 300 K)。在點 4，系統開始沒有熱量進出的第二個絕熱過程。當系統返回到點 1 時，就完成一個卡諾循環。

卡諾熱機的效率不是 100%，而是由下式給出：

$$\epsilon = 1 - \frac{T_L}{T_H} \tag{19.4}$$

值得注意的是，卡諾熱機的效率僅取決於兩熱庫的溫度比。例如，以圖 19.5 所示循環運作的熱機，其效率為 ϵ = 1 – (300K)/(400 K) = 0.25。

推導 19.1　卡諾熱機的效率

為了求出在一個卡諾循環中系統所做的功及進出的熱量，我們假設組成系統的是理想氣體，它充滿於體積可以改變的容器內。系統與一個熱庫接觸，起始的壓力為 p_1，體積為 V_1，對應於圖 19.5 中的點 1。熱庫使系統保持在恆定的溫度 T_H。接著，使系統的體積擴大，直到達到圖 19.5 中的點 2，系統在此點的壓力為 p_2，體積為 V_2。在此定溫過程中，系統做的功為 W_{12}，熱庫轉移給系統的熱量為 Q_H。由於這是定溫過程，系統的內能不改變。因此，系統做的功和轉移給系統的熱量相等，而由下式給出 (見 18.2 節的討論)：

$$W_{12} = Q_H = nRT_H \ln\left(\frac{V_2}{V_1}\right) \tag{i}$$

然後，使系統與溫度為 T_H 的熱庫分開，不再接觸。系統在絕熱下，繼續擴大直到達到圖 19.5 中的點 3。在點 3，膨脹停止，系統與溫度為 T_L 的第二熱庫接觸。絕熱膨脹意味著 Q = 0。在第 18 章，我們看到了理想氣體經歷絕熱過程時所做的功為 $W = nR(T_f - T_i)/(1 - \gamma)$，其中 $\gamma = C_p/C_V$，而 C_p 是氣體的定壓比熱，C_V 是氣體的定容比熱。因此，從點 2 到點 3 系統所做的功為

$$W_{23} = \frac{nR}{1-\gamma}(T_L - T_H)$$

系統在與溫度為 T_L 的熱庫保持接觸之下，從點 3 經定溫壓縮到達點 4。在此段過程中，系統所做的功和吸收的熱量為

$$W_{34} = -Q_L = nRT_L \ln\left(\frac{V_4}{V_3}\right) \tag{ii}$$

在上式中 $W_{34} < 0$，$Q_L > 0$。如果按照第 17 章熱力學第一定律的符號約定，上式應寫成 $W_{34} = Q_L$。在該章中 Q_L 代表進入系統的熱量，因此 $Q_L = W_{34} < 0$ 表示實際上熱量是離開系統。然而，在本章中，我們定義 Q_L 為進入低溫熱庫 (溫度 $T = T_L$) 的熱量，因此 $Q_L > 0$，而得 $W_{34} = -Q_L$。

最後，系統與低溫熱庫分開，不再接觸，並從點 4 經絕熱壓縮回到起始點，即點 1。在此絕熱過程中 $Q = 0$，而系統所做的功為

$$W_{41} = \frac{nR}{1-\gamma}(T_H - T_L)$$

需要注意的是在絕熱過程中，系統所做的功只取決於初始溫度和最終溫度，因此 $W_{41} = -W_{23}$，即 $W_{41} + W_{23} = 0$，而對於整個循環，系統所做的總功為

$$W = W_{12} + W_{23} + W_{34} + W_{41} = W_{12} + W_{34}$$

將 (i) 式和 (ii) 式的 W_{12} 和 W_{34} 代入上式右邊，可得

$$W = nRT_H \ln\left(\frac{V_2}{V_1}\right) + nRT_L \ln\left(\frac{V_4}{V_3}\right)$$

現在，我們可以求出卡諾熱機的效率。依 (19.1) 式，效率的定義為系統所做之功 W 對提供給系統之熱量 Q_H 的比率：

$$\epsilon = \frac{W}{Q_H} = \frac{nRT_H \ln\left(\frac{V_2}{V_1}\right) + nRT_L \ln\left(\frac{V_4}{V_3}\right)}{nRT_H \ln\left(\frac{V_2}{V_1}\right)} = 1 + \frac{T_L \ln\left(\frac{V_4}{V_3}\right)}{T_H \ln\left(\frac{V_2}{V_1}\right)} \quad \text{(iii)}$$

此卡諾熱機效率的表達式，包含了系統在點 1、2、3 和 4 的體積。但利用第 18 章理想氣體在絕熱膨脹時的關係式，即 $TV^{\gamma-1}$ = 常數，我們可以將體積消除。

對於從點 2 到點 3 的絕熱過程，我們有

$$T_H V_2^{\gamma-1} = T_L V_3^{\gamma-1} \quad \text{(iv)}$$

同樣的，對於從點 4 到點 1 的絕熱過程，我們有

$$T_H V_1^{\gamma-1} = T_L V_4^{\gamma-1} \quad \text{(v)}$$

將 (iv) 和 (v) 兩式的各邊分別上下相除：

$$\frac{T_H V_2^{\gamma-1}}{T_H V_1^{\gamma-1}} = \frac{T_L V_3^{\gamma-1}}{T_L V_4^{\gamma-1}} \Rightarrow \frac{V_2}{V_1} = \frac{V_3}{V_4}$$

利用上式所給體積之間的關係，我們可以將 (iii) 式的效率重寫為

$$\epsilon = 1 + \frac{-T_L \ln\left(\frac{V_3}{V_4}\right)}{T_H \ln\left(\frac{V_2}{V_1}\right)} = 1 - \frac{T_L}{T_H}$$

這與 (19.4) 式相同。

卡諾熱機的效率可以達到 100% 嗎？要獲得 100% 的效率，在 (19.4) 式中的 T_H 須升高到無窮大或 T_L 須降低到絕對零度。這兩個情況都是不可能的。因此，卡諾熱機的效率恆小於 100%。

注意，依據推導 19.1，系統在卡諾循環所做的總功為 $W = W_{12} + W_{34}$，而兩個定溫過程對總功的貢獻為 $W_{12} = Q_H$ 和 $W_{34} = -Q_L$。因此，由熱力學第一定律，可直接推論卡諾循環的總力學功也可寫為

$$W = Q_H - Q_L \tag{19.5}$$

由於效率的一般定義如 (19.1) 式所示為 $\epsilon = W/Q_H$，因此卡諾熱機的效率也可表示為

$$\epsilon = \frac{Q_H - Q_L}{Q_H} \tag{19.6}$$

依上式的表述，決定卡諾熱機效率的是從高溫熱庫所吸收的熱量減去還給低溫熱庫的熱量。若此卡諾熱機效率的公式要給出 100% 的效率，則還給低溫熱庫的熱量必須為零。反之，若卡諾熱機的效率小於 100%，則熱機無法將由高溫熱庫所吸收的熱量全部轉換為有用的功。

法國物理學家卡諾 (Nicolas Leonard Sadi Carnot, 1796-1832)，在 19 世紀詳盡的闡述了卡諾循環，證明以下的陳述，稱為**卡諾定理**：

> 所有在兩個熱庫之間運作的熱機，沒有一個可以比卡諾熱機在該兩個熱庫之間運作的效率更高。

我們省略卡諾定理的證明。

我們可以想像卡諾熱機以反方向運作，而成為「卡諾冷凍機」。這樣一個冷凍機在兩個熱庫之間運作的性能係數最大為

$$K_{max} = \frac{T_L}{T_H - T_L} \tag{19.7}$$

同理，一個熱泵在兩個熱庫之間運作的性能係數最大為

>>> 觀念檢測 19.1

在一個溫度為 22.0 °C 的房間裡，一台冰箱最大 (卡諾) 的性能係數為何？冰箱內的溫度保持在 2.0 °C。

a) 0.10　b) 0.44
c) 3.0　d) 5.8
e) 13.8

>>> 觀念檢測 19.2

一部熱泵被用來使屋內的溫度提高到 22.0 °C，它的最大 (卡諾) 性能係數為何？屋內的溫度為 2.0 °C。

a) 0.15　b) 1.1
c) 3.5　d) 6.5
e) 14.8

熱力學第二定律 19

$$K_{熱泵,\max} = \frac{T_H}{T_H - T_L} \quad (19.8)$$

例題 19.1 卡諾熱機所做的功

一個卡諾熱機從溫度為 $T_H = 500$ K 的熱庫取得 3000 J 的熱量，並將熱量排出到溫度為 $T_L = 325$ K 的熱庫。

問題：在一個循環中，這個卡諾熱機所做的功為何？

解：

首先，從 (19.1) 式的定義可得熱機效率 ϵ：

$$\epsilon = \frac{W}{Q_H}$$

其中 W 是熱機所做的功，而 Q_H 是從高溫熱庫取得的熱量。使用 (19.4) 式可得卡諾熱機的效率為

$$\epsilon = 1 - \frac{T_L}{T_H}$$

結合以上兩個效率的表達式，我們得到

$$\frac{W}{Q_H} = 1 - \frac{T_L}{T_H}$$

由上式可求得卡諾熱機所做的功為

$$W = Q_H \left(1 - \frac{T_L}{T_H}\right)$$

代入數值，可得卡諾熱機所做的功為

$$W = (3000 \text{ J})\left(1 - \frac{325 \text{ K}}{500 \text{ K}}\right) = 1050 \text{ J}$$

例題 19.2 發電廠的最大效率

火力發電廠是靠燃燒化石燃料產生蒸汽，進而驅動交流發電機產生電力。發電廠使蒸汽加壓，可產生溫度高達 600. °C 的蒸汽，而廢熱則排出到溫度為 20.0 °C 的環境中。

問題：這樣的發電廠可達到的最大效率為何？

解：

這種發電廠的最大效率，是一個卡諾熱機在 20.0 °C 和 600. °C 的熱庫之間運作時的效率，如 (19.4) 式所示：

477

普通物理

$$\epsilon = 1 - \frac{T_L}{T_H} = 1 - \frac{293 \text{ K}}{873 \text{ K}} = 66.4\%$$

實際發電廠可達到的效率略低，約為 40%。然而，許多精心設計的發電廠，不是直接將廢熱排出到環境中，而是改採廢熱發電或熱電聯產。通常排掉不要的熱量，被用來加熱附近的大樓或房子。這種熱量甚至可以用來驅動空調機，以冷卻附近的結構，這個過程稱為三聯產。採用熱電聯產，現代化的發電廠可以將高達 90% 的能量用於發電。

自我測試 19.1
例題 19.1 中的卡諾熱機，其效率為何？

19.4 真實熱機和效率

要求真實的熱機根據卡諾循環來運轉，是不切實際的。然而，日常使用的許多真實熱機，都是設計為以循環式的熱力學過程來運作。現實世界中熱機運轉的一個例子，就是鄂圖循環。再次，我們假定熱機所用的工作介質是理想氣體。

鄂圖循環

鄂圖循環是用以驅動汽車的現代內燃機所使用的。這個循環包括兩個絕熱過程和兩個定容過程 (圖 19.6)，它是四衝程內燃機的預設配置。典型內燃機的活塞–汽缸組態，如圖 19.7 所示。

燃料–空氣的混合物在點火引燃後可提供熱量。循環開始時，活塞位於汽缸的頂部，然後進行以下步驟：

■ 進氣衝程。活塞向下移動，進氣閥打開，引入燃料–空氣的混合物

圖 19.6 鄂圖循環包括兩個絕熱過程和兩個定容過程。

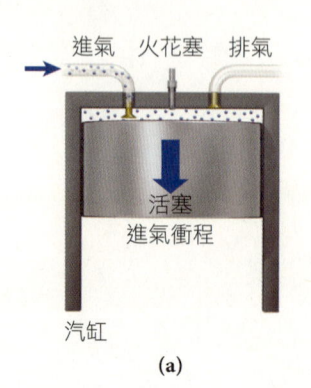

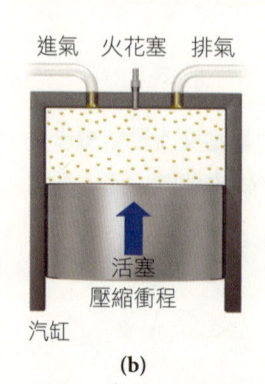

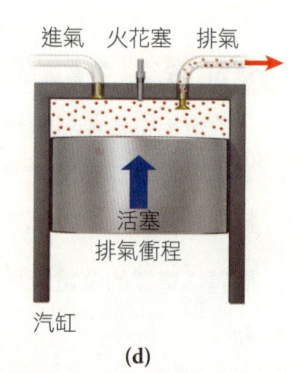

圖 19.7 內燃機的四個衝程：(a) 進氣衝程，在此期間燃料–空氣混合物被吸入汽缸內。(b) 壓縮衝程，在此期間燃料–空氣混合物被壓縮。(c) 動力衝程，在此期間燃料–空氣混合物被火花塞點燃，釋放出熱量。(d) 排氣衝程，在此期間燃燒後氣體被排出汽缸。

熱力學第二定律 19

(圖 19.6 的點 0 至點 1，和圖 19.7a)，然後進氣閥關閉。

- 壓縮衝程。活塞向上移動，在絕熱下壓縮燃料-空氣的混合物 (圖 19.6 的點 1 至點 2，和圖 19.7b)。
- 火花塞點燃燃料-空氣的混合物，在定容下使壓力增加 (圖 19.6 的點 2 到點 3)。
- 動力衝程。熱氣體在絕熱下膨脹，推動活塞向下 (圖 19.6 的點 3 至 4 點，和圖 19.7c)。
- 當活塞向下移動到底時 (圖 19.6 的點 4)，排氣閥打開。在定容下壓力減小，熱量排出，並且使系統回到點 1。
- 排氣衝程。活塞向上移動，迫使燃燒後的氣體排出 (圖 19.6 的點 1 至點 0，和圖 19.7d)，然後排氣閥關閉。

膨脹後體積 V_1 對壓縮後體積 V_2 的比率稱為壓縮比：

$$r = \frac{V_1}{V_2} \tag{19.9}$$

鄂圖循環的效率 ϵ 可以表示為僅含壓縮比的函數 (推導從略)：

$$\epsilon = 1 - r^{1-\gamma} \tag{19.10}$$

[相比之下，(19.4) 式的卡諾循環效率則僅取決於兩個溫度之比。]

現在來看一個數值的例子。圖 19.6 所示的鄂圖循環，其壓縮比為 4，所以此鄂圖循環的效率為 $\epsilon = 1 - 4^{1-7/5} = 1 - 4^{-0.4} = 0.426$，亦即壓縮比為 4 的熱機以鄂圖循環運作時，其效率的理論值為 42.6%。但要注意，這是在此壓縮比之下效率的理論上限值。原則上，內燃機若提高壓縮比，可獲得更高的效率，但實際的因素使得這種做法行不通。例如，如果壓縮比太高時，燃料-空氣混合物會在壓縮完成之前引爆。非常高的壓縮比使熱機的組件承受高應力。汽油動力的內燃機，其實際壓縮比的範圍約為 8 至 12。

> **自我測試 19.2**
> 如果壓縮比從 4 提高到 15，內燃機的理論效率會提高多少？

> **觀念檢測 19.3**
> 在鄂圖循環中，下列四個溫度以何者為最高？
> a) T_1　　b) T_2
> c) T_3　　d) T_4
> e) 四個都相同

狄賽爾循環

狄賽爾引擎亦稱柴油引擎，它和汽油引擎的設計稍微不同。柴油引擎壓縮的不是燃料-空氣混合物，而只是空氣 (如圖 19.8 從點 1 至點 2 的路徑，綠色曲線)。只有在空氣被壓縮之後，燃料才被引入 (在點 2 和點 3 之間)。利用壓縮的熱量點燃混合物 (因此不需火花塞)。此燃燒過程在定壓下推動活塞。燃

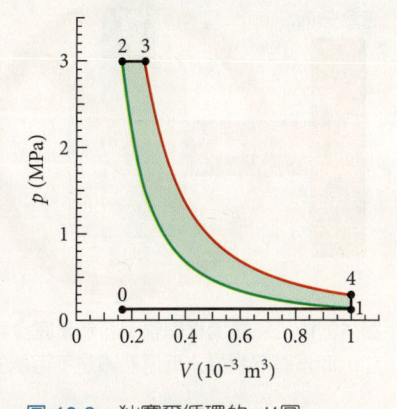

圖 19.8 狄賽爾循環的 pV 圖。

479

觀念檢測 19.4

在圖 19.8 中的狄賽爾循環，熱量是在哪一部分加入的？
a) 從點 0 到點 1 的路徑
b) 從點 1 到點 2 的路徑
c) 從點 2 到點 3 的路徑
d) 從點 3 到點 4 的路徑
e) 從點 4 到點 1 的路徑

觀念檢測 19.5

在圖 19.8 中的狄賽爾循環，引擎在哪些部分做了功？
a) 從點 0 到點 1 和從點 1 到點 0 的路徑
b) 從點 1 到點 2 的路徑
c) 從點 2 到點 3 和從點 3 到點 4 的路徑
d) 從點 4 到點 1 的路徑

燒後，就如同鄂圖循環一樣，燃燒產物在絕熱下將活塞進一步推得更遠 (從點 3 至點 4 的路徑，紅色曲線)。在定容下將熱排到環境中的過程 (點 4 和點 1 之間的圖中)，以及進氣衝程 (從點 0 到點 1 的路徑) 和排氣衝程 (從點 1 到點 0 的路徑)，都和鄂圖循環中的進行方式相同。柴油引擎具有較高的壓縮比，因而效率高於汽油動力的四衝程引擎，但它們的熱力學循環略有不同。

一個理想的柴油引擎所具有的效率由下式給出 (推導從略)：

$$\epsilon = 1 - r^{1-\gamma} \frac{\alpha^\gamma - 1}{\gamma(\alpha - 1)} \tag{19.11}$$

其中壓縮比再次為 $r = V_1/V_2$ (如同鄂圖循環)，γ 再次是定壓比熱和定容比熱的比值 $\gamma = C_p/C_V$ (在第 18 章中介紹)，而 $\alpha = V_3/V_2$ 稱為截止比率，即燃燒階段的最終體積對初始體積的比。

19.5 熱力學第二定律

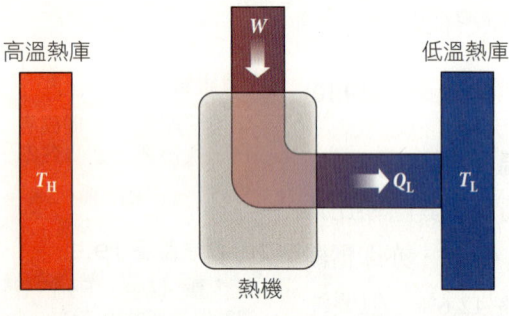

我們在 19.1 節看到，靜置的一杯冷水在室溫下變暖或者變得更冷，都滿足熱力學第一定律。然而，熱力學第二定律是一個一般性的原則，它限制了系統之間可轉移的熱量多寡和熱轉移的可能方向，以及熱機的效率。這個原則凌駕了熱力學第一定律的能量守恆限制。

第 17 章提到的熱功當量，最初是根據焦耳證明力學功可以完全轉換為熱的實驗，如圖 19.9 所示。與此相反的，實驗顯示，不可能建造一個可以將熱量完全轉換為功的熱機。這個概念示於圖 19.10。

換言之，要建立一個效率為 100% 的熱機是不可能的。這個事實形成了**熱力學第二定律**的基礎：

> 一個系統所進行的任何循環過程，不可能只是將給定溫度的熱庫經由熱轉移傳給它的能量，完全轉換成為力學功，而不將任何能量經由熱轉移傳給一個在較低溫度的熱庫。

圖 19.9 一個可將熱完全轉換為功的系統之熱量流程圖。

圖 19.10 熱量流程圖說明將熱量完全轉換為有用的功，而沒有熱量進入低溫熱庫是不可能的過程。

熱力學第二定律　19

此表述即為克耳文–普朗克所稱的熱力學第二定律。

如果第二定律是不正確的，就會出現各種不可能的情節。例如，發電廠可以永遠從周圍空氣吸收熱量，而不停的運轉，而遠洋班輪永遠可以只從海水吸收熱量，而不停的推動本身前進。這些情節不違反熱力學第一定律，因為能量是守恆的。它們無法出現的事實，表明第二定律對於自然界的運作，包含有能量守恆原理以外的額外信息。第二定律限制了能量可以使用的方式。

熱力學第二定律的另一種表達方式涉及冷凍機 (或冰箱)。我們知道，熱會自發的從溫暖的熱庫，流到較冷的熱庫。熱從來不會自發的從冷的熱庫，流到較溫暖的熱庫。冷凍機是一種熱機，能將熱量從冷的熱庫，轉移到較溫暖的熱庫；然而，要達成這種轉移，必須提供能量給冷凍機，如圖 19.4b 所示。一個不可能的事實是冷凍機在沒有接受外來的功之下，將熱量從冷的熱庫，轉移到較溫暖的熱庫，如圖 19.11 所示。熱力學第二定律的另一種形式就是以這個事實為基礎：

> 在沒有任何功的情況下，任何一個系統所進行的循環過程，都不可能只是將由較冷的熱庫取出的能量，全部經由熱轉移傳送到較溫暖的熱庫。

圖 19.11 熱量流程圖說明在沒有功的情況下，將熱量從低溫熱庫完全轉移到高溫熱庫是不可能的過程。

這個等效的表述，通常稱為克勞修斯所稱的熱力學第二定律。

推導 19.2　卡諾定理

如 19.3 節所述，下面介紹如何證明卡諾定理。假設有兩個熱庫，在這兩個熱庫之間有一個熱機運轉，還有一個卡諾熱機反向運轉，當作冷凍機 (如電冰箱)，如圖 19.12。

讓我們假設卡諾冷凍機的運轉，具有下式所給的理論效率：

$$\epsilon_2 = \frac{W}{Q_{H2}} \tag{i}$$

其中 W 是將熱量 Q_{H2} 轉移到高溫熱庫所需做的功。我們也假定提供此功的是在相同兩個熱庫之間運轉的一個熱機。熱機的效率可以表示為

$$\epsilon_1 = \frac{W}{Q_{H1}} \tag{ii}$$

其中 Q_{H1} 是熱機從高溫熱庫移除 (或吸收) 的熱量。因為 (i) 式和 (ii) 式都包含相同的功 W，我們可以解出每個功，然後令所得結果相等：

$$\epsilon_1 Q_{H1} = \epsilon_2 Q_{H2}$$

因此，這兩個效率的比為

$$\frac{\epsilon_1}{\epsilon_2} = \frac{Q_{H2}}{Q_{H1}}$$

若熱機的效率等於卡諾冷凍機的效率 ($\epsilon_1 = \epsilon_2$)，則 $Q_{H1} = Q_{H2}$，這意味著，從高溫熱庫移除的熱量等於轉移給高溫熱庫的熱量。若熱機的效率比卡諾冷凍機的效率更高 ($\epsilon_1 > \epsilon_2$)，則 $Q_{H2} > Q_{H1}$，這意味著高溫熱庫獲得的熱量比失去的熱量更多。將熱力學第一定律應用到整個系統，顯示熱機與卡諾冷凍機一起工作，可以將熱量從低溫熱庫轉移到高溫熱庫，而不需任何功。那麼，這兩個機器聯合起來運轉，就違反克勞修斯所稱的熱力學第二定律。因此，沒有熱機可以比卡諾熱機具有更高的效率。

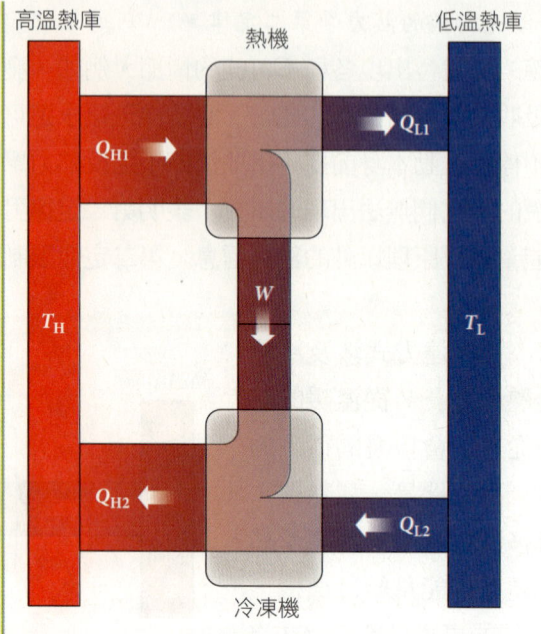

圖 19.12 在兩個熱庫之間，一熱機運轉產生功，而此熱機產生的功，驅動卡諾熱機反向運轉成為冷凍機。

力學能經由功和熱轉移機制轉化為內能 (例如經由摩擦) 和熱量從溫暖的熱庫流到較冷的熱庫，都是不可逆的過程。熱力學第二定律說，這些過程只能部分逆轉，從而確認其固有的單向性質。

19.6 熵

在前面的三章中，我們討論了熱平衡的概念。如果使溫度不同的兩個物體保持熱接觸，它們的溫度將漸近的趨近一個共同的平衡溫度。推動系統趨向熱平衡的是熵，而熱平衡的狀態是熵為最大的狀態。

熱傳遞的方向是由系統的熵變化決定，而不是由能量守恆決定。一個系統在由初始狀態到最終狀態的過程中所發生的熵變化 ΔS，依定義

為

$$\Delta S = \int_i^f \frac{dQ}{T} \tag{19.12}$$

其中 Q 是熱量，T 是克耳文溫度。在 SI 制中熵變化的單位為 J/K (焦耳/克耳文)。此處必須指出的是，(19.12) 式僅適用於可逆過程；也就是說，要被積分的路徑所代表的過程，必須是可逆的。

注意，上式的熵，是透過它從初始到最終組態的變化來定義的。因此在物理上具有意義的量是熵變化，而不是熵在任意一點的絕對大小。位能是另外一個只有其變化是具重要性的物理量。位能的絕對大小只有相對於某個任意添加的常數才能定義，但初始和最終狀態之間的位能變化，是一個可精確測定的物理量，它導致作用力。在第 6 章，我們建立了力和位能變化之間的關係，本節將以類似的方式，指出如何由給定的溫度變化、熱量和功，計算不同系統的熵變化。在熱平衡時，熵具有極值 (最大)。而在力學穩定平衡狀態時，淨力為零，位能也具有極值 (但在此情況下為最小)。

在一個不可逆過程中，孤立系統的熵 S 永遠不會減小；它永遠是增大或保持不變。對於一個孤立的系統，能量總是守恆的，但熵則不必守恆。因此，熵變化指出了時間的方向；也就是說，如果一個孤立系統的熵增大，則代表時間是在向前推移。

以 (19.12) 式來定義熵，需依賴一個系統的宏觀性質，例如熱和溫度。熵的另一個定義，是以統計的方式描述系統中原子和分子如何排列為其基礎，這將於下一節說明。

由於 (19.12) 式的積分必須使用可逆過程，才能計算，那麼一個不可逆過程的熵變化要如何求出？答案有賴以下的事實：熵是一個熱力學狀態變數，就像溫度、壓力和體積一樣，其差可由其起始和最終狀態完全決定。這意味著如果找到一個可逆過程，(此過程可以用 (19.12) 式的積分來求出其熵變化！) 而系統在此過程的初始和最終狀態，分別是和所考慮之不可逆過程的初始和最終狀態相同，那麼即使是一個不可逆的過程，我們還是可以求出其初始狀態和最終狀態之間的熵差。

為了說明計算一個不可逆過程之熵變化的一般性方法，讓我們回到第 17 章所描述的一個情況，即氣體的自由膨脹。圖 19.13a 顯示局限於一個容器左半部的氣體。在圖 19.13b，兩個半部之間

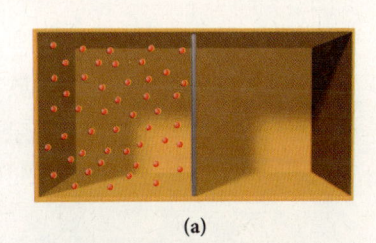

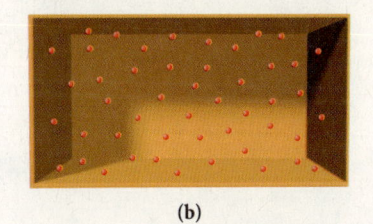

圖 19.13 (a) 氣體局限於容器的左半部。(b) 分隔兩個半部的屏障被移除，氣體擴大而充滿整個容器。

的屏障被移除，氣體擴大而充滿整個容器。顯然的，氣體一旦擴大而充滿整個容器，它將不會自發的回到所有氣體分子都位於容器左半部的狀態。在屏障被移除之前，系統的狀態變數是初始溫度 T_i、初始體積 V_i 和初始熵 S_i。在屏障移除之後，氣體再次處於平衡狀態，系統的狀態可用最終溫度 T_f、最終體積 V_f 和最終熵 S_f 來表示。

我們不能使用 (19.12) 式以計算這個系統的熵變化，因為氣體在擴張階段並不處於平衡狀態。然而，系統熱力學屬性的變化，只取決於初始和最終狀態，而與系統如何從一個狀態到達另一個狀態無關。因此，我們可以選擇一個系統能夠經歷的過程，且對該過程我們能計算出 (19.12) 式中的積分。

一個理想氣體在自由膨脹後，溫度保持不變；因此，使用理想氣體的定溫膨脹，似乎是合理的。然後，我們可以計算 (19.12) 式的積分，而求出系統經歷一個定溫過程的熵變化：

$$\Delta S = \int_i^f \frac{dQ}{T} = \frac{1}{T}\int_i^f dQ = \frac{Q}{T} \tag{19.13}$$

(因子 $1/T$ 可以移到積分之外，因為我們考慮的是定溫過程，其溫度為定值。) 如我們在第 18 章看到的，在定溫 T 下，理想氣體的體積由 V_i 擴大到 V_f 時，它所做的功由下式給出：

$$W = nRT\ln\left(\frac{V_f}{V_i}\right)$$

對於定溫過程，氣體的內能不改變；所以 $\Delta E_{int} = 0$。因此，如第 17 章所示，使用熱力學第一定律，我們可以寫

$$\Delta E_{int} = W - Q = 0$$

因此，對於定溫過程，轉移給系統的熱量為

$$Q = W = nRT\ln\left(\frac{V_f}{V_i}\right)$$

故得定溫過程的熵變化為

$$\Delta S = \frac{Q}{T} = \frac{nRT\ln\left(\frac{V_f}{V_i}\right)}{T} = nR\ln\left(\frac{V_f}{V_i}\right) \tag{19.14}$$

氣體在不可逆自由膨脹的熵變化，必須等於在定溫過程的熵變化，因為

這兩個過程具有相同的初始和最終狀態，因此必具有相同的熵變化。

氣體做不可逆自由膨脹時，$V_f > V_i$，因此 $\ln (V_f/V_i) > 0$。所以 $\Delta S > 0$，因為 n 和 R 都是正數。事實上，任何不可逆過程的熵變化永遠為正。

因此，熱力學第二定律可以用第三種方法來表示。

一個孤立系統的熵永遠不會減小。

例題 19.3 水凍結的熵變化

假設我們有 1.50 kg、溫度在 0 °C 的水。我們把水放入冰箱，使水的內能經由熱轉移而減小，以致它完全凍結而成為溫度在 0 °C 的冰。

問題：在此凍結過程中，水–冰系統的熵變化為何？

解：

冰的熔化是一個定溫過程，所以我們可以用 (19.13) 式中的熵變化：

$$\Delta S = \frac{Q}{T}$$

其中 Q 是在水的凝固點 $T = 273.15$ K 時，使水變成冰必須移除的熱量，此熱量由水 (冰) 的熔化熱 (在第 17 章中定義) 決定。故必須移除的熱量為

$$Q = mL_{熔化} = (1.50 \text{ kg})(334 \text{ kJ/kg}) = 501 \text{ kJ}$$

因此，水–冰系統的熵變化為

$$\Delta S = \frac{-501 \text{ kJ}}{273.15 \text{ K}} = -1830 \text{ J/K}$$

注意，在例題 19.3 中，水–冰系統的熵減小。系統的熵怎麼可以減小？熱力學第二定律指出，一個孤立系統的熵永遠不會減小。但是，水–冰系統不是一個孤立的系統。冰箱使用電能做功，從水中移除內能使它凍結，並將熱量排到周圍環境中，以致環境的熵增大，超過水–冰系統的熵減小。這個差別是非常重要的。

類似的分析可應用到複雜生命形式的起源，它們具有的熵比周圍低得很多。隨著具有低熵之生命形式的發展，地球整體的熵變得更大。一個活在地球上的子系統，為了能夠藉由犧牲環境以減小其自身的熵，就

需要能量的來源。這種能源可以是化學鍵或其他類型的位能，但追根究柢這些都是來自於太陽輻射提供給地球的能量。

> **例題 19.4** 水變暖的熵變化
>
> 假設我們將 2.00 kg 的水加熱，使它從 20.0 °C 的溫度，上升到 80.0 °C 的溫度。
>
> **問題**：水的熵變化為何？
>
> **解**：
>
> 我們先看 (19.12) 式，它將熵的變化表示為轉移的微小熱量 dQ 相對於溫度的積分：
>
> $$\Delta S = \int_i^f \frac{dQ}{T} \tag{i}$$
>
> 使質量為 m 的水，溫度提高 ΔT 所需的熱量 Q，由下式給出：
>
> $$Q = cm\Delta T \tag{ii}$$
>
> 其中 $c = 4.19$ kJ/(kg K) 是水的比熱。利用熱量的微分變化 dQ 與溫度的微分變化 dT，我們可以將 (ii) 式重寫：
>
> $$dQ = cm\, dT$$
>
> 接著我們可以將 (i) 式重寫為
>
> $$\Delta S = \int_i^f \frac{dQ}{T} = \int_{T_i}^{T_f} \frac{cm\, dT}{T} = cm \int_{T_i}^{T_f} \frac{dT}{T} = cm \ln \frac{T_f}{T_i}$$
>
> 已知 $T_i = 293.15$ K，$T_f = 353.15$ K，故熵變化為
>
> $$\Delta S = cm \ln \frac{T_f}{T_i} = [4.19 \text{ kJ}/(\text{kg K})](2.00 \text{ kg}) \ln \frac{353.15 \text{ K}}{293.15 \text{ K}} = 1.56 \cdot 10^3 \text{ J/K}$$

關於熵的宏觀定義和用以計算熵的 (19.12) 式，另存有重要的一點：依據熱力學第二定律，對於所有的循環過程 (如卡諾、鄂圖和狄賽爾循環)——亦即初始狀態與最終狀態是相同的所有過程——系統的總熵在整個循環的變化，必須大於或等於零：$\Delta S \geq 0$。對於可逆過程，熵的變化等於零，而對不可逆過程，熵的變化大於零。注意，我們在這裡討論的循環過程都是理想化的可逆過程，但真實的過程永遠不太可能是完全可逆的。

19.7 熵的微觀解釋

在第 18 章中，我們看到，要計算理想氣體的內能，可以將氣體各組成粒子的能量相加而求出其總和。從對組成粒子的研究，我們也可以決定理想氣體的熵。事實證明，這種由微觀定義出來的熵，與宏觀所定義的熵是一致的。

有序和無序的觀念是直覺的。例如，一個咖啡杯是一個有序的系統。杯子掉落地板上破裂成碎片，產生的是一個比起原來系統較為沒有序或更加無序的系統。要描述一個系統的無序情況，可以定量的使用微觀狀態的概念。使用另一個術語，一個**微觀狀態**也可稱為是一個自由度。

假設我們將 n 個硬幣往空中上拋，在落地後其中一半的硬幣正面朝上，而另一半的反面朝上。「一半的硬幣為正面，而一半的硬幣為反面」的說法，就是對 n 個硬幣系統之宏觀狀態的描述。每個硬幣可以是在兩個微觀狀態中的一個：正面或反面。指出一半的硬幣為正面而一半的硬幣為反面，並沒有對每個硬幣的微觀狀態做任何交代，因為對應於同一個宏觀狀態，硬幣的微觀狀態可能有很多不同的安排方式。但若所有的硬幣都為正面或都為反面，則每個硬幣的微觀狀態是已知的。由一半為正面和一半為反面所組成的宏觀狀態，是一個無序的系統，因為對於每個硬幣的微觀狀態我們所知極少。全部為正面的宏觀狀態，或全部為反面的宏觀狀態，都是一個有序的系統，因為每一個硬幣的微觀狀態是已知的。

為了將這個概念量化，想像有 4 個硬幣上拋到空中然後落地。只有 1 種方式可獲得 4 個正面，有 4 種方式可獲得 3 個正面 1 個反面，有 6 種方式可獲得 2 個正面 2 個反面，有 4 種方式可獲得 1 個正面 3 個反面，只有 1 種方式可獲得到 4 個反面。因此，有 5 種可能的宏觀狀態和 16 種可能的微觀狀態 (見圖 19.14，正面以紅色圓圈表示，反面為藍色圓圈)。

現在假設將 50 個硬幣上拋到

4 個正面 | 3 個正面 1 個反面 | 2 個正面 2 個反面 | 1 個正面 3 個反面 | 4 個反面

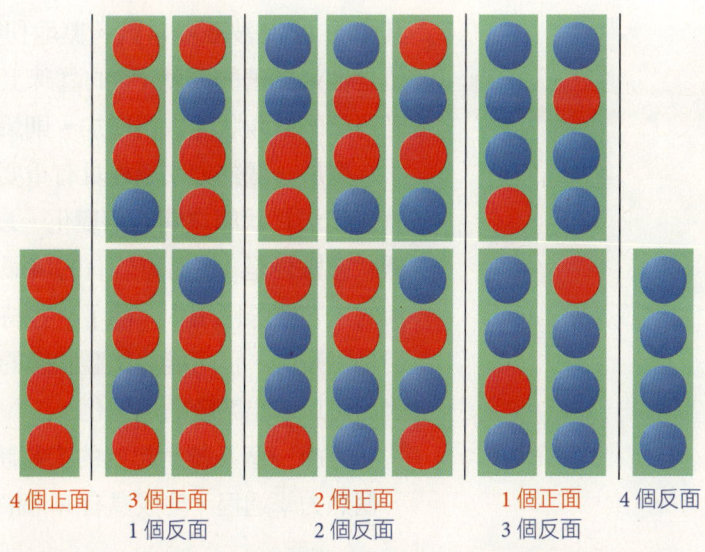

圖 19.14 4 個硬幣可能的微觀狀態有 16 個，給出 5 個可能的宏觀狀態。

空中，而不是 4 個硬幣。這個 50 個硬幣的系統具有 $2^{50} = 1.13 \cdot 10^{15}$ 個可能的微觀狀態。最有可能的宏觀狀態是由一半為正面和一半為反面所組成。一半為正面和一半為反面的微觀狀態共有 $1.26 \cdot 10^{14}$ 個，故出現一半為正面和一半為反面的機率為 11.2%，而所有 50 個硬幣都為正面的機率為 $1/1.13 \cdot 10^{15}$。

讓我們將這些概念應用到真實的氣體分子系統：1 mol 的氣體或亞佛加厥數的分子，在壓力 p、體積 V 及溫度 T。這三個量描述氣體的宏觀狀態。此系統的微觀描述需要指出每個氣體分子的動量和位置。每個分子具有三個動量分量和三個位置分量。因此，在任何給定的時間，氣體可能有的微觀狀態是一個非常大的數目，這取決於它所含 $6.02 \cdot 10^{23}$ 個分子中的每一個分子的位置和速度。如果氣體經歷了自由膨脹，可能的微觀狀態將會增多，系統將變得更加無序。因為在經歷自由膨脹後，氣體的熵增加，故其無序的增加與熵的增加是相關的。這個想法可以推廣如下：

> 一個系統最可能的宏觀狀態，就是所對應之微觀狀態的數目為最大的宏觀狀態，也是最為無序的宏觀狀態。

對於給定的宏觀狀態，令 w 為其所對應之微觀狀態的數目，則此宏觀狀態的熵可以證明是由下式給出

$$S = k_B \ln w \tag{19.15}$$

其中的 k_B 為波茲曼常數。奧地利物理學家波茲曼最先寫出這個公式，這是他最顯著的成就 (他的墓碑上鑿有此式)。從 (19.15) 式可以看出，若可能的微觀狀態數目增加，則熵也隨著增加。

對於一個熱力學過程具有重要性的，不是熵的絕對大小，而是初始狀態和最終狀態之間的熵變化。以 (19.15) 式作為熵的定義，最小的微觀狀態數目是 1，而可以有的熵最小為零。根據這個定義，熵不可能是負的。在實際應用中，除了一些特殊系統，要決定可能之微觀狀態的數目是困難的。但可能之微觀狀態的數目改變多少，通常是可以決定的，因而可以求出系統的熵變化。

考慮一個系統，起始的宏觀狀態具有 w_i 個微觀狀態，然後經歷了一個熱力學過程，變成具有 w_f 個微觀狀態的宏觀狀態。它的熵變化為

$$\Delta S = S_f - S_i = k_B \ln w_f - k_B \ln w_i = k_B \ln \frac{w_f}{w_i} \tag{19.16}$$

因此，在兩個宏觀狀態之間的熵變化，取決於可能之微觀狀態的數目之比。

以可能之微觀狀態的數目來定義系統的熵，使我們得以更深入的了解熱力學第二定律，此定律指出一個孤立系統的熵永遠不能減小。這個第二定律的說法，結合 (19.15) 式，意味著一個孤立系統不可能進行一個熱力學過程，而使可能之微觀狀態的數目減少。例如，圖 19.20 中所描繪的過程如果反向發生 (也就是說，氣體進行自由收縮使體積成為原來大小的一半)，則每個分子可能之微觀狀態的數目，將減少一半，以致一個氣體分子出現在原體積一半的機率將為 $\frac{1}{2}$，而所有的氣體分子出現在原體積一半的機率將為 $(\frac{1}{2})^N$，其中 N 是分子的數目。如果在系統中有 100 個氣體分子，則所有 100 個分子都出現在原體積一半的機率為 $7.9 \cdot 10^{-31}$。我們平均約需檢查系統 $1/(7.9 \cdot 10^{-31}) \approx 10^{30}$ 次，才有一次會發現所有 100 個分子都在一半體積裡。如果每秒檢查一次，這將需要 10^{14} 億年，而宇宙的年齡僅為 137 億年。如果系統包含的氣體分子數目為亞佛加厥數，則分子全部在一半體積的機率更小。因此，雖然，這個過程會發生的機率不是零，但它是如此之小，我們可以把它當作零。因此，我們可以得出結論，即使是以機率來表示熱力學第二定律，在任何實際情況下不會有違背它的情況發生。

> **例題 19.5** 自由膨脹的熵變化
>
> 考慮一個如圖 19.13 所示的氣體自由膨脹。有 0.500 mol 的氮氣，最初局限於 0.500 m³ 的體積內。當屏障被移除後，氣體膨脹並填滿 1.00 m³ 的新體積。
>
> 問題：氣體的熵變化為何？
>
> 解：
>
> 假設此系統所進行的是一個理想氣體的定溫膨脹，我們可以用 (19.14) 式計算系統的熵變化：
>
> $$\Delta S = nR \ln\left(\frac{V_f}{V_i}\right) = nR \ln\left(\frac{1.00 \text{ m}^3}{0.500 \text{ m}^3}\right) = nR \ln 2 \quad \text{(i)}$$
>
> $$= (0.500 \text{ mole})[8.31 \text{ J/(mol K)}](\ln 2)$$
>
> $$= 2.88 \text{ J/K}$$
>
> 另一種方法是求出系統在膨脹前和膨脹後的微觀狀態數目，以計算熵的變化。在這個系統中，氣體分子的數目為
>
> $$N = nN_A$$

其中 N_A 是亞佛加厥數。膨脹之前，氣體分子在容器左半部分的微觀狀態有 w_i 個。膨脹後，任何分子可以是在容器的左半部或右半部。因此，膨脹後微觀狀態的數目為

$$w_f = 2^N w_i$$

使用 (19.16) 式並記住 $nR = Nk_B$，我們可以將系統的熵變化表示為

$$\Delta S = k_B \ln \frac{w_f}{w_i} = k_B \ln \frac{2^N w_i}{w_i} = Nk_B \ln 2 = nR \ln 2$$

因此，對於氣體自由膨脹的熵變化，由系統的微觀性質所得到的結果，和使用系統宏觀性質的 (i) 式所給的結果是相同的。

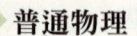

>>> **觀念檢測 19.6**

所有可逆的熱力學過程必為
a) 定壓過程
b) 定溫過程
c) 定熵過程
d) 定容過程
e) 以上皆非

熵死亡

宇宙是最大的孤立系統。宇宙中絕大多數的熱力學過程都是不可逆的，因此宇宙整體的熵不斷增加，而漸近的趨近其最大值。因此，如果宇宙存在得足夠長久，所有的能量將均勻的分布於宇宙的整個體積。此外，如果宇宙不斷擴張，那麼重力——唯一有重要性的長程力——將不再能夠將物體拉近在一起了。後面這個情況，可說是未來宇宙與大爆炸後最初幾剎那之早期宇宙的主要差別；因為依據宇宙微波背景輻射的分析結果 (第 16 章曾提及)，早期宇宙的物質和能量也分布得非常均勻。但在早期宇宙中，由於物質聚集在非常小的空間中，重力非常強大，以致能夠產生微小的不規則變動，使物質收縮成恆星和星系。因此，雖然在很早期的宇宙中物質和能量均勻分布，但熵不接近最大值，整個宇宙離開熱平衡非常的遠。

在宇宙的長遠未來，目前代表其他物體 (如地球) 之能量來源的恆星，最終都將滅絕。然後，將不可能有生命，因為生命需要能量來源，以便能夠使局部的熵降低。隨著宇宙逐漸接近最大熵的狀態，宇宙的每一個子系統將達到熱力學平衡。

有時，這個宇宙的長期命運被描述為熱死亡。然而，到時候宇宙的溫度不會高，不像這個描述所可能提示的，而是非常接近絕對零度，且幾乎到處都相同。

這不是我們短期內需要擔心的事情，因為有人估計宇宙的熵死亡大約在未來 10^{100} 年後 (帶有好幾個數量級的不確定性)。顯然的，宇宙的長遠未來是非常有趣的，它是目前正積極進行的研究領域。關於暗物質和暗能量的新發現，可能會改變我們所預期的宇宙長遠未來的模樣。但

依目前的情況來看，宇宙將不會在一聲巨響之下消失，而是在嗚咽聲中離去了。

已學要點｜考試準備指南

- 在一個可逆過程中，系統總是接近熱力學平衡，若使系統的狀態做微小改變，可以扭轉系統的熱力學變量所發生的任何變化。
- 一個不可逆過程牽涉到的是在有限溫差下進行的熱轉移、氣體的自由膨脹，或力學的能或功轉換為熱力學的內能或熱。
- 熱機是一種裝置，能夠循環將熱轉移給它的能量轉化為有用的功。
- 熱機的效率 ϵ 依定義為 $\epsilon = W/Q_H$，其中 Q_H 是熱轉移給它的能量，而 W 是它所輸出之有用的功。
- 一個冷凍機 (或冰箱) 是反向運作的熱機。
- 冷凍機的性能係數 K 依定義為 $K = Q_L/W$，其中 Q_L 是從低溫熱庫移出的熱量，而 W 是移出該熱量所需的功。
- 一個理想的熱機所涉及的過程都是可逆的。
- 卡諾熱機使用卡諾循環，它是一個理想的熱力學過程，包括兩個定溫過程和兩個絕熱過程。卡諾熱機是在兩個熱庫之間運作效率最高的熱機。
- 卡諾熱機的效率 $\epsilon = (T_H - T_L)/T_H$，其中 T_H 是高溫熱庫的溫度，而 T_L 是低溫熱庫的溫度。
- 卡諾冷凍機的性能係數 $K_{max} = T_L/(T_H - T_L)$，其中 T_H 是高溫熱庫的溫度，而 T_L 是低溫熱庫的溫度。
- 鄂圖循環描述內燃機的運作，它包括兩個絕熱過程和兩個定容過程。使用鄂圖循環的引擎，其效率 $\epsilon = 1 - r^{1-\gamma}$，其中 $r = V_1/V_2$ 是壓縮比，而 $\gamma = C_p/C_V$。
- 熱力學第二定律可以陳述如下：一個系統所進行的任何循環過程，不可能將給定溫度的熱庫經由熱轉移傳給它的能量，完全轉換成為力學功，而不將任何能量經由熱轉移傳給一個在較低溫度的熱庫。
- 熱力學第二定律也可以陳述如下：在沒有任何功的情況下，任何過程都不可能經由熱轉移，將由較冷的熱庫取出的能量，全部傳送到較溫暖的熱庫。
- 對於可逆過程，一個系統的熵變化依定義為 $\Delta S = \int_i^f \dfrac{dQ}{T}$，其中 dQ 是轉移給系統的微小熱量，T 是溫度，而積分是從初始熱力學狀態進行到最終的熱力學狀態。
- 熱力學第二定律的第三種陳述方式如下：一個孤立系統的熵永遠不會減小。
- 宏觀系統的熵可以用可能的微觀狀態數 w 來定義：$S = k_B \ln w$，其中 k_B 為波茲曼常數。

自我測試解答

19.1 效率由下式給出：$\epsilon = 1 - \dfrac{T_L}{T_H} = 1 - \dfrac{325 \text{ K}}{500 \text{ K}} = 0.35$ 或 35%。

19.2 兩個效率的比為 $\dfrac{\epsilon_{15}}{\epsilon_{10}} = \dfrac{1 - 15^{0.4}}{1 - 4^{0.4}} = \dfrac{66.1\%}{42.6\%} = 1.55$，這是一個 55% 的改善。

解題準則

1. 在熱力學問題中，需要密切注意功 (W) 和熱量 (Q) 的正負。系統所做的功是正的，而對系統做的功是負的；轉移給系統的熱量是正的，而由系統轉移出去的熱量是負的。

2. 有些關於熱機的問題會涉及功率和熱量轉移的速率。功率是每單位時間的功 ($P = W/t$)，而熱量轉移的速率是每單位時間的熱量 (Q/t)。它們可以仿照功和熱量來處理，但要記住，它們包括一個時間維度。

3. 熵可能看來有點像能量，但它們是非常不同的概念。熱力學第一定律是一個守恆定律，即能量守恆。熱力學第二定律不是一個守恆定律；熵不守恆，它總是保持不變或增加，一個孤立系統的熵永不減小。要計算熵變化時，你可能需要確定初始和最終狀態。記住，熵是可以改變的。

4. 記住，一個孤立系統的熵總是保持不變或增加 (永不減小)，但一定要弄清楚問題的情況，確定實際上所涉及的是一個孤立的系統。不是孤立的系統，如果周圍有一個較大的熵增加，它的熵是可以減小的；不要以為所有的熵變化都必須為正。

5. 在未確定你所處理的是一個可逆過程之前，不要套用熵變化的公式 $\Delta S = \int_i^f \frac{dQ}{T}$。如果要計算一個不可逆過程的熵變化，首先需要找到一個連接相同初始和最終狀態的等效可逆過程。

6. 對於涉及熱機的問題，繪製出熱量和功的流程圖，幾乎總是有幫助的。

選擇題

19.1 以下哪個過程總是會導致系統的能量增加？
a) 系統失去熱量，並對周圍環境做功。
b) 系統獲得熱量，並對周圍環境做功。
c) 系統失去熱量，但周圍環境對它做功。
d) 系統獲得熱量，且周圍環境對它做功。
e) 以上都不會增加系統的能量。

19.2 一個系統的熵變化可以計算，是因為
a) 它只與初始和最終狀態有關。
b) 任何過程都是可逆的。
c) 熵總是增加。
d) 以上皆非。

19.3 以下哪一過程 (全部為定溫膨脹) 產生最多的功？
a) 由 1 mol、在 20 °C 的氫氣組成的理想氣體，從 1 L 膨脹至 2 L。
b) 由 1 mol、在 20 °C 的氫氣組成的理想氣體，從 2 L 膨脹至 4 L。
c) 由 2 mol、在 10 °C 的氫氣組成的理想氣體，從 2 L 膨脹至 4 L。
d) 由 1 mol、在 40 °C 的氫氣組成的理想氣體，從 1 L 膨脹至 2 L。
e) 由 1 mol、在 40 °C 的氫氣組成的理想氣體，從 2 L 膨脹至 4 L。

19.4 要計算滾動 N 個六面骰子可以得到的宏觀狀態數，可以將 N 個骰子上端表面上出現的點數相加，所得不同總和的數目就是所求宏觀狀態數。依此定義，宏觀狀態數為
a) 6^N b) $6N$
c) $6N - 1$ d) $5N + 1$

19.5 下列關於卡諾循環的敘述，哪一個或哪一些是不正確的？
a) 卡諾引擎的最大效率為 100%，因為卡諾循環是一個理想的過程。
b) 卡諾循環包含兩個定溫過程和兩個絕熱過程。
c) 卡諾循環包含兩個定溫過程和兩個定熵過程。
d) 卡諾循環的效率僅取決於兩個熱庫的溫度。

19.6 下列關於理想熱機的敘述，何者正確？
a) 它只使用可逆過程。
b) 它只使用不可逆過程。
c) 它的效率為 100%。
d) 它的效率為 50%。
e) 它不做任何的功。

19.7 在一個長方形客廳裡，兩個機器人吸塵器隨機四處移動，清潔地板。這兩個機器人吸塵器同時在客廳同一半邊的機率為何？
a) 10% b) 25%
c) 50% d) 75%
e) 90%

觀念題

19.8 你的朋友開始談論熱力學第二定律是如何的不幸，他談到熵一定永遠增加，從而使有用能量的降轉為熱和萬物的朽壞成為不可逆，實在是件憾事。你能提出什麼反駁的論點，啟示第二定律其實是件好事？

19.9 與將電能直接轉為熱的空間對流加熱器比較，熱泵有什麼優點？

19.10 熱力學的一個重要特點是，系統的內能 E_{int} 和熵 S，都是狀態變數；也就是說，它們僅取決於系統的熱力學狀態，而與其到達該狀態的過程無關（熱量 Q 是不同於此的例子）。這意味著，微分 $dE_{int} = TdS - pdV$ 和 $dS = T^{-1} dE_{int} + pT^{-1} dV$ 都是微積分中所定義的正合微分，其中 T 是絕對溫度，p 是壓力，而 V 是體積。從這個事實可推斷出什麼關係？

19.11 證明波茲曼所給熵的微觀定義 $S = k_B \ln w$，意味著熵是一個加性的變數；也就是說，給定兩個系統 A 和 B，它們在指定熱力學狀態下的熵分別為 S_A 和 S_B，證明組合系統的熵為 $S_A + S_B$。

19.12 在土星雲頂的溫度約為 150 K。土星的大氣層產生非常巨大的風；從太空船的測量可推斷出風速約為 600 km/h。土星上的風寒因素可以產生等於（或低於）絕對零度的溫度？如何產生或者為什麼不能？

19.13 你的燒杯中裝著水。你能做些什麼來增加它的熵？你能做些什麼來減小它的熵？

練習題

題號前的藍點（•）與雙藍點（••）代表問題難度遞增。

19.2 節

•**19.14** 一個性能係數為 3.80 的冰箱，被用於使 2.00 L 的礦泉水，從室溫 (25.0 °C) 冷卻至 4.00 °C。如果冰箱的功率為 480. W，需要多久才會使水達到 4.00 °C？水的比熱容為 4.19 kJ/(kg K)，水的密度為 1.00 g/cm³。假定冰箱內所有其他的物品已經在 4.00 °C。

•**19.15** 一個熱機的組成包括一個熱源，它使單原子氣體膨脹，推動活塞，從而做功。起始時，氣體的壓力為 300. kPa，體積為 150. cm³，溫度為室溫 20.0 °C。在體積達到 450. cm³ 時，活塞位置被固定，且熱源被除去。在此狀況下，氣體冷卻至室溫。最後，活塞被鬆開並將氣體定溫壓縮回到其初始狀態。
a) 以 pV 圖畫出這個循環。
b) 求出在循環每一部分氣體所做的功和從氣體流出的熱量。
c) 利用 (b) 部分的結果，求出引擎的效率。

19.3 節

19.16 考慮一個卡諾引擎，在溫度為 1000.0 K 和 300.0 K 的兩個熱庫之間運作。引擎的平均功率為每循環 1.00 kJ。
a) 這個引擎的效率為何？
b) 每個循環從溫暖熱庫提取的能量為何？
c) 每個循環輸送到較冷熱庫的能量為何？

19.17 有人指出，海洋的巨大內能所提供的熱量可以利用。此過程須依賴海洋底部和頂部之間的溫度差；海水在底部的溫度是相當固定的，但在表面的溫度會隨每天的時段、季節和天氣而變。假設海水頂部的溫度為 10.0 °C，在底部的溫度為 4.00 °C。在這些條件下，從海洋中提取能量的最大效率為何？

•**19.18** 一個卡諾引擎在溫度為 T_1 的溫暖熱庫與溫度為 T_2 的較冷熱庫之間運作。若使溫暖熱庫的溫度提高成為 2 倍，同時使較冷熱庫的溫度保持不變，則卡諾引擎的效率也增大成為 2 倍。試求在原來的情況下，引擎的效率和兩個熱庫的溫度比。

19.4 節

19.19 一個冰箱的性能係數為 5.00。在每個循環，冰箱從低溫熱庫吸收的熱量為 40.0 cal，則它排出到高溫熱庫的熱量為何？

19.20 一個鄂圖引擎具有最大的效率 20.0%，求其壓縮比。假定工作介質為雙原子氣體。

•**19.21** 一熱機使用 100. mg 的氦氣，並遵循附圖所示的循環。
a) 求氣體在點 1、2 和 3 的壓力、體積和溫度。
b) 求引擎的效率。
c) 若引擎能夠在最高和最低溫度之間運作，則它的最大效率為何？

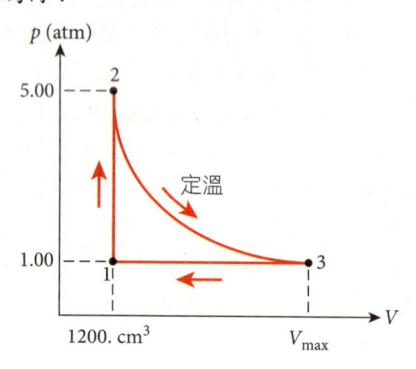

19.6 和 19.7 節

19.22 金屬棒的一端與在 700. K 的熱庫接觸，而另一端與在 100. K 的熱庫接觸。棒和熱庫組成一個孤立的系統。如果從棒的一端有 8500. J 均勻的傳到另一端（沿棒的溫度沒有變化），什麼是 (a) 每個熱庫、(b) 棒和 (c) 系統的熵變化？

19.23 有個計畫案涉及一個將在 400. K 和 300. K 之間運作的新引擎。
a) 這個引擎的理論最大效率為何？
b) 如果此引擎以最大效率運作，每個循環的總熵變化為何？

19.24 假設一個體積為 V_A 的原子在體積為 V 的容器內。原子可以佔據該體積內的任何位置。對於這個簡單的模型，提供給原子的狀態數為 V/V_A。現在假設同樣的原子是在體積為 $2V$ 的容器內。熵的變化為何？

•**19.25** 電子具有個屬性稱為**自旋**，可以是向上或向下，類似於一枚硬幣可以是正面或反面的情況。考慮 5 個電子。所有 5 個電子的自旋都是向上的狀態，其熵 $S_{5上}$ 為何？有 3 個電子的自旋向上、2 個電子的自旋向下的狀態，其熵 $S_{3上}$ 為何？

••**19.26** 如果將地球當作半徑為 6371 km 的球形黑體，浸沒在溫度約為 $T_{sp} = 50.0$ K 的空間中，吸收來自太陽之熱量的速率等於太陽能常數 (1370. W/m^2)，並將熱量輻射回處於平衡溫度 278.9 K 的空間（這是例題 17.4 所用模型的一種改良）。估算在此模型中地球熵的增加速率。

補充練習題

19.27 一個無污染的能源是地熱，亦即來自地球內部的熱量。一個熱機在地球中心和地球表面之間運作，參考表 16.1 的數據，估計此熱機的最大效率。

19.28 今日的汽車內燃機以鄂圖循環運作。如本章推導所得的結果，這個循環的效率 $\epsilon_{Otto} = 1 - r^{1-\gamma}$，與體積壓縮比 $r = V_{max}/V_{min}$ 有關。增加壓縮比可提高鄂圖引擎的效率。這又代表燃料需具有更高的辛烷值，以避免燃料–空氣混合物出現自動點火。對於某一特定引擎，下表顯示出一些辛烷值和引擎不致出現自動點火(爆震) 的最大壓縮比。

燃料的辛烷值	無爆震下的最大壓縮比
91	8.5
93	9.0
95	9.8
97	10.5

在表中四種類型的汽油下，內燃機運作的最大理論效率各為何？使用辛烷值為 91 與 97 的燃料，效率增加的百分率為何？

19.29 假定將 1.00 g 的汞樣品從 10.000 °C 加熱至 10.500 °C，所需的能量為 0.0700 J，而且汞的熱容量為恆定，體積隨溫度的變化可忽略。將此樣品從 10.0 °C 加熱到 100. °C，它的熵變化為何？

19.30 一個系統由滾動一個六面的骰子組成。如果再加入一個骰子，系統的熵會有什麼改變？是否加倍？如果骰子的數目為三，系統的熵會有什麼改變？

19.31 如果液態氮緩慢 (也就是說可逆) 的沸騰，轉變成壓力 $p = 100.0$ kPa 的氮氣，它的熵會增加 $\Delta S = 72.1$ J/(mol K)。氮氣在此壓力下的沸點溫度時，其汽化熱為 $L_{vap} = 5.568$ kJ/mol。利用這些數據，計算氮在此壓力下的沸點溫度。

•**19.32** 一燃煤發電廠提供 3000. MW 的熱量，用來燒開水，產生溫度為 300 °C 的過飽和蒸汽。這個高壓蒸汽驅動渦輪，產生 1000. MW 的電力。在過程結束時，蒸汽被冷卻到 30.0 °C，並回收再使用。

a) 此發電廠可能的最大效率為何？
b) 此發電廠的實際效率為何？
c) 為了使蒸汽冷卻，每小時有 $4.00 \cdot 10^7$ 加侖的河水通過冷凝器路。如果河水進入冷凝器時的溫度為 20.0 °C，則在出口的河水溫度為何？

•**19.33** 體積為 6.00 L 的單原子理想氣體，原本在 400. K 和 3.00 atm 的壓力下 (稱為狀態 1)，經過以下全部為可逆的過程：

$1 \rightarrow 2$ 定溫膨脹到 $V_2 = 4V_1$
$2 \rightarrow 3$ 定壓壓縮
$3 \rightarrow 1$ 絕熱壓縮到原始狀態 1

試求以上每一個過程的熵變化。

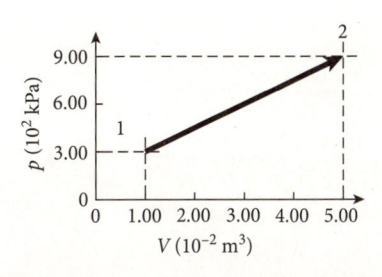

•**19.34** 假設 1.00 mol 的單原子理想氣體，最初壓力為 4.00 atm，體積為 30.0 L。然後定溫膨脹到 1.00 atm 的壓力和 120.0 L 的體積。接著在定壓下被壓縮，直到體積為 30.0 L，然後在 30.0 L 的恆定體積下將其壓力提高。此熱機循環的效率為何？

多版本練習題

19.35 一個房子的空調機所具有的能量效率比為 10.47。房子吸收熱量的速率為 5.375 kJ/s。如果用電 1 kWh 的費用為 0.1285 美元，則此空調機運作一天的電費為多少美元？

19.36 一個房子的空調機所具有的能量效率比為 10.71。房子吸收熱量的速率為 5.437 kJ/s。此空調機運作一天的電費為 5.605 美元，則電力公司收取的電費每 1 kWh 為多少美元？

19.37 一個空調機用來在夏天冷卻房子。房子吸收熱量的速率為 5.499 kJ/s。若用電 1 kWh 的費用為 0.1413 美元時，此空調機運作一天的電費為 5.818 美元，則其能量效率比為何？

19.38 一個水冷式引擎產生的功率為 1833 W。水進入引擎缸體時的溫度為 11.25 °C，離開時的溫度為 26.69 °C。水的體積流率為 132.3 L/h。引擎的效率為何？

19.39 一個水冷式引擎產生的功率為 1061 W，具有的效率為 0.3591。水進入引擎缸體時的溫度為 11.35 °C，離開時的溫度為 27.33 °C。水的體積流率為多少 L/h？

19.40 一個水冷式引擎的效率為 0.2815。水進入引擎缸體時的溫度為 11.45 °C，離開時的溫度為 27.97 °C。水的體積流率為 171.5 L/h。引擎產生的功率為何？

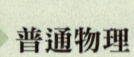

20 ▶ 靜電學

第伍部分　電學

待學要點
20.1　電磁學
20.2　電荷
　　　基本電荷
20.3　絕緣體、導體、半導體和超導體
　　　半導體
　　　超導體
20.4　靜電起電
　　　摩擦起電
20.5　靜電力—庫侖定律
　　　疊加原理
　　　　例題 20.1　原子內部的靜電力
　　　靜電除塵器
20.6　庫侖定律和牛頓的重力定律
　　　　例題 20.2　電子之間的力

已學要點｜考試準備指南
　　　解題準則
　　　選擇題
　　　觀念題
　　　練習題
　　　多版本練習題

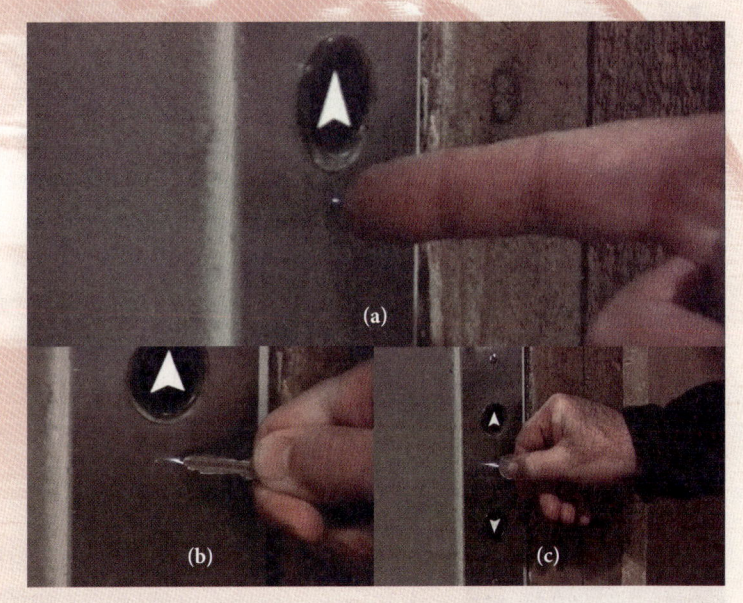

圖 20.1　(a) 靜電使手指和電梯按鈕的金屬表面之間產生火花。(b) 和 (c) 手持像鑰匙或硬幣的金屬物體時，也產生類似的火花，但因火花是在金屬物體和按鈕的金屬表面之間形成，手不會感到疼痛。

　　許多人腦海中的靜電，就是天氣乾燥的日子裡在地毯上行走後，伸手碰觸金屬物體 (如門的把手) 時產生的惱人火花 (圖 20.1)。事實上，許多電子製造商會在設備上加裝小金屬板，讓使用者可以對板釋放火花，而不致損壞設備的較敏感部件。但靜電是對電磁力之任何研究的起點；這種力帶來人類社會的徹底改變，可以與發現火或車輪後的任何東西相提並論。

　　本章探討的是電荷的性質。移動的電荷所產生的另一種現象，稱為磁性，將留到後面的章節。本章討論的是靜止不動的帶電物體，因此稱為靜電學。所有物體都含有電

497

普通物理

待學要點

- 電荷會使帶電粒子或物體之間產生相互作用的力。
- 電和磁的作用結合起來形成了電磁力，是自然界的四種基本力之一。
- 電荷的電性分為正和負兩種。同性電荷相斥，異性電荷相吸。
- 電荷是量子化的，亦即它只以一個最小基本量的整數倍存在，且電荷是守恆的。
- 我們周圍的材料大多數都是電中性的。
- 電子是一種基本粒子，它帶有可觀察到的最小電荷量值。
- 絕緣體的導電性不良或根本不導電。導體的導電性良好，但不完全——能量會有一些損失。
- 半導體依其製造過程可在導電和不導電狀態之間改變。
- 超導體可以完全導電。
- 物體可經由直接接觸而帶電或間接經由感應而帶電。
- 兩個固定電荷之間彼此施加的力，與兩者電量的乘積成正比，而與兩者距離的平方成反比。
- 多個粒子之間的靜電力具有疊加性，且適用向量加法。

荷，因為原子和分子都是由帶電粒子組成的。由於大多數的物體是電中性的，我們通常不會注意到電荷的影響。但使原子保持在一起，以及物體相互接觸時使它們彼此保持分離的，在本質上都是電的作用力。

20.1 電磁學

在古代文明中，人們主要是經由雷擊觀察到電 (圖 20.2)，而古希臘人知道，如果用布摩擦琥珀，琥珀就可吸引小而輕的物體。現在我們知道用布摩擦琥珀，會將帶電粒子，稱為電子，從布移轉到琥珀。閃電的組成也是電子流。早期希臘人和其他人也知道自然界存在具有磁性的物體，稱為天然磁石，它們是氧化鐵組成的礦物。這些物體早在西元前 300 年就被用來製造羅盤。

圖 20.2 西雅圖上空的雷擊。

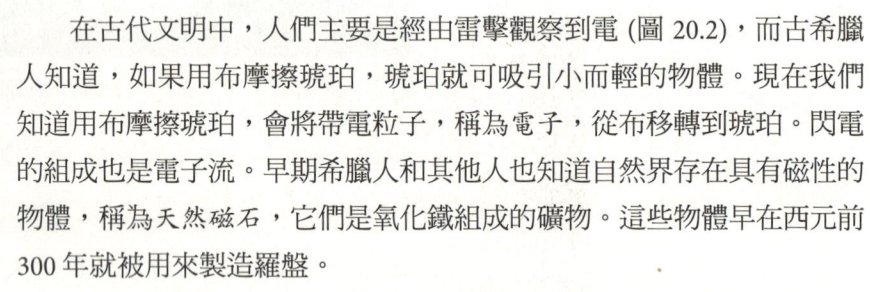

直到 19 世紀中葉，人們才了解電和磁之間的關係。以下幾章將揭示電和磁如何被統一而成為一個稱為電磁學的共同理論架構。然而，力的統一並不就此終止。在 20 世紀初期，又發現了兩個基本力：引發 β 衰變 (在此過程中，電子和微中子可從某些類型的原子核內自發放射出來) 的弱力與在原子核內作用的強力。目前，電磁力和弱力被視為電弱力的兩個特殊面向 (圖 20.3)。對於本章和後續幾章所討論的現象，電弱統一並無影響；它在最高能量的粒子碰撞中才變得重要。因為電弱統一的能量是如此之高，大多數教科書仍然維持基本力共有四種的說法：重力、電磁力、弱力及強力。

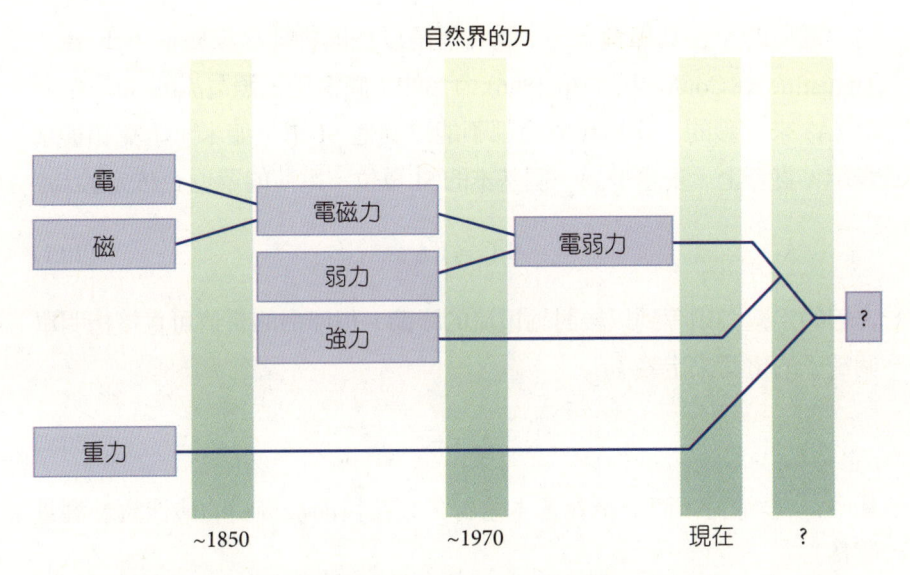

圖 20.3　基本力統一的歷史。

本章討論電荷以及物質對於電荷、靜電和電荷所產生的力如何反應。**靜電學**探討的是電荷停留在原地不動的情況。

20.2　電荷

在乾燥的冬日，如果你走過地毯，然後觸摸門上的金屬把手，有時會有靜電火花出現。使這種火花得以發生的過程為**充電** (或**帶電**、**起電**)。在充電時，地毯材料的原子和分子中帶有負電荷的粒子，即**電子**，轉移到鞋子的鞋底。這些電荷可以相當容易的通過人體，包括手。積聚的電荷經由門上把手的金屬放電，就造成火花。

在自然界中發現的電荷分為兩類，即**正電荷** (簡稱正電) 和**負電荷** (簡稱負電)。通常，我們周圍的物體似乎不帶電，而是電中性的。電中性的物體所含的正電荷和負電荷，其數量相等，以致彼此抵消。只有當正和負電荷不平衡時，我們才會觀察到電荷的影響。

用布摩擦玻璃棒，則玻璃棒變得帶電，而布則獲得相反電性的電荷。如果用毛皮摩擦塑料桿，桿和毛皮也會帶相反的電荷。將兩根帶電的玻璃棒靠近，它們會互相排斥。同樣，兩根帶電的塑料棒在靠近時，也會互相排斥。然而，帶電的玻璃棒和帶電的塑料棒靠近時將彼此吸引，造成這項差異的原因是這兩根棒所帶的電荷，電性相反。上述觀察導致以下的定律：

電荷定律
同性電荷互相排斥，異性電荷互相吸引。

499

普通物理

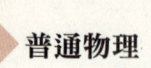

電荷的單位為**庫侖** (C)，此名稱是以法國物理學家庫侖 (Charles-Augustine de Coulomb, 1736-1806) 命名的。庫侖是依照電流的 SI 單位安培 (A) 來定義的。安培和庫侖都不能以其他 SI 單位如米、千克和秒來表示。實際上，安培是另一個基本的 SI 單位。電荷的單位 C 依定義為

$$1\,\text{C} = 1\,\text{A}\,\text{s} \tag{20.1}$$

安培的定義必須等到以後討論電流的章節。但庫侖的量值可直接指明單個電子的電荷來定義：

$$q_e = -e \tag{20.2}$$

其中 q_e 是電荷，而 e 稱為**基本電荷**，它在目前被接受的最佳實驗測量值為

$$e = 1.602176565(35) \cdot 10^{-19}\,\text{C} \tag{20.3}$$

本章中我們將尾數的值取為 1.602。

電子的電荷是電子的固有特性，就像它的質量一樣。**質子**是組成原子的另一個基本粒子，它的電荷與電子電荷的量值完全相同，只是質子的電荷是正的：

$$q_p = +e \tag{20.4}$$

選擇哪個電荷為正及哪個電荷為負是任意的。習慣的選擇 $q_e < 0$ 和 $q_p > 0$ 是出自富蘭克林 (Benjamin Franklin, 1706-1790)，他是電學研究的先驅。

富蘭克林也指出電荷是守恆的。電荷無法產生或毀滅，它只是從一個物體移動到另一個物體。

> **電荷守恆定律**
> 孤立系統的總電荷必守恆。

這個定律是我們迄今遇到的第四個守恆定律，前三個是總能量、總動量和總角動量的守恆定律。守恆定律提供一個共同的主軸，將整個物理學聯繫成為一體。

基本電荷

電荷只能以一個最小量的整數倍存在，換言之，電荷所帶的電是量

>>> **觀念檢測 20.1**
1.00 C 相當於多少個電子的電荷？
a) $1.60 \cdot 10^{19}$ b) $6.60 \cdot 10^{19}$
c) $3.20 \cdot 10^{16}$ d) $6.24 \cdot 10^{18}$
e) $6.66 \cdot 10^{17}$

子化的。電荷被觀測到的最小單位是質子的電荷，它等於電子電荷的量值，亦即 (20.3) 式所定義的 基本電荷 $e = 1.602 \cdot 10^{-19}$ C。

電荷確為量子化的事實，由美國物理學家密立坎 (Robert A. Millikan, 1868-1953) 以稱為密立坎油滴實驗 (圖 20.4) 的巧妙方法，於 1910 年獲得驗證。在此實驗中，油滴被噴灑到空腔中，再利用輻射 (通常是 X 射線)，將電子從油滴中撞出，而使所得帶正電的油滴在兩個帶電板之間下落。調整板上的電荷使油滴停止下降，讓它們的電荷得以被測量。密立坎觀察到的是，電荷是量子化而不是連續的。也就是說，電荷僅可以是電子電荷的整數倍。

第 12 章提過物質由原子組成的事實，一個原子的核是由帶電的質子和中性的中子組成。圖 20.5 所示為碳原子的示意圖。碳原子的核具有 6 個質子，並且 (通常) 有 6 個中子。這個核被 6 個電子包圍。

如前所述，質子具有正電荷，其量值正好等於電子所具負電荷的量值。在中性原子中，帶負電荷的電子與帶正電荷的質子，其數目相等。電子的質量遠小於質子或中子的質量。因此，原子的質量大部分存在於核中。電子可以相當容易的從原子中移除。因此，電流的載子通常是電子，而不是質子或原子核。

電子是基本粒子，且沒有次結構：它是半徑為零的點粒子 (起碼根據當前的了解)。然而，高能探具已經用於觀察質子內部。質子由稱為夸克的帶電粒子組成，靠著稱為膠子的不帶電粒子保持在一起。夸克具有的電荷為基本電荷的 $\pm\frac{1}{3}$ 或 $\pm\frac{2}{3}$ 倍。這些所帶電荷為基本電荷分數倍的粒子不能獨立存在，儘管進行了不計其數的廣泛搜索，它們從未被直接觀察到。就像電子的電荷一樣，夸克的電荷是這些基本粒子的固有特性。

所有宏觀物體都由原子構成，而構成原子的是電子和由質子和中子所組成的原子核，因此任何物體的電荷 q，可以用構成它的質子總數 N_p 與電子總數 N_e 的差來表示：

$$q = e(N_p - N_e) \tag{20.5}$$

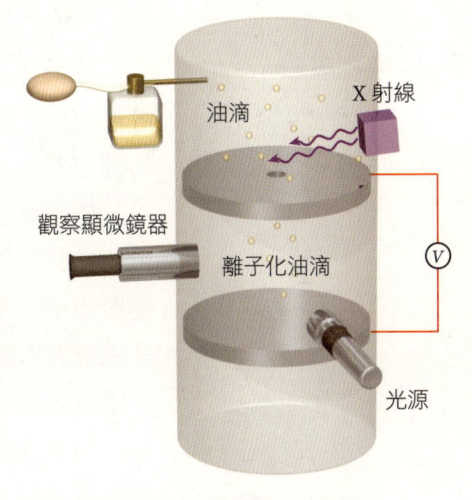

圖 20.4 密立坎油滴實驗的示意圖。

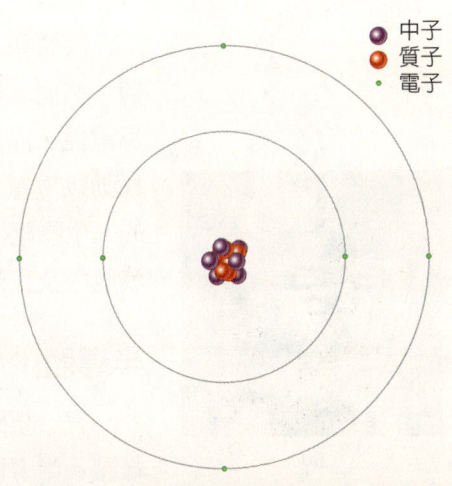

圖 20.5 碳原子的核包含 6 個中子和 6 個質子。核被 6 個電子包圍。注意，此為示意圖，未按比例繪製。

自我測試 20.1

以基本電荷 $e = 1.602 \cdot 10^{-19}$ C 給出下列基本粒子或原子的電荷。

a) 質子
b) 中子
c) 氦原子 (兩個質子、兩個中子和兩個電子)
d) 氫原子 (一個質子和一個電子)
e) 電子
f) α 粒子 (兩個質子和兩個中子)

20.3 絕緣體、導體、半導體和超導體

導電性良好的物質稱為**導體**，不導電的物質稱為**絕緣體**。(當然，導體有好的與差的之分，絕緣體也有好的與差的之分，這與個別物質的特性有關。)

依照後面章節中的討論，物質的電子結構是指電子束縛到原子核的方式。此處我們感興趣的是物質的原子放棄或獲取電子的相對傾向。在絕緣體中，電子不會自由移動，因為它沒有束縛鬆散的電子，可以從原子逃逸而在整個物質中自由移動。即使將外部電荷置於絕緣體上，該外部電荷也無法明顯移動。典型的絕緣體是玻璃、塑料和布。

另一方面，導體物質的電子結構允許一些電子自由移動，但各原子中的正電荷，因為被束縛於質量大很多的核內，不能移動。典型的固態導體是金屬。例如，銅是非常好的導體，因此用於電路的連接線。

流體和生物組織也可以當作導體用。純蒸餾水不是一個很好的導體。然而，舉個例子，普通食鹽 (NaCl) 溶解在水中後會大大改善水的導電性，因為帶正電的鈉離子 (Na^+) 和帶負電的氯離子 (Cl^-) 可在水中移動以導電。與固體不同，在液體中，正和負的電荷載子是可以移動的。生物組織不是一個很好的導體，但它的導電性足夠大，可引起大電流而危及我們。

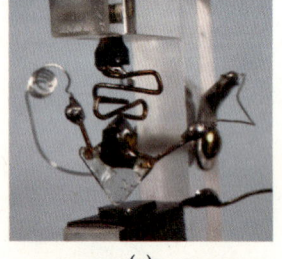

半導體

有一類稱為**半導體**的物質，可以從絕緣體變為導體，並再次變回絕緣體。半導體在 50 多年前才被發現，但卻是整個計算機和消費電子行業的支柱。最先被廣泛使用的半導體是電晶體 (圖 20.6a)；現代的計算機晶片 (圖 20.6b) 執行數百萬個電晶體的功能。若無半導體，就不可能有計算機和幾乎所有的現代消費性電子產品 (電視、照相機、電動遊戲機、手機等)。

半導體有兩種：本質的和雜質的。本質半導體的實例主要是矽、鍺或砷化鎵的化學純晶體。工程師應用摻雜的方式，也就是添加微量 (通常為百萬分之一) 可作為電子施體或受體的其他材料，以產生雜質半導體。摻雜有電子施體的半導體稱為 n 型 (n 代表 negative，即電荷為負)。如果摻雜的物質為電子受體，則依附到受體的電子所留下的電洞，也可以穿行半導體，而成為有效的正電荷載子。這種半導體因此被稱為 p 型 (p 代表 positive，即電荷為正)。因此，半導體具有負電荷或正

圖 20.6 (a) J. Bardeen、W. H. Brattain 和 W. B. Shockley 於 1947 年發明的第一個電晶體的複製品。(b) 由矽晶圓製成的現代計算機晶片含有數千萬個電晶體。

電荷 (實際上為電子空洞，即缺了電子) 的移動，而與僅有負電荷移動的正常固態導體不同。

超導體

超導體物質在導電時不會遭遇任何阻抗，這與正常導體不同，正常導體的導電性雖然良好，但總有一些損耗。物質只有在非常低的溫度下才會超導。鈮–鈦合金是一種典型的超導體，它必須保持在接近液態氦 (4.2 K) 的溫度，才具有超導的特性。在過去 20 年中，已開發出多種稱為高 T_c 超導體的新材料 (T_c 代表「臨界溫度」，即能夠超導的最高溫度)，它們在液態氮可存在的溫度 (77.3 K) 下是超導的。在室溫 (300 K) 下為超導體的材料尚未發現，但它們將是非常有用的。

第 24 章和第 27 章將對導電性、超導性和半導體等主題，做更詳細的討論。

20.4 靜電起電

使物體帶有靜電荷的過程稱為**靜電起電** (起電亦稱帶電)，它是充電方式的一種。靜電起電可藉由一系列簡單的實驗來理解。電源供應器可用來當作正、負電荷的現成來源。汽車用的電池類似於電源供應器；它利用化學反應以使正電荷和負電荷分離。利用電源供應器，可以使多個絕緣板拍帶有正或負電荷。此外，利用導線可與地球接通。地球是近乎無限的電荷儲存器，能夠有效的中和與它連接的帶電體。如此將電荷帶走稱為**接地**，而連接到地球的導線稱為**地線**。

驗電器是一種裝置，在帶電後會顯現出可觀察到的效應。使用兩片非常薄的金屬箔可以製成簡單的驗電器，兩箔片的一端附著於絕緣框架上，且可彼此相鄰的懸空直向下垂。廚房用的鋁箔太厚，並不合適，但玩具店賣的金屬箔較薄。至於絕緣框架，可以將泡沫塑料的咖啡杯側轉後橫放。

圖 20.7 所示為教學演示用的驗電器，它具有兩個導體，它們在不帶電時互相接觸，靜止位於垂直面。其中一個導體是個活動臂，可繞其中點的鉸鏈轉動，因此當驗電器帶電時，它將轉動而遠離固定導體。這兩個導體與驗電器頂部的導電球接觸，可以很方便的施加或移除電荷。

圖 20.8a 所示為不帶電的驗電器。用電源使一個絕緣板拍帶負電。如圖 20.8b 所示，當板拍靠近驗電器的導電球時，球中的電子被排斥，

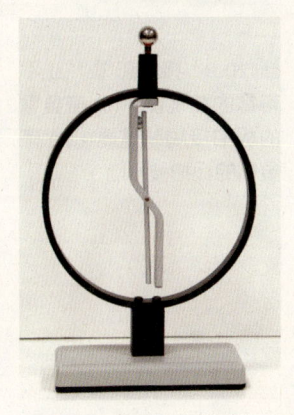

圖 20.7 教學演示用的典型驗電器。

普通物理

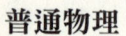

圖 20.8 感應起電：(a) 不帶電的驗電器。(b) 帶負電的板拍被帶到驗電器附近。(c) 帶負電的板拍被移除。

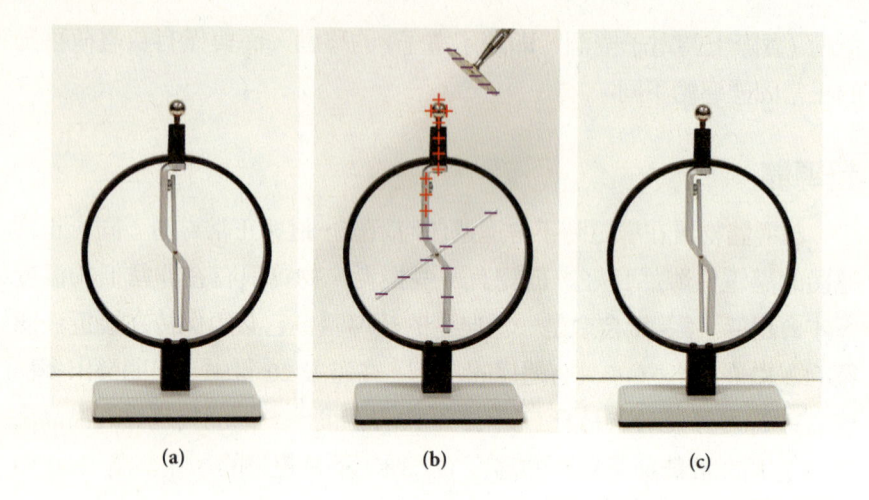

(a)   (b)   (c)

>>> **觀念檢測 20.2**

若將電荷施加到驗電器上，則活動導體會轉動而遠離固定導體，這是因為
a) 同性電荷互相排斥。
b) 同性電荷互相吸引。
c) 異性電荷互相吸引。
d) 異性電荷互相排斥。

導致驗電器中兩個導體的淨電荷為負。此淨負電會使活動導體臂旋轉，因為固定導體也帶負電，而會排斥它。由於板拍沒有接觸球，所以活動導體臂上的電荷是感應引起的。如果接著移除帶電的板拍，如圖 20.8c 所示，則感應電荷會降到零，而因為驗電器上的總電荷在上述過程中沒有改變，兩導體回復為不帶電，活動導體臂將會返回到其初始位置。

如以帶正電的板拍進行相同的過程，則導體中的電子被板拍吸引，而流入導電球，使得導體上留下淨正電荷，因此可使活動導體臂再次旋轉。注意，在以上兩種情況之下，驗電器的淨電荷都為零，活動導體臂會轉動僅表示板拍帶電。當移除帶正電的板拍時，活動導體臂再次返回到其初始位置。有一重點必須注意：我們不能確定板拍上電荷的電性！

另一方面，如圖 20.9b 所示，如果帶負電的絕緣板拍與驗電器的球互相接觸，則電子將從板拍流到導體，產生淨負電荷。當板拍被移除

圖 20.9 接觸起電：(a) 不帶電的驗電器。(b) 帶負電的板拍接觸驗電器。(c) 帶負電的板拍被移除。

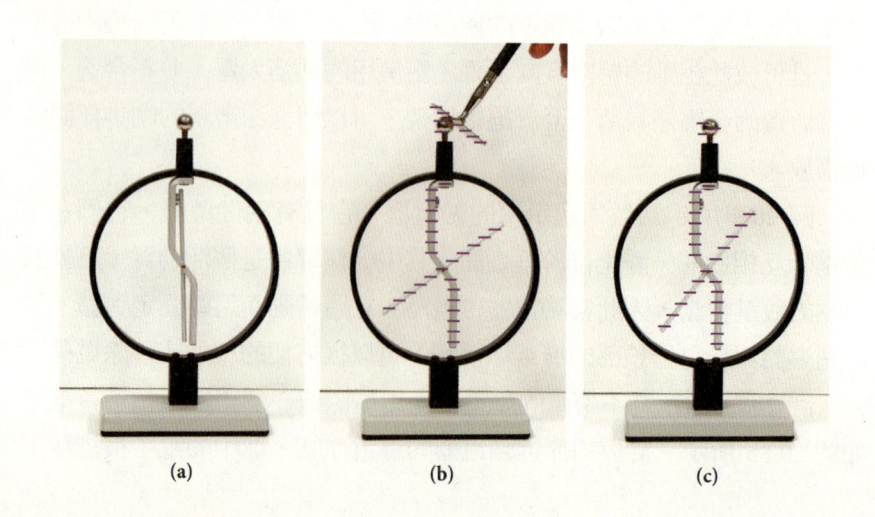

(a)   (b)   (c)

後，電荷繼續留在導體上，活動臂保持偏轉，如圖 20.9c 所示。同理，如果帶正電的絕緣板拍接觸不帶電驗電器的球，則驗電器中的電子將轉移到帶正電的板拍，而使導體變成帶正電。再次，帶正電的板拍和帶負電的板拍對驗電器具有相同的效果，我們無法確定板拍是帶正電或負電。上述過程稱為**接觸起電**。

要證明有兩類不同的電荷，可以先將帶負電的板拍接觸驗電器，使活動臂偏轉，如圖 20.9 所示。接著將帶正電的板拍與驗電器接觸，則活動臂會返回到不帶電時的位置。電荷被中和了 (假設兩個板拍最初具有相同量值的電荷)。因此，有兩類電荷。然而，上述的電荷是因電子可移動而顯示出來的，帶負電代表電子過量，而帶正電則代表電子不足。

驗電器不與帶電的板拍接觸，也可帶電，如圖 20.10 所示。不帶電的驗電器如圖 20.10a 所示。帶負電的板拍靠近驗電器的球，但不接觸它，如圖 20.10b 所示。在圖 20.10c 中，使驗電器接地。然後，當帶電的板拍仍然接近、但不接觸驗電器的球時，在圖 20.10d 中移除接地線。接著，如圖 20.10e，當板拍移動遠離驗電器時，驗電器仍然帶有正電 (但活動臂的偏轉比圖 20.10b 中的為小)。相同的過程，一樣也適用於帶正電的板拍。上述過程稱為**感應起電**，可使驗電器具有與板拍所帶電荷相反電性的電荷。

摩擦起電

如前所述，將兩種物質互相摩擦，可使它們帶電。但我們並未點出這種效應的兩個基本問題：第一，它的真正原因為何？第二，兩種物質

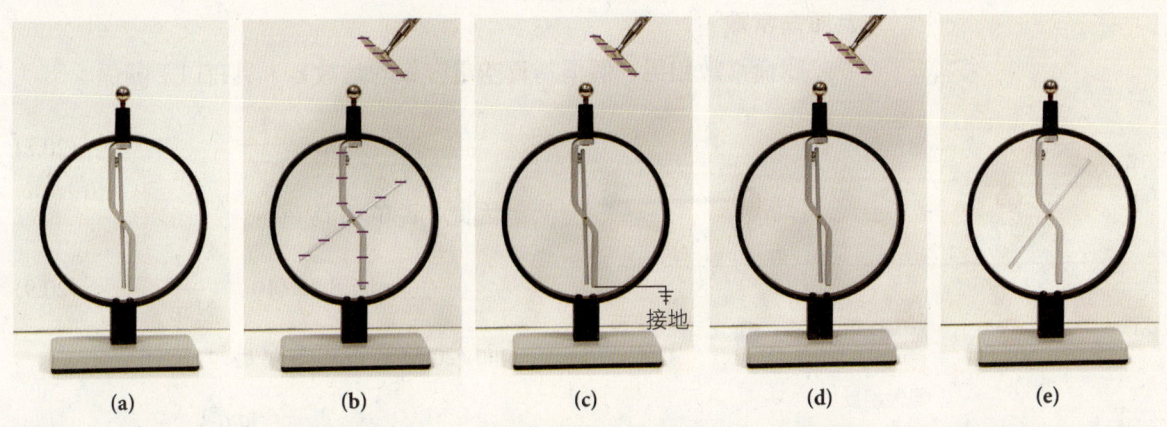

圖 20.10 感應起電：(a) 不帶電的驗電器。(b) 使帶負電的板拍靠近驗電器。(c) 驗電器接地。(d) 去除接地線。(e) 帶負電的板拍被移離，使驗電器帶正電。

普通物理

人類皮膚
皮革
兔毛皮
玻璃
石英
人類頭髮
尼龍
羊毛
絲
紙
棉
木
透明合成樹脂
琥珀
橡膠
人造絲
聚酯
苯乙烯
壓克力
聚氨酯
矽
鐵氟龍

圖 20.11　常見物質的摩擦起電正負順序。

中何者帶正電，何者帶負電？

這個效應稱為摩擦起電，表示摩擦 (參見第 4 章中關於摩擦學的討論) 起了一定的作用。普遍被接受的理論是當兩種物質的表面接觸時，發生黏附，在表面的原子之間形成化學鍵。當表面分離時，這些新形成的鍵中有一些破裂了，使功函數較大的物質獲得更多的電子。在此處，功函數可視為將電子與物質中的原子束縛在一起的靜電位能。

哪種物質帶正電荷，哪種帶負電？經由一系列長時間的實驗，其結果總結為圖 20.11。如果將表中所列的兩種物質互相摩擦，較靠近頂部的物質將獲得淨正電荷，而另一個則為淨負電荷。

最後，根據經驗法則，摩擦愈強烈，產生的電荷轉移愈大。這是因為愈強烈的接觸會增加摩擦，連帶使物質表面產生更多微小的電荷轉移點。

20.5　靜電力─庫侖定律

本章第 1 節的電荷定律，印證了兩個靜止電荷之間具有作用力。實驗指出，電荷 q_2 施加於電荷 q_1 的靜電力 $\vec{F}_{2\to 1}$，當兩電荷的電性相反時，其方向指向 q_2，而當電性相同時則指離 q_2 (圖 20.12)，且此力恆沿著兩電荷的連線作用。依據**庫侖定律**，這個力的量值為

$$F = k\frac{|q_1 q_2|}{r^2} \tag{20.6}$$

其中 q_1 和 q_2 為電荷，$r = |\vec{r}_1 - \vec{r}_2|$ 為兩電荷之間的距離，而

$$k = 8.99 \cdot 10^9 \frac{\text{N m}^2}{\text{C}^2} \tag{20.7}$$

為**庫侖常數**。

庫侖常數和另一個稱為**真空電容率**的常數 ϵ_0，具有以下關係：

$$k = \frac{1}{4\pi\epsilon_0} \tag{20.8}$$

因此，ϵ_0 的值為

$$\epsilon_0 = 8.85 \cdot 10^{-12} \frac{\text{C}^2}{\text{N m}^2} \tag{20.9}$$

而 (20.6) 式也可改寫為

$$F = \frac{1}{4\pi\epsilon_0}\frac{|q_1 q_2|}{r^2} \tag{20.10}$$

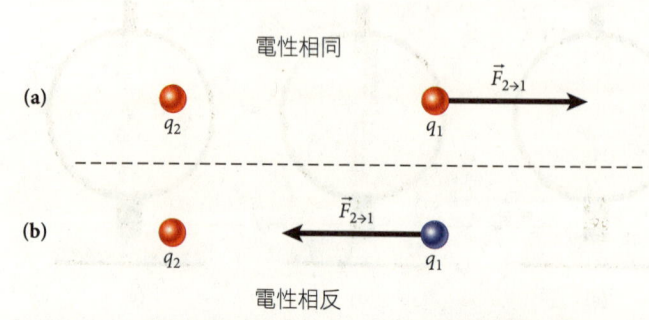

圖 20.12　電荷 q_2 對電荷 q_1 施加的力：(a) 兩電荷的電性相同；(b) 兩電荷的電性相反。

靜電學 20

注意，(20.6) 和 (20.10) 式中的電荷可以是正或負，因此電荷的乘積也可以是正或負。

最後，依據庫侖定律，電荷 q_2 施加於電荷 q_1 的力 $\vec{F}_{2\to1}$ 可以用向量式表示為

$$\vec{F}_{2\to1} = -k\frac{q_1 q_2}{r^3}(\vec{r}_2 - \vec{r}_1) = -k\frac{q_1 q_2}{r^2}\hat{r}_{21} \tag{20.11}$$

在上式中，$\hat{r}_{21}$ 是從 q_1 指向 q_2 的單位向量 (見圖 20.13)。負號表示如果兩個電荷都為正或兩個電荷都為負，則力是排斥的，即 $\vec{F}_{2\to1}$ 指離電荷 q_2，如圖 20.13a 所示。另一方面，如果其中一個電荷為正，另一個為負，則 $\vec{F}_{2\to1}$ 指向電荷 q_2，如圖 20.13b 所示。

如果電荷 q_2 對電荷 q_1 施加的力為 $\vec{F}_{2\to1}$，則電荷 q_1 對電荷 q_2 施加的力 $\vec{F}_{1\to2}$ 可逕由牛頓第三定律獲得 (參見第 4 章)：$\vec{F}_{1\to2} = -\vec{F}_{2\to1}$。

疊加原理

現在考慮分別在位置 x_1、x_2 和 x_3 處的三個點電荷 q_1、q_2 和 q_3，如圖 20.14 所示。電荷 q_1 對電荷 q_3 施加的力由下式給出：

$$\vec{F}_{1\to3} = -\frac{kq_1 q_3}{(x_3 - x_1)^2}\hat{x}$$

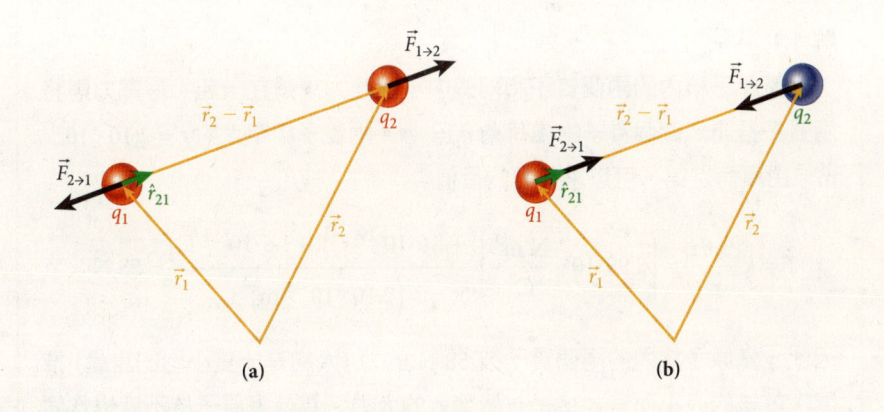

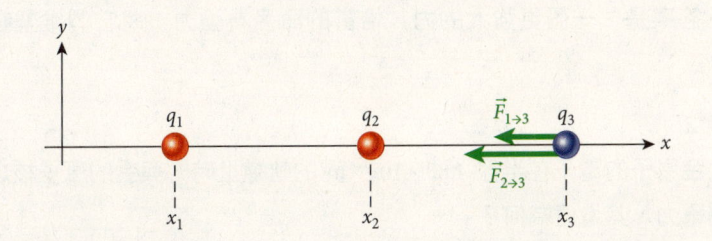

>>> **觀念檢測 20.3**

兩個電荷之間相距為 r。若每個所帶的電荷加倍，且兩電荷之間的距離也加倍，則此二電荷之間的力如何變化？
a) 力變為兩倍。
b) 力變為一半。
c) 力變為四倍。
d) 力變為四分之一。
e) 力不變。

圖 20.13 以向量表示兩個電荷相互施加的靜電力：(a) 電性相同的兩個電荷；(b) 電性相反的兩個電荷。

圖 20.14 電荷 q_1 和電荷 q_2 對電荷 q_3 施加的力。

普通物理

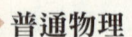

> **觀念檢測 20.4**
>
> 圖 20.14 中作用在電荷 q_3 上的力顯示三個電荷的電性為何？
> a) 三個電荷都為正。
> b) 三個電荷都為負。
> c) 電荷 q_3 為零。
> d) 電荷 q_1 和 q_2 的電性相反。
> e) 電荷 q_1 和 q_2 的電性相同，但與 q_3 的電性相反。

> **觀念檢測 20.5**
>
> 假設圖 20.14 中的向量長度與它們所代表的力的量值成比例，則電荷 q_1 和 q_2 的量值有何關係？(提示：x_1 和 x_2 之間的距離與 x_2 和 x_3 之間的距離相同。)
> a) $|q_1| < |q_2|$
> b) $|q_1| = |q_2|$
> c) $|q_1| > |q_2|$
> d) 無法由圖所給的信息確定。

> **觀念檢測 20.6**
>
> 如圖所示，三個電荷位於一直線上。中間電荷所受靜電力的方向為何？
>
> $-q$　　q　　q
>
> a) → b) ← c) ↓ d) ↑
> e) 該電荷所受的力為零。

> **觀念檢測 20.7**
>
> 如圖所示，三個電荷位於一直線上。右邊電荷所受靜電力的方向為何？(注意，左邊的電荷是觀念檢測 20.6 中的兩倍。)
>
> $-2q$　　q　　q
>
> a) → b) ← c) ↓ d) ↑
> e) 該電荷所受的力為零。

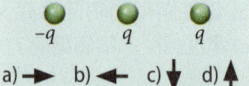

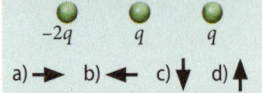

而電荷 q_2 對電荷 q_3 施加的力則為

$$\vec{F}_{2 \to 3} = -\frac{kq_2 q_3}{(x_3 - x_2)^2}\hat{x}$$

電荷 q_1 對電荷 q_3 施加的力，不受電荷 q_2 是否存在的影響，而電荷 q_2 對電荷 q_3 施加的力，也不受電荷 q_1 是否存在的影響。此外，電荷 q_1 和電荷 q_2 個別對電荷 q_3 施加的力，經由向量相加而產生對電荷 q_3 的淨力：

$$\vec{F}_{淨 \to 3} = \vec{F}_{1 \to 3} + \vec{F}_{2 \to 3}$$

此處力的疊加完全類似於第 4 章所描述的重力和摩擦力。

一般來說，由位於 $\vec{r}_i$ 處的電荷 q_i ($i = 1, 2, \cdots, n$) 所組成的 n 個電荷的集合，對位於 $\vec{r}$ 處的一個電荷 q 所施加的靜電力可以表示為

$$\vec{F}(\vec{r}) = -kq \sum_{i=1}^{n} q_i \frac{\vec{r}_i - \vec{r}}{|\vec{r}_i - \vec{r}|^3} \qquad (20.12)$$

為了獲得上式，我們使用力的疊加，並且使用 (20.11) 式以獲得兩個電荷之間的作用力。

例題 20.1　原子內部的靜電力

問題 1：

在氦原子核內的兩個質子相互施加的靜電力，其量值為何？

解 1：

氦原子核內的兩個質子和兩個中子由強力束縛在一起；靜電力則將兩質子推開。每個質子的電荷為 $q_p = +e$。兩質子相距大約 $r = 2.10 \cdot 10^{-15}$ m。由庫侖定律，可以求得力的量值：

$$F = k\frac{|q_1 q_2|}{r^2} = \left(8.99 \cdot 10^9 \; \frac{\text{N m}^2}{\text{C}^2}\right)\frac{(+1.6 \cdot 10^{-19}\,\text{C})(+1.6 \cdot 10^{-19}\,\text{C})}{(2.10 \cdot 10^{-15}\,\text{m})^2} = 58\,\text{N}$$

因此，氦原子核內的兩個質子被 58 N 的力 (大約是一隻小狗的重量) 推開。就核的大小而言，這是一個驚人的大力。為什麼原子核不就爆炸開來？答案是，一個更強大的力，恰當的命名為強力，將它們維繫在一起。

問題 2：

金原子的電子在半徑 $4.88 \cdot 10^{-12}$ m 的軌道上時，與金的原子核之間的靜電力，其量值為何？

解 2：

帶負電的電子和帶正電的金核互相吸引的靜電力，其量值為

$$F = k\frac{|q_e q_N|}{r^2}$$

其中電子的電荷為 $q_e = -e$，金核的電荷為 $q_N = +79e$。故電子和核之間的力為

$$F = k\frac{|q_e q_N|}{r^2} = \left(8.99 \cdot 10^9 \ \frac{\text{N m}^2}{\text{C}^2}\right) \frac{(1.60 \cdot 10^{-19} \text{ C})[(79)(1.60 \cdot 10^{-19} \text{ C})]}{(4.88 \cdot 10^{-12} \text{ m})^2} = 7.63 \cdot 10^{-4} \text{ N}$$

因此，在金原子中，原子核施加於軌道上電子的靜電力，其量值與核內質子之間的靜電力相比，僅約為十萬分之一。

注意：金核的質量約為電子質量的 40 萬倍。但金核對電子施加的力，與電子對金核施加的力，具有完全相同的量值。你的確可以說，這從牛頓第三定律 (見第 4 章) 就可以看出，但值得強調的是，這個基本定律也適用於靜電力。

靜電除塵器

靜電起電和靜電力可應用來清潔燃煤電廠的排放物。使用稱為**靜電除塵器** (ESP) 的裝置，可除去煤炭燃燒產生的灰燼和其他微粒。此設備的操作如圖 20.15 所示。

ESP 由導線和板組成，相對於正電壓的一系列板，導線處於低了許多的負電壓。(這裡電壓為通常用語；在第 22 章中將根據電位差加以定義。) 在圖 20.15 中，來自燃煤過程的廢氣從左側進入 ESP。通過導線附近的微粒接收負電荷。這些粒子接著被吸引到正極板並黏住。氣體繼續

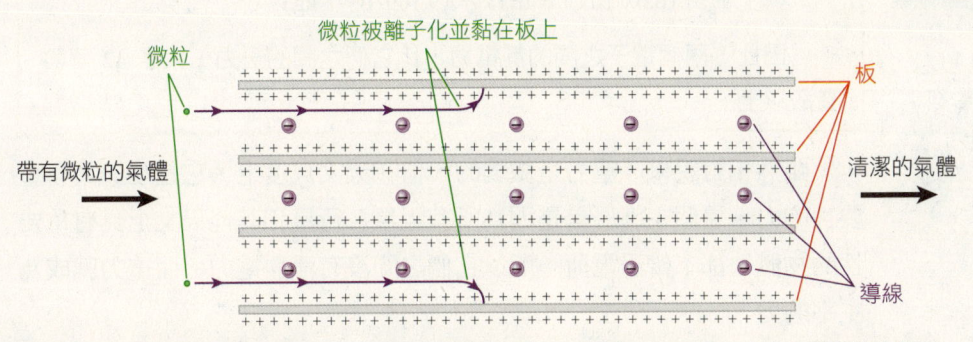

圖 20.15 清潔燃煤電廠廢氣所用之靜電除塵器的運作示意圖。圖示為由上往下看設備的俯視圖。

自我測試 20.2

如圖所示，正點電荷 $+q$ 被放置在 P 點處，位於兩個電荷 q_1 和 q_2 的右邊。已知正電荷 $+q$ 上的淨靜電力為零。試指出以下各敘述為是或非。

a) 電荷 q_2 必須與 q_1 具有相反的電性，且量值更小。
b) 電荷 q_1 的量值必須小於電荷 q_2 的量值。
c) 電荷 q_1 和 q_2 的電性必須相同。
d) 如果 q_1 為負，則 q_2 必須為正。
e) q_1 或 q_2 必須為正。

觀念檢測 20.8

如圖所示，三個電荷沿 x 軸放置，電荷的值為 $q_1 = -8.10 \ \mu C$，$q_2 = 2.16 \ \mu C$，$q_3 = 2.16 \ pC$。q_1 和 q_2 之間的距離為 $d_1 = 1.71$ m。q_1 和 q_3 之間的距離為 $d_2 = 2.62$ m。q_1 和 q_2 對 q_3 施加的總靜電力，其量值為何？

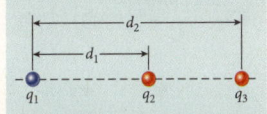

a) $2.77 \cdot 10^{-8}$ N
b) $7.92 \cdot 10^{-6}$ N
c) $1.44 \cdot 10^{-5}$ N
d) $2.22 \cdot 10^{-4}$ N
e) $6.71 \cdot 10^{-2}$ N

普通物理

圖 20.16 密西根州立大學的燃煤電廠，裝有靜電除塵器，以去除排放物中的微粒。

通過 ESP，而灰分和其他微粒則留下。在搖動後積聚的物質從板上掉落到下面的籃子。這種廢物的用途很多，包括建築材料和肥料。圖 20.16 所示為裝有 ESP 的燃煤電廠。

20.6 庫侖定律和牛頓的重力定律

在形式上，描述兩個電荷之間靜電力 F_e 的庫侖定律，與描述兩個質量之間重力 F_g 的牛頓定律是類似的：

$$F_g = G\frac{m_1 m_2}{r^2} \quad \text{和} \quad F_e = k\frac{|q_1 q_2|}{r^2}$$

其中 m_1 和 m_2 是兩個質量，q_1 和 q_2 是兩個電荷，r 是彼此分開的距離。這兩種力都隨距離的平方反比變化。靜電力可以為吸引力或排斥力，因為電荷的電性可以是正或負。(見圖 20.13a 和 b。) 重力則恆為吸引力，因為質量只有一種。(對於重力，只有圖 20.13b 中描述的情況是可能的。) 力的相對強度由比例常數 k 和 G 給出。

觀念檢測 20.9

如圖所示，三個電荷位於正方形的角上。右下角上電荷所受靜電力的方向為何？

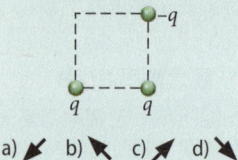

a) ↙ b) ↖ c) ↗ d) ↘

e) 該電荷不受力。

觀念檢測 20.10

如圖所示，四個電荷位於正方形的角上。右下角上電荷所受靜電力的方向為何？

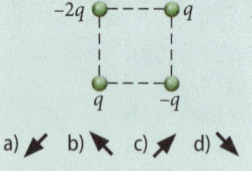

a) ↙ b) ↖ c) ↗ d) ↘

e) 該電荷不受力。

觀念檢測 20.11

質子的質量大約是電子的 2000 倍。因此就比率 F_e/F_g 而言，兩個質子比起例題 20.2 中的兩個電子將會 _____。

a) 約小 400 萬倍
b) 約小 2000 倍
c) 相同
d) 約大 2000 倍
e) 約大 400 萬倍

例題 20.2　電子之間的力

讓我們計算兩個電子相互施加的靜電力和重力的比率，以便評估這兩種相互作用的相對強度。這個比率由下式給出：

$$\frac{F_e}{F_g} = \frac{kq_e^2}{Gm_e^2}$$

因為這兩種力對距離的相依性是相同的，所以兩力的比率與距離無關——它抵消了。電子的質量為 $m_e = 9.109 \cdot 10^{-31}$ kg，而電荷為 $q_e = -1.602 \cdot 10^{-9}$ C。使用 (20.7) 式所給庫侖常數的值，$k = 8.99 \cdot 10^9$ N m²/C²，和重力常數的值，$G = 6.67 \cdot 10^{-11}$ N m²/kg²，我們得到

$$\frac{F_e}{F_g} = \frac{(8.99 \cdot 10^9 \text{ N m}^2/\text{C}^2)(1.602 \cdot 10^{-19} \text{ C})^2}{(6.67 \cdot 10^{-11} \text{ N m}^2/\text{kg}^2)(9.109 \cdot 10^{-31} \text{ kg})^2} = 4.17 \cdot 10^{42}$$

因此，兩個電子之間的靜電力，比它們之間的重力，大了 42 個數量級以上。

雖然相對說來，重力是微弱的，但在天文尺度上，它是唯一具有重要性的力。這個主宰優勢是因為所有恆星、行星和其他天文上具有重要性的物體，都不帶淨電荷。所以它們之間沒有淨靜電力，而重力就成為主宰的力。

靜電學 20

已學要點｜考試準備指南

- 電荷有兩種，即正電和負電。同性電荷相斥，異性電荷相吸。
- 電荷的量子 (即基本電荷) 為 $e = 1.602 \cdot 10^{-19}$ C。
- 電子的電荷為 $q_e = -e$，質子的電荷為 $q_p = +e$。中子的電荷為零。
- 物體的淨電荷由 e 乘以構成物體的質子數 N_p，減去 e 乘以構成物體的電子數 N_e：$q = e \cdot (N_p - N_e)$。
- 孤立系統的總電荷永遠守恆。
- 物體可以直接經由接觸而起電 (帶電) 或間接經由感應而起電。
- 庫侖定律描述了兩個靜止電荷相互作用的力：
$$F = k\frac{|q_1 q_2|}{r^2} = \frac{1}{4\pi\epsilon_0}\frac{|q_1 q_2|}{r^2}$$
- 庫侖定律中的常數為 $k = \dfrac{1}{4\pi\epsilon_0} = 8.99 \cdot 10^9\ \dfrac{\text{N m}^2}{\text{C}^2}$。
- 真空電容率為 $\epsilon_0 = 8.85 \cdot 10^{-12}\ \dfrac{\text{C}^2}{\text{N m}^2}$。

自我測試解答

20.1 a) +1　c) 0　e) –1
b) 0　d) 0　f) +2

22.2 a) 是　c) 非　e) 是
b) 非　d) 是

解題準則

1. 對於涉及庫侖定律的問題，繪製靜電力作用於帶電粒子的自由體力圖，通常是有幫助的。注意力的正負方向；兩個粒子之間的負力表示吸引力，而正力表示排斥力。確定圖中各力的方向與計算所得之力的符號互相匹配。

2. 利用對稱性以簡化你的工作。但要小心檢查電荷的量值和符號，以及距離。如果兩個電荷到第三個電荷的距離相等，但具有不同的量值或符號，則它們對該電荷施加的力不會相等。

3. 靜電學中的單位通常具有前綴，以指示 10 的冪次：距離可以用 cm 或 mm 給出；電荷可用 μC、nC 或 pC 給出；質量可用 kg 或 g 給出。其他單位也很常見。最好的方法是將所有的量都轉換為 SI 基本單位，以與 k 或 $1/4\pi\epsilon_0$ 的值兼容並用。

選擇題

20.1 若使一金屬板帶正電，則發生的是以下哪種情況？
a) 質子 (正電荷) 從另一個物體轉移到板。
b) 電子 (負電荷) 從板轉移到另一個物體。
c) 電子 (負電荷) 從板轉移到另一物體，且質子 (正電荷) 也從另一物體轉移到板。
d) 這取決於轉移電荷的物體是導體還是絕緣體。

20.2 電荷 Q_1 位於 x 軸上的 $x = a$ 處，電荷 $Q_2 = -4Q_1$ 應該放置在何處，才會使位於原點的第三個電荷 $Q_3 = Q_1$ 所受的淨靜電力為零？
a) 在原點
b) 在 $x = 2a$
c) 在 $x = -2a$
d) 在 $x = -a$

普通物理

20.3 如附圖所示，兩個點電荷固定在 x 軸上：$q_1 =$ 6.0 μC 位於原點 O，座標為 $x_1 = 0.0$ cm，$q_2 = -3.0$ μC 位於 A 點，座標為 $x_2 = 8.0$ cm。第三個電荷 q_3 受到的總靜電力若要為零，則它在 x 軸上的座標應為何？
a) 19 cm	b) 27 cm
c) 0.0 cm	d) 8.0 cm
e) −19 cm

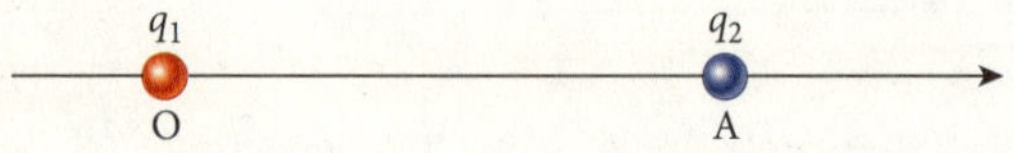

20.4 若兩個質子彼此靠近放置，而附近沒有其他物體，則它們會
a) 加速而彼此遠離。	b) 保持不動。
c) 朝向彼此加速。	d) 以等速率彼此拉近。
e) 以等速率彼此遠離。

20.5 如附圖所示，一片金屬板 P 以導線經由一開關 S 再接地。開關最初關閉。使電荷 +Q 靠近板但不接觸，然後將開關打開，則在移除電荷 +Q 之後，板上的電荷為何？ 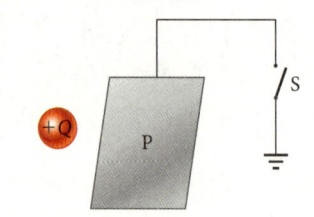
a) 板不帶電。
b) 板帶正電。
c) 板帶負電。
d) 依據板在 +Q 接近之前所帶的電荷，板可以帶正電或負電。

20.6 當橡膠棒用兔毛皮摩擦時，棒會變成
a) 帶負電。
b) 帶正電。
c) 電中性。
d) 帶負電或帶正電，這要看毛皮是恆沿相同方向移動，還是來回移動。

20.7 質量 m、電荷 $-e$ 的電子，沿半徑 r 的圓形軌道繞行質量 M、電荷 $+e$ 的固定質子。電子靠它和質子之間的靜電力保持在軌道上。電子速率為下列何者？
a) $v = \sqrt{\dfrac{ke^2}{mr}}$	b) $v = \sqrt{\dfrac{GM}{r}}$
c) $v = \sqrt{\dfrac{2ke^2}{mr^2}}$	d) $v = \sqrt{\dfrac{me^2}{kr}}$
e) $v = \sqrt{\dfrac{ke^2}{2Mr}}$

觀念題

20.8 如果兩個帶電粒子（每個帶電粒子上的電荷為 Q）相距為 d，則它們之間存在力 F。如果每個電荷的量值加倍，並且它們之間的距離變為 $2d$，則力將為何？

20.9 與重力相比，靜電力顯然是非常強的。事實上，靜電力是控制日常所見現象的基本力——弦線的張力、表面之間的正向力、摩擦及化學反應等——除了重量。那麼為何科學家需要這麼長的時間才理解這種力？牛頓早在電力甚至被粗略理解之前，就已提出了他的重力定律。

20.10 兩個帶電均為 Q 的正電荷，相距 $2d$。第三個帶電為 $-0.2Q$ 的電荷，被放置在兩正電荷的正中間，並且垂直於兩正電荷的連線，使其位移 $x \ll d$（即 x 遠小於 d）。這個電荷受到的力為何？在 $x \ll d$ 時，負電荷的運動可以近似為何？

20.11 兩個帶電的球最初相距為 d。每個球受到量值為 F 的力。移動它們使其更靠近後，每個球受到的力變大，其量值為 $9F$。兩球之間的距離改變了幾倍？

20.12 在 18 世紀對靜電力的理解首先做出貢獻的科學家們，深知牛頓的重力定律。他們如何可推斷出他們所探討的力，不是重力的變種或某種表現？

20.13 摩擦氣球會使它帶負電荷，並使它傾向於黏附到房間的牆壁上。要發生此種情況，牆壁必須帶正電嗎？

20.14 如圖所示，兩個相距為 L 的電荷固定在一直線上。第三個電荷放在直線上何處，可使得它受到的力為零？第三個電荷的電性或量值，會使答案改變嗎？

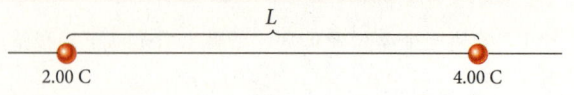

2.00 C ———— L ———— 4.00 C

20.15 在濕度低的天氣下，當人離開汽車時，由於滑過座椅產生的靜電，常會受到電擊。如何使自己放電，而不致經歷痛苦的電擊？在加油時，坐回車裡再出來完成加油，為什麼是危險的？

練習題

題號前的藍點 (•) 與雙藍點 (••) 代表問題難度遞增。

20.2 節

20.16 法拉第 (faraday) 是電化學中常見的一個電荷單位，以英國物理學家和化學家法拉第命名。它由正好 1 莫耳的基本電荷組成。試以 C (庫侖) 為單位表示 1.000 faraday。

20.17 強度為 5.00 mA 的電流足以使人的肌肉抽搐。計算如果人暴露在這樣的電流 10.0 s 時，有多少電子流過人的皮膚。

•**20.18** 地球不斷受到宇宙射線的轟擊，宇宙射線主要由質子組成。這些質子以每秒每平方米 1245 個質子的流率，從各個方向入射到地球大氣中。假設地球大氣的深度為 120.0 km，在 5.000 min 內入射到大氣中的總電荷是多少？假設地球表面的半徑為 6378 km。

20.3 節

•**20.19** 矽樣品以每 $1.00 \cdot 10^6$ 份之中摻雜 1 份的磷。磷充當電子施子，每個磷原子提供一個自由電子。矽的密度為 2.33 g/cm^3，原子的質量為 28.09 g/mol。
a) 計算摻雜矽中每單位體積的自由 (傳導) 電子數。
b) 將 (a) 部分的結果與每單位體積銅線的傳導電子數進行比較，假設每個銅原子產生一個自由 (傳導) 電子。銅的密度為 8.96 g/cm^3，原子的質量為 63.54 g/mol。

20.5 節

20.20 兩個帶相同電荷的粒子相距 1.00 m，以 1.00 N 的力互相排斥。它們所帶電荷的量值為何？

20.21 在固體氯化鈉 (調味鹽) 中，氯離子的電子比質子多一個，鈉離子的質子比電子多一個。這些離子分開約 0.28 nm。計算鈉離子和氯離子之間的靜電力。

•**20.22** 如圖所示，兩個最初不帶電的全同金屬球 1 和 2，以絕緣彈簧 (平衡長度 $L_0 = 1.00$ m，彈簧常數 $k = 25.0$ N/m) 連接。將電荷 $+q$ 和 $-q$ 分別放置到球上後，彈簧收縮到長度 $L = 0.635$ m。記住，彈簧施加的力為 $F_s = k\Delta x$，其中 Δx 是彈簧從其平衡長度的長度變化。試求電荷 q。如果彈簧塗有金屬以使其導電，則彈簧的新長度為何？

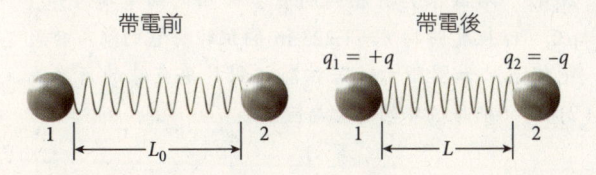

•**20.23** 在邊長為 2.00 m 與 3.00 m 的矩形四個角上，各放置相同的點電荷 Q。如果 $Q = 32.0$ μC，則其中任何一個電荷受到之靜電力的量值為何？

•**20.24** 如圖所示，一個正電荷 Q 在 y 軸上，距離原點 a，另一個正電荷 q 在 x 軸上，距離原點 b。 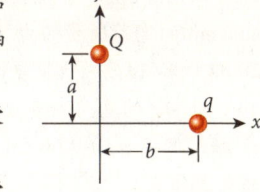
a) 當 b 的值為何時，q 所受之力的 x 分量為最小？
b) 當 b 的值為何時，q 所受之力的 x 分量為最大？

•**20.25** 在二維空間中有三個固定電荷：在 (0, 0) 處為 +1.00 mC，在 (17.0 mm, -5.00 mm) 處為 -2.00 mC，在 (-2.00 mm, 11.0 mm) 為 +3.00 mC。-2.00 mC 的電荷受到的淨力為何？

•**20.26** 一個質量為 30.0 g、電荷為 -0.200 μC 的小球，用繩子懸吊於天花板下，使球在絕緣地板之上方 5.00 cm 處。如果質量為 50.0 g、電荷為 0.400 μC 的第二個小球在第一個球正下方的地板上滾動，第二個球會離開地板嗎？當第二個球在第一個球正下方時，繩上的張力為何？

•**20.27** 四個點電荷 q 固定在邊長為 10.0 cm 的正方形四角上。一個電子懸吊於正方形中心上方 15.0 nm 的距離處，其重量與四個電子產生的靜電力平衡。固定之電荷的量值為何？答案以庫侖和電子電荷的倍數表示。

••**20.28** 負電荷 $-q$ 固定在座標 (0, 0) 處。它對最初在座標 (x, 0) 處的正電荷 $+q$ 施加吸引力。結果，正電荷朝向負電荷加速。當 $x \ll 1$ 時，利用二項式展開式 $(1+x)^n \approx 1 + nx$，證明當正電荷移動 $\delta \ll x$ 的距離而更接近負電荷時，負電荷施加於正電荷的力增加 $\Delta F = 2kq^2\delta/x^3$。

20.6 節

20.29 假設地球和月球帶有相等量值的正電荷。電荷需要多大，產生的靜電斥力才能等於兩個物體之間重力吸引力的 1.00%？

•**20.30** 在氫原子的波耳模型中，電子在圓形軌道上繞

普通物理

著核中的單一質子運動，這些電子軌道具有特定的半徑，而可表示為 $r_n = n^2 a_B$，其中 $n = 1, 2, 3 \ldots$ 是定義軌道的整數，$a_B = 5.29 \cdot 10^{-11}$ m 是第一（最小）軌道的半徑，稱為波耳半徑。試就前四個軌道，計算氫原子中電子和質子之間的靜電交互作用力。比較這種交互作用力與質子和電子之間的重力交互作用力的強度。

補充練習題

20.31 八個 1.00 C 的電荷沿 y 軸安置，從 $y = 0$ 開始到 $y = 14.0$ cm，每隔 2.00 cm 安置一個。求出在 $y = 4.00$ cm 的電荷所受的力。

20.32 碳-14 原子（質量 = 14 amu）的原子核具有 6 個質子和 $+6e$ 的電荷，其直徑為 3.01 fm。
a) 離這個核表面 3.00 fm 的質子受到的力為何？假設核是點電荷。
b) 該質子的加速度為何？

20.33 在 x 軸上，有一個粒子（電荷為 $+19.0$ μC）位於 $x = -10.0$ cm 處，而第二個粒子（電荷為 -57.0 μC）位於 $x = +20.0$ cm 處。位於原點（$x = 0$）的第三個粒子（電荷為 -3.80 μC）所受總靜電力的量值為何？

20.34 由於受到宇宙射線和太陽風的撞擊，地球的淨電荷約為 $-6.8 \cdot 10^5$ C。試求一個 1.0 g 的物體須帶多少電荷，才能藉由靜電力懸浮在地球表面附近。

•20.35 一質量 10.0 g 的物體懸浮在非導電平板上方 5.00 cm 處，就在一個嵌入的電荷 q（以庫侖計）正上方。如果物體帶有相同的電荷 q，則 q 必須為多少才能使物體懸浮（只是浮著，既不上升也不下降）？如果將電子加到物體上以產生電荷 q，物體的質量將改變多少？

•20.36 三個 5.00 g、半徑 2.00 cm 的泡沫塑料球用炭黑塗覆，使其具有導電性，然後以 1.00 m 長的繩線綁住，將它們從同一個點自由懸吊。每個球都帶相同的電荷 q。在平衡時，球在一水平面形成邊長為 25.0 cm 的等邊三角形。試求 q。

•20.37 如圖所示，兩顆珠子帶有電荷 $q_1 = q_2 = +2.67$ μC，位於天花板下的垂直絕緣懸線上。較低的珠子固定在懸線末端上，質量為 $m_1 = 0.280$ kg。第二顆珠子在繩子上可以無摩擦的滑動。兩顆珠子的中心相距為 $d = 0.360$ m 時，地球對 m_2 的重力與兩個珠子之間的靜電力平衡。第二顆珠子的質量 m_2 為何？（提示：兩個珠子之間的重力交互作用可以忽略。）

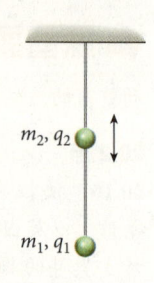

•20.38 兩個質量均為 $M = 2.33$ g 的球體，以長度 $L = 45.0$ cm 的兩條繩子連接到同一點。最初兩繩子垂直向下，兩球彼此接觸。將等量的電荷 q 放置到每個球體上。在球體上產生的力，導致每條繩子以與垂直線成 $\theta = 10.0°$ 的角度懸吊。試求每個球上的電荷 q。

•20.39 正電荷 $q_1 = 1.00$ μC，固定於原點，第二個電荷 $q_2 = -2.00$ μC，固定於 $x = 10.0$ cm。第三個電荷應該置於 x 軸上何處，所受的淨力才會為零？

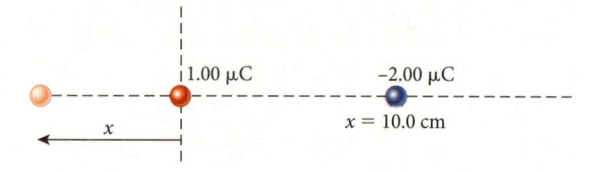

•20.40 在圖中，電荷 Q_A 上的淨靜電力為零。如果 $Q_A = +1.00$ nC，試求 Q_0 的量值。

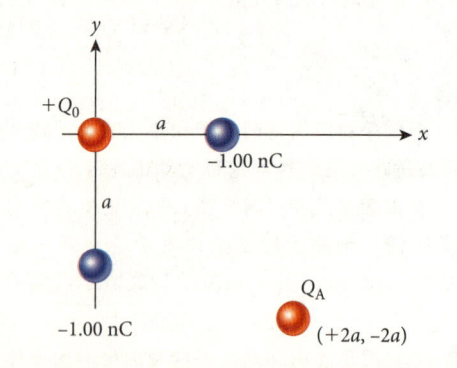

多版本練習題

20.41 兩個質量都為 0.9680 kg 的球，所帶的電荷都為 29.59 μC。以長度同為 ℓ 的弦線將它們懸吊於天花板下，如圖所示。如果弦線相對於垂直線的角度為 29.79°，則弦線的長度為何？

20.42 兩個球具有相同的質量和相同的電荷 15.71 μC。以長度同為 $\ell = 1.223$ m 的弦線將它們懸吊於天花板下，如圖所示。若弦線相對於垂直線的角度為 21.07°，則每個球的質量為何？

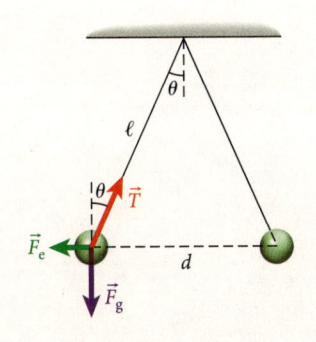

20.43 兩個球具有相同的質量 0.9935 kg，並且帶有相同的電荷。以長度同為 $\ell = 1.235$ m 的弦線將它們懸吊於天花板下，如圖所示。若弦線相對於垂直線的角度為 22.35°，則每個球所帶的電荷為何？

21 電場與高斯定律

待學要點

21.1 電場的定義
21.2 場線
  點電荷
  兩個異性的點電荷
  兩個同性的點電荷
  一般性法則
21.3 點電荷引起的電場
  例題 21.1 三個點電荷
21.4 電偶極引起的電場
  例題 21.2 水分子
21.5 一般的電荷分布
  例題 21.3 有限長的帶電細線
  詳解題 21.1 帶電圓環
21.6 電場產生的力
  電場中的電偶極
21.7 電通量
  例題 21.4 通過立方體的電通量
21.8 高斯定律
  高斯定律和庫侖定律
  屏蔽
21.9 特殊對稱性
  圓柱對稱性
  平面對稱性
  球形對稱性

已學要點｜考試準備指南
  解題準則
  選擇題
  觀念題
  練習題
  多版本練習題

圖 21.1 大白鯊可探測到獵物產生的微小電場。

大白鯊是地球上最可怕的掠食者之一 (圖 21.1)。牠有幾種感官為了獵捕獵物而一直在進化；例如，牠可以聞到 5 公里外的微量血液。也許更令人吃驚的是，牠已發展出特殊的器官 (稱為「勞倫氏壺腹」)，可以檢測到各種生物 (無論是魚、海豹，還是人類) 的肌肉運動所產生的微小電場。但是，什麼是電場？還有，電場與電荷有什麼關係？

向量場是整個物理學中最有用和最有效的概念之一。本章首先說明電場的定義，以及它與靜電荷和靜電力之間的關係，然後探討如何確定一些電荷分布的電場。這個探究引導我們到電學定律中最重要之一的高斯定律，並由它

待學要點

- 電場代表空間中各不同點處的電作用力。
- 電場線代表施加於單位正電荷的淨電作用力向量。它們由正電荷開始，在負電荷結束。
- 點電荷的電場是徑向的，與它的電荷成比例，並且與到它的距離平方成反比。
- 電偶極是由正電荷和等量值的負電荷組成。
- 電通量是垂直於面積的電場分量乘以面積。
- 高斯定律指出，通過封閉表面的電通量與表面內所含的淨電荷成比例。這個定律對看似複雜的電場問題，提供了簡單的解法。
- 導體內部的電場為零。
- 均勻帶電的無限長直導線所產生的電場，其量值隨到導線的垂直距離之倒數而比例變小。
- 均勻分布於無限大平面的電荷所產生的電場，與到平面的距離無關。
- 在球形電荷分布外部的電場，與位於球心、帶相同總電荷的點電荷所產生的電場相同。

獲得電場和靜電電荷之間的關係。第 26 到 27 章將研究另一種場，即磁場。第 29 章則將展示高斯定律如何被納入一個電場和磁場的統一描述——無論是從實用還是審美的觀點，這個描述都是物理學中最傑出的成就之一。

21.1 電場的定義

第 20 章討論了兩個或更多個點電荷之間的力。當決定其他電荷對位於空間中某點上的特定電荷所施加的淨力時，我們求得的力，其方向會隨著該電荷的電性而不同。此外，淨力也與該電荷的量值成比例。使用第 20 章中的方法，每當考慮的電荷不同時，我們都必須重新計算淨力。

處理上述情況需要**場**的概念。在空間中任何點處的**電場** $\vec{E}(\vec{r})$，依定義為一個點電荷受到的淨電作用力除以它所帶的電荷：

$$\vec{E}(\vec{r}) = \frac{\vec{F}(\vec{r})}{q} \tag{21.1}$$

電場的單位是牛頓/庫侖 (N/C)。要快速確定對任何電荷的淨力，我們可以使用 $\vec{F}(\vec{r}) = q\vec{E}(\vec{r})$，它是 (21.1) 式的簡單重新排列。

一個電荷在某點上時受到的電作用力，與在該點的電場平行 (或反平行，需視電荷的電性)，並與電荷的量值成比例。力的量值由 $F = |q|E$ 給出。正電荷受到的作用力與 $\vec{E}(\vec{r})$ 同向；負電荷受到的作用力則與 $\vec{E}(\vec{r})$ 反向。

21　電場與高斯定律

如果電場的來源有多個，例如數個點電荷，則在任何給定點處的電場，將等於各來源的電場全部疊加。此疊加直接來自於我們在力學章節中引入的力的疊加，以及在第 20 章有關靜電力的討論。當電場的來源有 n 個時，在空間中座標為 $\vec{r}$ 的任意點處的總電場，其**疊加原理**可以表示為

$$\vec{E}_t(\vec{r}) = \vec{E}_1(\vec{r}) + \vec{E}_2(\vec{r}) + \cdots + \vec{E}_n(\vec{r}) \tag{21.2}$$

21.2　場線

電場可以隨空間座標而改變。電場之量值和方向的變化，可由**電場線**看出。電場線可將用來檢驗電場的單位正電荷所受到的淨向量力，以圖線方式表示出來。這個表示法可以個別用於空間中可能放置檢驗電荷的每個點。在每個點，場線的方向與在該點的淨力方向相同，而場線數的面密度與淨力的量值成正比。

為了要繪製電場線，我們假想有一個微小的正電荷，將它放置於電場中的各點。電荷的量值夠小，不影響周圍的電場。像這樣的小電荷稱為**檢驗電荷**。我們計算出作用於電荷的合力，合力的方向給出了場線的方向。例如，圖 21.2a 示出了電場中的一個點。在圖 21.2b 中，電荷 $+q$ 被放置在電場線上的 P 點。作用於電荷的合力與電場方向相同。在圖 21.2c 中，當電荷 $-q$ 位於 P 點時，作用於它的合力與電場反向。在圖 21.2d 中，當電荷 $+2q$ 被放置在 P 點時，作用於它的合力與電場同向，且量值兩倍於電荷 $+q$ 上的合力。我們將正、負電荷分別以紅、藍色標示。

在不均勻的電場中，在某一給定點處的電作用力與該點的電場線相切，如圖 21.3 所示。正電荷上的力與電場同向，而負電荷上的力則與電場反向。

電場線的指向沿著遠離正電荷源而朝向負電荷源的方向。每條電場線恆由正電荷開始，並於負電荷終止。

電場存在於三維空間中（圖 21.4）；然而，為了簡單起見，本章通常只顯示電場的二維描述。

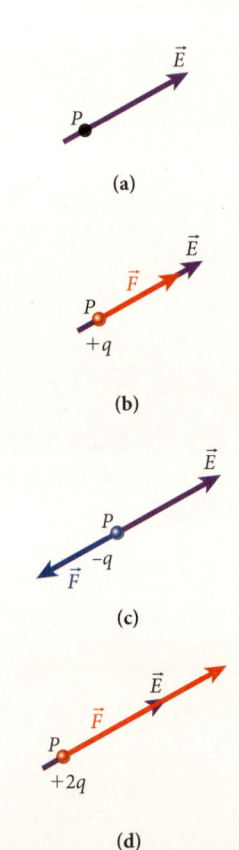

圖 21.2　電荷放在電場中受到的力。(a) P 點位於電場線上。(b) 正電荷 $+q$ 放置在 P 點處。(c) 負電荷 $-q$ 放置在 P 點處。(d) 正電荷 $+2q$ 放置在 P 點處。

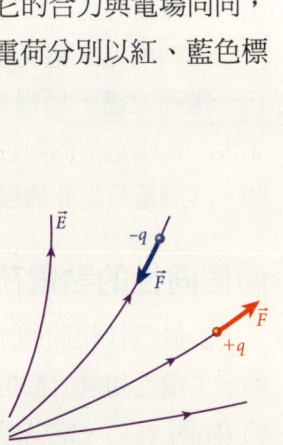

圖 21.3　不均勻電場。置於場中的正電荷 $+q$ 和負電荷 $-q$ 受到如圖所示的力。每個力與電場線相切。

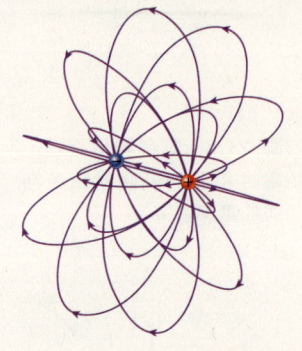

圖 21.4　以三維的圖表示電性相反的兩個點電荷所產生的電場線。

點電荷

一個孤立的點電荷所造成的電場線如圖 21.5 所示。場線從點電荷沿徑向發出。如果點電荷為正 (圖 21.5a)，場線指向外，遠離電荷；如果點電荷為負，則場線指向內，朝向電荷 (圖 21.5b)。注意，電場線在接近點電荷處較為靠攏，而在遠離點電荷處則較分開，表明隨著離電荷的距離增加，電場變弱。我們將在第 21.3 節中定量的檢查電場的量值。

圖 21.5 (a) 離開單個正點電荷和 (b) 朝向單個負點電荷的電場線。

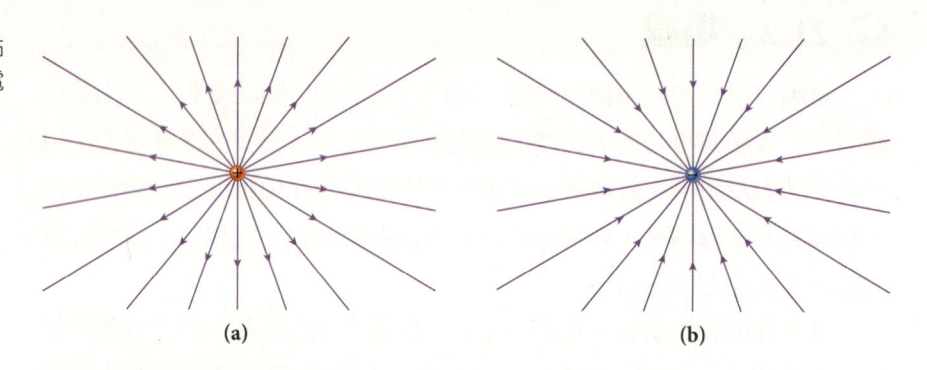

兩個異性的點電荷

兩個點電荷所造成的電場可利用疊加原理來確定。圖 21.6 顯示了兩個點電荷的電場線，它們所帶的電荷，量值相同但電荷相反。在平面中的每個點，來自正電荷的電場和來自負電荷的電場，以向量相加，給出合成電場的量值和方向。(圖 21.4 顯示了相同場線的三維圖。)

如前所述，電場線的起點在正電荷，終點在負電荷。在非常接近任一電荷之處，場線類似於單個點電荷的場線，因為較遠電荷的影響不大。在兩電荷的附近，電場線接近在一起，顯示在這些區域的電場較強。兩個電荷之間的場線彼此連接，表明這兩個電荷之間存在吸引力。

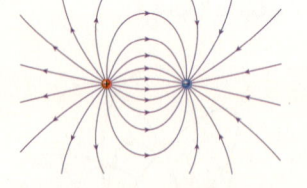

圖 21.6 電荷量值相同、電性相反的兩個點電荷造成的電場線。

兩個同性的點電荷

對於電性相同的兩個點電荷，我們也可以應用疊加原理。圖 21.7 顯示了電性和量值都相同的兩個點電荷的電場線。如果兩個電荷都是正的 (如圖 21.7)，電場線由兩電荷處開始，而延伸至無窮遠處。如果兩個電荷都是負的，則場線由無窮遠處朝向兩電荷，而於兩電荷處結束。對於電性相同的兩個電荷，場線並不連接兩個電荷，而是延伸至無限遠處。一電荷的場線全都不終止於另一電荷上的事實，代表兩電荷彼此排斥。

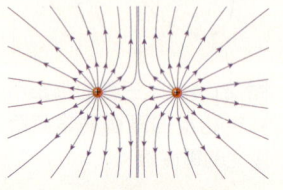

圖 21.7 量值相同的兩個正點電荷的電場線。

21 電場與高斯定律

一般性法則

上面剛討論過的三個最簡單的可能情況，指出了任何電荷配置的電場線所適用的兩個一般性法則：

1. 場線從正電荷處開始，而於負電荷處結束。
2. 場線在電場不為零處永不交叉。這個結果可歸因於場線代表電場，而電場又與電荷在特定點上時受到的淨力成正比例。交叉的場線表示在同一點的淨力，指向兩個不同的方向，在電場不為零處，這是不可能的。

>>> 觀念檢測 21.1

下圖中的哪些是正電荷？

a) 只有 1
b) 只有 2
c) 只有 3
d) 1 和 3
e) 三個都是正電荷。

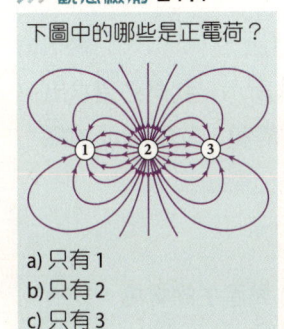

>>> 觀念檢測 21.2

假設附圖所示的四個區域都沒有電荷，哪個圖代表的是電場？

a) 只有 1
b) 只有 2
c) 2 和 3
d) 1 和 4
e) 這些圖都不代表電場。

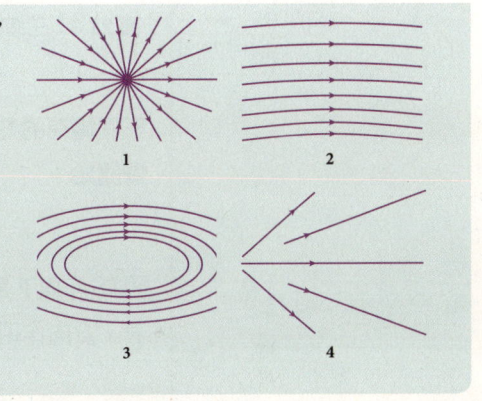

21.3 點電荷引起的電場

點電荷 q_0 所受來自另一點電荷 q 的電作用力，其量值由下式給出：

$$F = \frac{1}{4\pi\epsilon_0} \frac{|qq_0|}{r^2} \tag{21.3}$$

令 q_0 為很小的檢驗電荷，則點電荷 q 在 q_0 處產生的電場，其量值可表示為

$$E = \left|\frac{F}{q_0}\right| = \frac{1}{4\pi\epsilon_0} \frac{|q|}{r^2} \tag{21.4}$$

其中 r 是從檢驗電荷到點電荷的距離。此電場的方向是徑向的。對於正的點電荷，電場由該電荷向外指，對於負的點電荷，則電場向內指。

電場是向量，因此沿不同方向的電場分量，必須個別相加。例題

普通物理

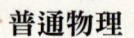

21.1 說明如何將三個點電荷所產生的電場相加。

例題 21.1　三個點電荷

圖 21.8 顯示了三個固定不動的點電荷：$q_1 = +1.50\ \mu C$，$q_2 = +2.50\ \mu C$，$q_3 = -3.50\ \mu C$。電荷 q_1 位於 $(0, a)$，q_2 位於 $(0, 0)$，q_3 位於 $(b, 0)$，其中 $a = 8.00\ \mu m$，$b = 6.00\ \mu m$。

問題：

這三個電荷在 $P = (b, a)$ 處產生的電場 $\vec{E}$ 為何？

解：

如 (21.2) 式所示，我們必須求出三個電荷的電場總和。我們逐一求出各方向分量的總和，首先從 q_1 的電場開始：

$$\vec{E}_1 = E_{1,x}\hat{x} + E_{1,y}\hat{y}$$

因為 q_1 與 P 點具有相同的 y 座標，所以 q_1 在 (b, a) 點產生的電場，只沿著 x 方向作用。因此，$\vec{E}_1 = E_{1,x}\hat{x}$。我們使用 (21.4) 式以決定 $E_{1,x}$：

$$E_{1,x} = \frac{kq_1}{b^2}$$

注意，$E_{1,x}$ 與 q_1 兩者的正負號相同。同理，q_3 在 (b, a) 點產生的電場，只沿著 y 方向作用。因此，$\vec{E}_3 = E_{3,y}\hat{y}$，且

$$E_{3,y} = \frac{kq_3}{a^2}$$

如圖 21.9 所示，q_2 在 P 點產生的電場由下式給出：

$$\vec{E}_2 = E_{2,x}\hat{x} + E_{2,y}\hat{y}$$

注意，q_2 在 P 點產生的電場 $\vec{E}_2$，沿直線指離 q_2，因為 $q_2 > 0$（如果 $q_2 < 0$，則指向 q_2）。此電場的量值由下式給出

$$E_2 = \frac{k|q_2|}{a^2 + b^2}$$

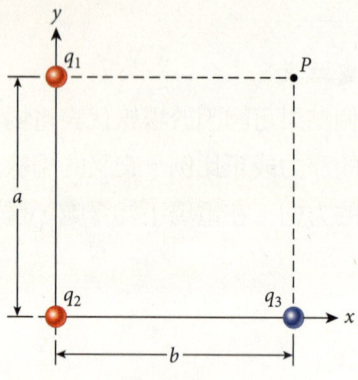

圖 21.8 三個點電荷的位置。

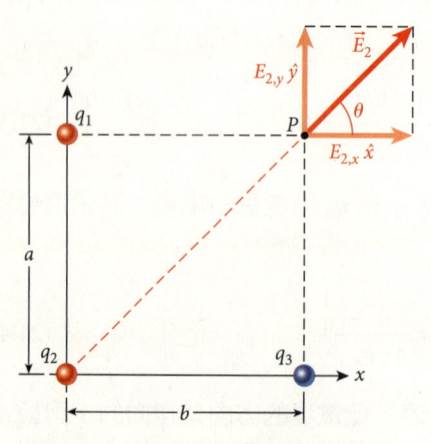

圖 21.9 q_2 在 P 點產生的電場向量及它的 x 和 y 分量。

分量 $E_{2,x}$ 可表示為 $E_2 \cos\theta$，其中 $\theta = \tan^{-1}(a/b)$，而分量 $E_{2,y}$ 則可表示為 $E_2 \sin\theta$。

將分量相加，可得在 P 點的總電場為

$$\vec{E} = (E_{1,x} + E_{2,x})\hat{x} + (E_{2,y} + E_{3,y})\hat{y}$$

$$= \underbrace{\left(\frac{kq_1}{b^2} + \frac{kq_2 \cos\theta}{a^2 + b^2}\right)}_{E_x}\hat{x} + \underbrace{\left(\frac{kq_2 \sin\theta}{a^2 + b^2} + \frac{kq_3}{a^2}\right)}_{E_y}\hat{y}$$

由 a 和 b 的給定值，我們發現 $\theta = \tan^{-1}(8/6) = 53.1°$，及 $a^2 + b^2 = (8.00 \text{ m})^2 + (6.00 \text{ m})^2 = 100. \text{m}^2$。因此，我們可以計算總電場的 x 分量為

$$E_x = (8.99 \cdot 10^9 \text{ N m}^2/\text{C}^2)\left(\frac{1.50 \cdot 10^{-6} \text{ C}}{(6.00 \text{ m})^2} + \frac{(2.50 \cdot 10^{-6} \text{ C})(\cos 53.1°)}{100. \text{m}^2}\right) = 509 \text{ N/C}$$

y 分量為

$$E_y = (8.99 \cdot 10^9 \text{ N m}^2/\text{C}^2)\left(\frac{(2.50 \cdot 10^{-6} \text{ C})(\sin 53.1°)}{100. \text{m}^2} + \frac{-3.50 \cdot 10^{-6} \text{ C}}{(8.00 \text{ m})^2}\right) = -312 \text{ N/C}$$

電場的量值為

$$E = \sqrt{E_x^2 + E_y^2} = \sqrt{(509 \text{ N/C})^2 + (-312 \text{ N/C})^2} = 597 \text{ N/C}$$

在 P 點的電場方向為

$$\varphi = \tan^{-1}\left(\frac{E_y}{E_x}\right) = \tan^{-1}\left(\frac{-312 \text{ N/C}}{509 \text{ N/C}}\right) = -31.5°$$

這表示電場的方向指向右下。

注意，雖然本例中的電荷只是幾微庫侖，而距離為幾米，但電場仍然很大，顯示一微庫侖是很大的電量。

21.4 電偶極引起的電場

兩個帶電量相等、但電性相反的點電荷所組成的系統，稱為**電偶極**(有時簡稱**偶極**)。電偶極之電場是它所含兩個電荷之電場的向量和。圖 21.6 顯示了電偶極的二維電場線。

依據疊加原理，將兩個點電荷個別產生的電場進行向量相加，即可得到它們共存時產生的電場。我們先考慮一個特殊情況，即偶極在其軸上產生的電場，偶極的軸是指連接偶極兩電荷的直線，我們假定此直線

沿著 x 軸 (圖 21.10)。

在偶極軸上 P 點處的電場 $\vec{E}$ 是 $+q$ 產生的場 $\vec{E}_+$ 和 $-q$ 產生的場 $\vec{E}_-$ 之和：

$$\vec{E} = \vec{E}_+ + \vec{E}_-$$

以 r_+ 代表 P 和 $+q$ 之間的距離，並以 r_- 代表 P 和 $-q$ 之間的距離，則在 x 軸上各點 (除了 $x = \pm d/2$，即兩個電荷所在處) 的電場，由下式給出

$$\vec{E} = E_x \hat{x} = \frac{1}{4\pi\epsilon_0} \frac{q(x-d/2)}{r_+^3}\hat{x} + \frac{1}{4\pi\epsilon_0}\frac{-q(x+d/2)}{r_-^3}\hat{x} \qquad (21.5)$$

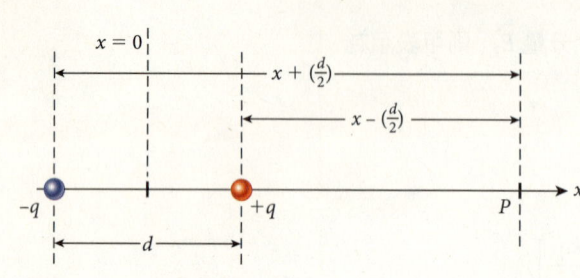

圖 21.10 計算電偶極的電場。

現在考慮 $\vec{E}$ 的量值。我們限制 x 的值為 $x > d/2$，因而可確定 $E = E_x > 0$，並得到

$$E = \frac{1}{4\pi\epsilon_0}\frac{q}{\left(x-\frac{1}{2}d\right)^2} - \frac{1}{4\pi\epsilon_0}\frac{q}{\left(x+\frac{1}{2}d\right)^2}$$

我們想獲得一個形式與點電荷的電場相同的表達式，因此將上式重整改寫為

$$E = \frac{q}{4\pi\epsilon_0 x^2}\left[\left(1-\frac{d}{2x}\right)^{-2} - \left(1+\frac{d}{2x}\right)^{-2}\right]$$

為了求得電場在離開偶極很遠處的表達式，我們將使用 $x \gg d$ 的近似與二項式展開。(因為 $x \gg d$，我們可以省略含有 d/x 的平方和更高冪次的項。) 我們獲得

$$E \approx \frac{q}{4\pi\epsilon_0 x^2}\left[\left(1+\frac{d}{x}-\cdots\right)-\left(1-\frac{d}{x}+\cdots\right)\right] = \frac{q}{4\pi\epsilon_0 x^2}\left(\frac{2d}{x}\right)$$

上式可以重寫為

$$E = \frac{qd}{2\pi\epsilon_0 x^3} \qquad (21.6)$$

我們可以定義一個稱為**電偶極矩** (有時簡稱**偶極矩**) 的向量，而將 (21.6) 式簡化。偶極矩的方向是從負電荷到正電荷，因而與電場線的方向相反。電偶極矩的量值 p 由下式給出：

$$p = qd \qquad (21.7)$$

其中 q 是偶極中任一電荷的量值，而 d 是偶極中的兩個電荷分開的距離。依據以上定義，在 x 座標遠大於兩個電荷之間隔的正 x 軸上各點，偶極產生之電場的量值可表示為

$$E = \frac{p}{2\pi\epsilon_0 |x|^3} \tag{21.8}$$

雖然這裡並未明白示出，但是 (21.8) 式對於 $x = \ll -d$ 的各點也能成立。此外，分析 (21.5) 式所給的 $\vec{E}$ 公式，可證實在偶極的任一側，都可得到 $E_x > 0$。根據 (21.8) 式，偶極的電場與距離的立方成反比，這與點電荷的電場是與距離的平方成反比，形成對比。

例題 21.2 水分子

對生物而言，水分子 H_2O 可說是最重要的分子。它具有的偶極矩不為零，這是許多有機分子能夠與水結合的基本原因。這個偶極矩也使水成為許多無機和有機化合物的極佳溶劑。

每個水分子由兩個氫原子和一個氧原子組成，如圖 21.11a 所示。水分子中每個原子的電荷分布近似為球形。氧原子傾向於將帶負電的電子拉向自身，使得氫原子帶有正電。三個原子排列成氧原子中心到兩個氫原子中心的連線，形成 105° 的角度 (參見圖 21.11a)。

問題：

假設將水分子近似為分別位於氫核 (質子) 的兩個正電荷，和兩個都位於氧核的負電荷，且所有電荷都具有相等的量值 e，則水的電偶極矩為何？

解：

兩個正電荷的電荷中心 (類似於兩個質量的質心) 正好位於兩個氫原子中心的中間，如圖 21.11b 所示。如圖 21.11a 所示，氫與氧的距離為 $\Delta r = 10^{-10}$，故正負電荷中心之間的距離為

$$d = \Delta r \cos\left(\frac{\theta}{2}\right) = (10^{-10} \text{ m})(\cos 52.5°) = 0.6 \cdot 10^{-10} \text{ m}$$

此距離乘以轉移到電荷中心的總電荷 $q = 2e$，就是水的偶極矩之量值：

$$p = 2ed = (3.2 \cdot 10^{-19} \text{ C})(0.6 \cdot 10^{-10} \text{ m}) = 2 \cdot 10^{-29} \text{ C m}$$

以上極度簡化的計算結果，實際上比測量值 $6.2 \cdot 10^{-30}$ C m 約大 3 倍。水的實際偶極矩小於以上的計算結果，此一事實表明氫原子的兩個電子並未全程被拉到氧；而是平均只被拉到全程的 1/3。

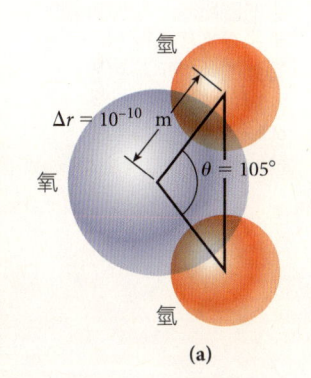

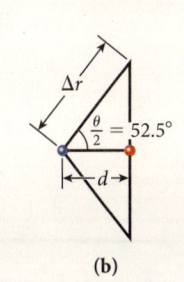

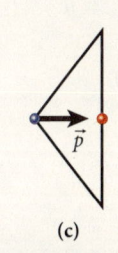

圖 21.11 (a) 水分子 H_2O 的幾何構造示意圖，圓球代表原子。(b) 有效正 (右邊紅點) 和負 (左邊藍點) 電荷中心的簡圖。(c) 近似為兩個點電荷時的偶極矩。

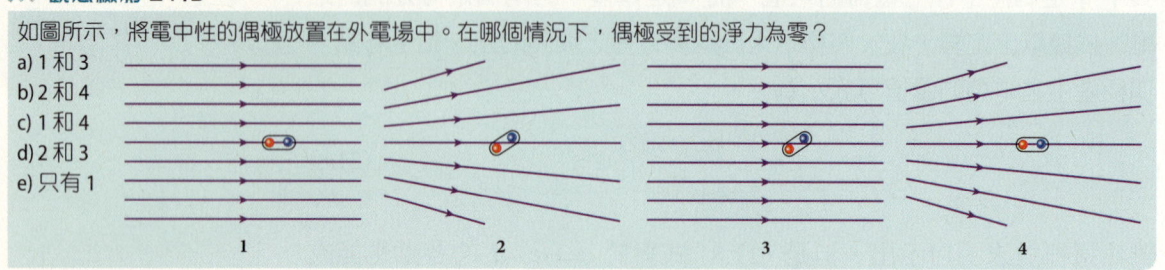

> **觀念檢測 21.3**
> 如圖所示，將電中性的偶極放置在外電場中。在哪個情況下，偶極受到的淨力為零？
> a) 1 和 3
> b) 2 和 4
> c) 1 和 4
> d) 2 和 3
> e) 只有 1

> **觀念檢測 21.4**
> 電中性的偶極被放置在外電場中，如觀念檢測 21.3 中的圖所示。在哪個情況下，在哪種情況下，偶極受到的淨力矩為零？
> a) 1 和 3　b) 2 和 4
> c) 1 和 4　d) 2 和 3
> e) 只有 1

21.5　一般的電荷分布

我們已經求得單一點電荷和兩個點電荷 (電偶極) 的電場。如果想求許多個電荷的電場，我們要怎麼辦？每個單獨的電荷各自產生的電場，如 (21.4) 式所示，而依據疊加原理，將這些電場全部相加，就可以得到在空間中任何點的淨電場。由例題 21.1 可以看出，對於只含三個點電荷的集合，電場向量的相加就有些麻煩。如果對數萬億個點電荷，我們仍用這個方法，即使有超級計算機可用，這項任務仍將無法處理。由於實際的應用通常涉及大量的電荷，我們顯然需要一種能使計算簡化的方法。如果該大量電荷有規則的分布於空間中，則利用積分就可使計算簡化。本章特別關心二維分布，例如在金屬物體表面上的電荷，以及一維分布，例如在直線上的電荷。我們將看到，對於這類的電荷分布，要用直接求和的方法將是很難的，但積分可提供一種驚人簡單的解決方法。

為了對積分的計算預作準備，我們將電荷分成為許多微小的電荷 dq，並且將每個微小電荷 (或稱微分電荷) 視同為點電荷，而求出它所產生的電場。如果電荷沿著一維物體 (直線) 分布，則各微分電荷可以用每單位長度的電荷乘以微分長度，或 λdx，來表示。如果電荷分布於二維物體 (表面) 上，則 dq 可以表示為每單位面積的電荷乘以微分面積，或 σdA。最後，如果電荷分布於三維體積上，則 dq 可以表示為每單位體積的電荷乘以微分體積，或 ρdV。也就是

$$\text{電荷分布於} \begin{cases} \text{直線}: dq = \lambda dx \\ \text{表面}: dq = \sigma dA \\ \text{體積}: dq = \rho dV \end{cases} \quad (21.9)$$

各微分電荷的電場量值為

21 電場與高斯定律

$$dE = k\frac{dq}{r^2} \qquad (21.10)$$

而整個電荷分布所產生的電場,可從微分電荷的電場疊加獲得。在下個例題,我們將求出有限長的帶電直線所產生的電場。

例題 21.3　有限長的帶電細線

考慮一段長度有限、線電荷密度為 λ 的細線,為了求出在此線段中垂線上各點的電場,可將細線上所有電荷對電場的貢獻加以積分。我們假設電線沿著 x 軸 (圖 21.12)。

我們也假設細線的中點在 $x = 0$,它的一端在 $x = a$,另一端在 $x = -a$。由本題情況所具有的對稱性,我們可推論出,在中垂線上各點不能存在平行於細線 (沿 x 方向) 的電作用力,因此沿著中垂線只能有沿 y 方向的電場。我們可以計算位於 $x \geq 0$ 的電荷所產生的電場,並將結果乘以 2 以獲得整條線的電場。

我們考慮 x 軸上的微分電荷 dq,如圖 21.12 所示。在座標為 $(0, y)$ 的 P 點處,此微分電荷產生的電場所具有的量值 dE 由 (21.10) 式給出:

$$dE = k\frac{dq}{r^2}$$

其中 $r = \sqrt{x^2 + y^2}$ 是從 dq 到 P 點的距離,而垂直於細線的電場分量 (沿 y 方向) 則為

$$dE_y = k\frac{dq}{r^2}\cos\theta$$

其中 θ 是 dq 產生的電場和 y 軸之間的夾角 (見圖 21.12)。角度 θ 與 r 和 y

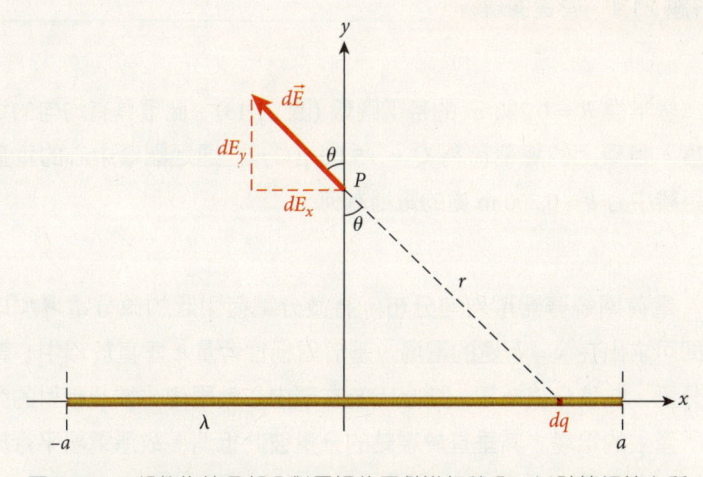

圖 21.12 將整條線各部分對電場的貢獻進行積分,以計算細線上所有電荷所產生的電場。

有關，因為 $\cos \theta = y/r$。

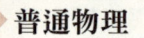

將線電荷密度乘以沿著 x 軸的微分長度，可以獲得微分電荷：$dq = \lambda dx$。故在距離細線 y 處的電場為

$$E_y = 2\int_0^a dE_y = 2k\int_0^a \frac{\lambda dx}{r^2}\frac{y}{r} = 2k\lambda y\int_0^a \frac{dx}{\left(x^2+y^2\right)^{3/2}}$$

將上式最右邊的積分求出 (利用積分表或如 Mathematica 或 Maple 的電腦軟體)，可得

$$\int_0^a \frac{dx}{\left(x^2+y^2\right)^{3/2}} = \left[\frac{1}{y^2}\frac{x}{\sqrt{x^2+y^2}}\right]_0^a = \frac{1}{y^2}\frac{a}{\sqrt{y^2+a^2}}$$

因此，在細線中垂線上距離為 y 處的電場由下式給出：

$$E_y = 2k\lambda y\frac{1}{y^2}\frac{a}{\sqrt{y^2+a^2}} = \frac{2k\lambda}{y}\frac{a}{\sqrt{y^2+a^2}}$$

最後，當 $a \to \infty$ (即線變得無限長) 時，$a/\sqrt{y^2+a^2} \to 1$，因此對一條無限長的細線，我們有

$$E_y = \frac{2k\lambda}{y}$$

換句話說，隨著到細線的垂直距離增長，電場成反比減小。

接著讓我們解決一個幾何稍微複雜的問題，即求出帶電圓環在其中心軸上各點產生的電場。

詳解題 21.1　帶電圓環

問題：

考慮一個半徑 $R = 0.250$ m 的帶電圓環 (圖 21.13)。此環具有均勻的線電荷密度，且環上的總電荷為 $Q = +5.00$ μC。在通過圓環中心的垂直軸上、距離中心 $b = 0.500$ m 處的電場為何？

解：

思索　電荷圍繞著圓環均勻分布。將微分電荷引起的微分電場加以積分，即可求出在 $x = b$ 處的電場。基於對稱性考量，垂直於環中心軸的電場分量，在積分後為零，這是因為在環中心軸兩側、彼此相對的微分電荷所產生的電場，其垂直於環軸的分量彼此抵消。故淨電場平行於環軸。

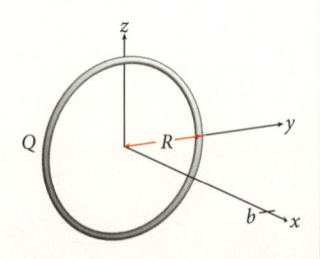

圖 21.13　半徑 R、總電荷 Q 的帶電圓環。

21 電場與高斯定律

繪圖　圖 21.14 所示為帶電圓環中心軸上的電場所涉及的幾何關係。

推敲　在 $x = b$ 處的微分電場 $d\vec{E}$ 來自位於 $y = R$ 的微分電荷 dq (見圖 21.14)。從點 $(x = b, y = 0)$ 到點 $(x = 0, y = R)$ 的距離為

$$r = \sqrt{R^2 + b^2}$$

再一次，dE 的量值由 (21.10) 式給出：

$$dE = k\frac{dq}{r^2}$$

$d\vec{E}$ 平行於 x 軸的分量由下式給出：

$$dE_x = dE\cos\theta = dE\frac{b}{r}$$

簡化　將上式所給的 x 分量，對環上所有電荷積分，可求得總電場：

$$E_x = \int_{環} dE_x = \int_{環} \frac{b}{r} k\frac{dq}{r^2}$$

我們需要繞著圓環的圓周積分。微分電荷與微分弧長 ds 具有以下的關係：

$$dq = \frac{Q}{2\pi R} ds$$

我們可以將對整個圓環的積分表示為對全部圓弧長度的積分：

$$E_x = \int_0^{2\pi R} k\left(\frac{Q}{2\pi R} ds\right)\frac{b}{r^3} = \left(\frac{kQb}{2\pi R r^3}\right)\int_0^{2\pi R} ds = kQ\frac{b}{r^3} = \frac{kQb}{\left(R^2 + b^2\right)^{3/2}}$$

計算　代入數值，我們得到

$$E_x = \frac{kQb}{\left(R^2 + b^2\right)^{3/2}} = \frac{(8.99 \cdot 10^9 \text{ N m}^2/\text{C}^2)(5.00 \cdot 10^{-6} \text{ C})(0.500 \text{ m})}{\left[(0.250 \text{ m})^2 + (0.500 \text{ m})^2\right]^{3/2}} = 128{,}654 \text{ N/C}$$

捨入　我們的結果須為三位有效數字：

$$E_x = 1.29 \cdot 10^5 \text{ N/C}$$

複驗　為了檢查以上所給電場公式的正確性，我們考慮遠離圓環的點，即 $b \gg R$。在這種情況下

$$E_x = \frac{kQb}{\left(R^2 + b^2\right)^{3/2}} \stackrel{b \gg R}{\Longrightarrow} E_x = \frac{kQb}{b^3} = k\frac{Q}{b^2}$$

上式是點電荷 Q 在距離 b 處產生之電場的表達式。我們也可以用 $b = 0$

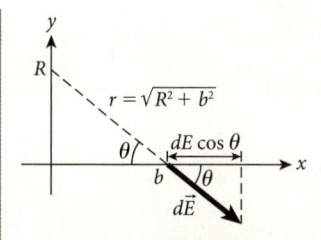

圖 21.14　圓環中心軸上的電場所涉及的幾何關係。

檢查公式：

$$E_x = \frac{kQb}{(R^2+b^2)^{3/2}} \overset{b=0}{\Rightarrow} E_x = 0$$

這是我們在帶電圓環中心所預期的。因此，我們的結果似乎是合理的。

21.6　電場產生的力

電場 $\vec{E}$ 對點電荷 q 施加的力 $\vec{F}$ 由下式給出：$\vec{F} = q\vec{E}$，這只是 (21.1) 式所示電場定義的重述。因此，電場對正電荷的力沿著與電場相同的方向作用。電作用力向量總是與電場線相切，並且在 $q > 0$ 時永遠是順著電場的方向。

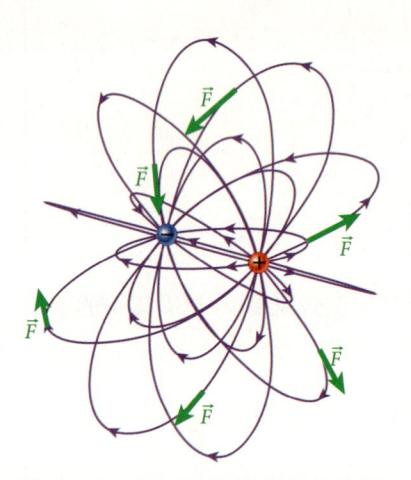

圖 21.15 所示為兩個帶電相反的粒子所產生的三維電場，對不同位置上的正電荷所施的力。(這與圖 21.4 的電場相同，但多加了一些代表性的力向量。) 可以看出，正電荷上的力總是與場線相切，且所指方向與電場相同。負電荷上的力則指向相反方向。

圖 21.15　兩個相反點電荷產生的電場，在空間各點對正電荷所施之作用力的方向。

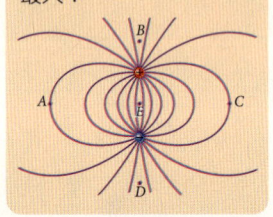

電場中的電偶極

電場對點電荷的作用力如 (21.1) 式所示，此作用力總是與通過該點的電場線相切。電場對偶極的效應，可以用向量電場 $\vec{E}$ 和向量電偶極矩 $\vec{p}$ 來描述，並不需要構成電偶極之電荷的詳細知識。

>>> **觀念檢測 21.5**

如圖所示，帶正電荷的小物體靜置於均勻電場中。當物體被釋放時，它會

a) 不移動。
b) 開始以等速度移動。
c) 開始以等加速度移動。
d) 開始以漸增的加速度移動。
e) 開始以簡諧運動來回移動。

>>> **自我測試 21.1**

附圖為兩個相反電荷之電場線的二維圖。在五個點 A、B、C、D 和 E 的電場方向為何？五個點上的電場，哪個的量值最大？

>>> **觀念檢測 21.6**

在均勻電場中，帶正電的小物體可置於圖中的 A 或 B 位置。物體在兩個位置上受到的電作用力相比之下會如何？
a) 電作用力的量值在位置 A 較大。
b) 電作用力的量值在位置 B 較大。
c) 在位置 A 或 B 的電作用力都為零。
d) 在位置 A 與 B 的電作用力量值相同，但方向相反。
e) 在位置 A 與 B 的電作用力相同且不為零。

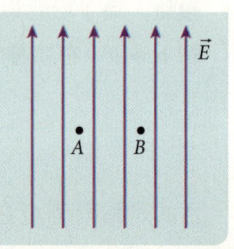

21 電場與高斯定律

　　為了分析電偶極的行為，我們考慮在恆定均勻電場中的兩個電荷 +q 和 −q，它們之間的距離為 d (圖 21.16)。注意，我們現在考慮的是電偶極在外電場中受到的力，而不是第 21.4 節所述由電偶極引起的電場，此外我們也假設電偶極的電場夠小，而可忽略它對均勻外電場 $\vec{E}$ 的影響。外電場對正電荷施加向上的力，對負電荷施加向下的力，且兩個力的量值均為 qE，因此兩力形成力偶。在第 10 章中，我們看到這種情況會產生一個力矩 $\vec{\tau} = \vec{r} \times \vec{F}$，其中 $\vec{r}$ 是力臂，$\vec{F}$ 是力，而力矩的量值為 $\tau = rF\sin\theta$。

　　對於力偶，我們可以選擇任何樞軸點來計算力矩，因此可以選擇負電荷的位置，如此只有正電荷上的力對力矩有貢獻，而力臂的長度為 $r = d$，亦即電偶極的長度。而如上所述，$F = qE$，故均勻外電場對電偶極的力矩可以表示為

$$\tau = qEd\sin\theta$$

由電偶極矩的定義 $p = qd$，我們得到力矩的量值為

$$\tau = pE\sin\theta \tag{21.11}$$

　　因為力矩是向量，且須垂直於電偶極矩和電場，所以上式可改用向量積表示為

$$\vec{\tau} = \vec{p} \times \vec{E} \tag{21.12}$$

與所有的向量積一樣，上式所給力矩的方向由右手法則給出。如圖 21.17 所示，拇指指示向量積中第一項 $\vec{p}$ 的方向，食指指示第二項 $\vec{E}$ 的方向，而向量積的結果 $\vec{\tau}$ 則沿著中指的指向，並且垂直於相乘兩項的每一項。

　　例題 21.2 探討了水分子的電偶極矩。如果水分子暴露於外加電場下，它們將受到力矩而開始旋轉。如果外部電場的方向變化得很快，水分子將做轉動振盪，以致產生熱量。這是微波爐的運作原理。微波爐的振盪電場使用 2.45 GHz 的頻率。

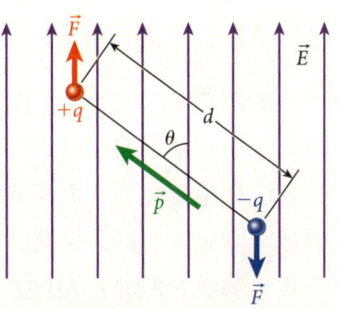

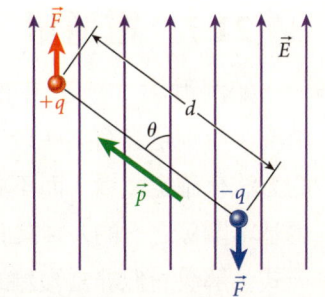

圖 21.16 電場中的電偶極。

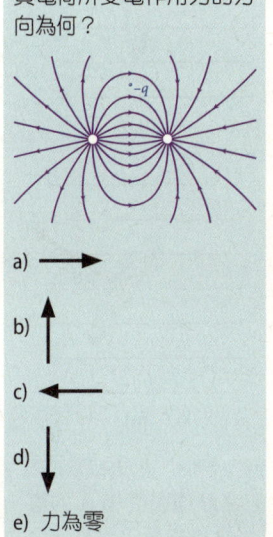

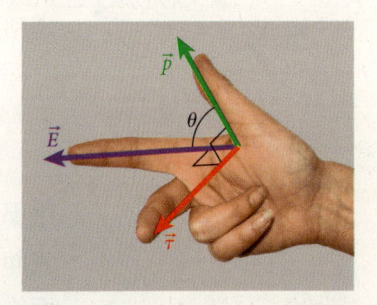

圖 21.17 依右手定則，可得電偶極矩和電場的向量積為力矩向量。

>>> **觀念檢測 21.7**

負電荷 −q 被放置在附圖所示的不均勻電場中。此負電荷所受電作用力的方向為何？

a) →
b) ↑
c) ←
d) ↓
e) 力為零

自我測試 21.2

證明以電偶極的質心作為樞軸點，也可得到力矩的公式 $\tau = qEd\sin\theta$。

531

普通物理

21.7 電通量

如例題 21.3 所示，電場計算可能相當費事。然而，在許多常見的情況，特別是具有某些幾何對稱性的情況，我們可以使用一種強力有效的方法來確定電場，而不必詳盡確實的進行積分。這種方法的基礎是電場基本關係之一的高斯定律。它將允許我們以令人驚訝的直接和簡單的方式，解決看似非常複雜的電場問題。然而，使用高斯定律需要理解稱為電通量的概念。

想像一下，在流動速度為 $\vec{v}$ 的水流中，有一個內部面積為 A 的圓環，如圖 21.18 所示。依定義，環的面積向量 $\vec{A}$ 為方向垂直於環平面、量值為 A 的向量。在圖 21.18a 中，環的面積向量平行於水流速度，而水流速度垂直於環的平面。乘積 Av 給出了每單位時間通過環的水量 (見第 12 章)，其中 v 為水流的速率。如果相對於水的流動方向，環的平面是傾斜的 (圖 21.18b)，則流過環的水量由 $Av \cos\theta$ 給出，其中 θ 是環的面積向量和水流速度方向的夾角。流過環的水量 (或水體積) 稱為通量，$\Phi = Av\cos\theta = \vec{A}\cdot\vec{v}$，由於通量所量度的是每單位時間的體積，它的單位是 m^3/s (立方米/秒)。

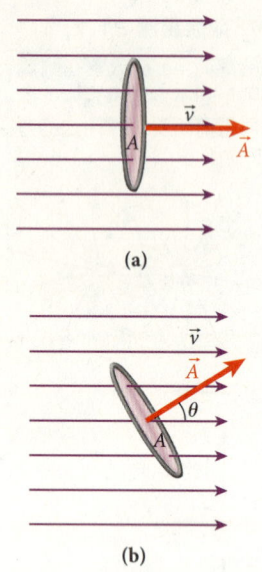

圖 21.18 水流以量值為 v 的速度通過面積 A 的環。(a) 面積向量平行於水流速度。(b) 面積向量與水流速度成一角度 θ。

電場類似於水流。考慮通過給定面積 A、量值為 E 的均勻電場 (圖 21.19)。同前一樣，面積向量為 $\vec{A}$，它的方向垂直於面積表面，而量值為 A。角度 θ 是向量電場和面積向量之間的角度，如圖 21.19 所示。通過給定面積 A 的電場稱為電通量，由下式給出：

$$\Phi = EA\cos\theta \qquad (21.13)$$

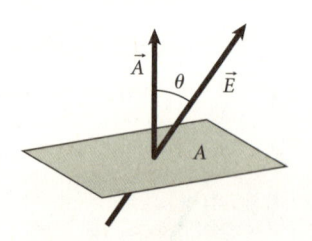

圖 21.19 通過面積 $\vec{A}$ 的均勻電場 $\vec{E}$。

簡單的說，電通量與穿過該面積的電場線的數量成比例。我們假設電場為 $\vec{E}(\vec{r})$，且面積對應於閉合的表面，而非水流中簡單圓環的開放表面。在這種閉合表面的情況下，總的或淨的電通量是由電場對閉合表面的積分給出：

$$\Phi = \oiint \vec{E}\cdot d\vec{A} \qquad (21.14)$$

其中 $\vec{E}$ 是閉合表面上各微分面積 $d\vec{A}$ 上的電場。$d\vec{A}$ 的方向是從閉合表面向外。在 (21.14) 式中，積分上的環表示它是對閉合表面的積分，而兩個積分符號表示它是對兩個變量的積分。微分面積 $d\vec{A}$ 必須以兩個空間變量描述，例如直角座標中的 x 和 y 或球面座標中的 θ 和 ϕ。

圖 21.20 顯示一個不均勻電場 $\vec{E}$ 通過微分面積 $d\vec{A}$，也示出了閉合

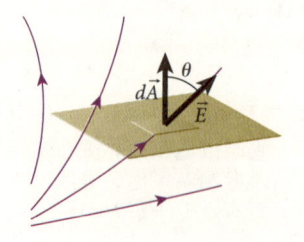

圖 21.20 穿過微分面積 $d\vec{A}$ 的不均勻電場 $\vec{E}$。

表面的一部分。電場和微分面積之間的角度為 θ。

例題 21.4　通過立方體的電通量

圖 21.21 示出了一個每一面的面積都為 A 的立方體，位於均勻電場 $\vec{E}$ 中，電場垂直於立方體的一面。

問題：

通過立方體的淨電通量為何？

解：

圖 21.21 中的電場垂直於立方體六個面中的一面，因此也垂直於該面的對面。這兩個面的面積向量 $\vec{A}_1$ 和 $\vec{A}_2$ 如圖 21.22a 所示。通過這兩個面的淨電通量為

$$\Phi_{12} = \Phi_1 + \Phi_2 = \vec{E} \cdot \vec{A}_1 + \vec{E} \cdot \vec{A}_2 = -EA_1 + EA_2 = 0$$

圖 21.21　每一面的面積都為 A 的立方體在均勻電場中。

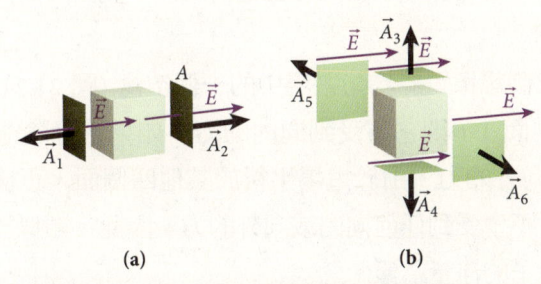

圖 21.22　(a) 立方體的兩個面垂直於電場，其面積向量與電場平行和反平行。(b) 立方體的四個面與電場平行，其面積向量均垂直於電場。

通過面 1 的通量帶有負號，是因電場和面積向量 $\vec{A}_1$ 的方向相反。其餘四個面的面積向量都垂直於電場，如圖 21.22b 所示。通過這四個面的淨電通量為

$$\Phi_{3456} = \Phi_3 + \Phi_4 + \Phi_5 + \Phi_6 = \vec{E} \cdot \vec{A}_3 + \vec{E} \cdot \vec{A}_4 + \vec{E} \cdot \vec{A}_5 + \vec{E} \cdot \vec{A}_6 = 0$$

所有純量積都為零，因為這四個面的面積向量垂直於電場。因此，通過立方體的淨電通量為

$$\Phi = \Phi_{12} + \Phi_{3456} = 0$$

自我測試 21.3

附圖所示為缺了一面的立方體，每一面的面積都為 A。此五面立方體在均勻電場 $\vec{E}$ 中，電場垂直於其一面。穿過此立方體的淨電通量為何？

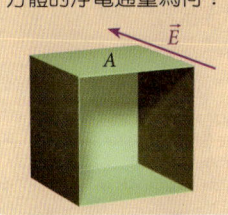

21.8 高斯定律

為了說明高斯定律，讓我們設想一個立方體形狀的盒子（圖

普通物理

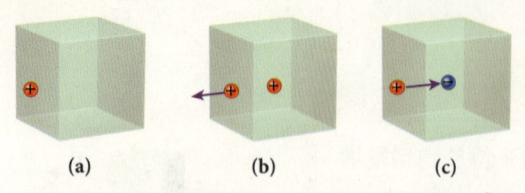

圖 21.23 由不影響電場的材料所構成的三個假想盒子。一個正檢驗電荷從左邊被帶往 (a) 空盒子；(b) 內部有正電荷的盒子；(c) 內部有負電荷的盒子。

21.23a)，它是以不影響電場的材料構成。正的檢驗電荷靠近盒子任一表面時不會受到力。現在假設有一正電荷在盒子內部，並將正檢驗電荷靠近盒子的表面（圖 21.23b）。正檢驗電荷受到盒內正電荷施給它一個向外的力。不論檢驗電荷接近盒子的哪一表面，它都會受到向外的力。如果盒內有兩倍的正電荷，則當正檢驗電荷接近盒子的任何表面時，它都會受到兩倍的向外力。

現在假設盒內有一個負電荷（圖 21.23c）。當正檢驗電荷接近盒子的一個表面時，它會受到向內的力。不論正檢驗電荷接近盒子的哪一表面，它都會受到向內的力。如果盒內的負電荷加倍，則當正檢驗電荷接近盒子的任何表面時，它都會受到兩倍的向內力。

就像流水，電場線似乎由內有正電荷的盒子流出，而流進內有負電荷的盒子。

現在讓我們想像置於均勻電場中的一個空盒（圖 21.24）。如果正檢驗電荷靠近側面 1，則它將受到向內的力。如果正檢驗電荷靠近側面 2，它將受到向外的力。由於電場平行於其他四個面，正檢驗電荷在靠近那些面時，不會受到任何向內或向外的力。因此，類似於流水，電場流入和流出盒子的淨量為零。

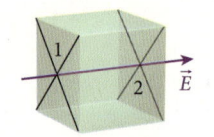

圖 21.24 均勻電場中的假想空盒。

每當盒內有電荷時，電場線似乎流入或流出盒子。當盒內沒有電荷時，電場線進出盒子的淨流量為零。之前定義的電通量，將電場線流量的概念加以量化，此定義與上述觀察，導致了**高斯定律**：

$$\Phi = \frac{q}{\epsilon_0} \tag{21.15}$$

其中 q 是在一個閉合表面內的淨電荷，這個閉合表面稱為**高斯面**。閉合表面可以是像上面討論的盒子或任何一個任意形狀的閉合表面。通常是將高斯面的形狀選為可以反映問題情況的對稱性。

下式為高斯定律的一個替代表示式，它結合了 (21.14) 式的電通量定義：

$$\oiint \vec{E} \cdot d\vec{A} = \frac{q}{\epsilon_0} \tag{21.16}$$

根據 (21.16) 式的高斯定律，垂直於面積的電場分量乘以閉合表面各對應面積後的積分，與在閉合表面內的淨電荷成比例。這個表達式看起來

>>> **觀念檢測 21.8**

如附圖所示，一個絕緣材料製成的圓柱體置於電場中。通過圓柱體表面的淨電通量為

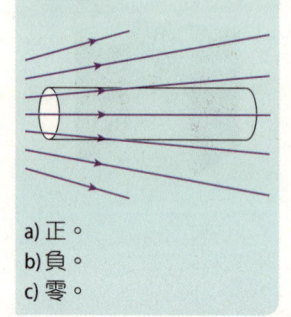

a) 正。
b) 負。
c) 零。

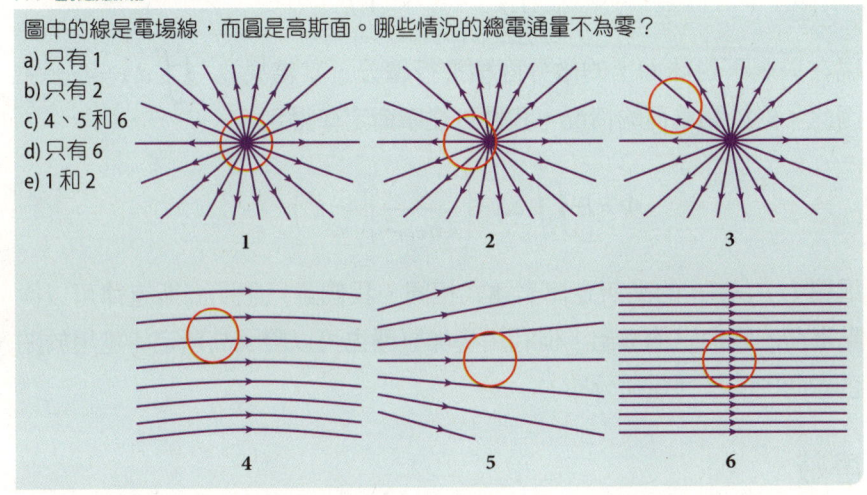

> **觀念檢測 21.9**
> 圖中的線是電場線，而圓是高斯面。哪些情況的總電通量不為零？
> a) 只有 1
> b) 只有 2
> c) 4、5 和 6
> d) 只有 6
> e) 1 和 2

可能令人生畏，但在許多情況下它大為簡化，而可讓我們迅速完成一些要不然就非常複雜的計算。

高斯定律和庫侖定律

我們可以從庫侖定律推導出高斯定律。為此，我們從一個正點電荷 q 開始。第 21.3 節提到過，這個電荷產生的電場沿著徑向指向外。根據庫侖定律 (第 20.5 節)，來自這個電荷的電場，其量值為

$$E = \frac{1}{4\pi\epsilon_0} \frac{q}{r^2}$$

現在我們將求出因為有這個點電荷而通過一個閉合表面的電通量。如圖 21.25 所示，我們將高斯面選為一個半徑為 r 的球面，電荷位於球心，因此，正點電荷產生的電場與此高斯面的每個微分面積垂直相交。因此，在高斯面上的每個點，電場向量和微分面積向量 $d\vec{A}$ 是平行的。微分面積向量永遠從球形高斯面指向外，但電場向量可以根據電荷的電性而指向外或指向內。對於正電荷，電場和微分面積向量的純量積為 $\vec{E} \cdot d\vec{A} = EdA \cos 0° = EdA$。在這種情況下，根據 (21.14) 式，電通量為

$$\Phi = \oiint \vec{E} \cdot d\vec{A} = \oiint E\, dA$$

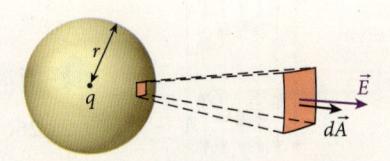

圖 21.25 高斯面為半徑 r、圍繞電荷 q 的球面，並以放大圖示出了微分面積 dA。

因為在空間中離開電荷 q 的距離為 r 處的電場，都具有相同的量值，我們可以將 E 移到積分之外：

普通物理

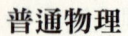

$$\Phi = \oiint \vec{E} \cdot d\vec{A} = E \oiint dA$$

現在只剩下對球面上的微分面積進行積分，其結果為 $\oiint dA = 4\pi r^2$。因此，對於點電荷的情況，我們可從庫侖定律得到

$$\Phi = E \oiint dA = \left(\frac{q}{4\pi\epsilon_0 r^2}\right)(4\pi r^2) = \frac{q}{\epsilon_0}$$

> **自我測試 21.4**
> 若使用帶負電的點電荷，則先前對高斯定律所做的推導會有什麼改變？

這與 (21.15) 式的高斯定律表達式相同。我們雖只證明高斯定律可以從點電荷的庫侖定律導出，但利用疊加原理也可以證明高斯定律適用於閉合表面內的任何電荷分布。

屏蔽

高斯定律有以下兩個明顯的重要結論：

1. 任何孤立導體內的靜電場恆為零。
2. 在導體內部的空腔，電場會被屏蔽在外。

為了檢驗上列的結論，讓我們假設在孤立導體內，在某一時刻某點存在有淨電場；參見圖 21.26a。但是每個導體的內部都有自由電子 (圖 21.26b 中的藍色圓圈)，在任何淨外電場的作用下，它們會迅速反應而移動，而留下帶正電的離子 (圖 21.26b 中的紅色圓圈)。未被中和的電荷只能靜止於導體的外表面上，導體的體積內不能有淨電荷累積。在外表面上的電荷相應的將在導體內產生電場 (圖 21.26b 中的黃色箭頭)，並且它們將持續移動而累積在外表面上，直到它們產生的電場正好抵消外加的電場。因此，在導體內部的每個地方，淨電場都為零 (圖 21.26c)。

如果導體內有空腔，則無論導體帶的電有多大或外加電場的作用有多強，空腔內的淨電荷恆為零，而空腔內的電場也因而為零。為了證明這一點，我們假設有一個完全位於導體內部的閉合高斯面，將空腔包圍。從上面的討論 (見圖 21.26)，可知在高斯面上的每個點，電場都為零。因此，通過該閉合表面的淨通量也為零。根據高斯定律，可知該閉合表面內的淨電荷必為零。如果在空腔表面上存在等量的正和負電荷 (因此沒有淨電荷)，則這些電荷將不是靜止的，因為正電荷和負電荷將彼此吸引而可以自由的圍繞導體內的空腔表面移動，直到相互抵消。因此，導體內的任何空腔可以完全被屏蔽而排除任何外加電場。這種效應

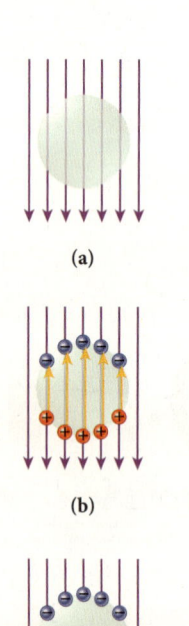

圖 21.26 導體內部在外加電場 (紫色垂直箭頭) 下會受到屏蔽。

有時被稱為**靜電屏蔽**。

　　圍繞空腔的導體不必是實心的金屬板塊；即使是金屬絲網也足以提供屏蔽。一個令人印象深刻的金屬網屏蔽演示，是將人安置在金屬籠子內，然後利用閃電般的放電，對籠子進行電擊 (圖 21.27)。籠子裡的人不會受傷，即使此人從內部碰觸籠子的金屬。(重要的是要明白，如果任何身體部分伸出到籠子外，就可能會導致嚴重的傷害，例如，將手圍繞握住籠子的欄杆！) 這個籠子被稱為法拉第籠，因為它是英國物理學家法拉第 (1791-1867 年) 發明的。

　　由法拉第籠可獲得一些重要推論，可能最具實質意義的是你的汽車可保護你免受閃電擊中的事實，除非你開的是敞篷車。圍繞乘客艙的金屬板和鋼框架提供必要的屏蔽。(但隨著玻璃纖維、塑料和碳纖維開始取替車身中的鈑金，這種屏蔽不再有保證了。)

>>> **觀念檢測 21.10**

如圖所示，一個空心導電球體具有均勻分布的負電荷。將正電荷 $+q$ 靠近球體並保持靜止。空心球內部的電場會指向哪個方向？

a) →
b) ↑
c) ←
d) ↓
e) 電場為零

>>> **觀念檢測 21.11**

一個中空導電球體最初不帶電。將正電荷 $+q_1$ 放置在球體內，如圖所示。接著將另一正電荷 $+q_2$ 放置在球體外附近。下列何者描述了每個電荷上的淨電作用力？
a) 在 $+q_2$ 上有淨電作用力，但 $+q_1$ 則無。
b) 在 $+q_1$ 上有淨電作用力，但 $+q_2$ 則無。
c) 兩個電荷受到相同量值和相同方向的淨電作用力。
d) 兩個電荷受到相同量值但相反方向的淨電作用力。
e) 兩個電荷上的淨電作用力都為零。

21.9　特殊對稱性

　　在本節中，我們將求出不同形狀的帶電物體所造成的電場。第 21.5 節定義了不同幾何情況下的電荷分布；見 (21.9) 式。表 21.1 列出了這些電荷分布的符號及其單位。

圓柱對稱性

　　對於一根每單位長度的電荷 $\lambda > 0$ 的均勻長直導線，我們可使用高斯定律，以求出它所產生的電場量值。我們首先想像一個半徑 r 和長度 L 的直圓柱形高斯面，圍繞著此長直導線，並使導線沿著直圓柱的軸線 (圖 21.28)。我們對此高斯面應用高斯定律。基於對稱性考量，我們知道導線產生的電場必須沿著徑向，並且垂直於導線。何謂基於對稱性考量？這值得進一步解釋，因為這樣的論證是常用的。

　　首先，我們想像這根導線繞著沿著它長度方向的軸線旋轉。這個旋轉包括了導線上所有的電荷及其電場。然而，在旋轉通過任何角度之

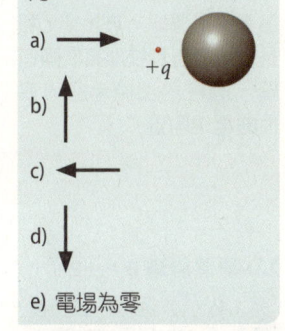

圖 21.27 外加於法拉第籠的大電壓，產生巨大的火花，但籠內的人沒有受到傷害。慕尼黑的德國博物館，每天重複這項演示多次。

表 21.1　電荷分布的符號與單位

符號	名稱	單位
λ	每單位長度的電荷	C/m
σ	每單位面積的電荷	C/m²
ρ	每單位體積的電荷	C/m³

普通物理

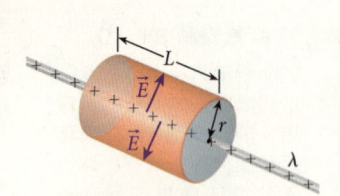

圖 21.28 每單位長度電荷為 λ 的長導線，被半徑 r 和長度 L 的直圓柱形高斯面包圍。圓柱內部顯示了代表性的電場向量。

後，整個導線與周圍的情況仍然相同。因此，導線上的電荷產生的電場也將是相同的。我們從這個論點得出結論：電場不能與環繞導線旋轉的角度有關。這個結論具有一般性：如果物體具有旋轉對稱性，它的電場將與旋轉角度無關。

其次，如果導線很長，無論從其長度上的哪個位置來看，情況都是相同的。如果導線上的情況沒有不同，它的電場當然也不會變。這個觀察意味著電場與沿著導線的位置座標無關。這種對稱性稱為平移對稱性。由於沿著導線平移時，空間中並沒有一個特別不一樣的方向，亦即沿著導線向前與向後的方向是沒有任何分別的，所以電場也不可能有平行於導線而指向前或後的電場分量。

現在回到圓柱高斯面。由 (21.16) 式的高斯定律可以看出，圓柱兩端表面對該式中的積分沒有貢獻，因為電場平行於這些表面，而與表面的法向量垂直。電場與圓柱的側表面無處不垂直，所以我們有

$$\oiint \vec{E} \cdot d\vec{A} = EA = E(2\pi r L) = \frac{q}{\epsilon_0} = \frac{\lambda L}{\epsilon_0}$$

其中 $2\pi r L$ 是圓柱側表面的面積。從上式可以解出均勻帶電長直導線產生的電場所具有的量值：

$$E = \frac{\lambda}{2\pi \epsilon_0 r} = \frac{2k\lambda}{r} \tag{21.17}$$

其中 r 是到導線的垂直距離。對於 λ < 0，(21.17) 式仍然適用，但是電場指向內而不是向外。注意，這與例題 21.3 中無限長導線的電場結果相同，但這裡的解法更為簡單！

由此可以看出，高斯定律是個強大的計算工具，它可用以計算各種離散和連續的電荷分布所產生的電場。然而，只有在有某些對稱性可利用的情況下，使用高斯定律才是實用的；否則，要計算通量是很難的。

平面對稱性

假設正電荷均勻分布於無限大、且可視為無厚度的不導電平面上 (圖 21.29)，薄片平面上每單位面積的電荷為 $\sigma > 0$。讓我們求出在這個帶電的無限平面之外，垂直距離為 r 處的電場。

為此，我們選擇以截面積 A、長度 2r 的閉合直圓柱

> **觀念檢測 21.12**
>
> 將 $1.45 \cdot 10^6$ 個電子放到長度為 1.13 m 且原本為電中性的導線上。在到導線中心的垂直距離為 0.401 m 的點上，電場的量值為何？(提示：假設 1.13 m 可視為「無限長」。)
> a) $9.21 \cdot 10^{-3}$ N/C
> b) $2.92 \cdot 10^{-1}$ N/C
> c) $6.77 \cdot 10^1$ N/C
> d) $8.12 \cdot 10^2$ N/C
> e) $3.31 \cdot 10^3$ N/C

> **自我測試 21.5**
>
> 若在觀念檢測 21.12 中不假設導線可視為無限長，則答案會改變多少？(提示：參見例題 21.3。)

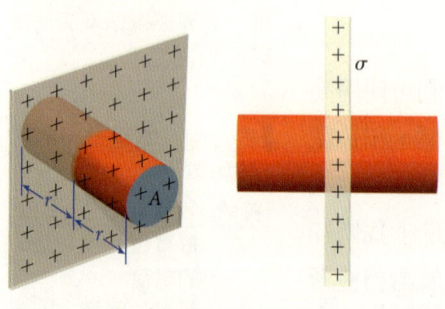

圖 21.29 在不導電的無限大平面上，每單位面積的電荷為 σ。高斯面取為垂直穿過平面的直圓柱，其截面與平面平行且面積為 A，圓柱在平面兩側的高度都為 r。

為高斯面，圓柱垂直穿過平面，如圖 21.29 所示。因為平面是無限的，且電荷為正的，所以電場必須垂直於圓柱的兩端表面，且平行於圓柱側邊的表面。使用高斯定律，我們獲得

$$\oiint \vec{E} \cdot d\vec{A} = (EA + EA) = \frac{q}{\epsilon_0} = \frac{\sigma A}{\epsilon_0}$$

其中 σA 是包含於圓柱內的電荷。因此，由無限的帶電平面引起之電場的量值為

$$E = \frac{\sigma}{2\epsilon_0} \qquad (21.18)$$

如果 $\sigma < 0$，(21.18) 式仍然成立，但是電場指向平面而不是遠離平面。

對於每側表面上的電荷密度都為 $\sigma > 0$ 的無窮大導電薄片 (厚度不為零)，我們仍可選擇直圓柱的高斯面來求出電場，但在此情況下，圓柱的一端整個位於導體內 (圖 21.30)。導體內的電場為零；因此，在導體中的圓柱末端表面沒有電通量。導體外的電場必須垂直於薄片表面，亦即平行於圓柱的側面，而垂直於在導體外的圓柱末端表面。因此，通過高斯面的電通量為 EA，而高斯面包圍的電荷為 σA，因此由高斯定律可得

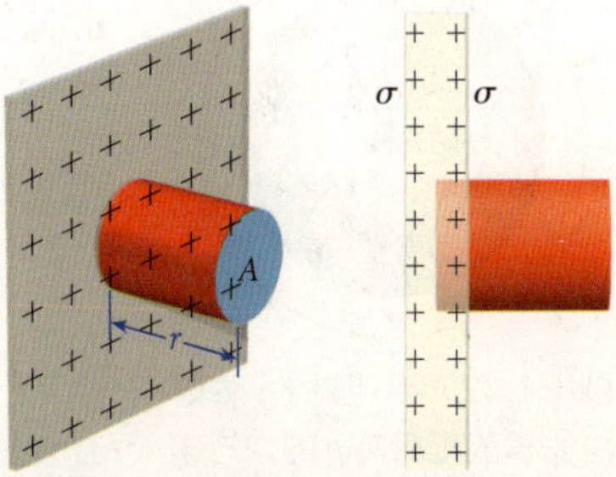

$$\oiint \vec{E} \cdot d\vec{A} = EA = \frac{\sigma A}{\epsilon_0}$$

因此，正好在扁平帶電導體表面之外的電場量值為

$$E = \frac{\sigma}{\epsilon_0} \qquad (21.19)$$

圖 21.30 在兩側表面上的電荷密度都為 σ 的無窮大導體平板。高斯面為直圓柱形，圓柱末端的表面有一個位於導體平面內。

球形對稱性

為了求出具有球對稱的電荷分布所產生的電場，我們考慮一個電荷為 $q > 0$、半徑為 r_s 的薄球殼 (圖 21.31)。

此處我們將高斯面選為與帶電球同心但半徑為 $r_2 > r_s$ 的球面。應用高斯定律，我們得到

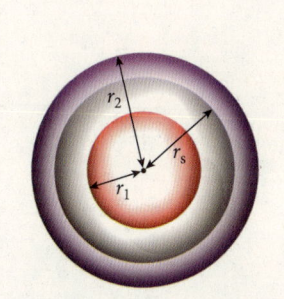

$$\oiint \vec{E} \cdot d\vec{A} = E(4\pi r_2^2) = \frac{q}{\epsilon_0}$$

圖 21.31 半徑為 r_s 的帶電荷球殼與半徑為 $r_2 > r_s$ 的高斯面，以及半徑為 $r_1 < r_s$ 的第二高斯面。

539

我們可以求解電場的量值 E 而得

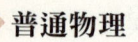

$$E = \frac{1}{4\pi\epsilon_0}\frac{q}{r_2^2}$$

如果 $q < 0$，則電場沿徑向向內，而不是從球形表面沿徑向向外。對於另一個也與帶電球殼同心但半徑為 $r_1 < r_s$ 的球形高斯面，我們獲得

$$\oiint \vec{E}\cdot d\vec{A} = E(4\pi r_1^2) = 0$$

因此，在帶電球殼外面的電場，與電荷是位於球心的點電荷所產生一樣，而在球殼內部的電場則為零。

現在讓我們求出均勻分布於整個球體體積的電荷所產生的電場，我們假設均勻的電荷密度為 $\rho > 0$（圖 21.32）。球體的半徑為 r，我們選用半徑 $r_1 < r$ 的球形高斯面。從電荷分布的對稱性，可以知道電荷產生的電場垂直於高斯面。因此，我們可以寫

$$\oiint \vec{E}\cdot d\vec{A} = E(4\pi r_1^2) = \frac{q}{\epsilon_0} = \frac{\rho}{\epsilon_0}\left(\tfrac{4}{3}\pi r_1^3\right)$$

其中 $4\pi r_1^2$ 是球形高斯面的面積，而 $\tfrac{4}{3}\pi r_1^3$ 是高斯面包圍的體積。由上式，我們得到在均勻電荷分布內部、半徑為 r_1 處的電場：

$$E = \frac{\rho r_1}{3\epsilon_0} \tag{21.20}$$

球體所帶的總電荷可以稱為 q_t，它等於球形電荷分布的總體積乘以電荷密度：

$$q_t = \rho\tfrac{4}{3}\pi r^3$$

而在高斯面內的電荷為

$$q = \frac{\text{在半徑 }r_1\text{ 內的體積}}{\text{電荷分布體積}}q_t = \frac{\tfrac{4}{3}\pi r_1^3}{\tfrac{4}{3}\pi r^3}q_t = \frac{r_1^3}{r^3}q_t$$

有了這個高斯面內電荷的表達式，我們可以將這種情況下的高斯定律改寫為

$$\oiint \vec{E}\cdot d\vec{A} = E(4\pi r_1^2) = \frac{q_t}{\epsilon_0}\frac{r_1^3}{r^3}$$

這給了我們

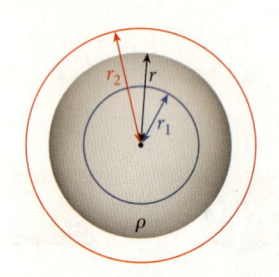

圖 21.32 半徑為 r、每單位體積的電荷為 ρ 的均勻球形電荷分布。另示出兩個球形高斯面，半徑分別為 $r_1 < r$ 與 $r_2 > r$。

21 電場與高斯定律

$$E = \frac{q_t r_1}{4\pi\epsilon_0 r^3} = \frac{kq_t r_1}{r^3} \tag{21.21}$$

如果考慮半徑大於電荷分布半徑的高斯面,即 $r_2 > r$,我們可以應用高斯定律而得

$$\oiint \vec{E} \cdot d\vec{A} = E(4\pi r_2^2) = \frac{q_t}{\epsilon_0}$$

或

$$E = \frac{q_t}{4\pi\epsilon_0 r_2^2} = \frac{kq_t}{r_2^2} \tag{21.22}$$

因此,在均勻球形電荷分布外面的電場,與帶相同總電荷的點電荷位於球心所產生的電場相同。

自我測試 21.6
考慮半徑為 R 的球體,若將電荷 q 均勻分布於球體的整個體積,則在離球體中心 2R 處的電場,其量值為何?

觀念檢測 21.13
有一個電中性的實心鋼球,例如老式彈球機使用的鋼球,靜置於一個完全絕緣體上。若將小量的負電荷 (比如,幾百個電子) 放置於球的北極,而在幾秒鐘後你檢查電荷的分布,你會發現什麼?
a) 添加的電荷全都消失,球再次成為電中性。
b) 添加的電荷全都移到球的中心。
c) 所有添加的電荷均勻分布於球的表面上。
d) 添加的電荷仍然位於球的北極或非常靠近的北極。
e) 添加的電荷在球的南極和北極之間的一條直線上進行簡諧振盪。

觀念檢測 21.14
有一個由完全絕緣體 (例如乒乓球) 製成的電中性空心球,靜置於另一個完全絕緣體上。若將小量的負電荷 (比如,幾百個電子) 放置於球的北極,而在幾秒鐘後你檢查電荷的分布,你會發現什麼?
a) 添加的電荷全都消失,球再次成為電中性。
b) 添加的電荷全都移到球的中心。
c) 所有添加的電荷均勻分布於球的表面上。
d) 添加的電荷仍然位於球的北極或非常靠近球的北極。
e) 添加的電荷在球的南極和北極之間的一條直線上進行簡諧振盪。

已學要點│考試準備指南

- 電場 $\vec{E}(\vec{r})$ 對電荷 q 施加的電作用力 $\vec{F}(\vec{r})$ 由下式給出:$\vec{F}(\vec{r}) = q\vec{E}(\vec{r})$。
- 在任何點處的電場等於所有來源的電場之總和:$\vec{E}_t(\vec{r}) = \vec{E}_1(\vec{r}) + \vec{E}_2(\vec{r}) + \cdots + \vec{E}_n(\vec{r})$。
- 點電荷 q 在距離 r 處引起的電場,其量值為 $E = \frac{1}{4\pi\epsilon_0}\frac{|q|}{r^2} = \frac{k|q|}{r^2}$。電場的方向為沿著徑向遠離正點電荷,但沿著徑向指向負電荷。
- 電偶極是由兩個所帶電荷的量值相等但電性相反的點粒子所組成的系統。電偶極矩的量值 $p = qd$,其中 q 是兩者中任一電荷的量值,d 是兩者之間的距離。電偶極矩是從負電荷指向正電荷的向量。電偶極在偶極軸上產生的電場,其量值為 $E = \frac{p}{2\pi\epsilon_0|x|^3}$,其中 $|x| \gg d$。

- 高斯定律指出,通過整個閉合表面的電通量等於閉合表面內的總電荷除以 ϵ_0,即
$$\oiint \vec{E} \cdot d\vec{A} = \frac{q}{\epsilon_0}。$$

- 微分電場的量值 $dE = k\frac{dq}{r^2}$,其中的微分電荷可表示為
$$\begin{cases} \text{直線分布}: dq = \lambda\, dx \\ \text{表面分布}: dq = \sigma\, dA \\ \text{體積分布}: dq = \rho\, dV \end{cases}$$

- 具有均勻線電荷密度 $\lambda > 0$ 的長直線,在與它距離為 r 處所產生的電場,其量值由下式給出:$E = \frac{\lambda}{2\pi\epsilon_0 r} = \frac{2k\lambda}{r}$。

- 具有均勻表面電荷密度 $\sigma > 0$ 的無限大非導體平面，在其兩側所產生的電場，其量值為 $E = \dfrac{\sigma}{2\epsilon_0}$。
- 具有均勻表面電荷密度 $\sigma > 0$ 的無限大導體平板，在其兩側所產生的電場，其量值為 $E = \dfrac{\sigma}{\epsilon_0}$。
- 閉合導體內的電場為零。
- 帶電球形導體外部的電場，與位於球心、所帶電荷與導體總電荷相同的點電荷所產生的相同。

自我測試解答

21.1 電場方向在 A、C 和 E 處為向下，而在 B 和 D 處為向上。(在 E 處有電場，雖然畫出的線沒有經過該處；但電場線只是電場的一種樣品式代表，場線之間的點也有電場。) 電場在 E 處的量值最大，這可以從該處的場線具有最高密度的事實推斷而知。

21.2 在電場中，電偶極的兩個電荷受到兩個力的作用，因而繞著電偶極的質心會有力矩，由下式給出 $\tau = (力_+)(力臂_+)(\sin\theta) + (力_-)(力臂_-)(\sin\theta)$。此處兩個力的力臂，長度均為 $\tfrac{1}{2}d$，兩個電荷受到的力，量值均為 $F = qE$。因此，電偶極上的力矩為

$$\tau = qE\left(\dfrac{d}{2}\sin\theta\right) + qE\left(\dfrac{d}{2}\sin\theta\right) = qEd\sin\theta$$

21.3 通過物體的淨電通量為 EA。記住，此物體不是一個閉合的表面；否則，結果將為零。

21.4 純量積的符號將改變，因為電場沿著徑向指向內：$\vec{E} \cdot d\vec{A} = EdA\cos 180° = -EdA$。但是負電荷引起的電場，其量值為 $E = \dfrac{-q}{4\pi\epsilon_0 r^2}$，兩個負號相乘後得正號，因此所給庫侖和高斯定律的結果與正的點電荷相同，亦即結果與電荷的電性無關。

21.5 對於無限長的導線，$E_y = 2k\lambda/y$；對於有限長的導線，$E_y = (2k\lambda/y)a/\sqrt{y^2+a^2}$。使用觀念檢測 21.12 中給出的值，$a/\sqrt{y^2+a^2} = 0.565/\sqrt{0.401^2+0.565^2} = 0.815$。因此，「無限長」的近似造成的誤差約為 18%。

21.6 帶電球體的作用類似於點電荷，因此在 $2R$ 處的電場為

$$E = k\dfrac{q}{(2R)^2} = k\dfrac{q}{4R^2}$$

解題準則

1. 務必區分電場來源的點和電場要被測定的點。
2. 一些用於處理靜電荷和靜電力的準則，也適用於電場：使用對稱性以簡化計算；記住電場是向量，因此必須使用向量運算，而非簡單的加法、乘法等等；將單位轉換為米和庫侖，以與給定的常數值一致。
3. 記住使用電荷密度的正確形式，以計算電場：λ 代表線電荷密度，σ 代表表面電荷密度，ρ 代表體電荷密度。
4. 使用高斯定律的關鍵是選擇形狀合適的高斯面，以利用問題情況的對稱性。立方形、圓柱形和球形的高斯面通常是有用的。
5. 通常高斯面可分解成垂直於或平行於電場線

的表面元素。如果電場線垂直於表面,則隨著電場為指向外或內,電通量就只是電場乘以面積而分別為 EA 或 –EA。如果電場線平行於表面,則通過該表面的通量為零。總通量是通過高斯面每個表面元素的通量的總和。記住,通過高斯面的通量為零,並不一定表示電場為零。

選擇題

21.1 為了使用高斯定律計算已知電荷分布所產生的電場,下列何者必須一定為真?
a) 電荷分布必須在非導電介質中。
b) 電荷分布必須在導電介質中。
c) 電荷分布必須具有球形或圓柱形對稱性。
d) 電荷分布必須均勻。
e) 電荷分布必須具有高度對稱性,而可確定對其電場對稱性的假設能夠成立。

21.2 一個點電荷 +Q 位於 x 軸上的 x = a 處,第二個點電荷 –Q 位於 x 軸上的 x = –a 處。若高斯面以原點為中心,半徑為 r = 2a,則通過此高斯面的電通量為
a) 零。　　　　　　　b) 大於零。
c) 小於零。　　　　　d) 以上皆非。

21.3 如圖所示,兩個無限大的不導電平板彼此平行,它們之間的距離 $d = 10.0$ cm。每個板帶有 $\sigma = 4.5$ C/m² 的均勻電荷分布。在點 $P(x_P = 20.0$ cm) 處的電場為何?

a) 0 N/C
b) $2.54\hat{x}$ N/C
c) $(-5.08 \cdot 10^5)\hat{x}$ N/C
d) $(5.08 \cdot 10^5)\hat{x}$ N/C
e) $(-1.02 \cdot 10^6)\hat{x}$ N/C
f) $(1.02 \cdot 10^6)\hat{x}$ N/C

21.4 通過以電荷 Q 為中心、半徑為 R 的球形高斯面的電通量為 1200 N/(C m²)。通過以相同電荷 Q 為中心、邊長為 R 之立方形高斯面的電通量為何?
a) 小於 1200 N/(C m²)　　b) 大於 1200 N/(C m²)
c) 等於 1200 N/(C m²)　　d) 由所給信息無法確定

21.5 三個帶電各為 –9 mC 的點電荷,位於 (0, 0)、(3 m, 3 m) 和 (3 m, –3 m)。在 (3 m, 0) 處,電場的量值為何?
a) $0.9 \cdot 10^7$ N/C　　　　b) $1.2 \cdot 10^7$ N/C
c) $1.8 \cdot 10^7$ N/C　　　　d) $2.4 \cdot 10^7$ N/C
e) $3.6 \cdot 10^7$ N/C　　　　f) $5.4 \cdot 10^7$ N/C
g) $10.8 \cdot 10^7$ N/C

21.6 在附圖所示的電荷配置中,各電荷的電性為何?
a) 電荷 1、2 和 3 為負電荷。
b) 電荷 1、2 和 3 為正電荷。
c) 電荷 1 和 3 為正電荷,2 為負電荷。
d) 電荷 1 和 3 為負電荷,2 為正電荷。
e) 所有電荷的電性相同。

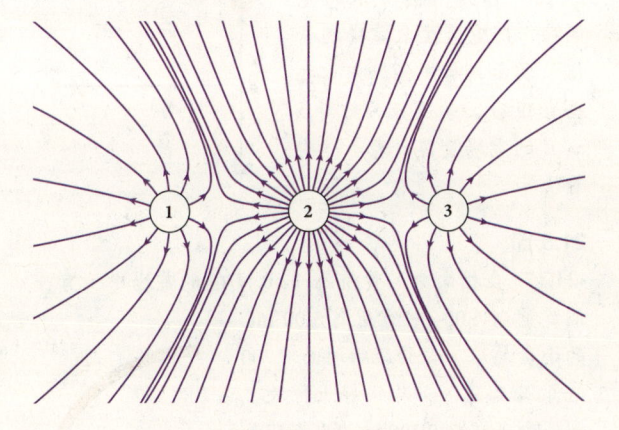

觀念題

21.7 有很多人坐在汽車內時,曾被雷電擊中。為什麼他們能夠從這樣的經驗中存活下來?

21.8 為什麼電場線不會交叉?

21.9 半徑為 r_1 之實心導電球的總電荷為 +3Q。它被放置在內半徑 r_2、外半徑 r_3 的導電球殼內,且兩者同心。求出下列各區的電場:$r < r_1$、$r_1 < r < r_2$、$r_2 < r <$

543

r_3 和 $r > r_3$。

21.10 一個電偶極完全被球面包圍。描述通過該球面的總電通量如何隨著電偶極的強度而變。

21.11 將負電荷施加到實心的長球形導體上（其橫截面如圖所示）。繪出帶電導體的電荷分布和電荷產生的電場線。

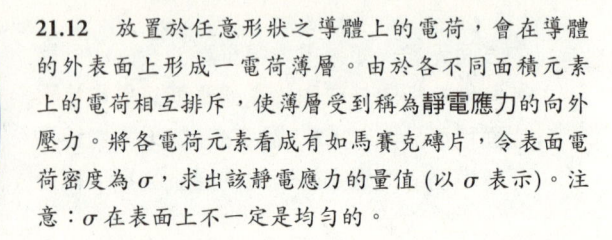

21.12 放置於任意形狀之導體上的電荷，會在導體的外表面上形成一電荷薄層。由於各不同面積元素上的電荷相互排斥，使薄層受到稱為**靜電應力**的向外壓力。將各電荷元素看成有如馬賽克磚片，令表面電荷密度為 σ，求出該靜電應力的量值（以 σ 表示）。注意：σ 在表面上不一定是均勻的。

練習題

題號前的藍點（•）與雙藍點（••）代表問題難度遞增。

21.3 節

21.13 一個 $q = 4.00 \cdot 10^{-9}$ C 的點電荷，置於 x 軸的原點。它在 $x = 25.0$ cm 處產生的電場為何？

21.14 一個帶電為 +48.00 nC 的點電荷，置於 x 軸上的 $x = 4.000$ m 處，另將帶電為 −24.00 nC 的點電荷置於 y 軸上的 $y = −6.000$ m 處。在原點處的電場方向為何？

•**21.15** 一個帶電為 +5.00 C 的電荷位於原點。另在 $x = 1.00$ m 處放置 −3.00 C 的電荷。在 x 軸上的有限距離處，有哪些點的電場將為零？

21.4 節

21.16 對於附圖所示的電偶極，將它產生之電場的量值，表示為離偶極軸中心之垂直距離 x 的函數。針對 $x \gg d$ 的電場量值，表示一些看法。

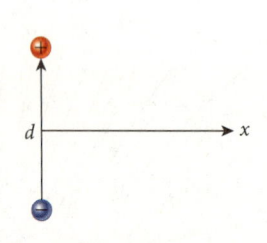

21.5 節

•**21.17** 在指向東、量值為 12.0 N/C 的電場中，有一個質量為 4.00 g、電荷為 5.00 mC 的小金屬球，位於距離地面 0.700 m 的距離處。若球從靜止釋放，則球向下移動 0.300 m 的垂直距離時，其速度為何？

•**21.18** 玻璃細棒彎成半徑為 R 的半圓。電荷 +Q 沿著上半部均勻分布，電荷 −Q 沿著下半部均勻分布，如圖所示。試求出在點 P（半圓的中心）處之電場 $\vec{E}$ 的量值和方向，答案以分量表示。

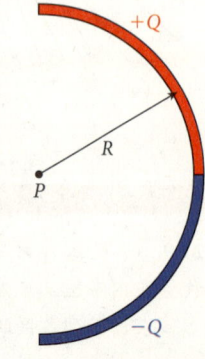

•**21.19** 沿著 y 軸從 $y = 0$ 到 $y = L$，放置著長度為 L、總電荷為 Q 的一根均勻帶電細棒。求出在 $(d, 0)$（即在 x 軸上的 $x = d$）的電場表達式。

••**21.20** 一個扁平的薄墊圈，是外直徑為 10.0 cm、中心圓洞的直徑為 4.00 cm 的圓盤。該墊圈具有均勻的電荷分布，總電荷為 7.00 nC。在離墊圈中心 30.0 cm 處，墊圈軸線上的電場為何？

21.6 節

21.21 一個電偶極的相反電荷，量值各為 $5.00 \cdot 10^{-15}$ C，相隔 0.400 mm 的距離。它與 $2.00 \cdot 10^3$ N/C 的均勻電場成一角度 60.0°。試求電場施加於此電偶極之力矩的量值。

21.22 一個電子以 $27.5 \cdot 10^6$ m/s 的速率，平行於 11,400 N/C 的電場移動。在停止之前電子將移動多遠？

•**21.23** 質量為 M 的物體，載有電荷 Q，在地球表面附近高度 h（地面以上）處由靜止下降，該處的重力加速度為 g，且存在有垂直分量恆定為 E 的電場。
a) 求出物體到達地面時之速率 v 的表達式，以 M、Q、h、g 和 E 表示。
b) 在 (a) 部分的表達式對於 M、g、Q 和 E 的某些值沒有意義。說明在這些情況下會發生什麼。

•**21.24** 總數為 3.05×10^6 的電子，被放置在長度為 1.33 m、最初不帶電的導線上。
a) 在遠離導線的中點、垂直距離為 0.401 m 處，電場的量值為何？
b) 質子位於該點時受到的加速度量值為何？
c) 在上述情況下，電場施加的作用力指向哪個方向？

21.7-21.8 節

21.25 立方體盒子有六個面，每面均為 20.0 cm × 20.0 cm，且面的編號使得面 1 和 6 彼此相對，面 2 和 5 以

及面 3 和 4 也是相對的。通過每一面的電通量列如下表。試求立方體內的淨電荷。

面	電通量 (N m²/C)
1	−70.0
2	−300.0
3	−300.0
4	+300.0
5	−400.0
6	−500.0

21.26 如圖所示，在立方體的表面上有不同量值的電場，但方向均為垂直向內或向外。在 F 面上的電場，其量值和方向為何？

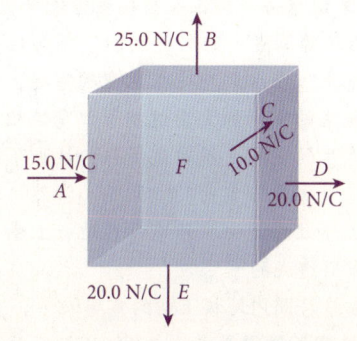

•21.27 鍍鋁的聚酯薄膜球形氣球在其表面上的電荷為 Q。你正在測量距離氣球中心距離為 R 處的電場。氣球因充氣而緩慢膨脹，其半徑接近但從未達到 R。當氣球半徑增大時，你測量的電場會發生什麼？說明之。

•21.28 一個帶有 −6.00 nC 的點電荷位於導電球殼的中心。球殼的內半徑為 2.00 m，外半徑為 4.00 m，所帶的電荷為 +7.00 nC。
a) 在 $r = 1.00$ m 處的電場為何？
b) 在 $r = 3.00$ m 處的電場為何？
c) 在 $r = 5.00$ m 處的電場為何？
d) 球殼外表面上的表面電荷分布為何？

21.9 節

21.29 在地球表面附近有一個量值為 150.0 N/C 的電場，方向向下。地球上的淨電荷為何？地球可視為半徑 6371 km 的球形導體。

21.30 兩個平行的無限大非導體平板相距 10.0 cm，電荷分布為 +1.00 μC/m² 和 −1.00 μC/m²。一個電子在兩板之間的空間中受到的力為何？在任何一板的外側表面附近，電子受到的力為何？

•21.31 半徑為 R 的實心球體具有不均勻的電荷分布 $\rho = Ar^2$，其中 A 為常數。試求在球體內的總電荷 Q。

•21.32 以原點為中心的球體，具有的體電荷分布為 120. nC/cm³，半徑為 12.0 cm。球體在同心的導體球殼內，導體球殼的內半徑為 30.0 cm，外半徑為 50.0 cm。球殼上的電荷為 −2.00 mC。在下列離原點的距離處，電場的量值和方向為何？
a) 在 $r = 10.0$ cm 處　　b) 在 $r = 20.0$ cm 處
c) 在 $r = 40.0$ cm 處　　d) 在 $r = 80.0$ cm 處

•21.33 如附圖所示，兩個無限大的帶電薄片，相距 10.0 cm。薄片 1 具有 $\sigma_1 = 3.00$ μC/m² 的表面電荷分布，而薄片 2 具有 $\sigma_2 = -5.00$ μC/m² 的表面電荷分布。試求在下列位置的總電場 (量值和方向)：
a) 在 P 點，即在薄片 1 的左邊 6.00 cm
b) 在 P′ 點，即在薄片 1 的右邊 6.00 cm

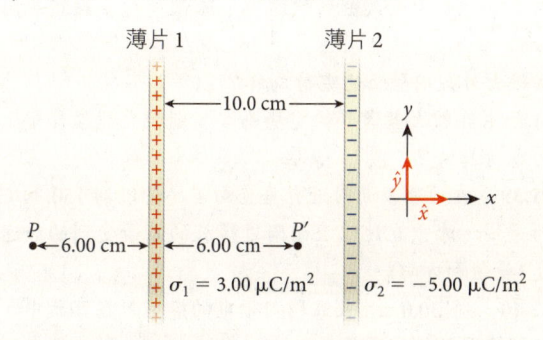

••21.34 一個半徑為 a 的實心非導體球，電荷均勻分布於整個體積，總電荷為 +Q。球體的表面塗覆有非常薄 (厚度可忽略不計) 的金導電層。在該導電層上放置 −2Q 的總電荷。利用高斯定律，求解以下問題。
a) 求出 $r < a$ 的電場 $E(r)$ (金層以內的球體內部，不包括金層)。
b) 求出 $r > a$ 的電場 $E(r)$ (塗覆層外面，超出球體和金層)。
c) 繪製 $E(r)$ 對 r 的圖。檢討電場的連續性或不連續性，並說明其與金層上表面電荷分布的關聯。

••21.35 在一根非常長、半徑為 3.00 cm 的非導體圓柱棒中，正電荷以 6.00 nC/cm 均勻分布。通過棒鑽出一個半徑為 1 cm 的圓柱形空腔，空腔與棒兩者的軸線平行，且相距 1.50 cm。也就是說，如果將 x 軸和 y 軸放在棒的某一橫截面上，並使棒的中心在 (x, y) = (0, 0)，則圓柱形空腔的中心將位於 (x, y) = (0, 1.50 cm)。空腔的產生不影響棒中其餘未被鑽出部分的電荷分布；它

只是將空腔部分的電荷移除。試求在 (x, y) = (2.00 cm, 1.00 cm) 處的電場。

補充練習題

21.36 一個邊長為 1.00 m 的立方體，此立方體所在處的電場具有 150 N/C 的恆定量值，方向也是恆定的但未指明 (不一定沿著立方體的任何邊線)。立方體中的總電荷為何？

21.37 具有均勻電荷分布 ρ = $6.40 \cdot 10^{-8}$ C/m³ 的無限長實心圓柱體，中心軸位於 y 軸，半徑為 R = 9.00 cm。求出離圓柱體中心軸的徑向距離為 r = 4.00 cm 處的電場量值。

21.38 半徑為 8.00 cm、總電荷為 10.0 μC 的實心金屬球，被帶有 –5.00 μC 的電荷、半徑為 15.0 cm 的金屬殼體圍繞。球體和殼體都在內半徑為 20.0 cm、外半徑為 24.0 cm 的較大金屬殼體內。球體和兩個殼體是同心的。

a) 較大外殼內壁上的電荷為何？
b) 如果在較大殼體外的電場為零，則較大殼體外壁上的電荷為何？

21.39 在地球表面附近有垂直向下、量值為 150. N/C 的電場。求出在地球表面附近釋放的電子受到的加速度 (量值和方向)。

21.40 將 30.0 cm 長且均勻帶電的棒密封在容器中。離開容器的總電通量為 $1.46 \cdot 10^6$ N m²/C。試求棒上的線電荷分布。

•**21.41** 如圖所示，質量 m = 1.00 g、電荷 q 的物體位於 A 點，該點位於無限大、均勻帶電的非導體薄片 (σ = $-3.50 \cdot 10^5$ C/m²) 上方 0.0500 m 處。重力作用向下 (g = 9.81 m/s²)。求出為了使物體在帶電平面上方保持不動，必須添加到物體或從物體中移除的電子個數 N。

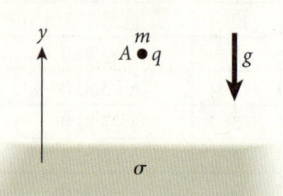

•**21.42** 考慮具有體電荷密度 ρ = $3.57 \cdot 10^{-6}$ C/m³ 和半徑 R = 1.72 m 的均勻非導體球。離球體中心 0.530 m 處的電場量值為何？

••**21.43** 如果使電荷保持在大型接地導體平板 (例如地板) 上方的適當位置，它將受到向下朝向地板的電作用力。事實上，在房間內地板上空的電場，將等於此原始電荷產生的電場加上量值相等但電性相反的「鏡像」電荷產生的電場。鏡像電荷位於地板下方，地板位於鏡像電荷與原始電荷的中間點。當然，地板下並無電荷；上述效應是由原始電荷在地板上感應產生表面電荷分布所造成的。

a) 描述或繪出房間內地板上空的電場線。
b) 如果原始電荷的帶電量為 1.00 μC，且位於地板上方 50.0 cm 處，試計算此電荷所受的向下力。
c) 以 r 代表地板上的點到地板上原始電荷正下方之點的水平距離。求出剛好在地板上方的電場，答案以 r 的函數表示。假設原始電荷是個點電荷 $+q$，離地板的高度為 a。忽略牆壁或天花板的任何以影響。
d) 求出在地板上引起的表面電荷分布 $\sigma(r)$。
e) 計算在地板上感應所引起的總表面電荷。

多版本練習題

21.44 長度 L = 22.13 cm 的細導線上有 λ = $5.635 \cdot 10^{-8}$ C/m 的均勻電荷分布。然後將導線彎曲成以原點為中心、半徑為 $R = L/\pi$ 的半圓。求出在半圓中心的電場量值。

21.45 長度 L = 10.55 cm 的細導線上有 λ 的均勻電荷分布。然後將導線彎曲成以原點為中心、半徑為 $R = L/\pi$ 的半圓。半圓中心處的電場量值為 $3.117 \cdot 10^4$ N/C。λ 的值為何？

21.46 長度 L 的細導線上有 λ = $6.005 \cdot 10^{-8}$ C/m 的均勻電荷分布。然後將導線彎曲成以原點為中心、半徑為 $R = L/\pi$ 的半圓。半圓中心處的電場量值為 $2.425 \cdot 10^4$ N/C。L 的值為何？

22 ▸ 電位

待學要點
  22.1 電位能
    特殊情況：恆定電場中的電荷
    特殊情況：恆定電場中的電偶極
  22.2 電位的定義
    例題 22.1　質子獲得的動能
  電池
  22.3 等位面和等位線
    恆定電場
    單一點電荷
    兩個異性的點電荷
    兩個全同的點電荷
  22.4 各種電荷分布的電位
    點電荷
      詳解題 22.1　固定和移動的正電荷
    多個點電荷的系統
    連續的電荷分布
      例題 22.2　有限長的帶電細線
      詳解題 22.2　帶電圓盤
  22.5 由電位求出電場
  22.6 多個點電荷系統的電位能
    例題 22.3　四個點電荷

已學要點｜考試準備指南
  解題準則
  選擇題
  觀念題
  練習題
  多版本練習題

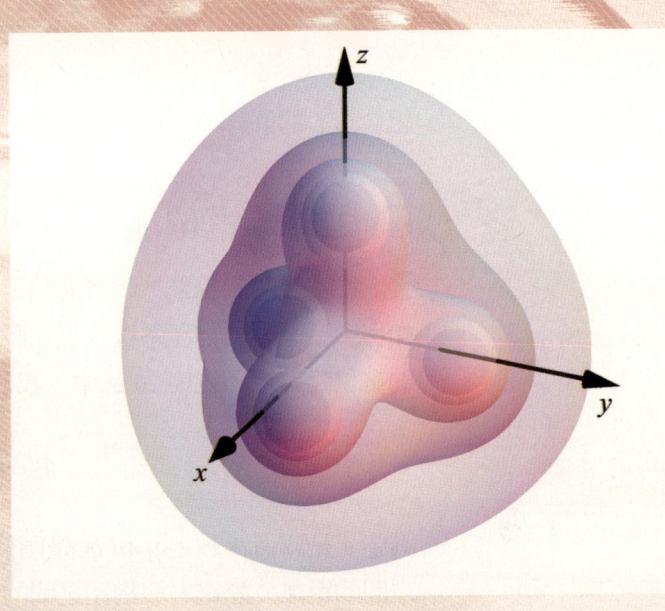

圖 22.1　位於正四面體頂點上的四個全同電荷所產生的五個等電位面。

能量對各種系統，舉凡我們的身體乃至世界的經濟，都是至關重要的。我們依賴的大多數設備——包括起搏器、電視、計算機、手機、吹風機和火車頭——都使用電能。因此，了解電動的設備如何處理和儲存這種能量，攸關重要。我們先從電能和電位開始，以了解它們之間的關係，並看看如何計算它們。置於正四面體頂點上的四個全同電荷所引起的電位，其計算結果如圖 22.1 所示，該圖以五個相互套疊的表面顯示電位，在同一表面上的各點都具有相同的電位值。電位的最高值與各電荷最接近，且對應的等電位表面，近似於圍繞各電荷的圓球，而電位最低的等電位表面離各電荷最遠，近似於圍繞此四個電荷

547

普通物理

待學要點

- 電位能類似於重力位能。
- 電位能的變化量正比於電場對電荷所做的功。
- 在空間中一給定點處的電位為純量。
- 一個點電荷 q 產生的電位 V，與離該點電荷的距離成反比。
- 將電場對位移進行積分，可以電場推導出電位。
- 多個點電荷的分布在一給定點產生的電位，等於各點電荷單獨產生之電位的代數和。
- 將電位對位移進行微分，可以從電位推導出電場。

組合質心的圓球。

22.1 電位能

從本書開始以來，我們遇到了各種形式的能量，並且知道能量守恆如何影響不同的物理系統。現在我們將注意力轉向電能，特別是電池中的電位能儲存。在第 20 章中，我們看到靜電力的量值為

$$F_e = k\frac{|q_1 q_2|}{r^2} \tag{22.1}$$

其中 k 是庫侖常數，q_1 和 q_2 是兩個點電荷所帶的電荷，r 是兩個點電荷之間的距離。靜電力與物體之間的距離平方成反比，並且可被證明都是守恆力。

在第 6 章中，我們看到，對於任何守恆力，系統因為在空間中重新配置所導致的位能變化量，其負值等於在該重新配置期間守恆力所做的功。對於兩個粒子以上的系統，當系統的配置從初始狀態改變到最終狀態時，電作用力所做的功 W_e 可用電位能的變化量 ΔU 表示：

$$\Delta U = U_f - U_i = -W_e \tag{22.2}$$

其中 U_i 是初始的電位能，U_f 是最終的電位能。注意，系統如何從初始狀態到達最終狀態並無重要性。上式中的功總是相同的，與所採取的路徑無關。第 6 章指出，一個力所做與功與路徑無關，是守恆力的一個普遍特徵。

電位能的參考點恆須指明。將電位能為零的參考點，設定為系統內所有電荷相距無窮遠的配置情況，通常可使方程式和計算簡化。這個設

定使得 (22.2) 式所給電位能的變化可改寫為 $\Delta U = U_f - 0 = U$，即

$$U = -W_{e,\infty} \tag{22.3}$$

雖然在無窮遠的位能為零的約定，是非常有用的，並且在多個點電荷的集合時被普遍採用，但在有些物理情況下，有理由將參考位能選擇為空間中的某個點，以致在無窮遠的位能值不為零。涉及恆定電場的情況，就是無窮遠的位能不被設定為零的一個例子。

特殊情況：恆定電場中的電荷

考慮一個點電荷 q 在恆定電場 $\vec{E}$ 中移動，並設其位移為 $\vec{d}$（圖 22.2）。一個定力 $\vec{F}$ 所做的功 $W = \vec{F} \cdot \vec{d}$。就此處考慮的情況而言，定力由恆定電場產生，$\vec{F} = q\vec{E}$。因此，電場對電荷所做的功為

$$W = q\vec{E} \cdot \vec{d} = qEd\cos\theta \tag{22.4}$$

其中 θ 是電作用力和位移之間的角度。當位移平行於電場時 ($\theta = 0°$)，電場對電荷所做的功為 $W = qEd$。當位移反向平行於電場時 ($\theta = 180°$)，電場所做的功為 $W = -qEd$。因為電位能的變化量與電荷所接受的功具有 $\Delta U = -W$ 的關係，所以如果 $q > 0$，則當位移與電場方向相同時，電荷失去位能，而當位移與電場方向相反時，電荷獲得位能。

圖 22.2 電場 $\vec{E}$ 對移動電荷 q 的功：(a) 位移與電場方向相同，(b) 一般情況，(c) 位移與電場方向相反。

特殊情況：恆定電場中的電偶極

考慮一個偶極矩為 $\vec{p}$ 的電偶極在恆定電場中移動（見圖 22.3）。第 21 章曾提到電偶極是由電荷量值相等的正電荷和負電荷組成，因此它的淨電荷為零。根據 (22.4) 式，恆定電場對物體所做的功與該物體所帶的電荷成正比，因此恆定電場對移動電偶極所做的淨功為零。

依據上述事實，在恆定電場中的電偶極所構成的系統似乎無法儲存位能。然而，情況並非如此。由第 21 章，我們知道在恆定電場中的電偶極受到力矩 $\vec{\tau} = \vec{p} \times \vec{E}$，因此電偶極相對於電場的方向顯然是關鍵。讓我們看看電偶極的方向如何導致位能的儲存。

在第 10 章中，我們看到力矩所做的功為 $W = \int \vec{\tau}(\theta')d\vec{\theta}'$。如果對電偶極所施加的外力矩，與電偶極在電場中受到的力矩相反，我們可以將這個外力矩所做的功表示為

$$W = \int_{\theta_0}^{\theta} \vec{\tau}(\theta')d\vec{\theta}' = \int_{\theta_0}^{\theta} -pE\sin\theta' d\theta' = -pE\int_{\theta_0}^{\theta}\sin\theta' d\theta' = pE(\cos\theta - \cos\theta_0)$$

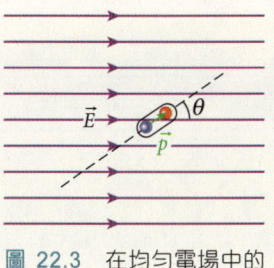

圖 22.3 在均勻電場中的電偶極。

普通物理

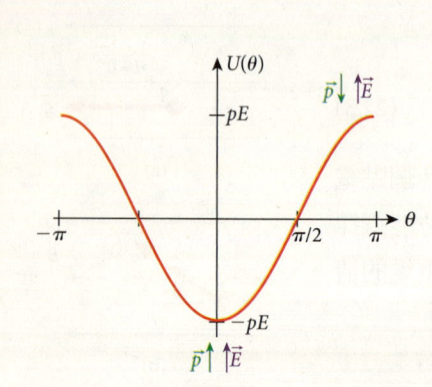

圖 22.4 位能隨電偶極和外加恆定電場之夾角變化的函數。

依據 $W = -\Delta U = -(U - U_0) = U_0 - U$（見第 6 章），我們得到在恆定電場中電偶極的位能為

$$U = -pE\cos\theta = -\vec{p}\cdot\vec{E} \tag{22.5}$$

在上式中我們選擇積分常數 U_0，使得位能在 $\theta = \pi/2$ 時為零。

(22.5) 式表示位能在 $\theta = 0$ 時具有極小值，此為電偶極矩平行於電場的情況；見圖 22.4。當電偶極矩和電場向量平行時，電偶極的負電荷最接近產生外加電場的正電荷，就物理而言，此情況具有最低能量是合理的。

22.2 電位的定義

帶電粒子 q 在電場中的位能取決於其電荷的量值，以及電場的量值。電位 V 是根據下式由電位能定義出來的，但它與粒子所帶的電荷無關：

$$V = \frac{U}{q} \tag{22.6}$$

因為 U 與 q 成正比，所以 V 與 q 無關，這使得電位成為一個有用的變量。即使在空間中的某個點並沒有電荷 q，**電位** V 仍可用以描繪該點的電學性質。與電場是向量形成對比，電位是純量，它在空間的任何點都有量值，但沒有方向。在第 6 章中，我們看到位能可以添加一個任意常數，而不致改變任何可觀察的結果，在物理學中，只有位能的差異是有意義的。由於電位與位能成比例，因此電位也是如此。

初始點和最終點之間的電位差 $V_f - V_i$，可以用在每個點的電位能表示：

$$\Delta V = V_f - V_i = \frac{U_f}{q} - \frac{U_i}{q} = \frac{\Delta U}{q} \tag{22.7}$$

結合 (22.2) 和 (22.7) 兩式，可得電位的變化量與電場對電荷所做功，具有以下的關係：

$$\Delta V = -\frac{W_e}{q} \tag{22.8}$$

若如 (22.3) 式，將在無窮遠處的電位能取為零，則在一個點的電位可表

示為

$$V = -\frac{W_{e,\infty}}{q} \tag{22.9}$$

其中 $W_{e,\infty}$ 是將電荷從無窮遠處帶到該點時，電場對電荷所做的功。電位可以為正值、負值或零，但它沒有方向。

電位的 SI 單位為焦耳/庫侖 (J/C)。這個組合以義大利物理學家伏特 (1745-1827 年) 命名，稱為伏特 (V) (注意：正體的 V 為單位，而斜體的 V 則代表物理量，即電位)：

$$1\text{ V} \equiv \frac{1\text{ J}}{1\text{ C}}$$

依據如上的伏特定義，電場量值的單位為

$$[E] = \frac{[F]}{[q]} = \frac{1\text{ N}}{1\text{ C}} = \left(\frac{1\text{ N}}{1\text{ C}}\right)\frac{1\text{ V}}{\frac{1\text{ J}}{1\text{ C}}}\left(\frac{1\text{ J}}{(1\text{ N})(1\text{ m})}\right) = \frac{1\text{ V}}{1\text{ m}}$$

在本書後續各章節中，電場量值的單位將按照慣例使用 V/m，而不是 N/C。注意，電位差通常也稱為「電壓 (voltage)」，特別是在電路分析中，因為它的測量單位是伏特 (volt)。

例題 22.1　質子獲得的動能

一個質子放置於在真空中的兩片平行導電板之間 (圖 22.5)。兩板之間的電位差為 450. V。質子從貼近正極板處，由靜止釋放。

問題：

當質子到達負極板時，它的動能為何？

解：

兩片板之間的電位差為 ΔV。由 (22.7) 式，兩片板的電位差與質子的電位能變化量 ΔU 有以下關係：

$$\Delta V = \frac{\Delta U}{q}$$

由於總能量守恆，質子跨越兩板時損失的所有電位能，變成它的動能。應用能量守恆定律，$\Delta K + \Delta U = 0$，其中 ΔU 是質子的電位能變化量：

$$\Delta K = -\Delta U = -q\Delta V$$

因為質子從靜止開始，我們可以將其最終動能表達為 $K = -q\Delta V$。因此，

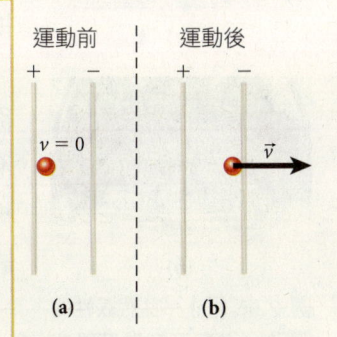

圖 22.5　質子置於在真空中的兩片平行導電板之間。(a) 質子從靜止狀態釋放。(b) 質子從正極板移動到負極板，獲得動能。

普通物理

觀念檢測 22.1

將電子靜置於 x 軸上電位為 −20 V 之處，然後釋放。下列何者是電子後續運動的正確描述？

a) 電子將向左移動 (負 x 方向)，因為它帶負電荷。

b) 電子將向右移動 (正 x 方向)，因為它帶負電荷。

c) 電子將向左移動 (負 x 方向)，因為電位為負。

d) 電子將向右移動 (正 x 方向)，因為電位為負。

e) 所給信息不足以預測電子的運動。

在跨過兩板之後質子的動能為

$$K = (1.602 \cdot 10^{-19} \text{ C})(-450. \text{ V}) = 7.21 \cdot 10^{-17} \text{ J}$$

因為測量物理量時，經常利用到跨越電位差以使帶電粒子加速，所以對帶有基本電荷的粒子 (例如質子或電子)，一個常用的動能單位是**電子伏特** (eV)：1 eV 代表質子 ($q = 1.602 \cdot 10^{-19}$ C) 在 1 V 的電位差下加速所獲得的能量。電子伏特與焦耳之間的轉換為

$$1 \text{ eV} = 1.602 \cdot 10^{-19} \text{ J}$$

所以在例題 22.1 中的質子動能為 450 eV 或 0.450 keV，這可從電子伏特的定義獲得，而不需進行任何計算。

電池

產生電位的一個常見辦法是電池。圖 22.6 顯示多種較常見的電池。

最簡單的電池由兩個半電池組成，兩者間以導電的電解質 (最初為液體，但現在幾乎都為固體) 填充；參見圖 22.7。另有一阻隔層將電解質分成兩個相等部分，並防止大部分電解質通過，但允許帶電離子通過。帶負電的離子 (陰離子) 向陽極移動，帶正電的離子向陰極移動。這在電池的兩極之間產生電位差。因此，電池基本上是將化學能直接轉換成電能的裝置。

電池技術的研究在當前頗具重要性，因為許多移動式的應用，例如從手機到膝上型電腦，從電動汽車到軍事裝備，都需要大量的能量。電池的重量需要盡可能小，它們需要可快速再充電幾百個循環，並盡可能提供恆定的電位差，還需以可承受的價格提供。因此，這種研究提供了許多科學和工程的挑戰。

鋰離子電池是一種較為新近之電池技術的例子，它通常用於像膝上型電腦的電池。與普通電池相比，鋰離子電池具有高得多的能量密度 (每單位體積含有的能量)。典型的鋰離子電池，如圖 22.6a 所示出的，具有 3.6 V 的電位差。比起普通電池，鋰離子電池還具有一些其他的優點。它們可以充電數百次。它們沒有「記憶」效應，因此不需先進行調適就可保持它們的電量。它們在貨架上可維持電量。但它們也有一些缺點。例如，在完全放電後，就不能再充電。在沒有充電到大於 80%、也沒有放電到小於 20% 的容量之下，鋰離子電池的工作性能最好。熱會

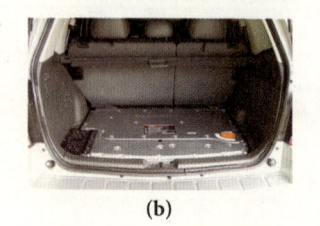

圖 22.6 (a) 一些代表性的電池，從左上方順時鐘方向依序為充電器的可充電 AA 鎳金屬氫化物 (NiMH) 電池、一次性 1.5 V 的 AAA 電池、12 V 手提燈電池、D 型電池、鋰離子筆記電腦電池和手錶電池；(b) 用於油電混合型休旅車的 330 V 電池，擺滿整個後車廂底板。

電位 22

使鋰離子電池退化。如果放電太快，它的組件可能著火或爆炸。為了解決這些問題，商業鋰離子電池組大多具有小型的內置電子電路，以保護電池組。電路不允許電池過度充電或過度放電；它也不允許電荷太快的流出電池，以致電池過熱。如果電池溫度過高，電路將切離電池。

22.3　等位面和等位線

當有電場存在時，空間中每一點都具有一個電位值。具有相同電位的點形成等位面。當帶電粒子沿著等位面移動時，電場對它們不做任何的功。根據靜電學理論，導體的表面必須是等位面；否則，導體表面上的自由電子將加速運動。第 21 章的討論確定了導體內部各處的電場為零。這意味著導體的整個體積必須處於相同的電位；也就是說，整個導體處於等電位。

等位面是以三維的形式存在 (圖 22.8)；但電位的對稱性讓我們可以將等位面以二維表示，而成為對稱軸所在平面上的等位線。在確定這些等位面的形狀和位置之前，讓我們先看一些最簡單的情況 (它們的電場已於第 21 章求出) 的定性特徵。

在繪製等位線時，我們注意到電荷可以垂直於任何電場線移動，而電場對它們不會做任何功，因為根據 (22.4) 式，電場和位移的純量積為零。如果電場所做的功為零，則依據 (22.8) 式，電位保持相同。因此，等位線和等位面恆與電場的方向垂直。

在探討不同型態的電場所產生的等位面之前，我們先注意本節兩個最重要的一般性觀察，它們適用於此後的所有情況：

1. 任何導體的表面都為等位面。
2. 在空間中的任何一點，等位面恆與電場線垂直。

恆定電場

恆定電場具有筆直、等間隔且平行的場線。因此，這種場產生的等位面為平行的平面，因為等位面或等位線必與場線垂直。以二維圖表示時，這些平面為等間隔的等位線 (圖 22.9)。

單一點電荷

圖 22.10 顯示了單一點電荷引起的電場和相應的等位線。電場線從正點電荷沿徑向延伸，如圖 22.10a 所示。在此一情況下，場線遠離正

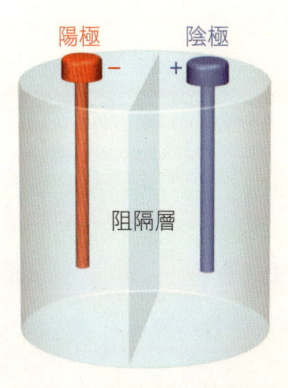

圖 22.7　電池的示意圖。

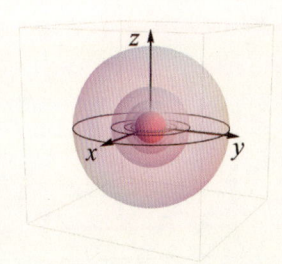

圖 22.8　電位為 5 V 的球形導體以 xyz 座標原點為中心，周圍同心等位面的電位為 5 V、4 V、3 V、2 V 和 1 V。圓圈代表等位球與 xy 平面的相交線，均為等位線。

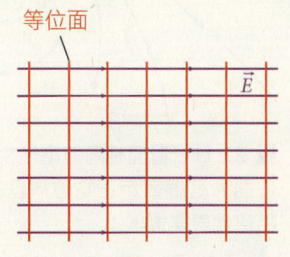

圖 22.9　來自恆定電場的等位面 (紅線)。帶箭頭的紫色線代表電場。

553

普通物理

(a)   (b)

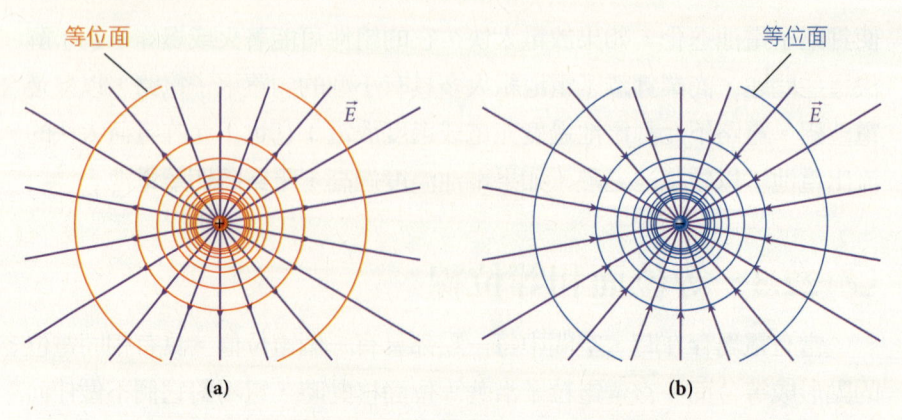

圖 22.10　來自 (a) 單一正點電荷和 (b) 單一負點電荷的等位面和電場線。

電荷，而終止於無窮遠處。對於負電荷，如圖 22.10b 所示，場線起始於無窮遠處，而終止於負電荷。等位面 (或線) 是以點電荷為中心的球面 (或圓)。(在所示的二維圖中，圓圈表示頁面平面與等位球面相交的線。) 相鄰兩等位線的電位差量值都相等，以致等位線在電荷附近靠在一起，而在遠離電荷處則較為分開。再次注意，等位線總是垂直於電場線。等位面沒有類似於場線的箭頭，因為電位是純量。

兩個異性的點電荷

圖 22.11 所示為兩個電性相反的點電荷產生的電場線，與代表等位面的等位線。靜電力會使這兩個點電荷相互吸引，但此處的討論假設電荷是固定不動的。電場線起始於正電荷，終止於負電荷。再次的，等位線恆垂直於電場線。圖中的紅線表示正的等位面，藍線表示負的等位面。正電荷產生正電位，負電荷產生負電位 (相對於無窮遠處的電位值)。靠近每個電荷的電場線和等位線，與單一點電荷的情況類似。遠離每個電荷，電場和電位是兩電荷所產生的場和電位之和。電場以向量方式相加，而電位則以純量相加。在空間所有點上的電場具有量值和方向，而電位則僅有量值，沒有方向。

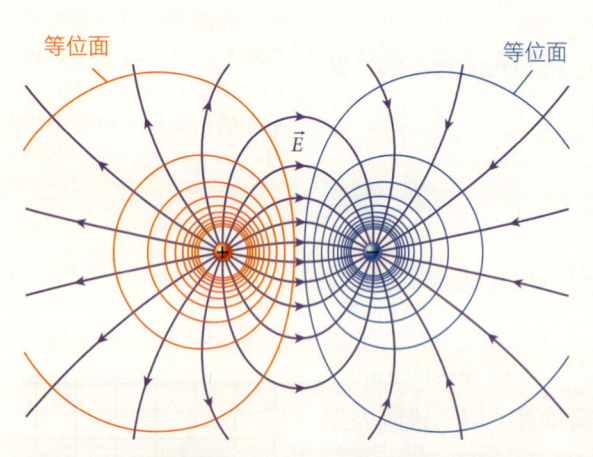

圖 22.11　量值相同但電性相反的兩個點電荷所產生的等位面。紅線表示正電位，藍線表示負電位。帶箭頭的紫色線代表電場。

兩個全同的點電荷

圖 22.12 顯示了兩個相同的正點電荷產生的電場線和等位面。這兩個電荷受到相互排斥的靜電力。因為兩個都是正電荷,所以等位面代表正電位。再次,電場和電位分別是兩個電荷的電場和電位相加的結果。

22.4 各種電荷分布的電位

電位和電場直接相關;給定其中一個的表達式,我們就可確定另一個。

要從電場確定電位,我們先考慮當力 $\vec{F}$ 作用於電荷 q 的點粒子上,而作用點 (或點粒子) 的位移為 $d\vec{s}$ 時,力所做的功的定義:

$$dW = \vec{F} \cdot d\vec{s}$$

在此處的情況下,力由下式給出:$\vec{F} = q\vec{E}$,所以

$$dW = q\vec{E} \cdot d\vec{s} \tag{22.10}$$

當粒子在電場中從某個初始點移動到某個最終點時,將 (22.10) 式積分可得

$$W = W_e = \int_i^f q\vec{E} \cdot d\vec{s} = q \int_i^f \vec{E} \cdot d\vec{s}$$

利用 (22.8) 式將所做的功與電位變化量相關聯,我們得到

$$\Delta V = V_f - V_i = -\frac{W_e}{q} = -\int_i^f \vec{E} \cdot d\vec{s}$$

如前所述,通常是將無窮遠處的電位設定為零。使用這個約定,我們可以將在空間中某個點 $\vec{r}$ 的電位表示為

$$V(\vec{r}) - V(\infty) \equiv V(\vec{r}) = -\int_\infty^{\vec{r}} \vec{E} \cdot d\vec{s} \tag{22.11}$$

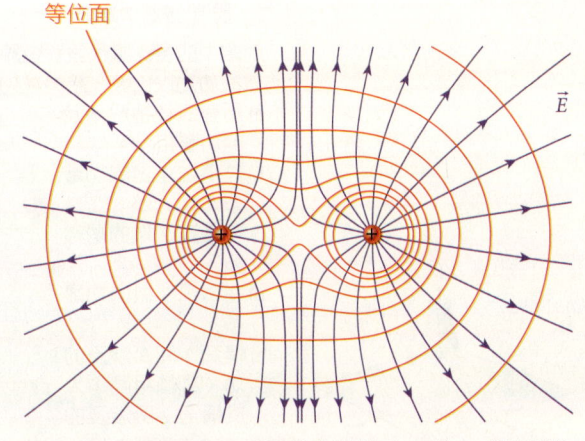

圖 22.12 兩個全同正點電荷的等位面 (紅線)。帶箭頭的紫色線代表電場。

自我測試 22.1
假設圖 22.11 中的電荷位於 $(x, y) = (-10\ cm, 0)$ 和 $(x, y) = (+10\ cm, 0)$,則在 y 軸 $(x = 0)$ 上各點的電位為何?

自我測試 22.2
假設圖 22.12 中的電荷位於 $(x, y) = (-10\ cm, 0)$ 和 $(x, y) = (+10\ cm, 0)$,則 $(x, y) = (0, 0)$ 為電位的極大、極小或鞍點?

普通物理

> **觀念檢測 22.2**
>
> 附圖中的各條線代表等位線。帶電物體從點 P 移動到點 Q。若將圖示三種情況下對物體做的功加以比較，結果會如何？
> a) 所有三種情況涉及的功都相同。
> b) 在情況 1 做的功最多。
> c) 在情況 2 做的功最多。
> d) 在情況 3 做的功最多。
> e) 情況 1 和 3 涉及的功，量值相同，大於情況 2 所涉及的功。

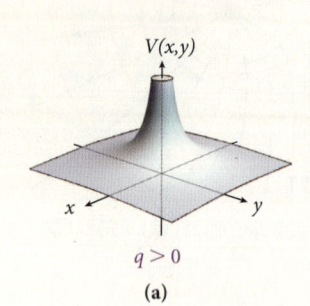

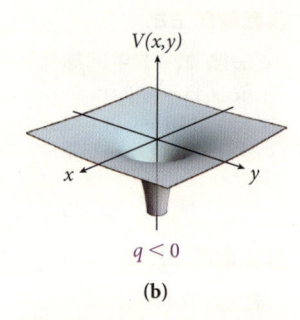

圖 22.13 (a) 正點電荷和 (b) 負點電荷產生的電位。

> **自我測試 22.3**
>
> 導出 (22.12) 式所給點電荷的電位時，涉及沿著徑向線，從無窮遠處積分到距離點電荷為 R 的點。如果沿不同的路徑進行積分，結果會如何變化？

> **觀念檢測 22.3**
>
> 一個電荷為 12.5 pC 的點電荷，在距離它 45.5 cm 處產生的電位為何？
> a) 0.247 V   b) 1.45 V
> c) 4.22 V   d) 10.2 V
> e) 25.7 V

點電荷

我們使用 (22.11) 式以確定由點電荷 q 產生的電位。在與它的距離為 r 處，點電荷 q (暫取為正) 產生的電場如下式：

$$E = \frac{kq}{r^2}$$

電場的方向是沿徑向離開點電荷。假設沿著徑向線積分，以致 $\vec{E} \cdot d\vec{s} = E dr$，並從無窮遠處積分到距離點電荷為 R 的點，則由 (22.11) 式可得

$$V(R) = -\int_\infty^R \vec{E} \cdot d\vec{s} = -\int_\infty^R \frac{kq}{r^2} dr = \left[\frac{kq}{r}\right]_\infty^R = \frac{kq}{R}$$

所以，在距離電荷為 r 處，點電荷產生的電位為

$$V = \frac{kq}{r} \tag{22.12}$$

當 $q < 0$ 時，(22.12) 式也成立。正電荷產生正電位，負電荷則產生負電位，如圖 22.13 所示。

圖 22.13 顯示計算所得 xy 平面上所有點的電位。垂直軸代表該平面上每個點的電位值 $V(x,y)$，這是使用 $r = \sqrt{x^2 + y^2}$ 得到的。在接近 $r = 0$ 處的電位沒有計算，因為它在那裡變為無窮大。從圖 22.13 可以看出，圖 22.10 的圓形等位線是如何產生的。

詳解題 22.1　固定和移動的正電荷

問題：

一個 4.50 μC 的正電荷，位置固定。將質量 6.00 g、電荷 +3.00 μC 的粒子，以 66.0 m/s 的初始速率，從 4.20 cm 的距離直接射向固定電荷。移動電荷在停下並開始遠離固定電荷之前，與固定電荷有多接近？

解：

思索　移動電荷在接近固定電荷時將獲得電位能。移動電荷的位能變化量，其負值等於移動電荷的動能變化量，因為 $\Delta K + \Delta U = 0$。

繪圖　我們令固定電荷的位置為 $x = 0$，如圖 22.14 所示。移動電荷由 $x = d_i$ 處開始，以初始速率 $v = v_0$ 移動，而在 $x = d_f$ 處停止。

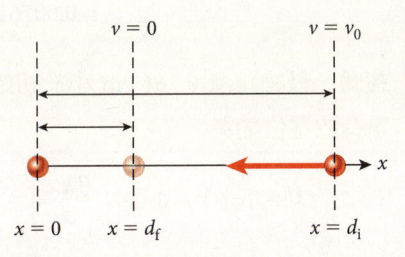

圖 22.14　兩個正電荷，一個固定於 $x = 0$ 處，另一個以速度 $\vec{v}_0$ 在 $x = d_i$ 處開始移動，在 $x = d_f$ 處的速度為零。

推敲　移動電荷在接近固定電荷時，獲得電位能，並失去動能，直到停止。在停止處，移動電荷的所有原始動能已經被轉換為電位能。使用能量守恆，我們可以將此關係寫成

$$\Delta K + \Delta U = 0 \Rightarrow \Delta K = -\Delta U \Rightarrow$$
$$0 - \tfrac{1}{2}mv_0^2 = -q_{移動}\Delta V \Rightarrow$$
$$\tfrac{1}{2}mv_0^2 = q_{移動}\Delta V \tag{i}$$

移動電荷所在處的電位來自固定電荷，因此我們可以將電位的變化量寫為

$$\Delta V = V_f - V_i = \frac{kq_{固定}}{d_f} - \frac{kq_{固定}}{d_i} = kq_{固定}\left(\frac{1}{d_f} - \frac{1}{d_i}\right) \tag{ii}$$

簡化　將 (ii) 式的電位差表達式代入 (i) 式，我們發現

$$\tfrac{1}{2}mv_0^2 = q_{移動}\Delta V = kq_{移動}q_{固定}\left(\frac{1}{d_f} - \frac{1}{d_i}\right) \Rightarrow$$

$$\frac{1}{d_f} - \frac{1}{d_i} = \frac{mv_0^2}{2kq_{移動}q_{固定}} \Rightarrow$$

$$\frac{1}{d_f} = \frac{1}{d_i} + \frac{mv_0^2}{2kq_{移動}q_{固定}}$$

計算　代入數值，我們得到

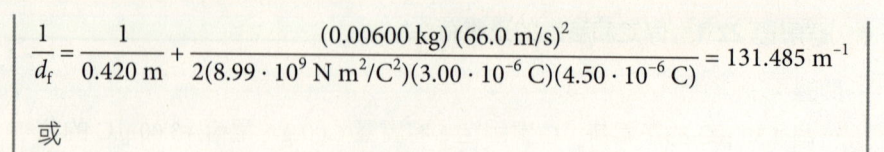

$$\frac{1}{d_f} = \frac{1}{0.420 \text{ m}} + \frac{(0.00600 \text{ kg})(66.0 \text{ m/s})^2}{2(8.99 \cdot 10^9 \text{ N m}^2/\text{C}^2)(3.00 \cdot 10^{-6} \text{ C})(4.50 \cdot 10^{-6} \text{ C})} = 131.485 \text{ m}^{-1}$$

或

$$d_f = 0.00760545 \text{ m}$$

捨入 我們將結果以三位有效數字表示:

$$d_f = 0.00761 \text{ m} = 0.761 \text{ cm}$$

複驗 最終距離 0.761 cm 小於初始距離 4.20 cm。在最終距離處,移動電荷的電位能為

$$U = q_{移動}V = q_{移動}\left(k\frac{q_{固定}}{d_f}\right) = k\frac{q_{移動}q_{固定}}{d_f}$$

$$= (8.99 \cdot 10^9 \text{ N m}^2/\text{C}^2)\frac{(3.00 \cdot 10^{-6} \text{ C})(4.50 \cdot 10^{-6} \text{ C})}{0.00761 \text{ m}} = 16.0 \text{ J}$$

在初始距離處的電位能為

$$U = q_{移動}V = q_{移動}\left(k\frac{q_{固定}}{d_i}\right) = k\frac{q_{移動}q_{固定}}{d_i}$$

$$= (8.99 \cdot 10^9 \text{ N m}^2/\text{C}^2)\frac{(3.00 \cdot 10^{-6} \text{ C})(4.50 \cdot 10^{-6} \text{ C})}{(0.0420 \text{ m})} = 2.9 \text{ J}$$

初始動能為

$$K = \tfrac{1}{2}mv_0^2 = \frac{(0.00600 \text{ kg})(66.0 \text{ m/s})^2}{2} = 13.1 \text{ J}$$

我們可以看出,求解過程開始時所依據的能量守恆式,確實滿足:

$$\tfrac{1}{2}mv^2 = \Delta U$$
$$13.1 \text{ J} = 16.0 \text{ J} - 2.9 \text{ J} = 13.1 \text{ J}$$

這使我們相信本題求出的最終距離是正確的。

多個點電荷的系統

再次假定在距離原點無窮遠處的電位為零,我們將所有電荷產生的電位相加,以計算由 n 個點電荷系統產生的電位:

$$V = \sum_{i=1}^{n} V_i = \sum_{i=1}^{n} \frac{kq_i}{r_i} \tag{22.13}$$

要證明 (22.13) 式,可以將 n 個點電荷的總電場表達式 ($\vec{E}_t = \vec{E}_1 +$

電位 22

$\vec{E}_2 + \cdots + \vec{E}_n)$，插入到 (22.11) 式中，並逐項求出積分。由 (22.13) 式求出的和，即為在空間中任何點處的電位，它具有值，但沒有方向。因此，計算一組點電荷產生的電位，通常比計算電場 (涉及向量加法) 要簡單得多。

▶▶▶ 觀念檢測 22.4

三個相同的正點電荷靜置於空間中的固定點。然後將電荷 q_2 從起點移動到終點，如圖所示。四個不同路徑以 (a) 至 (d) 標記。路徑 (a) 沿最短線；路徑 (b) 將 q_2 移動繞過 q_3；路徑 (c) 將 q_2 移動繞過 q_3 和 q_1；路徑 (d) 將 q_2 移動到無窮遠，然後再到終點。哪個路徑所需的功最小？

a) 路徑 (a)　　　　　　b) 路徑 (b)
c) 路徑 (c)　　　　　　d) 路徑 (d)
e) 所有路徑的功都相同。

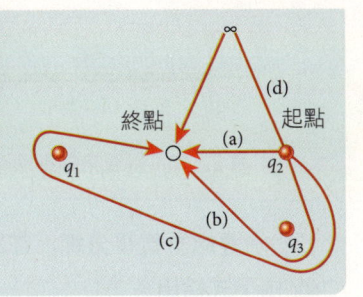

▶▶▶ 觀念檢測 22.5

兩個質子以附圖所示的三種方式配置於空間中。依據三者在 P 點產生的淨電位 V，將其由最高到最低排序。

a) $2 > 3 > 1$　　　　　　b) 所有三個電位都相同。
c) $3 > 2 > 1$　　　　　　d) 情況 1 和 3 的電位相等，情況 2 的電位較低。
e) $1 > 2 > 3$

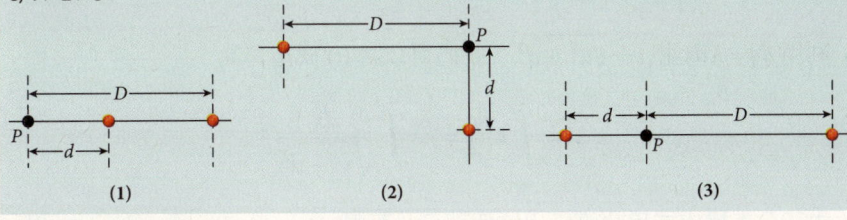

連續的電荷分布

我們也可以確定連續的電荷分布所產生的電位。為此，我們將電荷分成許多微分電荷 dq，並將它當作一個點電荷，求出它產生的電位。這是第 21 章在求電場時處理電荷分布的方式。微分電荷 dq 可以用每單位長度的電荷乘以微分長度 dx 表示；或以每單位面積的電荷乘以微分面積 dA；或以每單位體積的電荷乘以微分體積 dV。對來自微分電荷的貢獻進行積分，即可獲得電荷分布所產生的電位。以下的例子考慮一維電荷分布所產生的電位。

例題 22.2　有限長的帶電細線

一條細導線的長度為 $2a$，線電荷分布為 λ，沿其垂直平分線、在距離為 d 處的電位為何 (圖 22.15)？

559

普通物理

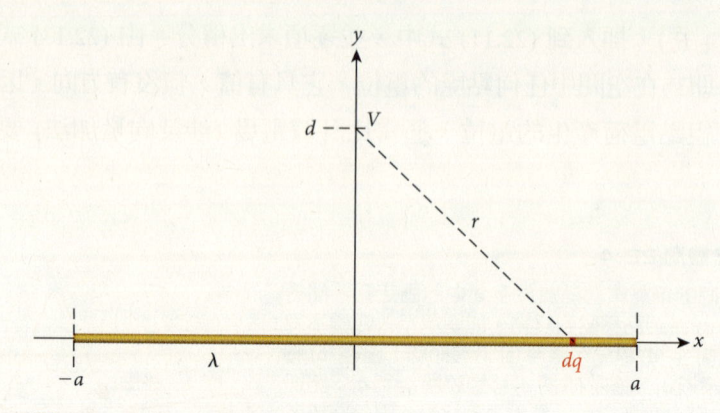

圖 22.15 計算帶電細線產生的電位。

沿導線垂直平分線、在距離為 d 處，微分電荷 dq 產生的微分電位 dV 由下式給出：

$$dV = k\frac{dq}{r}$$

沿著整條導線的長度對 dV 求積分，可得此帶電導線產生的電位：

$$V = \int_{-a}^{a} dV = \int_{-a}^{a} k\frac{dq}{r} \tag{i}$$

利用 $dq = \lambda dx$ 和 $r = \sqrt{x^2 + d^2}$，我們可以將 (i) 式重寫為

$$V = \int_{-a}^{a} k\frac{dq}{r} = k\lambda \int_{-a}^{a} \frac{dx}{\sqrt{x^2 + d^2}}$$

由積分表找出或用軟體求出這個積分，可得

$$\int_{-a}^{a} \frac{dx}{\sqrt{x^2 + d^2}} = \left[\ln\left(x + \sqrt{x^2 + d^2}\right)\right]_{-a}^{a} = \ln\left(\frac{\sqrt{a^2 + d^2} + a}{\sqrt{a^2 + d^2} - a}\right)$$

因此，沿有限長導線的垂直平分線，在距離為 d 處的電位由下式給出：

$$V = k\lambda \ln\left(\frac{\sqrt{a^2 + d^2} + a}{\sqrt{a^2 + d^2} - a}\right)$$

詳解題 22.2　帶電圓盤

問題：

將 3.50 nC 的電荷均勻的施加到半徑為 1.00 cm 的圓盤表面。在垂直盤面的對稱軸上，距離盤面為 4.50 mm 處的電位為何？假設在無窮遠距離處

的電位為零。

解：

思索 一個點電荷產生的電位為 $V(r) = kq/r$，但是在本題的情況下，電荷分布於一個區域，不能使用這個關係，而必須執行積分。這種積分的一般程序總是相同的：我們將總電荷分成許多個微小增量 dq，計算每個增量產生的電位，然後對所有增量的電位貢獻進行積分。在本題中，我們想求出電位的點，位於圓盤的垂直對稱軸上，因此在積分時我們將利用這個對稱性。

繪圖 圖 22.16 顯示出本題情況的草圖。

推敲 圓盤的表面電荷密度為 $\sigma = q/A$，其中 $A = \pi R^2$ 是圓盤的面積。此外，電荷圍繞對稱軸 (圖 22.16 中的 x 軸) 對稱的分布。這促使我們將寬度為 dr 的薄圓環當作微分電荷：$dq = \sigma dA$，其中 $dA = 2\pi r dr$。由圖 22.16 可以看出，環上各點與我們要計算電位的點 (用紅點標記) 都具有相等的距離 ℓ。因此 dq 對電位的貢獻為 $dV = kdq/\ell$，而總電位則為 $V = \int dV$。我們需要做的最後一件事是將距離 ℓ 與點和圓盤中心之間的距離 x 相關聯。從圖 22.16 的 (b) 部分可以看出，這個關係為 $\ell = \sqrt{r^2 + x^2}$。

簡化 綜合上述結果，我們發現對於圓盤對稱軸上的點，電位隨其到中心距離變化的函數如下：

$$V(x) = \int dV = \int \frac{k}{\ell} dq = \int \frac{k\sigma}{\ell} dA = \int \frac{k\sigma}{\ell} 2\pi r\, dr$$

代入我們所得電荷密度 σ 和距離 ℓ 的表達式，我們就可對 r 進行從零到圓盤半徑 R 的積分：

$$V(x) = \frac{2kq}{R^2} \int_0^R \frac{r}{\sqrt{x^2+r^2}} dr = \frac{2kq}{R^2} \sqrt{x^2+r^2}\bigg|_0^R = \frac{2kq}{R^2}\left(\sqrt{x^2+R^2} - x\right)$$

計算 代入給定的數值，我們得到

$$V(4.5 \text{ mm}) = \frac{2(8.98755 \cdot 10^9 \text{ N m}^2/\text{C}^2)(3.5 \cdot 10^{-9}\text{C})}{(0.01 \text{ m})^2}\left(\sqrt{(4.5 \cdot 10^{-3}\text{ m})^2 + (0.01 \text{ m})^2} - 4.5 \cdot 10^{-3}\text{ m}\right)$$
$$= 4067.85 \text{ N m/C}$$

捨入 將最終結果捨入成為三位有效數字：$V(4.5 \text{ mm}) = 4.07$ kV。(我們使用 1 N m = 1 J 和 1 J/1 C = 1 V 以獲得電壓的適當單位，即伏特。)

複驗 我們已經做了簡單的檢查，注意到答案的單位是正確的。作為另一項檢查，我們查看一下圓盤半徑縮小到零，以致變成點電荷的極限情

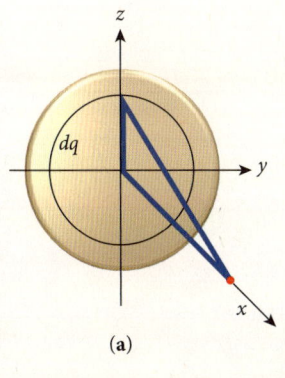

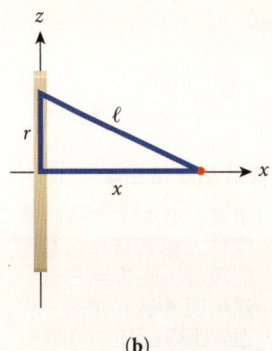

圖 22.16 在圓盤對稱軸上一點的電位：(a) 前視圖，(b) 側視圖。

況。與 3.50 nC 的點電荷相距 4.50 mm 處的電位為

$$V_{\text{點電荷}} (4.5 \text{ mm}) = \frac{2(8.988 \cdot 10^9 \text{ N m}^2/\text{C}^2)(3.5 \cdot 10^{-9} \text{ C})}{0.0045 \text{ m}} = 6.99 \text{ kV}$$

這個結果令人放心，因為它與我們所給答案具有相同的數量級，只是稍大，有如預期。圖 22.17 比較了帶電圓盤 (藍色曲線) 和點電荷 (紅色曲線) 產生的電位。如同預期的，電荷的分布在距離很遠處無關緊要，因此我們計算的電位與點電荷的結果接近。但在比圓盤半徑為小的距離，差異變得非常明顯。特別是在 $x \to 0$ 時，均勻帶電圓盤的電位沒有發散，而是達到最大值 $2kq/R$。

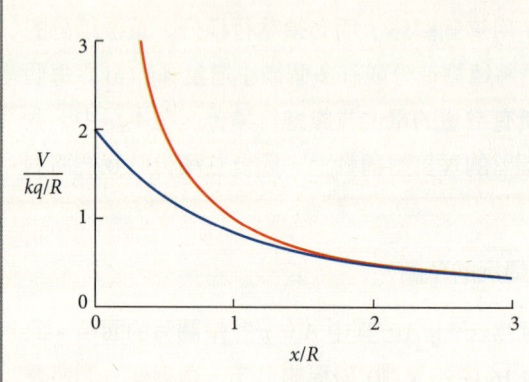

圖 22.17 比較半徑 R、均勻帶電的圓盤 (藍色曲線) 和點電荷 (紅色曲線) 產生的電位。

自我測試 22.4
考慮一個中空的導體帶電球，繪圖顯示它產生的電位，在零到三倍於球半徑 R 的範圍內，隨徑向座標 r 變化的函數。

22.5 由電位求出電場

如同前面提過的，我們可以由電位求出電場。這需使用 (22.8) 式和 (22.10) 式：

$$-q dV = q\vec{E} \cdot d\vec{s}$$

其中 $d\vec{s}$ 是從起點到相隔很小 (無窮小) 距離之終點的向量。沿 $d\vec{s}$ 方向的電場分量 E_s 可由偏導數求出：

$$E_s = -\frac{\partial V}{\partial s} \tag{22.14}$$

(第 14 章討論波時用到偏導數，幾乎都將它們當作普通導數處理，此處延續此作法。) 因此，我們可以沿著任何方向取電位的偏導數，而求得電場沿該方向的分量。所以電場分量可以用電位的偏導數來表示：

$$E_x = -\frac{\partial V}{\partial x}; \quad E_y = -\frac{\partial V}{\partial y}; \quad E_z = -\frac{\partial V}{\partial z} \tag{22.15}$$

上式亦可表示為向量微積分公式 $\vec{E} = -\nabla V = -(\partial V/\partial x, \partial V/\partial y, \partial V/\partial z)$：其

電位 22

中的算符 ∇ (或 $\vec{\nabla}$) 稱為**梯度**。因此，電場可用圖形方式求出，即沿垂直等位線的方向，量出每單位距離的電位變化量，再取其負值，或以分析方式，使用 (22.15) 式求得。

>>> **觀念檢測 22.6**
假設以 V 為單位時，電位為 $V(x, y, z) = -(5x^2 + y + z)$。以 V/m 為單位，下列表達式何者描述了相關的電場？
a) $\vec{E} = 5\hat{x} + 2\hat{y} + 2\hat{z}$
b) $\vec{E} = 10x\hat{x}$
c) $\vec{E} = 5x\hat{x} + 2\hat{y}$
d) $\vec{E} = 10x\hat{x} + \hat{y} + \hat{z}$
e) $\vec{E} = 0$

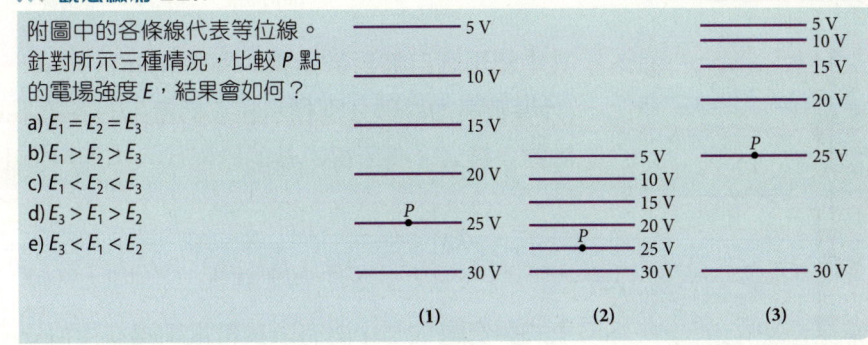

>>> **觀念檢測 22.7**
附圖中的各條線代表等位線。針對所示三種情況，比較 P 點的電場強度 E，結果會如何？
a) $E_1 = E_2 = E_3$
b) $E_1 > E_2 > E_3$
c) $E_1 < E_2 < E_3$
d) $E_3 > E_1 > E_2$
e) $E_3 < E_1 < E_2$

對於有限長的帶電線段，我們在例題 21.3 中得出了在其垂直平分線上的電場表達式：

$$E_y = \frac{2k\lambda}{y} \frac{a}{\sqrt{y^2 + a^2}}$$

並在例題 22.2 中求出垂直平分線上的的電位表達式；這裡我們用 y 方向上的距離替換該例題中使用的座標 d：

$$V = k\lambda \ln\left(\frac{\sqrt{y^2 + a^2} + a}{\sqrt{y^2 + a^2} - a}\right) \tag{22.16}$$

使用 (22.16) 式，我們可以從電位求得電場的 y 分量：

$$E_y = -\frac{\partial V}{\partial y} \frac{2k\lambda}{y}$$

$$= -\frac{\partial\left(k\lambda \ln\left(\frac{\sqrt{y^2 + a^2} + a}{\sqrt{y^2 + a^2} - a}\right)\right)}{\partial y}$$

$$= -k\lambda \left(\frac{\partial\left(\ln\left(\sqrt{y^2 + a^2} + a\right)\right)}{\partial y} - \frac{\partial\left(\ln\left(\sqrt{y^2 + a^2} - a\right)\right)}{\partial y}\right)$$

我們先求出最後等式第一項中的偏導數 (記住：它們可以像普通導數一

觀念檢測 22.8

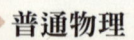

附圖中的線代表等位線。正電荷位於 P 點，另一正電荷位於 Q 點。哪一組向量最能夠表示電場對位於 P 和 Q 點上的正電荷所施之力的相對量值和方向？

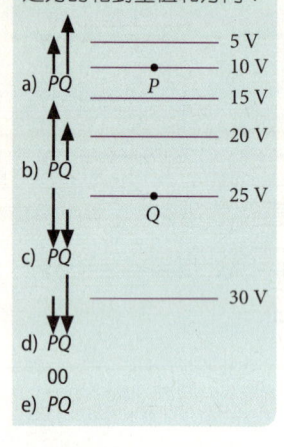

a) PQ ↑↑
b) PQ ↑↑
c) PQ ↓↓
d) PQ ↓↓
e) PQ 00

觀念檢測 22.9

附圖中的線代表等位線。在 P 點的電場方向為何？

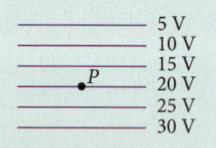

a) 向上
b) 向下
c) 向左
d) 向右
e) 在 P 點的電場為零。

樣處理)：

$$\frac{\partial\left(\ln\left(\sqrt{y^2+a^2}+a\right)\right)}{\partial y} = \underbrace{\left(\frac{1}{\sqrt{y^2+a^2}+a}\right)}_{\ln \text{ 的導數}} \underbrace{\left(\frac{1}{2}\frac{1}{\sqrt{y^2+a^2}}\right)}_{\sqrt{y^2+a^2} \text{ 的導數}} \underbrace{(2y)}_{y^2 \text{ 的導數}} = \frac{y}{y^2+a^2+a\sqrt{y^2+a^2}}$$

其中使用到自然對數函數的導數為 $d(\ln x)/dx = 1/x$ 和微分的連鎖律。(外導數與內導數分別標示在它們產生的各項下。) 同理可得第二項偏導數的表達式。將所得導數的結果代入，即可求出電場的分量：

$$E_y = -k\lambda\left(\frac{y}{y^2+a^2+a\sqrt{y^2+a^2}} - \frac{y}{y^2+a^2-a\sqrt{y^2+a^2}}\right) = \frac{2k\lambda}{y}\frac{a}{\sqrt{y^2+a^2}}$$

上式與例題 22.2 中對有限長帶電細線進行積分所導出的 y 方向電場的結果相同。

觀念檢測 22.10

如附圖所示，三對平行板具有相同的板間距，每個板的電位如標示。電場 E 在每對板之間為均勻且與板垂直。將板之間的 E 按照量值從最大到最小排序應為下列何者？

a) $1 > 2 > 3$
b) $3 > 2 > 1$
c) $3 = 2 > 1$
d) $3 = 2 = 1$
e) $3 = 1 < 2$

−50 V +150 V   −20 V +200 V   −300 V −500 V
   (1)   (2)   (3)

22.6 多個點電荷系統的電位能

第 22.1 節討論了點電荷在給定外電場中的電位能，而第 22.4 節描述了如何計算點電荷系統產生的電位，本節將此二者結合以求出多個點電荷系統的電位能。考慮一個電荷之間彼此相距為無窮遠的系統。要使電荷們彼此靠近，必須對電荷做功，系統的電位能因而改變。依定義，多個點電荷系統的電位能就是使電荷從分開為無窮遠變為彼此靠近所需的功。

以兩個點電荷系統的電位能為例 (圖 22.18)，若兩電荷最初相距為無窮遠，而我們先將點電荷 q_1 帶入系統。因為沒有電荷的系統不會有電場與相應的電作用力，所以此一動作不需要對電荷做任何功。使點電荷 q_1 保持靜止，我們再將第二個點電荷 q_2 從無窮遠帶到距離 q_1 為 r。

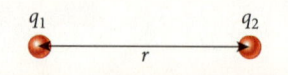

圖 22.18　相距為 r 的兩個點電荷。

使用 (22.6) 式，可以求得系統的電位能為

$$U = q_2 V \tag{22.17}$$

在上式中

$$V = \frac{kq_1}{r} \tag{22.18}$$

故此一由兩個點電荷組成之系統的電位能為

$$U = \frac{kq_1 q_2}{r} \tag{22.19}$$

依據功–能定理，為了使粒子彼此靠近並保持靜止而必須對它們做的功 W 等於 U。如果兩個電荷的電性相同，則 $W = U > 0$，亦即將它們從相距無窮遠帶到彼此接近並保持不動所需做的功為正。反之，如果兩個電荷的電性相異，則所需做的功為負。當點電荷超過兩個時，為了求出 U，我們可以從彼此相距為無窮遠開始，一次將一個點電荷帶近，而以任何順序組合它們。

例題 22.3　四個點電荷

讓我們計算圖 22.19 所示四個點電荷系統的電位能。它們的電荷分別為 $q_1 = +1.0\ \mu C$、$q_2 = +2.0\ \mu C$、$q_3 = -3.0\ \mu C$ 和 $q_4 = +4.0\ \mu C$，並以 $a = 6.0\ \mu m$ 和 $b = 4.0\ \mu m$ 擺放於位置上。

問題：

這個由四個點電荷組成之系統的電位能為何？

解：

我們由四個電荷相距為無窮遠開始計算，並且假定此初始配置的電位能為零。我們代入電荷 q_1 並將它放在 $(0, 0)$。此動作不改變系統的電位能。接著我們引入 q_2，並將它放在 $(0, a)$。現在系統的電位能為

$$U = \frac{kq_1 q_2}{a}$$

由於 q_3 與 q_1 的相互作用及 q_3 與 q_2 的相互作用，將 q_3 從無窮遠的距離引入，並且將它放在 $(b, 0)$，改變了系統的位能。新的位能為

$$U = \frac{kq_1 q_2}{a} + \frac{kq_1 q_3}{b} + \frac{kq_2 q_3}{\sqrt{a^2 + b^2}}$$

最後，引入 q_4 並將它放在 (b, a)。它與 q_1、q_2 和 q_3 的相互作用改變了系

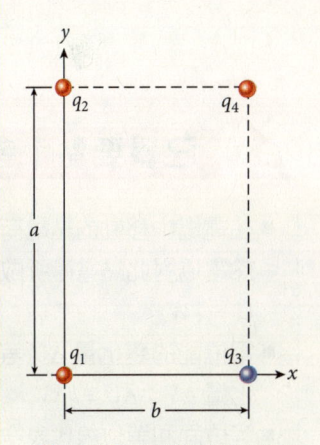

圖 22.19　計算四個點電荷組成之系統的位能。

統的位能，使得系統的總電位能成為

$$U = \frac{kq_1q_2}{a} + \frac{kq_1q_3}{b} + \frac{kq_2q_3}{\sqrt{a^2+b^2}} + \frac{kq_1q_4}{\sqrt{a^2+b^2}} + \frac{kq_2q_4}{b} + \frac{kq_3q_4}{a}$$

注意，電荷從無窮遠引進的順序不會改變此結果。(你可以嘗試不同的順序來驗證它。) 代入數值，我們獲得

$$U = (3.0 \cdot 10^{-3} \text{ J}) + (-6.7 \cdot 10^{-3} \text{ J}) + (-7.5 \cdot 10^{-3} \text{ J}) +$$
$$(5.0 \cdot 10^{-3} \text{ J}) + (1.8 \cdot 10^{-2} \text{ J}) + (-1.8 \cdot 10^{-2} \text{ J}) = -6.2 \cdot 10^{-3} \text{ J}$$

根據例題 22.3 中的計算，我們將該結果外推以獲得點電荷集合的電位能公式：

$$U = k \sum_{ij\text{(以對計)}} \frac{q_i q_j}{r_{ij}} \tag{22.20}$$

其中 i 和 j 標記每對電荷，求和只包括每對 ij (所有的 $i \neq j$)，且 r_{ij} 是每對電荷之間的距離。這個雙重的總和也可表示如下：

$$U = \frac{1}{2} k \sum_{j=1}^{n} \sum_{i=1, i \neq j}^{n} \frac{q_i q_j}{|\vec{r}_i - \vec{r}_j|}$$

這比 (22.20) 式的等效公式更加明確。

已學要點｜考試準備指南

- 在電場中移動的點電荷，其電位能的變化量等於電場對此點電荷所做之功的負值：$\Delta U = U_f - U_i = -W_e$。
- 電位能的變化量 ΔU 等於電荷 q，乘以電位變化量 ΔV：$\Delta U = q\Delta V$。
- 等位面和等位線代表空間中具有相同電位的位置。等位面恆垂直於電場線。
- 導體的表面為等位面。
- 電位的變化量可以對電場積分而由電場確定：$\Delta V = -\int_i^f \vec{E} \cdot d\vec{s}$。若將無窮遠處的電位設置為零，則 $V = \int_{\vec{r}}^{\infty} \vec{E} \cdot d\vec{s}$。

- 在距離點電荷 q 為 r 處的電位為 $V = \frac{kq}{r}$。
- 由 n 個點電荷的系統產生的電位，可以表示為各個點電荷單獨產生之電位的代數和：$V = \sum_{i=1}^{n} V_i$。
- 電場在任何方向上的分量都可以由電位沿該方向的梯度求出：

$$E_x = -\frac{\partial V}{\partial x}, E_y = -\frac{\partial V}{\partial y}, E_z = -\frac{\partial V}{\partial z}。$$

- 兩個點電荷組成的系統之電位能為 $U = \frac{kq_1q_2}{r}$。

22 電位

自我測試解答

22.1 在 y 軸上各點的電位為零。

22.2 $(x, y) = (0, 0)$ 為鞍點。

22.3 沒有任何改變。靜電力是守恆的，對於守恆的力，功與路徑無關。

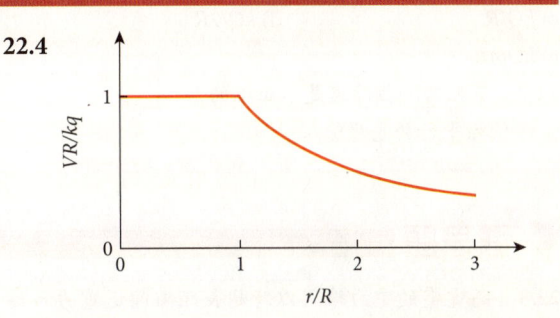

22.4

[圖：縱軸為 VR/kq，橫軸為 r/R。曲線在 $0 \le r/R \le 1$ 時為定值 1，在 $r/R > 1$ 時隨 r/R 增加而下降。]

解題準則

1. 計算時常見的一個誤差來源是將電場、電位能 U 和電位 V 彼此混淆。記住電場是由電荷分布產生的一種向量；電位能是屬於電荷分布的一種特性；而電位是屬於電場的一種特性。務必清楚你正在計算什麼。

2. 務必清楚你計算的位能或位勢是相對於哪一點。如同電場的計算一樣，電位的計算也可以使用線電荷分布 (λ)、平面電荷分布 (σ) 或體積電荷分布 (ρ)。

3. 由於電位是純量，點電荷系統產生的總電位，只要將所有電荷單獨產生的電位相加即可求得。對於連續電荷分布，你需要對微分電荷積分以求出電位，各微分電荷產生的電位可視為與點電荷產生的電位相同！

選擇題

22.1 一個正電荷被釋放，並沿著電場線移動。此電荷移動到的位置，具有

a) 較低的電位和較低的位能。
b) 較低的電位和較高的位能。
c) 較高的電位和較低的位能。
d) 較高的電位和較高的位能。

22.2 將無窮遠處的電位設定為 +100 V，而不是設定為零，結果會如何？

a) 沒有任何改變；在每個有限點，電場和電位的值將維持不變。
b) 在每個有限點的電位將變為無窮，而無法定義電場。
c) 每個點的電位將增加 100 V，而電場則維持不變。
d) 這要看情況而定。例如，正點電荷產生的電位隨著距離更緩慢的下降，因此電場的量值將變小。

22.3 比起在 10 V 等位面上移動它所做的功，在 1000 V 的等位面上移動正點電荷 q 所做的功會

a) 完全相同。
b) 比較少。
c) 比較多。
d) 依電荷移動的距離而定。

22.74 電偶極矩和外加電場之間的角度為何時，將導致最穩定的狀態？

a) 0 rad
b) $\pi/2$ rad
c) π rad
d) 在外加電場中，電偶極矩在任何情況下都不穩定。

22.5 以下每一對點電荷之間的距離均為 d。哪一對的位能最高？

a) +5 C 和 +3 C
b) +5 C 和 −3 C
c) −5 C 和 +3 C
d) 每一對的位能都相同。

22.6 半徑為 R 的中空導電球以 xyz 座標系的原點為中心。總電荷 Q 均勻的分布在球的表面上。假設在無窮遠距離處的電位為零，則在球中心的電位為何？

a) 0
b) $2kQ/R$
c) kQ/R
d) $kQ/2R$
e) $kQ/4R$

b) 點電荷的等位線是圓形的。
c) 任何電荷分布都會有等位面。
d) 當電荷在等位面上移動時，電場對電荷做的功為零。

22.7 下列哪一個陳述是不正確的？
a) 等位線平行於電場線。

觀念題

22.8 高電壓的電力線用以跨越長距離輸送電力。這些電力線是鳥類偏愛的休息處。為什麼牠們接觸高壓電力線時不會死？

22.9 兩條等位線可以交叉而過嗎？可以或不可以的理由為何？

22.10 使用高斯定律，以及電位和電場之間的關係，證明均勻帶電球體外的電位，與將所有球體總電荷的點電荷放置在球體中心所產生的電位相同。球體表面的電位是多少？如果電荷分布不均勻但具有球形（徑向）對稱性，電位會如何變化？

22.11 針對在 z 軸上、距離半徑為 R 的半圓盤（見圖）為 H 的點，以一個積分式給出其電位。半圓盤在其表面上具有均勻分布的電荷 σ。

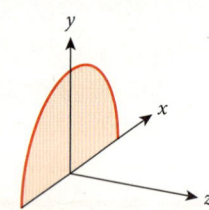

22.12 利用類似於第 22.6 節點電荷系統所用的方式，將電荷分布細分成合適的小塊，可以求出一個連續電荷分布的電位能。求出**任意**球對稱電荷分布 $\rho(r)$ 的電位能。**不要**假設 $\rho(r)$ 代表點電荷、是恆定的、是分段式恆定的，或者它在任何有限半徑 r 終止或不終止。你的電位能表達式必須涵蓋所有的可能性。你的表達式可以包括因不知道 $\rho(r)$ 的具體形式而無法求值的一個或多個積分。（提示：球形珍珠是由一層一層的珍珠層構成的。）

練習題

題號前的藍點（•）與雙藍點（••）代表問題難度遞增。

22.1 節

•**22.13** 一個質量為 $3.00 \cdot 10^{-6}$ kg、電荷為 +5.00 mC 的金屬球，具有的動能為 $6.00 \cdot 10^8$ J。它正對著一個無限大、電荷分布為 +4.00 C/m^2 的電荷平面移動。如果它目前距離帶電平面 1.00 m，則在停止前它將與該平面有多接近？

22.2 節

22.14 電場要將質子從電位 +180. V 的點移動到電位為 −60.0 V 的點時，需做多少功？

22.15 初始為靜止的質子通過 500. V 的電位差加速，它的最終速率為何？

•**22.16** 質子槍從兩塊板 A、B 的中間點射出一個質子，兩塊板相距 10.0 cm 的距離；質子最初以 150.0 km/s 的速率朝向 B 板移動。A 板保持在零電位，B 板在 400.0 V 的電位。
a) 質子是否能到達 B 板？
b) 若否，它會在何處轉向？
c) 它將以什麼速率擊中 A 板？

22.4 節

22.17 兩個點電荷位於矩形的兩個角上，如附圖所示。
a) 在 A 點的電位為何？
b) A 和 B 點之間的電位差為何？

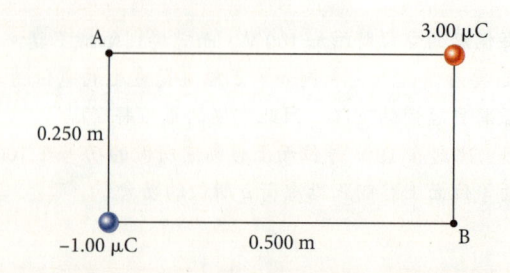

電位 22

22.18 電荷 Q = +5.60 μC 均勻分布在薄壁塑膠圓筒的外殼上。殼的半徑 R 為 4.50 cm。計算附圖所示 xy 座標系原點處的電位。假設在遠離原點處的電位為零。

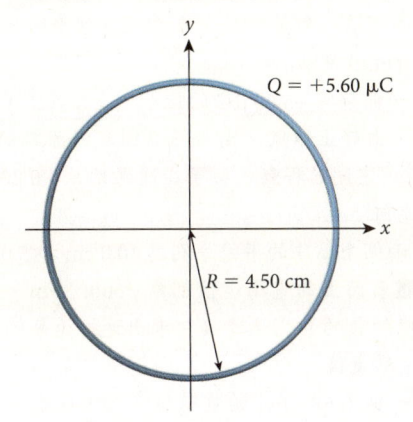

22.19 求出在附圖所示細線之曲率中心的電位。它每單位長度（均勻分布）的電荷為 $\lambda = 3.00 \cdot 10^{-8}$ C/m，曲率半徑為 R = 8.00 cm。

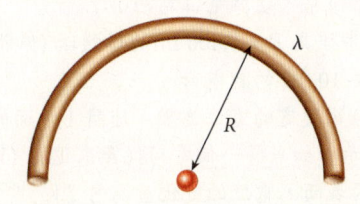

•**22.20** 直徑為 50.0 μm 的球形水滴具有 +20.0 pC 均勻分布的電荷。求出 (a) 在其表面的電位和 (b) 在其中心的電位。

•**22.21** 如附圖所示，四個點電荷佈置於邊長為 2a 的正方形頂點上，其中 a = 2.70 cm。各電荷的量值同為 1.50 nC；其中三個是正的，一個是負的。若 c = 4.10 cm，則這四個點電荷在 P = (0, 0, c) 處產生的電位為何？

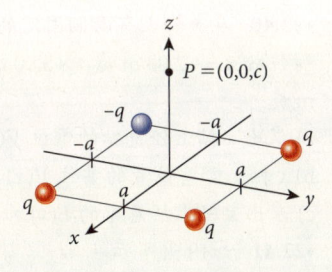

••**22.22** 一電場在空間中的變化如下式：$\vec{E} = E_0 x e^{-x} \hat{x}$。
a) 若電場為最大值的 x 為 x_{max}，試求 x_{max}。
b) x = 0 和 x = x_{max} 兩點之間的電位差為何？

22.5 節

22.23 在非均勻棒中存在電場。以電壓表測量桿的左端和距左端為 x 的點之間的電位差。重複此步驟，發現數據可用 $\Delta V = 270 \cdot x^2$ 的關係描述，其中 ΔV 的單位為 V/m²。在距左端 13.0 cm 處，電場的 x 分量為何？

22.24 在電位根據 $V(x) = (2.00 \text{ V/m}^2)x^2 - (3.00 \text{ V/m}^3)x^3$ 變化的區域中，電荷為 1.00 μC、質量為 2.50 mg 的塵粒落在 x = 2.00 μm 處。粒子在落定後，將以多大的加速度開始移動？

•**22.25** 在 10.0 m 長的線性粒子加速器內，電位為 $V = (3000 - 5x^2/\text{m}^2)$ V，其中 x 為從左板沿加速器管量出的距離，如附圖所示。
a) 求出沿加速器管的電場表達式。
b) 在 x = 4.00 m 處將質子從靜止釋放。計算質子剛釋放後的加速度。
c) 如果它與板碰撞，則在碰撞時，質子的衝擊速率為何？

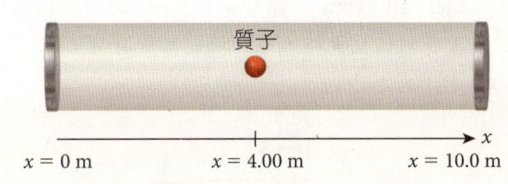

•**22.26** 使用 $V = \frac{kq}{r}$、$E_x = -\frac{\partial V}{\partial x}$、$E_y = -\frac{\partial V}{\partial y}$ 和 $E_z = -\frac{\partial V}{\partial z}$，導出點電荷 q 的電場表達式。

••**22.27** 要從電荷分布 $\rho(\vec{r})$ 計算電場 $\vec{E}(\vec{r})$ 和電位 $V(\vec{r})$，可以先對庫侖定律進行積分，再對電場積分。反過來，通過適當的微分可以從電位決定電場和電荷分布。假設空間中有一個大區域的電位是由 $V(r) = V_0 \exp(-r^2/a^2)$ 給出，其中 V_0 和 a 是常數，$r = \sqrt{x^2+y^2+z^2}$ 是到原點的距離。
a) 求出這個區域的電場 $\vec{E}(\vec{r})$。
b) 求出這個區域產生電位和電場的電荷密度 $\rho(\vec{r})$。
c) 求出這個區域的總電荷。
d) 大略描繪可能產生這種電場的電荷分布。

22.6 節

22.28 要產生核聚變（亦稱核熔合）反應，必須使帶正電的原子核克服靜電排斥力而互相靠近。考慮一個簡單的例子，將質子射向遠處的第二個固定質子。必須給予運動質子多少動能，才可使其進入到目標的 $1.00 \cdot 10^{-15}$ m 之內？假設發生的是正面對撞，且目標的位置固定。

22.29 氘離子和氚離子各具有 +e 的電荷。必須對氘離子做多少功（以 eV 表達），才能使氘離子接近到氚離子的 $1.00 \cdot 10^{-14}$ m 之內？在這個距離之內，兩個離

普通物理

子可以熔合產生氦–5 核，這是靠強核力克服靜電排斥力達成的。

•**22.30** 質量 $m_1 = 5.00$ g (直徑 = 5.00 mm) 和 $m_2 = 8.00$ g (直徑 = 8.00 mm) 的兩個金屬球，分別具有 $q_1 = 5.00$ nC 和 $q_2 = 8.00$ nC 的正電荷。有一力將它們保持在位置上，使得它們的中心分開 8.00 mm。在力被移除後，它們的速度將為何？

補充練習題

22.31 如附圖所示，半徑為 1 m 的中空金屬球和地之間連接有一個 12 V 的電池。中空金屬球內的電場和電位為何？

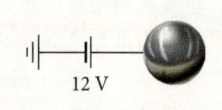

22.32 在 xz 平面的絕緣薄片均勻帶電，其電荷分布為 $\sigma = 3.50 \cdot 10^{-6}$ C/m²。當 $Q = 1.25$ μC 的電荷從圖中的位置 A 移到位置 B 時，電位的變化量為何？

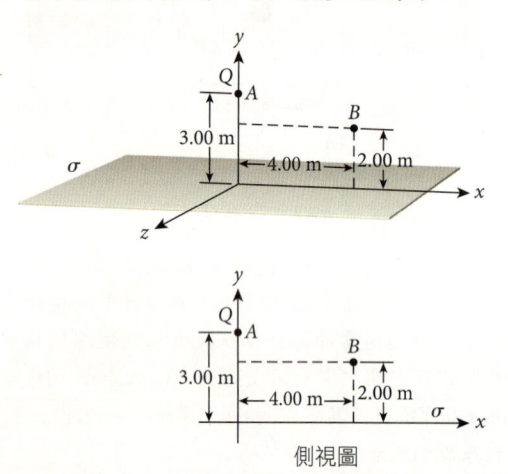

側視圖

22.33 附圖示出了一個導體實心球 (半徑 $R = 18.0$ cm，電荷 $q = 6.10 \cdot 10^{-6}$ C)。計算在離其中心 24.0 cm 的點 A、表面上的點 B 和球體中心點 C 的電位。假設在距離座標系原點為無窮遠之處的電位為零。

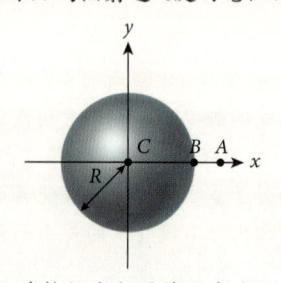

22.34 一部凡德格拉夫起電機具有半徑為 25.0 cm 的球形導體，可以產生 $2.00 \cdot 10^6$ V/m 的最大電場。它可以維持的最大電壓和電荷為何？

22.35 兩個半徑分別為 $r_1 = 10.0$ cm 和 $r_2 = 20.0$ cm 的金屬球，各帶有 $100.$ μC 的正電荷。

a) 它們的表面電荷分布之比為何？

b) 如果兩個球以銅線連接，在系統達到平衡之前，有多少電荷流過該線？

22.36 一個帶電 $+5.00$ μC 的粒子，在 x 軸上 $x = 0.100$ m 的點，由靜止釋放。由於另有固定於原點的 $+9.00$ μC 電荷，它開始移動。粒子在通過點 $x = 0.200$ m 時的動能為何？

•**22.37** 兩個金屬球的半徑分別為 10.0 cm 和 5.00 cm。每個球體表面上的電場量值都為 3600. V/m。今將兩個球體以細長的金屬線連接。求出連接後每個球體表面上的電場量值。

•**22.38** 一個 0.681 nC 的電荷位於 $x = 0$ 處。另一個 0.167 nC 的電荷位於 x 軸上 $x_1 = 10.9$ cm 處。

a) 在 x 軸上 $x = 20.1$ cm 處，這兩個電荷聯合產生的電位為何？

b) 在 x 軸上何處，這個電位為極小？

•**22.39** 在半徑為 $R = 0.400$ m 的導體球 (球體 1) 上，有 $Q = 4.20 \cdot 10^{-6}$ C 的總電荷。

a) 假設在無窮遠處的電位為零，球體 1 表面的電位 V_1 為何？[提示：如果將一個電荷從無窮遠處 ($V(\infty) = 0$) 帶到球體的表面，電位的變化量為何？]

b) 將半徑 $r = 0.100$ m、初始淨電荷為零 ($q = 0$) 的第二個導體球 (球體 2)，以細長金屬線連接到球體 1。要達到平衡狀態，有多少電荷從球體 1 流到球體 2？

•**22.40** 在 x 軸上有兩個固定的點電荷。-3.00 mC 的電荷位於 $x = +2.00$ m 處，$+5.00$ mC 的電荷位於 $x = -4.00$ m 處。

a) 求出 x 軸上任意點的電位 $V(x)$。

b) x 軸上哪些位置的電位 $V(x) = 0$？

c) 求出 x 軸上任意點的 $E(x)$。

•**22.41** 如附圖所示，沿著半徑為 R 的半圓有均勻的線電荷分布，其總正電荷為 Q。

a) 在不做任何計算的情況下，預測該線電荷分布在 O 點產生的電位。

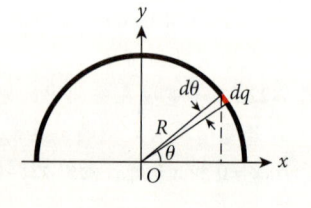

b) 經由直接計算，驗證在 (a) 部分所作的預測。

c) 對電場進行類似的預測。

多版本練習題

22.42 半徑為 $R_1 = 1.206$ m 的實心導體球,均勻分布於其表面上的電荷為 $Q = 1.953$ μC。半徑為 $R_2 = 0.6115$ m 的第二個實心導體球最初不帶電,且與第一個球的距離為 10.00 m。兩個球體瞬間以線連接,然後將線移除。第二個球體上的電荷為何?

22.43 半徑為 $R_1 = 1.435$ m 的實心導體球,均勻分布於其表面上的電荷為 Q。半徑為 $R_2 = 0.6177$ m 的第二個實心導體球最初不帶電,且與第一個球的距離為 10.00 m。兩個球體瞬間以線連接,然後將線移除。在第二個球體上產生的電荷為 0.9356 μC。第一個球體上的原始電荷 Q 為何?

22.44 半徑為 R_1 的實心導體球,均勻分布於其表面上的電荷為 $Q = 4.263$ μC。半徑為 $R_2 = 0.6239$ m 的第二個實心導體球最初不帶電,且與第一個球的距離為 10.00 m。兩個球體瞬間以線連接,然後將線移除。在第二個球體上產生的電荷為 1.162 μC。第一個球體的半徑為何?

23. 電容器

待學要點
23.1 電容
23.2 電路
　　電容器的充電和放電
23.3 平行板電容器和其他類型的電容器
　　圓柱形電容器
　　球形電容器
23.4 電路中的電容器
　　並聯電容器
　　串聯電容器
　　　例題 23.1　電容器系統
23.5 存於電容器中的能量
　　　例題 23.2　雷雨雲
　　電擊器
23.6 介電質電容器
　　　例題 23.3　介電質平行板電容器
　　　例題 23.4　同軸電纜的電容
23.7 介電質的微觀描述
　　電解質電容器
　　超級電容器

已學要點｜考試準備指南
　　解題準則
　　選擇題
　　觀念題
　　練習題
　　多版本練習題

圖 23.1　藉由 iPad 的觸摸式螢幕輸入指令。

類似於圖 23.1 所示的觸摸式螢幕，現已變得非常普遍，從計算機、手機到投票機的各種螢幕，到處都可見到它。它以幾種方式工作，其中一種涉及使用稱為電容的導體屬性，我們將在本章中研究此點。每當兩個導體相隔一小段距離時，就會出現電容。手指與觸摸式螢幕接觸，會導致可以檢測到的電容變化。

電容器具有非常有用的功能，它能將電荷儲存起來，然後很快的釋放掉，因此可用於相機的閃光附件、心臟電擊器 (亦稱除顫器)、乃至實驗性質的核聚變反應爐——任何需要快速轉移大量電荷的設備。幾乎任何類型的電路都包含至少一個電容器。然而，電容有其不利的一面。在不

普通物理

待學要點

- 電容代表儲存電荷的能力。
- 電容器通常由兩個分開的導體或導電板組成。
- 電容器可以在一個板上儲存電荷，通常並且另有一個板儲存相等且相反的電荷。
- 電容器的電容是儲存在板上的電荷除以產生的電位差。
- 電容器可以儲存電位能。
- 一類常見的電容器是平行板電容器，它由兩個平行的導電平板組成。
- 電容器的電容與其幾何形狀有關。
- 在電路中，並聯或串聯的電容器可以用等效電容代替。
- 在電容器的兩個極板之間置入介電質材料，會使其電容增大。
- 由於介電質材料中各分子偶極矩的方向一致，介電質材料減小了電容器極板之間的電場。

想要它的地方，它也會出現在例如微小電子電路中相鄰的導體之間，以致產生「漏音(或串擾)」，而這是在電路組件之間不希望出現的干擾。

由於電容器是電路的基本元件之一，本章將探討它在簡單電路中如何運作。接下來的兩章將介紹更多的基本電路元件及其用途。

圖 23.2　一些典型的電容器。

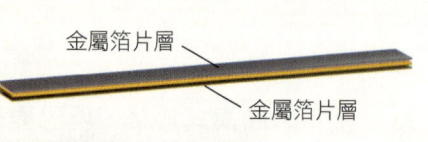

圖 23.3　以絕緣層隔開的兩片金屬箔。

圖 23.4　圖 23.3 所示的金屬箔片和聚酯薄膜夾層結構，可以用另一絕緣層捲起，以製造形體緊湊的電容器。

23.1　電容

如圖 23.2 所示，電容器有多種的尺寸和形狀。電容器一般是由兩個分開的導體組成，這兩個導體通常稱為板 (或極板)，即使它們並非簡單的平面。如果將一個電容器拆開，我們可能會發現兩層金屬箔，它們以聚酯薄膜 (Mylar) 絕緣層分開，如圖 23.3 所示。金屬箔和聚酯薄膜的夾層組合，可以再用另一道絕緣層捲起來，而成為不同於兩個平行導體的緊湊形式，如圖 23.4 所示。這種技術產生一些外形如圖 23.2 所示的電容器。兩個金屬箔之間的絕緣層在電容器的特性中扮演關鍵的腳色。

為了研究電容器的性質，我們假設一個幾何形體便於處理的電容器，然後再將結果推廣。圖 23.5 顯示出**平行板電容器**，它由兩個平行的導電板組成，每個導電板的面積為 A，兩板的間距為 d，且此電容器處於真空中。將電容器充電，使它的一個板帶 $+q$ 的電荷，而另一個板帶 $-q$ 的電荷。由於兩板都是導體，它們各自為等電位表面；因此，板上的電子將均勻的分布於表面上。

電容器裝置的兩個平行板之間的電位差 ΔV，與板上的電荷量成比

例，此處的比例常數稱為此裝置的**電容** C，即其定義式為

$$C = \left|\frac{q}{\Delta V}\right| \quad (23.1)$$

一個電容器裝置的電容，與板的面積和兩板之間的距離有關，但與電荷量或電位差無關。(下面幾節中將針對平行板和其他幾何形狀，證明此點。) 根據定義，電容是一個正數。它指示出在兩板之間產生給定的電位差需要多少電荷。電容越大，產生給定電位差所需的電荷越多。注意，一般常使用 V 而不是 ΔV 來表示電位差，所以要確實分清楚 V 是用來代表電位或電位差。

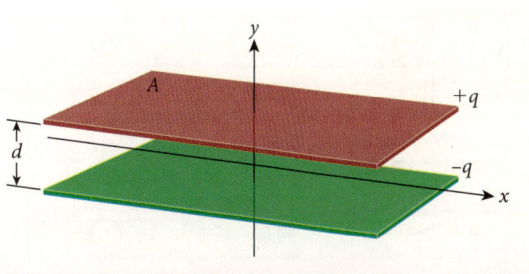

圖 23.5　平行板電容器由兩個導電板組成，每個導電板的面積為 A，兩板的間距為 d。

(23.1) 式的電容定義，可以改寫為以下的常用形式：

$$q = C\Delta V$$

(23.1) 式表示電容的單位為電荷單位除以電位單位，即庫侖每伏特。電容另有一個新的單位，以英國物理學家法拉第 (1791-1867) 命名，稱為**法拉** (farad 或 F)：

$$1\,\text{F} = \frac{1\,\text{C}}{1\,\text{V}} \quad (23.2)$$

一個法拉代表一個非常大的電容。電容器的電容範圍，通常為 $1\,\mu\text{F} = 1 \cdot 10^{-6}\,\text{F}$ 至 $1\,\text{pF} = 1 \cdot 10^{-12}\,\text{F}$。

根據法拉的定義，我們可將第 20 章介紹的自由空間電容率 ϵ_0 寫為 $8.85 \cdot 10^{-12}\,\text{F/m}$。

23.2　電路

接下來的幾章將介紹更為複雜和有趣的電路。我們先從一般的角度來看電路。

一個**電路**是由連接電路元件的簡單導線或其他導電路徑組成。這些電路元件可以是本章將深入研究的電容器。其他重要的電路元件有電阻器 (在第 24 章介紹) 和檢流計、電壓計和安培計 (在第 25 章介紹)、電晶體 (可以用作開關或放大器；也在第 25 章介紹) 及電感器 (在第 28 章討論)。

普通物理

符號	名稱	符號	名稱
───	電線	Ⓖ	檢流計
─┤├─	電容器	Ⓥ	電壓計
─〰〰─	電阻器	Ⓐ	安培計
─⌇⌇⌇─	電感器	─┤├─	電池
─╱ ─	開關	─Ⓐ─	交流電源

圖 23.6 電路元件的常用符號。

電路通常需要某種電能來源，例如電池或 AC (交流) 電源所提供的。第 22 章中介紹了電池的概念，它是一種通過化學反應使其端子之間保持電位差的裝置；在討論電路時，可將它視為外加的靜電位差來源，為電路提供固定的電位差 (通常稱為電壓)。透過專門設計的電路以保持固定的電位差，交流電源也可以產生相同的結果。圖 23.6 顯示了本章和後續章節中使用的電路元件的符號。

電容器的充電和放電

將電容器連接到電池或恆壓電源，以形成電路，可使其充電。電荷從電池或電源流向電容器，直到電容器兩端的電位差與所提供的電壓相同為止。如果斷開電容器和電路之間的連接，它會保持其電荷和電位差。實際的電容器隨著時間的推移，其電荷會洩漏。但在本章中，我們假設孤立的電容器可無限期的保持其電荷和電位差。

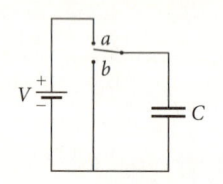

圖 23.7 電容器充電和放電所用的簡單電路。

圖 23.7 以電路圖說明此充電過程。圖中的各線段代表導線。電池 (電源) 以符號 ─┤├─ 表示，並有正號和負號的標記，以指示端子的電位高低和電位差 V。電容器以符號 ─┤├─ 表示，並以 C 標記。電路還包含一個開關。當開關在位置 a 和 b 之間時，電路與電池不相連接，而處於斷開狀態。當開關在位置 a 時，電路閉合；電池跨接於電容器兩端，電容器充電。當開關處於位置 b 時，電路以不同的方式閉合，此時電池從電路中移除，電容器的兩板彼此連接，導線形成兩板之間的實體連接，使得電荷可以通過導線，而從一個板流動到另一個板。當兩板上的電荷耗盡時，兩板之間的電位差下降到零，此時電容器被稱為已放電。(第 25 章將定量詳細介紹電容器的充電和放電。)

▶▶▶ 觀念檢測 23.1

附圖所示為充電後的電容器，兩板上的淨電荷為何？

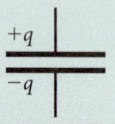

$+q$
─────
$-q$

a) $(+q) + (-q) = 0$
b) $|+q| + |-q| = 0$
c) $|+q| + |-q| = 2q$
d) $(+q) + (-q) = 2q$
e) q

🌐 23.3 平行板電容器和其他類型的電容器

對於帶有相反電荷的兩個平行板，本節將細究如何確定兩板之間的電場強度和電位差。考慮一個理想的平行板電容器，它是由在真空中的一對平行導電板組成，其中一個板帶有電荷 $+q$，另一個帶有電荷 $-q$ (圖 23.8)。(這個理想平行板電容器的板，面積非常大，且兩板非常靠近，比在圖 23.8 更接近，這樣的配置允許我們忽略邊緣場，亦即兩板

之間的空間以外的小電場。)當兩板充電後，上板具有電荷 +q，下板具有電荷 -q。兩板之間的電場從帶正電的板指向帶負電的板。在板邊緣附近的電場，即邊緣場，可以忽略；也就是說，我們可以假定電場在兩板之間的任何地方都是恆定的，具有量值 E，而在其他地方則為零，且電場總是垂直於兩個平行板的表面。

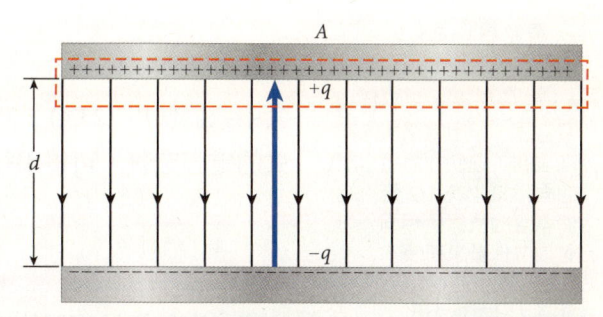

圖 23.8 平行板電容器的側視圖，包括具有相同表面積 A、並以小距離 d 分隔的兩個板。紅色虛線是高斯表面。向下的黑色箭頭表示電場。藍色箭頭表示積分路徑。

利用高斯定律可以求出電場：

$$\oiint \vec{E} \cdot d\vec{A} = \frac{q}{\epsilon_0} \tag{23.3}$$

如何求得對高斯面 (圖 23.8 中以紅色虛線勾勒出其橫截面) 的積分？這可將頂表面、底表面和側面對積分的貢獻加總起來。高斯面的側面非常小，因此可以忽略邊緣場的貢獻。頂表面通過導體，而導體中的電場為零 (記住屏蔽；參見第 21 章)。這只留下高斯面的底表面需要積分。電場向量垂直指向下，並垂直於導體表面。垂直於表面的向量 $d\vec{A}$ 亦指向下，而平行於 $\vec{E}$。因此，純量積 $\vec{E} \cdot d\vec{A} = E\,dA\cos 0° = E\,dA$。故對高斯面的積分，我們有

$$\oiint \vec{E} \cdot d\vec{A} = \iint_{\text{底表面}} E\,dA = E \iint_{\text{底表面}} dA = EA$$

其中 A 是板的面積。換言之，對於平行板電容器，由高斯定律可得到

$$EA = \frac{q}{\epsilon_0} \tag{23.4}$$

其中 A 是帶正電荷的板的表面積，q 是帶正電荷的板上的電荷的量值。由於另一個板帶有相反的電荷，每個板上的電荷完全位於其內表面上。

兩個板之間的電位差可以用電場表示為

$$\Delta V = -\int_i^f \vec{E} \cdot d\vec{s} \tag{23.5}$$

積分路徑可選擇為沿著圖 23.10 中的藍色箭頭，從帶負電的板到帶正電的板。由於電場與該積分路徑反向平行 (參見圖 23.10)，純量積為：$\vec{E} \cdot d\vec{s} = E\,ds\cos 180° = -E\,ds$。因此，(23.5) 式中的積分簡化為

>>> 觀念檢測 23.2

假設您使用電池為平行板電容充電，然後移除電池，使電容器孤立並處於充電狀態。然後，使電容器的極板分開得更遠，則兩板之間的電位差將會
a) 增大。
b) 減小。
c) 保持不變。
d) 無法確定。

自我測試 23.1

你使用電池為平行板電容器充電。然後，移除電池，使電容器孤立。如果你減小電容器兩板之間的距離，兩板之間的電場會有什麼變化？

普通物理

> **觀念檢測 23.3**
>
> 假設你有一個具有面積 A、兩板間距 d 的平行板電容器，但因電路板的空間限制，迫使你將電容器的面積減小為 1/2 倍。為使電容的值保持相同，你必須做什麼來補償？
> a) 將 d 減小為 1/2 倍
> b) 將 d 增大為 2 倍
> c) 將 d 減小為 1/4 倍
> d) 將 d 增大為 4 倍

$$\Delta V = Ed = \frac{qd}{\epsilon_0 A}$$

其中我們使用 (23.4) 式的電場與電荷關係。結合上式的電位差與 (23.1) 式的電容定義，可得平行板電容器的電容公式：

$$C = \left| \frac{q}{\Delta V} \right| = \frac{\epsilon_0 A}{d} \tag{23.6}$$

注意：平行板電容器的電容僅取決於板的面積和板之間的距離。換句話說，電容只與電容器的幾何形狀有關，而與電容器上的電荷量或板之間的電位差無關。

圓柱形電容器

考慮由兩個共線的導電圓柱體構成的電容器，它們之間為真空 (圖 23.9)。內圓柱的半徑為 r_1，外圓柱的半徑為 r_2。內圓柱帶有電荷 $-q$，外圓柱帶有電荷 $+q$。故兩個圓柱體之間的電場沿徑向向內，並垂直於兩個圓柱體的表面。就如同平行板電容器，我們假設圓柱體很長，且其兩端附近基本上沒有邊緣場。應用高斯定律可求出兩圓柱體之間的電場，我們使用半徑 r、長度 L、且與電容器的兩個圓柱體共軸的圓柱形高斯面，如圖 23.9 所示。因為只有帶負電的電容器表面在高斯面之內，被包圍的電荷為 $-q$。高斯面的法向向量 $d\vec{A}$ 沿徑向指向外，而反向平行於電場。這表示 $\vec{E} \cdot d\vec{A} = E\,dA\cos 180° = -E\,dA$。應用高斯定律和圓柱體表面的面積 $A = 2\pi rL$，可得

$$\oiint \vec{E} \cdot d\vec{A} = -E \oiint dA = -E 2\pi rL = \frac{-q}{\epsilon_0} \tag{23.7}$$

重新整理 (23.7) 式，可得電場量值的表達式為

$$E = \frac{q}{\epsilon_0 2\pi rL} \quad (r_1 < r < r_2)$$

對電場積分，可獲得圓柱形電容器兩板之間的電位差，即 $\Delta V =$

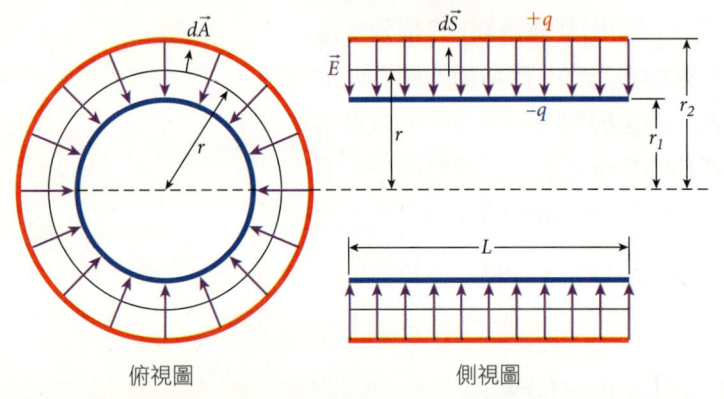

圖 23.9 由兩個共軸且很長的導電圓柱體組成的圓柱形電容器。黑色圓圈代表高斯面。紫色箭頭代表電場。

23 電容器

$-\int_i^f \vec{E} \cdot d\vec{s}$。積分路徑從 r_1 處帶負電荷的圓柱，沿徑向方向到 r_2 處帶正電的圓柱，因為在積分路徑上，電場與路徑反向平行，所以 (23.5) 式中的 $\vec{E} \cdot d\vec{s}$ 變為 $-E\,dr$。故得

$$\Delta V = -\int_i^f \vec{E} \cdot d\vec{s} = \int_{r_1}^{r_2} E\,dr = \int_{r_1}^{r_2} \frac{q}{\epsilon_0 2\pi rL}dr = \frac{q}{\epsilon_0 2\pi L}\ln\left(\frac{r_2}{r_1}\right)$$

由此電位差的表達式和 (23.1) 式，可得電容的表達式：

$$C = \left|\frac{q}{\Delta V}\right| = \frac{q}{\frac{q}{\epsilon_0 2\pi L}\ln(r_2/r_1)} = \frac{2\pi\epsilon_0 L}{\ln(r_2/r_1)} \tag{23.8}$$

就如同平行板電容器，圓柱形電容器的電容僅與其幾何形狀有關。

球形電容器

現在讓我們考慮半徑 r_1 和 r_2 的兩個同心導電球所形成的球形電容器，兩球之間為真空 (圖 23.10)。內球帶有電荷 $+q$，外球帶有電荷 $-q$。電場垂直於兩球的表面，從帶正電的內球沿徑向指到帶負電的外球，如圖 23.10 中的紫色箭頭所示。(之前，對於平行板和圓柱形電容器，積分是從負電荷到正電荷，此處我們將看到當方向反轉時會發生什麼。) 為了求出電場的量值，我們利用高斯定律，使用的高斯面與所述兩個球形導體同心，且其半徑 r 能使 $r_1 < r < r_2$。電場在各處也垂直於高斯面，所以我們有

$$\oiint \vec{E} \cdot d\vec{A} = EA = E(4\pi r^2) = \frac{q}{\epsilon_0} \tag{23.9}$$

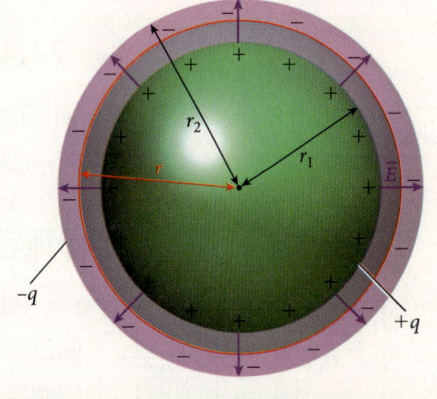

圖 23.10 由兩個同心導電球組成的球形電容器。半徑為 r 的紅色圓圈代表高斯面。

由 (23.9) 式求解 E，可得

$$E = \frac{q}{4\pi\epsilon_0 r^2} \quad (r_1 < r < r_2)$$

以類似於圓柱形電容器的方式，可求得電位差為

$$\Delta V = -\int_i^f \vec{E} \cdot d\vec{s} = -\int_{r_1}^{r_2} E\,dr = -\int_{r_1}^{r_2}\frac{q}{4\pi\epsilon_0 r^2}dr = -\frac{q}{4\pi\epsilon_0}\left(\frac{1}{r_1}-\frac{1}{r_2}\right)$$

在這種情況下，$\Delta V < 0$。因為積分是從正電荷到負電荷！正電荷處於比負電位高的電位，以致電位差為負。依 (23.1) 式，球形電容器的電容即電荷的絕對值除以電位差的絕對值：

普通物理

> **觀念檢測 23.4**
>
> 如果球形電容器的內半徑和外半徑增大成為 2 倍，電容會發生什麼變化？
> a) 它會以 4 倍減小。
> b) 它會以 2 倍減小。
> c) 它保持不變。
> d) 它會增大為 2 倍。
> e) 它會增大為 4 倍。

$$C = \left|\frac{q}{\Delta V}\right| = \frac{q}{\dfrac{q}{4\pi\epsilon_0}\left(\dfrac{1}{r_1} - \dfrac{1}{r_2}\right)} = \frac{4\pi\epsilon_0}{\left(\dfrac{1}{r_1} - \dfrac{1}{r_2}\right)}$$

這可以重寫為更方便的形式：

$$C = 4\pi\epsilon_0 \frac{r_1 r_2}{r_2 - r_1} \tag{23.10}$$

注意：再一次，電容只與裝置的幾何形狀有關。

若外圍的球形導體在無窮遠處，則從 (23.10) 式可得到單個球形導體的電容。在 $r_2 = \infty$ 和 $r_1 = R$ 的情況下，孤立的球形導體的電容由下式給出：

$$C = 4\pi\epsilon_0 R \tag{23.11}$$

🌀 23.4 電路中的電容器

如前所述，電路是以導線連接的一組電器裝置。電容器可以在電路中以不同的方式連接，但兩個最基本的連接方式是並聯和串聯。

並聯電容器

圖 23.11 顯示了三個電容器以<u>並聯</u>方式連接所組成的電路。三個電容器的每一個都有一個板直接連接到電位差為 V 之電池的正極端子，而另一個板則直接連接到電池的負極端子。同一個電路出現在圖 23.12 的上部，而該圖下部以三維圖示出了電路每個部分的電位值。它顯示出連接到電池正極端子的所有電容器極板，都處於相同的電位。電容器的其他極板，都處於電池負極端子的電位 (設定為零)。(電池的負極和正極端子以淺藍色帶子連接，以顯示它們是屬於同一裝置，並為這兩個端子之間的電位差提供更好的視覺表示。每個電容器的極板以淺灰色的帶子連接。)

圖 23.12 指示出的要點是，三個電容器的電位差都相同，即 ΔV。因此，對於電路中的三個電容，我們有

$$q_1 = C_1 \Delta V$$
$$q_2 = C_2 \Delta V$$
$$q_3 = C_3 \Delta V$$

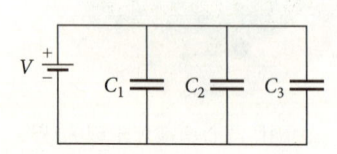

圖 23.11 由電池和三個並聯電容器組成的簡單電路。

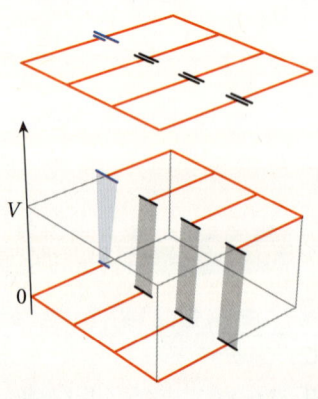

圖 23.12 圖 23.11 之電路各部分的電位。

23 電容器

在一般情況下，每個電容器上的電荷具有不同的值。這三個電容器可被看成為一個總電荷為 q 的等效電容器，如下式所示：

$$q = q_1 + q_2 + q_3 = C_1\Delta V + C_2\Delta V + C_3\Delta V = (C_1 + C_2 + C_3)\Delta V$$

而得其等效電容為

$$C_{等效} = C_1 + C_2 + C_3$$

此結果可以推廣到任意 n 個並聯的電容器：

$$C_{等效} = \sum_{i=1}^{n} C_i \tag{23.12}$$

換言之，並聯的電容器系統的等效電容，只是各個電容的總和。因此，電路中並聯的多個電容器，可用一個具有 (23.12) 式所給等效電容的電容器取代，如圖 23.13 所示。

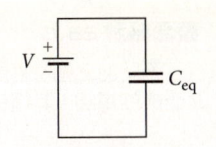

圖 23.13　圖 23.11 中的三個電容器可以用等效電容器替代。

串聯電容器

圖 23.14 顯示了三個電容器以**串聯**方式連接所組成的電路。在此配置中，電池在每個電容器的右板上產生相等的電荷 $+q$，在每個電容器的左板上產生相等的電荷 $-q$。要清楚的說明這個事實，可以考慮電容器是由未充電開始。然後將電池連接到串聯的三個電容器。C_3 的正極板連接到電池的正極端子，並開始收集電池提供的正電荷。此正電荷在 C_3 的另一個板上感應產生等量的負電荷。C_3 上帶負電的板連接到 C_2 的右板，此板因而帶正電荷，因為在 C_3 的左板和 C_2 的右板組成的隔離部分上，積聚的淨電荷必須為零。C_2 上帶正電荷的板在 C_2 的另一板上感應產生等量的負電荷。依此類推，C_2 上帶負電荷的板使與其連接的 C_1 板帶正電荷，並在 C_1 的左板上感應產生負電荷。C_1 上帶負電的極板連接到電池的負極端子。因此，電荷從電池流出，將 C_3 的正極板充電至 $+q$ 的電荷，並在 C_1 帶負電的板上感應相應的 $-q$ 電荷。因此，每個電容器最後確實具有相同的電荷。

圖 23.14 之電路的三個電容器，在充電後，其電位降的總和必須等於電池提供的電位差。這在圖 23.15 中示出，它是三個電容器串聯組成的電路上各部分電位

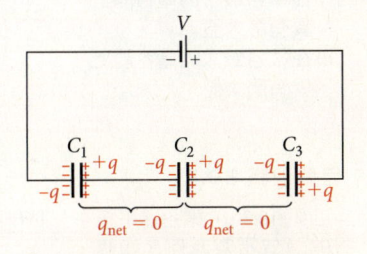

圖 23.14　具有三個串聯電容器的簡單電路。

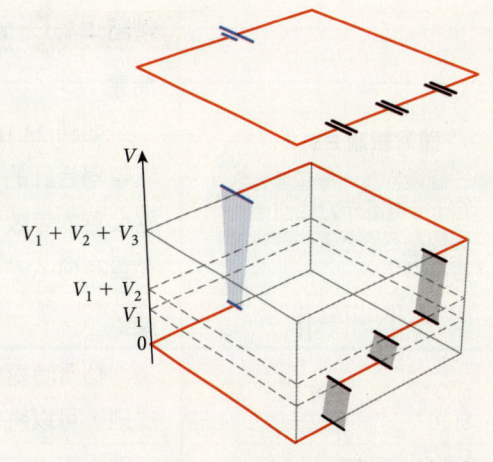

圖 23.15　三個電容器串聯組成的電路及其各部分的電位。

581

普通物理

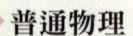

> **觀念檢測 23.5**
> 對於三個電容器串聯而成的電路，其等效電容必須
> a) 等於三個個別電容中的最大值。
> b) 等於三個個別電容中的最小值。
> c) 大於三個個別電容中的最大值。
> d) 小於三個個別電容中的最小值。

的三維表示，類似於圖 23.12。(注意：三個電容器串聯時，各個的電位降並不相等；這是串聯的一般情況。)

從圖 23.15 可以看出，三個電容器上的電位差加起來，必須等於電池提供的總電位差 ΔV。因為每個電容器上的電荷都相同，我們有

$$\Delta V = \Delta V_1 + \Delta V_2 + \Delta V_3 = \frac{q}{C_1} + \frac{q}{C_2} + \frac{q}{C_3} = q\left(\frac{1}{C_1} + \frac{1}{C_2} + \frac{1}{C_3}\right)$$

故等效電容可寫為

$$\Delta V = \frac{q}{C_{等效}}$$

> **觀念檢測 23.6**
> 電容互不同的三個電容器串聯而成的電路，其電位降
> a) 各電容器都相同，且等於電池提供的電位差。
> b) 各電容器都相同，且為電池提供之電位差的 1/3。
> c) 在電容最小的電容器上具有最大值。
> d) 在電容最大的電容器上具有最大值。

其中

$$\frac{1}{C_{等效}} = \frac{1}{C_1} + \frac{1}{C_2} + \frac{1}{C_3} \tag{23.13}$$

因此，圖 23.14 所示電路中串聯的三個電容器，可以用一個具有 (23.13) 式所給等效電容的電容器取代，而得到與圖 23.13 相同的電路圖。

對於 n 個電容器串聯而成的系統，(23.13) 式可推廣為

$$C_{等效} = \sum_{i=1}^{n} \frac{1}{C_i} \tag{23.14}$$

因此，串聯電容器系統的電容總是小於系統中的最小電容。

如以下例題所示，求得串聯和並聯電容器的等效電容，可使複雜電路的問題獲解。

> **自我測試 23.2**
> 四個 10.0 μF 電容器串聯的等效電容為何？四個 10.0 μF 電容器並聯的等效電容為何？

例題 23.1　電容器系統

問題：

如圖 23.16a 所示為一個電池和五個電容器組成的複雜電路。這五個電容器合計的電容為何？若每個電容器的電容為 5.0 nF，則此五個電容器裝置的等效電容為何？若電池的電位差為 12 V，則每個電容器上的電荷量為何？

> **觀念檢測 23.7**
> 三個電容器，每個具有電容 C，依圖示方式連接。這個電容器配置的等效電容為何？
>
> ─┤├──┤├──┤├─
> 　C　　C　　C
>
> a) $C/3$　　d) $9C$
> b) $3C$　　e) 以上皆非
> c) $C/9$

解：

初看時這個問題可能很複雜，但使用串聯和並聯電容器的等效電容規則，可以將它簡化為一系列的步驟。我們從最裡面的電路結構開始，向外工作。

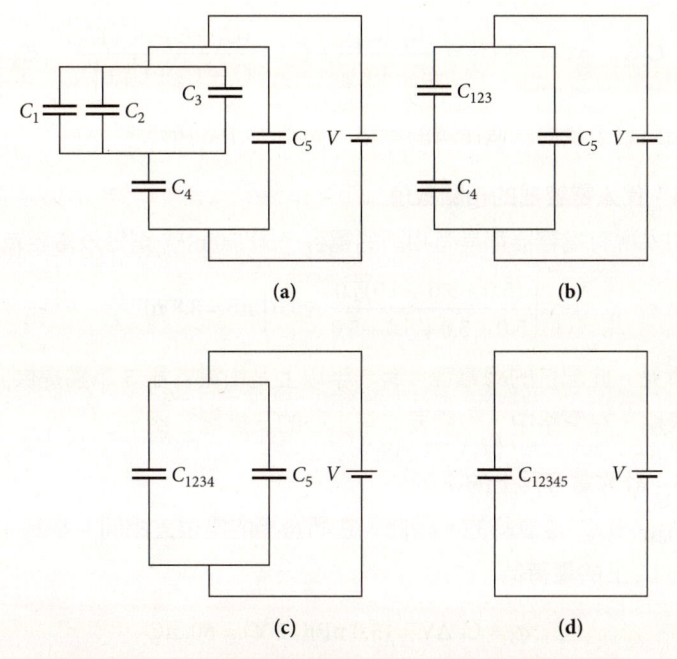

(a) **(b)**

(c) **(d)**

圖 23.16 電容器系統：(a) 原始電路配置；(b) 將並聯電容器簡化為等效；(c) 將串聯電容器簡化為等效；(d) 全部電容器組的等效電容。

> **觀念檢測 23.8**
> 三個電容器，每個具有電容 C，依圖示方式連接。這個電容器配置的等效電容為何？
>
> a) $C/3$ d) $9C$
> b) $3C$ e) 以上皆非
> c) $C/9$

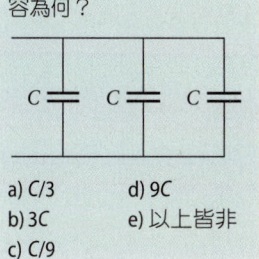

步驟 1

由圖 23.16a，可立即看出電容器 1 和 2 是並聯的。電容器 3 因為距離較遠，所以它也與 1 和 2 並聯，並不明顯。然而，這三個電容器的上極板都以導線相連，因此處於相同的電位。它們的下板也是一樣，所以三個確實是並聯的。根據 (23.12) 式，這三個電容器的等效電容為

$$C_{123} = \sum_{i=1}^{3} C_i = C_1 + C_2 + C_3$$

此替換如圖 23.16b 所示。

步驟 2

在圖 23.16b 中，C_{123} 和 C_4 串聯。因此，根據 (23.14) 式，它們的等效電容為

$$\frac{1}{C_{1234}} = \frac{1}{C_{123}} + \frac{1}{C_4} \Rightarrow C_{1234} = \frac{C_{123}C_4}{C_{123}+C_4}$$

此替換如圖 23.16c 所示。

步驟 3

最後，在圖 23.16c 中的 C_{1234} 和 C_5 是並聯的。因此，我們可以重複兩個電容器並聯的計算，求出所有五個電容器的等效電容：

$$C_{12345} = C_{1234} + C_5 = \frac{C_{123}C_4}{C_{123}+C_4} + C_5 = \frac{(C_1+C_2+C_3)C_4}{C_1+C_2+C_3+C_4} + C_5$$

這個結果給了我們一個簡單的電路，如圖 23.16d 所示。

步驟 4：代入電容器的相關數值

如果所有電容器都具有相同的電容，即 5.0 nF，則等效電容為

$$\left[\frac{(5.0+5.0+5.0)5.0}{5.0+5.0+5.0+5.0} + 5.0\right] \text{nF} = 8.8 \text{ nF}$$

如你所見，此配置的總電容，有一半以上是由電容器 5 單獨提供。這個結果表明，在電路中，你需要非常小心的安排電容器。

步驟 5：計算電容器上的電荷

C_{1234} 和 C_5 是並聯的。因此，它們跨接的電位差相同，都為 12 V。所以在 C_5 上的電荷為

$$q_5 = C_5 \Delta V = (5.0 \text{ nF})(12 \text{ V}) = 60. \text{ nC}$$

C_{1234} 是由 C_{123} 和 C_4 串聯組成。因此，C_{123} 和 C_4 必須具有相同的電荷 q_4，所以

$$\Delta V = \Delta V_{123} + \Delta V_4 = \frac{q_4}{C_{123}} + \frac{q_4}{C_4} = q_4\left(\frac{1}{C_{123}} + \frac{1}{C_4}\right)$$

故 C_4 上的電荷為

$$q_4 = \Delta V \frac{C_{123}C_4}{C_{123}+C_4} = \Delta V \frac{(C_1+C_2+C_3)C_4}{C_1+C_2+C_3+C_4} = (12 \text{ V})\frac{(15 \text{ nF})(5.0 \text{ nF})}{20.0 \text{ nF}} = 45 \text{ nC}$$

C_{123} 與三個並聯的電容器等效，且具有與 C_4 相同的電荷，即 45 nC。三個電容器 C_1、C_2 和 C_3 具有相同的電容，且因它們為並聯而跨接有相同的電位差，此外，這三個電容器上的電荷之和必須等於 45 nC。因此，我們可以求出 C_1、C_2 和 C_3 上的電荷：

$$q_1 = q_2 = q_3 = \frac{45 \text{ nC}}{3} = 15 \text{ nC}$$

>>> **觀念檢測 23.9**

如圖所示，三個電容器連接到電池。若 $C_1 = C_2 = C_3 = 10.0$ μF，而 $V = 10.0$ V，則電容 C_3 上的電荷為何？

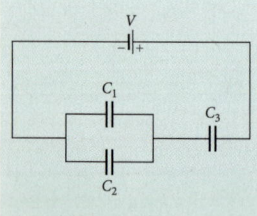

a) 66.7 μC
b) 100. μC
c) 150. μC
d) 300. μC
e) 457. μC

23.5 存於電容器中的能量

電容器在電位能的儲存上是非常有用的。如果電位能必須非常快的轉換成為其他的能量形式，則它們比電池更是大為有用。我們來看看電容器可以儲存多少能量。

要使電容器充電，電池必須做功。在概念上，這個功可用電容器的

電位能變化來表示。為了完成充電過程，必須將電荷移動，以對抗電容器兩個極板之間的電位差。如本章前面所述，電容器上的電荷越大，兩板之間的電位差也越大。這意味著在電容器上的電荷越多，要將微量的電荷添加到電容器上，就變得越難。電位差為 ΔV 的電池，要將微分電荷 dq 加到電容 C 的電容器上所需做的微分功 dW 為

$$dW = \Delta V' dq' = \frac{q'}{C} dq'$$

其中 $\Delta V'$ 和 q' 分別是充電過程期間電容器上的瞬時 (漸增) 電位差和電荷。使電容器充電到具有電荷 q 所需的總功 W_t 由下式給出：

$$W_t = \int dW = \int_0^q \frac{q'}{C} dq' = \tfrac{1}{2}\frac{q^2}{C}$$

這個功被儲存為電位能：

$$U = \tfrac{1}{2}\frac{q^2}{C} = \tfrac{1}{2}C(\Delta V)^2 = \tfrac{1}{2}q\Delta V \tag{23.15}$$

關於儲存的電位能，(23.15) 式所給的三個公式，都同樣有效。若利用 $q = C\Delta V$，以消除三個量中的一個而保留另外兩個，則每個公式都可以轉換為其他的公式。

電能密度 u 的定義為每單位體積的電位能：

$$u = \frac{U}{體積}$$

(注意：這裡的體積不使用 V 來表示，因為在本章中，V 被保留作為電位用。)

在沒有邊緣場的特殊情況下，兩板之垂直間距為 d、面積為 A 的平行板電容器，在兩個板之間包圍的體積很容易求出。它是每個板的面積乘以兩板之間的距離，即 Ad。使用 (23.15) 式給出的電位能，可得

$$u = \frac{U}{Ad} = \frac{\tfrac{1}{2}C(\Delta V)^2}{Ad} = \frac{C(\Delta V)^2}{2Ad}$$

使用 (23.6) 式所給兩板之間為真空之平行板電容器的電容，上式可寫為

$$u = \frac{(\epsilon_0 A/d)(\Delta V)^2}{2Ad} = \tfrac{1}{2}\epsilon_0\left(\frac{\Delta V}{d}\right)^2$$

由於 $\Delta V/d$ 是電場 E 的量值，我們得到平行板電容器的電能密度的表達

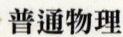

普通物理

>>> 觀念檢測 23.10

相機閃光燈組件的 180 μF 電容器，充電到 300.0 V 時儲存了多少電位能？
a) 1.22 J   d) 115 J
b) 8.10 J   e) 300. J
c) 45.0 J

式：

$$u = \frac{1}{2}\epsilon_0 E^2 \tag{23.16}$$

這個結果，雖然是針對平行板電容器導出的，事實上它是更具一般性的。任何電場，在它所佔據的空間中，每單位體積儲存的電位能都可以用 (23.16) 式來描述。

例題 23.2　雷雨雲

假設寬 2.0 km、長 3.0 km 的雷雲，在平坦地區上高度為 0.50 km 的地方徘徊。雲層帶電 160 C，地面沒有電荷。

問題 1：

雷雲與地面之間的電位差為何？

解 1：

我們可以將雲–地面系統近似為平行板電容器。根據 (23.6) 式，其電容為

$$C = \frac{\epsilon_0 A}{d} = \frac{(8.85 \cdot 10^{-12} \text{ F/m})(2.0 \text{ km})(3.0 \text{ km})}{0.50 \text{ km}} = 0.11 \text{ μF}$$

我們知道雷雲所帶的電荷為 160 C，所以很容易想將這個值代入平行板電容器中電荷、電容和電位差之間的關係式，即 (23.1) 式，以求出答案。然而，平行板電容器的一個板具有 +q 電荷，而另一個板具有 −q，故其兩板之間的電荷差為 2q。而對於雲–地面系統，2q = 160 C，或 q = 80. C。或者，我們可以將雲視為帶電荷的絕緣體，並使用第 21.9 節的結果，即帶電平面的電場為 $E = \sigma/2\epsilon_0$，以說明為何需要乘以 1/2 的因子。現在我們可以使用 (23.1) 式以求得

$$\Delta V = \frac{q}{C} = \frac{80. \text{ C}}{0.11 \text{ μF}} = 7.3 \cdot 10^8 \text{ V}$$

這個電位差超過 7 億伏特！

問題 2：

雷擊需要大約 2.5 MV/m 的電場強度。題幹中描述的條件是否足以造成雷擊？

解 2：

我們使用雲與地面之間的電位差，以及它們之間的給定距離，來計算電場的量值：

$$E = \frac{\Delta V}{d} = \frac{7.3 \cdot 10^8 \text{ V}}{0.50 \text{ km}} = 1.5 \text{ MV/m}$$

依此結果，在題幹給定的條件下不會導致閃電。然而，如果雲在無線電塔上漂移，電場強度可能增加而導致閃電。

問題 3：
　　在這個雷雲和地面之間的電場中包含的總電位能為何？

解 3：
　　從 (23.15) 式，儲存於雲–地面系統中的總電位能為

$$U = \tfrac{1}{2}q\Delta V = 0.5(80.\text{ C})(7.3 \cdot 10^8 \text{ V}) = 2.9 \cdot 10^{10} \text{ J}$$

此能量足以使典型 1500 W 的頭髮吹風機，運轉 5000 小時以上。

電擊器

　　電容器的一個重要應用是便攜式自動體外**電擊器** (亦稱**除顫器**，AED)，此裝置可對正處於心室纖維性顫動的人體心臟進行電擊。典型的 AED 如圖 23.17a 所示。

　　心室處於纖維性顫動表示心臟不是以規則模式跳動，反而是控制心臟跳動的信號出現不穩定的情況，從而制止心臟執行它在人體中維持正常血液循環的功能。這種情況必須在幾分鐘內處理，以避免永久性損壞或死亡。在公共場所中廣置許多垂手可及的 AED 設備，可使這種情況迅速得到治療。

　　AED 提供電流脈衝，以便刺激心臟做規律的搏動。通常，AED 能夠自動分析人的心跳，確定人是否處於心室纖顫中，並在需要時，施加電流脈衝。AED 的操作者必須將其電極連接到患者的胸部，並按下啟動鈕。如果患者不處於心室纖顫中，AED 將不做任何事。如果 AED 確定患者處於心室纖顫中，則 AED 將指示操作者按下按鈕以啟動電流脈衝。注意，AED 不是為了重新啟動已停止搏動的心臟而設計的。實際上，它是在心臟跳動不規律時，設法恢復正常的心跳。

　　通常，AED 通過附接到胸部的一對電極，施給患者 150 J 的電能 (參見圖 23.17b)，此能量是以低壓電池經由特殊電路使電容器充電來儲存。該電容器通常具有 100. μF 的電容，並在 10. s 內充電。充電期間使用的功率為

$$P = \frac{E}{t} = \frac{150 \text{ J}}{10.\text{ s}} = 15 \text{ W}$$

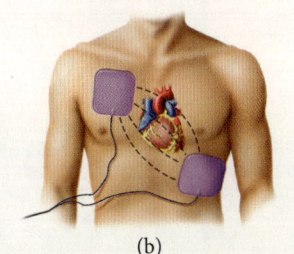

圖 23.17 (a) 掛在牆壁支架上的自動體外電擊器 (AED)。(b) 顯示免提電極之放置位置的示意圖。

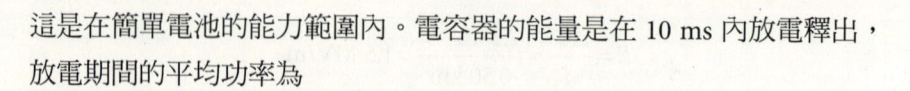

這是在簡單電池的能力範圍內。電容器的能量是在 10 ms 內放電釋出，放電期間的平均功率為

$$P = \frac{E}{t} = \frac{150 \text{ J}}{10. \text{ ms}} = 15 \text{ kW}$$

這超出了小型便攜式電池的能力，但完全在設計良好的電容器的能力範圍內。

儲存在電容器中的能量為 $U = \frac{1}{2}C(\Delta V)^2$。當電容器充電時，其電位差為

$$\Delta V = \sqrt{\frac{2U}{C}} = \sqrt{\frac{2(150 \text{ J})}{100. \cdot 10^{-6} \text{ F}}} = 1.7 \text{ kV}$$

當 AED 要輸送電流時，先以 AED 內配置的電池對電容器充電，然後電容器通過人體放電，以刺激心臟做規律的搏動。大多數 AED 可以輸送電流多次，而不需對其電池充電。

23.6 介電質電容器

以上討論的電容器，其兩板之間全部為空氣或真空。然而，幾乎任何商用的電容器在兩板之間都有稱為**介電質**的絕緣材料。介電質有幾個作用：第一，它使兩板保持分離。第二，它使兩板彼此電絕緣。第三，它使電容器兩板之間的電位差，比僅具有空氣時保持在更高的值。最後，介電質增加了電容器的電容。我們將看到，這種增加電容的能力是由於介電質的分子結構。

若將電容器兩板之間的空間完全以介電質填滿，則其電容增加的倍數因子 κ，稱為**介電常數**。除非另有明確說明，我們假設介電質充滿電容器兩板之間的整個體積。

在兩板之間填有介電常數 κ 的電容器，其電容 C 由下式給出：

$$C = \kappa C_{\text{air}} \tag{23.17}$$

其中 C_{air} 是沒有介電質的電容器的電容。

在電容器的兩板之間置入介電質，具有降低兩板間的電場 (參見第 23.7 節) 與允許更多電荷儲存於電容器的效果。例如，對於具有介電質的平行板電容器，(23.4) 式所給的平行板電容器的電場被修改為

$$E = \frac{E_{\text{air}}}{\kappa} = \frac{q}{\kappa \epsilon_0 A} = \frac{q}{\epsilon A} \tag{23.18}$$

自我測試 23.3

除了在兩板之間添加電介質之外，減小兩板之間距亦可增大平行板電容器的電容。如果空間充滿空氣，且兩板之間的最大電位差為 100.0 V，則平行板電容器兩板之間的最小距離為何？(提示：表 23.1 可能有用。)

23 電容器

常數 ϵ_0 是以前在庫侖定律中遇到的自由空間的電容率。(23.18) 式的右邊是以介電質的**電容率** ϵ 取代 $\kappa\epsilon_0$ 獲得的。換句話說，介電質的電容率是自由空間 (真空) 的電容率與介電質的介電常數的乘積：

$$\epsilon = \kappa\epsilon_0 \tag{23.19}$$

注意，只需將 ϵ_0 改為 ϵ，就可以將電容的表達式，例如 (23.6) 式、(23.8) 式和 (23.10) 式，從兩板之間為真空時所適用的電容值，推廣到電容器完全填滿介電質時的電容值。現在可以看出在兩板之間填充介電質如何使電容增大。平行板電容器兩板之間的電位差為

$$\Delta V = Ed = \frac{qd}{\kappa\epsilon_0 A}$$

因此，我們可以將電容寫成

$$C = \frac{q}{\Delta V} = \frac{\kappa\epsilon_0 A}{d} = \kappa C_{\text{air}}$$

一個材料的**介電強度**衡量的是它承受電位差的能力。如果介電質中的電場強度超過介電強度，則介電質被擊穿，並在兩板之間產生火花而開始導電，這通常會毀壞電容器。因此，實用的電容器必須包含介電質，它不僅提供給定的電容，而且使得裝置能夠保持所需的電位差，而不致擊穿。電容器通常以其電容值和可承受的最大電位差來指定其規格。

真空的介電常數依定義為 1，空氣的介電常數接近 1.0。空氣和其他常見介電質材料的介電常數和介電強度列於表 23.1。

>>> 觀念檢測 23.11
假設平行板電容器的兩板之間填滿介電質，並以電池為其充電，然後移除電池，隔離電容器，使其保持帶電。然後再移除兩板之間的電介質，則兩板之間的電位差會
a) 增大。
b) 減小。
c) 保持不變。
d) 無法確定。

表 23.1　一些代表性材料的介電常數和介電強度

材料	介電常數 κ	介電強度 (kV/mm)
真空	1	
空氣 (1atm)	1.00059	2.5
液氮	1.454	
鐵氟龍	2.1	60
聚乙烯	2.25	50
苯	2.28	
聚苯乙烯	2.6	24
聚碳酸酯	2.96	16
雲母	3-6	150-220
紙	3	16
聚酯薄膜	3.1	280
樹脂玻璃	3.4	30
聚乙烯氯化物 (PVC)	3.4	29
玻璃	5	14
氯丁橡膠	16	12
鍺	16	
甘油	42.5	
水	80.4	65
鍶鈦酸鹽	310	8

注意：表列之值為近似值，適用於室溫。

例題 23.3　介電質平行板電容器

問題 1：

考慮一個沒有介電質、電容 $C = 2.00\ \mu\text{F}$ 的平行板電容器，它連接到電位差為 $\Delta V = 12.0\ \text{V}$ 的電池 (圖 23.18a)。儲存在電容器中的電荷為何？

解 1：

使用 (23.1) 式的電容定義，我們有

普通物理

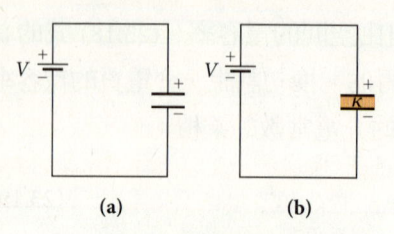

圖 23.18　連接到電池的平行板電容器：(a) 沒有介電質；(b) 在兩板之間插入介電質。

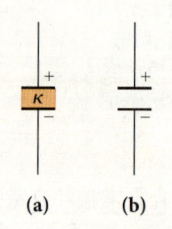

圖 23.19　隔離的電容器：(a) 帶有介電質，(b) 無介電質。

觀念檢測 23.12

如果例題 23.3 的電容器中的電介質被拉出一半，然後釋放，會發生什麼？
a) 電介質將被拉回電容器中。
b) 電介質將快速加熱。
c) 電介質將被推出電容器。
d) 電容器板將快速加熱。
e) 電介質將保持在一半處，且觀察不到發熱。

觀念檢測 23.13

針對下列每一個關於隔離之平行板電容器的陳述，說明其為真或假。
a) 當電容器兩板的間距加倍時，儲存在電容器中的能量加倍。
b) 增加兩板的間距，會使兩板之間的電場增強。
c) 當兩板的間距減半時，板上的電荷保持相同。
d) 在兩板之間插入電介質，會使板上的電荷增加。
e) 在兩板之間插入電介質，會降低儲存在電容器中的能量。

$q = C\Delta V = (2.00 \cdot 10^{-6}\text{ F})(12.0\text{ V})$
$= 2.40 \cdot 10^{-5}\text{ C}$

問題 2：

在圖 23.18b 中，在電容器的兩板之間插入了 $\kappa = 2.50$ 的介電質，將它們之間的空間完全填滿。現在電容器上的電荷為何？

解 2：

介電質使電容器的電容增大：

$$C = \kappa C_{\text{air}}$$

電荷為

$$q = \kappa C_{\text{air}} \Delta V = (2.50)(2.00 \cdot 10^{-6}\text{ F})(12.0\text{ V}) = 6.00 \cdot 10^{-5}\text{ C}$$

因為電池在電容器兩端保持恆定的電位差，當電容增加時，電容器上的電荷增加。電池提供額外的電荷，直到電容器完全充電。

問題 3：

使電容器與電池隔離 (圖 23.19a)。隔離後的電容器保持其電荷 $q = 6.00 \cdot 10^{-5}$ C 和電位差 $\Delta V = 12.0$ V。如果移除介電質，電容器維持隔離，則其上電荷和電位差的變化為何 (圖 23.19b)？

解 3：

介電質移除後，隔離電容器上的電荷不能改變，因為電荷無處可去。因此，電容器上的電位差為

$$\Delta V = \frac{q}{C} = \frac{6.00 \cdot 10^{-5}\text{ C}}{2.00 \cdot 10^{-6}\text{ F}} = 30.0\text{ V}$$

故電位差增加，因為去除介電質使電場增強，連帶使兩板之間的電位差變大。

問題 4：

移除介電質是否會改變儲存在電容器中的能量？

解 4：

儲存在電容器中的能量由 (23.15) 式給出。在移除介電質之前，電容器中的能量為

$$U = \tfrac{1}{2} C (\Delta V)^2 = \tfrac{1}{2} \kappa C_{\text{air}} (\Delta V)^2 = \tfrac{1}{2}(2.50)(2.00 \cdot 10^{-6}\text{ F})(12.0\text{ V})^2 = 3.60 \cdot 10^{-4}\text{ J}$$

在移除介電質之後，能量為

$$U = \tfrac{1}{2}C_{\text{air}}(\Delta V)^2 = \tfrac{1}{2}(2.00\cdot 10^{-6}\text{ F})(30.0\text{ V})^2 = 9.00\cdot 10^{-4}\text{ J}$$

介電質被移除後，能量從 $3.60\cdot 10^{-4}$ J 增加到 $9.00\cdot 10^{-4}$ J，這是由於介電質從兩板之間的電場中拉出時，對介電質所做的功。

例題 23.4　同軸電纜的電容

在裝備之間用同軸電纜來傳輸信號，例如電視信號，可讓周圍環境對這些訊號的干擾為最小。一條長度為 20.0 m 的同軸電纜，由導體和其周圍的同軸導電屏蔽構成。導體和屏蔽之間的空間用聚苯乙烯填充。導體的半徑為 0.250 mm，屏蔽的半徑為 2.00 mm (圖 23.20)。

問題：

同軸電纜的電容為何？

解：

同軸電纜的導體是個圓柱形導體，導體上的所有電荷都在其表面上。從表 23.1，聚苯乙烯的介電常數為 2.6。我們可以將同軸電纜當作圓柱形電容器，$r_1 = 0.250$ mm，$r_2 = 2.00$ mm，且填充了 $\kappa = 2.6$ 的介電質。因此可使用 (23.8) 式以求出同軸電纜的電容：

$$C = \kappa\frac{2\pi\epsilon_0 L}{\ln(r_2/r_1)} = \frac{2.6(2\pi)(8.85\cdot 10^{-12}\text{ F/m})(20.0\text{ m})}{\ln\left[(2.00\cdot 10^{-3}\text{ m})/(2.50\cdot 10^{-4}\text{ m})\right]} = 1.4\cdot 10^{-9}\text{ F} = 1.4\text{ nF}$$

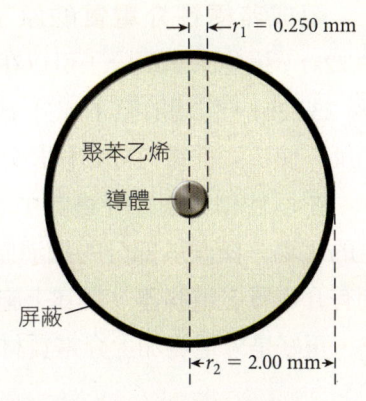

圖 23.20　同軸電纜的橫截面。

電容和介電常數的一個有趣的應用是測量低溫恆溫器 (絕熱以保持低溫的容器) 中的液氮水平。通常要憑視覺檢查以確定低溫恆溫器中剩餘多少液氮是頗為困難的。然而，如果確定空的低溫恆溫器的電容 C，則當完全充滿液氮時，因為液氮的介電常數為 1.454，低溫恆溫器應具有 $\kappa C = 1.454C$ 的電容。低溫恆溫器的電容隨液氮充滿度平滑的變化，介於完全充滿的最大值 $\kappa C = 1.454C$ 和全空的最小值 C 之間，故可提供確定低溫恆溫器液氮充滿程度的簡單方法。

23.7 介電質的微觀描述

現在考慮當介電質放置在電場中時，在原子和分子層次發生的情況。介電質材料有兩種類型：極性介電質和非極性介電質。

組成**極性介電質**的分子，具有由於其結構而產生的永久電偶極矩。這種分子的常見例子是水。通常，電偶極的方向是隨機分布的 (圖 23.21a)。但當有外來電場施加於這些極性分子時，它們傾向於與電場對準 (圖 23.21b)。

組成**非極性介電質**的原子或分子，沒有固有的電偶極矩 (圖 23.22a)。這些原子或分子可以在外加電場的影響下因感應而具有偶極矩 (圖 23.22b)。作用於原子或分子中的負電荷和正電荷的電作用力，方向相反，使這兩種電荷分布移動分開，因而產生感應電偶極矩。

在極性和非極性介電質中，與外加電場方向對準的電偶極矩所產生的電場，傾向於部分的抵消原始的外加電場 (圖 23.23)。對於兩板之間有介電質之電容器，在其上施加外電場 $\vec{E}$，會導致其內部最後的電場 $\vec{E}_r$，正好是外電場加上介電質材料中的感應電場 $\vec{E}_d$：

$$\vec{E}_r = \vec{E} + \vec{E}_d$$

圖 23.21 極性分子：(a) 隨機分布和 (b) 因外加電場而定向。

圖 23.22 非極性分子：(a) 沒有電偶極矩，(b) 因外加電場而出現感應的電偶極矩。

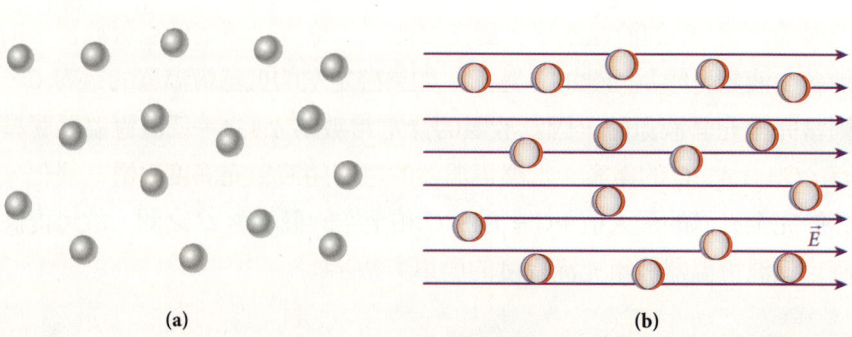

若以量值表示則為

$$E_r = E - E_d$$

注意，所得到的電場指向與原始的外電場方向相同，但是量值較小。介電常數由 $\kappa = E/E_r$ 給出，因此大於 1。

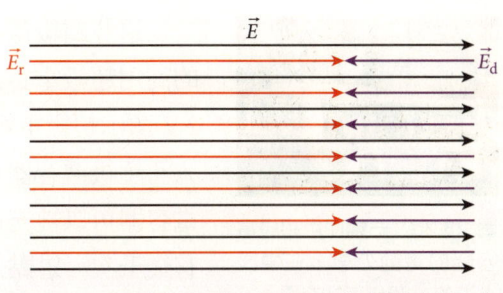

圖 23.23　電介質的電偶極子將平行板電容器上的外加電場抵消了一部分。

電解質電容器

有別於以介電質填充兩個導電板之間隙，電容器的組成也可以將其中的一個板，改為依靠離子導電的液體或電解質，這種液體包含有可以在其中自由移動的離子。這些電解質電容器最為常見的是由兩片鋁箔構成，其中一片塗覆有絕緣氧化物層。兩個箔片以用電解質飽和的紙片分隔。氧化物層通常具有大約 10 的介電常數和 20-30 kV/mm 的介電強度。因此，該層可以非常薄，並且這種類型的電解質電容器具有相對高的電容量。

電解質電容器的主要缺點是它具有極性，因此一個電極相對於另一個電極恆須保持在正電位。低至 1-2 V 的反向電位差將破壞氧化物層，並導致電容器短路和損毀。

超級電容器

如同我們在本章中看到的，1 F 是非常大的電容。但要建造電容大得多的超級電容器，仍是可能的。這可在電容器的極板之間使用表面積非常大的材料來實現。活性炭是一個可能，因為它在奈米尺度的泡沫狀結構，使它具有非常大的表面積。兩層活性炭被給予相反電性的電荷，並且以絕緣材料 (在圖 23.24b 中以紅線表示) 分開。這可使超級電容器的兩側各自儲存來自電解質但電性相反的自由離子。電解質離子與活性炭上的電荷之間的距離通常在奈米 (nm) 數量級，即比常規電容器小數百萬倍。活性炭提供比常規電容器大許多數量級的表面積。由於如第 23.3 節所述，電容與表面積成正比，與板的間距成反比，因此此項技術已經產生了商用電容器，其電容的量級為千法 (kF)，即數百萬倍於在 NIF 中使用的電容。

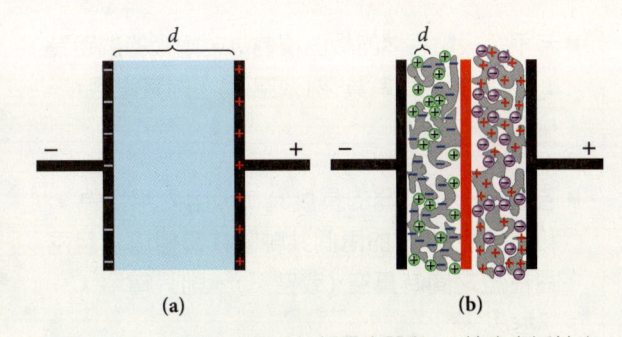

圖 23.24　比較 (a) 常規平行板電容器和 (b) 填充有活性炭的超級電容器。

593

普通物理

圖 23.25 一輛使用超級電容器的電動公車，在中國上海的一個公車站充電。

這些超級電容器只能在頂多高到 2-3 V 的電位差下工作。最高容量的商用超級電容器具有高達 5 kF 的電容值。使用 $U = \frac{1}{2}C(\Delta V)^2$ 和 $\Delta V = 2$ V 顯示超級電容器可以儲存 10 kJ 的能量。

超級電容器可以達到與傳統電池相當的能量儲存能力。此外，超級電容器可以被充電和放電數百萬次，相比之下，可再充電的電池可能只有幾千次。這點以及它們非常短的充電時間，使得它們可能適用於許多應用。例如，對於將這些超級電容器用於電動車輛，正被積極深入的研究。基於這種儲能技術的公共汽車，名為電容公車 (capabus)，目前已在中國上海使用 (見圖 23.25)。

關於改善超級電容器可使用的電位差的研究，一個被看好的研究路線是使用碳奈米管和石墨烯，來代替活性炭。第一個實驗室原型看來很有希望，基於這種方法的商業產品可以在幾年內上市。研究也成功的提高了超級電容器的能量儲存能力，同時降低了它的價格。

已學要點 | 考試準備指南

- 電容器的電容即其儲存電荷的能力，可依據它儲存的電荷 q 和板上的電位差 ΔV 來定義：$q = C\Delta V$。
- 法拉 (farad 或 F) 是電容的單位：$1\text{ F} = \dfrac{1\text{ C}}{1\text{ V}}$。
- 若平行板電容器的板面積為 A，兩板的間距為 d，且兩板之間為真空 (或空氣)，則其電容 $C = \dfrac{\epsilon_0 A}{d}$。
- 若圓柱形電容器的長度為 L，由內半徑為 r_1 和外半徑為 r_2 的兩個共軸圓柱體組成，且兩圓柱體之間為真空 (或空氣)，則其電容 $C = \dfrac{2\pi\epsilon_0 L}{\ln(r_2/r_1)}$。
- 若圓形電容器是由內半徑為 r_1 和外半徑為 r_2 的兩個同心球組成，且兩球之間為真空 (或空氣)，則其電容 $C = \dfrac{4\pi\epsilon_0 r_1 r_2}{r_2 - r_1}$。
- 若平行板電容器的兩個極板之間為真空 (或空氣)，則兩極板之間的電能密度 $u = \frac{1}{2}\epsilon_0 E^2$。
- 在電路中並聯的 n 個電容器的系統可以用等效電容來代替，且等效電容為各電容之和：$C_{等效} = \sum_{i=1}^{n} C_i$。
- 在電路中串聯的 n 個電容器的系統可以用等效電容來代替，且等效電容的倒數為各電容的倒數之和：$\dfrac{1}{C_{等效}} = \sum_{i=1}^{n} \dfrac{1}{C_i}$。
- 當電容器兩板之間的空間填充介電常數為 κ 的介電質時，其電容會比在空氣中的電容為大：$C = \kappa C_{\text{air}}$。
- 儲存在電容器中的電位能為 $U = \frac{1}{2}q^2/C = \frac{1}{2}C(\Delta V)^2 = \frac{1}{2}q\Delta V$。

自我測試解答

23.1 電場保持不變。

23.2 串聯：$\dfrac{1}{C_{等效}} = \dfrac{4}{C} \Rightarrow C_{等效} = \dfrac{C}{4} = 2.50\ \mu\text{F}$。

並聯：$C_{等效} = 4C = 40.0\ \mu\text{F}$。

23.3 $100\ \text{V} = d(2500\ \text{V/mm}) \Rightarrow d = 0.04\ \text{mm}$。

解題準則

1. 記住，電容器具有電荷 q 的意思是一個板具有電荷 $+q$，另一個板具有電荷 $-q$。要確實了解施加到電容器的電荷，是如何分布到兩個導電板；如果你不確定這一點，請回顧例題 23.3。

2. 在解決涉及電路的問題時，如果問題沒有給出電路，則繪製電路圖總是一個好主意。識別串聯和並聯可能需要一些練習，但若要將看來複雜的電路，簡化為易於處理的等效電路，通常它是重要的第一步。記住，串聯的電容器具有相同的電荷，而並聯的電容器具有相同的電位差。

3. 如果記得介電質會使電容增大，你可以記住介電質的大多數重要結果。(這點是介電質所以有用之處。) 如果結果顯示介電質使電容減小，你必須重新檢查所做的計算。

4. 如果知道下列三個量中的兩個，就可以計算電容器中儲存的能量：板上的電荷、電容器的電容及兩板之間的電位差。務必使用 (23.15) 式中的適當形式。

選擇題

23.1 在附圖所示的電路中，每個電容器的電容為 C。這三個電容器的等效電容為何？

a) $\dfrac{1}{3}C$ b) $\dfrac{2}{3}C$
c) $\dfrac{2}{5}C$ d) $\dfrac{3}{5}C$
e) C f) $\dfrac{5}{3}C$

23.2 平行板電容器兩板之間的距離減少一半，板的面積加倍。電容會發生什麼？

a) 保持不變。 b) 變成 2 倍。
c) 變成 4 倍。 d) 減為一半。

23.3 如附圖所示，在電路中有兩個相同的平行板電容器彼此連接。最初，每個電容器在兩板之間的空間填充有空氣。若在相同的電位差下，以下哪個變化會使儲存在兩個電容器上的電荷總量增加一倍？

a) C_1 的兩板之間的空間用玻璃 (介電常數為 4) 填充，C_2 保持不變。

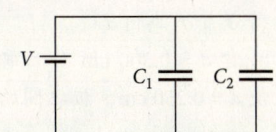

b) C_1 的兩板之間的空間用鐵氟龍 (介電常數為 2) 填充，C_2 保持不變。

c) C_1 和 C_2 的兩板之間的空間都用鐵氟龍 (介電常數為 2) 填充。

d) C_1 和 C_2 的兩板之間的空間都用玻璃 (介電常數為 4) 填充。

23.4 以下哪一 (或幾) 項與平行板電容器的電容成比例？

a) 儲存在每個導電板上的電荷
b) 兩個板之間的電位差
c) 兩個板之間的間隔距離
d) 每塊板的面積
e) 以上皆是
f) 以上皆非

23.5 平行板電容器連接到電池以進行充電。一段時間後，當電池仍然連接到電容器時，電容器兩極板之間的距離加倍。以下哪一 (或幾) 項為真？

a) 兩板之間的電場減半。
b) 電池的電位差減半。
c) 電容加倍。
d) 兩板間的電位差不變。
e) 兩板上的電荷不變。

23.6 有 N 個相同的電容器，每個電容器具有電容 C，以串聯方式連接。該電容器系統的等效電容為
a) NC。
b) C/N。
c) $N^2 C$。
d) C/N^2。

e) C。

23.7 當在帶電且孤立的電容器的兩板之間放置介電質時，電容器內的電場會
a) 增大。
b) 減小。
c) 保持不變。
d) 如果兩板上的電荷為正，則增大。
e) 如果兩板上的電荷為正，則減小。

觀念題

23.8 電容器的極板是否一定要以導電材料製成？如果使用兩個絕緣板而不是導電板，會發生什麼？

23.9 當在一台設備上工作時，即使在將設備關閉並拔下插頭後，電氣工程師和電子技術人員有時仍會連接一條接地線到設備。他們為什麼要這樣做？

23.10 平行板電容器以電池充電後，從電池斷開，留下一定量的能量儲存於電容器中。然後增加兩板之間的間隔。儲存在電容器中的能量會發生什麼？由能量守恆觀點討論你的答案。

23.11 具有電容 C_1 和 C_2 的兩個電容器以串聯方式連接。證明無論 C_1 和 C_2 的值為何，等效電容總是小於兩個電容中較小的電容。

23.12 半徑 5.00 cm 的孤立固體球形導體，被乾燥空氣包圍，並被充電到電位 V，其中假定無窮遠處的電位為零。
a) 計算 V 可能具有的最大量值。
b) 清楚而簡要的解釋為什麼會有最大值存在。

23.13 一個平行板電容器具有邊長 L 的正方形板，兩板的間距為 d，並帶有電荷 Q。之後將它與電源斷開，再將介電常數 κ、且緊密配合的正方形介電質板插入兩板之間先前全空的空間中。計算在插入過程中將板拉入電容器的力。

23.14 一個平行板電容器由不同面積的兩塊板構成。如果這個電容器最初未充電，然後連接到電池，則大板上的電荷量與小板上的電荷量的比值為何？

練習題

題號前的藍點 (•) 與雙藍點 (••) 代表問題難度遞增。

23.3 節

23.15 電容在 1.00 F 以上的超級電容器，是由表面積非常大、具有海綿狀結構的板製成。若超級電容器的電容為 1.00 F，兩板之間的有效間距 $d = 1.00$ mm，試求它的表面積。

23.16 一個孤立的球形導體具有的電容為 1.00 F，它的半徑為何？

23.17 計算地球的電容。將地球視為半徑 6371 km 的孤立球形導體。

•**23.18** 平行板電容器的兩個板中，有一個可以相對於另一個移動，如附圖所示。兩板之間為空氣，且當兩板的間距為 $d = 0.500$ cm 時，電容為 32.0 pF。

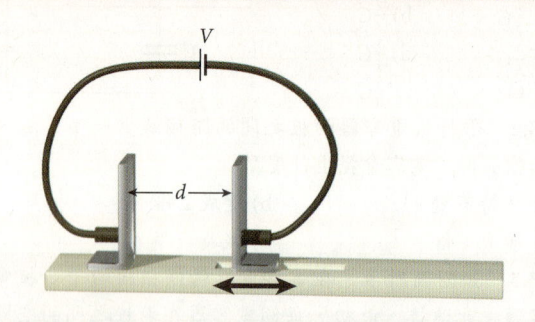

a) 將電位差 $V = 9.00$ V 的電池連接到兩板。左板上的電荷分布 σ 為何？當 d 變為 0.250 cm 時，電容 C 和電荷分布 σ' 為何？

b) 當 $d = 0.500$ cm 時，電池與板斷開。然後移動板，使 $d = 0.250$ cm。板之間的電位差 V' 為何？

23.4 節

23.19 一個大的平行板電容器，板為邊長 1.00 cm 的正方形，兩板間距為 1.00 mm，它因掉落而損壞。兩個板有一半面積被推靠近在一起到 0.500 mm 的距離。損壞的電容器的電容為何？

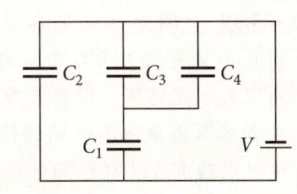

23.20 如附圖所示，電容 $C_1 = 3.50$ nF、$C_2 = 2.10$ nF、$C_3 = 1.30$ nF 和 $C_4 = 4.90$ nF 的四個電容器，連接到 $V = 10.3$ V 的電池。這組電容器的等效電容為何？

23.21 如附圖所示連接六個電容器。

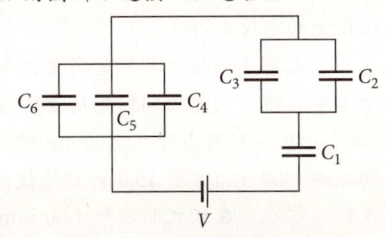

a) 如果 $C_3 = 2.300$ nF，則要使兩個電容器的組合得到 5.000 nF 的等效電容，C_2 必須為何？

b) 若 C_2 和 C_3 的值與 (a) 部分相同，則要使三個電容器的組合得到 1.914 nF 的等效電容，C_1 必須為何？

c) 若 C_1、C_2 和 C_3 值與 (b) 部分相同，如果其他電容的值為 $C_4 = 1.300$ nF、$C_5 = 1.700$ nF 和 $C_6 = 4.700$ nF，則整個電容器組合的等效電容為何？

d) 若如圖所示，將電位差為 11.70 V 的電池與電容器連接，六個電容器的總電荷為何？

e) 在這種情況下，C_5 上的電位降為何？

•**23.22** 50 個平行板電容器以串聯方式連接。兩板之間的距離在第一個電容器為 d，在第二個電容器為 $2d$，在第三個電容器為 $3d$，以此類推。對於所有電容器，板的面積都是相同的。以 C_1 (第一個電容器的電容) 表示整個集合的等效電容。

23.5 節

23.23 當一個電容器在每個板上的電荷量為 60.0 μC 時，板上的電位差為 12.0 V。當電容器兩端的電位差為 120. V 時，該電容器中儲存了多少能量？

23.24 地球表面附近的電場為 150. V/m。求出地表附近每立方米的空氣所儲存的電能。

•**23.25** 一般認為中子星的表面具有電偶極 ($\vec{p}$) 層。一個中子星的半徑為 10.0 km，電偶極層的厚度為 1.00 cm，而在此層的表面上有 $+1.00$ μC/cm^2 和 -1.00 μC/cm^2 的電荷分布，如附圖所示。此中子星的電容為何？其電偶極層中儲存的電位能為何？

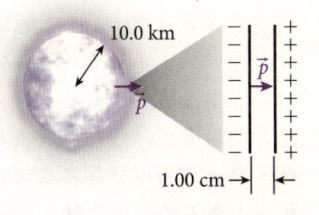

•**23.26** 附圖顯示了 $V = 12.0$ V、$C_1 = 500.$ pF 和 $C_2 = 500.$ pF 的電路。開關連接到 A，使電容器 C_1 完全充電。求 (a) 電池輸送的能量和 (b) 儲存於 C_1 中的能量。接著將開關轉接到 B，使電路達到平衡。求 (c) 儲存於 C_1 和 C_2 的總能量。(d) 如果能量有損失，試解釋之。

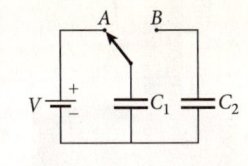

23.6 節

23.27 兩個平行板電容器具有相同的板面積和相同的板間距。每個可以儲存的最大能量取決於介電質擊穿發生之前可以施加的最大電位差。一個電容器在其兩板之間為空氣，另一個為聚酯薄膜。試求聚酯薄膜電容器可以儲存的最大能量與空氣電容器可以儲存的最大能量的比率。

23.28 計算被乾燥空氣包圍的任何表面上可以維持的最大表面電荷分布。

23.29 一個平行板電容器具有邊長為 $L = 10.0$ cm 的正方形板，兩板之間距 $d = 1.00$ cm。兩板之間的空間有 1/5 中填充有介電常數 $\kappa_1 = 20.0$ 的介電質。剩餘的 4/5 空間用 $\kappa_2 = 5.00$ 的介電質填充。試求此電容器的電容。

•**23.30** 圓柱形電容器的兩個圓柱體之間的體積，一半填充介電常數為 κ 的介電質，並連接到具有電位差 ΔV 的電池。電容器上的電荷為何？該電荷與一個完全相同、電位降與連接方式也相同、但沒有介電質之電容器上的電荷的比率為何？

•**23.31** 一個平行板電容器的電容為 120. pF，板面積為 100. cm^2，兩板之間的空間填充有介電常數為 5.40 的雲母，兩板的電位差保持在 50.0 V。

a) 雲母中的電場強度為何？

b) 板上的自由電荷為何？

c) 雲母上感應的電荷量為何？

••**23.32** 由一對矩形板組成的平行板電容器，每個板的

普通物理

尺寸為 1.00 cm × 10.0 cm，兩板的間距為 0.100 mm，以電位差為 $1.00 \cdot 10^3$ V 的電源充電。然後電源被移除，電容器在不放電的情況下，垂直插在容納去離子水的容器上方，板的短邊沒入水中，如圖附所示。由能量觀點考慮，證明水將在板之間上升。忽略其他效應，給出可用以計算水在兩板之間上升高度的聯立方程式，但不必求出其解。

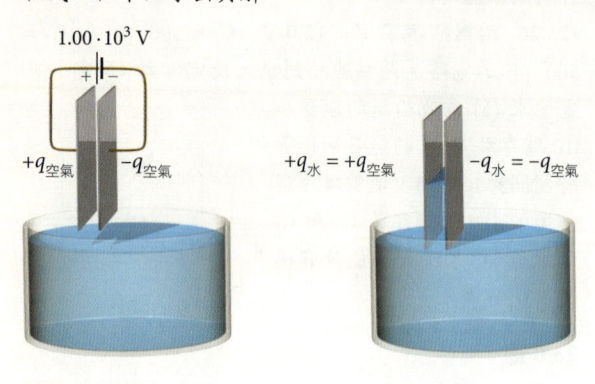

補充練習題

23.33 考慮空氣的介電強度，在相隔 15 mm、面積 25 cm² 的電容器板上，可以儲存的最大電荷量為何？

23.34 兩個極板之間為真空的電容器，連接到電池，然後用聚酯薄膜填充間隙。它的儲能容量增加的百分比為何？

23.35 假設你想使用兩個正方形鋁箔製作 1.00 F 的電容器。如果箔片以單張紙（厚度約 0.100 mm，而 κ = 5.00）分開，試求箔片的尺寸（即邊長）。

23.36 含四個電容器的電路，以電池充電，如附圖所示。電容 C_1 = 1.00 mF，C_2 = 2.00 mF，C_3 = 3.00 mF，C_4 = 4.00 mF，電池電位 V_B = 1.00 V。當電路處於平衡時，D 點的電位 V_D = 0.00 V。在 A 點的電位 V_A 為何？

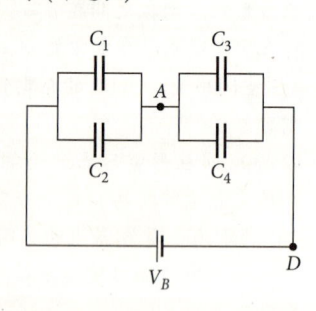

23.37 稱為約瑟夫森接面的量子力學裝置，由兩個以 20.0 nm 的氧化鋁隔開的超導金屬（例如，1.00 K 的鋁）的重疊層組成，氧化鋁的介電常數為 9.10。如果此裝置的面積為 100.m²，配置成平行板，試估計其電容。

23.38 為了一個科學計畫，四年級學生將兩個湯罐的頂部和底部切除，兩個罐的高度都為 7.24 cm，半徑為 3.02 cm 和 4.16 cm，較小的一個放在較大的罐裡，

並以熱膠將它們黏在一個塑料片上，如附圖所示。然後她用特殊的「湯」（介電常數 63.0）填充罐之間的間隙。這個配置的電容為何？

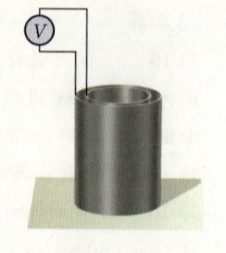

•23.39 一個平行板電容器連接到 6.00 V 電池，兩板之間的間隙為空氣。充電後，儲存在電容器中的能量為 72.0 nJ。在電容器與電池不斷開的情況下，將介電質插入間隙中，以致有 317 nJ 的額外能量從電池流到電容器。
a) 介電質的介電常數為何？
b) 如果每個板的面積為 50.0 cm²，在插入介電質之後電容器正極板上的電荷為何？
c) 在插入介電質之前，兩板之間的電場量值為何？
d) 在插入介電質之後，兩板之間的電場量值為何？

•23.40 一個平行板電容器由邊長 2.00 cm 的方形板組成，兩板間距為 1.00 mm。用 15.0 V 電池使此電容器充電，然後移除電池。在板之間滑動 1.00 mm 厚的尼龍片（介電常數為 3.50）。尼龍片插入電容器時受到的平均力（量值和方向）為何？

•23.41 一個平行板電容器的正方形平板，邊長為 L = 10.0 cm，間隔為 d = 2.50 mm，如附圖所示。電容器由電位差 V_0 = 75.0 V 的電池充電；然後移開電池。
a) 求出此時電容器的電容 C_0 和儲存的電位能 U_0。
b) 接著將一塊塑膠玻璃板（κ = 3.40）插入，使其填充兩板之間的 2/3 體積，如附圖所示。求出新電容 C'，兩板間的新電位差 V' 和儲存在電容器中的新電位能 U'。
c) 忽視重力，插入塑膠玻璃板者是否要做功？

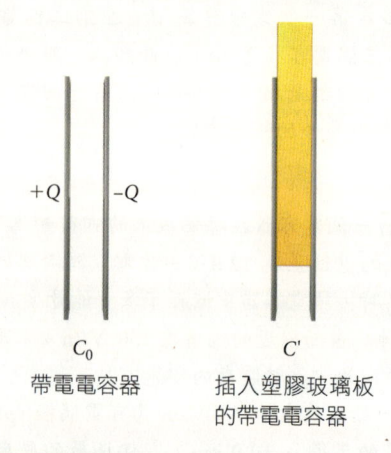

C_0 帶電電容器

C' 插入塑膠玻璃板的帶電電容器

•23.42 兩個串聯的平行板電容器 C_1 和 C_2，連接到

96.0 V 的電池。兩個電容器都具有面積為 1.00 cm²、間距為 0.100 mm 的板；C_1 在其兩板之間為空氣，C_2 則為瓷 (介電常數為 7.00，介電強度為 5.70 kV/mm)。

a) 充電後，每個電容器的電荷為何？
b) 兩個電容器中儲存的總能量為何？
c) C_2 在兩板之間的電場為何？

•**23.43** 將一個充電至 50.0 V 的 1.00 F 電容器，連接到充電至 20.0 V 的 2.00 F 電容器，每個的正極板連接到另一個的負極板。1.00 F 電容器的最終電荷為何？

•**23.44** 在附圖中，平行板電容器連接到 300. V 的電池。在電容器與電池保持連接下，一質子沿著與平板法線成 θ 角的方向，以 $2.00 \cdot 10^5$ m/s 的速率，從電容器的負極板發射 (穿過)。

a) 證明不管角度為何，質子都不能到達電容器的正極板。
b) 繪製質子在兩板之間的軌跡。
c) 假設負極板的 V = 0，求出質子在兩板間，其 x 方向運動出現反轉之點的電位。
d) 假設板材夠長，可使質子在整個運動過程中維持於兩板之間，計算質子與負極板碰撞的速率。

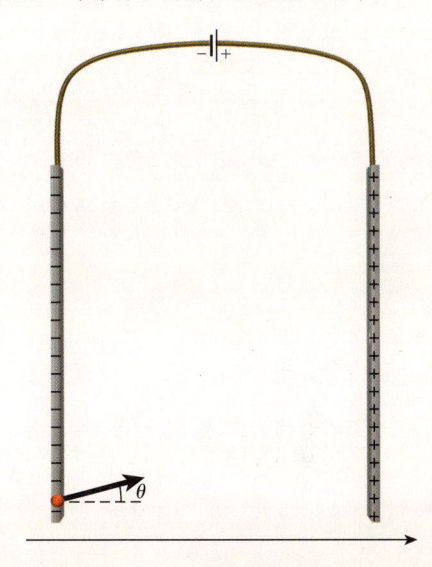

◢ 多版本練習題

23.45 電動汽車的電池儲存 53.63 MJ 的能量。若每個超級電容器具有電容 C = 3.361 kF，在 2.121 V 的電位差下，需要多少個超級電容器才能提供這個能量？

23.46 電動汽車的電池儲存 60.51 MJ 的能量。若每個超級電容器具有電容 C = 3.423 kF，則 6990 個超級電容器要提供這個能量，每個超級電容器的電位差為何？

23.47 電動汽車的電池儲存 67.39 MJ 的能量。如果 6845 個超級電容器，每個具有電容 C 並且充電到 2.377 V 的電位差，可以提供這個能量，則每個超級電容器的電容 C 為何？

24 電流與電阻

待學要點

24.1 電流
　　例題 24.1　離子電滲療法
24.2 電流密度
　　詳解題 24.1　銅線中電子的漂移速度
24.3 電阻率和電阻
　　溫度依賴性和超導性
　　固體傳導的微觀基礎
24.4 電動勢和歐姆定律
　　人體的電阻
24.5 串聯電阻器
　　例題 24.2　電池的內電阻
　　橫截面可變的電阻器
24.6 並聯電阻器
　　例題 24.3　六個電阻器的等效電阻
24.7 電路中的能量和功率
　　例題 24.4　燈泡電阻的溫度依賴性
24.8 二極體：電路中的單行道

已學要點｜考試準備指南

解題準則
選擇題
觀念題
練習題
多版本練習題

圖 24.1　流過導線的電流使燈泡發光。

電氣照明是如此常見，你甚至不會去想它。你走進一個黑暗的房間，只需按壓一下開關，房間就明亮如白晝 (圖 24.1)。然而，當開關被按壓時所發生的一切，最終仍要靠物理和工程器具的原理，它們的發展和改進需要幾十年的時間。

本章首先聚焦於運動中的電荷。它揭示了第 25 章中將要用於分析基本電路的一些基本概念，這些電路是所有電子學應用所不可或缺的。這兩章將集中在移動電荷的電效應，但你應該知道，移動電荷也產生其他效應，這些效應我們將在第 26 章關於磁性的論述時再予說明。

普通物理

待學要點

- 電路中某點的電流就是淨電荷通過該點的速率。
- 直流電流是指流動的方向不隨時間變化的電流。電流的方向被定義為正電荷移動的方向。
- 通過導體中給定點的電流密度是每單位橫截面積上垂直通過的電流。
- 材料的電導率代表該材料傳導電流的能力。它的倒數是電阻率。
- 一個裝置的電阻取決於其幾何形狀和其製造材料。
- 導體的電阻率大致隨溫度以線性增加。
- 電動勢 (通常稱為 emf) 是電路中的一種電位差。
- 歐姆定律表明，裝置的電位降等於流過裝置的電流乘以裝置的電阻。
- 一個簡單的電路包括一個電動勢源和串聯或並聯的電阻。
- 在電路圖中，等效電阻可以替代串聯或並聯的電阻。
- 電路中的功率是電流和電壓降的乘積。
- 二極體只能單方向傳導電流，在相反的方向不能傳導電流。

24.1 電流

如果電的科學僅止於靜電學，它對現今的社會就不會如此重要。在電的衝擊下世界為之改變，這來自於運動電荷或電流的性質。所有電氣裝置的運作都需要依賴某種電流。

讓我們先看幾個非常簡單的實驗。考慮一個非常簡單的電路，只包括電池、開關和燈泡 (見圖 24.2)。如果開關打開，如圖 24.2a 所示，燈泡不亮。如果開關閉合，如圖 24.2b 所示，燈泡亮起。我們都知道為什麼會發生這種情況——因為有電流在閉合電路中流動。第 23 章曾說過電池可為電路提供電位差。在本章中，我們將研究電流流動的意義、電

圖 24.2　利用電池和燈泡進行實驗。

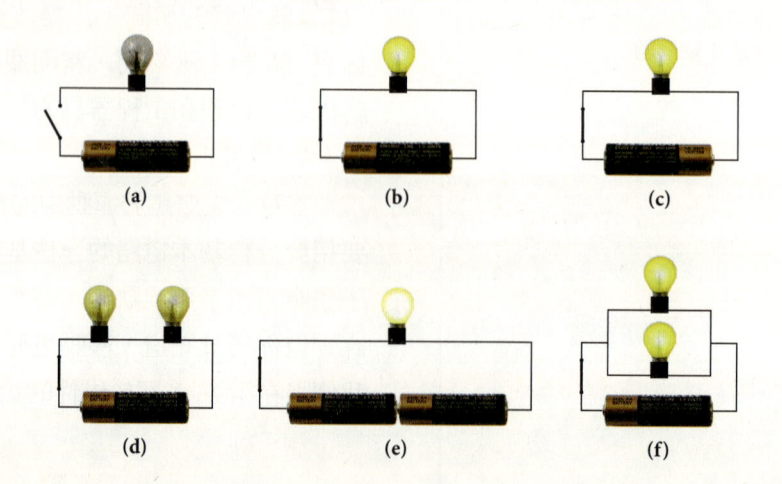

流的物理基礎以及它與電池提供的電位差有何關係。我們將看出在電路中，燈泡的作用如同電阻器，並研究電阻器的行為。

我們首先考慮圖 24.2c 中的簡單實驗，其中電池擺放的方向與圖 24.2b 中的相反。儘管電池提供的電位差，在符號上相反，但是燈泡亮度仍同前一樣。(電池的正極接頭為銅色的。) 在圖 24.2d 中，電路中有兩個燈泡，一個接在另一個後面。(第 24.5 節將特別討論這種方式的電阻器安排，即串聯連接。) 在亮度上，這兩個燈泡的每一個，明顯比圖 24.2c 中的單個燈泡為低，所以電路中的電流可能比以前為小。另一方面，如圖 24.2e 所示的兩個串聯電池，使電路中的電位差加倍，而燈泡的亮度也明顯更高。最後，如圖 24.2f 所示，如果使用單獨的導線分別將兩個燈泡連接到單個電池，燈泡的亮度大約與圖 24.2b 或圖 24.2c 中的相同。這種連接電路中電阻器的方法稱為並聯連接，將在第 24.6 節中討論。

定量的來說，**電流** i 是在給定時間內通過給定點的淨電荷除以該時間。儘管導體中電子的隨機運動，會使大量電荷移動而通過一給定點，但因為沒有淨電荷流動，它並非電流。如果淨電荷 dq 在 dt 的時間內通過一個點，則根據定義，

$$i = \frac{dq}{dt} \tag{24.1}$$

而在時間 t 內通過給定點的淨電荷，其值等於電流相對於時間的積分：

$$q = \int dq = \int_0^t i\,dt' \tag{24.2}$$

依據總電荷守恆，在導體中流動的電荷從不消失。因此，在穩定態時，由導體一端流入的電荷量，與從另一端流出來的相等。

電流的單位為庫侖/秒，稱為**安培** (ampere，縮寫為 A 或 amp)，這是以法國物理學家安培 (Andre Ampere, 1775-1836) 命名的：

$$1\,\text{A} = \frac{1\,\text{C}}{1\,\text{s}}$$

電流值的典型例子，包括一個燈泡的電流約為 1 A，汽車啟動器約為 200 A，供電給 MP3 播放器約為 1 mA = $1 \cdot 10^{-3}$ A，大腦神經元和突觸連接約為 1 nA，以及雷擊 (短時間) 約為 10,000 A = 10^4 A。可以測量出的最小電流，是個別電子在掃描穿隧顯微鏡中穿隧時的電流，大約為 10

普通物理

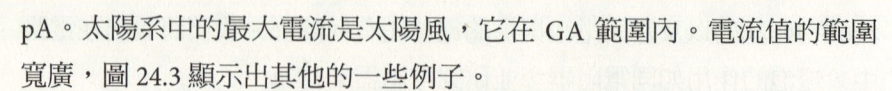

pA。太陽系中的最大電流是太陽風，它在 GA 範圍內。電流值的範圍寬廣，圖 24.3 顯示出其他的一些例子。

你應該記住以下與電流數量級有關的簡易安全守則：1-10-100。也就是說，1 mA 的電流通過人體時，人可感覺得到 (通常為刺痛)，10 mA 的電流會使肌肉收縮，以致人無法放開傳輸電流的導線，而 100 mA 就足以使心臟停止跳動。

電流僅沿一個不隨時間變化的方向流動時，稱為**直流電流**。(原先往一個方向流動，然後又往相反方向流動的電流稱為交流電流。) 在本章中，流經導體的電流方向以箭頭表示。

物理上，導體中的電荷載子是帶負電荷的電子。然而，按照慣例，正電荷移動或移轉的方向被定義為電流的正方向。

自我測試 24.1

一個可充電 AA 電池的額定值通常約為 700 mAh。這個電池可提供 100 μA 的電流多久？

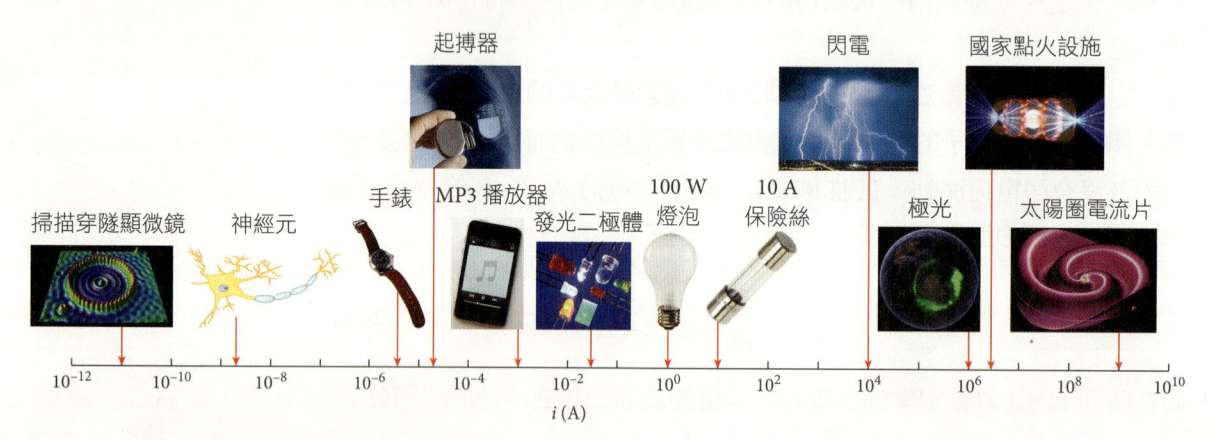

圖 24.3 範圍在 1 pA 到 10 GA 的電流值例子。

例題 24.1 離子電滲療法

有一種無痛施用抗炎藥物的方式，稱為*離子電滲療法*，可以在需要藥物的組織中，沉積大約 100 μg 的藥物，比口服方式高達百倍之多，它使用 (非常弱的) 電流通過患者的組織 (圖 24.4)。離子電滲裝置由電池和兩個電極 (加上控制所施電流強度的其他電子電路) 組成。將抗炎藥物 (通常為 dexamethasone，即氟美鬆) 施加於帶負電荷的電極下側。電流流過患者的皮膚，並將藥物沉積在組織中到將接近 1.7 cm 的深度。

問題：

一名護士想在受傷的足球員腳跟上施用 80 g 的消炎藥。如果她使用離子電滲治療裝置，施加的電流恆固定為 0.14 mA，如圖 24.4 所示，則施打此藥劑量需要多長時間？假定所用裝置的施打速率為 650 μg/C。

604

24 電流與電阻

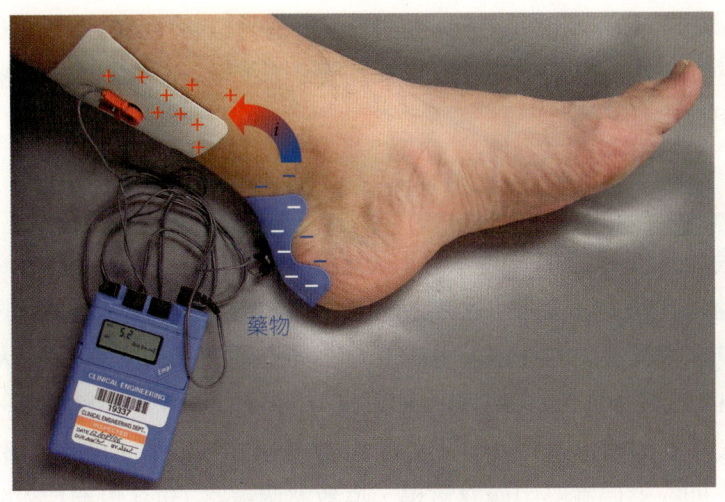

圖 24.4 離子電滲療裝置藉助電流以便在皮膚下施用藥物。

解：

如果藥物施打速率為 650 μg/C，則施打 80 μg 所需的總電荷為

$$q = \frac{80\ \mu g}{650\ \mu g/C} = 0.123\ C$$

由於電流為恆定，所以 (24.2) 式中的積分就等於

$$q = \int_0^t i\,dt' = it$$

解出 t 並代入數值，可得

$$q = it \Rightarrow t = \frac{q}{i} = \frac{0.123\ C}{0.14 \cdot 10^{-3}\ A} = 880\ s$$

對此運動員的離子電滲法施藥時間，大約為 15 分鐘。

24.2 電流密度

考慮通過導體中某點的電流。在該點的垂直橫截面上 (圖 24.5 中的橫截面積 A) 每單位面積通過的電流，稱為在該點的**電流密度** $\vec{J}$，此處 $\vec{J}$ 的方向被定義為正電荷通過速度的方向 (或負電荷通過速度的反方向)，故流過導體中某一平面的電流可表示為

圖 24.5 一段導體 (導線) 與一平面垂直相交，形成面積為 A 的橫截面。

$$i = \int \vec{J} \cdot d\vec{A} \tag{24.3}$$

605

其中 $d\vec{A}$ 是 (沿電流的正方向) 垂直於該平面的微分面積向量，如圖 24.5 所示。如果電流是均勻的，並且垂直於平面，則 $i = JA$，而電流密度的量值可以表示為

$$J = \frac{i}{A} \tag{24.4}$$

在沒有電流的導體中，傳導電子隨機運動。當電流流過導體時，電子仍然隨機運動，但在驅動電流之電場的相反方向上，會另有額外的漂移速度 $\vec{v}_d$。隨機運動的速率大約為 10^6 m/s，漂移速率 $v_d = |\vec{v}_d|$，則大約為 10^{-4} m/s 或更小。漂移速度是如此緩慢，你可能奇怪為什麼開關一旦打開後幾乎立即就有光。答案是開關 (以數量級在 $3 \cdot 10^8$ m/s 的傳播速率) 幾乎立即在整個電路中建立電場，導致整個電路 (包括燈泡) 內的自由電子幾乎立即移動。

電流密度與電子的漂移速度有關。考慮在外加電場 $\vec{E}$ (沿正方向) 作用下橫截面積為 A 的導體。假設導體每單位體積具有 n 個傳導電子，並且假定所有電子具有相同的漂移速度，且電流密度是均勻的。帶負電荷的電子將朝電場的相反方向 (即負方向) 漂移。在 dt 的期間，每個電子的淨位移為 $-v_d\, dt$，因此 (沿負方向) 通過導體橫截面的電子體積為 $Av_d\, dt$，而該體積中的電子數為 $nAv_d\, dt$。因每個電子的電荷為 $-e$，所以在 dt 期間 (沿正方向) 通過橫截面的電荷 dq 為

$$dq = nev_d\, A dt \tag{24.5}$$

因此，電流為

$$i = \frac{dq}{dt} = nev_d A \tag{24.6}$$

而電流密度則為

$$J = \frac{i}{A} = nev_d = -(ne)(-v_d) \tag{24.7}$$

注意，在上式中 $-v_d$ 是電子的漂移速度 (或沿正方向的速度分量)。(24.7) 式是在一維空間中導出的，故可適用於導線。它可推廣到三維空間中的任意方向：

$$\vec{J} = -(ne)\vec{v}_d$$

故如前所述，可看出漂移速度與電流密度兩個向量為反向平行。

圖 24.6 顯示了載有電流的導線示意圖。真正的電流載子是帶負電荷的電子。在圖 24.6 中，這些電子以漂移速度 v_d 向左移動。然而，電場、電流密度和電流都指向右，因為這些量的正負是參照正電荷約定的。

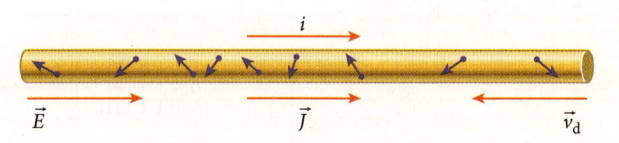

圖 24.6 電子在電線中從右向左移動，導致從左向右的電流。

詳解題 24.1　銅線中電子的漂移速度

問題：

你在電動遊戲機上玩「銀河驅逐艦」。遊戲控制器在 12 V 的電位差下運作，並使用長度為 1.5 m、橫截面積為 0.823 mm^2 的 18 號銅線連接到主機箱。在將宇宙飛船投入戰鬥時，你握著操縱桿使它維持在前進位置 5.3 s，傳輸 0.78 mA 的電流到控制台。在此數秒內，屏幕上的太空船越過一半的星系，電子在電線中移動多遠？

解：

思索　為了求出在給定時段內電線中的電子移動有多遠，需要計算它們的漂移速度。為了確定載流銅線中的電子漂移速度，需要求出銅中的電子數密度。然後，我們由電荷密度的定義求出漂移速度。

繪圖　圖 24.7 示出了載有電流 i、橫截面積為 A 的銅線，它顯示電子朝電流的反方向漂移，而與慣用約定一致。

推敲　電子在時段 t 的位移 x 為

$$x = v_d t$$

其中 v_d 是電子漂移速度的量值 (即漂移速率)。依 (24.7) 式，漂移速度與電流密度的關係為

$$\frac{i}{A} = nev_d \tag{i}$$

其中 i 是電流，A 是橫截面積 (對於 18 號線為 0.823 mm^2)，n 是電子數的密度，$-e$ 是電子的電荷。電子數密度的定義為

$$n = \frac{傳導電子數}{體積}$$

假設每個銅原子有一個傳導電子，我們可以求出電子數的密度。銅的密度為

$$\rho_{Cu} = 8.96 \text{ g/cm}^3 = 8960 \text{ kg/m}^3$$

而 1 莫耳銅的質量為 63.5 g，含有 $6.02 \cdot 10^{23}$ 個原子，因此，電子數密度

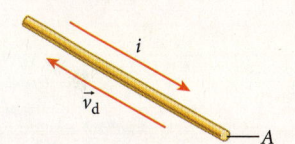

圖 24.7　載有電流、橫截面積為 A 的銅線。

普通物理

為

$$n = \left(\frac{8.96 \text{ g}}{1 \text{ cm}^3}\right)\left(\frac{6.02 \cdot 10^{23} \text{ 個電子}}{63.5 \text{ g}}\right)\left(\frac{10^6 \text{ cm}^3}{1 \text{ m}^3}\right) = 8.49 \cdot 10^{28} \frac{\text{個電子}}{\text{m}^3}$$

簡化 我們由 (i) 式解出漂移速率：

$$v_d = \frac{i}{neA}$$

因此，電子行進的距離為

$$x = v_d t = \frac{i}{neA} t$$

計算 代入數值，可得

$$x = v_d t = \frac{it}{neA} = \frac{(0.78 \cdot 10^{-3} \text{ A})(5.3 \text{ s})}{(8.49 \cdot 10^{28} \text{ m}^{-3})(1.602 \cdot 10^{-19} \text{ C})(0.823 \text{ mm}^2)}$$

$$= (6.96826 \cdot 10^{-8} \text{ m/s})(5.3 \text{ s})$$

$$= 3.69318 \cdot 10^{-7} \text{ m}$$

捨入 我們的結果需四捨五入為兩位有效數字：

$$v_d = 7.0 \cdot 10^{-8} \text{ m/s}$$

和

$$x = 3.7 \cdot 10^{-7} \text{ m} = 0.37 \text{ μm}$$

複驗 我們求出的漂移速度是一個驚人的小數字。前曾提及漂移速度的數量級通常為 10^{-4} m/s 或更小。由於電流與漂移速度成比例，較小的電流意味著較小的漂移速度。18 號線可以承載幾安培的電流，因此題幹陳述中指定的電流，比最大電流的 1% 還小。因此，我們計算的漂移速度比 10^{-4} m/s (大電流時的典型漂移速度) 的 1% 為小，這應是合理的。

以上求出的電子移動距離，小於指甲厚度的 0.1%，與線的長度相比是個非常小的距離。此結果給了一個寶貴的提示，即電磁場在導體內以接近 (在真空中的) 光速移動，導致所有傳導電子幾乎都在同一時間漂移。因此，儘管每個電子的速度非常慢，來自遊戲控制器的信號，幾乎立即到達控制台。

24.3 電阻率和電阻

有些物質比其他物質更能導電。在同一給定的電位差之下，通過良

導體可產生相當大的電流，而絕緣體則只產生很小的電流。一種物質 (或材料) 所具有之抗拒電流流動的本質，其強弱程度以 電阻率 ρ 來衡量，而一個物體抗拒電流流動的特性，則以 電阻 R 來表示。

當施加於導體 (如傳導電流的物理裝置或材料) 兩端的電位差為 ΔV 時，若通過導體的電流為 i，則導體的電阻為

$$R = \frac{\Delta V}{i} \tag{24.8}$$

電阻的單位為伏特/安培 (V/A)，這個組合稱為 歐姆 (ohm)，其符號為 Ω (希臘字母 omega 的大寫)，以紀念德國物理學家歐姆 (Georg Simon Ohm, 1789-1854)：

$$1\,\Omega = \frac{1\,\text{V}}{1\,\text{A}}$$

將 (24.8) 式重新整理可得

$$i = \frac{\Delta V}{R} \tag{24.9}$$

上式指出，對於給定的電位差 ΔV，電流 i 與電阻 R 成反比。此公式常被稱為 歐姆定律，有時重排為 $\Delta V = iR$，也稱為歐姆定律。

有時也以 電導 G 來描述電路裝置，其定義為

$$G = \frac{i}{\Delta V} = \frac{1}{R}$$

在 SI 制中，電導以導出單位西門子 (siemens, S) 表示，以紀念德國發明家和實業家西門子 (Ernst Werner von Siemens, 1816-1892)：

$$1\,\text{S} = \frac{1\,\text{A}}{1\,\text{V}} = \frac{1}{1\,\Omega}$$

在一些導體中，電阻率與電流流動的方向有關。本章假設各種材料的電阻率對於電流的所有方向是均勻的。

一個裝置的電阻取決於它的幾何形狀與所使用的材料。如前所述，材料的電阻率代表反抗電流的程度，它的定義可用所施電場的量值 E 和所得電流密度的量值 J 表示為

$$\rho = \frac{E}{J} \tag{24.10}$$

普通物理

表 24.1 代表性導體的電阻率及其溫度係數

導體材料	電阻率 ρ (20 °C) (10^{-8} Ω m)	溫度係數 α (10^{-3} K^{-1})
銀	1.62	3.8
銅	1.72	3.9
金	2.44	3.4
鋁	2.82	3.9
黃銅	3.9	2
鎢	5.51	4.5
鎳	7	5.9
鐵	9.7	5
鋼	11	5
鉑	13	3.1
鉛	22	4.3
康銅	49	0.01
不銹鋼	70	1
水銀	95.8	0.89
鎳鉻合金	108	0.4

鋼和不銹鋼的值，與鋼的類型強烈有關。

故電阻率的單位為

$$[\rho] = \frac{[E]}{[J]} = \frac{\text{V/m}}{\text{A/m}^2} = \frac{\text{V m}}{\text{A}} = \Omega \text{ m}$$

表 24.1 列出了一些代表性導體在 20 °C 時的電阻率，可看出電線使用的金屬導體，其電阻率的典型值在 10^{-8} Ω m 左右。例如，銅的電阻率約為 $2 \cdot 10^{-8}$ Ω m。表 24.1 中列出的幾種合金具有有用的特性。例如，由鎳鉻合金 (80% 鎳和 20% 鉻) 製成的線材通常用作例如烤麵包機的加熱元件，它的電阻率 ($108 \cdot 10^{-8}$ Ω m) 約為銅的 50 倍。因此，當電流穿過烤麵包機的鎳鉻合金線時，電線會耗散電能而受熱升溫並發出黯淡的紅光，但連接烤麵包機與電源插座的銅質電線則保持溫涼。

描述材料有時會使用電導率 σ，而不用電阻率；電導率 (亦稱導電率) 的定義為

$$\sigma = \frac{1}{\rho}$$

電導率的單位為 $(\Omega \text{ m})^{-1}$。

導體的電阻可以從它的電阻率及幾何形狀求得。對於長度為 L 和橫截面積恆定為 A 的均質導體，使用第 22 章中的公式 $\Delta V = -\int \vec{E} \cdot d\vec{s}$，可以將電場 E 和導體兩端的電位差 ΔV 相關聯：

$$E = \frac{\Delta V}{L}$$

注意，在上述情況下，導體的 $\Delta V \neq 0$，$E \neq 0$，以致其內部有電流流動，而電流密度的量值為電流除以橫截面積：

$$J = \frac{i}{A}$$

但在靜電的情況下，任何導體的表面為等電位面，內部沒有電場，沒有電流流過。從 (24.10) 式的電阻率定義，並使用 $J = i/A$ 和 (24.8) 式的歐姆定律，可得

$$\rho = \frac{E}{J} = \frac{\Delta V/L}{i/A} = \frac{\Delta V}{i}\frac{A}{L} = \frac{iR}{i}\frac{A}{L} = R\frac{A}{L}$$

重新整理後，導體的電阻可用組成材料的電阻率、導體的長度和橫截面積表示為

$$R = \rho \frac{L}{A} \tag{24.11}$$

溫度依賴性和超導性

電阻率和電阻都會隨溫度而變。對於金屬，在很大的溫度範圍內，這種對溫度的依賴性是線性的，即金屬電阻率隨溫度而變的經驗關係式為

$$\rho - \rho_0 = \rho_0 \alpha (T - T_0) \tag{24.12}$$

其中 ρ 是在溫度 T 時的電阻率，ρ_0 是溫度 T_0 時的電阻率，α 是導體**電阻率的溫度係數**。

在日常應用中，電阻的溫度依賴性通常頗為重要。(24.11) 式表示裝置的電阻取決於其長度和橫截面積，而在第 16 章中，我們看到這兩個量都與溫度有關；不過對一個導體而言，其線性膨脹的溫度依賴性，遠小於電阻率的溫度依賴性。因此，電阻的溫度依賴性可以近似為

$$R - R_0 = R_0 \alpha (T - T_0) \tag{24.13}$$

注意，(24.12) 和 (24.13) 兩式涉及的是溫度差，因此使用攝氏溫度 °C 或絕對溫度 K 來計算，結果並無不同；另須注意，T_0 不一定是室溫。

一些代表性導體的 α 值列於表 24.1。對於普通金屬導體，例如銅，電阻率之溫度係數的數量級約為 $4 \cdot 10^{-3}$ K^{-1}，但康銅合金 (60% 銅和 40% 鎳) 的電阻率溫度係數則非常小，只有 $1 \cdot 10^{-5}$ K^{-1}，加上它的電阻率相當高，約為 $4.9 \cdot 10^{-7}$ Ω m，使得它很適合用來製作精密電阻器。此外，鎳鉻合金的溫度係數為 $4 \cdot 10^{-4}$ K^{-1}，也是相對較小，所以如前所述，它適合用於加熱元件的構造。

根據 (24.12) 式，在正常情況下，大多數材料的電阻率隨溫度做線性變化，但在低溫下，有些材料不遵循這個規則。溫度非常低時，有些材料的電阻率確實為零，這些材料稱為**超導體**。超導體可用於磁鐵，以供例如磁共振成像器 (MRI) 的裝置使用。用超導體建造的磁鐵，耗用的功率較小，且可比用常規電阻導體建造的磁體，產生更強的磁場。第 27 章將對超導性做更廣泛的討論。

普通物理

一些半導體材料的電阻，實際上隨著溫度的升高而降低，亦即它們的電阻率溫度係數為負值。這些材料通常用於光學測量的高解析度檢測器或粒子檢測器中，這種檢測器必須用致冷機或液氮保持冷卻，以維持其高電阻。

熱敏電阻器是電阻具有強烈溫度依賴性的半導體，可用於溫度測量。圖 24.8a 所示為典型熱敏電阻器的電阻對溫度的依賴性，可以看出，電阻隨溫度的升高而減小。這種減小與圖 24.8b 所示在相同溫度範圍內銅線的電阻隨溫度升高而增大，形成對比。

> **觀念檢測 24.1**
> 電阻為 100 Ω 的銅線如果溫度增加 25 K，則其電阻將會
> a) 增大約 10 Ω。
> b) 增大約 4 mΩ。
> c) 減小約 4 mΩ。
> d) 減小約 10 Ω。
> e) 保持不變。

固體傳導的微觀基礎

在固體中傳導的電流，源自於電子的運動。在金屬導體中，例如銅，其組成原子形成規則的陣列，稱為晶格。每個原子最外層的電子，基本上可在這個晶格中自由的隨機移動。當導體受到外加電場時，電子沿電場的反方向漂移。但電子會與晶格中的金屬原子相互作用，對漂移產生阻抗。當金屬的溫度增加時，晶格中的原子運動增加，這又增加了電子與原子相互作用的機率，因而有效的增加了金屬的電阻。關於晶格原子和傳導電子之間的相互作用，其詳細討論超出本書範圍。但這種相互作用產生如 (24.12) 和 (24.13) 兩式給出的近似關係，就本書的目的而言，它們是足夠的。

半導體的原子也排列成晶格。然而，半導體原子的最外層電子不能在晶格內自由移動。若要移動，電子必須獲得到足夠能量，以到達它們可以自由移動的能量狀態；所以典型的半導體具有比金屬導體更高的電阻，因為它們的傳導電子較少。此外，當半導體被加熱時，更多的電子

圖 24.8 電阻對溫度的依賴性：(a) 熱敏電阻器與 (b) 在 T = 0 °C 時電阻為 1 Ω 的銅線。

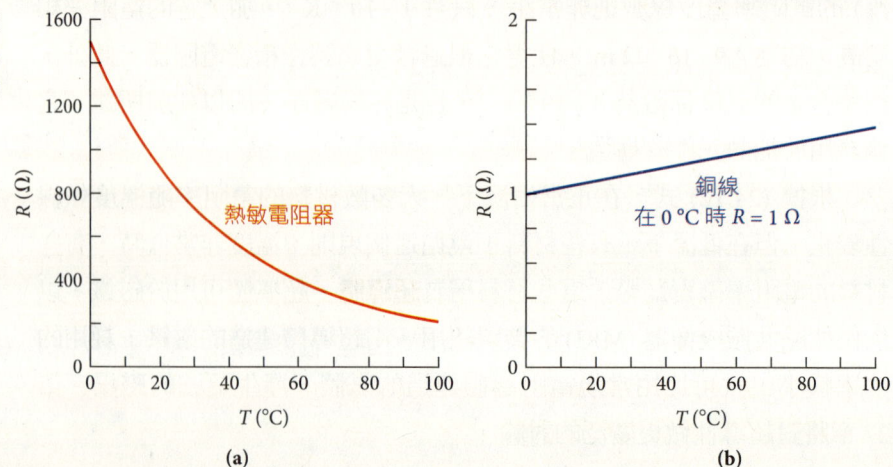

獲得足夠的能量而可自由移動；因此，半導體的電阻會隨其溫度升高而降低。

24.4 電動勢和歐姆定律

要使電流通過電阻器流動，必須在電阻器兩端建立電位差，此電位差由電池或其他裝置提供，稱為 電動勢 (electromotive force)，簡寫為 emf；而保持電位差的裝置，就稱為 emf 裝置，它對電荷載子做功。我們以 V_{emf} 代表由 emf 裝置產生的電位差。本書假設 emf 裝置具有可與電路連接的接頭，且在這些接頭之間保持恆定的電位差 V_{emf}。

電動勢裝置的例子包括電池、發電機和太陽能電池。第 22 和 23 兩章討論的 電池，通過化學反應產生電動勢，發電機藉由機械運動產生電動勢，而太陽能電池則將來自太陽的光能轉換成電能。如果檢查電池，將可發現它上面會標示有電位差 (俗話有時稱為「電壓」)。此「電壓」是電池可以供給電路的電位差 (emf)。(注意，電池提供給電路的是恆定電動勢，而不是恆定電流。) 可充電電池還會以 mA h (毫安 時) 數，顯示其電量的額定值，亦即它在完全充電狀態下可提供的總電荷。mA h 是電荷的另一個單位：

$$1 \text{ mA h} = (10^{-3} \text{ A})(3600 \text{ s}) = 3.6 \text{ A s} = 3.6 \text{ C}$$

電路中的組件包括有 emf 源、電容器、電阻器或其他電氣裝置，這些組件以導線連接，其中至少有一個必須是 emf 源，因為驅動電流通過電路的是 emf 裝置產生的電位差。一個 emf 裝置可以類比為供水管道中的壓力泵；沒有泵，水只停在管道中，不會流動。一旦將泵打開，水就以連續流動的方式通過管道。

電路於 emf 裝置開始並結束。由於 emf 裝置在其接頭之間保持恆定的電位差 V_{emf}，所以正電流由電位較高的正極接頭離開裝置，並在電位較低的負極接頭進入裝置。通常將該較低電位設定為零。

考慮一個形狀如圖 24.9 所示的簡單電路，其中 emf 源對電阻為 R 的電阻器提供的電位差為 V_{emf}。注意電路圖的一個重要約定：電阻器總是以鋸齒線表示，且假定所有電阻 R 都集中於電阻器。連接不同電路元件的導線以直線表示，用以暗示它們沒有電阻。實際線路當然會有一些電阻，但在繪圖時，習慣將它忽略。

對於如圖 24.9 所示的電路，emf 裝置提供了產生流過電阻器的電流

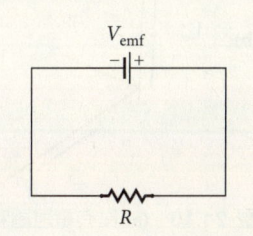

圖 24.9 包含 emf 源和電阻的簡單電路。

普通物理

所需的電位差。因此，在這種情況下，(24.9) 式的歐姆定律可用外加電動勢表示為

$$V_{\text{emf}} = iR \tag{24.14}$$

注意，歐姆定律與牛頓引力定律或能量守恆定律不同，它不是一個自然法則，甚至不是所有電阻器都遵守它。對於許多電阻器 (稱為歐姆電阻器)，電流在相當大範圍的溫度和外加電位差之下，與電阻器兩端的電位差成正比。對於其他電阻器 (稱為非歐姆電阻器)，電流和電位差並不成正比。非歐姆電阻器包括許多種類的電晶體，這意味著許多現代電子裝置並不遵從歐姆定律，第 24.8 節討論二極體時，我們將更仔細看一下這些裝置。然而，很多種類的材料和裝置 (例如常規電線) 都遵循歐姆定律，因此它有哪些推論，乃是值得注意的。本章以下各節 (第 24.8 節除外) 只考慮歐姆電阻器。

流過圖 24.9 中電阻器的電流 i，也流過 emf 源和不同組件間的連接電線。因為我們假設電線沒有電阻 (如上所述)，根據歐姆定律，電流的電位變化必須在電阻器中發生。該變化被稱為跨過電阻器的**電位降**。因此，圖 24.9 所示的電路可用不同的方式表示，以更清楚指出發生電位降的地方，並顯示電路的哪些部分處於哪個電位。圖 24.10a 顯示了圖 24.9 中的電路。圖 24.10b 顯示了相同的電路，但以垂直軸代表整個電路上各點的電位值。電位差由 emf 源提供，整個電位降發生在唯一的電阻上。(記住，電路圖中連接電路阻件的直線，依慣例代表無電阻的導線，因此，在圖 24.10b 中這些連接線以水平線表示，代表整條導線都處於完全相同的電位。) 歐姆定律適用於電阻器的電位降，而電路中的電流可利用 (24.9) 式求出。

圖 24.10 揭示了電路的一項重點。emf 源使電路的電位差上升，而電阻器的電位降使電路的電位下降。然而，沿著任何環繞整個電路的閉合路徑，總電位差必須為零。這是能量守恆定律的直接後果。若與重力類比，可能有助了解：在重力場中上下移動，你可以獲得和失去位能 (例如，上山與下山)，但如果返回到開始的點，你獲得或損失的淨能量就正好為零。電流在電路中流動也是一樣的：在任何閉合路徑上遇到多少電位降或 emf 源是無關緊要的；在一個給定點的電位值總是一樣的。

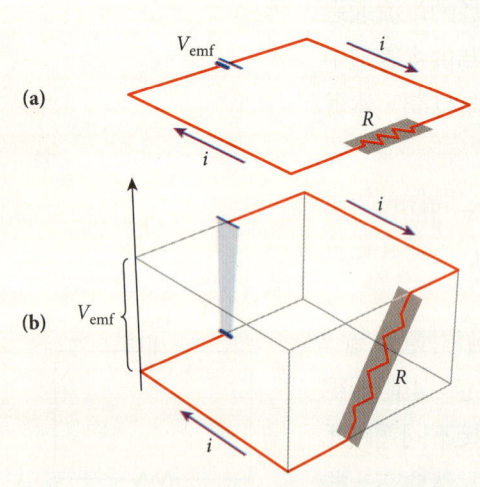

圖 24.10 (a) 具有電阻器和電動勢源之簡單電路的慣用表示圖。(b) 同一電路的三維表示圖，顯示電路上各點的電位。兩圖都顯示了電路中的電流。

這個結論，不論電流沿哪一方向流過閉路，都是相同的。

人體的電阻

以上關於電阻器和歐姆定律的簡介，導致了電氣安全的一個要點。前面提到，超過 100 mA 的電流如果流經人體心臟肌肉，是有可能致命的。歐姆定律清楚表示，一個給定的電位差，比如來自汽車電池，是否危險，要看人體的電阻而定。由於通常我們是使用雙手來處理工具，所以最具重要性的人體電阻 R_{body}，是由一隻手之指尖通過心臟到另一隻手之指尖的電流通路所具有的電阻。(注意，心臟幾乎在這條路徑的中間！)對大多數人來說，這個電阻的範圍為 $500\ k\Omega < R_{body} < 2\ M\Omega$。大部分的電阻來自皮膚，特別是外面的死皮層。但皮膚如果是濕的，則其電導率急劇增加，因此，身體的電阻急劇降低。對於給定的電位差，歐姆定律意味著電流就會跟著急劇增加。在潮濕環境中操作電氣設備或用舌頭觸摸它們是一個很糟糕的主意。

電路中的電線在切割處可能會有尖點。如果這些點在指尖處穿透了皮膚，皮膚的電阻就會消失，而使指尖到指尖的電阻急劇降低。如果有條電線穿透血管，則人體的電阻降得更多，因為血液具有高鹽度，是良好的導體。在這種情況下，即使是來自電池的相當小的電位差，也可以具有致命的效果。

自我測試 24.2

將 $R = 10.0\ \Omega$ 的電阻器，跨越電位差為 $V_{emf} = 1.50$ V 的電動勢源連接。通過電路的電流為何？

24.5 串聯電阻器

一個電路包含的電阻器或電動勢源可以多於一個。分析具有多個電阻器的電路，需要不同的方法。我們先來看看串聯的電阻器。

在圖 24.11 所示的電路中，兩個電阻器 R_1 和 R_2，與一個電位差為 V_{emf} 的 emf 源串聯。電阻器 R_1 與 R_2 的電位降，分別以 ΔV_1 與 ΔV_2 表示。兩個電位降相加必須等於 emf 源提供的電位差：

$$V_{emf} = \Delta V_1 + \Delta V_2$$

有一項了解是極為關鍵的，那就是當電路處於穩定狀態時，流過電路所有組件的電流必須相同。怎麼知道呢？記住，在本章開頭，電流被定義為電荷的時間變化率：$i = dq/dt$。因為電荷是守恆的，當電路狀態為穩定時，在任何一段時間，通過電路上任何一個橫截面的電荷量，必須都是相同的，否則在兩個橫截面之間的電荷量就有可能增加或減少，而非

普通物理

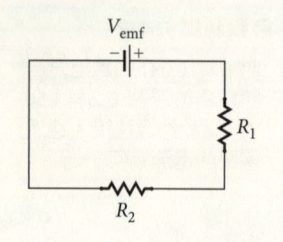

圖 24.11 兩個電阻器串聯接到一個 emf 源的電路。

穩定狀態了。由於沿著導線沒有電荷失去或增加，因此在圖 24.11 中，環路上各點的電流是相同的。

無論將多少個電阻器串聯，流入第一個電阻器的電流與流出最後一個的電流總是相同的。以在水管中流動的水來類比，可能有幫助：無論水管有多長和有多少個彎，流入一端的所有水，必須從另一端出來。

因此，流過圖 24.11 中每個電阻器的電流是相同的。對於每個電阻器，應用歐姆定律可以得到

$$V_{emf} = iR_1 + iR_2$$

以一個等效電阻 R_{eq} 可以代替上式中的兩個單獨電阻：

$$V_{emf} = iR_1 + iR_2 = iR_{eq}$$

其中

$$R_{eq} = R_1 + R_2$$

因此，串聯的兩個電阻器，可以改以兩個電阻之和的等效電阻代替。圖 24.12 以三維圖顯示了圖 24.11 中串聯電路的電位降。

兩個串聯電阻器的等效電阻公式，可以推廣到 n 個串聯電阻器的電路：

$$R_{eq} = \sum_{i=1}^{n} R_i \quad (串聯電阻器) \tag{24.15}$$

也就是說，如果將電阻器沿單一路徑連接起來，使得相同的電流通過它們，則它們的總電阻就只是它們各自電阻的和。

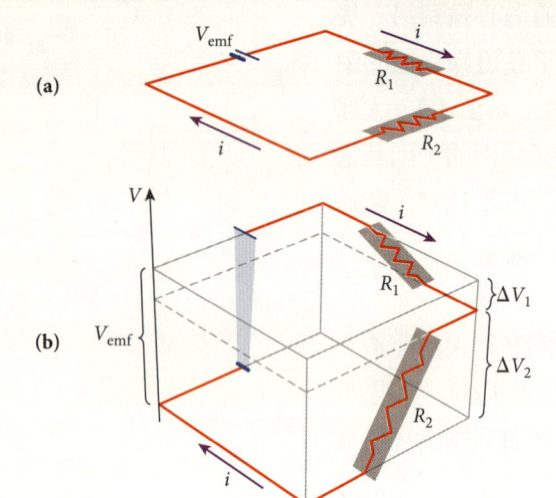

圖 24.12 (a) 兩個電阻器串聯接到一個 emf 源的慣用電路圖。(b) 同一電路的三維表示，顯示電路上每個點的電位。兩個圖都顯示了電路中的電流。

>>> **觀念檢測 24.2**

圖 24.12 中的兩個電阻，其相對量值為何？
a) $R_1 < R_2$
b) $R_1 = R_2$
c) $R_1 > R_2$
d) 圖示資訊不足，無法比較電阻。

例題 24.2 電池的內電阻

當電池沒有與電路連接時，其接頭之間的電位差為 V_t。當電池與電阻 R 的電阻器串聯時，通過電路的電流為 i，在此情況下，電池接頭兩端的電位差 V_{emf} 小於 V_t，這個下降是因為電池具有內電阻 R_i，而此內電阻可當作是與外電阻串聯 (圖 24.13)，即

$$V_t = iR_{eq} = i(R + R_i)$$

在圖 24.13 中，電池以灰色圓柱表示，電池的接頭以 A 和 B 表示。

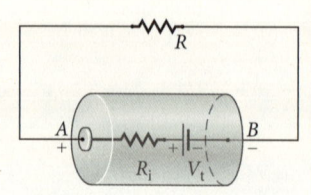

圖 24.13 具有內電阻 R_i 的電池 (灰色圓柱) 連接到外電阻器 R。

問題：

考慮一個沒有連接到電路時 $V_t = 12.0$ V 的電池。當 $10.0\ \Omega$ 的電阻與電池連接時，電池接頭上的電位差降至 10.9 V。電池的內電阻為何？

解：

流過外部電阻器的電流為

$$i = \frac{\Delta V}{R} = \frac{10.9\ \text{V}}{10.0\ \Omega} = 1.09\ \text{A}$$

在完整電路 (包括電池) 中流動的電流，必須與在外電阻器中流動的電流相同。因此，我們有

$$V_t = iR_{eq} = i(R + R_i)$$

$$(R + R_i) = \frac{V_t}{i}$$

$$R_i = \frac{V_t}{i} - R = \frac{12.0\ \text{V}}{1.09\ \text{A}} - 10.0\ \Omega = 1.00\ \Omega$$

電池的內電阻為 $1.00\ \Omega$。具有內電阻的電池被稱為非理想的。除非特別指明，電路中電池的內電阻將被假定為零。這種電池稱為理想的。理想的電池在其接頭之間保持恆定的電位差，而與電流流動無關。

電池是否仍能提供能量，不能只靠測量接頭上的電位差來確定，而必須另外將電池接上電阻，然後測量電位差。如果電池已失去功能，它在未與電路連接時，仍然可以提供其額定電位差，但是當連接到外電阻時，它的電位差可能會降到零。有些品牌的電池具有內置的裝置，可以通過按壓電池上的特定點並觀察指示器，來測量其可運作的電位差。

>>> **觀念檢測 24.3**

三個相同的電阻器 R_1、R_2 和 R_3，如下圖所示連接在一起。電流流過三個電阻器。通過 R_2 的電流

R_1　　R_2　　R_3

a) 與通過 R_1 和 R_3 的相同。
b) 是通過 R_1 和 R_3 的三分之一。
c) 是通過 R_1 和 R_3 的電流之和的兩倍。
d) 是通過 R_1 和 R_3 的三倍。
e) 無法確定。

橫截面可變的電阻器

到目前為止的討論，都假設電阻器在其長度方向上的每一點，具有相同的橫截面積 A 和相同的電阻率，這是導出 (24.11) 式時隱含的假設。當然情況並非總是如此。當電阻器的橫截面積 $A(x)$ 是沿電阻器之位置 x 的函數，或電阻率可以隨位置而變時，如何進行電阻器的分析？因為 (24.15) 式表示總電阻是各小段之電阻的總和，我們只需將電阻器分成許多長度為 Δx 的小段，並對所有小段求和；然後取 $\Delta x \to 0$ 的極限。這當然就是一種積分的應用。對於橫截面積 $A(x)$ 不均勻、長度為 L 的電阻器，計算其電阻的通式是

$$R = \int_0^L \frac{\rho(x)}{A(x)}dx \qquad (24.16)$$

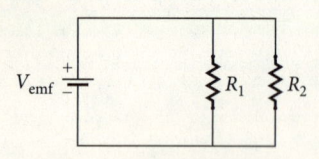

普通物理

圖 24.14 兩個並聯電阻器和單個 emf 源組成的電路。

24.6 並聯電阻器

當兩個電阻器串聯時，全部的電流都會通過它們，但兩個電阻器也可以並聯，而使電流分成兩路流過它們，如圖 24.14 所示。同樣，為了更清楚的說明電位降，圖 24.15 以三維圖顯示了相同的電路。

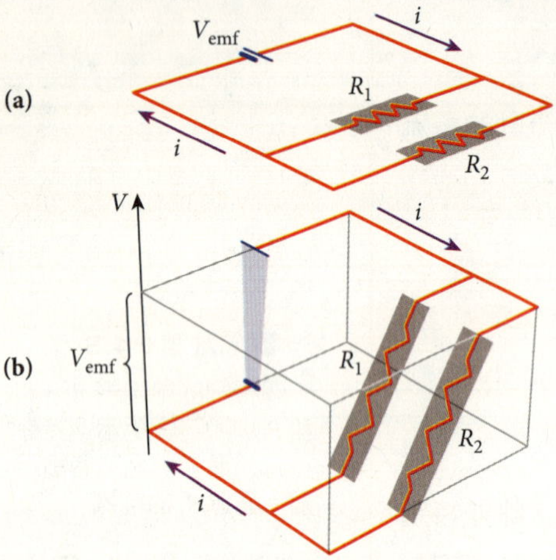

在這種情況下，每個電阻器上的電位降等於 emf 源提供的電位差。將 (24.14) 式的歐姆定律，應用到 R_1 中的電流 i_1 和 R_2 中的電流 i_2，可得

$$i_1 = \frac{V_{emf}}{R_1}$$

和

$$i_2 = \frac{V_{emf}}{R_2}$$

來自 emf 源的總電流 i 必須為

$$i = i_1 + i_2$$

代入 i_1 和 i_2 的表達式，可得

$$i = i_1 + i_2 = \frac{V_{emf}}{R_1} + \frac{V_{emf}}{R_2} = V_{emf}\left(\frac{1}{R_1} + \frac{1}{R_2}\right)$$

圖 24.15 (a) 兩個電阻器並聯接到一個 emf 源的慣用電路圖。(b) 同一電路的三維表示，顯示電路上每個點的電位。

(24.14) 式的歐姆定律可以改寫為

$$i = V_{emf}\left(\frac{1}{R_{eq}}\right) \qquad (a)$$

因此，並聯的兩個電阻器可用下式所給的等效電阻代替：

$$\frac{1}{R_{eq}} = \frac{1}{R_1} + \frac{1}{R_2}$$

而在一般情況下，n 個並聯電阻器的等效電阻由下式給出：

$$\frac{1}{R_{eq}} = \sum_{i=1}^{n} \frac{1}{R_i} \qquad \text{(並聯電阻器)} \qquad (24.17)$$

顯然，將串聯和並聯的電阻器合併，改以等效電阻取代，讓我們可使用類似於第 23 章中電容器組合的方式，來分析電阻器的各種組合所形成的電路。

> **觀念檢測 24.4**
> 如圖所示，將三個相同的電阻器 R_1、R_2 和 R_3 連接起來。電流從 A 點流向 B 點。流過 R_2 的電流 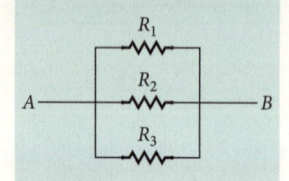
>
> a) 與通過 R_1 和 R_3 之電流相同。
> b) 是通過 R_1 和 R_3 之電流的三分之一。
> c) 是通過 R_1 和 R_3 的電流之和的兩倍。
> d) 是通過 R_1 和 R_3 之電流的三倍。
> e) 無法確定。

觀念檢測 24.5

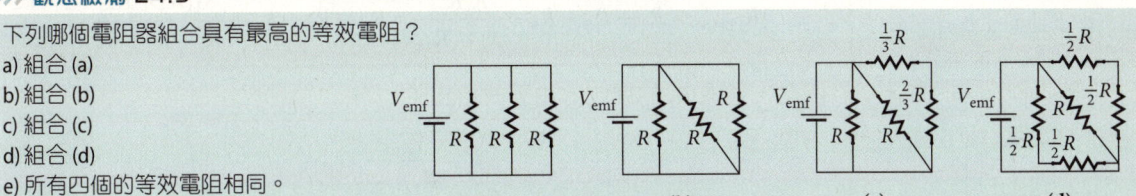

下列哪個電阻器組合具有最高的等效電阻？
a) 組合 (a)
b) 組合 (b)
c) 組合 (c)
d) 組合 (d)
e) 所有四個的等效電阻相同。

例題 24.3　六個電阻器的等效電阻

問題：

圖 24.16a 所示的電路具有六個電阻器 R_1 至 R_6。以 V_{emf} 和 R_1 至 R_6 表示時，通過電阻器 R_2 和 R_3 的電流各為何？

解：

我們首先確定電路中明顯以並聯或串聯方式連接的部分。流經 R_2 的電流是從電動勢源發出的。注意 R_3 和 R_4 是串聯的，因此，我們可以寫

$$R_{34} = R_3 + R_4 \qquad (i)$$

圖 24.16b 顯示上式的電阻替換，並表明 R_{34} 和 R_1 以並聯方式連接。我們可以寫

$$\frac{1}{R_{134}} = \frac{1}{R_1} + \frac{1}{R_{34}}$$

或

$$R_{134} = \frac{R_1 R_{34}}{R_1 + R_{34}} \qquad (ii)$$

圖 24.16c 顯示上式的替換，並表明 R_2、R_5、R_6 和 R_{134} 是串聯的。因此，我們可以寫

$$R_{123456} = R_2 + R_5 + R_6 + R_{134} \qquad (iii)$$

圖 24.16d 顯示上式的替換。將 (i) 和 (ii) 式中的 R_{34} 和 R_{134} 代入 (iii) 式可得

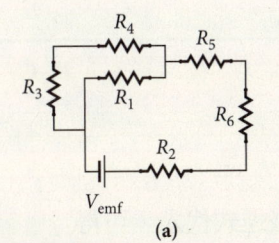

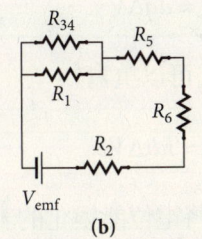

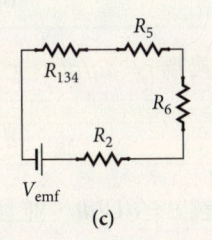

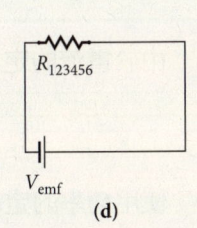

圖 24.16　(a) 具有六個電阻的電路。(b) 至 (d) 將這些電阻器組合以求出等效電阻的步驟。

普通物理

>>> 觀念檢測 24.6

由於更多相同的電阻器 R 被加到附圖所示的電路，A 和 B 點之間的電阻將會

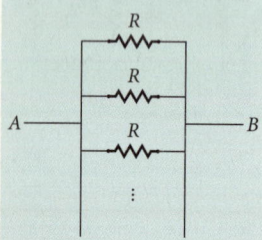

a) 增大。
b) 保持不變。
c) 減小。
d) 以不可預測的方式改變。

>>> 觀念檢測 24.7

三個燈泡與電位差恆定為 V_{emf} 的電池串聯。當如圖所示將導線連接在燈泡 2 上時，燈泡 1 和 3 會

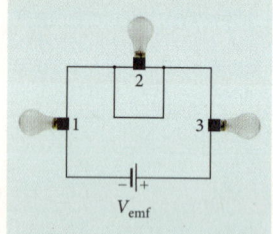

a) 如同連接導線前一樣明亮的燃燒。
b) 比在連接導線前更明亮的燃燒。
c) 比在連接導線前更不明亮的燃燒。
d) 不亮。

$$R_{123456} = R_2 + R_5 + R_6 + \frac{R_1 R_{34}}{R_1 + R_{34}} = R_2 + R_5 + R_6 + \frac{R_1(R_3 + R_4)}{R_1 + R_3 + R_4}$$

因此，通過 R_2 的電流 i_2 由下式給出：

$$i_2 = \frac{V_{emf}}{R_{123456}}$$

現在來求出通過 R_3 的電流。電流 i_2 也通過包含 R_3 的等效電阻 R_{134} （見圖 24.16c）。因此，我們可以寫

$$V_{134} = i_2 R_{134}$$

其中 V_{134} 是等效電阻 R_{134} 兩端的電位降。電阻 R_1 和等效電阻 R_{34} 是並聯的。因此，跨過 R_{34} 的電位降 V_{34} 與跨過 R_{134} 的電位降 V_{134} 相同。電阻器 R_3 和 R_4 為串聯，因此，流過 R_3 的電流 i_3 與流過 R_{34} 的電流 i_{34} 相同，而可得

$$V_{34} = V_{134} = i_{34} R_{34} = i_3 R_{34}$$

現在我們可以用 V 和 R_1 到 R_6 表示 i_3：

$$i_3 = \frac{V_{134}}{R_{34}} = \frac{i_2 R_{134}}{R_{34}} = \frac{\left(\frac{V_{emf}}{R_{123456}}\right) R_{134}}{R_{34}} = \frac{V_{emf} R_{134}}{R_{34} R_{123456}} = \frac{V_{emf}\left(\frac{R_1 R_{34}}{R_1 + R_{34}}\right)}{R_{34} R_{123456}} = \frac{V_{emf} R_1}{R_{123456}(R_1 + R_{34})}$$

或

$$i_3 = \frac{V_{emf} R_1}{\left(R_2 + R_5 + R_6 + \frac{R_1(R_3 + R_4)}{R_1 + R_3 + R_4}\right)(R_1 + R_3 + R_4)} = \frac{V_{emf} R_1}{(R_2 + R_5 + R_6)(R_1 + R_3 + R_4) + R_1(R_3 + R_4)}$$

24.7 電路中的能量和功率

考慮一個簡單的電路，它具有電位差為 ΔV 的電動勢源，導致電路的電流為 i。將微量的電荷 dq，從 emf 裝置的負接頭 (在 emf 裝置內) 移動到正接頭所需的功，等於該電荷的電位能變化 dU：

$$dU = dq \Delta V$$

由於電流的定義為 $i = dq/dt$，上式可以重寫為

$$dU = i\, dt\, \Delta V$$

使用功率的定義 $P = dU/dt$，並且將電位能變化的表達式代入，可得

24 電流與電阻

$$P = \frac{dU}{dt} = \frac{idt\Delta V}{dt} = i\Delta V$$

因此，電流與電位差的乘積等於電動勢源提供的功率。根據能量守恆，此功率等於在含有一個電阻器的電路中耗散的功率。在更複雜的電路中，每個電阻器將依上式給出的速率耗散功率，其中 i 和 ΔV 是指通過該電阻器的電流和電位差。(24.9) 式的歐姆定律導致功率的不同表達式：

$$P = i\Delta V = i^2 R = \frac{(\Delta V)^2}{R} \tag{24.18}$$

功率的單位 (如第 5 章所述) 是瓦特 (watt 或 W)。例如燈泡的電氣裝置，是根據它們消耗多少功率來評級，而電費則取決於電器消耗的電能，該能量以千瓦時 (kWh) 為單位。

電動勢源提供給電路的能量到哪裡去了？定性說來，在電阻器中耗散的能量大部分被轉換成熱量。這個現象被用於白熾照明，使金屬絲加熱到非常高的溫度以致發光。電路中消耗的一些功率可以通過電動機轉換成力學能。了解電動機的功能需要磁學知識，這些將在後面描述。

例題 24.4　燈泡電阻的溫度依賴性

一個 100. W 的燈泡與 V_{emf} = 100. V 的 emf 源串聯連接。當燈泡點亮時，燈絲的溫度為 2520 °C。

問題：

在室溫 (20.°C) 下，燈泡鎢絲的電阻為何？

解：

當燈泡點亮時，燈絲的電阻可以由 (24.18) 式求得：

$$P = \frac{V_{emf}^2}{R}$$

將上式重新整理，並代入數值以求出燈絲的電阻：

$$R = \frac{V_{emf}^2}{P} = \frac{(100 \text{ V})^2}{100 \text{ W}} = 100 \text{ Ω}$$

燈絲電阻的溫度依賴性由 (24.13) 式給出：

$$R - R_0 = R_0 \alpha (T - T_0)$$

解出室溫下的電阻 R_0：

普通物理

$$R = R_0 + R_0\alpha(T-T_0) = R_0[1+\alpha(T-T_0)]$$

$$R_0 = \frac{R}{1+\alpha(T-T_0)}$$

使用表 24.1 中鎢的電阻率溫度係數，我們得到

$$R_0 = \frac{R}{1+\alpha(T-T_0)} = \frac{100\ \Omega}{1+(4.5\cdot 10^{-3}\ °C^{-1})(2520\ °C - 20\ °C)} = 8.2\ \Omega$$

自我測試 24.3

考慮內電阻為 R_i 的電池。當連接到此電池時，將受到最大加熱的外電阻 R 為何？

24.8　二極體：電路中的單行道

第 24.4 節曾說許多電阻器遵循歐姆定律，也提到存在不遵守歐姆定律的非歐姆電阻器。一個頗為常見和極為有用的例子是二極體。二極體是一種電子裝置，它被設計為只能讓電流沿一個方向而不能沿另一個方向傳導。前面的圖 24.2c 顯示，當電路中的電池電位差反轉時，燈泡仍然以相同的強度發亮。如果將二極體 (以符號 ▶▏表示) 加入到同一電路，則當電池的電位差反轉時，二極體將不讓電流流過；見圖 24.17。二極體就像電流的單行道。

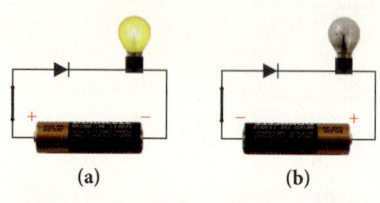

圖 24.17　(a) 圖 24.2c 的電路，但包含二極體。(b) 反轉電池的電位差導致電流停止流動，燈泡也停止發亮。

圖 24.18 顯示了 3 Ω 電阻器和矽二極體所具有的電流與電位差關係。電阻器遵循歐姆定律，當電位差為負時，電流沿相反的方向流動。電阻器的電流對電位差的曲線是斜率為 $\frac{1}{3}$ Ω 的直線。矽二極體的線路連接，使得它在負電位差時不能傳導任何電流。如果電位差高於 0.7 V，這個矽二極體就會像大多數導體一樣傳導電流。對於高於該閾值的電位差，二極體基本上是導體；低於該閾值，二極體將不傳導電流。二極體以指數增大方式超過閾值電位差而導通；這個導通可以接近是猝然的，如圖 24.18 所示。

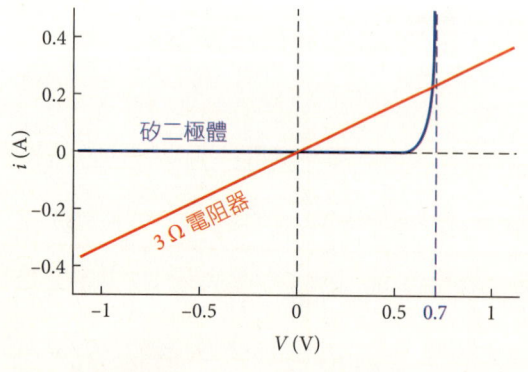

圖 24.18　電阻器 (紅色) 和矽二極體 (藍色) 的電流隨電位差而變的函數。

要將交流電轉換為直流電流，二極體是非常有用的。

發光二極體 (LED) 是一種非常有用的二極體，它不僅可調節電路中的電流，而且可在非常受控的方式下發射單一波長的光。目前已有 LED 能發射許多不同波長的光，且比傳統白熾燈泡更有效的發射光。光的強度以流明 (lm) 測量。光源可根據它們每瓦特電功率產生多少流

明來比較。在過去十年中，對 LED 技術的深入研究，已使 LED 的輸出效率大為提高，而達到 130 至 170 lm/W，這比傳統白熾燈 (在 5 至 20 lm/W 的範圍)、鹵素燈 (20 至 30 lm/W) 或甚至螢光高效燈 (30 至 95 lm/W) 更具優勢。LED (特別是「白色」LED) 的價格仍然相對較高，但預期將會顯著降低。美國每年用於照明的電能超過 1000 億千瓦時，約占美國能源消耗總量的 10%。LED 照明的普遍使用可以節約 1000 億千瓦時的 70 至 90%，大約是 10 個核電廠的年能量輸出 (每個約 1 GW)。

LED 也用於光輸出必須很高的大型顯示屏幕，其中最令人印象深刻的，或許是 2008 年北京奧運會開幕式上所展示的 (圖 24.19)。它使用 44,000 個單獨的 LED，具有 147 m × 22 m 的驚人尺寸。

圖 24.19 2008 年北京奧運會開幕式上使用的巨型 LED 屏幕。

自我測試 24.4

假設在圖 24.17 中，電池在其兩接頭之間的電位差為 1.5 V，且二極體是如圖 24.18 中的矽二極體。圖 24.17(a) 和 (b) 中之二極體和燈泡的電位降各為何？

已學要點 | 考試準備指南

- 電路上任一點的電流 i，依定義為每單位時間通過該點的淨電荷 (以 q 表示)：$i = \dfrac{dq}{dt}$。

- 導體中任一點的平均電流密度之量值 $J = \dfrac{I}{A}$，其中 I 為通過該點的電流，而 A 為垂直於電流的橫截面積。

- 電流密度的量值 J 可用電流載子的電荷 $-e$ 及其漂移速度 v_d 表示為 $J = \dfrac{i}{A} = nev_d$，其中 n 是每單位體積的電荷載子數。

- 材料的電阻率 ρ，是根據施加在材料上之電場的量值 E 和所得之電流密度 J 來定義的：$\rho = \dfrac{E}{J}$。

- 電阻率為 ρ、長度為 L 和橫截面積恆定為 A 的一個裝置所具有的電阻為 $R = \rho \dfrac{L}{A}$。

- 材料電阻率的溫度依賴性由下式給出：$\rho - \rho_0 = \rho_0 \alpha (T - T_0)$，其中 ρ 是最終電阻率，ρ_0 是初始電阻率，α 是電阻率的溫度係數，T 是最終電阻率溫度，T_0 是初始溫度。

- 電動勢或 emf 是驅動電流通過電路的裝置所提供的電位差。

- 歐姆定律指出，當電阻為 R 之電阻器的兩端電位差為 ΔV 時，流過電阻器的電流為 $i = \dfrac{\Delta V}{R}$。

- 串聯的電阻器可以用等效電阻 R_{eq} 代替，等效電阻 R_{eq} 由各電阻器的電阻之和給出：

$$R_{eq} = \sum_{i=1}^{n} R_i \text{。}$$

- 並聯的電阻器可以用等效電阻 R_{eq} 代替：

$$\dfrac{1}{R_{eq}} = \sum_{i=1}^{n} \dfrac{1}{R_i} \text{。}$$

- 電流 i 流過電阻 R 所消耗的功率 P 由下式給出：$P = i\Delta V = i^2 R = \dfrac{(\Delta V)^2}{R}$，其中 ΔV 是電阻器兩端之間的電位降。

普通物理

自我測試解答

24.1 $\dfrac{700 \text{ mAh}}{0.1 \text{ mA}} = 7000 \text{ h} \approx 292 \text{ d}$

24.2 $\Delta V = iR \Rightarrow i = \dfrac{\Delta V}{R} = \dfrac{1.50 \text{ V}}{10.0 \text{ }\Omega} = 0.150 \text{ A}$

24.3 外電阻的最大加熱發生在外電阻等於內電阻時。

$$V_t = V_{\text{emf}} + iR_i = i(R + R_i)$$

$$P_\text{熱} = i^2 R = \dfrac{V_t^2 R}{(R + R_i)^2}$$

$$\dfrac{dP_\text{熱}}{dR} = -\dfrac{2V_t^2 R}{(R + R_i)^3} + \dfrac{V_t^2}{(R + R_i)^2} = 0 \quad \text{(最大加熱)}$$

由此可得出 $R = R_i$。

你可以求出在 $R = R_i$ 處的二階導數，以檢查該極值是否為最大值：

$$\left.\dfrac{d^2 P_\text{熱}}{dR^2}\right|_{R=R_i} = V_t^2 \left(\dfrac{6}{16R^3} - \dfrac{5}{8R^3}\right) = -\dfrac{V_t^2}{R^3}\left(\dfrac{1}{2}\right) < 0$$

24.4 二極體之電位降和燈泡兩端之電位降的總和，必須等於電池提供的電位差 1.5 V。在 (b) 部分中，二極體制止任何電流流動；因此，二極體兩端的電位降為 1.5 V，燈泡兩端的電位降為零。在 (a) 部分中，二極體兩端的電位降為 0.7 V (見圖 24.18)，因此燈泡兩端的電壓降為 1.5 V − 0.7 V = 0.8 V。

解題準則

1. 如果題幹陳述未給出電路圖，要自己繪製一個電路圖，並標記所有給定值和未知組件。從 emf 源開始，將電流的方向標出。(不要擔心圖中所給的電流方向是錯誤的；如果你猜錯了，電流的最終答案將為負值。)
2. 電動勢源提高電路的電位，電阻器降低電路的電位。但要小心檢查電動勢源的電位方向相對於電流的方向；流動方向與電動勢源的電位方向相反的電流，獲取的電位差為負。
3. 電路中各電阻器兩端之電壓降的總和，等於提供給電路的淨電動勢。(這是能量守恆定律的結果。)
4. 在任何給定線段上的各點，電流都是相同的。(這是電荷守恆定律的結果。)

選擇題

24.1 如果通過電阻器的電流變為 2 倍，那麼這對耗散的功率會有何影響？

a) 變為 1/4。　　b) 變為 2 倍。
c) 變為 1/8。　　d) 變為 4 倍。

24.2 由相同材料製成的兩條圓柱形導線 1 和 2 具有相同的電阻。如果導線 2 的長度是導線 1 的兩倍，那麼它們的截面面積 A_1 和 A_2 之比為何？

a) $A_1/A_2 = 2$　　b) $A_1/A_2 = 4$
c) $A_1/A_2 = 0.5$　　d) $A_1/A_2 = 0.25$

24.3 附圖所示電路中的所有六個燈泡是相同的。下列哪個順序正確表示燈泡的相對亮度？(提示：流過它的電流越多，燈泡就越亮！)

a) A = B > C = D > E = F　　b) A = B = E = F > C = D
c) C = D > A = B = E = F　　d) A = B = C = D = E = F

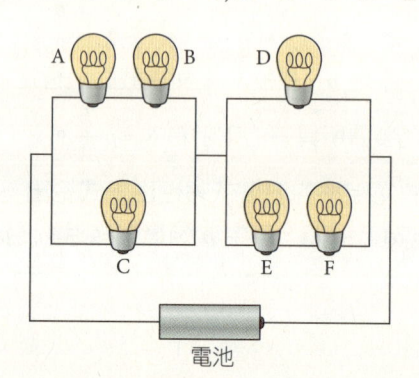

24.4 附圖所示三個相同燈泡的安排,哪一個具有最高的電阻?
a) A
b) B
c) C
d) 三者具有相等的電阻
e) A 和 C 具有相同且最高的電阻

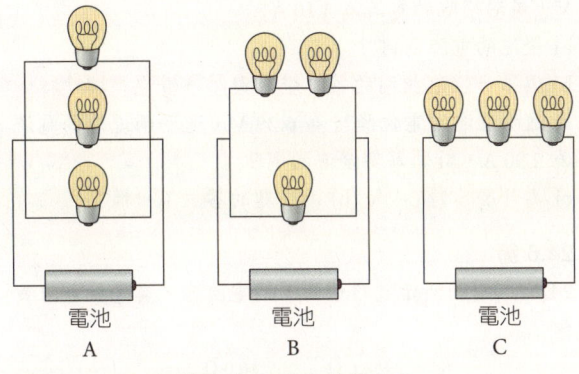

24.5 以下哪根導線流過的電流最大?
a) 連接到 10 V 電池、直徑為 1 mm、長度為 1 m 的銅線
b) 連接到 5 V 電池、直徑為 0.5 mm、長度為 0.5 m 的銅線
c) 連接到 20 V 電池、直徑為 2 mm、長度為 2 m 的銅線
d) 連接到 5 V 電池、直徑為 0.5 mm、長度為 1 m 的銅線
e) 流過以上所有電線的電流都相同。

24.6 在半導體內部保持恆定的電場。隨著溫度降低,半導體內部的電流密度的量值會
a) 增大。
b) 保持不變。
c) 減小。
d) 可以增大或減小。

24.7 相同的電池以不同的三種佈置,連接到如圖所示的同一燈泡。假設電池沒有內電阻。在哪種佈置中的燈泡會最亮?

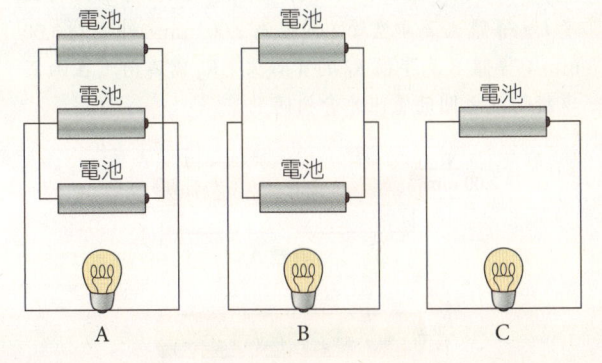

a) A
b) B
c) C
d) 所有三種佈置的燈泡都同樣亮。
e) 在任何佈置中燈泡都不亮。

觀念題

24.8 如果電子和金屬晶格的原子之間因碰撞而產生的電阻消失,則導線中電子的漂移速度會發生什麼變化?

24.9 兩個相同的燈泡與電池連接,燈泡會比較亮的是串聯或並聯連接?

24.10 證明多個電阻器以串聯連接時,電阻最大的所耗散的功率恆為最大,而以並聯連接時,電阻最小的所耗散的功率恆為最大。

24.11 無限數量的電阻器並聯連接。如果 $R_1 = 10$ Ω, $R_2 = 10^2$ Ω, $R_3 = 10^3$ Ω,依此類推,證明 $R_{eq} = 9$ Ω。

24.12 普通的鎢絲燈泡應該被認為是歐姆電阻器嗎?為什麼是或不是?如何通過實驗來確定?

24.13 證明電線中自由電子的漂移速度與電線的橫截面積無關。

24.14 相同長度和半徑的兩根導線,連接到同一個電動勢源裝置。若一根的電阻是另一根的兩倍,則轉移給哪根導線的功率較多?

練習題

題號前的藍點 (•) 與雙藍點 (••) 代表問題難度遞增。

24.1 和 24.2 節

24.15 在半徑為 1.00 mm、電流為 1.00 mA 的鋁線中,電流密度為何?載流電子的漂移速度為何?鋁的密度為 $2.70 \cdot 10^3$ kg/m^3,每 1 莫耳的鋁所含質量為 26.98 g。鋁中每個原子有一個傳導電子。

•**24.16** 0.123 mA 的電流在橫截面積為 0.923 mm² 的銀線中流動。
a) 求出導線中的電子數密度，假設每個銀原子有一個傳導電子。
b) 假定電流是均勻的，求出導線中的電流密度。
c) 求出電子的漂移速度。

24.3 節

24.17 兩個導體由相同的材料製成，並具有相同的長度 L。導體 A 為中空管，內徑為 2.00 mm，外徑為 3.00 mm；導體 B 為半徑為 R_B 的實心線。R_B 需為何，在兩個導體兩端之間的電阻才會相同？

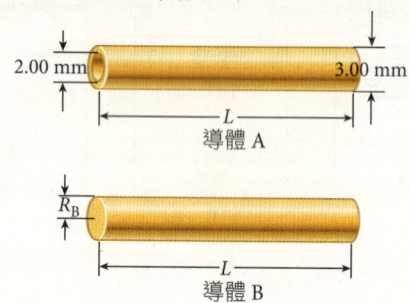

•**24.18** 將長度為 1.00 m、半徑為 0.500 mm 的銅線拉伸至 2.00 m 長。當銅線被拉伸時，電阻的分數變化 $\Delta R/R$ 為何？換為相同初始尺寸的鋁線時，$\Delta R/R$ 為何？

••**24.19** 如附圖所示，電流 i 流過具有相同橫截面積、但電導率為 σ_1 和 σ_2 的兩種材料的接面。證明在接面的總電荷量為 $\epsilon_0 i (1/\sigma_2 - 1/\sigma_1)$。

24.4 節

24.20 一種品牌的 12.0 V 汽車電池，曾被宣傳為可提供「600 冷啟動安培數」。假設供給這個電流時，電池的接頭是短路的，即連接線的電阻可忽略，求出電池的內電阻。(重要：不要嘗試這樣的連接，因為它可能是致命的！)

•**24.21** 一條 34 號銅線 (A = 0.0201 mm²) 在室溫 (20.0 °C) 下的長度為 1.00 m，以 0.100 V 的恆定電位差施於其兩端，並使其冷卻至液氮溫度 (77 K = −196 °C)。
a) 求出在溫度下降期間導線電阻的百分比變化。
b) 求出電線中電流的百分比變化。
c) 比較兩個溫度下的電子漂移速度。

24.5 節

24.22 當未連接到電路時，一電池的電位差為 14.50 V。當其兩端以一個 17.91 Ω 的電阻器連接時，電池的電位差降至 12.68 V。電池的內電阻為何？

•**24.23** 一燈泡連接到電動勢源。燈泡的電位降為 6.20 V，流過燈泡的電流為 4.10 A。
a) 燈泡的電阻為何？
b) 與第一燈泡相同的第二燈泡與第一燈泡串聯連接。跨過兩燈泡的電位降變為 6.29 V，通過兩燈泡的電流為 2.90 A。計算每個燈泡的電阻。
c) 為什麼你對 (a) 和 (b) 兩小題的答案不一樣？

24.6 節

24.24 附圖所示電路中的五個電阻器，其等效電阻為何？

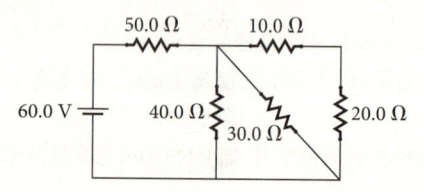

24.25 在附圖所示的電路中，R_1 = 6.00 Ω，R_2 = 6.00 Ω，R_3 = 2.00 Ω，R_4 = 4.00 Ω，R_5 = 3.00 Ω，電位差為 12.0 V。
a) 電路的等效電阻為何？
b) 通過 R_5 的電流為何？
c) R_3 的電位降為何？

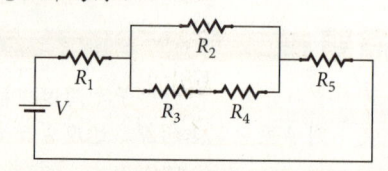

•**24.26** 如圖所示的電路由一個 V = 20.0 V 的電源和六個電阻器組成。電阻器 R_1 = 5.00 Ω 和 R_2 = 10.00 Ω 串聯。電阻器 R_3 = 5.00 Ω 和 R_4 = 5.00 Ω 並聯，且與 R_1 和 R_2 串聯。電阻器 R_5 = 2.00 Ω 和 R_6 = 2.00 Ω 並聯，且與 R_1 和 R_2 串聯。

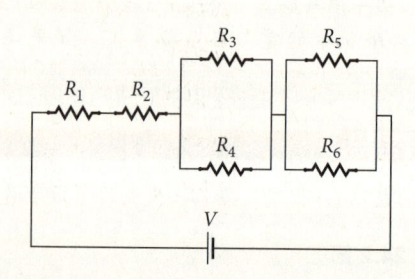

a) 各電阻器的電位降為何？
b) 流過各電阻器的電流為何？

24.7 節

24.27 電壓的急遽變動使得家庭中的線路電壓從 110. V 迅速跳到 150. V。在變動期間，假設燈泡的電阻保持不變，則 100. W 鎢絲燈泡所發出功率的百分比增加為何？

24.28 吹風機消耗 1600. W 的功率，工作電壓為 110. V (假設電流為直流，實際上這些是交流電變量的均方根值，但不影響計算)。
a) 如果電流超過 15.0 A，吹風機是否會將設計用來中斷電路的斷路器斷開？
b) 吹風機工作時的電阻為何？

24.29 如附圖所示，三個電阻器連接在電池兩端。
a) 三個電阻器上的功率消耗為何？
b) 求出每個電阻器的電位降。

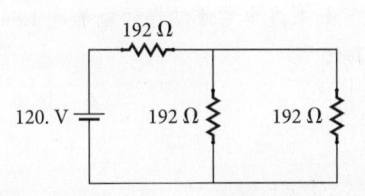

•**24.30** 如附圖所示的電路，證明內電阻 R_i 的電池提供給電路的功率，在電阻器的電阻 R 等於 R_i 時為最大。求出提供給電阻器的功率。當 $R = 1.00\ \Omega$、$R = 2.00\ \Omega$ 和 $R = 3.00\ \Omega$ 時，分別計算內電阻為 2.00 Ω 的 12.0 V 電池的功率消耗。

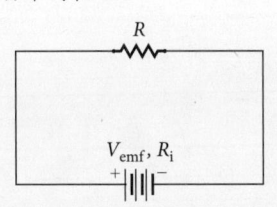

•**24.31** 在電阻率 $\rho = 8.70 \cdot 10^{-4}\ \Omega$ m 的矽塊上，施加 $V = 0.500$ V 的電位差。如附圖所示，矽塊的尺寸為寬度 $a = 2.00$ mm，長度 $L = 15.0$ cm。矽塊的電阻為 50.0 Ω，電荷載子的密度為 $1.23 \cdot 10^{23}$ 個電子/m^3。假設矽塊中的電流密度為均勻的，且電流的流動遵守歐姆定律。電路連接用的銅線，直徑為 0.500 mm，總長度為 75.0 cm，銅的電阻率為 1.69 · $10^{-8}\ \Omega$ m。
a) 銅線的電阻 R_w 為何？ 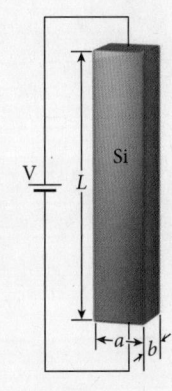
b) 矽塊中電流 i 的方向和量值為何？
c) 矽塊的厚度 b 為何？
d) 平均來說，電子從矽塊的一端到達另一端需要多長時間？
e) 矽塊消耗的功率 P 為何？
f) 消耗的能量以何種形式的能量出現？

補充練習題

24.32 某品牌的熱狗烹飪器，在熱狗兩端施加 120. V 的電位差，利用產生的熱來烹飪它。如果烹飪每個熱狗需要 48.0 kJ，則在 2.00 min 內同時烹飪三個熱狗需要多大的電流？假設並聯連接。

24.33 一導體的電阻率為 $\rho = 1.00 \cdot 10^{-5}\ \Omega$ m。若此導體製成的圓柱形導線，橫截面積為 $1.00 \cdot 10^{-6}\ m^2$，電阻為 10.0 Ω，則導線的長度應該為何？

24.34 電阻為 200. Ω 和 400. Ω 的兩個電阻器，分別以 (a) 串聯與 (b) 並聯方式，與理想的 9.00 V 電池連接。比較輸送到 200. Ω 電阻器的功率。

24.35 一個 100. W、240. V 的歐洲燈泡，用於電壓為 120. V 的美國家庭。它將消耗多少功率？

•**24.36** 內電阻 $R_i = 4.00\ \Omega$ 的 12.0 V 電池連接在電阻 R 的外電阻上。求出傳輸到電阻器的最大功率。

24.37 斯坦佛直線加速器利用 $2.0 \cdot 10^{10}$ V 的電位差，加速帶有 $2.0 \cdot 10^{14}$ 個電子/秒的粒子束。
a) 計算粒子束的電流。
b) 計算粒子束的功率。
c) 計算加速器的有效歐姆電阻。

•**24.38** 三個電阻器連接到 $V = 110.$V 的電源，如附圖所示。
a) 求出 R_3 兩端的電位降。
b) 求出 R_1 中的電流。
c) 求出 R_2 產生熱量的速率。

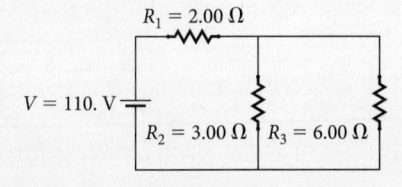

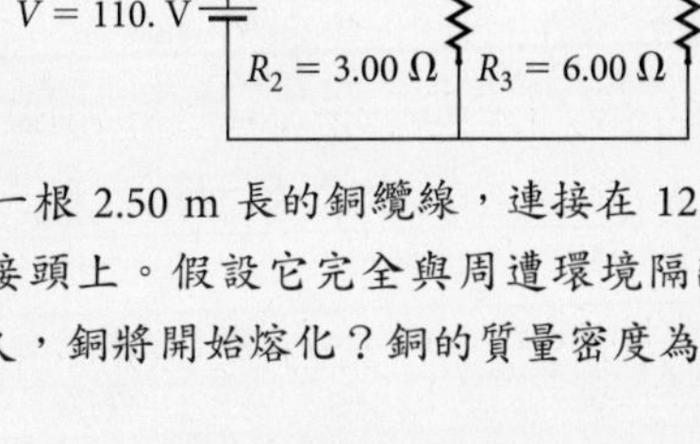

•**24.39** 一根 2.50 m 長的銅纜線，連接在 12.0 V 汽車電池的接頭上。假設它完全與周遭環境隔離，連接後隔多久，銅將開始熔化？銅的質量密度為 8960 kg/

普通物理

m³，熔點為 1359 K，比熱為 386 J/(kg K)。

•**24.40** 兩根導線具有相同的長度 $L_1 = L_2 = L = 10.0$ km 與半徑 $r_1 = r_2 = r = 1.00$ mm 的相同圓形橫截面。一根由鋼製成 ($\rho_{鋼} = 40.0 \cdot 10^{-8}$ Ω m)；另一根由銅製成 ($\rho_{銅} = 1.68 \cdot 10^{-8}$ Ω m)。

a) 當它們彼此並聯，並連接到 $V = 100.$ V 的電位差時，計算兩根導線消耗的功率比 $P_{銅}/P_{鋼}$。

b) 根據所得結果，解釋電力傳輸所用的導體是由銅而不是鋼製成的事實。

••**24.41** 如果某個材料中的電場 $\vec{E}$，在材料中產生的電流密度 $\vec{J} = \sigma \vec{E}$，其中電導率 σ 是與 $\vec{E}$ 或 $\vec{J}$ 無關的常數，那麼該材料就稱為**歐姆型**材料。(這是歐姆定律的精確形式。) 假設在某個材料中，電場 $\vec{E}$ 產生的電流密度為 $\vec{J}$，但兩者不一定遵守歐姆定律；也就是說，材料可能是或不是歐姆型的。

a) 以 $\vec{E}$ 和 $\vec{J}$ 表示表示此材料中每單位體積的能量耗散速率 (有時稱為**歐姆加熱**或**焦耳加熱**)。

b) 假設 $\vec{E}$ 和 $\vec{J}$ 遵守歐姆定律，亦即在具有電導率 σ 或電阻率 ρ 的歐姆材料中，單獨以 $\vec{E}$ 和單獨以 $\vec{J}$ 表示 (a) 小題的結果。

▲ 多版本練習題

24.42 依定義，汽車電池的儲備容量 (RC) 為電池在電位差為 10.5 V 之下能提供 25.0 A 電流的分鐘數，因此，RC 指示電池為一輛充電系統故障的汽車提供電力的時間。在 RC 為 110.0 的汽車電池中儲存的能量為何？

24.43 依定義，汽車電池的儲備容量 (RC) 為電池在電位差為 10.5 V 之下能提供 25.0 A 電流的分鐘數，因此，RC 指示電池為一輛充電系統故障的汽車提供電力的時間。如果汽車電池儲存的能量為 $1.843 \cdot 10^6$ J，它的 RC 為何？

25 直流電路

待學要點

25.1 克希何夫定則
　　克希何夫接點定則
　　克希何夫迴路定則
25.2 單迴路電路
　　詳解題 25.1　對電池充電
25.3 多迴路電路
　　例題 25.1　多迴路電路
　　詳解題 25.2　惠司同電橋
　　電路網路的一般性觀察
25.4 電流計和電壓計
　　例題 25.2　簡單電路中的電壓計
　　詳解題 25.3　增大電流計的量程
25.5 RC 電路
　　對電容器充電
　　電容器放電
　　例題 25.3　電容器充電所需時間

已學要點｜考試準備指南

　　解題準則
　　選擇題
　　觀念題
　　練習題
　　多版本練習題

圖 25.1　電路板可以具有數百個組件，彼此之間以金屬導電線路連接。

如圖 25.1 所示之電路，無疑的改變了世界。現代的電子科技，繼續正以更快的速度改變人類社會。在美國，無線電經過 38 年才達到五千萬用戶。然而，達到這個用戶數量的時間，電視只用了 13 年，有線電視 10 年，網際網路 5 年，手機 3 年。

本章將檢視可用於分析無法分解為簡單串聯和並聯電路的方法。現代電子設計需依賴數百萬個不同的電路，每個電路各有其目的和配置。然而，不管電路變得有多麼複雜，分析它的基本法則就是在本章中所給出的。

本章中分析的一些電路不僅包含電阻器和電動勢裝置，還包含電容器。在這些電路中，電流隨時間變化，並

629

普通物理

待學要點

- 有些電路不能簡化為單一迴路 (或環路)；複雜電路可用克希何夫定則來分析。
- 依據克希何夫接點定則，電路中在任何接點處的電流，其代數和必須為零。
- 依據克希何夫迴路定則，沿電路中任何閉合迴路的電位變化，其代數和必須為零。
- 要分析單迴路電路，可以使用克希何夫迴路定則。
- 要分析多迴路電路，必須使用克希何夫的接點定則和迴路定則。
- 含有電阻器和電容器的電路，其電流隨時間呈指數函數變化，並以電阻和電容的乘積為其特性時間常數。

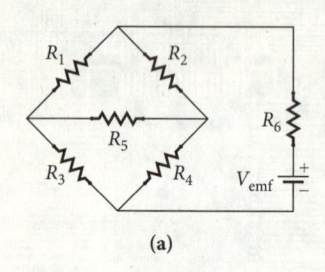

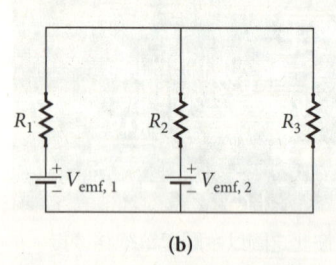

圖 24.2 兩個電路示例。它們不能簡化為串聯和並聯電阻器的簡單組合。

不是穩定的。後面的章節將更全面的介紹中時變電流，這將引入額外的電路組件。

25.1 克希何夫定則

在第 24 章中，我們考慮了幾種直流 (DC) 電路，每種各含一個 emf 裝置及串聯或並聯的電阻器，也考慮了一些看似複雜的電路，它們含有串聯或並聯的多個電阻器，但可以用等效電阻代替。不過我們並未考慮包含多個 emf 源的電路，而有一些含有 emf 裝置和電阻器的單迴路和多迴路電路，也不能簡化為串聯或並聯的簡單電路。圖 25.2 顯示了這種電路的兩個例子。本章介紹如何使用**克希何夫定則**來分析這類的電路。

克希何夫接點定則

接點 (或**節點**) 是指電路中三條或更多條導線的共同連接點。電路中兩個接點之間的連接稱為分支。分支可以包含任何數量的不同電路元件和介於它們之間的導線。每個分支可以有電流流過，且此電流在同一分支中的任何地方都相同。這個事實導致了**克希何夫接點定則**：

==進入接點之電流的總和，必須等於離開接點之電流的總和。==

若我們任意的指定進入接點的電流為正值，離開接點的電流為負值，則克希何夫接點定則可用數學式表示如下：

$$\text{接點}: \sum_{k=1}^{n} i_k = 0 \tag{25.1}$$

直流電路 25

當畫出如圖 25.3 所示的圖時，如何知道哪些電流是進入接點，而哪些電流是離開接點？其實我們並不知道；我們只是為每條給定導線中的電流，設定一個方向。如果指定的方向錯誤，則在最後的解答中你獲得的電流將為負值。

克希何夫接點定則是電荷守恆的直接後果。接點沒有儲存電荷的能力。因此，電荷守恆要求流入接點的所有電荷，也必須離開接點。

根據克希何夫接點定則，在多迴路電路中的每個接點，流入與流出接點的電流必須相等。例如，圖 25.3 所示的單一接點 a，電流 i_1 進入接點，另兩個電流 i_2 和 i_3 離開接點。根據克希何夫接點定則，在這種情況下，

$$\sum_{k=1}^{3} i_k = i_1 - i_2 - i_3 = 0 \Rightarrow i_1 = i_2 + i_3$$

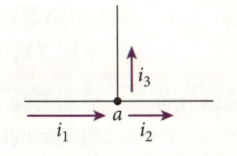

圖 25.3 多迴路電路的一個接點。

>>> 觀念檢測 25.1

對於附圖中所示的接點，哪個等式正確的表示出電流的總和？

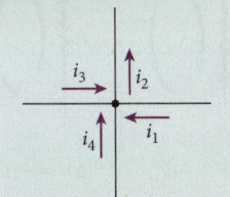

a) $i_1 + i_2 + i_3 + i_4 = 0$
b) $i_1 - i_2 + i_3 + i_4 = 0$
c) $-i_1 + i_2 + i_3 - i_4 = 0$
d) $i_1 - i_2 - i_3 - i_4 = 0$
e) $i_1 + i_2 - i_3 - i_4 = 0$

克希何夫迴路定則

電路中的**迴路** (亦稱**環路**) 是指形成閉合路徑的任何一組彼此連接的導線和電路元件。如果你沿著一條迴路行進，最終你會回到出發點。例如，在圖 25.2b 的電路圖中，可以識別出三條可能的迴路。在圖 25.4 中，這三條迴路以不同的顏色 (紅色、綠色和藍色) 顯示。藍色迴路包括電阻器 1 和 2，emf 源 1 和 2，及它們的連接線。紅色迴路包括電阻器 2 和 3，emf 源 2，及它們的連接線。綠色迴路包括電阻器 1 和 3，emf 源 1，及它們的連接線。注意，任何給定的連接線或電路元件，可以是一條或多條迴路的一部分。

對於電路中的任一迴路，沿順時鐘或逆時鐘的方向繞它一圈，可以回到出發點。圖 25.4 示出了繞行每條迴路一圈的順時鐘路徑，如箭頭所示。但是繞行迴路的方向是無關緊要的，只要你永遠按照所選的方向繞行整條迴路。

沿著任何給定迴路，將遇到的各電路元件的電位差相加，求出其總和，即可得到沿著該迴路完整路徑的總電位差，而**克希何夫迴路定則**的陳述則為

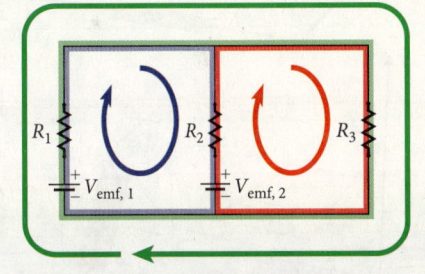

圖 25.4 圖 25.2b 所示電路圖的三條可能的迴路 (以紅、綠和藍色表示)。

> 繞整個電路迴路一圈所經歷的電位差，其總和必須為零。

克希何夫迴路定則是各點的電位具有單一值之事實的直接後果。這

631

表 25.1 繞單迴路電路 (含多個電阻器和 emf 源) 所用之電位差的符號約定

電路元件	分析方向	電位差	
R	與電流同向	$-iR$	(a)
R	與電流反向	$+iR$	(b)
V_{emf}	與 emf 同向	$+V_{emf}$	(c)
V_{emf}	與 emf 反向	$-V_{emf}$	(d)

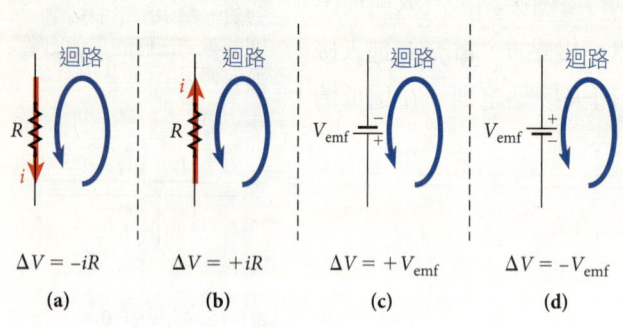

圖 25.5 分析迴路中電位變化所用的符號約定。

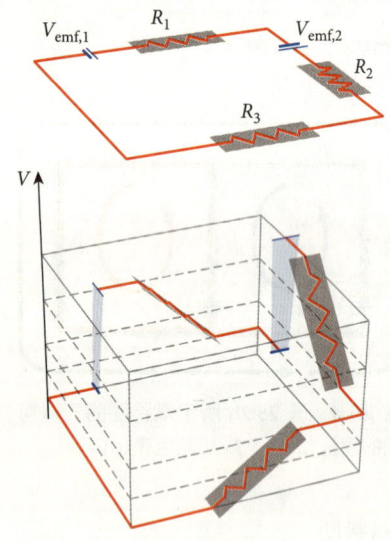

圖 25.6 含有多個電動勢源和多個電阻器的迴路。

代表傳導電子在電路中各點所具有的電位能，各有其特定值。若此定則無效，則在分析傳導電子在迴路中的電位變化時，我們將有可能發現當電子返回到其出發時，會具有不同的位能，因此這個電子在電路中某一個點上的位能必有改變，這點與能量守恆明顯矛盾。換言之，克希何夫迴路定則基本上是能量守恆定律的直接後果。

要應用克希何夫迴路定則時，需要有個約定，以確定電路上各元件之電位差的正負符號 (見表 25.1)。它與電流的假定方向和分析的方向有關。用於 emf 源的定則是簡單的，因為標示它的電路符號的負號和正號 (或短線和長線) 指示出 emf 源的哪一側是處於較高電位。例如，當 emf 源從負號到正號的方向與電流的假定方向相同時，它的電位差是正號端的電位減去負號端的電位，故為正值，其符號為正。如前所述，電流的假定方向和沿著順時鐘或逆時鐘方向繞行迴路的選擇是任意的。任何方向給出的信息將是相同的，只要你永遠按照所選的方向繞行整條迴路。用於分析迴路中電路元件的符號約定，總結於表 25.1 和圖 25.5 中，其中通過電路元件的電流量值為 i。(表 25.1 最右欄中的標籤，分別與圖 25.5 中的部分互相對應。)

如果沿著與電流相同方向繞行電路迴路，則電阻器兩端的電位差將為負。如果沿著與電流相反的方向繞行電路迴路，則電阻器兩端的電位差將為正。如果繞行電路迴路時，使得我們從負端到正端通過 emf 源，則該組件貢獻的是正電位差。如果我們是從正端到負端通過 emf 源，則該組件貢獻的是負電位差。

依照這些約定，克希何夫迴路定則可用數學式表示為

$$\text{閉合迴路：} \sum_{j=1}^{m} V_{emf,j} - \sum_{k=1}^{n} i_k R_k = 0 \qquad (25.2)$$

為了闡明克希何夫迴路定則，圖 25.6 顯示了一個具有兩個 emf 源和三個電阻器的迴路，它使用了第 23 和 24 章中的三維顯示，其中的垂

直軸代表電位 V。顯示於圖 25.6 最重要一點是，完整的繞行迴路一圈總是會回到與起始點相同的電位值。這正是 (25.2) 式的克希何夫迴路定則所陳述的。

25.2 單迴路電路

為了開始分析一般的電路，我們考慮一個單迴路的電路，它包含兩個電動勢源 $V_{emf,1}$ 和 $V_{emf,2}$，以及兩個串聯的電阻器 R_1 和 R_2，如圖 25.7 所示。注意，$V_{emf,1}$ 和 $V_{emf,2}$ 具有相反的極性。此單迴路電路沒有接點，因此整個電路由單個分支組成。流經迴路中各點的電流都相同。為了說明跨越各個電路組件的電位變化，圖 25.8 顯示了一個三維圖。

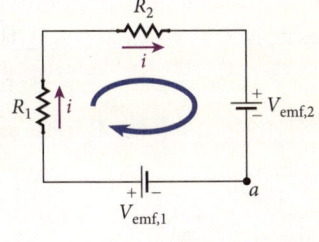

雖然我們可以任意的選擇圖 25.7 之電路中的任何點，並將其設定為 0 V (或任何其他的電位值，因為我們恆可在不改變物理結果的情況下，為所有的電位值添加一個共同的常數)，我們選擇由 a 點開始，令其 V = 0 V，並沿順時鐘方向 (圖中以藍色橢圓箭頭指示) 繞行電路一圈。因為電路的組件是串聯的，流經各組件的電流都同為 i，我們也假設電流沿順時鐘方向 (圖中的紫色箭頭) 流動。從點 a 沿著順時鐘路徑，遇到的第一個電路組件是電動勢源 $V_{emf,1}$，它產生 $V_{emf,1}$ 的正電位增加。接下來是電阻器 R_1，產生 $\Delta V_1 = -iR_1$ 的電位差。繼續沿迴路前進，下一個組件是電阻器 R_2，它產生 $\Delta V_2 = -iR_2$ 的電位差。接下來，我們遇到電動勢的第二個來源 $V_{emf,2}$。這個電動勢源連接到電路，其極性與 $V_{emf,1}$ 相反。因此，該組件產生 $-V_{emf,2}$ 的電位差。此時我們完成了繞行迴路一圈，返回到 V = 0 V。使用 (25.2) 式，我們將此迴路的電位差加總求和如下：

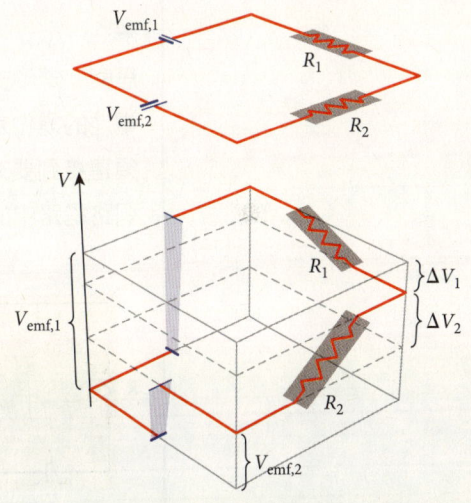

$$V_{emf,1} + \Delta V_1 + \Delta V_2 - V_{emf,2} = V_{emf,1} - iR_1 - iR_2 - V_{emf,2} = 0$$

為了證明我們繞行迴路的方向為順時鐘或逆時鐘，乃是任意的，讓我們從 a 點開始，沿逆時鐘方向，來分析同一電路 (見圖 25.9)。第一個電路組件是 $V_{emf,2}$，它產生電位增加。下一個組件是 R_2。因為我們假設電流是順時鐘方向，而我們正沿著逆時鐘方向分

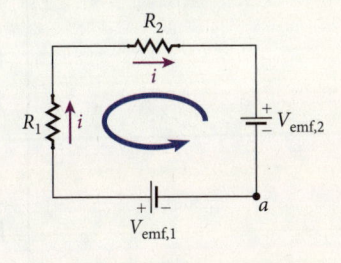

圖 25.7 由兩個電阻器和兩個電動勢源串聯組成的單迴路電路。

圖 25.8 圖 25.7 所示單迴路電路的三維表示，包含串聯的兩個電阻器和兩個電動勢源。

圖 25.9 與圖 25.7 相同的迴路，但是沿逆時鐘方向分析。

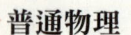

析迴路，根據表 25.1 中的約定，R_2 的電位差為 $+iR_2$。繼續到迴路的下一個組件 R_1，我們同理可將該電阻的電位差表示為 $+iR_1$。電路中的最後一個組件是 $V_{\text{emf},1}$，其方向與我們的分析方向相反，因此該組件的電位差為 $-V_{\text{emf},1}$。克希何夫迴路定則給我們

$$+V_{\text{emf},2} + iR_2 + iR_1 - V_{\text{emf},1} = 0$$

由以上結果可以看出，沿順時鐘和逆時鐘的方向繞行迴路所給出的信息相同，這表示我們選擇用來分析電路的方向無關緊要。

詳解題 25.1　對電池充電

以充電器對內電阻 $R_i = 0.200\ \Omega$、電動勢為 12.0 V 的電池進行充電，已知充電器可輸送 $i = 6.00$ A 的電流。

問題：

要能夠對電池充電，充電器所提供的最小電動勢必須為何？

解：

思索　電池充電器是外部的電動勢源，必須具有足夠的電位差，以克服電池的電位差和電池內電阻上的電位降。接上充電器時，其正極端子必須連接到要充電之電池的正極端子。我們可以將電池的內電阻看作是單迴路電路中的電阻器，該電路還包含兩個極性相反的電動勢源。

繪圖　電路圖如圖 25.10 所示，該電路由電位差 V_t、內電阻 R_i 的電池和連接到電壓 V_e 的外部電動勢源組成。黃色陰影區域表示電池的尺寸。注意，電池充電器的正極端子連接到電池的正極端子。

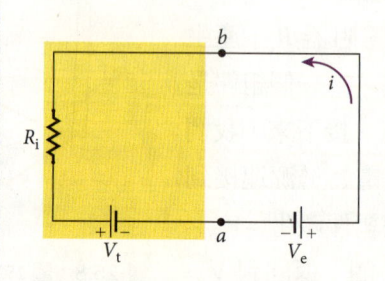

圖 25.10　具有內電阻的電池連接到外部電動勢源所組成的電路。

推敲　克希何夫迴路定則可以應用到這個電路。我們假設電流繞電路逆時鐘流動，如圖 25.10 所示。繞行電路一圈的電位變化必須為零。將從 b 點開始沿逆時鐘方向繞行迴路一圈的電位差加總：

$$-iR_i - V_t + V_e = 0$$

簡化　由上式可求出充電器所需的電位差：

$$V_e = iR_i + V_t$$

其中 i 是充電器提供的電流。

計算　代入數值後可得

$$V_e = iR_i + V_t = (6.00 \text{ A})(2.00 \text{ Ω}) + 12.0 \text{ V} = 13.20 \text{ V}$$

捨入　我們將結果捨入為三位有效數字：

$$V_e = 13.2 \text{ V}$$

複驗　我們的結果表明，電池充電器的電位差必須比電池的額定電動勢更高，這是合理的。用於 12 V 電池的典型充電器具有大約 14 V 的電位差。

25.3　多迴路電路

　　分析多迴路電路需要克希何夫的迴路和接點兩個定則。分析多迴路電路的過程包括識別電路中的完整迴路和接點，並且將克希何夫的兩個定則，分別應用於這兩種電路部分。使用克希何夫迴路定則分析多迴路電路中的各個單迴路，並以克希何夫接點定則，分析其中的各接點，將得到含有幾個未知變量的聯立方程式系統。這些方程式可以使用各種技術 (包括直接替換) 來解出待求的量。例題 25.1 是如何分析多迴路電路的一個例子。

例題 25.1　多迴路電路

　　考慮如圖 25.11 所示的電路，它具有三個電阻器 R_1、R_2 和 R_3，以及兩個 emf 源 $V_{\text{emf},1}$ 和 $V_{\text{emf},2}$。紅色箭頭顯示 emf 源電位差 (或電位變化) 為正值的方向。此電路不能分解為簡單的串聯或並聯連接。要分析這個電路，我們需要指定通過電阻器的電流方向。這個方向可以任意選擇 (記住，如果指定的電流方向錯誤，解出的電流值將為負)。圖 25.12 為電路

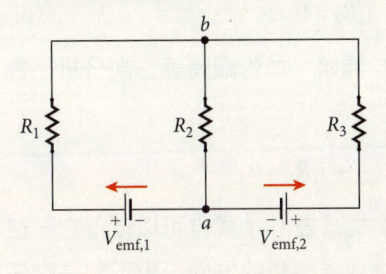

圖 25.11　具有三個電阻器和兩個電動勢源的多迴路電路。

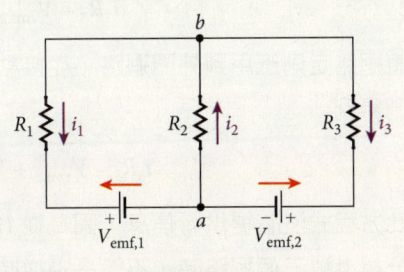

圖 25.12　電流通過電阻器的指定方向已加標示的多迴路電路。

圖，以紫色箭頭標示指定的電流方向。

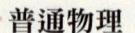

讓我們先考慮接點 b。進入與離開接點的電流必須相等，所以我們可以寫

$$i_2 = i_1 + i_3 \qquad \text{(i)}$$

在接點 a，我們再次由輸入電流等於輸出電流得到

$$i_1 + i_3 = i_2$$

上式提供的信息與接點 b 所得的相同。注意，這是一個典型的結果：如果電路具有 n 個接點，則應用克希何夫接點定則至多可獲得 $n - 1$ 個獨立方程式。(在本題中 $n = 2$，所以只能得到一個獨立的方程式。)

目前我們尚不能確定電路中的電流，因為我們有三個未知數，但只有一個方程式。因此，還需要兩個獨立的方程式。為此，我們應用克希何夫迴路定則。由電路可以看出三個迴路，如圖 25.12 所示：

1. 電路的左半部分，包括元件 R_1、R_2 和 $V_{\text{emf},1}$。
2. 電路的右半部分，包括元件 R_2、R_3 和 $V_{\text{emf},2}$。
3. 外圈迴路，包括元件 R_1、R_3、$V_{\text{emf},1}$ 和 $V_{\text{emf},2}$。

將克希何夫迴路定則應用到電路的左半部分，使用指定的電流方向，並從接點 b 開始沿逆時鐘方向來分析迴路，我們獲得

$$-i_1 R_1 - V_{\text{emf},1} - i_2 R_2 = 0$$

或

$$i_1 R_1 + V_{\text{emf},1} + i_2 R_2 = 0 \qquad \text{(ii)}$$

將克希何夫迴路定則應用到電路的右半部分，再次從接點 b 開始，並沿順時鐘方向分析迴路，我們得到

$$-i_3 R_3 - V_{\text{emf},2} - i_2 R_2 = 0$$

或

$$i_3 R_3 + V_{\text{emf},2} + i_2 R_2 = 0 \qquad \text{(iii)}$$

將迴路定則應用到外圈迴路，從接點 b 開始，並沿順時鐘方向分析，我們得到

$$-i_3 R_3 - V_{\text{emf},2} + V_{\text{emf},1} + i_1 R_1 = 0$$

此方程式沒有提供新信息，因為從 (ii) 式減去 (iii) 式也可以獲得它。在分析上述三個迴路時，不管是沿逆時鐘或順時鐘的方向，也不管是從任何其他點開始繞行迴路，我們獲得的信息都是等效的。

25 直流電路

利用 (i)、(ii) 和 (iii) 三式,以及三個未知數 i_1、i_2 和 i_3,我們可用幾種方式求解未知電流。例如,可先將三個方程式列成矩陣,然後使用計算機,以克拉瑪 (Cramer) 法則求解。對於具有多個方程式和多個未知數的複雜電路,這是推薦的方法。但對於本例題,我們可以將 (i) 式代入另外兩式中,從而消除 i_2。然後,從所得的兩個方程式之一解出 i_1,並將其代入另一式以獲得 i_3 的表達式,再將其代回以給出 i_2 和 i_1 的解:

$$i_1 = -\frac{(R_2+R_3)V_{\text{emf},1} - R_2 V_{\text{emf},2}}{R_1 R_2 + R_1 R_3 + R_2 R_3}$$

$$i_2 = -\frac{R_3 V_{\text{emf},1} + R_1 V_{\text{emf},2}}{R_1 R_2 + R_1 R_3 + R_2 R_3}$$

$$i_3 = -\frac{-R_2 V_{\text{emf},1} + (R_1+R_2)V_{\text{emf},2}}{R_1 R_2 + R_1 R_3 + R_2 R_3}$$

>>> **觀念檢測 25.2**

在附圖的電路中,有三個相同的電阻器。開關S最初是打開的。當開關閉合時,R_1 中流過的電流會發生什麼?

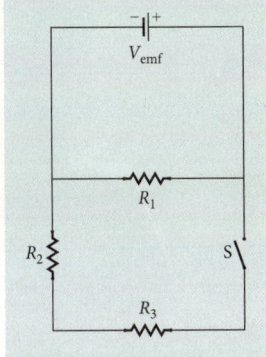

a) R_1 中的電流減小。
b) R_1 中的電流增大。
c) R_1 中的電流保持不變。

詳解題 25.2 惠司同電橋

惠司同電橋是測量未知電阻用的特殊電路,它的電路圖如圖 25.13 所示,其組成包括三個已知的電阻,即 R_1、R_3 和可變電阻 R_v,以及未知電阻 R_u。有一個 emf 源 V 連接在接點 a 和 c 之間,另有一個靈敏電流計 (用以測量電流的裝置,見第 25.4 節) 連接在接點 b 和 d 之間。使用惠司同電橋以測定 R_u 時,需改變 R_v,直到 b 和 d 之間的電流計顯示沒有電流通過。當電流計讀數為零時,我們稱此電橋處於平衡。

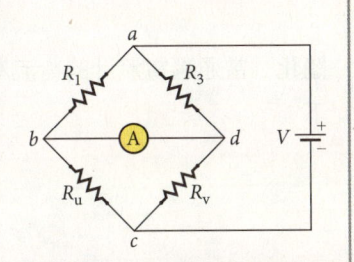

圖 25.13 惠司同電橋的電路圖。

問題:

求出圖 25.13 所示惠司同電橋中的未知電阻 R_u。當通過電流計的電流為零時,已知的電阻 $R_1 = 100.0\ \Omega$,$R_3 = 110.0\ \Omega$,$R_v = 15.63\ \Omega$,顯示電橋處於平衡。

解:

思索 該電路有四個電阻器和一個電流計,每個組件可以有一個電流流過它。然而,在這種情況下,當 $R_v = 15.63$ V 時,沒有電流流過電流計。令該電流為零,剩下通過四個電阻器的電流為未知,因此我們需要四個方程式。我們可以使用克希何夫定則來分析 adb 和 cbd 兩個迴路,以及 b 和 d 兩個接點。

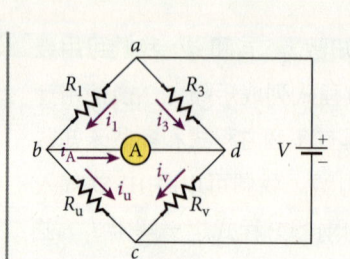

繪圖 圖 25.14 顯示的惠司同電橋，已標示出電流 i_1、i_3、i_u，i_v 和 i_A 的指定方向。

推敲 我們首先將克希何夫迴路定則應用於迴路 adb，從 a 開始，順時鐘方向繞行，可得

$$-i_3 R_3 + i_A R_A + i_1 R_1 = 0 \tag{i}$$

圖 25.14 已標示出指定電流方向的惠司同電橋。

其中 R_A 是電流計的電阻。對迴路 cbd，我們再次應用克希何夫迴路定則，從 c 開始，順時鐘方向繞行，得到

$$+ i_u R_u - i_A R_A - i_v R_v = 0 \tag{ii}$$

現在，我們對接點 b 使用克希何夫接點定則，可得

$$i_1 = i_A + i_u \tag{iii}$$

在接點 d，再次應用克希何夫的接點定則，可得

$$i_3 + i_A = i_v \tag{iv}$$

簡化 當通過電流計的電流為零 ($i_A = 0$) 時，可將 (i) 到 (iv) 式重寫如下：

$$i_1 R_1 = i_3 R_3 \tag{v}$$

$$i_u R_u = i_v R_v \tag{vi}$$

$$i_1 = i_u \tag{vii}$$

和

$$i_3 = i_v \tag{viii}$$

將 (vi) 式除以 (v) 式可得

$$\frac{i_u R_u}{i_1 R_1} = \frac{i_v R_v}{i_3 R_3}$$

使用 (vii) 和 (viii) 式，上式可重寫如下：

$$R_u = \frac{R_1}{R_3} R_v$$

計算 代入數值，我們得到

$$R_u = \frac{100.0 \, \Omega}{110.0 \, \Omega} 15.63 \, \Omega = 14.20901 \, \Omega$$

捨入 我們的結果應有四位有效數字：

$$R_u = 14.21\ \Omega$$

複驗 我們所得未知電阻器的電阻與可變電阻的值近似。因此，我們的答案似乎是合理的，因為電路中的其他兩個電阻也具有近似相等的電阻。

自我測試 25.1
證明當通過電流計的電流為零時，圖 25.13 之惠司同電橋中所有電阻器的等效電阻為

$$R_{eq} = \frac{(R_1 + R_u)(R_3 + R_v)}{R_1 + R_u + R_3 + R_v}$$

電路網路的一般性觀察

解決電路問題時有一個要點須注意，即一般而言，要完整的分析電路，需要知道流經電路中每一分支的電流。我們使用克希何夫的接點和迴路兩定則，來建立與電流相關的方程式，需要獲得與分支的數目一樣多的線性獨立方程式，以保證我們可以求出系統的解。

考慮圖 25.15 所示的抽象例子，其中除了電線以外的所有電路組件都已省略。此電路具有四個接點，如圖 25.15a 中的藍點所示，另有六個分支連接這些接點，如圖 25.15b 所示。因此，我們需要關於這些分支中電流的六個線性獨立方程式。前面提到，將克希何夫定則應用於電路，所獲得的所有方程式並不都是線性獨立的。這個事實值得重複：如果電路具有 n 個接點，則應用接點定則可以獲得至多 n – 1 個獨立的方程式。(對於圖 25.15 中的電路，n = 4，所以我們只能得到三個獨立的方程式。)

只靠接點定則，不足以完成任何電路的分析。通常最好是為接點寫出盡可能多的方程式，然後將由迴路得到的更多方程式，加入它們。圖 25.15c 顯示的網絡有六個可能的迴路，它們以不同的顏色標記。我們需要由分析獲得三個方程式，顯然，迴路的數目偏多了。這又是一個一般性的觀察：考慮所有可能迴路所建立的方程式組是超定的 (即數目超過決定未知數所需的)。因此，你總是可以自由選擇特定的迴路，來擴增從分析接點獲得的方程式。作為一般性的經驗法則，最好選擇具有較少

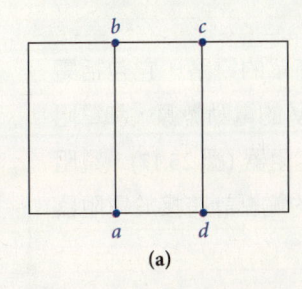

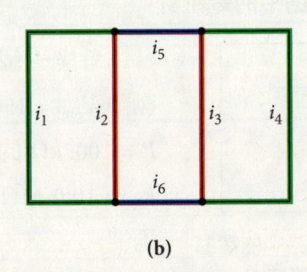

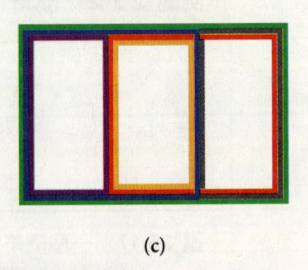

圖 25.15 由 (a) 四個接點、(b) 六個分路、(c) 六個可能的迴路所組成的電路網絡。

普通物理

>>> 觀念檢測 25.3

在附圖所示的多迴路電路中，$V_1 = 6.00$ V，$V_2 = 12.0$ V，$R_1 = 10.0$ Ω，$R_2 = 12.0$ Ω。電流 i_2 的量值為何？

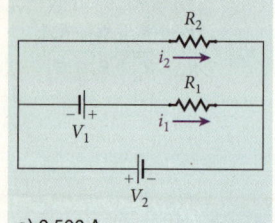

a) 0.500 A
b) 0.750 A
c) 1.00 A
d) 1.25 A
e) 1.50 A

電路元件的迴路，這通常使後續的線性代數簡單許多。特別是，如果要求出網路中某個特定分支的電流，選擇適當的迴路，可讓你不致寫出過於冗長的方程式組，並有可能只使用一個方程式就解決問題。所以選擇迴路時，值得費心多加注意！對任何特定的問題，寫下的方程式，其數目不要多於解出未知數所需的，這只會使代數運算更為複雜。而一旦獲得答案，你可以使用一個或多個未使用的迴路，來檢查答案的值是否正確。

25.4 電流計和電壓計

用以測量電流的裝置稱為**電流計**，而用以測量電位差的裝置則稱為**電壓計**。為了測量通過某一電路的電流，電流計必須與該電路串聯。圖 25.16 中電流計連接到電路的方式，可讓它測量出電流 i。為了測量電位差，電壓計必須與要測量電位差的組件並聯。圖 25.16 顯示了一個與電路連接的電壓計，用以測量電阻器 R_1 兩端的電位差。

有個重點是需要注意的。這兩種儀器在進行測量時，對電路的可能干擾必須降至最低。因此，電流計的電阻被設計為盡可能的低，其數量級約為 1 Ω，以使它們對測量的電流不致有可察覺的影響。電壓計被設計為具有盡可能高的電阻，通常在 10 MΩ (10^7 Ω) 的數量級，以使它們對於待測的電位差所造成的影響可以忽略。

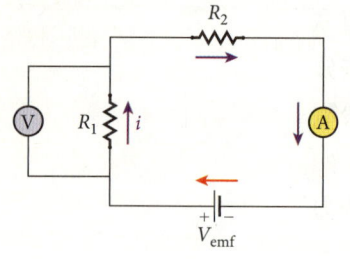

圖 25.16 電流計和電壓計在簡單電路中的放置方式。

實際測量電流和電位差時，使用的是數位式多用電表，它可以切換為電流計或電壓計使用，測量結果以數字顯示，包括電位差或電流的正負。數位式多用電表大多可用以測量電路組件的電阻；也就是說，它們可以當作**電阻計**。數位式多用電表通過施加已知的電位差並測量所得的電流，以完成電阻測量，這個功能對於確定電路的連續性和保險絲的狀態，以及測量電阻器的電阻，頗為有用。

例題 25.2 簡單電路中的電壓計

考慮一個簡單的電路，它包括電動勢 $V_{emf} = 150.$ V 的電動勢源，和電阻 $R = 100.$ kΩ 的電阻器 (圖 25.17)。電阻 $R_V = 10.0$ MΩ 的電壓計跨接於電阻器兩端。

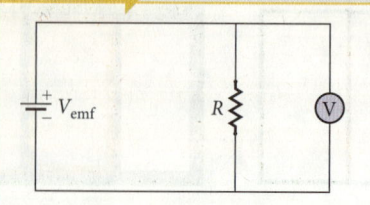

圖 25.17 一個簡單電路中的電壓計，以並聯方式與電阻器連接。

問題 1：

在連接電壓計之前，電路中的電流為何？

解 1：

由歐姆定律 $V = iR$，所以電路中的電流為

$$i = \frac{V_{\text{emf}}}{R} = \frac{150.\,\text{V}}{100.\cdot 10^3\,\Omega} = 1.50\cdot 10^{-3}\,\text{A} = 1.50\,\text{mA}$$

問題 2：

當電壓計跨接在電阻器兩端時，電路中的電流為何？

解 2：

並聯的電阻器和電壓計所具有的等效電阻由下式給出：

$$\frac{1}{R_{\text{eq}}} = \frac{1}{R} + \frac{1}{R_V}$$

解出等效電阻並代入數值，可得

$$R_{\text{eq}} = \frac{RR_V}{R + R_V} = \frac{(100.\cdot 10^3\,\Omega)(10.0\cdot 10^6\,\Omega)}{(100.\cdot 10^3\,\Omega + 10.0\cdot 10^6\,\Omega)} = 9.90\cdot 10^4\,\Omega = 99.0\,\text{k}\Omega$$

故電流為

$$i = \frac{V_{\text{emf}}}{R_{\text{eq}}} = \frac{150.\,\text{V}}{9.90\cdot 10^4\,\Omega} = 1.52\cdot 10^{-3}\,\text{A} = 1.52\,\text{mA}$$

當有電壓計連接時，電路中的電流增加 0.02 mA，因為電阻器和電壓計的並聯組合，具有比單獨電阻器更低的電阻。然而，即使電壓計具有相當大的電阻 (R = 100 kΩ)，影響還是微小。

詳解題 25.3　增大電流計的量程

問題：

將電流計以並聯方式連接到用以分流的電阻器時，電流計可用於不同電流範圍的測量。**分流電阻**其實是一個電阻非常小的電阻器，其名稱源自於下列事實：當它與電阻較大的電流計並聯時，大部分的電流會被轉向，繞過而不直接通過電流計。因此，電流計的靈敏度降低，而允許它測量更大的電流。假設當 i_{int} = 5.10 mA 的電流通過它時，電流計產生全量程的讀數。電流計的內電阻 R_s 為 R_i = 16.8 Ω。要使用這個電流計以測量 i_{max} = 20.2 A 的最大電流，與電流計並聯的分流電阻應該為何？

解：

思索　與電流計並聯的分流器，其電阻必須明顯低於電流計的內電阻。

自我測試 25.2

在頭燈打開時，若發動汽車的起動器，則頭燈變暗。說明之。

>>> 觀念檢測 25.4

附圖所示的電路，何者不能正常運作？

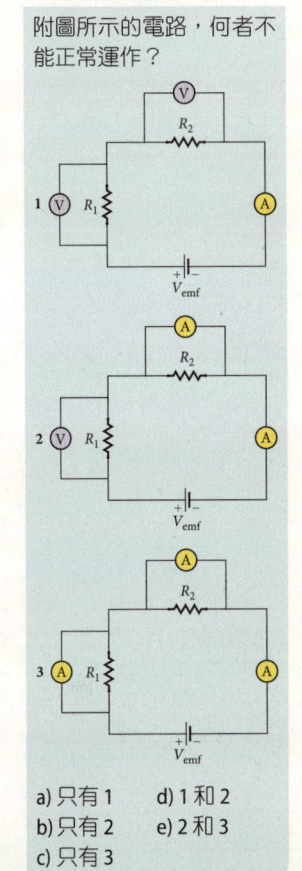

a) 只有 1　　d) 1 和 2
b) 只有 2　　e) 2 和 3
c) 只有 3

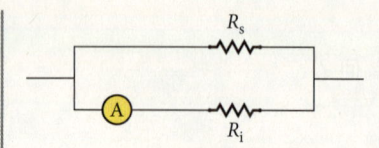

圖 25.18 與分流電阻器並聯的電流計。

大多數電流因而將流過分流電阻器而不是電流計。

繪圖 圖 25.18 顯示了與電流計並聯的分流電阻器 R_s。

推敲 兩個電阻器以並聯方式連接，因此每個電阻器的電位差是相同的。能在電流計上給出全量程讀數的電位差為

$$\Delta V_{fs} = i_{int} R_i \tag{i}$$

從第 24 章，我們知道兩個並聯電阻器的等效電阻由下式給出：

$$\frac{1}{R_{eq}} = \frac{1}{R_i} + \frac{1}{R_s} \tag{ii}$$

等效電阻兩端的電位降必須等於電流計兩端的電位降，而當電流 i_{max} 流過電路時，電流計將給出全量程讀數。因此，我們可以寫

$$\Delta V_{fs} = i_{max} R_{eq} \tag{iii}$$

簡化 結合 (i) 和 (iii) 式給出的電位差，可得

$$\Delta V_{fs} = i_{int} R_i = i_{max} R_{eq} \tag{iv}$$

我們可以將 (iv) 式重新整理，並代入 (ii) 式中的 R_{eq}：

$$\frac{i_{max}}{i_{int} R_i} = \frac{1}{R_{eq}} = \frac{1}{R_i} + \frac{1}{R_s} \tag{v}$$

由 (v) 式解出分流電阻，我們得到

$$\frac{1}{R_s} = \frac{i_{max}}{i_{int} R_i} - \frac{1}{R_i} = \frac{1}{R_i}\left(\frac{i_{max}}{i_{int}} - 1\right) = \frac{1}{R_i}\left(\frac{i_{max} - i_{int}}{i_{int}}\right)$$

或

$$R_s = R_i \frac{i_{int}}{i_{max} - i_{int}}$$

計算 代入數值，我們得到

$$R_s = R_i \frac{i_{int}}{i_{max} - i_{int}} = (16.8\ \Omega)\frac{5.10 \cdot 10^{-3}\ \text{A}}{20.2\ \text{A} - 5.10 \cdot 10^{-3}\ \text{A}} = 0.00424266\ \Omega$$

捨入 我們將結果捨入成為三位有效數字：

$$R_s = 0.00424\ \Omega$$

複驗 電阻器和分流電阻器並聯時的等效電阻由 (ii) 式給出。由該式求

解等效電阻並代入數值，可得

$$R_{eq} = \frac{R_i R_s}{R_i + R_s} = \frac{(16.8\ \Omega)(0.00424\ \Omega)}{16.8\ \Omega + 0.00424\ \Omega} = 0.00424\ \Omega$$

因此，電流計和分流電阻器並聯的等效電阻，近似等於分流電阻器的電阻。這種低等效電阻，對於必須串聯連接到電路的電流測量儀器，乃是必需的。如果電流測量儀器具有高電阻，那麼，它的存在將會干擾電流的測量。

25.5 RC 電路

本章到目前為止，已經處理了包含 emf 源和電阻器的電路，在這些電路中，電流不隨時間變化。現在我們考慮除了 emf 源和電阻器外，還包含電容器的電路 (見第 23 章)，稱為 **RC 電路**，這種電路的電流會隨時間變化。電容器的充電和放電是涉及到時變電流的最簡單電路操作。要了解這類隨時間而變的過程，必須求出一些簡單微分方程式的解。

對電容器充電

考慮一個含有電動勢源 V_{emf}、電阻器 R 和電容器 C 的電路 (圖 25.19)。最初，開關斷開，電容器未充電，如圖 25.19a 所示。當開關閉合時 (圖 25.19b)，電流開始在電路中流動，使相反電性的電荷，累積在電容器的極板上，從而使電容器兩端出現電位差 ΔV。電動勢源維持恆定的電壓，因此導致電流流動。當電容器充滿電時 (圖 25.19c)，電路中不再有電流流過，電容器兩個極板之間的電位差等於電動勢源提供的電壓，且每個板上的總電荷量值 $q_{tot} = CV_{emf}$。

當電容器在充電時，我們可以沿逆時鐘方向，將克希何夫迴路定則應用於圖 25.19b 中的迴路，以分析電路中流過的電流 i (假定它在電壓源內從負極流向正極)：

$$V_{emf} - V_R - V_C = V_R - i(t)R - q(t)/C = 0$$

其中 V_C 是電容器兩端的電位降，$q(t)$ 是在時刻 t 時電容器上的電荷。由於電流，電容器板上的電荷變化為 $i(t) = dq(t)/dt$，因此我們可以將上式重寫為

$$R\frac{dQ}{dt} + \frac{Q}{C} = V_{emf}$$

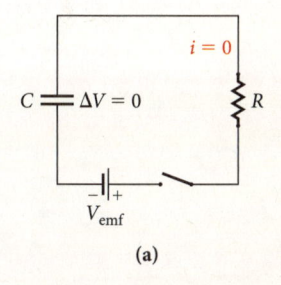

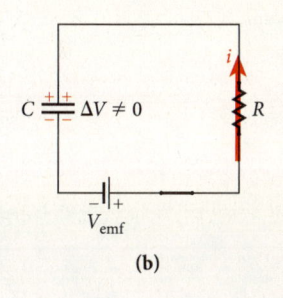

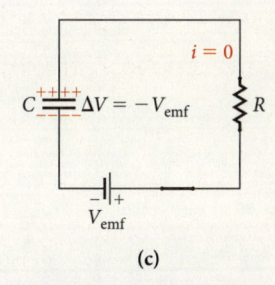

圖 25.19 基本 RC 電路，包含電動勢源、電阻器和電容器：(a) 開關斷開；(b) 開關閉合後不久；(c) 開關閉合後很久。

或

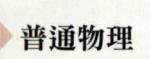

$$\frac{dq(t)}{dt}+\frac{q(t)}{RC}=\frac{V_{\text{emf}}}{R} \tag{25.3}$$

此微分方程式將電荷與其對時間的導數相關聯。第 13 章中對阻尼振盪的討論，涉及類似的微分方程式，故以指數形式作為 (25.3) 式的解似乎是合理的嘗試，因為指數函數是其導數與其自身具有相同形式的唯一函數。因為 (25.3) 式還有一個常數項，試驗解也需含有一個常數項。因此，我們嘗試含有常數和指數的解，並且要求 $q(0) = 0$：

$$q(t)=q_{\max}\left(1-e^{-t/\tau}\right)$$

其中常數 $q_{\max}$ 和 τ 待定。將這個試驗解代回 (25.3) 式，我們得到

$$q_{\max}\frac{1}{\tau}e^{-t/\tau}+\frac{1}{RC}q_{\max}\left(1-e^{-t/\tau}\right)=\frac{V_{\text{emf}}}{R}$$

現在將與時間相關的各項移到左邊，將與時間無關的各項移到右邊：

$$q_{\max}e^{-t/\tau}\left(\frac{1}{\tau}-\frac{1}{RC}\right)=\frac{V_{\text{emf}}}{R}-\frac{1}{RC}q_{\max}$$

這個方程式要在所有時間均為真，其兩邊必須都等於零。故從左邊，可得

$$\tau = RC \tag{25.4}$$

因此，常數 τ (稱為**時間常數**) 就是電容和電阻的乘積。從右邊，我們得到常數 $q_{\max}$ 的表達式：

$$q_{\max}=CV_{\text{emf}}$$

因此，(25.3) 式所給描述電容器充電的微分方程式，其解為

$$q(t)=CV_{\text{emf}}\left(1-e^{-t/RC}\right) \tag{25.5}$$

注意，在 $t = 0$ 時，$q = 0$，這是電路組件未連接之前的初始條件。而在 $t = \infty$ 時，$q = q_{\max} = CV_{\text{emf}}$，這是電容器完全充電後的穩態條件。對於時間常數 τ 的三個不同值，圖 25.20a 顯示電容器上電荷隨時間的變化。

將 (25.5) 式對時間微分，可得電路中的電流：

$$i = \frac{dq}{dt} = \left(\frac{V_{\text{emf}}}{R}\right)e^{-t/RC} \tag{25.6}$$

由 (25.6) 式，可得在 $t = 0$ 時，電路中的電流為 V_{emf}/R，而在 $t = \infty$ 時，電流為零，如圖 25.20b 所示。

如何知道我們為 (25.3) 式所求出的解是唯一的？這從前面的討論中並不明顯，但這個解是獨一無二的。(通常在微分方程式的課程中會加以證明。)

電容器放電

現在考慮只含一個電阻器 R 和一個完全充電之電容器 C 的電路。如圖 25.21 所示，將開關從位置 1 移動到位置 2，可獲得此電路。開關移動之前，電容器上的電荷為 $q_{\max}$。在此情況下，電流將在電路中流動，直到電容器完全放電。當電容器在放電時，我們沿著順時鐘方向繞行迴路，並應用克希何夫迴路定則，可以獲得

$$-i(t)R - V_C = -i(t)R - \frac{q(t)}{C} = 0$$

使用電流的定義，可將上式改寫為

$$\frac{R\,dq(t)}{dt} + \frac{q(t)}{C} = 0 \tag{25.7}$$

使用與 (25.3) 式相同的方法，即可獲得 (25.7) 式的解，但 (25.7) 式沒有常數項，且 $q(0) > 0$，因此，我們嘗試 $q(t) = q_{\max}e^{-t/\tau}$，這導致

$$q(t) = q_{\max}e^{-t/RC} \tag{25.8}$$

在 $t = 0$ 時，電容器上的電荷為 $q_{\max}$。在 $t = \infty$ 時，電容器上的電荷為零。

將 (25.8) 式對時間微分，可獲得電流隨時間變化的函數：

$$i(t) = \frac{dq}{dt} = -\left(\frac{q_{\max}}{RC}\right)e^{-t/RC} \tag{25.9}$$

在 $t = 0$ 時，電路中的電流為 $-q_{\max}/(RC)$。在 $t = \infty$ 時，電路中的電流為零。為放電過程，如繪製電容器上的電荷和流過電阻器的電流兩者隨時間的變化，將導致如圖 25.20b 所示呈指數衰減而逐漸變小的曲線。

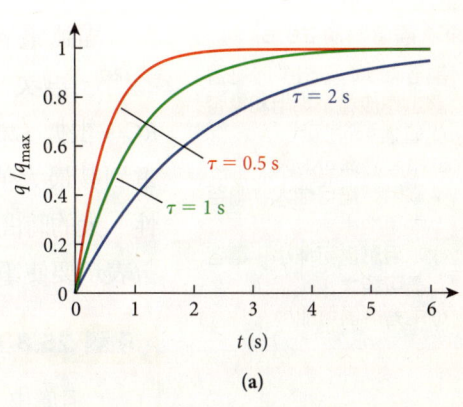

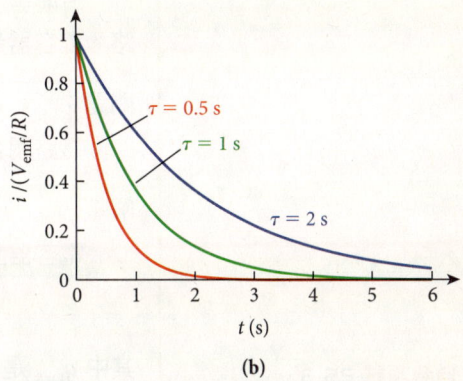

圖 25.20 對電容器充電時：(a) 電容器上的電荷隨時間變化的函數；(b) 流過電阻器的電流隨時間變化的函數。

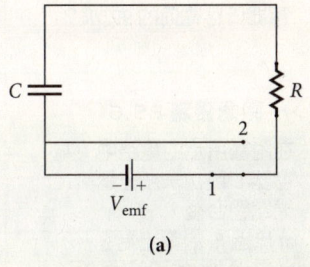

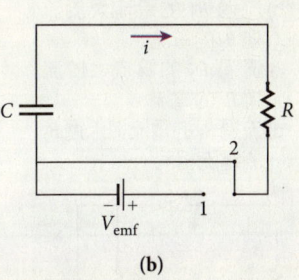

圖 25.21 包含 emf 源、電阻器、電容器和開關的 RC 電路。開關在 (a) 位置 1 時電容器充電，(b) 位置 2 時電容器放電。

普通物理

觀念檢測 25.5
為了使 RC 電路中的電容器迅速放電，電阻和電容的值應為何？
a) 兩者應盡可能大。
b) 電阻應盡可能大，電容盡可能小。
c) 電阻應盡可能小，電容盡可能大。
d) 兩者應盡可能小。

描述電容器的充電和放電隨時間變化的函數，都涉及指數因子 $e^{-t/RC}$。再次，電阻和電容的乘積被定義為 RC 電路的時間常數：$\tau = RC$。根據 (25.5) 式，在等於時間常數的時間間隔之後，電容器將被充電到其最大值的 63%。因此，RC 電路可以用時間常數來代表它的特性。大的時間常數表示要使電容器充電，所需的時間很長；小的時間常數表示要使電容器充電，所需的時間很短。

例題 25.3 ▶ 電容器充電所需時間

考慮由 12.0 V 電池、50.0 Ω 電阻器和 100.0 μF 電容器串聯組成的電路。電容器最初完全放電。

問題：

電路閉合多久之後，電容器可充電到其最大電荷量的 90%？

解：

電容器上的電荷隨作時間變化的函數由下式給出：

$$q(t) = q_{max}\left(1 - e^{-t/RC}\right)$$

其中 q_{max} 是電容器上的最大電荷量。我們想求出到 $q(t)/q_{max} = 0.90$ 所需的時間，這可以由下式獲得：

$$\left(1 - e^{-t/RC}\right) = \frac{q(t)}{q_{max}} = 0.90$$

或

$$0.10 = e^{-t/RC} \tag{i}$$

取 (i) 式兩邊的自然對數，我們得到

$$\ln 0.10 = -\frac{t}{RC}$$

或

$$t = -RC \ln 0.10 = -(50.0\ \Omega)(100 \cdot 10^{-6}\ F)(-2.30) = 0.00115\ s = 11.5\ ms$$

自我測試 25.3
一個 1.00 mF 電容器充滿電。將一個 100.0 電阻連接於此電容器兩端。需要多長時間才可移除電容器所存電荷的 99.0%？

觀念檢測 25.6
在附圖所示的電路中，電容器 C 最初未被充電。在開關閉合後，
a) 流過 R_1 的電流為零。
b) 流過 R_1 的電流大於流過 R_2 的電流。
c) 流過 R_2 的電流大於流過 R_1 的電流。
d) 流過 R_1 的電流與流過 R_2 的電流相同。

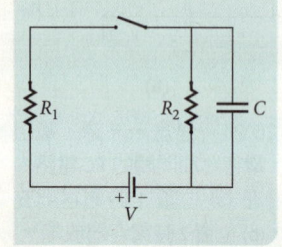

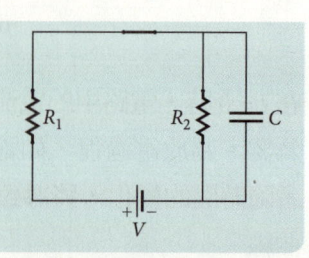

觀念檢測 25.7
在附圖所示的電路中，開關閉合。經過很長一段時間，
a) 流過 R_1 的電流為零。
b) 流過 R_1 的電流大於流過 R_2 的電流。
c) 流過 R_2 的電流大於流過 R_1 的電流。
d) 流過 R_1 的電流與流過 R_2 的電流相同。

直流電路 25

已學要點｜考試準備指南

- 可用於分析電路的克希何夫定則如下：
  - 克希何夫接點定則：進入接點的電流總和必須等於離開接點的電流總和。
  - 克希何夫迴路定則：繞整個電路迴路一圈的電位差總和必須為零。
- 在應用克希何夫迴路定則時，每個電路元件的電位差的符號（即為正或負）由電流的方向和分析的方向決定。常用的約定是：
  - 電動勢方向與分析方向相同的 emf 源提供電位的增益，而與分析方向相反的 emf 源產生電位降。
  - 對於電阻器，電位差的量值為 iR，其中 i 為假定電流，R 為電阻。電位差的符號取決於電流的方向（已知或假定）及分析方向。如果這些方向相同，則電阻器產生電位降。如果方向相反，則電阻器產生電位增益。
- RC 電路包含電阻 R 的電阻器和電容 C 的電容器。時間常數 τ 由 $\tau = RC$ 給出。
- 在 RC 電路中，電容 C 的電容器在充電時，其電荷 q 隨時間變化的函數為 $q(t) = CV_{emf}(1 - e^{-t/RC})$，其中 V_{emf} 是 emf 源提供的電壓，R 是電阻器的電阻。
- 在 RC 電路中，電容 C 的電容器在放電時，其電荷 q 隨時間變化的函數為 $q(t) = q_{max}e^{-t/RC}$，其中 q_{max} 是 $t = 0$ 時電容器板上電荷的量值，R 是電阻器的電阻。

自我測試解答

25.1 電阻器 R_1 和 R_u 串聯所具有的等效電阻 $R_{1u} = R_1 + R_u$。電阻器 R_3 和 R_v 串聯所具有的等效電阻 $R_{3v} = R_3 + R_v$。等效電阻 R_{1u} 和 R_{3v} 是並聯的。因此，我們可以寫

$$\frac{1}{R_{eq}} = \frac{1}{R_{1u}} + \frac{1}{R_{3v}}$$

或

$$R_{eq} = \frac{R_{1u}R_{3v}}{R_{1u} + R_{3v}} = \frac{(R_1 + R_u)(R_3 + R_v)}{R_1 + R_u + R_3 + R_v}$$

25.2 當頭燈打開時，電池提供給燈的電流不大，電池內電阻上的電位降很小。啟動馬達與燈並聯接線。當啟動馬達與電池接上後，它會引發較大電流，而使電池的內電阻所產生的電位降顯著加大，因而使電池兩端的電位差降低，導致流向頭燈的電流變小。

25.3 $q = q_{max}e^{-t/RC}$

$$\frac{q}{q_{max}} = 0.01 = e^{-t/RC} \Rightarrow \ln 0.01 = -\frac{t}{RC}$$

$t = -RC \ln 0.01 = -(100.\,\Omega)(1.00 \cdot 10^{-3}\,F)(\ln 0.01)$
$= 0.461\,s$

解題準則

1. 在電路圖中標記所有信息，包括所有給定的信息和所有未知數，以及相關的電流、分支和接點總是有幫助的。如果為求清晰需要更多空間時，應以較大的尺寸重新繪圖。
2. 記住，電流和繞行電路迴路的路徑，其方向是可任意選擇的。如果選擇不正確，產生的電流將為負值。
3. 回顧表 25.1 中所給電位差的正負號。當以假定電流的方向沿電路迴路移動時，電阻器上的電位差是負的，而由 emf 源內從負到正的方向上，產生的電位差為正。符號錯誤是常見的，故宜遵循約定以避免這類錯誤。

普通物理

4. 電動勢源或電阻器可以是兩個單獨迴路的一部分。根據你為各迴路採用的符號約定，將每個電路組件計入為其所在的每個迴路的一部分。電阻器可在一個迴路中產生電位降，而在另一個迴路中產生電位增益。

5. 使用克希何夫定則寫出的方程式，總是可以比你解出電路分支中未知電流所需的為多。為接點寫出盡可能多的方程式，然後以代表迴路的方程式來將它們擴增。但不是所有的迴路都是相等的；你需要仔細選擇它們。一個經驗法則是應選擇具有較少電路元件的迴路。

選擇題

25.1 電阻器和電容器串聯連接。如果將第二個相同的電容器在同一電路中串聯連接，則電路的時間常數將會
a) 減小。　　b) 增大。　　c) 保持不變。

25.2 一個電路包括一個電動勢源、一個電阻器和一個電容器，它們都以串聯連接。若電容器充滿電，則流過它的電流為何？
a) $i = V/R$　　b) 零　　c) 既不是 (a) 也不是 (b)

25.3 克希何夫接點定則陳述的是
a) 電路中任何接點處的電流，其代數和必須為零。
b) 沿電路中任何閉合路徑的各電位差，其代數和必須為零。
c) 在具有電阻器和電容器的電路中，電流隨時間做指數變化。
d) 接點處的電流由電阻和電容的乘積給出。
e) 接點處的電流發展時間由電阻和電容的乘積給出。

25.4 電容為 C 的電容器最初未充電。在時間 $t = 0$，電容器通過電阻為 R 的電阻器串聯到電池。儲存在電容器中的能量增加，最終 $t \to \infty$ 時其值達到 U。在等於時間常數 $\tau = RC$ 的時間之後，儲存在電容器中的能量由以下哪一式給出？
a) U/e。　　　　　　　b) U/e^2。
c) $U(1 - 1/e)^2$。　　　d) $U(1 - 1/e)$。

25.5 附圖中每個電路的電容器，首先以沒有內電阻的 10 V 電池充電。然後，開關從位置 A 轉到 B，使電容器通過各種電阻器放電。哪個電路的電阻器所消耗的總能量最大？

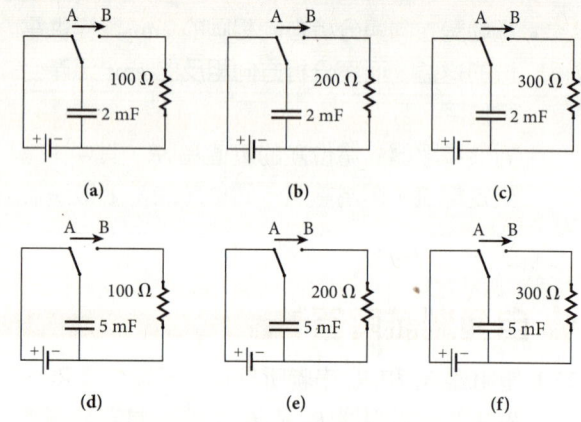

(a) 100 Ω, 2 mF
(b) 200 Ω, 2 mF
(c) 300 Ω, 2 mF
(d) 100 Ω, 5 mF
(e) 200 Ω, 5 mF
(f) 300 Ω, 5 mF

25.6 如圖所示，串聯連接一個未充電的電容器 ($C = 14.9 \, \mu F$)、一個電阻 ($R = 24.3 \, k\Omega$) 和一個電池 ($V = 25.7$ V)。在開關閉合後 $t = 0.3621$ s 時，電容器上的電荷為何？
a) $5.48 \cdot 10^{-5}$ C
b) $7.94 \cdot 10^{-5}$ C
c) $1.15 \cdot 10^{-5}$ C
d) $1.66 \cdot 10^{-4}$ C
e) $2.42 \cdot 10^{-4}$ C

25.7 下列哪項陳述是真實的？
1. 理想的電流計應具有無限大電阻。
2. 理想的電流計應具有零電阻。
3. 理想的電壓計應具有無限大電阻。
4. 理想的電壓計應具有零電阻。

a) 1 和 3　　　　　　b) 2 和 4
c) 2 和 3　　　　　　d) 1 和 4

25 直流電路

觀念題

25.8 如果 RC 電路中的電容器與兩個相同的電容器串聯，電路的時間常數會發生什麼變化？

25.9 解釋為什麼 RC 電路的時間常數隨 R 和 C 增加。（以「這是公式說的」為答案是不夠的。）

25.10 如何使用 12.0 V 的汽車電池，點亮 1.0 W、1.5 V 的燈泡？

25.11 在 $t=0$ 時，將含有電阻器、電容器和電池的多迴路電路接通，此時所有電容器都不帶電。要分析此電路中電流和電位差的初始分布，可以將電容器當作為連接導線或閉合開關來處理。要分析經過長時間之後所發生的電流和電位差的最終分布，可以將電容器當作為斷開的接線或斷路開關來處理。解釋這些技巧為何是可行的。

25.12 你希望測量電路上某個組件的電位差和通過的電流。使用普通電壓計和電流計，不可能同時並精確的做到這一點。解釋為什麼不可能。

25.13 串聯的兩個電容器通過電阻器充電。將相同的電容器並聯，並且通過相同的電阻器充電。此兩組電容器完全充電所需的時間，有何不同？

練習題

題號前的藍點 (•) 與雙藍點 (••) 代表問題難度遞增。

25.1 至 25.3 節

25.14 電阻為 R_1 和 R_2 的兩個電阻器，串聯跨接於電位差 ΔV_0。以這些量表示各個電阻上的電位降。這個安排有何重要用處？

25.15 如圖所示，三個電阻跨接於電池兩端。什麼值的 R 和 V_{emf} 將產生圖上指示的電流？

•25.16 你汽車上喪失作用的電池，提供的電位差為 9.950 V，它的內電阻為 1.100 Ω。你使用跳線電纜，將它連接到另一輛車上功能正常的電池，以進行充電。正常電池提供 12.00 V 的電位差，內電阻為 0.01000 Ω，啟動馬達的電阻為 0.07000 Ω。

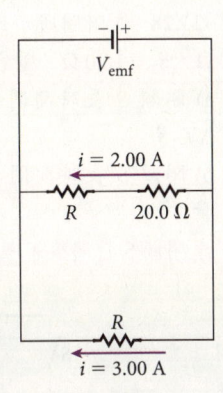

a) 繪製已連接起來之電池的電路圖。

b) 試求出在電路變成通路後之瞬間，正常電池、喪失作用的電池和啟動馬達中的電流。

•25.17 附圖所示的電路，其組成包括提供電壓 V_A 和 V_B 的兩個電池及電阻為 R_1、R_2 和 R_3 的三個燈泡。計算流過燈泡之電流 i_1、i_2 和 i_3 的量值。在圖上標示出電流流動的正確方向。計算電池 A 和電池 B 提供的功率 P_A 和 P_B。

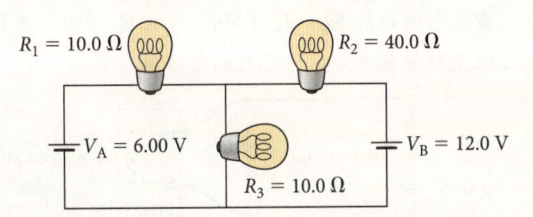

•25.18 對於附圖所示的電路，使用下列數據，求出通過每個電阻之電流的量值和方向，以及每個電池提供的功率：

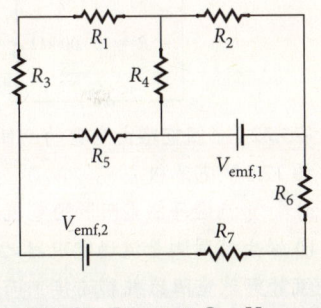

$R_1 = 4.00$ Ω，$R_2 = 6.00$ Ω，$R_3 = 8.00$ Ω，$R_4 = 6.00$ Ω，$R_5 = 5.00$ Ω，$R_6 = 10.0$ Ω，$R_7 = 3.00$ Ω，$V_{\text{emf},1} = 6.00$ V，$V_{\text{emf},2} = 12.0$ V。

••25.19 如附圖所示的「電阻梯」，由相同的電阻 R 組成其腳和梯級構成。梯子具有「無限」高度；也就是說，它沿著一個方向延伸得非常遠。求出梯子兩「腳」(點 A 和 B) 之間的等效電阻，答案以 R 表示。

25.4 節

25.20 為了擴大電流計的有效量程，將分流電阻 R_{shunt} 與電流計並聯放置，如附圖所示。若電流計的內電阻為 $R_{i,A}$，則分流電阻必須為何，才

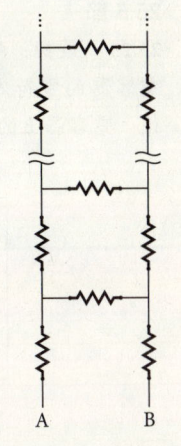

普通物理

可將電流計的有效量程擴展 N 倍？然後，計算分流電阻必須具有的電阻，以使內電阻為 1.00 Ω、最大量程為 1.00 A 的電流計，可測量高達 100. A 的電流。總電流中有多少比率流過電流計，有多少比率流過分流電阻？

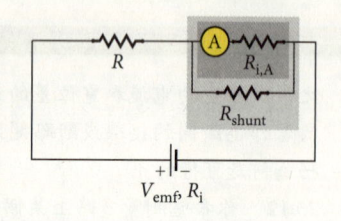

25.21 如附圖所示，一個 6.0000 V 的電池通過兩個相同的電阻器 R 產生電流，每個電阻器具有 100.00 kΩ 的電阻。以數位式多用電表 (DMM) 測量第一電阻器兩端的電位差。DMM 通常具有 10.00 MΩ 的內電阻。試求電位差 V_{ab}（點 a 和 b 之間的電位差，亦即是 DMM 測量的差）和 V_{bc}（點 b 和 c 之間的電位差，亦即第二電阻器兩端的差）。表面看來 $V_{ab} = V_{bc}$，但此處情況可能並非如此。如何降低此測量的誤差？

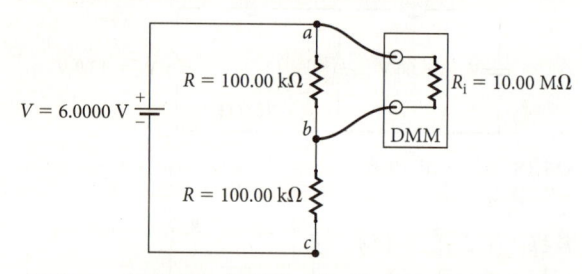

•**25.22** 一個電路由串聯的兩個 1.00 kΩ 電阻器與理想的 12.0 V 電池組成。
a) 計算流過每個電阻器的電流。
b) 學生試圖測量流過電阻器之一的電流時，不慎將電流計與該電阻器並聯連接，而不是與其串聯。假設電流計的內電阻為 1.00 Ω，流過電流計的電流將為何？

25.5 節

25.23 最初，附圖所示電路中的開關 S_1 和 S_2 斷開，電容器的電荷為 100. mC。當開關 S_1 閉合多長時間後，電容器上的電荷會下降到 5.00 mC？

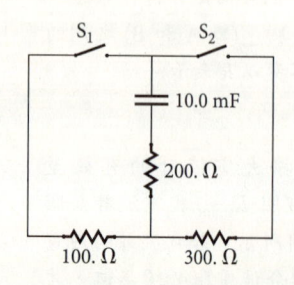

25.24 附圖所示電路有一個開關 S、兩個電阻器 $R_1 = 1.00$ Ω 和 $R_2 = 2.00$ Ω、一個 12.0 V 電池和一個 $C = 20.0$ μF 的電容器。開關閉合後，電容器上的電荷最大為何？開關閉合多長時間後，電容器具有最大電荷的 50.0%？

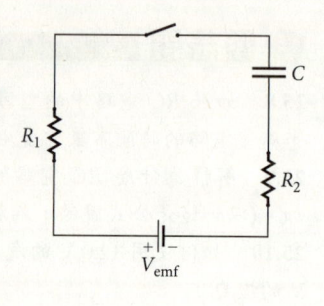

25.25 在一項物理演示中，完全充電的 90.0 μF 電容器，經由 60.0 Ω 電阻器放電。電容器損失初始能量的 80.0%，需要多長時間？

•**25.26** 一個 $C = 0.0500$ μF 的平行板電容器，兩板的間隔為 $d = 50.0$ μm。兩板之間所填的介電質具有介電常數 $\kappa = 2.50$ 和電阻率 $\rho = 4.00 \cdot 10^{12}$ Ω m。這個電容器的時間常數為何？(提示：針對給定的 C 和 κ，首先計算板的面積，然後決定兩板間之介電質的電阻。)

•**25.27** 一電容器組被設計為在 2.00 ms 內，經由 10.0 kΩ 電阻器陣列，釋放 5.00 J 的能量。此電容器組應該充電到什麼樣的電位差？它必須具有的電容為何？

•**25.28** 在附圖所示的電路中，$R_1 = 10.0$ Ω，$R_2 = 4.00$ Ω，$R_3 = 10.0$ Ω，電容器的電容為 $C = 2.00$ μF。
a) 開關 S 長時間閉合後，試求電容器兩端的電位差 ΔV_C。
b) 開關 S 長時間閉合後，試求儲存在電容器中的能量。
c) 開關 S 打開後，經由 R_3 消耗的能量為何？

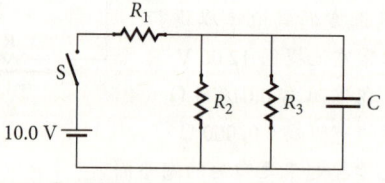

••**25.29** 一個「電容梯」是以電容都為 C 的電容器作為其腳和梯級所構成，如圖所示。梯子有「無限」的高度；也就是說，它在一個方向上延伸得非常遠。計算此梯在「兩腳」(A 點和 B 點) 之間的等效電容，答案以 C 表示。

補充練習題

25.30 物理教師用於課堂演示的電流計具有內電阻 $R_i = 75.0$ Ω，可測量的最大電流為 1.50 mA。將此電流計並聯一個具有相對小電阻 R_{shunt} 的分流電阻器，則可

用它測量大得多的電流。(a) 繪製電路圖，並解釋為什麼與電流計並聯的分流電阻器，可使它測量較大的電流。(b) 要使電流計可測量 15.0 A 的最大電流，試求出分流電阻器必須具有的電阻。

25.31 設計如圖所示的電路，以操作一個閃光燈。電容器於 0.200 ms 內，通過燈泡的燈絲 (電阻為 2.50 kΩ) 放電以釋出能量，並以 1.00 kHz 的重複週期，通過電阻器 R 充電。使用的電容器和電阻器應為何？

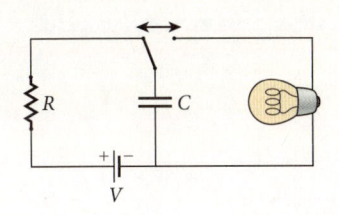

•25.32 在附圖所示的電路中，以 9.00 V 的電池使 10.0 μF 的電容器充電，雙向開關長時間保持在 X 位置。然後開關突然跳到位置 Y。流過 40.0 Ω 電阻器的電流，
a) 在開關移動到位置 Y 後瞬間為何？
b) 在開關移動到位置 Y 後 1.00 ms 時為何？

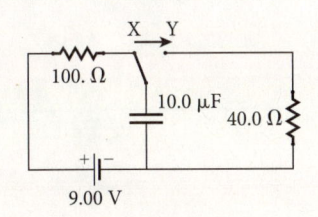

25.33 一個 RC 電路的時間常數為 3.10 s。若在 t = 0 時，開始電容器的充電過程，則儲存於電容器的能量，在何時達到其最大值的一半？

•25.34 如附圖所示，將電阻為 R_1 = 10.0 Ω、R_2 = 20.0 Ω 和 R_3 = 30.0 Ω 的三個電阻器，連接於多迴路電路中。試求三個電阻器所耗用的功率。

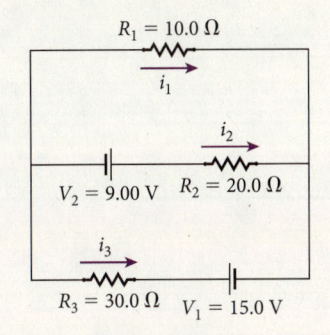

25.35 附圖顯示了一個球形電容器。內球的半徑 a = 1.00 cm，外球的半徑 b = 1.10 cm。電池提供 V_{emf} = 10.0 V，電阻器的電阻為 R = 10.0 MΩ。
a) 試求 RC 電路的時間常數。
b) 試求開關 S 閉合 0.1 ms 後，電容上累積的電荷。

•25.36 考慮一個 R = 10.0 Ω、C = 10.0 μF 和 V = 10.0 V 的串聯 RC 電路。
a) 電容器充電到其最大值一半所需的時間為何？(以時間常數的倍數表示。)
b) 在上述時刻，電容器中儲存的能量與其最大可能值之比為何？
c) 現在假設電容器完全充電。在時間 t = 0，原始電路斷開，並允許電容器經由跨接於電容器兩端的另一個 R' = 1.00 Ω 的電阻器放電。電容器放電的時間常數為何？
d) 電容器放電達到最大儲存電荷 Q 的一半，需要多少秒？

•25.37 在附圖所示的惠司同電橋中，已知電阻 R_1 = 8.00 Ω、R_4 = 2.00 Ω 和 R_5 = 6.00 Ω，電池提供 V_{emf} = 15.0 V。將可變電阻 R_2 調節，直到跨越 R_3 的電位差為零 (V = 0)。試求此時的 i_2 (通過電阻 R_2 的電流)。

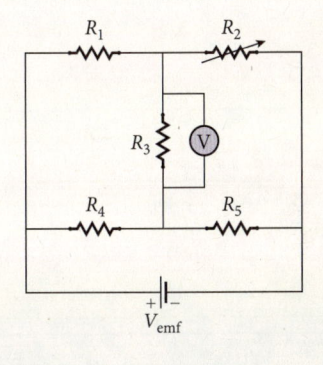

••25.38 考慮一個「無限」或非常大、由電容同為 C 的電容器所構成的二維方形網格，如附圖所示。求出此電網中任何單個電容器兩端之間測得的等效電容。

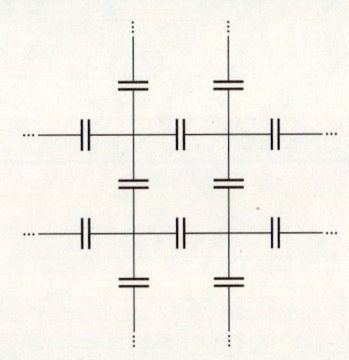

多版本練習題

25.39 附圖所示的單迴路電路，包含有 $V_{emf,1} = 21.01$ V，$V_{emf,2} = 10.75$ V，$R_1 = 23.37\ \Omega$，$R_2 = 11.61\ \Omega$。電路中的電流為何？

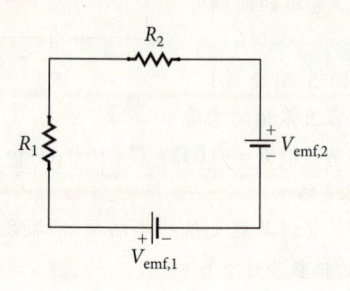

25.40 附圖所示的單迴路電路，包含有 $V_{emf,1} = 16.37$ V，$V_{emf,2} = 10.81$ V，$R_1 = 24.65\ \Omega$。電路中的電流為 0.1600 A。電阻 R_2 為何？

25.41 附圖所示的單迴路電路，包含有 $V_{emf,1} = 17.75$ V，$R_1 = 25.95\ \Omega$ 和 $R_2 = 13.59\ \Omega$。電路中的電流為 0.1740 A。電動勢 $V_{emf,2}$ 為何？

26 磁性

第陸部分 磁學

待學要點

26.1 永久磁體
　　磁場線
　　地球磁場
　　磁場的疊加

26.2 磁力
　　磁力和功
　　磁場強度單位
　　　詳解題 26.1　陰極射線管

26.3 帶電粒子在磁場中的運動
　　帶電粒子在恆定磁場中的運動路徑
　　　例題 26.1　太陽風和地球磁場
　　迴旋頻率
　　　例題 26.2　迴旋加速器的能量
　　質譜儀
　　磁浮

26.4 載流導線上的磁力

26.5 載流迴圈上的力矩

26.6 磁偶極矩
　　詳解題 26.2　矩形載流迴圈上的力矩

26.7 霍爾效應

已學要點｜考試準備指南
　　解題準則
　　選擇題
　　觀念題
　　練習題
　　多版本練習題

圖 26.1　上海磁浮列車在浦東機場站。插圖是車上的顯示器，顯示在機場到上海市中心的 7 分 20 秒行程中，它達到的最大速率為 430 公里/時。

雖然關於磁性的大部分知識，我們已經知道了兩個世紀，有些還可溯及更早的古代，但磁現象的新而令人興奮的技術應用，今天仍在持續發展。我們每天使用的許多裝置都利用磁性。汽車、計算機、發電機、幾乎任何使用電動機的東西及幾乎任何信息儲存技術等，只不過是幾個例子。一個特別令人印象深刻的例子是上海的磁浮列車，如圖 26.1 所示，它在人為產生的磁場上漂浮，因此能夠達到很高的速率。然而，為了欣賞這些創新，我們需要從基礎的磁性開始。

本章開始考慮磁性，描述磁場和磁力，以及它們對帶電粒子和電流的影響。在接下來的幾章中我們將繼續研究

普通物理

待學要點

- 自然界中存在永久磁體。磁體總是具有北極和南極。磁北極或磁南極無法單獨被隔離出來——磁極總是成對出現。
- 異名磁極互相吸引，同名磁極互相排斥。
- 將磁棒分成兩半會產生兩個新磁體，每個磁體都具有北極和南極。
- 磁場對移動的帶電粒子會施加力。
- 對於在磁場中移動的帶電粒子，施加於它的力，垂直於磁場和粒子的速度。
- 作用於載流迴圈的力矩，可以用迴圈的磁偶極矩和磁場的向量積表示。
- 霍爾效應可用於測量磁場。

磁性，描述磁場的由來以及它們與電場的關聯。你將看出電和磁實際上是同一種稱為電磁力之通用力的一部分，將電和磁關聯起來是物理學理論中最驚人的成就之一。

26.1 永久磁體

在馬格尼西亞地區 (Magnesia，希臘中部)，古希臘人發現了幾種自然存在的礦物，它們彼此吸引和排斥，並可吸引某些種類的金屬，例如鐵。當它們自由漂浮時，還會對準地球的北極和南極。這些礦物是各種形式的氧化鐵，稱為**永久磁體** (或**永久磁鐵**)。永久磁體的其他例子包括由鐵、鎳或鈷的化合物製成的冰箱磁體和磁門扣。如果你使鐵棒接觸一塊天然磁石 (磁性磁鐵礦)，鐵棒將被磁化。如果你把這根鐵棒漂浮在水中，它將與地球的磁極對齊。指向北的磁鐵端稱為**北 (磁) 極**，另一端稱為**南 (磁) 極**。

如果兩個永久磁體彼此靠近，以致兩個的北極或兩個的南極幾乎接觸，則磁體將彼此排斥 (圖 26.2a)。如果北極和南極靠近在一起，磁體將彼此吸引 (圖 26.2b)。地球的北極實際上是磁的南極，故吸引永久磁體的北極。

將永久磁體切割成為兩半，產生的不會是一個北極和一個南極，而是兩個新的磁體，每個都有自己的北極和南

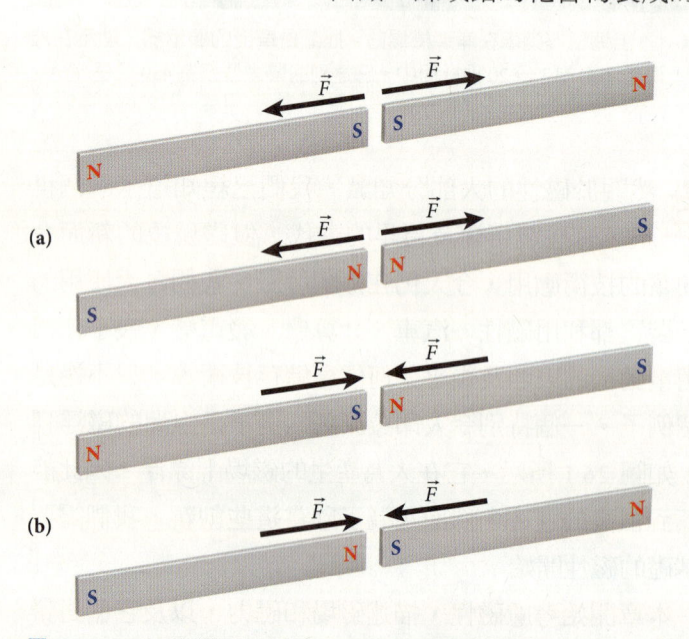

圖 26.2 (a) 同名磁極互相排斥；(b) 異名磁極互相吸引。

極 (圖 26.3)。單獨的正 (質子) 或負 (電子) 電荷可以存在，但磁與電不同，單獨的磁單極 (孤立的北極和南極) 並不存在。科學家們對磁單極進行了廣泛的搜索，但至今沒有發現。本章中對磁性來源的討論，將有助於了解為什麼沒有磁單極。

圖 26.3 將磁棒分割成兩半會產生兩個磁體，每個磁體具有各自的北極和南極。

磁場線

永久磁體之間可在不接觸下，隔著一定距離相互作用。類似於重力場和電場，**磁場**的概念被用來描述磁力。向量 $\vec{B}(\vec{r})$ 表示空間中任何給定點處的磁場向量。

就像電場，磁場可以用場線表示。磁場向量恆與**磁場線**相切。永久條形磁體的磁場線如圖 26.4a 所示。如同電場線，場線之間隔愈近，表示場的強度 (即量值) 愈高。電場作用於檢驗正電荷上的力，與電場向量指向相同的方向。但因為磁單極不存在，磁力不能以類似的方式描述。

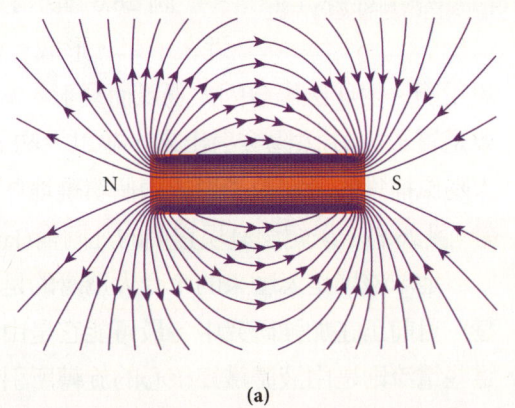

圖 26.4 (a) 計算機生成之永久條形磁體的磁場線。(b) 鐵屑與磁場線對齊，使磁場線成為可見。

磁場的方向可根據羅盤針所指的方向來確定。羅盤針具有北極和南極，可將自身定向，使其北極指點出磁場的方向。因此，在任何點的磁場方向，可由放置在該點的羅盤針指向來確定，圖 26.5 以條形磁體為例，顯示磁場方向。

在磁體外面，磁場線似乎起源於北極，並終止於南極，但是這些場線實際上是穿過磁體本身的閉合環路。對靜態場而言，形成環路是電場和磁場線之間的重要區別 (如我們在後續章節中將明白的，對隨時間變化的場，這種說法並不適用)。回想一下，電場線從正電荷開始，並在負電荷結束。然而，由於磁單極不存在，磁場線不能在特定點處開始或結束，它們改而形成閉合環路，不在任何地方開始或結束。

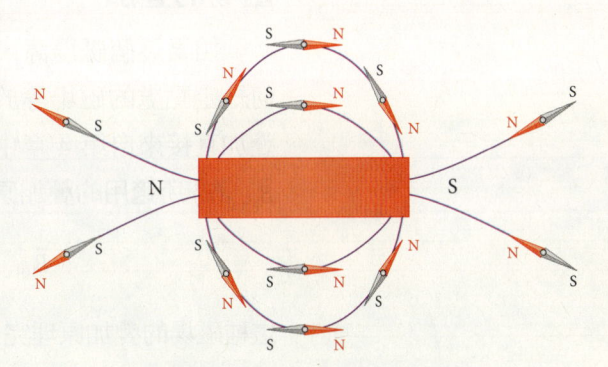

圖 26.5 使用羅盤針確定條形磁體的磁場方向。

655

地球磁場

地球本身是一個磁體，它的磁場類似於條形磁體的磁場 (圖 26.4)。這種磁場很重要，因為它保護我們不致受到來自太空的高能輻射 (稱為宇宙射線)。這些宇宙射線主要由帶電粒子組成，地球磁場會使它們偏向而離開地球表面。地球磁場的極點不與地理極點重合，依定義地理極點是指地球自轉軸與其表面的交點。

圖 26.6 顯示了地球磁場線的橫截面。場線靠近在一起，形成一個環繞地球的表面，有如一個甜甜圈。地球磁場會因太陽風而變形，太陽風是高速的電離粒子流 (主要是質子)，由太陽發射出來，並以大約 400 km/s 的速率向外移動。從太陽風捕獲的帶電粒子形成兩個環繞地球的帶，這些被稱為**凡阿侖輻射帶** (圖 26.6)，以紀念發現它們的凡阿侖 (James A. Van Allen, 1914-2006)。

地球磁場是怎麼來的？令人驚訝的是，這個問題的答案並不完全清楚，目前正在加強研究中。最可能它是由地球內部強大的電流引起的，這些電流則是由液體鐵鎳核心的旋轉所引起。這個旋轉通常被稱為發電機效應。(我們將在第 27 章看到電流如何產生磁場。)

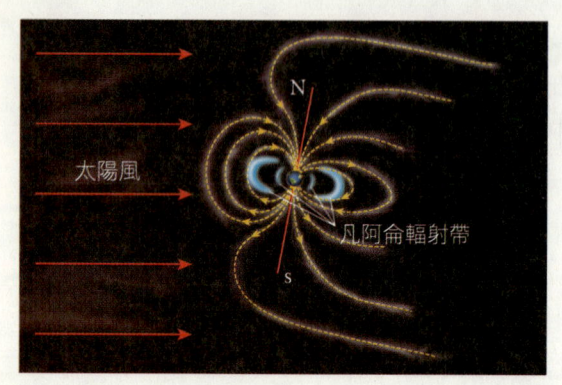

圖 26.6 地球磁場的橫截面。虛線表示磁場線。連接北磁極和南磁極的軸線 (紅線) 目前與自轉軸的夾角大約為 11°。

磁場的疊加

如果幾個磁場源，例如幾個永久磁體，靠近在一起，則空間中任何給定點處的磁場等於所有磁場源單獨產生之磁場的疊加。這種場的疊加直接來自第 4 章中介紹的力的疊加。當磁場源有 n 個時，總磁場 $\vec{B}_{total}(\vec{r})$ 所適用的疊加原理可以表示為

$$\vec{B}_{total}(\vec{r}) = \vec{B}_1(\vec{r}) + \vec{B}_2(\vec{r}) + \cdots + \vec{B}_n(\vec{r}) \tag{26.1}$$

這種磁場的疊加原理完全類似於第 21 章給出的電場疊加原理。

26.2 磁力

前節的定性討論指出，磁場具有方向，此方向沿著磁場線。要確定磁場的量值，可檢查它對移動帶電粒子的影響。我們先從恆定磁場開始，研究它對單一電荷的影響。提醒一下，我們在第 21 章中看到，電場對電荷施加的力由 $\vec{F}_E = q\vec{E}$ 給出。如圖 26.7 所示的實驗表明，磁場對

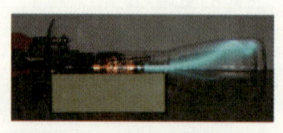

圖 26.7 因真空管中的微量氣體而變得可見的電子束 (藍綠色) 被磁體 (圖右邊緣) 彎曲。

靜止的電荷並不施加力，僅對移動的電荷施加力。

磁場可根據它對移動帶電粒子所施的力來定義。當電荷 q 以速度 $\vec{v}$ 移動時，磁場對它所施的磁力由下式給出：

$$\vec{F}_B = q\vec{v} \times \vec{B} \tag{26.2}$$

此磁力的方向垂直於帶電粒子的速度和磁場 (圖 26.8)；此一陳述為右手定則 1。當一個正電荷的速度和場方向為已知時，右手定則給出了力的方向。但對於負電荷，磁力將在相反的方向。

移動帶電粒子所受磁力的量值為

$$F_B = |q|vB\sin\theta \tag{26.3}$$

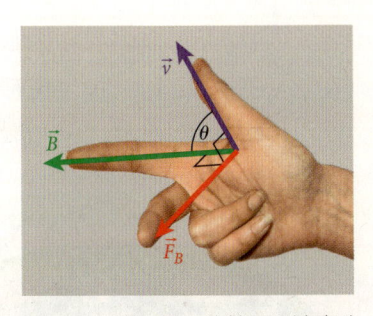

圖 26.8 帶正電 q 的粒子以速度 $\vec{v}$ 移動時，磁場 $\vec{B}$ 所施之力的右手定則 1。為求出磁力的方向，將拇指沿粒子的速度方向指出，食指沿磁場方向指出，則中指將指出磁力的方向。

其中 θ 是帶電粒子的速度和磁場之間的夾角。(角 θ 始終在 0° 和 180° 之間，因此 $\sin\theta \geq 0$。) 可以看出沒有磁力作用於平行於磁場移動的帶電粒子上，因為在這種情況下 $\theta = 0°$。如果帶電粒子垂直於磁場移動 ($\theta = 90°$)，並且 v 和 B 的值固定時，則磁力的量值具有其最大值

$$F_B = |q|vB \quad (\vec{v} \perp \vec{B}) \tag{26.4}$$

磁力和功

(26.2) 式表明磁力是速度向量和磁場向量的向量積，因此磁力與這兩個向量垂直。這表示 $\vec{F}_B \cdot \vec{v} = 0$，而因力是質量和加速度的乘積，因此也就表示 $\vec{a} \cdot \vec{v} = 0$。在第 9 章圓周運動中，我們看到這個條件意味著速度向量的方向可以改變，但是速度向量的量值 (即速率) 保持不變。因此，對於受到磁力的粒子，動能 $\frac{1}{2}mv^2$ 保持恆定，磁力對運動粒子不做功。

這是一個意義深遠的結果：恆定磁場不能用以對粒子做功。在恆定磁場中，粒子的動能保持恆定，雖然當粒子移動通過磁場時，它的速度方向可以隨時間而變。另一方面，電場可以很容易的用於對粒子做功。

磁場強度單位

為了討論電荷在磁場中的運動，我們需要知道使用什麼單位來測量磁場強度 (即磁場量值)。由 (26.4) 式求解磁場強度，並代入其他量的單位，可得

$$[F_B] = [q][v][B] \Rightarrow [B] = \frac{[F_B]}{[q][v]} = \frac{\text{N s}}{\text{C m}}$$

普通物理

因為安培 (A) 的定義為 1 C/s，故 (N s)(C m) = N/(A m)。磁場強度的單位被命名為**特斯拉** (tesla, T)，以紀念出生於克羅埃西亞的美國物理學家和發明家特斯拉 (Nikola Tesla, 1856-1943)：

$$1\text{ T} = 1\,\frac{\text{N s}}{\text{C m}} = 1\,\frac{\text{N}}{\text{A m}}$$

1 特斯拉是相當大的磁場強度。有時，磁場強度以高斯 (gauss, G) 給出，但它不是 SI 單位：

$$1\text{ G} = 10^{-4}\text{ T}$$

例如，在地球表面的地球磁場強度約為 0.5 G ($5 \cdot 10^{-5}$ T)。它隨位置而變，從 0.2 G 到 0.6 G 不等，如圖 26.9 所示。

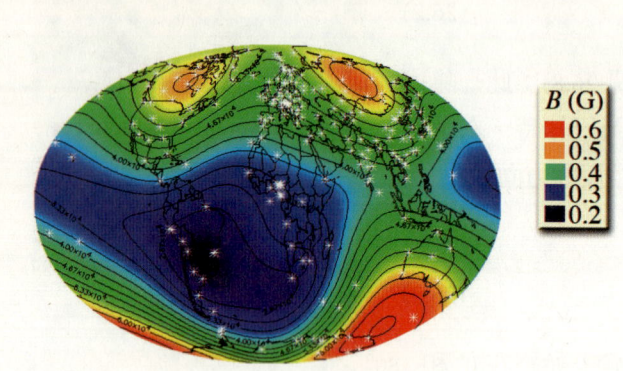

圖 26.9　地球磁場強度的全球地圖。

詳解題 26.1　陰極射線管

問題：

考慮類似於圖 26.7 所示的陰極射線管。假設該管以電位差 $\Delta V = 111$ V 的電子槍，水平加速電子 (基本上從靜止開始)，如圖 26.10a 所示。電子槍具有特殊塗層的燈絲，在加熱時會發射電子。陰極的電位較低，控制發射的電子數，陽極的電位較高，將電子聚焦並加速形成粒子束。陽極的下游為水平和垂直偏向板，而電子槍外面為恆定磁場，量值為 $B = 3.40 \cdot 10^{-4}$ T。磁場的方向向上，垂直於電子的初始速度。試求由於磁場，電子之加速度的量值為何？(電子的質量為 $9.11 \cdot 10^{-31}$ kg。)

解：

思索　電子在陰極射線管的電子槍中獲得動能。每個電子的動能增益等於電子的電荷乘以電位差。電子的速率可以從動能的定義求得。施加於

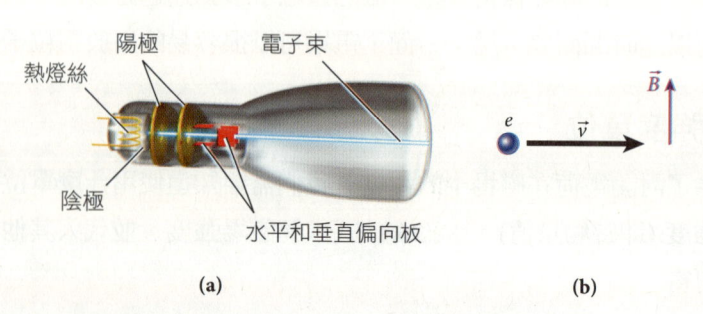

圖 26.10　(a) 陰極射線管。(b) 電子以速度 $\vec{v}$ 進入恆定磁場。

磁性 26

電子的磁力，可以從電子電荷、電子速度和磁場強度求得，並且它等於電子的質量乘以其加速度。

繪圖 圖 26.10b 示出了以速度 $\vec{v}$ 移動的電子，進入垂直於其路徑的恆定磁場。

推敲 電子的動能變化 ΔK，加上電子的位能變化等於零：

$$\Delta K + \Delta U = \tfrac{1}{2}mv^2 + q\Delta V = 0$$

因為在本題情況下 $q = -e$，我們得到

$$e\Delta V = \tfrac{1}{2}mv^2 \tag{i}$$

其中 ΔV 是加速電子的電位差，m 是電子的質量。從 (i) 式可以求解電子速率：

$$v = \sqrt{\frac{2e\Delta V}{m}} \tag{ii}$$

磁場施加於電子的力，其量值由 (26.3) 式給出：

$$F_B = evB \sin 90° = evB$$

其中 $-e$ 是電子的電荷，B 是磁場的量值。根據牛頓第二定律 $F_{net} = ma$。由於存在的唯一力是磁力，所以我們有

$$F_B = ma = evB \tag{iii}$$

其中 a 是電子的加速度。

簡化 我們可以將 (iii) 式重新整理，並代入 (ii) 式的電子速率表達式，以獲得電子的加速度：

$$a = \frac{evB}{m} = \frac{eB\sqrt{\frac{2e\Delta V}{m}}}{m} = B\sqrt{2\Delta V \frac{e^3}{m^3}}$$

計算 代入數值可得

$$a = (3.40 \cdot 10^{-4} \text{ T})\sqrt{2(111 \text{ V})\frac{(1.602 \cdot 10^{-19} \text{ C})^3}{(9.11 \cdot 10^{-31} \text{ kg})^3}} = 3.7357 \cdot 10^{14} \text{ m/s}^2$$

捨入 我們將結果捨入成為三位有效數字：

$$a = 3.74 \cdot 10^{14} \text{ m/s}^2$$

複驗 算出的加速度非常大，幾乎是地球重力加速度的 40 萬億倍。所以我們需要仔細檢查。我們首先計算電子的速率：

觀念檢測 26.1

在圖 26.10b 中的電子在進入恆定磁場時的偏轉方向為何？
a) 進入頁面
b) 離開頁面
c) 向上
d) 向下
e) 無偏向

$$v = \sqrt{\frac{2e\Delta V}{m}} = \sqrt{\frac{2(1.602 \cdot 10^{-19} \text{ C})(111 \text{ V})}{9.11 \cdot 10^{-31} \text{ kg}}} = 6.25 \cdot 10^6 \text{ m/s}$$

速率為 6250 km/s，似乎很大，但對於電子來說是合理的，因為它只有光速的 2%。每個電子上的磁力則為

$$F_B = evB = (1.602 \cdot 10^{-19} \text{ C})(6.25 \cdot 10^6 \text{ m/s})(3.40 \cdot 10^{-4} \text{ T}) = 3.40 \cdot 10^{-16} \text{ N}$$

加速度所以非常大，是因為電子的質量非常小。

自我測試 26.1

有三個粒子，電荷均為 $q = 6.15$ μC，速率均為 $v = 465$ m/s，進入量值 $B = 0.165$ T 的均勻磁場 (見附圖)。每個粒子所受磁力的量值為何？

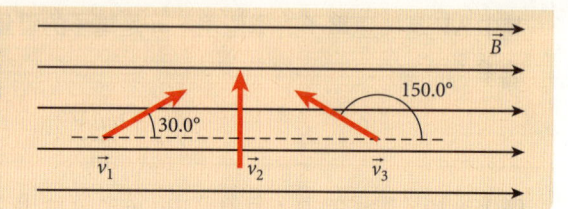

26.3 帶電粒子在磁場中的運動

磁場對移動之帶電粒子的作用力，其方向恆垂直於磁場和粒子的速度，這一點使磁力不同於迄今我們所考慮過的任何力。然而，我們用以分析這種力的工具，即牛頓定律和能量、動量和角動量守恆，卻都是與以前一樣的。

帶電粒子在恆定磁場中的運動路徑

假設一部汽車以恆定速率沿一條圓形軌道行進。輪胎和路面之間的摩擦力，提供了汽車沿著圓路線移動所需的向心力。這個力總是指向圓心，以產生向心加速度 (在第 9 章中討論)。類似的物理情況，在具有電荷 q 和質量 m 的粒子以速度 $\vec{v}$ 垂直於均勻磁場移動時，也會發生，如圖 26.11 所示。

在這種情況下，粒子以等速率 v 做圓周運動，而量值為 $F_B = |q|vB$ 的磁力提供粒子維持圓周運動的向心力。電荷相反但質量相同的粒子，會以相同的半徑沿圓形軌道的相反方向運動。例如，電子和正子是具有相同質量的基本粒子；電子具有負電荷，而正子具有正電荷。圖 26.12 顯示了兩個電子–正子對的氣泡室照片。氣泡室能夠記錄帶電粒子在恆定磁場中的移動軌跡。(電子–正子對是由基本粒子相互作用所產生

圖 26.11 兩個線圈產生的磁場將電子束彎曲成圓形路徑。

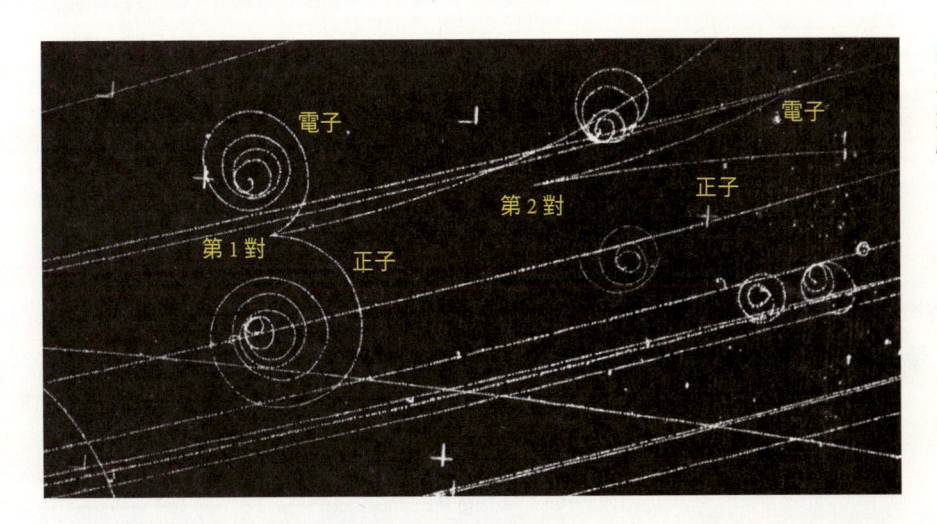

圖 26.12 顯示兩個電子–正子對的氣泡室照片。氣泡室位於直指紙面而出的恆定磁場中。

的。) 第 1 對中的電子和正子具有相同的較低速率，兩粒子最初沿著圓行進，但通過氣泡室時，它們減慢。(這種減速不是由於磁力而是由於粒子與氣泡室中的氣體分子碰撞。) 因此，圓的半徑變得越來越小，形成螺旋。第 2 對中的電子和正子具有高得多的速率。它們的軌跡是彎曲的，但在粒子離開氣泡室之前不形成完整的圓。

如果帶電粒子的速度與磁場平行 (或反向平行)，則粒子不受磁力，會繼續沿直線行進。

對於垂直於磁場的運動，如圖 26.11 所示，保持粒子以速率 v 在半徑為 r 的圓上移動所需的力是向心力：

$$F = \frac{mv^2}{r}$$

令此向心力等於磁力，我們獲得

$$vB|q| = \frac{mv^2}{r}$$

將上式重新整理給，可得粒子所走圓路徑的半徑：

$$r = \frac{mv}{|q|B} \qquad (26.5)$$

此關係式常以粒子的動量量值表示：

$$Br = \frac{p}{|q|} \qquad (26.6)$$

如果速度 $\vec{v}$ 不垂直於 $\vec{B}$，則垂直於 $\vec{B}$ 的速度分量引起圓周運動，而平

行速度分量不受 $\vec{B}$ 的影響，以致粒子的軌道被拖曳成螺旋形。

例題 26.1　太陽風和地球磁場

問題：

如果來自太陽的質子垂直入射於地球磁場(在赤道處具有 50.0 μT 的量值)，那麼質子的軌道半徑為何？質子的質量為 $1.67 \cdot 10^{-27}$ kg。

解：

(26.5) 式涉及磁場的量值 B，圓形軌道的半徑 r，以及粒子的質量 m、電荷 q、粒子垂直於磁場行進的速率 v：

$$r = \frac{mv}{|q|B}$$

代入數值，我們得到

$$r = \frac{(1.67 \cdot 10^{-27} \text{ kg})(400. \cdot 10^3 \text{ m/s})}{(1.602 \cdot 10^{-19} \text{ C})(50.0 \cdot 10^{-6} \text{ T})} = 83.5 \text{ m}$$

因此，在赤道上，太陽風的質子沿半徑為 83.5 m 的圓軌道，繞行地球的磁場線。在離開赤道地區入射到地球磁場的質子，不是垂直於磁場行進，因此它們的軌道半徑更大。然而，這些地區的磁場線更靠近在一起，這意味著愈接近極點時，磁場愈強。因此，當質子接近極點時，它們會沿螺旋形路徑繞行磁場線。地球磁場的形狀，迫使這些朝向極點行進的質子反向，並返回赤道，以致這些質子被捕獲於凡阿侖輻射帶中。因此，太陽風被地球磁場完全阻擋，無法到達地球表面。這是至關重要的，要不然，這些宇宙輻射將使原子電離(從其移除電子)而破壞大分子(例如 DNA)，以致高等生物無法在地球上生存。

迴旋頻率

如果粒子在均勻磁場內進行完整的圓形軌道，例如，圖 26.11 中所示射束中的電子，則粒子的旋轉週期 T 是圓周長除以速率：

$$T = \frac{2\pi r}{v} = \frac{2\pi m}{|q|B} \tag{26.7}$$

帶電粒子運動的頻率 f 是週期的倒數：

$$f = \frac{1}{T} = \frac{|q|B}{2\pi m} \tag{26.8}$$

而運動的角頻率為

$$\omega = 2\pi f = \frac{|q|B}{m} \tag{26.9}$$

因此,粒子運動的頻率和角頻率與粒子的速率無關,也因此與粒子的動能無關。迴旋加速器運用到這個事實,因此 (26.9) 式給出的角頻率被稱為**迴旋頻率**。在迴旋加速器中,粒子被加速到愈來愈高的動能,而迴旋頻率與動能無關的事實,使得設計迴旋加速器可以較為容易。

例題 26.2　迴旋加速器的能量

迴旋加速器是一種粒子加速器 (圖 26.13)。該圖所示的金色角形金屬片 (依歷史稱為 DEE) 施加有交流電壓,因此帶正電的粒子從任何 DEE 出來時,其前面的 DEE 總是帶負電,而原來的 DEE 則成為帶正電,因此產生的電場使粒子加速。因為迴旋加速器位於強磁場中,粒子的軌跡是彎曲的。根據 (26.6) 式,軌跡的半徑與粒子動量的量值成比例,因此加速的粒子沿螺旋線向外,直到它到達磁場的邊緣 (在此它的路徑不再被磁場彎曲),才被提取出來。根據 (26.9) 式,角頻率與粒子的動量或能量無關,因此,當粒子加速時,DEE 之極性的改變頻率不必調整。(依據相對論,這只有在粒子的速率與光速不是很接近時才會成立。為了補償相對論效應,迴旋加速器的磁場隨著加速粒子的軌道半徑而增大。)

(a)　　　　　　　　　　(b)

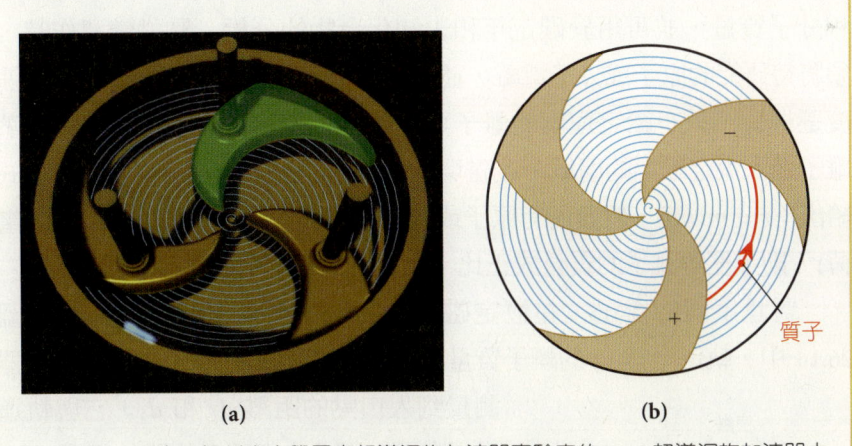

圖 26.13　(a) 密西根州立大學國家超導迴旋加速器實驗室的 K500 超導迴旋加速器中心部分,此圖由計算機生成,其中加速粒子的螺旋軌跡被疊加。迴旋加速器之三個 DEE 中的一個以綠色突出顯示。(b) K500 的頂視圖,顯示質子在兩個 DEE 之間加速。

問題:

如果迴旋加速器的磁場是均勻的,磁場量值 $B = 0.851$ T,則以 MeV 為單位時,從半徑 $r = 1.81$ m 的迴旋加速器提取的質子,其動能為何?質子的質量為 $1.67 \cdot 10^{-27}$ kg。

普通物理

自我測試 26.2

一均勻磁場筆直指出頁面（標準符號是以圓內的點表示場線箭頭的尖端）。帶電粒子在頁面的平面中行進，如圖中的箭頭所示。

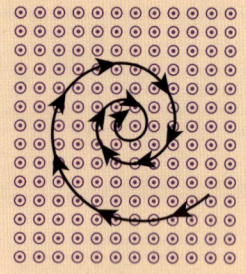

a) 粒子的電荷是正或負？
b) 粒子是減速、加速或以等速度移動？
c) 磁場是否對粒子做功？

解：

我們可以由 (26.5) 式求解質子的速率 v：

$$v = \frac{r|q|B}{m}$$

將這個 v 的表達式代入動能方程式：

$$K = \frac{1}{2}mv^2 = \frac{1}{2}m\left(\frac{r|q|B}{m}\right)^2 = \frac{r^2 q^2 B^2}{2m}$$

代入給定的數值，我們得到以焦耳為單位的動能：

$$K = \frac{(1.81 \text{ m})^2 (1.602 \cdot 10^{-19} \text{ C})^2 (0.851 \text{ T})^2}{2(1.67 \cdot 10^{-27} \text{ kg})} = 1.82 \cdot 10^{-11} \text{ J}$$

由於 $1 \text{ eV} = 1.602 \cdot 10^{-19}$ J 和 $1 \text{ MeV} = 10^6$ eV，我們有

$$K = 1.82 \cdot 10^{-11} \text{ J} \left(\frac{1 \text{ eV}}{1.602 \cdot 10^{-19} \text{ J}}\right)\left(\frac{1 \text{ MeV}}{10^6 \text{ eV}}\right) = 114 \text{ MeV}$$

觀念檢測 26.2

如果大部分的宇宙射線沒有被地球磁場偏轉，它們將不斷轟擊地球表面。已知地球大約是個磁偶極（見圖 26.6），入射到它表面上的宇宙射線，其強度最大是在
a) 北極和南極。
b) 赤道。
c) 中緯度。

質譜儀

帶電粒子在磁場中之運動的一個應用是質譜儀，它可精確確定原子和分子質量，並可用於碳定年和未知化合物的分析。質譜儀運作時，須將待研究的原子或分子電離，並通過電位加速它們。隨後離子通過速度選擇器，只有給定速度的離子可以通過，剩餘的離子被阻擋。接著離子進入恆定磁場的區域。在磁場中，每個離子的軌道半徑由 (26.5) 式給出：$r = mv/qB$。假設所有原子或分子被單獨電離（具有 +1 或 -1 的電荷），則半徑與離子的質量成正比。圖 26.14 為質譜儀的示意圖。

質量不同的離子，在恆定磁場中的軌道半徑不同。例如，在圖 26.14 中，軌道半徑 r_1 的離子質量小於軌道半徑 r_2 的離子。粒子檢測器測量到入口點的距離 d_1 和 d_2，它與軌道半徑有關，因此也與離子的質量相關。

圖 26.14 質譜儀示意圖：包括離子源、由交叉電場和磁場組成的速度選擇器、恆定磁場區域和粒子檢測器。

磁浮

一個令人感興趣的磁力應用是**磁浮**，這個情況是指作用於物體上的向上磁力與向下的重力平衡，它是在表面沒有直接接觸下達成的靜力平衡。但是如果你試圖

以一個磁體來平衡另一個磁體，而將兩個磁體的北極 (或南極) 彼此相向，你會立即看出這是不可能的。實際取而代之的是磁體中的一個將只是翻轉，而使相反的磁極指向彼此，在它們之間的吸引力下兩個磁體扣合在一起。正如我們在第 11 章中所看到的，穩定平衡需要位能為局部最小值，這對於兩個同名磁極的純排斥相互作用是不存在的。

圖 26.15 顯示了稱為浮置器的玩具，它展示了磁浮的原理。將磁性陀螺在板上旋轉，然後舉升到適當的高度後釋放。陀螺可以保持懸浮幾分鐘。考慮到剛才所提的穩定平衡條件，這個玩具如何工作？答案是陀螺的快速旋轉提供了足夠大的角動量，產生可防止磁體翻轉的位能障礙。

當然，還有其他方法可以產生穩定的磁浮系統，所有這些方法都涉及多個磁體，彼此間以剛性連接固定。磁浮列車是磁浮在真實世界的應用。與在平常鋼軌上運行的列車相比，磁浮列車具有幾個優點：它沒有可移動零件造成的磨損，振動較小，而摩擦減小意味著高速是可能的。有幾個磁浮列車已經在世界各地使用，還有更多正在計劃中。一個例子是上海磁浮列車 (圖 26.1)，它在上海浦東機場和上海市中心之間運行，時速可達 430 公里。

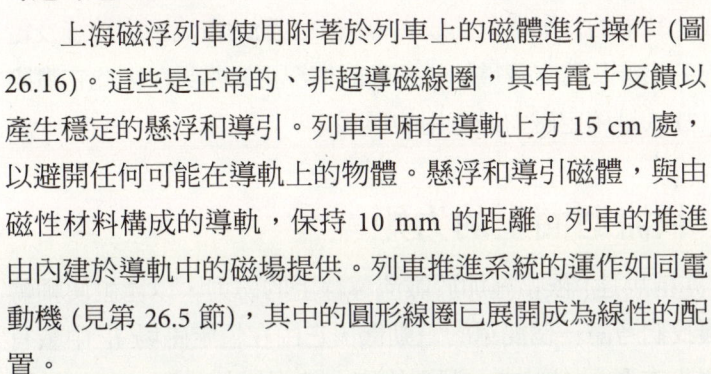

圖 26.15 浮置器是一個玩具，展示旋轉磁鐵可在底座磁鐵上方處於磁浮狀態。

上海磁浮列車使用附著於列車上的磁體進行操作 (圖 26.16)。這些是正常的、非超導磁線圈，具有電子反饋以產生穩定的懸浮和導引。列車車廂在導軌上方 15 cm 處，以避開任何可能在導軌上的物體。懸浮和導引磁體，與由磁性材料構成的導軌，保持 10 mm 的距離。列車的推進由內建於導軌中的磁場提供。列車推進系統的運作如同電動機 (見第 26.5 節)，其中的圓形線圈已展開成為線性的配置。

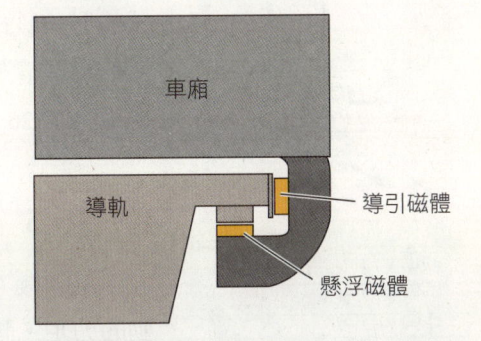

使用超導磁體的磁浮列車已經通過測試，但是一些技術問題尚未解決，包括超導線圈的維護和乘客暴露於高磁場的問題。

圖 26.16 上海磁浮列車車廂一側橫截面圖。懸浮磁鐵使車廂提升到高於導軌 15 cm，導引磁鐵使列車保持位於導軌中央。磁體都安裝在移動的車廂上。

26.4 載流導線上的磁力

考慮在恆定磁場 B 中載有電流 i 的導線 (圖 26.17a)。磁場對導線中的移動電荷施加力。在給定時間 t 內流過導線中某一點的電荷 q 為 $q = ti$。在該段期間，電荷佔據的導線長度為 $L = v_d t$，其中 v_d 是導線中電荷

665

普通物理

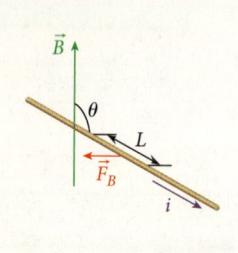

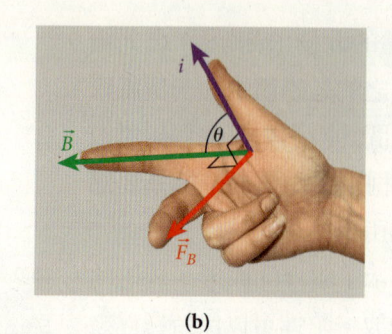

圖 26.17 (a) 作用於載流導線的磁力。(b) 右手規則 1 的變型，給出載流導線受到的磁力方向。使用右手確定載流導線所受的力方向時，將拇指指向電流方向，食指指著磁場方向；則中指將指出力的方向。

載子的漂移速率 (漂移速度的量值)。因此，我們獲得

$$q = ti = \frac{L}{v_d}i \quad (26.10)$$

故磁力的量值

$$F_B = qv_d B\sin\theta = \left(\frac{L}{v_d}i\right)v_d B\sin\theta = iLB\sin\theta \quad (26.11)$$

其中 θ 是電流方向和磁場方向之間的夾角。力的方向垂直於電流和磁場，且可由右手定則 1 的變型給出，其中電流在帶電粒子的速度方向上，如圖 26.17b 所示。這個右手定則 1 的變型利用了電流可視為運動中之電荷的事實。

(26.11) 式可用向量積表示：

$$\vec{F}_B = i\vec{L} \times \vec{B} \quad (26.12)$$

其中 $i\vec{L}$ 代表在一段長度為 L 的直導線中的電流。(26.12) 式只是 (26.2) 式的另一形式，其中的移動電荷構成在導線中流動的電流。由於涉及電流的物理情況，比涉及孤立帶電粒子運動的情況更為常見，因此在實際應用中，(26.12) 式是確定磁力最有用的形式。

觀念檢測 26.3

附圖示出沿著 x 軸放置的導線，其中電流 i 沿負 x 方向流動。導線處於均勻磁場中。磁力 $\vec{F}_B$ 沿正 z 方向作用於導線上。若磁場方向使得磁力為最大，則磁場方向為何？

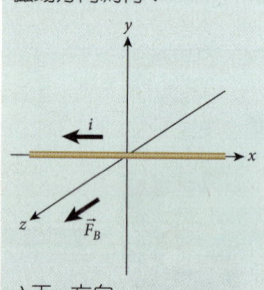

a) 正 y 方向
b) 負 x 方向
c) 負 y 方向
d) 正 z 方向
e) 負 z 方向

26.5 載流迴圈上的力矩

電動機 (亦稱馬達) 依賴施加於載流導線上的磁力，以產生使軸轉動的力矩。讓我們考慮一個簡單的電動機，它由在恆定磁場 $\vec{B}$ 中載有電流 i 的單個正方形迴圈組成。迴圈的取向使得它的水平邊平行於磁場，而垂直邊則垂直於磁場，如圖 26.18 所示。在迴圈兩個垂直邊上之磁力的量值由 (26.11) 式給出，其中 $\theta = 90°$：

$$F = iLB$$

磁力的方向由圖 26.17b 所示的右手定則 1 的變型給出。圖 26.18 中所示的兩個磁力 $\vec{F}_B$ 和 $-\vec{F}_B$，具有相等的量值和相反的方向。這兩個力產生使迴圈繞其垂直對稱軸 (簡稱中心軸) 旋轉的力矩。這兩個力的合力為零。迴圈的兩個水平邊

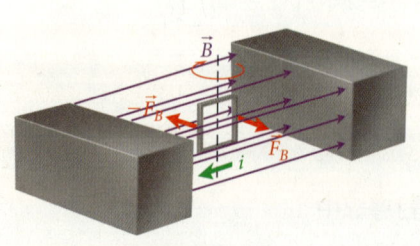

圖 26.18 一個電動機的原始式元件，由位於磁場中的電流迴圈組成。

666

平行於磁場，因此不受磁力。因此，雖然有力矩產生，但沒有淨力作用在迴圈上。

現在我們考慮迴圈繞其中心軸轉了一個角度的情況。當迴圈在磁場中旋轉時，垂直於磁場方向的垂直邊受到的磁力沒有改變。在邊長為 a 的正方形迴圈上的力如圖 26.19 所示，該圖示出了迴圈的底視圖。在圖 26.19 中，θ 是垂直於線圈平面 (即法向) 的單位向量 $\hat{n}$ 與磁場 $\vec{B}$ 之間的角度。單位法向向量垂直於迴圈平面，其指向可依據電流沿迴圈流動的方向，以右手定則 2 (圖 26.20) 決定。

在圖 26.19 中，電流沿迴圈的右邊流出頁面，如圓圈中的點 (代表箭頭尖端) 所示，並沿迴圈的左邊流入頁面，如圓圈中的叉號 (代表箭頭尾端)。兩個垂直邊的每一邊所受之力的量值都是

$$F = iaB$$

在迴圈的兩個水平邊上的力與旋轉軸平行或反向平行，不引起力矩，且這兩個力的合力為零。因此，在迴圈上沒有淨力。

正方形迴圈的兩個垂直邊上的力矩之和，給出磁場施加於迴圈使它繞其中心軸轉動的淨力矩：

$$\tau_1 = (iaB)\left(\frac{a}{2}\right)\sin\theta + (iaB)\left(\frac{a}{2}\right)\sin\theta = ia^2 B\sin\theta = iAB\sin\theta \quad (26.13)$$

其中 τ_1 的下標 1 表示它是單個迴圈的力矩，$A = a^2$ 是迴圈的面積。迴圈能繼續旋轉不會停在 $\theta = 0°$ 的原因是，它連接到稱為換向器的裝置，它在迴圈旋轉時可改變電流方向。換向器由一個開口環 (或盤) 組成，迴圈的一端連接到環的每一半，如圖 26.21 所示。迴圈每完整旋轉一次，迴圈中的電流方向切換兩次。

如果單個迴圈改由許多迴圈纏繞在一起的線圈代替，則線圈上的力矩將為迴圈上的力矩，即 (26.13) 式中的 τ_1，乘以線圈中的迴圈數 N：

$$\tau = N\tau_1 = NiAB\sin\theta \quad (26.14)$$

除正方形之外，對面積為 A 的其他形狀，這個力矩的表達式是否成立？答案是肯定的，雖然我們這裡不予證明。

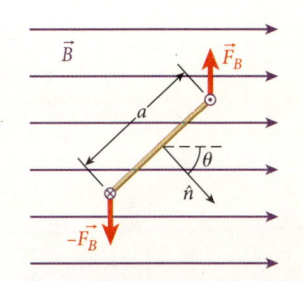

圖 26.19 磁場中載流迴圈的底視圖，顯示了作用在迴圈上的力。

圖 26.20 右手定則 2 給出了載流迴圈的單位法向向量的方向。根據此定則，如果你沿著迴圈中電流流動的方向捲曲右手的四指，你的拇指指出單位法向向量的方向。

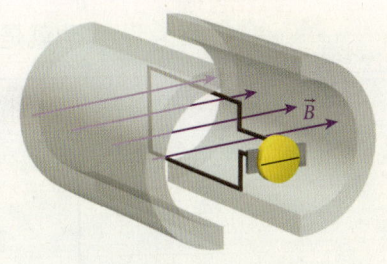

圖 26.21 迴圈的導線通過換向器開口環 (盤) 連接到電流源。

普通物理

>>> 觀念檢測 26.4
附圖為恆定磁場中載流迴圈的頂視圖。迴圈上的力矩將使它如何轉動？
a) 順時鐘轉。
b) 逆時鐘轉。
c) 不轉。

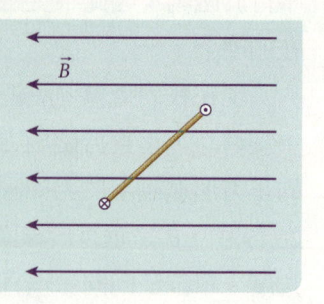

26.6 磁偶極矩

載流線圈可以用一個參數描述，該參數代表磁場中線圈的一個關鍵特性。一個載流線圈之**磁偶極矩** $\vec{\mu}$ 的量值，依定義為

$$\mu = NiA \quad (26.15)$$

其中 N 是線圈的迴圈數 (即匝數)，i 是通過導線的電流，A 是迴圈的面積。磁偶極矩的方向由右手定則 2 給出，也就是單位法向向量 $\hat{n}$ 的方向。使用 (26.15) 式，我們可以將 (26.14) 式重寫為

$$\tau = (NiA)B\sin\theta = \mu B\sin\theta \quad (26.16)$$

一個磁偶極在磁場中受到的力矩由下式給出

$$\vec{\tau} = \vec{\mu} \times \vec{B} \quad (26.17)$$

也就是說，載流線圈上的力矩是線圈的磁偶極矩和磁場的向量積。

詳解題 26.2　矩形載流迴圈上的力矩

一個高度 $h = 6.50$ cm 和寬度 $w = 4.50$ cm 的矩形迴圈，在量值為 $B = 0.250$ T 的均勻磁場中，磁場指向負 y 方向 (圖 26.22a)。如圖所示，迴圈與 y 軸形成 $\theta = 33.0°$ 的角。迴圈載有量值為 $i = 9.00$ A 的電流，電流沿箭頭所示方向流動。

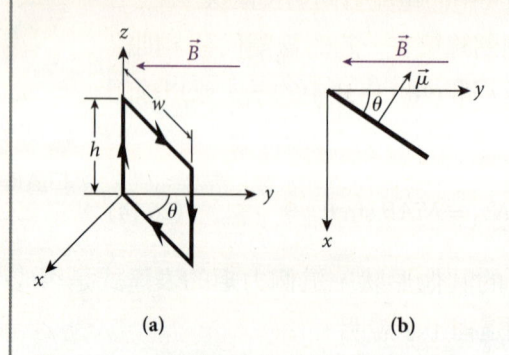

圖 26.22 (a) 在磁場中的載流矩形迴圈。(b) 在 xy 平面上方見到之矩形迴圈俯視圖。磁偶極矩垂直於迴圈平面，其方向由右手定則 2 決定。

668

問題：
迴圈繞 z 軸旋轉之力矩的量值為何？

解：

思索　迴圈上的力矩等於磁偶極矩和磁場的向量積。磁偶極矩垂直於迴圈平面，方向由右手定則 2 給出。

繪圖　圖 26.22b 是由 xy 平面上方向下看迴圈的視圖。

推敲　單一迴圈之磁偶極矩的量值為

$$\mu = NiA = iwh \tag{i}$$

迴圈上的力矩量值為

$$\tau = \mu B \sin \theta_{\mu B} \tag{ii}$$

其中 $\theta_{\mu B}$ 是磁偶極矩和磁場之間的夾角。由圖 26.22b 可以看出

$$\theta_{\mu B} = \theta + 90° \tag{iii}$$

簡化　結合 (i)、(ii) 和 (iii) 式，可得

$$\tau = iwhB \sin(\theta + 90°)$$

計算　代入數值，我們得到

$$\tau = (9.00 \text{ A})(4.50 \cdot 10^{-2} \text{ m})(6.50 \cdot 10^{-2} \text{ m})(0.250 \text{ T})[\sin(33.0° + 90°)]$$
$$= 0.0055195 \text{ N m}$$

捨入　我們將結果捨入為三位有效數字：

$$\tau = 5.52 \cdot 10^{-3} \text{ N m}$$

複驗　在迴圈每個垂直邊上之力的量值為

$$F_B = ihB = (9.00 \text{ A})(6.50 \cdot 10^{-2} \text{ m})(0.250 \text{ T}) = 0.146 \text{ N}$$

因此，力矩的量值等於不沿著 z 軸之垂直邊上的力、該力的力臂 (等於 w)、該力和力臂之夾角的正弦等三者乘積的量值：

$$\tau = F_B w \sin(33.0° + 90°) = 0.146 \text{ N}(4.50 \cdot 10^{-2} \text{ m})[\sin(33.0° + 90°)]$$
$$= 5.52 \cdot 10^{-3} \text{ N m}$$

這與上面計算的結果相同。

　　一個磁偶極在外加磁場中具有位能。如果磁偶極矩與磁場對準，則磁偶極具有其最小位能。如果磁偶極矩與外加磁場的方向相反，則磁偶

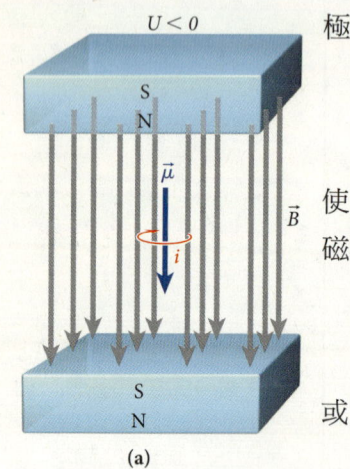

極具有其最大位能。從第 10 章，力矩做的功為

$$W = \int_{\theta_0}^{\theta} \tau(\theta') d\theta' \tag{26.18}$$

使用功–能定理和 (26.16) 式，並令 $\theta_0 = 90°$，我們可以將磁偶極在外加磁場中的磁位能 U 表示為

$$W = \int_{\theta_0}^{\theta} \tau(\theta') d\theta' = \int_{\theta_0}^{\theta} \mu B \sin\theta' d\theta' = -\mu B \cos\theta' \Big|_{\theta_0}^{\theta} = U(\theta) - U(90°) \tag{26.18}$$

或

$$U(\theta) = -\mu B \cos\theta = -\vec{\mu} \cdot \vec{B} \tag{26.19}$$

其中 θ 是磁偶極矩和外加磁場之間的夾角。

當磁偶極的磁矩向量平行於外加磁場向量時，磁偶極在外加磁場中的位能達其最低值 $-\mu B$，而當此二向量為反向平行時 (見圖 26.23)，位能達其最高值 $+\mu B$。位能對取向的這種依賴性出現於不同的物理情況中，對於這些情況，外加磁場中的磁偶極可當作一個簡單的模型。到目前為止，我們討論的唯一磁偶極是載流迴圈。然而，還有其他類型的磁偶極存在，包括條形磁體，甚至地球。此外，諸如質子的基本帶電粒子，也具有固有的磁偶極矩。

26.7 霍爾效應

考慮一個載有電流 i 的導體，且電流流動的方向垂直於磁場 $\vec{B}$ (圖 26.24a)。導體中的電子以與電流相反方向的速度 $\vec{v}_d$ 移動。運動的電子受到垂直於它們的速度的力，而朝向導體的一邊移動。在一段時間後，許多電子已經移動到導體的一個邊緣，在該邊緣上產生淨負電荷，並在對面的導體邊緣上留下淨正電荷。這種電荷分布產生電場 $\vec{E}$，它對電子所施的力與磁場所施的力方向相反。當由電場與磁場施加於電子上的力，兩者量值相等時，導體邊緣上電子的淨數目不再隨時間變化。這個結果稱為**霍爾效應**。當達到平衡時，導體邊緣之間的電位差 ΔV_H 稱為**霍爾電位差**，由下式給出：

$$\Delta V_H = Ed \tag{26.20}$$

其中 d 是導體的寬度，E 是所產生之電場的量值。(關於電位差和恆定

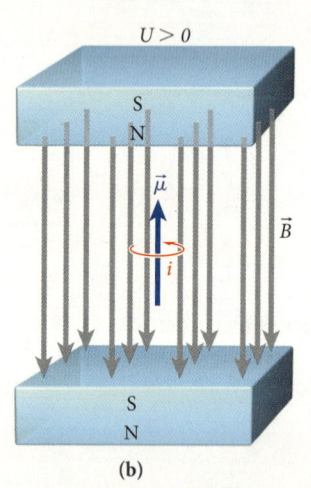

圖 26.23 在外加磁場下的磁偶極矩向量：(a) 磁偶極和外加磁場平行，導致負的位能；(b) 磁偶極和外加磁場反向平行，導致正的位能。

自我測試 26.3

在磁場量值為 0.500 T 的恆定磁場中，一個面積為 0.100 m^2、載有電流 2.00 A 的迴圈，在它兩個不同取向之間的磁場位能差異最大為何？

電場之間的關係，詳見第 22 章。)

霍爾效應可用於證明金屬中的電荷載子帶負電荷。如果金屬中的電荷載子是正的，並且沿圖 26.24a 所示的電流方向上移動，那些正電荷將在與圖 26.24b 中的電子相同的導體邊緣上聚集，給出具有相反方向的電場。因此，導體中的電荷載子帶負電荷，而必須是電子。霍爾效應還確定在一些半導體中，電荷載子是電洞 (丟失電子)，使它就如同帶正電荷的載子。

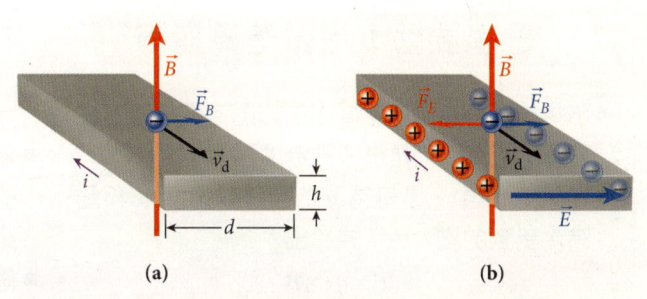

圖 26.24 (a) 在磁場中載有電流的導體。電荷載子是電子。(b) 電子漂移到導體的一側，在對側留下淨正電荷。這種電荷分布產生電場。跨導體的電位差即為霍爾電位差。

霍爾效應還可以用於測量流過導體的電流和導體上產生的電位差，從而得以確定磁場。為了獲得磁場的公式，我們從霍爾效應的平衡條件開始，即磁和電作用力的量值是相等的：

$$F_E = F_B \Rightarrow eE = v_d Be \Rightarrow B = \frac{E}{v_d} = \frac{\Delta V_H}{v_d d} \quad (26.21)$$

其中在最後一步中代入 (26.20) 式的 E。在第 24 章中，我們看到導體中的電子的漂移速度 v_d，與導體中電流密度 J 的量值相關：

$$J = \frac{i}{A} = nev_d$$

其中 A 是導體的橫截面積，n 是導體中每單位體積的電子數。如圖 26.24a 所示，橫截面積 $A = dh$，其中 d 是寬度，h 是導體的高度。由 $i/A = nev_d$ 求解漂移速度，用 hd 取代 A，可得

$$v_d = \frac{i}{Ane} = \frac{i}{hdne}$$

將這個 v_d 的表達式代入 (26.21) 式，我們得到

$$B = \frac{\Delta V_H}{v_d d} = \frac{\Delta V_H dhne}{id} = \frac{\Delta V_H hne}{i} \quad (26.22)$$

因此，依據 (26.22) 式，從霍爾電位差 ΔV_H 的測量值，以及導體的已知高度 h 和電荷載子的密度 n，可求出磁場強度 (量值)。同樣，如果磁場強度已知，則 (26.22) 式經重新整理，可用以求出霍爾電位差：

$$\Delta V_H = \frac{iB}{neh} \quad (26.23)$$

>>> **觀念檢測 26.5**

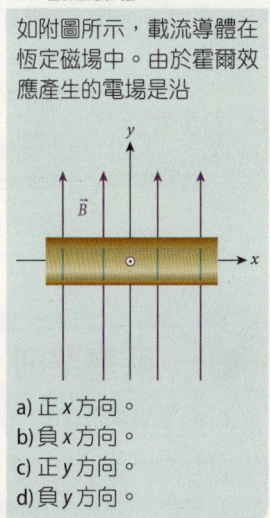

如附圖所示，載流導體在恆定磁場中。由於霍爾效應產生的電場是沿

a) 正 x 方向。
b) 負 x 方向。
c) 正 y 方向。
d) 負 y 方向。

普通物理

已學要點 | 考試準備指南

- 磁場線表示磁場在空間中的方向。磁場線不在磁極上結束，而是形成閉合環路。
- 在磁場 $\vec{B}$ 中，電荷為 q 的粒子以速度 $\vec{v}$ 移動時，受到的磁力由下式給出：
$$\vec{F} = q\vec{v} \times \vec{B}$$
右手定則 1 給出了力的方向。
- 電荷 q 的粒子以速率 v 垂直於量值為 B 的磁場移動時，受到的磁力量值為 $F = |q|vB$。
- 磁場的單位為特斯拉 (tesla)，符號為 T。
- 地球磁場在地球表面的平均量值約為 $0.5 \cdot 10^{-4}$ T。
- 質量 m、電荷 q 的粒子以速率 v 垂直於量值 B 的磁場移動時，其軌跡是半徑 $r = mv/|q|B$ 的圓。
- 質量 m、電荷 q 的粒子在量值為 B 的恆定磁場中沿圓形軌道移動時，其迴旋頻率 $\omega = |q|B/m$。
- 磁場 $\vec{B}$ 對長度 $\vec{L}$、載有電流 i 的直導線所施加的力由 $\vec{F} = i\vec{L} \times \vec{B}$ 給出。該力的量值為 $F = iLB \sin \theta$，其中 θ 是電流方向與磁場方向的夾角。
- 載有電流 i 的迴圈在量值 B 的磁場中受到的力矩量值為 $\tau = iAB \sin \theta$，其中 A 為迴圈面積，θ 為垂直於迴圈的單位向量和磁場方向的夾角。右手定則 2 給出了迴圈單位法向向量的方向。
- 載有電流 i 的線圈的磁偶極矩的量值 $\mu = NiA$，其中 N 是迴圈數 (匝數)，A 是迴圈的面積。磁偶極矩的方向由右手定則 2 給出，亦即單位法向向量所指的方向。
- 在量值為 B 的磁場中，當電流 i 流過高度 h 的導體時，導體會產生橫向的電位差 (霍爾電位差) $\Delta V_H = iB/(neh)$，其中 n 為每單位體積的電子數，e 是電子電荷的量值。

自我測試解答

26.1 粒子 1：$F_B = qvB \sin \theta$
$= (6.15 \cdot 10^{-6}\ \text{C})(465\ \text{m/s})(0.165\ \text{T})$
$(\sin 30.0°)$
$= 2.36 \cdot 10^{-4}$ N

粒子 2：$F_B = qvB \sin \theta$
$= (6.15 \cdot 10^{-6}\ \text{C})(465\ \text{m/s})(0.165\ \text{T})$
$(\sin 90.0°)$
$= 4.72 \cdot 10^{-4}$ N

粒子 3：$F_B = qvB \sin \theta$
$= (6.15 \cdot 10^{-6}\ \text{C})(465\ \text{m/s})(0.165\ \text{T})$
$(\sin 150.0°)$
$= 2.36 \cdot 10^{-4}$ N

26.2 a) 正
b) 減速
c) 否 (因此，必須另有一個力作用於粒子上使其減慢)。

26.3 $\Delta U = U_{max} - U_{min}$
$= 2\mu B = 2iAB$
$= 2(2.00\ \text{A})(0.100\ \text{m}^2)(0.500\ \text{T})$
$= 0.200$ J

解題準則

1. 處理磁場和力時，你需要清楚繪製問題情況的三度空間圖。通常，速度和磁場向量 (或導線的長度和磁場向量) 的單獨草圖，可使它們所在的平面便於辨認，因為磁力將垂直於該平面。

2. 記住右手定則適用於正的電荷和電流。如果

電荷或電流是負的，你可以使用右手定則，但力將會在相反的方向。

3. 在電場和磁場中的粒子會受到電作用力 $\vec{F}_E = q\vec{E}$ 和磁力 $\vec{F}_B = q\vec{v} \times \vec{B}$。確保各種力是以向量加法求其總和。

選擇題

26.1 磁場在水平面內指向一定的方向。電子在水平面中沿特定方向移動。在此情況下，作用於電子上的磁力，
a) 其可能的方向只有一個。
b) 其可能的方向有兩個。
c) 其可能的方向為無限。

26.2 以下哪個具有最大的迴旋頻率？
a) 在量值 B 的磁場中速率 v 的電子
b) 在量值 B 的磁場中速率 $2v$ 的電子
c) 在量值 B 的磁場中速率 $v/2$ 的電子
d) 在量值 $B/2$ 的磁場中速率 $2v$ 的電子
e) 在量值 $2B$ 的磁場中速率 $v/2$ 的電子

26.3 沿正 x 方向移動的電子（電荷 $-e$、質量 m_e）進入速度選擇器。速度選擇器由交叉的電場和磁場組成：$\vec{E}$ 沿正 y 方向，$\vec{B}$ 沿正 z 方向。當電子的速度為 v（沿正 z 方向）時，受到的淨力為零，可以直線移動通過速度選擇器。質子（電荷 $+e$、質量 $m_p = 1836\,m_e$），可以沿直線移動通過速度選擇器的速度為何？
a) v
b) $-v$
c) $v/1836$
d) $-v/1836$

26.4 帶電粒子在恆定磁場中移動。關於施加在粒子上的磁力，以下陳述何者為真？(假設磁場不平行或反向平行於速度。)
a) 它對粒子沒有作用。
b) 它可以增加粒子的速率。
c) 它可能改變粒子的速度。
d) 只有當粒子運動時，它對粒子才有作用。
e) 它不改變粒子的動能。

26.5 太陽風中的質子以 400 km/s 的速率到達地球的磁場。如果該場的量值為 $5.0 \cdot 10^{-5}$ T，並且質子的速度與其垂直，則在進入磁場之後質子的迴旋頻率為何？
a) 122 Hz
b) 233 Hz
c) 321 Hz
d) 432 Hz
e) 763 Hz

26.6 一線圈由半徑為 $r = 5.13$ cm 的圓形迴圈組成，並且具有 $N = 47$ 匝迴圈。電流 $i = 1.27$ A 流過線圈，該線圈在 0.911 T 的均勻磁場內。由於磁場，線圈上的最大力矩為何？
a) 0.148 N m
b) 0.211 N m
c) 0.350 N m
d) 0.450 N m
e) 0.622 N m

觀念題

26.7 在 xyz 坐標系上繪製，並在圖中指示出（以單位向量 $\hat{x}$、$\hat{y}$ 和 $\hat{z}$ 表示）每個移動粒子所受磁力的方向。注意：正 y 軸朝向右，正 z 軸朝向頁面頂部，正 x 軸指出頁面。

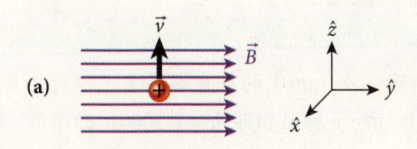

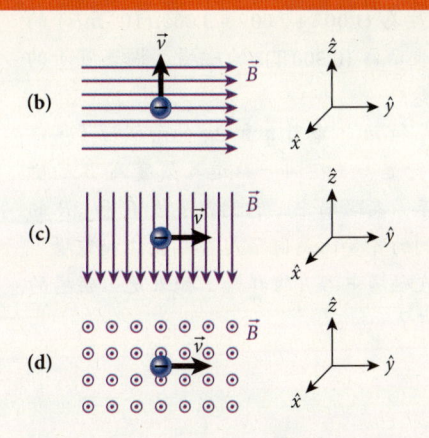

普通物理

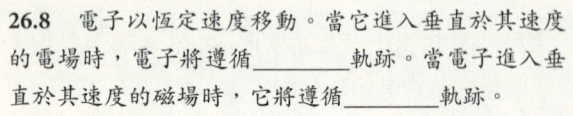

26.8 電子以恆定速度移動。當它進入垂直於其速度的電場時，電子將遵循_____軌跡。當電子進入垂直於其速度的磁場時，它將遵循_____軌跡。

26.9 在電流密度為零的區域，數學上有可能定義類似於靜電位的純量磁位勢：$V_B(\vec{r}) = -\int_{\vec{r}_0}^{\vec{r}} \vec{B} \cdot d\vec{s}$，或 $\vec{B}(\vec{r}) = -\nabla V_B(\vec{r})$。但是，實際並不使用依此定義出來的磁位勢。解釋為什麼不。

26.10 帶電粒子僅在電場的影響下移動。粒子是否可能以恆定速率移動？如果電場改為磁場，將有何不同？

26.11 在地球磁場水平朝向北方的空間區域內，一個電子從西北向東南水平行進。電子所受磁力的方向為何？

26.12 帶電粒子在迴旋加速器中運動時，磁場對粒子做的功為零。那麼，如何使用迴旋加速器作為粒子加速器，粒子運動的什麼主要特徵使得粒子可以被加速？

練習題

題號前的藍點 (•) 與雙藍點 (••) 代表問題難度遞增。

26.2 節

26.13 電荷 $-2e$ 的粒子，以速率 $v = 1.00 \cdot 10^5$ m/s 移動時，受到的磁力量值為 $3.00 \cdot 10^{-18}$ N。垂直於粒子運動方向的磁場分量，其量值為何？

•**26.14** 電荷為 20.0 μC 的粒子，沿 x 軸以 50.0 m/s 的速率移動。它進入 $\vec{B} = (0.300\text{T})\hat{y} + (0.700\text{T})\hat{z}$ 的磁場。試求粒子所受磁力的量值和方向。

26.3 節

26.15 質子通過 400.V 的電位差從靜止加速。質子進入均勻的磁場，並且遵循半徑為 20.0 cm 的圓形路徑。試求磁場的量值。

26.16 質量 m、電荷 q 的粒子在電場 $\vec{E}$ 和磁場 $\vec{B}$ 內移動。粒子具有速度 $\vec{v}$、動量 $\vec{p}$ 和動能 K，試以這七個量表示 $d\vec{p}/dt$ 和 dK/dt 的一般式。

26.17 一個電子在磁場中，在 xy 平面逆時鐘方向沿著圓移動，迴旋頻率為 $\omega = 1.20 \cdot 10^{12}$ Hz。磁場 $\vec{B}$ 為何？

•**26.18** 初始速度為 $(1.00\hat{x} + 2.00\hat{y} + 3.00\hat{z})(10^5 \text{ m/s})$ 的質子，進入可表示為 $(0.500 \text{ T})\hat{z}$ 的磁場。描述質子的運動。

•**26.19** 質量 m_1 和 m_2、電荷 q 和 $2q$ 的兩個粒子，以相同的速度 v 行進，並在同一點進入強度為 B 的磁場，如附圖所示。在磁場中，它們以半徑 R 和 $2R$ 的半圓移動。它們的質量比為何？是否可能施加電場，使這兩個粒子在磁場中沿直線移動？如果是，磁場的量值和方向為何？

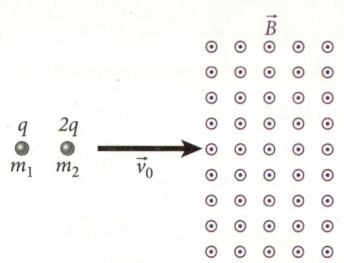

••**26.20** 用於加速 $^3\text{He}^+$ 離子的小粒子加速器如圖所示。$^3\text{He}^+$ 離子以 4.00 keV 的動能離開離子源。區域 1 和 2 包含指入頁面的磁場，區域 3 包含從左指向右的電場。$^3\text{He}^+$ 離子束從右側比離子源低 7.00 cm 的出口孔，離開加速器，如附圖所示。

a) 如果 $B_1 = 1.00$ T，區域 3 的長度為 50.0 cm，電場 $E = 60.0$ kV/m，要使離子在區域 3 中被加速兩次後，直接通過出口孔離去，B_2 的值應該為何？

b) 區域 1 的最小寬度 X 應為何？

c) 離子離開加速器時的速度為何？

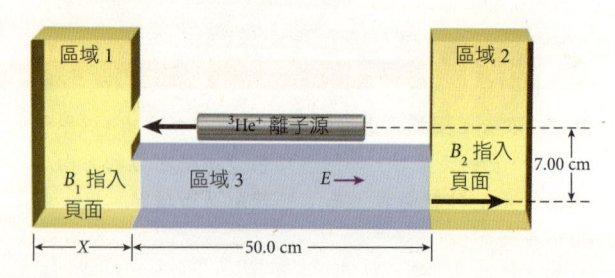

26.4 節

26.21 如附圖所示，在 1.00 T 的垂直磁場中，平行於 x 軸的直導體在平行於 y 軸且相距 $L = 0.200$ m 的兩個

水平導電軌道上，可以沒有摩擦的滑動。通過導體的電流維持為 20.0 A。如果將一弦線通過無摩擦的滑輪，連接到導體的中心，使導體保持靜止，則弦線懸掛的質量 m 需為何？

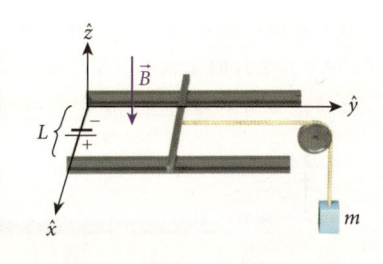

•26.22 長度為 1.00 m、寬度為 0.500 m、厚度為 1.00 mm 的銅片被定向，以致其最大的表面積垂直於 5.00 T 的磁場。沿銅片長度流動的電流為 3.00 A。銅片所受磁力的量值為何？這個量值與承載相同電流並垂直於相同磁場的細銅線所受的磁力比較起來如何？

•26.23 邊長為 d = 8.00 cm 的正方形導線迴圈，承載 i = 0.150 A 的電流，可自由旋轉。它放置在產生 1.00 T 均勻磁場之電磁鐵的磁極之間。最初迴圈平面的法向量 $\hat{n}$ 與磁場向量成 θ = 35.0° 的角度，如附圖所示。導線以銅（密度 ρ = 8960 kg/m³）製成，直徑為 0.500 mm。當迴圈被釋放時，其初始角加速度的量值為何？

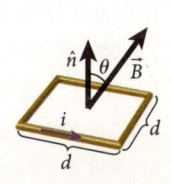

26.5 至 26.6 節

•26.24 邊長 l 的正方形迴圈位於 xy 平面，其中心在原點，而邊與 x 和 y 軸平行。當沿負 z 軸觀看時，它載有沿逆時鐘方向流動的電流 i。迴圈處於磁場 $\vec{B} = (B_0/a)(z\hat{x} + x\hat{z})$ 中，其中 B_0 是恆定磁場的量值，a 是具有長度因次的常數，$\hat{x}$ 和 $\hat{z}$ 是沿正 x 方向和正 z 方向的單位向量。試求迴圈上的淨力。

26.25 一線圈由半徑為 4.80 cm 的 120 匝圓形迴圈組成，流過線圈的電流為 0.490 A。該線圈位於垂直面，且可以繞垂直軸（平行於 z 軸）自由旋轉。它受到沿正 x 方向的均勻水平磁場。當線圈平面平行於 x 軸時，沿正 y 方向對線圈的邊緣施加 1.20 N 的力，可以防止線圈旋轉。試求磁場的量值。

•26.26 密度 ρ = 8960 kg/m³ 的銅線形成半徑為 50.0 cm 的圓環。銅線的截面積為 $1.00 \cdot 10^{-5}$ m²，對銅線施加 0.0120 V 的電位差。當環被放置在 0.250 T 的磁場中時，若圓環繞環平面中對應於直徑的軸線旋轉，則圓環的最大角加速度為何？

26.27 證明電子在氫原子中沿軌道運行時的磁偶極矩，與其角動量 L 成正比：$\mu = -eL/(2m)$，其中 $-e$ 是電子的電荷，m 為電子的質量。

•26.28 一線圈由 40 匝矩形迴圈組成，寬度為 16.0 cm，高度為 30.0 cm，置於 $\vec{B} = 0.0650T\hat{x} + 0.250T\hat{z}$ 的恆定磁場中。線圈沿著 y 軸（沿圖中的 da 段）鉸接到固定的細桿，最初位於 xy 平面。0.200 A 的電流流過線圈導線。

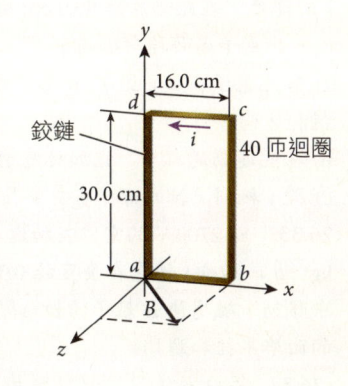

a) $\vec{B}$ 施加於線圈 ab 段上的力 $\vec{F}_{ab}$，其量值和方向為何？

b) $\vec{B}$ 施加於線圈 bc 段上的力 $\vec{F}_{ab}$，其量值和方向為何？

c) $\vec{B}$ 施加於線圈上的淨力 $\vec{F}_{net}$，其量值和方向為何？

d) $\vec{B}$ 施加於線圈上的力矩 $\vec{\tau}$，其量值和方向為何？

e) 如果會轉的話，線圈會沿什麼方向繞 y 軸旋轉（從上方沿著該軸向下看）？

26.7 節

•26.29 附圖為利用厚度為 1.50 μm 的氧化鋅薄膜進行霍爾效應測量的裝置示意圖。當垂直於電流施加量值為 B = 0.900 T 的磁場時，通過薄膜的電流 i 為 12.3 mA，霍爾電位差 ΔV_H 為 –20.1 mV。

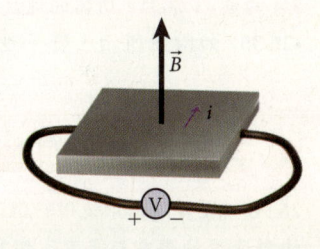

a) 薄膜中的電荷載子為何？[提示：它們可以是電荷 $-e$ 的電子或電荷 $+e$ 的電洞（丟失電子）。]

b) 計算薄膜中電荷載子的密度。

補充練習題

26.30 載有 3.41 A 電流的直導線，與磁鐵磁極尖端之間的水平方向成 10.0° 的角，磁鐵產生向上 0.220 T 的磁場。磁極尖端的直徑各為 10.0 cm。磁力使得導線移出磁極之間的空間。該磁力的量值為何？

26.31 載有恆定電流的直導線在地球磁場中，該處地球磁場量值為 0.430 G。若一段長度為 10.0 cm 的導線受到的磁力為 1.00 N，流過導線的最小電流必須為何？

26.32 在 $t = 0$ 時，電子沿正 x 方向，以 $2.00 \cdot 10^5$ m/s 的速度，在距離原點 60.0 cm 處穿過正 y 軸 (故知 $x = 0$)。此電子處於均勻磁場中。

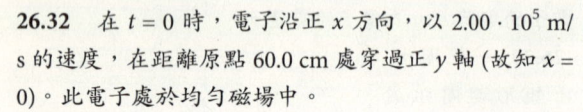

a) 若此電子在 $x = 60.0$ cm 處穿過 x 軸，試求磁場的量值和方向。
b) 在此運動過程中，施加於電子的功為何？
c) 從 y 軸到 x 軸的行程需要多長時間？

26.33 以 2700 V 的電位差加速 α 粒子 ($m = 6.64 \cdot 10^{-27}$ kg，$q = +2e$)，使它在垂直於 0.340 T 恆定磁場的平面中移動，磁場使 α 粒子的軌跡彎曲。試求 α 粒子繞行的曲率半徑和週期。

•26.34 氦檢漏儀使用質譜儀檢測真空室中的微小漏洞。該室用真空泵抽真空，然後在外面噴灑氦氣。如果有任何漏洞，氦分子會通過漏洞進入腔室，而由洩漏檢測器對腔室內氣體採樣。在質譜儀中，氦離子被加速並釋放到管中，其運動垂直於施加的磁場 $\vec{B}$，以致它們遵循半徑為 r 的圓形路徑，然後撞擊檢測器。如果離子的圓形路徑半徑不大於 5.00 cm，磁場為 0.150 T，氦-4 原子的質量為約 $6.64 \cdot 10^{-27}$ kg，假設每個離子均為單離態 (比中性原子少了一個電子)，試估計離子所需的速度。如果使用質量大約為氦-4 原子之 3/4 的氦-3 原子，所需的速度需改變幾倍？

•26.35 如附圖所示，質子進入兩個板之間的區域，沿 x 方向以速率 $v = 1.35 \cdot 10^6$ m/s 移動。頂板的電位為 200. V，底板的電位為 0 V。若質子繼續沿 x 方向直線行進，磁場 $\vec{B}$ 的量值和方向需為何？

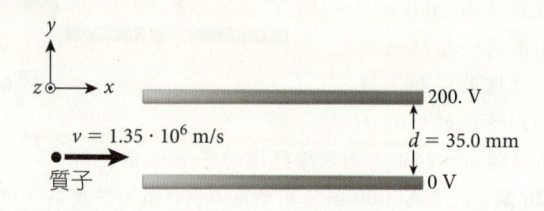

•26.36 質量為 0.250 kg、邊長為 0.200 m、有 30 匝迴圈的正方形線圈，沿其水平側鉸接，並承載 5.00 A 電流。它被放置於垂直向下、量值為 0.00500 T 的磁場中。試求當線圈處於平衡時，線圈平面與垂直線所成的角度。使用 $g = 9.81$ m/s^2。

•26.37 質子以速率 $v = 1.00 \cdot 10^6$ m/s 移動，進入 $\vec{B} = (-0.500\ \text{T})\hat{z}$ 的磁場中。質子的速度向量與正 z 軸成 $\theta = 60.0°$ 的角度。

a) 分析質子的運動並描述其軌跡 (僅作定性描述)。
b) 計算投影到垂直於磁場的平面上的軌跡 (在 xy 平面) 半徑 r。
c) 計算在該平面中運動的週期 T 和頻率 f。
d) 計算運動的螺距 (質子在 1 週期內沿磁場方向行進的距離)。

多版本練習題

26.38 在質譜儀中使用一個速度選擇器，以產生具有均勻速度的帶電粒子束。假設選擇器中的電場為 $\vec{E} = (1.749 \cdot 10^4\ \text{V/m})\hat{x}$，磁場為 $\vec{B} = (46.23\ \text{mT})\hat{y}$。試求帶電粒子可以沿 z 方向行進通過選擇器而不偏轉的速率。

26.39 在質譜儀中使用一個速度選擇器，以產生具有均勻速度的帶電粒子束。假設選擇器中的電場為 $\vec{E} = (2.207 \cdot 10^4\ \text{V/m})\hat{x}$，磁場為 $\vec{B} = B_y\hat{y}$。帶電粒子可以沿 z 方向行進通過選擇器而不偏轉的速率為 $4.713 \cdot 10^5$ m/s。B_y 的值為何？

26.40 在質譜儀中使用一個速度選擇器，以產生具有均勻速度的帶電粒子束。假設選擇器中的電場為 $\vec{E} = E_x\hat{x}$，磁場為 $\vec{B} = (47.45\ \text{mT})\hat{y}$。帶電粒子可以沿 z 方向行進通過選擇器而不偏轉的速率為 $5.616 \cdot 10^5$ m/s。E_x 的值為何？

27 運動電荷的磁場

待學要點
27.1 必歐-沙伐定律
27.2 電流分布產生的磁場
　　長直載流導線的磁場
　　兩條平行載流導線
　　安培的定義
　　　例題 27.1　方形載流迴圈上的力
　　載流圓環的磁場
27.3 安培定律
　　長直導線內的磁場
27.4 螺線管和環形管的磁場
27.5 視為磁體的原子
　　　例題 27.2　氫原子的軌道磁矩
　　自旋
27.6 物質的磁性
　　抗磁性和順磁性
　　鐵磁性
27.7 磁性和超導性

已學要點｜考試準備指南
　　解題準則
　　選擇題
　　觀念題
　　練習題
　　多版本練習題

圖 27.1　在原子的磁場中，96 個鐵原子形成的陣列保存 1 位元組 (8 位元)的信息——這是一項令人印象深刻的數據儲存成就。

在第 26 章中，我們看到磁場可以影響帶電粒子的路徑或電流的流動。在本章中，我們考慮由電流引起的磁場。任何帶電粒子如果移動就會產生磁場。各種磁場由不同的電流分布引起。在工業、物理研究、醫學診斷和其他應用中使用的強大電磁鐵，主要是螺線管——具有數百或數千個迴圈的載流導線所形成的線圈。

在本章中我們將看到，為什麼螺線管產生特別有用的磁場。我們還將看到，單個原子可以具有永久磁場。圖 27.1 顯示如何使用鐵原子 (以紅色和藍色顯示) 的磁場來儲存信息。場技術仍處於起步階段 (上圖是 2012 年製作的)。然而，如果尺寸可以擴大，在 1 平方厘米的鐵表面上，它

普通物理

待學要點

- 移動的電荷 (電流) 會產生磁場。
- 一長直導線的電流產生的磁場，與到導線的距離成反比。
- 電流方向相同的兩根平行導線彼此吸引。電流方向相反的兩根平行導線彼此排斥。
- 安培定律可用以計算某些對稱電流分布引起的磁場，正如高斯定律可用以計算某些對稱電荷分布引起的電場一樣。
- 長直載流導線內的磁場隨著到導線中心的距離而線性變化。
- 螺線管是可用於產生大體積恆定磁場的電磁鐵。
- 有些原子可以被視為是由原子中的電子運動產生的小磁體。
- 物質可以表現出的固有磁性可分為三種：抗磁性、順磁性和鐵磁性。
- 超導磁體可用於產生非常強的磁場。

將允許 10 兆位元組的數據儲存，使其密度比當前可實現的大了千倍以上。

27.1 必歐–沙伐定律

第 26 章藉由羅盤針在永久磁體附近會指向一定的方位，我們介紹了磁場和磁力線。在一項類似的演示中，使強電流通過長直的導線 (有或沒有絕緣)。如果使羅盤針接近導線，則它會以圖 27.2 所示的方式相對於導線定向。丹麥物理學家厄斯特 (Hans Oersted, 1777-1851) 於 1819 年在講課時為學生進行示範，首先作出這項觀察。我們可得出結論：導線中的電流產生磁場。由於羅盤針的方向指示磁場的方向，因此我們可進一步得出結論：磁場線在該載流導線周圍形成圓。注意圖 27.2 中 (a) 和 (b) 部分之間的差異：當電流的方向反轉時，羅盤針的方向也反轉。如果將羅盤針移動，使它離導線愈來愈遠，則它將再次沿著地球磁場的方向定向，這表明導線產生的磁場，隨著離開導線的距離增大而變弱。我們需要回答的下一個問題是：我們如何確定移動電荷產生的磁場？

以電荷來描述電場時，我們曾指出 (見第 21 章)：

$$dE = \frac{1}{4\pi\epsilon_0}\frac{|dq|}{r^2}$$

其中 dq 是電荷元素。電場向量的方向為徑向，因此

$$d\vec{E} = \frac{1}{4\pi\epsilon_0}\frac{dq}{r^3}\vec{r} = \frac{1}{4\pi\epsilon_0}\frac{dq}{r^2}\hat{r}$$

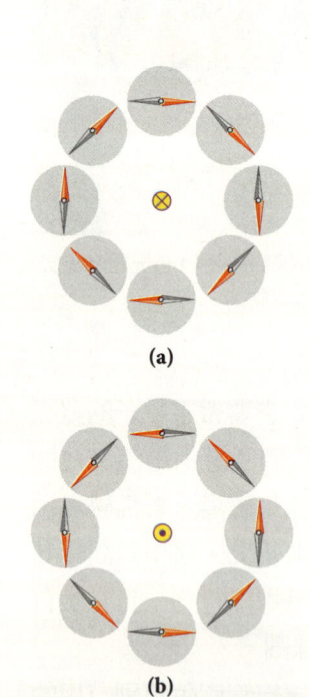

圖 27.2 通有電流的導線 (黃色圓圈)：(a) 進入頁面 (以叉號表示)；(b) 離開頁面 (以點表示)。在導線周圍不同位置的羅盤針所指的方向如圖所示。

27 運動電荷的磁場

對於磁場，情況稍微複雜一些，因為產生磁場的電流元素為 $id\vec{s}$，它具有方向，這與產生電場的點電荷不具方向，兩者不同。在 19 世紀初期，經由長期一系列類似於圖 27.2 所示實驗獲得的結果，法國科學家必歐 (Jean-Baptiste Biot, 1774-1862) 和沙伐 (Felix Savart, 1791-1841) 建立了由電流元素 $id\vec{s}$ 所產生的磁場由下式給出，稱為必歐–沙伐定律 (或拉普拉斯定律)：

$$d\vec{B}=\frac{\mu_0}{4\pi}\frac{id\vec{s}\times\vec{r}}{r^3}=\frac{\mu_0}{4\pi}\frac{id\vec{s}\times\hat{r}}{r^2} \qquad (27.1)$$

這裡，$d\vec{s}$ 是沿著導體電流的方向、具有微分長度 ds 的向量，而 $\vec{r}$ 是從電流元素到要確定磁場的點所在位置的向量。圖 27.3 顯示出上式所描述的物理情況。

在 (27.1) 式中的常數 μ_0，稱為自由空間的磁導率，其值依定義為

$$\mu_0 = 4\pi \cdot 10^{-7}\ \frac{\text{T m}}{\text{A}} \qquad (27.2)$$

從 (27.1) 式和圖 27.3，可以看出，由電流元素 $id\vec{s}$ 產生的磁場，其方向垂直於位置向量和電流元素，而磁場的量值則由下式給出：

$$dB=\frac{\mu_0}{4\pi}\frac{ids\sin\theta}{r^2} \qquad (27.3)$$

其中 θ (在 0° 和 180° 之間) 是位置向量的方向和電流元素之間的夾角。磁場的方向由第 26 章中介紹的右手定則 1 的變體給出。為了使用右手確定磁場的方向，使拇指指著微分電流元素的方向，食指著位置向量的方向，則中指將指著微分磁場的方向。

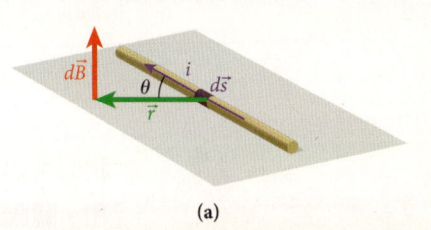

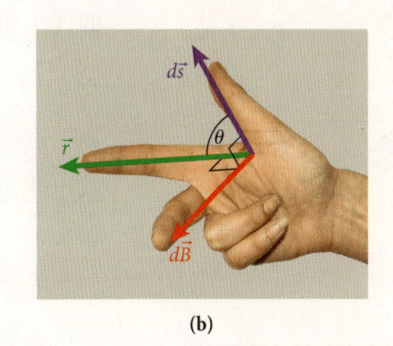

圖 27.3 (a) 必歐–沙伐定律的三維圖示。微分磁場垂直於微分電流元素和位置向量。(b) 右手定則 1 應用於必歐–沙伐定律涉及的各量。

27.2 電流分布產生的磁場

第 26 章討論了磁場的疊加原理。使用此疊加原理，我們可以將必歐–沙伐定律所給的微分磁場加總求和，而獲得空間中任何點處的磁場。本節探討最常見的配置，即載有電流的導線，所產生的磁場。

長直載流導線的磁場

首先,我們檢視一條無限長、載有電流 i 的直導線所產生的磁場。我們考慮在與導線的垂直距離 $r_\perp$ 的點 P 處的磁場 $d\vec{B}$ (圖 27.4)。電流元素 ids 在該點產生之磁場的量值 dB 由 (27.3) 式給出;磁場方向由 $d\vec{s} \times \vec{r}$ 給出,故為指出頁面。我們從導線的右半部分求出磁場,再乘以 2 以獲得整個導線的磁場。因此,在與導線的垂直距離為 $r_\perp$ 處之磁場的量值由下式給出:

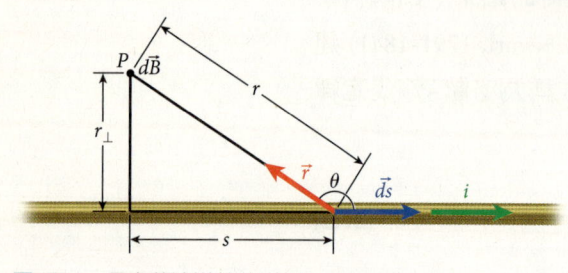

圖 27.4 長直載流導線的磁場。

$$B = 2\int_0^\infty dB = 2\int_0^\infty \frac{\mu_0}{4\pi} \frac{ids\sin\theta}{r^2} = \frac{\mu_0 i}{2\pi}\int_0^\infty \frac{ds\sin\theta}{r^2}$$

我們可以通過 $r = \sqrt{s^2 + r_\perp^2}$ 和 $\sin\theta = \sin(\pi - \theta) = r_\perp/\sqrt{s^2 + r_\perp^2}$ 將 r 和 θ 與 $r_\perp$ 和 s 關聯 (見圖 27.4)。在上面 B 的表達式中,將 r 和 $\sin\theta$ 改用 $r_\perp$ 和 s 取代,可得

$$B = \frac{\mu_0 i}{2\pi} \int_0^\infty \frac{r_\perp\, ds}{(s^2 + r_\perp^2)^{3/2}}$$

求出此定積分之值,可得

$$B = \frac{\mu_0 i}{2\pi}\left[\frac{1}{r_\perp^2}\frac{r_\perp s}{(s^2+r_\perp^2)^{1/2}}\right]_0^\infty = \frac{\mu_0 i}{2\pi r_\perp}\left[\frac{s}{(s^2+r_\perp^2)^{1/2}}\right]_{s\to\infty} - 0$$

當 $s \gg r_\perp$ 時,括號中之分數項的值趨近 1。因此,載有電流 i 的長直導線在垂直距離為 $r_\perp$ 處產生之磁場的量值為

$$B = \frac{\mu_0 i}{2\pi r_\perp} \tag{27.4}$$

對圖 27.4 所示的電流元素和位置向量應用右手定則 1,可求出任何點處的磁場方向。這導致新的右手定則,稱為右手定則 3,它可用以確定載流導線產生之磁場的方向。如果你用右手抓住導線,使你的拇指指著電流方向,你的手指會沿磁場方向捲曲 (圖 27.5)。

沿著載流導線看,磁場線形成同心圓 (圖 27.6)。注意,從磁場線之間的距離可得知磁場在導線附近最強並以 $1/r_\perp$ 成比例減弱,如 (27.4) 式所示。

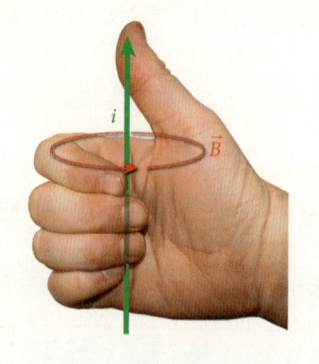

圖 27.5 載流導線產生磁場的右手定則 3。

27 運動電荷的磁場

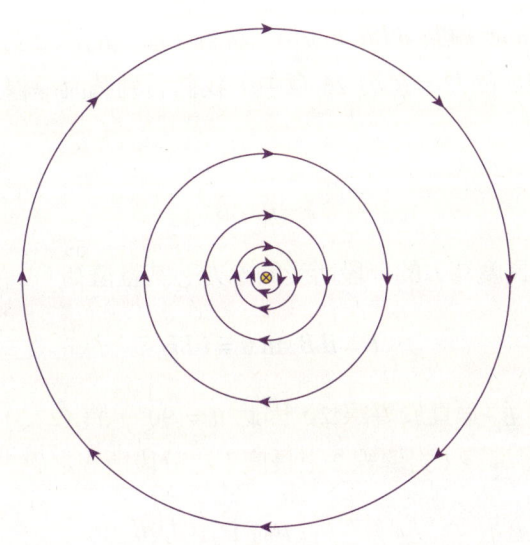

圖 27.6 圍繞長直導線 (中心的黃色圓圈) 的磁場線，導線垂直於頁面並載有指入頁面 (以叉號表示) 的電流。

兩條平行載流導線

讓我們檢視載有電流之兩條平行導線的情況。兩條導線彼此施加磁力，因為一條導線的磁場會對另一條導線中的移動電荷施力。每條載流導線產生之磁場的量值由 (27.4) 式給出，而磁場方向則是垂直於導線，其方向由右手定則 3 (圖 27.5) 給出。

首先考慮導線 1，它載有向右的電流 i_1，如圖 27.7a 所示。在與導線 1 的垂直距離為 d 處，磁場的量值為

$$B_1 = \frac{\mu_0 i_1}{2\pi d} \tag{27.5}$$

$\vec{B}_1$ 的方向由右手定則 3 給出，並且在圖 27.7a 中針對一特定點示出。

現在考慮導線 2 攜帶與 i_1 相同方向的電流 i_2，並且與導線 1 平行放

>>> 觀念檢測 27.1
如附圖所示，導線載有指入頁面的電流 i_{in}。在 P 和 Q 處的磁場指向哪個方向？

• Q

⊗
i_{in} • P

a) 在 P 處向右，在 Q 處向上 (朝向頁面頂部)
b) 在 P 處向上，在 Q 處向右
c) 在 P 處向下，在 Q 處向右
d) 在 P 處向上，在 Q 處向左

>>> 觀念檢測 27.2
如附圖所示，導線 1 具有指出頁面的電流 i_{out}，導線 2 具有指入頁面的電流 i_{in}。在 P 點的磁場方向為何？

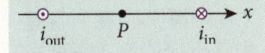

⊙———•———⊗ → x
i_{out} P i_{in}

a) 沿頁面向上
b) 向右
c) 沿頁面向下
d) 向左
e) 在 P 點的磁場為零

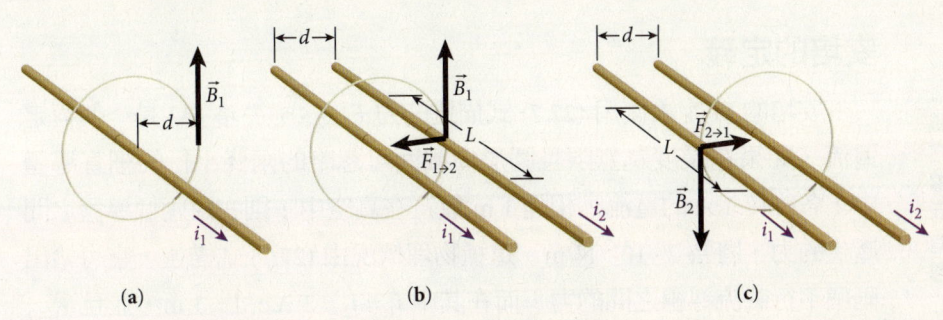

(a)　　　　(b)　　　　(c)

圖 27.7 (a) 一條載流導線的磁場線。(b) 第一條導線中的電流產生的磁場對第二條載流導線施力。(c) 第二條導線中的電流產生的磁場對第一條載流導線施力。

普通物理

置，與導線 1 的距離為 d（圖 27.7b）。導線 1 產生的磁場對載流導線 2 中的移動電荷施加磁力。在第 26 章中，我們看到載流導線上的磁力由下式給出：

$$\vec{F} = i\vec{L} \times \vec{B}$$

故在導線 2 上長度為 L 的一段所受的磁力，其量值為

$$F = iLB \sin\theta = i_2 L B_1 \tag{27.6}$$

在上式中因為 $\vec{B}_1$ 垂直於導線 2，因此 $\theta = 90°$。將 (27.5) 式的 B_1 代入 (27.6) 式，可得導線 1 對導線 2 上長度 L 之分段所施之磁力的量值：

$$F_{1\to 2} = i_2 L \left(\frac{\mu_0 i_1}{2\pi d}\right) = \frac{\mu_0 i_1 i_2 L}{2\pi d} \tag{27.7}$$

根據右手定則 1，$\vec{F}_{1\to 2}$ 指向導線 1，並且垂直於兩條導線。同理，可得導線 2 對導線 1 上長度 L 之分段所施之力，具有相同的量值和相反的方向：$\vec{F}_{2\to 1} = -\vec{F}_{1\to 2}$。這個結果如圖 27.7c 所示，它是牛頓第三定律的簡單推論。

▶▶▶ 觀念檢測 27.3

在圖 27.2 中，羅盤針顯示了載流導線周圍的磁場。在圖中，羅盤針的指北端對應於
a) 紅色端。
b) 灰色端。
c) 紅色端或灰色端，取決於羅盤針如何移向導線。
d) 無法從圖所給信息識別出為何端。

自我測試 27.1

圖中的導線載有沿正 z 方向的電流 i。在 P_1 處產生之磁場的方向為何？在 P_2 處產生之磁場的方向為何？

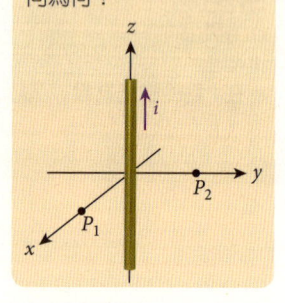

▶▶▶ 觀念檢測 27.4

兩條平行的導線彼此靠近，如附圖所示。導線 1 承載電流 i，導線 2 承載電流 $2i$。關於兩條導線彼此施加之磁力，以下哪個說法是正確的？
a) 兩條導線彼此不施加力。
b) 兩條導線相互施加相同量值的吸引力。
c) 兩條導線彼此施加相同量值的排斥力。
d) 導線 1 對導線 2 施加的力大於導線 2 對導線 1 施加的力。
e) 導線 2 對導線 1 施加的力大於導線 1 對導線 2 施加的力。

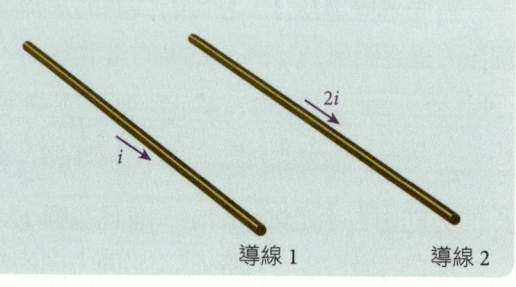

自我測試 27.2

考慮兩條平行導線，載有的電流具有相同的方向與量值，這兩條導線之間的力是引力還是斥力？現在考慮兩條載有相反方向電流的平行導線，這兩條導線之間的力是引力還是斥力？

安培的定義

安培的 SI 定義使用 (27.7) 式描述的力 $F_{1\to 2}$：1 安培 (A) 是一個恆定電流，如果在長度為無限且圓形橫截面可忽略的兩條平行的細直導體中，各維持 1 A 的電流，相隔 1 m 放置在真空中，則在這兩個導體之間產生的力，將為 $2 \cdot 10^{-7}$ N/m。這種物理情況由 (27.7) 式描述，它可給出兩個平行載流導線之間的力，而在其中 $i_1 = i_2 = 1$ A，$d = 1$ m，並且 $\vec{F}_{1\to 2}$ 恰好為 $2 \cdot 10^{-7}$ N。由 (27.7) 式求解 μ_0：

27 運動電荷的磁場

$$\mu_0 = \frac{(2\pi d) F_{1\to 2}}{i_1 i_2 L} = \frac{2\pi (1\text{ m})(2\cdot 10^{-7}\text{ N})}{(1\text{ A})(1\text{ A})(1\text{ m})} = 4\pi \cdot 10^{-7}\ \frac{\text{T m}}{\text{A}}\ (\text{精確值})$$

這表明自由空間的磁導率被精確的定義為 $\mu_0 = 4\pi \cdot 10^{-7}$ T m/A，參見 (27.2) 式。

在第 20 章中，當引入庫侖定律時，自由空間的電容率 ϵ_0 具有的值為 $\epsilon_0 = 8.85 \cdot 10^{-12}$ C^2/(N m^2)。由於 1 A = 1 C/s，1 T = 1 (N s)/(C m)(見第 26 章)，兩個常數 μ_0 和 ϵ_0 的乘積為

$$\mu_0 \epsilon_0 = \left(4\pi \cdot 10^{-7}\ \frac{\text{T m}}{\text{A}}\right)\left(8.85 \cdot 10^{-12}\ \frac{\text{C}^2}{\text{N m}^2}\right) = 1.11 \cdot 10^{-17}\ \frac{\text{s}^2}{\text{m}^2}$$

它的單位為速率平方的倒數。因此，$1/\sqrt{\mu_0 \epsilon_0}$ 給出一個速率的值，它等於光速的值，$c = 3.00 \cdot 10^8$ m/s。這絕不是巧合，我們將在後面的章節中看到。現在，說明實證的發現即已足夠：

$$c = \frac{1}{\sqrt{\mu_0 \epsilon_0}}$$

由於自由空間的磁導率被精確的定義為 $\mu_0 = 4\pi \cdot 10^{-7}$ T m/A，而光速被精確的定義為 $c = 299{,}792{,}458$ m/s (參見第 1 章中的討論)，故自由空間的電容率，其值也由表達式 $c = 1/\sqrt{\mu_0 \epsilon_0}$ 所固定。

例題 27.1 方形載流迴圈上的力

一條長直導線載有向右流動、量值為 $i_1 = 5.00$ A 的電流 (圖 27.8)。一個邊長為 $a = 0.250$ m 的方形迴圈，四邊分別平行與垂直於導線，與導線的距離為 $d = 0.100$ m。此方形迴圈沿逆時鐘方向載有量值為 $i_2 = 2.20$ A 的電流。

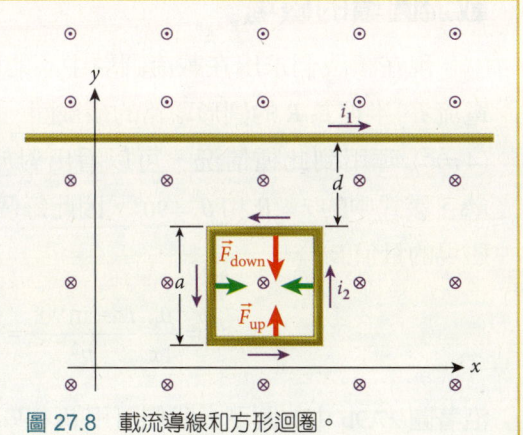

圖 27.8 載流導線和方形迴圈。

問題：

在方形迴圈上的淨磁力為何？

解：

在方形迴圈上的力來自載流長直導線產生的磁場。右手定則 3 告訴我們，導線中的電流所產生的磁場，在迴圈所在的區域中，其方向為指

普通物理

>>> 觀念檢測 27.5

如附圖所示，載有正 y 方向電流 i 的一條導線，位於均勻磁場 $\vec{B}$ 中，磁場所指方向使得導線上的磁力最大化。若作用於導線的磁力 $\vec{F}_B$ 沿負 x 方向，則磁場的方向為何？

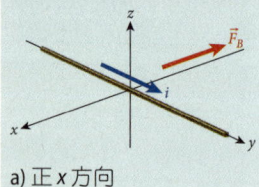

a) 正 x 方向
b) 負 x 方向
c) 負 y 方向
d) 正 z 方向
e) 負 z 方向

入頁面 (參見圖 27.10)。右手定則 3 和 (27.4) 式告訴我們，迴圈左邊受到的合力向右，迴圈右邊的合力則是向左。在圖 27.10 中，這兩個力以綠色箭頭表示。這兩個力在量值上相等，方向相反，因此它們的總和為零。迴圈頂邊的力向下 (圖 27.10 中的紅色箭頭，指向負 y 方向)，其量值由 (27.7) 式給出：

$$F_{\text{down}} = \frac{\mu_0 i_1 i_2 a}{2\pi d}$$

其中 a 是迴圈頂邊的長度。迴圈底邊的力向上 (圖 27.10 中的另一個紅色箭頭，指向正 y 方向)，其量值由下式給出：

$$F_{\text{up}} = \frac{\mu_0 i_1 i_2 a}{2\pi (d+a)}$$

因此，在迴圈上的淨磁力為

$$\vec{F} = (F_{\text{up}} - F_{\text{down}})\hat{y}$$

代入數值可得

$$\vec{F} = \frac{(4\pi \cdot 10^{-7}\ \text{T m/A})(5.00\ \text{A})(2.20\ \text{A})(0.250\ \text{m})}{2\pi} \left(\frac{1}{0.350\ \text{m}} - \frac{1}{0.100\ \text{m}}\right)\hat{y}$$

$$= (-3.93 \cdot 10^{-6})\hat{y}\ \text{N}$$

載流圓環的磁場

現在讓我們求出在載流圓環中心的磁場。圖 27.9a 示出了載有電流 i、半徑為 R 的圓形環路的橫截面。將 (27.3) 式 $dB = \mu_0\, ids \sin\theta / (4\pi r^2)$ 應用到此種情況，可以看出對於沿著圓環的每個電流元素 ids，該式中的 $r = R$ 和 $\theta = 90°$。因此每個電流元素在圓環中心產生之磁場的量值為

$$dB = \frac{\mu_0}{4\pi} \frac{ids \sin 90°}{R^2} = \frac{\mu_0}{4\pi} \frac{ids}{R^2}$$

沿著圖 27.9b 中的圓環，我們可用 $ds = Rd\phi$ 將角度 ϕ 與電流元素相關聯，從而求出圓環中心的磁場量值：

$$B = \int dB = \int_0^{2\pi} \frac{\mu_0}{4\pi} \frac{iRd\phi}{R^2} = \frac{\mu_0 i}{2R} \qquad (27.8)$$

記住，(27.8) 式僅給出在環路中心處之磁場的量值，此量值為 $B(r = $

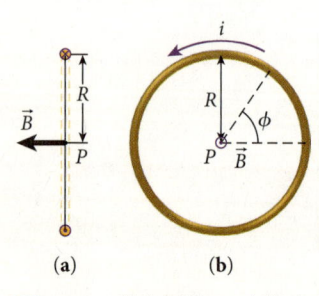

圖 27.9 載有電流 i、半徑為 R 的圓環：(a) 側視圖；(b) 前視圖。在 (a) 部分中，上方黃色圓圈內的叉號表示圓環頂部的電流指入頁面，下方黃色圓圈內的點表示環路底部的電流指出頁面。P 點位於圓環中心。

0) = $\frac{1}{2}\mu_0 i/R$。為了確定磁場的方向,我們再次使用右手定則 1 的變型。使用你的右手,拇指沿電流元素的方向伸出 (圖 27.9a 中上方圓圈內有叉號,代表指入頁面),食指由電流元素沿半徑向圓環中心的方向指出 (向下);則中指指向左邊。使用右手定則 3 (圖 27.5),我們也發現圖 27.9 中所示的電流產生指向左邊的磁場 $\vec{B}$。

現在讓我們求出在圓環軸線上而不是在圓環中心的磁場 (圖 27.10)。我們選取一個座標系,使得 x 軸沿著圓環的軸線,且環的中心位於 x = 0、y = 0 和 z = 0。徑向向量 $\vec{r}$ 是從環上的電流元素 $i\,d\vec{s}$ 開始到任何 x 軸上之點的位移。圖 27.10 中示出的電流元素指往負 z 方向。徑向向量 $\vec{r}$ 位於 xy 平面中,因此垂直於電流元素。這個情況對於圓環上的任何電流元素都相同。因此,我們可以在 (27.3) 式中令 θ = 90°,而求得在 x 軸上任何點處的微分磁場之量值的表達式:

$$dB = \frac{\mu_0}{4\pi}\frac{i\,ds\,\sin 90°}{r^2} = \frac{\mu_0}{4\pi}\frac{i\,ds}{r^2}$$

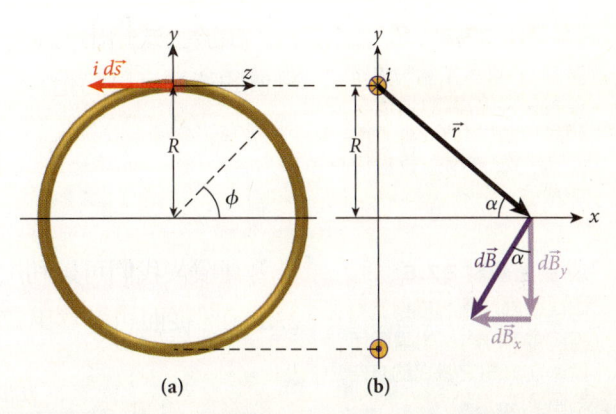

圖 27.10 用以計算載流圓環軸線上各點之磁場的幾何形狀:(a) 前視圖,(b) 側視圖。

右手定則 1 的變型給出了微分磁場的方向:使用右手,將拇指沿微分電流元素 (負 z 方向) 的方向指出,將食指沿徑向向量的方向 (正 x 方向和負 y 方向) 指出;微分磁場的方向將由中指 (負 x 方向和負 y 方向) 給出。圖 27.10 示出了微分磁場。為了獲得完整的磁場,我們需要對微分電流元素進行積分。由於考慮的情況具有對稱性,我們可以看出微分磁場的 y 分量 dB_y,在積分後將為零,而微分磁場的 x 分量 (dB_x) 由下式給出:

$$dB_x = dB\sin\alpha = \frac{\mu_0}{4\pi}\frac{i\,ds}{r^2}\sin\alpha$$

其中 α 是 $\vec{r}$ 和 x 軸的夾角 (見圖 27.10b)。我們可將 $\vec{r}$ 的量值以 x 和環的半徑 R 表示為 $r = \sqrt{x^2 + R^2}$,並且將 sin α 以 x 和 R 表示為 $\sin\alpha = R/\sqrt{x^2 + R^2}$,而可將微分磁場之 x 分量的表達式重寫為

$$dB_x = \frac{\mu_0}{4\pi}\frac{i\,ds}{x^2 + R^2}\frac{R}{\sqrt{x^2 + R^2}} = \frac{\mu_0 i\,ds}{4\pi}\frac{R}{(x^2 + R^2)^{3/2}}$$

普通物理

> **自我測試 27.3**
> 證明 (27.9) 式所給載流圓環軸上之磁場的量值，經約化會成為 (27.8) 式所給載流圓環中心之磁場的量值。

> **觀念檢測 27.6**
> 兩個相同的導線圓環載有相同的電流 i，如附圖所示。在 P 點之磁場的方向為何？ 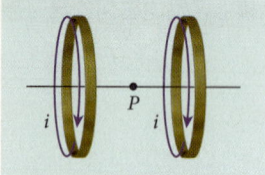
>
> a) 向上 (朝向頁面頂部)
> b) 向右
> c) 向下
> d) 向左
> e) 在 P 點的磁場為零。

由於上式給出的 dB_x 與電流元素在環上的位置無關，因此求總磁場量值的積分可以簡化為

$$B_x = \int dB_x = \frac{\mu_0 iR}{4\pi (x^2+R^2)^{3/2}} \int ds$$

沿著圓環，我們可以利用 $ds = Rd\phi$ 將角度 ϕ 與電流元素相關聯 (參見圖 27.10a)，從而可計算出在圓環軸線上的磁場：

$$B_x = \frac{\mu_0 iR}{4\pi (x^2+R^2)^{3/2}} \int_0^{2\pi} Rd\phi = \frac{\mu_0 i 2\pi}{4\pi} \frac{R^2}{(x^2+R^2)^{3/2}}$$

或

$$B_x = \frac{\mu_0 i}{2} \frac{R^2}{(x^2+R^2)^{3/2}} \tag{27.9}$$

由先前所用的右手定則 1 之變型，可知道圓環軸上的磁場沿負 x 方向，如圖 27.10 所示。我們也可以應用右手定則 3 來決定磁場的方向：在圓環上的任何點，將右手的拇指沿圓環的切線指出電流方向，則其餘四指捲曲的方向，將指示出圓環內的磁場朝負 x 方向。

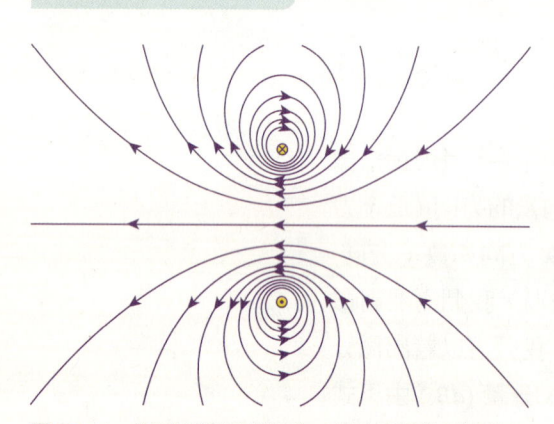

使用更先進的技術和借助於計算機，我們可以確定載流環路在空間其他點產生的磁場。來自載流圓環導線的磁場線如圖 27.11 所示。由 (27.8) 式給出的磁場值僅在圖 27.11 的中心點有效，而由 (27.9) 式給出的磁場值則僅在圓環的軸上有效。

圖 27.11 沿圓環邊緣側視時，載流圓環的磁場線。上方黃色圓圈內為叉號代表電流指入頁面，下方黃色圓圈內為點代表電流指出頁面。

27.3 安培定律

第 21 章提到，如果電荷分布具有圓柱、球或平面對稱性，我們可以應用高斯定律，而以簡練的方式獲得電場。類似的，當分布具有圓柱或其他對稱性時，我們可以避免使用必歐–沙伐定律，而應用**安培定律**來計算電流分布產生的磁場。通常，通過這種方式來解決問題，可以比直接積分省事得多。安培定律的數學陳述為

$$\oint \vec{B} \cdot d\vec{s} = \mu_0 i_{\text{enc}} \tag{27.10}$$

符號 $\oint$ 表示對 $\vec{B}\cdot d\vec{s}$ 的積分是沿著一條閉合的路徑，稱為**安培迴路**。該迴路包圍在內的總電流為 i_{enc}。

以下舉例說明安培定律的使用。圖 27.12 中所示的五個電流，都垂直於平面。以紅線表示的安培迴路包圍電流 i_1、i_2 和 i_3，但不包圍電流 i_4 和 i_5。根據安培定律，由這三個電流產生的磁場，其閉路積分由下式給出：

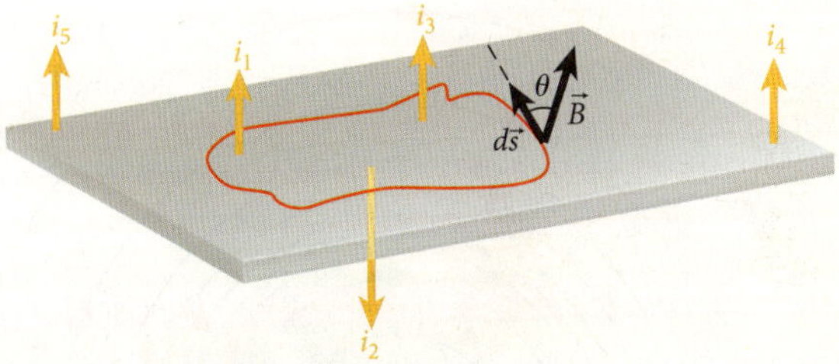

$$\oint \vec{B}\cdot d\vec{s} = \oint B\cos\theta\, ds = \mu_0(i_1 - i_2 + i_3)$$

其中 θ 是安培迴路上每個點處之磁場 $\vec{B}$ 的方向和微分長度元素 $d\vec{s}$ 的方向之間的夾角。沿安培迴路的積分可以選擇任一繞行方向來完成。在圖 27.12 中，以 $d\vec{s}$ 的方向指示出積分的繞行方向，並將該處的總磁場標示出來。電流的貢獻以右手定則確定其正負符號：將四指沿積分方向捲曲，則與拇指方向相同的電流為正，反之為負。在安培迴路內的三個電流，有兩個是正的，一個是負的。將三個電流加總求和是簡單的，但積分 $\oint B\cos\theta\, ds$ 的結果則不容易求出。然而，讓我們來看一些特殊的情況，其中安培迴路包含的是對稱的電流分布，而可被利用來求出上述積分的結果。

圖 27.12 五個電流和一個安培迴路。

長直導線內的磁場

圖 27.13 顯示的長直導線，具有半徑為 R 的圓形橫截面，並載有指出頁面的電流 i，該電流均勻分布於導線的整個橫截面。我們使用具有半徑 $r_\perp$ 的安培迴路，如紅色圓圈所示。如果 $\vec{B}$ 具有沿半徑向外 (或向內) 的分量，基於對稱，它將在整個迴路上各點都具有向外 (或向內) 的分量，以致相應的磁場線永遠不會閉合。因此，$\vec{B}$ 必須與安培迴路相切，使我們可以將安培定律的積分重寫為

$$\oint \vec{B}\cdot d\vec{s} = B\oint ds = B2\pi r_\perp$$

從安培迴路的面積 A_{loop} 與導線橫截面積 A_{wire} 的比率，可以求出包含於迴路內的電流 i_{enc}：

$$i_{enc} = i\frac{A_{loop}}{A_{wire}} = i\frac{\pi r_\perp^2}{\pi R^2}$$

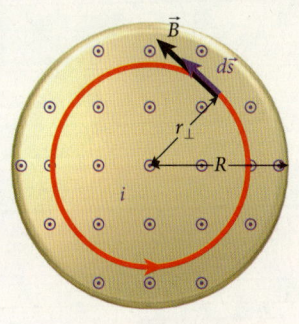

> **觀念檢測 27.7**
>
> 三條導線載有相同量值的電流 i，其方向如附圖所示。在示出的四個安培迴路 (a)、(b)、(c) 和 (d) 中，哪個迴路的 $\oint \vec{B}\cdot d\vec{s}$ 具有最大的量值？
>
> a) 迴路 a
> b) 迴路 b
> c) 迴路 c
> d) 迴路 d
> e) 四個迴路的量值都相同。

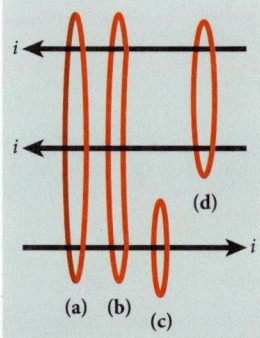

圖 27.13 使用安培定律以求出長直導線內的磁場。

因此，我們獲得

$$2\pi B r_\perp = \mu_0 i \frac{\pi r_\perp^2}{\pi R^2}$$

或

$$B = \left(\frac{\mu_0 i}{2\pi R^2}\right) r_\perp \quad (27.11)$$

我們來比較 (27.4) 式、(27.11) 式所給導線外、導線內之磁場量值的表達式。首先，在兩式中用 R 替代 $r_\perp$，則兩式所得在導線表面的磁場相同：$B(R) = \mu_0 i/(2\pi R)$，即兩式在導線表面提供相同的結果。在導線內，磁場量值以 $r_\perp$ 線性上升到 $B(R) = \mu_0 i/(2\pi R)$，而在導線外，則隨著 $r_\perp$ 的倒數而下降，圖 27.14 底部的圖顯示了這個依賴性。圖的上部描繪了導線 (金色區域) 的橫截面、磁場線 (黑色圓圈，其間隔反映磁場的強弱) 和在空間中幾個選定點處的磁場向量 (紅色箭頭)。

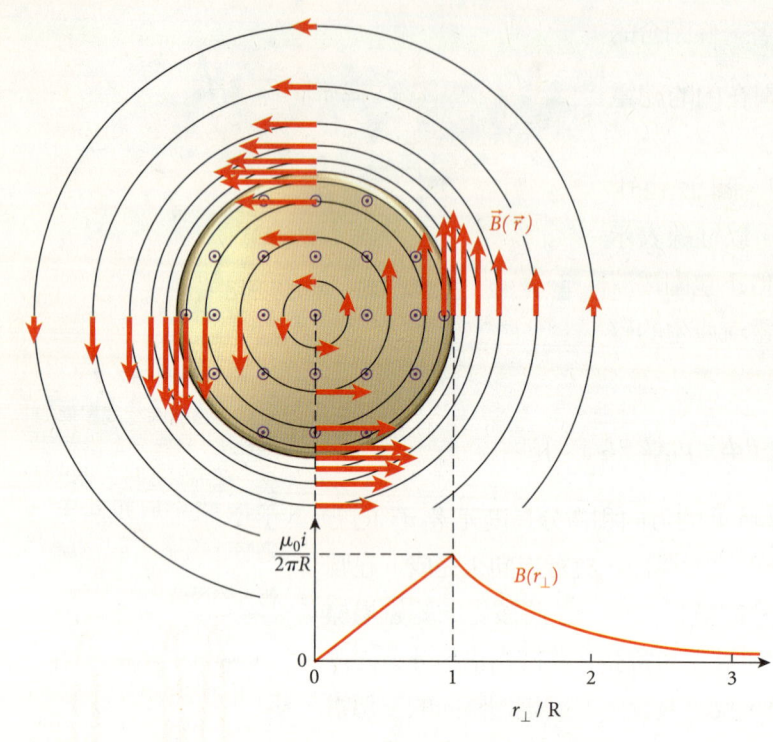

圖 27.14 電流指出頁面的導線所產生之磁場的徑向依賴性。

27.4 螺線管和環形管的磁場

如圖 27.11 所示，單一迴圈的載流導線所產生的磁場並非均勻的。然而，現實世界的應用通常需要均勻磁場。亥姆霍茲線圈是常用來產生均勻磁場的裝置 (圖 27.15a)，它由兩個同軸的導線迴路組成。每個同軸導線迴路各由一條具有多個迴圈 (亦稱匝或繞組) 的導線組成，以致它的磁場就像單一的載流迴圈。

圖 27.15b 顯示出亥姆霍茲線圈的磁場線。可以看出，它與圖 27.11 中所示單一迴圈的磁場不同，在兩同軸導線迴路之間的中心，存在著均勻磁場的區域 (磁場線具有水平平行段的特徵)。

將迴路的個數進一步增加，圖 27.16 示出了來自四個同軸迴路的磁場線。在四個迴路中心的均勻磁場區域擴大，但需注意，導線附近和接近兩端的磁場並不均勻。

運動電荷的磁場 27

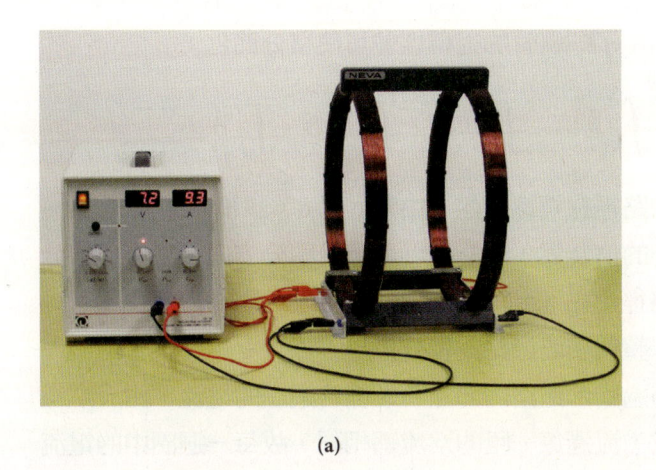

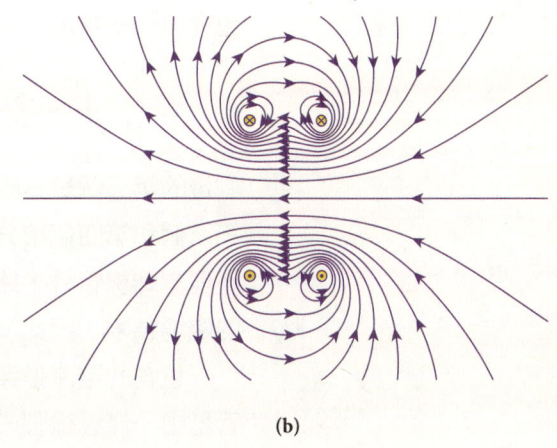

圖 27.15 (a) 實驗室使用的典型亥姆霍茲線圈，可在其內部產生幾乎均勻的磁場。(b) 亥姆霍茲線圈的磁場線。

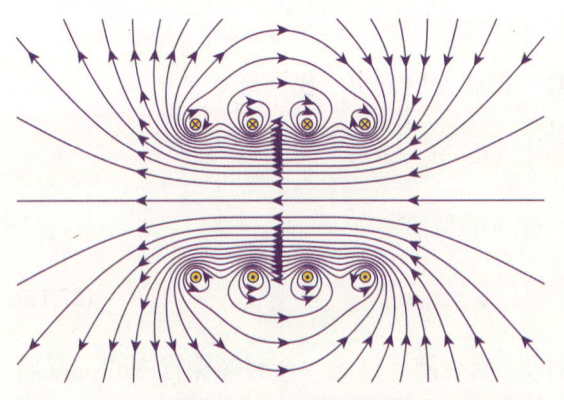

圖 27.16 由四個各具有許多匝的同軸迴路所產生的磁場線。

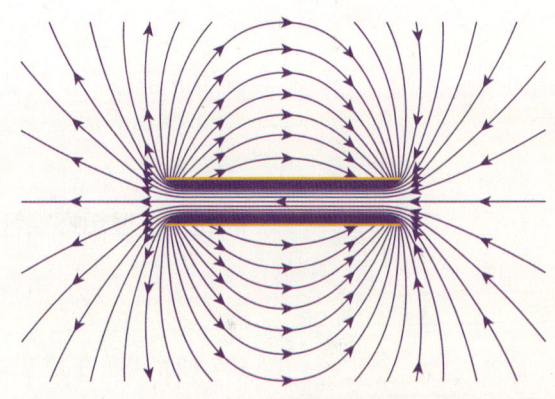

圖 27.17 具有 600 匝之螺線管的磁場線。電流在螺線管頂部指入頁面，而在其底部則指出頁面。

螺線管可產生均勻的強磁場，它是由一條具有許多迴圈的導線組成，這些迴圈緊密纏繞在一起。圖 27.17 所示為具有 600 匝 (或迴圈) 之螺線管的磁場線。可以看出，磁場線在螺線管內部彼此非常靠近，而在外部則大為分開。如同亥姆霍茲線圈的內部 (圖 27.15b)，磁場在螺線管內是均勻的。相鄰磁場線的間距是磁場強弱的量度，你可以看出，螺線管內的磁場比螺線管外的磁場強得多。

一個理想螺線管的磁場在外部為零，而在內部則為均勻恆定的有限值。為了求出理想螺線管內磁場的量值，我們可以將 (27.10) 式的安培定律，應用於遠離其兩端的一小段螺線管 (圖 27.18)。我們選擇一個安培迴路來進行積分，如圖 27.18 中的紅色矩形所示，它

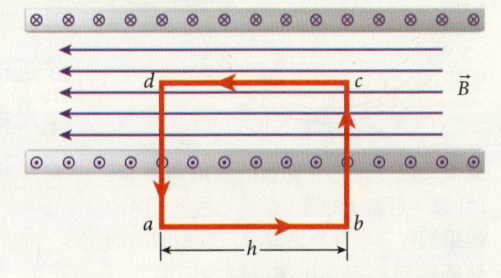

圖 27.18 用以求出理想螺線管內磁場之量值的安培迴路。

689

包含有一些電流，利用了螺線管的對稱性並可使積分簡化：

$$\oint \vec{B} \cdot d\vec{s} = \int_a^b \vec{B} \cdot d\vec{s} + \int_b^c \vec{B} \cdot d\vec{s} + \int_c^d \vec{B} \cdot d\vec{s} + \int_d^a \vec{B} \cdot d\vec{s}$$

右邊的第三個積分的路徑在螺線管內，由點 c 到 d，該積分的值為 Bh。第二個和第四個積分的值為零，因為磁場垂直於積分方向。第一個積分在理想螺線管外，路徑由點 a 到 b，其積分值為零，因為理想螺線管外的磁場為零。因此，整個安培迴路的積分值是 Bh。

包含的電流是通過安培迴路內部之各螺線管迴圈的電流。由於螺線管是由一條導線製成，流過每一匝的電流都相同，故每一迴圈中的電流都相同。因此，包含的電流就等於匝數乘以電流：

$$i_{\text{enc}} = nhi$$

其中 n 是每單位長度的匝數。根據安培定律，我們有

$$Bh = \mu_0 nhi$$

因此，在理想螺線管內部，磁場的量值為

$$B = \mu_0 ni \tag{27.12}$$

(27.12) 式僅在遠離螺線管兩端處有效。注意，B 與螺線管內的位置無關：理想的螺線管在其內部產生恆定和均勻的磁場，並且在其外部沒有磁場。如圖 27.17 所示的真實螺線管在兩端附近具有邊緣磁場，但仍然可以產生高品質的均勻磁場。

如果將螺線管彎曲使其兩端相連 (圖 27.19)，則它將變成甜甜圈的形狀 (稱為環面)，此時載流導線形成一系列的迴圈，每個迴圈流過相同的電流。此裝置稱為環形管磁鐵 (或磁體) 或**環形管**。正如理想螺線管，理想環形管外部的磁場為零。為了求出環形管內部磁場的量值，我們使用安培定律，並選擇半徑為 r 的圓形安培迴路，使得 $r_1 < r < r_2$，其中 r_1 和 r_2 是環形管的內半徑和外半徑。由於磁場總是與安培迴路相切，我們有

$$\oint \vec{B} \cdot d\vec{s} = 2\pi r B$$

包含的電流是環形管的迴圈 (或匝) 數 N，乘以導線 (與每個迴

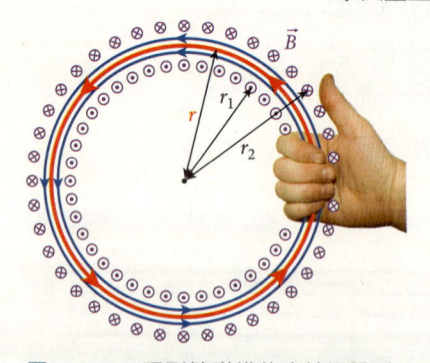

圖 27.19 環形管磁鐵的安培迴路 (紅色) 為半徑為 r 的圓。依據右手定則 4，如果把你右手手指沿電流方向擺放，則你的拇指將指示出環形管內磁場的方向。

圈) 中的電流 i；所以，安培定律給了我們

$$2\pi rB = \mu_0 Ni$$

因此，環形管內部磁場的量值由下式給出：

$$B = \frac{\mu_0 Ni}{2\pi r} \quad (27.13)$$

注意，與螺線管內部的磁場不同，環形管內部的磁場量值取決於半徑。隨著半徑增加，磁場的量值減小。磁場的方向可以使用右手定則 4 獲得：如果你彎曲右手四指，使它們沿電流方向圍繞環形管，如圖 27.24 所示，則你的拇指將指著環形管內磁場的方向。

>>> **觀念檢測 27.8**
你有一個螺線管，其匝數固定，連接到可以提供固定電流的電源。要使螺線管內的磁場加倍，你需要將
a) 螺線管的半徑加倍。
b) 螺線管的半徑減半。
c) 螺線管的長度加倍。
d) 螺線管的長度減半。

27.5 視為磁體的原子

構成所有物質的原子包含移動的電子，因而可形成電流迴路，從而產生磁場。在大多數材料中，這些電流迴路的方向是隨機的，不產生淨磁場。但在有些材料中，一部分電流迴路的方向彼此對齊一致。這些材料，稱為**磁性材料** (第 27.6 節)，它們確實產生淨磁場。其他材料的電流迴路在外加磁場下會趨向一致，而被磁化。

考慮一個高度簡化的原子模型：一個以等速率 v 沿半徑為 r 的圓形軌道移動的電子 (圖 27.20)。我們將電子電荷的移動視為電流 i。電流的定義為每單位時間通過特定點的電荷。就考慮中的情況而言，電荷是電子的電荷，具有量值 e，而時間則與電子軌道的週期 T 相關。因此，電流的量值由下式給出：

$$i = \frac{e}{T} = \frac{e}{2\pi r/v} = \frac{ve}{2\pi r}$$

做軌道運動之電子的磁偶極矩，其量值由下式給出：

$$\mu_{\text{orb}} = iA = \frac{ve}{2\pi r}\left(\pi r^2\right) = \frac{ver}{2} \quad (27.14)$$

而電子的軌道角動量具有的量值為

$$L_{\text{orb}} = rp = rmv$$

其中 m 是電子的質量。由 (27.14) 式解出 v，並將結果代入軌道角動量的表達式，可得

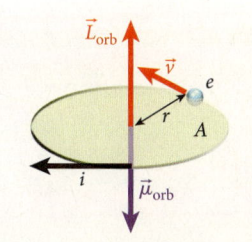

圖 27.20 在原子中以等速率沿圓形軌道移動的電子。

$$L_{\text{orb}} = rm\left(\frac{2\mu_{\text{orb}}}{er}\right) = \frac{2m\mu_{\text{orb}}}{e}$$

因為磁偶極矩和角動量都是向量，我們可以寫

$$\vec{\mu}_{\text{orb}} = -\frac{e}{2m}\vec{L}_{\text{orb}} \tag{27.15}$$

在上式中需要負號，因為電流是根據正電荷流動的方向來定義的。

例題 27.2　氫原子的軌道磁矩

假設氫原子是由一個電子以等速率 v 繞行一個靜止的質子，沿半徑為 r 的圓形軌道移動所組成，並假設使電子保持圓周運動的向心力是質子和電子之間的靜電力。電子的軌道半徑 $r = 5.29 \cdot 10^{-11}$ m。

問題：

氫原子之軌道磁偶極矩 (簡稱軌道磁矩) 的量值為何？

解：

軌道磁矩的量值為

$$|\mu_{\text{orb}}| = \frac{e}{2m}L_{\text{orb}} = \frac{e}{2m}(rmv) = \frac{erv}{2} \tag{i}$$

由於使電子保持圓周運動的向心力，等於電子和質子之間的靜電力，我們得到

$$\frac{mv^2}{r} = k\frac{e^2}{r^2}$$

其中 k 為庫侖常數。我們可以從上式求解電子的速率：

$$v = e\sqrt{\frac{k}{mr}} \tag{ii}$$

將 (ii) 式的 v 代入 (i) 式，給了我們

$$|\mu_{\text{orb}}| = \frac{er}{2}\left(e\sqrt{\frac{k}{mr}}\right) = \frac{e^2}{2}\sqrt{\frac{kr}{m}}$$

將相關各數值代入，我們得到

$$|\mu_{\text{orb}}| = \frac{(1.602 \cdot 10^{-19}\,\text{C})^2}{2}\sqrt{\frac{(8.99 \cdot 10^9\,\text{N m}^2/\text{C}^2)(5.29 \cdot 10^{-11}\,\text{m})}{9.11 \cdot 10^{-31}\,\text{kg}}} = 9.27 \cdot 10^{-24}\,\text{A m}^2$$

這個結果與氫原子之軌道磁矩的實驗測量值一致。但基於原子中的電子具有圓形軌道的想法，對氫和其餘原子的性質所做的其他預測，與實驗觀察不符。因此，與原子的磁性有關的詳細描述，必須將量子物理學所描述的現象納入考慮。

自旋

電子軌道運動的磁偶極矩，不是原子磁矩的唯一貢獻者。電子和其他基本粒子由於具有自旋，另有其對應的固有磁矩。自旋的現象需從量子力學的觀點，才能正確加以了解，但一些關於自旋及其與粒子固有角動量之關係的事實，已經在實驗中發現，它們並不需要用到量子力學的理論。電子、質子和中子都具有量值為 $s = \frac{1}{2}$ 的自旋，這些粒子因自旋而具有的角動量，其量值為 $S = \hbar\sqrt{s(s+1)}$，而其角動量的 z 分量則僅可為 $S_z = -\frac{1}{2}\hbar$ 或 $S_z = +\frac{1}{2}\hbar$，其中 $\hbar$ 是普朗克常數除以 2π。自旋無法以粒子中某些次結構的軌道運動來解釋。例如，電子看起來是真正的點粒子。因此，自旋是一種固有特性，類似於質量或電荷。

大塊物質的磁性特質，主要是由電子自旋磁矩決定。具有自旋的粒子，其磁矩 $\vec{\mu}_s$ 與自旋角動量 $\vec{S}$ 的關係如下：

$$\vec{\mu}_s = g\frac{q}{2m}\vec{S} \tag{27.16}$$

其中 q 為粒子的電荷，m 為其質量。g 是無因次的，稱為 g 因子。對於電子，其數值為 $g = -2.0023193043622(15)$，它是自然界中最精確被測量的量之一。將 (27.15) 式，亦即軌道角動量引起的磁偶極矩，與 (27.16) 式加以比較，你會發現它們非常相似。

27.6 物質的磁性

在第 26 章中，我們指出在均勻的外加磁場中，磁偶極不受淨力，但受到了一個力矩。此力矩會驅動單一的自由偶極，使它的磁偶極矩與外加磁場的方向相同，因為這是具有最低磁位能的狀態。我們在 27.5 節看到原子可以有磁偶極矩。當物質 (由原子組成) 受到外加磁場時會發生什麼？

一個材料中的各個原子，其磁偶極矩可以指向不同的方向或者指向相同的方向。一個材料的**磁化強度** $\vec{M}$，依定義為每單位體積的材料中來自其原子的淨磁偶極矩。因此，材料內的磁場 $\vec{B}$ 取決於外加磁場 $\vec{B}_0$ 和磁化強度 $\vec{M}$：

$$\vec{B} = \vec{B}_0 + \mu_0\vec{M} \tag{27.17}$$

其中 μ_0 還是自由空間的磁導率。通常使用**磁場強度** $\vec{H}$，以代替外加磁場 $\vec{B}_0$：

$$\vec{H} = \frac{\vec{B}_0}{\mu_0} \tag{27.18}$$

利用磁場強度的定義,可以將 (27.17) 式改寫為

$$\vec{B} = \mu_0(\vec{H} + \vec{M}) \tag{27.19}$$

由於磁場的單位是 [B] = T,而磁導率的單位是 [μ_0] = T m/A,所以磁化強度和磁場強度的單位是 [M] = [H] = A/m。

抗磁性和順磁性

我們尚未說明磁化強度如何取決於外加磁場 $\vec{B}_0$,或者與它等效的,磁化強度如何取決於磁場強度 $\vec{H}$。對於大多數材料 (但不是所有!),這個關係是線性的:

$$\vec{M} = \chi_m \vec{H} \tag{27.20}$$

其中的比例常數 χ_m 稱為材料的**磁化率** (表 27.1)。但是有些材料並不遵守 (27.20) 式的簡單線性關係,其中最突出的是鐵磁體,我們將在下一小節中討論它。首先讓我們檢查適用 (27.20) 式的抗磁性和順磁性材料。

如果 $\chi_m < 0$,則材料內的磁偶極會傾向於將自身排列,以抵抗外加磁場。在這種情況下,磁化強度向量與磁場強度向量的方向相反。具有 $\chi_m < 0$ 的材料被稱為抗磁的。大多數材料表現出**抗磁性** (亦稱**反磁性**)。在抗磁材料中,外加磁場會在與它相反的方向上,感應微弱的磁偶極矩。當外加磁場去除時,感應磁場跟著消失。如果外加磁場不是均勻的,則抗磁材料的感應偶極矩在外加磁場的作用下,會受到一個力,此力從磁場強度較高的區域指向磁場強度較低的區域。

圖 27.21 的例子顯示一個抗磁的生物材料。由 16 T 的非均勻外加磁場引起的抗磁力使活青蛙懸浮。在這個情況下,通常可忽略的抗磁力大到足以克服重力。

注意,真空的 χ_m 是 0。如果 (27.20) 式中的磁化率大於零,即 $\chi_m > 0$,則材料的磁化強度與磁場強度的方向相同。此性質稱為**順磁性**,而表現出它的材料被稱為順磁的。含有某些過渡元素 (包括鋼系元素和稀土元素) 的材料表現出順磁性。這些元素的每個原子具有永久的磁偶極矩,但通常這些磁偶極矩是隨機取向的,並不

表 27.1 常見抗磁和順磁材料的磁化率

材料	磁化率 χ_m
鋁	+2.2 · 10⁻⁵
鉍	−1.66 · 10⁻⁴
金剛石 (碳)	−2.1 · 10⁻⁵
石墨 (碳)	−1.6 · 10⁻⁵
氫	−2.2 · 10⁻⁹
鉛	−1.8 · 10⁻⁵
鋰	+1.4 · 10⁻⁵
水銀	−2.9 · 10⁻⁵
氧	+1.9 · 10⁻⁶
鉑	+2.65 · 10⁻⁴
矽	−3.7 · 10⁻⁶
鈉	+7.2 · 10⁻⁶
氯化鈉 (NaCl)	−1.4 · 10⁻⁵
鎢	+6.8 · 10⁻⁵
鈾	+4.0 · 10⁻⁴
真空	0
水	−9 · 10⁻⁶

圖 27.21 在荷蘭奈梅亨之拉德堡 (Radboud) 大學的高磁場磁體實驗室,一隻活蛙在強磁場中懸浮。

27 運動電荷的磁場

產生淨磁場。然而，在有外加磁場的情況下，這些磁偶極矩中有一些會將其方向對準外加磁場的方向。當移除外加磁場時，感應磁偶極矩跟著消失。如果外加磁場是不均勻的，則順磁材料的感應偶極矩在外加磁場的作用下，會受到一個力，此力從磁場強度較低的區域指向磁場強度較高的區域——與抗磁效應恰好相反。

將 (27.20) 式的 $\vec{M}$ 代入 (27.19) 式給出之材料內磁場 $\vec{B}$ 的表達式中，可得

$$\vec{B} = \mu_0(\vec{H} + \vec{M}) = \mu_0(\vec{H} + \chi_m \vec{H}) = \mu_0(1 + \chi_m)\vec{H} \tag{27.21}$$

類似於在第 23 章中介紹的介電常數 (即相對電容率)，通常將**相對磁導率** κ_m 定義為

$$\kappa_m = 1 + \chi_m \tag{27.22}$$

然後，材料的磁導率 μ 可以表示為

$$\mu = (1 + \chi_m)\mu_0 = \kappa_m \mu_0 \tag{27.23}$$

在 (27.1) 式的必歐–沙伐定律和 (27.10) 式的安培定律中，用 μ 代替 μ_0 使得我們能夠使用這些定律來計算特定材料中的磁場。

最後，對於順磁材料，磁化強度的量值是與溫度有關的。通常，該溫度依賴性以居里定律表示：

$$M = \frac{cB}{T} \tag{27.24}$$

其中 c 是居里常數，B 是磁場的量值，T 是以克耳文為單位的溫度。

鐵磁性

鐵、鎳、鈷、釓和鏑等元素——以及含有這些元素的合金——表現出**鐵磁性**。鐵磁材料在原子層次顯示長程的次序 (亦稱序)，這導致各原子的磁偶極矩，在稱為**磁域** (亦稱**域**) 的有限範圍中，形成彼此方向一致的排列。在磁域內，磁場可以很強。然而，在大塊的材料樣品中，磁域是隨機取向的，以致淨磁場為零。圖 27.22a 示出了磁域中隨機取向的磁偶極矩，而圖 27.22b 則示出了完美的鐵磁次序。圖 27.22c 示出了令人感興趣的完美反鐵磁次序的情況，其中相鄰磁偶極矩之間的交互作用使它們沿相反的方向定向。這種排序只能在非常低的溫度下實現。

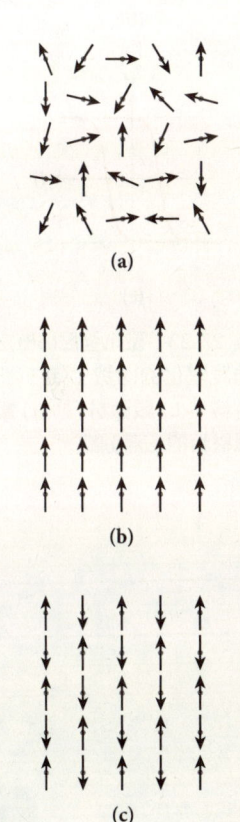

圖 27.22 磁域：(a) 隨機取向；(b) 完美的鐵磁次序；(c) 完美的反鐵磁次序。(注意，此圖僅示出在理想情況下各個磁域的方向。磁域的大小也可以不同，且通常差異甚大。)

普通物理

藉由磁域的磁偶極矩和外加磁場之間的交互作用，外加磁場可以使磁域的方向彼此趨向一致 (亦即對準)，如圖 27.22b 所示。這使得在外加磁場移除後，鐵磁材料可保留其感應磁性的全部或一部分，因為磁域保持對準。此外，如果在螺線管或環形管的中空部分存在有鐵磁材料時，則電流產生的磁場將更大。但與抗磁和順磁材料相反，鐵磁材料並不遵守 (27.20) 式給出的簡單線性關係。磁域保持其取向，因此即使在沒有外加磁場的情況下，材料也表現出不為零的磁化強度。(這是永久磁體為什麼存在。)

圖 27.23 說明了我們討論過的三種材料的磁化強度對磁場強度的依賴性。圖 27.23a 和圖 27.23b 分別針對抗磁和順磁材料，示出了 (27.20) 式的線性相關性。圖 27.23c 顯示了鐵磁材料的典型磁滯迴線。紅色曲線上的箭頭表示磁化過程發展的方向，虛線表示可能的最大磁化強度 (正和負)。對於磁滯迴線上的任何點，磁化強度可以用鐵磁材料磁導率 μ 的有效值表示，類似於 (27.23) 式給出的；然而，該磁導率不是常數，而是取決於施加的磁場強度，甚至取決於獲得該磁場強度值所經歷的路徑 (故稱磁滯)。無論如何，鐵磁材料之有效磁導率 μ 的值，可以比順磁材料之有效磁導率的值大得多 (大到高達 10^4 倍)。

鐵磁性具有溫度依賴性。在溫度為居里溫度時，鐵磁材料不再顯示鐵磁性。在此溫度時，這些材料中的偶極矩因交互作用而導致的鐵磁次序，被熱運動所覆蓋。對於鐵，居里溫度為 768 °C。在圖 27.24 的簡單演示中，加熱一個永久鐵磁體 (圖 27.24b) 減小了它與另一磁體之間的吸引力 (圖 27.24c)。磁體隨後冷卻下來 (圖 27.24d)，它再次變成永久磁體 (圖 27.24e)。

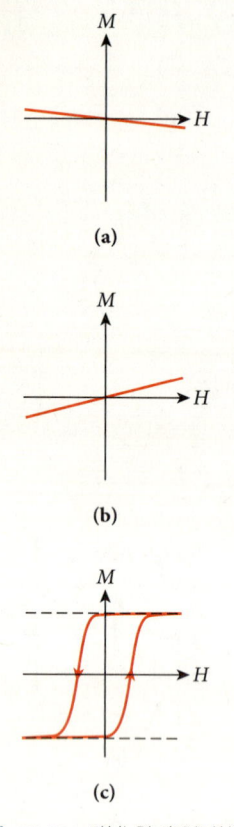

圖 27.23 磁化強度隨磁場強度變化的函數：(a) 抗磁材料；(b) 順磁材料；(c) 鐵磁材料的磁滯迴線。

27.7 磁性和超導性

用於工業應用和科學研究的磁鐵，可以用通有電流的普通電阻線來

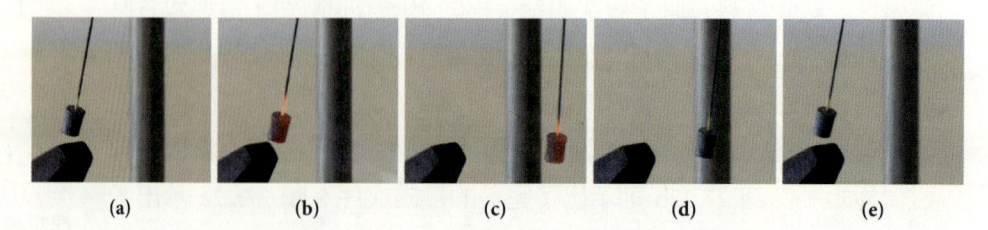

圖 27.24 鐵磁性之溫度依賴性的演示：(a) 擺錘為永久磁鐵，從垂直位置被另一個磁體 (每幅圖的左下角) 偏轉；(b) 磁鐵被加熱，其溫度開始增加；(c) 磁鐵的溫度足夠高，導致其磁場減弱而以小得多的角度懸吊；(d) 磁鐵冷卻後，開始恢復其原始磁場；和 (e) 返回到其原始位置。

27 運動電荷的磁場

建造。這種類型的典型磁鐵是大的螺線管。電流通過磁鐵的導線會使它產生電阻加熱，通常多以低電導率的水流過空心的導體來降溫。(低電導率的水已經被淨化，以致不導電。) 這些室溫的磁鐵通常產生最高達 1.5 T 的磁場，建造起來相對便宜，但是由於用電成本高，操作起來昂貴。

一些應用，例如磁共振成像 (MRI)，需要可能達到的最強磁場，以確保測量中的最佳信噪比。為了實現這樣的磁場，磁鐵使用的是超導線圈，而不是電阻線圈。這種磁鐵可以產生比室溫磁鐵更強的磁場，其量值為 10 T 或更高。有些材料，例如汞和鉛，在液氦溫度下表現出超導性，但在室溫下是良導體的一些金屬，例如銅和金，則絕不會變成超導。超導磁鐵的缺點是導體必須保持在液氦的溫度，大約 4 K (儘管本節稍後描述的最新發現正在緩解這種限制)。因此，磁鐵必須封閉在充滿液氦的低溫恆溫器中，以使它保持冷卻。超導磁鐵的優點在於，一旦在磁鐵的線圈中建立電流，則它將繼續流動，直到另外以裝置去除它。然而，線圈中沒有電阻損耗所實現的節能，至少部分被保持超導線圈冷卻所需的能量消耗抵消。

當電流流過超導汞或鉛時，材料內的磁場變為零。材料由於冷卻到足夠的低溫，以致變成超導體，使它內部的磁場降低到零，這個現象稱為**麥士納效應**。在溫度比轉變成超導體的臨界溫度 T_c 為高時，麥士納效應消失，材料變成正常導體 (圖 27.25)。

圖 27.26 顯示麥士納效應令人印象深刻的演示：一塊超導體 (冷卻至低於其臨界溫度) 排除永久磁體的固有磁場，而使永久磁體在其上方漂浮。它能做到這一點，是因為它表面上的超導電流，產生與所施加的磁場相反的磁場，這使超導體內成為淨磁場為零，而在超導體上方，使磁場之間產生排斥。

在過去二十年，物理學家和工程師發現了可在遠高於 4 K 的溫度下超導的新材料。這些高溫超導體已經有過臨界溫度高達 160 K 的報導，這意味著它們可以用液氮冷卻而變成超導。世界各地的許多研究人員正在尋找能在室溫下超導的材料。這些材料將徹底改變許多工業領域，特別是運輸和輸電網。超導輸電線路已經在一些試驗計畫中使用，例如長島電力局使用的 5.74 億瓦輸電線路 (圖 27.27)，該線路使用高溫超導線和液態空氣冷卻系統。

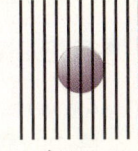

圖 27.25 麥士納效應：當材料冷卻到它轉變為超導的臨界溫度以下時，其內部會排除外加磁場。
$\vec{B}(T < T_c)$　　$\vec{B}(T > T_c)$

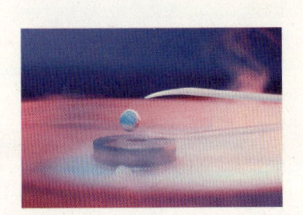

圖 27.26 通過麥士納效應，超導體排除永久磁體的磁場，從而使永久磁體在其上方飄浮。

圖 27.27 長島電力局使用的 5.74 億瓦高溫超導線輸電線。照片由 AMSC 提供。

普通物理

已學要點｜考試準備指南

- 自由空間磁導率 μ_0 為 $4\pi \cdot 10^{-7}$ T m/A。
- 必歐–沙伐定律（或拉普拉斯定律），$d\vec{B} = \dfrac{\mu_0}{4\pi}\dfrac{i\,d\vec{s}\times\hat{r}}{r^2}$，描述了電流元素 $i\,d\vec{s}$ 在與它的相對位置為 $\vec{r}$ 處引起的微分磁場 $d\vec{B}$。
- 載有電流 i 的長直導線在與它的垂直距離為 $r_\perp$ 處所產生之磁場的量值為 $B = \mu_0 i/(2\pi r_\perp)$。
- 在載有電流 i、半徑 R 的圓環中心處的磁場強度為 $B = \mu_0 i/(2R)$。
- 安培定律由下式給出：$\oint \vec{B}\cdot d\vec{s} = \mu_0 i_{\text{enc}}$，其中 $d\vec{s}$ 是積分路徑元素，i_{enc} 是包含在選定安培迴路中的電流。
- 載有電流 i、每單位長度的匝數為 n 的螺線管內之磁場的量值為 $B = \mu_0 ni$。
- 具有 N 匝、半徑 r 並載有電流 i 的環形管內之磁場的量值為 $B = \mu_0 Ni/(2\pi r)$。
- 電荷 $-e$、質量 m 的電子沿圓形軌道移動時，其磁偶極矩與軌道角動量的關係為 $\vec{\mu}_{\text{orb}} = -\dfrac{e}{2m}\vec{L}_{\text{orb}}$。
- 對於抗磁和順磁材料，磁化強度與磁場強度成正比：$\vec{M} = \chi_m \vec{H}$。鐵磁材料遵循磁滯迴線，因此偏離此線性關係。
- 抗磁或順磁材料內部的磁場來自於外加磁場強度和磁化強度：$\vec{B} = \mu_0(\vec{H} + \vec{M}) = \mu_0(\vec{H} + \chi_m \vec{H}) = \mu_0(1+\chi_m)\vec{H} = \mu_0\kappa_m\vec{H} = \mu\vec{H}$，其中 κ_m 是相對磁導率。
- 與磁場相關的四個右手定則如圖 27.28 所示。右手定則 1 給出在磁場中移動之帶電粒子所受磁力的方向。右手定則 2 給出載流迴圈之單位法向向量的方向。右手定則 3 給出載流導線產生之磁場的方向。右手定則 4 給出環形管內磁場的方向。

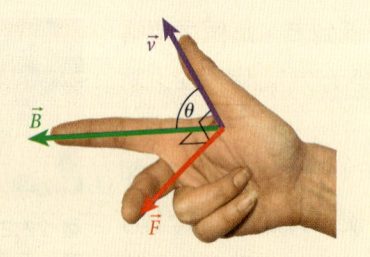

右手定則 1

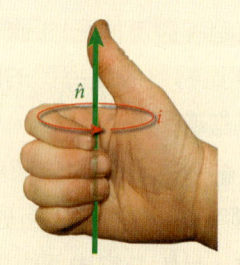

右手定則 2

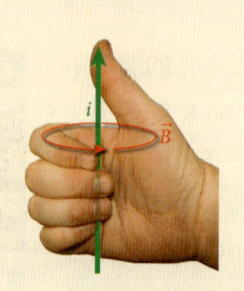

右手定則 3

右手定則 4

圖 27.28　有關磁場的四個右手定則。

27 運動電荷的磁場

自我測試解答

27.1 在 P_1 處的磁場指往正 y 方向。在 P_2 處的磁場指往負 x 方向。

27.2 電流方向相同的兩條平行導線彼此吸引。電流方向相反的兩條平行導線彼此排斥。

27.3 $B_x = \dfrac{\mu_0 i}{2} \dfrac{R^2}{\left(0^2 + R^2\right)^{3/2}} = \dfrac{\mu_0 i}{2} \dfrac{R^2}{R^3} = \dfrac{\mu_0 i}{2R}$

解題準則

1. 使用必歐–沙伐定律時，永遠要繪製一個情況圖，並在圖上標示出電流元素。在繼續計算之前找尋使問題簡化的對稱性；它可以讓你節省可觀的工作量。

2. 應用安培定律時，選擇具有幾何對稱性的安培迴路，以簡化積分的求值工作。通常，你可以使用右手定則 3 選擇沿迴路的積分方向：將拇指指往穿過迴路的淨電流方向，你的手指將沿著積分方向繞彎。此方法還將提醒你對穿過安培迴路的電流求和 (拇指 thumb 與求總和 sum 兩字的英文發音近似)，以確定包含的電流。

3. 記住磁場的疊加原理：空間中任何點處的淨磁場，是由各不同物體產生的個別磁場的向量和。確保你不是只將量值相加。取而代之的，你通常需要將來自不同來源的磁場分量分別相加。

4. 第 26 章中提出的所有支配磁場中帶電粒子運動的原理和所有的解題準則，仍然適用。磁場究竟是由永久磁體或由電磁鐵引起的，並無重要性。

5. 為了計算材料中的磁場，可以使用根據安培定律和必歐–沙伐定律得出的公式，但是你必須將 μ_0 換成 $\mu = (1 + \chi_m)\mu_0 = \kappa_m \mu_0$。

選擇題

27.1 兩條長直導線相互平行，載有不同量值的電流。如果每條導線中的電流加倍，則兩導線之間的磁力，其量值將是

a) 兩倍於原始力的量值。　b) 四倍於原始力的量值。
c) 與原始力的量值相同。　d) 原始力之量值的一半。

27.2 螺線管中的匝數加倍，其長度減半。它的磁場如何變化？

a) 增強為二倍。　　　b) 減半。
c) 增強為四倍。　　　d) 保持不變。

27.3 在螺線管中，導線被緊密纏繞以致每個迴圈與相鄰迴圈接觸，下列何者會增加此螺線管內的磁場？

a) 使迴圈的半徑更小　b) 增大導線的半徑
c) 增大螺線管的半徑　d) 減小導線的半徑
e) 將螺線管浸入汽油中

27.4 有什麼好的經驗法則，可用來設計簡單的產生磁場的線圈？具體來說，給定半徑～1 cm 的圓形線圈，以 G/(A-turn) 表示 (即每安培-匝為多少高斯)，磁場的近似量值為何？(注：1 G = 0.0001 T。)

a) 0.0001　　　　　　b) 0.01
c) 1　　　　　　　　d) 100

27.5 兩條長直導線載有方向相同的電流，如附圖所示。導線之間的磁力為

a) 吸引力。　b) 排斥力。　c) 零。

27.6 假設避雷針可以被建模為很長的直線電流。如果 15.0 C 的電荷在 $1.50 \cdot 10^{-3}$ s 內通過一個點，距離閃電 26.0 m 處之磁場的量值為何？

a) $7.69 \cdot 10^{-5}$ T　　　b) $9.22 \cdot 10^{-3}$ T
c) $4.21 \cdot 10^{-2}$ T　　　d) $1.11 \cdot 10^{-1}$ T
e) $2.22 \cdot 10^{2}$ T

27.7 附圖中的導線載有電流 i，並包含半徑為 R 和角度為 $\pi/2$ 的圓弧，以及兩個互相垂直、如果延伸將與圓弧中心 C 相交的直線部分。此導線在 C 點產生的磁場為何？

a) $B = \dfrac{\mu_0 i}{2R}$ b) $B = \dfrac{\mu_0 i}{4R}$

c) $B = \dfrac{\mu_0 i}{6R}$ d) $B = \dfrac{\mu_0 i}{8R}$

e) $B = \dfrac{\mu_0 i}{12R}$

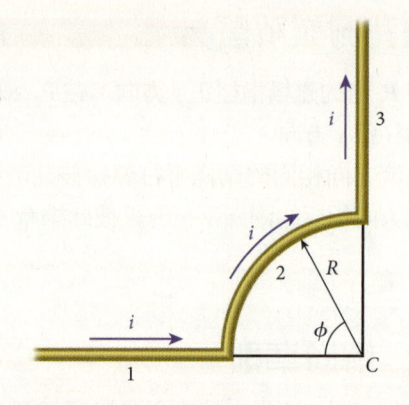

觀念題

27.8 許多電氣應用使用雙絞線電纜，其中接地線和信號線彼此螺旋纏繞。為什麼？

27.9 一個沒有磁場在螺線管外面的理想螺線管，是否可能存在？如果不能，第 27.4 節中關於螺線管內磁場的推導，是否會變成無效？

27.10 兩個粒子，每個具有電荷 q 和質量 m，在真空中沿著相距為 d 的兩條平行軌跡，以速率 v (遠小於光速) 行進。計算每個施加於另一個之磁力與電力的量值比：F_m/F_e。

27.11 三條相同的直導線連接成一個 T 字，如附圖所示。如果電流 i 流入接點，在距離接點為 d 的 P 處，磁場為何？

27.12 大塊物質的磁特性主要由電子自旋磁矩決定，而不是由軌道磁偶極矩決定。(原子核的貢獻是可忽略的，因為質子的自旋磁矩比電子的小約 658 倍。) 當物質的原子或分子具有不成對的電子自旋時，其附屬的磁矩會導致順磁性或鐵磁性，如果原子或分子之間的相互作用足夠強而使它們在磁域中對齊。如果原子或分子沒有淨的未配對自旋，則對電子軌道的磁擾動導致抗磁性。

a) 分子氫氣 (H_2) 是弱抗磁性的。對氫分子中兩個電子的自旋，這意味著什麼？

b) 你預期原子氫氣 (H) 的磁性行為為何？

27.13 一條長直導線載有電流，如附圖所示。一個電子從上方直接射向導線。電子的軌跡和導線在同一平面。電子是否會從其初始路徑偏轉？如果是，往哪個方向？

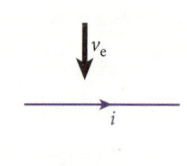

27.14 電流密度恆定為 J_0 的電流，流過非常長的圓柱形導體殼，其內半徑為 a，外半徑為 b。在 $r < a$、$a < r < b$ 和 $r > b$ 的區域中，磁場為何？在 $r = b$，是否 $B_{a<r<b} = B_{r>b}$？

27.15 半徑為 R 的圓柱形導體中的電流密度，在 $0 \le r \le R$ 的區域內，隨 r 的變化為 $J(r) = J_0 e^{-r/R}$。表達在 $r < R$ 和 $r > R$ 區域之磁場的量值。繪製徑向依賴性 $B(r)$ 的草圖。

練習題

題號前的藍點 (•) 與雙藍點 (••) 代表問題難度遞增。

27.1 至 27.2 節

27.16 一電子從電子槍以 $4.0 \cdot 10^5$ m/s 的速率發射，並且在載有 15 A 電流的長直導線上方 5.0 cm 處，平行於導線移動。在電子離開電子槍的瞬間，其加速度的量值和方向為何？

27.17 假設地球的磁場是由於在地球的熔融岩心中有一個單一的電流，沿半徑為 $2.00 \cdot 10^3$ km 的圓流動產生的。已知在磁極附近的表面上，地球磁場的強度約為 $6.00 \cdot 10^{-5}$ T。要產生這樣的磁場，電流需要多大？

•**27.18** 一條沿 x 軸的長直導線，載有 2.00 A 的電流。電荷 $q = -3.00$ μC 的粒子平行於 y 軸移動，通過點 (x,

$y, z) = (0, 2, 0)$。在 xy 平面中載有相同量值之電流的另一條長直導線，應該放置在何處，才能使粒子在該點處受到的磁力為零？

•27.19 兩條非常長、平行於 z 軸的導線，如附圖所示。它們各自載有沿正 z 軸方向流動的電流 $i_1 = i_2 = 25.0$ A。地球的磁場為 $\vec{B} = (2.60 \cdot 10^{-5}) \hat{y}$ T（在 xy 平面中並且指向北）。一磁羅盤針放置於原點。試求羅盤針與 x 軸之間的角度。（提示：羅盤針的軸將對齊淨磁場的方向。）

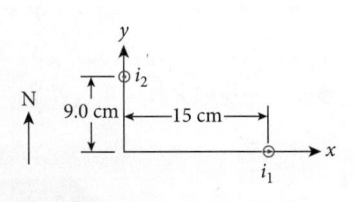

•27.20 沿 x 軸放置的長直導線，載有沿正 x 方向的電流 i。第二條長直導線位於 y 軸上，載有沿正 y 方向的電流 i。在 z 軸上的 $z = b$ 處，磁場的量值和方向為何？

•27.21 附圖顯示了三條長直導線的橫截面，線質量分布為 100. g/m。它們沿所示方向載有電流 i_1、i_2 和 i_3。導線 2 和 3 相距 10.0 cm，固定於垂直表面，並且各載有 600. A 的電流。若導線 1 到垂直表面的垂直距離為 $d = 10.0$ cm 處「飄浮」，則電流 i_1 需為何？（忽略導線的粗細。）

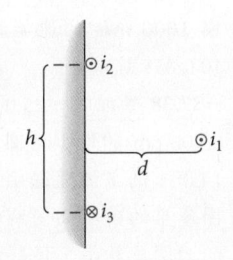

•27.22 沿 x 軸 ($y = z = 0$) 放置一條長直導線。導線沿正 x 方向載有 7.00 A 的電流。當帶有 9.00 C 電荷的粒子位於 (+1.00 m, +2.00 m, 0)，且在下列各方向的速度為 3000. m/s 時，它所受到之磁力的量值和方向為何？

a) 正 x 方向
b) 正 y 方向
c) 負 z 方向

27.23 邊長為 1.00 m 的立方盒有一個角在座標系原點上，如附圖所示。兩個線圈固定於盒的外面。一個線圈所在的盒面，位於 $y = 0$ 處的 xz 平面，而另一個所在的盒面，位於 $x = 1.00$ μm 處的 yz 平面。每個線圈的直徑均為 1.00 μm，並且各有 30.0 匝的導線，通過每匝的電流為 5.00 A。當從盒外觀看線圈時，每個線圈中的電流都是順時鐘方向。在盒子中心之磁場的量值和方向為何？

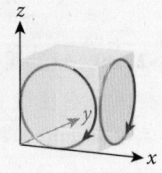

27.3 節

27.24 附圖顯示了一個長直實心圓柱形導體的橫截面。圓柱的半徑為 $R = 10.0$ cm。1.35 A 的電流均勻分布於整個導體中，並指出頁面。試求在 $r_a = 0.0$ cm、$r_b = 4.00$ cm、$r_c = 10.0$ cm 和 $r_d = 16.0$ cm 處之磁場的方向和量值。

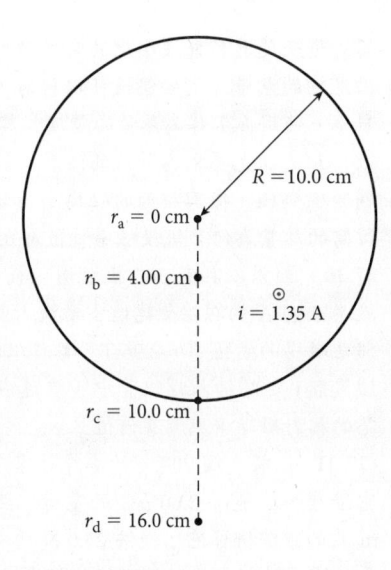

•27.25 如附圖所示，非常大的導體片位於 xy 平面的，載有沿 y 方向的均勻電流，電流密度為 1.5 A/cm。使用安培定律，求出在導體片中心上方緊鄰表面處 (但不靠近任何邊緣) 之磁場的方向和量值。

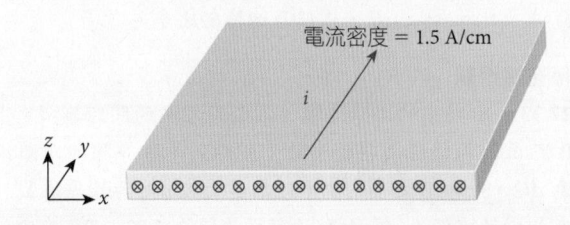

27.4 節

27.26 螺線管 A 比起螺線管 B 的直徑為 2 倍，長度為 3 倍，匝數為 4 倍。相等量值的電流流過兩個螺線管。求出螺線管 A 與螺線管 B 之內部磁場的量值比。

27.27 長直導線承載 2.5 A 的電流。
a) 距離導線 3.9 cm 處之磁場量值為何？
b) 如果導線仍然承載 2.5 A，但是形成每厘米 32 匝、半徑 3.9 cm 的長螺線管，螺線管內之磁場的量值為何？

•27.28 粒子檢測器使用每厘米有 550 匝導線的螺線管。導線承載 22 A 的電流。位於螺線管內的圓柱形探測器具有 0.80 m 的內半徑。電子和正電子束平行於其軸線被引導到螺線管中。如果能夠進入檢測器，粒子垂直於螺線管軸線的動量分量最小為何？

27.5 至 27.7 節

27.29 當磁偶極被放置在磁場中時，它具有通過與磁

普通物理

場對準而使其位能最小化的自然趨勢。然而，如果提供足夠的熱量，則磁偶極可以旋轉，使它不再與磁場對準。使用 k_BT 作為熱量的量度，其中 k_B 是波茲曼常數，T 是以克耳文為單位的溫度。若要使與氫原子相關的磁偶極，從與施加的磁場平行變為反向平行，則所需的熱量為何？假設磁場量值為 0.15 T。

27.30 如果以具有 500 匝迴圈、長度為 3.50 cm、電流為 3.00 A 的螺線管建造電磁鐵，並且希望螺線管內部之磁場的量值 $B = 2.96$ T，你可以將次鐵磁物 (亦稱鐵氧體) 磁芯插入螺線管中。要達成目標，鐵氧體磁芯的相對磁導率應具有何值？

•27.31 你將一個 200. g 的小橡膠球在頭髮上摩擦，使它帶電，球獲得 2.00 μC 的電荷。然後，將一根 1.00 m 長的弦線綁住它，提供 25.0 N 的向心力，使它沿水平的圓周繞行。系統的磁矩為何？

••27.32 考慮電子是具有均勻電荷密度的球，總電荷為 $-e = -1.602 \cdot 10^{-19}$ C，以角頻率 ω 旋轉。
a) 寫出其古典旋轉角動量 L 的表達式。
b) 寫出其磁偶極矩 μ 的表達式。
c) 求出比率 $\gamma_e = \mu/L$，這稱為**迴轉磁比率**。

補充練習題

27.33 附圖中的兩條導線，沿垂直方向的間距為 d。B 點位於兩條線之間的中點；A 點到下方導線的距離為 $d/2$。A 和 B 之間的水平距離遠大於 d。兩條導線載有相同的電流 i，在 A 點的磁場量值為 2.00 mT。在 B 點的磁場量值為何？

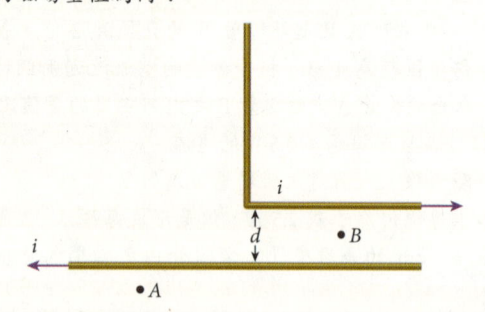

27.34 地球的磁偶極矩約為 $8.0 \cdot 10^{22}$ A m^2。地球磁場的來源不詳；一種可能性是地球熔融外核中的離子環流。假設環流離子是沿半徑為 2500 km 的圓形環路移動。它們產生的「電流」需為何，才可以產生觀察到的磁偶極矩？

27.35 長度為 0.90 m 的螺線管，半徑為 5.0 mm。當導線承載 0.20 A 的電流時，螺線管內的磁場為 5.0 mT。螺線管中的迴圈有多少匝？

•27.36 尺寸為 10.0 cm × 20.0 cm 的 50 匝矩形線圈位於水平面上，如附圖所示。線圈的轉軸對齊南北向。它載有的電流 $i = 1.00$ A，並且處於由西向東的磁場中。線圈的一側懸吊 50.0 g 的質量。要使線圈保持處水平，磁場的量值必須為何？

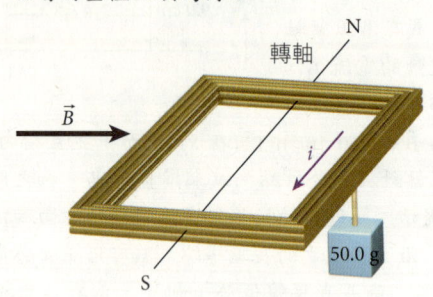

•27.37 質量為 1.00 mg、電荷為 q 的粒子，在載流導線下方 10.0 cm 處，平行於導線沿著水平直線路徑，以 1000 m/s 的速率移動。如果導線中的電流量值為 10.0 A，試求 q。

••27.38 半徑 $R = 25.0$ cm 的迴圈，在其中心有半徑 $r = 0.900$ cm 的較小迴圈，兩個迴圈的平面彼此垂直。當 14.0 A 的電流通過兩個迴圈時，較小迴圈由於較大迴圈產生的磁場而受到力矩。試求這個力矩，假設較小的迴圈足夠小，使得較大迴圈產生的磁場在其整個表面上是相同的。

•27.39 質子在電場 ($E = 1000.$ V/m) 和磁場 ($B = 1.20$ T) 的共同影響下移動，如附圖所示。
a) 質子在進入交叉場時的加速度為何？
b) 如果質子運動的方向反轉，那麼加速度為何？

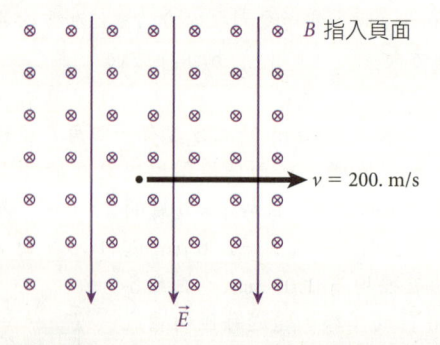

•27.40 如附圖所示，將 70 匝導線纏繞在長而細的桿上，以建造電磁門鈴。細桿的質量為 30.0 g，長度為 8.00 cm，橫截面積為 0.200 cm^2。細桿可繞通過其中心的軸線自由轉動，該中心也是線圈的中心。最初，細桿與水平線形成 $\theta = 25.0°$ 的角度。當 $\theta = 0.00°$

時，細桿撞擊鐘。均勻磁場的量值為 900. G，角度 θ = 0.00°。

a) 如果線圈中有 2.00 A 的電流，則當 θ = 25.0° 時，細桿上的力矩為何？

b) 當桿撞擊鐘時，細桿的角速度為何？

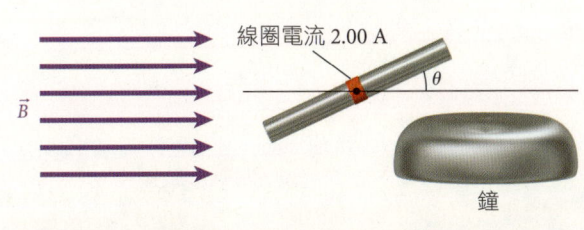

•27.41 如附圖所示，載有電流 i 的水平導線線圈，半徑為 5.00 cm，由懸吊於其中心上方的垂直條形磁鐵的南極懸浮。如果線圈各部分上的磁場與垂直線成 θ = 45.0° 的角，試求保持線圈懸空所需之電流的量值和方向。磁場的量值為 B = 0.0100 T，線圈的匝數為 N = 10.0，線圈總質量為 10.0 g。

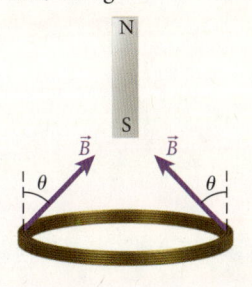

•27.42 半徑為 R 的導線載有電流 i，其電流密度隨 r 的變化為 $J(r) = J_0(1 - r/R)$，其中 r 從導線中心測量，J_0 為常數。使用安培定律，試求出在導線內距離中心軸 r < R 處之磁場的量值。

多版本練習題

27.43 附圖所示的迴圈承載的電流為 3.857 A，距離 r = 1.411 m。在迴圈內的 P 點處，磁場的量值為何？

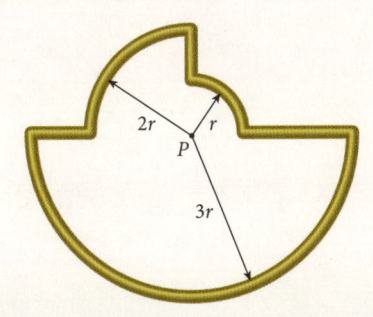

27.44 附圖所示的迴圈承載的電流為 3.961 A，在迴圈內的 P 點處，磁場的量值為 $7.213 \cdot 10^{-7}$ T，r 的值為何？

27.45 在附圖所示的迴圈中，距離 r = 2.329 m。在迴圈內的 P 點處，磁場的量值為 $5.937 \cdot 10^{-7}$ T。迴圈中的電流為何？

28 電磁感應

待學要點
28.1 法拉第實驗
28.2 法拉第感應定律
　　磁場內平面迴圈的感應
　　　例題 28.1 變化磁場感應的電動勢
　　　例題 28.2 移動迴圈中的感應電動勢
28.3 冷次定律
　　渦電流
　　磁場內平移導線的感應電動勢
　　　例題 28.3 在軌道上平移的導體桿
28.4 發電機和電動機
　　再生制動
28.5 感應電場
28.6 螺線管的電感
28.7 自感應和互感應
　　　詳解題 28.1 螺線管和線圈的互感
28.8 RL 電路
28.9 磁場的能量和能量密度

已學要點｜考試準備指南
　　解題準則
　　選擇題
　　觀念題
　　練習題
　　多版本練習題

圖 28.1 華盛頓州哥倫比亞河上的大古力壩是美國最大的電力生產者。此處所示為其巨型發電機，它們應用感應的物理原理來發電。

大多數人會認為電力是理所當然的——輕輕扳動開關，就有可供照明、冷暖空調和娛樂的電力。但是，提供這種電力的龐大網絡 (稱為**輸電網**) 須靠大型發電機將力學能轉換為電能 (圖 28.1)。實現這種轉換的物理原理就是本章的主題。

在第 27 章，我們看到磁場可以影響帶電粒子的路徑或電流，而在第 28 章，則看到電流產生磁場。在本章，我們將看到變化的磁場可引起電流，因此產生電場。注意這裡的「變化」一詞；正如只有當電荷運動時才產生磁場，只有當磁場運動 (相對於導體) 或者以其他方式隨時間變化時才會產生電場。場的對稱性在第 29 章對電和磁進行統一描

普通物理

待學要點

- 在導線迴圈內的變化磁場，會使迴圈感應產生電流。
- 一個迴圈中的變化電流會使它附近的另一個迴圈感應產生電流。
- 法拉第感應定律指出，當通過迴圈的磁通量發生變化時，迴圈上會因感應而出現電動勢。
- 磁通量是平均磁場的量值和它所通過之垂直面積的乘積。
- 冷次定律指出，由變化的磁通量在迴圈中感應而產生的電流，會產生反抗此磁通量變化的磁場。
- 變化的磁場可感應產生電場。
- 一個裝置的電感衡量的是它反抗本身現有電流發生變化的特性。
- 電動機和發電機是磁感應的日常應用。
- 由電感器和電阻器串聯形成的簡單單迴圈電路，其特性時間常數等於電感除以電阻。
- 磁場中儲存有能量。

述時，將被證明是該描述關鍵的一部分。

28.1 法拉第實驗

與本章最相關的實驗是在 1830 年代由英國的法拉第 (Michael Faraday) 和美國的亨利 (Joseph Henry) 獨立完成。他們的研究表明，變化的磁場可以在導體中產生電動勢，而且強到足以產生電流。這一發現對我們每天使用的所有電磁設備至關重要，例如從電腦到手機、從電視到信用卡和從最小的電池到最大的輸電網。法拉第和亨利都有以他們命名的基本電學單位，堪稱理所當然。

為了理解法拉第的實驗，考慮一個連接到電流計的導線迴圈。條形磁體距離迴圈有一段距離，其北極指向迴圈。當磁體靜止時，迴圈中沒有電流流動。但磁體如果朝迴圈移動 (圖 28.2a)，則逆時鐘電流在迴圈中流動，如電流計中的正電流所示。如果磁體更快速的移向迴圈，則迴圈中感應出的電流更大。如果磁體反轉，改以南極指向迴圈 (圖 28.2b)，並向迴圈移動，則電流在迴圈中沿相反方向流動。如果磁體的北極指向迴圈，然後磁體移動離開迴圈 (圖 28.3a)，則在迴圈中感應出一個負的順時鐘電流，如圖 28.3a 的電流計所示。如果磁體的南極指向迴圈，然後磁體離開迴圈 (圖 28.3b)，則會產生正電流。

如果使磁體保持靜止，而移動迴圈，則同樣可以獲得圖 28.2 和圖 28.3 所示的四項結果。以圖 28.2a 所示的佈置為例，如果迴圈朝向固定磁體移動，則迴圈中會有正電流流動。

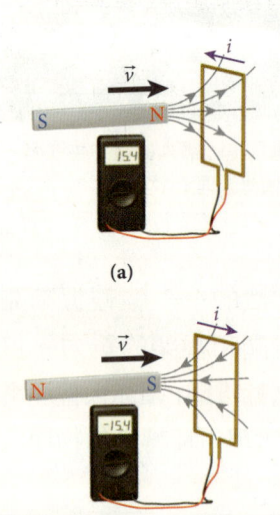

圖 28.2 將磁體移向導線迴圈，會導致迴圈中有電流流動。(a) 磁體的北極指向迴圈，產生正電流。(b) 磁體的南極指向迴圈，產生負電流。

28 電磁感應

使用兩個導線迴圈，可以觀察到類似的效應 (圖 28.4)。如果恆定電流流過迴圈 1，則在迴圈 2 中沒有感應電流。如果迴圈 1 中的電流增大，則在迴圈 2 中沿相反方向會有感應電流。因此，在第一迴圈中增大電流，不僅在第二迴圈中感應出電流，而且感應電流是在相反方向上。此外，如果電流以與之前相同的方向在迴圈 1 中流動，然後減小 (圖28.5)，則迴圈 2 中感應的電流將沿與迴圈 1 中的電流相同的方向流動。

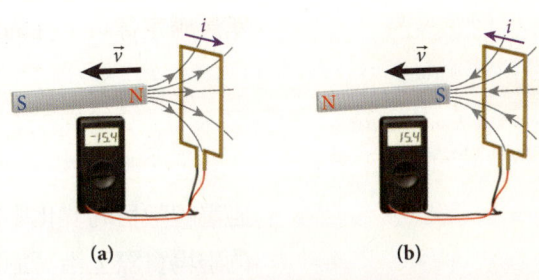

本節四個圖所示的所有現象，都可以用法拉第感應定律 (在 28.2 節討論) 和冷次定律 (在 28.3 節討論) 來解釋。

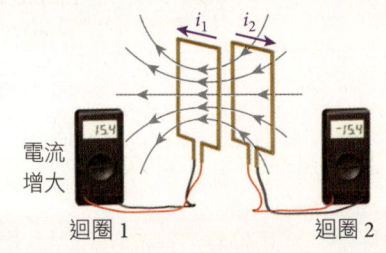

圖 28.3 將磁體移離導線迴圈會導致迴圈中有電流流動。(a) 磁體的北極指向迴圈，產生負電流。(b) 磁體的南極指向迴圈，產生正電流。

圖 28.4 迴圈 1 中的電流增大，在迴圈 2 中感應出相反方向的電流。(圖中的磁場線是流過迴圈 1 的電流 i_1 產生的。)

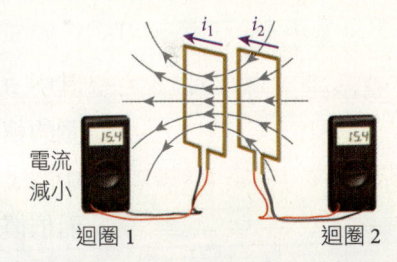

圖 28.5 迴圈 1 中的遞減減小，在迴圈 2 中感應出相同方向的電流。

觀念檢測 28.1

所附四個圖顯示條形磁體和連接到導線迴圈頂端的低壓燈泡。迴圈的平面垂直於虛線。在情況 1 中，迴圈是靜止的，而磁體正在遠離迴圈移動。在情況 2 中，磁體是靜止的，而迴圈朝向磁體移動。在情況 3 中，磁體和迴圈都是靜止的，但是迴圈的面積增大。在情況 4 中，磁體是靜止的，而迴圈繞其中心旋轉。在哪些情況下燈泡會亮起來？

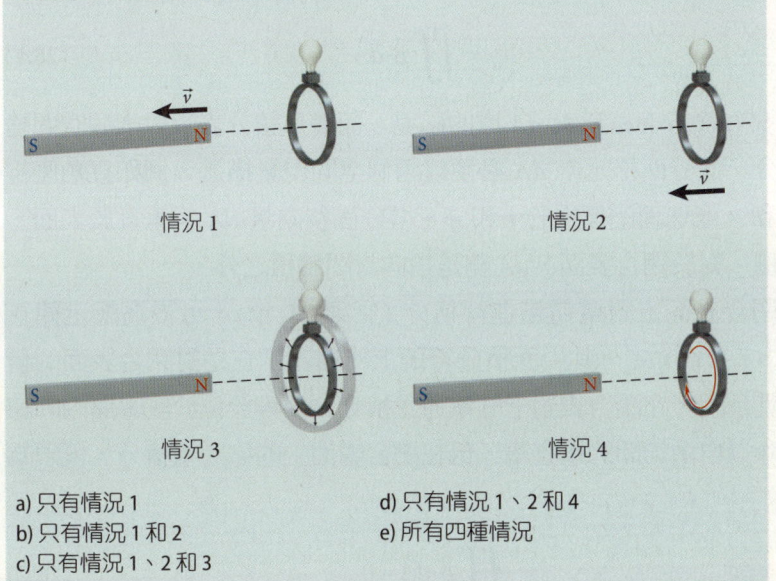

情況 1　　　　情況 2

情況 3　　　　情況 4

a) 只有情況 1
b) 只有情況 1 和 2
c) 只有情況 1、2 和 3
d) 只有情況 1、2 和 4
e) 所有四種情況

28.2 法拉第感應定律

從前節的觀察，我們看到通過迴圈的變化磁場，在迴圈中感應出電流。我們可以將磁場的變化想像為通過迴圈之磁場線數目的變化。**法拉**

第感應定律可定性的表示為

當通過迴圈的磁力線數目隨時間變化時，在迴圈中會感應出電動勢。

磁場線數目的變化率決定感應電動勢。這個電動勢的存在，意味著變化的磁場實際上沿著迴圈路線產生電場！因此，有兩種產生電場的方式：從電荷和從變化的磁場。如果電場是由電荷產生的，則施加於檢驗電荷的電作用力是守恆的。當物體移動的路徑，其起點和終點為同一點時，守恆力對它們所做的功為零。與此相反的，變化磁場產生的電場所導致的電作用力不是守恆力。因此，這種電場對沿著迴圈行進一圈的檢驗電荷，將會做功。事實上，這個功等於感應電動勢乘以檢驗電荷所帶的電荷。

與電通量類似的，磁場線數目可用磁通量來加以量化。第 21 章介紹了電場的高斯定律，並將電通量定義為通過微分面積元素 dA 之電場的面積分。在數學上，電通量 $\Phi_E = \iint \vec{E} \cdot d\vec{A}$，其中 $d\vec{A}$ 是垂直於微分面積、量值為 dA 的向量。類似的，對於磁場，**磁通量**被定義為通過微分面積元素之磁場的面積分：

$$\Phi_B = \iint \vec{B} \cdot d\vec{A} \tag{28.1}$$

其中 $\vec{B}$ 是在微分面積元素 $d\vec{A}$ 處的磁場，而雙重積分表示對兩個空間變量的積分。微分面積元素 $d\vec{A}$ 必須以兩個空間變量描述，例如直角座標中的 x 和 y 或球面座標中的 r 和 ϕ。微分面積向量 $d\vec{A}$ 恆垂直於表面，而依慣例，對於閉合表面，$d\vec{A}$ 總是指向封閉體積之外。

在閉合表面上對電通量進行積分 (見第 21 章)，可得高斯定律：$\Phi_E = \oiint \vec{E} \cdot d\vec{A} = q/\epsilon_0$，其中面積分符號上的環表示它是對閉合表面的積分。也就是說，在閉合表面上的電通量積分，須等於位於該表面內的總電荷 q 除以自由空間的電容率。但在閉合表面上的磁通量積分，恆須為零：

$$\oiint \vec{B} \cdot d\vec{A} = 0 \tag{28.2}$$

這個結果通常被稱為**磁場的高斯定律**。你可能認為閉合表面上的磁通量積分，應等於位於表面內的總「磁荷」除以自由空間的磁導率。然而，沒有自由磁荷，沒有磁單極，沒有單獨的北極或單獨的南極。磁極總是成對出現。因此，磁場的高斯定律是表明磁單極不存在的另一種方式。

28 電磁感應

磁場的高斯定律另有一種表示方式，即磁場線形成沒有缺口的連續迴路，並無起點或終點。

圖 28.6 顯示出通過微分面積元素 $d\vec{A}$ 的不均勻磁場 $\vec{B}$。還示出了閉合表面的一部分。磁場和微分面積向量之間的夾角為 θ。考慮如圖 28.7 所示的特殊情況，即在恆定磁場中面積為 A 的平面迴圈。對於這種情況，我們可以將 (28.1) 式重寫為

$$\Phi_B = BA \cos \theta \tag{28.3}$$

其中 B 是恆定磁場的量值，A 是迴圈的面積，而 θ 是迴圈平面的表面法向向量和磁場線之間的角度。因此，如果磁場垂直於迴圈的平面，$\theta = 0°$ 而 $\Phi_B = BA$。如果磁場平行於迴圈平面，$\theta = 90°$ 而 $\Phi_B = 0$。

磁通量的單位為 $[\Phi_B] = [B][A] = \text{T m}^2$。這個單位有一個專用名稱，稱為**韋伯** (weber 或 Wb)：

$$1 \text{ Wb} = 1 \text{ T m}^2 \tag{28.4}$$

使用磁通量，法拉第感應定律可定量的表示如下：

在導線迴圈中感應的電動勢 ΔV_{ind}，等於通過迴圈之磁通量的時間變化率。

因此，法拉第感應定律可用數學式表示為

$$\Delta V_{\text{ind}} = -\frac{d\Phi_B}{dt} \tag{28.5}$$

(28.5) 式中的負號是必要的，因為感應電動勢所引起的感應電流，其所建立的磁場傾向於反抗磁通量變化。在第 28.3 節說明冷次定律時，將詳細討論這個現象。

有多種方式可以改變磁通量，包括改變磁場的量值、改變迴圈的面積或改變迴圈相對於磁場的角度。當導體與磁場源之間具有某種形式的相對運動時，感應電動勢被稱為**動生電動勢**。

磁場內平面迴圈的感應

我們將 (28.5) 式應用於均勻磁場內的平面迴圈，其中均勻意味著對於一個給定的時間，空間中所有點上的磁場都相同 (相同的量值和相同的方向)，但磁場可以隨時間而變。根據 (28.3) 式，這種情況下的磁通

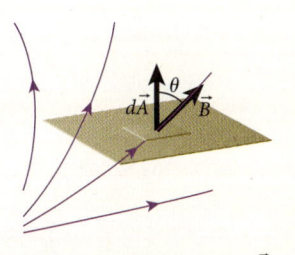

圖 28.6 穿過微分面積 $d\vec{A}$ 的不均勻磁場 $\vec{B}$。

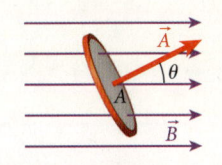

圖 28.7 面積為 A 的平面迴圈在恆定磁場 $\vec{B}$ 中。磁場相對於迴圈的表面法線向量形成角度 θ。

量由 $\Phi_B = BA\cos\theta$ 給出。根據 (28.5) 式，感應電動勢為

$$\Delta V_{\text{ind}} = -\frac{d\Phi_B}{dt} = -\frac{d}{dt}(BA\cos\theta) \tag{28.6}$$

我們可以使用微積分的乘積規則，將這個導數展開：

$$\Delta V_{\text{ind}} = -A\cos\theta\frac{dB}{dt} - B\cos\theta\frac{dA}{dt} + AB\sin\theta\frac{d\theta}{dt} \tag{28.7}$$

因為角位移的時間導數是角速度，$d\theta/dt = \omega$，平面迴圈在均勻磁場內的感應電動勢為

$$\Delta V_{\text{ind}} = -A\cos\theta\frac{dB}{dt} - B\cos\theta\frac{dA}{dt} + \omega AB\sin\theta \tag{28.8}$$

將 (28.8) 式所含三個變量 (A、B 和 θ) 中的兩個保持恆定，導致以下三種特殊情況：

1. 若迴圈的面積和其相對於磁場的角度保持恆定，但磁場隨時間變化，則將導致

$$A \text{ 和 } \theta \text{ 保持恆定}: \Delta V_{\text{ind}} = -A\cos\theta\frac{dB}{dt} \tag{28.9}$$

2. 若磁場和迴圈相對於磁場的角度保持恆定，但改變暴露於磁場的迴圈面積，則將導致

$$B \text{ 和 } \theta \text{ 保持恆定}: \Delta V_{\text{ind}} = -B\cos\theta\frac{dA}{dt} \tag{28.10}$$

3. 若磁場和迴圈的面積保持恆定，但允許兩者之間的角度隨時間而變，則將導致

$$A \text{ 和 } B \text{ 保持恆定}: \Delta V_{\text{ind}} = \omega AB\sin\theta \tag{28.11}$$

以下的例題說明特殊情況 1 和 2。第 28.4 節論述殊情況 3，它具有最有用的技術應用，直接導致電動機和發電機。

自我測試 28.1

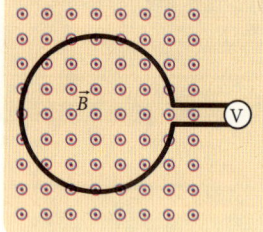

附圖所示的圓形迴圈，其平面垂直於量值為 $B = 0.500$ T 的磁場。磁場在 0.250 s 內以恆定速率變為零。在此期間迴圈中的感應電動勢為 1.24 V，迴圈的半徑為何？

例題 28.1 變化磁場感應的電動勢

在理想螺線管中流動的電流為 600 mA，以致螺線管內部的磁場為 0.025 T。然後電流隨時間 t 增大：

$$i(t) = i_0\left[1 + (2.4 \text{ s}^{-2})t^2\right]$$

28 電磁感應

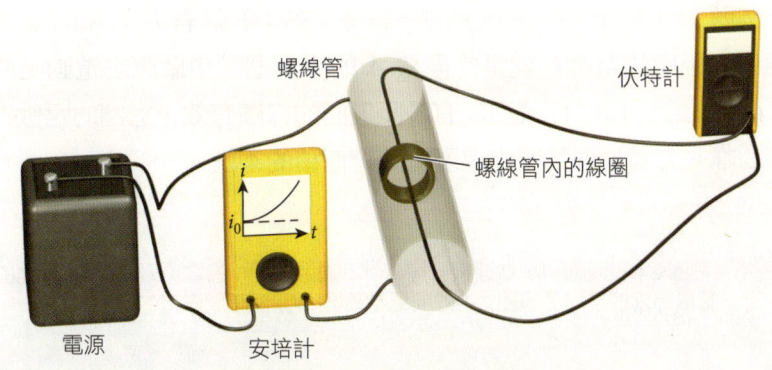

圖 28.8 施加到螺線管的時變電流在線圈中產生電動勢。

問題：

如果 $N = 200$ 匝、半徑為 3.4 cm 的圓形線圈，位於螺線管內部，其法向向量平行於磁場 (圖 28.8)，則線圈在 $t = 2.0$ s 時的感應電動勢為何？

解：

首先，我們計算線圈的面積。由於它是圓形的，其面積為 πR^2。然而，線圈具有 N 匝迴圈，因此它的面積是 N 乘以迴圈面積 πR^2，即線圈的總有效面積為

$$A = N\pi R^2 = 200\pi(0.034 \text{ m})^2 = 0.73 \text{ m}^2 \tag{i}$$

理想螺線管內的磁場為 $B = \mu_0 n i$，其中 n 是每單位長度的匝數，i 是電流 (見第 27 章)。因為磁場與電流成比例，所以在這種情況下我們立即獲得磁場的時間依賴性：

$$B(t) = B_0 \left[1 + (2.4 \text{ s}^{-2})t^2\right]$$

根據問題陳述，上式中的 $B = \mu_0 n i = 0.025$ T。

此外，在本題情況下，線圈的面積和每個迴圈與磁場 (零) 之間的角度是恆定的，因此，適用 (28.9) 式。然後，我們可求出感應電動勢，其中面積 A 已經考慮了迴圈的匝數，如 (i) 式所示：

$$\begin{aligned}
\Delta V_{\text{ind}} &= -A\cos\theta \frac{dB}{dt} \\
&= -A\cos\theta \frac{d}{dt}\left[B_0(1+(2.4 \text{ s}^{-2})t^2)\right] \\
&= -AB_0 \cos\theta (2(2.4 \text{ s}^{-2})t) \\
&= -(0.73 \text{ m}^2)(0.025 \text{ T})(\cos 0°)(4.8 \text{ s}^{-2})t \\
&= (-0.088 \text{ V/s})t
\end{aligned}$$

在時間 $t = 2.0$ s 時，線圈中的感應電動勢為 $\Delta V_{\text{ind}} = -0.18$ V。

普通物理

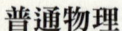

例題 28.1 給出了一個重要的一般性要點：在具有 N 匝和面積 A 的線圈中，感應的電動勢就是在面積 A 的單個迴圈中感應之電動勢的 N 倍。(28.8) 式至 (28.11) 式對於有多匝迴圈的線圈有效，迴圈的匝數進入計算的唯一方式是作為確定線圈有效總面積的乘數。

觀念檢測 28.2

電源連接到迴圈 1 和安培計，如圖所示。迴圈 2 鄰近迴圈 1，並連接到伏特計。通過迴圈 1 的電流 i 隨時間 t 變化的曲線圖也在圖中示出。圖 1 至圖 4 中，哪個圖最恰當的描述了迴圈 2 中的感應電動勢 ΔV_{ind} 隨時間變化的函數？

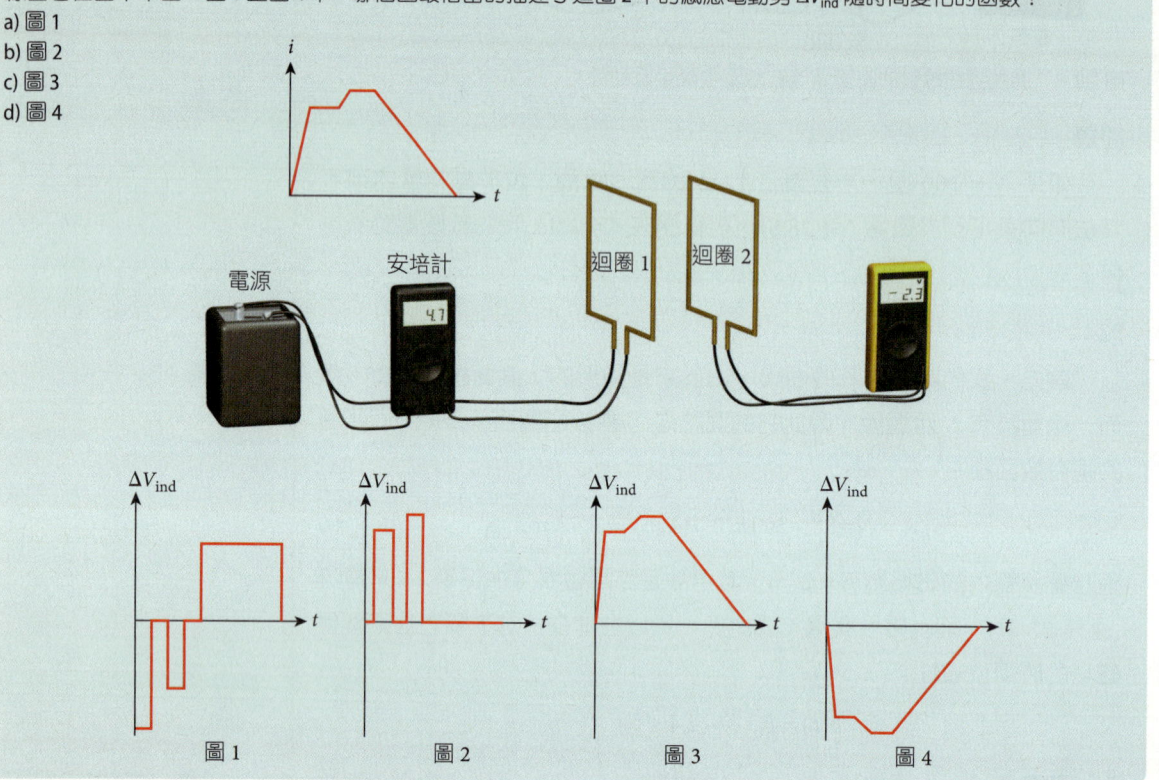

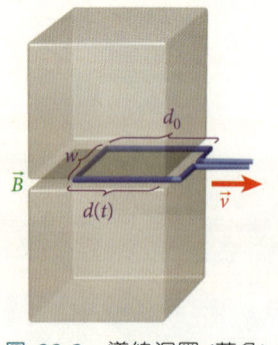

a) 圖 1
b) 圖 2
c) 圖 3
d) 圖 4

圖 28.9 導線迴圈 (藍色) 從兩個磁體之間的間隙中拉出。

例題 28.2　移動迴圈中的感應電動勢

將寬度 $w = 3.1$ cm 和深度 $d_0 = 4.8$ cm 的矩形導線迴圈，從兩個永久磁體之間的間隙中拉出。在整個間隙中存在量值為 $B = 0.073$ T 的磁場 (圖 28.9)。

問題：

如果以 1.6 cm/s 的等速度將迴圈拉出，則迴圈中的感應電動勢隨時間變化的函數為何？

解：

這個情況對應於因面積變化而導致感應的特殊情況，適用 (28.10) 式。磁場保持恆定，而迴圈相對於磁場的取向亦保持恆定。磁場向量和面積向量之間的角度可視為零。隨時間變化的是迴圈暴露於磁場中的面積。在如圖 28.9 所示的窄小間隙情況下，間隙外幾乎沒有磁場，因此迴圈暴露於磁場中的有效面積為 $A(t) = (w)(d(t))$，其中 $d(t) = d_0 - vt$ 是在時間 t 時在磁場內之迴圈部分的深度，而迴圈右邊緣到達間隙右端的時間為 $t = 0$。當整個迴圈還在間隙內時，不產生電動勢。當 $t \geq 0$ 時，我們有

$$A(t) = (w)(d(t)) = w(d_0 - vt)$$

直到迴圈的左邊緣到達間隙的右端時，上式都成立。在此之後迴圈暴露於磁場內的面積為零。左邊緣到達間隙右端的時間為 $t_f = d/v = (4.8 \text{ cm})/(1.6 \text{ cm/s}) = 3.0 \text{ s}$，而 $A(t > t_f) = 0$。從 (28.10) 式，可得

$$\begin{aligned}\Delta V_{\text{ind}} &= -B\cos\theta \frac{dA}{dt} \\ &= -B\cos\theta \frac{d}{dt}[w(d_0 - vt)] \\ &= wvB\cos\theta \\ &= (0.031 \text{ m})(0.016 \text{ m/s})(0.073 \text{ T})\cos 0° \\ &= 3.6 \cdot 10^{-5} \text{ V}\end{aligned}$$

在 0 到 3 s 的期間，感應的電動勢恆定為 36 μV，而在該期間之外沒有感應電動勢。

觀念檢測 28.3

長直導線載有電流 i，如附圖所示。正方形迴圈與導線在同一平面上移動，如圖所示。在哪種情況下，迴圈將具有感應電流？
a) 情況 1 和 2
b) 情況 1 和 3
c) 情況 2 和 3
d) 沒有一個迴圈有感應電流。
e) 所有迴圈都有感應電流。

情況 1　　情況 2　　情況 3

28.3 冷次定律

冷次定律提供了可用於確定迴圈中感應電流方向的規則。一個感應電流的方向，會使它所引起的磁場，反抗原本感應產生它的磁通量變

普通物理

化。由感應電流的方向可以確定一段電路中之較高電位和較低電位的位置。

讓我們將冷次定律應用到第 28.1 節描述的情況。在圖 28.2a 所示的物理情況中，磁體朝向迴圈，它的北極指向迴圈。在這種情況下，磁場線指往遠離磁體北極的方向。當磁體往迴圈移動時，在指向迴圈的方向上，迴圈內之磁場的量值增大，如圖 28.10a 所示。冷次定律指出，迴圈中的感應電流傾向於反對磁通量的變化。因此感應磁場 $\vec{B}_{\text{ind}}$ 指往磁體之磁場的相反方向。

在圖 28.2b 中，磁體朝向迴圈移動，它的南極指向迴圈。在這種情況下，磁場線指向磁體的南極。當磁體往迴圈移動時，在指向南極的方向上，迴圈內之磁場的量值增大，如圖 28.10b 所示。冷次定律指出，迴圈中的感應電流傾向於反對磁通量的增加。因此感應磁場指往磁體之磁場的相反方向。

類似的，圖 28.10c 和圖 28.10d 分別表示圖 28.3a 和圖 28.3b 中描述的物理情況。在這兩種情況下，磁通量的量值減小，因此由此磁通量變化感應而生的電流，其磁場 (即感應磁場) 須使磁通量的量值增大，以反抗磁通量的量值減小。在這兩種情況下，在迴圈中的感應電流須使其產生的感應磁場，指往與磁體磁場相同的方向。

以相同的方式，可以將冷次定律應用於載有變化電流的兩個迴圈。在圖 28.4 中，迴圈 1 中的電流增大，在迴圈 2 中感應出電流，此感應電流產生與磁通量增大相反的磁場，如圖 28.10b 所示。在圖 28.5 中，迴圈 1 中的電流減小，在迴圈 2 中感應產生電流，此感應出電流產生與磁通量減小相反的磁場，如圖 28.10d 所示。

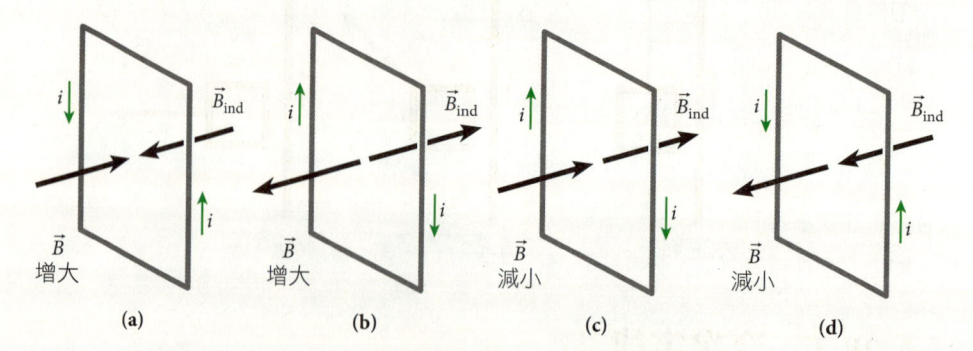

圖 28.10 外加磁場 $\vec{B}$、感應電流 i 和由該感應電流產生的磁場 $\vec{B}_{\text{ind}}$ 的關係：(a) 指向右邊的磁場增大，感應出來的電流產生指向左邊的磁場。(b) 指向左邊的磁場增大，感應出來的電流產生指向右邊的磁場。(c) 指向右邊的磁場減小，感應出來的電流產生指向右邊的磁場。(d) 指向左邊的磁場減小，感應出來的電流產生指向左邊的磁場。

自我測試 28.2

電阻非常小的正方形導線迴圈,以等速度從沒有磁場的區域移動通過恆定磁場的區域,然後移動到沒有磁場的區域,如附圖所示。當迴圈進入磁場時,感應電流的方向為何?當迴圈離開磁場時,感應電流的方向為何?

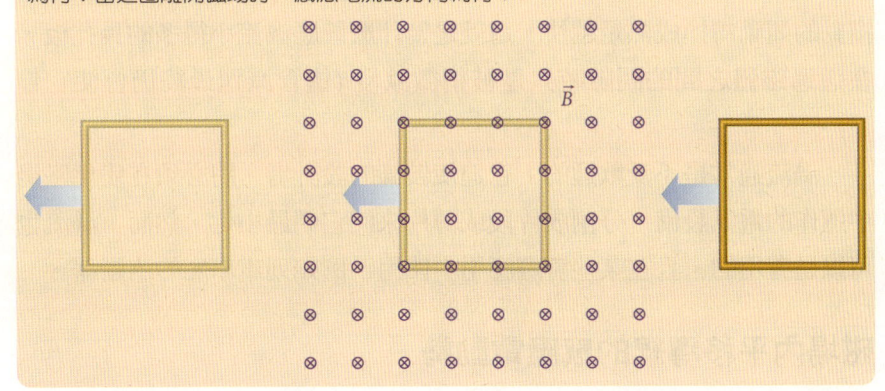

自我測試 28.3

假設冷次定律的陳述改為感應磁場須助長磁通量變化,意味著法拉第感應定律改為 $\Delta V_{ind} = +d\Phi_B/dt$,即具有正號而不是負號。這會有什麼後果?你能解釋為什麼這會導致矛盾?

渦電流

讓我們考慮兩個擺錘,每個擺錘底端有個非磁性的導體金屬板,可穿過強永久磁體之間的間隙 (圖 28.11)。一個金屬板是實心的,另一個被切割成具有條形長孔。擺錘被拉到一側並釋放。具有實心金屬板的擺在間隙中停止,而有長孔的板通過磁場,僅稍微減慢。這個演示說明了非常重要的感應**渦電流** (或**渦流**) 現象。當具有實心板的擺錘進入磁體之間的磁場時,冷次定律說,變化的磁通量所感應的是趨向於反抗磁通量變化的電流。這些電流產生的感應磁場,反抗產生感應電流的外加磁場。這些感應磁場與外加磁場 (透過它們的空間梯度) 相互作用,使擺停下。較大的感應電流產生較大的感應磁場,因此導致擺更快的減速。在長孔板中,感應渦流被長孔破壞 (或減弱),長孔板通過磁場,只是輕微的減速。

圖 28.11 兩個擺錘,一個由臂和實心金屬板組成,另一個由臂和具有條形長孔的金屬板組成。五幅畫面的時間順序是由左到右,在由左算起的第二幅中兩個擺一起開始運動。實心板的擺錘停留在間隙中,而長孔板的擺錘通過間隙。

普通物理

在圖 28.11 中，實心板的擺錘做擺動時具有的能量跑到哪裡去了——換句話說，渦流如何使擺錘停下？答案是渦流將熱量分散到金屬中，因為如第 24 章所述，它具有有限的電阻。感應渦流越強，能量從擺動的運動轉換成熱量越快。這就是為什麼感應渦流小得多的長孔板，在通過磁體之間的間隙時只是被稍微減慢 (儘管減速最終仍會使它停下)。

渦流通常是不受歡迎的，它迫使裝備的設計者，將必須在變化磁場中運作的電氣設備，分割成片段或薄片來使它們最小化。然而，渦流也可以是有用的，且在某些實際應用中使用，例如列車車廂的制動器。

磁場內平移導線的感應電動勢

考慮一段長度為 ℓ 的導線，它以等速度 $\vec{v}$ 垂直於指入頁面的恆定磁場 $\vec{B}$ (圖 28.12)。此導線被定向，以致垂直於速度和磁場。磁場對導線中的傳導電子施加磁力 $\vec{F}_B$，使電子向下移動。電子的這種運動在導線的底端產生淨負電荷，在導線的頂端產生淨正電荷。這種電荷分離產生電場 $\vec{E}$，它對傳導電子施加傾向於消除磁力的力 $\vec{F}_E$。在一段時間後，兩個力的量值相等 (但方向相反)，產生零淨力：

$$F_B = evB = F_E = eE \tag{28.12}$$

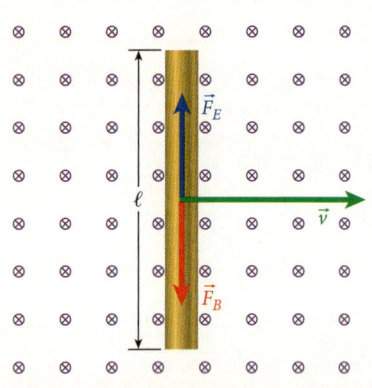

圖 28.12 在恆定磁場中的移動導體。示出了對傳導電子的磁力和電作用力。

因此，感應電場可以表示為

$$E = vB \tag{28.13}$$

因為此電場在導線中是恆定的，所以它在導線的兩端產生電動勢：

$$E = \frac{\Delta V_{\text{ind}}}{\ell} = vB \tag{28.14}$$

故在導線兩端之間的感應電動勢為

$$\Delta V_{\text{ind}} = v\ell B \tag{28.15}$$

這是 28.2 節提到之動生電動勢的一種形式。

28 電磁感應

觀念檢測 28.4

金屬棒以等速度 $\vec{v}$ 移動，通過指入頁面的均勻磁場，如附圖所示。

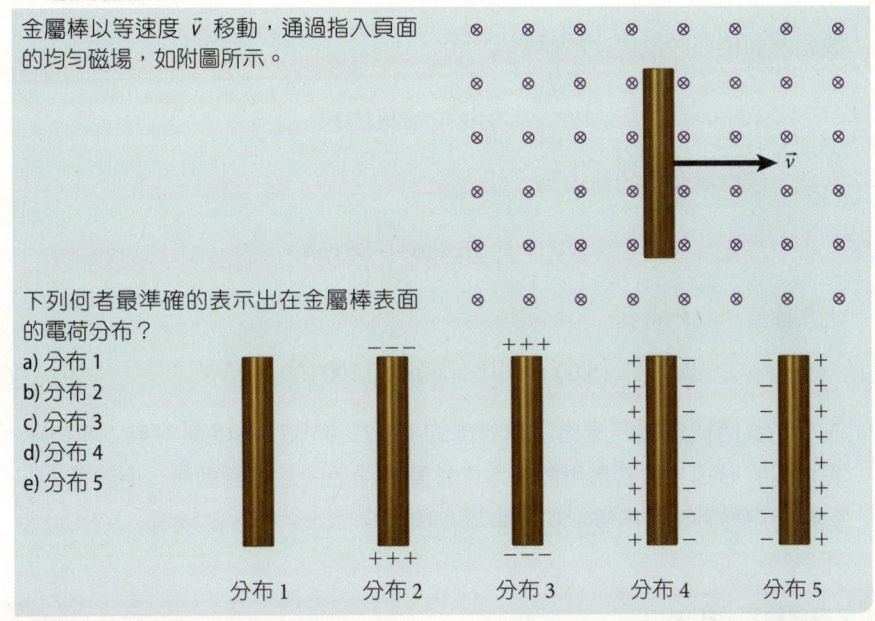

下列何者最準確的表示出在金屬棒表面的電荷分布？
a) 分布 1
b) 分布 2
c) 分布 3
d) 分布 4
e) 分布 5

分布 1　分布 2　分布 3　分布 4　分布 5

例題 28.3　在軌道上平移的導體桿

沿著一組間距 $a = 0.500$ m 的導體軌道，以恆定的力 $F = 5.00$ N 水平拉動一根導體桿（圖 28.13）。兩條軌道彼此連接，桿和軌道之間無摩擦。量值 $B = 0.500$ T 的均勻磁場指入頁面。桿以等速率 $v = 5.00$ m/s 移動。

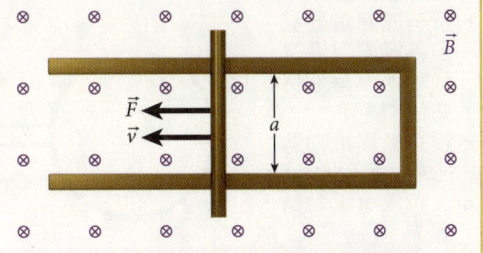

圖 28.13　導體桿在指入頁面的恆定磁場中以等速度沿兩個導體軌道拉動。

問題：

在相通軌道和移動桿所形成的迴圈中，感應電動勢的量值為何？

解：

感應電動勢由 (28.10) 式給出，迴圈適用此式的情況是它在磁場中的面積隨時間變化，但迴圈平面的角度和磁場兩者均保持恆定不變：

$$\Delta V_{\text{ind}} = -B\cos\theta \frac{dA}{dt}$$

在本題的情況下，$\theta = 0$，$B = 0.500$ T，迴圈的面積隨時間增大。我們可以用桿開始移動之前的面積 A_0，以及迴圈速率、迴圈移動的時間、兩軌道之間隔 a 等三者的乘積，來表示迴圈的面積：

717

$$A = A_0 + a(vt) = A_0 + vta$$

故迴圈面積隨時間變化的函數為

$$\frac{dA}{dt} = \frac{d}{dt}(A_0 + vta) = va$$

因此，感應電動勢的量值為

$$\Delta V_{\text{ind}} = \left| -B\cos\theta \frac{dA}{dt} \right| = vaB \tag{i}$$

代入數值，我們得到

$$\Delta V_{\text{ind}} = (5.00 \text{ m/s})(0.500 \text{ m})(0.500 \text{ T}) = 1.25 \text{ V}$$

注意，我們從法拉第感應定律導出的 (i) 式 $\Delta V_{\text{ind}} = vaB$ 具有與 (28.15) 式相同的形式，後者是用於磁場中移動導線上的感應電動勢，而該電動勢是使用移動電荷所受的磁力推導出來的。

觀念檢測 28.5

如附圖所示，導線迴圈放置於均勻磁場中。在 2 秒的時段內，迴圈收縮。下列關於迴圈中感應電動勢的敘述，何者正確？

a) 會有感應電動勢。
b) 沒有感應電動勢，因為迴圈只沿著一個軸而沒有沿另一個軸改變尺寸。
c) 沒有感應電動勢，因為迴圈不閉合。
d) 沒有感應電動勢，因為迴圈在收縮中。

28.4 發電機和電動機

第 28.2 節描述的基本感應過程中，就技術應用而言，最為有趣的是第三個特殊情況，即導體迴圈和磁場之間的角度隨時間變化，同時迴圈的面積以及磁場強度保持恆定。在這種情況下，利用 (28.11) 式可將法拉第感應定律用到電流的產生和應用。從機械運動產生電流的裝置稱為**發電機**。由電流產生機械運動的裝置稱為**電動機** (或**馬達**)。圖 28.14 顯示了一個非常簡單的電動機。

簡單的發電機可由一個被迫在固定磁場中旋轉的迴圈組成。導致迴圈旋轉的力可由熱蒸汽帶動渦輪機提供，如核電廠和燃煤發電廠中所見的。另一方面，也可以通過流動的水或風，而使迴圈以無污染的方式發

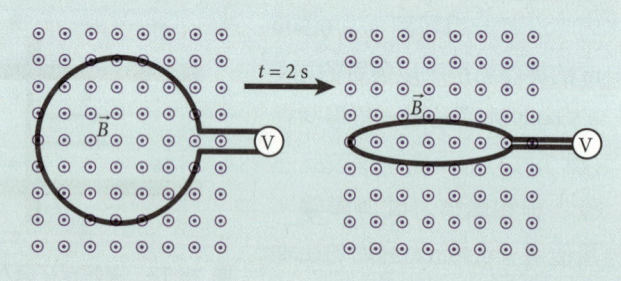

圖 28.14 課堂演示用的非常簡單的電動機。它在外面有一對永久磁體，在裡面有兩個螺線管，可通以電流。

電。

　　圖 28.15 顯示了兩種類型的簡單發電機。在直流發電機中，旋轉的迴圈通過分環換向器 (亦稱整流器)，連接到外部電路，如圖 28.15a 所示。當迴圈旋轉時，電路連接每一轉會顛倒兩次，因此感應電動勢總是具有相同的符號。圖 28.15b 所示的類似佈置用以產生交流電。交流電 (亦稱交流電流) 是隨時間在正值和負值之間變化的電流，變化通常具有正弦函數的形式。迴圈的每一端以其自己的固體滑環連接到外部電路。因此，這個發電機重複產生從正到負、再回到正的感應電動勢。產生交流電壓並因而提供交流電流的發電機，也稱為**交流發電機**。圖 28.16 顯示了上述兩種類型發電機的感應電動勢隨時間變化的函數。

　　圖 28.15 中的裝置也可以作為電動機，即向迴圈提供電流，而利用其產生運動來做功。

再生制動

　　混合動力汽車是以汽油動力和電力的組合來推動它。混合動力車輛

> **自我測試 28.4**
>
> 一發電機在量值為 B 的恆定磁場中，使具有 N 匝迴圈的線圈以頻率 f 旋轉。線圈的電阻為 R，線圈的橫截面積為 A。判斷以下各陳述為是或非。
> a) 如果頻率 f 加倍，平均感應電動勢加倍。
> b) 如果電阻 R 加倍，平均感應電動勢加倍。
> c) 如果磁場的量值 B 加倍，平均感應電動勢加倍。
> d) 如果面積 A 加倍，平均感應電動勢加倍。

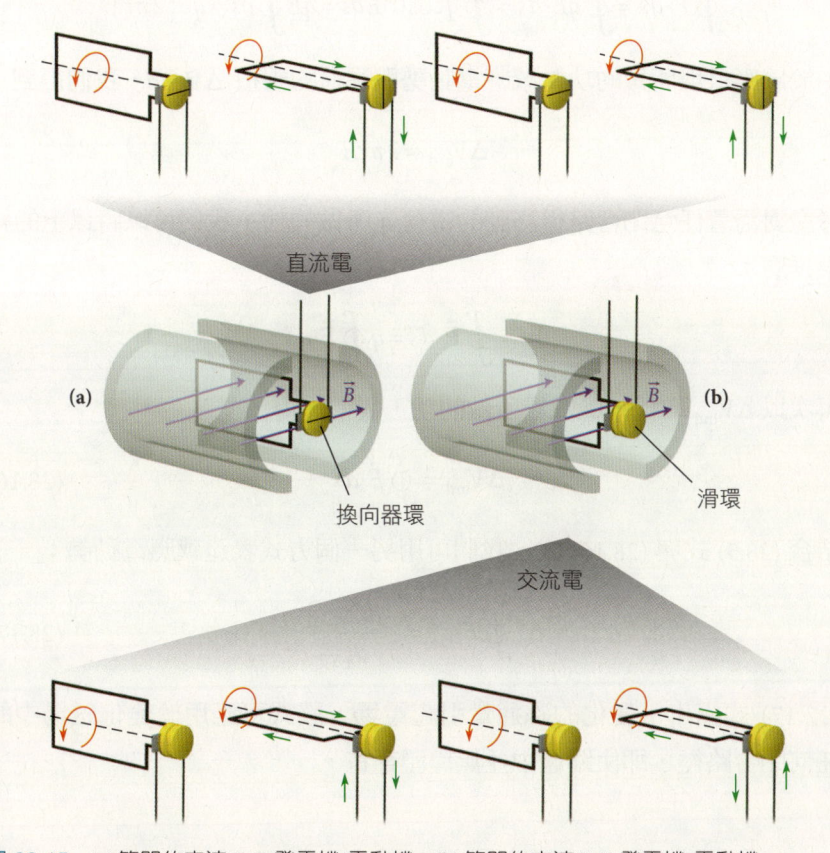

圖 28.15 (a) 簡單的直流 (DC) 發電機/電動機。(b) 簡單的交流 (AC) 發電機/電動機。

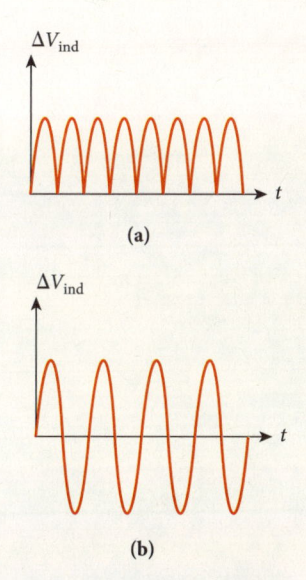

圖 28.16 感應電動勢隨時間變化的函數：(a) 簡單的直流發電機；(b) 簡單的交流發電機。

的一個吸引人的特徵是它能夠**再生制動**。當制動器 (即煞車器) 用於減慢或停止非混合動力車輛時，車輛的動能在剎車墊片中變成熱量。這種熱量散發到環境中，導致能量損失。在混合動力汽車中，制動器連接到電動機，但它可作為發電機，為汽車的電池充電。因此，汽車的動能在制動期間被部分回收，而該能量隨後還可以用於推進汽車，有助於提高汽車的效率，以及在走走停停的路況時，大大增加其汽油里程。

28.5 感應電場

法拉第感應定律指出，變化的磁通量產生感應電動勢，從而導致感應電流。這種效應的後果是什麼？

考慮在感應電場中，沿半徑 r 的圓形路徑移動的正電荷 q。對電荷做的功等於力和微分位移向量之純量積的積分。假設感應電場 $\vec{E}$ 是恆定的 (即不隨時間而變)，且它具有圓形的場線，而電荷沿著其中一條場線移動。當電荷繞行圓形場線一圈時，施加於電荷的功為

$$\oint \vec{F} \cdot d\vec{s} = \oint q\vec{E} \cdot d\vec{s} = \oint q\cos 0° E ds = qE \oint ds = qE(2\pi r)$$

由於感應電場所做的功為感應電動勢與電荷的乘積 $\Delta V_{ind} q$，我們得到

$$\Delta V_{ind} = 2\pi r E$$

考慮對沿著任意閉合路徑移動的電荷 q 所做的功，我們可以將以上的結果推廣：

$$W = \oint \vec{F} \cdot d\vec{s} = q \oint \vec{E} \cdot d\vec{s}$$

再次以 ΔV_{ind} 取代感應電場所做的功，我們獲得

$$\Delta V_{ind} = \oint \vec{E} \cdot d\vec{s} \tag{28.16}$$

結合 (28.5) 式與 (28.16) 式，我們可用另一個方式表達感應電動勢：

$$\oint \vec{E} \cdot d\vec{s} = -\frac{d\Phi_B}{dt} \tag{28.17}$$

(27.17) 式指出，變化的磁通量引起電場。該式可應用於變化磁場中的任何閉合路徑，即使路徑中並無導體存在。

28.6 螺線管的電感

考慮具有 N 匝迴圈、導線載有電流 i 的長螺線管，電流在螺線管的中心產生磁場，導致磁通量 Φ_B。相同的磁通量穿過螺線管所有 N 個迴圈中的每一個。通常將**磁通連結**定義為匝數和磁通量的乘積，即 $N\Phi_B$。(28.1) 式將磁通量定義為 $\Phi_B = \iint \vec{B} \cdot d\vec{A}$。在螺線管內，磁場向量和面法向向量 $d\vec{A}$ 是平行的。我們在第 27 章看到，螺線管內磁場的量值為 $B = \mu_0 n i$，其中 $\mu_0 = 4\pi \cdot 10^{-7}$ T m/A 是自由空間的磁導率，i 是電流，n 是每單位長度的匝數 ($n = N/\ell$)。因此，螺線管內的磁通量與流過螺線管的電流成正比例，這通常意味著磁通連結也與電流成正比例。我們可以將這個比例關係表達為

$$N\Phi_B = Li \tag{28.18}$$

其中的比例常數 L，稱為**電感**。(注意：使用字母 L 表示電感是慣例，雖然 L 也用於代表長度和角動量。)

電感所度量的是螺線管中每單位電流所產生的磁通連結。電感的單位是**亨利** (henry 或 H)，以美國物理學家亨利 (Joseph Henry, 1797-1878) 命名，它的定義為

$$[L] = \frac{[\Phi_B]}{[i]} \Rightarrow 1\text{ H} = \frac{1\text{ T m}^2}{1\text{ A}} \tag{28.19}$$

依據 (28.19) 式定義的亨利，自由空間的磁導率也可以表示為 $\mu_0 = 4\pi \cdot 10^{-7}$ H/m。

現在讓我們使用 (28.18) 式來求出橫截面積為 A、長度為 ℓ 的螺線管的電感。此螺線管的磁通連結為

$$N\Phi_B = (n\ell)(BA) \tag{28.20}$$

其中 n 是每單位長度的匝數，B 是螺線管內磁場的量值。因此，電感由下式給出：

$$L = \frac{N\Phi_B}{i} = \frac{(n\ell)(\mu_0 n i)(A)}{i} = \mu_0 n^2 \ell A \tag{28.21}$$

上式所給出的電感表達式，對於長螺線管是好的近似，因為在這種螺線管的兩端，邊緣場的效應小。從 (28.21) 式可以看出，螺線管的電感僅取決於裝置的幾何性質 (長度、面積和匝數)。這個電感對幾何性質的依

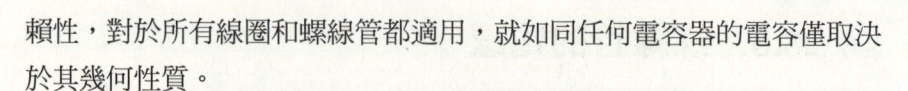

賴性，對於所有線圈和螺線管都適用，就如同任何電容器的電容僅取決於其幾何性質。

任何螺線管都具有電感，而當螺線管被用於電路中時，它被稱為電感器，因為就電流的流動而言，電感是它最重要的性質。

28.7 自感應和互感應

考慮兩個線圈或電感器，彼此接近且第一線圈中的變化電流在第二線圈中產生磁通量。不過，第一線圈中的電流變化時，也會在自己線圈中感應出電動勢，使得這個線圈的磁場也發生變化，這種現象稱為**自感應**，而感應出的電動勢就稱為自感電動勢。改變第一線圈中的電流也在第二線圈中感應出電動勢，這種現象稱為**互感應**。

根據法拉第感應定律，任何電感器的自感電動勢由下式給出：

$$\Delta V_{\text{ind},L} = -\frac{d(N\Phi_B)}{dt} = -\frac{d(Li)}{dt} = -L\frac{di}{dt} \tag{28.22}$$

在上式中，我們利用 (28.18) 式以 Li 取代 $N\Phi_B$。因此，在任何電感器中，當電流隨時間變化時，會出現自感電動勢。這個自感電動勢取決於裝置的電感和電流的時間變化率。

冷次定律提供了自感電動勢的方向。(28.22) 式中的負號暗示感應電動勢總是反抗電流變化。例如，圖 28.17a 顯示電流流過電感器，並隨時間增大，因此，自感電動勢將反抗電流的增加。在圖 28.17b 中，流過電感的電流隨時間減小，因此，自感電動勢將反抗電流的減小。我們假設這些電感器是理想的電感器；也就是說，它們沒有電阻。全部的感應電動勢跨過電感器展現在其兩端的連接點上。具有電阻的電感器將在第 28.8 節中再做進一步討論。

現在我們考慮兩個相鄰的線圈，它們的中心軸對齊 (圖 28.18)。線圈 1 具有 N_1 匝，其導線載有電流 i_1，線圈 2 具有 N_2 匝。線圈 1 中的電流產生磁場 $\vec{B}_1$。線圈 1 的磁場在線圈 2 中產生的磁通連結為 $N_2\Phi_{1\to 2}$。線圈 2 來自於線圈 1 的互感 $M_{1\to 2}$ 被定義為

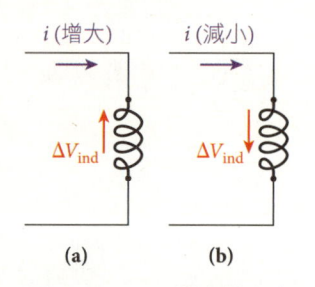

圖 28.17 (a) 電流增大時電感器中的自感電動勢。(b) 電流減小時電感器中的自感電動勢。

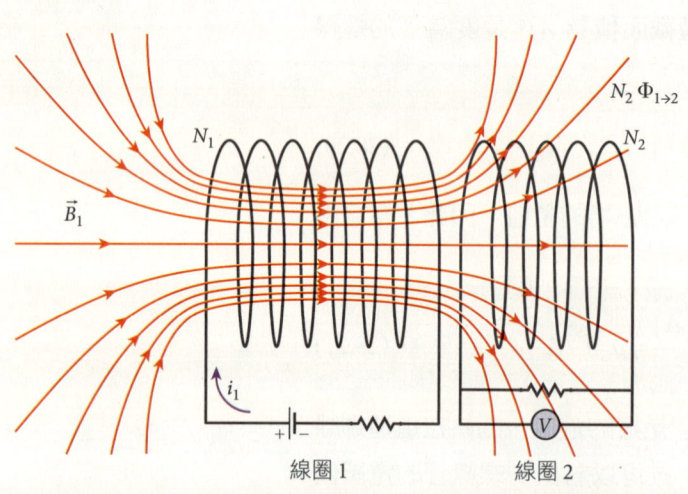

圖 28.18 線圈 1 具有電流 i_1。線圈 2 具有能夠測量微小感應電動勢的伏特計。

$$M_{1\to 2} = \frac{N_2 \Phi_{1\to 2}}{i_1} \qquad (28.23)$$

將 (28.23) 式的兩邊乘以 i_1 可得

$$i_1 M_{1\to 2} = N_2 \Phi_{1\to 2}$$

如果線圈 1 中的電流隨時間變化，我們可以寫

$$M_{1\to 2} \frac{di_1}{dt} = N_2 \frac{d\Phi_{1\to 2}}{dt}$$

上式的右邊類似於法拉第感應定律 (28.5) 式的右邊。因此，我們可以寫

$$\Delta V_{\text{ind},2} = -M_{1\to 2} \frac{di_1}{dt} \qquad (28.24)$$

現在讓我們逆轉兩個線圈的腳色 (圖 28.19)。線圈 2 中的電流 i_2 產生磁場 $\vec{B}_2$。線圈 2 的磁場在線圈 1 中產生的磁通連結為 $N_1 \Phi_{2\to 1}$。仿照上面在求出線圈 2 來自於線圈 1 的互感時所使用的分析，我們發現

$$\Delta V_{\text{ind},1} = -M_{2\to 1} \frac{di_2}{dt} \qquad (28.25)$$

其中 $M_{2\to 1}$ 是線圈 1 來自於線圈 2 的互感。

如果我們分析兩個線圈相互作用的能，我們可以得到 (證明略)

$$M_{2\to 1} = M_{2\to 1} = M$$

因此我們可以將 (28.24) 式和 (28.25) 式重寫為

$$\Delta V_{\text{ind},2} = -M \frac{di_1}{dt} \qquad (28.26)$$

和

$$\Delta V_{\text{ind},1} = -M \frac{di_2}{dt} \qquad (28.27)$$

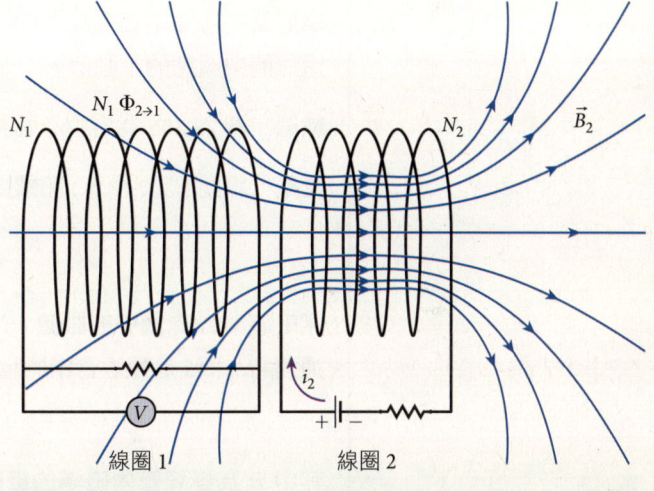

其中 M 是兩個線圈之間的**互感**。互感的 SI 單位是亨利。互感的一個主

圖 28.19 線圈 2 具有電流 i_2。線圈 1 具有能夠測量微小感應電動勢的伏特計。

要應用是變壓器。

詳解題 28.1　螺線管和線圈的互感

具有圓形橫截面的長螺線管，半徑 $r_1 = 2.80$ cm，$n = 290$ 匝/厘米，它在一個同軸之短線圈的內部。線圈具有圓形橫截面，半徑 $r_2 = 4.90$ cm，$N = 31$ 匝（圖 28.20a）。在 48.0 ms 的時段內，螺線管中的電流，從零以恆定速率增加到 $i = 2.20$ A。

問題：

當電流變化時，短線圈中產生的電動勢為何？

解：

思索　在短線圈中感應的電動勢是由於螺線管中的電流變化。根據 (28.23) 式，短線圈來自於螺線管的互感是短線圈中的匝數乘以螺線管的磁通量，再除以在螺線管中流動的電流。確定互感後，我們可以計算在短線圈中感應的電動勢。

繪圖　圖 28.20b 為沿中心軸看時兩線圈的橫截面圖。

推敲　線圈（以 2 標示）和螺線管（以 1 標示）之間的互感可表示為

$$M = \frac{N\Phi_{1\to 2}}{i} \tag{i}$$

其中 N 是短線圈中的匝數，$N\Phi_{1\to 2}$ 是由螺線管的磁場在線圈中產生的磁通連結，而 i 是螺線管中的電流。磁通量可以表示為

$$\Phi_{1\to 2} = BA \tag{ii}$$

其中 B 為螺線管內磁場的量值，A 為其橫截面積。依據第 27 章，對於螺線管，磁場的量值為

$$B = \mu_0 n i$$

其中 n 是每單位長度的匝數。螺線管的橫截面積為

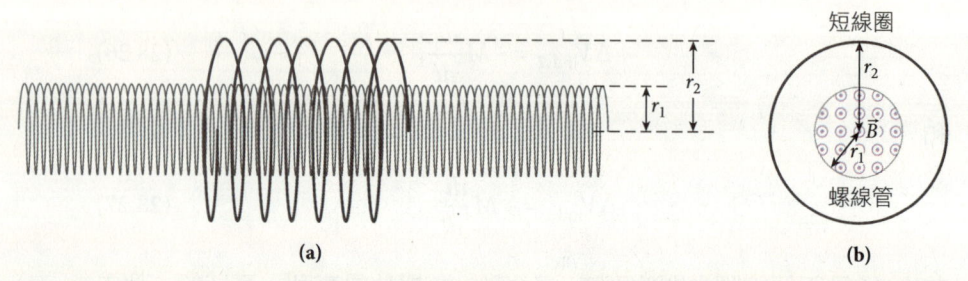

圖 28.20　(a) 半徑為 r_1 的長螺線管在半徑為 r_2 短線圈內。(b) 沿中心軸看時兩線圈之橫截面圖。

$$A = \pi r_1^2 \qquad \text{(iii)}$$

而在短線圈中的感應電動勢為

$$\Delta V_{\text{ind}} = -M\frac{di}{dt}$$

簡化 組合 (i)、(ii) 和 (iii) 式，可得兩個線圈之間的互感：

$$M = \frac{NBA}{i} = \frac{N(\mu_0 ni)(\pi r_1^2)}{i} = N\pi\mu_0 nr_1^2$$

因此在短線圈中的感應電動勢

$$\Delta V_{\text{ind}} = -\left(N\pi\mu_0 nr_1^2\right)\frac{di}{dt}$$

計算 電流的時間變化率為恆定的，所以

$$\frac{di}{dt} = \frac{2.20\ \text{A}}{48.0\cdot 10^{-3}\ \text{s}} = 45.8333\ \text{A/s}$$

兩個線圈之間的互感

$$M = (31)\pi\left(4\pi\cdot 10^{-7}\ \text{T m/A}\right)\left(290\cdot 10^2\ \text{m}^{-1}\right)\left(2.80\cdot 10^{-2}\ \text{m}\right)^2 = 0.0027825\ \text{H}$$

故在短線圈中感應的電動勢

$$\Delta V_{\text{ind}} = -(0.0027825\ \text{H})(45.8333\ \text{A/s}) = -0.127531\ \text{V}$$

捨入 我們將結果四捨五入為三位有效數字：

$$\Delta V_{\text{ind}} = -0.128\ \text{V}$$

複驗 在短線圈中的感應電動勢，量值為 128 mV，這是將強磁棒移入和移出線圈可以獲得的量值。因此，我們的結果似乎是合理的。

>>> **觀念檢測 28.6**

附圖示出了兩個相同的線圈。線圈 1 具有沿所示方向流動的電流 i。當線圈 1 電路中的開關斷開時，線圈 2 中發生什麼？

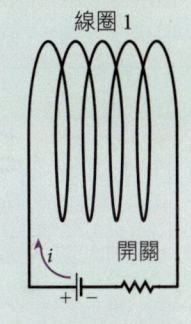

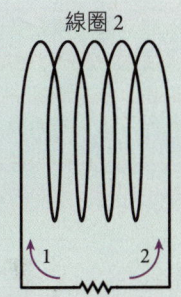

a) 線圈 2 中感應出沿方向 1 流動的電流。
b) 線圈 2 中感應出沿方向 2 流動的電流。
c) 線圈 2 中沒有感應電流。

28.8 RL 電路

在第 25 章中，我們看到如果一個提供電壓 V_{emf} 的電動勢源，被放入單迴路電路中，而電路連接有電阻 R 的電阻器和電容 C 的電容器，則電容器上累積的電荷 q 隨時間的變化為

$$q = CV_{\text{emf}}\left(1 - e^{-t/\tau_{\text{RC}}}\right)$$

其中電路的時間常數 $\tau_{\text{RC}} = RC$ 是電阻和電容的乘積。如果突然移除電動勢源，並將電路短路，則電容器上初始電荷 q_0 的減小，由相同的時間

常數控制：

$$q = q_0 e^{-t/\tau_{RC}}$$

如果將電動勢源放置在單迴路電路中，而電路連接有電阻 R 的電阻器和電感 L 的電感器 (稱為 **RL 電路**)，則發生類似的現象。圖 28.21 顯示了一個電路，其中電動勢源串聯接到電阻器和電感器。如果電路僅包括電阻器而不包括電感器，則一旦開關閉合，電流幾乎瞬間就會增大到歐姆定律給出的值 $i = V_{emf}/R$。但在具有電阻器和電感器的電路中，流過電感器的電流增大時，會產生傾向於反抗電流增大的自感電動勢。隨著時間流逝，電流的變化減小，而反抗的自感電動勢也減小。長時間後，電流值穩定在 V_{emf}/R。

我們可以使用克希何夫的迴路定則來分析這個電路，並假設在任何給定時間流過電路的電流 i 為沿逆時鐘方向。當電流環繞電路逆時鐘流動時，電動勢源提供電位增益 $+V_{emf}$，而電阻器則導致電位差 $-iR$。電感器的自感產生自感電動勢，如 (28.22) 式所示。因此，我們可以將環繞電路一圈的電位差之總和寫為

$$V_{emf} - iR - L\frac{di}{dt} = 0$$

我們可以將上式重寫為

$$L\frac{di}{dt} + iR = V_{emf} \tag{28.28}$$

運用與第 25 章獲得 RC 電路之解完全相同的方式，可獲得上式的解，將它代入 (28.28) 式中可驗證其確實為解：

$$i(t) = \frac{V_{emf}}{R}\left(1 - e^{-t/(L/R)}\right) \tag{28.29}$$

其中 L/R 是 RL 電路的時間常數：

$$\tau_{RL} = \frac{L}{R} \tag{28.30}$$

對於三個不同的時間常數值，圖 28.22a 顯示了 RL 電路中電流隨時間變化的函數。

由 (28.29) 式可以看出，在 $t = 0$ 時，電流為零。當 $t \to \infty$ 時，電流為 $i = V_{emf}/R$，這與預期的一致。

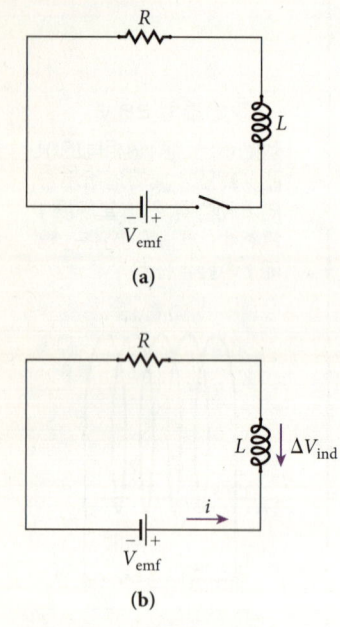

圖 28.21 具有電動勢源、電阻器和電感器的單迴路電路：(a) 開關斷開；(b) 開關閉合。當開關閉合時，沿所示方向流動的電流增大。如圖所示，在電感器兩端感應出沿相反方向的電動勢。

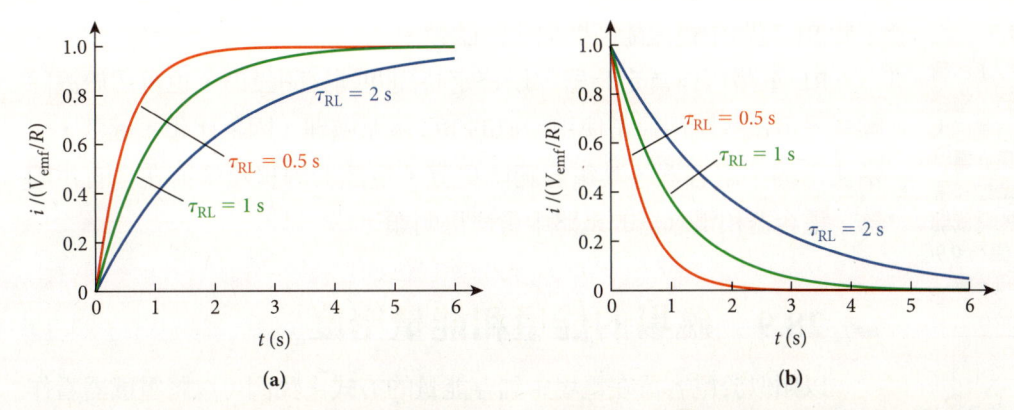

圖 28.22 流過 RL 電路的電流對時間的依賴性。(a) 當電阻器、電感器和電動勢源串聯連接時，電流隨時間變化的函數。(b) 從長時間接通的 RL 電路中將當電動勢源突然移除時，電流隨時間變化的函數。

現在考慮圖 28.23 中的電路，其中電動勢源本來是接上的，然後突然被移除。我們可以使用 (28.28) 和 $V_{\text{emf}} = 0$ 來描述此電路對時間的依賴性：

$$L\frac{di}{dt} + iR = 0 \tag{28.31}$$

電阻器引起電位下降，而電感器的自感電動勢傾向於反抗電流減小。(28.31) 式的解為

$$i(t) = i_0 e^{-t/\tau_{\text{RL}}} \tag{28.32}$$

最初 ($t = 0$) 將電動勢源接上時的條件，可用以確定初始電流：$i_0 = V_{\text{emf}}/R$。(28.32) 式描述初始具有電流 i_0、且連接有電阻器和電感器的單迴路電路。電流以時間常數 $\tau_{\text{RL}} = L/R$ 隨時間呈指數下降，而在長時間之後，電路中的電流為零。對於三個不同的時間常數值，圖 28.22b 顯示

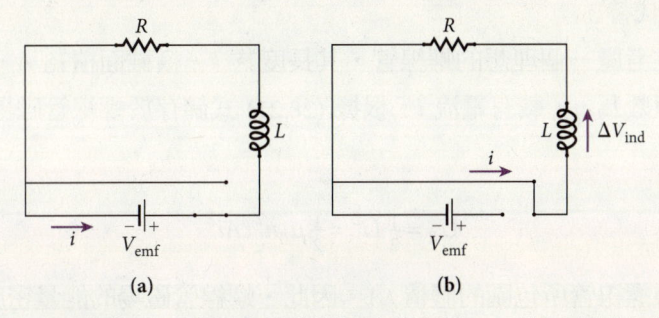

圖 28.23 具有電動勢源、電阻器和電感器的單迴路電路。(a) 接有電動勢源的電路，電流沿所示方向流動。(b) 移除電動勢源，接通電阻器和電感器。電流以與之前相同的方向流動，但持續減小。在電感器兩端沿與電流相同的方向出現感應電動勢，如圖所示。

>>> 觀念檢測 28.7

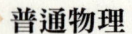

考慮附圖所示的 RL 電路。當開關閉合時，電路中的電流以指數方式增大到 $i = V_{emf}/R$。如果此電路中的電感器被每單位長度的匝數為其 3 倍的電感器取代，則達到量值為 $0.9i$ 的電流所需的時間將會

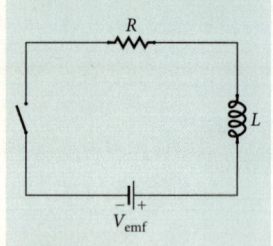

a) 增長。
b) 縮短。
c) 保持不變。

了此 RL 電路中電流隨時間變化的函數。

RL 電路可作為定時器，以特定時間間隔打開設備，也可用於濾除噪音。但這些應用通常使用類似的 RC 電路處理，因為比起電感器，可供使用的小電容器，其電容範圍更寬。電感器的實際價值在含有電阻器、電容器和電感器的電路中會變得明顯。

28.9 磁場的能量和能量密度

以類似於電容器在電場中儲存能量的方式，我們可以將電感器看作為能夠在磁場中儲存能量的裝置。儲存在電容器電場中的能量由下式給出：

$$U_E = \frac{1}{2}\frac{q^2}{C}$$

考慮一個連接到電動勢源的電感器。當電流開始流過電感器時，會產生反抗電流增大的自感電動勢。由電動勢源提供的瞬時功率是電流和電動勢源電壓 V_{emf} 的乘積。使用 (28.28) 式，由於 $R = 0$，我們可以寫

$$P = V_{emf}i = \left(L\frac{di}{dt}\right)i \tag{28.33}$$

在電路的電流由零開始增大到最終電流 i 的一段時間裡，將功率對時間積分，即可求得電動勢源提供的能量。由於在此電路中沒有電阻損耗，所以該能量必須儲存於電感器的磁場中。因此，我們得到

$$U_B = \int_0^t P\,dt = \int_0^i Li'\,di' = \frac{1}{2}Li^2 \tag{28.34}$$

(28.34) 式與電容器電場的類似公式，兩者形式相似，其中 q 由 i 代替，$1/C$ 由 L 代替。

現在考慮一個理想的螺線管，其長度為 ℓ，橫截面積為 A，每單位長度的匝數為 n，載有電流 i。根據 (28.21) 式儲存於螺線管磁場中的能量為

$$U_B = \frac{1}{2}Li^2 = \frac{1}{2}\mu_0 n^2 \ell A i^2$$

磁場佔據螺線管所包圍的體積 ℓA。因此，螺線管磁場的能量密度 u_B 為

$$u_B = \frac{\frac{1}{2}\mu_0 n^2 \ell A i^2}{\ell A} = \frac{1}{2}\mu_0 n^2 i^2$$

>>> 觀念檢測 28.8

長螺線管具有半徑 $r = 8.10$ cm 的圓形橫截面，長度 $\ell = 0.540$ m，$n = 2.00 \cdot 10^4$ 匝/米。當螺線管載有電流 i 時，它儲存的能量為 42.5 mJ。如果電流加倍到 $2i$，儲存在螺線管中的能量將

a) 降低 4 倍。
b) 降低 2 倍。
c) 保持不變。
d) 變為 2 倍。
e) 變為 4 倍。

由於螺線管內的磁場量值 $B = \mu_0 ni$，螺線管磁場的能量密度可以表示為

$$u_B = \frac{1}{2\mu_0} B^2 \tag{28.35}$$

雖然我們是由螺線管的特殊情況得出這個公式，但對一般的磁場，也都適用。

已學要點｜考試準備指南

- 根據法拉第感應定律，導線迴圈中的感應電動勢 ΔV_{ind}，其負值等於通過迴圈之磁通量的時間變化率：$\Delta V_{\text{ind}} = -\dfrac{d\Phi_B}{dt}$。

- 磁通量 Φ_B 由下式給出：$\Phi_B = \iint \vec{B} \cdot d\vec{A}$，其中 $\vec{B}$ 是磁場，$d\vec{A}$ 是微分面積元素向量，它垂直於磁場通過的表面。

- 對於恆定磁場 $\vec{B}$，通過面積 A 的磁通量 Φ_B 由下式給出：$\Phi_B = BA\cos\theta$，其中 θ 是磁場向量與該面積的法向向量之間的夾角。

- 冷次定律指出，通過導線迴圈的磁通量發生變化時，在迴圈中會感應出電流，該電流反抗磁通量的變化。

- 隨時間變化的磁場，會感應出由下式給出的電場：$\oint \vec{E} \cdot d\vec{s} = -\dfrac{d\Phi_B}{dt}$，其中的積分是對在磁場中的任何閉合路徑進行。

- 具有多匝導線迴圈的裝置，其電感 L 是磁通連結 (匝數 N 和磁通量 Φ_B 的乘積) 除以電流 i：$L = \dfrac{N\Phi_B}{i}$。

- 螺線管的電感為 $L = \mu_0 n^2 \ell A$，其中 n 是每單位長度的匝數，ℓ 是螺線管的長度，A 是螺線管的橫截面積。

- 任何電感器的自感電動勢 $\Delta V_{\text{ind},L}$ 由下式給出：$\Delta V_{\text{ind},L} = -L\dfrac{di}{dt}$，其中 L 是電感器的電感，$\dfrac{di}{dt}$ 是通過電感器之電流的時間變化率。

- 具有電感 L 和電阻 R 的單迴路電路的特性時間常數為 $\tau_{\text{RL}} = \dfrac{L}{R}$。

- 電感為 L 的電感器載有電流 i 時，儲存於其磁場中的能量為 $U_B = \dfrac{1}{2}Li^2$。

自我測試解答

28.1 $\dfrac{dB}{dt} = -\dfrac{0.500 \text{ T}}{0.250 \text{ s}} = -2.00 \text{ T/s}$

$\Delta V_{\text{ind}} = -\dfrac{d\Phi_B}{dt} = -\dfrac{d(BA)}{dt} = -\pi r^2 \dfrac{dB}{dt}$

$r = \sqrt{\dfrac{|\Delta V_{\text{ind}}|}{\pi |dB/dt|}} = \sqrt{\dfrac{1.24 \text{ V}}{\pi(2.00 \text{ T/s})}} = 0.444 \text{ m}$

28.2 當迴圈進入磁場時，磁通量增大。在迴圈中感應的電流將沿逆時鐘方向，以反抗磁通量的增大。當迴圈退出磁場時，磁通量減小，在迴圈中感應的電流將沿順時鐘方向，以反抗磁通量的減小。

28.3 如果感應電動勢等於磁通量的變化率，則通過線圈之磁通量的任何增加 (也許來自房間中環境磁場很微小的隨機波動) 將導致感應

電動勢，這將在線圈中產生電流，而此電流產生的磁場會使磁通量更為增大，這將導致更大的感應電動勢，更大的電流，而又使磁通量更為增大。換句話說，這將導致失控的情況，這顯然違反了能量守恆定律。

28.4 a) 是　　b) 非　　c) 是　　d) 是

解題準則

1. 為了解決涉及電磁感應的問題，首先要問：使磁通量改變的是什麼？如果是磁場在變化，則需要使用 (28.9) 式；如果是磁通量通過的面積在改變，則需要使用 (28.10) 式；如果是磁場和面積之間的相對方位改變，則需要使用 (28.11) 式。你不需記住這些公式，只需記住 (28.5) 式的法拉第定律和 (28.1) 式的磁通量定義。

2. 一旦知道在問題情況下哪些決定磁通量的要素是恆定的，哪些是在改變，你可使用冷次定律來確定感應電流的方向及電位更高和更低的位置。然後，你可以為磁通量選擇微分面積向量 $d\vec{A}$ 的方向，並計算未知量。

選擇題

28.1 橫截面積為 60 cm² 的螺線管具有 200 匝迴圈，沿其軸的磁場為 0.60 T。如果磁場被限制在螺線管內，並以 0.20 T/s 的速率變化，則螺線管中之感應電動勢的量值將為下列何者？
a) 0.0020 V　　　　　　b) 0.02 V
c) 0.001 V　　　　　　d) 0.24 V

28.2 在均勻磁場中，下列何者會使導線迴圈中感應出電流？
a) 使磁場減小
b) 使迴圈繞平行於磁場的軸旋轉
c) 在磁場內移動迴圈
d) 以上皆是
e) 以上皆非

28.3 導體環從左向右移動通過均勻磁場，如圖所示。在哪個區域中，環中會產生感應電流？
a) 區域 B 和 D　　　　b) 區域 B、C 和 D
c) 區域 C　　　　　　d) 區域 A 至 E

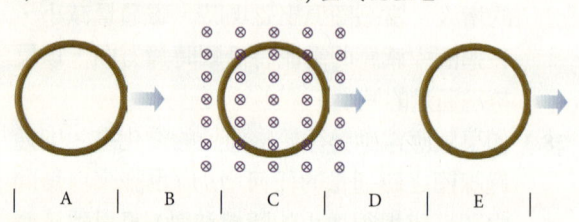

28.4 下列關於自感應的陳述，何者正確？
a) 自感應僅在直流電流過電路時發生。
b) 自感應只在交流電流過電路時發生。
c) 當直流電或交流電流過電路時都會發生自感應。
d) 當直流電或交流電流過電路時，只要電流變化，就會發生自感應。

28.5 波音 747-400 的翼展為 64.67 m，當它以 913 km/h 的速率水平飛行時，計算機翼尖端之間產生的電動勢。假設地球磁場的向下分量為 $B = 5.00 \cdot 10^{-5}$ T。
a) 0.820 V　　　　　　b) 2.95 V
c) 10.4 V　　　　　　d) 30.1 V
e) 225 V

28.6 長螺線管具有半徑 $r = 8.10$ cm 的圓形橫截面，長度為 $\ell = 0.540$ m，$n = 2.00 \cdot 10^4$ 匝/米。螺線管載有的電流為 $i = 4.04 \cdot 10^{-3}$ A。在螺線管的磁場中儲存有多少能量？
a) $2.11 \cdot 10^{-7}$ J　　　　b) $8.91 \cdot 10^{-6}$ J
c) $4.57 \cdot 10^{-5}$ J　　　　d) $6.66 \cdot 10^{-3}$ J
e) $4.55 \cdot 10^{-1}$ J

觀念題

28.7 當你將冰箱接上牆上插座電源時，偶爾會在插腳之間出現火花。是什麼原因？

28.8 第 13 章討論了阻尼諧振盪器，其中阻尼力是與速度相關的，並且總是對抗振盪器的運動。產生這類型力的一種方式是用一塊金屬，例如鋁，使它移動通過不均勻磁場。解釋為什麼這種技術能夠產生阻尼力。

28.9 流行的渦流演示包括將磁體沿著長的金屬管和長的玻璃或塑膠管落下。當磁體通過管落下時，隨著磁體朝向或遠離管的每個部分移動，磁通量跟著改變。
a) 在哪一種管中磁體下落的速率較快？
b) 在哪一種管中感應的渦流較大？

28.10 圓形導線環受到增大的向上磁場，如附圖所示。環中感應電流的方向為何？

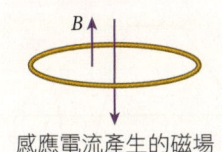

28.11 半徑為 R 的實心金屬圓盤，以等角速度 ω 繞其中心軸線旋轉。圓盤處於垂直於盤面、量值為 B 的均勻磁場中。求出圓盤中心和外緣之間的電動勢量值。

28.12 在洛斯阿拉莫斯國家實驗室，產生非常大磁場的一種方法是 EPFCG (爆炸式喞筒通量壓縮產生器)，用以研究電子戰中高功率電磁脈衝 (EMP) 的影響。在螺線管和與它同軸並在它內部的小銅圓柱之間的空間中，爆炸物被包裝和引爆，如附圖所示。爆炸在非常短的時間內發生，並迅速的使圓柱坍塌。這種快速變化產生感應電流，使磁通量保持恆定，同時圓柱體的半徑收縮 r_i/r_f 倍。估計所產生的磁場，假設半徑被壓縮 14 倍，磁場的初始量值 B_i 為 1.0 T。

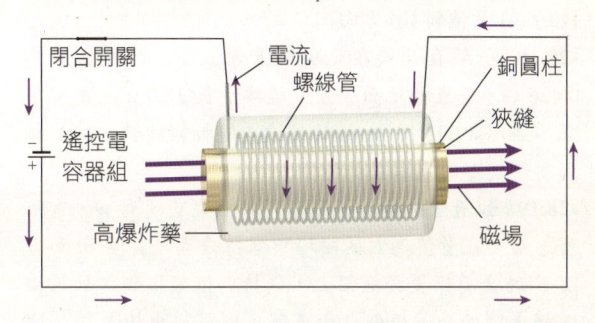

28.13 繞線緊密的螺線管，將繞線展開，然後重繞以形成另一個螺線管，其直徑為第一螺線管的兩倍。電感改變幾倍？

練習題

題號前的藍點 (•) 與雙藍點 (••) 代表問題難度遞增。

28.1 至 28.2 節

28.14 當 MRI (磁共振造影) 中的磁體突然關閉時，磁體被稱為熄滅。熄滅可以在短至 20.0 s 發生。假設初始場為 1.20 T 的磁體在 20.0 s 內熄滅，最終場近似為零。在這些條件下，在垂直於磁場、半徑 1.00 cm 的導線環中 (大約是結婚戒指的尺寸)，產生的平均感應電動勢為何？

28.15 金屬環的面積為 0.100 m^2，平放在地面上。如附圖所示，一個指向西的均勻磁場，最初具有 0.123 T 的量值，在 0.579 s 的時段中穩定的減小到 0.075 T。求出在這段時間內在迴圈中感應的電動勢。

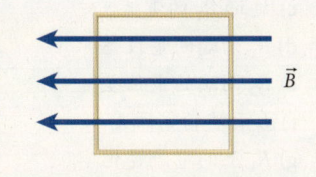

•**28.16** 半徑為 a、電阻為 R_2 的導體圓環，與半徑為 $b \gg a$ (b 遠大於 a)、電阻為 R_1 的導體圓環同心。對較大的圓環施加緩慢隨時間做正弦變化的電壓 $V(t) = V_0 \sin \omega t$，其中的常數 V_0 和 ω 分別具有電壓和時間倒數的因次。假設整個內環處於均勻 (在空間各處相同) 的磁場中，且此均勻磁場等於環中心處的磁場，試導

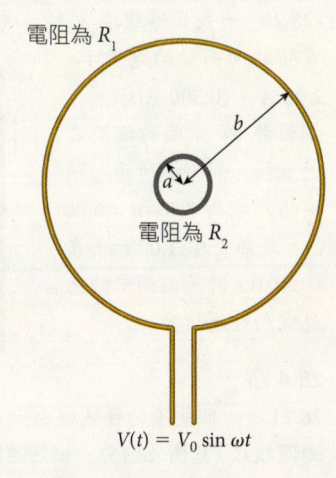

出在內環中之感應電動勢的表達式和通過該環之電流 i 的表達式。

28.3 節

28.17 附圖所示的四分之一圓形的導體環之半徑為 10.0 cm，電阻為 0.200 Ω。在半徑 3.00 cm 的虛線圓內的磁場強度最初為 2.00 T。然後在 2.00 s 內磁場從 2.00 T 減小到 1.00 T。求出在環中之感應電流的 (a) 量值和 (b) 方向。

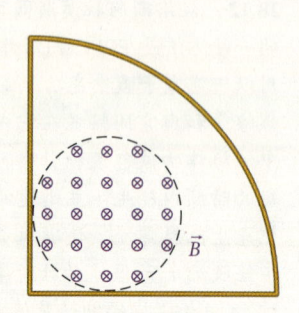

•**28.18** 一架直升機在北磁極上方盤旋，磁場強度為 0.426 G，垂直於地面。直升機轉子長 10.0 m，由鋁製成，並以 $1.00 \cdot 10^4$ rpm 的轉速圍繞輪轂旋轉。從輪轂到轉子端部的電位差為何？

•**28.19** 如附圖所示，矩形的導線框架寬度為 w，電阻可忽略，在量值為 B 的磁場中保持垂直。質量 m 和電阻 R 的金屬棒置於框架上，保持與框架接觸。如果棒從靜止開始沿著框架自由下落，則試導出棒之終端速度的表達式。忽略導線和金屬棒之間的摩擦。

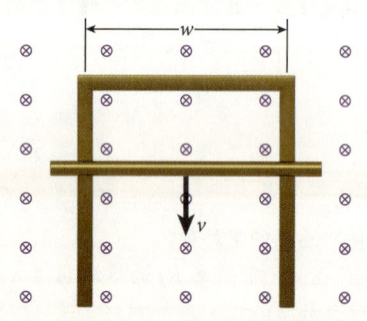

•**28.20** 一長直導線沿 y 軸延伸。導線沿正 y 方向載有隨時間而變的電流 $i = 2.00$ A $+ (0.300$ A/s$)t$。一個位於 xy 平面的迴圈靠近 y 軸，如附圖所示。迴圈的尺寸為 7.00 m × 5.00 m，距離導線 1.00 m。在 $t = 10.0$ s 時，迴圈中的感應電動勢為何？

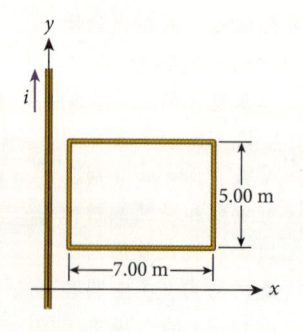

28.4 節

28.21 一個簡單的發電機由一個在恆定磁場內旋轉的迴圈組成 (見圖 28.15)。如果迴圈以頻率 f 旋轉，則磁通量由 $\Phi(t) = BA \cos(2\pi ft)$ 給出。如果 $B = 1.00$ T，$A = 1.00$ m^2，若最大感應電動勢為 110. V，則 f 的值必須為何？

•**28.22** 你的朋友決定利用具有 $1.00 \cdot 10^5$ 匝圓形迴圈的線圈，繞垂直於地球磁場的軸旋轉，以產生電力，該地的磁場量值為 0.300 G。迴圈的半徑為 25.0 cm。
a) 如果你的朋友以 150. Hz 的頻率轉動線圈，則連接到線圈的一個電阻為 $R = 1.50$ kΩ 的電阻器上流過的電流，其峰值為何？
b) 在線圈中流動的平均電流將是峰值電流的 0.7071 倍。從該裝置獲得的平均功率為何？

28.6 至 28.7 節

28.23 附圖顯示了在 8.00 ms 的一段時間內通過 10.0 mH 電感的電流。繪製一個圖，顯示該段時間內電感器的自感電動勢 $\Delta V_{\text{ind},L}$。

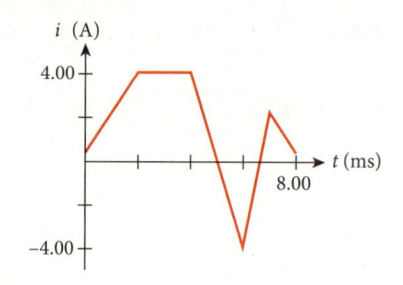

28.8 節

28.24 電阻 $R = 1.00$ MΩ 和電感 $L = 1.00$ H 的 RL 電路，由 10.0 V 的電池供電。
a) 電路的時間常數為何？
b) 如果開關在時間 $t = 0$ 時閉合，那麼閉合後瞬間、閉合後 2.00 μs、閉合後長時間的電流各為何？

28.25 在 $R = 3.25$ Ω 和 $L = 440.$ mH 的 RL 電路中，電流以 3.60 A/s 的速率增加。當電路中的電流為 3.00 A 時，跨越 RL 電路的電位降為何？

•**28.26** 在附圖所示的電路中，電池提供 $V_{\text{emf}} = 18.0$ V，$R_1 = 6.00$ Ω，$R_2 = 6.00$ Ω，$L = 5.00$ H。
在開關閉合長時間後，計算以下各項：
a) 流出電池的電流。
b) 通過 R_1 的電流。
c) 通過 R_2 的電流。
d) R_1 兩端的電位差。
e) R_2 兩端的電位差。
f) L 兩端的電位差。
g) R_1 上的電流變化率。

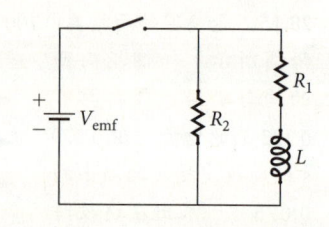

28.9 節

28.27 剛剛理解到磁場具有能量，發明人打算開發與地球磁場相關的能量。假定磁場的量值為 $5.00 \cdot 10^{-5}$ T，地球表面附近的空間體積要有多大，才會包含 1.00 J 的能量？

28.28 在磁中子星表面附近的磁場量值為 $4.00 \cdot 10^{10}$ T。
a) 計算該磁場的能量密度。
b) 特殊相對論以 $E_0 = mc^2$ 將能量與任何靜止質量 m 相關聯。求出 (a) 小題的能量密度所對應的靜止質量密度。

•**28.29** 一學生的手指上戴著半徑為 0.750 cm、質量為 15.0 g 的金環 [電阻為 61.9 μΩ，比熱容為 $c = 129$ J/(kg °C)]，她將手指從 0.0800 T 的磁場中，沿著手指指向，在 40.0 ms 中移到零磁場的區域。這個動作引起感應電流，以致金環被加熱而溫度上升。假設所有產生的能量都用於提高溫度，則金環的溫度上升多少？

••**28.30** 在真空中傳播的電磁波，具有電場 $\vec{E}(\vec{x},t) = \vec{E}_0\cos(\vec{k}\cdot\vec{x}-\omega t)$ 和磁場 $\vec{B}(\vec{x},t) = \vec{B}_0\cos(\vec{k}\cdot\vec{x}-\omega t)$，其中 $\vec{B}_0 = \vec{k}\times\vec{E}_0/\omega$，且波向量 $\vec{k}$ 垂直於 $\vec{E}_0$ 和 $\vec{B}_0$。$\vec{k}$ 的量值和角頻率 ω 滿足色散關係 $\omega/|\vec{k}| = (\mu_0\epsilon_0)^{-1/2}$，其中 μ_0 和 ϵ_0 分別是自由空間的磁導率和電容率。這種波傳輸其電場和磁場中的能量。計算在這種波中磁場和電場之能量密度的比 u_B/u_E。盡可能簡化你的最終答案。

補充練習題

28.31 附圖中之螺線管內的磁場，以 1.50 T/s 的速率變化。如圖所示，具有 2000 匝的導體線圈包圍螺線管。螺線管的半徑為 4.00 cm，線圈的半徑為 7.00 cm。線圈中產生的電動勢為何？

28.32 長度為 8.00 cm、半徑為 6.00 mm、具有 100 匝的螺線管，從右到左承載 0.400 A 的電流。然後電流反向，而從左向右流動。螺線管內的磁場中儲存的能量改變多少？

28.33 在電阻 $R = 3.00$ kΩ 的串聯 RL 電路中，如果電流在 20.0 μs 中增大到其最終值的 $\frac{1}{2}$，則電感為何？

28.34 如附圖所示，面積為 5.00 m² 的單迴圈導線位於頁面的平面上。在迴圈所在區域中的時變磁場指向頁面，且其量值為 $B = 3.00$ T + (2.00 T/s)t。在 $t = 2.00$ s 時，迴圈中的感應電動勢和感應電流的方向為何？

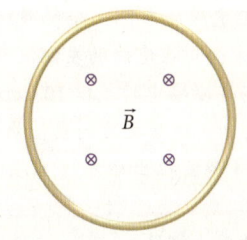

•**28.35** 長度為 3.00 m、$n = 290.$ 匝/米的長螺線管，載有 3.00 A 的電流。它儲存的能量為 2.80 J。螺線管的橫截面積為何？

•**28.36** 電路包含一個 12.0 V 電池、一個開關和一個串聯的燈泡。當燈泡流過 0.100 A 的電流時，它就開始發光。當開關長時間閉合時，此燈泡消耗 2.00 W。開關斷開，並且將一個電感器連到電路中，與燈泡串聯。如果開關再次閉合後，隔 3.50 ms 燈泡開始發光，則電感的量值為何？忽略加熱燈絲所需的任何時間，並假定一旦燈絲中的電流達到閾值 0.100 A，就可以觀察到發光。

•**28.37** 如附圖所示，長度為 50.0 cm 的導體桿，在置於磁場中的兩根平行金屬棒上滑動，磁場量值為 1.00 kG。桿的末端與兩個電阻器連接，$R_1 = 100.$ Ω，$R_2 = 200.$ Ω。導體桿以 8.00 m/s 的等速度移動。
a) 流過兩個電阻器的電流為何？
b) 提供給電阻器的功率各為何？
c) 要保持桿以等速度移動，施力須為何？

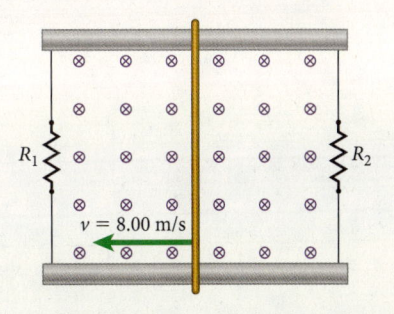

•**28.38** 一個半徑為 2.50 cm、長度為 10.0 cm 的鋼製圓柱體，以無滑動的方式滾下一個斜坡，斜坡長度 (沿斜坡) 為 3.00 m，且在水平線上的傾斜角為 15.0°。如果斜坡所在處的地球磁場方向為沿斜坡向下，則當圓柱體離開斜坡底部時，圓柱體兩端之間由於感應而產生的電位差為何？(使用 0.426 G 作為當地的地球磁場量值。)

•**28.39** 如圖所示，電阻為 35.0 Ω 的矩形導線迴圈 (60.0 cm 長 × 15.0 cm 寬)，與 xy 平面平行，一半位於

普通物理

均勻磁場內。在虛線的右側，磁場量值為 $B = 2.00$ z T，沿著正 z 軸方向；在虛線的左側沒有外加磁場。

a) 當迴圈右端仍在磁場中時，以 10.0 cm/s 的等速度將迴圈往左側移動到，所需之力的量值為何？

b) 以這個速率將迴圈拉出磁場，需要消耗的功率為何？

c) 電阻消耗的功率為何？

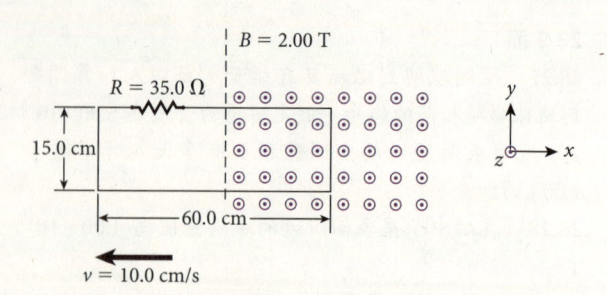

多版本練習題

28.40 將結婚戒指環（直徑 1.95 cm）旋轉並拋入空中，產生 13.3 轉/秒的角速度。旋轉軸線是環的直徑。如果環所在位置之地球磁場的量值為 $4.77 \cdot 10^{-5}$ T，則環中的最大感應電動勢為何？

28.41 將結婚戒指環拋到空中，並給予旋轉，產生 13.5 轉/秒的角速度。旋轉軸線是環的直徑。如果環所在位置之地球磁場的量值為 $4.97 \cdot 10^{-5}$ T，而環中的最大感應電動勢為 $1.446 \cdot 10^{-6}$ V，則環的直徑為何？

28.42 將結婚戒指環（直徑 1.63 cm）旋轉並拋入空中，產生 13.7 轉/秒的角速度。旋轉軸線是環的直徑。如果環中的最大感應電壓為 $6.556 \cdot 10^{-7}$ V，則環所在處之地球磁場的量值為何？

29 電磁波

待學要點

29.1 感應磁場的馬克士威感應定律
  位移電流
  馬克士威方程式
29.2 馬克士威方程式的波動解
  先行提出的解
  電場的高斯定律
  磁場的高斯定律
  法拉第感應定律
  馬克士威–安培定律
  光的速率
29.3 電磁頻譜
29.4 坡印廷向量和能量傳輸
  例題 29.1 太陽光的均方根電場和磁場
29.5 輻射壓力
  例題 29.2 雷射筆的輻射壓力
29.6 偏振
  例題 29.3 三個偏振器
  偏振的應用

已學要點｜考試準備指南
  解題準則
  選擇題
  觀念題
  練習題
  多版本練習題

圖 29.1 位於西班牙塞維亞附近的太陽能發電廠 Solucar PS10 匯集了太陽電磁輻射的功率來發電。

在前面幾章中，我們研究了電場和磁場，了解了它們如何隨時間變化。本章結束我們對電磁學的研究，重點在於電場和磁場的交互作用如何產生電磁波。

地球上幾乎每個地方都佈滿電磁波，其中最明顯的類型可能是可見光。你熟悉的其他類型的電磁波，由電視和無線電波延伸到微波和 X 射線。手機、無線網際網路連接和衛星定位系統都使用電磁波，另外，日光浴和雷射筆也是。本章將研究各類型電磁波的性質，包括它們的相似性和差異，以及對其他物體傳遞的能量和壓力。圖 29.1 所示的太陽能發電廠，令人印象深刻的展示了如何利用太陽發出的電磁波中所含的能量。

735

普通物理

待學要點

- 變化的電場感應磁場，而變化的磁場感應電場。
- 馬克士威方程式描述了電磁現象。
- 電磁波具有電場和磁場。
- 馬克士威方程式的解可以用正弦變化的行進波表示。
- 電磁波的電場與磁場彼此垂直，並且兩個場都垂直於波的行進方向。
- 光速可以用與電場和磁場相關的常數表示。
- 光是一種電磁波。
- 電磁波可以傳輸能量和動量。
- 電磁波的強度與波中電場之均方根量值的平方成正比例。
- 行進電磁波的電場方向稱為偏振方向。

本章大部分的結果僅適用於通過真空傳播的電磁波。但就實際用處而言，通過地球大氣傳播的電磁波可以用相同的方式處理。通過其他介質傳播的電磁波，有一些明顯的差異，但本章並不涉及它們。

29.1 感應磁場的馬克士威感應定律

在第 28 章，我們看到變化的磁場感應出電場。根據法拉第感應定律：

$$\oint \vec{E} \cdot d\vec{s} = -\frac{d\Phi_B}{dt} \tag{29.1}$$

其中 $\vec{E}$ 是在一個閉合迴路上的電場，它是由通過該迴路的變化磁通量 Φ_B 感應產生的。以類似的方式，變化的電場感應產生磁場；以英國物理學家馬克士威 (James Clerk Maxwell, 1831–1879) 命名的**馬克士威感應定律**，描述了這個現象：

$$\oint \vec{B} \cdot d\vec{s} = \mu_0 \epsilon_0 \frac{d\Phi_E}{dt} \tag{29.2}$$

其中 $\vec{B}$ 是閉合迴路上的磁場，它是由通過該迴路的變化電通量 Φ_E 感應產生的。除多了常數 $\mu_0 \epsilon_0$ 和少了負號，上式與 (29.1) 式類似，式中出現的常數是因使用 SI 單位表示磁場所導致的。(29.2) 式的右邊沒有負號的事實，意味著當在類似條件下感應產生場時，感應磁場與感應電場的符號相反，如我們即將看到的。

圓形電容器可以用來說明感應磁場 (圖 29.2)。在圖 29.2a 所示的電容器中，電荷是恆定的，兩板之間出現恆定的電場，沒有磁場。在圖 29.2b 所示的電容器中，電荷隨時間增大。因此，兩板之間的電通量隨

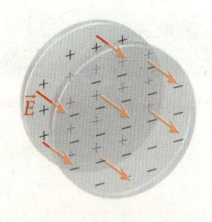

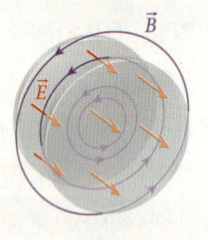

圖 29.2 (a) 帶有電荷的圓形電容器。紅色箭頭表示兩板間的電場。(b) 電荷隨時間增大的電容器。紅色箭頭表示電場，紫色圓圈表示感應磁場。

電磁波 29

時間增大，這感應出一個磁場 $\vec{B}$，以紫色的圓表示，圓上也指出 $\vec{B}$ 的方向。沿著同一個圓，磁場向量具有相同的量值，且其方向都沿著圓的切線方向。當電荷停止增大時，電通量保持恆定，磁場就消失。

其次，考慮在時間上也是恆定的均勻磁場，如圖 29.3a 所示。在圖 29.3b 中，磁場在空間中仍然是均勻的，但是隨著時間增大，這感應出以紅色圓示出的電場。電場向量沿著同一個圓具有恆定的量值，且如圖所示沿著圓的切線方向。注意，此感應電場的方向與由增大的電場所產生之感應磁場的方向相反 (圖 29.2b)。

現在回憶安培定律：

$$\oint \vec{B} \cdot d\vec{s} = \mu_0 i_{\text{enc}} \tag{29.3}$$

它將磁場向量與迴路上微分位移向量的純量積 $\vec{B} \cdot d\vec{s}$ 沿著整個迴路的積分，與從迴路內部空間穿過的電流 i_{enc}，彼此關聯起來。然而，馬克士威意識到這個方程式是不完全的，因為它沒有考慮到變化電場引起之磁場的貢獻。若結合 (29.2) 式和 (29.3) 式，則可描述通過移動電荷和通過變化電場產生的磁場：

$$\oint \vec{B} \cdot d\vec{s} = \mu_0 \epsilon_0 \frac{d\Phi_E}{dt} + \mu_0 i_{\text{enc}} \tag{29.4}$$

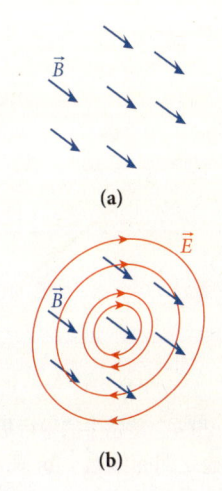

圖 29.3 (a) 恆定的均勻磁場。(b) 隨時間增大的均勻磁場，感應出以紅色圓表示的電場。

(29.4) 式稱為**馬克士威–安培定律**。可以看出，對於恆定電流的情況，例如在導體中穩定流動的電流，上式簡化變成安培定律。對於沒有電流流動之變化電場的情況，例如電容器兩個極板之間的電場，上式簡化變成馬克士威感應定律。重點是要認識到馬克士威–安培定律描述了兩種不同的磁場來源：普通電流 (如第 27 章所述) 和時變電通量 (在下一小節中詳論)。

位移電流

由 (29.4) 式的馬克士威–安培定律，可以看出該式右邊第一項 $\epsilon_0 d\Phi_E/dt$ 須具有電流的單位。雖然沒有實際的「電流」被「移位」，但這一項被稱為**位移電流**，i_d：

$$i_d = \epsilon_0 \frac{d\Phi_E}{dt} \tag{29.5}$$

依此定義，(29.4) 式可以改寫為

普通物理

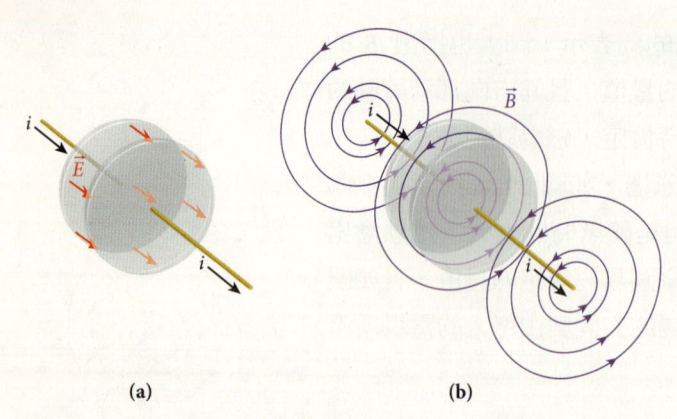

圖 29.4 電路中的平行板電容器通過電流 i 被充電：(a) 給定瞬間兩板之間的電場；(b) 在電路導線周圍和電容器兩極板之間的磁場。

$$\oint \vec{B} \cdot d\vec{s} = \mu_0(i_d + i_{enc})$$

再次，讓我們考慮具有圓形板的平行板電容器，現在放置在一個電路中，當電容器在充電時，電路上流動的電流為 i (圖 29.4)。對於平行板電容器，電荷 q 與兩板之間的電場 E 具有以下關係 (參見第 23 章)：

$$q = \epsilon_0 AE$$

其中 A 是板的面積。取上式的時間導數可以獲得電路中的電流 i：

$$i = \frac{dq}{dt} = \epsilon_0 A \frac{dE}{dt} \tag{29.6}$$

假設電容器兩板之間的電場是均勻的，我們可以得到位移電流的表達式：

$$i_d = \epsilon_0 \frac{d\Phi_E}{dt} = \epsilon_0 \frac{d(AE)}{dt} = \epsilon_0 A \frac{dE}{dt} \tag{29.7}$$

因此，(29.6) 式給出之電路中的電流 i，等於 (29.7) 式給出的位移電流 i_d。儘管在電容器兩個極板之間沒有實際電流在流動，也就是說，實際電荷沒有從一個極板通過電容器間隙移動到另一個極板，但位移電流可以用來計算感應磁場。

為了計算電容器兩個圓形板之間的磁場，我們假設兩個板之間的體積可以用半徑為 R、載有電流 i_d 的導體代替。在第 27 章中，我們看到在距離電容器中心的垂直距離為 r 處的磁場由下式給出：

$$B = \left(\frac{\mu_0 i_d}{2\pi R^2}\right) r \qquad (r < R)$$

在電容器外面的系統可以視為載流長直導線；因此在離導線的垂直距離為 r 處的磁場是

$$B = \frac{\mu_0 i_d}{2\pi r} \qquad (r > R)$$

觀念檢測 29.1

圖中所示半徑 R、充電中的圓形電容器，其位移電流 i_d 等於導線中的傳導電流 i。點 1 和 3 到導線的垂直距離為 r，點 2 到電容器中心的垂直距離亦為 r，其中 $r > R$。在點 1、2 和 3 的磁場，從最大到最小量值的順序為

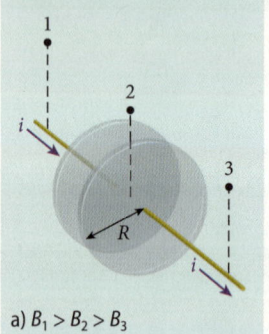

a) $B_1 > B_2 > B_3$
b) $B_3 > B_2 > B_1$
c) $B_1 = B_3 > B_2$
d) $B_2 > B_1 = B_3$
e) $B_1 = B_2 = B_3$

29 電磁波

》》 觀念檢測 29.2

圖中所示半徑 R、充電中的圓形電容器，其位移電流 i_d 等於導線中的傳導電流 i。點 1 和 3 到導線的垂直距離為 r，點 2 到電容器中心的垂直距離亦為 r，其中 $r < R$。在點 1、2 和 3 的磁場，從最大到最小量值的順序為

a) $B_1 > B_2 > B_3$
b) $B_3 > B_2 > B_1$
c) $B_1 = B_3 > B_2$
d) $B_2 > B_1 = B_3$
e) $B_1 = B_2 = B_3$

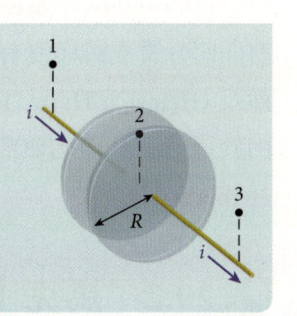

馬克士威方程式

　　有了 (29.4) 式的馬克士威–安培定律，一個具有四個方程式的方程式組，稱為馬克士威方程式，就齊全了。這組方程式描述了電荷、電流、電場和磁場之間的交互作用，它將電和磁看作是一個統一的力──稱為**電磁力**──所具有的兩個面。先前描述關於電和磁的所有結果仍然有效，但是這組方程式示出了電場和磁場如何彼此相互作用，導致範圍極為廣泛的電磁現象。本章討論的重點為電磁波。表 29.1 總結了馬克士威方程式。(另外，提醒一下，前兩個方程式中的 $\oiint d\vec{A}$，表示對閉合曲面的積分，而最後兩個方程式中的 $\oint d\vec{s}$，表示沿閉合曲線上的積分。)

　　如果你仔細檢查馬克士威方程式，你可能注意到 $\vec{E}$ 和 $\vec{B}$ 之間缺乏對稱性。這個差異起因於電荷可孤立存在，且當電荷移動時出現相應的電流，但是在自然界顯然沒有孤立的靜止磁荷存在。假想為具有單個磁荷 (北極或南極，但不是兩者) 的粒子，稱為磁單極，但是根據經驗所發現的，磁極總是以北極與南極成對一起出現。磁單極不存在並沒有什麼根本的原因，有許多實驗搜索它們但都沒有成功。

表 29.1　描述電磁現象的馬克士威方程式

名稱	方程式	說明
電場的高斯定律	$\oiint \vec{E} \cdot d\vec{A} = \dfrac{q_{\text{enc}}}{\epsilon_0}$	通過閉合表面的淨電通量與淨封閉電荷成正比。
磁場的高斯定律	$\oiint \vec{B} \cdot d\vec{A} = 0$	通過閉合表面的淨磁通量為零 (不存在磁單極)。
法拉第感應定律	$\oint \vec{E} \cdot d\vec{s} = -\dfrac{d\Phi_B}{dt}$	電場可由變化的磁通量感應產生。
馬克士威–安培定律	$\oint \vec{B} \cdot d\vec{s} = \mu_0 \epsilon_0 \dfrac{d\Phi_E}{dt} + \mu_0 i_{\text{enc}}$	磁場可由電流或變化的電通量感應產生。

普通物理

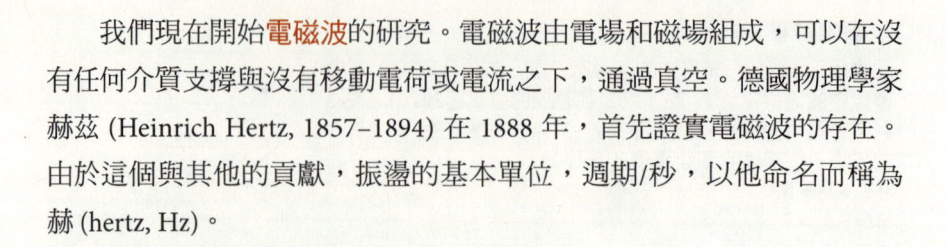

我們現在開始**電磁波**的研究。電磁波由電場和磁場組成，可以在沒有任何介質支撐與沒有移動電荷或電流之下，通過真空。德國物理學家赫茲 (Heinrich Hertz, 1857–1894) 在 1888 年，首先證實電磁波的存在。由於這個與其他的貢獻，振盪的基本單位，週期/秒，以他命名而稱為赫 (hertz, Hz)。

29.2　馬克士威方程式的波動解

我們將先假設，在真空中 (沒有移動電荷或電流) 傳播的電磁波具有行進波的形式，並且證明它滿足馬克士威方程式。

先行提出的解

我們先假設一個沿正 x 方向行進的電磁波中的電場和磁場，可用下式表示：

$$\vec{E}(\vec{r},t) = E_{\max} \sin(\kappa x - \omega t)\hat{y}$$

和

$$\vec{B}(\vec{r},t) = B_{\max} \sin(\kappa x - \omega t)\hat{z} \quad (29.8)$$

其中 $\kappa = 2\pi/\lambda$ 為波數，$\omega = 2\pi f$ 是波長為 λ、頻率為 f 之波的角頻率。注意，兩個場的量值與 y 或 z 座標無關，僅取決於 x 座標和時間。這種類型的波，其中電場和磁場向量位於同一平面，稱為**平面波**。(29.8) 式表示該電磁波沿正 x 方向行進，因為隨著時間 t 增加，座標 x 必須增加，才可使場保持相同的值。(29.8) 式所描述的波如圖 29.5 所示。

在圖 29.5 所示的特殊情況下，電場完全在 y 方向，磁場完全在 z 方向；也就是說，兩個場都垂直於波傳播的方向。事實上，電場總是垂直於波行進的方向，並且總是垂直於磁場，而在一般情況下，沿著 x 軸傳播的電磁波，電場可以是指向 yz 平面的任何方向。

圖 29.5 所示是波在同一瞬間的抽象表示。所示的向量代表電場和磁場的量值和方向；但是，你應該了解這些場不是堅固的物體。當波行進時，沒有什麼物質作成的東西實際向左右或上下移動。指向左右及上下的向量，代表的是電場和磁場。

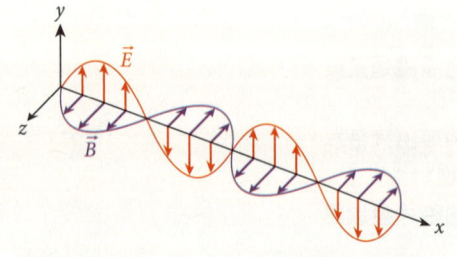

圖 29.5 沿正 x 方向行進的電磁波在一給定時刻的電磁場。

證明 (29.8) 式描述的行進波，滿足馬克士威方程式，

涉及相當多的向量演算，但也使用前面章節中已經引進的許多概念。以下幾個小節詳細交代整個過程，一次討論一個方程式。

電場的高斯定律

我們先從高斯的電場定律開始。對於真空中的電磁波，任何封閉表面內都不會包含電荷 ($q_{enc} = 0$)；因此，我們必須證明 (29.8) 式提出的解滿足

$$\oiint \vec{E} \cdot d\vec{A} = 0 \tag{29.9}$$

我們選擇一個矩形盒子作為高斯表面，它包圍以向量表示的波之一部分 (圖 29.6)。對於盒子在 yz 平面中的兩個面，由於向量 $\vec{E}$ 和 $d\vec{A}$ 彼此垂直，因此 $\vec{E} \cdot d\vec{A}$ 是零。對於 xy 平面中的兩個面也是如此。xz 平面中的兩個面貢獻 $+EA_1$ 和 $-EA_1$，其中 A_1 是頂面和底面的面積。因此，積分為零，滿足了電場的高斯定律。

如果我們在不同的時間，分析以向量表示的波，我們將獲得不同的電場。然而，因為電場總是在 y 方向，所以積分將總是為零。

磁場的高斯定律

對於高斯的磁場定律，我們必須證明

$$\oiint \vec{B} \cdot d\vec{A} = 0 \tag{29.10}$$

我們再次使用圖 29.6 中的閉合曲面進行積分。對於 yz 平面中的面和對於 xz 平面中的面，$\vec{B} \cdot d\vec{A}$ 為零，因為向量 $\vec{B}$ 和 $d\vec{A}$ 彼此垂直。xy 平面中的兩面貢獻 $+BA_2$ 和 $-BA_2$，其中 A_2 是 xy 平面中的兩面每面的面積。因此，積分為零，滿足了磁場的高斯定律。

法拉第感應定律

現在讓我們來看法拉第感應定律：

$$\oint \vec{E} \cdot d\vec{s} = -\frac{d\Phi_B}{dt} \tag{29.11}$$

為了求出上式左側的積分，我們取在 xy 平面的一條閉合路徑，如圖 29.7 的灰色矩形所示，它具有寬度 dx 和高度 h，並且從 a 到 b 到 c 到 d 再回到 a。此矩形的微分面積向量 $d\vec{A} = \hat{n}dA = \hat{n}hdx$，其中

>>> 觀念檢測 29.3
電磁平面波通過真空傳播。波的電場為 $\vec{E} = E_{max}\cos(\kappa x - \omega t)\hat{y}$。下列何者描述波的磁場？
a) $\vec{B} = B_{max}\cos(\kappa x - \omega t)\hat{x}$
b) $\vec{B} = B_{max}\cos(\kappa y - \omega t)\hat{y}$
c) $\vec{B} = B_{max}\cos(\kappa z - \omega t)\hat{z}$
d) $\vec{B} = B_{max}\cos(\kappa y - \omega t)\hat{z}$
e) $\vec{B} = B_{max}\cos(\kappa x - \omega t)\hat{z}$

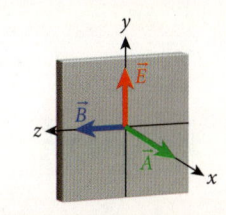

圖 29.6 沿正 x 方向行進的電磁波之向量表示的一部分，被高斯表面 (灰色盒子) 包圍。高斯面正面的面積向量以綠色顯示。

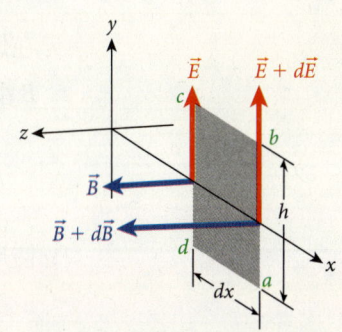

圖 29.7 電磁波在一給定時刻的電場和磁場。灰色矩形的四邊構成法拉第感應定律的積分路徑。

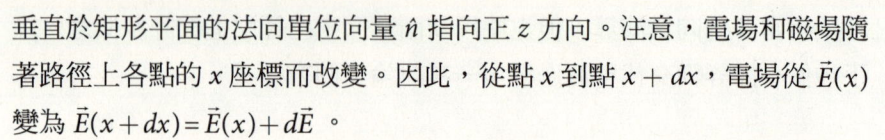

垂直於矩形平面的法向單位向量 $\hat{n}$ 指向正 z 方向。注意，電場和磁場隨著路徑上各點的 x 座標而改變。因此，從點 x 到點 $x + dx$，電場從 $\vec{E}(x)$ 變為 $\vec{E}(x+dx) = \vec{E}(x) + d\vec{E}$。

為了求出 (29.11) 式沿閉合路徑的積分，我們將路徑分為四個分段，並沿逆時鐘方向從 a 到 b、b 到 c、c 到 d、d 到 a，進行積分。沿 x 方向的兩個分段，即從 b 到 c 和從 d 到 a，對積分的貢獻為零，因為電場總是垂直於積分路徑的方向。沿 y 方向的分段，即從 a 到 b 和從 c 到 d，電場平行或反向平行於積分路徑的方向；因此，純量積變成普通的乘積。由於電場與 y 座標無關，所以可以從積分中移出。因此，在 y 方向上沿著每個分段的積分是相應 x 座標處之電場的量值與分段的長度 (h) 之乘積，但其中沿負 y 方向的積分需乘以 -1，因為 $\vec{E}$ 與積分路徑的方向反平行。因此，(29.11) 式的積分結果為

$$\oint \vec{E} \cdot d\vec{s} = E \int_a^b ds - E \int_c^d ds = (E + dE)(h) - Eh = (dE)(h)$$

(29.11) 式的右邊由下式給出：

$$-\frac{d\Phi_B}{dt} = -A\frac{dB}{dt} = -(h)(dx)\frac{dB}{dt}$$

因此，我們有

$$(h)(dE) = -(h)(dx)\frac{dB}{dt}$$

或

$$\frac{dE}{dx} = -\frac{dB}{dt} \tag{29.12}$$

在以上各式中，dE/dx 和 dB/dt 各是對單一變數所取的導數，雖然 E 和 B 都隨 x 和 t 而變。因此，我們使用偏導數更適當的寫出 (29.12) 式：

$$\frac{\partial E}{\partial x} = -\frac{\partial B}{\partial t} \tag{29.13}$$

使用 (29.8) 式所給電場和磁場的假定形式，我們可以展開偏導數：

$$\frac{\partial E}{\partial x} = \frac{\partial}{\partial x}\left[E_{\max}\sin(\kappa x - \omega t)\right] = \kappa E_{\max}\cos(\kappa x - \omega t)$$

和

$$\frac{\partial B}{\partial t} = \frac{\partial}{\partial t}\left[B_{\max}\sin(\kappa x - \omega t)\right] = -\omega B_{\max}\cos(\kappa x - \omega t)$$

將以上兩式的結果代入 (29.13) 式，可得

$$\kappa E_{\max}\cos(\kappa x - \omega t) = -\left[-\omega B_{\max}\cos(\kappa x - \omega t)\right]$$

角頻率和波數的關係為

$$\frac{\omega}{\kappa} = \frac{2\pi f}{(2\pi/\lambda)} = f\lambda = c \tag{29.14}$$

其中 c 是波的速率。(一般來說，我們可以使用 v 作為這個波的速率，但是我們選擇使用 c，因為我們將看到，在真空中傳播的所有電磁波，都具有一個特徵速率，即光速，這依傳統是以 c 表示。) 因此，我們有

$$\frac{E_{\max}}{B_{\max}} = \frac{\omega}{\kappa} = c$$

我們可以使用 (29.8) 式，以在固定位置和時間的場之量值比率，將上式改寫為

$$\frac{E}{B} = \frac{|\vec{E}(\vec{r},t)|}{|\vec{B}(\vec{r},t)|} = \frac{E_{\max}|\sin(\kappa x - \omega t)|}{B_{\max}|\sin(\kappa x - \omega t)|} = c \tag{29.15}$$

因此，如果電場和磁場的量值比率為 c，則 (29.8) 式滿足法拉第感應定律。

馬克士威–安培定律

最後，我們討論馬克士威–安培定律。對於沒有電流流動的電磁波，我們有

$$\oint \vec{B}\cdot d\vec{s} = \mu_0\epsilon_0\frac{d\Phi_E}{dt} \tag{29.16}$$

為了求出上式左邊的積分，我們選取在 xz 平面中寬度 dx 和高度 h 的閉合路徑，如圖 29.8 中的灰色矩形所示。該矩形之微分面積的單位法向向量沿正 y 方向。

沿逆時鐘方向 (從 a 到 b 到 c 到 d 到 a)，對整個閉合路徑的積分為

$$\oint \vec{B}\cdot d\vec{s} = Bh - (B+dB)(h) = -(dB)(h) \tag{29.17}$$

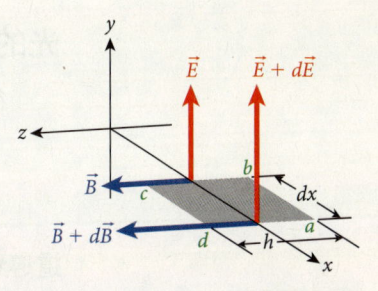

圖 29.8　電磁波在一給定時刻的電場和磁場。灰色矩形的四邊構成馬克士威–安培定律的積分路徑。

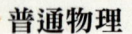

如前一小節，平行於 x 軸的路徑分段對積分沒有貢獻。(29.16) 式的右邊可以寫成

$$\mu_0\epsilon_0\frac{d\Phi_E}{dt}=\mu_0\epsilon_0 A\frac{dE}{dt}=\mu_0\epsilon_0(h)(dx)\frac{dE}{dt} \qquad (29.18)$$

將 (29.17) 式和 (29.18) 式代入 (29.16) 式，可得

$$-(dB)(h)=\mu_0\epsilon_0(h)(dx)\frac{dE}{dt}$$

正如我們對 (29.12) 式所做的那樣，將上式改用偏導數表示，我們得到

$$-\frac{\partial B}{\partial x}=\mu_0\epsilon_0\frac{\partial E}{\partial t}$$

現在，使用 (29.8) 式，我們有

$$-\left[\kappa B_{\max}\cos(\kappa x-\omega t)\right]=-\mu_0\epsilon_0\omega E_{\max}\cos(\kappa x-\omega t)$$

或

$$\frac{E_{\max}}{B_{\max}}=\frac{\kappa}{\mu_0\epsilon_0\omega}=\frac{1}{\mu_0\epsilon_0 c}$$

我們可以如在上小節的法拉第感應定律中所做的一樣，以電場和磁場量值表示上式：

$$\frac{E}{B}=\frac{1}{\mu_0\epsilon_0 c} \qquad (29.19)$$

如果電場和磁場的量值比率為 $1/(\mu_0\epsilon_0 c)$，則 (29.8) 式滿足馬克士威–安培定律。

光的速率

從 (29.15) 式和 (29.19) 式，我們可以得出結論：

$$\frac{E}{B}=\frac{1}{\mu_0\epsilon_0 c}=c$$

這導致

$$c=\frac{1}{\sqrt{\mu_0\epsilon_0}} \qquad (29.20)$$

因此，電磁波的速率可以用與電場和磁場有關的兩個基本常數表示：自由空間 (真空) 的磁導率和電容率。將這些常數的公認值代入 (29.20) 式：

$$c = \frac{1}{\sqrt{(4\pi \cdot 10^{-7} \text{ H/m})(8.85 \cdot 10^{-12} \text{ F/m})}} = 3.00 \cdot 10^8 \text{ m/s}$$

這個計算所得的速率等於測得的光速。這個相等關係意味著所有電磁波 (在真空中) 以光速行進，並且暗示光是一種電磁波。

(29.15) 式表示 $E/B = c$。即使 c 是非常大的數，(29.15) 式並不意味著電場量值遠大於磁場量值。事實上，電場和磁場是以不同的單位測量，因此無法直接比較。

光的速率可以非常精確的測量，比米 (即公尺) 從原始參考標準可以確定的更為精確。因此，光的速率現在被精確的定義為

$$c = 299{,}792{,}458 \text{ m/s} \tag{29.21}$$

米的定義現在只是光在 $1/299{,}792{,}458$ s 內在真空中行進的距離。

29.3　電磁頻譜

所有電磁波都以光速行進。然而，各種電磁波的波長和頻率差異極大。光速 c、波長 λ 和頻率 f 的關係為

$$c = \lambda f \tag{29.22}$$

電磁波的例子如光、無線電波、微波、X 射線和 γ 射線。圖 29.9 顯示電磁波的三種應用。

電磁波譜如圖 29.10 所示，包括的電磁波，波長從 1000 m 以上到小於 10^{-12} m，相應的頻率範圍為 10^5 到 10^{20} Hz。波長 (和頻率) 在某些範

>>> 觀念檢測 29.4

雷射從地球到月球再次返回所需的時間為何？地球和月球之間的距離是 $3.84 \cdot 10^8$ m。
a) 0.640 s
b) 1.28 s
c) 2.56 s
d) 15.2 s
e) 85.0 s

自我測試 29.1

夜空中最亮的星球是天狼星，距離地球 $8.30 \cdot 10^{16}$ m。當我們看到這顆星的光時，我們看到的是多少年以前的？

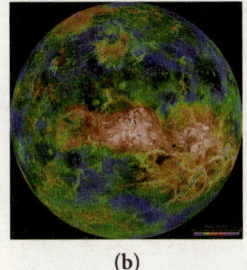

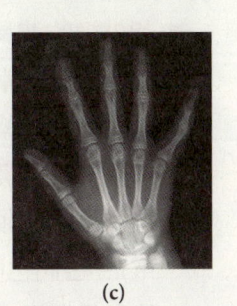

圖 29.9　(a) 超大陣列無線電望遠鏡。(b) 金星表面的假色雷達圖像。(c) 手的 X 射線圖像。

普通物理

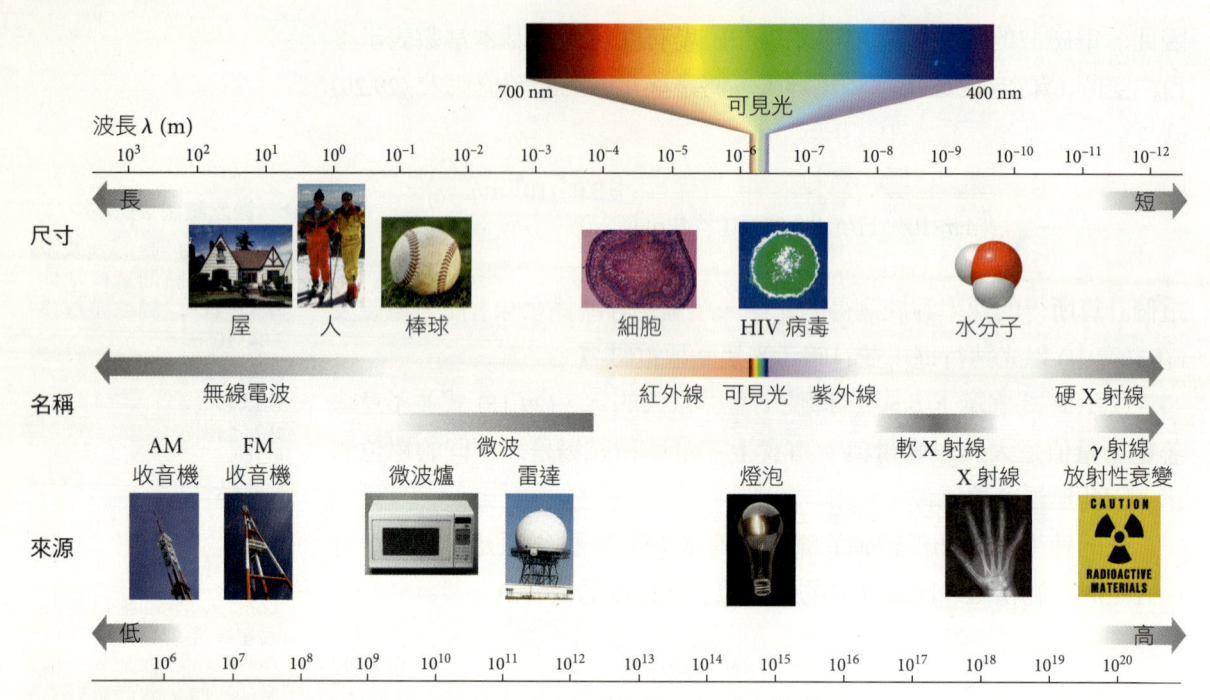

圖 29.10　電磁頻譜。

圍內的電磁波，另有特別名稱以便識別：

- **可見光**是指我們的眼睛可以看到的、波長從 400 nm (藍色) 到 700 nm (紅色) 的電磁波。人眼的響應在 550 nm 附近達到峰值 (綠色)，並從該波長迅速下降。其他波長的電磁波人眼是看不見的。然而，我們可用其他方式偵測到它們。

- **紅外波**的波長由恰比可見光長至 10^{-4} m 左右，帶給人溫暖的感覺。紅外波偵測器可用於測量家庭和辦公室的熱洩漏，及定位醞釀中的火山。許多動物可以看到紅外波，因此在黑暗中仍能看得見東西。紅外光束也用於公共廁所中的自動水龍頭，和用於電視和 DVD 播放器的遙控器中。

- **紫外線**的波長由恰比可見光短到幾奈米 (10^{-9} m)，可以損害皮膚和引起曬傷。幸運的是，地球的大氣，特別是臭氧層，阻止了大部分太陽發出的紫外線到達地球表面。紫外線在醫院中用於設備殺菌，並且還能激發光學性質，例如螢光。

- **無線電波**的頻率範圍從幾百 kHz (AM 無線電) 到 100 MHz (FM 無線電)。它們也廣泛用於天文學，因為它們可以通過阻擋可見光的塵埃和氣體雲；圖 29.9a 中所示的超大陣列是利用無線電波的望遠鏡

746

29 電磁波

- **微波**用於在微波爐中爆玉米花,及通過中繼塔台或衛星,傳送電話信息,其頻率約為 10 GHz。雷達使用波長在無線電波和微波之間的波長,這使得它們能夠容易的穿過大氣,並且可以被從棒球到暴風雲的大小物體反射。圖 29.9b 的雷達圖像顯示了金星表面,它總是被能阻擋可見光的雲所遮掩。
- **X 射線**用於產生醫學圖像,例如圖 29.9c 所示的,它具有 10^{-10} m 數量級的波長,大致與固體晶體中原子之間的距離相同,因此任何材料如果可以形成結晶,就可利用 X 射線以決定它的詳細分子結構。
- **γ 射線**在放射性核的衰變中發射出來,具有非常短的波長,大約 10^{-12} m,可以破壞人體細胞。它們通常用於醫學中,以破壞難以到達的癌細胞或其他惡性組織。

自我測試 29.2
FM 無線電台以 90.5 MHz 廣播,AM 無線電台以 870 kHz 廣播。這些電磁波的波長為何?

29.4 坡印廷向量和能量傳輸

當從戶內走出到陽光下,你會感到溫暖。如果在陽光下待得太久,你會曬傷。這些現象是由太陽發射的電磁波引起的。這些電磁波帶有能量,這個能量是在太陽核心中進行的核反應所產生的。

在定義電磁波傳輸能量的速率時,通常以下式中的向量 $\vec{S}$ 表示:

$$\vec{S} = \frac{1}{\mu_0} \vec{E} \times \vec{B} \quad (29.23)$$

這個量被稱為**坡印廷向量**,因為英國物理學家坡印廷 (John Poynting, 1852–1914) 首先討論它的性質。$\vec{S}$ 的量值與電磁波通過給定面積將能量傳輸的瞬時速率有關,或者更簡單的說,與每單位面積的瞬時功率有關:

$$S = |\vec{S}| = \left(\frac{功率}{面積}\right)_{瞬時} \quad (29.24)$$

因此坡印廷向量的單位是瓦特每平方米 (W/m²)。

對於 $\vec{E}$ 垂直於 $\vec{B}$ 的電磁波,由 (29.23) 式可得

$$S = \frac{1}{\mu_0} EB$$

根據 (29.15) 式,電場和磁場的量值具有 $E/B = c$ 的關係。因此,我們可

747

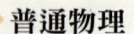

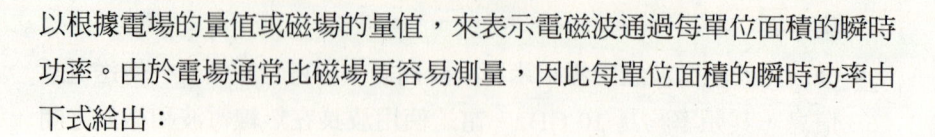

以根據電場的量值或磁場的量值,來表示電磁波通過每單位面積的瞬時功率。由於電場通常比磁場更容易測量,因此每單位面積的瞬時功率由下式給出:

$$S = \frac{1}{c\mu_0} E^2 \tag{29.25}$$

現在,我們可以將電場用正弦形式代替,即 $E = E_{\max} \sin(\kappa x - \omega t)$,而獲得每單位面積所傳輸之功率的一個表達式。然而,通常描述電磁波中每單位面積的功率,是使用下式給出的波的強度 I:

$$I = S_{\text{ave}} = \left(\frac{功率}{面積}\right)_{\text{ave}} = \frac{1}{c\mu_0} \left[E_{\max}^2 \sin^2(\kappa x - \omega t) \right]_{\text{ave}}$$

上式中的下標 ave 代表對時間的平均值。由於強度的單位與坡印廷向量的單位 W/m² 相同,而 $\sin^2(\kappa x - \omega t)$ 對時間的平均值為 $\frac{1}{2}$,所以我們可以將強度表示為

$$I = \frac{1}{c\mu_0} E_{\text{rms}}^2 \tag{29.26}$$

其中 $E_{\text{rms}} = E_{\max}/\sqrt{2}$。

因為電磁波的電場和磁場的量值是相關的,即 $E = cB$,而 c 是如此大的數,你可能做出以下結論:由電場傳輸的能量比由磁場傳輸的能量大得多。實際上這些能量是相同的。要看出這一點,從第 23 章和第 28 章回憶一下,電場的能量密度由下式給出:

$$u_E = \tfrac{1}{2} \epsilon_0 E^2$$

而磁場的能量密度由下式給出:

$$u_B = \frac{1}{2\mu_0} B^2$$

如果我們將 $E = cB$ 和 $c = 1/\sqrt{\mu_0 \epsilon_0}$ 代入電場能量密度的表達式,我們得到

$$u_E = \tfrac{1}{2}\epsilon_0 (cB)^2 = \tfrac{1}{2}\epsilon_0 \left(\frac{B}{\sqrt{\mu_0 \epsilon_0}}\right)^2 = \frac{1}{2\mu_0} B^2 = u_B \tag{29.27}$$

因此,在電磁波中各處,電場的能量密度與磁場的能量密度相同。

> **例題 29.1** 太陽光的均方根電場和磁場
>
> 太陽由在正上方天空直射時，地球表面的平均太陽光強度約為 1400 W/m²。
>
> **問題：**
>
> 這些電磁波的均方根電場和磁場各為何？
>
> **解：**
>
> 陽光的強度可以與 (29.26) 式的均方根電場相關聯：
>
> $$I = \frac{1}{c\mu_0} E_{\text{rms}}^2$$
>
> 由上式求解均方根電場，可得
>
> $$E_{\text{rms}} = \sqrt{Ic\mu_0} = \sqrt{(1400 \text{ W/m}^2)(3.00 \cdot 10^8 \text{ m/s})(4\pi \cdot 10^{-7} \text{ T m/A})}$$
> $$= 730 \text{ V/m}$$
>
> 相比之下，典型家庭中的均方根電場為 5 至 10 V/m。人站在輸電線的正下方，視情況將受到 200 至 10,000 V/m 的均方根電場。
>
> 陽光的均方根磁場為
>
> $$B_{\text{rms}} = \frac{E_{\text{rms}}}{c} = \frac{730 \text{ V/m}}{3.00 \cdot 10^8 \text{ m/s}} = 2.4 \text{ μT}$$
>
> 相比之下，地球磁場的均方根值為 50 μT，典型家庭中發現的均方根磁場為 0.5 μT，輸電線下的均方根磁場為 2 μT。

29.5 輻射壓力

當走出到陽光下，你會覺得溫暖，但你不會覺得陽光對你施加任何的力。陽光對你施加著壓力，但是壓力太小，你不能覺察出來。因為構成陽光的電磁波是從太陽輻射出來並行進到地球，所以稱它們為**輻射**。第 17 章討論了輻射作為一種傳熱的方式。這種輻射與不穩定核衰變產生的放射性輻射不一定相同。然而，無線電波、紅外線、可見光和 X 射線基本上都是相同的電磁輻射。(但這不是說，所有種類的電磁輻射對人體都有相同的影響，例如，紫外光可以使你曬傷甚至觸發皮膚癌，但並沒有可靠的證據顯示從手機發出的輻射會導致癌症。)

讓我們計算這些電磁波輻射所施之壓力的量值。如第 29.4 節所示，電磁波攜帶能量 U。電磁波也具有線性動量 $\vec{p}$。這個概念是微妙

普通物理

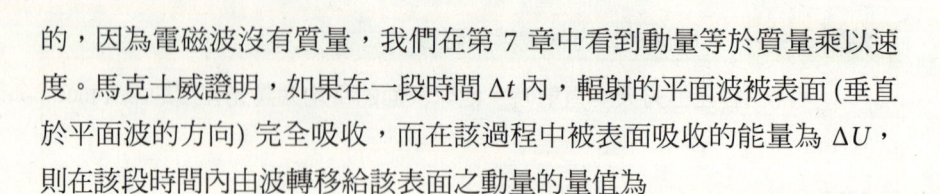

的，因為電磁波沒有質量，我們在第 7 章中看到動量等於質量乘以速度。馬克士威證明，如果在一段時間 Δt 內，輻射的平面波被表面 (垂直於平面波的方向) 完全吸收，而在該過程中被表面吸收的能量為 ΔU，則在該段時間內由波轉移給該表面之動量的量值為

$$\Delta p = \frac{\Delta U}{c}$$

相對論顯示能量和動量之間的這種關係對於無質量的物體是成立的；這是一個事實，但我們將不予證明。

因此，施加於表面之力的量值為 $F = \Delta p/\Delta t$ (牛頓第二定律)。在 Δt 的時間中，面積為 A 的表面吸收的總能量 ΔU 等於面積、時間長和輻射強度 I (在第 29.4 節中介紹) 的乘積：$\Delta U = IA\Delta t$。因此，由電磁波施加於該面積上的力，其量值為

$$F = \frac{\Delta p}{\Delta t} = \frac{\Delta U}{c\Delta t} = \frac{IA\Delta t}{c\Delta t} = \frac{IA}{c}$$

由於壓力的定義為每單位面積的正向力 (量值)，輻射壓力 p_r 為

$$p_r = \frac{F}{A}$$

因此可得

$$p_r = \frac{I}{c} \quad \text{(輻射完全被吸收)} \tag{29.28}$$

上式指出，當輻射完全被表面吸收時，電磁波引起的輻射壓力就等於強度除以光速。

另一個極限情況是電磁波完全被反射。在這種情況下，動量轉移是完全被吸收時的兩倍，就像一個球對一面牆壁的動量轉移，在彈性碰撞之下是完全非彈性碰撞時的兩倍。在彈性碰撞中，球的初始動量被反轉，因此 $\Delta p = p_i - (-p_i) = 2p_i$，而對於完全非彈性碰撞，則 $\Delta p = p_i - 0 = p_i$，故對於電磁波在表面完全被反射的情況，輻射壓力為

$$p_r = \frac{2I}{c} \quad \text{(輻射完全被反射)} \tag{29.29}$$

來自太陽光的輻射壓力相當小。當太陽直射且天空無雲時，到達地球表面的太陽光強度最高約為 1400 W/m^2。(這僅可能發生在北回歸線

>>> 觀念檢測 29.5

當陽光入射在完全吸收的表面上，而表面的法向向量相對於入射光成 70° 角時 (見附圖)，陽光的輻射壓力為何？

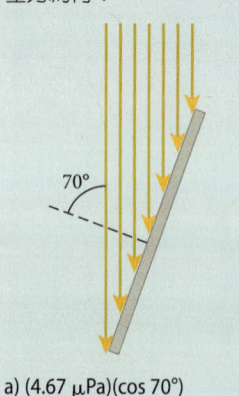

a) (4.67 μPa)(cos 70°)
b) (4.67 μPa)(sin 70°)
c) (4.67 μPa)(tan 70°)
d) (4.67 μPa)(cot 70°)

750

電磁波 29

和南回歸線之間，相對於赤道 ±23.4° 的緯度。）因此，完全被吸收的太陽光所施加的最大輻射壓力為

$$p_r = \frac{I}{c} = \frac{1400 \text{ W/m}^2}{3.00 \cdot 10^8 \text{ m/s}} = 4.67 \cdot 10^{-6} \text{ N/m}^2 = 4.67 \text{ μPa}$$

作為比較，大氣壓力為 101 kPa (見第 12 章)，比起太陽光在地球表面的輻射壓力大了超過 200 億倍。另一個有用的比較是人類聽覺可以檢測的最低壓力差，這在人耳最敏感的 1 kHz 頻率範圍的聲音，通常引用的值約為 20 μPa (參見第 15 章)。

> **觀念檢測 29.6**
> 陽光入射在完全反射的表面上，最大輻射壓力為何？
> a) 0
> b) 2.34 μPa
> c) 4.67 μPa
> d) 9.34 μPa

例題 29.2　雷射筆的輻射壓力

綠色雷射筆的功率為 1.00 mW。你可以將雷射筆垂直照射在反射鏡上，而使光線反射。鏡子上的光斑直徑為 2.00 mm。

問題：

雷射筆的光施加在鏡子上的力為何？

解：

光的強度由下式給出：

$$I = \frac{功率}{面積} = \frac{1.00 \cdot 10^{-3} \text{ W}}{\pi(1.00 \cdot 10^{-3} \text{ m})^2} = 318 \text{ W/m}^2$$

完全反射表面的輻射壓力由 (29.29) 式給出，並且等於由光施加的力除以其作用的面積：

$$p_r = \frac{I}{c} = \frac{1400 \text{ W/m}^2}{3.00 \cdot 10^8 \text{ m/s}} = 4.67 \cdot 10^{-6} \text{ N/m}^2 = 4.67 \text{ μPa}$$

$$p_r = \frac{力}{面積} = \frac{2I}{c}$$

因此，施加在鏡子上的力為

$$力 = (面積)\left(\frac{2I}{c}\right) = \pi(1.0 \cdot 10^{-3} \text{ m})^2 \frac{2(318 \text{ W/m}^2)}{3.00 \cdot 10^8 \text{ m/s}} = 6.66 \cdot 10^{-12} \text{ N}$$

> **自我測試 29.3**
> 假設你有一顆在軌道上繞行太陽的衛星，如圖所示。俯視著太陽的北極時，衛星沿逆時鐘方向繞行。你想要部署一個由大的全反射鏡組成的太陽帆，它可以被定向，使其垂直於來自太陽的光或者相對於來自太陽的光成一定角度。描述圖中所示的三個部署角度對衛星軌道的影響。 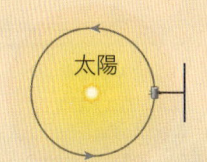
>
> 角度 1 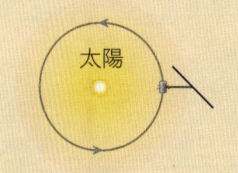
>
> 角度 2 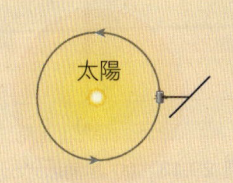
>
> 角度 3

29.6　偏振

圖 29.5 所示的電磁波，其電場恆沿著 y 軸方向，而波行進的方向為正 x 方向，因此電磁波的電場都在振盪的平面內 (圖 29.11)。

觀察波在垂直於其行進方向的 yz 平面中的電場向量，可以看出電磁波的偏振 (圖 29.12a) 狀態。當波在行進時，電場向量在 +y 與 -y 方向

751

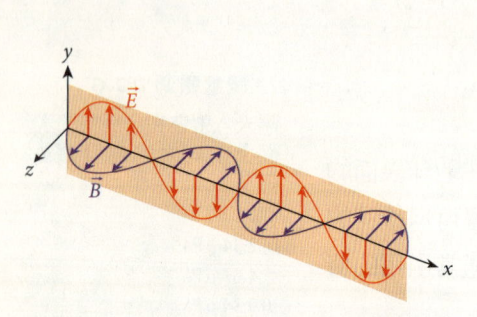

圖 29.11　電場的振盪平面以粉紅色顯示的一個電磁波。

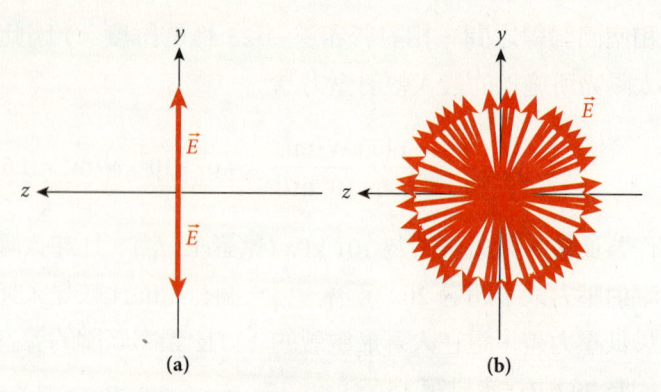

圖 29.12　(a) yz 平面中的電場向量，示出偏振平面為 xy 平面的定義。(b) 方向隨機的電場向量。

之間來回改變。波的電場只在 y 方向振盪，從不改變其方向，這種類型的波稱為 y 方向的**平面偏振波**。電場向量出現振盪的方向亦稱為波的偏振方向，而此偏振方向所在的平面，則稱為波的偏振平面。

大多數的普通光源例如太陽或白熾燈泡發出的光，都是由偏振方向為隨機的電磁波所組成的。每個波的電場向量各自在不同的平面中振盪。這種光稱為**非偏振光**。來自非偏振源的光可以表示為許多如圖 29.12a 所示的向量，但各向量的方向是隨機的 (圖 29.12b)。非偏振光也可以藉由對電場的 y 分量和 z 分量分別求和，而以淨 y 分量和淨 z 分量表示。非偏振光在 y 和 z 方向上的分量相等 (圖 29.13a)。如果 y 方向的淨偏振比 z 方向的淨偏振為小，則該光稱為在 z 方向上部分偏振 (圖 29.13b)。

使非偏振光通過**偏振器**，可以將非偏振光轉換成偏振光。偏振器僅允許光波之電場向量的一個分量穿過。一個製作偏振器的方法是製備由長而平行的分子鏈組成的材料。本節的討論不涉及分子結構的細節，而只以一個起偏角 (或起偏方向) 來描述每個偏振器的特性。通過偏振器的非偏振光，會轉成為偏振光，以致其偏振方向與偏振器的起偏方向相同 (圖 29.14)。光與偏振器的起偏方向平行的分量被透射，而垂直的分量則被吸收。

現在讓我們考慮光通過偏振器後的強度。強度 I_0 的非偏振光在 y 和 z 方向

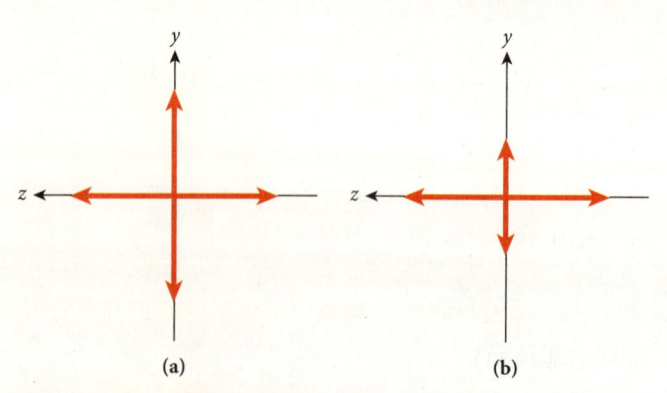

圖 29.13　(a) 非偏振光的電場淨分量。(b) 部分偏振光的電場淨分量。

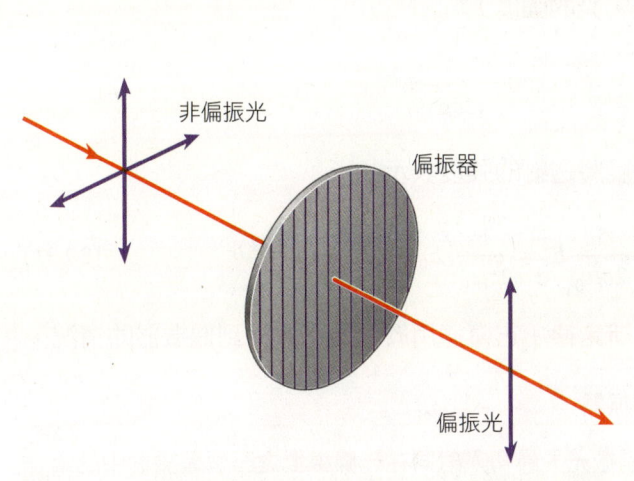

圖 29.14 通過垂直偏振器的非偏振光。光在通過偏振器之後，變成垂直偏振。

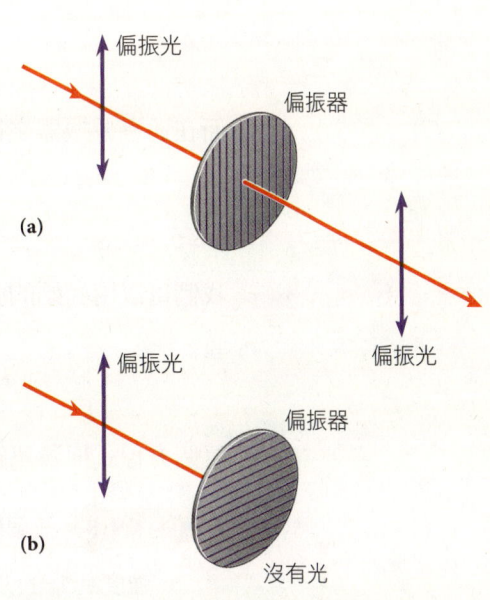

圖 29.15 (a) 垂直偏振光入射到垂直偏振器上。(b) 垂直偏振光入射在水平偏振器上。

上具有相等的分量。在通過垂直偏振器之後，僅 y 分量 (或垂直分量) 留存下來。因為對非偏振光而言，來自 y 和 z 分量的貢獻相等，而只有 y 分量可透射通過偏振器，故光在通過偏振器後的強度 I 由下式給出：

$$I = \frac{1}{2} I_0 \tag{29.30}$$

其中的因子為 $\frac{1}{2}$ 僅適用於非偏振光通過偏振器的情況。

現在考慮使偏振光通過偏振器 (圖 29.15)。如果偏振器的起偏方向 (簡稱軸) 平行於入射偏振光的偏振方向，則所有光將以原來的偏振透射 (圖 29.15a)。如果偏振器的軸垂直於偏振光的偏振方向，則光無法透射 (圖 29.15b)。

當偏振光入射到偏振器上，而光的偏振既不平行、也不垂直於偏振器的起偏方向時，會發生什麼情況 (圖 29.16)？假設入射偏振光和起偏方向之間的角度為 θ，則透射電場的量值 E 由下式給出：

$$E = E_0 \cos \theta$$

其中 E_0 是入射偏振光的電場量值。從 (29.26) 式可以看出，通過偏振器之前的光強度 I_0 為

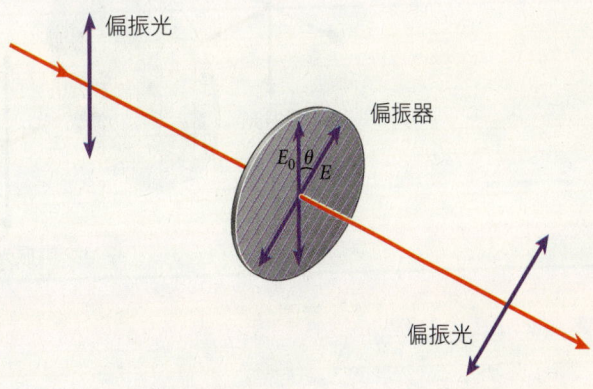

圖 29.16 偏振光通過偏振器，但偏振器的起偏方向既不平行、也不垂直於入射光的偏振方向。

普通物理

$$I_0 = \frac{1}{c\mu_0}E_{\text{rms}}^2 = \frac{1}{2c\mu_0}E_0^2$$

而在通過偏振器之後，光的強度 I 為

$$I = \frac{1}{2c\mu_0}E^2$$

我們可以用初始的強度將透射的強度表示如下：

$$I = \frac{1}{2c\mu_0}E^2 = \frac{1}{2c\mu_0}\left(E_0\cos\theta\right)^2 = I_0\cos^2\theta \tag{29.31}$$

這個方程式稱為**馬路斯定律**。它僅適用於偏振光入射到偏振器的情況。

例題 29.3 ▸ 三個偏振器

強度為 I_0 的非偏振光，最初入射同在一條線上之三個偏振器中的第一個上。第一個偏振器的起偏方向沿垂直方向 (即其起偏角與垂直方向的夾角為 0°)，第二個偏振器的起偏方向與垂直方向的夾角為 45.0°，而第三個偏振器的起偏方向與垂直方向的夾角為 90.0°。

問題：

以初始強度表示時，光在通過所有三個偏振器後的強度為何？

解：

圖 29.17 顯示通過三個偏振器的光。非偏振光的強度為 I_0。穿過第一個偏振器後的光強度為

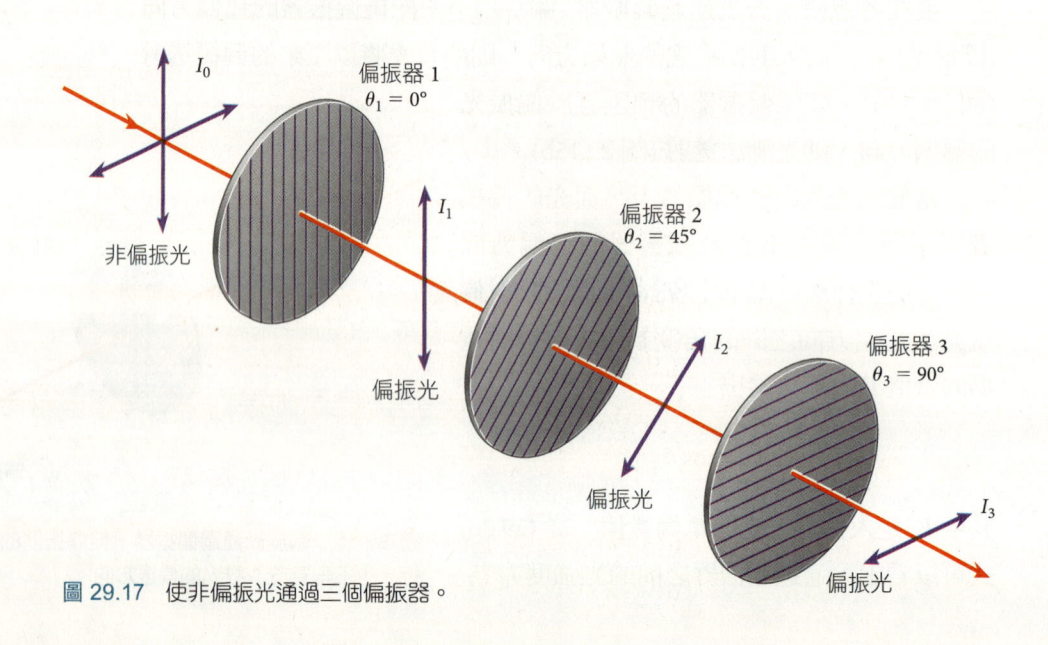

圖 29.17　使非偏振光通過三個偏振器。

電磁波 29

$$I_1 = \tfrac{1}{2} I_0$$

穿過第二個偏振器後的光強度為

$$I_2 = I_1 \cos^2(45° - 0°) = I_1 \cos^2 45° = \tfrac{1}{2} I_0 \cos^2 45°$$

穿過第三個偏振器後的光強度為

$$I_3 = I_2 \cos^2(90° - 45°) = I_2 \cos^2 45° = \tfrac{1}{2} I_0 \cos^4 45°$$

或 $I_3 = I_0/8$。

由於偏振器 1 和 3 具有彼此垂直的起偏方向，所以透射通過的光，具有原始強度 $\tfrac{1}{8}$ 的事實，有些令人驚訝。如果作用的只有偏振器 1 和 3，所有的光將被阻擋。然而，當在這兩個偏振器之間增加額外的障礙物 (偏振器 2) 時，原始強度的 $\tfrac{1}{8}$ 可以穿過。因此，以一系列起偏方向具有小差異的偏振器，可以用來旋轉光的偏振方向，而不致造成過度的強度損失。

觀念檢測 29.7

如附圖所示，非偏振光入射到起偏方向為 $\theta_1 = 0°$ 的偏振器 1 上，然後入射到起偏角方向為 $\theta_2 = 90°$ 的偏振器 2 上，這導致沒有光通過。如果起偏方向為 $\theta_3 = 50°$ 的偏振器 3 位於偏振器 1 和 2 之間，則下列陳述何者為真？

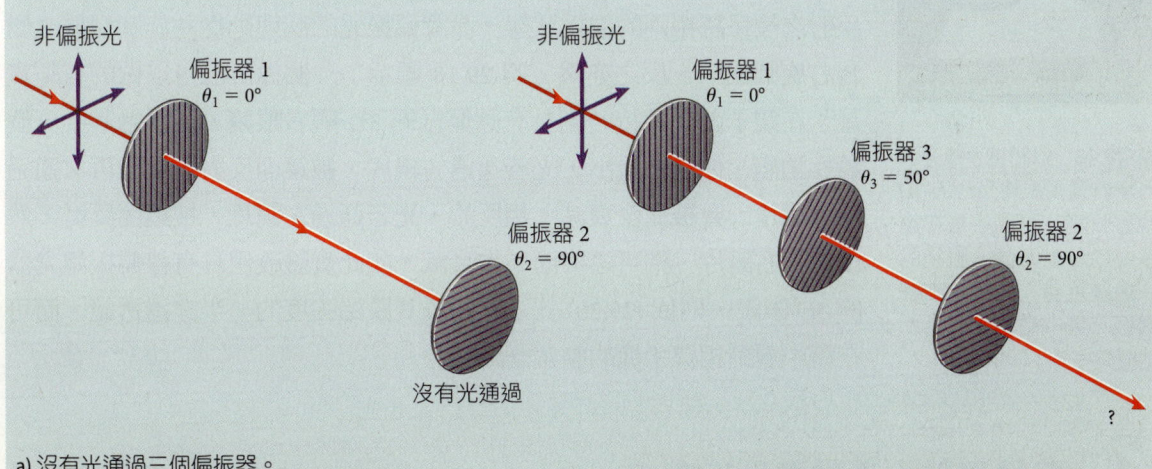

a) 沒有光通過三個偏振器。
b) 小於一半但大於零的光通過三個偏振器。
c) 正好一半的光通過三個偏振器。
d) 超過一半但不是全部的光穿過三個偏振器。
e) 全部的光都通過三個偏振器。

偏振的應用

偏振具有許多實際應用。太陽眼鏡一般會有偏振塗層，可將通常為偏振的反射光阻擋。電腦或電視的液晶顯示器 (LCD) 具有夾在兩個偏振器之間的液晶陣列，其起偏角相對於彼此旋轉 90°。通常，液晶在兩

個偏振器之間將光的偏振旋轉，使得光通過。利用可尋址的電極陣列，在每個液晶上施加變化的電壓，使液晶對偏振的旋轉較小，以致由電極覆蓋的區域變暗。因此，電視或電腦監視器的屏幕可以顯示大量的圖像元素或像素，從而產生高解析度的圖像。

觀看 3D 電影也涉及使用偏振濾光器。電影觀眾配戴的眼鏡，兩個鏡片內置有不同的偏振濾光片。投影設備在屏幕上產生具有不同偏振的兩個不同圖像。這些圖像也彼此略微偏移，而觀看者的大腦則將兩個偏移圖像組合以建構 3D 幻覺。較早的投影系統使用偏振方向互相垂直的的線偏振濾光器。然而，在觀看者將他們的頭部側傾時，這種系統產生的 3D 效果將減弱。

現代 3D 電影投影設備使用圓偏振濾光器。圓偏振光有左旋和右旋兩種，彼此正交。圓偏振濾光器的工作方式與線偏振濾光器相同，但遵守馬路斯定律的相應版本。與這種現代設備一起使用的 3D 觀看眼鏡，有一個透鏡通過左旋光，另一個則通過右旋光。這種眼鏡產生的 3D 效果，在觀看者傾斜其頭部時不受影響。

線偏振光和圓偏振光之間存在一個重要的區別：線偏振光在被鏡面反射之後保持相同的偏振狀態，而圓偏振光的狀態則從左旋圓偏振改變為右旋圓偏振，反之亦然。圖 29.18 顯示了一個你自己可以做的有趣實驗：在鏡子前面手持一副具有圓偏振的 3D 觀看眼鏡，並通過其中一個鏡片拍照。你可以看出，光若通過右鏡片，被鏡面反射，然後再次通過同一鏡片，會被完全衰減。相反的，光若通過左鏡片，被鏡面反射，然後穿過右鏡片，則可透射而不被衰減。如此實驗改用具有線偏振濾光器的 3D 眼鏡，則依 (29.30) 式，光將以其原始強度的一半穿過透鏡，而可在鏡中看到相機手機的整個圖像。

圖 29.18 以相機手機通過內建有圓偏振濾光片的 3D 觀看眼鏡，拍攝手機在鏡子中的反射圖像。眼鏡的一個鏡片使光成為左旋圓偏振，另一個使光成為右旋圓偏振。

已學要點｜考試準備指南

- 當電容器在充電時，可以設想像在兩板之間有位移電流，由 $i_d = \epsilon_0 \, d\Phi_E/dt$ 給出，其中 Φ_E 是電通量。
- 馬克士威方程式描述了電荷、電流、電場和磁場如何相互影響，形成一個統一的電磁理論。
  - 電場的高斯定律 $\oiint \vec{E} \cdot d\vec{A} = q_{enc}/\epsilon_0$，將通過閉合表面的淨電通量與閉合面內的淨電荷相關聯。
  - 磁場的高斯定律 $\oiint \vec{B} \cdot d\vec{A} = 0$，表示通過任何閉合表面的淨磁通量為零。
  - 法拉第感應定律 $\oint \vec{E} \cdot d\vec{s} = -d\Phi_B/dt$，將感應電場與變化的磁通量相關聯。

電磁波 29

- 馬克士威–安培定律，$\oint \vec{B} \cdot d\vec{s} = \mu_0\epsilon_0 d\Phi_E/dt + \mu_0 i_{enc}$，將感應磁場與變化的電通量和電流相關聯。
- 對於沿正 x 方向行進的電磁波，電場和磁場可以由 $\vec{E}(\vec{r},t) = E_{max} \sin(\kappa x - \omega t)\hat{y}$ 和 $\vec{B}(\vec{r},t) = B_{max} \sin(\kappa x - \omega t)\hat{z}$，其中 $\kappa = 2\pi/\lambda$ 為波數，$\omega = 2\pi f$ 為角頻率。
- 在任何時間和地點，電磁波的電場和磁場之量值以 $E = cB$ 與光速相關。
- 光速可以與兩個基本的電磁常數相關聯：$c = 1/\sqrt{\mu_0\epsilon_0}$。
- 由電磁波攜帶的每單位面積的瞬時功率，等於坡印廷向量的量值，$S = [1/(c\mu_0)]E^2$，其中 E 是電場的量值。
- 電磁波的強度定義為波所攜帶的每單位面積的平均功率，即 $I = S_{ave} = [1/(c\mu_0)]E_{rms}^2$，其中 E_{rms} 是電場的均方根量值。
- 對於電磁波，電場攜帶的能量密度為 $u_E = \frac{1}{2}\epsilon_0 E^2$，磁場攜帶的能量密度為 $u_B = [1/(2\mu_0)]B^2$。對於任何這樣的波，$u_E = u_B$。
- 如果電磁波被完全吸收，由強度 I 的電磁波施加的輻射壓力由 $p_r = I/c$ 給出，如果波被完全反射，則由 $p_r = 2I/c$ 給出。
- 電磁波的偏振由電場向量的方向給出。
- 通過偏振器的非偏振光的強度為 $I = I_0/2$，其中 I_0 為入射在偏振器上的非偏振光的強度。
- 通過偏振器的偏振光的強度為 $I = I_0 \cos^2\theta$，其中 I_0 是入射在偏振器上之偏振光的強度，而 θ 是入射偏振光的偏振與偏振器的起偏角之間的夾角。

自我測試解答

29.1 $t = \dfrac{d}{c} = \dfrac{8.30 \cdot 10^{16} \text{ m}}{3.00 \cdot 10^8 \text{ m/s}} = 2.77 \cdot 10^8 \text{ s} = 8.77 \text{ yr}$

29.2 $c = \lambda f \Rightarrow \lambda = \dfrac{c}{f}$

$\lambda_{FM} = \dfrac{3.00 \cdot 10^8 \text{ m}}{90.5 \cdot 10^6 \text{ Hz}} = 3.31 \text{ m}$

$\lambda_{AM} = \dfrac{3.00 \cdot 10^8 \text{ m}}{870 \cdot 10^3 \text{ Hz}} = 345 \text{ m}$

29.3 部署角度 1 將產生橢圓軌道，太陽位於橢圓的一個焦點上。輻射壓力所施的力與距離的平方成反比，就如重力。因此，軌道將變成橢圓，就好像太陽的質量或物體的質量突然略微減少。因為力垂直於衛星的速度，所以衛星的能量不受影響。

部署角度 2 將導致軌道擴張。反射光所給的力產生與太空船的速度方向相同的力分量。因此，太空船獲得能量，並且軌道的半徑增加。注意，太空船的速率減小，但其總能量增大。

部署角度 3 將導致軌道收縮。來自反射光的所給的力產生與太空船的速度相反方向的分力。因此，太空船失去能量，軌道的半徑減小。注意，太空船的速率增大，但其總能量減小。

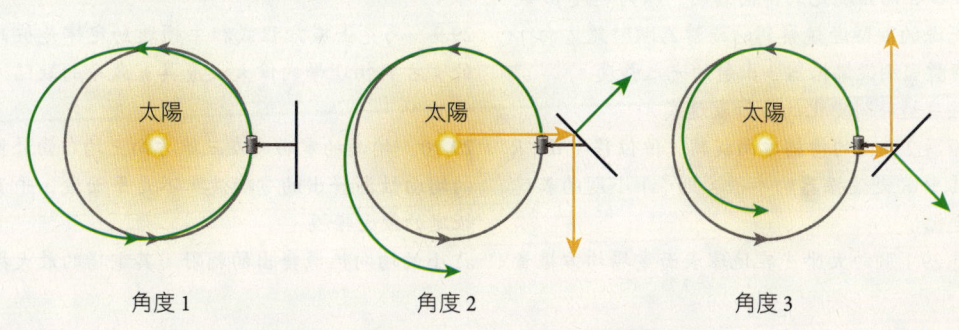

角度 1　　角度 2　　角度 3

普通物理

解題準則

1. 描述波動之特性的基本關係式，對電磁波同樣也適用。記住 $c = \lambda f$ 和 $\omega = c\kappa$，其中 c 是電磁波的速率。如有需要，可回顧第 14 章。
2. 繪圖表示出波的行進方向，以及電場和磁場兩者的方向，通常是有幫助的。記住 $\vec{E}$ 和 $\vec{B}$ 之間在量值和在方向上的關係，包括在電磁波中 $E/B = (\mu_0 \epsilon_0)^{-1/2} = c$。

選擇題

29.1 以下哪種現象，在電磁波可觀察到，但在聲波則無法觀察到？
a) 干擾
b) 衍射
c) 偏振
d) 吸收
e) 散射

29.2 名為 Slobbovia 之聲的國際無線電台，宣布它「在 49 m 頻帶上向北美傳送」。該台發射的頻率為何？
a) 820 kHz
b) 6.12 MHz
c) 91.7 MHz
d) 給出的信息與頻率無關。

29.3 在附圖中的移動正電荷所受淨力的方向為何？
a) 指入頁面
b) 向右
c) 指出頁面
d) 向左

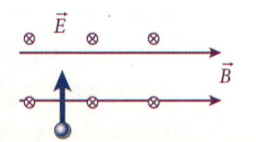

29.4 據推測，宇宙中某處可能存在孤立的「磁荷」(即磁單極)。馬克士威方程式中的 (1) 電場的高斯定律、(2) 磁場的高斯定律、(3) 法拉第感應定律和/或 (4) 馬克士威–安培定律，會因磁單極的存在而改變？
a) 只有 (2)
b) (1) 和 (2)
c) (2) 和 (3)
d) 僅 (3)

29.5 強度 $I_{in} = 1.87$ W/m^2 的非偏振光通過兩個偏振器。出射的偏振光的強度 $I_{out} = 0.383$ W/m^2。兩個偏振器的起偏角相差幾度？
a) 23.9°
b) 34.6°
c) 50.2°
d) 72.7°
e) 88.9°

觀念題

29.6 在偏振光實驗中，使用類似於圖 29.17 中的設置。強度 I_0 的非偏振光入射到偏振器 1 上。偏振器 1 和 3 交叉 (夾角 90°)，且在實驗期間它們的取向是固定的。最初，偏振器 2 的起偏角為 45°。然後在時間 $t = 0$ 時，偏振器 2 開始繞光的傳播方向，以角速度 ω 旋轉，朝向光源的觀察者觀察到的旋轉為順時鐘方向。以光電二極體監測從偏振器 3 出射的光之強度。
a) 求出該強度隨時間變化的函數表達式。
b) 如果偏振器 2 繞光的傳播方向旋轉，但位移了 $d < R$ 的距離，其中 R 是偏振器的半徑，則 (a) 小題的表達式會如何變化？

29.7 例題 29.1 關於太陽光在地球表面電場均方根量值的答案，是否會因第 29.6 節中關於偏振的資訊，而受到影響？

29.8 如果將兩個通信信號同時往月球發送，一個通過無線電波，一個通過可見光，哪一個會先到達月球？

29.9 馬克士威方程式和牛頓運動定律是彼此不一致的：古典物理學的偉大大廈具有致命的缺陷。解釋為什麼。

29.10 均向的電磁波在三維方向上均勻向外擴展。小的均向性源發出的電磁波，不是平面波。平面波具有恆定的最大振幅。
a) 小的均向性源發出的輻射，其電場的最大振幅如何

隨著與源的距離而變化？
b) 將其與點電荷的靜電場進行比較。

29.11 兩個偏振濾光片以 90° 交叉，因此當從這對濾光片後面照射光時，沒有光通過。在兩者之間插入第三個濾光片，其起偏角最初與兩者中的一個對準。描述當中間的濾光片旋轉 360° 角時發生的情況。

練習題

題號前的藍點 (•) 與雙藍點 (••) 代表問題難度遞增。

29.1 節

•29.12 半徑 1.00 mm 的導線承載 20.0 A 的電流。導線連接到平行板電容器，電容器上的圓板，半徑 $R = 4.00$ cm，兩板的間距 $s = 2.00$ mm。由於變化的電場，在離平行板中心的徑向距離為 $r = 1.00$ cm 處之磁場的量值為何？忽略邊緣的效應。

29.13 平行板電容器在半徑為 4.00 mm 的盤形板之間，具有同軸且相距 1.00 mm 的空氣。電荷在電容器的極板上積聚。當板上的電荷積聚速率為 10.0 μC/s 時，兩板之間的位移電流為何？

•29.14 半徑為 r、長度為 L 和電阻 R 的圓柱形導體上的電壓隨時間變化。時變電壓使時變電流 i 在圓柱體中流動。證明位移電流等於 $\epsilon_0 \rho \, di/dt$，其中 ρ 是導體的電阻率。

29.2 節

29.15 求出光在 1.00 ns 期間內在真空中行進的距離（呎）。

29.16 愛麗絲從她在紐約家的電話機，打電話到駐紮在巴格達的未婚夫，距離約 10,000 km，信號用電話纜線傳送。第二天，愛麗絲從她工作的地方使用她的手機再次呼叫她的未婚夫，信號通過在紐約和巴格達中點、地球表面上方 36,000 km 的衛星傳輸。估計由 (a) 電話纜線和 (b) 通過衛星發送到巴格達的信號所花費的時間，假設兩種情況下的信號速率與光速 c 相同。兩者中有任何一個會有明顯的延遲嗎？

29.3 節

29.17 可見光的波長範圍在空氣中為 400 nm 到 700 nm（見圖 29.10）。可見光的頻率範圍為何？

29.4 節

29.18 單色點光源在所有方向均勻發射 1.5 W 的電磁波功率。求出在下列各位置處的坡印廷向量：
a) 距離光源為 0.30 m
b) 距離光源 0.32 m
c) 距離光源 1.00 m

29.19 一個 3.00 kW 的二氧化碳雷射用於雷射焊接。如果光束直徑為 1.00 mm，則光束中之電場的振幅為何？

29.20 電磁波之電場的振幅為 100. V/m，計算該波之坡印廷向量的平均值 S_{ave}。
a) 該波之平均能量密度為多少 J/m^3？
b) 該波之磁場的振幅為何？

••29.21 連續波 (cw) 氫離子雷射光束的平均功率為 10.0 W，光束直徑為 1.00 mm。假設光束的強度在光束的整個橫截面上是相同的（但這並不正確，因為強度的分布實際是高斯函數）。
a) 計算雷射光束的強度，並與地球表面的平均太陽光強度 (1400. W/m²) 進行比較。
b) 求出雷射光束中電場的均方根值。
c) 求出坡印廷向量對時間的平均值。
d) 如果雷射光束的波長在真空中為 514.5 nm，試寫出瞬時坡印廷向量的表達式，其中瞬時坡印廷向量在 $t = 0$ 和 $x = 0$ 處為零。
e) 計算雷射光束中磁場的均方根值。

29.5 節

29.22 到達地球大氣層之上的太陽輻射大約為 1.40 kW/m²，而到達海洋海灘的輻射為 1.00 kW/m²。
a) 計算大氣層之上的 E 和 B 的最大值。
b) 一人平躺在海灘上，暴露在太陽下的面積為 0.750 m²，試求太陽輻射施加於他的壓力和力。

29.23 一個巨大的圓形（半徑 $R = 10.0$ km）太陽帆，由一側完全反射而另一側完全吸收的材料製成。在遠離其他光源的太空深處，宇宙微波背景成為入射在帆上的主要輻射源。假設該輻射是在 $T = 2.725$ K 的理想黑體的輻射，計算由於反射和吸收而作用於帆上的淨力。另亦假設傳送到帆的任何熱將被導走，且光子垂直於帆的表面入射。

•29.24 雷射垂直照射在完全反射之圓形（直徑為 2.00 mm）薄鋁板的中心，產生直徑為 1.00 mm 的光斑。一

普通物理

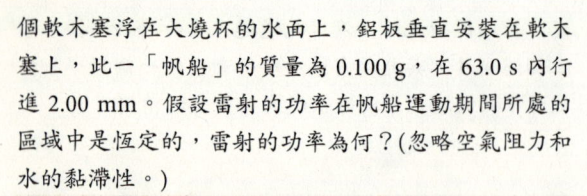

個軟木塞浮在大燒杯的水面上，鋁板垂直安裝在軟木塞上，此一「帆船」的質量為 0.100 g，在 63.0 s 內行進 2.00 mm。假設雷射的功率在帆船運動期間所處的區域中是恆定的，雷射的功率為何？(忽略空氣阻力和水的黏滯性。)

•**29.25** 氧化矽氣凝膠是一種極其多孔、由氧化矽製成的絕熱材料，密度為 1.00 mg/cm^3。一圓形之氣凝膠薄片樣品的直徑為 2.00 mm，厚度為 0.10 mm。
a) 氣凝膠薄片的重量為何 (以 N 為單位表示)？
b) 直徑為 2.00 mm 的 5.00 mW 雷射光束，在樣品上的強度和輻射壓力為何？
c) 要使薄片在地球重力場中懸浮，需要多少支光束直徑為 2.00 mm 的 5.00 mW 雷射？使用 $g = 9.81$ m/s^2。

29.6 節

29.26 10.0 mW 的垂直偏振雷射光束，通過起偏角與水平面成 30.0° 的偏振器。當從偏振器出射時，雷射光束的功率為何？

•**29.27** 雷射產生在垂直方向上偏振的光。光在正 y 方向上傳播，並且穿過兩個偏振器，它們與垂直方向的起偏角為 35.0° 和 55.0°，如附圖所示。雷射光束為準直的 (既不會聚也不發散)，具有直徑為 1.00 mm 的圓形橫截面，並且在 A 點處具有 15.0 mW 的平均功率。在 C 點處，雷射光之電場和磁場的振幅及強度各為何？

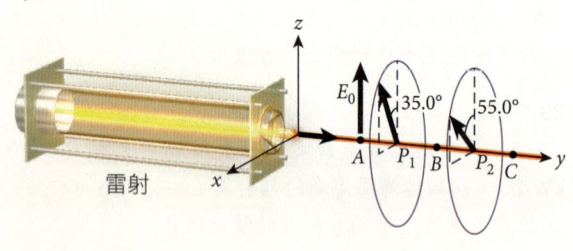

補充練習題

29.28 有一個朝南的屋頂的房子，在屋頂上有太陽能電池板 (簡稱光伏板)。光伏面板具有 10.0% 的效率，面積為 3.00 m × 8.00 m。對一年中的所有情況加以平均，入射到板上的平均太陽輻射為 300. W/m^2。光伏板在 30 天內產生的電能為多少 kWh？

29.29 波長為 628 m、功率為 200. W 的雷射所產生的射束，橫截面積為 1.00 mm^2。射束中之電場的振幅為何？

29.30 如附圖所示，太陽光垂直向下 (負 z 方向) 入射到火星勇氣號漫遊者上的太陽能電池板 (長度 L =

1.40 m，寬度 W = 0.900 m)。太陽輻射之電場的振幅為 673 V/m，並且是均勻的 (輻射在各處都具有相同的振幅)。如果太陽能電池板將太陽輻射轉換為電功率的效率為 18.0%，則電池板能產生的平均功率為何？

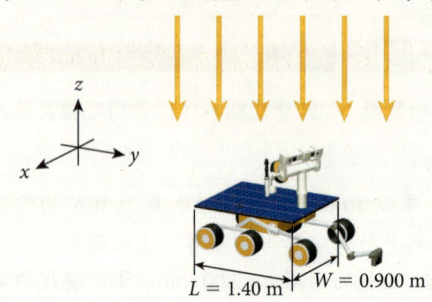

29.31 聚焦的 300 W 聚光燈將 40% 的光投射到直徑為 2 m 的圓形區域內。這個照明區域的均方根電場為何？

29.32 微波爐爐腔室中相鄰兩加熱波腹間的距離為何？微波爐通常在 2.4 GHz 的頻率下操作。

•**29.33** 距燈泡 2.25 m 處的峰值電場為 21.2 V/m。
a) 峰值磁場為何？
b) 燈泡的輸出功率為何？

•**29.34** 一支 5.00 mW 之雷射筆的光束直徑為 2.00 mm。
a) 該雷射光束中電場的均方根值為何？
b) 計算該雷射在長度為 1.00 m 的一段光束中之總電磁能。

•**29.35** 國家點火設施是世界上最強大的雷射；它使用 192 道光束，將 500. TW 的功率，瞄準直徑 2.00 mm 的球形顆粒。如果只有一道雷射光束擊中，並對顆粒照射 1.00 ns，且有 2.00% 的光被吸收，則密度為 2.00 g/cm^3 的顆粒所受到的加速度為何？

•**29.36** 無線電塔在所有方向上均勻傳輸 30.0 kW 的功率。假設射到地球的無線電波被反射。
a) 距離塔 12.0 km 處之坡印廷向量的量值為何？
b) 在此位置的電子所受到之電作用力的均方根值為何？

•**29.37** 微波爐烤箱的工作功率為 250. W。假設波從烤箱一側的點源發射器發出，而一個邊長為 2.00 cm 的立方體冰塊，位於距發射器 10.0 cm 的另一側，且擊中冰塊的光子有 10.0% 被吸收，則使冰塊完全熔化需要多長時間？每秒有多少波長為 10.0 cm 的光子擊中冰塊？假設立方體冰塊的密度為 0.960 g/cm^3。

多版本練習題

29.38 在測試新的燈泡時，將感測器放置在離燈泡 31.9 cm 處。它記錄燈泡發射之輻射的強度為 182.9 W/m²。感測器所在處之電場的均方根值為何？

29.39 在測試新的燈泡時，將感測器放置在離燈泡 52.5 cm 處。它記錄了燈泡所發射輻射之磁場的均方根值為 $9.142 \cdot 10^{-7}$ T。感測器所在處之輻射強度為何？

29.40 在測試新的燈泡時，將感測器放置在離燈泡 17.7 cm 處。它記錄了從燈泡所發射輻射之電場的均方根值為 279.9 V/m。感測器所在處之輻射強度為何？

附錄 A

基礎數學

1. 代數	763
1.1 基本知識	763
1.2 指數	764
1.3 對數	765
1.4 線性方程式	765
2. 幾何	766
2.1 二維的幾何形狀	766
2.2 三維的幾何形狀	766
3. 三角學	766
3.1 直角三角形	767
3.2 一般三角形	769
4. 微積分	769
4.1 導數	769
4.2 積分	770
5. 複數	771
例題 A.1　曼德博集合	773

符號：

字母 a、b、c、x 和 y 代表實數。

字母 n 代表整數。

希臘字母 α、β 和 γ 代表以弧度 (亦稱弳度) 為單位的角度。

1. 代數

1.1 基本知識

因式：

$$ax + bx + cx = (a+b+c)x \quad (A.1)$$

$$(a+b)^2 = a^2 + 2ab + b^2 \quad (A.2)$$

$$(a-b)^2 = a^2 - 2ab + b^2 \tag{A.3}$$

$$(a+b)(a-b) = a^2 - b^2 \tag{A.4}$$

二次方程式：

對於給定的 a、b 和 c 值，一個形式如下的二次方程式

$$ax^2 + bx + c = 0 \tag{A.5}$$

具有兩個解：

$$x = \frac{-b + \sqrt{b^2 - 4ac}}{2a}$$

和 \tag{A.6}

$$x = \frac{-b - \sqrt{b^2 - 4ac}}{2a}$$

一個方程式的解亦稱為根。若 $b^2 \geq 4ac$，則二次方程式的根均為實數。

1.2 指數

若 a 為一個數，則 a^n 是 n 個 a 相乘所得的乘積：

$$a^n = \underbrace{a \times a \times a \times \cdots \times a}_{\text{共 } n \text{ 個因子}} \tag{A.7}$$

數字 n 稱為指數；指數不必是正數或整數，任何實數 x，均可作為指數。

$$a^{-x} = \frac{1}{a^x} \tag{A.8}$$

$$a^0 = 1 \tag{A.9}$$

$$a^1 = a \tag{A.10}$$

根號：

$$a^{1/2} = \sqrt{a} \tag{A.11}$$

$$a^{1/n} = \sqrt[n]{a} \tag{A.12}$$

乘法與除法：

$$a^x a^y = a^{x+y} \tag{A.13}$$

$$\frac{a^x}{a^y} = a^{x-y} \qquad (A.14)$$

$$\left(a^x\right)^y = a^{xy} \qquad (A.15)$$

1.3 對數

對數函數是指數函數的反函數：

$$y = a^x \Leftrightarrow x = \log_a y \quad (y \text{ 與 } a \text{ 為正數}, a \neq 1) \qquad (A.16)$$

在上式中，符號 $\log_a y$ 代表 y 以 a 為底時的對數，a 為不等於 1 的正數。由於指數和對數互為反函數，故有以下的恆等式：

$$x = \log_a(a^x) = a^{\log_a x} \quad (a \text{ 為任意的底}) \qquad (A.17)$$

兩個最常用的底是常用對數的底 10 與自然對數的底 e：

$$e = 2.718281828\ldots \qquad (A.18)$$

底 10：

$$y = 10^x \Leftrightarrow x = \log_{10} y \qquad (A.19)$$

底 e：

$$y = e^x \Leftrightarrow x = \ln y \qquad (A.20)$$

對數的運算規則可由指數的運算規則推知：

$$\log(ab) = \log a + \log b \qquad (A.21)$$

$$\log\left(\frac{a}{b}\right) = \log a - \log b \qquad (A.22)$$

$$\log(a^x) = x \log a \qquad (A.23)$$

$$\log 1 = 0 \qquad (A.24)$$

上列規則對任意的底均能成立，故式中用以區別底的下標均予省略。

1.4 線性方程式

線性方程式的一般式為

$$y = ax + b \qquad (A.25)$$

普通物理

其中 a 和 b 為常數。y 對 x 的圖是一條直線；a 為直線的斜率，而 b 為直線的 y 軸截距，見圖 A.1。

要計算斜率 a 時，可將兩個不同的值 x_1 和 x_2 代入上式，以算出 y_1 和 y_2：

$$a = \frac{y_2 - y_1}{x_2 - x_1} = \frac{\Delta y}{\Delta x} \tag{A.26}$$

若 $a = 0$，則直線呈水平；若 $a > 0$，則直線隨 x 增加而上揚 (如圖 A.1)；若 $a < 0$，則直線隨 x 增加而下斜。

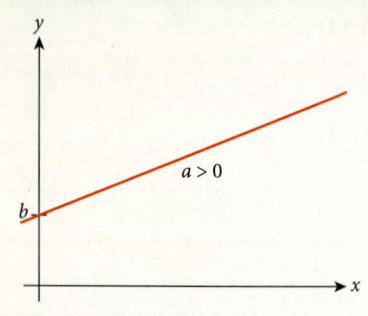

圖 A.1　線性方程式的圖形表示。

2. 幾何

2.1 二維的幾何形狀

圖 A.2 給出常見二維幾何形狀的面積 A 和周長 C。

方形
$A = a^2$
$C = 4a$

矩形
$A = ab$
$C = 2(a + b)$

圓形
$A = \pi r^2$
$C = 2\pi r$

三角形
$A = \frac{1}{2}ch$
$C = a + b + c$

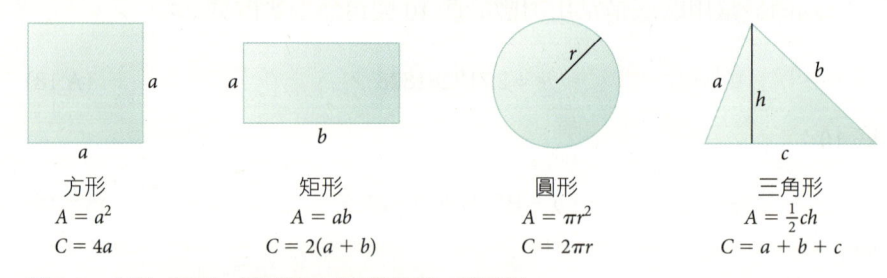

圖 A.2　方形、矩形、圓形和三角形的面積 A 和周長 C。

2.2 三維的幾何形狀

圖 A.3 給出常見三維幾何形狀的體積 V 和表面積 A。

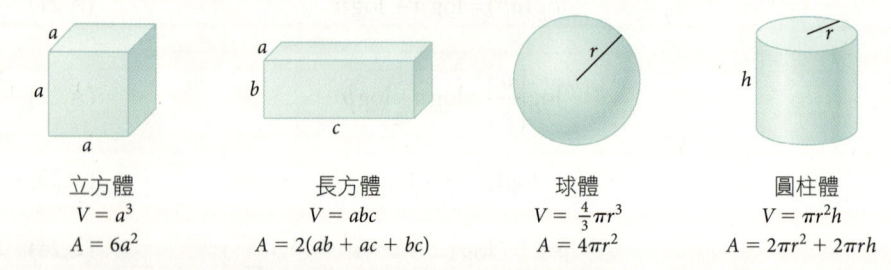

立方體
$V = a^3$
$A = 6a^2$

長方體
$V = abc$
$A = 2(ab + ac + bc)$

球體
$V = \frac{4}{3}\pi r^3$
$A = 4\pi r^2$

圓柱體
$V = \pi r^2 h$
$A = 2\pi r^2 + 2\pi rh$

圖 A.3　立方體、長方體、球體和圓柱體的體積 V 和表面積 A。

3. 三角學

注意以下所有角度的量度單位均為弧度 (即弳度)。

3.1 直角三角形

直角三角形的三個角中有一個是直角,即張角為 $90° = \frac{1}{2}\pi$ 弧度的角 (圖 A.4 中以小直角符號標示)。斜邊是與 $90°$ 角相對的邊,常以字母 c 標示。

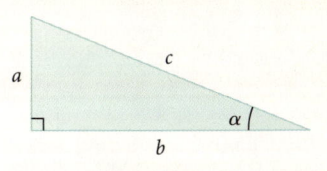

畢氏定理:

$$a^2 + b^2 = c^2 \tag{A.27}$$

圖 A.4 直角三角形三個邊長 a、b、c 及角的定義。

三角函數 (見圖 A.5):

$$\sin \alpha = \frac{a}{c} = \frac{對邊}{斜邊} \tag{A.28}$$

$$\cos \alpha = \frac{b}{c} = \frac{鄰邊}{斜邊} \tag{A.29}$$

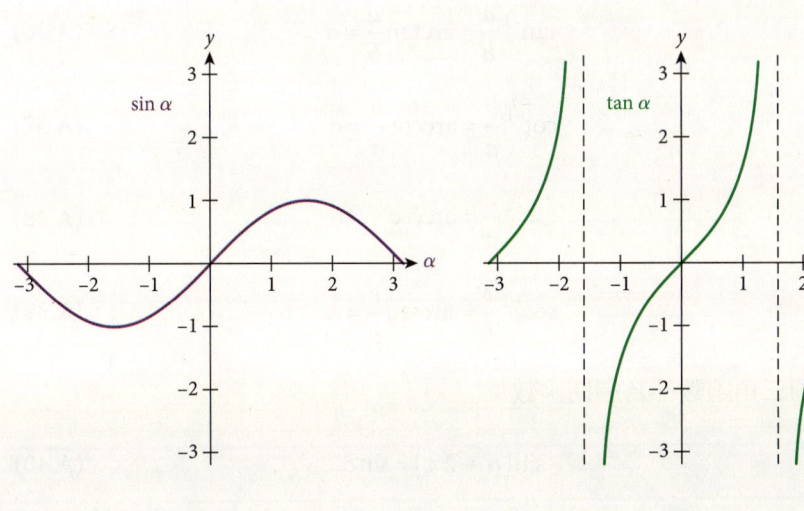

圖 A.5 三角函數正弦、餘弦、正切和餘切。

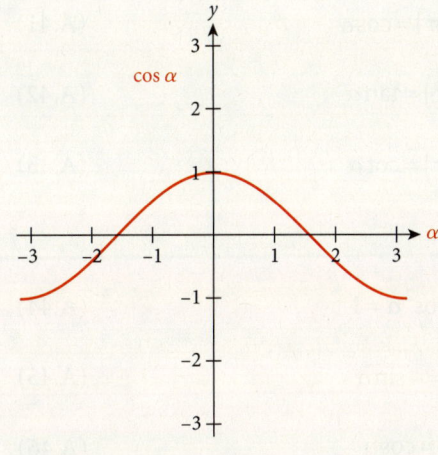

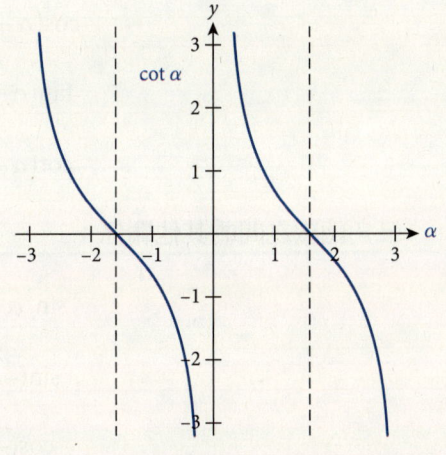

普通物理

$$\tan\alpha = \frac{\sin\alpha}{\cos\alpha} = \frac{a}{b} \tag{A.30}$$

$$\cot\alpha = \frac{\cos\alpha}{\sin\alpha} = \frac{1}{\tan\alpha} = \frac{b}{a} \tag{A.31}$$

$$\csc\alpha = \frac{1}{\sin\alpha} = \frac{c}{a} \tag{A.32}$$

$$\sec\alpha = \frac{1}{\cos\alpha} = \frac{c}{b} \tag{A.33}$$

反三角函數 (課文中使用的函數符號為 $\sin^{-1}$、$\cos^{-1}$ 等)：

$$\sin^{-1}\frac{a}{c} = \arcsin\frac{a}{c} = \alpha \tag{A.34}$$

$$\cos^{-1}\frac{b}{c} = \arccos\frac{b}{c} = \alpha \tag{A.35}$$

$$\tan^{-1}\frac{a}{b} = \arctan\frac{a}{b} = \alpha \tag{A.36}$$

$$\cot^{-1}\frac{b}{a} = \text{arccot}\frac{b}{a} = \alpha \tag{A.37}$$

$$\csc^{-1}\frac{c}{a} = \text{arccsc}\frac{c}{a} = \alpha \tag{A.38}$$

$$\sec^{-1}\frac{c}{b} = \text{arcsec}\frac{c}{b} = \alpha \tag{A.39}$$

所有的三角函數都為週期函數：

$$\sin(\alpha + 2\pi) = \sin\alpha \tag{A.40}$$

$$\cos(\alpha + 2\pi) = \cos\alpha \tag{A.41}$$

$$\tan(\alpha + \pi) = \tan\alpha \tag{A.42}$$

$$\cot(\alpha + \pi) = \cot\alpha \tag{A.43}$$

三角函數之間的其他關係：

$$\sin^2\alpha + \cos^2\alpha = 1 \tag{A.44}$$

$$\sin(-\alpha) = -\sin\alpha \tag{A.45}$$

$$\cos(-\alpha) = \cos\alpha \tag{A.46}$$

$$\sin(\alpha \pm \pi/2) = \pm \cos\alpha \qquad (A.47)$$

$$\sin(\alpha \pm \pi) = -\sin\alpha \qquad (A.48)$$

$$\cos(\alpha \pm \pi/2) = \mp \sin\alpha \qquad (A.49)$$

$$\cos(\alpha \pm \pi) = -\cos\alpha \qquad (A.50)$$

化和差為乘積：

$$\sin(\alpha \pm \beta) = \sin\alpha\cos\beta \pm \cos\alpha\sin\beta \qquad (A.51)$$

$$\cos(\alpha \pm \beta) = \cos\alpha\cos\beta \mp \sin\alpha\sin\beta \qquad (A.52)$$

小角度近似：

$$\sin\alpha \approx \alpha - \tfrac{1}{6}\alpha^3 + \cdots \quad (\text{當 } |\alpha| \ll 1) \qquad (A.53)$$

$$\cos\alpha \approx 1 - \tfrac{1}{2}\alpha^2 + \cdots \quad (\text{當 } |\alpha| \ll 1) \qquad (A.54)$$

對於小角度的 α (即 $|\alpha| \ll 1$)，使用 $\cos\alpha \approx 1$ 與 $\sin\alpha \approx \tan\alpha \approx \alpha$ 的近似，通常是可以接受的。

3.2 一般三角形

任意一個三角形的三個角，其和必為 π 弧度 (見圖 A.6)：

$$\alpha + \beta + \gamma = \pi \qquad (A.55)$$

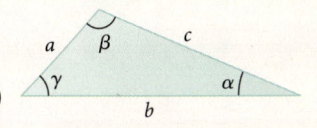

圖 A.6 一般三角形的邊及角的定義。

餘弦定理：

$$c^2 = a^2 + b^2 - 2ab\cos\gamma \qquad (A.56)$$

上式是畢氏定理推廣到角 $\gamma \neq \pi/2$ 弧度 (即 90°) 的情況。

正弦定理：

$$\frac{\sin\alpha}{a} = \frac{\sin\beta}{b} = \frac{\sin\gamma}{c} \qquad (A.57)$$

4. 微積分

4.1 導數

多項式：

$$\frac{d}{dx}x^n = nx^{n-1} \tag{A.58}$$

三角函數：

$$\frac{d}{dx}\sin(ax) = a\cos(ax) \tag{A.59}$$

$$\frac{d}{dx}\cos(ax) = -a\sin(ax) \tag{A.60}$$

$$\frac{d}{dx}\tan(ax) = \frac{a}{\cos^2(ax)} \tag{A.61}$$

$$\frac{d}{dx}\cot(ax) = -\frac{a}{\sin^2(ax)} \tag{A.62}$$

指數和對數函數：

$$\frac{d}{dx}e^{ax} = ae^{ax} \tag{A.63}$$

$$\frac{d}{dx}\ln(ax) = \frac{1}{x} \tag{A.64}$$

$$\frac{d}{dx}a^x = a^x \ln a \tag{A.65}$$

乘積規則：

$$\frac{d}{dx}\bigl(f(x)g(x)\bigr) = \left(\frac{df(x)}{dx}\right)g(x) + f(x)\left(\frac{dg(x)}{dx}\right) \tag{A.66}$$

連鎖律：

$$\frac{dy}{dx} = \frac{dy}{du}\frac{du}{dx} \tag{A.67}$$

4.2 積分

所有的不定積分都有一個附加的積分常數 c。

多項式：

$$\int x^n dx = \frac{1}{n+1}x^{n+1} + c \quad (n \neq -1) \tag{A.68}$$

$$\int x^{-1} dx = \ln|x| + c \tag{A.69}$$

$$\int \frac{1}{a^2+x^2}dx = \frac{1}{a}\tan^{-1}\frac{x}{a}+c \qquad (A.70)$$

$$\int \frac{1}{\sqrt{a^2+x^2}}dx = \ln\left|x+\sqrt{a^2+x^2}\right|+c \qquad (A.71)$$

$$\int \frac{1}{\sqrt{a^2-x^2}}dx = \sin^{-1}\frac{x}{|a|}+c = \tan^{-1}\frac{x}{\sqrt{a^2-x^2}}+c \qquad (A.72)$$

$$\int \frac{1}{\left(a^2+x^2\right)^{3/2}}dx = \frac{1}{a^2}\frac{x}{\sqrt{a^2+x^2}}+c \qquad (A.73)$$

$$\int \frac{x}{\left(a^2+x^2\right)^{3/2}}dx = -\frac{1}{\sqrt{a^2+x^2}}+c \qquad (A.74)$$

三角函數：

$$\int \sin(ax)dx = -\frac{1}{a}\cos(ax)+c \qquad (A.75)$$

$$\int \cos(ax)dx = \frac{1}{a}\sin(ax)+c \qquad (A.76)$$

指數函數：

$$\int e^{ax}dx = \frac{1}{a}e^{ax}+c \qquad (A.77)$$

5. 複數

實數可以沿著一條直線，以值漸增的方式，由左到右排序，形成由 $-\infty$ 到 $+\infty$ 的數軸。複數是比實數更大的數集合，它包含了所有的實數。一個複數 z 是以它的實數部分 (實部) $\Re(z)$ 和虛數部分 (虛部) $\Im(z)$ 來定義的。如圖 A.7 所示，複數空間是一個平面，橫軸為實部，縱軸為虛部。通常以古德文書寫體的字母 $\Re$ 和 $\Im$，分別代表複數的實部和虛部。

若用它的實部 x、虛部 y 和尤拉 (Euler) 常數 i，一個複數 z 可定義如下：

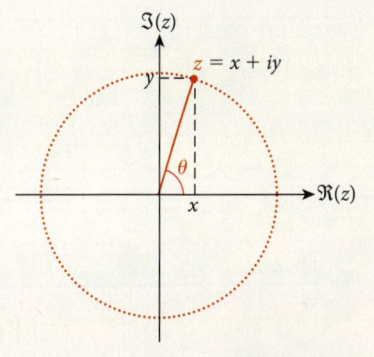

$$z = x+iy \qquad (A.78)$$

圖 A.7 複數平面。橫軸與縱軸分別代表複數的實部與虛部。

尤拉常數 i 的定義如下：

$$i^2 = -1 \tag{A.79}$$

複數的實部 $x = \Re(z)$ 和虛部 $y = \Im(z)$ 都是實數。複數的加法、減法、乘法和除法等運算，都比照實數，另加上 $i^2 = -1$：

$$(a+ib)+(c+id)=(a+c)+i(b+d) \tag{A.80}$$

$$(a+ib)-(c+id)=(a-c)+i(b-d) \tag{A.81}$$

$$(a+ib)(c+id)=(ac-bd)+i(ad+bc) \tag{A.82}$$

$$\frac{a+ib}{c+id}=\frac{(ac+bd)+i(bc-ad)}{c^2+d^2} \tag{A.83}$$

對應於每個複數 z，都存在一個共軛複數 z^*，兩者的實部相同，但虛部的符號相反：

$$z = x+iy \Leftrightarrow z^* = x-iy \tag{A.84}$$

我們可用複數和它的共軛複數來表示此複數的實部和虛部：

$$\Re(z) = \tfrac{1}{2}(z+z^*) \tag{A.85}$$

$$\Im(z) = \frac{1}{2i}(z-z^*) \tag{A.86}$$

就像二維向量一樣，複數 $z = x + iy$ 具有「值 $|z|$ (亦稱絕對值)」及相對於橫軸方向的角度 θ，如圖 A.7 所示：

$$|z|^2 = zz^* \tag{A.87}$$

$$\theta = \tan^{-1}\frac{\Im(z)}{\Re(z)} = \tan^{-1}\frac{(z-z^*)}{i(z+z^*)} \tag{A.88}$$

因此，複數 $z = x + iy$ 可用其絕對值和「相角」表示如下：

$$z = |z|(\cos\theta + i\sin\theta) \tag{A.89}$$

如下的恆等式非常有用，稱為尤拉公式：

$$e^{i\theta} = \cos\theta + i\sin\theta \tag{A.90}$$

利用尤拉公式，我們可以將任何複數 z 表示為

$$z = |z|e^{i\theta} \tag{A.91}$$

因此複數 z 的 n 次方可表示為

$$z^n = |z|^n e^{in\theta} \tag{A.92}$$

例題 A.1　曼德博集合

透過對曼德博 (Mandelbrot) 集合的分析，我們可以好好應用所學有關複數和其乘法的知識。曼德博集合的定義為複數平面中所有點 c 的集合，其中點 c 須使迭代系列

$$z_{n+1} = z_n^2 + c, \quad \text{其中 } z_0 = c$$

不會變成無窮大，即在所有的迭代中 $|z_n|$ 都保持為有限。

這個迭代處方看起來很簡單。例如，我們可以看出任何 $|c| > 2$ 的數，不能是曼德博集合的一部分。但是，如果我們在複數平面上繪製曼德博集合的點，就會出現一個奇怪的美麗物體。在圖 A.8 中，黑點是曼德博集合的一部分，而剩餘的點以不同顏色編碼，以代表 z_n 趨向無窮大的速率。

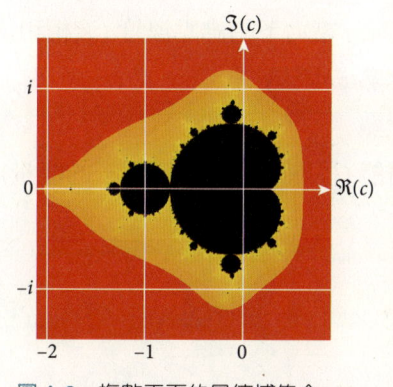

圖 A.8　複數平面的曼德博集合。

附錄 B

元素性質

Z 電荷數 (原子核中的質子數 = 電子數)

ρ 在溫度 0 °C (= 273.15 K) 和 1 atm 壓力下的質量密度

m 標準莫耳原子質量 (1 莫耳原子的平均質量，以同位素質量的豐度加權平均)

$T_{熔點}$ 在 1 atm 壓力下的熔點溫度 (固相和液相之間的轉變點)

$T_{沸點}$ 在 1 atm 壓力下的沸點溫度 (液相和氣相之間的轉變點)

$L_{熔化}$ 熔化熱/凝固熱

$L_{汽化}$ 汽化熱

E_1 電離能 (移除最不受束縛電子的能量)

附錄 B

Z	元素符號	名稱	電子組態	ρ (g/cm³)	m (g/mol)	$T_{熔點}$ (K)	$T_{沸點}$ (K)	$L_{熔化}$ (kJ/mol)	$L_{汽化}$ (kJ/mol)	E_1 (eV)
1	H	氫(氣) Hydrogen	$1s^1$	$8.988 \cdot 10^{-5}$	1.00794	14.01	20.28	0.117	0.904	13.5984
2	He	氦(氣) Helium	$1s^2$	$1.786 \cdot 10^{-4}$	4.002602	—	4.22	—	0.0829	24.5874
3	Li	鋰 Lithium	[He]$2s^1$	0.534	6.941	453.69	1615	3.00	147.1	5.3917
4	Be	鈹 Beryllium	[He]$2s^2$	1.85	9.012182	1560	2742	7.895	297	9.3227
5	B	硼 Boron	[He]$2s^2 2p^1$	2.34	10.811	2349	4200	50.2	480	8.2980
6	C	碳(石墨) Carbon	[He]$2s^2 2p^2$	2.267	12.0107	3800	4300	117	710.9	11.2603
7	N	氮(氣) Nitrogen	[He]$2s^2 2p^3$	$1.251 \cdot 10^{-3}$	14.0067	63.1526	77.36	0.72	5.56	14.5341
8	O	氧(氣) Oxygen	[He]$2s^2 2p^4$	$1.429 \cdot 10^{-3}$	15.9994	54.36	90.20	0.444	6.82	13.6181
9	F	氟(氣) Fluorine	[He]$2s^2 2p^5$	$1.7 \cdot 10^{-3}$	18.998403	53.53	85.03	0.510	6.62	17.4228
10	Ne	氖(氣) Neon	[He]$2s^2 2p^6$	$9.002 \cdot 10^{-4}$	20.1797	24.56	27.07	0.335	1.71	21.5645
11	Na	鈉 Sodium	[Ne]$3s^1$	0.968	22.989770	370.87	1156	2.60	97.42	5.1391
12	Mg	鎂 Magnesium	[Ne]$3s^2$	1.738	24.3050	923	1363	8.48	128	7.6462
13	Al	鋁 Aluminum	[Ne]$3s^2 3p^1$	2.70	26.981538	933.47	2792	10.71	294.0	5.9858
14	Si	矽 Silicon	[Ne]$3s^2 3p^2$	2.3290	28.0855	1687	3538	50.21	359	8.1517
15	P	磷(白) Phosphorus	[Ne]$3s^2 3p^3$	1.823	30.973761	317.3	550	0.66	12.4	10.4867
16	S	硫 Sulfur	[Ne]$3s^2 3p^4$	1.92–2.07	32.065	388.36	717.8	1.727	45	10.3600
17	Cl	氯(氣) Chlorine	[Ne]$3s^2 3p^5$	$3.2 \cdot 10^{-3}$	35.453	171.6	239.11	6.406	20.41	12.9676
18	Ar	氬(氣) Argon	[Ne]$3s^2 3p^6$	$1.784 \cdot 10^{-3}$	39.948	83.80	87.30	1.18	6.43	15.7596
19	K	鉀 Potassium	[Ar]$4s^1$	0.89	39.0983	336.53	1032	2.4	79.1	4.3407
20	Ca	鈣 Calcium	[Ar]$4s^2$	1.55	40.078	1115	1757	8.54	154.7	6.1132
21	Sc	鈧 Scandium	[Ar]$3d^1 4s^2$	2.985	44.955910	1814	3109	14.1	332.7	6.5615
22	Ti	鈦 Titanium	[Ar]$3d^2 4s^2$	4.506	47.867	1941	3560	14.15	425	6.8281
23	V	釩 Vanadium	[Ar]$3d^3 4s^2$	6.0	50.9415	2183	3680	21.5	459	6.7462
24	Cr	鉻 Chromium	[Ar]$3d^5 4s^1$	7.19	51.9961	2180	2944	21.0	339.5	6.7665
25	Mn	錳 Manganese	[Ar]$3d^5 4s^2$	7.21	54.938049	1519	2334	12.91	221	7.4340
26	Fe	鐵 Iron	[Ar]$3d^6 4s^2$	7.874	55.845	1811	3134	13.81	340	7.9024
27	Co	鈷 Cobalt	[Ar]$3d^7 4s^2$	8.90	58.933200	1768	3200	16.06	377	7.8810
28	Ni	鎳 Nickel	[Ar]$3d^8 4s^2$	8.908	58.6934	1728	3186	17.48	377.5	7.6398
29	Cu	銅 Copper	[Ar]$3d^{10} 4s^1$	8.94	63.546	1357.77	2835	13.26	300.4	7.7264
30	Zn	鋅 Zinc	[Ar]$3d^{10} 4s^2$	7.14	65.409	692.68	1180	7.32	123.6	9.3942
31	Ga	鎵 Gallium	[Ar]$3d^{10} 4s^2 4p^1$	5.91	69.723	302.9146	2477	5.59	254	5.9993
32	Ge	鍺 Germanium	[Ar]$3d^{10} 4s^2 4p^2$	5.323	72.64	1211.40	3106	36.94	334	7.8994
33	As	砷 Arsenic	[Ar]$3d^{10} 4s^2 4p^3$	5.727	74.92160	1090	887	24.44	34.76	9.7886

普通物理

Z	元素符號	名稱	電子組態	ρ (g/cm³)	m (g/mol)	$T_{熔點}$ (K)	$T_{沸點}$ (K)	$L_{熔化}$ (kJ/mol)	$L_{汽化}$ (kJ/mol)	E_i (eV)
34	Se	硒 Selenium	$[Ar]3d^{10}4s^24p^4$	4.28–4.81	78.96	494	958	6.69	95.48	9.7524
35	Br	溴(液) Bromine	$[Ar]3d^{10}4s^24p^5$	3.1028	79.904	265.8	332.0	10.571	29.96	11.8138
36	Kr	氪(氣) Krypton	$[Ar]3d^{10}4s^24p^6$	$3.749 \cdot 10^{-3}$	83.798	115.79	119.93	1.64	9.08	13.9996
37	Rb	銣 Rubidium	$[Kr]5s^1$	1.532	85.4678	312.46	961	2.19	75.77	4.1771
38	Sr	鍶 Strontium	$[Kr]5s^2$	2.64	87.62	1050	1655	7.43	136.9	5.6949
39	Y	釔 Yttrium	$[Kr]4d^15s^2$	4.472	88.90585	1799	3609	11.42	365	6.2173
40	Zr	鋯 Zirconium	$[Kr]4d^25s^2$	6.52	91.224	2128	4682	14	573	6.6339
41	Nb	鈮 Niobium	$[Kr]4d^45s^1$	8.57	92.90638	2750	5017	30	689.9	6.7589
42	Mo	鉬 Molybdenum	$[Kr]4d^55s^1$	10.28	95.94	2896	4912	37.48	617	7.0924
43	Tc	鎝 Technetium	$[Kr]4d^55s^2$	11	(98)	2430	4538	33.29	585.2	7.28
44	Ru	釕 Ruthenium	$[Kr]4d^75s^1$	12.45	101.07	2607	4423	38.59	591.6	7.3605
45	Rh	銠 Rhodium	$[Kr]4d^85s^1$	12.41	102.90550	2237	3968	26.59	494	7.4589
46	Pd	鈀 Palladium	$[Kr]4d^{10}$	12.023	106.42	1828.05	3236	16.74	362	8.3369
47	Ag	銀 Silver	$[Kr]4d^{10}5s^1$	10.49	107.8682	1234.93	2435	11.28	250.58	7.5762
48	Cd	鎘 Cadmium	$[Kr]4d^{10}5s^2$	8.65	112.411	594.22	1040	6.21	99.87	8.9938
49	In	銦 Indium	$[Kr]4d^{10}5s^25p^1$	7.31	114.818	429.7485	2345	3.281	231.8	5.7864
50	Sn	錫(白) Tin	$[Kr]4d^{10}5s^25p^2$	7.365	118.710	505.08	2875	7.03	296.1	7.3439
51	Sb	銻 Antimony	$[Kr]4d^{10}5s^25p^3$	6.697	121.760	903.78	1860	19.79	193.43	8.6084
52	Te	碲 Tellurium	$[Kr]4d^{10}5s^25p^4$	6.24	127.60	722.66	1261	17.49	114.1	9.0096
53	I	碘 Iodine	$[Kr]4d^{10}5s^25p^5$	4.933	126.90447	386.85	457.4	15.52	41.57	10.4513
54	Xe	氙(氣) Xenon	$[Kr]4d^{10}5s^25p^6$	$5.894 \cdot 10^{-3}$	131.293	161.4	165.03	2.27	12.64	12.1298
55	Cs	銫 Cesium	$[Xe]6s^1$	1.93	132.90545	301.59	944	2.09	63.9	3.8939
56	Ba	鋇 Barium	$[Xe]6s^2$	3.51	137.327	1000	2170	7.12	140.3	5.2117
57	La	鑭 Lanthanum	$[Xe]5d^16s^2$	6.162	138.9055	1193	3737	6.20	402.1	5.5769
58	Ce	鈰 Cerium	$[Xe]4f^15d^16s^2$	6.770	140.116	1068	3716	5.46	398	5.5387
59	Pr	鐠 Praseodymium	$[Xe]4f^36s^2$	6.77	140.90765	1208	3793	6.89	331	5.473
60	Nd	釹 Neodymium	$[Xe]4f^46s^2$	7.01	144.24	1297	3347	7.14	289	5.5250
61	Pm	鉕 Promethium	$[Xe]4f^56s^2$	7.26	(145)	1315	3273	7.13	289	5.582
62	Sm	釤 Samarium	$[Xe]4f^66s^2$	7.52	150.36	1345	2067	8.62	165	5.6437
63	Eu	銪 Europium	$[Xe]4f^76s^2$	5.264	151.964	1099	1802	9.21	176	5.6704
64	Gd	釓 Gadolinium	$[Xe]4f^75d^16s^2$	7.90	157.25	1585	3546	10.05	301.3	6.1498
65	Tb	鋱 Terbium	$[Xe]4f^96s^2$	8.23	158.92534	1629	3503	10.15	293	5.8638
66	Dy	鏑 Dysprosium	$[Xe]4f^{10}6s^2$	8.540	162.500	1680	2840	11.06	280	5.9389

Z	元素符號	名稱	電子組態	ρ (g/cm^3)	m (g/mol)	$T_{熔點}$ (K)	$T_{沸點}$ (K)	$L_{熔化}$ (kJ/mol)	$L_{汽化}$ (kJ/mol)	E_i (eV)
67	Ho	鈥 Holmium	[Xe]$4f^{11}6s^2$	8.79	164.93032	1734	2993	17.0	265	6.0215
68	Er	鉺 Erbium	[Xe]$4f^{12}6s^2$	9.066	167.259	1802	3141	19.90	280	6.1077
69	Tm	銩 Thulium	[Xe]$4f^{13}6s^2$	9.32	168.93421	1818	2223	16.84	247	6.1843
70	Yb	鐿 Ytterbium	[Xe]$4f^{14}6s^2$	6.90	173.04	1097	1469	7.66	159	6.2542
71	Lu	鎦 Lutetium	[Xe]$4f^{14}5d^16s^2$	9.841	174.967	1925	3675	22	414	5.4259
72	Hf	鉿 Hafnium	[Xe]$4f^{14}5d^26s^2$	13.31	178.49	2506	4876	27.2	571	6.8251
73	Ta	鉭 Tantalum	[Xe]$4f^{14}5d^36s^2$	16.69	180.9479	3290	5731	36.57	732.8	7.5496
74	W	鎢 Tungsten	[Xe]$4f^{14}5d^46s^2$	19.25	183.84	3695	5828	52.31	806.7	7.8640
75	Re	錸 Rhenium	[Xe]$4f^{14}5d^56s^2$	21.02	186.207	3459	5869	60.3	704	7.8335
76	Os	鋨 Osmium	[Xe]$4f^{14}5d^66s^2$	22.61	190.23	3306	5285	57.85	738	8.4382
77	Ir	銥 Iridium	[Xe]$4f^{14}5d^76s2$	22.56	192.217	2739	4701	41.12	563	8.9670
78	Pt	鉑 Platinum	[Xe]$4f^{14}5d^96s1$	21.45	195.078	2041.4	4098	22.17	469	8.9588
79	Au	金 Gold	[Xe]$4f^{14}5d^{10}6s^1$	19.3	196.96655	1337.33	3129	12.55	324	9.2255
80	Hg	汞(液) Mercury	[Xe]$4f^{14}5d^{10}6s^2$	13.534	200.59	234.32	629.88	2.29	59.11	10.4375
81	Tl	鉈 Thallium	[Xe]$4f^{14}5d^{10}6s^26p^1$	11.85	204.3833	577	1746	4.14	165	6.1082
82	Pb	鉛 Lead	[Xe]$4f^{14}5d^{10}6s^26p^2$	11.34	207.2	600.61	2022	4.77	179.5	7.4167
83	Bi	鉍 Bismuth	[Xe]$4f^{14}5d^{10}6s^26p^3$	9.78	208.98038	544.7	1837	11.30	151	7.2855
84	Po	釙 Polonium	[Xe]$4f^{14}5d^{10}6s^26p^4$	9.320	(209)	527	1235	13	102.91	8.414
85	At	砈 Astatine	[Xe]$4f^{14}5d^{10}6s^26p^5$	?	(210)	?	?	?	?	?
86	Rn	氡(氣) Radon	[Xe]$4f^{14}5d^{10}6s^26p^6$	$9.73 \cdot 10^{-3}$	(222)	202	211.3	3.247	18.10	10.7485
87	Fr	鍅 Francium	[Rn]$7s^1$	1.87	(223)	~300	~950	~2	~65	4.0727
88	Ra	鐳 Radium	[Rn]$7s^2$	5.5	(226)	973	2010	8.5	113	5.2784
89	Ac	錒 Actinium	[Rn]$6d^17s^2$	10	(227)	1323	3471	14	400	5.17
90	Th	釷 Thorium	[Rn]$6d^27s^2$	11.7	232.0381	2115	5061	13.81	514	6.3067
91	Pa	鏷 Protactinium	[Rn]$5f^26d^17s^2$	15.37	231.03588	1841	~4300	12.34	481	5.89
92	U	鈾 Uranium	[Rn]$5f^36d^17s^2$	19.1	238.02891	1405.3	4404	9.14	417.1	6.1941
93	Np	錼 Neptunium	[Rn]$5f^46d^17s^2$	20.45	(237)	910	4273	3.20	336	6.2657
94	Pu	鈽 Plutonium	[Rn]$5f^67s^2$	19.816	(244)	912.5	3505	2.82	333.5	6.0260
95	Am	鋂 Americium	[Rn]$5f^77s^2$	12	(243)	1449	2880	14.39	238.5	5.9738
96	Cm	鋦 Curium	[Rn]$5f^76d^17s^2$	13.51	(247)	1613	3383	~15	?	5.9914
97	Bk	鉳 Berkelium	[Rn]$5f^97s^2$	~14	(247)	1259	?	?	?	6.1979
98	Cf	鉲 Californium	[Rn]$5f^{10}7s^2$	15.1	(251)	1173	1743	?	?	6.2817
99	Es	鑀 Einsteinium	[Rn]$5f^{11}7s^2$	8.84	(252)	1133	?	?	?	6.42

附錄 B

普通物理

元素 Z	符號	名稱	電子組態	ρ (g/cm³)	m (g/mol)	$T_{熔點}$ (K)	$T_{沸點}$ (K)	$L_{熔化}$ (kJ/mol)	$L_{汽化}$ (kJ/mol)	E_1 (eV)
100	Fm	鐨 Fermium	$[Rn]5f^{12}7s^2$	?	(257)	1800	?	?	?	6.50
101	Md	鍆 Mendelevium	$[Rn]5f^{13}7s^2$	?	(258)	1100	?	?	?	6.58
102	No	鍩 Nobelium	$[Rn]5f^{14}7s^2$	?	(259)	?	?	?	?	6.65
103	Lr	鐒 Lawrencium	$[Rn]5f^{14}7s^27p^1$	?	(262)	?	?	?	?	4.9
104	Rf	鑪 Rutherfordium	$[Rn]5f^{14}6d^27s^2$	?	(263)	?	?	?	?	6
105	Db	𨧀 Dubnium	$[Rn]5f^{14}6d^37s^2$	?	(268)	?	?	?	?	?
106	Sg	𨭎 Seaborgium	$[Rn]5f^{14}6d^47s^2$	?	(271)	?	?	?	?	?
107	Bh	𨨏 Bohrium	$[Rn]5f^{14}6d^57s^2$	?	(270)	?	?	?	?	?
108	Hs	𨭆 Hassium	$[Rn]5f^{14}6d^67s^2$	?	(270)	?	?	?	?	?
109	Mt	䥑 Meitnerium	$[Rn]5f^{14}6d^77s^2$	?	(278)	?	?	?	?	?
110	Ds	鐽 Darmstadtium	*$[Rn]5f^{14}6d^97s^1$	?	(281)	?	?	?	?	?
111	Rg	錀 Roentgenium	*$[Rn]5f^{14}6d^97s^2$	?	(281)	?	?	?	?	?
112	Cn	鎶 Copernicium	*$[Rn]5f^{14}6d^{10}7s^2$	?	(285)	?	?	?	?	?
113	Nh	Nihonium	*$[Rn]5f^{14}6d^{10}7s^27p^1$	?	(286)	?	?	?	?	?
114	Fl	鈇 Flerovium	*$[Rn]5f^{14}6d^{10}7s^27p^2$	?	(289)	?	?	?	?	?
115	Mc	Moscovium	*$[Rn]5f^{14}6d^{10}7s^27p^3$	?	(289)	?	?	?	?	?
116	Lv	鉝 Livermorium	*$[Rn]5f^{14}6d^{10}7s^27p^4$	?	(293)	?	?	?	?	?
117	Ts	Tennessine	*$[Rn]5f^{14}6d^{10}7s^27p^5$	?	(294)	?	?	?	?	?
118	Og	Oganesson	*$[Rn]5f^{14}6d^{10}7s^27p^6$	?	(294)	?	?	?	?	?

（最長命同位素）

*預測

部分習題答案

第 1 章：總論

選擇題
1.1 c. **1.2** d. **1.3** a. **1.4** b. **1.5** c. **1.6** d. **1.7** c. **1.8** e.

練習題
1.18 (a) 3. (b) 4. (c) 1. (d) 6. (e) 1. (f) 2. (g) 3. **1.19** 6.34. **1.20** $1 \cdot 10^{-7}$ cm. **1.21** $1.94822 \cdot 10^6$ in. **1.22** $1 \cdot 10^6$ mm. **1.23** 1 mPa. **1.24** 2420 cm2. **1.25** (a) 356,000 km = 221,000 mi. (b) 407,000 km = 253,000 mi. **1.26** $x_{總} = 5.50 \cdot 10^{-1}$ m; $x_{平均} = 9.17 \cdot 10^{-2}$ m. **1.27** 120 millifurlongs/microfortnight. **1.28** 76 倍於地球表面積. **1.29** 39 km. **1.30** 1.56 一桶為 $1.51 \cdot 10^4$ 立方吋. **1.31** (a) $V_S = 1.41 \times 10^{27}$ m^3. (b) $V_E = 1.08 \times 10^{21}$ m^3. (c) $\rho_S = 1.41 \times 10^3$ kg/m^3. (d) $\rho_E = 5.52 \times 10^3$ kg/m^3. **1.32** 1.0×10^2 cm. **1.33** $x = 21.8$ m, $y = 33.5$ m. **1.34** $\vec{A} = 65.0\hat{x} + 37.5\hat{y}$, $\vec{B} = -56.7\hat{x} + 19.5\hat{y}$, $\vec{C} = -15.4\hat{x} - 19.7\hat{y}$, $\vec{D} = 80.2\hat{x} - 40.9\hat{y}$. **1.35** 3.27 km. **1.36** $\vec{D} = -15\sqrt{2}\hat{x} + (32 + 15\sqrt{2})\hat{y} - 3\hat{z}$, $|\vec{D}| = 57$ 步. **1.37** $f = 16°$, $\alpha = 41°$, $\theta = 140°$. **1.38** $2 \cdot 10^8$. **1.39** 63.7 m 在 $-57.1°$或 $303°$ (此二角等效). **1.40** (a) $1.70 \cdot 10^3$ 在 $296°$. (b) $1.61 \cdot 10^3$ 在 $292°$. **1.41** $1.00 \cdot 10^3$ N. **1.42** (a) 125 mi. (b) $240°$ 或 $-120°$ (從正 x 軸或東). (c) 167 mi. **1.43** 3.79 km, 在北偏西 $21.9°$. **1.44** $5.62 \cdot 10^7$ km. **1.45** 9630. in. **1.46** $1.4 \cdot 10^{11}$ m, $18°$.

多版本練習題
1.47 $\vec{A} = 2.5\hat{x} + 1.5\hat{y}$ $\vec{B} = 5.5\hat{x} - 1.5\hat{y}$, $\vec{C} = -6\hat{x} - 3\hat{y}$. **1.49** (2,–3). **1.51** $\vec{D} = 2\hat{x} - 3\hat{y}$. **1.53** $\vec{A} = 63.3$ 在 $68.7°$; $\vec{B} = 175$ 在 $-59.0°$. **1.57** (a) 130. (b) 11.4. (c) $1.48 \cdot 10^3$.

第 2 章：直線運動

選擇題
2.1 e. **2.2** c. **2.3** e. **2.4** d. **2.5** a. **2.6** c. **2.7** a.

練習題
2.14 距離 = 66.0 km; 位移 = 30.0 km, 向南. **2.15** 0 m/s. **2.16** (a) –1 s 至 +1 s 的時段; 4.0 m/s. (b) –0.20 m/s. (c) 1.4 m/s. (d) 2:1. (e) [–5,–4], [1,2], 和 [4,5]. **2.17** $x = 0.50$ m. **2.18** (a) 646 m/s. (b) –0.981 s 和 0.663 s. (c) 8.30 m/s2. (d)

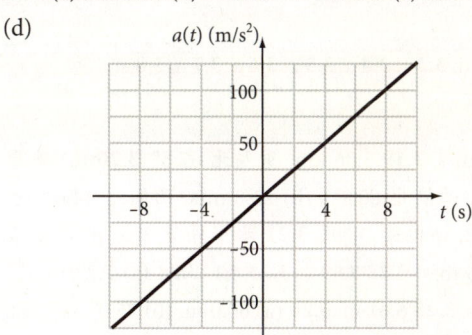

2.19 2.4 m/s^2, 方向向後. **2.20** 10.0 m/s^2. **2.21** $-1.0 \cdot 10^2$ m/s^2. **2.22** (a) 8.14 m/s. (b) 7.43 m/s. (c) 0 m/s^2. **2.23** $-1.20 \cdot 10^3$ cm. **2.24** $x = 23$ m. **2.25** $x = 18$ m. **2.26** (a) 在 $t = 4.00$ s, 速率為 20.0 m/s. 在 $t = 14.0$ s, 速率為 12.0 m/s. (b) 232 m. **2.27** (a) 17.7 s. (b) -1.08 m/s^2. **2.28** 33.3 m/s. **2.29** 20.0 m. **2.30** (a) 2.50 m/s. (b) 10.0 m. **2.31** (a) 16 s. (b) 0.84 m/s^2. **2.32** (a) 距離第一輛汽車起點 61.3 m. (b) 7.83 s. **2.33** (a) 5.1 m/s. (b) 3.8 m. **2.34** 2.33 s. **2.35** $v_{\frac{1}{2}y} = \sqrt{gy}$. **2.36** 1.46 s. **2.37** 29 m/s. **2.38** (a) 3.52 s. (b) 0.515 s. **2.39** 395 m. **2.40** (a) 6.39 m/s^2. (b) 56.3 m. **2.41** (a) 33.3 m. (b) –4.17 m/s^2. **2.42** 兩列車會相撞. **2.43** 570 m. **2.44** (a) 在 $x = 160$ m 和 $x = 1600$ m. (b) 290 m/s. **2.45** (a) **2.46** 2 m/s^2. (b) 273 m. **2.46** (a) $v(t) = 1.7 \cos(0.46t/s - 0.31)$ m/s $- 0.2$ m/s, $a(t) = -0.80 \sin(0.46t/s - 0.31)$ m/s^2. (b) 0.67 s, 7.5 s, 14 s, 21 s, 和 28 s. **2.47** (a) 18 h. (b)

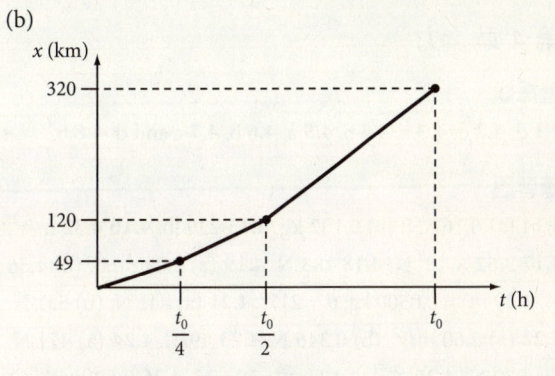

2.48 (a) 37.9 m/s. (b) 26.8 m/s. (c) 1.13 s. **2.49** 693 m. **2.50** (a) $t = \frac{\ln 8}{3\alpha}$. (b) $v(t) = \frac{3}{4}\alpha x_0 e^{3\alpha t}$. (c) $a(t) = \frac{9}{4}\alpha^2 x_0 e^{3\alpha t}$. (d) s^{-1}.

多版本練習題
2.51 2.85 s. **2.54** 9.917 m/s².

第 3 章：二維與三維運動

選擇題
3.1 c. **3.2** d. **3.3** c. **3.4** a. **3.5** a. **3.6** a. **3.7** a. **3.8** a.

練習題
3.18 2.8 m/s. **3.19** 3.06 km, 東偏北 67.5°. **3.20** (a) 離原點 174 m, 西偏北 60.8°. (b) 21.8 m/s, 西偏北 44.6°. (c) 1.14 m/s2, 西偏北 37.9°. **3.21** 水平分量 30.0 m/s, 垂直分量 19.6 m/s. **3.22** 4.69 s. **3.23** 4:1. **3.24** (a) 7.27 m. (b) −9.13 m/s. **3.25** 6.61 m. **3.26** (a) 60.0 m. (b) 75.0°. (c) 31.0 m. **3.27** 初始: 24.6 m/s, 高於水平 47.3°; 最終: 20.2 m/s, 低於水平 34.3°. **3.28** 81 m/s. **3.29** 3.47 m/s. **3.30** 5. **3.31** (a) 62.0 m/s. (b) 62.3 m/s. **3.32** 14.3 m/s. **3.33** 3.94 m/s. **3.34** (a) 72.3°. (b) 7.62 s. (c) 90.0°. (d) 7.26 m. (e) $v_{\min} > 5.33$ m/s. **3.35** 95.4 m/s. **3.36** 26.0 m/s. **3.37** 低於水平 24.8°. **3.38** 直升機: 14.9 m/s; 箱: 100. m/s, 高於水平 84.1°. **3.40** 八樓. **3.41** 9.07 s. **3.42** 1.00 m/s². **3.43** 2.69 s. **3.44** (a) 19.1 m. (b) 2.01 s. **3.45** 否. 小偷的水平位移達到 5.50 m 時, 他從第一屋頂下降了 8.41 m, 不能到達第二屋頂. **3.46** (a) 是. (b) 49.0 m/s, 高於水平 29.1°. **3.47** 9.20 m/s. **3.48** 8.87 km, 目標前; 機會窗口為 0.180 s. **3.49** (a) 77.4 m/s, 高於水平49.7°. (b) 178 m. (c) 63.4 m/s, 低於水平 38.0°.

多版本練習題
3.50 12.4 m.

第 4 章：力

選擇題
4.1 d. **4.2** d. **4.3** a. **4.4** b. **4.5** a. **4.6** b. **4.7** c and d. **4.8** b.

練習題
4.14 (a) 0.167 N. (b) 0.102 kg. **4.15** 229 lb. **4.16** 4.32 m/s². **4.17** 3.62 × 10⁸ N. **4.18** 183 N. **4.19** (a) 1.09 m/s². (b) 4.36 N. **4.20** $m_3 = 0.0500$ kg; $\theta = 217°$. **4.21** (a) 441 N. (b) 531 N. **4.22** (a) 2.60 m/s². (b) 0.346 kg. **4.23** 49.2°. **4.24** (a) 471 N. (b) 589 N. **4.25** 左: 44.4 N; 右: 56.6 N. **4.26** 0.69 m/s², 向下. **4.27** 284 N. **4.28** 807 N. **4.29** 84.9 m. **4.30** 5.84 N. **4.31** (a) 300. N. (b) 500. N. (c) 最初摩擦力為 506 N. 在冰箱開始運動後, 摩擦力為動摩擦力, 407 N. **4.32** 17.9 m/s. **4.33** 2.30 m/s². **4.34** (a) 木塊 1 向上移動, 木塊 2 向下移動. (b) 4.56 m/s2. **4.35** (a) 4.22 m/s². (b) 26.7 m. **4.36** (a) 58.9 N. (b) 76.9 N. **4.37** 2.45 m/s². **4.38** (a) 243 N. (b) 46.4 N. (c) 3.05 m/s. **4.39** 1.40 m/s². **4.40** 6760 N. **4.41** (a) 29.5 N. (b) 0.754. **4.42** 9.16°. **4.43** (a) 1.69 · 10⁻⁵ kg/m. (b) 0.0274 N. **4.44** (a) 18.6 N. (b) $a_1 = 6.07$ m/s²; $a_2 = 2.49$ m/s². **4.45** 1.72 m/s². **4.46** (a) $a_1 = 5.17$ m/s²; $a_2 = 3.43$ m/s². (b) 35.3 N. **4.47** (a) 32.6°. (b) 243 N. **4.48** (a) 3.34 m/s². (b) 6.57 m/s².

多版本練習題
4.49 3.312 N. **4.53** 14.7 N.

第 5 章：動能、功與功率

選擇題
5.1 c. **5.2** a. **5.3** e. **5.4** c. **5.5** b. **5.6** e. **5.7** b.

練習題
5.10 (a) 4.50 · 10³ J. (b) 1.80 · 10² J. (c) 9.00 · 10² J. **5.11** 4.38 · 10⁶ J. **5.12** 12.0 m/s. **5.13** 3.50 · 10³ J. **5.14** 0. **5.15** 7.85 J. **5.16** 5.41 · 10² J. **5.17** 1.25 J. **5.18** $\mu = 0.123$; 否. **5.19** 44 m/s. **5.20** 17.4 J. **5.21** (a) $W = 1.60 \cdot 10^3$ J. (b) $v_f = 56.6$ m/s. **5.22** 2.40 · 10⁴ N/m. **5.23** 17.6 m/s. **5.24** 3.42 m/s. **5.25** 汽車消耗的平均功率為 2.01 · 10⁶ W. **5.26** 31.8 m/s. **5.27** 3.33 · 10⁴ J. **5.28** 9.12 kJ. **5.29** 42.0 kW = 56.3 hp. **5.30** 62.8 hp. **5.31** 44.2 m/s. **5.32** 5.15 m/s. **5.33** 25.0 N. **5.34** 366 kJ. **5.35** $v_f = 23.9$ m/s, 沿 F_1 方向. **5.36** 35.3°. **5.37** 15.8 J. **5.38** 16.1 hp.

多版本練習題
5.39 3.899 kJ. **5.42** 10.72 m.

第 6 章：位能與能量守恆

選擇題
6.1 a. **6.2** e. **6.3** d. **6.4** a. **6.5** c. **6.6** b.

練習題
6.15 29.4 J. **6.16** 0.0869 J. **6.17** 1.93 · 106 J; 對汽車所做的淨功為零. **6.18** 11.6 J. **6.19** (a) $F(y) = 2by - 3ay^2$. (b) $F(y) = -cU_0 \cos(cy)$. **6.20** 9.90 m/s. **6.21** 19.1 m/s. **6.22** (a) 8.72

J. (b) 18.3 m/s. **6.23** (a) 28.0 m/s. (b) 否. (c) 是. **6.24** (a) 1.20 J. (b) 0 J. **6.25** (a) 3.89 J. (b) 2.79 m/s. **6.26** 5.37 m/s. **6.27** 16.9 kJ. **6.28** 39.0 kJ. **6.29** 7.65 J. **6.30** (a) 8.93 m/s. (b) 4.08 m/s. (c) −8.52 J. **6.31** $x = 42$ m, $y = 24$ m. **6.32** (a) 14 m/s. (b) 14 m/s. (c) 0.2 m; 6.6 m. **6.33** $41.0 \cdot 10^4$ J. **6.34** $2.0 \cdot 10^8$ J. **6.35** 521 J. **6.36** 1.63 m. **6.37** 3.77 m/s. **6.38** 8.86 m/s. **6.39** $1.27 \cdot 10^2$ m. **6.40** 2.21 kJ. **6.41** (a) $-1.02 \cdot 10^{-1}$ J (摩擦損失). (b) 138 N/m. **6.42** (a) 12.5 J. (b) 3.13; 9.38 J. (c) 12.5 J. (d) 1/4. (e) 1/4. **6.43** $E = 2.50$ J, $v = 2.24$ m/s, $A = 22.4$ cm. **6.44** (a) $v/(\mu_k g)$. (b) $v^2/(2\mu_k g)$. (c) $mv^2/2$. (d) mv^2. **6.45** (a) 667 J. (b) 667 J. (c) 667 J. (d) 0 J. (e) 0 J.

多版本練習題

6.46 732.0 m. **6.49** 38.70°.

第 7 章：動量與碰撞

選擇題

7.1 b. **7.2** b, d. **7.3** e. **7.4** c. **7.5** c. **7.6** a, b, c. **7.7** a.

練習題

7.13 (a) 1.0. (b) 0.67. **7.14** $p_x = 3.51$ kg m/s, $p_y = 5.61$ kg m/s. **7.15** 30,500 N, 1.02 s. **7.16** (a) 675 N s, 與 v 相反. (b) 675 N s, 與 v 相反. (c) 136 kg m/s, 與 v 相反. (d) 否, 跑鋒將開始用腳向後推. **7.17** 0.0144 m/s; 2.42 m/s; 10.5 m/s; 762 個月. **7.18** (a) $3.15 \cdot 10^9$ m/s. (b) $5.50 \cdot 10^7$ m/s. **7.19** (a) −810. m/s. (b) 43.0 km. **7.20** 4.77 m/s. **7.21** −0.224 m/s. **7.22** 1.26 m/s. **7.23** 21.4 m/s, 高於水平 41.5°. **7.24** −34.5 km/s. **7.25** $v_B = 0.433$ m/s, $v_A = 1.30$ m/s.

7.26 位置-時間：

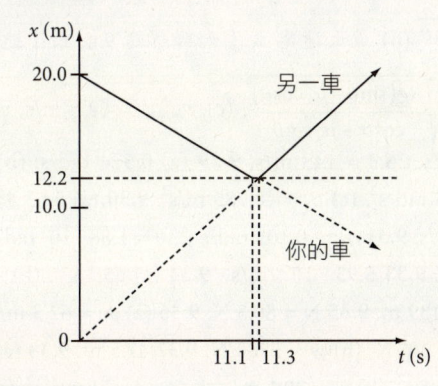

速度-時間：

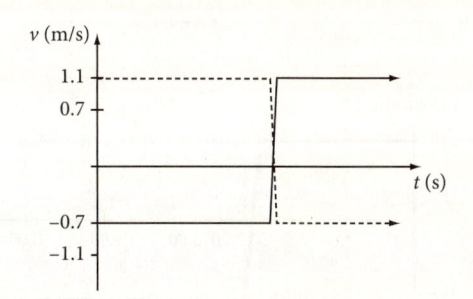

力-時間：

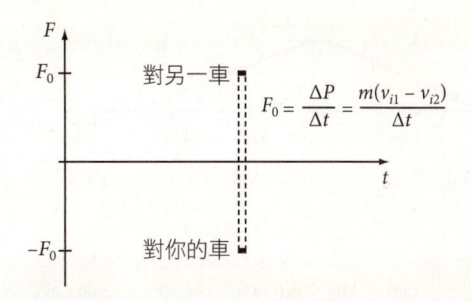

7.27 $3.94 \cdot 10^4$ m/s. **7.28** 0.929 m/s; −23.8°; 非彈性. **7.29** $v_{1f} = 582$ m/s, 沿正 y 軸, 和 $v_{2f} = 416$ m/s, 低於正 x 軸 36.2°. **7.30** 貝蒂: 1.55 kJ; 莎莉: 649 J; 比率 K_f/K_i 不等於 1, 因此碰撞是非彈性的. **7.31** 6.00 m/s. **7.32** 小車: −48.2g; 大車: 16.1g. **7.33** 42.0 m/s. **7.34** 7.00 m/s.

7.35

物體	H (cm)	h_1 (cm)	ϵ
高爾夫球	85.0	62.6	0.858
網球	85.0	43.1	0.712
撞球	85.0	54.9	0.804
手球	85.0	48.1	0.752
木球	85.0	30.9	0.603
鋼球軸承	85.0	30.3	0.597
玻璃珠	85.0	36.8	0.658
橡皮筋球	85.0	58.3	0.828
中空硬塑膠球	85.0	40.2	0.688

7.36 40.7°. **7.37** 是的, 正好多出 1 m. **7.38** $\epsilon = 0.688$, $K_f/K_i = 0.605$. **7.39** (a) 0.633 m/s. (b) 否. **7.40** 1.79 s. **7.41** $2.99 \cdot 10^5$ m/s. **7.42** 0.190 m/s. **7.43** 平均力為 1590 N; 2.94g. **7.44** 30.0 m/s. **7.45** 隊形的動量向量為 0.0865 kg m/s $\hat{x}$ + 3.05 kg m/s $\hat{y}$. 質量 115 g 之鳥的速度為 26.5 m/s, 北偏東 1.63°. **7.46** (a) 第一球和小白球之間的距離為 2.0 m, 而第二球和小白球之間的距離為 1.75 m. (b) 第一球和小白球之間的距離為 0.98 m, 而第二球和小白球之間的距離為 0.76 m. **7.47** 速度為 $17v_i$, 低於水平 14.0°, 其中

v_i 是剛要分裂之前的速率. **7.48** 15.9°.
7.49

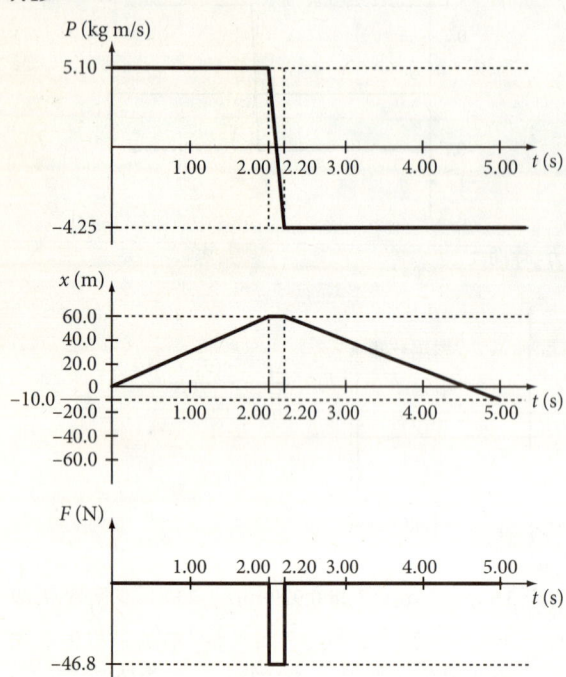

7.50 至少4支鑰匙；鑰匙圈: 0.12 m/s; 手機: 1.33 m/s. **7.51** 22.0 m/s, 初始方向的右側 0.216°. **7.52** 4.78 pN. **7.53** (a) − (14.9 m/s) $\hat{x}$. (b) 最終總力學能 = 初始總力學能 = 14.1 kJ. **7.54** 1.39 m/s. **7.55** 1.16 · 10^{-25} kg; 鍺.

多版本練習題
7.56 1.898 m. **7.59** 49.20°.

第 8 章：多質點系統與延展體
選擇題
8.1 d. **8.2** d. **8.3** e. **8.4** b. **8.5** b. **8.6** a. **8.7** b.

練習題
8.14 (a) 4670. km. (b) 742,200 km. **8.15** (−0.500 m,−2.00 m). **8.16** (a) 2.55$\hat{x}$ m/s. (b) 相對於系統質心, 在碰撞前, $\vec{v}_{卡車}$ = 1.45 m/s $\hat{x}$, 而 $\vec{v}_{汽車}$ = −2.55 m/s $\hat{x}$. 在碰撞後, $\vec{v}_{卡車}$ = −1.45 m/s $\hat{x}$, 而 $\vec{v}_{汽車}$ = 2.55 m/s $\hat{x}$. **8.17** (a) −0.769 m/s (向左). (b) 0.769 m/s (向右). (c) −1.50 m/s (向左). (d) 1.77 m/s (向右). **8.18** 0.00603c. **8.19** (a) v/g. (b) 模型火箭的比衝量 J_{toy} = 81.6 s, 化學火箭的比衝量 J_{chem} = 408 s, J_{toy} = 0.200 J_{chem}. **8.20** 5.52 h. **8.21** (a) 11,100 kg/s. (b) 1.63 · 10^4 m/s. (c) 88.4 m/s². **8.22** (16.9 cm, 17.3 cm). **8.23** (3.33 cm, 5.77 cm). **8.24** 0.286 m. **8.25** 11x_0/9. **8.26** 6.46 · 10^{-11} m. **8.27** 0.1363 ft/s, 遠離大砲射擊的方向. **8.28** (a) 0.866 m/s. (b) 54.5 J. (c) 儲存在山姆手臂肌肉組織中的化學能. **8.29** 9.09 m/s, 水平. **8.30** 4.08 km/s. **8.31** (a) 2.24 m/s². (b) 32.4 m/s². (c) 3380 m/s. **8.32** (12.0 cm, 5.00 cm). **8.33** (6a/(8 + π), (4+3 π)a/(8 + π)) **8.34** (a) (−5.00$\hat{x}$ + 12.0$\hat{y}$) kg m/s. (b) (4.00$\hat{x}$ + 6.00$\hat{y}$) kg m/s. (c) (−9.00$\hat{x}$ + 6.00$\hat{y}$) kg m/s.

多版本練習題
8.35 5.334 · 10^{-7} kg/s. **8.38** 0.3842 m/s.

第 9 章：圓周運動
選擇題
9.1 d. **9.2** b. **9.3** c. **9.4** c. **9.5** a. **9.6** a. **9.7** d. **9.8** d.

練習題
9.16 $\frac{1}{2}\pi$ rad ≈ 1.57 rad. **9.17** (a) α = 0.697 rad/s². (b) θ = 8.72 rad. **9.18** (a) v_A = 266.44277 m/s, v_B = 266.44396 m/s, 沿地球旋轉方向向東. (b) 5.97 · 10^{-5} rad/s. (c) 29.2 h. (d) 在赤道上, A 和 B 處的速度沒有差異, 因此週期為 T_R = ∞. 亦即擺不旋轉. **9.19** α = −6.54 rad/s². **9.20** −188 rad/s². **9.21** (a) ω_3 = 0.209 rad/s. (b) 它們都等於 0.209 m/s. (c) ω_1 = 2.09 rad/s; ω_2 = 0.419 rad/s. (d) α_2 = 2.00 · 10^{-2} rad/s²; α_3 = 1.00 · 10^{-2} rad/s². **9.22** (a) 7.00 rad/s. (b) 2.54 rad/s. (c) −2.47 · 10^{-3} rad/s². **9.23** (a) $\Delta\theta$ = 2.72 rad. (b) 點的位置: −0.456$\hat{x}$+ 0.206$\hat{y}$; v = 8.53 m/s; a_t = 3.20 m/s², a_r = 146 m/s². **9.24** 6 mg. **9.25** $\Delta t = \sqrt{\dfrac{2g}{\mu d \alpha^2}}$. **9.26** 9.40 m/s.

9.27 13.2°. **9.28** (a) 最理想速率為 $v_{無摩擦} = \sqrt{\dfrac{Rg\sin\theta}{\cos\theta}} = \sqrt{Rg\tan\theta}$. (b) 最大速率 v_{max} 如詳解題 9.4; 最小速率為 $v_{min} = \sqrt{\dfrac{Rg(\sin\theta - \mu_s \cos\theta)}{\cos\theta + \mu_s \sin\theta}}$. (c) $v_{無摩擦}$ = 62.6 m/s, v_{max} = 26.3 m/s, 26.3 = 149 m/s. **9.29** (a) 0.524 rad/s. (b) α = −0.0873 rad/s². (c) a_t = −0.785 m/s². **9.30** (a) 54.3 轉. (b) 12.1 rev/s. **9.31** α = −0.105 rad/s²; $\Delta\theta$ = 1.88 · 10^4 rad. **9.32** 4.17 轉. **9.33** 5.93 · 10^{-3} m/s². **9.34** (a) 65.1 s^{-1}. (b) −8.39 s^{-2}. (c) 139 m. **9.35** N = 80.3 N. **9.36** (a) ac = 62.5 m/s²; F_c = 5.00 · 10^3 N. (b) w = 5780 N. **9.37** 47.5 m. **9.38** (a) α = 0.471 rad/s². (b) a_c = 39.1 m/s² 而 α = 0.471 rad/s². (c) a = 39.1 m/s², 在半徑向前的方向 θ = 1.90°.

多版本練習題
9.39 16.40 m/s. **9.42** 15.83 s^{-2}.

部分習題答案

第 10 章：轉動

選擇題
10.1 b. **10.2** b. **10.3** c. **10.4** c. **10.5** b. **10.6** b. **10.7** c. **10.8** c. **10.9** a. **10.10** c.

練習題
10.20 $1.12 \cdot 10^3$ kg m². **10.21** (a) 實心球先到達底部. (b) 在斜面底部冰塊比實心球為快. (c) 4.91 m/s. **10.23** 5.00 m. **10.24** 8.08 m/s². **10.25** (a) 2.17 N m. (b) 52.7 rad/s. (c) 219 J. **10.26** (a) $7.27 \cdot 10^{-2}$ kg m². (b) 2.28 s. **10.27** (a) $t_{投擲}$ = 7.68 s. (b) 5.40 m/s. (c) $t_{投擲}$ = 7.69 s, 5.39 m/s. **10.28** 3.31 rad/s². **10.29** (a) 0.577 m. (b) 0.184 m. **10.30** (a) 6.00 rad/s². (b) 150. N m. (c) 1880 rad. (d) 281 kJ. (e) 281 kJ. **10.31** (a) $9.704 \cdot 10^{37}$ kg m². (b) $3.69 \cdot 10^{24}$ kg m². (c) $1.16 \cdot 10^{18}$ kg m². (d) $1.19 \cdot 10^{-20}$. **10.32** (a) $v = \sqrt{\dfrac{J}{M}}$, $\omega = \sqrt{\dfrac{5J(h-R)}{2MR^2}}$. (b) $h_0 = \dfrac{7}{5}R$. **10.33** (a) 0.150 rad/s. (b) 0.900 m/s **10.67** 0.195 rad/s. **10.34** $E = 1.01 \cdot 10^7$ J, τ = 17,300 N m. **10.35** (a) $1.95 \cdot 10^{-46}$ kg m². (b) $2.06 \cdot 10^{-21}$ J. **10.36** 0.487 rad/s. **10.37** 11.0 m/s. **10.38** 0.344 kg m². **10.39** $3.80 \cdot 10^4$ s. **10.40** (a) 259 kg. (b) –15.2 N m. (c) 3.62 轉. **10.41** c = 0.443.

多版本練習題
10.42 345 kJ. **10.45** 4.10 m/s².

第 11 章：靜力平衡

選擇題
11.1 c. **11.2** b. **11.3** c. **11.4** a. **11.5** d. **11.6** c.

練習題
11.14 右側繩索的張力為 600. N, 作用點距離箱子左端 (2/3)L. **11.15** 各為 368 N. **11.16** 42.1 N, 順時鐘方向. **11.17** (a) $6m_1 g$. (b) 7/5. **11.18** 287 N; 939 N. **11.19** 離磚最遠一端的力為 743 N, 離磚最近一端的力為 1160 N. 兩個力都向上. **11.20** 777 N, 向下. **11.21** (a) $T = mg\ell/\sqrt{L^2 - \ell^2}$. (b) $F = Tmg\ell/\sqrt{L^2 - \ell^2}$. (c) $N = mg$. **11.22** 88.4 N. **11.23** 每個鉸鏈為 28.6 N. **11.24** T = 2380 N; F_y = 7950 N; F_x = 1190 N. **11.25** m = 25.5 kg. **11.26** 0.25. **11.27** 32.0°. **11.28** (a) 右支撐施加 133 N (29.9 lb) 的向上力, 左支撐施加 267 N (60.0 lb) 的向上力. (b) 距離木板左邊緣 2.14 m (7.02 ft). **11.29** (a) 0.206 m. (b) 0.0880 m. **11.30** d = 3.15 m. **11.31** 不穩定: x = 0; 穩定: x = ±b. **11.32** x = 5L/8. **11.33** 離木板中心 x_m = 2.54 m. **11.34** 27.0°. **11.35** 離女孩 2.74 m. **11.36** M_1 = 0.689 kg. **11.37** (a) $T_{繩子}$ = 196 N; $T_{鋼索}$ = 331 N. (b) F_x = 331 N, F_y = 687 N. **11.38** m_1 = 0.0300 kg, m_2 = 0.0300 kg, m_3 = 0.0960 kg. **11.39** 右鏈中為 99.6 N, 左鏈中為 135 N. **11.40** (a) 60.5 N. (b) 低於水平 13.4°.

多版本練習題
11.41 640.2 N. **11.44** 29.95°.

第 12 章：固體與流體

選擇題
12.1 a. **12.2** d. **12.3** $F_2 = F_3 > F_1$. **12.4** d. **12.5** e. **12.6** b. **12.7** a. **12.8** a.

練習題
12.14 $1.3 \cdot 10^{22}$. **12.15** 0.08 mm. **12.16** 0.318 cm. **12.17** 密度: $10.6 \cdot 10^3$ kg/m³; 壓力: $1.10 \cdot 10^8$ Pa; 是的, 將海水密度當作常數是一個很好的近似. **12.18** 290. mm. **12.19** (a) 20.8 cm. (b) 21.7 cm. (c) 24.4 cm. **12.20** 6210 m. **12.21** 1.13 m. **12.22** 9 便士. **12.23** (a) 9320 N. (b) 491 N. (c) 49.1 N. **12.24** $1.17 \cdot 10^{-5}$ m³. **12.25** (a) 49.2 N. (b) 5.02 kg. (c) 0.820 m/s². **12.26** (a) $1.089 \cdot 10^6$ N. (b) $9.249 \cdot 10^5$, 即比使用氫氣增加了 18.82 %. **12.27** $9.81 \cdot 10^5$ N/m². **12.28** (a) 2.00 m³/s. (b) 3750 m/s². (c) $3.38 \cdot 10^4$ m/s². **12.29** 水離開閥的速率為 4.5 m/s, 水滴到達閥之高度時的速率為 4.4 m/s. **12.30** (a) $v2$ = 20.5 m/s. (b) $p2$ = 95.0 kPa. (c) h = 0.614 m. **12.31** $2.15 \cdot 10^{-7}$ m³. **13.32** 32,700 N. **12.33** (a) 10. N. (b) 是, 因為海水密度更大. **12.34** 12.5 m/s. **12.35** (a) 0.683 g/cm³. (b) 0.853 g/cm³. **12.36** 1.32 MPa. **12.37** (a) 250. m/s. (b) 14.6 kPa. (c) 585 kN. **12.38** 14.08 m/s. **12.39** 0.39. **12.40** (a) 2.55 m/s. (b) 176 kPa.

多版本練習題
12.41 52.12 kN. **12.44** 0.008697.

第 13 章：振動

選擇題
13.1 c. **13.2** b. **13.3** b. **13.4** a. **13.5** a. **13.6** b. **13.7** c.

練習題
13.12 125 N/m. **13.13** 20. Hz. **13.14** (a) k = 19.5 N/m. (b)

1.41 Hz. **13.16** $A = 2.35$ cm. **13.17** (a) $T = 2.01$ s. (b) $T = 1.82$ s. (c) $T = 2.26$ s. (d) 沒有週期，或 $T = \infty$. **13.18** $T = 1.10$ s. **13.19** (a) $x = 0$ (b) $x = L/\sqrt{12}$. **13.20** (a) $I = \frac{43}{30}ML^2$. (b) $T = 2\pi\sqrt{\frac{43L}{45g}}$. (c) 1.0 m. **13.21** (a) $x(0) = 1.00$ m; $v(0) = 2.72$ m/s; $a(0) = -2.47$ m/s². (b) $K(t) = (2.5)\pi^2\cos^2\left(\frac{\pi}{2}t + \frac{\pi}{6}\right)$. (c) $t = 1.67$ s. **13.22** (a) 4.04 J. (b) 1.95 m/s. **13.23** (a) $x_{max} = 2.82$ m. (b) $t = 0.677$ s. **13.24** (a) $r_0 = \left(\frac{2A}{B}\right)^{1/6}$. (b) $\omega = \frac{3}{\sqrt{m}}\left(\frac{4B^7}{A^4}\right)^{1/6}$. **13.25** 10.0 s. **13.26** 1.82 s. **13.27** (a) $k = 126$ N/m. (b) $v_{max} = 12.6$ m/s. (c) $t_f = 34.3$ s. **13.28** (a) 0.154 m. (b) 0.992 m. (c) 0.0385 m. **13.29** 在頻率 $f_{d,max} = 2.99$ s⁻¹ 時，物體的振幅 0.430 m 為最大。在頻率 $f_{d,half} = 2.37$ s⁻¹ 時，物體的振幅為最大值之一半。**13.30** $x = \frac{x_{max}}{\sqrt{2}}$. **13.31** (a) $x(t) = (1.00$ m$)\sin[(1.00$ rad/s$)t]$. (b) $x(t) = (1.12$ m$)\sin[(1.00$ rad/s$)t + 0.464$ rad$]$. **13.32** 520 N/m. **13.33** 8.77 m/s². **13.34** $n = 559.6$; $t = 1124$ s. **13.35** $f = 2.23$ Hz. **13.36** (a) $T = 2\int_{-A}^{A}\left[\frac{c}{2m}(A^4 - x^4)\right]^{-1/2}dx$. (b) 週期與 A 成反比. (c) $T = 2\sqrt{\frac{\alpha m}{2\gamma}}A^{\left(1-\frac{\alpha}{2}\right)}\int_{-1}^{1}(1-y^\alpha)^{-1/2}dy$. 週期與 $A^{(1-\alpha/2)}$ 成正比。

多版本練習題
13.37 7.949 cm. **13.40** 0.7583 m/s.

第 14 章：波

選擇題
14.1 a. **14.2** c. **14.3** d. **14.4** a. **14.5** c.

練習題
14.12 在空氣中聽覺的時間分辨率最長可為 $t_{max} = 0.20$ m/(343 m/s) $= 5.83 \cdot 10^{-4}$ s. 在水中的時間分辨率為 $t_{max} = 0.20$ m/(1500 m/s) $= 1.33 \cdot 10^{-4}$ s. 一個人只能分辨 $5.83 \cdot 10^{-4}$ s 的時差，因此潛水員將無法區分 $1.33 \cdot 10^{-4}$ s 的時差。**14.13** (a) 0.00200 m. (b) 6.37 個全波. (c) 127 個完整週期. (d) 0.157 m. (e) 20.0 m/s. **14.14** $y(x,t) = (8.91$ mm$)\sin(10.5$ m⁻¹$x - 100.\pi$ rad $t + 2.68$ s⁻¹$)$. **14.15** (a) 52.4 m⁻¹. (b) 0.100 s. (c) 62.8 s⁻¹. (d) 1.20 m/s. (e) $\pi/6$. (f) $y(x,t) = 0.100 \sin(52.4x - 62.8t \pm \pi/6)$. **14.16** 長 2.28 倍。
14.17 空氣中的聲音比鋼絲傳來的聲音早 0.255 s 到達愛麗絲。**14.18** (b) $v = 5$ m/s.

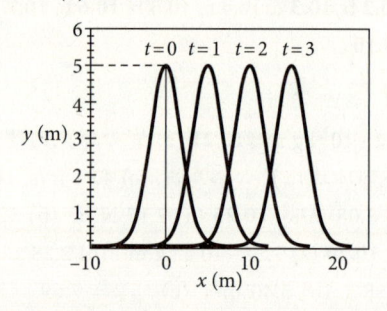

14.19 280 km. **14.20** 360. W. **14.21** (a) 419 Hz. (b) 1.03 m/s², 向上。**14.22** (a) 173 m/s. (b) 2.00 m, 86.6 Hz. **14.23** 720 N. **14.24** $f(x,t) = (1.00$ cm$)\sin((20.0$ m⁻¹$)x + (150.$ s⁻¹$)t)$, $g(x,t) = (1.00$ cm$) \sin ((20.0$ m⁻¹$)x - (150.$ s⁻¹$)t)$; 7.50 m/s.

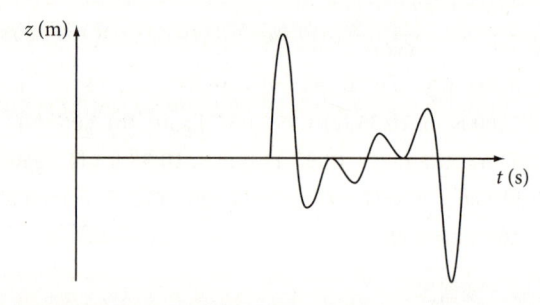

$z(t)$ 與波源在游泳池邊緣處的位置無關。**14.27** (a) 69.2 Hz. (b) 54.7 Hz. **14.28** (a) 80.0 ms. (b) 7.85 m/s. (c) 617 m/s². **14.29** 136 m/s. **14.30** 0.0627. **14.31** $f_2 = f_1$; $v_2 = v_1/\sqrt{3}$; $\lambda_2 = \lambda_1/\sqrt{3}$. **14.32** (a) 1.26 m, 1.27 Hz. (b) 1.60 m/s. (c) 0.256 N. **14.33** $v = 419.$ m/s; $v_{max} = 3.29$ m/s. **15.69** (a)

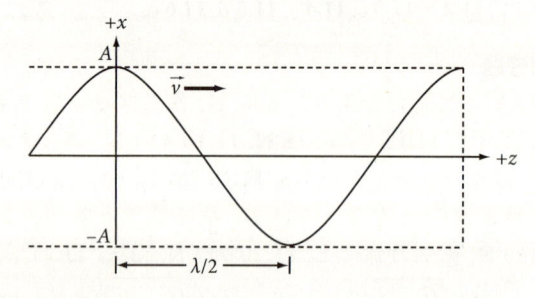

(b) 100. m/s. (c) 31.4 rad/m. (d) 300. N. (e) $D(z,t) = (0.0300$ m$) \cos ((10.0\pi$ rad/m$)x - (1000.\pi$ rad/s$)t)$.

多版本練習題
14.35 184.1 Hz. **14.38** 43.50 Hz.

第 15 章：聲音

選擇題

15.1 b. **15.2** c. **15.3** c. **15.4** a. **15.5** b. **15.6** b. **15.7** a.

練習題

15.13 172 m. **15.14** (a) 343 m/s. (b) 20 °C. **15.15** $1.0 \cdot 10^{20}$ N/m²; 此值比實際值大 9 個數量級. 光波是電磁振盪, 它的傳輸不需依靠玻璃分子的運動, 或假想的以太. **15.16** 6.32 Pa. **15.17** $6.19 \cdot 10^{-8}$ W/m². **15.18** 2810 m. **15.19** 0.350 m. **15.20** 5.00 m. **15.21** (a) 0.339 W/m². (b) 115 dB. (c) 0.0462 m. **15.22** (a) 2.23°. (b) 10.2°. **15.23** (a) 32.6 m/s. (b) 1292 Hz. **15.24** (a) 50.3°. (b) 1.69 km. **15.25** (a) 220. Hz. (b) 0.780 m. **15.26** 8.19 cm. **15.27** 3.5 kHz. **15.28** 425 Hz. **15.29** 2.26 s.

15.30

音	頻率 (Hz)	長度 (m)
G4	392	0.438
A4	440	0.390
B4	494	0.347
F5	698	0.246
C6	1047	0.164

15.31 80.0 dB. **15.32** 6.00 m/s. **15.33** 36.1 Hz. **15.34** 109 Hz. **15.35** (a) 在楊氏模量的情況下, $\delta p(x,t) = Y \dfrac{\partial}{\partial x} \delta x(x,t)$. 在體積模量的情況下, $\delta p(x,t) = B \dfrac{\partial}{\partial x} \delta x(x,t)$. (b) $\delta p(x,t) = Y \dfrac{\partial}{\partial x} \delta x(x,t) = Y \dfrac{\partial}{\partial x} A\cos(\kappa x - \omega t) = -Y\kappa A\sin(\kappa x - \omega t)$, $\delta p(x,t) = -B \dfrac{\partial}{\partial x} A\cos(\kappa x - \omega t) = -B\kappa A\sin(\kappa x - \omega t)$; 在楊氏模量情況下的壓力振幅為 $\delta p_{max} = -Y\kappa A$, 而在體積模量情況下為 $\delta p_{max} = -B\kappa A$.

多版本練習題

15.36 14.3 m/s. **15.39** 8726 m/s.

第 16 章：溫度

選擇題

16.1 a. **16.2** c. **16.3** d. **16.4** a. **16.5** c. **16.6** b. **16.7** e.

練習題

16.14 −21.8 °C. **16.15** −89.4 °C. **16.16** (a) 190 K. (b) −110 °F. **16.17** 574.59 °F = 574.59 K. **16.18** 7776 kg/m³. **16.19** 550 °C. **16.20** 4.1 mm. **16.21** 116 °C. **16.22** 3.03 m. **16.23** 24 h 37 s. **16.24** 180 °C. **16.25** L = 0.16 m. **16.26** 0.252 cm. **16.27** 46.1 μm 向下.

17.55 (a) $\beta(T) = \dfrac{-4.52 \cdot 10^{-5} + 11.36 \cdot 10^{-6} T}{1.00016 - 4.52 \cdot 10^{-5} T + 5.68 \cdot 10^{-6} T^2}$.

(b) β (T = 20.0 °C) = $1.82 \cdot 10^{-4}$/°C. **16.29** 330 cm³. **16.30** 0.189 L. **16.31** 10. mm. **16.32** 1.45 mm. **16.33** 6.8 mm. **16.34** 10.1 °C. **16.35** 0.30 %. **16.36** 136 N. **16.37** $\beta = 6.00 \cdot 10^{-6}$/°C. **17.38** (a) 48.6 Hz. (b) 46.8 Hz. (c) 48.6 Hz.

多版本練習題

16.39 275.8 °C. **16.42** 短了 0.3067 m.

第 17 章：熱與熱力學第一定律

選擇題

17.1 d. **17.2** b. **17.3** c. **17.4** b. **17.5** f. **17.6** a. **17.** b.

練習題

17.14 (a) $9.8 \cdot 10^4$ J. (b) 如果身體將食物能量的 100 % 轉化為力學能, 則所需的甜甜圈為 0.094 個. 身體通常只轉換所消耗能量的 30 %. 這相當於必須消化 0.31 個甜甜圈. **17.15** 40 J. **17.16** 最高: 鉛, 22.684 °C; 最低: 水, 22.239 °C. **17.17** 10.4 °C. **17.18** 兩者都等於 25.8 kJ. **17.19** 130. J/(kg K); 磚是由鉛製成的. **17.20** 32.9 °C. **17.21** 334 g. **17.22** $2.00 \cdot 10^4$ s; 2090 s. **17.23** (a) 沒有水汽化. (b) 鋁將完全凝固. (c) 44.6 °C. (d) 否, 若沒有液相鋁的比熱, 這是不可能的. **17.24** 291 g. **17.25** 384 W/(m K); 銅. **17.26** 5780 K. **17.27** 85.7 s. **17.28** 1.8 kW. **17.29** (a) 592 W/m². (b) 226 K. **17.30** (a) $f = (5.88 \cdot 10^{10}$ Hz/K)T. (b) $3.53 \cdot 10^{14}$ Hz. (c) $1.61 \cdot 10^{11}$ Hz. (d) $1.76 \cdot 10^{13}$ Hz. **17.31** 5.2 K. **17.32** $2.00 \cdot 10^{-2}$ W/(m K). **17.33** $6.0 \cdot 10^2$ W/m². **17.34** (a) 7.07 °C. (b) 0.00 °C. **7.35** 3690:1.

多版本練習題

17.77 215 yr.

第 18 章：理想氣體

選擇題

18.1 a. **18.2** c. **18.3** a. **18.4** b. **18.5** d. **18.6** e. **18.7** b.

練習題

18.15 342 kPa. **18.16** (a) 259 kPa. (b) 8.84 %. **18.17** 374 K. **18.18** 354 m/s. **18.19** 416 kPa. **18.20** 699 L. **18.21** 200. kPa. **18.22** 2.16 cm. **18.23** (a) $3.77 \cdot 10^{-17}$ Pa. (b) 260. m/s. (c)

普通物理

261 km. **18.24** ^{235}UF$_6$ 的均方根速度為 ^{238}UF$_6$ 的 1.0043 倍. **18.25** 27.9 kPa. **18.26** (a) He: $6.69 \cdot 10^{-21}$ J; N: $1.12 \cdot 10^{-20}$ J. (b) He: 定容: 12.5 J/(mol K); 定壓: 20.8 J/(mol K); N: 定容: 20.8 J/(mol K); N: 定壓: 29.1 J/(mol K). (c) γ_{He} = 5/3; γ_N = 7/5. **18.27** 41.6 J. **18.28** 92.3 J. **18.29** (a) $4.72 \cdot 10^4$ kPa. (b) 189 K. **18.30** 37.6 atm; 826 K.

19.63 (a) $\rho(h) = \rho_0 \left(1 - \frac{\gamma-1}{\gamma} \cdot \frac{Mgh}{RT_0}\right)^{\frac{1}{\gamma-1}}$;

$p(h) = p_0 \left(1 - \frac{\gamma-1}{\gamma} \cdot \frac{Mgh}{RT_0}\right)^{\frac{\gamma}{\gamma-1}}$; $T(h) = T_0 - \frac{\gamma-1}{\gamma} \cdot \frac{Mgh}{R}$.

(b) 海平面氣壓的 50 %: 5.39 km, 241 K; 海平面密度的 50 %: 7.27 km, 222 K. (c) 5.95 km, 293 K. **18.32** (a) 469 m/s. (b) 1750 m/s. **19.67** $4\pi \left[\frac{m}{2\pi k_B T}\right]^{3/2} \int_{v_S}^{\infty} v^2 e^{-\frac{mv^2}{2k_B T}} dv$; 均方根速率: 699 m/s; 平均速率: 644 m/s. **18.34** 83.1 J. **18.35** (a) $8.39 \cdot 10^{23}$ 個氦原子 (b) $6.07 \cdot 10^{-21}$ J. (c) 1350 m/s. **18.36** (a) $3.22 \cdot 10^5$ Pa. (b) 605 cm^2. **18.37** 2.02 g/mol, 可能是氫氣. **18.38** (a) 17.0 kJ. (b) 1.53 kPa. **18.39** $2.07 \cdot 10^{-21}$ J; 能量僅取決於溫度, 與氣體的種類無關. **18.40** 0.560 L.

多版本練習題
18.41 62.47 J.

第 19 章：熱力學第二定律

選擇題
19.1 d. **19.2** a. **19.3** c. **19.4** d. **19.5** a. **19.6** a. **19.7** c.

練習題
19.14 Δt = 96.5 s.
19.15 (a)

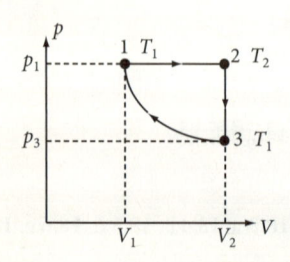

(b) W_{12} = −90.0 J, Q_{12} = −225 J, W_{23} = 0 J, Q_{23} = 135 J, W_{31} = 49.4 J, Q_{31} = 49.4 J. (c) ϵ = 0.180. **19.16** (a) 0.7000. (b) 1430 J. (c) Q_L = 430. J. **19.17** 2.12 %. **19.18** 效率: 0.33; $T_2 : T_1$ = 2 : 3. **19.19** 48.0 cal. **19.20** r = 1.75. **19.21** (a) p_1 = 101 kPa, $V_1 = 1.20 \cdot 10^{-3}$ m^3; T_1 = 586 K, p_2 = 507 kPa, $V_2 = 1.20 \cdot 10^{-3}$ m^3; T_2 = 2930 K, p_3 = 101 kPa, $V_3 = 6.00 \cdot 10^{-3}$ m^3; T_3 = 2930 K. (b) ϵ = 0.288. (c) ϵ_{max} = 0.800. **19.22** (a) ΔS_H = −12.1 J/K, ΔS_L = 85.0 J/K. (b) $\Delta S_{棒}$ = 0 J/K (熵沒有變化). (c) $\Delta S_{系統}$ = 72.9 J/K. **19.23** (a) ϵ = 0.250. (b) 0. **19.24** k_B ln2. **19.25** $S_{5上}$ = 0 (精確值); $S_{3上}$ = $3.18 \cdot 10^{-23}$ J/K. **19.26** $-5.94 \cdot 10^{14}$ W/K. **19.27** 0.95. **19.28** 91: 57.5 %, 93: 58.5 %, 95: 59.9 %, 97: 61.0 %, 增加的百分率 = (60.96 % − 57.5 %)/57.52 % = 6.0 %. **19.29** ΔS = 0.0386 J/K. **19.30** 對於兩個骰子, 熵變為 2 倍, 而對於三個骰子, 熵變為 3 倍. **19.31** 77.2 K. **19.32** (a) ϵ_{max} = 0.471. (b) ϵ = 0.333. (c) T_f = 31.4 °C. **19.33** $\Delta S_{絕熱}$ = 0 (精確值), $\Delta S_{定壓}$ = −6.32 J/K, $\Delta S_{定溫}$ = 6.32 J/K. **19.34** ϵ = 0.253.

多版本練習題
19.35 $5.399. **19.38** 0.4356.

第 20 章：靜電學

選擇題
20.1 b. **20.2** b. **20.3** b. **20.4** a. **20.5** c. **20.6** a. **20.7** a.

練習題
20.16 96,470 C. **20.17** $3.12 \cdot 10^{17}$ 個電子. **20.18** 31.75 C. **20.19** (a) $5.00 \cdot 10^{16}$ 個傳導電子/cm^3. (b) 銅樣品每有一個傳導電子, 摻雜矽樣品對應的就有 $5.88 \cdot 10^{-7}$ 個傳導電子. **20.20** $1.05 \cdot 10^{-5}$ C; 力為吸引力. **20.21** $-2.9 \cdot 10^{-9}$ N. **20.22** $q = 2.02 \cdot 10^{-5}$ C. **20.23** 3.1 N. **21.24** (a) 0. (b) $\pm a/\sqrt{2}$. **20.25** $\vec{F}_{net,2}$ = $(-1.22 \cdot 10^8$ N$)\hat{x} + (7.25 \cdot 10^7$ N$)\hat{y}$; $|\vec{F}_{net,2}|$ = $1.42 \cdot 10^8$ N. **20.26** 不會; T = −0.582 N. **20.28** $-3.66 \cdot 10^{-17}$ C = $-288e$. **20.29** $5.71 \cdot 10^{12}$ C. **20.30** n = 1: $F_1 = 8.24 \cdot 10^{-8}$ N; $F_{g,1} = 3.63 \cdot 10^{-47}$ N n = 2: $F_2 = 5.15 \cdot 10^{-9}$ N; $F_{g,2} = 2.27 \cdot 10^{-48}$ N n = 3: $F_3 = 1.02 \cdot 10^{-9}$ N; $F_{g,3} = 4.49 \cdot 10^{-49}$ N n = 4: $F_4 = 3.22 \cdot 10^{-10}$ N; $F_{g,4} = 1.42 \cdot 10^{-49}$ N. **20.31** −4.80 N$\hat{y}$. **20.32** (a) 68.2 N. (b) $4.08 \cdot 10^{28}$ m/s^2. **20.33** 114 N. **20.34** −65 μC. **20.35** $1.65 \cdot 10^{-7}$ e; $9.39 \cdot 10^{-19}$ kg. **20.36** 0.169 μC. **20.37** m_2 = 50.4 g. **20.38** q = 0.105 μC. **20.39** −24.1 cm. **20.40** 3.04 nC.

多版本練習題
20.41 1.211 m.

786

第 21 章：電場與高斯定律

選擇題

21.1 e. **21.2** a. **21.3** d. **21.4** c. **21.5** a. **21.6** a.

練習題

21.13 575 N/C. **21.14** 從正 x 軸逆時鐘方向旋轉 192.5°. **21.15** 4.44 m. **21.16** $E = -kp/[(d/2)^2 + x^2]^{3/2}$. 當 $x \gg d$ 時，電場的量值約化成為 $E = -kp/x^3$. **21.17** (3.71 m/s)$\hat{x}$ +(2.43 m/s)$\hat{y}$. **21.18** $\vec{E} = (-Q/\pi^2\epsilon_0 R^2)\hat{y}$. **21.19**
$$\vec{E}(d) = \left(\frac{kQ}{d\sqrt{d^2+L^2}}\right)\hat{x} - \left(\frac{kQ}{dL} - \frac{kQ}{L\sqrt{d^2+L^2}}\right)\hat{y}.$$ **21.20** 683 N/C. **21.21** $3.46 \cdot 10^{-15}$ N m. **21.22** 0.189 m. **21.23** (a) $v = [2h(g - QE/M)]^{1/2}$. (b) 若 $(g - QE/M) < 0$, 則速率值不為實數，物體不會下落. **21.24** (a) 0.0141 N/C. (b) $1.35 \cdot 10^6$ m/s². (c) 指向導線. **21.25** $-1.12 \cdot 10^{-8}$ C. **21.26** 60.0 N/C 指入立方體表面. **21.27** 因半徑從未達到 R，包圍在內的電荷為恆定，電場不變. **21.28** (a) −54.0 N/C. (b) 0 N/C. (c) 0.360 N/C. (d) $4.97 \cdot 10^{-12}$ C/m². **21.29** $-6.77 \cdot 10^5$ C. **21.30** 電子在兩板之間所受之力的量值為 $1.81 \cdot 10^{-14}$ N，從負極板朝向正極板。電子在板的外側表面附近所受之力為零. **21.31** $Q = (4/5)\pi AR^5$. **21.32** (a) $4.52 \cdot 10^8$ N/C. (b) $1.95 \cdot 10^8$ N/C. (c) 0, 因為它是在導體球殼中. (d) $-1.59 \cdot 10^7$ N/C. **21.33** (a) $1.13 \cdot 10^5$ N/C, 沿正 x 方向. (b) $4.52 \cdot 10^5$ N/C, 沿正 x 方向. **21.34** (a) $\vec{E} = (Qr/4\pi a^3\epsilon_0)\hat{r}$. (b) $\vec{E} = (Q/4\pi\epsilon_0 r^2)\hat{r}$. (c)

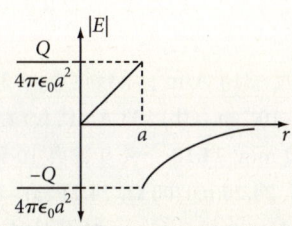

在 $r = a$ 處的不連續性是由於金的面電荷密度引起的。金層上的電荷使總電荷陡增成為尖峰，以致電場不連續. **21.35** $E_x = 1.83 \cdot 10^5$ N/C, $E_y = 1.34 \cdot 10^5$ N/C. **21.36** 0. **21.37** 145 N/C, 指離 y 軸. **21.38** (a) −5.00 μC. (b) 0. **21.39** $2.64 \cdot 10^{13}$ m/s². **21.40** $4.31 \cdot 10^{-5}$ C/m. **21.41** $3.10 \cdot 10^{10}$ 個電子. **21.42** $7.13 \cdot 10^4$ N/C.

21.43 (a)

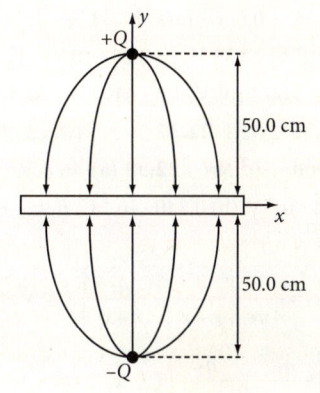

(b) $8.99 \cdot 10^{-3}$ N, 向下. (c) $E_\text{總} = \frac{1}{2\pi\epsilon_0}\frac{Qa}{(a^2+\rho^2)^{3/2}}$.
(d) $\sigma(\rho) = E\epsilon_0 = \frac{1}{2\pi}\frac{Qa}{(a^2+\rho^2)^{3/2}}$.
(e) 感應的總電荷與電荷的量值相同.

多版本練習題

21.44 $7.189 \cdot 10^6$ m/s².

第 22 章：電位

選擇題

22.1 a. **22.2** c. **22.3** a. **22.4** a. **22.5** a. **22.6** c. **22.7** a.

練習題

22.13 0.734 m. **22.14** $3.84 \cdot 10^{-17}$ J. **22.15** $3.10 \cdot 10^5$ m/s. **22.16** (a) 否. (b) 7.93 cm. (c) 247 km/s. **22.17** (a) 18.0 kV. (b) −71.9 kV. **22.18** 1.12 MV. **22.19** 847 V. **22.20** (a) 7.19 kV. (b) 10.8 kV. **23.21** 481 V. **22.22** (a) $x_\text{max} = 1$. (b) $E_0(2e^{-1} - 1)$. **22.23** 70.2 V/m. **22.24** 11.2 m/s². **22.25** (a) $10x$ V/m². (b) $3.83 \cdot 10^9$ m/s². (c) $2.84 \cdot 10^5$ m/s. **22.26** $\vec{E}(\vec{r}) = \frac{kq}{r^3}(x\hat{x} + y\hat{y} + z\hat{z})$. **22.27** (a) $\vec{E}(\vec{r}) = \frac{2V_0\vec{r}}{a^2}e^{-r^2/a^2}$.
(b) $\rho(\vec{r}) = \frac{2\epsilon_0 V_0}{a^2}\left[1 - 2\left(\frac{r^2}{a^2}\right)\right]e^{-r^2/a^2}$. (c) 0.
(d)

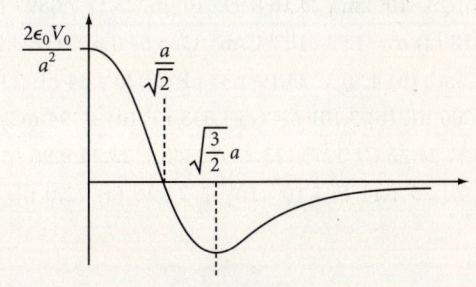

22.28 $2.31 \cdot 10^{-13}$ J = 1.44 MeV. **22.29** 144 keV. **22.30** v_1 = 0.105 m/s, v_2 = 0.0658 m/s. **22.31** 電場: 0; 電位: 12 V. **22.32** $1.98 \cdot 10^5$ V. **22.33** V_A = 2.28 · 105 V; $V_B = V_C$ = 3.05 · 10^5 V. **22.34** $5.00 \cdot 10^5$ V; $1.39 \cdot 10^{-5}$ C. **22.35** (a) 4:1. (b) 33.3 μC. **22.36** 2.02 J. **22.37** 第一個球: $3.00 \cdot 10^3$ N/C; 第二個球: $6.00 \cdot 10^3$ N/C. **22.38** (a) 46.8 V. (σ) 7.29 cm. **22.39** (a) $9.44 \cdot 10^4$ V. (b) $0.840 \cdot 10^{-6}$ C, $E_1 = 1.89 \cdot 10^5$ V/m, $E_2 = 7.55 \cdot 10^5$ V/m.

22.40 (a) $V(x) = \dfrac{1}{4\pi\epsilon_0}\left(\dfrac{q_1}{x-x_1} + \dfrac{q_2}{x-x_2}\right)$ (當 $x > x_1, x_2$)

$V(x) = \dfrac{1}{4\pi\epsilon_0}\left(\dfrac{q_1}{x_1-x} + \dfrac{q_2}{x-x_2}\right)$ (當 $x_1 < x < x_2$)

$V(x) = \dfrac{1}{4\pi\epsilon_0}\left(\dfrac{q_1}{x_1-x} + \dfrac{q_2}{x_2-x}\right)$ (當 $x < x_1, x_2$).

(b) x = 11.0 m, x = −0.250 m.

(c) $E = \dfrac{1}{4\pi\epsilon_0}\left[\dfrac{q_1}{(x-x_1)^2} + \dfrac{q_2}{(x-x_2)^2}\right]$ (當 $x > x_1, x_2$)

$E = \dfrac{1}{4\pi\epsilon_0}\left[-\dfrac{q_1}{(x_1-x)^2} + \dfrac{q_2}{(x-x_2)^2}\right]$ (當 $x_1 < x < x_2$)

$E = \dfrac{1}{4\pi\epsilon_0}\left[-\dfrac{q_1}{(x_1-x)^2} - \dfrac{q_2}{(x_2-x)^2}\right]$ (當 $x < x_1, x_2$).

22.41 (a) $V = \dfrac{q}{4\pi\epsilon_0}\left(\dfrac{1}{R}\right)$. (b) $V = \dfrac{q}{4\pi\epsilon_0}\left(\dfrac{1}{R}\right)$.

多版本練習題

22.42 $6.571 \cdot 10^{-7}$ C.

第 23 章：電容器

選擇題

23.1 b. **23.2** c. **23.3** c. **23.4** d. **23.5** a. **23.6** b. **23.7** b.

練習題

23.15 $1.13 \cdot 10^2$ km^2. **23.16** $8.99 \cdot 10^9$ m. **23.17** $7.089 \cdot 10^{-4}$ F. **23.18** (a) $\sigma = 1.59 \cdot 10^{-8}$ C/m^2, C' = 64.0 pF, σ' = 3.19 · 10^{-8} C/m^2. (b) 4.50 V. **23.19** 1.33 pF. **23.20** 4.34 nF. **23.21** (a) 2.700 nF. (b) 3.101 nF. (c) 1.533 nF. (d) 17.94 nC. (e) 2.330 V. **23.22** C1/1275. **23.23** 0.0360 J. **23.24** $9.96 \cdot 10^{-6}$ J/m^3. **23.25** 1.11 F; $7.10 \cdot 10^{13}$ J. **23.26** (a) 72.0 nJ. (b) 36.0 nJ. (c) 9.00 nJ. (d) 損失 18.0 nJ; 能量經由熱轉移損失. **23.27** $3.89 \cdot 10^4$. **23.28** $2.2 \cdot 10^{-5}$ C/m^2. **23.29** 70.8 pF.

23.30 $q = \dfrac{\pi\epsilon_0 L(\kappa+1)V}{2\ln(r_2/r_1)}$; $\dfrac{\kappa+1}{2}$. **23.31** (a) 12.6 kV/m. (b) 6.00 nC. (c) 4.89 nC. **23.33** 55 nC. **23.34** 210 %. **23.35** 1.50 km. **23.37** V_A = 0.300 V. **23.37** $4.03 \cdot 10^{-13}$ F. **23.38** 0.792 nF. **23.39** (a) 5.40. (b) 0.130 μC. (c) 542. kV/m. (d) 542. kV/m. **23.40** $1.42 \cdot 10^{-8}$ N, 沿尼龍片運動的方向. **23.41** (a) C_0 = 35.4 pF, $U_0 = 9.96 \cdot 10^{-8}$ J. (b) C' = 92.1 pF, V' = 28.9 V, $U' = 3.83 \cdot 10^{-8}$ J. (c) 否. **23.42** (a) 0.744 nC. (b) 35.7 nJ. (c) $1.20 \cdot 10^5$ V/m. **23.43** 45.0 μC.

23.44 (b)

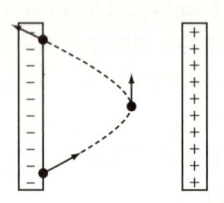

(c) $V = mv_i^2 \sin^2\theta/(2q)$. (d) $v_i = 2.00 \cdot 10^5$ m/s.

多版本練習題

23.45 7094.

第 24 章：電流與電阻

選擇題

24.1 d. **24.2** c. **24.3** c. **24.4** c. **24.5** c. **24.6** c. **24.7** d.

練習題

24.15 電流密度: 318 A/m^2; 漂移速率: $3.30 \cdot 10^{-8}$ m/s. **24.16** (a) $5.85 \cdot 10^{28}$ m^{-3}. (b) 133 A/m^2. (c) $1.42 \cdot 10^{-8}$ m/s. **24.17** R_B = 1.12 mm. **24.18** 介於 9 號與 10 號的線. **24.19** 3, 與材料無關. **24.20** 0.0200 Ω. **24.21** (a) −84 %. (b) 530 %. (c) 在室溫, V_d = 0.43 mm/s. 在77 K 的速率為 V_d = 2.7 mm/s. **24.22** 2.570 Ω. **24.23** (a) 1.51 Ω. (b) 1.08 Ω. (c) 當兩個燈泡串聯時，預期它們每個都比只有一個燈泡發光時為更暗。這意味著一個燈泡會更熱，因此具有更大的電阻. **24.24** R_{eq} = 60.9 Ω. **24.25** (a) R_{eq} = 12.00 Ω. (b) i = 1.00 A. (c) ΔV_3 = 1.00 V. **24.26** (a) ΔV_1 = 5.41 V, ΔV_2 = 10.8 V, $\Delta V_3 = \Delta V_4$ = 2.70 V, $\Delta V_5 = \Delta V_6$ = 1.08 V. (b) $i_1 = i_2$ = 1.08 A, $i_3 = i_4 = i_5 = i_6$ = 0.541 A. **24.27** 增加 86.0 %. **24.28** (a) 否. (b) 7.56 Ω. **24.29** (a) 50.0 W. (b) ΔV_1 = 80.0 V 而 $\Delta V_2 = \Delta V_3$ = 40.0 V. **24.30** P_1 = 16.0 W; P_2 = 18.0 W; P_3 = 17.3 W. **24.31** (a) R_w = 64.6 mΩ. (b) i = 9.99 mA. (c) b

= 1.31 mm. (d) 0.772 s. (e) 4.99 mW. (f) 消耗的能量經熱轉移 成為內能。**24.32** 10.0 A。**24.33** L = 1.00 m。**24.34** (a) 0.0450 W。(b) 0.405 W。當電阻器並聯連接時，9.00 V 電池輸送到 200. Ω 電阻器的功率是串聯配置的 9.00 倍。**24.35** 25.0 W。**24.36** 9.00 W。**24.37** (a) $3.2 \cdot 10^{-5}$ A。(b) 640 kW。(c) $6.2 \cdot 10^{14}$ Ω。**24.38** (a) R_3 兩端的電位降為 V_{bc} = 55.0 V。(b) i = 27.5 A。(c) P = 1.01 kW。**24.39** 2.73 s。**24.40** (a) 23.8:1。(b) 銅具有比鋼更低的電阻率，因此在輸電線中消耗較小的功率。**24.41** (a) EJ。(b) $\rho J^2 = \sigma E^2$。

多版本練習題
24.42 1.73 MJ。

第 25 章：直流電路
選擇題
25.1 a。**25.2** b。**25.3** a。**25.4** c。**25.5** d, e & f。**25.6** e。**25.7** c。

練習題
25.14 $V_1 = \left(\dfrac{R_1}{R_1+R_2}\right)\Delta V$, $V_2 = \left(\dfrac{R_2}{R_1+R_2}\right)\Delta V$；串聯的電阻器構成分壓器。電壓 ΔV 由兩個電阻器分享，各電阻器的電位降與各自的電阻成正比。**25.15** R = 40.0 Ω, V_{emf} = 120. V。
25.16 (a)

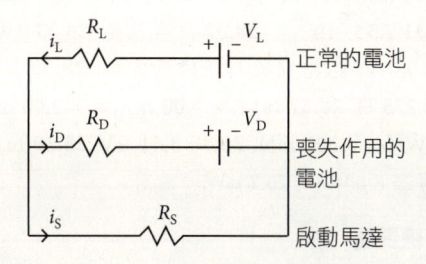

(b) 啟動馬達: 149.9 A；正常的電池: 150.4 A；喪失作用的電池: 0.4960 A。
25.17 i_1 = 0.200 A, i_2 = 0.200 A, i_3 = 0.400 A, P_A = 1.20 W, P_B = 2.40 W。

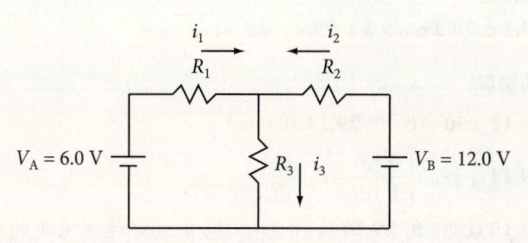

25.18 i_1 = 0.251 A 向右, i_2 = 0.625 A 向右, i_3 = 0.251 A 向上, i_4 = 0.375 A 向上, i_5 = 0.152 A 向右, i_6 = 0.403 A 向下, i_7 = 0.403 A 向左；$P(V_{emf,1})$ = 1.50 W, $P(V_{emf,2})$ = 23.2 W。
25.19 $R_L = (1+\sqrt{3})R$。**25.20** $R_{分流器} = \dfrac{R_{電流計}}{N-1}$；$R_{分流器}$ = 10.1 mΩ；1/100 通過電流計和 99/100 通過分流器。**25.21** V_{ab} = 2.985 V, V_{bc} = 3.015 V。由於通過電壓計的電流會減小，因此增大 R_i 將會降低誤差。**25.22** (a) 各為 6.00 mA。(b) 12.0 mA。**25.23** 8.99 s。**25.24** $2.40 \cdot 10^{-4}$ C；41.6 μs。**25.25** 4.35 ms。**25.26** 88.5 s。**25.27** 22.4 kV, 0.0200 μF。**25.28** (a) 2.22 V。(b) 4.94 μJ。(c) 1.41 μJ。**25.29** $(\sqrt{3}-1)C/2$。
25.30 (a) 分流器 (shunt) 電阻承載大部分負載，使電流計得以不被損壞。

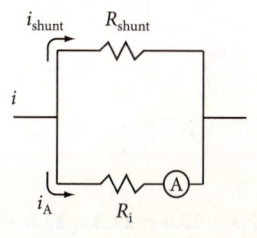

(b) 7.50 mΩ。**25.31** C = 80.0 nF, R = 10.0 kΩ。**25.32** (a) 225 mA。(b) 18.5 mA。**25.33** 3.81 s。**25.34** P_1 = 7.44 mW, P_2 = 4.30 W, P_3 = 7.23 W。**25.35** (a) $1.22 \cdot 10^{-4}$ s。(b) 68.5 pC。**25.36** (a) 0.693τ。(b) 1:4。(c) 10.0 μs。(d) 6.93 μs。**25.37** i_2 = 469 mA。**25.38** 2C。

多版本練習題
25.39 0.2933 A.。

第 26 章：磁性
選擇題
26.1 a。**26.2** e。**26.3** a。**26.4** a,c,d,e。**26.5** e。**26.6** d。

練習題
26.13 $9.36 \cdot 10^{-5}$ T。**26.14** $|\vec{F}| = 7.62 \cdot 10^{-4}$ N，力的方向在 yz 平面中，在負 y 軸上方 23.2°。**26.15** $B = 1.44 \cdot 10^{-2}$ T。
26.16 $\dfrac{d\vec{p}}{dt} = -q(\vec{E}+\vec{v}\times\vec{B})$, $\dfrac{dK}{dt} = -q\vec{E}\cdot\vec{v}$。**27.33** 6.82$\hat{z}$ T。
26.17 6.82$\hat{z}$ T。**26.18** 質子將產生螺旋路徑，沿著 z 軸的速度為 $3.00 \cdot 10^5$ m/s，圓周運動的速度為 $2.24 \cdot 10^5$ m/s，半徑為 4.67 mm。**26.19** 1:4；電場必須指向正 y 方向，並具有量值 $E = vB$，才可使粒子沿直線移動。**26.20** (a) 1.71 T。(b) 4.62 cm。(c) $2.02 \cdot 10^6$ m/s。**26.21** m = 0.408 kg。**26.22** 15.0 N；這與具有相同電流、磁場、長度的導

789

線受到的力相等。**26.23** 917 rad/s². **26.24** $\dfrac{iB_0l^2}{a}\hat{x}$. **26.25** 0.135 T. **26.26** 12.7 rad/s². **26.28** (a) $\vec{F}_{ab} = -0.320\hat{y}$ N. (b) 0.619 N, 從 x 軸轉向負 z 軸 14.6°. (c) $F_{net} = 0$. (d) $\tau = 0.0250$ N m, 並以逆時鐘方向繞 y 軸旋轉. (e) 俯視時, 線圈以逆時鐘方向旋轉. **26.29** (a) 電洞. (b) $2.29 \cdot 10^{24}$ 個電洞/m³. **26.30** $7.39 \cdot 10^{-2}$ N. **26.31** $2.33 \cdot 10^{5}$ A. **26.32** (a) $1.89 \cdot 10^{-6}$ T. (b) 零. (c) $4.71 \cdot 10^{-6}$ s. **26.33** 0.0311 m, $3.83 \cdot 10^{-7}$ s. **26.34** $1.81 \cdot 10^{5}$ m/s. 速度增大為 4/3 倍. **26.35** $B = -4.23 \cdot 10^{-3}\hat{z}$ T. **26.36** 6.97°. **26.37** (a) 質子的軌跡將為螺旋線. (b) 10.4 mm. (c) $T = 1.31 \cdot 10^{-7}$ s, $f = 7.62 \cdot 10^{6}$ Hz. (d) 114 mm.

多版本練習題
26.38 $3.783 \cdot 10^{5}$ m/s.

第 27 章：運動電荷的磁場

選擇題
27.1 b. **27.2** c. **27.3** d. **27.4** c. **27.5** a. **27.6** a. **27.7** d.

練習題
27.16 $a = 4.2 \cdot 10^{12}$ m/s². **27.17** $i = 7.14 \cdot 10^{9}$ A. **27.18** 平行於 x 軸通過 (0,4,0), 承載的電流與第一條導線上的電流方向相反. **27.19** 低於 x 軸 7.5°. **27.20** $B = \mu_0 i/(\sqrt{2}\pi d)$, 在高度為 b 的 xy 平面, 方位角為 -45°. **27.21** 204 A. **27.22** (a) $-1.89 \cdot 10^{-2}$ N$\hat{y}$. (b) $\vec{F} = 1.89 \cdot 10^{-2}$ N$\hat{x}$. (c) $\vec{F} = 0$ N. **27.23** $9.42 \cdot 10^{-5}$ T, 從負 x 方向轉 45.0° 向正 y 軸. **27.24** $B_a = 0$; $B_b = 1.08 \cdot 10^{-6}$ T; $B_c = 2.70 \cdot 10^{-6}$ T; $B_d = 1.69 \cdot 10^{-6}$ T. **27.25** $9.4 \cdot 10^{-5}$ T. **27.26** 4:3. **27.27** (a) $1.3 \cdot 10^{-5}$ T. (b) $1.0 \cdot 10^{-2}$ T. **27.28** $1.9 \cdot 10^{-19}$ kg m/s. **27.29** 0.20 K. **27.30** 55.0. **27.31** $1.12 \cdot 10^{-5}$ A m². **27.32** (a) $L = I\omega = (2/5)mR^2\,\omega$. (b) $\mu = q\omega R^2/5$. (c) $\gamma_e = -e/(2m)$. **27.33** 4.00 mT, 指入頁面. **27.34** $4.1 \cdot 10^{9}$ A. **27.35** 18,000 匝. **27.36** 24.5 mT. **27.37** $q = 4.91 \cdot 10^{-4}$ C. **27.38** $1.25 \cdot 10^{-7}$ N m. **27.39** (a) $-7.28 \cdot 10^{10}$ m/s². (b) $-1.19 \cdot 10^{11}$ m/s². **27.40** (a) $1.06 \cdot 10^{-4}$ N m. (b) 1.72 rad/s. **27.41** 4.42 A, 從棒磁鐵看為逆時鐘方向.
27.42 $B = \mu_0 J_0 \left[\dfrac{r}{2} - \dfrac{r^2}{3R}\right]$.

多版本練習題
27.43 $B = 9.303 \cdot 10^{-7}$ T.

第28章：電磁感應

選擇題
28.1 d. **28.2** a. **28.3** a. **28.4** d. **28.5** a. **28.6** c.

練習題
28.14 $1.89 \cdot 10^{-5}$ V. **28.15** 0.
28.16 $\Delta V_{ind} = -\dfrac{\mu_0 \pi a^2 V_0 \omega}{2bR_1}\cos\omega t$; $i = -\dfrac{\mu_0 \pi a^2 V_0 \omega}{2bR_1 R_2}\cos\omega t$.
28.17 (a) 7.07 mA. (b) 順時鐘方向. **28.18** 0.558 V. **28.19** $v_{終端速度} = \dfrac{mgR}{w^2 B^2}$. **28.20** $6.24 \cdot 10^{-7}$ V. **28.21** 17.5 Hz. **28.22** (a) 0.370 A. (b) 0.262 A, 103 W.
28.23

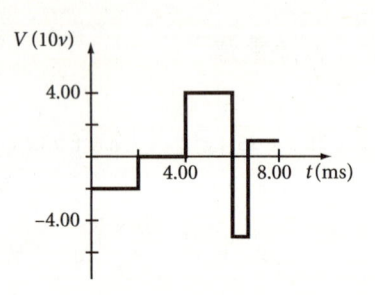

28.24 (a) 1.00 μs. (b) 0; 8.65 μA; 10.0 μA. **28.25** 11.3 V. **28.26** (a) 6.00 A. (b) 3.00 A. (c) 3.00 A. (d) –18.0 V. (e) –18.0 V. (f) 0. (g) 0. **28.27** $1.01 \cdot 10^{3}$ m³. **28.28** (a) $6.37 \cdot 10^{26}$ J/m³. (b) $7.07 \cdot 10^{9}$ kg/m³. **28.29** $4.17 \cdot 10^{-5}$ °C. **28.30** 1:1. **28.31** $7.54 \cdot 10^{-3}$ V. **28.32** 沒有改變. **28.33** 0.0866 H. **28.34** 10.0 V; 感應電流為逆時鐘方向. **28.35** 1.96 m². **28.36** 0.275 H. **28.37** (a) $i_1 = 4.00$ mA; $i_2 = 2.00$ mA. (b) 2.40 mW. (c) 0.300 mN. **28.38** 3.51 μV. **28.39** (a) 0.257 mN. (b) 25.8 μW. (c) 25.7 μW.

多版本練習題
28.40 $V_{ind,max} = 1.21 \cdot 10^{-7}$ V.

第29章：電磁波

選擇題
29.1 c. **29.2** b. **29.3** a. **29.4** c. **29.5** c.

練習題
29.12 $2.50 \cdot 10^{-5}$ T. **29.13** 10.0 μA.
29.14 $i_d = \epsilon_0 R\left(\dfrac{A}{L}\right)\dfrac{di}{dt} = \epsilon_0 \rho \dfrac{di}{dt}$.
29.15 0.984 ft. **29.16** (a) 0.03 s. (b) 0.24 s; 通過電纜的延遲並不明顯。然而, 通過衛星, 愛麗絲將在 0.5 秒之

後收到她的未婚夫的回覆，這是相當明顯的. **29.17** 4 · 10^{14} Hz 至 8 · 10^{14} Hz. **29.18** (a) 1.3 W/m². (b) 1.2 W/m². (c) 0.12 W/m². **29.19** 1.70 · 10^6 V/m. **29.20** S_{ave} = 13.3 W/m². (a) U = 4.43 · 10^{-8} J/m³. (b) B = 3.33 · 10^{-7} T. **29.21** (a) I = 1.27 · 10^7 W/m². 強度比陽光強度大得多. (b) E_{rms} = 6.93 · 10^4 V/m. (c) S_{ave} = 1.27 · 10^7 W/m². (d) $S(x,t)$ = 2.55 · 10^7 W/m² $\sin^2(1.22 \cdot 10^7 x - 3.66 \cdot 10^{15} t)$. (e) B_{rms} = 2.31 · 10^{-4} T. **29.22** (a) E = 1.03 kV/m, B = 3.42 μT. (b) P_r = 3.33 μPa, F = 2.50 μN. **29.23** 3.27 · 10^{-6} N. **29.24** 15.1 mW. **29.25** (a) w = 3.08 · 10^{-9} N = 3.08 nN. (b) I = 1.59 kW/m², P_r = 5.31 μN/m². (c) N = 185. **25.26** 2.50 mW. **29.27** I_2 = 1.13 · 10^4 W/m², E = 2.92 · 10^3 V/m, B = 9.74 · 10^{-6} T. **29.28** E_{total} = 518 kWh. **29.29** 3.88 · 10^5 V/m. **29.30** 136 W. **29.31** 100 V/m. **29.32** 6.3 cm. **29.33** (a) 7.07 · 10^{-8} T. (b) 37.9 W. **29.34** (a) E_{rms} = 775 V/m. (b) E_{tot} = 1.67 · 10^{-11} J. **29.35** 2.07 · 10^7 m/s². **29.36** (a) S = 3.32 · 10^{-5} W/m². (b) F_{rms} = 1.27 · 10^{-20} N. **29.37** t = 8.95 h (或 8 h 57 min); N = 4.00 · 10^{23}.

多版本練習題
29.38 262.5 V/m.

來源

照片來源

A Note from the Authors
Page vii: © Malcolm Fife/Getty Images RF.

The Big Picture
Figure 1a: U.S. Coast Guard photo; **1b:** © DigitalGlobe, Inc.; **2:** © Siemens Press Pictures; **3:** © Lawrence Livermore National Laboratory; **4:** © Volker Lannert/Universität Bonn; **5:** © M. F. Crommie, C. P. Lutz, and D. M. Eigler, IBM Almaden Research Center Visualization Lab, http://www.almaden.ibm.com/vis/stm/images/stm15.jpg. Image reproduced by permission of IBM Research, Almaden Research Center. Unauthorized use not permitted; **6:** This image was made with VMD and is owned by the Theoretical and Computational Biophysics Group, NIH Center for Macromolecular Modeling and Bioinformatics, at the Beckman Institute, University of Illinois at Urbana-Champaign; **7:** © CERN; **8a:** © Mona Schweizer/CERN; **8b:** © CERN; **9:** NASA; **10:** Andrew Fruchter (STScI) et al., WFPC2, HST, NASA.

Chapter 1
Figure 1.1: NASA/JPL-Caltech/L. Allen (Harvard Smithsonian CfA); **1.3:** © Photograph reproduced with permission of the BIPM; **1.4 (top):** Gemini Observatory-GMOS Team; **1.4 (middle):** © BananaStock/PunchStock RF; **1.4 (bottom):** Dr. Fred Murphy, 1975, Centers for Disease Control and Prevention; **1.5(1):** © Hans Gelderblom/Stone/Getty Images; **1.5(2):** © Wolfgang Bauer; **1.5(3):** © Edmond Van Hoorick/Getty Images RF; **1.5(4):** © Digital Vision/Getty Images RF; **1.5(5):** Gemini Observatory-GMOS Team; **1.5(6):** NASA, ESA, and The Hubble Heritage Team (STScI/AURA)/Hubble Space Telescope ACS/STScI-PRC05-20.

Chapter 2
Figure 2.1: © Royalty-Free/Corbis; **2.2a-b:** © W. Bauer and G. D. Westfall; **2.6:** © Ryan McVay/Getty Images RF; **2.14, 2.15:** © W. Bauer and G. D. Westfall.

Chapter 3
Figure 3.1: © Terry Oakley/Alamy; **3.5, 3.6, 3.8:** © W. Bauer and G. D. Westfall; **3.11:** © 2011 Scott Cunningham/Getty Images; **3.13:** © W. Bauer and G. D. Westfall.

Chapter 4
Figure 4.1: NASA; **4.2a:** © Dex Image/Corbis RF; **4.2b:** © Richard McDowell/Alamy; **4.2c:** Photo by Lynn Betts, USDA Natural Resources Conservation Service; **4.3:** © W. Bauer and G. D. Westfall; **4.4, 4.5a, 4.6:** © W. Bauer and G. D. Westfall; **4.7:** © Tim Graham/Getty Images; **4.9, 4.12:** © W. Bauer and G. D. Westfall; **4.13a:** © Digital Vision/Getty Images RF; **4.13b:** © Brand X Pictures/Jupiterimages RF.

Chapter 5
Figure 5.1: NASA/Goddard Space Flight Center Scientific Visualization Studio; **5.2:** © Malcolm Fife/Getty Images RF; **5.3a:** © Earl Roberge/Photo Researchers, Inc.; **5.3b:** © Mike Goldwater/Alamy; **5.3c:** © John Henshall/Alamy; **5.4b:** © Cre8tive Studios/Alamy RF; **5.4c:** © Creatas/PunchStock RF; **5.4d:** © Royalty-Free/Corbis : © General Motors Corp. Used with permission, GM Media Archives; **5.4f:** Courtesy National Nuclear Security Administration, Nevada Site Office; **5.4g:** © Royalty-Free/Corbis; **5.4h:** NASA, ESA, J. Hester and A. Loll (Arizona State University); **5.14a:** © Photodisc/Getty Images RF; **5.14b:** © W. Bauer and G. D. Westfall; **5.14c:** NRC File Photo; **5.14d:** © John Henshall/Alamy; **5.14e:** © Royalty-Free/Corbis; **5.14f:** © The McGraw-Hill Companies, Inc./Jill Braaten, photographer; **5.14g:** © Robin Lund/Alamy RF; **5.14h:** © W. Bauer and G. D. Westfall; **5.14i:** © Comstock Images/Getty Images RF; **5.14j:** © izmostock/Alamy; **5.14k:** © Michele Peterson/Alamy; **5.14l:** NASA/Goddard Space Flight Center Scientific Visualization Studio.

Chapter 6
Figures 6.1, 6.9, 6.10, 6.12: © W. Bauer and G. D. Westfall.

Chapter 7
Figure 7.1: © Getty Images RF; **7.3:** © Photron; **7.5:** © W. Bauer and G. D. Westfall; **p. 205:** © Photron; **7.9:** © W. Bauer and G. D. Westfall; **p. 225 (golfb all):** © Stockdisc/PunchStock RF; **p. 225 (basketball):** © Photolink/Getty Images RF.

Chapter 8
Figure 8.1: NASA; **8.5a-b:** © W. Bauer and G. D. Westfall; **8.8, 8.9a:** © W. Bauer and G. D. Westfall; **8.9b:** © Comstock Images/Alamy RF.

Chapter 9

Figure 9.1: NASA; **9.2:** © Royalty-Free/Corbis; **9.6:** © Th e McGraw-Hill Companies, Inc./Mark Dierker, photographer; **9.7:** © W. Bauer and G. D. Westfall; **9.10:** © Royalty-Free/Corbis.

Chapter 10

Figure 10.1: © DreamPictures/Stone/Getty Images; **10.7, 10.8:** © W. Bauer and G. D. Westfall; **10.9:** © The McGraw-Hill Companies, Inc./Mark Dierker, photographer; **10.12-10.13:** © W. Bauer and G. D. Westfall; **10.14-10.16b:** © The McGraw-Hill Companies, Inc./Mark Dierker, photographer; **10.17:** © Don Farrall/Getty Images RF; **10.18a-c:** © Otto Greule Jr./Allsport/Getty Images; **p. 256:** © Mark Thompson/Getty Images.

Chapter 11

Figure 11.1a: © Digital Vision/Alamy RF; **11.1b:** © Guillaume Paumier/Wikimedia Commons; **11.2:** © W. Bauer and G. D. Westfall; **11.3a:** © Ole Graf/Corbis; **11.4:** © W. Bauer and G. D. Westfall; **p. 280:** © W. Bauer and G. D. Westfall; **p. 281 (construction worker):** © Creatas Images/Jupiterimages RF; **p. 282 (top)-(bottom):** © W. Bauer and G. D. Westfall.

Chapter 12

Figure 12.1: Horns Rev 1 owned by Vattenfall. Photographer Christian Steiness; **12.3a:** © Photolink/Getty Images RF; **12.3b:** © Don Farrall/Getty Images RF; **12.4a:** © C. Borland/Photolink/Getty Images RF; **12.4b:** © BananaStock/PunchStock RF; **12.4c:** © Comstock Images/Alamy RF; **12.11:** © W. Bauer and G. D. Westfall; **12.17a:** © Royalty-Free/Corbis; **12.18a:** © W. Bauer and G. D. Westfall; **12.18b:** © Don Farrall/Getty Images RF; **12.18c, 12.20:** © W. Bauer and G. D. Westfall; **12.25:** © W. Bauer and G. D. Westfall; **12.28:** © Royalty-Free/Corbis; **12.29a:** © Kim Steele/Getty Images RF; **12.29b:** © W. Bauer and G. D. Westfall.

Chapter 13

Figure 13.1a: © W. Bauer and G. D. Westfall; **13.1b:** Courtesy National Institute of Standards and Technology; **13.2, 13.3, 13.11a, 13.14a,b, 13.19:** © W. Bauer and G. D. Westfall.

Chapter 14

Figure 14.1: © Matt King/Getty Images; **14.2:** © Don Farrall/Getty Images RF; **14.4:** © W. Bauer and G. D. Westfall; **14.10a:** © Ingram Publishing/Alamy RF; **14.10b:** Image courtesy of Cornell University; **14.20a-d:** © W. Bauer and G. D. Westfall; **p. 367 (top):** Courtesy Vera Sazonova and Paul McEuen; **14.22a:** © W. Bauer and G. D. Westfall.

Chapter 16

Figure 15.1: © RG4 WENN Photos/Newscom; **15.3:** © Royalty-Free/Corbis; **15.4:** © Steve Allen/Getty Images RF; **15.5:** © Arnold Song and Jose Iriarte-Diaz; **15.6:** Photo by Petty Officer 3rd Class John Hyde, U.S. Navy; **15.8, 15.9, 15.10:** © W. Bauer and G. D. Westfall; **15.12:** Courtesy Wake Radiology; **15.14:** © Photolink/Getty Images RF.

Chapter 16

Figure 16.1: © Antonio Fernandez Sanchez; **16.2 (top left):** © Royalty-Free/Corbis; **16.2 (top middle left):** © W. Bauer and G. D. Westfall; **16.2 (top middle right):** © Digital Vision/Getty Images RF; **16.2 (top right):** The STAR Experiments, Brookhaven National Laboratory; **16.2 (bottom left):** © MSU National Superconducting Cyclotron Laboratory; **16.2 (bottom middle left):** NASA/WMAP Science Team; **16.2 (bottom middle right):** NOAA; **16.2 (bottom right):** © ITER; **16.5:** Michigan Department of Transportation Photography Unit; **16.9 16.12:** NASA/WMAP Science Team.

Chapter 17

Figure 17.1: © Kirk Treakle/Alamy; **17.8:** © W. Bauer and G. D. Westfall; **17.9:** © Skip Brown/National Geographic/Getty Images; **17.13:** Courtesy of www.EnergyEfficientSolutions.com.

Chapter 18

Figure 18.1: © image 100/PunchStock RF; **18.5:** © W. Bauer and G. D. Westfall; **18.6:** © W. Bauer and G. D. Westfall.

Chapter 20

Figure 19.1a: © Frans Lemmens/Getty Images; **19.1b:** © Keith Kent/Photo Researchers, Inc.; **19.3:** © Royalty-Free/Corbis; **19.4:** © Photodisc/PunchStock RF.

Chapter 20

Figure 20.1a-c: © W. Bauer and G. D. Westfall; **20.2:** © R. Morley/Photolink/Getty Images RF; **20.6a:** © Kim Steele/Getty Images RF; **20.6b:** © Geostock/Getty Images RF; **20.7-20.10, 20.16:** © W. Bauer and G. D. Westfall.

Chapter 21

Figure 21.1: © Royalty-Free/Corbis; **21.17:** © The McGraw-Hill Companies, Inc./Mark Dierker, photographer; **21.27:** © Gerd Kortemeyer.

Chapter 22

Figure 22.6a-b: © W. Bauer and G. D. Westfall.

Chapter 23

Figure 23.1, 23.2: © W. Bauer and G. D. Westfall; **23.25:** © W. Bauer and G. D. Westfall.

Chapter 24

Figure 24.1: © Image Source/agefotostock RF; **24.2a-f:** © W. Bauer and G. D. Westfall; **24.3a:** © IBM; **24.3c:** © Brand X Pictures/PunchStock RF; **24.3d:** © Don Farrall/Getty Images RF; **24.3e:** © W. Bauer and G. D. Westfall; **24.3f:** © Craig Bickford/International Light Technologies; **24.3g:** © 1000Bulbs.com; **24.3h:** © 2012, Digi-Key Corporation. All rights reserved; **24.3i:** © Thomas Allen/Getty Images RF; **24.3j:** NASA; **24.3k:** © Lawrence Livermore National Laboratory; **24.3l:** NASA artist Werner Heil; **24.4:** © W. Bauer and G. D. Westfall; **24.17a-b:** © W. Bauer and G. D. Westfall; **24.19:** © Julie Jacobson/AP Photo.

Chapter 25

Figure 25.1: © Royalty-Free/Corbis.

Chapter 26

Figure 26.1: © W. Bauer and G. D. Westfall; **26.4b:** © Steve Cole/Getty Images RF; **26.7:** © W. Bauer and G. D. Westfall; **26.8:** © The McGraw-Hill Companies, Inc./Mark Dierker, photographer; **26.9:** National Geophysical Data Center; **26.11:** © W. Bauer and G. D. Westfall; **26.12:** Lawrence Berkeley National Lab; **26.13:** © Michigan State University; **26.15:** © W. Bauer and G. D. Westfall; **26.17b, 26.20:** © The McGraw-Hill Companies, Inc./Mark Dierker, photographer.

Chapter 27

Figure 27.1: Courtesy of International Business Machines Corporation, © 2012 International Business Machines Corporation; **27.3b, 27.5:** © The McGraw-Hill Companies, Inc./Mark Dierker, photographer; **27.15a:** © W. Bauer and G. D. Westfall; **27.19:** © The McGraw-Hill Companies, Inc./Mark Dierker, photographer; **27.21:** © High Field Magnet Laboratory, Radboud University Nijmegen, The Netherlands; **27.24:** © W. Bauer and G. D. Westfall; **27.26:** © Royalty-Free/Corbis; **27.27:** Courtesy of AMSC®. © 2008 American Superconductor Corp.; **27.28(1-4):** © The McGraw-Hill Companies, Inc./Mark Dierker, photographer.

Chapter 28

Figure 28.1: © Photolink/Getty Images RF; **28.11:** © W. Bauer and G. D. Westfall; **28.14:** © W. Bauer and G. D. Westfall.

Chapter 29

Figure 29.1: © Kevin Foy/Alamy; **29.9a:** © Kim Steele/Getty Images RF; **29.9b:** NASA; **29.9c:** © W. Bauer and G. D. Westfall; **29.10(1):** © C. Borland/Photolink/Getty Images RF; **29.10(2):** © W. Bauer and G. D. Westfall; **29.10(3):** © Don Tremain/Getty Images RF; **29.10(4):** © Photolink/Getty Images RF; **29.10(5):** © Geostock/Getty Images RF; **29.10(6-7):** © Russell Illig/Getty Images RF; **29.10(8):** © Royalty-Free/Corbis; **29.10(9):** © David R. Frazier Photography/Alamy RF; **29.10(10):** © Photodisc/Getty Images RF; **29.10(11):** © W. Bauer and G. D. Westfall; **29.10(12):** © ImageState/Alamy RF; **29.18:** © W. Bauer and G. D. Westfall.

圖表來源

Chapter 16

Figure 16.2: RHIC figure courtesy of Brookhaven National Laboratory. Cosmic microwave background image credit NASA/WMAP Science Team. ITER machine © ITER Organization; **Figure 16.10:** From data compiled by the National Oceanic and Atmospheric Administration, Brohan et al., J. Geophys. Res., 111, D12106 (2006); **Problem 16.27:** Figure and problem based on V.A. Henneken et al., J. Micromech. Microeng. 16 (2006) S107–S115.

Chapter 17

Figure 17.15: Concentration of carbon dioxide in the atmosphere from 1832 to 2004. The measurements from 1832 to 1978 were done using ice cores in Antarctica: ride line based on information from D.M. Etheridge, L.P. Steele, R.L. Langenfelds, R.J. Francey, J.-M. Barnola and V.I. Morgan,1998. The measurements from 1959 to 2004 were carried out in the atmosphere on Mauna Loa in Hawaii: blue line based on information from C.D. Keeling and T.P. Whorf, 2005; Historical carbon dioxide records from the Law Dome DE08, DE08-2, and DSS ice cores, *Trends: A Compendium of Data on Global Change*, Carbon Dioxide Information Analysis Center, Oak Ridge National Laboratory, U.S. Department of Energy, Oak Ridge, Tenn., U.S.A. Carbon dioxide concentrations for the past 420,000 years, extracted using ice cores in Antarctica based on information from J.M. Barnola, et. al., 2003.

Appendix B

Data sources: http://physics.nist.gov/PhysRefData/PerTable/periodic-table.pdf

http://www.wikipedia.org/ and Generalic, Eni. "EniG. Periodic Table of the Elements." 31 Mar. 2008. KTF-Split. <http://www.periodni.com/>.

索引

g 射線　Gamma rays　747
pV 圖　pV-diagrams　419
RC 電路　RC circuits　643
RL 電路　RL circuit　726
X 射線　X-rays　747

二劃
力矩　torque　245
力常數　spring constant　119
力學　Mechanics　36
力學能 E　mechanical energy, E　141
力學能守恆定律　the law of conservation of mechanical energy　141
力臂　moment arm　245

三劃
凡阿侖輻射帶　Van Allen radiation belts　656
千瓦特‧時　kilowatt-hour , kWh 或 kW h　123
叉積　cross product　245

四劃
不可逆過程　irreversible process　471
不可壓縮流　incompressible flow　299
不穩平衡　unstable equilibrium　275
不穩定平衡點　unstable equilibrium points　152
中性平衡　neutral equilibrium　275
互感　mutual inductance　723
互感應　mutual induction　722
介電常數　dielectric constant　588
介電強度　dielectric strength　589
介電質　dielectric　588
內力　internal forces　81
內能　internal energy　417
分量　components　21
分壓　partial pressure　449
切向加速度　tangential acceleration　219
反磁性　diamagnetism　694
反衝　recoil　196
比熱　specific heat　424
必歐–沙伐定律　Biot-Savart Law　679

五劃
主動噪音消除　active noise cancellation　383
充電　charging　499
功　work　111
功–能量定理　work-energy theorem　148
功–動能　work–kinetic energy　113
功率　Power　122
北 (磁) 極　north magnetic pole　654
半導體　semiconductors　502
卡諾定理　Carnot's Theorem　476
卡諾循環　Carnot cycle　473
可見光　visible light　746
可逆過程　reversible process　470
外力　external force　81
平行板電容器　parallel plate capacitor　574
平行軸定理　parallel-axis theorem　241
平均功率　average power　361
平均加速度　average acceleration　41
平均自由徑　mean free path　463
平均速度　average velocity　38
平面波　plane wave　359, 740
平面偏振波　plane-polarized wave　752
正向力 (或法向力)　normal force　78, 81
正電荷　positive charge　499
永久磁體　permanent magnets　654
瓦特　watt 或 W　123

普通物理

白努利方程式　Bernoulli's Equation　301

六劃

交流發電機　alternator　719
亥姆霍茲線圈　Helmholtz coil　688
共振形狀　resonance shape　338
共振角頻率　resonant angular speed　338
共振頻率　resonance frequency　365
再生制動　regenerative braking　720
合向量　resultant　22
同調聲源　coherent sources　380
向心加速度　centripetal acceleration　220
向量　vectors　20
向量積　vector product　27, 245
回復力　restoring force　119
地線　ground　503
多原子氣體　polyatomic gases　455
宇宙微波背景輻射　cosmic microwave background radiation　409
守恆力　conservative force　134
安培　ampere，縮寫為 A 或 amp　603
安培定律　Ampere's Law　686
安培迴路　Amperian loop　687
有效數字　significant figures　12
自由下落　free fall　49
自由空間的磁導率　magnetic permeability of free space　679
自由度　degree of freedom　456
自由膨脹　free expansion　423
自由體力圖　free-body diagram　82
自感應　self-induction　722

七劃

串聯　series connection　581
亨利　henry 或 H　721
伽利略變換　Galilean transformation　68
位能 U　potential energy, U　132
位移　displacement　37
位移電流　displacement current　737

位置向量　position vector　36
克氏溫標　Kelvin temperature scale　399
克耳文 kelvin，符號為 K　399
克希何夫定則　Kirchhoff's rules　630
克希何夫迴路定則　Kirchhoff's Loop Rule　631
克希何夫接點定則　Kirchhoff's Junction Rule　630
冷次定律　Lenz's Law　713
冷凍機　refrigerator　472
均分定理　equipartition theorem　450
均方根速率　root-mean-square speed　451
完全非彈性碰撞　totally inelastic collision　165
抗磁性　diamagnetism　694
汽化潛熱　latent heat of vaporization　426
汽化熱　latent heat of vaporization　426
系統　system　416
角加速度　angular acceleration　219
角動量　angular momentum　251
角動量守恆定律　the law of conservation of angular momentum　254
角速度　angular velocity　217
角頻率　angular speed　317

八劃

並聯　parallel connection　580
亞佛加厥定律　Avogadro's Law　444
亞佛加厥數　Avogadro's number　286
固體　liquid　287
坡印廷向量　Poynting vector　747
孤立系統　isolated system　141, 420
定容 (或等容) 過程　isochoric processes　422
定溫 (或等溫) 過程　isothermal processes　424
定壓 (或等壓) 過程　isobaric processes　423
帕　Pa　292
帕斯卡　pascal　292
帕斯卡原理　Pascal's Principle　296
性能係數　coefficient of performance　472
拉伸　stretching　289
拉普拉斯定律　Biot-Savart Law　679

拋體軌跡　trajectory　62
昇華　sublimation　427
法拉　farad 或 F　575
法拉第感應定律　Faraday's Law of Induction　707
波　wave　348
波以耳定律　Boyle's Law　443
波長　wavelength　350
波茲曼常數　Boltzmann constant　445
波動方程式　wave equation　355
波節　nodes　364
波腹　antinodes　364
波數　wave number　352
物態　states of matter　425
物質狀態　states of matter　425
直角座標系　Cartesian coordinate system　21
直流電流　direct current　604
空氣阻力　drag　95
虎克定律　Hooke's Law　119
表壓　gauge pressure　294
阻力係數　drag coefficient　96
阻尼　damping　331
非守恆力　nonconservative force　134
非偏振光　unpolarized light　752
非極性介電質　nonpolar dielectric　592
非黏性流體　nonviscous fluid　299

九劃

南 (磁) 極　south magnetic pole　654
封閉系統　closed system　420
建設性 (或相長) 干涉　constructive interference　363
恢復係數　coefficient of restitution　181
查爾斯定律　Charles's Law　443
流體　fluid　287
相　phase　353, 425
相位　phase　353
相對速度　relative velocity　67
相對磁導率　relative magnetic permeability　695
相變　phase changes　426

科學記數法　scientific notation　11
紅外波　infrared waves　746
計示壓力　gauge pressure　294
負電荷　negative charge　499
重力　gravitational force　78
重力向量　gravitational force vector　79
重力質量　gravitational mass　80
重量　weight　79
韋伯　weber 或 Wb　709

十劃

原子　atoms　286
射流速率　speed of efflux　306
射程 R　range (R),　64
差值公式　Difference Formulas　42
庫侖　coulomb　500
庫侖定律　Coulomb's Law　506
庫侖常數　Coulomb's constant　506
弱核力　weak nuclear force　79
徑向加速度　radial acceleration　219
振幅 A　amplitude, A　145
振幅　amplitude　317
效率　efficiency　472
時間常數　time constant　644
氣壓公式　barometric pressure formula　295
氣壓計　barometer　294
氣體　gas　287, 442
浮力　buoyant force　297
特斯拉　tesla, T　658
真空電容率　electric permittivity of free space　506
破壞性 (或相消) 干涉　destructive interference　363
紊流　turbulent flow　299
純量　scalar　20
純量積　scalar product　25
能量均分　equipartition of energy　457
起電　charging　499
迴旋頻率　cyclotron frequency　663
迴路　loop　631

797

普通物理

除顫器　defibrillator　587
馬克士威–安培定律　Maxwell-Ampere Law　737
馬克士威速率分布　Maxwell speed distribution　461
馬克士威感應定律　Maxwell's Law of Induction　736
馬路斯定律　Law of Malus　754
馬達　electric motor　718
馬赫角　Mach angle　387
馬赫錐　Mach cone　387
高斯定律　Gauss's Law　534
高斯面　Gaussian surface　534

十一劃

偏振器　polarizer　752
偶極　electric dipole　523
偶極矩　electric dipole moment　524
剪切　shear　289
剪切模量　shear modulus　290
動力學　dynamics　77
動生電動勢　motional emf　709
動能　kinetic energy　109
動量　momentum　159
動態平衡　dynamic equilibrium　82
動摩擦係數　coefficient of kinetic friction　92
國際單位制　SI unit system　13
基本力　fundamental forces　78
基本電荷　Elementary Charge　501
帶電　charging　499
張力　tension　78
張緊　tension　289
強制 (或受迫) 諧運動　forced harmonic motion　337
強度　intensity　361
強核力　strong nuclear force　79
接地　grounding　503
接點　junction　630
接觸力　contact force　78
接觸起電　charging by contact　505

推力　thrust　202
梯度　gradient　563
液體　liquid　287
淨力　net force　81
淨力矩　net torque　246
理想拋體　ideal projectile　60
理想拋體運動　ideal projectile motion　60
理想氣體定律　Ideal Gas Law　445
理想氣體動力論　kinetic theory of an ideal gas　450
理想熱機　ideal engine　473
笛卡兒座標系　Cartesian coordinate system　21
終端速率　terminal speed　96
通用氣體常數　universal gas constant　445
速度　velocity　38
速率　speed　40
連續性方程式　equation of continuity　301
閉合路徑　closed path　420
閉路　closed path　420
閉路過程　closed-path process　423
麥士納效應　Meissner effect　697

十二劃

都卜勒效應　Doppler effect　383
單位向量　unit vectors　24
單原子氣體　monatomic gases　454
單擺　pendulum　324
場　field　518
換向器　commutator　667
斯特凡–波茲曼定律　Stefan-Boltzmann equation　431
斯特凡–波茲曼常數　Stefan-Boltzmann constant　431
最大高度 H　maximum height (H)　64
減振　damping　331
渦流　eddy currents　715
渦電流　eddy currents　715
無旋流　irrotational flow　300
無線電波　radio waves　746

索引

焦耳　joule 或 J　109
發射率　emissivity　431
發電機　electric generator　718
等位面　equipotential surface　553
等溫線　isotherm　424
等離子體　plasma　427
紫外線　ultraviolet rays　746
絕對零度　absolute zero　399
絕熱過程　adiabatic process　422
絕緣體　insulators　502
給呂薩克定律　Gay-Lussac's Law　443
超音速聲源　supersonic source　387
超導體　superconductors　503, 611
距離　distance　37
週期　period　321
週期運動　periodic motion　316
鄂圖循環　Otto cycle　478
開放系統　open system　420
順磁性　paramagnetism　694
黑體　blackbody　432

十三劃

莫耳　mole　287, 442
莫耳分數　mole fraction　449
傳導　conduction　428
圓周運動　circular motion　214
微波　microwaves　747
微觀狀態　microscopic states　487
感應　induced　504
感應起電　charging by induction　505
楊氏係數　Young's modulus　289
楊氏模量　Young's modulus　289
極性介電質　polar dielectric　592
極座標　polar coordinates　214
準穩平衡點　metastable equilibrium　153
溫室效應　greenhouse effect　433
溫度計　thermometer　398
節點　junction　630
節點　nodes　364

腹點　antinodes　364
路徑相依過程　path-dependent process　419
路程　distance　37
運動論　kinetic theory of an ideal gas　450
運動學　Kinematics　36
過阻尼　overdamping　334
道耳頓定律　Dalton's Law　449
雷諾數　Reynolds number　308
電子　electrons　499
電子伏特　electron-volt , eV　552
電池　batteries　613
電位　electric potential　550
電位降　potential drop　614
電阻　resistance　609
電阻計　ohmmeter　640
電阻率　resistivity　609
電阻率的溫度係數　temperature coefficient of electric resistivity　611
電流　electric current　603
電流計　ammeter　640
電流密度　current density　605
電容　capacitance　575
電容率　electric permittivity　589
電容器　Capacitor　573
電能密度　electric energy density　585
電偶極　electric dipole　523
電偶極矩　electric dipole moment　524
電動勢　Emf electromotive force　613
電動機　electric motor　718
電通量　electric flux　532
電場　electric field　518
電場線　electric field lines　519
電感　inductance　721
電路　electric circuit　575
電磁力　electromagnetic force　79
電磁力　electromagnetism　739
電磁波　electromagnetic waves　740
電磁波譜　electromagnetic spectrum　745

799

電漿　plasma　427
電導　conductance　609
電導率　conductivity　610
電壓計　voltmeter　640
電擊器　defibrillator　587

十四劃

華氏溫標　Fahrenheit temperature scale　399
對流　convection　428, 431
慣性質量　inertial mass　80
滾動　rolling motion　242
熔化潛熱　latent heat of fusion　426
熔化熱　latent heat of fusion　426
磁化強度　magnetization　693
磁化率　magnetic susceptibility　694
磁浮　magnetic levitation　664
磁偶極矩　magnetic dipole moment　668
磁域 (亦稱域)　domain　695
磁通連結　flux linkage　721
磁通量　magnetic flux　708
磁場　magnetic field　655
磁場的高斯定律　Gauss's Law for Magnetic Fields　708
磁場強度　magnetic field strength　693
磁場線　magnetic field lines　655
赫　Hz　217

十五劃

層流　laminar flow　299
彈性限度　elastic limit　289
彈性碰撞　elastic collision　165
彈性模量　modulus of elasticity　289
彈簧力　spring force　78, 119
彈簧常數　spring constant　119, 316
數量級　magnitude　15
歐姆　ohm　609
歐姆定律　Ohm's Law　609
熱　heat　398, 416
熱力學系統　Thermodynamic systems　420

熱力學第一定律　First Law of Thermodynamics　421
熱力學第二定律　Second Law of Thermodynamics　480
熱力學第三定律　Third Law of Thermodynamics　399
熱力學第零定律　Zeroth Law of Thermodynamics　398
熱力學過程　thermodynamic process　418
熱平衡　thermal equilibrium　398
熱阻　thermal resistance　429
熱泵　heat pump　473
熱容　heat capacity　424
熱容量　heat capacity　424
熱敏電阻器　thermistor　612
熱量　heat　398, 417
熱導率　thermal conductivity　429
熱機　heat engine　471
熱膨脹　thermal expansion　403
熱輻射　thermal radiation　431
熱轉移　thermal energy　398, 416
線膨脹係數　linear expansion coefficient　404
衝量　impulse　162
衝擊擺　ballistic pendulum　177
質子　proton　500
質心　center of mass　192
質量　mass　80
震波　shock wave　387
駐波　standing wave　365
導體　conductors　502

十六劃

橫波　transverse wave　350
諧振頻率　resonance frequency　365
諧頻　harmonic　366
輸電網　grid　705
輻射　radiation　428, 431, 749
錶壓　gauge pressure　294
霍爾效應　Hall effect　670

霍爾電位差　Hall potential difference　670
靜力平衡　static equilibrium　82, 266
靜電屏蔽　electrostatic shielding　537
靜電起電　electrostatic charging　503
靜電除塵器 (ESP)　electrostatic precipitator　509
靜電學　Electrostatics　499
靜摩擦係數　coefficient of static friction　93
頻率　frequency　217, 321
應力　stress　289
應變　strain　289

十七劃
壓力計　manometer　294
壓縮　compression　289
壓縮力　compression　78
檢驗電荷　test charge　519
環形管　toroid　690
環路　loop　631
環境　environment　416
瞬時加速度　instantaneous acceleration　41
瞬時速度　instantaneous velocity　38
縱波　longitudinal wave　349
總能量　total energy　148
總動量守恆定律　the law of conservation of total momentum　165
聲音　sound　376
聲強　decibel　378
聲強度　decibel　378
臨界阻尼　critical damping　335
螺線管　solenoid　689

黏性　viscosity　306
黏度　viscosity　306
點積　dot product　26

十八劃
擺　pendulum　324
簡諧運動　simple harmonic motion, SHM　316
轉動動能　kinetic energy of rotation　237
轉動週期　period of rotation　217
轉動慣量　moment of inertia　237
轉軸　axis of rotation　237
雙原子氣體　diatomic gases　455

十九劃
穩定平衡　stable equilibrium　275
穩定平衡點　stable equilibrium points　152

二十劃
鐘擺　pendulum　324

二十一劃
攝氏溫標　Celsius temperature scale　399
鐵磁性　ferromagnetism　695

二十二劃
疊加原理　superposition principle　362, 519

二十三劃
驗電器　electroscope　503
體積彈性模量　bulk modulus　290
體積模量　bulk modulus　290
體積膨脹係數　volume expansion coefficient　405